HISTOIRE

DE

L'ASTRONOMIE MODERNE.

DE L'IMPRIMERIE DE HUZARD-COURCIER,
RUE DU JARDINET-SAINT-ANDRÉ-DES-ARCS, N° 12.

HISTOIRE

DE

L'ASTRONOMIE MODERNE;

PAR M. DELAMBRE,

Chevalier de Saint-Michel, Officier de la Légion-d'Honneur, Secrétaire perpétuel de l'Académie royale des Sciences pour les Mathématiques, Professeur d'Astronomie au Collége royal de France, Membre du Bureau des Longitudes; des Sociétés royales de Londres, d'Upsal, de Copenhague et d'Edimbourg; des Académies de Saint-Pétersbourg, de Berlin, de Stockholm, de Naples et de Philadelphie; de la Société Astronomique de Londres, etc., etc.

TOME SECOND.

PARIS,

Mme Ve COURCIER, LIBRAIRE POUR LES SCIENCES,

RUE DU JARDINET-SAINT-ANDRÉ-DES-ARCS.

1821.

HISTOIRE

DE

L'ASTRONOMIE MODERNE.

LIVRE SEPTIÈME.

GRANDES TABLES TRIGONOMÉTRIQUES EN NOMBRES NATURELS.

Rhéticus, Pitiscus et Briggs.

Rhéticus.

Nous avons déjà parlé de cet auteur, à la suite de l'article de Copernic (tome I de l'*Astronomie moderne,* page 138).

George-Joachim Rhéticus naquit le 15 février 1514, à Feldkirchen, ville de la Rhétie. Il fut contemporain et collègue de Reinhold. Nommé professeur à Wittemberg, en 1537, il enseignait les Mathématiques élémentaires, tandis que Reinhold occupait la chaire supérieure. En 1539, il quitta cette place pour aller aider Copernic dans ses observations et ses calculs. Ce fut lui qui engagea Copernic à parler de Trigonométrie sphérique, quoique ce ne fût pas son intention. Pour ajouter à l'exactitude des calculs astronomiques, Rhéticus commença dès lors (vers 1540) à s'occuper de sa grande Table trigonométrique, pour toutes les dixaines de seconde de tout le quart de cercle. Il calcula tous les sinus à quinze décimales, qu'il réduisit ensuite à dix; il y ajouta les tangentes et les sécantes à dix décimales. Il avait pris l'idée des tangentes dans l'ouvrage de Régiomontan, qui pourtant n'en fit jamais que très peu d'usage. Il eut de lui-même l'idée des sécantes, trouvées aussi vers 1550 par Maurolycus; mais celui-ci ne les avait calculées que pour les degrés, et à sept décimales seulement. En 1541 ou 1542 Rhéticus vint reprendre sa chaire à Wittemberg. Dans un voyage à Nuremberg, il eut communication des manuscrits de Werner et de Régiomontan. Après avoir professé quelque tems à Léipsick, il se retira en Pologne, où il mourut en 1576. Son disciple Valentin Othon acheva la table, à laquelle il manquait encore quelques tangentes et quelques sécantes; il publia le tout en 1594, nous dit Weidler, et cependant l'exemplaire que je possède porte la date de 1596. En 1550, Rhéticus publia une éphéméride à Léipsick; il promettait un ouvrage sur les *phénomènes;* il devait y enseigner la pratique des observations et des calculs. Il voulait bannir de l'Astronomie toute hypothèse et tirer tout des observations; il voulait aussi composer une Astronomie allemande et une Philosophie toute fondée sur l'observation de la nature, et il annonçait un traité de Chimie en sept livres. Ces ouvrages n'ont point paru. Voici le titre de sa grande Table.

Opus palatinum de triangulis à Georgio-Joachimo Rhetico cœptum, L. Valentinus Otho, principis palatini Frederici IV electoris mathematicus, consummavit, an. sal. hum. 1596. La dédicace est du 1er août 1596.

On voit dans l'avis au lecteur, que Rhéticus avait publié un programme dans lequel il donnait une idée de ce travail immense; il paraîtrait même qu'il en avait publié un extrait pour les dixaines de minutes. Lalande, dans sa Bibliographie, ne parle que d'une ébauche pour les quarante-cinq premières minutes, pour un rayon de 10000000. Pour calculer les sécantes il n'avait d'abord employé que des sinus à sept décimales; s'étant aperçu que ce moyen était insuffisant, il employa des sinus à dix décimales; il fit enfin sa table des sinus à quinze décimales, pour en tirer encore des tangentes et des sécantes plus exactes. Il avait aussi rédigé une Trigonométrie en quatre livres. A sa mort ses manuscrits passèrent entre les mains de son disciple Othon, qui y joignit cinq livres sur les triangles obliquangles; et ces neuf livres occupent près de 500 pages in-folio, qu'on aurait pu réduire à moins de dix pages. Rhéticus et son disciple sont les auteurs les plus prolixes et les plus obscurs que j'aie encore rencontrés.

Rhéticus trace sur la sphère un triangle rectangle; il considère la pyramide sphérique dont ce triangle est la base, et forme, dans l'intérieur de la sphère, des triangles rectilignes rectangles, se bornant à exposer longuement ses constructions, sans en déduire aucun théorème usuel.

Dans une seconde figure, il forme le triangle sphérique rectangle complémentaire du premier; il y trace de même des triangles plans; il en fait de même pour un second complémentaire, dans une troisième figure, et se contente d'en tirer une quarantaine de théorèmes vagues dont on ne voit encore aucune application; il réunit les trois figures en une quatrième plus obscure encore que les trois autres; mais cette réunion lui est nécessaire pour ses théorèmes. Dans une cinquième figure, il trace encore un triangle rectangle sur la sphère. Des deux angles aigus, comme pôles, il trace deux grands cercles qui formeront des triangles rectangles, complémentaires les uns des autres; figure impossible à bien tracer sur un plan, et par conséquent plus inintelligible de beaucoup que les précédentes. Il y indique de même des pyramides, dont les bases planes sont des triangles rectilignes rectangles, et alors il cite ce vers imité d'Horace, *Dimidium facti qui* (benè) *cœpit habet.* Il nous exhorte à bien nous graver dans la mémoire ces cinq figures, afin que passant d'une pyramide à l'autre, nous ayons le plaisir de *nous y promener comme dans un jardin bien cultivé,* et d'y apercevoir d'un coup d'œil tout ce qu'il est possible ou impossible d'en tirer. C'est en effet au moyen de ceux d'entre ces triangles qui se trouvent semblables, qu'il a pu arriver à un système complet de Trigonométrie. Donnons au moins une idée de cet immense travail, mais en changeant les figures et en les décomposant pour les rendre plus intelligibles. Nous conserverons d'ailleurs l'esprit de la méthode sans aucune altération essentielle; nous conserverons même les lettres des figures.

Soit AB (fig. 1) le rayon de la sphère, A le centre, BC et BD deux arcs de grand cercle, au-dessous de 90°, DC arc perpendiculaire sur BC.

Du point D abaissez sur l'axe AB la perpendiculaire DF, vous aurez

$$DF = \sin BD = \sin \text{hypoténuse};$$
$$AF = \cos BD = \cos \text{hypotén. du triangle rectangle } BCD.$$

Prenez BE = BD, et du pôle B décrivez l'arc du petit cercle DE.

Si du point E vous abaissez une perpendiculaire sur AB, elle tombera de même au point F puisque BE = BD, et que $\cos BE = \cos BD = AF$;

ainsi $$EF = DF = \sin BE = \sin BD.$$

EF et DF sont des perpendiculaires à l'intersection commune AB des plans BD et BCE; ainsi, l'angle DFE de ces droites sera l'inclinaison ou l'angle des plans ABD, ABE, ou l'angle CBD du triangle sphérique; nous aurons donc

$$DFE = DBC = B.$$

Portons à part (fig. 2) le triangle DFE, et du point D abaissons la perpendiculaire DG, nous aurons

$$DFG = DFE = DBC = B,$$

$$DG = FD \sin F = \sin BD \sin B, \quad FG = FD \cos F = \sin BD \cos B.$$

Or, pour le rayon FD, et dans le plan du cercle DE,

$$DG = \sin DE = \tfrac{1}{2} \text{ corde } 2DE.$$

Nous aurons de même (fig. 1) $\sin DC = \frac{1}{2}$ corde 2DC, pour le rayon de la sphère.

La corde de 2DE est la même que la corde 2DC; donc

$$DG = \tfrac{1}{2} \text{ corde } 2DE = \tfrac{1}{2} \text{ corde } 2DC = \sin BD \sin B = \sin DC,$$

ou

$$\sin \text{côté perpendic. } DC = \sin \text{hypotén. } BD \sin \text{angle } B \text{ opposé au côté } DC;$$

c'est le premier théorème général des triangles sphériques rectangles.

Nous aurions de même $\sin BC = \sin BD \sin B$, car nous pourrions faire pour le sommet D la construction que nous avons faite pour le sommet B.

Portons à part (fig. 3) le secteur ABCE et le sinus EF, qui coupera en G le rayon AC de la sphère; nous aurons

$$AF = \cos BE = \cos BD \text{ du triangle rectangle.}$$

$$AG = \frac{AF}{\cos FAG} = \frac{\cos BD}{\cos BAC} = \frac{\cos BD}{\cos BC} = \frac{\cos \text{hypoténuse du triangle rectangle}}{\cos \text{base du triangle rectangle}}.$$

Élevons sur le rayon AC la perpendiculaire G*d*, qui sera le sinus de C*d*. Imaginons à présent que le secteur CA*d* tourne autour de AC, jusqu'à devenir perpendiculaire au plan BCA de papier, en dessous du papier; *d*G ne changera pas de longueur dans ce mouvement, il sera toujours perpendiculaire sur AC, *d* se trouvera dans le plan du petit cercle DE, dont le rayon est EF, il sera sur la circonférence de ce petit cercle, dont le plan est perpendiculaire à l'axe AB. On aura donc $Bd = BE = BD$; le point *d* sera donc le point D lui-même (fig. 1), car le petit cercle DE et le grand cercle DC n'ont que ce point de commun (et un autre qui serait sur le prolongement de DC, à droite de BC).

Donc $Cd = CD$, donc $\sin Cd = dG = \sin CD$, donc $AG = \cos Cd = \cos CD$,

$$\text{donc} \quad AG = \cos CD = \frac{\cos BD}{\cos BC}, \quad \text{ou} \quad \cos BD = \cos BC \cos CD,$$

ou cos hypotén. = cos base cos côté perpendicul.;

second théorème général des triangles rectangles sphériques.

Rhéticus ne dit rien de ces deux théorèmes fondamentaux; il se borne à tracer dans l'intérieur de la sphère, les triangles DFE, AFG, AGd, et à tirer les cordes de 2BD, de 2BC et de 2DE.

Dans une seconde figure, il trace sur la sphère le même triangle BDC (fig. 4), dont il prolonge les trois côtés jusqu'à 90° en L, M, N; il trace le grand cercle LMN du pôle D, et il a

$$BM = 90^\circ - BD, \quad BN = 90^\circ - BC, \quad MN = 90^\circ - ML = 90^\circ - D;$$

c'est-à-dire le triangle complémentaire BMN, rectangle en M.

Il prolonge BM en O, en sorte que BO = BN; il fait pour le triangle BMN, tout ce qu'il a fait pour BCD. Il y a du moins beaucoup d'uniformité dans sa marche; mais il n'était nul besoin de prendre cette peine.

S'il eût commencé par remarquer les deux théorèmes ci-dessus, et s'il les eût appliqués au triangle BMN, il aurait eu

$$\cos BN = \cos MB \cos MN, \quad \text{ou} \quad \sin BC = \sin BD \sin D,$$

et

$$\sin MB = \sin N \sin BN, \text{ ou } \cos BD = \cos DC \cos BC,$$
$$\sin NM = \sin B \sin BN, \text{ ou } \cos ML = \sin B \cos BC, \text{ ou } \cos D = \sin B \cos BC,$$

ou cos angle oblique = cos côté opposé sin autre angle oblique.

C'est un troisième théorème général des triangles sphériques rectangles; c'est celui de Géber.

Il suffisait même du premier théorème pour avoir, dans le triangle complémentaire

$$\sin MB = \sin N \sin BN, \text{ et } \cos BD = \cos DC . \cos BC \text{ second théorème},$$
$$\text{et } \sin NM = \sin B \sin BN, \text{ ou } \cos D = \cos BC \sin B \text{ troisième théorème}.$$

Ses constructions dans l'intérieur de la sphère ne pouvaient lui donner que des cordes et des sinus, il n'en pouvait tirer directement que ces trois théorèmes, car les trois autres, qui renferment des tangentes, ne pouvaient se trouver que par des combinaisons de triangles. Il en forme seize, tous rectangles; il prouve que parmi les seize il y en a six qui sont égaux deux à deux, ce qui réduit à treize le nombre des triangles réellement différens; parmi les treize il en trouve plusieurs qui du moins sont semblables, il en forme cinq classes différentes; deux triangles semblables lui fournissent diverses analogies entre les sinus et cosinus des angles et les côtés; c'est ainsi qu'il trouve toutes les analogies qui sont nécessaires pour la solution du triangle sphérique, dans tous les cas; mais il ne réduit aucune de ces analogies en théorèmes; il ne donne que des règles de calcul, qu'il multiplie à satiété parce qu'il ne s'aperçoit pas de leur généralité. Au lieu de le suivre dans ces développemens fastidieux et fatigans, nous pouvons combiner les trois équations que nous venons de trouver.

Nous avons $\sin B = \frac{\sin DC}{\sin BD}$, par le premier théorème,

et $\cos B = \cos DC \sin D$, par le troisième;

nous en conclurons

$$\operatorname{tang} B = \frac{\sin B}{\cos B} = \frac{\sin DC}{\sin BD \cos DC \sin D} = \frac{\operatorname{tang} DC}{\sin BD \sin D} = \frac{\operatorname{tang} DC}{\sin BC},$$

ou $\sin BC \operatorname{tang} B = \operatorname{tang} DC$,

ou tang côté = tang angle opposé sin autre côté.

C'est le quatrième théorème général; porté dans le triangle complémentaire BMN, il nous donne

$$\sin MN \operatorname{tang} N = \operatorname{tang} BM, \quad \text{ou} \quad \cos D \cot DC = \cot BD,$$

ou $\cos D \operatorname{tang} BD = \operatorname{tang} DC$,

tang base = tang hypoténuse cos angle à la base.

Cinquième théorème général; il nous donne encore

$\operatorname{tang} MN = \operatorname{tang} B \sin BM$, ou $\cot D = \operatorname{tang} B \cos BD$, ou $\cos BD = \cot B \cot D$,

cos hypoténuse = cot 1er angle oblique. cot 2e angle oblique.

Sixième théorème général. C'est celui que nous avons attribué à Viète, qui l'a publié le premier en 1579; mais Rhéticus, mort en 1576, l'a fréquemment employé; donc il ne le tenait pas de Viète. On ne sait si Viète le tenait de lui; il est possible qu'ils l'aient trouvé chacun de leur côté.

Rhéticus ne porte pas ses théorèmes d'un triangle à l'autre; ses triangles complémentaires lui donnent des triangles rectilignes, qu'il compare entre eux de toutes les manières possibles; il doit en déduire tous les théorèmes possibles; et, en effet, nous verrons qu'il en a trouvé les équivalens. Sa méthode prolixe avait du moins cet avantage que rien ne pouvait lui échapper, et cette recherche minutieuse pouvait le dispenser d'avoir du génie; il y suppléait par un long travail et une énumération pénible de tous les cas et de toutes les combinaisons possibles. Mais cette énumération si longue ne lui a-t-elle pas fait trouver quelques théorèmes qui nous soient inconnus ? C'est ce qu'il est difficile de voir dans son ouvrage où il ne nous donne que les angles et les côtés de ses triangles rectilignes; heureusement il a donné 283 exemples numériques, tous calculés sur le même triangle. Pour savoir ce que signifiaient tous ces calculs, j'ai fait par ordre de grandeurs, la table de toutes les lignes trigonométriques des côtés et des angles de son triangle. Voici les nombres :

0.13619.77147	=	sin BC	=	7° 49′ 42″ 23‴
0.13747.87866	=	tang BC		
0.31668.32651	=	sin DC	=	18.27.44
0.33386.69485	=	tang DC		
0.34202.01433	=	sin BD	=	20. 0
0.36397.02343	=	tang BD		
0.37771.98619	=	cos B	=	67.48.26.56
0.39821.54775	=	sin D	=	23.28
0.40794.00951	=	cot B		
0.43412.07817	=	tang D		
0.91729.19020	=	cos D		
0.92591.99242	=	sin B		
0.93969.26208	=	cos BD		
0.94853.13435	=	cos DC		
0.99068.16756	=	cos BC		

1.00940.59723 = séc BC
1.05426.14188 = séc DC
1.06417.77725 = séc BD
1.08000.70006 = coséc B
1.09016.55164 = séc D
2.30350.64025 = cot D
2.45134.03120 = tang B
2.51120.32467 = coséc D
2.64746.46977 = séc B
2.74747.74149 = cot BD
2.92380.44003 = coséc BD
2.99520.51397 = cot DC
3.15772.92209 = coséc DC
7.27384.94777 = cot BC
7.34226.71025 = coséc BC.

Ces nombres vous serviront à entendre tous les exemples de Rhéticus; vous trouverez dans ses calculs beaucoup de fautes d'impression, mais aucune qui produise la moindre incertitude.

Au moyen de ces nombres, j'ai traduit en formules les 283 exemples numériques, sans jamais trouver autre chose que les six théorèmes connus, avec toutes leurs variantes que forme la substitution des cosécantes aux sinus, des sécantes au cosinus et des cotangentes aux tangentes. Deux ou trois fois, au lieu de n'employer que deux données au calcul de l'inconnue, Rhéticus en emploie trois, en faisant

$$\sin BC \sin B = \sin DC \sin D\,;$$

c'est la règle bien connue des quatre sinus. Une seule fois au lieu de faire

$$\cos D = \cos BC \sin B,$$

par le théorème de Géber, il a fait

$$\cos D = \cos BC \left(\frac{\sin BC}{\sin BD}\right);$$

en mettant pour sin B sa valeur tirée du théorème premier. On peut donc assurer,

1°. Que Rhéticus n'a employé dans ses calculs que les théorèmes qui sont maintenant vulgaires.

2°. Qu'il a connu et employé ces six théorèmes qu'il a seulement traduits de manière à les rendre inintelligibles.

J'ai dit qu'il avait trouvé toutes ses analogies par la comparaison de deux triangles semblables. Voici par exemple la première de ces comparaisons à la page 9.

$$\text{FG} : \text{GD} :: \text{PQ} : \text{QN}\,;$$

mettez, au lieu de ces lignes, leurs valeurs telles qu'elles résultent de ses triangles rectilignes, et vous aurez

$$\sin \text{BD} \cos \text{B} : \sin \text{BD} \sin \text{B} :: \cos \text{BC} \cos \text{B} : \cos \text{D}\,,$$

ou

$$\cos \text{B} : \sin \text{B} :: \cos \text{BC} \cos \text{B} : \cos \text{D} \ldots\ldots\ldots\ldots \quad (\text{A})\,,$$

ou

$$1 : \sin \text{B} :: \cos \text{BC} : \cos \text{D}.$$

C'est le théorème de Géber qui, pour Rhéticus, sera le premier des théorèmes généraux. La même comparaison pouvait lui donner par la formule (A), en divisant tout par cos B,

$$1 : \text{tang}\,\text{B} :: \cos \text{BC} : \frac{\cos \text{D}}{\cos \text{B}} = \frac{\cos \text{BC} \sin \text{B}}{\cos \text{DC} \sin \text{D}} = \frac{\cos \text{BC}}{\cos \text{DC}} \cdot \frac{\left(\frac{\sin \text{DC}}{\sin \text{BD}}\right)}{\left(\frac{\sin \text{BC}}{\sin \text{BD}}\right)} = \frac{\cos \text{BC} \sin \text{DC}}{\cos \text{DC} \sin \text{BC}}$$
$$= \text{tang}\,\text{DC} \cot \text{BC}\,;$$

d'où

$$\text{tang}\,\text{DC} \cot \text{BC} = \text{tang}\,\text{B} \cos \text{BC}\,,$$
$$\text{tang}\,\text{DC} = \text{tang}\,\text{B} \cos \text{BC}\, \text{tang}\,\text{BC} = \text{tang}\,\text{B} \sin \text{BC}\,,$$

ce qui est le quatrième théorème. On conçoit qu'il a dû trouver tous les autres par des combinaisons semblables.

Ses constructions difficiles à suivre dans ses figures, seraient faciles et évidentes dans une sphère évidée, à peu près semblable à nos sphères armillaires, composée seulement d'un axe, des deux colures tropiques et d'un cercle mobile. Il suffirait de mener deux cordes, on y apercevrait à l'instant le premier théorème, celui des trois sinus, aussi bien que celui des trois cosinus.

Un seul triangle complémentaire ferait aussitôt trouver le théorème de Géber et les trois autres, ainsi que nous l'avons démontré, page 6; il suffirait même de s'être démontré le premier par la méthode de Rhéticus, c'est-à-dire que

$$GD = \sin DC = \sin BD \sin B.$$

Le triangle complémentaire donnerait aussitôt

$$\cos BD = \cos BC \cos DC \quad \text{et} \quad \cos D = \cos BC \sin B.$$

Les constructions qu'il fait ne donnent que cela, et tout le reste s'en déduit par des calculs bien faciles. Tout l'ouvrage de Rhéticus qui a 140 pages, se trouverait réduit à deux ou trois tout au plus.

Remarquez de plus que notre figure 3 donne une solution graphique bien simple du cas où l'on a l'hypoténuse et la base, et qu'on veut le troisième côté.

Sur l'arc de grand cercle BCEd, prenez BC=base, BE=hypotén.; menez le rayon AC, le sinus EF, qui coupe AC en G; menez la perpendiculaire Gd, et vous avez Cd=CD=troisième côté demandé.

Partout Rhéticus a supposé les angles obliques et les côtés plus petits que le quart de la circonférence. Dans son livre III, il considère toutes les formes que peuvent prendre les triangles rectangles. Tous ces développemens ont été rendus inutiles par la règle algébrique des signes de toutes les lignes trigonométriques. De son énumération, il tire 129 règles ou procédés de calcul à suivre selon les cas; et pour reconnaître à quelle forme appartient un triangle donné, il établit encore douze théorèmes et seize problèmes. C'est le cas de dire avec un philosophe ancien : *Quantis non indigemus ! Combien voilà de choses dont nous n'avons aucun besoin !*

Rhéticus n'a traité que des triangles rectangles; il n'eut pas le tems de s'occuper des obliquangles. On conçoit en effet que la plus longue vie n'a pu suffire au travail de sa grande table et à tant de recherches si prolixes. Son disciple Valentin Othon fit des triangles obliquangles, l'objet de cinq livres formant 341 pages.

A l'imitation de son maître, il trace des triangles à la surface de la sphère; il considère les pyramides inscrites dans ces triangles. De tout cela, il conclut dix formes de triangles obliquangles, et il nous avertit que si les figures sont très compliquées, ceux qui voudront les étudier, y trouveront un grand plaisir. Cette annonce ne nous a point tenté; nous n'avons fait que parcourir son traité, où nous n'avons rien vu qui méritât le moindre extrait.

Cette Trigonométrie est suivie de trois tables qui portent le titre assez impropre de Météoroscope. Le premier donne les rayons des parallèles pour différentes latitudes, ou les nombres de la forme

$$\cos L \sin A = \frac{1}{2}[\sin (L + A) - \sin (L - A)];$$

ces nombres ont sept décimales, la dernière n'est pas très sûre. A côté de ces nombres, on trouve les arcs dont ils sont les sinus. Ces arcs ne sont exacts qu'à quelques secondes près. Ils peuvent être pris pour les latitudes d'une planète dont l'inclinaison serait $(90^\circ - L)$ et A l'argument de latitude. Ainsi j'ai pu comparer la table de 83° avec la table des latitudes de Mercure, dont l'inclinaison est de $7^\circ = (90^\circ - 83^\circ)$; j'y ai trouvé des différences de 4 à 5″.

Le second et le troisième météoroscope manquent dans mon exemplaire, quoique annoncés à la page 91; mais je les ai vus dans l'exemplaire de M. de Prony, dont nous parlerons plus loin.

Le second météoroscope est tout simplement une table des ascensions droites, des déclinaisons et des angles du méridien, pour les 90 premiers degrés de l'écliptique. On y suppose l'obliquité de 23° 28′. Les ascensions droites et les déclinaisons sont exactes à quelques secondes près; mais l'angle est faux d'un bout à l'autre, et j'ai trouvé la source de l'erreur; cet angle se calcule par la formule $\cot A = \tang \omega \cos \odot$, c'est-à-dire par la formule qui était ignorée des astronomes avant Rhéticus et Viète. Othon a calculé $\sin A = \tang \omega \cos \odot$. Une douzaine de termes que j'ai calculés par cette dernière formule, se sont trouvés très conformes à ceux d'Othon. Le dernier de tous, qui devrait être o, se trouve de 0° 4′ 20″. Ce doit être une faute de copie ou d'impression.

Le troisième météoroscope est une table des hauteurs et des azimuts du Soleil, pour la latitude de 49° 6′ et pour tous les degrés de déclinaison de degré en degré jusqu'à 24°. Les azimuts sont comptés du nord, ils sont l'angle intérieur et véritable du triangle sphérique. Le second argument de la table est l'angle horaire. Ces météoroscopes et les neuf livres de Trigonométrie grossissent très inutilement le volume; on le rendrait plus commode, en supprimant les 700 premières pages qui n'ont rien produit pour la science, et qui auraient plutôt nui à la gloire des auteurs, si l'on n'y voyait en faveur de Rhéticus, qu'il a complété la théorie des triangles rectangles, en trouvant le théorème cos hypoténuse = 1er angle oblique cot 2e angle oblique, qui ne se rencontrait dans aucun ouvrage publié à l'époque de sa mort; que sa théorie est entièrement neuve; que toutes ses démonstrations lui appartiennent. Ce qui lui a nui, c'est qu'il a suivi un mauvais système de rédaction, et qu'au lieu de réunir en un théorème général toutes les expressions identiques, il s'est fait un devoir de donner isolément toutes les combinaisons possibles.

Rhéticus et Othon, comme Viète qui les a suivis de près, ont rejeté les dénominations de sinus et de cosinus. Ils ne connaissaient pas celles de tangentes et de sécantes, ou bien ils les ont rejetées de même, sans en faire la moindre mention. Ils n'emploient que les noms de *base*, de *perpendiculaire* et d'*hypoténuse*.

Si l'hypoténuse est prise pour unité, le cosinus s'appelle *base* et le sinus prend le nom de *perpendiculaire*. Si la base est prise pour unité, la tangente devient perpendiculaire et la sécante est l'hypoténuse. Enfin si la perpendiculaire est prise pour unité, la cotangente devient la base et la cosécante s'appelle *hypoténuse*. Cette nomenclature est encore plus incommode que celle de Viète; car chacune des lignes prend trois noms différens, suivant la supposition que l'on fait, ou suivant *la série* qu'on emploie, pour nous servir des termes de Rhéticus.

A la suite de la grande table, on trouve treize pages de corrections, après quoi l'on voit trois livres de la construction des tables par Rhéticus, sous ce titre:

De fabricâ Canonis doctrinæ triangulorum.

Cet ouvrage est beaucoup plus clair que la Trigonométrie des deux auteurs, et l'on a eu grande raison de l'imprimer. L'extrait en sera court.

Le premier livre renferme neuf lemmes connus de tout tems, et qu'on pouvait absolument supprimer. Les démonstrations en sont variées, mais prolixes. Dans le second, sont les dix propositions suivantes, la plupart bien connues des Grecs et des Arabes.

I. Connaissant le rayon, on a les côtés du carré, de l'hexagone et du décagone inscrit.

II. Connaissant le sinus, on a le cosinus.

III et IV. Connaissant sin A, on a sinus 2A et réciproquement.

V, VI, VII et VIII. Connaissant sin A et sin B, on a sin (A+B) et sin (A — B) et leurs cosinus.

Connaissant sin (A + B) et sin C, on a sin (A + B + C) et cos (A + B + C), etc.

IX. Connaissant sin A, trouver sin 2A, sin 3A, sin 4A, etc.

Faites les produits 2 sin A sin $(n-1)$ A et 2 cos A sin $(n-1)$ A, et vous aurez

$$\cos(n-2)A - 2\sin A \sin(n-1)A = \cos nA,$$

et

$$2\cos A \sin(n-1)A - \sin(n-2)A = \sin nA.$$

Nous écrivons algébriquement les règles de l'auteur, pour éviter une figure qui se retrouve dans plusieurs auteurs du siècle suivant. Par ce moyen, on peut se les démontrer d'une manière bien simple; en effet

$$2\sin A\sin(n-1)A = \cos(n-2)A - \cos nA = 2\sin\tfrac{1}{2}(n-n+2)A\sin\tfrac{1}{2}(n+n-2)A$$
$$= 2\sin A\sin(n-1)A,$$
$$2\cos A\sin(n-1)A = \sin nA + \sin(n-2)A = 2\sin\tfrac{1}{2}(n+n-2)A\cos\tfrac{1}{2}(n-n+2)A$$
$$= 2\cos A\sin(n-1)A.$$

La seconde de ces formules est identique à celle de Viète que nous avons rapportée tome III, p. 481. Il est incontestable que Rhéticus en était en possession depuis long-tems, ainsi voilà encore deux formules intéressantes dont nous ne connaissons pas la première origine, si elles ne sont pas de Rhéticus.

Dans la proposition X, pour partager un arc en trois parties égales, l'auteur se sert de la solution de Pappus.

Dans le troisième livre il expose les méthodes par lesquelles il a construit sa table. Il annonce qu'il prend pour rayon l'unité suivie de quinze zéros; et c'est en effet à quinze décimales qu'il a calculé tous ses sinus, quoiqu'il les ait depuis réduits à dix. Ces grands sinus ont depuis été publiés par Pitiscus.

Il cherche le côté du décagone par la formule $-\frac{1}{2}+\frac{1}{2}\sqrt{5}$, et le sinus de $18° = \frac{1}{4}\sqrt{5}-\frac{1}{4}$.

$$\cos 18° = (1-\sin^2 18°)^{\frac{1}{2}},\ \sin 30° = \tfrac{1}{2},\ \cos 30° = \tfrac{1}{2}\sqrt{3} = \sin 60°,$$
$$\sin 36° = 2\sin 18°.\cos 18°.$$

Du sinus de 18° il déduit ceux de 9°, de 4°30′, et leurs cosinus.

Du sinus de 30°, ceux de 15° et de 7°30′. Il pouvait aller à 3°45′, et 1°52′30″.

De ceux de 60° et de 36° il tire ceux de 60°—36°=24°, 60+36=96=84°, et de là sin 6°, 24° donne 12°, 6°, 3°; 1°30′, 0°45′.

Du sinus et du cosinus de 1°30′, combinés avec ceux de 12°, 18°, 30°, 36° et de 24°, il déduit ceux des sommes et des différences de ces arcs. Il emploie de même 24° ± 3°, 24° ± 4°30′, 30° ± 9°, 30° ± 10°30′, 30° ± 7°30′, 30° ± 13°30′, 30° ± 15°, 33° et 0°45′.

Il forme de cette manière tous les sinus de $(\frac{3}{2})^\circ$ en $(\frac{3}{2})^\circ$, ou de 90′ en 90′. Il rencontre, chemin faisant, plusieurs vérifications de sinus déjà connus par d'autres voies. Il réunit tous ces sinus en une table, avec leurs différences premières, dont la marche est une preuve de la bonté des calculs. Il ne dit rien des différences des ordres suivans.

Le sinus et le cosinus de 45′ servent à faire que la table renferme tous les sinus de 45′ en 45′; il les rassemble de même en une table qui se vérifie encore par les différences.

Par 44 bissections continuelles, il parvient du sinus de 45′ à celui de

$14^{\text{viii}}\ 19^{\text{ix}}\ 16^{\text{x}}\ 33^{\text{xi}}\ 45^{\text{xii}}\ 8^{\text{xiii}}\ 27^{\text{xiv}}\ 54^{\text{xv}}\ 11^{\text{xvi}}\ 9^{\text{xvii}}\ 23^{\text{xviii}}\ 45^{\text{xix}}\ 6^{\text{xx}}\ 5^{\text{xxi}}\ 37^{\text{xxii}}\ 30^{\text{xxiii}}$.

Ce dernier sinus est 0.00000.00000.00001. Le cosinus diffère très peu du rayon.

Il a les sinus de 33°45′
et de 22.30″.
Il en déduit celui de 34° 7′ 30″; il a besoin de celui de 34° 8′.

Dans sa table des 44 bissections, il a sin $10''\,32'''\,48^{\text{iv}}\,45^{\text{v}}$,
et sin $1.19.\ 6.\ 5.37^{\text{vi}}30^{\text{vii}}$;
il arrive à sin 11.51.54.50.37.30.
Il a encore sin 19.45.31.24.22.30;
d'où sin 12.11.41.22. 1.52.30.
Il a d'ailleurs sin 42.11.15;
d'où sin 29.59.33.37.58. 7.30.

Pour en conclure sin 30″, il suppose que ces deux derniers sont entre eux comme les arcs. Avec les sinus de 34° 7′ 30″ et celui de 30″, il a celui de 34° 8′, et par des bissections continuelles 17° 4′, 8° 32′, 4° 16′, 2° 8′, 1° 4′, 32′, 16′, 8′, 4′, 2′ et 1′; ceux de 30″ et de 15″. Nous avons trouvé cette marche indiquée dans l'ouvrage d'Ursus Dithmarsus, qui n'est venu qu'après Rhéticus.

De là, par les formules sin(A ± B), cos(A ± B), il calcule les sinus de minute en minute, de 1′ à 45′.

Dès qu'un sinus est connu, il faut toujours sous-entendre que le cosinus l'est aussi.

Il rassemble en une table ces 45 sinus et leurs différences premières, sans parler jamais des suivantes.

Avec ces sinus il remplit de minute en minute la table calculée de 45′ en 45′.

Pour les dixaines de seconde, il conclut sin 5″, de sin $4'' 56''' 37^{\text{iv}} 51^{\text{v}} 5^{\text{vi}} 37^{\text{vii}} 30^{\text{viii}}$, par une règle de trois; alors 15″ et 5″ lui donnent 20″ et 10″, puis 40″ et 50″.

Les mêmes formules $\sin(A \pm B)$ lui donnent ensuite le reste de la table, de 10″ en 10″, pour tout le quart de cercle.

Il calcule les tangentes et les sécantes de $\left(\frac{3}{8}\right)^\circ$ en $\left(\frac{3}{8}\right)^\circ$, en faisant

$$\text{séc} A = \frac{1}{\cos A}, \quad \text{et} \quad \text{tang} A = \frac{\sin A}{\cos A}, \quad \text{ou bien} \quad \text{séc} A = \cos A + \frac{\sin^2 A}{\cos A},$$

$$\text{et} \quad \text{tang} A = \left(\text{séc} A \frac{\sin^2 A}{\cos A}\right)^{\frac{1}{2}}; \quad \text{tang} A - \sin A = (\text{séc} A - 1) \sin A,$$

$$(1 - \cos A) = (\text{séc} A - 1) \cos A, \quad 1 - \sin A = (\text{coséc} A - 1) \sin A,$$

$$(\cot A - 1) = (\text{coséc} A - 1) \cos A;$$

formules aisées à trouver, et médiocrement utiles.

Après cette explication de la *fabrique du canon,* aussi claire et aussi simple que l'Introduction était obscure et entortillée, Rhéticus donne un livre *de Triquetris rectarum linearum in planitie*, avec cette épigraphe : *Triquetrum rectarum linearum in planitie, cum angulo recto, magister est Matheseos.*

Il commence par trente définitions. On y voit que le nombre 6 est le premier des nombres parfaits, c'est-à-dire le nombre le plus petit qui soit égal à la somme de tous ses diviseurs. $6 = 1, 2, 3$; Ajoutez-y le premier carré 4, $6 + 4 = 10$, $6 \times 10 = 60$, $60 \times 6 = 360^\circ$. Et voilà justement pourquoi les nombres 360 et 60 ont été choisis pour diviser le cercle.

Il rejette les noms de sinus, tangentes et sécantes, pour ne parler que de perpendiculaires, de bases et d'hypoténuses, ce qui contribue sensiblement à la longueur et à l'obscurité de ses préceptes et de ses explications.

Il fait l'histoire des tables des cordes des Grecs, changées en sinus par les Arabes; et des féconds de Régiomontan. C'est d'après ces exemples qu'il a conçu l'idée d'une table propre à représenter les trois côtés de tout triangle rectangle rectiligne, en prenant à volonté l'un des côtés pour rayon. Il réserve le mot de triangle pour la Trigonométrie sphérique; pour les triangles plans, il se sert du mot *triquetre.* C'est du moins un moyen d'abréger.

Pour le rayon d'un cercle inscrit à un triangle, dont les trois côtés sont C, C', C'' et le demi-périmètre = S, on aura

$$\text{rayon} = \left(\frac{(S-C)(S-C')(S-C'')}{S}\right)^{\frac{1}{2}};$$

formule qu'il démontre synthétiquement, et que je déduis d'une autre formule que j'ai démontrée dans l'Astronomie du second âge, à l'article de Regiomontanus. Soit D la distance polaire du cercle inscrit à un triangle sphérique,

$$\text{tang}\, D = \left(\frac{\sin(S-C)\sin(S-C')\sin(S-C'')}{\sin S}\right)^{\frac{1}{2}}.$$

Supposez le triangle infiniment petit, tang D sera r, les sinus deviendront les côtés, et vous aurez la formule de Rhéticus.

Cet opuscule n'offre d'ailleurs rien de remarquable.

On trouve ensuite une table des tangentes et sécantes de 10 en 10'', de 45° 0' 10'' à 89° 59' 50''. Cette table a été calculée avec des sinus qui n'avaient pas assez de décimales. Les erreurs sur la septième décimale, de 1 ou 2 parties d'abord, croissent jusqu'à 200 et 400 parties, et à 89° 59' 50'', toutes les décimales sont fausses. On a trouvé des erreurs de ce genre sur les tangentes et sécantes des six derniers degrés de la grande Table de l'*Opus Palatinum.* A cela près, cette table serait encore fort utile sans l'invention des logarithmes ; elle serait même encore précieuse en beaucoup de circonstances, si l'on pouvait l'imprimer à sept décimales, comme les tables de Callet, en un volume portatif. Les lignes y sont dans cet ordre :

sinus	cosinus	sécantes	tangentes	cosécantes	cotangentes

et au bas des colonnes,

cosinus	sinus	cosécantes	cotangentes	sécantes	tangentes

A côté de chaque nombre on voit la différence pour 10''.

Les dénominations de cette table sont

perpend.	base	hypoténuse	perpend.	hypoténuse	base
base	perpend.	hypoténuse	base	hypoténuse	perpend.

A peine ces Tables furent-elles publiées qu'on y aperçut les erreurs des tangentes et des sécantes. Pitiscus, chargé de les corriger, nous rend le compte suivant des moyens qu'il a employés. Ce qu'on va lire est extrait de la préface de l'ouvrage qu'il fit paraître en 1613, peu de mois avant sa mort, sous le titre de

Thesaurus mathematicus, sive Canon sinuum ad radium.......... 1.00000.00000.00000, *et ad dena quæque scrupula secunda quadrantis, una cum sinibus primi et postremi gradûs, ad eumdem radium, et ad singula scrupula secunda quadrantis, adjunctis ubique differentiis primis et secundis atque ubi res tulit etiam tertiis, jam olim quidem incredibili labore et sumptu à* Georgio Joachimo Rhetico *supputatus; at nunc primum in lucem editus et cum viris doctis communicatus à* Bartholomæo Pitisco, *Grunsbergensi Silesio.*

Cujus etiam accesserunt: I. principia sinuum ad radium........... 1.00000.00000.00000.00000.00000, *quam accuratissime supputata: II. Sinus decimorum, tricesimorum et quinquagesimorum quorumcumque scrupulorum secundorum per prima et postrema* 35 *scrupula prima ad radium* 1.00000.00000.00000.00000.00. *Francofurti, excudebat Nicolaus Hoffmannus, sumptibus Jonæ Rosæ, anno* CIↃ IↃC XIII.

Pour remplir la mission dont il avait été chargé par le duc de Bavière, Frédéric IV, Pitiscus s'aperçut tout aussitôt qu'il aurait besoin de sinus, calculés avec beaucoup plus de décimales que n'en offrait l'*Opus Palatinum.* On voyait, par le livre *de Fabrica Canonis,* que Rhéticus les avait calculés tous avec quinze décimales. Valentin Othon en convenait; mais il était vieux, sa mémoire était affaiblie, il ne savait ce qu'étaient devenus ces sinus, qu'il croyait avoir laissés à Wittemberg. Malgré toutes les recherches qu'on pût y faire, aux frais et sur les instances de Pitiscus, il fut impossible de les retrouver. Othon mourut; tous les papiers qu'il tenait de Rhéticus passèrent entre les mains de Jacques Christman. Pitiscus fut très étonné d'y trouver ces mêmes sinus qu'il croyait perdus à jamais. Il se mit donc à examiner tous ces papiers poudreux et moisis; il y trouva un second exemplaire complet des sinus à quinze décimales, avec leurs différences premières, deuxièmes et troisièmes; les sinus du premier et du dernier degré, de seconde en seconde, avec leurs différences premières et deuxièmes; le commencement des tangentes et des sécantes, pour le même rayon, de 10 en 10″, avec deux ordres de différences; enfin, le canon tout entier des sinus, tangentes et sécantes pour le même rayon, et de minute en minute pour tout le quart de cercle.

Ces secours n'étaient pas encore suffisans pour la correction projetée; il fallait pour le commencement de la table, des sinus encore plus approchés ; mais passé un certain terme, les sinus de Rhéticus devaient suffire. Pitiscus se mit à l'ouvrage avec ardeur, et termina, dans le tems qu'il s'était fixé, la correction des six premiers degrés. Dans le reste de la table, les tangentes et les sécantes des minutes étaient exactes ; pour les dixaines de seconde, l'erreur était presque toujours renfermée dans la dixième décimale, et ne passait jamais la neuvième : il ne crut pas une révision totale assez utile pour la peine qu'elle aurait donnée. Mais puisque les erreurs étaient nulles aux minutes, on pouvait par une interpolation facile, trouver les tangentes et les sécantes qu'il fallait intercaler, et on les aurait eues exactes, toujours à une unité près, sur la dernière décimale. En effet

$$\begin{aligned}
\text{tang}(A+10'')-\text{tang}\,A &= \frac{\sin 10''}{\cos A\cos(A+10'')} = \frac{\sin 10''}{\cos A(\cos A\cos 10''-\sin A\sin 10'')}\\
&= \frac{\text{tang}\,10''}{\cos^2 A-\sin A\cos A\,\text{tang}\,10''} = \frac{\text{tang}\,10''\,\text{séc}^2 A}{1-\text{tang}\,10''\,\text{tang}\,A}\\
&= (\text{tang}\,10''+\text{tang}\,10''\,\text{tang}^2 A)(1+\text{tang}\,10''\,\text{tang}\,A+\text{tang}^2\,10''\,\text{tang}^2 A)\\
&= \left\{\begin{array}{l}\text{tang}\,10''+\text{tang}^2\,10''\,\text{tang}\,A+\text{tang}^3\,10''\,\text{tang}^2 A+\text{tang}\,10''\,\text{tang}^2 A\\ \quad+\text{tang}^2\,10''\,\text{tang}\,A+\text{tang}^3\,10''\,\text{tang}^4 A\end{array}\right\}\\
&= \text{tang}\,10''+\text{tang}^2\,10''\,\text{tang}\,A\,\text{séc}^2 A+\text{tang}^3\,10''\,\text{tang}^2 A\,\text{séc}^2 A+\text{etc.}
\end{aligned}$$

Mais aujourd'hui, avec nos logarithmes, la formule

$$\Delta\,\text{tang}\,A = \frac{\sin 10''}{\cos A\cos(A+10'')}$$

se calculerait avec la plus grande facilité.

Choisissons l'endroit de la table où les tangentes pouvaient avoir besoin d'être corrigées.

			Rhéticus.
Supposons bonne la tang. de	82° 59′ 0″..	8.12480.71047	
Différence par la formule	....	325.01374	
	82.59.10...	8.12805.72421	— 2
		325.27000	
	82.59.20...	8.13130.99421	— 6
		325.52655	
	82.59.30...	8.13456.52076	+ 4
		325.78341	
	82.59.40...	8.13782.30417	+16
		326.04058	
	82.59.50...	8.14185.34475	+29
		326.29805	
	83. 0. 0...	8.14434.64280	— 1
	Briggs......	8.14434.64280	
	Rhéticus....	8.14434.64279.	

On voit que l'erreur de Rhéticus est en effet sur les deux dernières figures, ainsi que le dit Pitiscus.

Pour les différences plus fortes d'un ordre de décimales, qui commenceraient vers 86°, nos logarithmes à sept décimales ne donneraient pas les tangentes sûres, à la dixième décimale; mais avec les tables de Vlacq, nous les aurions exactes, et l'on n'aurait besoin d'y recourir que pour un petit nombre de degrés. En tous cas, on aurait la formule numérique

$$\Delta \operatorname{tang} A = \operatorname{tang} 10'' + \operatorname{tang}^2 10'' \operatorname{tang} A \operatorname{séc}^2 A + \operatorname{tang}^3 10'' \operatorname{tang}^2 A \operatorname{séc}^2 A.$$

Les différences seraient peu différentes pour les sécantes, car

$$\begin{aligned}\operatorname{séc}(A+10'')-\operatorname{séc}A &= \frac{1}{\cos(A+10)} - \frac{1}{\cos A} = \frac{\cos A - \cos(A+10'')}{\cos A \cos(A+10'')} \\ &= \frac{2\sin 5'' \sin(A+5'')}{\cos A \cos(A+10'')} = \frac{\left(\frac{\sin 10''}{\cos 5}\right) \sin(A+5'')}{\cos A \cos(A+10'')} \\ &= \Delta \operatorname{tang} A \operatorname{séc} 5'' \sin(A+5'') \\ &= \Delta (\operatorname{tang} A) \frac{\sin A \cos 5'' + \cos A \sin 5''}{\cos 5''} \\ &= \Delta (\operatorname{tang} A) \sin A + (\Delta \operatorname{tang} A) \cos A \operatorname{tang} 5'';\end{aligned}$$

le calcul n'en serait ni plus long, ni plus difficile.

Au reste, les erreurs que Pitiscus a laissé subsister n'empêchent pas de trouver les arcs exacts jusqu'aux tierces, dont on ne fait jamais usage.

Quand Pitiscus commença son travail, il y avait déjà vingt-quatre ans que Viète avait donné deux théorèmes, qui rendaient inutiles les grands sinus que l'on croyait perdus. Ces théorèmes peuvent se mettre sous la forme suivante (*voyez* les articles de Lansberge et de Snellius) :

$$\operatorname{tang}(45° + \tfrac{1}{2}A) = 2\operatorname{tang}A + \operatorname{tang}(45° - \tfrac{1}{2}A) = 2\operatorname{tang}A + \cot(45° + \tfrac{1}{2}A),$$
$$\operatorname{séc} A = \tfrac{1}{2}[\operatorname{tang}(45 + \tfrac{1}{2}A) + \cot(45 + \tfrac{1}{2}A)].$$

Avec les tangentes des 45 premiers degrés, qu'il trouvait suffisamment exactes, il pouvait avoir celles des 45 degrés suivans, avec la même exactitude, à une unité près peut-être ; il suffisait de faire successivement $A = 2', 4', 6'$, etc., et $\frac{1}{2} A = 1', 2', 3'$, etc.

Avec toutes les tangentes il pouvait avoir toutes les sécantes de 20 en 20″ pour tout le quart de cercle; une interpolation facile aurait donné les sécantes des dixaines impaires. En voici des exemples :

2tang 20″.................... 19.39254
tang 44° 59′ 50″ ... 0.99990.30419

tang 45. 0.10 ... 1.00009.69673
Rhéticus.... 74
2tang 40″................. ... 38.78510
tang 44° 59′ 40″ ... 0.99980.60932

tang 45. 0.20 ... 1.00019.39442
Rhéticus.... 43
2tang 60″ ... 58.17764
tang 44° 59′ 30″ ... 0.99970.91541

tang 45. 0.30 ... 1.00029.09305
Rhéticus.... 04;

et ainsi jusqu'au bout. Ce calcul emploie trois tangentes. Il y aura souvent compensation d'erreurs; mais si les tangentes sont sûres, à $\frac{1}{2}$ sur la dernière décimale, l'erreur la plus forte sera de $\frac{3}{2}$, et plus de scrupule est assez inutile, puisqu'aujourd'hui l'on n'emploie que sept décimales logarithmiques, qui n'en valent guère que six de nombres naturels.

Pour les sécantes,

$\tang(45°+0'') + \cot(45°+0'') = 2 \sec 0'' = 2.00000.00000$
séc 0″ = 1.00000.00000
tang(45° 0′ 10″)...................... 1.00009.69674
cot(45.0.10)...................... 0.99990.30419

2séc 20″... 2.00000.00093
1.00000.00046.5
Rhéticus... 47
tang(45° 0′ 20″)...................... 1.00019.39443
cot(45.0.20)...................... 0.99980.60932

2.00000.00375
séc 40″... 1.00000.00187.5
Rhéticus... 8
tang 45° 0′ 30″...................... 1.00029.09304
cot 45.0.30.... .... 0.99970.91541

2.00000.00845
séc 60″... 1.00000.00422.5
Rhéticus... 3.0

Ici l'on n'emploie que deux tangentes, et l'on prend la moitié de la somme; ainsi, l'on n'aura que les erreurs primitives, et l'on aura la chance des compensations.

Nous aurons donc

		Δ	Δ'
séc 0″...	1.00000.00000	46.5	94.5
séc 20....	1.00000.00046.5	141.0	94.0
séc 40....	1.00000.00187.5	235.0	
séc 60....	1.00000.00422.5		

Pour l'interpolation, séc 0″...	1.00000.00000
moitié de la différ. 1re	+23.25
$\frac{1}{8}$ de la différence 2e	—11.81
séc 10″...	1.00000.00011.44
Rhéticus....	12
séc 20″...	1.00000.00046. 5
$\frac{1}{2}\Delta'$...	+70. 5
$\frac{1}{8}\Delta''$...	—11.75
séc 30″...	1.00000.00105.25
Rhéticus....	6
séc 40″...	1.00000.00187.5
$\frac{1}{2}\Delta$...	+117.5
$\frac{1}{8}\Delta'$...	— 11.7
	1.00000.00293.3
Rhéticus....	4.

On voit combien ces calculs sont faciles; mais les moyens les plus expéditifs ne se trouvent le plus souvent que quand le travail est fait. Nous en avons vu un exemple très remarquable pour la construction des Tables logarithmiques.

Si Pitiscus eût lu Viète, il n'aurait pas cherché les sinus à quinze décimales de Rhéticus, et peut-être seraient-ils perdus. Ainsi, tout a été pour le mieux. Il nous est fort indifférent aujourd'hui que Pitiscus ait eu la peine d'un long travail qu'on pouvait dès-lors abréger en réduisant tout à de simples additions.

Il fit donc réimprimer les six premiers degrés corrigés, et ses cartons se reconnaissent au papier qui est moins beau, aux caractères qui sont moins nets : le nombre de pages, ainsi réimprimées, est de 86. Les exemplaires corrigés sont très rares; je ne connais que celui qui est en la possession de M. de Prony, qui en a donné une notice détaillée, dans les Mémoires de l'Institut, tome V. Il y en avait un autre exemplaire à la bibliothèque du Conseil d'Etat. En voici le titre :

Georgii Joachimi Rhetici, magnus Canon doctrinæ triangulorum ad decades secundorum scrupulorum et ad partes 1.00000.00000, *recens emendatus à Bartolomæo Pitisco, Silesio.*

Addita est brevis commonefactio de fabrica et usu hujus canonis. Canon hic, unâ cum brevi commonefactione de ejus fabricâ et usu, etiam separatìm ab Opere Palatino venditur, in Bibliopoleio Harnischiano.

M. de Prony a déterminé les erreurs auxquelles on s'expose en calculant les cosécantes et les cotangentes avec des sinus qui n'ont pas assez de décimales. Dans le même tems, je faisais les mêmes calculs; et voici ce que j'avais trouvé : Au lieu de faire $\text{séc}\,A = \frac{1}{\cos A}$, supposons qu'on ait fait $\text{séc}\,A = \frac{1}{\cos A - x} = \frac{\text{séc}\,A}{1 - x\,\text{séc}\,A} = \text{séc}\,A + x\,\text{séc}^2 A + x^2\,\text{séc}^3 A + x^3\,\text{séc}^4 A + \text{etc.}$

x est la valeur des décimales négligées; si l'on a fait le cosinus trop petit, on aura trouvé la sécante trop forte de $x\,\text{séc}^2 A + x^2\,\text{séc}^3 A + \text{etc.}$

M. de Prony a supposé $x = 4$, ce qui n'est pas assez; j'ai supposé $x = 5$, ce qui est un peu trop fort, car la partie négligée n'est jamais $\frac{1}{2}$ unité du dernier ordre des décimales du cosinus.

Si Rhéticus s'est servi de ses sinus à dix décimales, la partie négligée $x = 0.00000.00000.5$, au plus; x sera négatif si l'on a ajouté à la vraie valeur pour la réduire à dix décimales.

Pour la plus forte sécante de la table, qui est celle de 89°59'.50", nous aurons, pour le premier terme, 0.02177.36, et pour le second 0.00000.00219.4; ainsi, en supposant dix bonnes décimales, l'erreur de la plus grande cotangente ne sera pas tout-à-fait 0.02127.26219.4; mais toutes les décimales peuvent être mauvaises à la réserve de la première.

D'après notre logarithme séc A, nous aurions	20626.48060.
La table de Rhéticus donne...........	20626.46705, etc.
L'erreur n'est que de................	0.01355.
A 89° 59' 40" elle ne peut être de......	0.00531.814.
A 89.59.30.........................	0.00236.36
A 89.59. 0.........................	0.00059.0905.
Et celle de Rhéticus n'est pas de.......	0.0002.

On voit donc qu'il doit avoir employé dix décimales, qui ne suffisaient pas pour ce degré.

Pour savoir à quel degré l'erreur de la sécante ne passera pas celle du sinus, je fais x séc^{2}A $= x$, séc^{2}A $=$ 1, cos^{2}A $=$ 1; donc, cos A $=$ 1, A $=$ 0; donc jamais des sinus à dix décimales ne suffiront pour des sécantes à dix décimales.

Si l'on a des sinus à onze décimales l'erreur sera dix fois moindre, et

$$x \text{ séc}^2 A = 10x, \quad \cos^2 A = 0.1;$$

à douze décimales, l'erreur sera cent fois moindre, et

$$\cos^2 A = 0.01;$$

à treize décimales, l'erreur sera mille fois moindre, et

$$\cos^2 A = 0.001, \text{ etc.}$$

Soit n le nombre des décimales; pour avoir l'arc où elles commencent à suffire, j'ai formé de cette manière la table suivante :

n	log. cos A.	A
10	0.00	0° 0′ 0″
11	9.50	71.34. 0
12	9.00	84.15.40
13	8.50	88.11.17
14	8.00	89.25.38
15	7.50	89.49. 8
16	7.00	89.56.34
17	6.50	89.58.55
18	6.00	89.59.40
19	5.50	89.59.54
20	5.00	89.59.58
21	4.50	89.59.59

On y voit qu'avec ses sinus à quinze décimales, Rhéticus pouvait aller jusqu'à 89° 49′. Pitiscus n'aurait eu à calculer que les onze dernières minutes. Dix-neuf décimales suffisaient jusqu'à 89°59′50″, où finit la table; avec vingt et vingt-deux qu'il a employées, suivant les cas, il était bien sûr de son fait, en supposant qu'il le fût de ses sinus.

Au lieu d'employer n décimales, que demande la table ci-jointe, si l'on emploie que n', $(n - n')$ sera le nombre de décimales douteuses.

Au lieu de dix décimales exactes, si l'on se contente de sept, comme $10 - 7 = 3$, il faudra diminuer de 3 les nombres n de la première colonne de notre tableau; on lira donc 7, 8, 9 n; huit décimales au sinus suffiront jusqu'à 71° 34′, neuf jusqu'à 84° 15′ 40″, etc.

Si l'on voulait quinze décimales, il faudrait ajouter $15 - 10 = 5$, à tous les nombres n, et lire 15, 16, etc.; seize décimales suffiraient jusqu'à 71° 34″, 17 jusqu'à 84° 15′ 40″.

Passons aux tangentes. $\text{Tang}\,A = \frac{\sin A}{\cos A}$. On a fait

$$\frac{\sin A - y}{\cos A - x} = \frac{\text{tang}\,A - y\,\text{séc}\,A}{1 - x\,\text{séc}\,A} = (\text{tang}\,A - y\,\text{séc}\,A)(1 + x\,\text{séc}\,A + x^2\,\text{séc}^2 A + \text{etc.})$$
$$= \text{tang}\,A + x\,\text{séc}\,A\,\text{tang}\,A + x\,\text{séc}^2 A\,\text{tang}\,A - y\,\text{séc}\,A - xy\,\text{séc}^2 A - \text{etc.}$$
$$= \text{tang}\,A + x\,\text{séc}\,A\,\text{tang}\,A - y\,\text{séc}\,A = \text{tang}\,A + (x\,\text{tang}\,A - y)\,\text{séc}\,A;$$

en négligeant ce qui est insensible; l'erreur sera donc $(x\,\text{tang}\,A - y)\,\text{séc}\,A$; dont la tangente sera trop forte. Mais y peut égaler x, et être de signe contraire; l'erreur possible aura donc pour *maximum*

$$(x\,\text{tang}\,A + x)\,\text{séc}\,A = x\,\text{séc}\,A\,(1 + \text{tang}\,A).$$

Soit $x\,\text{séc}\,A\,(1 + \text{tang}\,A) = x$, ou $\text{séc}\,A\,(1 + \text{tang}\,A) = 1$,

ou $$1 + \text{tang}\,A = \cos A,$$

valeur impossible. Donc, jamais des sinus à dix décimales n'en donneront dix pour les tangentes. Supposons onze décimales

$$1 + \text{tang}\,A = 10 \cos A.$$

Pour trouver A il faudrait résoudre une équation du quatrième degré. Le grand Canon nous donnera une solution plus facile : en le parcourant des yeux je forme le tableau suivant :

Arcs.	$1 + \text{tang}\,A$.	$10 \cos A$.	Différences.	
58°55′ 0″	3,59381	3,59725	+0,00344	C'est donc à 58°55′41″,6 que l'on aura $(1 + \text{tang}A) = 10 . \cos A$, et que l'erreur des tangentes ne surpassera pas celle du sinus; ainsi, jusqu'à 58° 55′ 40″ on pourra se contenter de sinus à onze décimales.
58.55.30	3,59493	3,59590	+0,00097	
58.55.40	3,59531	3,59544	+0,00013	
58.55.50	3,59568	3,59499	−0,00069	

Je forme ainsi le tableau suivant :

n	A	n	A
10	0° 0′ 0″	16	89° 56′ 30″
11	58.55.40	17	89.58.54
12	83.58.50	18	89.59.40
13	88. 9.30	19	89.59.54
14	89.25.20	20	89.59.58
15	89.49. 8	21	89.59.59

On y voit qu'à commencer de $n = 15$, les A sont les mêmes que pour la sécante; au-dessous de 15 ils sont un peu moindres; ainsi les vingt ou vingt-deux décimales suffiront toujours.

M. de Prony a comparé les cotangentes et les cosécantes des petits angles avec les grandes tables du Cadastre; et il a publié dans les Mémoires de l'Institut, les résultats de ces comparaisons.

Angles.	Erreur des cotangentes.	Erreur des cosécantes.
0° 0′ 10″	−0.01357.53205	−0.01357.53025
20	+0.00383.65089	+ 383.65089
30	+0.00018.05840	+ 18.05840
40	−0.00076.50600	− 76.50600
50	+0.00064.97628	+ 64.97628
0. 1. 0	+0.00005.39310	+ 5.39310
15. 0	−0.00000.08013	− 8013
30. 0	−0.00000.00223	− 223
45. 0	−0.00000.01672	− 1672
1. 0. 0	+ 1224	+ 1224
15. 0	+ 726	+ 726
30. 0	+ 115	+ 115
45. 0	+ 105	+ 105
2. 0. 0	+ 20	+ 20
15. 0	+ 383	+ 383
30. 0	− 183	− 182
45. 0	+ 93	+ 93
3. 0. 0	+ 156	+ 156
15. 0	+ 196	+ 196
30. 0	+ 93	+ 93
45. 0	+ 70	+ 70
4. 0. 0	+ 82	+ 90
15. 0	− 9	− 9
30. 0	+ 40	+ 45
45. 0	+ 18	+ 18
5. 0. 0	+ 63	+ 62
15. 0	− 41	− 44
30. 0	+ 25	+ 22
45. 0	+ 7	+ 11
6. 0. 0	− 27	− 30
15. 0	+ 41	+ 43
30. 0	− 24	− 26
45. 0	+ 37	+ 41

Les signes + indiquent que les nombres de Rhéticus sont trop grands.

Les signes — qu'ils sont trop petits.

On voit qu'au fond ces erreurs sont peu importantes; et qu'excepté dans le premier degré, on aurait pu se dispenser de les corriger.

M. de Prony a comparé de même les sinus à 15 décimales de Rhéticus, publiés par Pitiscus, et voici un extrait de la table qu'il a donnée.

Angles.	ERREUR du sinus.	Angles.	ERREUR du sinus.	Angles.	ERREUR du sinus.	Angles.	ERREUR du sinus.	Angles.	ERREUR du sinus.
1° 7′ 30″	+0,7	22°16′30″	−0,56	42°45′ 0″	−1,74	60°31′30″	−2,46	76° 3′ 0″	−1,46
1.34.30	−1,46	22.30. 0	*lisez* 90	43.12. 0	−0,67	60.45. 0	−1,11	76.16.30	−0,94
1.48. 0	−1,30	22.43.30	−1,01	43.25.30	−0,66	60.58.30	−1,86	76.30. 0	−0,60
2. 1.30	−1,2	22.57. 0	−1,28	43.39. 0	−1,15	61.12. 0	−0,59	76.43.30	−0,98
2.15. 0	−0,6	23.10.30	−3,39	43.52.30	−1,57	61.25.30	−1,17	76.57. 0	−1,33
2.28.30	+0,7	24. 4.30	−1,18	44. 6. 0	−0,33	61.39. 0	−0,94	77.10.30	−1,87
2.55.30	+1,4	24.18. 0	−0,77	44.19.30	+1,71	61.52.30	−2,03	77.37.30	−1,43
3.49.30	+2,0	24.31.30	−1,22	44.33. 0	−2,73	62. 6. 0	−2,42	77.51. 0	−0,69
4.16.30	+1,4	24.45. 0	−1,09	44.46.30	−0,17	62.33. 0	−2,23	78. 4.30	−1,02
4.43.30	−0,7	25.52.30	−1,07	45. 0. 0	−2,52	62.46.30	−2,39	78.18. 0	−0,78
5.10.30	−2,1	26. 6. 0	−1,14	45.13.30	−1,33	63. 0. 0	−1,86	78.31.30	−1,58
5.24. 0	+0,7	26.19.30	−0,58	45.27. 0	−1,40	63.13.30	−2,30	78.58.30	−1,40
5.37.30	−0,6	26.33. 0	−1,11	45.40.30	−2,91	63.27. 0	−3,09	79.12. 0	−0,68
5.51. 0	−1,0	27. 0. 0	−0,79	46. 7.30	−0,80	63.40.30	−3,67	79.25.30	−0,60
6. 4.30	−1,6	27.13.30	−2,44	46.34. 0	−1,41	63.54. 0	−0,63	79.39. 0	−0,80
6.18. 0	−1,5	27.27. 0	−1,35	46.48. 0	−0,53	64. 7.30	−1,46	79.52.30	−1,64
6.31.30	−2,1	27.40.30	−3,52	47. 1.30	−1,73	64.21. 0	−0,69	80.46. 0	−0,92
6.45. 0	−0,6	27.54. 0	+0,66	47.15. 0	−0,54	64.34.30	−2,07	80.19.30	−0,78
6.58.30	−0,7	28. 7.30	−0,65	47.28.30	−0,74	64.48. 0	−0,53	80. 3. 0	−1,48
7.52.30	−2,0	28.21. 0	−0,59	48.22.30	−0,78	65. 1.30	−1,70	80.46.30	−1,58
8. 6. 0	−1,7	28.34.30	−1,46	48.36. 0	−0,54	65.15. 0	−1,30	81. 0. 0	−1,73
8.19.30	+2,3	28.48. 0	−1,27	49. 3. 0	−1,61	65.28.30	−2,02	81.13.30	−1,36
9.40.30	−1,9	29. 1.30	−1,83	49.16.30	−0,66	66. 9.30	−0,58	81.27. 0	−1,78
10.21. 0	−0,55	29.15. 0	−0,95	49.30. 0	−0,94	66.22.30	−0,91	81.40.30	−1,41
10.34.30	−1,4	29.55.30	+0,63	49.43.30	−0,94	66.36. 0	−1,13	81.54. 0	−0,57
10.48. 0	−0,6	30.22.30	−0,60	49.57. 0	−2,15	66.45.30	−0,91	82. 7.30	−1,25
11. 1.30	−2,3	30.36. 0	−1,30	50.10.30	−2,72	67. 3. 0	−1,25	82.48. 0	−0,83
11.42. 0	+0,52	30.49.30	+2,02	50.37.30	−0,96	67.16.30	−1,82	83. 1.20	−1,89
12. 9. 0	−0,66	31.57. 0	−0,61	51. 4.30	−1,44	67.30. 0	−0,76	83.28.30	−1,40
12.22.30	−1,7	32.10.30	−2,19	51.18. 0	−0,74	67.43.30	−1,07	83.55.30	−0,73
12.36. 0	−1,55	32.37.30	+0,77	51.31.30	−2,59	67.57. 0	−1,61	84.22.30	−1,89
12.49.30	+2,0	33. 4.30	−0,87	51.45. 0	−0,93	68.10.30	−1,68	84.36. 0	−1,01
13. 3. 0	−3,69	33.18. 0	−0,74	52.12. 0	+0,63	68.24. 0	−1,40	85.16.30	−0,73
13.16.30	−0,81	33.31.30	−1,58	52.52.30	−1,14	68.37.30	−2,56	85.47.30	−0,72
13.43.30	−1,72	35. 6. 0	−0,57	53. 6. 0	−0,54	68.51. 0	−1,12	85.57. 0	−1,19
13.57.40	−0,65	35.19.30	+0,64	53.46.30	−1,02	69.31.30	−3,48	86.10.30	−1,14
14.10.30	−2,53	35.33. 0	−0,58	54.13.30	−0,99	69.45. 0	−2,13	86.24. 0	−1,55
14.37.30	−0,66	35.46.30	−0,61	54.27. 0	−1,02	69.58.30	−2,03	86.37.30	−1,89
14.51. 0	−0,63	36.27. 0	−0,53	54.40.30	−2,27	70.12. 0	−1,47	86.51. 0	−0,94
15. 4.30	−1,58	36.40.30	−2,44	55. 7.30	−0,60	70.25.30	−1,82	87. 4.30	−1,59
15.18. 0	−0,90	37.21. 0	−0,69	55.21. 0	−0,80	70.39. 0	−1,58	87.18. 0	−0,97
15.31.30	−1,28	37.34.30	−0,77	55.34.30	−1,44	70.52.30	−2,02	87.31.30	−0,95
15.45. 0	−1,25	37.48. 0	−1,49	55.48. 0	−0,82	71. 6. 0	−2,32	87.45. 0	−0,93
15.58.30	−1,52	38. 1.30	−1,83	56. 1.30	−0,61	71.33. 0	−1,63	87.58.30	−2,03
16.25.30	+0,54	38.55.30	−0,55	56.15. 0	−1,24	71.46.30	−0,64	88.12. 0	−0,56
16.52.30	−1,37	39. 9. 0	−0,70	56.28.30	−1,38	72. 0. 0	−0,57	88.25.30	−0,88
17. 6. 0	−1,96	39.22.30	−0,50	56.55.30	−1,00	72.13.30	−1,41	88.39. 0	−0,55
17.19.30	+0,70	39.36. 0	−1,71	57. 9. 0	−0,89	72.27. 0	−1,24	88.52.30	−0,86
17.33. 0	−0,68	39.49.30	+0,95	57.22.30	−1,55	72.40.30	−2,06	88. 6. 0	−0,60
18.13.30	−0,86	40. 3. 0	−0,94	57.36. 0	−2,08	73. 7.30	−0,46	89.46.30	−0,61
18.27. 0	−1,11	40.16.30	−0,91	57.49.30	+0,91	73.34.30	−1,26		
18.40.30	−2,80	40.30. 0	−0,66	58. 3. 0	−0,67	74. 1.30	−1,00		
19. 7.30	−0,52	40.44.30	−1,73	58.16.30	−1,22	74.15. 0	−1,29		
19.34.30	−1,02	40.57. 0	−1,91	58.43.30	−0,88	74.28.30	−1,75		
19.48. 0	−1,38	41.10.30	−2,49	58.57. 0	−0,62	74.42. 0	−1,[illegible]		
20. 1.30	−1,44	41.24. 0	−0,88	59.10.30	−1,57	74.55.30	−0,59		
21.22.30	−1,66	41.51. 0	−0,66	59.24. 0	−0,64	75. 9. 0	−1,31		
21.36. 0	−0,66	42. 4.30	−2,63	59.37.30	−0,82	75.22.30	−2,79		
21.49.30	−2,15	42.18. 0	−2,34	60. 4.30	−1,15	75.36. 0	−2,12		
22. 3. 0	−1,07	42.31.30	−1,68	60.18. 0	−1,25	75.49.30	−0,54		

Cette Table nous prouve que les grands sinus de Rhéticus sont exacts jusqu'à la quatorzième décimale inclusivement et que l'erreur sur la quinzième ne va jamais à quatre parties, enfin que généralement ces sinus sont un peu trop faibles. Les erreurs en excès sont rares et la plus forte est + 2,3.

A la suite des sinus de Rhéticus, on trouve pour le même rayon et pour le premier et dernier degré, les sinus de seconde en seconde, calculés de même par Rhéticus.

Nous voyons par la préface de l'éditeur Pitiscus que son intention était d'y ajouter les sinus, les tangentes et les sécantes pour toutes les minutes du quart de cercle et pour le même rayon, tirés de même des manuscrits de Rhéticus. Adrien le romain l'en détourna par la crainte de nuire au débit, en augmentant la grosseur et le prix du volume. D'ailleurs les sinus auraient fait un double emploi (mais il eût été facile de les supprimer); enfin Adrien objectait que les tangentes avaient des erreurs de même genre que celles du grand Canon. Pitiscus se rendit à ces raisons, mais il en avertit et il offrit le manuscrit à qui voudrait le publier.

Pour compléter ses corrections, Pitiscus avait calculé à 22 décimales les sinus et les cosinus de 20 en 20″, depuis 0′ 10″, jusqu'à 34′ 50″, avec les différences de quatre et même de cinq ordres.

Cette Table forme un cahier séparé qui manque dans deux des trois exemplaires que j'ai eus entre les mains.

Il en est de même d'un autre cahier qui est l'ouvrage de Pitiscus. Il a pour titre :

Principia sinuum ad radium 1.00000.00000.00000.00000.00000 *per analysin algebraïcam inventa, et per synthesin contrariam demonstrata, perque digitos multiplicata et probatione novenariâ communita, atque adeo in tabulas ad compendia calculi utilissimas redacta. Accessere tabulæ consimiles ex sinibus arcuum* 10″ *et* 20″ *et complementorum eorumdem factæ ; item duo exempla compendiosi calculi, unum multiplicationis, alterum divisionis, ex tabulis illis.*

Ces principes sont tirés de sa Trigonométrie, où nous verrons par quelle analyse il y est parvenu. La seule différence est qu'ici il donne les cordes des arcs doubles, au lieu que dans sa Trigonométrie, nous trouverons les sinus des arcs simples.

Ses multiplications par doigts ne sont autre chose que des tables de neuf multiples de chaque sinus ou cosinus. Ces moyens de rendre plus faciles et plus sûres les multiplications et les divisions des grands nombres, n'étaient pas inconnus aux Grecs, et c'est sur-tout dans le calcul d'une table de sinus avec tant de chiffres, que l'usage en est en quelque sorte indispensable.

Sa preuve par 9 est longue, obscure et inutile. Au lieu de s'arrêter au neuvième multiple, il suffit d'aller jusqu'au dixième qui doit reproduire tous les chiffres du nombre simple, mais suivis d'un zéro. Tous les multiples impairs peuvent se vérifier par l'addition de deux multiples voisins, l'un pair et l'autre impair. Tous les multiples pairs sont les doubles d'un nombre précédent; il n'est donc aucun de ces multiples qui n'ait une vérification facile.

Il paraît que Pitiscus jouissait d'une réputation qui a déterminé Jonas Rosa à entreprendre à ses frais l'impression des grands sinus de Rhéticus qui, sans cette circonstance, n'auraient jamais vu le jour. Voilà réellement l'obligation que nous avons à Pitiscus; car, pour la correction des six derniers degrés, il est fort douteux qu'elle ait jamais eu d'autre utilité que de satisfaire les amateurs, en leur offrant avec plus d'exactitude des tangentes et des sécantes dont il faut bien se garder de faire le moindre usage dans les calculs. S'il s'agit de trouver un arc par ces grandes tangentes ou sécantes, on le trouvera plus exactement qu'il ne faut, même avec les nombres défectueux de Rhéticus. Si au contraire ces grands nombres devaient entrer dans le calcul d'un sinus ou d'un cosinus et même d'une tangente qui ne serait pas aussi grande, l'usage en serait dangereux et sujet à de graves erreurs. Nous verrons que Briggs n'a donné ces tangentes et ces sécantes qu'avec fort peu de décimales, quoiqu'il en donne 14 à ses sinus. En effet, $d \text{ tang } A = dA \text{ séc}^2 A$, $dA = (d \text{ tang } A) \cos^2 A = x \text{ séc}^2 A \cos^2 A = x$; ainsi l'erreur de l'arc tiré de sa tangente ne sera que l'erreur commise dans le diviseur qui a donné la tangente $\sin dA = 0.00000.00000.5$ tout au plus. Cet arc est absolument insensible; mais si l'on fait

$$\sin B = \text{tang } A \cos C,\ dB \cos B = (d \text{ tang } A) \cos C = x \text{ séc}^2 A \cos C,$$

$$dB = \frac{x \text{ séc}^2 A \cos C}{\cos B}, \text{ et si l'on fait } \text{tang } B = \text{tang } A \cos C,$$

$$dB = (d \text{ tang } A) \cos C \cos^2 B = x \text{ séc}^2 A \cos C \cos^2 B,$$

dB pourra être énorme.

Outre ces éditions, Pitiscus avait fait une Trigonométrie imprimée d'abord en 1599, et réimprimée en 1608 et 1612, sous ce titre :

Bartholomæi Pitisci Grunbergensis Silesii, Trigonometriæ libri quinque, item problematum variorum nempe geodæticorum, altimetricorum, geographicorum, gnomonicorum, astronomicorum, libri decem, editio tertia, cui recens accessit problematum architectonicorum liber unus. 1612.

Dans son épître dédicatoire, il cherche à se disculper de ce qu'étant théologien, il publie des ouvrages de mathématiques. Sa première excuse est qu'il les a composés dans des momens de loisir, que tout autre aurait donnés au jeu ou aux plaisirs de la société. La seconde est que l'étude de l'Astronomie fait mieux connaître les merveilles du monde et les ouvrages de Dieu, et que rien n'est plus propre à adoucir les mœurs que les soins que l'on donne à la Philosophie céleste. *Bon dieu!* s'écrie-t-il, *quel ornement que la douceur, et qu'il est rare chez les théologiens, et combien ne serait-il pas à souhaiter qu'en ce siècle tous les théologiens fussent mathématiciens, c'est-à-dire des hommes doux et faciles à vivre!*

Pitiscus était né en 1561, il avait été précepteur de Frédéric IV, électeur palatin, et depuis théologal du même prince. Il mourut en 1613.

Aux articles 59 et suivans de sa Trigonométrie, il s'occupe de la transformation des triangles sphériques.

Tout triangle ABC (fig. 5) pourra se changer en un autre BCD qui aura la base commune BC, l'angle D, opposé à cette base, sera le même que l'angle A du premier triangle; les côtés BD et CD seront les supplémens des côtés AB et AC; les angles B et C seront de même les supplémens des angles adjacens à la base commune. Cette remarque n'était sûrement pas neuve, et Pitiscus l'avait vue dans l'ouvrage de Rhéticus.

Soit un triangle ABC obtusangle en B (fig. 6); du pôle A décrivez EDLP, ED mesurera l'angle A; du pôle B décrivez GFLO, GF mesurera l'angle $GBF = 180° - ABC$; il pouvait ajouter que FO mesure ABC, il le dit plus loin.

Du pôle C, décrivez l'arc MKHI,

$$DE = LE - LD = 90° - LD = DK - LD = KL = DE = A,$$

$KD = 90°$; car $I = D = 90°$.

$$LM = FM - LF = GL - LF = 90° - LF = LG - LF = GF = GBF = LM;$$

car $F = H = 90°$, M est le pôle de FH, $FM = 90°$.

$$HI = KI - KH = 90° - KH = MH - KH = MK = ACB,$$

$I = N = 90°$, M est le pôle de NI; ainsi le triangle KLM a les côtés égaux aux angles du triangle ABC, en prenant l'angle extérieur en place de l'angle obtus.

Les angles du triangle KLM seront égaux aux côtés de ABC, en mettant de même pour l'angle obtus K l'angle extérieur.

$AC = 90° - CD = DI = DKI = 180° - LKM$,
$AB = 90° - AO = PO = MLK$, car L est le pôle de OP,
$BC = 90° - CF = FH = M$.

Les sommets du nouveau triangle sont les pôles des côtés de l'ancien, les sommets du premier triangle sont par construction les pôles des côtés du second.

$$OF = OBF = ABC = OL + LF = 90° + LF = 90° + 90° - FG = 180° - GBF.$$

Ce triangle polaire est moins commode que celui qu'on a imaginé depuis, et qui enferme le triangle ABC. On pourrait demander pourquoi supposer un angle obtus? mais Pitiscus a trouvé cette idée, comme la précédente, dans Rhéticus qui se sert de cette construction, pour résoudre les triangles obtusangles.

Il se sert de ce triangle polaire pour démontrer que les trois angles de tout triangle sphérique, surpassent 180°. Nous avons mieux aujourd'hui, nous savons calculer cet excès. De plus :

Soit ABC fig. 7 un triangle sphérique quelconque ; partagez-le en deux triangles rectangles par la perpendiculaire BD, $\cot ABD = \tang A \cos AB$, $\text{séc}\, AB = \tang A \tang ABD > 1$; donc $ABD + A > 90°$. On aura de même $CBD + C > 90°$; donc $A + C + ABD + CBD > 180$, ou $A + C + B > 180°$.

Sans connaître cette proposition de Pitiscus, j'ai fait un raisonnement semblable pour trouver la valeur de l'excès $A + B + C - 180°$, et le mettre en table (*voyez* base du système métrique). Si $AB = 0$ ou infiniment petit $\text{séc}\, AB = 1$, $\tang A \tang ABD = 1$, $ABD = 90° - A$. Le triangle dégénère en triangle plan.

A la page 33, Pitiscus donne les titres des Tables de Rhéticus et de Viète, en 1613. Il emploie à la construction de sa table les théorèmes suivans :

$\cos A = (1 - \sin^2 A)^{\frac{1}{2}}$, $\sin 2A = 2 \sin A \cos A = 2 \sin A - 4 \sin^2 \frac{1}{2} A \sin A$;
il ne donne pas cette dernière expression.

$$\sin 3A = \frac{\sin^2 2A - \sin^2 A}{\sin A} = \frac{(\sin 2A + \sin A)(\sin 2A - \sin A)}{\sin A}$$
$$= \frac{2 \sin \frac{3}{2} A \cos \frac{1}{2} A \,.\, 2 \sin \frac{1}{2} A \cos \frac{3}{2} A}{\sin A} = \frac{2 \sin \frac{1}{2} A \cos \frac{1}{2} A \,.\, 2 \sin \frac{3}{2} A \cos \frac{3}{2} A}{2 \sin \frac{1}{2} A \cos \frac{1}{2} A}$$
$$= 2 \sin \tfrac{3}{2} A \cos \tfrac{3}{2} A = \sin 3A\,;$$

il ne donne pas ces développemens que j'emploie pour démontrer sa formule, il s'arrête à

$$\sin 3A = (\sin 2A + \sin A)(\sin 2A - \sin A)\,\text{cosec}\,A.$$

cosec A est un facteur constant dans la construction de sa table.

$$\begin{aligned}\sin 5A &= \frac{(\sin 3A + \sin 2A)(\sin 3A - \sin 2A)}{\sin A}\\ &= (\sin 3A + \sin 2A)(\sin 3A - \sin 2A)\,\text{cosec}\,A,\end{aligned}$$

et ainsi à l'infini. Pitiscus démontre ces propositions par le quadrilatère inscrit. Benjaminus Ursinus a emprunté de lui ces théorèmes.

$$\begin{aligned}&\sin^2 A + 4\sin^4 \tfrac{1}{2}A = 4\sin^2 \tfrac{1}{2}A\cos^2 \tfrac{1}{2}A + 4\sin^2 \tfrac{1}{2}A\sin^2 \tfrac{1}{2}A\\ &\qquad = 4\sin^2 \tfrac{1}{2}A(\cos^2 \tfrac{1}{2}A + \sin \tfrac{1}{2}A) = 4\sin^2 \tfrac{1}{2}A = (2\sin \tfrac{1}{2}A)^2,\\ &\sin^2 A = 4\sin^2 \tfrac{1}{2}A - 4\sin^4 \tfrac{1}{2}A = 4\sin^2 \tfrac{1}{2}A(1 - \sin^2 \tfrac{1}{2}A) = 4\sin^2 \tfrac{1}{2}A\cos^2 \tfrac{1}{2}A,\\ &\tfrac{1}{4}\sin^2 A = \sin^2 \tfrac{1}{2}A\cos^2 \tfrac{1}{2}A = \sin^2 \tfrac{1}{2}A - \sin^4 \tfrac{1}{2}A,\\ &\sin^4 \tfrac{1}{2}A - \sin^2 \tfrac{1}{2}A = -\tfrac{1}{4}\sin^2 A,\\ &\sin^4 \tfrac{1}{2}A - \sin^2 \tfrac{1}{2}A + \tfrac{1}{4} = \tfrac{1}{4} - \tfrac{1}{4}\sin^2 A = \tfrac{1}{4}\cos^2 A,\\ &(\sin^2 \tfrac{1}{2}A - \tfrac{1}{2})^2 = \pm\tfrac{1}{4}\cos^2 A,\ \sin^2 \tfrac{1}{2}A - \tfrac{1}{2} = \pm\tfrac{1}{2}\cos A,\ \sin^2 \tfrac{1}{2}A = \tfrac{1}{2} \pm \tfrac{1}{2}\cos A;\end{aligned}$$

il n'y a rien de nouveau dans ce théorème de Pitiscus.

Il expose ensuite une méthode nouvelle pour trouver sans Algèbre les sinus de $\frac{1}{3}A$, $\frac{1}{5}A$, $\frac{1}{7}A$, etc. par le sinus de A ; mais sa méthode est indirecte et pénible. Elle emploie les fausses positions.

$\sin \frac{1}{3}A > \frac{1}{3}\sin A$, il augmente sin A de trois quantités a, b, c, et il cherche x, y et z par ces formules $\frac{1}{3}\sin(A+a) = \sin x$, $\frac{1}{3}(\sin A + b) = \sin y$, $\frac{1}{3}\sin(A+c)$; il cherche ensuite $\sin 3x$, $\sin 3y$, $\sin 3z$; si l'une de ces formules donne le sinus de A, on a le sinus du tiers; s'il y a erreur, ce qui arrivera presque toujours, la marche des erreurs indiquera la corection à faire à la moins défectueuse des trois suppositions.

Enfin pour dernier théorème, il donne les formules sin (A±B), cos (A±B) connus des Grecs. Il cherche les sinus de 30°, 15°, 5°, 1°, 30′, 10′; 5′, 1′30″, 30″, 10″, 5″ et 1″. Il a trouvé de cette manière, en n'employant que la trisection et la quintisection, les sinus des arcs ci-après à 25 décimales.

Arcs.	Sinus.					
30°	0,5					
15	0,25881	90451	02520	76234	88988	5
5	0,08715	57427	47658	17355	80642	5
1	0,01745	24064	37283	51281	94189	5
0.30′	0,00872	65354	98373	93496	48884	5
0.10	0,00290	88779	84361	93442	43461	5
0. 5	0,00145	44405	30541	53507	62745	0
0. 1	0,00029	05882	04563	42459	63743	0
0. 0.30″	0,00014	54441	03820	07367	14774	0
0.10	0,00004	84813	68091	96148	35411	5
0. 5	0,00002	42406	84053	10278	52015	0
0. 1	0,00000	48481	36811	07636	78199	5

Il donne ensuite les théorèmes de Viète;

$$\sin A = \sin(60 + A) - \sin(60° - A),$$
$$\text{tang}\,\tfrac{1}{2}A - \cot\tfrac{1}{2}A = 2\cot A.$$

Soit $A = (45° + \frac{1}{2}B)$, $90° - A = 90° - 45° - \frac{1}{2}B = 45° - \frac{1}{2}B$,

$$\text{tang}(45° + \tfrac{1}{2}B) - \text{tang}(45° - \tfrac{1}{2}B) = 2\cot(90° + B) = 2\,\text{tang}\,B,$$
$$2\,\text{tang}\,B + \text{tang}(45° - \tfrac{1}{2}B) = \text{tang}(45° + \tfrac{1}{2}B),$$
$$\cot 2A + \text{tang}\,A = \text{coséc}\,2A, \quad \text{ou} \quad \cot A + \text{tang}\tfrac{1}{2}A = \text{coséc}\,A,$$
$$\cot A - \cot 2A = \text{coséc}\,2A,$$
$$\text{tang}\,A + \text{séc}\,A = \text{tang}(45° + \tfrac{1}{2}B);$$

car

$$\frac{\sin A}{\cos A} + \frac{1}{\cos A} = \frac{1 + \sin A}{\cos A} = \frac{1 + \dfrac{2\,\text{tang}\frac{1}{2}A}{1 + \text{tang}^2\frac{1}{2}A}}{\left(\dfrac{1 - \text{tang}^2\frac{1}{2}A}{1 + \text{tang}^2\frac{1}{2}A}\right)} = \frac{1 + \text{tang}^2\frac{1}{2}A + 2\,\text{tang}\frac{1}{2}A}{1 - \text{tang}^2\frac{1}{2}A}$$
$$= \frac{(1 + \text{tang}\frac{1}{2}A)^2}{(1 - \text{tang}\frac{1}{2}A)(1 + \text{tang}\frac{1}{2}A)} = \frac{1 + \text{tang}\frac{1}{2}A}{1 - \text{tang}\frac{1}{2}A}$$
$$= \frac{\text{tang}\,45° + \text{tang}\frac{1}{2}A}{1 - \text{tang}\frac{1}{2}A\,\text{tang}\,45°} = \text{tang}(45° + \tfrac{1}{2}A),$$

ou soit $B = 90° - A$, $A = 90° - B$, $\frac{1}{2}A = 45° - \frac{1}{2}B$.

Le dernier théorème est celui de Viète $\cot A + \text{coséc}\,A = \cot\frac{1}{2}A$,

$$\text{tang}B + \text{séc}B = \text{tang}(90° - \tfrac{1}{2}A) = \text{tang}(90° - 45° + \tfrac{1}{2}B) = \text{tang}(45° + \tfrac{1}{2}B);$$

il donne ensuite un exemple où par la marche des différences de plusieurs ordres, il enseigne à reconnaître et corriger l'erreur d'une suite de tangentes et de sécantes.

Les tables qui accompagnent sa Trigonométrie paraissent construites avec soin et avec intelligence. Elles vont de seconde en seconde, depuis o jusqu'à 1′, et depuis 89° 59′ jusqu'à la fin avec 11 décimales.

De 2 en 2″ avec 10 décimales jusqu'à 10′.

De 10 en 10″ avec 9 décimales jusqu'à 1°.

De minute en minute pour le reste du quart de cercle.

Les chiffres excédans sont séparés par des points.

Au lieu des différences, il a mis la partie proportionnelle pour 1″ ou 1′, selon les cas. La table est bien imprimée.

Il avertit que dans le premier et le dernier degré, sa table est plus exacte que celle de Rhéticus; mais que pour le reste, on peut espérer plus de précision du grand canon, qui va partout de 10 en 10″. *Si donc vous avez de la raison et de l'argent, vous ferez bien de vous procurer Rhéticus.* Il a eu le bon esprit de n'imiter ni Viète, ni Rhéticus; il a conservé les noms de sinus, de tangentes et de sécantes.

Il indique les moyens auxquels on avait recours avant qu'on eût imaginé les tables de tangentes et de sécantes.

Il donne le théorème $\tang \frac{1}{2}(A' - A) = \left(\frac{C'-C}{C'+C}\right) \tang \frac{1}{2}(A'+A)$; mais sa démonstration est pénible.

Pour démontrer les six théorèmes des triangles rectangles, il se sert des deux triangles complémentaires à la suite l'un de l'autre, dont le second avait été long-tems inconnu et qui était inutile. Nous avons vu que ces théorèmes sont dans le livre de Rhéticus.

Au triangle rectilatère, il substitue le triangle rectangle adjacent.

Partout il partage les triangles obliquangles en deux rectangles. L'application de ses principes est longue et obscure. Sa Trigonométrie n'a rien de neuf, si ce n'est peut-être sa règle

$$\tang \frac{1}{2}(A' - A) = \left(\frac{C'-C}{C'+C}\right) \tang \frac{1}{2}(A' + A),$$

et l'usage qu'il fait du second triangle complémentaire.

Il cite Finckius, Lansberge et Juste Byrge.

Sa Gnomonique est courte, il y emploie la Trigonométrie sphérique; ses problèmes astronomiques sont tous tirés de Ptolémée ou de Copernic; et quand ces deux auteurs diffèrent, il suit Copernic. Il ne dit pas un seul mot du mouvement de la Terre, et en sa qualité de théologal, il n'avait sans doute rien de mieux à faire que de garder ce silence prudent.

L'extrait qu'on vient de lire des ouvrages de Pitiscus, nous met à portée de rectifier quelques assertions de Montucla, qui paraît n'avoir lu ni Rhéticus ni son éditeur. Il n'attribue au premier que les sinus, les tangentes et les sécantes, de minute en minute, pour tout le quart de cercle, et de dix en dix secondes pour le premier et le dernier degré. Il donne le reste de l'*Opus Palatinum* à Othon, qui, dans le fait, n'a dû avoir à calculer tout au plus que quelques tangentes et quelques sécantes. Montucla dit encore qu'il s'y est glissé beaucoup de fautes. Nous avons dit à quoi se réduisent ces inexactitudes, quelle en est la source et l'importance. *Ce motif engagea, en 1610, Pitiscus non seulement à en donner une nouvelle édition* (nous avons vu qu'il en fit seulement réimprimer quatre-vingt-six pages), *mais à porter les sinus, tangentes et sécantes à seize chiffres* (les sinus avaient été calculés par Rhéticus, les tangentes et les sécantes à seize chiffres n'existent pas). *Il eut le courage de calculer de nouveau, jusqu'au septième degré, les sinus et tangentes pour un rayon de vingt-six chiffres* (il n'a calculé que les tangentes et les sécantes à onze chiffres). *C'est un des monumens les plus remarquables de la patience humaine; disons mieux, d'un dévouement d'autant plus méritoire à l'utilité des sciences, qu'il n'est pas accompagné de beaucoup de gloire* (c'est une raison de plus pour n'en pas dépouiller le véritable auteur; ce dernier passage deviendra juste en substituant le nom de Rhéticus à celui de Pitiscus qui n'a été que l'éditeur du *Thesaurus*). *Ce titre annonce même le commencement de la table des sinus pour un rayon de seize chiffres* (lisez vingt-six; et nous avons rapporté ce commencement, qui consiste en onze sinus). *Il est à propos de remarquer que c'est à Rhéticus qu'on doit l'introduction des sécantes dans la Trigonométrie.* Maurolycus n'avait calculé les sécantes que pour les degrés.

Rhéticus refit la table en entier, en l'étendant d'abord à toutes les minutes, et c'est ainsi que Finckius la reproduisit en 1583, en citant Rhéticus, mort en 1574 ou 76. Viète adopta cette table en 1579, d'après des *rapsodes* qu'il ne nomme point. On ne voit que Rhéticus à qui l'on puisse l'attribuer avec justice. (*Voyez* Histoire des Mathématiques de Montucla, tome I, pages 581 et 582.)

Lalande a peut-être contribué à la méprise de Montucla, en disant *des sinus* (art. 441) *que Pitiscus acheva la table de dix en dix secondes avec quinze chiffres.* Il était d'autant plus important de relever ces erreurs, que le *Thesaurus mathematicus* est fort rare; que ces erreurs se sont répandues, et que je les partageais avant d'avoir lu et analysé le *Thesaurus* et *l'Opus*

Palatinum, à l'époque où la mesure de la méridienne fut interrompue, en 1794.

Adrien Romain.

Adrien Romain, dont nous avons parlé à l'article de Viète, était né à Louvain, en 1561; il y professa la Médecine et les Mathématiques; il mourut à Mayence en 1625. Il publia en 1609 un ouvrage sous ce titre :

Adriani Romani, Triangulorum sphæricorum brevissimus simul ac facillimus quam plurimisque exemplis optice projectis illustratus in gratiam Astronomiæ, Cosmographiæ, Geographiæ et Horologiographiæ Studiosorum, jam primum editus, etc.

Effrayé de l'horrible prolixité de Rhéticus et d'Othon, il réduisit toute la Trigonométrie sphérique à six problèmes, dont tous les autres ne sont que des cas particuliers. Il goûte peu le moyen des perpendiculaires qui partagent un triangle quelconque en deux rectangles; il préférait les pratiques indiquées par Viète; mais son Analyse lui en fournit ensuite de nouvelles qu'il juge beaucoup plus expéditives; enfin il chercha à renfermer dans un problème unique tous les cas qui peuvent se présenter, et à les renfermer tous dans une règle générale et facile à retenir. Ce qui se réduit à dire qu'il dispose un peu différemment les calculs.

Il adopte les dénominations de Viète, sinus, prosinus et transsinuoses. Il commence par en donner une table à neuf décimales pour les minutes de dix en dix.

Il les donne ensuite de quinze en quinze degrés, de dix en dix degrés, et de six en six degrés.

Il donne des tables des neuf multiples de ces degrés pour les sinus et les tangentes, avec leurs expressions analytiques en radicaux de plusieurs ordres; puis ces mêmes sinus à seize décimales, puis les expressions analytiques des sécantes, et les sécantes elles-mêmes à seize décimales.

Des expressions pareilles pour les tangentes des arcs 9, 15, 18, 27, 30, 36, 45, 54, 60, 63, 72, 71, 81 et 90°, et les tangentes à seize décimales.

Il distingue les quantités homogènes, comme quand on compare les angles aux angles, les côtés aux côtés; les hétérogènes, quand on compare des angles à des côtés; des quantités adjacentes ou opposées; interjacentes, qu'on nomme aujourd'hui comprises; congrues et incongrues, c'est-à-dire des angles ou des arcs opposés, qui sont de même espèce ou d'espèce différente.

Il emploie la prostaphérèse pour faciliter les opérations en nombres naturels.

Il appelle triangle licentieux ceux qui dégénèrent en fuseaux ou en un seul arc.

Il établit des divisions et des sous-divisions de triangles, de méthodes et de perpendiculaires; il présente des figures où la composition de ces divers triangles est exposée.

Après avoir posé les six cas des triangles sphériques, il cite parmi les auteurs les plus distingués, qui ont traité le même sujet, Clavius, Viète, Maginus, Lansberge, Finckius, Pitiscus.

Malgré ces promesses magnifiques, les six problèmes, présentés en un nombre de classes qui monte jusqu'à dix-sept, forment un tout aussi effrayant et presque aussi difficile à comprendre que le fatras de Rhéticus. Sa récapitulation (*Anacephalæosis*) est renfermée dans quatre vers ou parties de vers techniques, qui n'offrent aucun sens. *Spes turbida sisit; Plurima se tollant superi præsente periclo; Sevitie si sors stimulet suspiria sursum; Sæpe tibi tutam poterunt præstare salutem*, dont l'explication serait si longue, et l'usage si incommode, que je borne ici mon extrait.

A la suite de cet ouvrage obscur et singulier, l'ordre des tems en amène un de même genre, qui n'a cependant avec le premier aucun trait de ressemblance que la bizarrerie; c'est celui que Torporlæus a publié sous ce titre :

Diclides Cœlometricæ, seu Valvæ astronomicæ universales, omnia artis totius munera psephophoretica in sat modicis duarum tabularum, methodo novâ, generali et facillimâ continentes authore Nathaniele Torporlæo Salopiensi in secessu Philotheoro. Londini, 1602.

Lalande, dans sa Bibliographie, a écrit Torpolæo, c'est sans doute une faute d'impression. Weidler n'en fait aucune mention dans son Histoire de l'Astronomie; je ne trouve ce nom ni dans Moreri, ni dans aucun autre dictionnaire; nous ne connaissons l'auteur que par son ouvrage.

Le premier livre, sous le nom de *Polyxestes* (Torporley aurait préféré le nom de *Polyxestopyles*, les portes bien polies, s'il n'avait craint la longueur du mot), traite des directions suivant une nouvelle méthode fondée sur trois théorèmes assez simples, exprimés d'une manière peu intelligible. Le second livre porte le titre de *Pandectes* ou *Recueil com-*

plet. Le but de l'auteur est de donner une Trigonométrie complète et facile à retenir. Il distingue les parties du triangle en homogènes, telles que deux angles ou deux côtés, et en hétérogènes telles qu'un angle et un côté. Il les distribue en *triplicités*, auxquelles il donne des noms.

Trois côtés forment la triplicité, qui s'appelle *prison, carcer*.

L'hypoténuse et les deux angles adjacens s'appellent *hasta*, flèche pointue par les deux bouts.

L'hypoténuse, un côté et l'angle compris, s'appellent *forfex, ciseaux*.

L'hypoténuse, un côté et l'angle opposé, s'appellent *siphon*, parce que l'une des branches est plus longue que l'autre.

Les deux côtés et un angle opposé s'appellent *corbeau, corvus*.

Les deux angles obliques et un côté opposé s'appellent *fronde, funda*.

Ces six triplicités dérivent de deux qui sont les mères; chacune des mères a deux filles.

Le *corbeau* engendre la *flèche* et les *ciseaux*.

Le *siphon* engendre la *prison* et la *fronde*.

Chaque mère, avec ses deux filles, forme une *mitre*; les filles sont les deux triangles complémentaires d'un triangle rectangle donné (*voyez* la figure 8).

Si dans le triangle MTR, rectangle en R, vous supposez connus les côtés RM, RT, et l'angle à droite T; dans le triangle TOC vous connaîtrez TO = 90° — RT, OTC = T, et TOC = 90° — RM; vous aurez la flèche dans le triangle TOC à droite de la mitre.

Dans le triangle PEM, de l'autre côté, vous aurez ME = 90° — RM, PE = 90° — T et l'angle E = 90° — RT. C'est le triangle des *ciseaux*.

Mais si, dans le triangle MTR, vous prenez pour données l'hypoténuse MT, le côté TR et l'angle à gauche M, cette seconde mère sera le *siphon*; dans le triangle TOC, vous aurez TO = 90° — TR,..... TC = 90° — MT; et OC = 90° — M; vous aurez les trois côtés et la *prison*.

Dans le triangle PEM vous aurez PME = TMR, PM = 90° — MT, et E=90°—RT; ce sera la *fronde*, qu'il figure par le côté inconnu opposé à l'angle connu; l'angle inconnu est la pierre, l'angle connu est la main qui tient les fils de la fronde. Il est bon de dire que le *corbeau* n'est pas l'oiseau, mais un instrument en forme de marteau pointu, formant un angle droit avec son manche.

Pour aider la mémoire, l'auteur a fait ces deux vers :

Hasta prior proles *corvi* sed postera *forfex*,
Et sequitur *carcer*, *siphonem*, *funda* præibit.

La figure représente le corbeau avec la flèche à droite et les ciseaux à gauche; retournez la figure ou regardez-la en transparent, vous aurez la prison à gauche et la fronde à droite.

Ensuite il fait d'un triangle rectangle un homme à genoux, le corps un peu renversé, le bras touche le talon, en sorte que l'hypoténuse est le corps et la cuisse; la base est la jambe; le bras le côté perpendiculaire; l'angle à la base, le jarret, et l'angle vertical, l'aisselle. Il donne ensuite six vers à demi-barbares, pour exprimer les relations de la nouvelle figure avec les précédentes.

Au frontispice il a représenté deux hommes à genoux, qui figurent deux triangles rectangles; ils n'ont qu'un genou en terre, l'autre jambe est presque droite avec les deux cuisses, elle forme un triangle isoscèle; sur les deux cuisses horizontales est soutenue la mitre, que les deux hommes soutiennent encore de l'autre main, avec ces inscriptions : *Insula sphærorum hieroglyphica; uno mentis cernitur ictu; meminisse necesse est.* Dans le cours du second livre, il lui échappe une remarque qui pourrait servir d'épigraphe à son ouvrage, dont elle est la condamnation : *Res enim sunt multæ ex se satis lucidæ quæ, tractatione minus artificiosâ, caligine obducuntur.* On pouvait lui passer sa mitre, qui montre la formation des triangles complémentaires, mais il est si verbeux dans ses explications, il les surcharge de tant de réflexions inutiles, qu'on perd patience à chaque page. Cependant à la page 108, il donne une idée assez juste de l'ouvrage de Rhéticus et d'Othon, qu'il appelle *illud Oceanum Palatinum de dimensione triangulorum globi.* Il aurait eu grande envie de faire pour les triangles obliquangles, ce qu'il a fait pour les rectangles, de les distribuer en genres et en espèces, mais il a été heureusement effrayé de l'entreprise; il se contenta de ramener les uns aux autres, en abaissant un arc perpendiculaire.

Dans ce fatras obscur, on peut remarquer cependant la méthode qu'il donne pour trouver un côté quelconque dans un triangle dont on connaît les trois angles (fig. 9).

De l'un des angles adjacens au côté cherché, abaissez la perpendiculaire sur le côté opposé à cet angle. Soit p cette perpendiculaire abaissée de A''; nommez x l'un des segmens de l'angle vertical, le second sera

$(A''-x)$; vous aurez

$$\cos p \sin x = \cos A, \quad \text{et} \quad \cos p \sin(A''-x) = \cos A';$$

d'où

$$\sin x : \sin(A''-x) :: \cos A : \cos A',$$
$$\sin x : \sin A'' \cos x - \cos A'' \sin x :: \cos A : \cos A',$$
$$1 : \sin A'' \cot x - \cos A'' :: \cos A : \cos A',$$

et
$$\sin A'' \cot x = \frac{\cos A'}{\cos A} + \cos A'' = \frac{\cos A' + \cos A \cos A''}{\cos A},$$
$$\cot x = \frac{\cos A' + \cos A \cos A''}{\cos A \sin A''} = \frac{\cos A'}{\cos A \sin A''} + \cot A'',$$

ou bien

$$\sin x + \sin(A''-x) : \sin x - \sin(A''-x) :: \cos A + \cos A' : \cos A - \cos A',$$
$$\tang \tfrac{1}{2}(x + A'' - x) : \tang \tfrac{1}{2}(x - A'' + x) :: 2\cos \tfrac{1}{2}(A'-A)\cos \tfrac{1}{2}(A'+A)$$
$$: 2\sin \tfrac{1}{2}(A'-A)\sin \tfrac{1}{2}(A'+A),$$
$$\tang \tfrac{1}{2} A'' : \tang(x - \tfrac{1}{2} A'') :: 1 : \tang \tfrac{1}{2}(A'-A) \tang \tfrac{1}{2}(A'+A),$$
et
$$\tang(x - \tfrac{1}{2} A'') = \tang \tfrac{1}{2} A'' \tang \tfrac{1}{2}(A'-A) \tang \tfrac{1}{2}(A'+A).$$

C'est la formule que j'ai donnée dans mon Astronomie, chapitre X, page 148; car $x = \frac{1}{2}A'' + \frac{1}{2}d$, et $\frac{1}{2}d = x - \frac{1}{2}A'' = \frac{1}{2}$ différence des angles verticaux.

On se doute bien que l'auteur ne donne aucune de ces solutions que nous déduisons de sa construction. Après avoir trouvé l'un des angles verticaux, par la règle qui sert à déterminer les deux angles x et $(A''-x)$ par le rapport de leurs sinus $\frac{\cos A'}{\cos A}$, il a deux angles dans le triangle rectangle, dont l'hypoténuse est le côté cherché.

Pour remplir deux pages vides, il donne sa Théorie des planètes, qui ne s'accorde pas toujours avec Ptolémée ni Copernic, pour la quantité numérique des prostaphérèses. Chaque planète est placée à l'extrémité d'une corde ou levier; à l'autre bout du levier est la force mobile qu'il appelle *magade*, μαγὰς; *tabulatum testudinis cordas sustinens*. La magade se meut, du mouvement moyen, dans un cercle dont le diamètre est le levier qui porte la planète; la planète, à l'autre bout, se meut dans un cercle moindre; ce cercle entoure la Terre; entre la planète et sa magade, en un point du levier, est placé le *point d'appui, hypomoclium seu plectrum;* le rayon du petit cercle se meut du mouvement d'anomalie; les deux diamètres forment un angle ou un X au point d'appui. Il étaie ce système d'un passage du Timée de Platon.

Les planètes supérieures ont un point d'appui commun, qui est peut-être le Soleil; mais elles ont des magades diverses. Le Soleil, Mercure et Vénus, ont la même magade et des points d'appui différens; la Lune a sa magade et son point d'appui qui lui sont propres.

Le livre finit par les deux tables annoncées dans le titre. Elles sont à deux entrées, qui sont les deux données du triangle. Les titres sont :

Quadrans vel porta dextra patens corvo, hastæ, forfici.

Quincunx vel porta sinistra aperta siphoni fundæ et carceri.

Cette dernière est composée de cinq parties différentes. Ces deux tables peuvent passer à bon droit pour les plus obscures et les plus incommodes qui aient jamais été construites.

Philippe Lansberge.

Cet astronome, né en Zélande en 1561, mourut en 1632, âgé de 71 ans. Il avait été plusieurs années ministre à Anvers, et se retira ensuite à Middelbourg. Il est auteur de divers traités que nous allons faire connaître. Ses Tables des sinus, et sa Trigonométrie, furent imprimées en 1591, du moins c'est la date de son épître dédicatoire. Elles avaient donc précédé le grand Canon de Rhéticus, et suivi celui de Viète. Lansberge est cité par Pitiscus; Képler lui rend ce témoignage, que ses tables des sinus, des tangentes et des sécantes, lui avaient été fort utiles. Mais comme elles n'ont pas exigé un grand travail, et qu'elles n'ont paru que quinze ans après la mort de Rhéticus, nous avons cru devoir nous occuper d'abord de l'*Opus Palatinum* et du *Thesaurus mathematicus*, qui sont des ouvrages bien plus importans et plus originaux.

Après plusieurs choses qu'on trouve partout, il donne une démonstration fort simple du théorème de Viète, $\sin(60°+A)-\sin(60°-A)=\sin A$. Nous en trouverons, dans Snellius, une qui n'est pas aussi naturelle. Il paraît que Viète l'avait trouvée par un calcul analytique.

Soit BAC un quart de cercle (fig. 10), $CE=60°$, $EF=DE=A$, $DG=\sin CD=\sin(60°+A)$, $FH=\sin CF=\sin(60°-A)$; menez AE, DF FL, $LAG=60°$, $ALG=DLE=30°=ELF$; donc $DLE=60°$, $LDF=DFL=\frac{180-60}{2}=\frac{120}{2}=60°$; donc $DL=DF:\frac{1}{2}=DL=\frac{1}{2}DF$, ou $DK=DI$, $\sin(60°+A)-\sin(60°-A)=\sin A$.

La démonstration est jolie, et a été reproduite depuis. Je ne l'ai encore vue dans aucun auteur plus ancien. Il démontre aussi heureusement deux autres théorèmes de Viète (fig. 11).

Soit $GAE = A$, $AG = \text{séc}\,A$, $GE = \text{tang}\,A$, $EF = EAH = 45^\circ - \frac{1}{2}A$, $EHA = (45^\circ + \frac{1}{2}A)$, $GAH = 45^\circ - \frac{1}{2}A + A = 45^\circ + \frac{1}{2}A = EHA$; donc $AG = GH$, $\text{séc}\,A = \text{tang}\,A + \text{tang}(45^\circ - \frac{1}{2}A)$.

Soit le quart de cercle BAE (fig. 12);

$$ED = EAG = A, \quad AG = \text{séc}\,A \text{ et } GE = \text{tang}\,A;$$

prolongez EG en H, en sorte que $GA = GH$;

$$\begin{aligned} EH &= \text{tang}\,A + \text{séc}\,A = \text{tang}(EAG + GAH) = \text{tang}(A + CD) \\ &= \text{tang}(A + H) = \text{tang}(A + CB) = \text{tang}(A + \tfrac{1}{2}BD) \\ &= \text{tang}\left(A + \frac{90 - A}{2}\right) = \text{tang}(A + 45^\circ - \tfrac{1}{2}A) = \text{tang}(45^\circ + \tfrac{1}{2}A); \end{aligned}$$

car $BC = H = CD = \frac{1}{2}BD = \frac{1}{2}(90^\circ - A) = 45^\circ - \frac{1}{2}A = CD$,
$EC = A + 45^\circ - \frac{1}{2}A = 45^\circ + \frac{1}{2}A$.

$$\begin{aligned} \text{séc}\,A + \text{tang}\,A &= \frac{1}{\cos A} + \frac{\sin A}{\cos A} = \frac{1 + \sin A}{\cos A} = \frac{1 + 2\sin\frac{1}{2}A\cos\frac{1}{2}A}{1 - 2\sin^2\frac{1}{2}A} \\ &= \frac{1 + 2\sin\frac{1}{2}A\cos\frac{1}{2}A}{1 - \sin^2\frac{1}{2}A - \sin^2\frac{1}{2}A} = \frac{1 + 2\sin\frac{1}{2}A\cos\frac{1}{2}A}{\cos^2\frac{1}{2}A - \sin^2\frac{1}{2}A} = \frac{\text{séc}^2\frac{1}{2}A + 2\,\text{tang}\frac{1}{2}A}{1 - \text{tang}^2\frac{1}{2}A} \\ &= \frac{1 + \text{tang}^2\frac{1}{2}A + 2\,\text{tang}\frac{1}{2}A}{(1 + \text{tang}\frac{1}{2}A)(1 - \text{tang}\frac{1}{2}A)} = \frac{(1 + \text{tang}\frac{1}{2}A)^2}{(1 + \text{tang}\frac{1}{2}A)(1 - \text{tang}\frac{1}{2}A)} \\ &= \frac{1 + \text{tang}\frac{1}{2}A}{1 - \text{tang}\frac{1}{2}A} = \frac{\text{tang}\,45^\circ + \text{tang}\frac{1}{2}A}{1 - \text{tang}\,45^\circ\,\text{tang}\frac{1}{2}A} = \text{tang}(45^\circ + \tfrac{1}{2}A). \end{aligned}$$

L'équation est juste, mais la démonstration synthétique est plus naturelle que le calcul analytique. De ces deux théorèmes on peut tirer

$$\left.\begin{aligned} \text{séc}A - \text{tang}A &= \text{tang}(45^\circ - \tfrac{1}{2}A) \\ \text{séc}A + \text{tang}A &= \text{tang}(45^\circ + \tfrac{1}{2}A) \end{aligned}\right\} \begin{aligned} 2\,\text{séc}A &= \text{tang}(45^\circ + \tfrac{1}{2}A) + \text{tang}(45^\circ - \tfrac{1}{2}A) \\ &= \cot(45^\circ - \tfrac{1}{2}A) + \text{tang}(45^\circ - \tfrac{1}{2}A) \\ &= \text{tang}(45^\circ + \tfrac{1}{2}A) + \cot(45^\circ + \tfrac{1}{2}A). \end{aligned}$$

Viète a donné les deux formules

$$\begin{aligned} \text{coséc}\,A + \cot A &= \cot\tfrac{1}{2}A, \\ \text{coséc}\,A - \cot A &= \text{tang}\,\tfrac{1}{2}A. \end{aligned}$$

Soit $B = 90^\circ - A$; elles se changeront en

$$\begin{aligned} \text{séc}\,B + \text{tang}B &= \text{tang}(90^\circ - 45 + \tfrac{1}{2}B) = \text{tang}(45^\circ + \tfrac{1}{2}B), \\ \text{séc}\,B - \text{tang}B &= \text{tang}(45^\circ - \tfrac{1}{2}B). \end{aligned}$$

Ce sont donc les deux mêmes théorèmes présentés sous une forme différente.

Des deux théorèmes de Lansberge, on tire encore

$$2\tang A = \tang(45^\circ + \tfrac{1}{2} A) - \tang(45^\circ - \tfrac{1}{2} A),$$

et

$$\tang(45^\circ + \tfrac{1}{2} A) = 2\tang A + \tang(45^\circ - \tfrac{1}{2} A);$$

comme des deux de Viète on tire

$$2\text{cosèc}\, A = \cot\tfrac{1}{2} A + \tang\tfrac{1}{2} A,$$
$$2\cot A = \cot\tfrac{1}{2} A - \tang\tfrac{1}{2} A.$$

Les théorèmes de Lansberge ont été démontrés d'une manière un peu différente, et un peu moins simple, par Snellius. Lansberge n'emploie à la construction de sa Table, que des moyens déjà exposés. Il paraîtrait avoir pris les sinus dans Régiomontan, les tangentes dans Reinhold, et les sécantes dans Rhéticus; mais on ne voit pas pourquoi il n'aurait pas tout pris dans Rhéticus. Cependant ses sécantes et ses tangentes sont exactes jusqu'à sept chiffres. Il se serait donc servi du Rhéticus corrigé, du moins dans l'édition que j'ai sous les yeux, qui est de 1663, 50 ans après la correction de Pitiscus.

On ne voit rien de nouveau dans la manière dont il calcule les triangles rectangles plans; il donne le nom de base à l'hypoténuse.

Dans le triangle obliquangle, il se sert de la formule

$$\tang\tfrac{1}{2}(A' - A) = \left(\frac{C' - C}{C' + C}\right) \tang\tfrac{1}{2}(A' + A),$$

que nous avons vue dans Pitiscus; elle n'appartient peut-être ni à l'un ni à l'autre.

Pour démontrer les analogies des triangles sphériques rectangles, il emploie les deux triangles complémentaires.

Dans les triangles obliquangles, il calcule la perpendiculaire, dont on ne fait plus guère usage aujourd'hui.

Il démontre d'une manière assez claire le théorème des sinus verses, pour trouver le troisième côté par les deux côtés et l'angle compris; à ce théorème il en ajoute un autre dont il réclame l'invention.

Le carré du rayon est au produit des sinus de deux angles comme le sinus verse du côté compris est à la différence des sinus verses du troisième angle, et de la différence de l'un des deux angles au complément de l'autre.

Il emploie le triangle polaire, comme Pitiscus. Il ne dit rien du triangle supplémentaire, que nous trouverons pour la première fois dans Snellius.

Sa Trigonométrie, assez claire, ne renferme rien de neuf, si ce n'est peut-être le théorème qu'il réclamait tout à l'heure.

Sa Cyclométrie, qui n'offre que des méthodes approximatives pour la quadrature et la rectification du cercle, n'offre plus rien d'intéressant; nous nous contenterons de dire que par ce moyen il trouve la circonférence à trente décimales exactes. Cette Cyclométrie est de l'an 1616.

Son Uranométrie est de 1621. Il s'y propose d'abord de calculer, d'après les hypothèses de Ptolémée, les distances et les grandeurs du Soleil, de la Terre et de la Lune. Après avoir fait ce calcul avec soin, il déclare que les résultats ne s'accordent pas avec les observations. Il fait les mêmes calculs d'après les hypothèses d'Albatégni, qu'il rejette ensuite comme les premières. Il prend après cela les suppositions de Copernic, et ne les trouve pas meilleures. Les hypothèses de Tycho lui paraissent encore plus défectueuses. Il ne fait pas plus de grâce à Longomontanus, et guère plus à Képler. Il annonce, avec sa confiance ordinaire, qu'il va donner des quantités beaucoup plus exactes.

Il y emploie des distances de la Lune au zénit, comparées avec les distances vraies. Il trouve ainsi dans les syzygies les parallaxes

$$53'\,53'' \quad \text{et} \quad 63'\,39'',$$

dans les quadratures, 51.20 et $67.\ 6.$

Par occasion, pour montrer l'excellence de ses tables lunaires, il calcule diverses observations tirées de Ptolémée, de Képler, de Copernic et de Walthérus. Les parallaxes ainsi connues, on a le rayon du globe lunaire, la surface et le volume, il ne s'agit que d'observer le diamètre de la Lune, et de calculer pour cet instant sa distance. Il trouve donc

$$\frac{\text{diamètre } ♁}{\text{diamètre } ☾} = \frac{60}{16.8} = \frac{600}{168} = \frac{25}{7}.$$

Il est si content de ce travail, qu'il le termine par ces mots : *Gratias ago Deo opt. max. per Jesum Christum unigenitum ejus filium et servatorem nostrum unicum; qui est verus ille Deus suprà omnes laudandus in sæcula. Amen.*

Le second livre est pour le Soleil. La parallaxe du Soleil ne pouvant s'observer directement, il a recours au diamètre de l'ombre dans les éclipses. On sait que $\Pi + \pi - \delta = \frac{1}{2}$ diamètre de l'ombre $= R$, $\pi = R + \delta - \Pi$. Il cherche l'angle au sommet du cône d'ombre, dans l'éclipse de la Lune; il fait $R = 39'\,0''$, dans les plus grandes distances du Soleil et de la Lune.

Ptolémée le supposait de 40′45″; Copernic, 40′ 18″; Albatégni, 38′20″; Tycho et Képler, 43′ 0″.

Il trouva ainsi $\pi = 2' 13''$. C'était un peu mieux qu'Hipparque et Ptolémée, qui supposaient 2′51″. Albatégni supposait 3′, mais Lansberge trouve que dans ses hypothèses Albatégni n'aurait dû trouver que 26″. Il trouve des incohérences dans les calculs de Tycho-Brahé, de Longomontanus et de Képler, qui avaient trouvé 2′54″, 2′32″ et 1′. Jusqu'ici ce serait Albatégni qui aurait mieux observé et plus mal calculé.

Pour démontrer sa parallaxe, il se sert de l'éclipse de Thalès, rapportée par Hérodote, et qu'il suppose celle de l'an 3 de la 48ᵉ olympiade, 162 années égyptiennes 4 mois 12 jours 2 heures 49 minutes, après l'époque de Nabonassar. Elle a dû arriver, suivant son calcul, à $4^h 39'$, après midi, à Sardes; milieu de l'éclipse à $6^h 15'$; l'éclipse de $12^d 20'$, totale avec demeure dans l'ombre. C'est, dit-il, la plus grande éclipse qui ait jamais eu lieu; la Lune était presque périgée et le Soleil apogée. *C'est pourquoi*, dit-il encore, *Hipparque s'était servi de cette éclipse, dans son livre des grandeurs et des distances des trois corps, le Soleil, la Terre et la Lune. Théon, dans ses Commentaires sur le chapitre XI du livre VI de la Syntaxe, rapporte que cette éclipse fut totale vers l'Hellespont, et Cléomède nous atteste qu'à Alexandrie l'éclipse n'était que $\frac{1}{5}$ du diamètre.* Je n'ai point vu que l'éclipse dont parle Théon fût donnée par lui comme celle de Thalès.

A la page 43 il rapporte une éclipse annulaire observée en Norvège; on peut la voir dans Longomontanus. A la page 52, il rapporte une éclipse totale de Soleil observée à Rome le 12 avril de l'an 237, après midi; une éclipse partielle, de l'an 238, 2 avril, $7^h 53'$, avant minuit; une de l'an 334; une de 1544, 24 janvier, $8^h.53'$ avant midi, observée par Gemma Frisius.

Dans son livre III, pour déterminer la distance des étoiles, il leur suppose une parallaxe de 31″; il donne aux étoiles de première grandeur un demi-diamètre de 30″; à celles de deuxième, un rayon de 20″; celui des étoiles de troisième grandeur est de 15″; 10″, 5″ et 2″,5 sont les rayons des étoiles de quatrième, de cinquième et de sixième.

Son Astrolabe est de 1635; on n'y voit rien qui ne soit ailleurs.

Son Horologiographie est une œuvre posthume; même remarque.

Sa Dissertation sur le mouvement de la Terre est de 1629. Dans l'épître dédicatoire, il parle de ce mouvement comme si c'était sa propre découverte; dans l'avis au lecteur, il cite Aristarque de Samos; mais dans le premier chapitre, on voit enfin le nom de Copernic. Ce Traité n'est pas long; l'auteur y discute sagement et clairement l'autorité de l'Écriture en ces matières; il expose les phénomènes d'une manière satisfaisante; l'argument qu'il tire de la Lune, et qui lui paraît victorieux, paraîtra sans doute moins fort qu'il ne l'a cru. Il a plus de raison quand il arrive aux stations et aux rétrogradations. Il trace, d'après Képler, la courbe singulière que Mars décrirait en une année, autour de la Terre immobile; mais c'est tout ce qu'il emprunte à Képler, et il imite en cela l'indifférence et la maladresse de Galilée, qui s'est ainsi privé des plus forts argumens qu'il aurait pu donner contre le mouvement du Soleil. Il réfute ensuite l'hypothèse de Tycho.

On pourra se dispenser de lire tout ce qu'il ajoute sur ses trois cieux, dont deux sont visibles et le troisième invisible. Le premier est le Soleil avec toutes les planètes; le second est le ciel étoilé; le troisième est le trône de Dieu, le séjour des anges et des bienheureux.

Le titre de ses Tables est un peu fastueux. *Philippi Lansbergii, Tabulæ motuum cœlestium perpetuæ, ex omnium temporum observationibus constructæ, temporumque omnium observationibus consentientes. Item novæ et genuinæ motuum cœlestium theoricæ et astronomicarum observationum thesaurus.* L'épître dédicatoire est de 1635; l'auteur était dans sa 71ᵉ année.

Il nous dit qu'elles sont le fruit d'un travail de 44 ans. Dans son épître dédicatoire, il fait une histoire abrégée des Tables de Ptolémée, d'Albategnius, d'Arzachel, d'Alphonse, de Copernic, de Reinhold, de Tycho et de Képler. Il dit que ces dernières, de l'aveu de Képler même, ne s'accordent qu'à 1° 3′ près avec les observations de Ptolémée, et qu'elles ne donnaient pas bien exactement les éclipses telles qu'il les a ensuite observées. Pour les siennes, il ne doute pas qu'elles ne soient beaucoup meilleures, et il en remercie la bonté divine.

La forme de ces tables est la même que celle des Alphonsines; elles commencent par l'intervalle entre les époques les plus célèbres, des tables de conversion du tems en degrés, des années et des mois en soixantaines de tous les ordres; un catalogue des différences des méridiens. Il donne au mouvement des équinoxes une équation de 1° 14′ 16″ proportionnelle au sinus de l'argument; à l'obliquité une équation de 22′ proportionnelle au cosinus, à l'anomalie moyenne du Soleil, une équation de 5° 24′, et à la longitude, une équation de 2° 0′.

A l'anomalie de la Lune, une équation de 13° 16′; à la longitude, une équation de 4° 56′ avec une inclinaison de 5° 0′. Pour prouver la bonté de ses Tables, il choisit une observation de Tycho qu'elles représentent assez juste, mais il commence par trouver une erreur de 1° dans le calcul de Tycho.

Il fait les deux équations de Saturne	6° 31′	et	5° 28′
celles de Jupiter	5.15	......	10.12
celles de Mars...	11. 2	.....	36.54;

mais dans les oppositions, il tient compte de l'excentricité du Soleil.

Inclinaison de Saturne	2° 48′	et	2° 17	
de Jupiter	1.38	......	1. 7	
de Mars...	4.34	......	1. 9	boréale.
	6.45	......	1. 4	australe.
Équations de Vénus..	2. 0	....	45.10	
Mercure...	3. 0	....	19. 3.	

Pour les latitudes, sa théorie ne diffère pas de celle de Ptolémée.

Ses tables d'éclipses sont très étendues; on y trouve les parallaxes de longitude, de latitude et de hauteur pour un grand nombre de climats.

Il s'occupe ensuite des stations et rétrogradations; il en donne des tables. Il dit une chose raisonnable : Si vous voulez trouver la station, calculez plusieurs longitudes géocentriques vers le tems à peu près connu, et vous en déduirez sûrement la station. C'est en effet le seul moyen certain.

On trouve enfin un grand catalogue d'étoiles pour l'an 1600, et une table de multiplication sexagésimale.

Il passe ensuite à l'exposition de ses théories dont les tables ne donnent que les résultats.

Il donne à l'excentrique du Soleil deux mouvemens alternatifs, l'un qui produit la variation d'excentricité, l'autre la variation de l'obliquité de l'écliptique.

La théorie de la Lune est toute pareille, ainsi que celle des trois planètes supérieures; celle des planètes inférieures n'en diffère qu'en ce que leurs orbites sont contenus dans celles de la Terre, au lieu de la contenir; le calcul ne diffère que par les constantes. La théorie des latitudes diffère de celle de Ptolémée en ce qu'il fait passer la ligne des nœuds par le Soleil, ce qui était une amélioration, mais ne suffisait pas encore. Du reste, il calcule tout en minutes seulement et ne paraît pas chercher la dernière exactitude.

Son Trésor d'observations se compose de quelques déterminations d'obliquité, d'équinoxes et de solstices; de 38 éclipses, soit de Soleil, soit de Lune; de quelques quadratures, de quelques octans, de quelques diamètres et de quelques parallaxes. On retrouve, pag. 93, le calcul de l'éclipse de Thalès et les mêmes citations de Théon et de Cléomède, où je ne vois rien pour l'éclipse arrivée 162 ans 4 mois 12h après l'époque de Nabonassar. Cléomède ne donne pas la date de son éclipse; celle de Théon paraît être celle de l'an 110e de Nabonassar; puis vingt autres éclipses calculées de même.

Des appulses de la Lune à différentes étoiles, des éclipses d'étoiles par Jupiter et Mars, des conjonctions de Saturne et Mars, de Jupiter et de Mars, de la Lune et de Mars, de Vénus et Mercure, etc.

Le volume est terminé par un Traité de Chronologie sacrée, où l'on voit un Calendrier julien, un Calendrier hébreu, des Tables de mouvement relatif de la Lune au Soleil, et la détermination des principales époques de l'Histoire juive.

Nous n'en avons que trop dit peut-être sur des tables qui paraissant après celles de Képler, n'en ont absolument rien emprunté, et ne peuvent guère être meilleures que celles de Reinhold.

Lansberge, qui les travaillait depuis 44 ans, peut être excusable de n'avoir pas voulu perdre le fruit d'un si long travail à une époque où aucun astronome n'avait encore senti le mérite des découvertes de Képler. La simplicité des Tables de Lansberge peut excuser les astronomes qui en ont fait un long usage; mais ces Tables n'ont plus pour nous aucun intérêt et ne peuvent être regardées que comme un pas rétrograde à l'époque où elles ont paru.

Lansberge a cité la Trigonométrie de Clavius. Viète, qui n'aimait pas ce jésuite, le regardait comme un bon professeur qui pouvait exposer avec clarté les inventions des autres et qui était à peu près hors d'état de rien inventer lui-même. Viète pourrait être suspect, quand on voit l'animosité avec laquelle il se déchaîne contre Clavius dans la question du Calendrier réformé; mais quand on lit Clavius, on ne peut guère s'empêcher d'adopter le jugement de Viète. Voyons cependant si nous pourrons recueillir dans les cinq volumes in-folio de ce mathématicien, quelque remarque utile ou nouvelle, soit de lui, soit des auteurs qu'il met à contribution.

Christophe Clavius.

Christophori Clavii Bambergensis, è Societate Jesu, opera mathematica quinque tomis distributa. Moguntiæ, 1612.

Son édition d'Euclide n'est pas sans mérite, mais elle n'est pas de notre sujet. On trouve ensuite les sphériques de Théodose, *perspicuis demonstrationibus et scholiis illustrati.* Il annonce qu'on y trouvera des choses omises par Théodose et *ajoutées par les Arabes.*

Dans la construction de la Table des sinus, il donne ce théorème :

$$\sin 54^\circ = \tfrac{1}{2} + \sin 18^\circ, \quad \text{et} \quad \sin\text{verse } 72^\circ = \tfrac{1}{2} + \sin\text{verse } 36^\circ,$$
$$1 - \cos 72^\circ = \tfrac{1}{2} + 1 - \cos 36^\circ, \quad - \cos 72^\circ = \tfrac{1}{2} - \cos 36^\circ,$$
$$\cos 36^\circ = \tfrac{1}{2} + \cos 72^\circ = \tfrac{1}{2} + \sin 18^\circ.$$

On voit donc que ces deux théorèmes n'en font qu'un. On ne trouve rien de neuf dans sa manière de calculer les sinus. Pour les tangentes et les sécantes, il commente et démontre à sa manière les théorèmes de Viète. Rien de nouveau non plus dans sa Trigonométrie rectiligne.

Sa Trigonométrie sphérique commence par un grand nombre de théorèmes généraux dans le goût de Théodose et de Ménélaüs.

Si l'on a les trois côtés, pour avoir les trois angles, il donne la règle suivante :

Prolongez les deux côtés AB et AC jusqu'à 90°. Du pôle A, décrivez l'arc de grand cercle DEF, et prolongez BC jusqu'en F ; les deux triangles rectangles donneront (fig. 13)

$$\sin BD : \sin CE :: \sin BF : \sin CF,$$
$$\sin BD + \sin CE : \sin BD - \sin CE :: \sin BF + \sin CF : \sin BF - \sin CF,$$
$$\tang\tfrac{1}{2}(BD + CE) : \tang\tfrac{1}{2}(BD - CE) :: \tang\tfrac{1}{2}(BF + CF) : \tang\tfrac{1}{2}(BF - CF),$$
$$\tang\tfrac{1}{2}(90^\circ - AB + 90^\circ - CA) : \tang\tfrac{1}{2}(AC - AB) :: \tang(\tfrac{1}{2}BC + CF) : \tang\tfrac{1}{2}BC,$$
$$\tang\left(90^\circ - \frac{AB + AC}{2}\right) : \tang\tfrac{1}{2}(AC - AB) :: \tang(\tfrac{1}{2}BC + CF) : \tang\tfrac{1}{2}BC,$$
$$\tang(\tfrac{1}{2}BC + CF) = \tang\tfrac{1}{2}BC \,.\, \cot\tfrac{1}{2}(AB - AB)\tang\tfrac{1}{2}(AC + AB),$$
$$(CF + \tfrac{1}{2}BC) - \tfrac{1}{2}BC = CF, \quad \tang CE = \cos C \tang CF, \quad \cos C = \cot AC \cot CF,$$
$$\cos DF = \frac{\cos BF}{\cos BD} = \frac{\cos BF}{\sin AB}. \quad \cos EF = \frac{\cos CF}{\cos CE} = \frac{\cos CF}{\sin AC}.$$
$$A = DE = DF - EF, \quad \sin B = \frac{\sin DF}{\sin BF};$$

on a donc les trois angles.

Copernic a donné quelque chose de semblable.

Le second volume contient la Géométrie pratique et l'Algèbre.

Le troisième est rempli par le commentaire sur Sacrobosco dont nous avons déjà parlé, et par le Traité sur l'Astrolabe. Dans ce dernier ouvrage, Clavius se propose de traiter ce sujet d'une manière bien plus claire et sur-tout plus complète qu'aucun de ceux qui en ont parlé avant lui; et en effet nous y trouverons plusieurs théorèmes ou pratiques très remarquables.

Le premier livre ne renferme que des lemmes de Géométrie pratique.

Au 19e lemme, il prouve que les arcs des heures temporaires ne sont pas des arcs de grand cercle. Nous en avons donné une démonstration plus claire et plus complète, tome II, p. 478.

Au lemme 42e, il se propose ce problème : Étant donnés deux cercles quelconques et un point sur l'une des deux circonférences, trouver un troisième cercle tangent aux deux premiers et qui touche l'un des deux au point donné. Au point donné sur la circonférence, menez un rayon; sur ce rayon, prenez, à partir du point donné, une ligne égale au rayon de l'autre cercle; par l'extrémité de cette ligne, menez une droite au centre du second cercle; sur le milieu de cette ligne, élevez une perpendiculaire qui aille couper le rayon mené au point donné; par ce point de section, menez un diamètre au second cercle. La partie de ce diamètre qui sera terminée au point de section, sera le rayon du cercle à décrire, et le point de section sera le centre. Car des cercles qui se touchent ont leur centre sur la même droite. Le centre doit être sur ce rayon mené au point de contingence; il doit être sur un diamètre du second cercle. La construction est bien simple, mais on n'en voit pas aisément la raison sans une figure.

Soit donc C (fig. 14) le centre du premier cercle et T le point de contact; par ce point T, menez le diamètre TCS, le cercle qui doit être tangent en T, aura son centre sur TS prolongé s'il est nécessaire. Soit K le centre du second cercle que doit toucher le cercle à décrire.

Si nous connaissions le point b de contact sur le second cercle, nous mènerions bKa qui irait couper TS en a centre du troisième cercle; car le point de contact, le centre K et le centre du troisième cercle, doivent être sur une même droite bKa, le centre doit donc être sur le diamètre TS et sur le diamètre bd tout-à-la-fois; il sera donc au point a d'intersection.

Soit le rayon $Ta = x = ab$, $D = TK$ distance du point donné T au centre K du second cercle.

$$\text{T}a\text{K donne} \quad \overline{\text{TK}}^2 + \overline{\text{T}a}^2 - 2\text{TK}.\text{T}a\cos\text{T} = \overline{a\text{K}}^2 = (ab - \text{K}b)^2.$$

$$\text{Soit K}b = r, \quad \text{D}^2 + x^2 - 2\text{D}x\cos\text{T} = (x-r)^2 = x^2 - 2rx + r^2,$$

$$\text{D}^2 - r^2 = 2\text{D}x\cos\text{T} - 2rx;$$

$$a\text{Q} = a\text{T} = ab = x = \frac{(\text{D}-r)(\text{D}+r)}{2\text{D}\cos\text{T} - 2r} = \frac{\frac{1}{2}(\text{D}-r)(\text{D}+r)}{\text{TP}-r} = \frac{\frac{1}{2}(\text{D}-r)(\text{D}+r)}{\text{TP}-\text{T}m}$$

$$= \frac{\frac{1}{2}(\text{D}-r)(\text{D}+r)}{m\text{P}}.$$

Prenez donc $\text{T}m = \text{K}b = r$, menez $m\text{K}$; vous aurez $am = x - r = a\text{K}$; le triangle $ma\text{K}$ sera isoscèle ; la perpendiculaire qa diviserait cette base en deux également; ainsi *du milieu de cette ligne* mK, *élevez une perpendiculaire* qa *qui marquera sur* TS *le centre* a *du cercle à décrire;* vous en avez le rayon aT. C'est la solution de Clavius.

Ce lemme peut en effet avoir son usage dans la description du planisphère, mais on peut s'en passer comme de tous les autres.

Au lemme 53, il expose la doctrine des prostaphérèses de *Raymarus Ursus Dithmarsus*, et il l'étend aux tangentes, aux sécantes et aux sinus verses dont Raymarus n'avait point parlé. Cette doctrine est devenue inutile depuis l'invention des logarithmes; Clavius l'emploie dans tous les cas des triangles sphériques.

Si vous avez $1 : n :: \sin\text{A} : \sin\text{B}$, vous en conclurez

$$1+n : 1-n :: \sin\text{A}+\sin\text{B} : \sin\text{A}-\sin\text{B} :: \text{tang}\tfrac{1}{2}(\text{A}+\text{B}) : \text{tang}\tfrac{1}{2}(\text{A}-\text{B});$$

voilà tout ce que j'ai trouvé de quelque intérêt dans son premier livre.

Livre II. Gemma Frisius plaçait l'œil au point équinoxial, son plan de projection était le colure des solstices. Royas avait choisi le même plan, mais sa projection était celle de l'analemme. Les cercles de déclinaison étaient des ellipses. Ptolémée plaçait l'œil au pôle austral de l'équateur, Jordanus et Maurolycus faisaient de même; mais leur plan de projection était tangent au pôle boréal. Clavius revient au plan de Ptolémée et tous ses successeurs ont fait de même.

Ainsi 1°. Tous les cercles qui passent par le pôle seront représentés par des lignes droites.

2°. L'équateur et tous ses parallèles seront représentés par des cercles concentriques, et les portions de ces cercles par des arcs d'un même nombre de degrés, mais de rayons différens.

3°. Tout cercle oblique à l'équateur est représenté par un cercle; mais les arcs sur la projection ne seront pas égaux aux arcs de la sphère qu'ils représenteront; le centre de ces cercles ne sera pas celui de la projection. Clavius démontre ce théorème par celui des sections subcontraires d'Apollonius; Ptolémée et Jordanus n'avaient fait aucun usage du théorème d'Apollonius. Il se pourrait que Clavius fût le premier auteur de ce genre de démonstrations. Commandin avait pu lui en donner l'idée. Il faut avouer que les démonstrations de Clavius sont plus simples et plus intelligibles que celles de Ptolémée, mais nous avons montré comment on pouvait donner une simplicité égale à la méthode primitive qui nous paraît la plus naturelle.

4°. La division de l'équateur et de ses parallèles en degrés est bien simple, puisque tous ces cercles sont concentriques, que les arcs de projection sont égaux aux arcs représentés, et qu'il n'y a de variable que le rayon. Clavius aurait pu donner l'expression trigonométrique de ce rayon, il se contente, comme Ptolémée, de l'opération graphique. Il ne remarque pas même que les rayons qui représentent les cercles de déclinaison font entre eux les mêmes angles que font sur la sphère les cercles projetés.

5°. Pour décrire l'horizon, son premier vertical, l'écliptique et tout cercle oblique, il se borne encore à l'opération graphique. J'ai démontré que le rayon de projection d'un grand cercle oblique, est la sécante de son inclinaison; et que la distance du centre au centre de projection, est la tangente de cette inclinaison. Cette distance pourrait se nommer l'excentricité. Cette distance se prend, à partir du centre de la projection, sur le rayon dirigé à la limite la plus voisine de l'œil.

Quoique l'écliptique soit mobile par un effet du mouvement diurne, cependant, comme elle conserve toujours la même position par rapport au colure, et par conséquent la même inclinaison à l'équateur, son rayon de projection est constant; mais, comme le point de limite fait le tour du ciel en 24^h, il en résulte que le centre de l'écliptique projeté décrira autour du centre de la projection un cercle dont le rayon sera la tangente de l'obliquité.

Clavius enseigne à placer sur la projection le pôle du grand cercle oblique, mais toujours graphiquement; il est aisé cependant de voir que la distance de ce pôle au centre de la projection, est la tangente de la demi-distance au pôle de l'équateur, ou la tangente de la demi-inclinaison. L'autre pôle est à une distance du centre qui est $-\cot \frac{1}{2}$ inclin. Le signe — dit que ce second pôle se place sur le même rayon, mais de l'autre côté du centre. En sorte que sur la projection, la dist. des deux pôles

$$=\tang \tfrac{1}{2} D+\cot \tfrac{1}{2} D=\frac{\sin \tfrac{1}{2} D}{\cos \tfrac{1}{2} D}+\frac{\cos \tfrac{1}{2} D}{\sin \tfrac{1}{2} D}=\frac{\sin^2 \tfrac{1}{2} D+\cos^2 \tfrac{1}{2} D}{\sin \tfrac{1}{2} D \cos \tfrac{1}{2} D}=\frac{1}{\tfrac{1}{2}\sin 2D}$$
$$=2 \operatorname{coséc} D,$$

D étant la distance polaire ou la distance du pôle du cercle oblique au pôle de l'équateur.

Les degrés des grands cercles ainsi projetés sont fort inégaux. Pour trouver ces degrés inégaux, ou diviser en degrés la projection d'un grand cercle oblique, Clavius donne une règle fort simple, mais dont la démonstration emploie 26 pages in-folio et deux figures excessivement compliquées. Sans chercher à l'étudier, j'ai trouvé plus simple d'en chercher une autre, et celle que je vais donner, me paraît avoir toute la simplicité que comporte le problème. Elle n'emploie que des idées aujourd'hui très familières.

Soit O (fig. 15) le lieu de l'œil, P le pôle du grand cercle quelconque EGF; menez le petit cercle OIP qui coupe en un point quelconque I le grand cercle EGF, et qui fasse par conséquent un angle quelconque IPB avec le grand cercle PBO; mais quel que soit cet angle, on aura toujours IPB = IOB, car ces deux angles sont également l'angle des deux plans.

Les deux cercles OIP et OFB passant par l'œil, seront vus l'un et l'autre comme des lignes droites. La projection de OBP sera la droite DS, celle de OIP sera une droite MπQN qui fera avec DS un angle BπN = BPI; mais l'égalité de ces angles était encore inconnue à cette époque, et nous n'en ferons aucun usage.

La partie supérieure PI aura pour projection πQ, la partie OI se projettera sur QN.

Le reste du cercle qui n'est pas indiqué sur la figure aura sa projection sur πM.

Le point I d'intersection du grand cercle EGIF et du petit cercle OHIP, aura sa projection au point Q qui appartiendra également aux projections des deux cercles.

Le point F, limite inférieure de EGF, se projettera en S; l'arc IF aura pour projection un arc de cercle terminé aux points Q et S, qui sera compris entre les droites πS et πQN.

L'arc HB de l'équateur, qui est dans le plan de projection, sera lui-même sa projection.

Il ne sera pas difficile de prouver que l'arc BH de l'équateur est égal à l'arc FI du grand cercle, et qu'il sera la valeur sphérique et réelle de l'arc projeté compris entre Q et S, ou que l'arc HB de l'équateur servira à évaluer l'arc de projection QS.

L'arc de 90° GB est perpendiculaire sur BF, l'arc de 90 GF° est de même perpendiculaire sur BF; G est donc le pôle de l'arc BF; ainsi

$$GF = GB = 90°,$$
$$BF = BGF = BCF = DCE = DE = DGE = 90° - BP = 90° - OF;$$

donc $BP = OF = 90° - BF = 90° - \text{inclinaison}.$

G, sur la projection, répondra perpendiculairement au-dessus de C à une hauteur de tang $\frac{90°}{2}$ = tang 45° = 1.

Tout ceci est une suite évidente des règles fondamentales de la projection.

PB = OF, l'angle PBH est droit comme OFI, l'angle BPH est égal à l'angle FOI; les deux triangles BPH et FOI sont parfaitement égaux, car ils ont même base, les deux angles égaux, chacun à chacun sur cette base. Les hypoténuses PH et OI sont des arcs d'un même petit cercle, ils ont même courbure. Donc OI = PH et FI = BH; donc l'arc QS, projection qui représente FI, représente aussi l'arc BH; donc, pour avoir la valeur de QS, il suffira de mesurer l'arc BH de l'équateur compris entre les lignes πS et πH, menées du pôle π aux extrémités Q et S de la projection. Donc, *pour trouver la valeur sphérique de l'arc de projection QS, il suffira de mener les droites πBS et πHQ aux deux extrémités de l'arc de projection; la partie BH de l'équateur comprise entre les deux droites sera la valeur demandée.*

Il est visible que le point π est la projection du pôle P du grand cercle oblique.

Ce que nous avons démontré pour le point quelconque I, serait également vrai d'un autre point I' et de son correspondant H' : on aurait

$$\left.\begin{array}{l} IF' = H'B \\ IF = HB \end{array}\right\} \text{ d'où } \quad I'F - IF = H'B - HB = F'F.$$

Ce théorème étant vrai pour les deux arcs I'F et IF, le sera donc de leur différence F'F et par conséquent de tout arc du grand cercle EGF.

Ce théorème curieux est-il de Clavius ? J'en doute. Il va nous en donner un second, qui en paraîtra un simple corollaire; or ce corollaire il l'attribue à Gruenberger, un de ses confrères au collége romain des Jésuites, dont il vante la sagacité pour ces sortes de problèmes. Ainsi, notre théorème pourrait avoir été copié par Clavius, à qui nous pouvons cependant le laisser, jusqu'à ce que le premier auteur nous soit connu.

Sans la nécessité où je me suis trouvé de me démontrer la proposition énoncée par Clavius, je n'aurais probablement pas songé au petit cercle OIP; mais il était assez naturel de chercher le rapport qui peut exister entre l'arc de la sphère et sa projection; et cette recherche va nous conduire à la démonstration du théorème de Clavius, et même à celui de Gruenberger, ainsi qu'à plusieurs expressions qui compléteront la solution, et que n'ont pu trouver ces auteurs.

Soit I l'inclinaison BF du grand cercle, ou

$$I = BF = AP, \quad C\pi = \text{tang}\,\tfrac{1}{2}I \text{ (fig. 16)}, \quad CK = \text{tang}\,I;$$
$$KS = \text{séc}\,I = \text{rayon du cercle ATOS};$$

ce cercle sera la projection du cercle oblique EGF de la figure précédente.

$$\pi K = \text{tang}\,I - \text{tang}\,\tfrac{1}{2}I = \frac{\sin(I - \frac{1}{2}I)}{\cos I \cos\frac{1}{2}I} = \frac{\sin\frac{1}{2}I}{\cos I\cos\frac{1}{2}I} = \frac{\text{tang}\,\frac{1}{2}I}{\cos I} = \text{séc}\,I\,\text{tang}\,\tfrac{1}{2}I.$$

Menons la droite quelconque QHπQ'H', qui passe par la projection π du pôle P; sur cette droite abaissons la perpendiculaire Cy;

$$\sin CH\pi = \frac{Cy}{CH} = \frac{C\pi \sin\pi}{1} = \text{tang}\,\tfrac{1}{2}I \sin\pi;$$

abaissons de même la perpendiculaire Ku; nous aurons,

$$\sin KQ\pi = \frac{Ku}{KQ} = \frac{\pi K \sin\pi}{\text{séc}\,I} = \frac{\text{séc}\,I\,\text{tang}\,\frac{1}{2}I \sin\pi}{\text{séc}\,I} = \text{tang}\,\tfrac{1}{2}I \sin\pi = \sin CH\pi.$$

Les triangles rectangles CHy et KQu, qui ont un angle égal sur la base, sont donc semblables; il en est de même des triangles Cπy et Kπu. Ces considérations sont bien simples.

$$SQ = SKQ = S\pi Q + KQ\pi = \pi + CH\pi;$$

voilà la valeur de l'arc quelconque de projection SQ.

$$BH = BCH = K\pi H - CH\pi = \pi - CH\pi;$$

voilà celle de l'arc de l'équateur.

$$SQ + BH = 2\pi, \quad SQ - BH = 2CH\pi;$$

voilà la différence entre la projection et l'arc qu'elle représente.

$$SQ + TQ' = 2\pi = SQ + BH\,; \quad \text{donc} \quad TQ' = BH\,;$$

ainsi nous aurons les deux expressions $SQ = 2\pi - BH$.

$$SQ = BH + 2CH\pi,$$

pour un arc quelconque SQ, projection d'un arc BH.

$$TQ' = BH,$$

pour l'arc opposé à SQ, ou pour l'arc quelconque TQ', opposé au premier. Ainsi TQ', *pris sur la projection, est du même nombre de degrés que l'arc opposé de l'équateur compris dans l'angle opposé* $B\pi H$, formé par les droites $Q'\pi Q$ et $T\pi B$. C'est le théorème de Gruenberger. Mais BH=TQ' *est la valeur en degrés de l'arc représenté par* SQ; ainsi, *pour connaître l'arc représenté par* SQ *nous n'avons nul besoin de l'équateur, nous pouvons prendre l'arc opposé* TQ'. Ces remarques curieuses et peu connues sont comme noyées dans le fatras de Clavius.

Cherchons la valeur de $CH\pi$, demi-différence entre SQ et BH.

$$\tang CH\pi = \frac{C\pi \sin C}{1 - C\pi \cos C} = \frac{\tang \tfrac{1}{2} I \sin BH}{1 - \tang \tfrac{1}{2} I \cos BH} = \frac{\tang \tfrac{1}{2} I \sin x}{1 - \tang \tfrac{1}{2} I \cos x},$$

$$CH\pi = \tang \tfrac{1}{2} I \sin x + \tfrac{1}{2} \tang^2 \tfrac{1}{2} I \sin 2x + \tfrac{1}{3} \tang^3 \tfrac{1}{2} I \sin 3x.$$

Donc

$$SQ = X = x + 2\tang \tfrac{1}{2} I \sin x + \tfrac{2}{2} \tang^2 \tfrac{1}{2} I \sin 2x + \tfrac{2}{3} \tang^3 \tfrac{1}{2} I \sin 3x + \text{etc.};$$

et pour un autre arc

$$X' = x' + 2\tang \tfrac{1}{2} I \sin x' + \tfrac{2}{2} \tang^2 \tfrac{1}{2} I \sin 2x' + \tfrac{2}{3} \tang^3 \tfrac{1}{2} I \sin 3x';$$

d'où

$$\begin{aligned} X' - X &= (x' - x) + 2\tang \tfrac{1}{2} I (\sin x' - \sin x) + \tfrac{2}{2} \tang^2 \tfrac{1}{2} I (\sin 2x' - \sin 2x) \\ &\quad + \tfrac{2}{3} \tang \tfrac{1}{2} I (\sin 3x' - \sin 3x) + \text{etc.} \\ &= (x' - x) + 4\tang \tfrac{1}{2} I \sin \tfrac{1}{2}(x' - x) \cos \tfrac{1}{2}(x' + x) \\ &\quad + \tfrac{4}{2} \tang^2 \tfrac{1}{2} I \sin \tfrac{2}{2}(x' - x) \cos \tfrac{2}{2}(x' + x) \\ &\quad + \tfrac{4}{3} \tang^3 \tfrac{1}{2} I \sin \tfrac{3}{2}(x' - x) \cos \tfrac{3}{2}(x' + x) + \text{etc.}, \end{aligned}$$

nous aurons réciproquement, en faisant alterner les signes,

$$x = X - 2\tang \tfrac{1}{2} I \sin X + \tfrac{2}{2} \tang^2 \tfrac{1}{2} I \sin 2X - \tfrac{2}{3} \tang^3 \tfrac{1}{2} I \sin 3X + \text{etc.}$$

Ainsi, connaissant un arc quelconque $FI = x$, commençant à la limite inférieure, nous aurons sa projection SQ, commençant à l'extrémité extérieure S du diamètre ST; ou connaissant le nombre de degrés de $SQ=X$, nous connaîtrons l'arc $FI = x$ dont cet arc est la projection.

L'équation $X'-X=(x'-x)+$etc. nous donnerait la projection $X'-X$ d'un arc quelconque $(x'-x)$; mais les facteurs $\sin\frac{1}{2}(x'-x)\cos\frac{1}{2}(x'+x)$ et autres semblables, prouvent qu'il faut toujours connaître les distances à la limite. A cela près, les formules sont générales; on choisit la plus commode suivant les cas.

Clavius, qui n'enseigne que des procédés graphiques, prévoit une difficulté qui n'a jamais lieu avec nos formules. Il peut arriver que π soit trop voisin de B, ce qui suppose une grande inclinaison; et dans ce cas les droites πS et πQ, coupant trop obliquement les deux cercles, ne donnent pas assez de précision; il prouve alors que l'on aurait les mêmes choses par la projection Π du pôle austral : c'est ce que nous démontrerons bientôt de la manière la plus simple.

Il résulte déjà de ce qui vient d'être démontré, que si l'on a à projeter un arc x de grand cercle, ayant son origine à la limite inférieure, on prendra $BH = x$ sur l'équateur, on fera $C\pi = \text{tang}\,\frac{1}{2}I$; les droites πS et πHQ comprendront la projection QS de cet arc : prenez alors $CK = \text{tang}\,I$, et $KS = \text{séc}\,I$, K sera le rayon du cercle de projection, K en sera le centre et vous décrirez SQ.

Si l'arc donné a son origine à un point x', dont on ait la distance à la limite inférieure, l'opération sera double; on la fera pour x et pour x', on mènera πH et πH' : ce sera une ligne de plus à tracer.

Dans le cas d'une inclinaison très grande, $\text{tang}\,\frac{1}{2}I$ diffère peu de l'unité, la série est peu convergente; il est plus court alors de chercher la demi-différence $\frac{1}{2}(X-x)$ par la formule

$$\text{tang}\,\tfrac{1}{2}(X-x) = \text{tang}\,CH\pi = \frac{\text{tang}\,\frac{1}{2}I\sin x}{1-\text{tang}\,\frac{1}{2}I\cos x},$$

ou

$$\text{tang}\,\tfrac{1}{2}(X-x) = \frac{\text{tang}\,\frac{1}{2}I\sin X}{1+\text{tang}\,\frac{1}{2}I\cos X}.$$

Ces formules dispensent des pôles π et Π, qu'on n'est pas dans l'usage de marquer sur les astrolabes, et sans lesquels cependant on ne peut faire aucun usage ni du théorème de Clavius, ni de celui de Gruenberger. Ces théorèmes pouvaient servir seulement à diviser la projection de l'écliptique en degrés inégaux, qui représenteraient des degrés égaux de la sphère. Nos formules, et la table qu'on trouve ci-après, donnent des moyens plus précis pour exécuter cette division; elle servira même à faciliter singulièrement la description de tous les cercles de latitude. En effet, tous ces cercles ont un point commun, qui est le pôle; tous ces cercles, sur la projection, doivent passer par le point π. Au moyen de notre table on verra à quel point X et X′ répondront les points x et $180+x$ qui marquent la longitude du cercle; on aura trois points du cercle de latitude; on décrira donc ce cercle, dont le centre sera donné par l'intersection de deux perpendiculaires.

Ainsi $x=20°$ donne $X=30°3'$ environ; $x=200°$ répond à $X'=193°20'$, $X'-X=163°17'$ environ.

Ce que nous disons de l'écliptique et des grands cercles qui lui sont perpendiculaires, s'applique également à tout cercle oblique quelconque et à ses perpendiculaires, par exemple, à l'horizon et aux verticaux; si l'inclinaison est trop grande la série serait incommode, on en reviendrait à $\tang\frac{1}{2}(X-x)=\frac{\tang\frac{1}{2}I\sin x}{1-\tang\frac{1}{2}I\cos x}$; on formerait la table $\tang\frac{1}{2}I\sin x$, qui donnerait aussi $\tang\frac{1}{2}I\cos x$. Avec cette table il resterait deux log. à chercher pour avoir $\tang\frac{1}{2}(X-x)$.

Pour l'autre pôle (fig. 16), prenez sur le prolongement de πC, une longueur $C\Pi=\cot\frac{1}{2}I$, menez $\Pi hQ'q'Q'''$ et $\Pi h'Q''qQ$, en sorte que $Dh'=Dh=x$.

$$\tang C\Pi h'=\frac{Ch'\sin C}{C\Pi-Ch'\cos C}=\frac{\sin x}{\cot\frac{1}{2}I-\cos x}=\frac{\tang\frac{1}{2}I\sin x}{1-\tang\frac{1}{2}I\cos x}=CH\pi,$$

le triangle est retourné.

$$C\Pi h=\tfrac{1}{2}Bq-\tfrac{1}{2}Dh'=\tfrac{1}{2}Bq-\tfrac{1}{2}Dh=\tfrac{1}{2}Bq-\tfrac{1}{2}BH=\tfrac{1}{2}(Bq-BH)$$
$$=\tfrac{1}{2}Hq=HH'q=CH'\pi=CH\pi.$$
$$SQ=SKQ=S\pi Q+KQ\pi=SCQ+CH\pi=SCH+2CH\pi$$
$$=BH+2CH\pi=x+2\tang\tfrac{1}{2}I\sin x+\text{etc.}$$

Vous aurez donc par le pôle Π les mêmes arcs QS, BH, DH et TQ′ que vous aviez par le pôle π; QS sera la projection de BH et celle de Dh' ou Dh; Dh marquera sur l'équateur le nombre des degrés de SQ, Dh sera égal à l'arc dont la projection est SQ.

$$\tang\Pi=\frac{\text{séc}I\sin X}{\Pi K+\text{séc}I\cos X}=\frac{\text{séc}I\sin X}{\cot\frac{1}{2}I+\tang I+\text{séc}I\cos X}=\frac{\sin X}{\cos I\cot\frac{1}{2}I+\sin I+\cos X}$$
$$=\frac{\sin X}{\frac{\cos I\cos\frac{1}{2}I+\sin I\sin\frac{1}{2}I}{\sin\frac{1}{2}I}+\cos X}=\frac{\sin\frac{1}{2}I\sin X}{\cos(I-\frac{1}{2}I)+\sin\frac{1}{2}I\cos X}$$
$$=\frac{\sin\frac{1}{2}I\sin X}{\cos\frac{1}{2}I+\sin\frac{1}{2}I\cos X}=\frac{\tang\frac{1}{2}I\sin X}{1+\tang\frac{1}{2}I\cos X}.$$

$$\Pi=\tang\tfrac{1}{2}I\sin X-\tfrac{1}{2}\tang^2\tfrac{1}{2}I\sin 2X+\tfrac{1}{3}\tang^3\tfrac{1}{2}I\sin 3X-\text{etc.};$$

c'est la formule que nous avons ci-dessus conclue par analogie.

$$\tang P\pi Q = \frac{CH \sin x}{CH \cos x - \tang \frac{1}{2} I} = \frac{\sin x}{\cos x - \tang \frac{1}{2} I},$$

$$\tang C\pi H = \frac{\sin x}{\tang \frac{1}{2} I - \cos x} = \frac{\cot \frac{1}{2} I \sin x}{1 - \cot \frac{1}{2} I \cos x}.$$

On voit avec quelle facilité les formules trigonométriques démontrent ces théorèmes, que Clavius a délayés en trente-neuf pages in-folio, chargées de figures propres à repousser le lecteur le plus intrépide. A ses premières méthodes de constructions, Clavius en ajoute de deux sortes encore plus incommodes, et que nous omettrons ainsi que beaucoup de développemens aussi prolixes qu'inutiles. Mais les théorèmes remarquables que nous venons de démontrer, et que nous n'avions encore rencontrés nulle part, nous ont paru un complément nécessaire à tout ce qu'on a écrit sur la projection stéréographique; il y a environ vingt ans que je les ai remarqués dans la première édition de l'Astrolabe de Clavius. J'étais alors trop malade pour tenir une plume et faire un calcul, mais je retins du moins les énoncés, et les démonstrations qu'on vient de lire sont un des premiers travaux que j'ai faits dans ma convalescence.

Table de la projection de l'écliptique.

De tous les grands cercles obliques qu'on est dans l'usage de placer sur la projection, le plus important est l'écliptique; on la trouve sur tous les Astrolabes; elle y fait la partie essentielle de la pièce que l'on nomme l'*Araignée*. L'inclinaison de l'écliptique est de

$$23°\,28' = I, \quad \tang \tfrac{1}{2} I = 0{,}43412, \quad \sec I = 1{,}09003, \quad \tang I = 0{,}20770.$$

Nos formules deviendront

$$X = x + 23°\,48'\,1'' \sin x + 2°\,28'\,18'' \sin 2x + 20'\,32'' \sin 3x + 3'\,12'' \sin 4x$$
$$+ 32'' \sin 5x + 5'',5 \sin 6x + 0'',98 \sin 7x + \text{etc.},$$
$$x = X + 23°\,48'\,1'' \sin X + 2°\,28'\,18'' \sin 2X - 20'\,32'' \sin 3X + 3'\,12'' \sin 4X$$
$$- 32'' \sin 5X + 5'',5 \sin 6X - 0'',98 \sin 7X + \text{etc.}$$

C'est sur la dernière de ces formules que j'ai calculé la table suivante, en négligeant les fractions de seconde.

Les arcs X, qui servent d'argument à la table, sont les arcs SVA de la figure 16; ils ont tous pour origine commune le point S, extrémité extérieure du diamètre TS. On voit dans la figure que l'arc de 90°, SV=X est la projection d'un arc égal à

$$BP = BA - AP = 90° - I = 90° - 23° 28' = 66° 32',$$

et c'est en effet ce que donne la table pour $X = 90°$.

L'arc SVA doit être la projection de l'arc $BA = 90°$; et en effet la table donne $x = 90°$ pour $X = 113° 28'$.

Or $\qquad SVA = 180° - TA, \quad$ et $\quad TA = TKA$;

or $\tang TKA = \frac{CA}{CK} = \frac{1}{\tang I} = \cot I$; donc $TA = 66°32'$, et $SVA = 113°28'$.

SVT est la projection de la moitié de l'écliptique, qui s'étend de la limite inférieure à la limite supérieure.

TXS est la projection de la moitié qui s'étend de la limite supérieure à l'inférieure.

Quoique la table soit calculée pour l'argument X, on peut la ramener facilement à l'argument x, ou supposer que X désigne les parties de l'écliptique, et x les parties de la projection. En effet, nos deux formules ne diffèrent que par le signe des multiples impairs de l'argument; ajoutez 180° à cet argument, et tous les sinus impairs changeront de signe.

Si l'on demande X pour $x = 1°$, faites $X = 180° + x = 181°$; la table vous donnera 181° 31′ 27″; ôtez 180°, il restera $X = 1° 31' 27''$, pour valeur de X correspondante à $x = 1°$.

On pourrait prendre la partie proportionnelle, et dire $x = 39' 21''$ donne $X = 1°$; avec une différence 39′ 21″ vous ferez la proportion: $1° : 39'21'' :: 20' 37'' : 31' 27''$, qu'il faudra ajouter à 1° pour avoir $X = 1° 31' 27''$, comme ci-dessus; mais l'autre moyen est plus commode.

Pour tirer de notre table une autre table qui aurait x pour argument, au lieu de X mettez $x \pm 180°$, et au lieu de x mettez $180° \pm X$. La seconde moitié de la table deviendrait la première; et réciproquement, nous aurions, sans autre peine que d'écrire la table une seconde fois:

x	X	x	X
0°	0° 0′ 0″	180°	180° 0′ 0″
1	1.31.27	181	180.39.23
2	3. 2.54	182	181.18.44
3	5.34.17	183	181.58. 7
etc.	etc.	etc.	etc.

Quoique les écliptiques des astrolabes ne soient pas divisées, il est facile, au moyen de notre table, de trouver à quel point de l'écliptique céleste répond un point donné de la projection. Prenez avec un compas la distance de ce point à la limite, vous aurez la corde de l'arc, et la portant sur un compas de proportion vous aurez les degrés de l'arc; portez ces degrés dans la colonne X, vous y trouverez x, ou la distance du point cherché à la limite inférieure qui est 9^s.

Si vous voulez mettre à l'horizon de l'astrolabe un point donné de l'écliptique, prenez la distance x de ce point à la limite 9^s; avec cet x cherchez X dans la table, ce sera la distance à la limite sur la projection; vous aurez donc le point qu'il faut mettre à l'horizon de l'astrolabe, toutes les parties de l'Araignée, qui seront alors comprises dans l'horizon de l'astrolabe, seront visibles, les autres seront couchées.

La colonne des différences de notre table nous donne les valeurs successives d'un degré de la projection; ces valeurs vont croissant depuis $X = 0$ jusqu'à $X = 180°$.

La série qui donne la valeur de $(X - x)$, page 58, a une ressemblance assez remarquable avec celles que j'ai données (*Astronom.* tom. II, p. 238), pour trouver la déclinaison et l'angle de l'écliptique avec le méridien. En effet,

Soit ⊙ la longitude d'un point quelconque de l'écliptique, D la déclinaison, M l'angle avec le méridien, et Æ l'ascension droite.

$$90° - M = 23° 48' 1'',098 \cos \odot - 20' 32'',036 \cos 3\odot + 31'',8885 \cos 5\odot - 0'',9826 \cos 7\odot + 0'',033 \cos 9\odot,$$

$$D = 23° 48' 1'',098 \sin Æ + 20' 32'',036 \sin 3Æ + 31'',8885 \sin 5Æ + 0'',9826 \sin 7Æ + 0'',033 \sin 9Æ.$$

Toute la différence est qu'ici les termes pairs de la série $(X - x)$ ont disparu, et que les coefficiens sont calculés avec trois ou quatre décimales.

Les termes qui ont disparu,

$$2° 28' 17'',846 \sin 2X + 3' 11'',918 \sin 4X + 5'',5193 \sin 6X + 0'',17857 \sin 8X + 0'',0061625 \sin 10X,$$

ont une ressemblance non moins remarquable avec la réduction de l'équateur à l'écliptique, dont l'expression est (*Astron.*, tom. II, p. 237)

$$2° 28' 17'',846 \sin 2Æ + 3' 11'',918 \sin 4Æ + 5'',5193 \sin Æ + 0'',17857 \sin 8Æ + 0'',0061625 \sin 10Æ.$$

En sorte que $(X - x) = D +$ réduction de l'équateur à l'écliptique, en prenant $Æ = X$.

Nous disons, p. 63, que l'astrolabe est passé de mode; il n'y a pourtant pas 36 ans que M. Lenoir en a construit pour l'Empereur de Maroc.

PROJECTION STÉRÉOGRAPHIQUE DE L'ÉCLIPTIQUE.

Les X sont les degrés du cercle sur la projection, les x sont les degrés représentés par les X.

X.	x.	Diff.	X.	x.	Diff.	X.	x.	Diff.	X.	x.	Diff.
0°	0° 0′ 0″	39′ 22″	45°	30°24′ 19″	43′ 2″	90°	66° 32′ 0″	55′ 8″	135°	115°27′ 55″	76′ 51″
1	0.39.22	39.22	46	31. 7.21	43.12	91	67.27. 8	55.43	136	116.44.46	77.23
2	1.18.44	39.22	47	31.50.33	43.22	92	68.22.51	56. 0	137	118. 2. 9	77.55
5	1.58. 6	39.23	48	32.33.55	43.32	93	69.18.51	56.26	138	119.20. 4	78.26
4	2.37.29	39.24	49	33.17.27	43.44	94	70.15.17	56.48	139	120.38.30	78.56
5	3.16.53	39.24	50	34. 1.11	43.55	95	71.12. 5	57.13	140	121.57.26	79.27
6	3.56.17	39.27	51	34.45. 6	44. 6	96	72. 9.18	57 38	141	123 16.53	79 57
7	4.35.44	39.28	52	35.29.12	44.17	97	73. 6.56	58. 5	142	124.36.50	80.29
8	5.15.12	39.29	53	36.13.29	44.30	98	74. 5. 1	58.27	143	125.57.19	80.56
9	5.54.41	39.31	54	36.57.59	44.43	99	75. 3.28	58.34	144	127.18.15	81.27
10	6.34.12	39.32	55	37.42.42	44.55	100	76. 2.22	59.21	145	128.39.43	81.55
11	7.13.44	39.35	56	38.37.37	45. 7	101	77. 1.43	59.47	146	130. 1.37	82.25
12	7.53.19	39.39	57	39.12.44	45.19	102	78. 1.30	60.15	147	131.24. 2	82.52
13	8.32.58	39.39	58	39 58. 3	45.34	103	79. 1.45	60.41	148	132.46.54	83.21
14	9.12.37	39.44	59	40.43.37	45.48	104	80. 2.26	61. 6	149	134.10.15	83.44
15	9.52.21	39.46	60	41.29.25	45.56	105	81. 3.32	61.37	150	135.33.59	84.15
16	10.32. 7	39.50	61	42.15.21	46.14	106	82. 5. 9	62. 2	151	136.58.14	84.39
17	11.11.57	39.54	62	43. 1.35	46.36	107	83. 7.11	62.32	152	138.22.53	85. 5
18	11.51.51	39.58	63	43.48.11	46.42	108	84. 9.43	63. 1	153	139.47.58	85.32
19	11.31.49	40. 0	64	44.34.53	47. 0	109	85.12.44	63.28	154	141.13.30	85.56
20	13.11.49	40. 5	65	45.21.53	47.13	110	86.16.12	63.57	155	142.39.26	86.18
21	13.51.54	40. 9	66	45. 9. 6	47.31	111	87.20. 9	64.27	156	144. 5.44	86.42
22	14.32. 3	40.17	67	46.56.37	47.45	112	88.24.36	64.55	157	145.32.26	87. 4
23	15.12.20	40.16	68	47.44.22	48. 1	113	89.29.31	65.27	158	146.59.30	87.27
24	15.52.36	40.25	69	48.32.23	48.19	114	90.34.58	65.55	159	148 26.57	87.47
25	16.33. 1	40.31	70	49.20.42	48.34	115	91.40.53	66.19	160	149.54.44	88. 5
26	17.13.32	40.34	71	50. 9.16	48.51	116	92.47.12	67. 3	161	151.22.49	88.26
27	17.54. 6	40.39	72	50.58. 7	49.11	117	93.54.15	67.25	162	152.51.15	88.50
28	18.34.45	40.47	73	51.47.18	49.27	118	95. 1.40	67.56	163	154.20. 5	88.58
29	19.15.32	40.51	74	52 36.45	49.45	119	96. 9.36	68.29	164	156.49. 3	89.17
30	19.56.23	41. 2	75	53.26.30	50. 2	120	97.18. 5	69. 0	165	157.18.20	89.35
31	20.37.25	41. 3	76	54.16.32	50.23	121	98.27. 5	69.28	166	158.47.55	89.49
32	21.18.28	41.12	77	55. 6.55	50.39	122	99.36.33	70. 0	167	160.17.44	90. 3
33	21.59.40	41.19	78	55.57.34	50.49	123	100.46.33	70.34	168	161.47.47	90.15
34	22.40.59	41.25	79	56.48.23	51.29	124	101.57. 7	71. 4	169	163.18. 2	90.28
35	23.22.24	41.35	80	57.39.52	51.38	125	103. 8.11	71.36	170	164.48.30	90.35
36	24. 3.59	41.42	81	58.31.30	52. 0	126	104.19.47	72. 8	171	166.19. 5	90.49
37	24.45.41	41.49	82	59.23.30	52.20	127	105.31.55	72.37	172	167.49.54	90.55
38	25.27.30	41.57	83	60.15.50	52.38	128	106.44.32	73.12	173	169.20.50	91. 5
39	26. 9.27	42. 8	84	61. 8.28	52. 1	129	107.57.44	73.43	174	170.51.55	91.10
40	26.51.35	42.13	85	62. 1.29	53.22	130	109.11.27	74.14	175	171.23. 5	91.18
41	27.33.48	42.24	86	62.54.51	53.43	131	110.25.41	74.46	176	173.54.23	91.20
42	28 16.12	42.33	87	63.48.34	54. 7	132	111.40.27	75.17	177	174.25.43	91.23
43	28.58.45	42.43	88	64.42.41	54.29	133	112.55.44	75.47	178	176.57. 6	91.27
44	29.41.28	42.51	89	65.37.10	54.50	134	114.11.31	76.24	179	178.28.33	91.27
45	30.24.19		90	66.32. 0		135	115.27.55		180	180. 0. 0	

PROJECTION STÉRÉOGRAPHIQUE DE L'ÉCLIPTIQUE. (Suite.)

X.	x.	Diff.	X.	x.	Diff.	X.	x.	Diff.	X.	x.	Dif
180°	180° 0′ 0″	91′ 27″	225°	243° 32′ 5″	76′ 24″	270°	293° 28′ 0″	54′ 50″	315°	329° 35′ 41″	42′ 5
181	181.31.27	91.27	226	245.48.29	75.47	271	294.22.50	54.29	316	330.18.32	42.4
182	183. 2.54	91.23	227	247. 4.16	75.17	272	295.17.19	54. 7	317	331. 1.15	42.3
183	185.34.17	91.20	228	248.19.33	74.46	273	296.11.26	53.43	318	331.43.48	42.2
184	186. 5.37	91.18	229	249.34.19	74.14	274	297. 5. 9	53.22	319	332.26.12	42.1
185	188.36.55	91.10	230	250.48.33	73.43	275	297.58.31	53. 1	320	333. 8.25	42.
186	189. 8. 5	91. 5	231	252. 2.16	73.12	276	298.51.32	52.38	321	333.50.33	41.5
187	190.39.10	90.56	232	253.15.28	72.37	277	299.44.10	52.20	322	334.32.30	41.4
188	192.10. 6	90.49	233	254.28. 5	72. 8	278	300.36.30	52. 0	323	335.14.19	41.4
189	193.40.55	90.35	234	255.40.13	71.36	279	301.28.30	51.38	324	335.56. 1	41.3
190	195.11.30	90.28	235	256.51.49	71. 4	280	302.20. 8	51.29	325	336.37.36	41.2
191	196.41.58	90.15	236	258. 2.53	70.34	281	303.11.37	50.49	326	337.19. 1	41.1
192	198.12.13	90. 3	237	259.13.27	70. 0	282	304. 2.26	50.39	327	338. 0.20	41.1
193	199.42.16	89.49	238	260.23.27	69.28	283	304.53. 5	50.23	328	338.41.32	41.
194	201.12. 5	89.35	239	261.32.55	69. 0	284	305.43.28	50. 2	329	339.22.35	41.
195	202.41.40	89.17	240	262.41.55	68.29	285	306.33.30	49.45	330	340. 3.37	40.5
196	203.10.57	88.58	241	263.50.24	67.56	286	307.23.15	49.27	331	340.44.28	40.4
197	205.39.55	88.50	242	264.58.20	67.25	287	308.12.42	49.11	332	341.25.15	40.3
198	207. 8.45	88.26	243	266. 5.45	67. 3	288	309. 1.53	48.51	333	342. 5.54	40.3
199	208.37.11	88. 5	244	267.12.48	66.19	289	309.50.44	48.34	334	342.46.28	40.3
200	210. 5.16	87.47	245	268.19. 7	65.55	290	310.39.18	48.19	335	343.26.59	40.2
201	211.33. 3	87.27	246	269.25. 2	65.27	291	311.27.37	48. 1	336	344. 7.24	40.1
202	213. 0.30	87. 4	247	270.30.29	64.55	292	312.15.38	47.45	337	344.47.40	40.1
203	214.27.34	86.42	248	271.35.24	64.27	293	313. 3.23	47.31	338	345.27.57	40.
204	215.54.16	86.18	249	272.39.51	63.57	294	313.50.54	47.13	339	346. 8. 6	40.
205	217.20.34	85.56	250	273.43.48	63.28	295	314.38. 7	47. 0	340	346.48.11	40.
206	218.46.30	85.32	251	274.47.16	63. 1	296	315.25. 7	46.42	341	347.28.11	39.5
207	220.12. 2	85. 5	252	275.50.17	62.32	297	316.11.49	46.36	342	348. 8. 9	39.5
208	221.37. 7	84.39	253	276.52.49	62. 2	298	316.58.25	46.14	343	348.48. 3	39.5
209	223. 1.46	84.15	254	277.54.51	61.37	299	317.44.39	45.56	344	349.27.53	39.4
210	224.26. 1	83.44	255	278.56.28	61. 6	300	318.30.35	45.48	345	350. 7.39	39.4
211	225.49.45	83.21	256	279.57.34	60.41	301	319.16.23	45.34	346	350.47.23	39.3
212	227.13. 6	82.52	257	280.58.15	60.15	302	320. 1.57	45.19	347	351.27. 2	39.3
213	228.35.58	82.25	258	281.58.30	59.47	303	320.47.16	45. 7	348	352. 6.41	39.3
214	229.58.23	81.55	259	282.58.17	59.21	304	321.32.23	44.55	349	352.46.16	39.3
215	231.20.18	81.27	260	283.57.38	58.54	305	322.17.18	44.43	350	353.25.48	39.3
216	232.41.45	80.56	261	284.56.32	58.27	306	323. 2. 1	44.30	351	354. 5.19	39.2
217	234. 2.41	80.29	262	285.54.59	58. 5	307	323.46.31	44.17	352	354.44.48	39.2
218	235.23.10	79.57	263	286.53. 4	57.38	308	324.30.48	44. 6	353	355.24.16	39.2
219	236.43. 7	79.27	264	287.50.42	57.13	309	325.14.54	43.55	354	356. 3.43	39.2
220	238. 2.34	78.56	265	288.47.55	56.48	310	325.58.49	43.44	355	356.43. 7	39.2
221	239.21.30	78.26	266	289.44.43	56.26	311	326.42.33	43.32	356	357.22.31	39.2
222	240.39.56	77.57	267	290.41. 9	56. 0	312	327.26. 5	43.22	357	358. 1.53	39.2
223	241.57.51	77.23	268	291.37. 9	55.43	313	328. 9.27	43.12	358	358.41.16	39.2
224	243.15.14	76.51	269	292.32.52	55. 8	314	328.52.39	43. 2	359	359.20.38	39.2
225	244.32. 5		270	293.28. 0		315	329.35.41		360	360. 0. 0	

Dans la proposition 6, Clavius enseigne à décrire les parallèles des cercles obliques, et à les diviser en degrés. Les parallèles ont le même pôle que le grand cercle ; mais les centres et les rayons sont différens.

$$\text{Le rayon } r = QK = \frac{\sin\Delta}{2\cos\frac{1}{2}(180^\circ - \Delta + I)\cos\frac{1}{2}(180^\circ - \Delta - I)}$$

$$= \frac{\sin\Delta}{2\sin\frac{1}{2}(\Delta - I)\sin\frac{1}{2}(\Delta + I)},$$

$$\text{la distance } d = CK = \frac{\sin I}{2\sin\frac{1}{2}(\Delta - I)\sin\frac{1}{2}(\Delta + I)}.$$

$$\pi K = \frac{\sin I}{\cos I - \cos\Delta} - \tang\frac{1}{2}I = \frac{\sin I - \cos I \tang\frac{1}{2}I + \tang\frac{1}{2}I\cos\Delta}{\cos I - \cos\Delta}$$

$$= \frac{\sin I\cos\frac{1}{2}I - \cos I\sin\frac{1}{2}I + \sin\frac{1}{2}I\cos\Delta}{\cos\frac{1}{2}I(\cos I - \cos\Delta)} = \frac{\sin\frac{1}{2}I + \sin\frac{1}{2}I\cos\Delta}{\cos\frac{1}{2}I(\cos I - \cos\Delta)}$$

$$= \frac{\tang\frac{1}{2}I(1 + \cos\Delta)}{\cos I - \cos\Delta} = \frac{\cos^2\frac{1}{2}\Delta\tang\frac{1}{2}I}{\sin\frac{1}{2}(\Delta - I)\sin\frac{1}{2}(\Delta + I)},$$

$$\sin KQ\pi = \frac{\pi K\sin\pi}{KQ} = \frac{2\tang\frac{1}{2}I\cos^2\frac{1}{2}\Delta\sin\pi.\sin\frac{1}{2}I\sin(\Delta - I)\sin(\Delta + I)}{2\sin\frac{1}{2}(\Delta - I)\sin(\Delta\frac{1}{2} + I)\sin\Delta}$$

$$= \frac{2\tang\frac{1}{2}I\cos^2\frac{1}{2}\Delta\sin\pi}{\sin\Delta} = \frac{\tang\frac{1}{2}I\cos^2\frac{1}{2}\Delta\sin\pi}{\sin\frac{1}{2}\Delta\cos\frac{1}{2}\Delta}$$

$$= \tang\frac{1}{2}I\cot\frac{1}{2}\Delta\sin\pi,$$

$$\sin CH\pi = \frac{C\pi\sin\pi}{\tang\frac{1}{2}\Delta} = \tang\frac{1}{2}I\cot\frac{1}{2}\Delta\sin\pi = \sin KQ\pi.$$

Le cercle SQA n'est plus ici le grand cercle, il est un de ses parallèles.

Le cercle ABOD n'est plus l'équateur, mais un de ses parallèles, à la distance polaire (180° — Δ).

Les règles pour décrire et diviser les parallèles sont les mêmes que pour les grands cercles ; il n'y a rien de changé que les rayons et les centres ; les pôles restent les mêmes, et les cordes menées dans la projection par le pôle π, donnent dans un angle la valeur de l'arc compris dans l'angle opposé.

Ces méthodes curieuses ne sont pourtant pas indispensables. En traçant sur la projection les arcs de grand cercle, qui passent par les pôles du grand cercle oblique, on diviserait en degrés inégaux les parallèles aussi bien que le grand cercle lui-même. Au reste, l'astrolabe est aujourd'hui tout-à-fait passé de mode, mais les formules ci-dessus serviraient pour diviser en degrés l'écliptique mobile, et composer l'Araignée.

Un point quelconque peut se placer isolément sur l'astrolabe. Il suffit de calculer sa distance au pôle de la projection ; et l'angle que cette distance fait avec le diamètre de la projection; avec cet angle et la tangente de la demi-distance polaire, on aura la place du point ou de l'étoile; si le diamètre vertical représente le colure, l'angle sera..... $= 90 - Æ$. Ce que nous disons de l'écliptique peut s'appliquer à l'horizon d'un lieu donné, et à tous les cercles obliques.

La proposition sept a pour objet la description et la division des parallèles qui passent par le pôle de la projection; si les grands cercles passent par les pôles, ils seront perpendiculaires au plan; les rayons seront

$$\text{séc inclinaison} = \text{séc } 90° = \infty$$

$$\text{les distances de leurs centres} = \text{tang inclin.} = \text{tang } 90° = \infty\,;$$

les projections de ces grands cercles seront des lignes droites, qui se couperont sous les angles que ces cercles font au pôle; on fera $I = 90°$, dans les formules précédentes, la solution se simplifiera. Nous n'avons aucun besoin de suivre Clavius.

La proposition huit est pour les verticaux. On les décrira comme les cercles de latitude de l'écliptique. On a deux points communs à tous ces cercles, ce sont les deux pôles; on peut facilement en avoir deux autres qui sont ceux où ils traversent l'équateur. Les centres de ces cercles sont tous sur une ligne droite, qui coupe perpendiculairement, et par le milieu, la ligne des pôles. Pour trouver les centres, il faut résoudre un triangle sphérique. (*Voyez* mon Astronomie, chapitre XXXVII, art. 29 et suivans.)

Proposition neuf. Cercles horaires et de déclinaison. Les cercles des heures astronomiques couperont l'équateur en vingt-quatre parties égales, et leurs projections seront autant de diamètres.

Pour les cercles des heures inégales, on partagera l'arc diurne en douze parties égales; on placera ces douzièmes, six à droite et six à gauche du méridien, sur l'un et l'autre tropique et sur l'équateur; on aura trois points de chaque cercle horaire. Clavius suit ici l'ancienne idée qui suppose que les arcs des heures inégales sont des grands cercles; ce qui, au reste, est suffisamment exact pour un astrolabe qu'on ne porterait pas à de trop hautes latitudes.

Pour les heures égales comptées du lever et du coucher, du centre de l'équateur décrivez un cercle qui passe par le centre de l'horizon; divisez ce cercle en vingt-quatre parties égales, à commencer de l'horizon; les vingt-quatre points ainsi marqués, seront les centres des cercles horaires; de ces centres, avec un rayon égal à celui de l'horizon, décrivez des cercles qui aillent d'un tropique à l'autre. Vous irez de l'occident à l'orient, ou de l'orient à l'occident, selon que vous voudrez l'une de ces espèces d'heure ou l'autre.

Il y a cette différence entre ces lignes horaires et celles des heures inégales, que la hauteur du pôle est la même pour les premières, au lieu qu'elle est variable pour les heures inégales. Ces cercles sont tous tangens aux cercles arctique et antartique des anciens. Le cercle qu'on décrit autour du centre de la projection, et qui passe par le centre de l'horizon, n'est autre que le cercle arctique.

Tous ces cercles divisent en vingt-quatre parties tous les parallèles compris entre l'arctique et l'antarctique, et ces derniers comme tous les autres. Le centre du cercle de 24^h et celui de 12^h doivent être dans le méridien et sur l'arctique même; les autres centres sont également espacés sur l'arctique et hors du méridien. Ces cercles sont les horizons de vingt-quatre lieux différens situés sur le même parallèle.

Proposition 10. Cercles des maisons et cercle crépusculaire.

On a déjà deux points de chaque cercle, qui sont les points nord et sud de l'horizon. On a un troisième point sur l'équateur; il n'y a donc qu'à faire passer un cercle par ces trois points.

Le cercle crépusculaire est un des parallèles à l'horizon.

Proposition 11. Décrire le *retz* ou l'araignée. C'est l'écliptique avec quelques arcs de latitude destinés à porter les étoiles principales. On pourrait placer ces étoiles par leurs ascensions droites et leurs déclinaisons.

Proposition 12. Projection d'un grand cercle connu quelconque. Nous avons donné ci-dessus l'expression du rayon et celle de l'excentricité. Clavius donne toujours les procédés graphiques.

Proposition 13. Par deux points donnés, ou même par un seul, faire passer un grand cercle. On cherchera le point diamétralement opposé. On pourrait prendre la distance d'un point pour tang $\frac{1}{2}$I, on prendrait à l'opposé un point à la distance cot $\frac{1}{2}$I; sur le milieu de cette ligne, on élèverait une perpendiculaire qui serait le lieu de tous les centres possibles. Si l'on a deux points, le problème n'est plus aussi indéterminé. Au lieu de cette solution générale, Clavius, faute de formules, n'en peut donner que de particulières; c'est l'objet de la proposition 14; dans la 15e, il cherche l'angle de deux cercles, ou l'angle sphérique qui mesure l'inclinaison des deux cercles l'un sur l'autre. C'était le cas de citer la seconde propriété générale de cette projection, si Clavius l'eût connue; mais il est clair qu'il l'ignorait comme tous ses prédécesseurs. Elle se trouvait par-tout et n'avait été aperçue nulle part.

Proposition 16. Par un point donné, décrire un grand cercle qui fasse à ce point un angle donné, et partager en deux également un angle donné; problème assez inutile, à moins qu'il ne serve à Clavius pour quelque construction.

Proposition 17. Un cercle étant donné sur la projection, trouver le cercle de la sphère qu'il représente. Si le cercle est donné, on en a le centre et le rayon, et par conséquent tangI et sécI, si c'est un grand cercle. Si c'est un petit cercle, en comparant le rayon et l'excentricité aux formules générales, on aura deux équations pour trouver les deux inconnues qui sont l'inclinaison et la distance polaire. Si le cercle donné est une ligne droite, on saura que son plan passe par l'œil, on aura aussi les deux points où il traverse l'équateur.

Proposition 18. Un grand cercle étant donné sur l'astrolabe, décrire un parallèle qui passe par un point donné. On aura le pôle du parallèle qui est celui du grand cercle. On aura un point de ce parallèle; on peut s'en procurer un second, en abaissant une perpendiculaire sur la ligne des pôles, et en la prolongeant à une distance égale de cette ligne. De l'un de ces points, on mènera une droite à l'un des pôles, de l'autre point, une droite à l'autre pôle. L'intersection de ces deux lignes donnera un troisième point du cercle à décrire.

Clavius donne plusieurs solutions de ce problème inutile, qui d'ailleurs serait facilement résolu par nos formules générales. On a déjà l'inclinaison, il ne reste à trouver que la distance polaire.

Proposition 19. Par un point donné sur la circonférence d'un petit cercle de la projection, décrire un grand cercle qui touche le cercle donné.

Proposition 20. Par un point donné hors de la circonférence d'un petit cercle de la projection, mais placé entre ce cercle et un autre cercle égal et parallèle, décrire un grand cercle qui touche le cercle donné. Théodose a résolu ces deux problèmes pour la sphère livre XI, XIV et XV; Clavius les résout sur l'astrolabe. C'est une de ces questions subtiles et inutiles que les Grecs aimaient beaucoup et qui occupent les spéculateurs oisifs qui ne savent pas trouver un meilleur emploi de leur tems.

Dans un scholie qui termine le second livre, Clavius enseigne à construire les différentes parties de l'astrolabe. Dans son livre III, il explique les usages de l'instrument. Nous rapporterons les simples énoncés de ces règles qui sont un tableau de l'Astronomie pratique de ces tems.

1. Observer la hauteur du Soleil ou d'une étoile.

2. Trouver le lieu du Soleil sur l'écliptique.

3. Trouver la déclinaison d'un point donné de l'écliptique ou d'une étoile quelconque, ou réciproquement de la déclinaison conclure la longitude.

4. Trouver l'ascension droite d'un point de l'écliptique ou d'une étoile, ou réciproquement trouver le point de l'écliptique avec lequel le Soleil se lève ou se couche dans la sphère droite. Par occasion, il enseigne à trouver les mêmes choses par l'analemme et par le calcul. Il fallait qu'en ces tems, on eût une grande horreur pour le calcul, pour employer un instrument et des règles si diverses et si compliquées, pour trouver fort inexactement des choses qu'on aurait pu trouver mieux et plus promptement, même par les sinus naturels, en se bornant à trois décimales. L'invention des logarithmes a ôté tout prétexte à la paresse, et l'astrolabe est tombé en desuétude.

5. Trouver les mêmes choses dans la sphère oblique.

6. Trouver l'amplitude ortive ou occase du Soleil ou d'un point de l'écliptique.

7. Trouver l'arc semi-diurne ou semi-nocturne d'un point de l'écliptique et réciproquement.

8. Trouver l'heure par la hauteur du Soleil ou d'une étoile.

9. Trouver l'heure du lever, du coucher, du passage au méridien pour le Soleil ou une étoile.

10. Trouver le commencement du crépuscule.

11. Trouver les points culminant et orient de l'écliptique; trouver dans quelle maison du ciel se trouve une étoile à un instant donné.

12. Trouver sur un plan parallèle à l'horizon la ligne méridienne et la ligne est et ouest.

13. Trouver la latitude et la longitude d'un lieu quelconque. Pour la latitude, il suffira d'une hauteur méridienne. Pour la longitude, il faut une éclipse de Lune observée dans le lieu, et comparée à l'observation faite sous un méridien connu.

14. En quelque lieu qu'on se trouve, même sur mer, déterminer la zone et le climat.

15. Trouver la distance de deux lieux sur la Terre, quand on connaît les latitudes et les longitudes.

16. Chercher la hauteur du Soleil sur un grand cercle et sa distance horizontale, pour un instant quelconque.

17. Étant donné un arc de grand cercle incliné au méridien, chercher l'arc compris entre le méridien de l'horizon et le méridien du cercle, et l'inclinaison de ce dernier méridien avec celui de l'horizon.

18. Un grand cercle étant donné, trouver l'angle qu'il fait avec le méridien et avec l'équateur.

19. Étant donné un grand cercle oblique, trouver l'arc du méridien entre ce cercle et l'horizon, ou ce qui revient au même, trouver le zénit et le pôle.

20. Trouver les arcs horaires d'un grand cercle quelconque.

Enfin résoudre, au moyen de l'astrolabe, tous les triangles sphériques : nous n'exposerons pas ici les moyens de Clavius. Pour tous ces problèmes, le calcul nous paraît et plus sûr et plus facile.

Dans ce gros traité de 760 pages dans l'édition in-4°, et de 350 dans l'édition in-folio, je ne vois rien de remarquable que le moyen de diviser en degrés un cercle quelconque de la projection. Mais ce moyen est si curieux, que je n'ai pas regretté la peine que m'a donné cet extrait. Cette propriété me paraît plus importante que celle des angles, car elle est beaucoup plus utile. Une autre raison qui nous a fait conserver cet extrait dans toute sa longueur, c'est que de tous les auteurs qui ont traité de l'astrolabe après Ptolémée, Clavius est presque le seul qui ait démontré tous ses théorèmes. Les autres ont négligé toute théorie, et l'on peut douter qu'ils sussent eux-mêmes les fondemens sur lesquels reposent les pratiques qu'ils ont tous données sans examen d'après leurs devanciers.

Le quatrième volume, qui a plus de 800 pages, est consacré tout entier à la Gnomonique. Ainsi nous devons espérer d'y trouver tout ce qu'on savait en ce tems, et ce que Clavius a pu imaginer lui-même. Il reproche à tous ceux qui ont traité ce sujet avant lui, ou de s'être bornés à la pratique, en supprimant toute démonstration, ou d'en avoir donné de trop courtes, qui par là même sont obscures. Nous avons à craindre qu'il ne soit tombé dans le même défaut par une raison contraire.

Il rapporte, il est vrai que c'est pour s'en moquer, l'origine assignée par quelques auteurs aux heures temporaires. Trismégiste remarqua, dit-on, qu'un animal consacré à Sérapis et au Soleil, urinait chaque jour et chaque nuit à des intervalles égaux. Cet animal était donc une horloge vivante sur laquelle on s'est réglé pour la division du jour et de la nuit. On ne nous raconte guère des Égyptiens que des choses ridicules, et de tous ces récits, on conclut toujours que les Égyptiens étaient un peuple recommandable par son savoir et par sa sagesse. Je veux bien croire à ce savoir, mais je voudrais le voir appuyé sur d'autres preuves.

Pline attribue l'invention de la Gnomonique à Anaximène qui vivait en l'an — 579. Clavius oppose que le roi Achaz, qui vivait en l'an — 775, avait un cadran solaire long-tems avant que cette invention eût été portée en Grèce. Il y a grande apparence que les Juifs la tenaient des Babyloniens, et l'hémisphère de Bérose donne aux heures temporaires une origine plus probable que l'animal de Trismégiste.

Parmi les auteurs qui ont traité de la Gnomonique, Clavius cite Nonius dans son Traité des erreurs d'Oronce-Finée, où il parle des cadrans horizontaux et des cadrans verticaux non-déclinans; Commandin, commentateur de l'Analemme de Ptolémée; Oronce-Finée, Jean Conrad Ulmérus, Jean-Baptiste Vimercatus, André Schoner, Jean Paduanus, de Vérone; Pierre Roderic, espagnol; Maurolycus; Jean Bénédict, dont l'ouvrage que nous avons extrait contient beaucoup de choses que Clavius trouve curieuses. Il est étonnant qu'il ne dise rien de Munster, dont la Gnomonique avait eu deux éditions près de 80 ans auparavant.

Il fera grand usage de l'analemme; il commence par en donner la construction. Dans l'énumération des sections coniques, qui sont les routes de l'ombre, il oublie le cercle qui suppose à la vérité que la sphère est droite. Mais, dans tous les climats, la route de l'ombre est un cercle sur les cadrans équinoxiaux, du moins en supposant la déclinaison constante pendant la durée d'un jour, supposition également nécessaire pour les ellipses et les hyperboles.

Il enseigne à trouver le *latus rectum*, l'ὀρθία des Grecs, pour les trois sections. Mais ses méthodes purement graphiques sont moins remarquables que celle d'Aboul-Hhasan.

Après avoir parlé des cercles des heures astronomiques, il passe à ceux des heures italiques et babyloniennes; ce sont de grands cercles tangens au cercle arctique en des points qui sont à 15° les uns des autres. Il cite Théodose; mais, sans recourir à cet auteur, représentons-nous le Soleil à l'horizon dans un parallèle quelconque; une heure après, 15° de l'équateur et 15° du parallèle auront passé par l'horizon, le Soleil paraîtra à l'horizon d'un lieu situé sur le même parallèle, et de 15° plus à l'occident; il sera 0^h pour ce second lieu, tandis que le premier comptera une heure. Une heure après, il sera 0^h pour le lieu situé 30° à l'ouest,

2^h pour le premier lieu et 1^h pour le second, et ainsi de suite. Le Soleil à chaque heure du méridien de Paris, je suppose, sera toujours dans l'horizon d'un lieu qui aura même hauteur du pôle et qui sera toujours de 15° plus à l'ouest que le précédent.

Le Soleil arrivant successivement aux vingt-quatre cercles horaires, se sera levé pour tous les lieux situés à 15° de distance sur le même parallèle.

Le premier de ces vingt-quatre lieux étant toujours le même, quelle que soit la déclinaison du Soleil, les autres seront toujours aussi les mêmes, ce seront toujours les vingt-quatre mêmes horizons; ainsi les cercles horaires, en commençant du lever, sont toujours des horizons et de grands cercles sur lesquels le pôle est toujours à même hauteur. Ces lignes d'heures égales sont donc toujours de grands cercles, on en dira autant des heures comptées du coucher.

Clavius démontre ensuite, d'après Commandin, *que les cercles des heures inégales sont aussi de grands cercles.* C'est une erreur qu'il avait pourtant démontrée dans son astrolabe, tome II. Clavius, dans cette édition générale, s'est copié lui-même, sans se souvenir de ce qu'il avait fait depuis sa première édition; cette distraction est d'autant plus singulière, que la question des heures inégales l'avait tourmenté pendant plusieurs années, et qu'il s'était inutilement adressé à tous les mathématiciens de l'Europe, pour en obtenir la solution qu'il avait cherchée si inutilement pendant un si long tems.

A la proposition 19, il nous dit que si une ligne horaire, comptée du méridien, coupe l'équinoxiale en un point, deux lignes horaires, comptées du lever ou du coucher, distantes de la première de six heures égales ou de 90°, couperont l'équinoxiale à ce même point. En effet, le point d'intersection marquera l'heure au jour de l'équinoxe, mais au jour de l'équinoxe, on comptera 6^h de plus ou de moins à l'horloge italique ou babylonique, puisque le demi-jour est de six heures; les heures des trois horloges seront donc réellement les mêmes, quoique exprimées par des nombres différens; l'ombre doit donc être la même. Remarquez que le cadran qui donnerait les heures des trois horloges, ne pourrait le faire que par l'extrémité de l'ombre d'un style droit.

D'après cette remarque, qui n'était pas inutile en Italie, l'auteur a composé une table de correspondance entre les heures comptées de midi et celles comptées du lever et du coucher, sur l'équinoxiale. Soit h une heure quelconque comptée du coucher, l'heure comptée de midi sera

$h+6$, et l'heure comptée du lever sera $h+12$. On voit que la table n'était pas difficile à construire.

La proposition suivante est du même genre, mais beaucoup plus longue et plus obscure. Le premier auteur de ces subtilités est Maurolycus, qui ne les avait pas démontrées; elles ont fourni à Clavius des tables de correspondance entre les divers cadrans.

Pour trouver la déclinaison ou l'inclinaison d'un cadran, après avoir parlé des instrumens nommés des *déclinatoires* et des *inclinatoires*, il propose aussi d'observer la hauteur du Soleil et la direction de l'ombre, pour en conclure l'azimut du Soleil et la direction de la méridienne horizontale; mais au lieu de calculer l'observation, il emploie l'analemme ou l'astrolabe, et l'on peut juger à quelle précision il peut prétendre par ces moyens.

Pour décrire les ellipses, qui sur l'analemme représentent les cercles horaires, il emploie les cercles décrits sur le grand et sur le petit axe. Cette manière de tracer les ellipses par points a été long-tems employée par les astronomes, dans les problèmes des éclipses du Soleil.

C'est par la Trigonométrie sphérique qu'il calcule les cadrans déclinans inclinés. Cette application de la Trigonométrie sphérique à la Gnomonique est plus ancienne que Ptolémée; divers auteurs plus anciens que Clavius, en avaient fait le même usage, mais sans en tirer tout le parti possible. Clavius donne diverses solutions de ses problèmes, mais ses méthodes n'ont jamais le mérite de la facilité.

Ce premier livre est tout de Prolégomènes; l'auteur y a rassemblé tout ce qui lui a paru utile pour la suite. Cette marche était bonne pour grossir le volume, mais elle était aussi propre à rebuter le lecteur.

Il construit le cadran horizontal par l'analemme. La pratique en est assez incommode et assez singulière. Soit A l'angle horaire du cadran; on sait que $\text{tang}\,A = \sin H\,\text{tang}\,P = \frac{\sin P}{\text{coséc}\,H\,\cos P}$; en conséquence, il décrit deux cercles, l'un du rayon $= 1$ et l'autre du rayon $= \text{coséc}\,H$; sur le premier il prend graphiquement $\sin P$, sur le second, $\text{coséc}\,H\,\cos P$; ce qui revient à ceci : prenez sur la méridienne, en partant du centre, une distance $\text{coséc}\,H\,\cos P$; par le point ainsi trouvé élevez la perpendiculaire $\sin P$, l'hypoténuse sera la ligne horaire. On pourrait varier cette construction. Mais soit la méridienne $MB = \sin H$ (fig. 17); faites $BMa = P$, vous aurez $aB = \sin H\,\text{tang}\,P$; pour les lignes éloignées de midi,

$Lb = ML$, $\cot BMb = \frac{ML}{\sin H \tang P} = \cot P$. Ce qui est bien plus simple et fait le même effet que la figure compliquée de Clavius, qui trouve pourtant sa méthode élégante au possible.

La formule $\frac{\sin H . \sin P}{\cos P}$ nous dit que si dans un cercle, dont le rayon est 1, on prend les cosinus des angles horaires P, et qu'on diminue le sinus P, dans la raison constante sin H ; l'ordonnée, ainsi diminuée sera celle d'une ellipse. Tous les points horaires du cadran horizontal seront donc sur la périphérie d'une ellipse, dont le demi-grand axe $= 1$, et le demi-petit axe sera sin H ; l'excentricité sera cos H ; car $e^2 = 1 - b^2 = 1 - \sin^2 H = \cos^2 H$; donc $e = \cos H$; on pourra décrire l'ellipse par un mouvement continu, et la diviser par les cercles inscrit et circonscrit.

Cette méthode peut être curieuse, mais elle est encore plus incommode.

Pour décrire les arcs des signes, il emploie l'analemme et le trigone des signes. Il est long et diffus comme partout. Soit

$$\cos N = \cos P \cos D \cos H + \sin D \sin H ;$$

G tang N sera la distance du point d'ombre au pied du style, et coséc N la distance au sommet du style. Pour un même signe on n'aura que le log cos P à changer, et les P reviennent les mêmes le soir.

Clavius propose de décrire la route de l'ombre pour un jour quelconque, pour un jour de fête quelconque, excepté pourtant les fêtes mobiles.

Pour décrire les parallèles des arcs diurnes, on cherchera d'abord la déclinaison de l'arc, ensuite on fera comme pour les arcs des signes.

Pour les verticaux, du pied du style décrivez un cercle que vous diviserez en degrés ; une droite menée de ce pied au point d'ombre, indiquera l'azimut. On peut multiplier ces lignes à volonté, mais il est inutile d'en tracer la partie qui sortirait des hyperboles.

Les cercles de hauteurs sont des cercles qui ont pour centre le pied du style, et pour rayon, G tang N. En donnant à N toutes les valeurs que vous voudrez, vous aurez les almicantarats.

Les méridiens des principales villes. Ce sont des lignes horaires comme les autres, mais les angles horaires seront fractionnaires le plus souvent.

Les parallèles des villes sont les mêmes que ceux des déclinaisons égales à ces latitudes.

Les cercles des maisons sont et ont toujours été fort inutiles; mais la description en est au moins bien facile. Elle consiste à marquer sur l'équinoxiale les points où ces cercles coupent l'équateur; par ces points on mène des parallèles à la méridienne; leurs distances à la méridienne sont les tangentes des angles qu'ils font avec le méridien. Ces lignes ressemblent aux lignes horaires des cadrans orientaux.

A ce problème Clavius en fait succéder un qui est bien plus inutile encore, et qui est bien plus difficile, pour lequel il faut des tables et beaucoup de calculs. Il s'agit de marquer les signes ascendans du zodiaque; et comme ces lignes ne feraient que surcharger le cadran, nous n'en dirons rien.

Nous avons vu que les heures italiques sont les intersections du plan du cadran et de divers horizons espacés d'heure en heure, sur le même parallèle. Ces intersections sont des lignes droites terminées aux deux hyperboles extrêmes. Il suffit de trouver pour chaque ligne les points d'hiver et d'été, et de joindre les points correspondans par des droites. Clavius indique des moyens plus expéditifs; il a donné plus haut des tables des points de l'équinoxiale, où passent ces lignes horaires; il ne reste plus qu'à tracer par ces points des parallèles à l'une des lignes horaires astronomiques qu'il indique. Il faut donc, dans cette méthode, commencer par décrire le cadran ordinaire, au moins d'une manière occulte.

Un cadran ordinaire remplacerait au besoin le cadran italique. Prenez l'heure ordinaire sur le cadran, retranchez-la de l'heure du coucher du Soleil, le reste sera le complément à vingt-quatre heures de l'heure italique. Avec un almanach on peut se passer du cadran italique; avec le cadran italique il faut un almanach pour savoir l'heure de midi, qui change tous les jours sur ce cadran où elle est toujours fractionnaire.

Le cadran babylonique est le cadran italique vu en transparent; on peut les décrire tous deux sur la même face; alors on a plusieurs intersections qui font reconnaître la méridienne, qu'il est d'ailleurs si aisé de tracer, qu'on ne voit pas pourquoi on négligerait de l'y admettre; on la reconnait d'ailleurs aisément à ce qu'elle joint les sommets des hyperboles opposées.

Nous ne dirons rien ici du cadran horizontal des heures antiques. Clavius n'a rien ajouté de remarquable à ce que nous avons appris de Ptolémée.

A l'article des cadrans verticaux, il remarque que, dans ces cadrans, l'horizontale qui passe par le pied du style, est la ligne de lever et de coucher; les verticaux sont des droites parallèles à la méridienne, et leurs distances à la méridienne sont les tangentes des angles que ces verticaux font avec le méridien, le style étant pris pour rayon. Il surcharge son cadran vertical, ainsi qu'il a fait pour l'horizontal, d'une multitude de lignes, qui ne peuvent manquer d'y opérer la confusion. A force de multiplier les lignes le cadran ne marquera plus rien que d'une manière très incertaine.

On remarque cette abondance stérile dans ses cadrans orientaux, occidentaux et polaires, dans ses cadrans déclinans et inclinés; il parle des cadrans sur un cercle horaire, qui sont des cadrans horizontaux pour un lieu de la sphère droite; ces cadrans n'ont pas de centre, puisque les pôles sont dans l'horizon; toutes les lignes horaires sont parallèles entre elles; étant donné un cadran avec son style, il enseigne à trouver l'inclinaison, la déclinaison et la hauteur du pôle pour laquelle il a été construit. Pour tous ces problèmes et bien d'autres du même genre, il ne donne jusqu'ici aucune formule, aucune règle de calcul, mais uniquement des constructions graphiques, qui reviennent presque toutes à trouver l'équinoxiale, son centre et son rayon diviseur; rien de particulier, rien de remarquable, mais en revanche, des détails d'une prolixité fatigante; il reconnaît lui-même que ces constructions sont difficiles à exécuter correctement; pour éviter les erreurs, il va donner la construction de certaines tables qui faciliteront les opérations; mais ces tables mêmes ne sont pas les plus commodes qu'on pût imaginer.

Le livre VI est un long commentaire sur l'Analemme de Ptolémée.

Dans le livre VII il décrit un instrument propre à tracer les cadrans.

Le huitième et dernier livre est consacré aux cadrans de fantaisie.

Dans un livre à part, il décrit une machine propre à faciliter la description des cadrans; elle a quelque analogie avec celle dont il a déjà parlé: elle est d'un espagnol nommé Ferrer. Clavius en ayant vu une description imparfaite, chercha la démonstration des procédés qu'elle fournit. Cet instrument est une espèce d'équatorial, dont l'axe porte deux trigones des signes opposés par le sommet; cet instrument, élevé convenablement et bien orienté, sera posé à proximité d'un plan quelconque; alors l'axe de la machine, prolongé s'il est nécessaire, indiquera le centre du cadran à construire, et la position qu'il faudra donner à l'axe du cadran; l'alidade qui tourne au centre, prolongée de même par des fils tendus, servira à tracer et à diviser l'équinoxiale; les lignes menées du centre du cadran aux divisions de l'équinoxiale, seront les lignes horaires, qu'on prolongera jusqu'aux bornes du plan; un fil tendu, partant du sommet des trigones, indiquera autant de points qu'on voudra de l'arc d'un signe quelconque; par les points correspondans de arcs extrêmes on pourrait faire passer des lignes qui seraient les lignes horaires, si elles n'étaient déjà tracées. On pourrait donc se passer du centre s'il était trop loin; et pour placer l'arc, on mesurerait la distance de deux de ses points au sommet de deux hyperboles opposées.

Ce qu'il vient de faire au moyen de son équinoxial, il enseigne à le pratiquer de même au moyen d'un cadran horizontal.

Il indique ensuite, comme imaginées par Jacques Curtius, ces règles qu'on trouve aujourd'hui dans les étuis de mathématiques anglais, et qui servent à décrire les cadrans horizontaux et verticaux non déclinans; c'est-à-dire à construire la formule $\text{tang}\, A = \sin H \,\text{tang}\, P = \frac{\text{tang}\, P}{\text{coséc}\, H}$.

Soit (fig. 18) CM la méridienne $= 1$, BC perpendiculaire à CM l'équinoxiale; sur MB et MC marquez les tangentes de 15, 30, 45, 60 et 75°, c'est-à-dire les tangentes de P; soient MD et ME les tangentes de 45°; prenez $MF = \text{coséc}\, H$, $MFD = MFE$ sera l'angle horaire de trois heures, et F le centre du cadran; en effet, $\text{tang}\, MFD = \frac{\text{tang}\, P}{\text{coséc}\, H} = \text{tang}\, A$. Il en sera de même pour une heure quelconque. GH parallèle à BC sera la ligne de six heures.

Cette méthode est certainement la plus simple qu'on puisse imaginer; elle n'exige qu'une ligne des tangentes et une ligne des sécantes; les divisions de cette dernière seront marquées de deux nombres complémentaires, afin qu'on puisse y prendre la sécante de complément pour le cadran horizontal, et la sécante de la hauteur même pour le cadran vertical. C'est à cela que se réduit au fond le verbiage de Clavius, qui a l'art d'embrouiller tout ce qu'il démontre. C'est à ce peu de lignes, qui ne sont pas de lui, à la description de la machine de Ferrer et sur-tout à la division en degrés des grands cercles de projection, que se borne tout ce qu'il y a de neuf ou de vraiment utile dans cet énorme compilation.

Le tome V est rempli par l'ouvrage sur le calendrier et la réformation grégorienne. Nous en avons donné l'extrait dans le livre de la réformation.

Briggs.

Trigonometria Britannica, sive de Doctrinâ triangulorum libri duo, quorum prior continet constructionem canonis sinuum, tangentium et secantium, unâ cum logarithmis sinuum et tangentium ad gradus et graduum centesimas et ad minuta et secunda centesimis respondentia.

A clarissimo doctissimo, integerrimoque viro Domino Henric. Briggio, Geometriæ in celeberrimâ Academiâ Oxoniensi professore Saviliano dignissimo, paulo antè inopinatam ipsius è terris emigrationem compositus.

Posterior vero usum sive applicationem canonis in resolutione triangulorum tam planorum quam sphæricorum è geometricis fundamentis petitâ, calculo facillimo, eximiisque compendiis exhibet; ab Henrico Gellibrand Astronomiæ in collegio Greshamensi apud Londinenses professore, constructus. Goudæ, 1633.

Dans un avis au lecteur, Gellibrand, après un grand éloge de Briggs, qu'il qualifie de *sæculi hujus mathematici plane stuporis*, nous apprend que l'auteur est mort septuagénaire, quand il travaillait à l'introduction qu'il voulait mettre en tête de son ouvrage; que depuis 30 ans environ il avait travaillé à construire entièrement la Table des sinus à quinze chiffres, au moyen d'équations algébriques et de différences proportionnelles aux sinus mêmes; que depuis long-tems l'ouvrage était terminé; que ses amis le sollicitaient de le publier, que ses occupations ne lui en laissaient guère le tems, qu'enfin il avait voulu y travailler, mais qu'il était mort sans laisser une seule ligne du second livre. Les amis de Briggs s'adressèrent à Gellibrand pour ce qui manquait à l'explication des tables. Adrien Vlac avait déjà entrepris à ses frais l'impression de la table. Cet avis est de la fin d'octobre 1632.

Dans son chapitre premier, Briggs nous dit que c'est d'après l'idée proposée par Viète à la page 29 de son Calendrier grégorien, qu'il a divisé le degré en 100 parties. En effet, c'était un avantage que de réduire à une seule échelle tous les calculs, tant des arcs que des lignes trigonométriques; on ne peut nier qu'une table pour tous les centièmes de degré ne soit plus commode et plus exacte qu'une table pour toutes les minutes du quart de cercle; les intervalles ne sont plus que de 36″ au lieu de 60″, les parties proportionnelles sont plus faciles et plus exactes; il est à regretter que Briggs n'ait pas étendu sa table aux millièmes, ce qu'il pouvait plus facilement qu'un autre par sa méthode des différences. Alors il aurait pu faire la révolution désirée par quelques bons esprits. Mais Rhéticus avait donné ses sinus, ses tangentes de 10″ en 10″, les parties pouvaient se prendre suivant l'échelle purement décimale; elles étaient plus courtes et aussi faciles à calculer que celles de Briggs, les astronomes ne voulurent pas renoncer à cet avantage. Vlac lui-même, qui avait imprimé à ses frais les degrés et centièmes de Briggs, rendit à ces tables la forme accoutumée, donna les logarithmes de 10 en 10″; cette division s'est perpétuée, et tous nos efforts ont été infructueux jusqu'ici pour établir la division décimale. Le peu de succès de notre tentative vient peut-être de ce que nous avons voulu enchérir sur l'idée de Viète, en banissant tout-à-fait la division sexagésimale du cercle. Il faut avouer aussi que si des Tables en centièmes sont trop peu étendues, des Tables en millièmes seraient trop volumineuses, et c'est là un obstacle trop réel. Les grandes Tables du cadastre n'ont pu être imprimées et probablement ne paraîtront jamais. Réduites à sept décimales et aux dixaines de secondes décimales, elles seraient trois fois plus volumineuses que les Tables de Gardiner ou de Callet; on ne triomphera jamais de cette difficulté.

Briggs a supposé le rayon 1.000.000.000.000.000; on n'avait encore que des idées très imparfaites des fractions décimales, de leur notation et des principes du calcul. Rien de plus naturel pourtant que de prendre le rayon pour unité.

Il expose rapidement les moyens employés par les Grecs pour calculer les cordes. Il passe aussitôt à ce que, *par un bienfait de Dieu*, on a imaginé depuis peu d'années pour la construction de ces Tables.

Pour diviser un arc BE en trois parties (fig. 19), il mène la corde de cet arc, il la coupe par un rayon qui en retranche un segment égal à la corde de l'arc BC=BAC; la corde BE et la corde BC font un angle=BC, l'arc qui soutient cet angle = 2BC; partagez cet arc en deux au point D, vous aurez l'arc BE divisé en trois arcs égaux BC, CD, DE,

$$\tfrac{1}{2}\,CBG = 90° - BCA = \tfrac{1}{2}\,CAB = \tfrac{1}{2}\,BC,$$
$$CBG = BC = \tfrac{1}{2}\,CE,$$
$$CE = 2BC,$$
$$BE = BC + CE = BC + 2BC = 3BC;$$

cette solution est indirecte.

Il démontre synthétiquement pour les cordes une équation qui revient à la formule $\sin 3A = 3\sin A - 4\sin^3 A$, mais qui est bien moins commode, et dont le calcul est bien moins simple. Cette règle est celle qu'il appelle *triplation*. Il en déduit celle de trisection qu'il avoue être plus pénible.

Sa formule est

$$3\text{corde}A-(\text{corde}A)^3=\text{corde}3A \quad \text{ou} \quad 3\text{corde}A=\text{corde}3A+(\text{corde}A)^3,$$

qu'il exprime ainsi $3\boxed{1}=(\text{corde}3A)+1\boxed{3}$,

d'où $$\text{corde}\,A=\tfrac{1}{3}[\text{corde}\,3A+(\text{corde}\,A)^3].$$

Si l'on se contentait de prendre le tiers de (corde 3A), on aurait un quotient trop faible; il prescrit donc de prendre pour le premier chiffre du quotient un nombre trop fort; et pour le vérifier, il ajoute au dividende le cube du quotient; son opération, dont il ne donne que le commencement, est un mélange de la division et de l'extraction de la racine cubique qui offre beaucoup de longueurs et d'obscurité; la règle est tellement compliquée, qu'on a peine à la suivre et qu'il est facile de s'y tromper.

La trisection ne serait au plus nécessaire que pour des arcs très petits, alors

$$\sin A=\tfrac{1}{3}\sin 3A+\tfrac{4}{3}\sin^3 A\,;$$

il serait facile de réduire en série la valeur de sin A en fonction de sin 3A.

Il passe ensuite à la quintuplation. Sa formule est

$$5\boxed{1}-5\boxed{3}+1\boxed{5}=\text{corde}\ 5A,$$
$$\text{corde}\ 5A=5\text{corde}\ A-5(\text{corde}\,A)^3+(\text{corde}\,A)^5,$$

qui revient à notre formule $\sin 5A=5\sin 3A-10\sin A+16\sin^5 A$; mais celle de Briggs a l'avantage de donner la corde de 5A toute en fonctions de (corde A), avantage que nous pourrions nous donner aussi. On conçoit que la quintisection qu'il en tire est encore bien plus laborieuse que sa trisection et bien plus embarrassante pour le calculateur. Ce sera pis encore pour la septisection. Sa formule est

$$\text{corde}\,7A=7(\text{corde}\,A)-14(\text{corde}\,A)^3+7(\text{corde}\,A)^5-1(\text{corde}\,A)^7,$$
$$2\sin\tfrac{7}{2}A=7(2\sin\tfrac{1}{2}A)-14(2\sin\tfrac{1}{2}A)^3+7(2\sin\tfrac{1}{2}A)^5-1(2\sin\tfrac{1}{2}A)^7$$
$$=14\sin\tfrac{1}{2}A-14.8\sin^3\tfrac{1}{2}A+7.32\sin^5\tfrac{1}{2}A-128\sin^7\tfrac{1}{2}A,$$

ou $2\sin 7A = 14\sin A - 112\sin^3 A + 224\sin^5 A - 128\sin^7 A,$

$$\sin 7A = 7\sin A - 56\sin^3 A + 112\sin^5 A - 64\sin^7 A$$
$$= 7\sin A - 56(\tfrac{3}{4}\sin A - \tfrac{1}{4}\sin 3A) + 112(\tfrac{10}{16}\sin A - \tfrac{5}{16}\sin 3A + \tfrac{1}{16}\sin 5A)$$
$$- 64\sin^7 A$$
$$= 7\sin A - 42\sin A + 14\sin 3A + 70\sin A - 35\sin 3A + 7\sin 5A$$
$$= 35\sin A - 21\sin 3A + 7\sin 5A - 64\sin 7A;$$

elle revient donc encore à la nôtre, et elle a l'avantage d'être fonction de corde A.

Il donne les moyens de continuer la table des cordes multiples ; mais comme il avoue que les opérations sont de plus en plus laborieuses, il suffira de réunir ici ses formules les moins incommodes.

$$\text{corde } 3A = 3\text{corde } A - (\text{corde } A)^3$$
$$\text{corde } 5A = (5\text{corde } A) - 5(\text{corde } A)^3 + (\text{corde } A)^5$$
$$\text{corde } 7A = (7\text{corde } A) - 14(\text{corde } A)^3 + 7(\text{corde } A)^5 - 1(\text{corde } A)^7;$$

mais il faut avouer que, si géométriquement ces formules sont très élégantes, elles sont du moins d'une utilité fort bornée et fort douteuse pour la pratique.

On pourrait aller ainsi à l'infini pour les multiples impairs; pour les puissances paires, on n'aurait que les carrés, dont il resterait à extraire la racine. Toute cette doctrine est de Viète.

Dès qu'on a une corde, on en conclut celle de son supplément; car

$$\text{corde}^2(A) + \text{corde}^2(180° - A) = 4 = (\text{diamètre})^2,$$

comme

$$\sin^2 A + \sin^2(90° - A) = 1;$$

il en donne une démonstration synthétique.

Étant donné corde A et corde 2A, il forme une progression géométrique indéfinie sur les deux termes, et par des combinaisons des termes de cette progression, combinaisons qui se bornent à de simples additions et à des soustractions, il trouve corde 3A, corde 4A, corde 5A, etc., tant qu'il en veut.

Il range ces sinus par ordre, en prend les différences 1re, 2e, 3e, 4e et 5e.

Il prouve synthétiquement que

$$\sin(n+1)A - \sin nA = 2\sin\tfrac{1}{2}(n+1-n)A\cos\tfrac{1}{2}(n+1+n)A$$
$$= 2\sin\tfrac{1}{2}A\cos(n+\tfrac{1}{2})A;$$

mais il se contente de dire que les différences 1re des sinus (nA) sont proportionnelles à $\cos(n+\frac{1}{2})A$, sans parler du terme constant $2\sin\frac{1}{2}A$; il en conclut que les différences secondes sont proportionnelles au sinus des arcs donnés, qui sont complémens des arcs moyens; que les différences 2e, 4e, 6e, etc. sont proportionnelles à des sinus donnés, et les différences 1re, 3e, 5e, etc. proportionnelles aux cosinus, et que tous les nombres situés dans une même ligne sont en proportion.

En conséquence, étant donné le sinus et la différence seconde, on en conclura toutes les suivantes paires, puisqu'elles sont en progression géométrique; il est assez clair qu'il ignorait la raison de cette progression. Étant données les différences 1re et 3e, on en conclura toutes les différences impaires.

Pour l'interpolation par 5 parties, il divise les premières différences par 5, les secondes par $5^2=25$, les troisièmes par $5^3=125$, les quatrièmes par $5^4=625$, etc.

Il enseigne ensuite à corriger ces différences par un procédé qu'il ne démontre pas, et passe à la construction de la Table.

On connaît la corde de 60°; on cherche par la trisection celle de 20°; par la quintuplation, il en déduit la corde de 100°, de laquelle il tire celles de 50°, 25°, 12° 30′, 6° 15′; d'où, par la triplation et la duplication, celles de 18° 45′, 37° 30′, 75°, 56° 15′, 112° 30′.

Par quintuplation, celles de 31° 15′, 62° 30′, 125°, 93° 45′.

Par septuplation, celles de 43° 45′, 87° 30′.

En multipliant par 11, 13, 17, 19, il obtient celles de 68° 45′, 81° 15′, 106° 15′, 118° 45′.

Il en prend les moitiés pour avoir les sinus des demi-arcs; il a ainsi les sinus de 3°,125, 6°,250, 9°,375, 12°,500, 15°,625, 18°,750, 21°,875, 25°,000, 28°,125, 31°250, 34°,375, 37°,500, 40°,625, 43°,750, 46°,875, 50°,000, 53°,125, 56°,250, 59°,375, 62°,50; il complète le quart de cercle par la règle

$$\sin A = \sin(60°+A) - (60°-A).$$

60, par bissection, a donné 3°, 15°, 7° 30′, 3° 45′, sin 56°, 15° + sin 3° 45′ = sin 63° 45′, et ainsi des autres.

De ces sinus, par quintisection, il complète le nombre des sinus par tous les $\frac{1}{144}$ du quart de cercle, c'est-à-dire de 0,625 et 0,625; mais ici il a les différences de plusieurs ordres; il opère par différences.

Par la quintisection et par les différences, il dit qu'on trouvera tous les sinus de 0,025 en 0,025; et par une autre quintisection, ceux de 0,005 en 0,005, et enfin ceux de 0,001 en 0,001.

En examinant bien, on voit qu'il n'emploie la trisection que pour la corde de 20 ou le sinus de 10; au contraire, il emploie les cordes multiples 3, 5, 7, 11, 13, 15, 17, 19; ce sont au moins des opérations directes. Il a donc tiré un parti avantageux des théorèmes de Viète, et les a facilités par sa méthode des différences; mais il avait besoin d'avoir des sinus également espacés, ce qui est une autre preuve que Briggs ne connaissait pas les constantes de ses différences. Cependant cette formule complète était bien plus facile à trouver que les théorèmes obscurs de Viète. Long-tems avant d'avoir lu ni Viète, ni Briggs, en 1792, lorsqu'il était question de calculer des Tables pour la division centésimale du cercle, par deux théorèmes fort connus, j'avais formé pour les différences de tous les ordres le tableau suivant.

Différences finies des sinus.

Soit $2\sin\frac{1}{2}A = \text{corde}\,A = c$.

Sinus	Δ' +	Δ'' −	Δ''' +	Δ^{IV} −	Δ^{V} +	Δ^{VI} −	Δ^{VII} +	Δ^{VIII} −	Δ^{IX} +	Δ^{X} −
0.A	$c\cos\frac{1}{2}A$									
1.A	$c\cos\frac{3}{2}A$	$c^2\sin A$	$c^3\cos\frac{3}{2}A$							
2.A	$c\cos\frac{5}{2}A$	$c^2\sin 2A$	$c^3\cos\frac{5}{2}A$	$c^4\sin 2A$	$c^5\cos\frac{5}{2}A$					
3.A	$c\cos\frac{7}{2}A$	$c^2\sin 3A$	$c^3\cos\frac{7}{2}A$	$c^4\sin 3A$	$c^5\cos\frac{7}{2}A$	$c^6\sin 3A$	$c^7\sin\frac{7}{2}A$			
4.A	$c\cos\frac{9}{2}A$	$c^2\sin 4A$	$c^3\cos\frac{9}{2}A$	$c^4\sin 4A$	$c^5\cos\frac{9}{2}A$	$c^6\sin 4A$	$c^7\sin\frac{9}{2}A$	$c^8\sin 4A$	$c^9\sin\frac{9}{2}A$	
5.A	$c\cos\frac{11}{2}A$	$c^2\sin 5A$	$c^3\cos\frac{11}{2}A$	$c^4\sin 5A$	$c^5\cos\frac{11}{2}A$	$c^6\sin 5A$	$c^7\sin\frac{11}{2}A$	$c^8\sin 5A$	$c^9\sin\frac{11}{2}A$	$c^{10}\sin 5A$
6.A	$c\cos\frac{13}{2}A$	$c^2\sin 6A$	$c^3\cos\frac{13}{2}A$	$c^4\sin 6A$	$c^5\cos\frac{13}{2}A$	$c^6\sin 6A$	$c^7\sin\frac{13}{2}A$	$c^8\sin 6A$	etc.	etc.
7.A	$c\cos\frac{15}{2}A$	$c^2\sin 7A$	$c^3\cos\frac{15}{2}A$	$c^4\sin 7A$	$c^5\cos\frac{15}{2}A$	$c^6\sin 7A$	etc.	etc.		
8.A	$c\cos\frac{17}{2}A$	$c^2\sin 8A$	$c^3\cos\frac{17}{2}A$	$c^4\sin 8A$	etc.	etc.				
9.A	$c\cos\frac{19}{2}A$	$c^2\sin 9A$	etc.	etc.						
10.A	etc.	etc.								
etc.										

Les sinus et les différences paires qui sont sur une même ligne horizontale, comme $\sin 5A$, $c^2\sin 5A$, $c^4\sin 5A$, etc., forment une progression géométrique dont la raison est c^2.

Les différences impaires qui sont sur une même ligne, comme, $c\cos\frac{9}{2}A$, $c^3\cos\frac{9}{2}A$, $c^5\cos\frac{9}{2}A$, etc., forment de même une progression géométrique dont la raison est encore c^2.

D'une colonne à la suivante, on trouve alternativement sinus et cosinus.

Dans la même colonne, l'arc variable a pour différence A ou $\frac{1}{2}$A.

On peut prolonger indéfiniment toutes les colonnes verticales; il suffira de les prolonger dans la partie inférieure.

Supposons donc que l'on ait $\sin\frac{1}{2}$ et $\cos\frac{1}{2}A$, et par conséquent $2\sin\frac{1}{2}A\cos\frac{1}{2}A = \sin A$; on aura toutes les différences paires

$$4\sin^2\tfrac{1}{2}A\sin A : 16\sin^4\tfrac{1}{2}A\sin A : 64\sin^6\tfrac{1}{2}A\sin A : 256\sin^8\tfrac{1}{2}A\sin A : 1024\sin^{10}\tfrac{1}{2}A\sin A,$$

ou

$$8\sin^3\tfrac{1}{2}A\cos\tfrac{1}{2}A : 32\sin^5\tfrac{1}{2}A\cos\tfrac{1}{2}A : 128\sin^7\tfrac{1}{2}A\cos\tfrac{1}{2}A : 512\sin^9\tfrac{1}{2}A\cos\tfrac{1}{2}A : 2048\sin^{11}\tfrac{1}{2}A\cos\tfrac{1}{2}A;$$

on aura donc la première ligne des différences paires.

Pour les impaires, on a

$$2\sin\tfrac{1}{2}A\cos\tfrac{3}{2}A = 2\sin\tfrac{1}{2}A\cos\tfrac{1}{2}A\cos A - 4\sin^2\tfrac{1}{2}A\sin A = 2\sin\tfrac{1}{2}A\cos\tfrac{1}{2}A - 8\sin^3\tfrac{1}{2}A\cos\tfrac{1}{2}A,$$

et multipliant par $4\sin^2\frac{1}{2}A$, on aura les autres différences impaires de la même ligne,

$$\begin{aligned}8\sin^3\tfrac{1}{2}A\cos\tfrac{1}{2}A &- 32\sin^5\tfrac{1}{2}A\cos\tfrac{1}{2}A,\\ 32\sin^5\tfrac{1}{2}A\cos\tfrac{1}{2}A &- 128\sin^7\tfrac{1}{2}A\cos\tfrac{1}{2}A,\\ 128\sin^7\tfrac{1}{2}A\cos\tfrac{1}{2}A &- 512\sin^9\tfrac{1}{2}A\cos\tfrac{1}{2}A,\\ 512\sin^9\tfrac{1}{2}A\cos\tfrac{1}{2}A &- 2048\sin^{11}\tfrac{1}{2}A\cos\tfrac{1}{2}A,\end{aligned}$$

ou tout simplement, mais en nombres,

$$2\sin\tfrac{1}{2}A\cos^3A : 8\sin^3\tfrac{1}{2}A\cos^5A : 32\sin^5\tfrac{1}{2}A\cos\tfrac{3}{2}A : \text{etc.}$$

Cette ligne formée, on aura $\sin 2A$, et l'on formera toutes les différences paires de la ligne; on aura $2\sin\frac{1}{2}A\cos\frac{5}{2}A$, et toutes les différences de la ligne.

D'où, $\sin 3A$ et toutes ses différences paires, et ainsi jusqu'au bout.

Il reste à faire un choix pour l'intervalle A. Soit $A = 1°$ par les formules de Mercator et de Newton; on calculera $\sin 30'$ et $\cos 30'$ avec une grande facilité, ainsi que $4\sin^2\frac{1}{2}A$, etc., et par conséquent toute la table.

On commencerait par calculer la série

$$2\sin\tfrac{1}{2}A : 4\sin^2\tfrac{1}{2}A : 8\sin^3\tfrac{1}{2}A, \text{ etc.},$$

qui donnerait tous es coefficiens, quand ce ne serait que pour voir l'ordre des décimales qui les commence. On voit que les dixièmes différences commenceront toujours par 17 zéros après le point; le sinus qui les multiplie les diminuera encore.

2...	0,3010300		
$\sin\frac{1}{2}A$...	7,9408419		
$2\sin\frac{1}{2}A$...	8,2418719	$2\sin\frac{1}{2}A$	
	6,4837438	$4\sin^2\frac{1}{2}A$	
	4,7256157	$8\sin^3\frac{1}{2}A$	0,00000.53164
	2,9674876	$16\sin^4\frac{1}{2}A$	0,00000.00927.86
	1,2093595	$32\sin^5\frac{1}{2}A$	0,00000.00016.194
	9,4512314	$64\sin^6\frac{1}{2}A$	0,00000.00000.28264
	7,6931033	$128\sin^7\frac{1}{2}A$	0,00000.00000.00493.29
	5,9349752	$256\sin^8\frac{1}{2}A$	0,00000.00000.00008.6094
	4,1768471	$512\sin^9\frac{1}{2}A$	0,00000.00000.00000.15026
	2,4187190	$1024\sin^{10}\frac{1}{2}A$	0,00000.00000.00000.00262.25.

Si l'on ne voulait que des moyens trigonométriques, on pourrait calculer d'abord tous les sinus, de 3 en 3°, par les formules de Lambert, qui n'emploient que des radicaux carrés. Du sinus de 3° on déduirait ceux de 1° 30′, et par la trisection celui de 30′, son cosinus, et l'on interpolerait facilement de degré en degré.

Ou bien, $3° = 180'$; au moyen du sinus et du cosinus de 30″, o remplirait la table de minute en minute; puis au moyen du sinus et du cosinus de 5″, on remplirait de 10 en 10″.

Ayant moins de termes à interpoler, on pourra diminuer le nombre des différences, ou celui des chiffres dont on les composerait. On peut varier la construction de bien des manières.

Pour interpoler de 5 en 5, Briggs prescrit de diviser les différences premières par 5, les secondes par 5^2, les troisièmes par 5^3, etc.; on voit que ce procédé n'est qu'approximatif; il faut substituer à $\sin\frac{1}{2}A$ $\sin\frac{1}{10}A$, et ainsi des autres puissances; aussi nous fait-il remarquer qu'on n'aura de cette manière que des différences moyennes qu'il faudra corriger avant de s'en servir. Il est plus simple et plus exact d'employer la bonne formule; les moyens de correction qu'il indique paraissent être ceux de la quintisection, etc. On peut voir dans la Connaissance des Tems de 1817, la démonstration que M. Legendre a donnée de ce procédé de Briggs. *Cette démonstration*, dit M. Legendre, p. 219, *n'est pas aussi simple que je l'aurais désiré; mais elle donnera peut-être occasion à quelqu'autre géomètre d'en trouver une qui se rapprochera davantage de celle que l'auteur lui-même avait découverte, et qu'il aurait dû publier.* La démonstration ne saurait se déduire des Sections angulaires de Viète; nous y reviendrons à l'article Mouton.

Briggs remarque ensuite que quelques amateurs zélés auraient désiré une nouvelle division du cercle, qui fût centésimale; ainsi le quart du cercle aurait été 25. Pour faciliter le travail, il donne les sinus de 0,625 en 0,625, qu'on pourrait étendre ensuite aux 0,125, puis aux 0,025, aux 0,005 et aux 0,001. Cette Table est curieuse; nous allons la transcrire. M. Lagrange avait proposé la même idée, quand il a été question d'établir le système métrique décimal.

0.625	2° 15′	392.598.157.590.686	13.125	47° 15′	7.343.225.094.356.855
1.250	4.30	784.590.957.278.451	13.750	49.30	7.604.059.646.000.309
1.875	6.45	1.175.373.974.578.377	14.375	51.45	7.853.169.308.807.449
2.500	9.00	1.564.344.650.402.308	15.000	54.00	8.090.169.943.749.474
3.125	11.15	1.950.903.220.161.283	15.625	56.15	8.314.696.123.025.452
3.750	13.30	2.334.453.638.559 055	16.250	58.30	8.526.401.643.540.922
4.375	15.45	2.714.404.498.650.742	16.875	60.45	8.724.960.070.727.972
5.000	18.00	3.090.169.943.749.474	17.500	63.00	8.910.065.241.883.679
5.625	20.15	3.461.170.570.774.930	18.125	65.15	9.081.431.738.250.812
6.250	22.30	3.826.834.323.650.898	18.750	67.50	9.238.795.325.112.868
6.875	24.45	4.186.597.375.374.280	19.375	69.45	9.381.913.359.224.844
7.500	27.00	4.539.904.997.395.468	20.000	72.00	9.510.565.162.951.536
8.125	29.15	4.886.212.414.969.549	20.625	74.15	9.624.552.364.536.474
8.750	31.30	5.224.985.647.159.488	21.250	76.30	9.723.699.203.976.765
9.375	33.45	5.555.702.330.196.022	21.875	78.45	9.807.852.804.032.304
10.000	36.00	5.877.852.522.924.731	22.500	81.00	9.876.883.405.951.377
10.625	38.15	6.190.939.493.098.340	23.125	83.15	9.930.684.569.549.263
11.250	40.30	6.494.480.483.301.837	23.750	85.30	9.969.173.337.331.280
11.875	42.45	6.788.007.455.329.417	24.375	87.45	9.992.290.362.407.229
12.500	45.00	7.071.067.811.865.475	25.000	90.00	10.000.000.000.000.000

Par la quintisection, on étendrait la Table de 27 en 27′; par la trisection, de 9 en 9′, de 3 en 3′, de 1 en 1′, de 20 en 20″; et par la bissection de 10 en 10″. Cette Table de sinus, à 15 chiffres, est une avance considérable pour toutes les tables qu'on voudrait faire. Celle de Rhéticus, plus étendue, est bien suffisante. Cette Table et celle du Cadastre, pour la division en 400 degrés, ne laissent plus rien à faire en ce genre.

Briggs ne dit qu'un mot sur les tangentes et les sécantes; il n'y a pas cherché une précision que nous avons démontrée superflue, et dans les très grands arcs, il n'y a mis que dix décimales, et les quinze décimales de ses sinus ne suffisaient plus dans le dernier degré; il ne dit pas bien exactement ce qu'il a fait; il indique les théorèmes de Viète pour les tangentes et les sécantes, et ce moyen était beaucoup plus exact; il indique aussi la quintisection, etc.

Il démontre enfin les théorèmes de Viète pour les sécantes et les tangentes. On commence à voir dans son livre quelques fractions décimales; mais au lieu de les séparer des entiers par un point ou une virgule, il les écrit sous forme de fraction ordinaire, ou bien il souligne toute la partie fractionnaire, pour la distinguer des entiers.

C'est ici que se termine le travail de Briggs, et à ne considérer que ses Tables en nombres naturels, on pourrait dire que sa Trigonométrie britannique est toute française, puisqu'elle est construite en entier d'après les théorèmes de Viète. Il resterait pourtant à Briggs l'honneur d'avoir composé les tables les plus étendues et les plus exactes qui aient jamais paru; mais si l'on ajoute ses Tables logarithmiques, où ses idées sont mêlées à celles du premier inventeur, qui était écossais, on pourra convenir que de tous les ouvrages qui portent le titre de *Britannique*, aucun n'a mieux mérité ce nom.

Gellibrand.

Le second livre est de Gellibrand; il explique l'usage des Tables et leur application à la Trigonométrie.

A la proposition IV, nous voyons la formule

$$\operatorname{tang} \tfrac{1}{2}(A'-A) = \left(\frac{C'-C}{C+C}\right) . \operatorname{tang} \tfrac{1}{2}(A'+A) ;$$

que nous avons déjà trouvée dans Rhéticus; mais la démonstration est différente.

Il donne ensuite une table pour convertir les minutes et secondes en centièmes de degré, et réciproquement.

On trouve ensuite deux règles assez singulières pour trouver les deux angles inconnus d'un triangle rectiligne. On sait que

$$C' : C :: \sin A' : \sin A,$$

d'où l'on déduit ordinairement

$$C' + C : C' - C :: \operatorname{tang} \tfrac{1}{2}(A'+A) : \operatorname{tang} \tfrac{1}{2}(A'-A);$$

on peut en déduire

$$(C'+C):(C'+C+C'-C)::\tang\tfrac{1}{2}(A'+A):\tang\tfrac{1}{2}(A'+A)+\tang\tfrac{1}{2}(A'-A),$$
$$C'+C:2C'::\tang\tfrac{1}{2}(A'+A):\tang\tfrac{1}{2}(A'+A)+\tang\tfrac{1}{2}(A'-A).$$

Le quatrième terme de cette analogie donnera en nombres .... $\tang\frac{1}{2}(A'+A)+\tang\frac{1}{2}A'-A$; de cette somme de deux tangentes ôtez (en nombres)...................... $\tang\frac{1}{2}(A'+A)$, il vous restera $\tang\frac{1}{2}(A'-A)$; vous connaîtrez donc $\frac{1}{2}(A'-A)$, et par conséquent A' et A.

La même analogie donne encore

$$(C'+C):(C'+C-C'+C)::\tang\tfrac{1}{2}(A'+A):\tang\tfrac{1}{2}(A'+A)-\tang\tfrac{1}{2}(A'-A),$$
$$C'+C:2C::\tang\tfrac{1}{2}(A'+A):\tang\tfrac{1}{2}(A'+A)-\tang\tfrac{1}{2}(A'-A),$$

retranchez ce 4ᵉ terme du 3ᵉ $\tang\frac{1}{2}(A'+A)$

il restera.......................... $+\tang\frac{1}{2}(A'-A)$.

Ces deux manières alongent le calcul sans aucun avantage; il donne pour le même problème

$$\frac{C'}{C\cos A''}-\cot A''=\cot A,$$

formule aujourd'hui bien connue et qui était alors assez rare (elle est de Viète; *voyez* tome III, page 468).

Dans un triangle dont les trois côtés sont donnés, il cherche

$$\tang^2\tfrac{1}{2}\,\text{angle}=\frac{(S-C).S}{S-C'.(S-C'')},$$

formule de Briggs ou de Néper; enfin

$$C''^2=C^2+C'^2-2CC'\cos A''=(C'-C)^2+4CC'\sin^2\tfrac{1}{2}A''.$$

La seconde partie de ce livre traite des triangles sphériques.

Les pôles de deux grands cercles sont à une distance égale à leur inclinaison, et réciproquement, l'inclinaison de deux cercles l'un sur l'autre est égale à la distance de leurs pôles; Gellibrand en conclut que si l'on connaît les trois angles d'un triangle sphérique, on connaîtra les distances mutuelles des trois pôles; il en conclut que les angles du second seront égaux aux côtés du 1er; ce qui paraît peu exact. Car, supposons que les trois côtés du triangles donnés soient ensemble moindre que de 180°; les trois angles du second triangle feraient donc une somme moindre que 180°, ce qui est contre la nature des triangles sphériques; il faut que l'un des angles soit le complément du côté.

En effet, Pitiscus et Rhéticus ont supposé un angle obtus dans le triangle.

Dans un triangle rectangle, l'angle vertical est plus grand que le complément de l'angle à la base, ou $A' > 90° - A$ et $A' < 90° + A$. En effet,

$(\tang 90° - A') = \cos C'' \tang A = \tang A - 2\sin^2 \tfrac{1}{2} C'' \tang A < \tang A$ (fig. 20);

donc $90° - A' < A;\ 90° < A + A';\ A' > 90° - A;$

mais si C'' est assez petit pour que $\cos C'' = 1$ sans erreur sensible,

alors $\tang(90° - A') = \tang A$ et $A' = 90° - A$.

Si $C'' > 90°$ comme DB, l'angle BDE sera $180° - A' = 180° - FBE$; et si $FBE = 90° - A$, alors $DBE = 180° - (90° - A) = 90° + A$.

Ainsi, l'angle A ira toujours croissant depuis $90° - A$ jusqu'à $(90° + A)$, limites qu'il ne peut atteindre que si l'un des deux triangles FBE ou DBE vient à s'évanouir, et que l'autre dégénère en fuseau. C'est ce qu'on peut vérifier par la table des angles de l'écliptique avec le méridien.

Si un triangle est inscrit au cercle, chaque côté est le double du sinus de l'angle opposé. La manière dont l'auteur présente cette vérité triviale, fait que j'ai été long-tems à savoir ce qu'il voulait dire.

Il démontre par des figures les règles mnémoniques de Néper pour les triangles rectangles. Il y emploie les deux triangles complémentaires bout à bout.

Dans sa théorie des triangles obliquangles, il abaisse la perpendiculaire comme Rhéticus, mais il ne la calcule pas; il fait comme nous faisons aujourd'hui, comme faisait Viète.

Il emploie les analogies de Néper, comme elles ont été modifiées par Briggs lui-même. Dans le cas des trois côtés connus, il cherche la règle par la tangente de la moitié et non par le sinus, comme on le fait aujourd'hui plus communément.

Briggs fait un fréquent usage du complément arithmétique qui est par conséquent aussi ancien que les logarithmes dont nous faisons usage. Il est donc assez étrange que de nos jours quelques astronomes aient négligé cette abréviation; c'est Edmond Gunter qui le premier en a eu l'idée.

Nous avons parlé des logarithmes de Briggs à la suite de l'article de Néper; nous terminerons ce livre par une courte notice de quelques tables plus modernes.

Nathaniel Roe.

Tabulæ logarithmicæ, or two Tables of logarithmes, the firts containing the logarithmes of all numbers from 1 *to* 100000, *contracted in this portable volume by Nathaniel Roe, pastor in Benacre in Suffolke; the other the logarithmes of the right sines and tangents of all the degrees and minutes of the quadrant, each degree being divised in to* 100 *minutes. By Edm. Wingate. London,* 1633.

Cette disposition nouvelle des tables n'est pas encore celle qui est adoptée généralement aujourd'hui; pour en donner une idée exacte, il faut copier les premières lignes de la Table.

N.	1000	1050	1100	1150	1200	1250	1300	1350	1400	1450	N.
L.	3.00	3.02	3.04	3.06	3.07	3.09	3.11	3.13	3.14	3.16	L.
1	04340	16027	17873	10753	95430	72573	42772	06553	64381	16674	51
2	08677	20151	21815	14524	99044	76043	46109	09766	67480	19666	52
3	13009	24283	25755	18293	02656	79510	49444	12977	70576	22656	53
4	17337	28406	29690	22058	06254	82975	52775	16186	73671	25644	54
5	21660	32524	33622	25819	09870	86437	56105	19392	76763	28629	55
..	.....	.....	.....	.....	.....	.....	.....	.....	.....	.....	...
50	11892	13926	06978	91812	69100	39433	03337	61280	13680	60912	100

De cette manière, une colonne de 50 lignes de Roe est la colonne correspondante de 50 lignes des Tables de Vlacq. En les comparant, j'ai remarqué que Roe, en réduisant tout à sept décimales, a toujours négligé complètement les trois dernières, sans jamais ajouter une unité à la septième, quelle que fût la partie négligée. Ainsi à 1356, il a mis 3.1322596, quoique le logarithme véritable fût 3.1322596.895; à 1366, il a négligé 993.

Le premier chiffre 3 qu'on voit en tête de chaque colonne ci-dessus, est la caractéristique que nous avons séparée par un point qui n'est pas dans la Table de Roe.

Ainsi les logarithmes de la première colonne sont ceux de 1000, 1001, 1002, 1003, etc.

Les unités se prennent dans la première colonne verticale, tant qu'elles ne passent pas 50, et dans la colonne verticale à droite, quand elles passent 50.

Si les nombres en tête, tels que 300, 302, 304, croissent de deux parties, c'est une preuve que la seconde décimale a changé deux fois dans le cours de la colonne. Si l'augmentation n'est que de 1, elle n'aura changé qu'une seule fois.

Les changemens sont moins fréquens et ne sont jamais que d'une seule unité dans les tables modernes, où l'on a fait des lignes horizontales de chacune des dixaines de logarithmes qui composent les 50 lignes de Roe. On voit donc que l'idée de Roe a été améliorée à certains égards par John Newton, auteur de la forme actuelle. J. Newton a certainement profité de l'idée de Roe; mais Lalande va trop loin, quand il veut que Roe soit regardé comme l'auteur de la forme des Tables actuelles. L'arrangement de Roe était pourtant plus commode pour trouver les différences entre deux logarithmes consécutifs.

Les logarithmes des sinus et des tangentes sont ceux de Briggs mais réduits à dix décimales.

Le volume est terminé par une Table des latitudes croissantes de 2 en 2′ jusqu'à 87°.

Oughtred.

Trigonometria, hoc est, modus computandi triangulorum latera et angulos ex Canone mathematico, traditus et demonstratus autore Willelmo Oughtred Ætonensi. Unâ cum tabulis sinuum, tangentium et secantium. Londini, 1657.

Dans ce traité fort succinct de Trigonométrie, on trouve une démonstration synthétique de la formule $\text{tang}\,\frac{1}{2}(A - A') = \left(\frac{C-C'}{C+C'}\right)\text{tang}\,\frac{1}{2}(A + A')$; une démonstration un peu longue des analogies de Néper par l'analemme. La Table des sinus et tangentes est celle de Briggs réduite à sept décimales. Les logarithmes des nombres vont de 1 à 10000.

Sherwin.

Mathematical Tables contrived after a most comprehensive method, Viz. a Table of log. from 1 to 101000, Tables of natural sines, tangents and secants with their logarithms to every minute of the quadrant. London, 1717 *et* 1726.

L'épître dédicatoire signé Hen. Sherwin est de 1705. Lalande conjecture que la première édition est de 1706. Je ne possède que celles de 1717 et 1726. La méthode abrégée dont parle le titre est celle de John Newton dans sa Trigonométrie britannique; elle a depuis été adoptée par Gardiner et tous ses imitateurs. Les pages ont dix colonnes. Les pages de Sherwin de 50 lignes chacune, ont donc 500 logarithmes chacune. Celles de Callet à 60 lignes, en ont 600. Une dernière colonne donne les petites Tables de parties proportionnelles.

Les Tables de sinus, tangentes, sécantes et sinus verses de minute en minute, ont, sur chaque page, six colonnes de 61 lignes, sans parler des colonnes d'argumens et de différences. Les chiffres y sont tellement pressés, que l'usage en est assez incommode, outre que les titres sont incomplets et insuffisans; ce qui distingue cette édition, ce sont les discours préliminaires.

On y trouve d'abord le 12ᵉ chap. de l'Algèbre de Wallis sur la théorie des logarithmes; ce chapitre ne nous apprend rien de nouveau.

On voit ensuite un mémoire de Halley sur la construction des logarithmes, sans aucun usage de l'hyperbole. L'auteur y démontre, d'après les principes de Newton, l'expression

$$d\log n = \frac{1}{m}(q - \tfrac{1}{2}q^2 + \tfrac{1}{3}q^3 - \tfrac{1}{4}q^4 + \text{etc.}),$$

et

$$-d\log n = -\frac{1}{m}\left(\frac{1}{q} + \frac{1}{2q^2} + \frac{1}{3q^3} + \text{etc.}\right);$$

il en déduit des séries encore plus convergentes, dont nous avons fait quelque usage. Ce discours est un peu obscur, et Masères, qui a publié quatre forts volumes in-4° sur la théorie des logarithmes, prétend que jamais il n'a pu bien s'assurer s'il comprenait Halley.

Ce mémoire est suivi d'un commentaire où l'on trouve des formules encore plus convergentes, au moyen desquelles Sharp a calculé à 61 figures les logarithmes de tous les nombres premiers, depuis 1 jusqu'à 200. Étant donnés trois nombres en progression arithmétique, si l'on connaît les logarithmes de deux, on en conclura celui du troisième.

Sharp montre ensuite comment on peut calculer toutes les lignes trigonométriques d'un arc A par des séries fonctions de A.

$$\sin A = A - \frac{1}{1.2.3} A^3 + \frac{1}{1.2.3.4.5} A^5 - \frac{1}{1.2.3.4.5.6.7} A^7 + \text{etc.},$$

$$\cos A = 1 - \frac{1}{2} A^2 + \frac{1}{2.3.4} A^4 = \frac{1}{2.3.4.5.6} A^6 + \text{etc.},$$

$$\text{tang}\, A = A + \frac{1}{3} A^3 + \frac{1}{3.5} A^5 + \frac{17}{315} A^7 + \text{etc.},$$

$$\cot A = \frac{1}{A} + \frac{1}{2} A^2 + \frac{5}{24} A^4 + \frac{61}{720} A^6 + \text{etc.},$$

$$\text{séc}\, A = 1 + \frac{1}{2} A^2 + \frac{5}{24} + \frac{61}{720} A^6 + \text{etc.},$$

$$\text{coséc}\, A = \frac{1}{A} + \frac{1}{6} A^3 + \frac{31}{15120} A^5.$$

Il donne ses méthodes pour les sinus verses et leurs logarithmes, la quadrature du cercle par différentes tangentes.

On trouve les mêmes choses à peu près, et quelquefois avec plus de détails, et imprimées d'une manière moins pénible à lire, dans l'ouvrage de ce même Abraham Sharp, intitulé *Geometry improved by a large and accurate table of segment of circle and a concise treatise of polyedra. London*, 1717, in-4°. Ce ouvrage est très rare. Dans l'exemplaire que j'ai acquis à la vente de Lalande, j'ai retrouvé la note suivante, que je lui avait fournie en 1790, en lui rendant ce volume qu'il m'avait prêté :

La surface du triangle $ABC = \frac{1}{2} AB.CD = \frac{1}{2} AB.AB \sin A = \frac{1}{2} r^2 \sin A$, r étant le rayon du cercle (fig. 21).

La surface du secteur $ABaC = \frac{1}{2} AB.BaC = \frac{1}{2} \overline{AB}^2.A = \frac{1}{2} r^2.A$.

La surface du triangle $ABE = \frac{1}{2} AB.BE = \frac{1}{2} AB.AB.\text{tang}\, A = \frac{1}{2} r^2 \text{tang}\, A$; donc segment $BCaB = \frac{1}{2} r^2 (A - \sin A)$.

Espace $BaCEB = \frac{1}{2} r^2 (\text{tang}\, A - A) = \frac{1}{2}(\frac{1}{3} A^3 + \frac{1}{15} A^5 + \frac{17}{315} A^7 - \text{etc})$.

Triangle $BCE = \frac{1}{2} r^2 (\text{tang}\, A - \sin A)$.

On peut mettre pour tang A et sin A leurs valeurs ci-dessus, et tout exprimer en fonction de A. Ces formules m'ont toujours dispensé de recourir au livre de Sharp, que je conserve comme un monument de la patience de cet infatigable calculateur.

LIVRE VIII.

Snellius et Vernier.

Eratosthenes Batavus de Terræ ambitûs verâ quantitate, à Willebrordo Snellio (διὰ τῶν ἐξ ἀποστημάτων μετρουσῶν διοπτρῶν), *suscitatus. Lugduni Batavorum*, 1617.

L'auteur paraît annoncer le dessein de marcher sur les traces d'Eratosthène, et de déterminer la grandeur de la Terre au moyen d'observations faites avec des *dioptres*. Le passage grec qu'il a inséré dans son titre est tiré de Cléomède, à l'endroit où il est question des hauteurs de montagnes déterminées par Eratosthène, *à certaines distances*, avec un instrument garni de pinnules. Mais si nous en croyons le même Cléomède, Eratosthène n'aurait fait aucun usage des dioptres, dans la mesure de ses degrés; il se serait servi du *scaphé* pour son arc céleste, et il aurait emprunté, des Bématistes, des Ptolémée, son arc terrestre. Mais s'il a déterminé les distances solstitiales par les armilles, comme il est assez vraisemblable, les dioptres n'en auront pas été moins étrangères à sa mesure, car on ne vise pas directement au Soleil, et les armilles avaient des cylindres au lieu de pinnules.

Il ne reste donc que les mots *Eratosthenes Batavus.... suscitatus*, qui indiquent le dessein d'imiter les anciens, et les mots grecs indiqueront au contraire une méthode nouvelle pour arriver au même but. Snellius s'est servi des dioptres pour mesurer ses triangles, aussi bien que pour les latitudes extrêmes de son arc; il n'a point emprunté son arc terrestre, comme avaient fait Eratosthène et Posidonius, il l'a mesuré tout entier trigonométriquement, il l'a réduit à un même méridien; il n'a pas eu à négliger les inégalités ni les détours du chemin, ni son inclinaison au méridien.

La mesure de Snellius est donc la première, au moins, dont la mémoire se soit conservée, qui ait été faite suivant les règles de l'art. Règles qu'on suit encore et qu'on ne changera jamais; il est vrai qu'on y apporte aujourd'hui des attentions, et qu'on y emploie des moyens dont il était impossible à Snellius de se faire une idée, et dont les Grecs, et tous les anciens sans exception, étaient encore bien plus éloignés. L'opération de Snellius est donc la première où l'on ait employé la Trigonométrie; car au tems où Eratosthène mesurait la hauteur des montagnes, on n'avait point encore de tables des cordes, et par conséquent aucun moyen pour calculer les côtés, aucun pour exécuter ce qu'on appelle aujourd'hui mesure géodésique. Aussi n'en trouve-t-on aucun vestige, pas la moindre mention, dans toute l'antiquité. On mesurait des côtés, des perpendiculaires, on calculait des surfaces, par la simple Arithmétique et par les premiers théorèmes de la Géométrie. La Géodésie est une science entièrement moderne; on en voit la première aurore dans Régiomontan et Maurolycus, dans Riccioli, mais elle n'a été employée en grand par personne avant Snellius.

Cet auteur, dans sa préface, paraît persuadé que Nécho, roi d'Égypte, avait fait *explorer tout le côté extérieur de l'Afrique*, au moins jusqu'à Ophir. Il pense, comme a fait depuis Bossuet, que Dieu n'avait permis les conquêtes des Romains que pour favoriser l'établissement du christianisme; il reconnaît que les travaux des anciens avient fait bien peu pour la Géographie. Il a voulu donner à cette science un élément fondamental qui pût servir à évaluer les degrés de longitude, de latitude ou de distance. Les Grecs n'avaient en ce genre rien de certain, rien de précis. Nous verrons jusqu'à quel point Snellius aura su réaliser ses promesses, et les erreurs de son opération seront pour nous une raison nouvelle de douter de l'exactitude qu'on attribue si généreusement à des peuples beaucoup moins géomètres que Snellius, et à qui nul ouvrage, nul monument connu, ne nous autorise à soupçonner aucun des moyens imaginés ou appliqués par Snellius.

Il nous montre combien les modernes étaient loin encore d'être bien d'accord sur la position des villes les plus célèbres. Diogène Laërce dit qu'Anaximandre écrivit le premier sur le perimètre de la Terre et de la mer. Καὶ γῆς καὶ Θαλάττης περίμετρον πρῶτος ἔγραψε. Ce qui ne signifie rien autre chose, selon Snellius, sinon qu'il fut le premier à s'occuper de cet objet, et qu'il fut surpassé par ses successeurs. Il ne conçoit pas comment Ptolémée a pu ne faire aucune réflexion sur les trois mesures qui donnaient à la circonférence du méridien 252000 stades, 277000, ou seulement 180000. Il est persuadé cependant que leurs auteurs y avaient apporté les plus grands soins. Il rappelle avec éloge tous les travaux d'Eratosthène; mais malgré la réputation si bien établi de ce géomètre, Hipparque crut devoir ajouter un dixième au degré qu'il avait établi. Ptolémée crut devoir en retrancher deux septièmes, *ce qui passe toute créance, à moins que la différence ne vienne de celle des stades, ce qui ne paraît nullement vraisemblable.* Cela valait au moins la peine d'être dit. Cette incertitude n'était pas supportable; Snellius entreprit de la faire cesser.

Il établit que la Terre est un globe; aux preuves anciennes il ajoute les voyages des modernes, et le jour qu'ils comptent de plus ou de moins, à leur retour du point du départ, suivant la direction qu'ils ont prise en commençant le tour du monde.

Il ajoute que la Terre est au centre de l'univers; il en reproduit les preuves données par Ptolémée, sans faire la moindre mention de Copernic; il ne connaît encore d'autre moyen que les éclipses de Lune pour déterminer les différences des méridiens. Il n'avait donc pas lu Képler!

Il serait tenté d'attribuer à Anaximandre la mesure dont parle Aristote. Il ne croit pas qu'Eratosthène ait mesuré lui-même son arc terrestre, et sa raison est qu'Hipparque a proposé une correction pour son degré. Cette correction ne pouvait guère être fondée que sur une nouvelle évaluation de la distance entre Alexandrie et Syène. Il ne s'est pas non plus donné la peine d'aller à Syène pour l'observation du solstice; il a cru les récits des voyageurs. Ptolémée donne 23° 50′ de latitude à Syène, et 31° à Alexandrie. La différence n'est que de 7° 10′; mais dans la réalité, Ptolémée ne donne que 30° 58′ à Alexandrie, et il fait l'obliquité 23° 51′ 20″; il ne resterait que 7° 6′ 40″. Voilà donc plus de 5′ à retrancher de l'arc céleste; le degré augmenterait donc $\frac{1}{7 \times 12} = \frac{1}{84}$, ce qui est bien loin encore de la correction d'Hipparque. Au lieu d'augmenter le degré, la différence de longitude l'aurait diminué.

Snellius croit, d'après, Cléomède, qu'Ératosthène a mesuré la distance solsticiale du Soleil au zénit avec le scaphé. Dans une Dissertation sur les latitudes de Ptolémée, en tenant compte du demi-diamètre du Soleil, il réduit à 41° 54′ la latitude de Rome, que l'on fait aujourd'hui de 8″ plus forte. Cette conformité n'est qu'un hazard plus ou moins heureux, et qui dépend du point où l'on a mesuré l'ombre, d'où résulte cette latitude. Régiomontan trouvait 42° 2′. Snellius est moins heureux dans ses conjectures sur la latitude de Rhodes, qu'il fait beaucoup trop faible.

Revenant à Ératosthène, il prétend que Syène était exactement sous le tropique, et sa raison est qu'au solstice l'ombre était nulle autour du puits, dans un espace de 150 stades de rayon. Il n'y avait donc aucune erreur à cette extrémité de l'arc, mais il y en avait une de 15′ à Alexandrie, dans la supposition que l'ombre avait été observée dans le scaphé muni d'un style droit. Il trouve même que cette erreur a dû être de 15′ 38″,4. L'amplitude sera donc de 7° 27′ 38″,4, au lieu de 7° 12′. Il démontre ensuite que dans deux lieux situés sous le même méridien, on ne peut obtenir l'amplitude véritable sans tenir compte des deux parallaxes, ce qui est évident; mais il suppose la parallaxe de 3′ à l'horizon, et l'erreur est plus forte que si l'on négligeait entièrement la parallaxe.

A l'occasion de la différence des méridiens, il s'étonne que Cléomède donne au périmètre 250000 stades, au lieu de 252000 que lui donnent unanimement tous les autres écrivains. Je n'ai pas plus de foi que Snellius à tous les nombres rapportés par Cléomède, et qu'il regarde comme de simples approximations; mais je conçois que dans un calcul dont les données étaient si peu sûres, Ératosthène ait ajouté ces 2000 stades pour avoir un degré de 700 stades en nombre rond, ou *πρὸς ἀπάρτωσιν*, comme dit Snellius.

Les anciens ne mesuraient les distances que par le tems ou le nombre de pas. On cite les noms de Diognetus et de Béton, *marcheurs* d'Alexandre. Athénée leur donne le titre de *bématistes*. Il dit qu'ils évaluaient les routes en milles, c'est-à-dire en longueurs de mille pas. Artémidor nous apprend qu'en Egypte on avait des schènes de différentes longueurs, en sorte que, d'une province à l'autre, un même nombre de schènes indiquait des distances assez différentes. Il en conclut que le nombre de 5000 stades, choisi par Ératosthène, a été ainsi réduit par les détours du chemin, qu'il évalue à $\frac{1}{3}$ ou à $\frac{1}{4}$. Il cherche ensuite quelle pourrait avoir été la raison de l'augmentation d'un dixième, proposée par Hipparque. Au reste, Strabon nous apprend que cette mesure avait déjà essuyé bien d'autres critiques. *Οὐχ ὁμολογοῦσιν οἱ ὕστερον οὐδὲ ἐπαινοῦσι τὴν ἀναμέτρησιν.*

Environ cent ans après Ératosthène, Posidonius voulut aussi déterminer la grandeur de la Terre. Il en fit le degré de 666 $\frac{2}{3}$ stades. Son observation de Canobus rasant l'horizon, est en erreur de 2°. Snellius soupçonne que quelque montagne placée dans la direction du méridien lui cachait l'horizon véritable. Posidonius n'a pas été plus heureux dans la distance terrestre, qu'il a exagérée de plus d'un cinquième. Il se trompait aussi de 1° 50', en supposant nulle la différence des méridiens. On ignore le premier auteur du degré de 500 stades; il paraît qu'il est dû à Marin de Tyr. Ptolémée n'a fait qu'approuver cette détermination, certainement plus ancienne.

Snellius ne voit rien que de vague dans les mesures trop peu détaillées des Arabes. Dans celle de Fernel, il ne trouve à louer que l'intention. Il n'y avait donc rien de fait; tout était à faire. Telle est la conclusion du premier livre, et nous sommes entièrement de l'avis de Snellius.

Le second livre commence par la comparaison du pied du Rhin avec ceux des autres pays. Ce pied est celui de Leyde, que Ptolémée nomme λουγόδουνον βατάβων. *Lougen*, en flamand, signifie *voir*, et *dunen* signifie *élévation*. Λουγόδουνον, *lieu d'où l'on voit des dunes*.

On ne sait la valeur exacte, ni du stade des auteurs grecs, ni du mille des Arabes; ainsi quand leurs degrés auraient été mesurés avec la dernière exactitude, nous ne les en connaîtrions pas beaucoup mieux. Pour éviter cette incertitude, Snellius donne les rapports suivans :

Pied rhinlandique.........	1000	Suivant Picard, ce serait..	1034,5
d'Amsterdam........	904	Pied de Venise.........	1101
de Dordrecht........	1050	de Tolède........	867
de Briel............	1060	de Nuremberg....	974
de Middelbourg.....	960	*Argentinensis*......	891
de Goes............	994	bavarois...........	924
de Zurickzée........	988	romain............	1000
d'Anvers et Louvain...	909	grec..............	1042
de Mechlin.........	890	babylonien........	1172
de Londres.........	968	alexandrin........	1200
de Brême et Copenhag.	934	de Samos.........	1200
de Paris............	1055	d'Antioche........	1300

Snellius donne ensuite les aunes de différens pays, en parties du pied du Rhin; il veut ensuite comparer son pied aux différentes monnaies; il cherche le poids d'un volume donné d'eau distillée, d'eau de pluie et d'eau de puits; il se sert d'un vase cylindrique dont la hauteur est égale au diamètre de la base.

Si l'on ne peut ajouter aujourd'hui beaucoup de foi à toutes ces comparaisons, on voit du moins que l'auteur y a mis beaucoup de soin et qu'il a donné de fort bons exemples. Voyons maintenant ses observations.

Pour mesurer la distance de Leyde à Soeterwoude (fig. 22), il choisit une droite *ae* qui la traverse, qu'il dit de $326^p,6$, ou $326^{pi},4$; sa perche est de 12 pieds, il la suppose de 100 parties ou doigts, et pour éviter les noms des fractions décimales, il appellera pieds les dixièmes de cette perche, et doigts les centièmes; *ae* sera donc de 326 perches 4 pieds, ou 3264 pieds.

Aux stations *t* et *c*, il mesure les angles *etc* de 54° 0′
ect de 63.52;

tc était de 8705^d, ou $87^p,05$; il en conclut $ct = 8840$ et $ec = 7966$.

Il observe les angles $\left.\begin{array}{l} atc = 78°\,30' \\ act = 82.\ 8\tfrac{1}{2} \end{array}\right\}$ d'où $\left\{\begin{array}{l} at = 26015 \\ ac = 25630; \end{array}\right.$

alors dans le triangle *eta*, il calcule *ae* par les deux côtés et l'angle compris.

Il observe $\left.\begin{array}{l} Lae = 83°\,20' \\ Lea = 67.44 \end{array}\right\}$ pour en conclure L*e* et L*a*.

$\left.\begin{array}{l} Sae = 61.38 \\ Sea = 81.29 \end{array}\right\}$ d'où S*a* et S*e*.

et et *at* avec l'angle $cta = 132°\,30'$, lui donnent $ae = 326,43$.

Il aurait pu conclure *ae* du triangle *eca*, où il connaissait également les deux côtés et l'angle compris de 146° 0′ 30″; il a sans doute préféré le premier, comme moins obtus.

Après avoir ainsi conclu la distance *ae*, il nous dit l'avoir mesurée plusieurs fois et l'avoir trouvée de 326,90; la différence est de $0^p,47$; il s'en tient à 326,43; ainsi, définitivement, sa base n'est que la droite $tc = 87^p,05$, et l'erreur sur *ae* est déjà d'une demi-perche environ, ou de $\frac{1}{600}$.

On voit qu'il n'observe jusqu'ici que deux angles dans chaque triangle. Son quart de cercle était de cuivre et de $2^{pi}\frac{1}{3}$; il était divisé de 3 en 3′; l'intervalle était divisé en deux parties par des transversales, en sorte qu'on pouvait estimer la minute.

Dans le triangle L*a*S il a, par ce qui précède, les côtés L*a* et S*a*, et l'angle $LaS = 129°\,22'$; il en conclut $LS = 1092^P,33$. Il ne fait aucun usage du triangle L*e*S, dont l'angle serait de 164° 49′.

Sur cette base LS il forme un nouveau triangle, dont le sommet est en W à Wassennar. Nous changeons les lettres de ses angles, pour y mettre les initiales des stations (fig. 22).

Il observe LSW = 63° 57′
SLW = 84. 5
d'où SWL = 31.58.

Il conclut le troisième angle, parce que le point W n'était pas commode pour l'observation. Il calcule les côtés SW et LW.

SW = 2052,12, LW = 1853,63.

Il observe VSL = 77° 12′
VLS = 45.21
d'où, à Voorschote...... LVS = 57.27
d'où VS = 921,91 et LV = 1263,68.

Il observe WLV = 38° 45′;

avec LW = 1853,63 et LV = 1263,68, et l'angle WLV = 38° 45′,
il trouve WV = 1174,41.

Pour vérifier cette distance, il va mesurer une autre base *ai* qui la traversera (fig. 23);

ai = 348^p,10 *ai*W = 92° 10′
*ia*W = 66. 5
d'où *a*W*i* = 21.45
d'où W*i* = 258,73 et *a*W = 938,72
V*ai* = 59.20
*ai*V = 60.11
d'où *i*V*a* = 60.29

d'où V*i*, dont il ne donne pas la valeur, et *a*V = 347,06.

Alors, dans le triangle W*a*V, avec *a*W = 938,72 et *a*V = 347,06, et l'angle W*a*V = 125° 25′, il trouve WV = 1174,42 au lieu de 1174,41; la différence est insensible. Il s'en tient à 1174,41, et fait les observations ci-jointes; H est la Haye.

VLH = 6° 12′
HLW = 23.36
LHV = 15.10
LHW = 17. 9
HLW + LHW = 40.45
donc HWL = 139.15.

Avec les trois côtés WV, LW, LV, il trouve

$$\begin{aligned} WLV &= 38°45' \text{; il a été observé } 38°45'. \\ LVW &= 98.55 \\ LWV &= \underline{42.20} \\ & \quad 180.\ 0. \end{aligned}$$

Dans le triangle HWL, il trouve HW = 2516,66; LH = 4103,36. Pour vérifier cette distance, qui servira de base à la mesure du degré, il observe les deux angles ci-joints (fig. 25).

$$\begin{aligned} HLS &= 60°32' \\ HSL &= 104.32 \\ \text{d'où} \quad SHL &= 14.56. \end{aligned}$$

Il a LS; il en conclut SH = 3690,52 et LH = 4103,21
ci-dessus LH = 4103,36.

A la page 169, il paraît employer 4103,30.

A la page 168, il donne une carte où il a placé tous les sommets de ses triangles, sans y tracer aucun des côtés. Nous en donnons ici la copie, en y ajoutant les lignes omises dans l'original.

Il faut avouer que ces préliminaires sont un peu entortillés, et les bases bien petites; mais du moins l'auteur a eu soin de se donner plusieurs vérifications, qui diminueront un peu l'incertitude (fig. 26).

$$\begin{aligned} (1)\ldots HLG &= 97°11' + 1' \\ HGL &= 32.25 \\ LHG &= \underline{50.23} \\ & \quad 179.59. \end{aligned}$$

Dans son premier triangle entre Leyde, la Haye et Goude, il observe tous les angles, et la somme n'est en défaut que de 1' qu'il ajoute au dernier angle. Il avertit qu'on doit se défier des angles trop aigus; qu'il est souvent impossible de se mettre au centre des tours, et qu'il doit en résulter une petite erreur qu'il néglige.

$$LG = 5897,8, \quad HG = 7594,3.$$

$$\begin{aligned} (2)\ldots GLD &= 25°49' \\ GDL &= 25.50 - 1 \\ LGD &= \underline{128.22} \\ & \quad 180.\ 1. \end{aligned}$$

Dans le second, la somme est en excès d'une minute, qu'il retranche du plus petit de ses trois angles. Nous ignorons ses raisons.

LD = 10633,1, GD = 5877,8.

(3)...LHD = 85° 51′
HLD = 71.31
donc HDL = 22.38.

Dans le troisième, il conclut un angle impossible à observer; il en déduit DL qu'il trouve de $1^p,6$ plus grande que par le triangle précédent. Le côté est de 10633,1; car il paraît négliger les centièmes.

HD = 10112,7, LD = 10634,7.

(4)...LHR = 39° 53′
HLR = 53.40
donc, à Roterdam.......... HRL = 86.27.
(5)...GLR = 43.36
LGR = 80. 0
donc GRL = 56.24.

HR = 5616,8, LR = 6972,3.

Lisez HRL au lieu de LHR et réciproquement. (Cassini, Mém. de 1802.)

Voici encore deux angles conclus.

GR = 4883,1, et non LR comme il y a par une faute d'impression.

(6)...GL*u* = 37° 48′ — 1
LG*u* = 114.50 — 2
A Utrecht............... L*u*G = 27.26 — 1
180. 4.

Ici, la somme des trois angles est en excès de 4′.

L*u* = 11628,8, G*u* = 7847,5.

(7)...DL*u* = 63° 26′ — 1
L*u*D = 54. 8
62.28 — 1
180. 2.

Dans le septième, elle est en excès de 2′, ainsi que dans le huitième. Dans le neuvième, au contraire, elle est en défaut de 2′;

L*u* = 11631,8, D*u* = 11732,5
(6)...11628,8, différence... 3,0.

Snellius dit à ce sujet, *ludunt in confinio.*

$$\begin{aligned}(8)\ldots uLQ &= 20^\circ\,26'\\ LuQ &= 35.53 - 1\\ LQu &= \underline{125.43 - 1}\\ &\quad 180.\ 2.\end{aligned}$$

$Qu = 5000{,}6$, $QL = 7981{,}8$.

$$\begin{aligned}(9)\ldots GLQ &= 17^\circ\,23'\\ LGQ &= 125.42 + 1'\\ LQG &= \underline{36.53 + 1}\\ &\quad 179.58.\end{aligned}$$

Ce triangle donne LQ = $7975^{p}{,}1$, QG = 2934,6
ci-dessus... = 7981,8
différence... 6,7.

Ici, l'auteur se munit de nouveaux instrumens; d'un demi-cercle de $3\frac{1}{2}$ pieds de diamètre, et d'un quart de cercle de $5\frac{1}{2}$ pieds de rayon pour les observations astronomiques. L'instrument était de fer, mais le limbe était de cuivre. Il va mesurer une nouvelle base entre Oudevatera et Montfort. Cette base *ao* n'est que de $166^{p}{,}00$, plus petite de beaucoup que les précédentes (fig. 27).

$$\begin{aligned}eoa &= 81^\circ 57'\\ oae &= 90.\ 6\\ \text{donc}\quad oea &= 8.57.\end{aligned}$$

De cet angle, qui n'est pas de 9°, et de $oa = 166{,}0$, il conclut... $oe = 1185{,}4$,

$$\begin{aligned}ioa &= 65^\circ\ 9'\\ iao &= 92.19\\ \text{donc}\quad aio &= 22.32.\end{aligned}$$

De ce triangle moins oblique, il tire $oi = 432{,}8$.

Alors, dans le triangle *eoi* avec *oe*, *oi* et $ioe = 147^\circ\,6'$, il trouve $ei = 1566{,}5$, près de dix fois plus grand que la base mesurée *oa*.

C'est la distance entre Oudevatera et Montfort, ou QM sur notre carte.

$$\begin{aligned}(10)\ldots rQM &= 57^\circ\ 3'\\ QMr &= 71.17\\ QrM &= 51.40.\end{aligned}$$

Alors il forme sur MQ le triangle MQ*r*, dont le sommet est à Woerda.

Il trouve $Mr = 1768{,}0$ et $Qr = 1891{,}4$.

(11)...$rQG = 104°14'$
$QGr = 28.25$
donc $GrQ = 47.21.$

Sur Qr, le triangle rQG donne $Gr = 3852,5$, $QG = 2923,3$
ci-dessus par le triangle IX.......... 2934,6
différence.... 11,3.

Snellius ne se promettait pas autant d'exactitude, d'après une aussi petite base que ao, et un angle opposé qui n'est pas de 9°. Tout cela peut être vrai, mais il faut avouer qu'une pareille vérification est assez mal entendue, puisqu'on n'en peut rien conclure.

Sur LH, côté primitif, il forme le triangle qui aboutit à E ou Harlem.

(12)...HLE = 147°19'
LHE = 20.45
donc HEL = 11.56.

Un angle conclu de 11°56' rend ce triangle fort incertain; on n'oserait plus aujourd'hui en faire un semblable, sans une nécessité absolue; il donne

HE = 10725,7 et LE = 7040,4.

(13)...$aLu = 50°38'$
$Lua = 54.\ 0$
donc, à Amsterdam.......... $Lau = 75.28.$

On a $Lu = 11631,8$, septième triangle;
d'où $aL = 9725,8$ et $ua = 9201,0.$

(14)...$ELu = 77°50'$
$LEu = 68.\ 4$
donc $Lue = 34.\ 6.$

Sur le même côté Lu, le triangle LuE donne $uE = 12257,7$, et LE = 7030,1. Nous avions LE = 7040,4 par le triangle 12 qui mérite bien moins de confiance. Snellius s'arrête donc à 7030,1.

(15)...$ELa = 27°11'.$

Dans LEa il a LE et La, et l'angle observé. Il calcule le troisième côté $Ea = 4730,0$, et les angles $EaL = 42°46'$, $LEa = 110°3'$.

(16)...$EaA = 67°45' - 1$
$aEA = 77.55 - 1$
$aAE = 34.22$
180. 2.

Ici, les trois angles sont en excès de 2'.

$aA = 8193{,}0,\quad EA = 7754{,}2.$

Alcmaer est l'extrémité septentrionale; il va la joindre à L par un grand côté.

Nous avons (triangle 12) $La = 9725{,}8$; $aA = 8193{,}0$ (triangle 16).

$$\begin{aligned}(17)\ldots EaA &= 67^\circ 45' \\ EaL &= 42.46 \\ \hline AaL &= 110.31.\end{aligned}$$

Il en conclut $AaL = 38^\circ 8' \tfrac{1}{4}$ et $ALa = 31^\circ 21' \tfrac{3}{4}$, et $LA = 14750{,}0$.

$$\begin{aligned}(18)\ldots uQK &= 65^\circ 25' \\ QuK &= 82.31 \\ QKu &= 32.\ 4.\end{aligned}$$

donc

$Qu = 5000{,}6$, donc $QK = 9338{,}8$ et $uK = 8548{,}4$.

$$\begin{aligned}(19)\ldots DuK &= 62^\circ 13' - 1 \\ uDK &= 44.20 \\ uKD &= 73.29 - 1 \\ \hline &\ 180.\ 2.\end{aligned}$$

Ici, l'excès est de 2'; $Du = 11732{,}5$,

d'où $DK = 10826{,}0$, $uK = 8552{,}6$.

$$(20)\ldots LuK = 116^\circ 23'.$$

$$\begin{aligned}Lu &= 11631{,}8, \quad \text{d'où}\quad & uLK &= 26^\circ 25' \\ uK &= 8552{,}6 & uKL &= 37.12 \\ & & LK &= 17250{,}7 \\ & & LA &= 14750{,}0\end{aligned}$$

$$\begin{aligned}(21)\ldots aLK &= 31^\circ 21' \tfrac{1}{4} \\ aLu &= 50.38 \\ uLK &= 26.25 \\ \hline aLK &= 108.24\tfrac{1}{4}.\end{aligned}$$

Avec ces côtés, et l'angle compris, on a $LAK = 39^\circ\ 2' \tfrac{1}{5}$

$AKL = 32.33.\tfrac{1}{2}$,

et $AK = 25996{,}0$.

(22)...KDB = 72° 15′
KBD = 70.14
donc, à Bommel........... DKB = 37.31.
d'où DB = 7005,7, KB = 10956,2.
(23)...GDR = 54° 12′
DGR = 48.15
donc GRD = 77.33.
DR = 4506,1, GR = 4888,8
(triangle 5).... 4883,1
différence..... 5,7.

Snellius trouve que tout cela s'accorde suffisamment.

(24)...RDI = 86° 19′
DIR = 41.10
donc IRD = 52.31.
DI = 5432,0, IR = 6831,2.

(25)...IDB = 66° 11′
DIB = 67.51
DBI = 45.59 — 1
180. 1.

IB = 6912,1, DB = 6998
(triangle 22)... 7005,7
différence..... 7,7.

Cette différence n'aura pas grande suite, dit Snellius, parce que nous touchons au terme de l'opération. Les erreurs sont environ $\frac{1}{1000}$ des côtés. Il en résultera au moins $\frac{1}{1000}$ d'erreur sur le degré; ce qui ne ferait que 57 toises. Il s'arrête à BD = 7000.

BIZ = 89° 25′ — 2
(26)...ZBI = 43.24 — 1
BZI = 47.15 — 1
180. 4.

Nous avons BI = 6912,1... (triangle 25).
Donc BI = 6467,2, et BZ = 9414,7. I est Willemstadt.

(27)...DBI = 45° 58′ (triangle 25)
IBZ = 43.23

donc DBZ = 89.21
on lit 90.12.

DB = 7000, BZ = 9414.7;

d'où BDZ = 53° 15′
BZD = 36.33
Donc, il a dû supposer DBZ = 90.12
DZ = 11751. 7.

(28) Dans BKZ il a BK et BZ; il fait KBD = 70° 14′
DBZ = 90.12

donc KBZ = 160.26.

La même singularité subsiste.

Il en conclut KZ = 20076,4, et les angles {BZK = 10° 46′, BKZ = 8.48.

(29) Il vérifie son calcul par le quadrilatère KDZB, dont il a la diagonale BD, et les quatre côtés KD, KB, BZ et DZ, qui doit être affecté de l'erreur du vingt-septième triangle. Il trouve ainsi KZ = 20076,8 à 0,4 près comme ci-dessus, ce qui ne prouve rien.

(30) Dans LEA il a les deux côtés LE, et EA et l'angle compris 172° 11′; il en conclut LA = 14749,7, au lieu de 14749,0 qu'il avait ci-dessus.

(31) Dans L*u*A il cherche *u*A par les deux autres côtés, et l'angle qu'ils comprennent *u*A = 17455,2.

(32) Il cherche de même KA par le triangle obtus A*u*K, dont l'angle est 173° 7′, KA = 25963,6.

(33) Enfin, dans ZKA avec ZK, KA et ZKA = 97° 1′ ½, il trouve ZA.

Pour orienter son réseau, il trace une méridienne à Leyde, et il observe, sans en donner la méthode, l'azimut de G ou l'angle GLφ; il trouve φLA = GLφ — GLA = 15° 28′; il en conclut φA et φL; il était tout simple après cela de ramener à ce méridien les côtés très peu inclinés LR, RI et IZ; mais il a AZ (33) et LAZ; il en conclut LA↓, Z↓ et A↓ = 34018,2; par la réduction aux centres des stations où il a observé les latitudes, cet arc se réduit à 33930,2.

Il fait la latitude d'Alcmaer... 52° 40′ 30″
Celle de Berg-op-Zoom..... 51.29. 0

Amplitude................. 1.11.30.

Ainsi, 33930^p,2 = 71′ ½, et le degré sera de 28473; il trouve 28510 par l'arc entre Leyde et Alcmaer, et s'arrête à 28500 perches.

Nous avons vu que l'erreur peut être au moins d'un dixième. Mais une erreur de 1′ sur l'amplitude céleste donnerait 950 toises. Nous ne pouvons donc compter sur ce degré, à 2000 toises près, sans parler de toutes les inexactitudes de l'arc terrestre.

Ce degré a été commenté par Cassini, Figure de la Terre, Mémoires de 1718, page 285. On y voit que la base *ae* de 326^p,43 ne valait guère que 631 de nos toises, à quoi il faut ajouter que la base véritable 87 perches, n'en était guère que le quart. Les 28500 perches valent 55100 toises; mais ces toises sont celles de Picard, que La Caille a trouvées depuis plus courtes que celles de son tems. Ainsi l'erreur de Snellius serait d'environ 2000 toises, ce qui n'est nullement invraisemblable, en mettant 1900 toises pour l'erreur de l'arc céleste, et le reste pour l'erreur géodésique.

J. Cassini eut l'occasion d'observer la hauteur du pôle à Roterdam et à Alcmaer. La différence n'était, à la vérité, que 46′ 6″, qui répondait à 21185 ou 40958 toises; il en retranche 60 toises pour la réduction aux centres de station. Il restera donc 40898 toises pour 42′ 6″, et le degré sera de 58287 toises, trop grand de 1200 toises.

Ces différences sont si fortes, que Cassini s'est déterminé à recommencer les calculs. Il y trouve des fautes d'impression telles que celle que nous avons relevée au triangle 4, et des fautes de calcul. Ainsi, il trouve la distance entre la Haye et Roterdam de 5155, et celle de Leyde à Roterdam, de 6387 au lieu de 5616,8, et 6972; les différences sont 462 perches et 585.

Avec ces corrections, Cassini ne trouve plus pour le degré que 56675 trop faible de 400 toises environ; en continuant l'examen des triangles, il trouve 6973 au lieu de 6972 pour LR, que par un autre triangle il a calculé ci-dessus de 6387 seulement. Il y a donc de la confusion quelque part. Cassini croit que Snellius s'est trompé dans ses calculs, ou qu'il a pris un autre tour pour celle de Roterdam; inconvénient auquel on s'expose quand on n'observe que deux angles.

Musschenbroeck a publié, en 1729, une dissertation dans laquelle il a de nouveau corrigé le degré de Snellius. Je n'ai pas en main cette dissertation, mais j'en trouve l'extrait suivant à la marge de mon exemplaire de la Figure de la Terre.

« Snellius ayant fait imprimer son ouvrage en 1617, et exerçant depuis ses écoliers, aux environs de Leyde, à des opérations géométriques sur le terrain, il eut occasion de s'apercevoir pour lors que divers angles de son livre n'avaient pas été bien pris; que même ceux qui devaient se rencontrer dans les branches gauches de cet ouvrage, il les avait, par méprise, placées à la droite; de sorte que cela causait dans le tout une grande confusion. Il reprit tous les angles de ses triangles, et les calcula de nouveau. Il poussa même ses triangles jusqu'à Anvers et Malines, afin de déterminer d'autant mieux la grandeur du degré de la circonférence de la Terre. Au surplus, il s'en tint à sa première base pour les fondemens de tous ses calculs.

» Il était dans la résolution, en 1622, de faire imprimer cet ouvrage ainsi corrigé; mais il survint pour lors aux environs de Leyde une inondation, et peu après une gelée, qui lui fit naître l'envie de mesurer sur la glace une nouvelle et plus grande base.

» Pour cet effet, il choisit un espace entre le village de Voorschotten et le château de Douzy. Il mesura par trois fois cet espace, et le trouva de 475 perches du Rhin.

» Ensuite, observant des deux extrémités de cette base, avec son quart de cercle, les deux différens angles que formaient à cet égard la tour de Leyden et celle de Sooterwonde, il conclut la distance de ces deux tours de $1097^{p}1^{pi},17$, au lieu de 1092,33 qu'il avait trouvées auparavant, et sur ce fondement il entreprit de calculer, pour la troisième fois, tous ses triangles.

» N'ayant pas pour lors l'avantage d'avoir les tables des sinus, il ne put, avant sa mort, achever tous ses calculs; il commit même dans ceux qu'il fit pour lors quelques erreurs. (On veut dire apparemment qu'il n'avait pas encore les tables logarithmiques, qui n'avaient paru que depuis trois ans, car Snellius ayant laissé des tables de sinus, calculées par lui, et qui ont paru en 1627, il est comme impossible qu'il n'eût pas ces tables ou celles de son compatriote Laensberg, ou même celles de Rhéticus).

» Son manuscrit étant tombé, près d'un siècle après, entre les mains de Musschenbroeck, à la réserve des derniers triangles pris à Anvers et Malines, et qui y manquaient, Musschenbroeck observa sur les lieux plusieurs angles, dont il trouva la plupart exactement pris, et les autres en erreur tout au plus d'une ou deux minutes, de sorte qu'il a cru devoir s'en servir.

» Ainsi donc, se fondant sur les angles dernièrement pris par Snellius, et sur les corrections qu'il y avait faites, sur la seconde base de Snellius, sur un nouveau calcul, sur l'observation du pôle d'Alcmaer,

$$\begin{array}{ll} & 52°\,38'\,34'' \\ \text{et celle de Berg-op-Zoom......} & 51\,.\,28\,.\,47 \\ \hline \text{il en a conclu une différence de} & 1\,.\;\;9\,.\,47, \end{array}$$

et par conséquent la valeur du degré terrestre de $29514^{P}2^{pi}3^{p}$, mesure du Rhin, qui valent $57033^{T}0^{pi}8^{p}$ de Paris. »

On voit donc que la principale erreur de Snellius venait de ce qu'il avait fait son amplitude trop forte de 1′ 47″, et que les erreurs géodésiques étaient peu de chose en comparaison, sur-tout quand on partait de la nouvelle base.

Nous avons vu, par le petit nombre de triangles où les trois angles ont été observés, que les erreurs sur la somme ont été de 1, 2 et 4′, et qu'ainsi les erreurs moyennes de ce tems sont environ soixante fois plus fortes que celles qu'on peut commettre aujourd'hui; et si l'on songe que Snellius n'avait que des pinnules, on concevra une idée assez favorable de ses instrumens et de sa manière d'observer; quant aux fautes de calcul, il est juste de songer à la difficulté de les éviter toujours, avant l'invention des logarithmes. Les plus grands reproches qu'on puisse lui faire seront toujours d'avoir si souvent conclu le troisième angle, d'avoir mêlé à des triangles bien conditionnés des triangles trop obtus, et surtout d'avoir employé de trop petites bases. Le pays ne doit pas être bien changé; il a depuis été couvert entièrement de triangles mieux liés; il est vrai qu'on n'y a mesuré aucune base que je sache.

Enfin, une conséquence manifeste de tout ceci, c'est qu'il ne faut pas attendre un degré mesuré à 1000 toises près, tant qu'on ne pourra supposer à l'observateur un instrument capable de lui donner l'amplitude, à une minute près. Mais où étaient alors de pareils instrumens? quelle mention en trouve-t-on dans l'histoire d'aucun peuple?

Revenons à l'ouvrage de Snellius. Par la comparaison de son degré à ceux des anciens, il trouve que celui d'Eratosthène était trop grand de 133 stades; Hipparque aurait donc eu tort en l'augmentant encore. Il trouve celui de Ptolémée trop petit de 47 stades, ou trop grand de $28\frac{1}{3}$, s'il s'est servi du pied d'Alexandrie. Les Arabes ont fait le leur trop grand de 33 stades. Mais après ce que nous avons vu du degré de Snellius et de l'incertitude des mesures anciennes, on sent ce que peuvent valoir les comparaisons et les calculs que l'auteur fait ensuite pour le périmètre, le rayon, la superficie et le volume du globe, ainsi que pour les arcs des parallèles. Le reste du livre contient des applications à la Géographie.

Pour déterminer la position de son observatoire, duquel il pouvait observer trois points de ses triangles, il résout ce problème général : Étant donnés trois points formant les sommets d'un triangle rectiligne, dont par conséquent on a les trois côtés et les trois angles, connaissant de plus les angles entre ces trois points, vus d'un quatrième, déterminer la position de ce quatrième point par rapport aux trois autres. Il est évident que la solution était dans Euclide, qui enseigne à tracer un cercle sur une corde donnée, de manière que l'angle, à la circonférence qui s'appuiera sur cette corde, soit égal à un angle donné. On fera cette opération sur deux des côtés donnés. Les deux cercles, ainsi tracés, se couperont en un point qui sera celui d'où les deux angles ont été observés. Cette solution se trouve dans presque tous les livres élémentaires de Géométrie. Snellius y applique le calcul, qu'il trouve excessivement long; mais il s'en trouve bien payé par la beauté et l'importance du problème. Puisqu'on connaît la corde et l'angle à la circonférence qu'elle soutend, on connaît l'angle central qu'elle soutient; on connaît donc le rayon et le centre de chaque cercle. On peut calculer le point d'intersection et sa distance aux trois points donnés. Les angles donnent les azimuts des points observés sur le méridien du lieu. On peut en conclure les azimuts du lieu sur les horizons de chacun des trois points donnés, et par conséquent avoir les différences de longitude et de latitude entre le lieu des observations et chacun des points donnés.

Quand Lalande voulut calculer les observations de la Lune que Dagelet avait faites à l'École militaire, pour la question de l'accélération du mouvement moyen de la Lune, il voulut déterminer la longitude de l'École militaire, par trois clochers bien connus de Paris. Il y employa la méthode de Snellius, qu'il trouva sans doute sans se souvenir qu'elle eût jamais été mise en usage. Ennuyé de la longueur du calcul et des erreurs qu'il y faisait, il me remit ce qu'il avait commencé. Je vis bientôt qu'on pouvait abréger la solution, et je donnai celle que Cagnoli imprima par supplément à sa Trigonométrie, et que j'ai reproduite avec plus de détails dans mes méthodes analytiques pour calculer un arc de méridien. J'ai depuis trouvé que ce problème avait été résolu par Hipparque, qui s'en servit pour déterminer les excentricités et les apogées de la

Lune et du Soleil. Le calcul d'Hipparque est même plus simple que celui de Snellius, et repose sur d'autres principes. On en trouve les formules générales au tome II de mon Histoire.

Snellius ne profita donc aucunement de l'idée d'Hipparque, et il semble qu'on peut le regarder comme le premier auteur de ce problème de Géodésie, qu'on n'a résolu le plus souvent que d'une manière graphique. Il savait déjà le calculer.

Snellius est encore auteur d'une Trigonométrie, imprimée après sa mort, sous ce titre :

Willebrordi Snellii à Royen R.F. doctrinæ triangulorum canonicæ libri quatuor quibus canonis sinuum, tangentium, et secantium constructio, triangulorum tam planorum quam sphæricorum expedita dimensio, breviter ac perspicuè traditur : post mortem autoris in lucem editi à Martino Hortensio Delfensi, qui istis problematum geodæsicorum et sphæricorum tractatus singulos adjunxit, quibus præcipuarum utriusque Trigonometriæ propositionum usus declaratur. Lugduni Batavorum, 1627. Les initiales R. F. signifient *Rodolphi filii.*

Nous voyons dans l'avis au lecteur, que l'impression avait été commencée du vivant de Snellius, qu'une longue maladie avait empêché de la terminer, et même de mettre en ordre les différentes parties de son manuscrit. Hortensius en remplit les lacunes, et refit tous les calculs. Il avait songé d'abord à renfermer entre parenthèses toutes ses additions; mais il a pensé que le lecteur les reconnaîtrait assez à la différence du style. Nous doutons un peu de la certitude de ce moyen; mais, au reste, peu importe, car il y a peu d'apparence que ces additions renferment aucune découverte importante.

Snellius avait succédé à son père Rodolphe, dans la chaire de Mathématiques à Leyde, en 1613. Il mourut en 1626, à 36 ans. Huygens assure qu'il trouva la loi de la réfraction avant Descartes. Au lieu de l'exprimer par des sinus il l'exprimait par des cosécantes, ce qui est la même chose, puisque $\frac{\sin A}{\sin B} = \frac{\text{coséc B}}{\text{coséc A}}$. Sa mort, à un âge aussi peu avancé, sa mauvaise santé, du moins pendant les dernières années de sa vie, doivent ajouter encore à l'idée qu'on se formerait de lui par la lecture de ses ouvrages.

En parlant des tables des cordes d'Hipparque, il dit, page 5, que les Égyptiens et les Babyloniens avaient *sans doute* quelque chose de semblable pour leurs calculs. Cette conjecture de Snellius n'est autorisée par aucun auteur ancien, elle n'a même été hasardée par aucun autre auteur moderne, et pour y croire, nous attendrons qu'on ait retrouvé quelque exemplaire bien authentique des tables soit babyloniennes soit égyptiennes.

Pour trouver le sinus de 1′ il renvoie à sa Cyclométrie, où il démontre une construction qui donnera ce sinus avec un degré fixé de précision. Mais ce moyen est long, et il dit lui-même qu'il vaut mieux recourir à la méthode de Viète. Nous en avons aujourd'hui de plus expéditives. Celle de Snellius est pénible et donne une décimale de moins qu'on n'en emploie pour déterminer la valeur de l'arc, d'après le rapport du rayon à la demi-circonférence.

Pour calculer les tangentes, il fait

$$\text{tang}(45^\circ + \tfrac{1}{2}A) = 2\,\text{tang}\,A + \text{tang}(45^\circ - \tfrac{1}{2}A).$$

En effet,

$$\begin{aligned}\text{tang}(45^\circ + \tfrac{1}{2}A) - \text{tang}(45^\circ - \tfrac{1}{2}A) &= \frac{\sin(45^\circ + \frac{1}{2}A - 45^\circ + \frac{1}{2}A)}{\cos(45^\circ + \frac{1}{2}A)\cos(45^\circ - \frac{1}{2}A)} \\ &= \frac{\sin A}{\sin(45^\circ + \frac{1}{2}A)\cos(45^\circ + \frac{1}{2}A)} \\ &= \frac{\sin A}{\frac{1}{2}\sin(90^\circ + A)} = \frac{2\sin A}{\sin(90^\circ - A)} = \frac{2\sin A}{\cos A} \\ &= 2\,\text{tang}\,A.\end{aligned}$$

Pour les sécantes, il fait

$$\begin{aligned}\text{séc}\,A &= \cot A + 2\,\text{tang}(\overline{A - 90^\circ - A}) + \text{tang}(45^\circ - \tfrac{1}{2}A) \\ &= \cot A + \frac{2(\text{tang}\,A - \cot A)}{1 + \text{tang}\,A \cot A} + \text{tang}(45^\circ - \tfrac{1}{2}A) \\ &= \cot A + \frac{2(\text{tang}^2 A - 1)}{\text{tang}\,A + \text{tang}\,A} + \text{tang}(45^\circ - \tfrac{1}{2}A) \\ &= \cot A + \text{tang}\,A - \cot A + \text{tang}(45^\circ - \tfrac{1}{2}A) \\ &= \text{tang}\,A + \text{tang}(45^\circ - \tfrac{1}{2}A),\end{aligned}$$

ou

$$\text{séc}\,A - \text{tang}\,A = \text{tang}(45^\circ - \tfrac{1}{2}A).$$

Il fait encore

$$\text{séc}\,A = \text{tang}(45^\circ + \tfrac{1}{2}A) - \text{tang}\,A, \quad \text{ou} \quad \text{séc}\,A + \text{tang}\,A = \text{tang}(45^\circ + \tfrac{1}{2}A);$$

d'où

$$\left.\begin{aligned}2\,\text{séc}\,A &= \text{tang}(45^\circ + \tfrac{1}{2}A) + \text{tang}(45^\circ - \tfrac{1}{2}A) \\ 2\,\text{tang}\,A &= \text{tang}(45^\circ + \tfrac{1}{2}A) - \text{tang}(45^\circ - \tfrac{1}{2}A)\end{aligned}\right\} \ldots\ldots (X).$$

En effet,

$$\frac{\sin(45^\circ+\frac{1}{2}A)}{\cos(45^\circ+\frac{1}{2}A)}+\frac{\sin(45^\circ-\frac{1}{2}A)}{\cos(45^\circ-\frac{1}{2}A)}=\frac{\sin(45^\circ+\frac{1}{2}A)\cos(45^\circ-\frac{1}{2}A)+\sin(45^\circ-\frac{1}{2}A)\cos(45^\circ+\frac{1}{2}A)}{\sin(45^\circ+\frac{1}{2}A)\cos(45^\circ+\frac{1}{2}A)\sin(45^\circ-\frac{1}{2}A)\cos(45^\circ-\frac{1}{2}A)}$$

$$=\frac{\sin(45^\circ+\frac{1}{2}A+45^\circ-\frac{1}{2}A)}{\frac{1}{2}\sin(90^\circ-A)}=\frac{2\sin 90^\circ}{\cos A}=2\,\text{séc}\,A.$$

On aurait de même la valeur de $2\tang A$ en mettant $\frac{\sin}{\cos}$ au lieu de tang.

Viète avait donné

$$\text{coséc}\,A+\cot A=\cot\tfrac{1}{2}A,\quad\text{et}\quad\text{coséc}\,A-\cot A=\text{tang}\,\tfrac{1}{2}A.$$

Mettons dans ces formules $B=90^\circ-A$,

$$\text{séc}\,B+\text{tang}\,B=\cot(45^\circ-\tfrac{1}{2}B)=\text{tang}(45^\circ+\tfrac{1}{2}B),$$
$$\text{séc}\,B-\text{tang}\,B=\text{tang}(45^\circ-\tfrac{1}{2}B).$$

Les formules de Snellius ne sont donc que les formules de Viète retournées. Snellius les présente sous la forme qui lui a paru la plus commode pour la démonstration synthétique.

Les deux formules (X) sont plus commodes pour trouver

$$\text{tang}(45^\circ+\tfrac{1}{2}A)=\text{tang}(45^\circ-\tfrac{1}{2}A)+2\,\text{tang}\,A;$$

c'est-à-dire toutes les tangentes depuis 45° jusqu'à 90°, quand on a toutes les autres.

Avec toutes les tangentes on aura toutes les sécantes par de simples additions.

Pour trouver $\sin\frac{1}{3}A$ ou $\sin\frac{1}{5}A$, au lieu des formules algébriques, il emploie les approximations successives. Il se propose ensuite ce problème : *Trouver tous les sinus par de simples additions.* La figure dont il se sert est assez simple, mais la règle qu'il en tire est si compliquée qu'on n'y peut rien comprendre sans lire la démonstration entière. Traduite algébriquement, elle se démontrera par le simple développement.

$$\begin{aligned}\cos nA:\cos(n+1)A &:: \sin(n+\tfrac{1}{2})A-\sin(n-\tfrac{1}{2})A:\sin(n+\tfrac{3}{2})A-\sin(n+\tfrac{1}{2})A\\ &:: 2\sin\tfrac{1}{2}(n+\tfrac{1}{2}-n+\tfrac{1}{2})A\cos\tfrac{1}{2}(n+\tfrac{1}{2}+n-\tfrac{1}{2})A\\ &: 2\sin\tfrac{1}{2}(n+\tfrac{3}{2}-n-\tfrac{1}{2})A\cos\tfrac{1}{2}(n+\tfrac{3}{2}+n+\tfrac{1}{2})A\\ &:: \sin\tfrac{1}{2}A\cos(nA):\sin\tfrac{1}{2}A\cos(n+1)A\\ &:: \cos nA:\cos(n+1)A.\end{aligned}$$

Ce théorème, ainsi présenté, est plus singulier que véritablement utile. J'aimerais mieux le suivant :

$$\sin(n+1)A - \sin nA = 2\sin\tfrac{1}{2}A\cos(n+\tfrac{1}{2})A,$$

qu'il présente sous la forme beaucoup moins commode

$$1 : \sin\tfrac{1}{2}A :: 2\cos A : \sin\tfrac{3}{2}A - \sin\tfrac{1}{2}A = 2\sin\tfrac{1}{2}A\cos A.$$

Pour exemple du parti qu'on peut tirer de ces formules, il suppose qu'on ait les sinus de 6 en 6°, au-dessous de 90°.

$$A = 6°, \quad \tfrac{1}{2}A = 3°, \quad \sin\tfrac{1}{2}A = 523360.$$

(90° — A)	cos nA	2cos A	2sin $\frac{1}{2}$ A cos nA	sinus.	
				523360,0	3°
84°	9945219	19890438	1040985,9	1564345,9	9
78	9781476	19562952	1023846,6	2588192,5	15
72	9510565	19021130	995489,8	3583682,3	21
66	9135455	18270910	956226,3	4539908,6	27
60	8660254	17320508	906486,1	5446394,7	33

La première colonne contient les degrés, la seconde leurs sinus ou cos$n$A, la troisième 2cos$n$A, la quatrième 2sin $\frac{1}{2}$ A cos$n$A, ou les différences premières, d'où l'on conclut, par de simples additions, les sinus de 9, 15, 21, 27, 33, etc. On irait ainsi jusqu'à 87°.

Suivant la même méthode, des sinus de 89° 44′ il conclut ceux de 0° 24′

89.28................ 0.40
89.12................ 0.56
88.56................ 1.12
88.40................ 1.28
88. 4................ 1.44
etc.

L'auteur démontre ensuite, par une construction assez simple, une proposition de laquelle il résulte que l'on aura la série suivante, dont la loi est évidente, et qui d'ailleurs est une suite nécessaire de la proposition précédente.

$$\sin\tfrac{1}{2}A = \sin\tfrac{1}{2}A(1),$$
$$\sin\tfrac{3}{2}A = 2\sin\tfrac{1}{2}A(\tfrac{1}{2} + \cos A),$$
$$\sin\tfrac{5}{2}A = 2\sin\tfrac{1}{2}A(\tfrac{1}{2} + \cos A + \cos 2A),$$
$$\sin\tfrac{7}{2}A = 2\sin\tfrac{1}{2}A(\tfrac{1}{2} + \cos A + \cos 2A + \cos 3A);$$

et ainsi de suite.

Il fait la somme des facteurs ($1 + \cos A$, etc.); il lui reste la multiplication par $2\sin\frac{1}{2}A$, pour avoir successivement $\sin\frac{1}{2}A$, $\sin\frac{3}{2}A$, $\sin\frac{5}{2}A$, etc ; il s'étonne que ce procédé lui donne des sinus exacts à huit décimales, quoique les sinus qu'il emploie n'en aient que sept. C'est que dans l'addition il y a d'abord des compensations d'erreurs, et que le facteur $2\sin\frac{1}{2}A$ réduit encore l'erreur qui peut rester.

La proposition IV est encore une autre manière de présenter la formule

$$\sin(n+1)A - \sin nA = 2\sin\tfrac{1}{2}A\cos(n+\tfrac{1}{2}A).$$

La manière dont il la met en œuvre ne nous apprendrait rien de bien utile. Il trouve, par de simples additions, les sinus d'angles croissant d'une quantité donnée; mais ces sinus appartiennent à un rayon qu'il faut chercher; pour les réduire au rayon ordinaire, il faut donc de nouveaux calculs. La méthode peut être curieuse, mais je ne vois pas bien quel avantage on y trouverait; elle est certainement plus compliquée et moins intelligible. L'auteur paraît en convenir lui-même, page 54. L'avantage qu'il y trouve, c'est qu'en recommençant plusieurs fois l'opération, on gagne à chaque fois une exactitude toujours croissante.

Dans la proposition six, il cherche des moyens expéditifs pour déterminer, avec l'exactitude qu'on voudra, le côté d'un polygone quelconque.

Dans la proposition sept, il cherche les moyens de déterminer les tangentes par des sommes de sinus, et il démontre synthétiquement et d'une manière assez simple, une règle que l'on peut écrire ainsi, et qui est fort remarquable :

$$\cot\tfrac{1}{2}A = 2(0{,}5 + \sin A + \sin 2A + \sin 3A + \sin 4A + \text{etc.})$$

Soit $A = 30°$, $\frac{1}{2}A = 15$.

$$\begin{array}{r|ll} \cot\frac{1}{2}A = 2 & 0{,}5\ldots\ldots & \frac{1}{2} \\ & 0{,}5\ldots\ldots & \sin 30 \\ & 0{,}8660254 & \sin 60 \\ \hline 2\times & 1{,}8660254 & \\ \cot 15°\ldots & 3{,}7320508 & \\ \text{Tables}\ldots & 3{,}7320508. & \end{array}$$

On voit qu'on s'arrête à $\sin(90 - A)$.

Soit $A = 10°$, $\frac{1}{2}A = 5$.

$$
\cot 5^\circ = 2 \left|
\begin{array}{ll}
0{,}5 \ldots\ldots\ldots & \frac{1}{2} \\
0{,}1736482 \ldots & \sin 10^\circ \\
0{,}3420202 \ldots & \sin 20 \\
0{,}5000000 \ldots & \sin 30 \\
0{,}6427876 \ldots & \sin 40 \\
0{,}7660444 \ldots & \sin 50 \\
0{,}8660254 \ldots & \sin 60 \\
0{,}9396926 \ldots & \sin 70 \\
0{,}9548077 \ldots & \sin 80
\end{array}\right.
$$

$$
\begin{array}{rl}
2 \times & 5{,}7150261 \\
\cot 5^\circ = & 11{,}4300522 \\
\text{Tables} & 11{,}4300523.
\end{array}
$$

Voici la démonstration de l'auteur (fig. 28) :

Soit l'arc de 90° EI partagé en trois arcs de 30° EV, VS, SI;

$$EY = YV = 15^\circ = IB = OG = GC.$$

Menez les cordes EV, LV, CS, GB, CI, LS; prolongez LS en D, EV en Q; vous aurez

$$AQ = \text{tang}\, AEQ = \cot EAY = \text{tang}\, YAQ.$$

$$\text{Or, } AQ = AI + ID + DQ = 1 + CS + LV = 1 + 2 \sin ES + 2 \sin EV.$$

$$
\begin{aligned}
\cot \tfrac{1}{2} A &= 1 + 2 \sin 2A + 2 \sin A = 1 + 2 \sin A + 2 \sin 2A \\
&= 2(\tfrac{1}{2} + \sin A + \sin 2A).
\end{aligned}
$$

Nous faisons $A = 30^\circ$, $\frac{1}{2} A = 15^\circ$, et nous nous arrêtons à $\sin 2A$; car $\sin 3A$ ferait $\sin 90^\circ$. On conçoit qu'on aurait une série pareille, mais plus longue, si A était plus petit.

La même figure donne

$$
\begin{aligned}
EQ = \text{séc}\, AEQ = \text{coséc}\, EAY &= EV + VH + HQ, \\
\text{séc}\,(90^\circ - \tfrac{1}{2} A) &= 2 \sin \tfrac{1}{2} A + 2 \sin YS + 2 \sin YI \\
&= 2(\sin \tfrac{1}{2} A + \sin \tfrac{3}{2} A + \sin \tfrac{5}{2} A), \\
\text{coséc}\, \tfrac{1}{2} A &= 2(\sin \tfrac{1}{2} A + \sin \tfrac{3}{2} A + \sin \tfrac{5}{2} A + \text{etc.});
\end{aligned}
$$

en s'arrêtant à $(90^\circ - \frac{1}{2} A)$, c'est la proposition 8 de l'auteur.

Vous aurez, de cette manière, la tangente et la sécante de 89° 58'; la somme de ces deux lignes sera la tangente de 89° 59', et la différence sera la tangente de 1'.

On aura par suite les tangentes de minute en minute.

Il annonce d'autres moyens pour abréger encore ces calculs; il avait besoin de les mûrir; la mort l'en a empêché.

Il termine par cette proposition : la cotangente de $\frac{1}{2}$ minute est double de la somme des sinus de tous les arcs de minute en minute. C'est un corollaire de ce qui précède.

Cette même figure servirait à démontrer les premières propositions.

Le second livre traite des triangles rectilignes. Les premiers théorèmes de l'auteur se déduiraient avec facilité des expressions connues

$$C'^2 \tfrac{1}{2} C^2 + C'^2 - 2CC' \cos A = (C - C')^2 + 4CC' \sin^2 \tfrac{1}{2} A''$$
$$= (C + C)^2 - 4CC' \cos^2 \tfrac{1}{2} A'',$$

$$\text{tang} \tfrac{1}{2} A'' = \frac{\left(\frac{C + C' + C''}{2} - C\right)\left(\frac{C + C' + C''}{2} - C'\right)}{\left(\frac{C + C' + C''}{2}\right)\left(\frac{C + C' + C''}{2} - C''\right)},$$

$$\text{tang} \tfrac{1}{2} (A - A') = \left(\frac{\sin A - \sin A'}{\sin A + \sin A'}\right), \quad \text{tang} \tfrac{1}{2} (A + A').$$

Dans les problèmes géodésiques ajoutés par Hortensius, à la fin de ce livre, je n'ai rien remarqué de nouveau, que le problème suivant qui n'a rien de difficile.

On demande la hauteur inaccessible DE (fig. 29).

Du point B, observez la distance ZBD; élevez-vous en A, et mesurez ZAD, vous aurez ADB = ZAD — ZBD;

$$\sin D : \sin A :: AB : BD, \quad \text{ensuite } DC = BD \sin DBC = BD \cos ZBD;$$

enfin,
$$DE = DC + CE = DE + BF,$$
$$DE = BF + BD \cos ZDB = BF + \frac{AB \sin Z' \cos Z}{\sin (Z' - Z)}$$
$$= BF + \frac{AB \sin Z' \cos Z}{\sin Z' \cos Z - \cos Z' \sin Z},$$
$$H = h + \frac{dh}{1 - \cot Z' \,\text{tang}\, Z} = h + \frac{dh}{1 - \text{tang}\, Z \cot Z'}.$$

Hortensius ne donne pas ces développemens.

Le livre III traite des triangles sphériques et commence par des extraits de Théodose et de Ménélaüs. Il y ajoute ce corollaire : on sait que $A + A' + A'' > 180°$. Il faut de plus que $180° - A + 180° - A' + A'' > 180°$, afin que dans le triangle formé par le reste du fuseau, dont le triangle AA'A'' fait partie, les trois angles soient encore $> 180°$. Au reste, cette remarque, qui me paraît neuve, n'est pas d'une grande importance; car on n'a guère à construire un triangle avec trois angles donnés.

La proposition 8 donne la construction du triangle polaire, que j'ai vainement cherchée jusqu'ici. Il paraît que Snellius en est le premier auteur; car voici comment il s'exprime :

Theorema hoc per utile est et sequentibus demonstrationibus per opportunum ATQUE A PLURISQUE VARIE SOLLICITATUM AC LEGIBUS NON NECESSARIIS ALLIGATUM : QUOD NOS IIS VINCULIS LIBERATUM GENERALITER HIC PROPONIMUS. On peut croire Snellius, car il nomme toujours les auteurs à qui il emprunte quelque pratique ou quelque théorème.

En rapportant, p. 152, un exemple de *prostaphérèse*, il dit qu'il n'en connaît pas l'auteur. Tout ce que nous savons, c'est qu'elle était connue des Arabes; et nous n'en avons trouvé aucune mention dans Ptolémée.

Il fait sur l'espèce des côtés des raisonnemens assez longs et bien inutiles aujourd'hui.

$$(90^\circ - A) - (90^\circ - B) = 90^\circ - 90^\circ + (B - A)$$
$$= (B - A)(90^\circ + A) - (90^\circ + B) = 180^\circ - (A + B).$$

Il en conclut que si des arcs sont moindres que de 90°, la différence de leurs complémens sera la même que celle des arcs, et que s'ils passent tous deux 90°, leur différence sera égale au supplément de la somme des complémens. Il se sert de ces remarques pour trouver le rapport des deux segmens de la base, dans un triangle dont il connaît les trois côtés; il y emploie la formule

$$\operatorname{tang} \tfrac{1}{2}(A - A') = \left(\frac{\sin A - \sin A'}{\sin A + \sin A'}\right) \operatorname{tang}(A + A'),$$

et le théorème que les cosinus des segmens sont entre eux comme le cosinus des angles adjacens.

Il se dit l'inventeur de cette manière de trouver les segmens de la base. Nous avons mieux dans la formule

$$\operatorname{tang} \tfrac{1}{2}(S - S') = \operatorname{tang} \tfrac{1}{2}(C + C') \operatorname{tang} \tfrac{1}{2}(C - C') \cot \tfrac{1}{2} C''.$$

Les segmens étant ainsi trouvés, comme on connaît les deux côtés adjacens, on a les deux angles à la base. Il emprunte ensuite à Régiomontan la manière de trouver les trois cotés par les trois angles. Nous avons vu que Régiomontan mettait du prix à cette solution, dont il est l'auteur.

Les sinus des segmens de la base sont entre eux comme les cotangentes des angles adjacens à la base.

Pour lever le doute dans les cas ambigus, lorsque la chose est possible, il donne les règles suivantes.

1°. Si l'angle donné est droit;

2°. Si l'angle opposé au plus grand côté est aigu, l'autre, qui est opposé au petit côté, sera nécessairement aigu;

3°. Si l'angle opposé au petit côté est obtus, l'angle opposé au grand sera obtus à plus forte raison;

4°. Si les deux côtés sont égaux, les angles le seront évidemment;

5°. Enfin, si l'angle donné est aigu, le côté adjacent plus grand que 90°, et le côté opposé moindre que son supplément, l'angle opposé au premier côté ne peut être qu'obtus; si l'angle donné est obtus, le côté adjacent plus petit que 90°, et l'autre moindre que son supplément, l'angle opposé au premier côté ne pourra être qu'aigu.

Pour le cas où l'on cherche le côté opposé au second angle, il donne les règles suivantes.

1°. Si le côté opposé se trouve de 90°;

2°. Si le côté opposé au plus grand angle n'est pas de plus de 90°, le second côté opposé sera de même moindre que de 90°;

3°. Si le côté opposé au petit angle est de 90° ou plus, le second sera aussi de plus de 90°;

4°. Si les angles sont égaux, les côtés le seront de même;

5°. Enfin, si le côté donné est de plus de 90°, et l'angle opposé obtus, et l'autre aigu, le côté opposé ne sera pas moindre que le supplément du premier. Mais si le côté est moindre que de 90°, et l'angle opposé aigu et l'autre obtus, le côté opposé sera moindre que le supplément du premier.

J'ai donné dans mon Astronomie, tom. I, p. 199, des règles plus courtes et plus symétriques pour les deux cas divers; je les ai démontrées. Snellius a supprimé ses démonstrations; mais ses règles, au fond, sont identiques aux miennes; seulement, la rédaction n'a pas à beaucoup près la simplicité dont elle était susceptible.

Le livre quatrième enseigne à résoudre les triangles obliquangles sans les partager en deux rectangles.

Pour un angle par les trois côtés, Snellius emploie le théorème arabe, qui est aussi celui de Viète, que Snellius assure avoir trouvé de lui-même par l'analemme; il fait aussi

$$\frac{\cos C'' \operatorname{cos\acute{e}c} C - \cot C \cos C'}{\operatorname{cos\acute{e}c} C'} = \cos A'' = \frac{\cos C'' - \cos C \cos C'}{\sin C \sin C'};$$

c'est encore la formule arabe faiblement déguisée.

Il y emploie aussi les sinus verses, comme les Arabes et Régiomontan.

Il ajoute que c'est d'après cette solution de Régiomontan, que Viète a trouvé sa doctrine des triangles obliquangles. Il est certain que ce premier cas était résolu de manière à ce que Viète n'y pût trouver rien de nouveau. Mais je ne vois pas bien, pour les autres cas, ce que Viète peut devoir à Régiomontan.

Trouver les côtés par les angles; c'est encore la solution de Viète. Snellius la démontre par le triangle polaire.

Le troisième angle par les deux autres, et le côté compris; il démontre encore ses règles par le triangle polaire.

Il n'y a rien de neuf dans ce livre, que les démonstrations par le triangle polaire, et quelques changemens aux rédactions un peu pédantesques de Viète. Ce livre est singulièrement alongé par la détermination de l'espèce de l'inconnue, et celle des cas où il faut prendre des sommes ou des différences. Nous sommes aujourd'hui délivrés de tous ces embarras.

La méthode pour trouver l'ascension droite et la déclinaison par la longitude et la latitude, est la même que celle de Lalande. Du reste, rien dans cet appendice qui appartienne à Snellius.

L'ouvrage est terminé par la table des sinus, tangentes et sécantes, pour toutes les minutes du quart de cercle. On trouve, dans le texte ci-dessus, une table des longueurs des arcs en parties d'un rayon de 100000,000.

Snellius a traduit, du hollandais en latin, l'ouvrage de Ludolphe Van Ceulen (*Collen*), sur le cercle et ses lignes inscrites. On y trouve une ample arithmétique des incommensurables, des recherches étendues sur les côtés des polygones inscrits; enfin, le rapport du diamètre à la circonférence 3.14159.26535.89793.23846, nombre un peu trop faible, mais qui deviendrait trop fort si l'on ajoutait une unité au dernier chiffre.

Vernier.

La construction, l'usage et les propriétés du quadrant nouveau de Mathématiques, par Pierre Vernier, capitaine et châtelain, pour S. M., au château Dornans; conseiller et général de ses monnaies, au comté de Bourgogne. Brusselles, 1731.

Ce titre contient à peu près tout ce que nous savons sur le compte de l'auteur, et l'extrait que nous allons donner de l'ouvrage se composera presque uniquement de phrases que nous y copierons littéralement et dans son langage.

Dans son épître dédicatoire à Isabelle Clere Eugénie, infante d'Espagne, il annonce : « un instrument mathématique de son invention, de la grandeur d'un demi-pied seulement, par lequel néanmoins on peut avec une grande facilité, et fort exactement connaître toutes les mesures du ciel et de la Terre, jusqu'aux minutes. Il ne tire pas son excellence de ce que c'est un quart de cercle divisé en nonante parties égales, ni de ce que les divisions de la planche d'icelui sont de trente parties, contenant chacune un degré et un trentième, puisqu'il n'y a mathématicien qui ne sache que le quotient de la division de 31 par 30 est 1 plus un trentième; et ainsi des autres divisions, sur lesquels peuvent être fondés divers intrumens, èsquels il faut user de répétitions, d'ouverture de compas, de transport d'icelles, ou bien d'une multitude de cercles avec incertitude et confusion.... *Je prends la perfection de l'instrument, des divisions courantes qui accompagnent perpétuellement le rayon visuel,* sans l'aide desquelles il est impossible de le justifier et d'assigner un point fixe en la ligne du rayon qui doit vérifier les opérations.... Le mien a cet avantage sur les autres, et ce n'est pas sans sujet que je l'appelle nouveau et de mon invention. »

Ici Vernier paraît avoir en vue quelques divisions déjà proposées, telles que celle de Nonius et celle de Curtius, dans laquelle nous avons remarqué une espèce de ressemblance avec celle qu'il va nous exposer (*voyez* ce que nous en avons dit, tome IV, page 253); mais il nous dit, avec précision, ce qui fait le caractère essentiel et nouveau de son invention.

« Son excellence consiste premièrement en ce qu'étant fabriqué, on peut examiner très exactement sa construction par diverses manières, au moyen desquelles on se rend certain s'il est fautif ou non....; ses propriétés sont admirables et tellement subtiles, que même en un quart de cercle de trois pouces d'étendue, on démêle les minutes entières, quoiqu'il ne soit divisé qu'à l'ordinaire en nonante degrés; *à l'aide toutefois d'une petite portion de cercle mobile, contenant seulement quinze parties égales....* Nous déclarerons sa construction de grandeur différente, depuis un pouce et demi de demi-diamètre, jusqu'à quatre pieds d'étendue; aux moindres on y connaîtra de cinq en cinq minutes, et aux plus grands de six en six secondes. L'expérience témoignera que les instrumens de plus de quatre pieds sont excessifs et beaucoup plus fautifs, à raison de la difficulté qu'il y a à tirer et justifier de grandes lignes droites, et à entretenir le centre et les autres parties d'icelles machines. »

Nous avons entendu le célèbre artiste Reichenbach dire précisément la même chose en termes encore plus énergiques, il y a quelques années, quand il était à Paris.

« L'instrument étant d'un pied de rayon, la première des deux parties dont il se compose, sera un quart de cercle divisé en degrés et demi-degrés....; cette partie sera enclose et enfermée par deux lignes droites, s'entrecoupant au centre dudit instrument; la seconde partie est une planche construite en la forme et figure d'un secteur de cercle, la circonférence de laquelle comprendra justement un angle de trente-un demi-degrés, non toutefois formés ni descrits, mais bien divisée en trente parties égales seulement; laquelle circonférence sera enfermée et enclose par deux lignes droites, se rencontrant au centre d'icelle...., en sorte qu'icelle, seconde partie, étant appliquée et ajustée sur la première, appelée base, et les centres des deux demeurant communs, la portion extrême et extérieure du cercle de division de ladite partie seconde réponde et soit contiguë à la portion extrême et intérieure du cercle de division de ladite base....; la division de ladite partie seconde sera distinguée par nombre de cinq en cinq, commençant à compter à dextre en tirant à senestre d'icelui, et une chacune portion des trente, de ladite division, vaudra en opération une minute de degré de cercle.

» Ladite seconde partie sera appelée secteur mobile de l'instrument, parce qu'elle se meut tantôt à dextre, et tantôt à senestre sur la base.

» Sur chacun des rayons extrêmes, ou lignes de foi du secteur, seront apposées deux lamules percées et fendues, en sorte que les rayons visuels puissent être exactement recogneus et observés. »

Aujourd'hui la lunette a remplacé les deux lignes de foi et les deux pinnules; il suffit d'une seule lunette, parce qu'on donne aujourd'hui moins d'amplitude à l'arc du vernier. Aujourd'hui cette amplitude n'est pas d'un degré; il suffit que l'arc de l'instrument soit de 91°. Le vernier primitif étant de 15° ½, il aurait fallu donner 106° à l'arc du limbe; il était plus simple de mettre des pinnules sur les deux lignes qui bornaient le secteur.

« La division se vérifiera en plusieurs manières.

« 1°. Si l'on conduit l'une et l'autre des lignes de foi du secteur, justement sur les pointes des degrés ou des demi-degrés de la base, les deux lignes de foi embrasseront toujours justement trente-un demi-degrés de la base; en sorte qu'aucune autre pointes des minutes du secteur ne rencontrera à autre demi-degré entier d'icelle base. »

Cette espèce de vérification s'opère également par le vernier moderne.

« 2°. Jamais en quelque lieu que le secteur mobile se trouve, plus d'une ou deux pointes de la division des minutes d'icelui ne se rencontre au droit des pointes des demi-degrés de la base; que si la rencontre est des deux pointes, ce sera des deux pointes extrêmes, ou bien ce sera des deux pointes dudit secteur, contiguës et voisines l'une de l'autre. »

Dans ce dernier cas, il serait plus vrai de dire qu'aucune des deux ne coïncide réellement; que l'une et l'autre sont à égale distance de la coïncidence exacte, l'une en avant, l'autre en arrière; mais cette distance n'étant que d'une demi-minute était insensible à l'œil nu, sur un arc d'un aussi petit rayon.

» 3°. Derechef se justifiera l'instrument, en prenant séparément un même rayon visuel, réitéré par l'une et l'autre ligne de foi, au moyen des pinnules y étant apposées. Car la même pointe de division des minutes qui répondra à une pointe des divisions de la base, lorsque ledit rayon sera observé par la ligne de foi dextre du secteur, la même pointe répondra aussi à une pointe quelle qu'elle soit des divisions de la base, lorsque ledit rayon sera réitéré par la ligne de foi senestre dudit secteur...., en vertu de laquelle dernière vérification se justifiera encore le rayon visuel être exactement pris et observé; tellement que d'un même chemin on pourra vérifier et la fabrique, comme aussi les observations que l'on en fera. Ce qui ne se peut rencontrer en tous autres instrumens mathématiques différens de celui-ci. »

Cette vérification ne peut avoir lieu avec le vernier moderne, puisqu'il n'y a qu'une seule lunette qui tient lieu des deux lignes de foi; mais elle devient possible si l'instrument est répétiteur, comme les cercles de Borda, ou si l'on peut changer le point de départ, comme dans le théodolite, ou dans le cercle de Troughton à Greenwich.

« Si l'on veut que l'instrument soit de deux pieds, il faudra diviser la base en quarts de degré; le secteur mobile aura une portion de cercle comprenant justement un angle de $7° \frac{3}{4}$ ou $\frac{31°}{4}$, une chacune desquelles portions vaudra une demi-minute de degré, ou 30″.

» Si l'on veut un instrument de quatre pieds, il conviendra de diviser la base en huitième de degré, l'angle du secteur sera de 3° $\frac{7}{8}$ ou de $\frac{31°}{8}$, une chacune desquelles vaudra $\frac{1}{8}$ de degré.

» Ou bien nous fabriquerons ledit instrument d'une autre méthode, et le composerons de trois parties; savoir, de la base et de deux secteurs mobiles; la base sera divisée en six parties égales seulement, une chacune desquelles vaudra 15°, et sera distinguée par nombre de 15 en 15, en commençant à senestre de l'instrument; un chacun desdits 15° de chaque portion sera divisé en dix parties égales, pour dénoter les dixièmes de degré, moyennant quoi lesdits dixièmes représenteront chacun six minutes de valeur.

Ainsi, le limbe de 90° sera divisé en six arcs de 15° chacun, marqués des chiffres depuis 1 jusqu'à 15°, et chacun de ces degrés du limbe sera soudivisé en portion de six minutes chacune.

« Le second secteur mobile s'appliquera sur le premier, et le premier sur la base, en sorte que les centres soient communs entre eux; il contiendra une portion de cercle de 5° $\frac{1}{10}$ ou $\frac{31°}{10}$, divisée en trente parties égales lesquelles vaudront chacune un cinquième de minute ou 12″, distinguées néanmoins de cinq en cinq, pour signifier les minutes entières; et moyennant ce, l'on connaîtra audit instrument les dixièmes de minutes; une chacune desquelles dixièmes vaut 6″ d'une minute. »

En effet, la trentième partie d'un dixième de degré ou 6′ vaut...... $\frac{6'}{30} = \frac{0',6}{3} = 0',2 = 12''$. Nous verrons plus loin comment on obtient 6″ au lieu de 12″.

Usage de ce dernier instrument. « Soit à construire un angle de 40°20′12″, ou 40° 20′,2. Il faut dresser et colloquer le premier secteur entre 30 et 45° de la base, en sorte qu'il occupe justement l'intervalle entre iceux; en l'arrêtant immobile, on colloquera la ligne de foi du second secteur entre le dixième et le onzième degré du premier secteur, pour les 10° entiers qui surpassent les deux parties de la base fixe en valeur de 30°; et pour les 20′, attendu que chaque portion dixième vaut 6′, on colloquera la ligne de foi dudit secteur entre la quatrième et la troisième portion dixième dudit premier secteur, en sorte que, par les divers mouvemens, l'onzième partie qui représente 2′,2, rencontre droitement à quelque pointe d'une portion du premier secteur; ce qu'étant, ledit angle sera construit par le composé des trois : savoir, 30° de la base, de 18′ (pour trois divisions fractionnaires) du premier secteur et de 2′ 12″ du troisième secteur, lesquelles ajoutées ensemble, donnent l'angle désiré de 40° 20′ 12″; mais s'il y avait 6″ audit angle au lieu de 12″, il faudrait que deux pointes dudit secteur, savoir, la dixième en valeur de 2′, et l'onzième en valeur de 2′ 12″, rencontrassent toutes deux à deux portions dudit premier secteur; que si ledit angle contenait 18″ au lieu de 12″, il faudrait que les pointes de l'onzième partie et de la douzième partie rencontrassent toutes deux à deux pointes du premier secteur. »

En effet, considérons d'abord le premier secteur comme un limbe auxiliaire qui sert uniquement à diviser en dix parties l'arc de 15°, qui est déjà divisé en 30 demi-degrés. Ce premier secteur se place toujours de la même manière sur les points 0 et 15° d'une des six divisions du limbe. Ce premier secteur n'est qu'un intermédiaire entre le limbe et le second secteur.

Cela posé, nous placerons le premier secteur sur la troisième division du limbe; l'une de ses extrémités répondra au zéro du troisième arc, c'est-à-dire à.. 30°

Nous avancerons l'extrémité du second secteur entre le dixième et le onzième degré de la base, on aura par là un peu plus que.. 10

Pour achever, il nous faut 2′ 12″; si nous avancions la ligne de foi de trois dixièmes, qui valent 18′, nous ajouterions à l'arc précédent.. 0.18′

Il ne nous manquerait plus que 2′ 12″ = 132″ = 11.12″; il faudra donc faire coïncider la onzième division du second secteur avec un des traits du premier, nous ajouterons ainsi 2.12″

Et le total sera.. 40.20.12″

Si nous n'avions que 6″ au lieu de 12, 2′ 6″ = 126 = 11.10 $\frac{1}{2}$, il ne faudrait faire coïncider ni la dixième, ni la onzième, mais les approcher toutes deux également de la coïncidence. Si nous avions 2′ 18″ = 138″ = 12.11,5 = 138″, il faudrait que le onzième trait et le douzième fussent également près de la coïncidence.

S'il s'agissait d'observer un angle inconnu, on apercevrait d'un coup-d'œil dans quelle division du limbe il viendrait aboutir ici, on verrait que c'est le troisième; on fixerait le premier secteur sur 30 et 45°; on avancerait alors l'alidade du second secteur sur l'objet à observer; on verrait sur le limbe 10° et 18′, et le onzième trait, par sa coïncidence, nous donnerait 2′ 12″.

Cela suppose une alidade fixe sur le point zéro de l'instrument; l'auteur n'en parle pas, il est évident qu'il songe peu aux astronomes, pas plus que Mayer, lorsqu'il eut la première idée de la répétition des angles; mais les astronomes ont fait leur profit de ces deux inventions, qui ne leur étaient pas destinées.

L'invention de Vernier est aussi complète qu'elle pouvait l'être avant l'invention des lunettes et des microscopes. Nos verniers actuels sont plus petits et plus commodes. L'auteur était obligé de les faire plus grands pour juger aussi bien de la coïncidence. Le vernier primitif est du genre que j'ai nommé *rétrograde,* parce que ses divisions se comptent en sens contraire des degrés du limbe. La formule de ces verniers est $\left(\frac{n+1}{n}\right)$; les verniers actuels et directs sont de la forme $\left(\frac{n-1}{n}\right)$, ce qui est plus commode; mais l'idée est la même. La première forme $\left(\frac{n+1}{n}\right)$ n'est pas même tombée en désuétude. Si le vernier a reçu des améliorations, il ne dépendait pas de l'auteur de les lui donner; elles sont une conséquence toute naturelle des inventions plus modernes; elles n'ont rien changé à la partie essentielle; l'instrument, en toute justice, doit porter à jamais le nom de Vernier. *Voyez* ce que nous en avons dit à l'article Nonius, tome III, page 406, où même nous paraissons exagérer les changemens faits à l'instrument; ces changemens se réduisent à l'addition du microscope, et à la substitution d'une lunette aux deux alidades. Le vernier de l'auteur avait 3° et $\frac{1}{10}$; le vernier moderne est de 1° $\frac{1}{2}$; ces différences n'ont rien d'essentiel.

Hedræus.

Nova et accurata Astrolabii geometrici structura, ubi gradus horumque singula minuta, nec non quadrantis astronomici azimuthalis quo non solum prima sed et singula minuta secunda distincte observari possunt. Operâ et studio Benedicti Hedræi Sueci. Lugduni Batav., 1643.

Rien de bien neuf dans cet ouvrage, sinon l'idée de substituer aux transversales rectilignes ordinaires, les arcs dont ces droites sont les cordes; ces arcs prolongés doivent aussi passer par le centre de l'instrument, en sorte que des arcs partiels égaux soutendent des angles égaux au centre, qui est un point commun de toutes ces circonférences; il met d'ailleurs des fils au centre de ses pinnules pour viser plus exactement à l'astre; pour la sous-division du limbe, il profite, sans pourtant en citer l'auteur, de l'idée de Vernier, et divise soixante-une parties du limbe en soixante parties égales, ce qui lui donne $\frac{1}{60}$ de l'espace qui se trouve entre deux divisions voisines du limbe, c'est-à-dire des minutes, si le limbe n'est divisé qu'en degrés, et cinq secondes s'il est divisé de cinq en cinq minutes.

Son quart de cercle azimutal ne diffère en rien de celui de Tycho, dont il imite aussi les pinnules.

Le reste du volume donne la solution de plusieurs problèmes d'Altimétrie et de Longimétrie, et il résout enfin quelques problèmes du mouvement diurne, et donne la manière de les observer.

Cet ouvrage a paru douze ans après celui de Vernier.

LIVRE IX.

Métius, Boulliaud et Seth-Ward.

Adriani Metii Alcmar, D. M. et Matheseos Professoris ordinis in Academiâ Frisiorum, primum Mobile, astronomice, sciographice, geometrice et hydrographice, novâ methodo explicatum; opus absolutum, IV tomis distinctum. Amsterdami, 1633.

Métius est célèbre par son rapport du diamètre à la circonférence, qu'il a su exprimer par des nombres assez petits et assez symétriques pour être aisément retenus, et assez exacts pour tous les usages de la Géométrie pratique. Il mourut en 1635. Outre ses ouvrages astronomiques, qui sont en latin, il en composa plusieurs en hollandais, pour les navigateurs de sa nation. C'est à peu près tout ce nous savons de lui, et tout ce qu'il nous importe de savoir.

Il traite d'abord de la *Doctrine sphérique*, en cinq livres. A la page 3, il donne l'invention de la lunette astronomique à son frère Jacques Métius; il raconte que ce frère, de pieuse mémoire, lui avait assuré qu'avec la lunette qu'il avait construite par amusement, et *qu'il se réservait*, il avait lu à une distance de trois mille, qu'il avait découvert dans la Lune des vallées, des plaines et des mers, et des montagnes qui jetaient des ombres.

Il suppose la Terre immobile, et sa raison est que si elle était en mouvement, ses habitans ne pourraient manquer de ressentir des secousses fort incommodes. Voilà tout ce que j'ai remarqué dans les cinq livres du premier Mobile; où l'on ne trouve que des définitions, quelques pratiques, et quelques tables, avec la description de quelques instrumens grossiers. C'est un ouvrage extrêmement superficiel, composé sans méthode, et dans lequel rien n'est démontré.

Le tome second explique en six livres la construction et l'usage de l'astrolabe. Cette seconde partie n'est guère plus savante ni plus géométrique que la première. En parlant du changement des angles en côtés et réciproquement, il suit la manière de Pitiscus, et ne connaît pas encore le triangle supplémentaire. Ce qu'il y a de plus remarquable, ce sont quelques planches qui terminent ce tome.

Le troisième contient l'histoire de l'Astronomie, en trois livres. Cette prétendue histoire n'est qu'une Trigonométrie. Au livre second, on trouve ce problème d'Adrien-Antoine Métius, père d'Adrien Métius.

En l'an 1588, en été, on a mesuré trois ombres d'un gnomon surmonté d'une boule. La hauteur du centre de la boule était de 15 pieds, la longueur de l'ombre était de 56 pieds, on a marqué ce point d'ombre; quelque temps après, l'ombre n'était plus que de $21\frac{5}{12}$, on a marqué ce point; enfin, une troisième ombre s'est trouvée de $13\frac{6}{12}$, on a marqué ce troisième point; entre le premier et le deuxième point, on a trouvé $37\frac{5}{12}$; entre le second et le troisième, $10\frac{1}{2}$. On demande la hauteur du pôle, le jour et le temps des trois observations.

Les trois ombres donnent trois distances zénitales; les cinq longueurs mesurées forment deux triangles rectilignes, dont les trois côtés sont connus; on peut calculer les angles au sommet commun, ou les différences d'azimut. Le zénit, avec les trois lieux du Soleil, forme deux triangles sphériques, dans lesquels on a les deux côtés et l'angle compris; on aura tout le reste; les troisièmes côtés seront les bases de deux triangles dont le sommet sera au pôle; on suppose ces triangles isoscèles, ce qui n'est pas parfaitement exact. Le reste est le problème de la rotation et des taches. Voici la solution qu'a donnée Muller, l'éditeur de Copernic.

Tout est connu dans les triangles ZAB, ZBC; les triangles APB, BPC sont isoscèles; menez les arcs PE, PF sur AB et BC (fig. 30).

Dans le triangle rectangle AEI, vous avez la base AE et l'angle A; vous en conclurez EI, AI et l'angle I; vous aurez $ZI = ZA - AI$.

Dans le triangle rectangle BFG, vous avez BF et B; vous en conclurez FG, BG, G et $ZG = ZB - BC$.

Dans le triangle GZH, vous avez G, GZ et GZH; vous en conclurez H, ZH et GH; $FH = FG + GH$; $HI = AZ - AI - ZH$.

Dans le triangle PHI, vous avez H, I et HI; vous aurez HP, IP, HPI; $FP = FG + GH + HP$; $PE = EI + PI$.

$$\cos PC = \cos PB = \cos PA = \cos FB \cos PF = \cos AE \cos PE.$$

Dans le triangle ZHP, vous avez H, ZH, PH; vous aurez PZ et HPZ, et HZP.

Dans le triangle rectangle BFP, vous chercherez $BPF = CPF$; $ZPH + BPF = ZPB$; $ZPH - FPC = ZPC$; $ZPB + PBE = ZPI$;

ZPB + 2ZPE = ZPA; et le problème est totalement résolu, mais bien longuement. La solution est purement trigonométrique, et la construction la plus simple qu'on puisse imaginer; voilà pourquoi le calcul est si long. C'est au reste la plus ancienne qu'on connaisse.

Essayons le calcul, en n'employant que les formules les plus vulgaires, en négligeant les réfractions et la parallaxe.

15 tang ZA = 56; tang ZA = $\frac{56}{15}$	56....	1,7481880
	C. 15....	8,8239087
tang ZA = 75° 0′ 18″		0,5720967.
Métius donne simplement 75°	C. 15....	8,8239087
tang ZB = $\frac{21\frac{5}{12}}{15} = \frac{257}{15,12}$	C. 12....	8,9208187
	257....	2,4099331
tang ZB = 54° 59′ 36″		0,1546605.
Métius, 55°	C. 15....	8,8239087
tang ZC = $\frac{13,5}{15}$	13,5...	1,1303338
tang ZC = 41° 59′ 14″		9,9542425.
Métius, 42. 0.		

	56		C. 56......	8,2518120
	21,41666:		C. 21,41666:	8,6692482
	37,16666:		R.....	0,1111505
somme,	114,58333		R′.....	1,5546919
moitié,	57,291666:			18,5869026
R =	1,291666:	sin 11° 20′ 5″..........		9,2934513.
R′ =	35,875	AZB = 22.40.10		
	37,166666	Métius = 22.40.		

	21,416666		Compl....	8,6692482
	13,5		Compl....	8,8696662
	10,0		R......	0,0177289
	44,916666		R′.....	0,9522272
	22,458333:			18,5088705
R =	1,041666:	sin 10° 20′ 58″5		9,2544352
R′ =	8,958333:	BZC = 20.41.57		
		Métius, 20.42. 0.		14 logarithmes.

ZA = 75° 0′ 18″	cos AZB........	9,9650811
	tang ZB ci-dessus,	0,1546605
ZB = 54.59.36	tang Zx = 52° 48′ 1″	0,1197416
AZB = 22.40.10.	ZA = 75. 0.18	
	cos Ax = 22.12.17	cos 9,9665357
	C. cos Zx...	0,2185353
	cos ZB...	9,7586634
	cos AB = 28.31.56....	9,9437344
	C. sin Ax...	0,4226035
	sin Zx...	9,9012063
	tang AZB	9,6208464
	tang A = 41° 21′ 33″....	9,9446562
	Métius, 41.22.	
ZB = 54° 39′ 6″	cos BZC.............	9,9710202
ZC = 41.59.14	tang ZC.............	9,9542425
BZC = 20.41.57.	tang Zy = 40° 5′ 39″	9,9252627
	ZB = 54.39.36	
	cos By = 14.33.57	9,9858122
	C. cos Zy............	0,1163459
	cos ZC.............	9,8711606
	cos BC = 19.52.44	9,9733187.
	Métius, 20.7.	
	C. sin By..............	0,5994754
	sin Zy.............	9,8089168
	tang BZC...........	9,5773216
	tang B = 44. 3.29	9,9857138.
	Métius, 43.27.	

Pour constater ces deux erreurs de Métius, j'ai refait ces calculs par d'autres formules, et j'ai retrouvé les deux quantités à la seconde.

tang AE = ½ AB = 14° 15′ 58″....	9,4052901
C. cos A = 41.21.33.....	0,1246017
tang AI = 18.42.51.....	9,5298918.
ZA = 75. 0.18	
ZI = 56.17.27	

sin AE..................	9,3916862
tang A ci-dessus........	9,9446562
tang EI = 12° 14′ 25″....	9,3363424.
cos AE..................	9,9863963
sin A...................	9,8200550
cos PIH = 50.10.42.....	9,8064513.
Métius, 50.10.	
cos FB = ½ BC = 9.56.22.....	9,9934322
sin B...................	9,8422265
cos ZGH = 46.46. 6.....	9,8356587.
Métius, 47.23.	
tang FB.................	9,2436269
C. cos B................	0,1434913
tang BG = 13.42.14.....	9,3871182.
Métius, 13.44.	
sin FB..................	9,2370590
tang B ci-dessus........	9,9857138
tang FG = 9.28.55,5...	9,2227728.
Métius, 9.24.	
cos GZ = 40.57.22....	9,8780688
tang Z = 22.40.10....	9,6208464
cot ZGx = 72.29.34....	9,4989152.
ZGH = 46.46. 6	
sin HGx = 25.43.28....	9,6375333
C. sin ZGx.............	0,0205978
cos Z...................	9,9650811
cos GHx = 65.10.14....	9,6232122.
ZHG = 114.49.56....	
Métius, 114.18.	
C. cos HGx.............	0,0453273
cos ZGx................	9,4782753
tang GZ.................	9,9384712
tang GH = 16. 9.38....	9,4620738.
Métius, 16.12.	

C. sin ZHP = GHx 0,0421335
sin GZ................ 9,8165599
sin ZGH.............. 9,8624833

sin ZH = 31°45′ 4″... 9,7211767.
Métius, 32.11.

ZI = 56.17.27 H = 114°49′ 56″
ZH = 31.45. 4 I = 50.10.42.
HI = 24.32.23.

cos HI................ 9,9588860
tang I................ 0,0789332

cot IHx = 42.30.30.... 0,0378192.

PHI = 114.49.56
C. cos PHx = 72.19.26.... 0,5176734
cos IHx.............. 9,8675994
tang HI.............. 9,6595014

tang PH = 47.56.54.... 0,0447742.
Métius, 46.43.

C. sin IHx.............. 0,1702477
sin PHx.............. 9,9789963
cos I................ 9,8064514

cos HPI = 25.26.34.... 9,9556954.

C. sin I................ 0,1146154
sin H................ 9,9578665
sin PH.............. 9,8707205

sin PI = 61.19.53.... 9,9432024.
EI = 12.14.25
PE = 73.34.18.

cos PE.............. 9,4515036
cos AE.............. 9,9863963

cos PA = 74. 5.39.... 9,4378999.

PH = 47° 56′ 54″
GH = 16. 9.38
FG = 9.28.56

cos PF = 73.35.28.... 9,4510035
cos FB................ 9,9934322

cos PB = 73.50.39.... 9,4444357.
PA = 74. 5.39

milieu = 73.58. 9.

Ces deux valeurs devraient être égales, mais il faudrait que les données fussent parfaitement exactes, et qu'il n'y eût aucune incohérence. Métius trouve 72° 56′, ou 62′ de moins.

tang FB.................. 9,2436269
C. sin PF.................. 0,0180568

tang BPF = 10° 21′ 9″...... 9,2616837
BPC = 20.42.18.

tang AE................. 9,4052901
C. sin PE................. 0,0181085

tang APE = 14.50.51...... 9,4233986.
APB = 29.41.42.

tang ZH = 31.45. 4...... 9,7915823
cos H = 65.10. 4...... 9,6232122

tang Hx = 14.34. 6...... 9,4147945.
cos PH = 47.56.54

cos Px = 33.22.48...... 9,9217073
C. cos Hx................. 0,0141927
cos ZH................ 9,9295937

cos PZ = 42.48.22...... 9,8654937.
latitude, 47.11.38
Métius, 47.13. 7.

tang H.................. 0,3346559
sin Hx................. 9,4005975
C. sin Px................. 0,2494879

tang ZPH = 43.59.37...... 9,9847413.

ZPH = 43° 59′ 37″			
DPF = 10.21. 9			
ZPC = 33.38.28	= 2ʰ 14′ 33″52‴	ou	9ʰ 45′ 26″ 48‴
ZPB = 54.20.46	= 3.37.23. 4		8.22.36.56
CPB = 29.41.42	= 5.36. 9.52.		6.23.50. 8.
CPA = 84. 2.28.			

Métius a trouvé pour les heures, 9ʰ 37′; différence, 8′ 26″
8.13 .... 9.37
6.14 .... 9.50.

L'opération exige 99 logarithmes différens.

Pour les réfractions, Métius se sert de la table de Tycho, et il donne au Soleil une parallaxe de 3 minutes.

Le second livre finit par des réflexions sur l'astrolabe d'Hipparque et de Ptolémée, qui sont copiées presque mot pour mot d'un livre de Longomontanus.

Le troisième traite de la Gnomonique; il en résout les problèmes par l'astrolabe ou par la Trigonométrie. Je n'y ai rien vu de neuf.

Le tome IV a pour titre : *De Astronomiâ geometricâ tribus libris distributâ.*

Le livre premier enseigne à résoudre les problèmes d'Astronomie sphérique par des constructions graphiques, auxquelles il applique ensuite le calcul. Tout est fondé sur l'analemme.

Le second traite de la Gnomonique; le troisième de la Navigation, des cartes et de leur usage. On y voit que Snellius, dans son *Typhis Batavus,* avait fait des tables des parties du méridien, par l'addition des sécantes de minute en minute, jusqu'à 70°, et à 7 décimales ou 8 chiffres. Ce procédé suppose la formule infinitésimale $\frac{dH}{\cos H}$. *Voy.* mon Astronomie. Métius donne un extrait de la table de Snellius.

Le volume est terminé par la table des sinus, tangentes et sécantes en nombres naturels pour toutes les minutes. Cette table, élégamment imprimée, est ce qu'il y a de mieux dans tout le recueil.

Rotation du Soleil.

Pour exemple de la méthode de Muller, appliquée au problème de la rotation, choisissons trois observations éloignées de trois jours seulement, car on a rarement plus de six jours pour l'intervalle total entre les observations, et les observations les plus voisines des bords sont peut-être trop incertaines.

Midi.	L		Δ
15 juin.	$7^s 22° 31' 32''$	$43° 17' 17'' =$ AEB	$91° 56' 57'' =$ ER
18	9. 5.48.49	43.10.47 = BEC	97.30. 7 = ER
21	10.18.59.36	86.28. 4 = AEC	101.35. 7 = EC

Faites la figure des triangles BEB, AEC, qui sont déterminés par l'observation; sur le milieu de AB et de BC, élevez les arcs perpendiculaires *m*P, *n*P, qui se croiseront nécessairement au pôle de rotation P; menez PA, PB, PC; ces trois distances de la tache à son pôle seront nécessairement égales, et formeront les triangles isoscèles APB, BPC, partagés chacun en deux triangles rectangles AP*m*, *m*PB, BP*n*, *n*PC (fig. 31).

La perpendiculaire P*m* est coupée en *a* par le cercle de latitude EB, et en *d* par le cercle de latitude EC.

La perpendiculaire P*m* sera coupée en *b* seulement par le cercle de latitude EC.

La première chose à faire est le calcul des triangles obliquangles EAB, EBC, où l'on connaît les deux côtés et l'angle compris. Les formules de Néper nous en donneront la solution la plus commode.

$$\text{tang}\tfrac{1}{2}(A+B)=\frac{\cot\frac{1}{2}(L''-L')\cos\frac{1}{2}(\Delta''-\Delta')}{\cos\frac{1}{2}(\Delta''+\Delta')},$$

$$\text{tang}\,x,$$

$$\text{tang}\tfrac{1}{2}(A-B)=\frac{\cot\frac{1}{2}(L''-L')\sin\frac{1}{2}(\Delta''-\Delta')}{\sin\frac{1}{2}(\Delta''+\Delta')},$$

$$\text{tang}\,y,$$

$$\text{tang}\tfrac{1}{2}AB=\frac{\text{tang}\frac{1}{2}(\Delta''+\Delta')\cos\frac{1}{2}(A+B)}{\cos\frac{1}{2}(A-B)}.$$

$L''-L' =$	43° 17′ 17″	$L'''-L'' =$	43° 10′ 47″
$\frac{1}{2}(L''-L') =$	21.38.38,5	$\frac{1}{2}(L'''-L'') =$	21.35.23,5
$\Delta'' =$	97.30. 7	$\Delta''' =$	101.35. 7
$\Delta' =$	91.56.57	$\Delta'' =$	97.30. 7
$\Delta''+\Delta' =$	189.27. 4	$\Delta'''+\Delta'' =$	199. 5.14
$\Delta''-\Delta' =$	5.33.10	$\Delta'''-\Delta'' =$	4. 5. 0
$\frac{1}{2}(\Delta''+\Delta') =$	94.43.32	$\frac{1}{2}(\Delta'''+\Delta'') =$	99.32.37
$\frac{1}{2}(\Delta''-\Delta') =$	2.46.35	$\frac{1}{2}(\Delta'''-\Delta'') =$	2. 2.30
$\Delta'' =$	97.30. 7	$\Delta''' =$	101.35. 7

$\cot \frac{1}{2}(L'' - L')$... 0,4014096......... 0,4014096
$\cos \frac{1}{2}(\Delta'' - \Delta')$... 9,9994899...... sin 8,6851877
C. $\cos \frac{1}{2}(\Delta'' + \Delta')$ — 1,0841623......... 0,0014788

tang. x...... — 1,4850618 tang y = 9,0880761
$x = 91° 52' 29''$
$y = 6.58.58$

98.51.27 = EAB,
84.53.31 = EBA.

tang $\frac{1}{2}(\Delta'' + \Delta')$ — 1,0826834
C. cos y + 0,0032333
cos x — 8,5147368

tang $\frac{1}{2}$ AB = 21° 44′ 15″ + 9,6006535
AB = 43.28.30.

sin EAB...	9,9947896	sin EBA...	9,9982718	sin AEB...	9,8361130
sin Δ''	9,9962666	sin Δ'	9,9997486	sin AB	9,9986124
	9,9985230		9,9985230		9,9985005.

Ce premier triangle emploie onze logarithmes différens, sans la vérification par les sinus. Le suivant se calcule de même.

$\cot \frac{1}{2}(L''' - L'')$... 0,4026084....... 0,4026084
$\cos \frac{1}{2}(\Delta''' - \Delta'')$... 9,9997242.... sin 8,5517703
C. $\cos \frac{1}{2}(\Delta''' + \Delta'')$ — 0,7804200.. C. sin 0,0060528

tang x........ 1,1827526.. tang y 8,9604315
$x = 93° 45' 22''$
$y = 5.12.59$

98.58.21 = EBC,
88.32.23 = ECB.

tang $\frac{1}{2}(\Delta''' + \Delta'')$ — 0,7743672
C. cos y + 0,0018024
cos x — 8,8165047

tang $\frac{1}{2}$ BC... 9,5924743
$\frac{1}{2}$ BC = 21° 22′ 8″
BC = 42.44.16

sin EBC / sin Δ‴ = EC	...9,9946529	sin ECB / sin EB	...9,9998590
	9,9910607		9,9962666
	0,0035922		0,0035924
	9,8352396		
sin BC = 42° 44′ 18″	9,8316474.		

Les deux triangles exigent donc vingt-deux logarithmes. Les voilà vérifiés, et nous pouvons compter sur leur exactitude. Ces triangles se calculent comme préparatifs dans plusieurs méthodes.

Dans le triangle rectangle Cnb nous avons

$$bCn = ECB = 88^\circ\, 32'\, 23'', \quad \text{et} \quad nC = \tfrac{1}{2}\, BC = 21^\circ\, 22'\, 8''.$$

tang nC...	9,5924743	sin nC...	9,5615440
C. cos bCN...	1,5937342	tang bCn...	1,5935931
tang Cb = 86° 16′ 25″...	1,1862085	tang bn...	1,1551371
		bn = 85° 59′ 53″.	

cos nC...	9,9690680
sin bCn...	9,9998590
cos b = 21° 24′ 59″...	9,9689270
sin b...	9,5624631
cos bn...	8,8437952
cos ECB = 88° 32′ 23″...	8,4062583.

Ce triangle exige huit logarithmes, car celui de tang nC a été trouvé ci-dessus. Pour le vérifier, avec deux de nos inconnues b et bn, je cherche ECB, que je retrouve tel que nous l'avons eu dans le second triangle.

Dans le triangle rectangle Bma nous avons

$$aBm = EBA = 84^\circ\, 53'\, 31'', \quad \text{et} \quad mB = \tfrac{1}{2}\, AB = 21^\circ\, 44'\, 15''.$$

tang mB =	9,6006535	sin mB...	9,5686180
C. cos aBm...	1,0504425	tang aBm...	1,0487142
tang Ba = 77° 24′ 43″...	0,6510960	tang ma = 76° 25′ 50″...	0,6173322.

cos mB...	9,9679645
sin aBm...	9,9982718
cos a = 22° 18′ 4″...	9,9662363
sin a...	9,5792026
cos ma...	9,3703719
cos EBA = 84° 53′ 31″...	8,9495540.

Le calcul est le même, et la preuve aussi la même. Les deux triangles réunis exigent seize logarithmes qui, joints aux vingt-deux précédens, font en tout trente-huit jusqu'ici.

BE =	97°30′ 7″	CE =	101°35′ 7″
Ba =	77.24.43	Cb =	86.16.25
Ea =	20. 5.24	Eb =	15.18.42
$\frac{1}{2}$Ea =	10. 2.42	$\frac{1}{2}$Eb =	7.39.21.

Maintenant, dans le triangle E*ad*, nous avons

E*ad* = B*am* = 22° 18′ 4″
*a*E*d* = BEC = 43.10.47
E + *a* = 65.28.51
E − *a* = 20.52.43
$\frac{1}{2}$(E + *a*) = 32.44.25,5
$\frac{1}{2}$(E − *a*) = 10.26.21,5

$$\text{tang}\,\tfrac{1}{2}(ad+\text{E}d)=\frac{\text{tang}\,\frac{1}{2}\text{E}a\cos\frac{1}{2}(\text{E}-a)}{\cos\frac{1}{2}(\text{E}+a)},$$

$$\text{tang}\,\tfrac{1}{2}(ad-\text{E}d)=\frac{\text{tang}\,\frac{1}{2}\text{E}a.\sin\frac{1}{2}(\text{E}-a)}{\sin\frac{1}{2}(\text{E}+a)},$$

$$\cot\tfrac{1}{2}d=\frac{\text{tang}\,\frac{1}{2}(\text{E}+a)\cos\frac{1}{2}(ad+\text{E}d)}{\cos\frac{1}{2}(ad-\text{E}d)}.$$

Ces formules sont analogues aux précédentes.

tang $\frac{1}{2}$E*a*......	9,2483090	....	9,2483090
cos $\frac{1}{2}$(E − *a*)......	9,9927511	....sin	9,2581434
C. cos $\frac{1}{2}$(E + *a*)......	0,0751361	...C. sin	0,2669362
tang *x* = 11° 42′ 3″ ...	9,3161962	..tang *y*	8,7733886.

y = 3.23.47
ad = 15. 5.50
E*d* = 8.18.16
E*b* = 15.18.42
db = 7. 0.26.

tang $\frac{1}{2}$(E + *a*)...	9,8082009
C. cos *y*...	0,0007635
cos *x*...	9,9908802
cot $\frac{1}{2}$*d* = 57° 45′ 33″.......	9,7998446

*ad*E = *d* = 115.31. 6
E*d*P = 64.28.54

sin aEd...	9,8352390	sin Ead...	9,5791819
sin ad	9,4157372	sin Ed	0,8403337
	0,4195018		0,4195156
sin Ea...	9,5359214		9,5359214
sin d = 64° 28′ 55″...	9,9554232		9,9554370.

11 log. + 38 = 49 log.

d est bien plus sûr par la tangente de sa moitié que par son sinus.

Le calcul du triangle suivant se fait sur les mêmes formules.

$$Pdb = 115°31'\ 6''$$
$$Pbd = 21.24.59$$
$$d+b = 136.56.\ 5$$
$$d-b = 94.\ 6.\ 7$$
$$\tfrac{1}{2}(d+b) = 68.28.\ 2{,}5$$
$$\tfrac{1}{2}(d-b) = 47.\ 3.\ 3{,}5$$
$$\tfrac{1}{2}(db) = 3.30.13.$$

tang $\frac{1}{2}db$...	8,7869350........		8,7869350
cos $\frac{1}{2}(d-b)$...	9,8333688......	sin	9,8644740
C. cos $\frac{1}{2}(d+b)$...	0,4352970		8,6514090
tang. x = 6° 29′ 3″...	9,0556008...	C. sin	0,0314238
y = 2.45.29		tang y.....	8,6828328
Pb = 9.14.32			
Pd = 3.43.34.			

tang $\frac{1}{2}(d+b)$...	0,4038774
C. cos y...	0,0005034
cos x...	9,9972130
cot $\frac{1}{2}b$Pd...	0,4015938
$\frac{1}{2}b$Pd = 21°38′ 7″5,...	9,5984062
bPd = 43.16.15.	

sin d...	9,9554219	sin b...	9,5624631
sin Pb	9,2057688	sin Pd	8,8128270
	0,7496531		0,7496361
sin bd...	9,0863399		9,0863399
sin bPd=43°16′25″	9,8359930		9,8359760.

11 log. + 46 = 60 log.

$ma = 76°\ 25'\ 50''$			
$ad = 15.\ 5.50$		$nb = 85°\ 59'\ 53''$	
$dP = 3.43.34$		$bP = 9.14.32$	
$mP = 95.15.14$		$nP = 95.14.25.$	

tang B*m*... 9,6006535...........cos B*m*... 9,9679645
C. sin P*m*... 0,0018285...........cos P*m* — 8,9617495
tang *m*PB = 21° 49′ 14″ 9,6024820 D = — 4° 52′ 45″... 8,9297140
APB = 43.38.28.

*m*PB = 21° 49′ 14″
*n*PB = 21.27. 1
*m*P*n* = *b*P*d* = 43.16.15
ci-dessus... 43.16.15.

tang B*n*... 9,5924743
C. sin P*n*... 0,0018180 cos B*n*... 9,9690680
tang *n*PB = 21° 27′ 1″.. 9,5942923 cos P*n*... 8,9606260
BPC = 42.54.2... D = 4° 52′ 41″ — 8,9296940
Déclinaison par un milieu.......... 4.52.43.

Voilà donc des résultats parfaitement d'accord; mais on n'a besoin ni de *m*PB, ni de *n*PB, ni du second D.

60 log. + 2 = 62 log. nécessaires.

APB = 43° 38′ 28″
BPC = 42.54. 2
APC = 86.32.30
86.32,5.

86° 32′,5 : 360° :: 6 : R, C. 1° 26′ 32″,5.. 6,2846235
86′ 32″,5 : 360′ :: 6 : R, 6°......... 4,3344538
1° 26′ 32″,5 : 6° :: 6 : R. 6′....... 0,7781512
24ʲ,95907 = 24ʲ 23ʰ,01768...... 1,3972285.

Soixante-huit logarithmes.

Il reste à calculer le triangle EdP.

$$
\begin{array}{rl}
\text{E}d = & 8^\circ\, 18'\, 16'' \\
d\text{P} = & 3.43.34 \\
\hline
\text{E}d + d\text{P} = & 12.\ 1.50 \\
\text{E}d - d\text{P} = & 3.34.42 \\
\hline
\tfrac{1}{2}(\text{E}d + d\text{P}) = & 6.\ 0.55 \\
\tfrac{1}{2}(\text{E}d - d\text{P}) = & 2.17.21 \\
\hline
\text{E}d\text{P} = & 64.28.54 \\
\tfrac{1}{2}\,\text{E}d\text{P} = & 32.14.27.
\end{array}
$$

Ici cot $\frac{1}{2}\,d$ = tang $\frac{1}{2}\,ad$E du triangle Ead.

$$
\begin{array}{rlll}
\cot\tfrac{1}{2}\,d\ldots & 0{,}2001577\ldots\ldots\ldots & & 0{,}2001577 \\
\cos\tfrac{1}{2}(\text{E}d - d\text{P})\ldots & 9{,}9996533\ldots\ldots & \sin & 8{,}6014392 \\
\text{C.}\cos\tfrac{1}{2}(\text{E}d + d\text{P})\ldots & 0{,}0023978\ldots & \text{C.}\sin & 0{,}9796651 \\
\hline
\text{tang}\,x\ldots & 0{,}2022088\ldots & \text{tang}\,y & 9{,}7812620.
\end{array}
$$

$$
\begin{array}{rll}
x = & 57^\circ\, 52'\, 32'' & \qquad y = 31^\circ\, 8'\, 42'', \\
y = & 31.\ 8.42 & \\
\hline
& 2^s\, 29^\circ\ 1'\, 34'' = \text{EP}d, & \\
& 0\ 26.44.10 = \text{PE}d = \text{PEC}, & \\
& 10.18.59.36 = \text{longitude C}, & \\
\hline
& 11.15.43.46 = \text{longitude du pôle ou de la limite australe}, & \\
\text{Ajoutez} & 3 & \\
\hline
& 2.15.43.46 = \text{longitude du nœud.} &
\end{array}
$$

$$
\begin{array}{rl}
\text{tang}\,\tfrac{1}{2}(\text{E}d + d\text{P})\ldots & 9{,}0227328 \\
\text{C.}\cos y\ldots & 0{,}0675967 \\
\cos x\ldots & 9{,}7256486 \\
\hline
& 8{,}8159781.
\end{array}
$$

$$
\begin{array}{rl}
\text{tang}\,\tfrac{1}{2}\,\text{PE} = & 3^\circ\, 44'\, 43'', \\
\text{PE} = & 7.29.26.
\end{array}
$$

En ajoutant deux logarithmes, pour changer la révolution périodique en synodique, on aura en tout soixante-dix-huit logarithmes différens à chercher. Du reste, la solution n'a contre elle que sa longueur.

Ma solution trigonométrique (*Astronomie*, tome III, page 24), qui commence par calculer le triangle ABC entre les trois lieux de la tache, n'emploie que soixante-deux logarithmes; je la modifie successivement, de manière à n'en employer d'abord que cinquante-deux et puis quarante-un, celle de Pézénas en emploie quarante-six; celle de Boscovich, ainsi que ma nouvelle solution, n'en exige que quarante; celle de Cagnoli n'en demande que trente-sept, et c'est la plus courte de toutes; mais elle m'a paru avoir l'inconvénient d'employer trop de demi-différences d'arcs ou d'angles trop petits. C'est un peu le défaut général de ces solutions. Ce qu'il y a de plus fâcheux encore, est l'incertitude des résultats. Nous trouvons ici pour la déclinaison de la tache — 4° 52′ 43″, et par l'ensemble des observations combinées de différentes manières, nous avions de 5° 19′ 34″ à 5° 26′ 33″; ainsi, trois observations laisseraient une incertitude d'un demi-degré.

Nous trouvons l'inclinaison 7° 29′ 26″, par l'ensemble nous avions

7° 19′ 9″ et 7° 12′ 37″,
7.16.33.

Il y a donc au moins une incertitude de 10′; Duséjour trouvait 6° 57′ avec un tiers de degré d'incertitude.

Nous trouvons le nœud en 2ˢ 15° 43′ 46″, nous avions 2ˢ 20° 45′ 7″,
19.21.35,
20.33.40.

C'est ici la plus grande incertitude; elle serait de 5°, si l'on se bornait à trois observations.

Dans notre exemple, le pôle P est plus avancé en longitude qu'aucune des trois positions A, B, C; le pôle pourrait être sur EC, alors il serait en *b*, et *b*E serait l'inclinaison; les intersections *d* et *b* se confondraient.

Boulliaud.

Philolai, sive Dissertationis de vero Systemate Mundi libri IV. Paris, 1634. Amsterdam, 1639.

L'auteur de cette dissertation est Boulliaud. Il commence par exposer le système d'Aristote ou de Ptolémée; il réfute Aristote par des passages tirés de ses propres ouvrages, et ensuite par des raisonnemens qui ne valent guère mieux. Il nie, par exemple, que l'air puisse se condenser ou se dilater; sa gravité reste toujours la même, ce n'est point elle qui accélère le mouvement des graves; cette accélération tient au mouvement circulaire. Il commente l'idée de Copernic, que les anciens ont dit une absurdité, en attribuant le mouvement diurne, qui est le plus rapide des mouvemens, à la sphère des étoiles, qui est la plus grande de toutes. Il démontre les contradictions commises par les anciens dans l'arrangement des orbes célestes, et dans leur calcul des distances; il rappelle et démontre géométriquement les reproches faits par Copernic et Reinhold aux hypothèses des anciens, pour les mouvemens planétaires. Il montre fort bien quelques-uns des défauts des épicycles, des excentriques et des hypothèses de latitude, mais il n'en indique pas les corrections.

Après de justes éloges donnés à Tycho-Brahé, sur-tout pour ses observations, il entreprend de renverser le système de cet astronome; il lui reproche de n'avoir donné aucune preuve de la position de la Terre au centre du monde, de donner deux centres divers au monde, la confusion des orbites qui s'entrecoupent, la complication des mouvemens. On ne peut donner aucune raison solide pour expliquer comment le Soleil peut produire le mouvement des planètes. Les fibres imaginées par Képler lui paraissent plus ingénieuses que vraies; il en dit autant de l'attraction. Il regarde comme une chose très dangereuse d'abandonner la Géométrie pour recourir à la Physique. Il examine brièvement quelques hypothèses qui ne sont que des modifications des deux précédentes.

Le livre III ne renferme que des théorèmes généraux sur le mouvement de deux corps qui circulent dans l'espace.

Dans le quatrième, il prétend démontrer géométriquement que la Terre et toutes les planètes se meuvent autour du Soleil; mais la simple inspection de la figure du système de Copernic est plus persuasive que cette Géométrie, qui même ne prouve rien bien rigoureusement.

Il place l'œil successivement dans Saturne, Jupiter, Mars, Vénus et Mercure, qu'il prend pour centre du monde; il ne trouve rien de si commode que d'y placer le Soleil.

Il montre que si les orbes de Mercure et de Vénus, concentriques l'un à l'autre, étaient entre la Terre et le Soleil, leurs élongations pourraient être quelquefois doubles de celles qu'on observe; mais il faudrait, pour cela, que la Terre tournât autour du Soleil, et que le centre commun des deux orbites ne fût pas toujours sur la ligne menée de la Terre au Soleil; suppositions qui ne sont d'aucun système proposé jusqu'ici. Il vient ensuite à la preuve tirée des phases.

Le mouvement diurne de la Terre est une conséquence qui devient nécessaire si l'on admet son mouvement annuel. Il démontre clairement, mais un peu longuement, la succession des saisons dans l'hypothèse du mouvement de la Terre. Il explique les trois mouvemens que Copernic donne à la Terre; il admet l'inégalité de la précession et la diminution d'obliquité. Parmi les déterminations rapportées ailleurs de cette obliquité, il cite celle du juif Prophatius qui, en 1300, trouvait 23° 32'. Il adopte toutes les explications de Copernic, auquel il adresse quelques légers reproches.

Il montre comment Tycho a renversé les systèmes de Ptolémée et de Copernic, pour former le sien. Il objecte encore à Tycho que si la Terre est immobile, un œil placé dans Mars, Jupiter ou Saturne, et qui observerait la Terre, lui attribuerait deux mouvemens différens, l'un provenant du mouvement de l'œil autour du Soleil, et l'autre provenant du mouvement du Soleil qui entraîne tout; il veut, par là, forcer les partisans de Tycho à reconnaître le mouvement de la Terre.

Enfin, dans le dernier chapitre, il expose le système de Platon, qui mettait le Soleil au-dessus de la Lune, puis Vénus, puis Mercure, Mars, Jupiter et Saturne.

Nous ignorons si ce traité a pu donner à Copernic beaucoup de partisans, sur-tout après les ouvrages de Képler et de Galilée. Il semble du moins, qu'aujourd'hui, il est devenu complètement inutile.

Antoine Deusingius.

Antonii Deusingii, de vero Systemate Mundi, dissertatio mathematica quâ Copernici systema reformatur : sublatis interim infinitis pene orbibus quibus in systemate Ptolemaico humana mens distrahitur. Amstelodami, 1643.

L'auteur, dans ses prolégomènes, rappelle les différens systèmes proposés par les Grecs; il nous apprend que, de son tems, celui de Copernic était le plus répandu; il parle des changemens que Képler y avait apportés; mais, tout en louant le génie de l'auteur, il préfère la simplicité de Copernic. Il semble pourtant que la simplicité est beaucoup plus grande dans le système de Képler; apparemment que le mouvement circulaire lui paraît plus facile à concevoir que le mouvement elliptique. Pour lui, il se propose de replacer la Terre au centre, et de faire disparaître toute la complication du système de Ptolémée.

Il établit d'abord que, pour le Soleil, il n'y a aucune difficulté à le faire tourner excentriquement autour de la Terre. Il montre comment on peut ramener le système de Tycho à la forme copernicienne; alors les deux systèmes auront les mêmes inconvéniens. Ces imperfections ont été reconnues par Boulliaud, dans son Philolaüs. Quoique Copernic ait pu faire, il a donné aux planètes des mouvemens qui ne sont pas parfaitement uniformes. Pour lui, son but est de tout ramener à des mouvemens toujours égaux; c'est ce qu'il cherche dans une nouvelle combinaison d'excentriques et d'épicycles. Il développe ses idées en une multitude de théorèmes accompagnés de figures très compliquées. Les plus simples de ces théorèmes sont que les épicycles des planètes supérieures sont tous égaux à l'orbe annuel du Soleil; que le déférent de cet épicycle a pour centre celui du cercle que la planète décrit véritablement par son mouvement annuel; il rapporte les mouvemens des planètes à l'opposition et à la conjonction moyenne.

Il suit une marche analogue pour les planètes inférieures; il fait tourner le Soleil autour de son axe et autour de la Terre immobile; dans son mouvement annuel, le Soleil entraîne toutes les planètes; les étoiles ont leur longue période de la précession, elles peuvent tourner autour de leurs axes; la Terre les soutient au centre par son poids. Tel est le résumé qu'il fait lui-même de son système, qui ne diffère de célui de Tycho que par la proportion des excentricités et des rayons des épicycles. Quant au mouvement diurne, il ne sait d'abord quel parti prendre; il se détermine à faire tourner la Terre autour de son axe. Comme Képler, il reconnaît à la Terre une faculté vitale qui produit sa rotation. C'est par une faculté semblable que les graves tombent sur la Terre. Dieu est immobile dans la plus haute région du monde, il donne le mouvement à toute la machine. Il réfute longuement Boullíaud, qui ne voulait pas que l'accélération du mouvement fût un effet de la gravité.

Il lui reste encore quelques mouvemens à expliquer; il fait tourner le centre du cercle annuel du Soleil dans un petit cercle, pour expliquer le changement d'excentricité, et le changement des apsides. Ce petit cercle est une invention de l'espagnol Arzahel, auteur des tables de Tolède. Il donne à ce cercle une petite inclinaison, pour expliquer le changement d'obliquité. Il en est peut-être de même des inclinaisons des planètes. Pour la Lune, il adopte l'hypothèse de Copernic. Pour la précession, il fait tourner le pôle de l'équateur autour du pôle de l'écliptique. Au reste, en finissant, il paraît n'attacher pas beaucoup d'importance à son hypothèse. Il a cherché et voulu procurer aux autres un sujet agréable de méditations. Il n'a soumis ses idées à aucun calcul, et personne, je pense, n'en prendra la peine.

Cet ouvrage prouve longuement ce que nous avons dit dans notre discours préliminaire : que le système de Copernic, sans les améliorations de Képler, eût été d'un avantage médiocre pour l'Astronomie. Il démontre, dans le plus grand détail, que ce système peut se ramener à celui de Tycho. Nous avons prouvé (*Astron.*, tom. III, p. 11) que les trois systèmes sont absolument identiques, du moins quant aux apparences et à la manière de calculer les lieux géocentriques des planètes. De ses démonstrations prolixes et fatigantes, l'auteur conclut que ce n'est guère la peine de faire mouvoir la Terre et d'éloigner autant les fixes. Nous dirons à notre tour que ce n'est pas trop la peine, après toutes les concessions qu'il fait à Copernic, et toutes les explications qu'il lui emprute, de supprimer le mouvement annuel.

Au reste, cet ouvrage est pénible à lire; on y trouve une multitude effrayante de lemmes, de théorèmes et de corollaires, dont les énoncés sont longs et obscurs, les démonstrations difficiles à suivre. L'auteur ne rapporte aucun calcul, aucune observation; il ne se livre qu'à des considérations générales, desquelles il ne peut résulter aucune conviction; et c'est pour cela, dit Weidler, avec beaucoup de raison, que son livre n'a fait aucune impression sur les astronomes, qui l'ont regardé (et qui plus que jamais doivent le regarder) comme non avenu.

Deusingius était professeur de Philosophie au collége d'Harderwich; il était né le 15 octobre 1612, et mourut le 29 janvier 1666.

Retournons à Boulliaud.

Ismaelis Bullialdi, Astronomia philolaïca opus novum in quo motus planetarum per novam ac veram hypothesim demonstratur, medii que motus, aliquot observationum authoritate, ex manuscripto Bibliothecæ regiæ, quæ hactenus omnibus astrononomis ignotæ fuerunt stabiliuntur. Superque illâ hypothesi tabulæ constructæ omnium, quotquot hactenus editæ sunt, facillimæ. Paris, 1645.

On voit déjà par ce titre que Boulliaud embrasse le système du mouvement de la Terre. Il promet une hypothèse nouvelle, et il ajoute un peu témérairement que cette hypothèse est la véritable. Les observations anciennes qu'il a découvertes pouvaient alors avoir leur prix, aujourd'hui on y attachera sans doute moins d'importance; c'est un point à examiner. Enfin, il nous promet des tables plus faciles qu'aucune autre. Pour que ce fût un avantage, il faudrait qu'elles fussent au moins aussi exactes, et rien n'était moins certain.

Dans ses Prolégomènes il commence par écarter l'objection, qu'après les ouvrages de Képler et de Longomontanus, un nouveau traité d'Astronomie est une chose peu utile, et il se flatte qu'on changera bientôt d'opinion si l'on a lu ces auteurs, et qu'on lise son livre avec quelque attention. Tout en admirant le génie, la sagacité, le travail assidu de Képler, il ne peut estimer beaucoup sa Physique, et à plusieurs égards, il a grande raison; il croit avoir trouvé des principes plus sûrs qui, par le calcul des phénomènes, conduiront soit à l'ellipse, soit à la courbe que décrit chaque planète; car Képler n'a démontré l'ellipse que pour Mars, et c'est par analogie qu'il a étendu la supposition aux autres planètes. Képler aurait été en droit de répondre que la nécessité de donner un excentrique aux autres planètes, est une raison suffisante pour avoir essayé si l'ellipse ne satisferait pas mieux aux observations; car c'est toujours à ce point qu'il en faut revenir. Il veut absolument que les mouvemens moyens existent quelque part; il ne se contente pas des aires proportionnelles aux tems, mais il ne donne pas de raison bien valable de cette prétention. Pour obtenir un mouvement égal en tems égaux, et rendre en même tems raison de l'inégalité apparente, il a successivement essayé diverses surfaces, et d'abord celles de la sphère, du sphéroïde et du cylindre, mais sans aucun succès; il n'a trouvé qu'une surface conique qui pût le satisfaire. Il s'applaudit beaucoup de cette découverte. Aujourd'hui on lui demanderait par quelle raison physique une planète, allant ainsi d'un mouvement égal dans les espaces célestes, est forcée à suivre si exactement la surface d'un cône; et, sans doute, il sentirait quelque difficulté à trouver cette raison; mais il annonce avec satisfaction, que toutes les parties de l'hypothèse sont liées entre elles d'une manière étonnante. L'accélération du mouvement découle nécessairement de la constitution de ce mouvement, et non pas de la force motrice du Soleil, que Képler fait ici intervenir comme *un dieu dans une machine;* il témoigne de nouveau combien peu il est satisfait de cette loi des aires proportionnelles aux tems; à cet égard, et par rapport à la variation des rayons vecteurs, il invoque le témoignage des géomètres.

Il a imaginé une nouvelle méthode pour trouver les excentricités et les lieux de l'aphélie.

Il a donné une nouvelle explication de l'équation du tems, *il a reconnu cette erreur de Ptolémée, qui a causé tant d'embarras à Képler.*

Voilà donc, à son avis, ce qui distingue son nouveau Traité. Il l'a de plus enrichi d'observations jusqu'alors inédites. On n'en connaissait aucune entre Ptolémée et Albategnius. Il a trouvé celles de Thius, que nous avons rapportées (Astronomie ancienne, tome I, page 318) ; elles lui ont servi à corriger les moyens mouvemens. Enfin il a donné les tables persanes.

Il passe à l'histoire de l'Astronomie. Il remarque d'abord que Platon nommait *ἀστρονομοῦντας*, c'est-à-dire qui se *mêlent d'Astronomie,* ceux qui observaient les levers et les couchers des étoiles; et *ἀστρονόμους*, les vrais astronomes qui s'occupaient de la théorie des planètes. Dans ce sens, il me semble qu'il n'y a jamais eu d'astronomes que parmi les Grecs, ou parmi ceux qui se sont instruits à l'école des Grecs.

Un passage de Théon, dans son Commentaire sur Aratus, nous apprend que les successeurs de Méton affichaient dans les lieux publics, outre le nombre d'or, les pronostics de l'année, c'est-à-dire les constitutions des quatre saisons, les vents et autres choses utiles. Théon même est persuadé que la Providence a attaché de grands effets aux levers et aux couchers des constellations. Nous avons fait remarquer que Géminus est moins crédule.

Après avoir discuté les droits des Grecs, des Égyptiens et des Chaldéens, à la première invention de l'Astronomie, il conclut qu'il ne faut pas disputer si obstinément sur les premiers inventeurs, car il est vraisemblable que plusieurs nations ont pu s'occuper séparément de l'observation des premiers phénomènes. C'était l'opinion d'Achille Tatius, et nous l'avons énoncée nous-même plusieurs fois. Il est impossible en effet qu'on ait vu le retour régulier des phases de la Lune, des saisons, des levers et des couchers, sans y donner quelque attention, et sans en tirer quelques conséquences nécessaires.

Ebnezophim ou Azophi observa les lieux des étoiles, en 936 de notre ère; Arzachel observa l'obliquité en 1080. Les Perses fixèrent la forme de leur année. Le juif Prophatius, en Espagne, en 1303, et dans la Belgique, Henri Baten, en 1350, firent aussi quelques observations. Aucun astronome, depuis Hipparque jusqu'à Tycho, n'avait fait un catalogue complet de toutes les étoiles remarquables; ils s'étaient tous contentés de reproduire le catalogue d'Hipparque (il ne connaissait pas le catalogue d'Ulug-Beig). Lansberge n'est pas un auteur à dédaigner, quoiqu'il ait quelquefois été de mauvaise foi, et qu'il ait altéré des observations.

Viète avait composé un livre intitulé *Harmonicon celeste,* que Puteanus confia au P. Mersenne; celui-ci le prêta à un autre qui ne le rendit pas. Cet ouvrage est perdu. Boulliaud le regrette. Si nous en jugeons par les autres ouvrages du même auteur, il devait contenir des choses neuves sous une forme un peu hiéroglyphique.

Voilà tout ce que nous avons remarqué dans les Prolégomènes de Boulliaud.

Dans son premier livre, il place le Soleil immobile au centre du monde, et ne lui donne qu'un mouvement de rotation ; il rend aux étoiles le mouvement de précession que leur ôtait Copernic. Ainsi, l'envie d'avoir à lui son système, lui fait fermer les yeux sur les principaux avantages des systèmes de Copernic et de Képler.

Il rapporte, page 5, ces deux vers de Callimaque sur la chevelure de Bérénice.

Ἠδὲ Κόνων ἔβλεψεν ἐν ἠέρι τὸν Βερονίκης
βόστρυχον. ὄντ' ἄρα κείνη πᾶσιν ἀνέθηκε Θεοῖσιν.

Ce vers est singulier, ne faudrait-il pas en faire un pentamètre, en lisant

βόστρυχον ὃν κείνη πᾶσ' ἀνέθηκε Θεοῖς ?

Un autre vers qui nous a été conservé,

Χαλυβῶν ὡς ἀπόλοιτο γένος,

et que Catulle a rendu par

Jupiter ut Chalybon omne genus pereat,

nous indique que les vers de Callimaque étaient élégiaques. Remarquons en passant, que Callimaque disant simplement que Conon a vu la nouvelle constellation, ce n'est pas une preuve qu'il soit l'auteur de la métamorphose de cette Chevelure en astre.

Il nie les sphères solides, dont il aurait pourtant besoin autant qu'un autre, et qu'il devrait changer en cônes solides et transparens.

Si les cieux étaient solides, de verre, par exemple, chaque ciel aurait sa réfraction.

Les comètes se forment et se dissipent; leur existence est passagère.

Il calcule le diamètre apparent du Soleil pour toutes les planètes, et fait décroître l'intensité de la lumière en raison des carrés. En avouant que les planètes nous renvoient la lumière du Soleil, il ne croit pas qu'on puisse les priver d'une lumière qui leur soit propre; mais cette lumière est faible.

Il croit que la force motrice réside dans chaque planète et non dans le Soleil. Il réfute le magnétisme de Képler. Il le combat avec avantage quand il soutient que l'attraction devrait suivre la raison des carrés et non des premières puissances des distances; mais il tire, de cette loi des carrés, de fausses conséquences pour les tems des révolutions. Il se trompe encore quand il dit que Saturne devrait faire une révolution pendant que Jupiter en ferait trois et une fraction, Mars trente-neuf, Vénus cent soixante-treize, Mercure cinq-cent soixante-sept, enfin la Terre quatre-vingt-dix. Il pose les principes suivans :

I. Les planètes ont un mouvement simple dans une ligne simple.

II. Les révolutions des planètes sont égales, perpétuelles, constantes, uniformes.

III. Elles doivent être régulières et composées de régulières.

IV. Elles ne peuvent être que circulaires.

V. Et composées de circulaires.

VI. Les révolutions doivent avoir un principe d'égalité.

VII. Mais comme elles admettent une certaine inégalité, le centre du zodiaque doit être le point auquel il faut rapporter cette inégalité.

VII. Ce point doit être dans le Soleil.

IX. La moitié de l'inégalité doit être attribuée à l'excentricité, l'autre à une autre cause, qui rend la planète plus lente dans l'aphélie, moins lente dans le périhélie, sans troubler l'égalité de mouvement, ni la transposer dans un autre lieu, soit cercle, soit surface.

X. Quand la planète, venant de l'aphélie, a fait un quart dans une même surface, et d'un mouvement égal, elle doit différer du mouvement apparent de la première inégalité toute entière ou environ; mais parce que l'autre moitié est due à la distance des cercles, il faut que le centre de la route de la planète soit entre les points de mouvemens vrai et apparent.

XI. Et comme le mouvement égal dans le premier quart, est plus grand que l'apparent, il faut que du premier quart au périhélie, la partie du mouvement apparent soit plus grande, et qu'ainsi l'arc décrit en allant au périhélie, soit plus grand que le premier.

XII. Toute la révolution est composée de parties circulaires; il en est de même de chaque partie.

XIII. Le mouvement égal ne change pas; ainsi, le mouvement, en venant de l'aphélie, doit répondre à plus de cercles parallèles, qui croissent de l'aphélie au périhélie. Ce mouvement égal ne doit pas répondre à un cercle unique, mais à plusieurs cercles inégaux auxquels répond aussi le mouvement apparent; et le mouvement apparent doit embrasser tous les cercles sur une même surface. Il faut que le mouvement soit excentrique et incliné.

XIV. Ces cercles se succèdent dans un série continue, ils sont parallèles entre eux; ils ne doivent pas être renfermés l'un dans l'autre; le mouvement apparent doit former une surface solide, qui puisse être capable de cercles plus grands et plus petits.

Il n'y a qu'une surface conique qui puisse satisfaire à toutes ces conditions.

Un plan coupant obliquement un cône forme une ellipse; donc la route des planètes est elliptique.

Voilà des suppositions bien arbitraires et bien compliquées. Comment ce système a-t-il pu être conçu après celui de Képler? comment le système de Tycho est-il venu après celui de Copernic? mais, sans Képler et sans Copernic, Boulliaud aurait-il imaginé son système?

L'axe du cône est le lieu des centres des mouvemens égaux, il sera à l'un des foyers de l'ellipse; le centre des mouvemens vrais sera l'autre foyer. Boulliaud arrive donc à l'hypothèse qu'on a nommée elliptique simple. Le moyen d'éprouver cette hypothèse est bien simple. J'ai prouvé que, dans cette hypothèse, la formule de l'équation du centre est

$$E' = 2e\sin z - \tfrac{2}{2}e^2\sin 2z + \tfrac{2}{3}e^3\sin 3z - \tfrac{2}{4}e^4\sin 4z + \tfrac{2}{5}e^5\sin 5z - \tfrac{2}{6}e^6\sin 6z + \text{etc.}$$

La véritable équation a des termes correspondans et de même signe; il suffit donc de retrancher ces différens termes de l'équation elliptique, ce qui restera sera l'erreur de l'équation dans l'ellipse simple. J'ai trouvé de cette manière que l'erreur de l'anomalie, dans cette hypothèse, sera, en nous bornant aux e^6,

$$\left(\tfrac{1}{4}e^3 - \tfrac{5}{96}e^5\right)\sin z + \left(\tfrac{1}{4}e^2 - \tfrac{11}{24}e^4 + \tfrac{17}{192}e^6\right)\sin 2z - \left(\tfrac{5}{12}e^3 - \tfrac{43}{62}e^5\right)\sin 3z + \left(\tfrac{55}{96}e^4 - \tfrac{451}{480}e^6\right)\sin 4z - \tfrac{713}{960}e^5\sin 5z + \tfrac{903}{96}e^6\sin z;$$

ce qui, pour Mercure, nous donne, pour excès de l'anomalie vraie, dans cette hypothèse,

$$+ 7'\,23'',63\sin z + 33'\,31'',62\sin 2z - 11'\,35'',15\sin 3z + 3'\,16''1\sin 4z - 56'',17\sin 5z + 14'',62\sin 6z.$$

On voit que le terme suivant n'irait pas à 4″.

Pour 90° on voit, sans calcul, que l'excès sera

$$+ 7'23'',63 + 11'35'',15 - 56'',17 = + 18'\,2'',6.$$

Pour 150 on trouvera — 40′ 13″,4, et par un calcul exact j'ai trouvé — 40′ 10″.

On voit que le terme principal, qui n'est pas le *maximum*, est $\frac{1}{4}e^2 \sin 2z$.

Ce terme vaut pour Mercure......	36′ 18″,87
Vénus........	2,4
le Soleil......	14,51
Mars.........	7.27
Pallas........	51.27
Jupiter.......	2.00
Saturne.......	2.43
Uranus.......	1.52.

On peut bien ajouter $\frac{1}{6}$ pour le *maximum;* ainsi, pour Pallas, on aurait environ 57′ ou 1°.

Ces erreurs sont très sensibles, excepté pour Vénus et le Soleil même, au moins pour le tems de Boulliaud. Il n'en est pas de même pour les autres planètes. Mercure est la seule pour laquelle l'erreur géocentrique serait toujours moindre que l'erreur héliocentrique; pour le Soleil, c'est la même chose; pour Mars, l'erreur pourrait doubler et devenir un quart de degré; pour Pallas, elle pourrait être d'un degré. L'hypothèse est donc inadmissible. Qu'y gagnerait-on, d'ailleurs? un peu plus de facilité à calculer la table de l'équation du centre, mais rien pour les calculs usuels.

Pour étayer son système, qui aurait besoin d'un meilleur appui, il rappelle que les Phéniciens ont adoré le Soleil sous la figure d'un cône.

Le calcul de l'équation du centre, par la formule $\tang \frac{1}{2} E = \frac{e \sin z}{1 + e \cos z}$, ou par la série que j'en ai déduite, est ce qu'on peut imaginer de plus simple. Boulliaud, qui ne connaît pas ces formules, a imaginé de décomposer le mouvement elliptique en deux mouvemens circulaires. Soit a et b les deux demi-axes de l'ellipse $\sin \varepsilon = e =$ excentricité; il décrit le cercle circonscrit à l'ellipse, et qui a pour rayon le demi-grand axe, $= \left(\frac{a+b}{2}\right) + \left(\frac{a-b}{2}\right)$; d'un rayon $r = \frac{a+b}{2} = \frac{a + a\cos\varepsilon}{2} = \frac{1}{2}a(1 + \cos\varepsilon) = a\cos^2 \frac{1}{2}\varepsilon$, il décrit un autre cercle concentrique au premier. Ce second cercle porte un épicycle dont le rayon $= \frac{1}{2}(a+b) = \frac{1}{2}(a - a\cos\varepsilon) = \frac{1}{2}a(1 - \cos\varepsilon) = (a \sin^2 \frac{1}{2}\varepsilon) = \sin^2 \frac{1}{2}\varepsilon$; l'épicycle se meut sur le déférent d'un mouvement $x =$ anomalie de l'excentrique; la planète, sur son épicycle, se meut du mouvement $-2x$, c'est-à-dire double, mais en sens opposé; la corde $2x$ dans l'épicycle $= 2\sin^2 \frac{1}{2} \varepsilon \sin x$; cette corde est toujours couchée sur $\sin x$; $\sin x - 2\sin^2 \frac{1}{2} \varepsilon \sin x = \sin x \cos \varepsilon$ est l'ordonnée elliptique qui répond à l'ordonnée circulaire. Par cette construction, la planète est toujours sur son ellipse. La construction est certainement ingénieuse, mais inutile.

Boulliaud a beau dire que le mouvement angulaire est toujours le même autour de l'axe, il faut, pour cela, le réduire au plan primitif; la planète, en passant d'un cercle à l'autre, s'accélère ou se ralentit; je ne puis voir là qu'une vaine subtilité.

Pour déterminer l'excentricité et l'aphélie, dans son système, il emprunte deux problèmes à l'Apollonius Gallus de Viète, *Étant donnés trois points sur une circonférence, trouver un diamètre sur lequel les perpendiculaires abaissées des trois points formeront des segmens en raison donnée; étant donnés deux points sur une circonférence, trouver un diamètre qui sera tel, que la partie interceptée entre les deux perpendiculaires sera d'une grandeur donnée.*

Mais ces problèmes ne conduisent pas à une solution plus facile, et nous trouverions beaucoup plus aisément les dimensions et la position de l'ellipse, en appliquant à l'ellipse simple les méthodes que nous avons pour l'ellipse de Képler; nous aurions cet avantage que tous les termes de l'équation du centre y seraient des fonctions plus simples de l'excentricité.

En rappelant les travaux des anciens, pour déterminer l'année solaire, il remarque que, généralement, ils ont pris pour base la période de 19 ans, corrigée par Calippe, parce qu'ils trouvaient commode que les deux révolutions fussent commensurables; et comme le mouvement de la Lune leur était mieux connu, ils l'employèrent pour en conclure le mouvement du Soleil; rejetant ainsi sur le Soleil et l'année solaire toute l'erreur de la supposition.

Il examine les équinoxes d'Hipparque et ceux de Ptolémée; il conclut à rejeter ces derniers; il essaie de corriger ceux d'Hipparque des effets de la réfraction, en conjecturant à quelle heure les observations ont été faites; mais il suppose la latitude 30° 58′ à Alexandrie, et l'armille exactement placée dans l'équateur; il suppose la parallaxe telle à peu près que celle des Grecs. Le calcul est donc vicieux, quand même il ne serait pas hypothétique. Il ne trouve que $56'' 50''' 8^{\text{iv}} 29^{\text{v}} 54^{\text{vi}} 55^{\text{vii}}$ pour le mouvement de l'apogée; il fait l'année de $365^{j} 5^{h} 49' 4'' 21''' 3^{\text{iv}} 0^{\text{v}}$.

Il passe au calcul de son ellipse; sa méthode peut se réduire aux formules suivantes.

$$\sin x = \text{tang}\,\tfrac{1}{2}\epsilon \sin z,\quad C = (z - x),\quad \sin y = \sin^2 \tfrac{1}{2}\epsilon \sin C,$$
$$C' = (C - y) = (z - x - y),$$
$$r = 1 - 2\sin^2 \tfrac{1}{2}\epsilon \sin C,\quad \text{tang}\,\phi = \frac{\left(\frac{\sin \epsilon}{r}\right)\sin C'}{1 + \left(\frac{\sin \epsilon}{r}\right)\cos C'},\quad u = (z - x - y - \phi),$$
$$V = \frac{r}{\cos \phi}\left[1 + \left(\frac{\sin \epsilon}{r}\right)\cos C'\right].$$

Ainsi, la construction de Boulliaud ne fait qu'alonger le calcul, au lieu de l'abréger.

Il commente ensuite la doctrine de Ptolémée, pour convertir un intervalle de temps vrai en temps moyen; il lui reproche, avec raison, quelques inadvertances dans le calcul numérique. La méthode qu'il examine ne donne pas la correction aux deux époques, elle n'en donne que la différence. C'est compliquer inutilement le calcul. Nous avons vu dans les Tables manuelles de Ptolémée une table dans la même forme que les nôtres. Il est vrai que nous ne voyons pas sur quoi il a retranché la constante 14′ 15″ environ, qu'il a ajoutée à tous les termes de la table.

Boulliaud reproche à Ptolémée d'avoir établi ses époques pour midi vrai de Nabonassar, et pour midi vrai de la mort d'Alexandre; or, à ces deux époques, l'équation était différente; il fallait donner ces deux époques pour midi moyen. Il ajoute que Reinhold a suivi ce mauvais exemple, mais que Tycho, Longomontanus et Képler ont placé leurs époques à midi moyen; c'est à quoi je n'avais pas pris garde. Si le fait est vrai, il est évident que Ptolémée a tort.

Ptolémée nous dit qu'au premier jour de Nabonassar le lieu vrai du Soleil était $11^s 3° 8'$; sa table de l'équation du tems donne $+31' 45''$ à ajouter au tems vrai pour avoir le tems moyen. De cette équation, ôtez la constante 14′ 45″, il restera 17′ 30″ pour réduire le midi vrai au midi moyen. Tous les lieux calculés par les tables seront trop avancés du mouvement pour $17'\tfrac{1}{2}$. Mais, comme il a mis 14′ 15″ de trop à toutes les équations, on ne fait aucun calcul par les tables, si ce n'est pour un tems trop avancé de 14′ 15″; il ne reste donc que $3'\tfrac{1}{4}$ d'erreur.

On pourrait penser que la Table manuelle corrigeait, à fort peu près, l'erreur que Boulliaud reproche à Ptolémée. Au reste, si la chose avait le moindre intérêt, il serait aisé de calculer le lieu du Soleil, et l'équation du tems, pour les époques de Nabonassar et d'Alexandre; de voir combien ces lieux et ces équations diffèrent, et ce qu'ils étaient les jours des observations calculées par Ptolémée, afin de corriger l'erreur si elle existe. Boulliaud nous dit qu'à la mort d'Alexandre le Soleil était en $7^s\ 17^\circ 54' 30''$; l'équation du tems n'était, suivant la table, que de $1'\ 13''$, moins forte de $30' \frac{1}{2}$ que celle de Nabonassar. Mais Ptolémée n'aurait-il pas réduit l'intervalle de son observation en tems moyen, suivant le précepte qu'il en donne quelques lignes plus haut? L'inadvertance serait singulière. Le chapitre finit par des invectives contre Morin, qui pouvait bien avoir quelques torts; mais je serais tenté de croire que Boulliaud fait semblant de ne pas l'entendre, pour avoir droit de l'injurier.

Dans son chapitre suivant, sur la différence de quelques méridiens, il rapporte les éclipses suivantes.

1635, 27 août,	$14^h 52'$,	milieu de l'éclipse totale	à Paris,
	15.11	....	à Amsterdam,
	15. 7	....	à Aix,
	14. $4\frac{1}{2}$,	immersion totale....	Paris,
	14.23	....	Amsterdam,
	14.31	....	Aix,
	16.16	....	Caire.

En commençant la théorie de la Lune, livre III, il dit qu'Hipparque avait reconnu deux inégalités dans la Lune. Si nous en croyons Ptolémée, Hipparque avait senti que la seconde inégalité existait, mais il n'en connaissait ni la loi ni la quantité véritable.

Boulliaud examine la marche de cette seconde inégalité, et celle de la troisième, ou de la variation découverte par Tycho. La seconde, selon lui, dépend de ce que la Terre, autour de laquelle tourne la Lune, n'est pas le centre du monde. L'inégalité qui résulte de cette considération ne fait pas sortir la Lune du cône ni de l'ellipse dans lequel se fait sa révolution propre, mais elle augmente seulement ou diminue l'inégalité elliptique, qui n'en suit pas moins sa marche accoutumée.

Dans les deux syzygies, la Lune n'a qu'une simple inégalité; à mesure que la Lune s'éloigne de la ligne qui passe par les centres du Soleil et de la Lune, tout son système, c'est-à-dire le cône dans la surface duquel elle tourne, change de position (*emovetur è propriis suis sedibus*), il en résulte une inégalité menstruelle. Le mouvement de la Terre, qui produit ce déplacement (cette évection), fait que l'apogée de l'ellipse, qui est le point de départ pour le mouvement synodique, par une disposition naturelle (*naturali quâdam appetentia*), se tourne vers la ligne qui est sa position naturelle; elle n'arrive à cette position naturelle que dans la quadrature; après cette quadrature, le mouvement continuant toujours dans le même sens, cette appétence naturelle fait que l'apogée se rapproche ou s'éloigne moins vite de la position naturelle; l'effet de cette appétence qui conspirait avec le mouvement de l'apogée, avant la quadrature, lui devient contraire après la quadrature; la même cause produit successivement deux effets opposés.

Cette explication de Boulliaud est assez obscure; il n'en dit pas davantage pour le moment, et il ajoute que la variation de Tycho ne peut se comprendre sans la connaissance des deux premières inégalités. La première est la seule dans les éclipses, voilà pourquoi les anciens ont d'abord employé les éclipses, pour arriver à la connaissance des mouvemens moyens et de la simple égalité. (Il paraît au contraire constant que les anciens n'ayant qu'une connaissance très vague de l'inégalité du mouvement, avaient employé les éclipses parce qu'ils n'avaient pas d'autres observations, et parce que le lieu de la Lune se trouvait sans autre calcul par le lieu du Soleil. Les éclipses leur donnèrent donc la première inégalité. Mais Hipparque, qui l'avait déterminée, s'aperçut lui-même qu'elle n'était suffisante que pour les éclipses.)

Commentant ensuite Ptolémée, il rapporte, pour l'éclaircir, un passage de Géminus, sur l'exeligme; il y corrige une faute sur le mois lunaire; au lieu de $27'\frac{1}{18}$, il lit $27'\frac{1}{2}.\frac{1}{18}$; la correction paraît bonne, mais elle ne fait rien à la question. Boulliaud, sans aucune preuve, attribue l'exeligme aux Chaldéens. Nous sommes d'un sentiment opposé, et nous en avons déduit les raisons.

Il disserte, en passant, sur les chiffres grecs, qui valent 6, 90 et 900. Le premier est, selon lui, une abréviation du digamme éolique F; ϛ était originairement un ρ retourné ϙ, qu'on trouve quelquefois remplacé par la lettre *q*; ce ρ retourné est devenu ϛ chez les copistes. Quant au chiffre 900, le beau manuscrit de Ptolémée qui est à la Bibliothèque du Roi, l'exprime par le caractère ϡ, qui ressemble à un demi-cercle partagé en deux quarts par un rayon vertical.

Boulliaud s'étonne que Ptolémée nous dise qu'Hipparque a rapporté ce mouvement aux fixes, et qu'il n'ait fait aucune correction pour le mouvement des étoiles en 18 ans, qui, selon lui, devait être de 10′ 48″.

Au sujet des conditions qu'exige Ptolémée, pour la comparaison des éclipses, Boulliaud remarque, avec raison, qu'on ne trouve pas facilement deux éclipses qui réunissent toutes les conditions requises; il le sait par sa propre expérience. Avant d'avoir lu ce passage de Boulliaud, nous avions fait la même remarque.

Il cherche à déterminer les mouvemens de la Lune par diverses combinaisons d'éclipses anciennes et modernes; mais il remarque, en finissant, que Ptolémée a changé les intervalles qu'Hipparque avait déduits des observations mêmes, pour les accommoder à l'excentricité qu'il avait supposée au Soleil, en sorte qu'on ne peut plus compter sur ces observations.

Enfin, il compare ses élémens à 34 éclipses de Lune, de 1573 à 1643; on y trouve des erreurs de 10′, et il ajoute qu'il n'appartient qu'à Lansberge de représenter exactement toutes les observations, parce qu'il les falsifie pour les faire cadrer avec ses calculs. Il en rapporte des preuves tirées d'une lettre de Schickhard, et du livre de la *Pleine Lune*, de Jean Phocylide Holward.

Ptolémée avait augmenté de 50′ l'intervalle des éclipses des années 547 et 548; entre les deux éclipses de 548, Ptolémée ne compte que 176ʲ 0ʰ 24′; Hipparque comptait 176ʲ 1ʰ 20′. L'*audace* de ces corrections prouve que l'excentricité que Ptolémée donnait au Soleil était trop forte. Il finit son chapitre par ces mots : « on ne peut compter à 20′ sur les tems de » ces anciennes éclipses, et en outre je crains beaucoup que Ptolémée » ne les ait toutes falsifiées, comme il avoue lui-même avoir fait quelques » changemens à quelques intervalles. » Il semble que plus on étudie Ptolémée, moins on est disposé à lui donner confiance.

Boulliaud détermine ensuite le mouvement du nœud.

Après avoir établi les mouvemens et les époques de la Lune, Boulliaud revient à l'explication de l'évection ou de la seconde inégalité. Si sa théorie n'a pas fait fortune, le nom du moins est resté. « En même tems » que la Lune avance sur son cône autour de la Terre, elle est emportée par la Terre, tout le système de la Lune est déplacé; la Terre, » emportant la Lune, rejette loin d'elle l'apogée, et rapproche d'autant » le périgée; mais cette évection a des bornes fixées. Il est digne de remarque que l'apogée soit à la plus grande distance de la Terre, quand » le corps même de la Lune est le plus près de la route de la Terre, ou » dans cette route même, c'est-à-dire dans les quadratures...; la Lune

» allant ensuite de la quadrature à la syzygie, s'éloigne de l'orbe annuel » de la Terre (pag. 156). »

Boulliaud s'étonne que Tycho, qui faisait tourner le Soleil autour de la Terre, et toutes les planètes autour du Soleil, n'ait pas donné une évection analogue à chacune des planètes. Pourquoi la Terre, par son mouvement, opère-t-elle ce déplacement dans la Lune, ou pourquoi le Soleil, qui transporte avec lui toutes les planètes, ne leur communique-t-il aucun mouvement semblable? Cette réflexion, dit-il encore, fait voir lequel des deux systèmes de Copernic et de Tycho est le mieux fondé en raisons physiques.

Alors il compare des occultations d'étoiles par la Lune, pour en déduire la quantité de l'évection. L'une de ces éclipses a été observée par son père à Loudun, l'an 1608, le 22 février, à 7 heures; Aldébaran disparut pour ne reparaître qu'à 8 heures. Ces heures, en nombres ronds, n'indiquent pas une grande précision.

Le 5 juillet 1623, Boulliaud observa une occultation de l'Épi de la Vierge. Il détermine l'heure par la hauteur de la Lune. Il en conclut l'évection, 2° 30'.

Il cherche ensuite dans son système, à rendre raison de la variation; il trouve des valeurs assez différentes, et croit que cette équation n'est pas toujours la même, mais l'erreur provenait sans doute ou des observations ou du calcul.

Il explique encore, dans cette hypothèse, l'inégalité de la latitude découverte par Tycho. Il rend aussi raison du mouvement rétrograde des nœuds. « La nature l'a ainsi disposé, de peur que la Lune ne fût lancée » trop loin par le mouvement de la Terre; car la Terre avançant suivant » l'ordre, et l'apogée se mouvant dans le même sens, il a fallu opposer à » ces mouvemens un mouvement contraire, qui retînt tout le système lu- » naire. Sans cela le mouvement des nœuds eût été direct. » Il semble que Boulliaud n'a pas de grands droits à critiquer la Physique de Képler. Il trouve admirable que dans les systèmes célestes, les cercles n'étant ni solides ni matériels, ils éprouvent cependant tout ce qui arriverait à des corps solides. En vain lui demanderait-on pourquoi les planètes se meuvent sur une surface conique. Il a démontré que les orbites sont elliptiques. Il semble qu'il pouvait ici nommer Képler. Il compare l'inégalité des nœuds aux oscillations d'un pendule. En effet, dit-il, toutes les choses suspendues et en équilibre, acquièrent un mouvement oscillatoire pendant qu'on les transporte. On ne voit rien de pareil dans les planètes; d'où il conclut encore que le système de Tycho est inadmissible. Du reste, il ne change rien à ce qu'il a dit de la latitude.

Malgré toutes ses recherches, il ne peut éviter dans le lieu de la Lune, calculé d'après sa théorie, des erreurs de 30 à 56′ en longitude, et de 23′ en latitude; il en conclut ou que la variation n'est pas encore bien déterminée, ou qu'elle est variable, ou bien enfin il soupçonne une quatrième équation. Tycho ne savait pas bien si la variation était de 30 ou 50′. Képler avait fait la même remarque, mais il n'en était pas bien effrayé; il trouvait à expliquer tout par ses idées *archétypes;* en quoi Boulliaud ne peut assez admirer l'audace effrénée ou le libertinage d'esprit, ἀκολασίαν, qui lui faisait rejeter l'autorité des observations, comme s'il pouvait commander aux corps célestes *d'obéir aux lois qu'il avait rêvées.* Ce reproche ne porte que sur la variation que Képler voulait constante, d'après ses causes archétypes. Pour lui, il s'est fait une loi d'en croire les observations avant tout, et en cela il a grande raison; mais il faudrait que les observations fussent encore meilleures que ne le sont celles de Tycho. Galilée parle d'une libration de la Lune; si cette libration existe, il pense qu'elle doit avoir lieu autour de l'axe de la Terre plutôt qu'autour de l'axe de la Lune. « Si la direction est parallèle, nous ne devons » pas voir continuellement la même face de la Lune; nous devrions voir » l'autre à certains jours marqués; mais comme nous n'y voyons pas de » changement, il en faut conclure qu'il n'y a point de direction de ce » genre. » Il veut que l'arc de cette libration soit à peu près perpendiculaire à l'écliptique, ou au moins à l'orbite de la Lune (pag. 178).

Il rapporte une suite d'observations des taches de la Lune, faites dans un intervalle de sept ans et deux mois, soit par lui, soit par son ami Gassendi. Il cherche le tems de la libration des taches; il trouve environ 27^j plus ou moins, et s'arrête à $26^j\ 14^h\ 40'$; mais il invite les astronomes à se rendre attentifs aux observations des taches, et corriger la période qu'il n'a pu qu'ébaucher. Il en revient à la quatrième inégalité; il exhorte les astronomes à chercher quelle peut en être la période. Il fait encore quelques essais malheureux; et comme il montre du zèle et de la patience à calculer et à combiner ses observations, il faut ou que ces observations ne fussent pas trop bonnes, ou qu'il fût un peu maladroit, pour ne pouvoir découvrir la période et la valeur à peu près d'une équation de 11′, dont la période est annuelle.

Dans le livre IV, il cherche les grandeurs et les distances relatives du

Soleil, de la Terre et de la Lune; il emploie les éclipses pour déterminer les diamètres du Soleil, de la Lune et de l'ombre.

Rien ne lui paraît plus fatigant à calculer que les éclipses de Soleil; il adopte donc l'idée de Képler, qui traite l'éclipse de Soleil comme une éclipse de Terre vue de la Lune. Boulliaud pense comme nous que cette idée est due à Képler. En adoptant l'idée fondamentale, il adopte aussi la méthode de calcul; je n'y ai pas vu le moindre changement. Il emploie le nonagésime pour trouver les lieux qui verront l'éclipse à la fin, au commencement et au milieu.

Dans le livre V, il parle du mouvement des étoiles, de leur progression et de leur rétrogradation alternative. Albategni, en se moquant de cette fausse idée, nous dit que Ptolémée ne l'a point approuvée. Or, il n'en est nullement question dans l'Almageste, et il soupçonne que ce pourrait être quelque phrase interpolée par le traducteur arabe; mais Théon nous dit la même chose dans son Introduction aux Tables manuelles; ainsi le soupçon de Boulliaud n'a aucun fondement. Il ne veut pas du mouvement conique de l'axe de la Terre, pour expliquer la précession. Il fait mouvoir les étoiles elles-mêmes. Nous omettons les mauvaises raisons qu'il en donne.

Il cherche le mouvement annuel par les observations anciennes; il trouve

d'Hipparque à	Ptolémée...	52″31‴42ⁱᵛ,
	Albategnius.	50.59.38,
	Tycho.....	50.54.29,
de Ptolémée à	Albategnius.	50.26.27,
	Tycho.....	50.36.53,
d'Albategnius à	Tycho.....	50.47.18.

On voit toujours que les observations prétendues de Ptolémée gâtent tout.

Il s'arrête à........................ 50″53‴39ⁱᵛ39ᵛ52ᵛⁱ22ᵛⁱⁱ.
Des Tables persanes à Tycho.......... 50.14.34.

Il ne voit rien de certain dans les changemens de latitude.

A propos de l'obliquité, il dit, en parlant de Képler, qu'il est tout gonflé de fictions (*qui figmentis tumet*). Il croit que la cause de la diminution sera à jamais inconnue.

Je ne vois rien de remarquable dans sa Théorie des planètes; il n'aurait pu que perfectionner quelques élémens; mais il ne s'était pas écoulé assez de tems depuis Képler. En commençant la théorie de Mercure, il avoue qu'au tems de ses premières recherches il n'avait pas encore lu le livre de Képler, sur Mars, et qu'il n'avait en conséquence aucune idée des orbites elliptiques.

Dans le livre XI, il prouve la nécessité de la bissection de l'excentricité. Mais Képler n'avait rien laissé à faire à cet égard.

Ses Tables philolaïques sont pour le méridien d'Uraniburg.

A la page 467, on trouve que Bagdad est plus orientale que l'ancienne Babylone, et qu'elle est à 54′ d'Alexandrie, et sur le parallèle de 30°.

Dans la collection d'observations comparées aux tables, on trouve que pour Saturne, les erreurs vont à 6′ 19″; pour Jupiter, à 7′ 10″; pour Mars, à 5′46″; pour Vénus à 4′ 13″.

Dans les tables de Mars il a pris l'équation du centre, l'aphélie et les moyens mouvemens de Képler. Il lui a fait, ainsi qu'à d'autres astronomes, des emprunts dont il donne le tableau en commençant. Son catalogue d'étoiles est celui des Tables Rudolphines.

On ne cite plus guère aujourd'hui l'ouvrage de Boulliaud que pour son érudition, et pour l'idée qu'il a mise le premier en œuvre, de supposer l'anomalie moyenne des planètes égale à l'angle au foyer supérieur de l'ellipse; mais il n'a pas même su tirer le parti convenable de cette supposition, qui permettait de résoudre directement le problème que Képler avait dit insoluble; il l'était réellement en prenant pour principe la loi des aires proportionnelles au tems, et c'était en renonçant à cette loi, qui est celle de la nature, qu'on levait la difficulté; mais c'était dénaturer le problème plutôt que le résoudre. Ce que Boulliaud n'avait pas aperçu fut trouvé peu de tems après par un anglais nommé Seth-Ward, et publié en 1656, dans un ouvrage assez court, dont voici le titre :

Seth-Ward.

Astronomia geometrica ubi methodus proponitur, quâ primariorum planetarum astronomia sive elliptica sive circularis possit Geometrice absolvi, opus astronomis adhuc desideratum, authore Setho-Wardo, in celeberrimâ Academiâ Oxoniensi professore Saviliano. Londini, 1656.

L'auteur dédie son ouvrage à Néli, à Hévélius, Gassendi, Boulliaud et Riccioli; il leur dit à tous des choses flatteuses, ce qui était tout simple; l'article de Boulliaud était un peu plus épineux, parce que, dans le fait, l'ouvrage de Seth-Ward a pour objet de montrer l'insuffisance et le peu de rigueur de ses méthodes, et de les remplacer par d'autres moyens plus aisés et plus justes.

Boulliaud s'était donné beaucoup de peine pour imaginer une hypothèse qui expliquât l'ellipticité des orbites planétaires; de ses idées, il résultait que le centre des mouvemens égaux devait être le foyer supérieur. Seth-Ward se met plus à son aise; il suppose le principe sans s'inquiéter quelle peut en être la preuve. Il suppose un observateur au centre du Soleil, et il cherche par quel moyen cet astronome pourrait déterminer les positions et les dimensions de diverses ellipses. Rien n'est plus simple; il observera dans quelle partie du ciel le mouvement est le plus lent, dans quelle partie il est plus rapide; enfin, dans quels points de l'orbite le mouvement est égal au mouvement moyen; les observations aphélie et périhélie lui donneront la position du grand axe; les mouvemens moyens, celle du petit axe; ceci reconnu, il déterminera l'excentricité. Rien de plus simple que de déterminer l'époque du mouvement, le tems de la période, et le mouvement moyen. Alors s'il observe un lieu d'une planète, il aura l'anomalie vraie, puisqu'il connaît le lieu de l'aphélie; il aura l'anomalie moyenne, puisqu'il connaît le tems écoulé depuis le passage au périhélie ou à l'aphélie (fig. 32).

Dans le triangle FSf, les trois angles sont connus; on aura donc l'équation $F\varphi S$, et sa moitié $\varphi f F = \varphi F f$.

Dans le triangle SFf, on aura donc les trois angles et le côté

$$Sf = \text{grand axe} = 2,$$

$$\sin AFf : Sf :: \sin f : FS = 2e = \frac{2\sin f}{\sin AFf} = \frac{2\sin\frac{1}{2}E}{\sin(AF\varphi - \varphi Ff)},$$

$$e = \frac{\sin\frac{1}{2}E}{\sin(Z - \frac{1}{2}E)}.$$

Seth-Ward se contente de dire qu'on aura le rapport $\frac{SF}{AP}$. Il n'en donne pas l'expression.

On pourait faire

$$\operatorname{tang} AFf = \operatorname{tang}(Z - \tfrac{1}{2}E) = \frac{Sf\sin S}{Sf\cos S - FS} = \frac{Sf\sin S}{2\cos S - 2e} = \frac{\cos S - e}{\sin S},$$

$$\cos S \operatorname{tang}(Z - \tfrac{1}{2}E) - e\operatorname{tang}(Z - \tfrac{1}{2}E) = \sin S,$$

$$\cos S \operatorname{tang}(Z - \tfrac{1}{2}E) - \sin S = e\operatorname{tang}(Z - \tfrac{1}{2}E),$$

$$e = \cos S - \sin S\cot(Z - \tfrac{1}{2}E),$$

$$\text{tang}\,\tfrac{1}{2}E = \frac{SF \sin S}{Sf - SF \cos S} = \frac{2e \sin u}{2 - 2e \cos u} = \frac{e \sin u}{1 - e \cos u},$$

$$\text{tang}\,\tfrac{1}{2}E - e \cos u\, \text{tang}\,\tfrac{1}{2}E = e \sin u,$$

$$\text{tang}\,\tfrac{1}{2}E = e \sin u + e \cos u\, \text{tang}\,\tfrac{1}{2}E,$$

$$e = \frac{\text{tang}\,\tfrac{1}{2}E}{\sin u + \cos u\, \text{tang}\,\tfrac{1}{2}E}.$$

On a fait depuis $\text{tang}\,\tfrac{1}{2}E = \frac{e \cos Z}{1 + e \cos Z}$, en prolongeant $F\varphi$ d'une quantité $\varphi G = S\varphi$.

Tout cela donne en effet l'excentricité; ce qu'il y a de plus simple est

$$e = \frac{\sin \tfrac{1}{2}E}{\sin(Z - \tfrac{1}{2}E)}.$$

La solution est en effet commode, si l'hypothèse était exacte, et si l'on pouvait bien connaître l'aphélie par les moyens qu'il a donnés.

Mais la méthode n'est bonne que sur le papier, ou ne pourrait donner qu'une approximation assez imparfaite. L'ellipse une fois déterminée, le calcul du lieu héliocentrique n'offre aucune difficulté.

Jusqu'ici l'auteur suppose que l'on observe chaque planète dans son orbite, il oublie même de nous dire comment il conçoit que l'on fait les observations; il les suppose bien faites. A présent il va prendre pour orbite principale celle de la Terre, et il y rapportera toutes les autres. Il ne donne aucune autre raison de ce choix, sinon que la Terre, notre mère, semble l'exiger de nous.

La première chose à observer c'est le passage de la planète par l'écliptique; la latitude est nulle alors, et l'on a la position des nœuds, d'où l'on déduit celle des limites; ensuite, quand la planète est dans l'une des limites, la latitude est la plus grande, elle est égale à l'inclinaison; on a tout ce qu'il faut pour réduire à l'orbite les longitudes observées par rapport à l'écliptique, et l'on détermine l'ellipse comme ci-dessus.

Il prouve ensuite que l'habitant d'une planète quelconque doit croire sa planète en repos, et attribuer au Soleil le mouvement qui lui fait décrire sa propre ellipse; on déterminera donc de dessus la Terre l'orbite du Soleil, comme du centre du Soleil on déterminerait l'ellipse de la Terre.

Tout cela est fort simple et fort clair, et n'apprend rien de nouveau.

On remarquera que tantôt c'est le rayon vecteur qu'il prolonge, et tantôt le rayon tiré de l'autre foyer, pour avoir la demi-équation du centre.

Pour déterminer la seconde inégalité des planètes vues de la Terre, il rejette, comme peu géométriques, toutes les méthodes qu'on a employées jusqu'à lui.

Il commence par chercher la position des nœuds. La Terre étant en T, on a observé la planète en N, dans son nœud; quand la planète sera revenue à ce même nœud, la Terre aura changé de place; elle sera, je suppose, en *t*. Vous connaissez le triangle TF*t* en entier, par les tables du Soleil et de la Terre (fig. 33).

Vous connaissez, par observation, STN, élongation de la planète.

Vous connaissez STF, équation du centre de la Terre; vous aurez

$$\text{FTN} = \text{STN} - \text{STF}.$$

Dans le triangle TF*t* vous avez TF, F*t* et TF*t*; vous aurez T*t*, F*t*T et FT*t*; vous aurez

$$t\text{TN} = \text{FT}t - \text{FTN} = \text{FT}t + \text{STF} - \text{STN}$$
$$= \text{mouv. moyen de la Terre} + \text{première équat. du centre de la Terre} - \text{première élongation}.$$

Par la deuxième observation vous aurez

$$\text{STN} = \text{deuxième élongation},$$
$$\text{S}t\text{F} = \text{deuxième équation du centre},$$
$$\text{T}t\text{N} = \text{deuxième équation} + \text{deuxième élongation};$$
$$\text{T}t\text{N} = \text{F}t\text{T} + \text{F}t\text{N}.$$

Vous avez donc T*t*N et *t*TN, et par conséquent *t*NT dans le triangle T*t*N; vous avez de plus T*t*; vous aurez TN et *t*N.

Avec *t*F et *t*N vous aurez FN, car vous connaissez F*t*N; vous pourrez l'avoir par le triangle TFN.

Avec FN et FS et l'angle SFN, vous aurez TN, distance accourcie de la planète dans son nœud.

Vous aurez l'angle FSN, distance du nœud de la planète à l'aphélie de la Terre.

Vous pourrez de même chercher l'autre nœud.

Tout cela est vrai; mais l'auteur suppose TF*t* égal au mouvement moyen, mais on sait aujourd'hui de combien il en diffère. Ainsi, le problème a une solution directe, dans l'hypothèse elliptique de Képler, comme dans celle de Ward.

Le nœud trouvé, il trouve l'inclinaison par la méthode de Képler, lorsque la Terre est dans l'un des nœuds.

Avec le nœud et l'inclinaison et une opposition, il a les latitudes héliocentrique et géocentrique; la distance de la Terre au Soleil est la base d'un triangle rectiligne, dont les angles sur la base sont, latitude héliocentrique et 180° — latitude géocentrique; le troisième angle = 180° — latitude héliocentrique — 180 + latitude géocentrique = latitude géocentrique — latitude héliocentrique.

$\sin(h-g)$: rayon vect. de la Terre :: $\sin g$: rayon vect. de la planète. Ce qui est encore fort bon, géométriquement parlant, mais ne promet aucune précision.

On peut réduire la longitude héliocentrique de l'écliptique à l'orbite, et l'on a dépouillé la seconde inégalité.

Il fait encore la même chose par les quadratures.

Quand la planète est en quadrature, la distance accourcie de la planète à la Terre est perpendiculaire au rayon vecteur; cette ligne ira couper la ligne des nœuds; on aura un triangle rectangle dont on connaîtra la base, qui est le rayon vecteur de la Terre, et les deux angles sur la base, dont l'un est droit, l'autre est la distance angulaire héliocentrique de la Terre à la ligne des nœuds; le troisième angle est le complément de cette distance; on aura donc les deux autres côtés, l'un des deux, l'hypoténuse est la ligne des nœuds, depuis le Soleil jusqu'à la ligne menée par la Terre et la planète.

Au point qu'occupe la Terre élevez une perpendiculaire qui aille rencontrer l'orbite de la planète; cette droite = sin inclinaison sin distance angulaire de la Terre à la ligne des nœuds. Cette ligne, avec le rayon vecteur de la Terre, forme un triangle rectangle; vous calculerez l'hypoténuse par les deux côtés; vous aurez aussi l'angle à la base.

Dans le triangle BTd (fig. 34) vous avez Tb et TD autour de l'angle droit; vous aurez l'hypoténuse Db et les angles TDb et DbT.

La perpendiculaire Tb, qu'il faut s'imaginer relevée sur le plan du papier, soutend la latitude planéto-centrique de la Terre = latitude géocentrique de la planète. Ainsi, dans le triangle bTσ, vous avez l'angle de la latitude, l'angle droit et le complément de la latitude.

$b\sigma = \frac{Tb}{\text{sin latit. géoc.}}$; ainsi, d'une ligne très petite, Tb divisé par un sinus très petit, il conclut une très longue ligne. Il n'y a là aucune sûreté. Vous aurez aussi la distance accourcie de la Terre à la planète = Tb colatitude géocentrique.

Dans le triangle entre la Terre, le Soleil et la planète, vous aurez les deux côtés; autour de l'angle droit vous aurez la distance accourcie de la planète au Soleil, et l'angle de commutation et sa parallaxe annuelle; vous aurez la distance de la planète à son nœud, sa latitude héliocentrique, son rayon vecteur, et la longitude héliocentrique dans l'orbite; et l'inégalité sera encore dépouillée. Mais on sent combien cette méthode est incertaine : aucun astronome n'en a fait usage, pas même l'auteur.

Avec cinq longitudes et cinq rayons vecteurs il détermine l'ellipse par les propositions 13 et 14 du livre 8 de Pappus. Assurément il n'y a rien de moins commode que cette solution, sans parler de l'incertitude.

Quand on a déterminé l'ellipse, sa position, celle des nœuds et l'inclinaison, il n'y a plus aucune difficulté pour calculer le lieu géocentrique.

L'auteur applique les méthodes qu'il vient d'exposer, à Vénus et Mercure; il donne toutes les analogies à faire, mais il ne calcule aucune observation. C'était le parti le plus prudent pour ne pas apercevoir combien sa méthode était défectueuse dans la pratique.

Il met ensuite l'observateur dans Saturne, et montre comment on pourrait déterminer l'ellipse du mouvement apparent du Soleil, c'est-à-dire l'ellipse de Saturne; ensuite il détermine les ellipses des autres planètes vues de Saturne. On voit que tout cela n'est qu'un jeu d'esprit, une récréation mathématique. Il choisit Saturne parce que, pour Saturne, toutes les autres planètes sont inférieures, et que les mêmes méthodes serviront pour toutes.

Après avoir ainsi posé les principes géométriques, qui donnent des solutions directes et rigoureuses des problèmes astronomiques, il va attaquer, comme peu géométriques, les méthodes des astronomes.

Il reproche à Boulliaud d'avoir supposé que, dans les plus grandes digressions de Vénus et de Mercure, l'angle à la planète est droit; il observe, avec beaucoup de raison, que cela n'est vrai que dans le cercle et nullement dans l'ellipse. Il est incroyable que Boulliaud ait fait une pareille bévue. Riccioli était tombé dans la même erreur. Seth-Ward prouve que la plus grande digression n'est pas dans la tangente.

Les méthodes de Seth-Ward sont toujours les mêmes; il détermine cinq points de l'ellipse; il trouve les rayons vecteurs par les sinus de latitude. En continuant d'examiner les méthodes de Boulliaud, il lui reproche encore d'avoir négligé les inclinaisons. Partout il trouve des erreurs, et les relève en accablant d'éloges celui qu'il critique; ces éloges pourraient paraître ironiques. Mais, au fond, quel est l'objet de l'astronome? de faire des tables qui représentent le mouvement des planètes. Dans la recherche des élémens on se permet quelques inexactitudes légères, qui simplifient les calculs sans rendre les résultats trop défectueux; on n'a que des élémens approchés; mais en les comparant ensuite à de nouvelles observations, on trouve moyen de diminuer les erreurs, et d'avoir des tables à peu près aussi exactes que les observations. Avec les méthodes directes et géométriques de Seth-Ward, on aurait des élémens encore plus mauvais, l'incertitude des observations aurait des effets bien plus sensibles; aussi Seth-Ward s'est-il bien gardé de rien déterminer par ses méthodes; il a espéré que d'autres n'en verraient pas les défauts; il n'a peut-être pas voulu les voir lui-même.

Après avoir déterminé toutes les orbites soit du centre du Soleil, soit du centre de Saturne, il traite, dans son second livre, de l'Astronomie des planètes moyennes, dénomination qui convient à toutes, à l'exception de Mercure et de Saturne.

Et d'abord il donne pour déterminer l'ellipse solaire, une méthode assez simple de Paul Nellius, qui est le premier sur la liste des cinq astronomes auxquels il dédie son ouvrage. Cette méthode n'est exacte qu'en supposant l'hypothèse elliptique simple. Il ajoute une seconde méthode qui a le même défaut et la même simplicité.

Il donne un nouveau moyen pour calculer l'anomalie vraie du Soleil, par l'anomalie moyenne. Le procédé est bon, mais il n'est pas le plus court; il n'est exact que dans son hypothèse.

On peut s'étonner que Seth-Ward, qui s'acharne à relever les petites erreurs de Boulliaud, emprunte de lui, sans examen, le principe fondamental, qui est faux, et avec lequel croule tout son échafaudage. C'est de la Géométrie assez mal employée.

Il expose ensuite une méthode qu'il dit être très utile, pour dépouiller une planète de sa seconde inégalité. C'est, à peu de chose près, celle qu'il a donnée pour trouver la ligne des nœuds.

Dans le livre III, il donne l'Astronomie mercurielle; c'est-à-dire qu'il la détermine par des observations faites sur une planète à laquelle toutes les autres sont supérieures. Remarquez que dans toutes ces méthodes il place l'œil au centre de la planète, car nulle part il ne parle de parallaxe.

Il vante beaucoup l'utilité d'une méthode qui suppose quatre observations faites deux à deux dans les deux mêmes lieux de l'orbite; mais elle est encore plus incertaine que les autres, car c'est de la différence de deux sinus très petits qu'il conclut tout le reste. Il résout le même problème avec une facilité plus grande encore, d'après une méthode de Snellius; mais si le calcul est un peu plus simple, la méthode pêche de même par les fondemens.

Le quatrième et dernier livre traite de l'Astronomie circulaire, c'est-à-dire qu'il revient de l'ellipse de Boulliaud à l'excentrique; ce qui est une peine assez inutile, car lui-même ne croit pas aux mouvemens circulaires.

Il suppose connu, par les mêmes méthodes que dans l'ellipse, le lieu de l'aphélie, et le tems du passage par l'aphélie; une observation donne le lieu apparent du Soleil; dans le triangle aux deux foyers et à la Terre il connaît les trois angles; il a donc le rapport des côtés; il réduit un des côtés (la double excentricité) à sa moitié; il calcule l'angle à la Terre par l'anomalie moyenne, l'excentricité simple et l'un des côtés du premier triangle; il suffit encore du rapport des côtés, il a les angles des triangles partiels; chacun de ces triangles lui donne le rapport de l'excentricité au rayon de l'excentrique. Tout cela était facile à trouver.

Il applique à l'hypothèse circulaire, avec de légères modifications, toutes les méthodes qu'il a données ci-dessus pour l'ellipse, et ce livre ne nous apprend rien de nouveau, ni rien qui ait la moindre utilité. Partout il met une grande importance à ne donner que des méthodes rigoureuses, et nulle part il ne songe que les observations sont inexactes, que les sinus n'ont qu'une exactitude bornée, et qu'ainsi la rigueur géométrique est tout-à-fait illusoire; il l'aurait bien vu s'il avait daigné calculer ses méthodes; mais, sans les calculer, il n'était pas difficile d'apercevoir l'insuffisance de tous ces moyens.

Nous allons voir comment Bouillaud a répondu aux attaques de Seth-Ward.

Ismaelis Bullialdi, Astronomiæ philolaicæ fundamenta clarius explicata et asserta adversus clarissimi viri Sethi-Wardi, Oxoniensis professoris, impugnationem. 1657.

Dans l'avis au lecteur, il nous apprend qu'il tient autant que jamais à l'idée de son cône dont la planète parcourt la surface; car l'idée que les planètes, dans leurs mouvemens, suivent plutôt les loix des formes géométriques, lui paraît plus vraisemblable que celle qui dérive leurs mouvemens de causes étrangères. Mais si ces cônes ne sont pas matériels, comment conduisent-ils la planète, et n'était-il pas plus simple de lui faire suivre le périmètre de l'ellipse que la surface du cône? Si ces cônes sont matériels, comment laisseront-ils passer librement les comètes? Jusque-là nous aimerions mieux le système de Ward que celui de Boulliaud. Il avoue qu'en plaçant le mouvement moyen autour de l'axe du cône, il a commis une erreur légère, dont il ne s'est aperçu qu'après avoir terminé son Astronomie philolaïque. Il avoue qu'il a commis une autre erreur en distribuant les inégalités en raison des sinus d'anomalie moyenne; et voilà pourquoi, renonçant à sa propre équation pour Mars, il a imprimé celle de Képler, parce que son équation avait des erreurs qui allaient jusqu'à deux minutes. L'erreur était moindre dans les autres planètes, Mercure excepté. *Il a dissimulé* cette erreur; sur quoi l'on peut dire que ce n'était pas la peine d'imaginer une nouvelle hypothèse pour l'abandonner aussitôt, et reprendre dans les Tables de Képler l'équation calculée dans l'hypothèse qu'il rejetait. Il se réservait de corriger ces erreurs dans une seconde édition, mais il a été prévenu par Seth-Ward, qui a bien remarqué l'erreur, mais ne l'a pas corrigée. Boulliaud se propose donc de faire disparaître tous ces défauts et de présenter son hypothèse elliptique dans tout son éclat. Il veut montrer d'abord que la route de la planète est vraiment elliptique; mais il suivra une route toute différente de celle de Képler; il montre par quatre lieux observés, que la planète ne se meut pas dans un cercle. Il montre ensuite que le mouvement n'est pas tout-à-fait uniforme autour du foyer supérieur; il y trouve des erreurs de 4 à 10 ou 11′; il distingue donc un mouvement moyen *égal* et un mouvement moyen *vrai;* et il entreprend de montrer comment ces deux espèces de mouvement sont liées entre elles et à l'axe du cône; ensuite il enseigne à calculer l'anomalie vraie par l'anomalie moyenne.

Soient G et H les deux foyers (fig. 35), I le centre; dans le triangle TGx, rectangle en T,

$$GT = Gx \cos TGx,\ \ Tx = Gx \sin TGx,\ \ Ty = \frac{Tx}{\cos \varepsilon} = \frac{Gx \sin TGx}{\cos \varepsilon},$$

$$Ty = Tx + Tx \operatorname{tang} \varepsilon \operatorname{tang} \tfrac{1}{2}\varepsilon,\ \ Ty - Tx = xy = Gx \sin TGx \operatorname{tang} \varepsilon \operatorname{tang} \tfrac{1}{2}\varepsilon.$$

Dans le triangle xyG,

$$\text{tang}\, xGy = \frac{xy \cos TGx}{Gx + xy \sin TGx} = \frac{\frac{xy}{Gx} \sin TGx}{1 + \frac{xy}{Gx} \cos TGx}$$

$$= \frac{\sin TGx \,\text{tang}\, \epsilon \,\text{tang}\, \tfrac{1}{2} \epsilon \cos TGx}{1 + \sin TGx \,\text{tang}\, \epsilon \,\text{tang}\, \tfrac{1}{2} \epsilon \sin TGx} = \frac{\text{tang}\, \epsilon \,\text{tang}\, \tfrac{1}{2} \epsilon \sin TGx \cos TGx}{1 + \text{tang}\, \epsilon \,\text{tang}\, \tfrac{1}{2} \epsilon \sin^2 TGx}.$$

On aura donc xGy, et $TGy = TGx + xGy$; β est le lieu de la planète.

Dans le triangle $V\beta G$,

$VG = G\beta \cos VG\beta$, et $V\beta = G\beta \sin VG\beta$, $Vz = V\beta + V\beta \,\text{tang}\, \epsilon \,\text{tang}\, \tfrac{1}{2} \epsilon$.

On aura tout de même

$$\text{tang}\, \beta Gz = \frac{\text{tang}\, \epsilon \,\text{tang}\, \tfrac{1}{2} \epsilon \sin VG\beta \cos VG\beta}{1 + \text{tang}\, \epsilon \,\text{tang}\, \tfrac{1}{2} \epsilon \sin^2 VG\beta}.$$

On aura donc βGz et EGz.

Dans le triangle GIz,

$\sin IGz : Iz = 1 :: \sin GzI : GI$, $\sin Gzi = GI \sin EGz = e \sin EGz$;

avec IGz et GzI on aura

$$GIz = EIz, \quad EV = \sin \text{verse}. EGz.$$

Je ferais

$$Vz = \sin VIz, \quad \text{et} \quad V\beta = \sin VIz \cos \epsilon,$$

et $$G\beta = \frac{V\beta}{\sin VG\beta} = \frac{\sin VIz \cos \epsilon}{\sin VG\beta}, \quad VG = V\beta \cot VG\beta;$$

enfin, $$\frac{V\beta}{HV} = \text{tang} H = \frac{\sin VIz \cos \epsilon}{HG + GV}.$$

Boulliaud fait $$H\beta = 1 + e \cos EGz,$$

$$G\beta = 1 - e \cos EGz = 1 - e + 2e \sin^2 \tfrac{1}{2} EGz = EG + e \sin v. EGz.$$

Avec $G\beta$, GH et $EG\beta$ on aura $G\beta H$ et $GH\beta$; mais puisqu'on a $G\beta$, on a $H\beta = 2 - G\beta$, $\left(\frac{GH}{H\beta}\right) \sin EG\beta$; ce qui serait plus court.

Le calcul est bon, mais c'est prendre beaucoup de peine pour une fausse hypothèse.

Il montre ensuite comment on pourra changer ce mouvement elliptique en mouvement circulaire. Mais nous avons déjà vu que cette transmutation nous laissait encore bien dans l'embarras.

Il fait voir ensuite, par le calcul des quatre observations rapportées dans l'Astronomie philolaïque, que l'erreur de sa première hypothèse était ou nulle ou d'un petit nombre de secondes, et tout au plus de 77″.

Alors il développe lui-même l'erreur qu'il avait commise, et qui avait été justement relevée par Ward. Cette erreur, pour Mars, ne peut aller qu'à 1′ 19″; ce qui n'empêche pas, dit-il, la vérité de l'hypothèse. Mais cette correction n'en fait pas non plus la justesse.

Il répond à quelques autres objections de Seth-Ward; il l'accuse à son tour de pétition de principe, et de quelques autres erreurs. Il ne lui fait aucun des reproches que nous avons hasardés; mais ce n'est peut-être que parce qu'il ne répond qu'à ses Recherches sur l'Astronomie philolaïque, imprimées en 1654, et non à son Astronomie géométrique, qui n'a paru qu'en 1656.

En finissant, il proteste de son estime pour Képler, dont il admire le génie; mais il le regarde comme un géomètre médiocre. C'est avec une rare sagacité qu'il a trouvé le premier que l'orbite de Mars est elliptique; il regrette qu'il ait tant donné aux conjectures physiques.

Il compare ses Tables corrigées avec les observations de Tycho, qui ont servi de fondemens aux recherches de Képler; les erreurs vont de 1 à 5′. Il n'a comparé que les longitudes.

Dans son chapitre XII, il se propose de montrer comment, à la création, le mouvement des planètes a été ordonné de manière à être elliptique.

L'intention du Créateur était que le mouvement fût perpétuel. Tout mouvement est produit par une impulsion. Dieu a donc poussé en avant les planètes. Ce mouvement s'est accéléré, comme nous voyons que cela arrive lorsque les raisons qui subsistaient au commencement, continuent pour faire durer le mouvement. Le Créateur a projeté le corps du sommet du cône, et lui a imprimé un mouvement de circulation autour de l'axe. La planète a donc descendu successivement de cercle en cercle, le long de la surface conique; mais arrivée en un certain point où elle s'est trouvée le plus près du Soleil, auquel elle avait été attachée, alors, pour la perpétuité du mouvement, elle a été obligée de remonter vers le sommet d'où elle étoit partie.

Il me semble que j'aimerais mieux encore la Physique de Képler que cette inintelligible explication.

Il se demande encore pourquoi le Soleil est à l'un des foyers, et pourquoi le mouvement de la planète est attaché au Soleil? La réponse est de même force que l'explication précédente. Nous n'en dirons pas davantage.

Cet opuscule était terminé quand il reçut d'Angleterre l'*Astronomie géométrique,* que Seth-Ward lui avait en partie dédiée, et dont il lui fit parvenir un exemplaire.

Il objecte, avec quelque raison, qu'il sera difficile de trouver des observations placées ainsi que le demande Seth-Ward; il lui reproche, comme nous, de déduire des quantités très grandes de quantités extrêmement petites. Seth-Ward a supposé le mouvement uniforme au foyer supérieur, mais il ne l'est pas. Le principe renversé, tout croule; et c'est encore ce que tout lecteur dira comme nous et comme Boulliaud.

Au reproche adressé par Seth-Ward à tous les astronomes, de supposer ce qu'on cherche quand on veut déterminer la première inégalité, il répond que la méthode ne suppose rien de connu que les mouvemens moyens et les longitudes vraies observées. Il est évident que l'objection de Seth-Ward n'était qu'une chicane.

Cette réponse au livre de Seth-Ward n'emplit guère qu'une page, et c'était assez; il s'excuse sur le peu de tems qu'il a eu pour la faire; il a voulu seulement prouver à Seth-Ward qu'il avait lu son livre, qu'il lui rendait grâce, et sur-tout qu'il aimait la vérité.

Ismaël Boulliaud était né à Londun, le 28 septembre 1605. Il abjura le protestantisme et devint prêtre. Il mourut à Paris, le 25 novembre 1694. Lalande nous apprend que son nom était réellement Boulliaud, et qu'il l'écrivait ainsi lui-même; il nous dit que l'Astronomie philolaïque est un des meilleurs livres que l'on ait faits. Cet éloge nous paraît fort exagéré. Fontenelle n'a pas été moins libéral quand il l'a qualifié de grand astronome. Il avait de la science et de l'érudition, c'est à cela que se borne son mérite. Il fut observateur et calculateur; mais ses théories n'auraient été propres qu'à faire rétrograder la science. Il n'est resté de lui que le nom d'*évection* qu'il a donné à la seconde inégalité de la Lune; mais en répétant chaque jour ce mot, les astronomes ont oublié la raison qui avait déterminé cette dénomination.

Reineri.

Tabulæ mediceæ secundorum mobilium universales, quibus per unicum prostaphæreon orbis canonem planetarum calculus exhibetur non solum Tychonicè juxta Rudolphinas Danicas et Lansbergianas, sed etiam juxta Prutenicas Alphonsinas et Ptolemaïcas, authore D. Vincentio Renerio. Genuensi Olivetano, 1609.

Ce titre ne nous promet pas de nouveautés bien intéressantes. Dans son premier chapitre, l'auteur nous parle des erreurs monstrueuses de la Géographie ancienne, auxquelles il applique assez plaisamment ces vers de Virgile :

> *Pelago* (credas) *videas innare revulsas,*
> *Cycladas et montes concurrere montibus altos.*

Pour remédier à ce désordre, Galilée avait trouvé dans le ciel un *phénomène qui peut remplacer les éclipses, il n'est pas de nuit qui ne puisse fournir plusieurs observations propres à corriger les longitudes.* On voit qu'il parle des satellites de Jupiter, dont on peut observer les conjonctions, les occultations et les éclipses; en sorte, dit-il, qu'il ne reste plus rien à désirer pour le problème des longitudes. A ce propos, il annonce que pour faciliter ces recherches, il prépare des tables tirées des observations de Galilée et des siennes propres, et qu'il publiera des éphémérides des mouvemens des satellites. Nous avons déjà parlé de ces tables perdues, et qui peut-être n'ont jamais existé.

Reineri commence par les usages des Tables Rudolphines. Pour les planètes supérieures, après avoir calculé à l'ordinaire le lieu héliocentrique, il en déduit la longitude géocentrique au moyen de la prostaphérèse du grand orbe, qu'il trouve par deux opérations. Avec le rayon vecteur de la Terre, et l'anomalie de la planète, il cherche la plus grande prostaphérèse possible; puis avec ce maximum et l'angle de commutation, il détermine la prostaphérèse actuelle. Le calcul est le même avec de légères modifications, pour les planètes inférieures.

Le calcul des latitudes est à peu près semblable. Il donne des exemples tout pareils, par les tables nommées dans le titre de son ouvrage. Ce qui peut distinguer ces tables, c'est la prostaphérèse qu'il a donnée avec assez d'étendue pour qu'elle pût être commune à toutes les planètes. Il traite brièvement du calcul des éclipses, et ne donne rien qui ne soit très connu. Il finit par des tables de parallaxe de hauteur, de longitude et de latitude, pour différens parallèles, depuis le trente-unième jusqu'au cinquante-quatrième.

Athanase Kircher.

Athanasii Kircheri, Fuldensis Buchonii, è societate Jesu presbyteri. ARS MAGNA LUCIS ET UMBRÆ *in X libros digesta. Editio altera multo auctior. Amstelodami,* 1675. L'approbation est du 18, et la permission d'imprimer du 29 décembre 1644.

Cet ouvrage, un peu bizarre, commence par une espèce d'arbre au pied duquel est un jésuite à genoux. Sur toutes les branches de l'arbre on voit des cadrans polaires pour toutes les provinces de l'ordre des Jésuites. A chacun des quatre côtés on voit un jésuite en prières, qui prononce dans toutes les langues connues, *à Solis ortu usque ad occasum laudabile nomen Dei.*

Kircher commence par parler du Soleil et de ses taches, qu'il compare aux scories qui se forment sur un métal en fusion. Il rapporte, d'après Suétone, qu'à la mort de César on avait vu autour du Soleil une vapeur épaisse et fuligineuse. Virgile avait dit avant lui :

Cum caput obscurâ nitidum ferrugine texit.

Au tems de Justinien, le Soleil parut, pendant un an, couvert d'un voile si obscur, qu'il ressemblait tout-à-fait à la Lune. Les Arabes observèrent le même phénomène en l'an 64 de l'Hégire. Paul Diacre nous apprend qu'en l'an 970, pendant 17 jours, par un ciel très serein, le Soleil n'eut qu'une lumière faible et obscure. Peu de jours après, on vit une comète. Cornélius Gemma, dans sa Cosmocritique, dit qu'en 1569 le Soleil se montra à toute l'Europe, pendant plusieurs jours, d'une couleur sanglante, et que ce phénomène fut encore suivi d'une comète, et même de troubles civils. En 1625, un peu avant la guerre de Suède, pendant toute une année, le disque solaire fut singulièrement couvert de taches. En 1628, Cysatus, dans l'éclipse solaire du jour de Noël, remarqua l'atmosphère de la Lune ou des vapeurs qui s'exhalaient de son globe. Weidler nous dit que ce même Cysatus, professeur de Mathématiques à Ingolstadt, fut le premier (en 1618), qui employa la lunette pour observer une comète, et qu'il remarqua quelques inégalités ou fissures dans le noyau.

Au livre II, page 94, Kircher parle de la Lanterne magique, qui n'est pas de son invention, quoiqu'elle lui soit attribuée. C'est lui-même qui nous l'apprend. *Ego sane memini me eâ methodo Christi D. N. crucifixionem exacte in obscuro loco repræsentatam vidisse. Hâc methodo Rudolpho II° imperatori ab insigni mathematico omnes prædecessores Romanos Cæsares à Julio Cæsare ad Mauritium usque recta specie repræsentatos esse ita ad vivum ut quotquot præsentes fuerint id magicâ arte aut necromanticâ adjuratione fieri putaverint, à magni nominis viro, huic spectaculo præsente, accepi.* Il est vrai que Kircher paraît avoir perfectionné cette invention, dont il traite spécialement à la p. 768; il paraît même, qu'à la lumière de la lampe il imagina de substituer celle du Soleil, qu'il recevait sur un miroir sur lequel étaient peints les objets qu'il voulait représenter.

Ce *grand Art de la Lumière et de l'Ombre* n'est guère autre chose qu'un long traité de Gnomonique, riche en applications curieuses ou bizarres, mais dans lesquelles nous n'avons remarqué rien de neuf en théorie. Il enseigne à décrire toutes les espèces de cadrans, soit par les moyens ordinaires, soit par des moyens moins directs et moins sûrs, comme, par exemple, de décrire le cadran tout entier d'une seule ouverture de compas; il montre à tracer des cadrans sur chacune des faces des cinq corps réguliers, dans un hémisphère, dans un cube et dans un cône creux. Il abonde en pratiques pour la description des arcs des signes; il nous dit comment on pourra déterminer les deux points extrêmes d'une ligne horaire quelconque, par leurs distances à un point donné. Ce qu'il y a de plus neuf dans ce gros Traité, est l'Art des cadrans par réflexion. Le problème n'était ni bien difficile, ni d'une utilité bien grande.

Kircher était né à Gessein, près de Fulde, en 1602; il fut long-tems professeur de Mathématiques au Collége romain; il mourut en 1680. Nous dirons ailleurs quelques mots de son *iter Exstaticum cœleste*, ouvrage dans le goût du Songe de Képler, mais plein de rêveries dont son modèle ne lui avait pas donné l'exemple. Son Œdipe égyptien nous a fait connaître un fragment de zodiaque, auquel Bailly n'accorde pas une grande confiance.

« Tous ses ouvrages, dit Montucla, attendu la profusion d'érudition et » d'imagination qui y règne, et leurs nombreuses gravures, ont du prix » dans la Bibliographie. » Après la dédicace de son grand Art, Kircher nous donne le portrait en pied d'un comte de Waldstein, à qui cette dédicace est adressée. Comme Scheiner, il cherche à flatter son protecteur. On remarque dans Riccioli, jésuite comme les deux premiers, à peu près la même affectation et cette espèce de goût bizarre pour les dessins et les gravures allégoriques. C'est une chose bien singulière que, parmi ce grand nombre de professeurs jésuites qui ont écrit sur les Sciences et même sur les Lettres, il ne s'en trouve aucun qui se soit vraiment distingué, soit par une découverte, soit par un ouvrage véritablement bon.

Au reste, nous verrons par l'ouvrage suivant, que cet esprit adulateur et de mauvais goût, que nous reprochons à nos trois jésuites, ne fait pas le caractère distinctif de cet ordre fameux, et qu'un humble capucin va les égaler, sinon les surpasser, dans cette science.

Antoine-Marie Schyrle.

Oculus Enoch et Eliæ, sive Radius sidereomysticus, pars prima, authore

R.P.F. Antonio Maria Schyrleo de Rheita, ord. Capucinorum concionat., etc. opus.... non tam utile quam jucundum. Antwerpiæ, 1645. La planche qui est en tête de l'ouvrage nous donne déjà, comme le titre, une idée du style et du caractère du bon capucin.

La dédicace est à Jésus-Christ; une seconde est adressée à Ferdinand III, empereur, et aux sept électeurs. Dans une préface verbeuse, l'auteur nous apprend qu'après avoir long-tems examiné les systèmes de Ptolémée, de Copernic, de Tycho et des autres astronomes, il s'est convaincu que dans tous on trouvait des choses superflues, déplaisantes, et peu conformes aux phénomènes. Il a fait la découverte d'un centre unique, auquel personne n'avait encore pensé (il ne daigne pas songer à Képler); il a fabriqué un zodiaque commun à tous les astres, et qui se meut le long de l'écliptique, d'un mouvement égal à celui du Soleil moyen. Ce zodiaque s'adapte également au système de Copernic et à celui de Tycho, avec une exactitude presque incroyable; mais en bon capucin, on pense bien qu'il donne la préférence à Tycho.

Il admet les excentriques comme démontrés et indispensables; on dirait qu'il n'a pas l'idée du mouvement elliptique, il ne le combat en nul endroit, et n'en fait pas la moindre mention. Il rejette les épicycles et les équans; il donne à chaque planète un mouvement unique et uniforme sur son excentrique. Il faut premièrement connaître ce mouvement et un point de départ, une époque sur chacun de ces excentriques; il faut connaître les excentricités, les nœuds, une de leurs époques et leur mouvement annuel, ainsi que l'inclinaison.

A tout cela il faut joindre l'écliptique du Soleil, laquelle sera fixe dans le système de Tycho, et mobile dans celui de Copernic. Il détermine les excentricités en prenant des moyennes arithmétiques entre les plus grandes et les plus petites; ces excentricités, en allant de Saturne à la Lune, sont 0,8490, 0,6866, 0,3000, 0,0247, 0,0784, 0,0050; celle du Soleil sera 0,0365, comme le nombre des jours de l'année. On voit que l'auteur ne s'embarrasse guère des diamètres apparens qui exigent la bissection de toutes ces excentricités; mais comme il ne calcule rien, on sent que son système sera toujours assez bon.

Le Soleil mobile entraîne avec lui tous les centres des excentriques; les planètes se meuvent sur les circonférences de ces cercles, dont les centres sont mobiles. Par ces moyens, *sans aucun épicycle*, il parvient à représenter tous les phénomènes et toutes les inégalités, les stations et les rétrogradations; il n'a plus aucun besoin du mouvement de la Terre.

Dans le fait, il s'est borné à retourner le système de Tycho, à peu près comme Tycho avait retourné celui de Copernic; il supprime les épicycles, mais, ce dont il ne se vante pas, c'est qu'il les remplace par des *hypocycles;* au lieu de faire tourner sur l'excentrique le centre d'un petit cercle appelé *épicycle, cercle superposé,* il fait tourner le centre de l'excentrique sur la circonférence d'un petit cercle auquel il ne donne pas de nom, et que j'appelle *hypocycle, cercle placé en dessous.* Du reste, il n'appuie ses hypothèses sur aucune démonstration, sur aucun calcul, et réellement il n'en a aucun besoin.

Il soupçonne que les étoiles pourraient avoir leurs mouvemens propres, que l'énormité de la distance nous empêcherait d'apercevoir. Les étoiles changeantes pourraient bien avoir de grandes orbites et de longues révolutions; il oublie que les étoiles changeantes sont fixes et ne changent pas de lieu. Il explique ainsi la disparition des nombreux satellites qu'il avait donnés à Jupiter, et qu'il n'a plus revus depuis; il assure, de nouveau, qu'il a vu des changemens notables dans leurs distances réciproques.

Il conjecture que toutes les planètes tournent autour de leur axe 365 fois dans chacune de leurs révolutions périodiques.

Le Soleil ne tourne qu'une fois en un an; les taches qu'on observe sont des planètes qui tournent autour du Soleil. Le Soleil aurait un hémisphère plus chaud et un hémisphère moins chaud, ce qui expliquerait la différence des températures de l'hiver et de l'été.

Une autre idée, non moins bizarre, est que, dans le système de Copernic, la chaleur devrait être proportionnelle au rayon du parallèle; elle serait absolument nulle aux pôles où le parallèle se réduit à un point; car, dit-il, c'est le mouvement qui produit la chaleur.

Il rapporte qu'en 1642, à Cologne, il vit passer devant le Soleil une troupe (*turmam*) d'étoiles solaires qui se succédèrent pendant 14 jours; l'éclat du Soleil en était considérablement affaibli. Avec sa lunette, il vit au milieu du disque un globe parfaitement rond, noirâtre, et *gros comme le poing.* Pendant huit jours ce globe éclipsa une partie considérable du Soleil; il causa des vents affreux, des pluies et un froid très extraordinaire pour le mois de juin.

Il ne désespère pas qu'on n'ait un jour des lunettes qui grossissent de 3 à 4000 fois, qui nous feront beaucoup mieux connaître la Lune. Il a déjà préparé un binocle dont il se promet de grands effets. Il donne à la Lune une atmosphère, et si l'on n'y voit aucun nuage, il l'attribue à l'extrême chaleur. Il nous donne une carte de la pleine Lune, telle qu'il l'a vue dans sa lunette. Il reproduit quelques-unes des idées du Songe de Képler, sur l'Astronomie des habitans de la Lune. Il appelle *Antichthones* ceux qui sont daus l'hémisphère qui nous est invisible. Il a l'air de nous dire que les habitans de la Lune verraient des phases au Soleil; il veut dire, apparemment, qu'elle a des points pour lesquels le Soleil ne se lèverait pas tout entier. Il croit que dans la Lune l'été et l'hiver ne seraient chacun que de $14\frac{3}{4}$ de jours; que les fruits n'auraient pas le tems de croître et de mûrir, et qu'ainsi la Lune n'est point habitée.

Il attribue les marées, dans les pleines Lunes, à la raréfaction, et dans les nouvelles Lunes, à la condensation de l'air qui se trouve entre la Lune et la Terre. Nous épargnerons à nos lecteurs les développemens qu'il donne à son idée.

Il émet l'opinion singulière que Saturne n'est point éclairé par le Soleil, mais par les compagnons qu'il a sans cesse à ses côtés, à moins que Saturne ne soit lumineux par lui-même, et n'éclaire les deux globes qui l'accompagnent.

Il trouve à Jupiter un diamètre de 3′, et un de 2′ à Saturne. Pour ces mesures, il se sert d'une lunette à deux verres convexes, dont la Lune emplit le champ tout entier; il regarde alternativement la Lune et la planète qu'il lui compare, et il estime le rapport des diamètres.

En parlant des satellites qu'il a vus en grand nombre autour de Jupiter, et qu'il n'a pas revus, il n'en donne ni les révolutions, ni les distances, que sans doute il n'a pas eu le tems d'observer; il ne parle que des quatre sur lesquels on ne peut élever aucun doute; il en donne les distances en diamètres de Jupiter, et les fait de 10, 6, 4 et 3, ce qui n'est pas d'une grande exactitude. Selon lui, les quatre diamètres sont 1736, 1185, 822, 549, ce qui n'est pas non plus bien juste; car il est reconnu que le troisième est le plus gros de tous. Il nous dit que le premier et le troisième sont les plus brillans, et que ceux-là se trompent qui croient que ces satellites reçoivent toute leur lumière du Soleil ou de Jupiter. Cette planète lui paraît la plus grande et la plus belle de tout le système solaire; elle doit éprouver des vicissitudes admirables de lumière et de mouvemens, quoiqu'il ne la fasse tourner sur elle-même que 365 fois en douze ans. Si Jupiter a des habitans, ils doivent être plus grands et plus beaux que nous, dans la proportion des deux globes. Il n'ose pourtant pas certifier leur existence, qui donnerait lieu à quelques difficultés monacales. Il se demande, par exemple, s'ils ont su se maintenir dans leur état primitif d'innocence, ou si, comme nous, ils en sont déchus.

Képler avait été obligé de recourir à l'ellipse pour les mouvemens de Mars; il se vante de la représenter par son excentrique, et cela *jucunde et utiliter,* sans *épicycle.* Ses hypothèses *charmantes* sont tombées dans l'oubli, et l'ellipse de Képler est restée. Il appelle Vénus et Mercure des *lunes solaires,* dénomination qui convient également à toutes les planètes, dans le système de Copernic, et à toutes, excepté la Terre, dans celui de Tycho.

Il a fait exécuter un *planétologe* ou *planétaire,* sur lequel on voit toutes les planètes se mouvoir, conformément à son système, sans aucune roue, et seulement à l'aide d'un poids, comme celui d'une horloge, ou bien encore avec des roues dont il a calculé le nombre des dents.

Il décrit ensuite son binocle dans un appendice dont le titre est :

Oculus astronomicus binoculus, sive praxis dioptrices.

En l'an 1609, un opticien batave qu'il nomme *Joannes Lippensum* de Zélande, ayant joint par hasard un verre convexe et un verre concave, vit avec admiration que cette combinaison faisait paraître les objets plus gros et plus voisins. Ayant donc placé ces deux lentilles dans un tube, à la distance la plus convenable, il faisait voir aux passans le coq du clocher. Le bruit de cette invention s'étant répandu, les curieux venaient en foule pour admirer ce prodige. Le marquis de Spinola acheta la lunette, et il en fit présent à l'archiduc Albert. Les magistrats ayant mandé l'opticien, lui payèrent assez chèrement une lunette pareille, mais à la condition singulière qu'il n'en vendrait, ni même n'en ferait aucune autre; ce qui explique, nous dit Rheita, comment une invention si fortuite et si admirable était restée quelque tems inconnue. Elle se répandit enfin; elle fut perfectionnée, et Galilée, par ses découvertes, lui donna la plus grande célébrité; cette lunette, cependant, étant assez incommode parce qu'elle avait trop peu de champ, Rheita sentit la nécessité de mettre en pratique les idées de Képler; il assembla deux lentilles convexes; mais, comme tout a ses inconvéniens, les objets étaient renversés, ce qui, au reste, ne lui paraît pas un grand mal. Il y remédia depuis, en ajoutant un second oculaire. Il est incroyable, nous dit-il encore, combien le champ fut augmenté; il pouvait apercevoir à la fois, et compter de 40 à 50 étoiles, parce que le champ était devenu cent fois plus grand que celui de Galilée. Animé par ce succès, il chercha si, en réunissant deux lunettes dans le même tube, il ne verrait pas encore mieux; les objets lui parurent beaucoup plus vifs et presque deux fois aussi distincts, ce dont on pourra facilement se convaincre par l'expérience. Le Gentil qui, de nos jours, a renouvelé l'épreuve, en parle dans le même sens. Cependant, les binocles sont inusités, peut-être ne conviennent-ils qu'aux observateurs qui ont les deux yeux parfaitement égaux, ce qui est assez rare; mais la principale difficulté serait celle d'avoir deux réticules parfaitement égaux, pour ne voir qu'une image, et observer avec précision les passages aux fils. Rheita n'en a pas moins rendu à l'Astronomie un service des plus signalés, en exécutant la lunette imaginée par Képler. Si ce grand astronome ne la construisit pas lui-même, c'est probablement parce qu'il n'était pas riche, et qu'il avait de mauvais yeux.

L'auteur explique ensuite la manière de tailler et de polir les verres, et de leur donner la forme hyperbolique suivant les idées de Descartes. Il est aussi l'auteur des mots *objectif* et *oculaire*, qui sont restés.

Il donne une table des dimensions des deux verres sphériques qui composent une lunette.

Si la longueur focale de l'objectif est 1, il donne à l'objectif une ouverture de 0,013, et à l'oculaire une ouverture de 0,025. Les verres hyperboliques admettent des ouvertures plus grandes, parce que la réunion est plus exacte que dans les verres sphériques. Il a reconnu la nécessité de couvrir les bords de l'objectif, pour avoir des images nettes. Plus le rayon de l'oculaire sera court en comparaison du rayon de l'objectif, plus grande aussi sera l'amplification; on peut la porter jusqu'à 3000. Il emploie le diaphragme pour arrêter les réflexions latérales.

Pour son binocle, il prescrit de placer en avant de l'oculaire une sorte de masque où l'on puisse faire entrer le front, le visage et le nez, afin d'avoir les yeux toujours à la même place quand on observe. Les deux oculaires seront écartés de la distance des deux prunelles; les centres des objectifs doivent être plus écartés l'un de l'autre, à mesure que l'objet est moins éloigné. Pour produire l'écartement le plus convenable, il fait tourner une roue dentée entre les deux objectifs.

Il indique ensuite d'une manière énigmatique, et par des lettres transposées, quelques autres idées qu'il promet de développer un jour. Nous ignorons s'il a tenu parole.

Ici se termine la partie physique et astronomique; l'autre est intitulée :

Theoastronomia, opus theologis et verbi Dei præconibus utile et jucundum.

Il est dédié à la Vierge Marie. De tous les ouvrages imprimés, aucun ne mérite mieux que cette partie le titre de *capucinade*. Vénus y est tantôt la déesse et tantôt la Vierge Marie, et tantôt l'Église catholique. Mars est le Diable, Saturne est Jésus-Christ, etc.

Il y consacre un chapitre au *télescope mystique*, qui est la Loi. Il y remarque qu'en retournant la lunette, c'est-à-dire, en mettant l'œil à l'objectif, on voit les objets éloignés et diminués. Dans le Paradis terrestre, le Diable a retourné la lunette d'Adam; de là sa désobéissance, le péché originel et ses suites fâcheuses. Jésus-Christ est venu redresser la lunette, il l'a perfectionnée par l'addition d'un second oculaire, qui montre les objets dans leur situation naturelle.

Il explique ensuite la vision d'Ézéchiel, et nous apprend qu'il était défendu aux fidèles de lire cette vision avant l'âge de 40 ans, quelque instruits qu'ils fussent d'ailleurs. Selon lui, elle figurait le jugement dernier et la fin du monde. Le cardinal Cusa, par le compte des années jubilées qui avaient eu lieu depuis la création du monde jusqu'à Ézéchiel, depuis Ézéchiel jusqu'au premier avènement de J.-C., conjecturait que le second aurait lieu en 1700. Rheita admet le calcul (en 1645), et il en conclut que le jugement dernier n'était plus bien éloigné. Il nous rassure un peu en disant que personne ne connaît ce tems, pas même les anges, et il se flatte que la fin du monde n'est pas si prochaine, malgré tous les signes avant-coureurs qui lui paraissent l'annoncer.

L'ouvrage du révérend Père est en général ennuyeux et ridicule; il est précédé d'une figure qui représente le Père éternel tenant une chaîne à laquelle le monde est suspendu; deux bouts de la chaîne passent par les mains de J.-C. et du St.-Esprit; de là la chaîne passe par les mains de plusieurs anges; chacune des deux parties se divise en deux branches qui passent par les mains de plusieurs princes, au nombre de sept; les deux se réunissent et soutiennent une espèce de globe sur lequel est inscrit la Terre, Oculus, Énoch, etc. Ce globe, dans sa partie inférieure, repose sur le dos de l'empereur qui, sous ses pieds, a l'inscription : *Atlas S. R. imperii.* Le fond est rempli d'images tirées de l'Apocalypse. Rappelons, en finissant, que l'auteur a fait construire le premier la lunette astronomique actuelle.

Bayer.

Joannis Bayeri Rhainani J. C. Uranometria, *omnium asterismorum continens schemata novâ methodo delineata, æreis laminis expressa. Ulmæ,* 1661.

Ejusdem explicatio caracterum æneis Uranometrias *imaginum tabulis insculptorum, addita et commodiore hac forma tertium redintegrata. Ulmæ;* 1697.

Lalande nous dit que la première édition de l'Uranométrie est de 1603, la deuxième de 1648, la troisième de 1661; c'est celle que je possède. Dans la première, l'explication était sur le revers des planches; on l'imprima à part en 1624, 1640 1654; Lalande nous dit encore que ces cartes sont les premières qui aient été faites avec intelligence et avec soin, et qu'on en a fait usage jusqu'au tems où l'on publia l'Atlas de Flamsteed. Les cartes d'Hévélius, publiées en 1687, auraient pu les faire passer de mode, car l'exécution en est plus belle, et probablement encore plus soignée. Les positions des étoiles y doivent être plus exactes; mais ce qui a pu faire continuer l'usage des cartes de Bayer, ce qui fera vivre le nom de ce jurisconsulte astronome, c'est l'idée qu'il eut de désigner les étoiles de ses constellations par les lettres de l'alphabet grec; idée qu'on a étendue depuis, et qui est si commode, qu'il paraîtra étonnant qu'Hévélius ait négligé de donner le même avantage à son Firmament de Sobieski.

Le frontispice de Bayer offre un anachronisme assez singulier; il représente Atlas tenant d'une main le planisphère d'Hipparque et de l'autre un compas, avec cette inscription : *Atlanti vetustissimo astronomorum magistro;* et à droite Hercule portant un globe avec ces mots : *Herculi vetustissimo astronomorum discipulo.* Le haut de la planche représente une femme avec une couronne mêlée d'étoiles; sur un char traîné par deux lions, Apollon et Diane; au-dessous on lit ΟΥΔΕΙΣ ΕΙΣΙΤΩ ΑΓΕΩΜΕΤΡΗΤΟΣ, et *æternitati;* au bas est le Capricorne.

Les planches du livre doivent être au nombre de 51; mon exemplaire n'en a que 39. La première, marquée A, représente la petite Ourse, les quatre pattes en l'air et la queue en bas; les lettres sont α, β, γ, δ, ϵ, ζ, η, θ; la carte est traversée par les deux colures; les cercles de latitudes et ceux de déclinaisons sont, les uns comme les autres, au nombre de douze seulement. On y a tracé de plus les cercles diurnes des principales étoiles. L'obliquité paraît de 23° $\frac{1}{2}$. Les étoiles voisines soit informes, soit appartenantes à d'autres constellations, y sont sans lettres et sans nom.

La feuille 2 ou B, représente la grande Ourse, qui épuise l'alphabet grec, et emploie les lettres *a*, *b*, *c*, *d*, *e*, *f*, *g* et *h* de l'alphabet italique. Cette constellation est un peu plus riche dans Hévélius. Les figures de Bayer sont moins foncées et plus transparentes, mais les étoiles ne s'en détachent pas mieux, et quelquefois moins bien.

3 ou C, Dragon; alphabet grec tout entier, italique jusqu'à *i*. Les figures de Bayer sont vues par dehors. Hévélius lui en a fait un reproche, et il a dessiné les siennes telles que nous les voyons.

4 ou D, Céphée nous montre le dos, mais le visage est vu de profil; alphabet grec de α jusqu'à ρ. Il n'a pas le sceptre que lui ont donné Hévélius et Flamsteed. Les jambes n'ont aucune étoile.

5 ou E, le Bouvier, α — ω, *a* — *k*, se présente de face, tandis que dans Hévélius, il tourne le dos; au lieu de la faucille, Hévélius lui donne la lesse des chiens de chasse; auprès est une gerbe qui tient lieu de la chevelure de Bérénice, des cartes grecques et modernes.

6 ou F, la Couronne α — υ.

7 ou G, Hercule α — ω, *a* — *z*; il est représenté la tête en bas; la main qui porte aujourd'hui Cerbère ne porte qu'un rameau garni de feuilles et de fruits.

8 ou H, la Lyre, α — ν; le vautour qui la porte a le bec sur Wéga.

9 ou I, le Cygne, α — ω, *a* — *g*.

10 ou K, Cassiépée, α — ω, *a*. Bayer y a joint l'étoile de 1572.

11 ou L, Persée, α — ω, *a* — *o*, présente le dos et la figure de profil; à n● voir que la tête, on croirait qu'il se montre presque en face. Cette situation forcée se reproduit dans beaucoup de figures.

12 ou M, Le Cocher avec la Chèvre sur le dos; le bras replié soutient les Chevreaux, α — ψ; au bas de la planche on voit les huit degrés qui font la demi-largeur du zodiaque; ces degrés sont marqués par des lignes blanches, le reste est ombré.

13 ou N, Ophiucus vu par le dos, α — ω, *a* — *f*; les seize degrés du zodiaque.

14 ou O, le Serpent, α — ω, *a* — *e*.

15 ou P, la Flèche, α — θ.

16 ou Q, l'Aigle et Ganimède, de face; Ptolémée y avait mis Antinoüs. α — ω, *a* — *h*.

17 ou R, le Dauphin, α — χ.

18 ou S, le petit Cheval, α — δ.

19 ou T, Pégase, α — ψ.

20 ou V, Andromède, α — ω, a — c.
21 ou W, le Triangle, α — ε.
22 ou X, Ariès, α — τ, manque dans mon exemplaire, ainsi que les onze autres signes du zodiaque.
23 ou Y, Taureau, α — ω, a — u.
24 ou Z, Gémeaux, α — ω, a — g.
25 ou A*a*, Cancer, α — ω, a — d.
26 ou B*b*, Lion, α — ω, a — p.
27 ou C*c*, Vierge, α — ω, a — q.
28 ou D*d*, Balance, α — o.
29 ou E*e*, Scorpion, α — ω, a — c.
30 ou F*f*, Sagittaire α — ω, a — h.
31 ou G*g*, Capricorne, α — ω, a — c.
32 ou H*h*, Verseau, α — ω, a — i.
33 ou I*i*, Poissons, α — ω, a — l.
34 ou K*k*, Baleine, α — ψ,
35 ou L*l*, Orion, vu par le dos, α — ω, a — p.
36 ou M*m*, Eridan, α — ω, a — d.
37 ou N*n*, le Lièvre, α — ν.
38 ou O*o*, grand Chien, x — o; β est à l'anneau du collier; Hévélius l'a mis à la patte.
39 ou P*p*, Procion, α — $\varkappa$.
40 ou Q*q*, Vaisseau, α — ω, a — s; en avant on voit un rocher, sur le vaisseau un guerrier et un rameur.
41 ou R*r*, Centaure, α — ω, a — q.
42 ou S*s*, Coupe, α — λ.
43 ou T*t*, Corbeau, α — $\varkappa$.
44 ou U*u*, Hydre, α — ω, a — b.
45 ou W*w*, le Loup, α — υ.
46 ou X*x*, l'Autel, α — θ, renversé, les pieds au nord.
47 ou Y*y*, Couronne australe, α — ν.
48 ou Z*z*, Poisson austral, α — μ.
49 ou A*aa*, Paon, Grue, Phœnix, Dorade, Poisson volant, Hydre, Chamæleon, Apus, Toucan, indien; sans lettres; grand et petit nuage; les deux pôles sud.
50 ou B*bb*, Hémisphère boréal, sans lettres et sans figures.
51 ou C*cc*, Hémisphère austral, sans lettres et sans figures.

L'ouvrage et l'explication sont également médiocres. La grandeur de l'échelle aurait permis de multiplier beaucoup plus les cercles de déclinaison et de latitude, ainsi que les parallèles, et autres indications. Il n'a jamais dû être d'une grande utilité; aujourd'hui il ne peut plus être d'aucun usage.

Calvisius.

Opus chronologicum Sethi Calvisii. Editio tertia. Francfort, 1629.

L'auteur était mort à Leipzig, en 1615. Il emploie près de 300 éclipses pour régler sa Chronologie; les mouvemens célestes et les différentes époques de l'histoire sont rapprochés avec beaucoup d'érudition. C'est le jugement qu'en porte Lalande, dans sa Bibliographie, page 193. Une quatrième édition parut en 1650, en 1030 pages; elle va jusqu'à l'an 1650.

LIVRE X.

Descartes.

Descartes est principalement connu comme philosophe et comme géomètre. Sous ce double rapport, il a été jugé par Montucla, d'une manière qui ne laisse rien à désirer. Ce qu'il a fait pour la Physique du monde serait moins étranger à notre plan, si l'auteur se fût moins livré à son imagination, et s'il se fût attaché à considérer et à expliquer les phénomènes constatés par les observations. Mais en aucun endroit de ses ouvrages, on ne voit autre chose que des suppositions vagues, incohérentes et tout-à-fait arbitraires, pour ne rien dire de plus. Sous ce dernier rapport, il a de même été jugé avec beaucoup d'impartialité par l'historien des Mathématiques. Rien de ce qu'a composé Descartes n'appartiendrait donc à l'histoire de l'Astronomie, sans son traité de Dioptrique, son théorème des réfractions, et les efforts qu'il a faits pour corriger les lunettes astronomiques de l'aberration de sphéricité. Mais il suffit de ces travaux pour que nous nous croyons obligés d'en faire connaître l'auteur d'une manière un peu plus étendue, et qui réponde en quelque sorte à sa grande célébrité.

Il a été encore apprécié avec beaucoup de justesse et de talent dans la Biographie universelle ; mais il est des détails omis par les deux auteurs que nous venons de citer, et qui ne seront peut-être pas inutiles à celui qui voudra se faire une idée juste d'un homme aussi extraordinaire. Nous les puiserons dans ses ouvrages, et dans sa vie, par Baillet, quoique cette production volumineuse ne jouisse pas d'une haute considération; nous n'oserions même répondre absolument de tout ce qu'elle contient; mais elle a été composée dans la vue de rehausser la gloire et le mérite du philosophe français. L'auteur a soin continuellement de citer ses autorités; et lors même qu'il a négligé cette précaution, tout porte à croire qu'il ne parle que d'après des pièces authentiques. Au reste, si quelque particularité peut laisser quelque doute, nous ne la donnerons que sur la foi de Baillet.

René Descartes (ou Desquartes, *de Quartis*), naquit à la Haye, en Touraine, le 31 mars 1596, d'une famille noble, dont les diverses branches s'étaient établies en Touraine, en Poitou et en Bretagne. Son père, conseiller au Parlement à Rennes, l'envoya au collége de la Flèche pour y faire son cours d'études sous les Jésuites. Il s'y lia d'amitié avec le célèbre Mersenne, que Rapin a depuis appelé *le résident de M. Descartes à Paris.* Dès son enfance, il s'était fait remarquer par son goût pour la méditation; son père ne l'appelait que *le Philosophe,* et dans la confiance que lui inspiraient les dispositions sérieuses de son fils, il l'envoya sur sa bonne foi à Paris, à l'âge de dix-sept ans, sans aucun guide. Lié avec quelques jeunes gens de sa condition, le jeune philosophe manifesta d'abord une forte passion pour le jeu; mais le goût pour la retraite et la méditation ne tarda pas à l'emporter.

Au bout de quelques mois, voulant se dérober à des exemples dangereux, il alla se loger dans une rue écartée du faubourg Saint-Germain, et s'y livra sans distraction à ses études, ou plutôt à ses réflexions; car après qu'il eut fait, avec beaucoup de succès, le cours ordinaire d'Humanités, il s'était livré avec plus d'ardeur encore à l'étude de la Logique, de la Géométrie et de l'Algèbre; trois sciences qui lui semblaient absolument nécessaires pour le plan que dès-lors il s'était formé, de connaître tout ce qui est véritablement utile. Mais après un plus mûr examen, l'Analyse des anciens et l'Algèbre des modernes lui parurent des spéculations dont l'usage était trop borné. Dans la Logique, parmi plusieurs choses excellentes, il en voyait aussi beaucoup de superflues et même de nuisibles; il crut donc devoir « chercher une méthode qui renfermât » tout ce qu'il y avait de bon dans ces trois sciences, et qui fût dégagée » de toutes leurs superfluités. Ainsi, au lieu de cette multitude immense » de préceptes, qui composaient la Logique des écoles, il crut qu'il » pouvait se contenter des quatre règles suivantes :

» La première était de n'admettre comme véritables que les choses » dont la certitude serait évidente ; d'éviter toute précipitation, et de se » défier de tous les jugemens qu'il aurait portés d'avance; enfin, de re- » noncer à tout préjugé.

» La deuxième était de diviser les difficultés qu'il avait à examiner, » en autant de parties qu'il faudrait pour en rendre la solution facile.

» La troisième était de suivre une marche régulière et constante, en » allant du simple au composé.

» La quatrième et dernière était que dans la recherche des moyens,

» et dans l'examen successif des parties d'une difficulté, il en devait » faire une énumération exacte, et s'assurer qu'il n'avait rien omis. »

Tous ceux qui parlent de Descartes le proclament l'inventeur de ces règles; on a dit qu'elles paraissent aujourd'hui fort simples, parce qu'elles sont le fondement de l'éducation que nous avons reçue, mais que si nous nous reportons au tems où Descartes les a consignées dans son Discours de la Méthode, nous verrons combien elles différaient des principes adoptés dans les écoles, et qu'alors nous sentirons pleinement toute l'obligation que nous avons au philosophe qui le premier nous les a fait connaître.

Que ces règles sévères fussent trop négligées dans l'enseignement de la Philosophie scholastique, c'est un point dont il n'est pas possible de douter; mais qu'elles fussent bien neuves ou parfaitement ignorées, c'est ce qui pourrait se contester. Baillet nous dit expressément que « de tout » ce grand nombre de préceptes qu'il avait *reçus* de ses maîtres, dans la » Logique, il n'a retenu dans la suite que les quatre règles qu'on vient » de voir, et qui ont servi de fondement à toute sa philosophie. » Ses règles lui auraient donc été données par ses maîtres; sa gloire serait de les avoir suivies plus scrupuleusement, d'en avoir démontré l'excellence par l'usage qu'il en aurait fait; la suite malheureusement nous prouvera que, content de les avoir exposées au commencement de son premier ouvrage, pour se donner le droit de rejeter indistinctement tout ce qu'on avait dit avant lui, il les a trop souvent oubliées pour se livrer à son imagination, qui l'a égaré dans toutes les occasions où il n'a pu ou n'a pas voulu s'appuyer sur des démonstrations mathématiques. Bailly nous dit que « le joug de l'antiquité s'était appesanti. Descartes fut indigné de » voir que le monde était esclave; il était entouré d'erreurs respectées; » un jargon absurde fatiguait ses oreilles. Dans cette foule de connais- » sances incertaines... le doute était partout nécessaire...; un examen » général devait précéder les choix particuliers. Il vit que pour savoir » quelque chose il fallait commencer par oublier; il détruisit tout pour » tout reconstruire. »

La vérité est que, si le joug de l'antiquité s'était appesanti, nombre de bons esprits s'en étaient indignés avant Descartes. Copernic avait renversé le système de Ptolémée; Tycho avait détruit les cieux solides d'Aristote; Képler avait donné les loix du système du monde: Galilée, en défendant Copernic, s'était attaché spécialement à saper, dans tous ses fondemens, l'édifice de l'ancienne Physique, et c'est ce qui fut la cause principale de la persécution qu'il éprouva; la philosophie d'Aristote avait été rudement attaquée par Fabricius; Bacon traçait le plan d'une nouvelle Philosophie, toute fondée sur l'expérience; Gassendi avait signalé ses premières années par un écrit en forme contre les sectateurs d'Aristote, qu'il ne cesse de harceler dans tous ses écrits postérieurs; d'importantes vérités avaient remplacé des erreurs antiques. Dans cette ligue universelle des hommes de génie contre Aristote et les préjugés, Descartes a été, si l'on veut, un puissant auxiliaire, mais on ne peut le considérer ni comme le chef, ni comme l'âme de l'entreprise; on peut même le plaindre de n'avoir pu substituer, à un système qui croulait de toute part, qu'un système également chimérique, qui n'acquit que trop de faveur, et fut long-tems un obstacle à l'établissement de doctrines plus saines et plus géométriques.

Descartes avait été long-tems incertain sur le choix de l'état qu'il devait embrasser; il finit par n'en prendre aucun, que celui d'auteur, qui lui paraissait d'abord peu digne de sa condition. Ce fut là un de ces préjugés dont il ne put entièrement se défaire. Il se fit long-tems prier pour consentir à la publication de ses ouvrages, et manqua même plus d'une fois aux paroles qu'il avait données à Mersenne; plus d'une fois il déclara qu'il ne voulait plus rien imprimer. Peut-être sentait-il que pour établir et entretenir dans l'esprit de ses contemporains l'idée de cette supériorité qu'il s'accordait à lui-même, sur tous les philosophes et les géomètres anciens et modernes, il fallait ne pas trop se prodiguer, ni même se montrer; et de là peut-être le parti qu'il prit enfin de se confiner dans le fond de la Hollande, d'où il ne revint à Paris que rarement, et jamais dans l'intention de s'y fixer.

On voit que dans ses idées, la carrière militaire était la seule qui lui convînt; mais il aimait par dessus tout l'indépendance. En 1617, il entra, comme volontaire dans l'armée de Maurice de Nassau. Étant à Breda, il y vit affiché en flamand un problème qu'un inconnu proposait aux mathématiciens. Il se fit expliquer l'affiche par un professeur de Mathématiques, nommé Beckmann, à qui il porta dès le lendemain la solution : elle les lia d'une amitié qui ne finit qu'à la mort du professeur.

Il n'avait, dit-on, que vingt-deux ans quand il composa son Traité de musique; plus anciennement, et à sa sortie du collége, il en avait composé un autre sur l'*escrime;* on pense qu'il était fort jeune encore quand il eut l'idée d'appliquer l'Algèbre à la Géométrie, et qu'il conçut la première idée de son système sur l'âme des bêtes.

Des troupes de Hollande il passa dans l'armée de Bavière, afin de parcourir plus librement diverses parties de l'Allemagne. En Bohême, il apprit qu'à la mort de Tycho, l'empereur Rodolphe II avait acquis tous ses instrumens d'Astronomie, pour une somme de 22,000 écus d'or, payés à la famille, et qu'il les fit aussitôt enfermer soigneusement, de manière que personne ne fût admis à les voir, encore moins à s'en servir, et qu'à cet égard, Képler lui-même ne put obtenir aucune exception à la loi générale. Dans les troubles de Bohême, l'armée de l'électeur pilla ce trésor *comme dépouilles ennemies;* une partie des instrumens fut brisée et le reste converti à d'autres usages; on ne sauva que le moins utile, ce grand globe d'airain, mis précédemment en dépôt dans une maison de Jésuites, d'où il fut enlevé treize ans après par Uldaric, fils du roi de Danemarck, qui le fit transporter à Copenhague, et placer dans les bâtimens de l'Académie.

Dans le repos des garnisons, et dans le loisir que lui laissaient ses devoirs de volontaire, Descartes était sans cesse occupé du projet de refondre toute la Philosophie. La recherche des moyens qui pouvaient le conduire à ce but « jeta son esprit dans de violentes agitations qui » augmentèrent de plus en plus par une contention continuelle où il le » tenait, sans souffrir que la promenade ou les compagnies y fissent » diversion (*); il se fatigua de telle sorte que le *feu lui prit au cerveau,* » et qu'il tomba dans une espèce d'*enthousiasme,* qui disposa de telle » manière son esprit déjà abattu, qu'il le mit en état de recevoir les » songes et les visions. » Ici Baillet cite pour garant les premières feuilles d'un manuscrit qui portait pour titre *Olympica,* et en marge duquel Descartes avait écrit : *ceci fut composé durant mon enthousiasme.*

Ce même manuscrit nous apprend que, le 10 novembre 1619, Descartes s'étant couché tout rempli de cet enthousiasme, et tout occupé de la pensée d'avoir trouvé ce jour même les *fondemens de la science admirable,* fit trois songes fort extraordinaires, dont on peut voir le récit page 81 du livre de Baillet, et qu'à son réveil il les interpréta de manière à faire penser que son cerveau n'était pas entièrement guéri. « L'embaras où il se trouvait le fit recourir à Dieu, pour le prier de lui faire » connaître sa volonté, et le conduire dans la recherche de la vérité. Il » s'adressa ensuite à la sainte Vierge, pour lui recommander cette affaire » qu'il jugeait la plus importante de sa vie; et pour tâcher d'intéresser

(*) Il passait les journées à rêver dans une salle échauffée par un poêle. *In hypocausto.*

» cette bienheureuse mère de Dieu, d'une manière plus pressante, il » forma le vœu d'un pélerinage à N.-D. de Lorette. Il promit de partir » de Vénise à pied, et si ses forces ne pouvaient pas fournir à cette » fatigue, il prendrait au moins l'extérieur le plus dévot et le plus hu- » milié qu'il lui serait possible pour s'en acquitter. »

Le second de ses songes, dans lequel il crut entendre un grand coup de tonnerre qui le réveilla, et après lequel il aperçut beaucoup d'étincelles de feu répandues par la chambre, a quelque ressemblance à la vision d'un autre géomètre, non moins profond penseur; on voit que nous voulons parler de Pascal « et de la vision ou de l'*extase* qu'il eut peu » après son accident de Neuilly, et dont il conserva la mémoire dans » un papier qu'il portait toujours sur lui entre l'étoffe et la doublure de » son habit » (*).

Différentes causes s'opposèrent pendant quatre ans à l'accomplissement du pélerinage de Lorette. Descartes avait entendu parler des frères de la Rose-Croix, qui promettaient aux hommes la *véritable science* et *une nouvelle sagesse*. Il se mit à chercher ces docteurs par toute l'Allemagne. C'est dans ces courses que lui arriva cette aventure où sa présence d'esprit et son courage le tirèrent si heureusement d'un péril manifeste. Pour se rendre en West-Frise, il avait loué à Embden un petit bateau; les mariniers l'entendant converser avec son valet dans une langue inconnue, le prirent pour un marchand forain, qui devait avoir de l'argent, et persuadés qu'il n'était connu et ne serait réclamé de personne, ils prirent la résolution de l'assassiner et de jeter son corps dans la mer, pour profiter de ses dépouilles. Ils eurent l'imprudence de tenir conseil devant lui, croyant qu'il ne les entendrait pas; mais Descartes se leva subitement, tira l'épée, et leur parlant dans leur langage d'un ton imposant, il sut tellement les effrayer, qu'il le conduisirent paisiblement au lieu qu'il avait fixé pour son débarquement.

Robert Fludd avait écrit en faveur des Rose-Croix; Gassendi avait pris

---

(*) *Voyez* Bossut, discours sur la vie de Pascal, pag. 44 du tome I des Œuvres; *voyez* aussi la copie exacte de ce papier, tom. II, pag. 549, où elle est précédée de cet avis. « Cette pièce se trouva écrite de la main de Pascal, sur un petit parchemin » plié et sur un papier écrit de la même main; le parchemin et le papier étaient cousus » dans la veste de Pascal qui, depuis huit-ans, prenait la peine de les coudre et de les » découdre lorsqu'il changeait d'habit. L'original de cet écrit est à la bibliothèque de » Saint Germain-des-Prés. »

la peine de le réfuter. Quand Descartes arriva à Paris, en 1623, toutes les sociétés s'entretenaient de ces philosophes invisibles; on les chansonnait, on les couvrait de ridicules sur le théâtre. Le bruit s'était répandu que Descartes était affilié à leur secte. Dans cette circonstance, il crut devoir se montrer à ses amis pour dissiper cette erreur qui avait particulièrement inquiété Mersenne. Mais si Descartes ne les connut pas, s'il n'eut avec eux aucun entretien, on ne peut pas dire qu'il y eût de sa faute, et cette curiosité si active et si soutenue, pouvait au moins paraître singulière.

Un de ses parens venait de mourir commissaire-général des vivres à l'armée du côté des Alpes. L'idée du voyage d'Italie ou de Lorette lui revint en mémoire; il prétexta le désir et l'espoir de remplacer son parent, et se munit des recommandations qui devaient faciliter ce projet, auquel sans doute il attachait peu d'importance, puisqu'il mandait en même tems qu'un voyage au-delà des Alpes ne pouvait lui être que très utile, et que « s'il n'en revenait pas plus riche, il en reviendrait au moins » plus capable. » Il se rendit à Venise, accomplit son vœu de Lorette et s'arrangea pour être à Rome au tems du Jubilé.

A son retour par Florence, on a quelque raison de s'étonner qu'il n'ait pas montré pour voir Galilée, ce même empressement qu'il avait témoigné pour les Rose-Croix. Mais il savait à peu près quelles étaient les occupations et les ouvrages de Galilée, et les Rose-Croix lui annonçaient une science dont le titre au moins avait plus d'analogie avec celle qu'il avait imaginée. Il n'avait pas eu plus de curiosité pour voir Képler, qu'il reconnaissait cependant pour son premier maître en Optique.

Il a dit, dans une lettre à Mersenne, que « l'Astronomie est une » science qui passe la portée de l'esprit humain; et toutefois il avoue » qu'il est si peu sage, qu'il ne saurait s'empêcher d'y rêver, encore que » cela ne doive aboutir qu'à lui faire perdre du tems, comme il lui » est arrivé déjà depuis deux mois, qu'il n'a rien avancé dans son Traité » du monde. » Ce qui l'occupait alors c'était la nature des comètes, qu'il sentait la nécessité d'étudier à fond. Il demandait à Mersenne s'il n'existait pas quelque traité où l'on eût rassemblé toutes les observations qui en avaient été faites jusqu'alors; « car depuis deux ou trois mois, » dit-il, je me suis engagé fort avant dans le ciel, et après m'être satisfait touchant la nature des astres que nous y voyons, et plusieurs » autres choses que je n'eusse pas seulement osé espérer il y a quelques » années, je suis devenu si hardi que j'ose maintenant chercher la cause

» de la situation de chaque étoile fixe. Car encore qu'elles paraissent » fort irrégulièrement éparses çà et là dans le ciel, je ne doute pour» tant pas qu'il n'y ait entre elles un ordre mutuel, qui est régulier et » déterminé. La connaissance de cet ordre est la clé et le fondement de » la plus haute et plus parfaite science que les hommes puissent avoir » touchant les choses matérielles, d'autant que par son moyen, on pour» rait connaître *à priori* toutes les diverses formes et essences des corps » célestes, au lieu que sans elle il nous faut contenter de les deviner *à* » *posteriori* et par leurs effets. »

C'est en effet ce dernier parti qu'avait pris Képler, qui ne s'en était pas mal trouvé. Le plan de Descartes était plus hardi; mais est-il plus sage? et s'il a conçu ce dessein gigantesque, ne serait-ce pas un reste de cet *enthousiasme* ou de cette *chaleur de foie,* qui, suivant l'expression de son historien, « contribuait à lui faire enfanter des chimères lors» qu'il tâchait de produire quelque chose du fond de son esprit (tome II, » page 252). » Baillet ajoute, à la vérité, « qu'il s'en trouva entiè» rement délivré après quarante ans de vie; » c'est-à-dire vers l'an 1636. Or, c'est à peu près le tems où il travaillait à son Monde et à ses Principes. On pourrait donc se croire autorisé à reculer de quelques années l'époque de sa guérison totale.

Quant à Galilée, la seule fois qu'il en parle, c'est pour assurer « qu'il » n'a jamais eu aucune communication avec lui, qu'il ne voit rien dans » ses écrits qui lui fasse envie, et presque rien qu'il voulût avouer. » Il était particulièrement mécontent de l'explication que ce philosophe avait donnée du flux et du reflux de la mer; et en cela nous pouvons convenir qu'il n'aurait aucun tort, s'il n'eût donné lui-même de ce phénomène une explication qui est encore moins admissible.

Au reste, s'il se montra d'une sévérité excessive pour Galilée, Fermat, Pascal et quelques autres contemporains, il n'a pas trouvé plus d'indulgence en quelques-uns, et notamment en Gassendi, qui écrivait, en parlant de ses Principes de Philosophie, « Je ne vois personne qui ait » le courage de les lire jusqu'à la fin; rien n'est plus ennuyeux; il tue » son lecteur, et l'on s'étonne que des fadaises aient tant coûté à celui » qui les a inventées. On doit être surpris qu'un aussi excellent géo» mètre que lui, ait osé débiter tant de songes et de chimères, pour des » démonstrations certaines. »

Pascal ne lui était guère plus favorable. Voici comme il parle de son Système du Monde, tome II de ses œuvres, page 547 :

» Il faut dire en gros, cela se fait par figure et mouvement, car cela » est vrai; mais de dire quelle figure et mouvement, et composer la » machine, cela est ridicule, car cela est inutile, et incertain et pénible; » et quand cela serait vrai nous n'estimons pas que toute la Philosophie » vaille une heure de peine. »

Il est heureux pour Pascal lui-même qu'il n'ait pas toujours professé ce dernier sentiment.

Quoique le jugement de Gassendi ait été confirmé par la postérité, quoiqu'on ne puisse s'empêcher d'y adhérer complètement aujourd'hui, quand on lit ces *Principes*, on peut dire cependant que l'assertion n'était pas aussi vraie en totalité qu'elle l'est devenue depuis. Non-seulement on lisait le livre de Descartes; les jeunes professeurs de Philosophie embrassaient avidement ses opinions, soit qu'ils en fussent réellement séduits, soit qu'en se déclarant pour la nouvelle doctrine, ils ne cherchassent qu'une occasion d'argumenter et de soutenir des thèses piquantes par leur singularité.

Ce succès même amena la persécution. Les anciens professeurs conçurent des alarmes encore bien plus fondées que ne purent être celles des péripatéticiens d'Italie, à l'apparition des Dialogues de Galilée. Ce dernier ne fut regardé que comme hérétique; Descartes se vit accusé d'athéisme, condamné sans avoir été entendu; cité à comparaître en personne, il fit valoir l'incompétence de ses juges, se mit sous la protection de l'ambassadeur de France, et obtint une satisfaction complète. Il avait fait tout son possible pour éviter cette persécution; il avait recommandé la modération à ses partisans; il avait déclaré qu'il ne voulait nier aucun des principes admis dans les écoles; il prétendait seulement qu'ils lui étaient inutiles, et qu'il savait s'en passer. La nouvelle du procès et de la condamnation de Galilée l'avait rendu encore plus circonspect, et lui fit supprimer son livre *du Monde*. Il avouait que si le sentiment du mouvement de la Terre est faux, tous les fondemens de sa Philosophie le sont également; enfin, il crut avoir trouvé un moyen de contenter tout le monde; mais ce moyen a trop l'air d'une défaite et d'une vaine subtilité pour avoir pu contenter ni les Coperniciens ni ceux dont il craignait les censures. Le lecteur en jugera.

» Copernic n'avait pas fait difficulté d'accorder que la Terre était mue; » Tycho, à qui cette opinion semblait absurde, a tâché de la corriger. » Mais pour ce qu'il n'a pas assez considéré quelle est la vraie nature du » mouvement, bien qu'il ait dit que la Terre était immobile, il n'a pas

» laissé de lui attribuer plus de mouvemens que l'autre. » (*Principes*, troisième partie, n° 18, édition de 1724.)

Il paraît d'abord singulier que Tycho, qui refusait à la Terre le mouvement soit annuel, soit diurne, et qui la plaçait immobile au centre du monde, lui donnât réellement plus de mouvement que ne faisait Copernic. La suite nous donnera la solution de cette difficulté.

« J'aurai plus de soin que Copernic, de ne point attribuer de mou-» vement à la Terre; et je tâcherai de faire que mes raisons soient plus » vraies que celles de Tycho; je proposerai l'hypothèse qui me semble » la plus simple, et cependant j'avertis que je ne prétends point qu'elle » soit reçue comme entièrement conforme à la vérité, mais seulement » comme une supposition qui peut être fausse. (C'est la précaution com-» mune de tous les Coperniciens qui craignaient de se compromettre). » Le Soleil est semblable à la flamme en ce qui est de son mouve-» ment, et aux étoiles fixes en ce qui est de sa situation. Le mouvement » de la flamme ne consiste qu'en ce que chacune de ses parties se meut » séparément, car toute flamme ne passe point pour cela d'un lieu dans » un autre, si elle n'est transportée par quelque corps auquel elle soit » attachée. Ainsi nous pouvons croire que le Soleil est composé d'une » matière fort liquide et dont les parties sont si extrêmement agitées, » qu'elles emportent avec elles les parties du ciel qui leur sont voi-» sines... ; mais qu'il a cela de commun avec les étoiles fixes, qu'il ne » passe point pour cela d'un lieu du ciel dans un autre. Suivant les lois » de la nature, la flamme continuerait d'être après qu'elle est formée, » et n'aurait besoin d'aucun aliment, à cet effet, si ses parties, qui sont » extrêmement fluides et mobiles, n'allaient pas continuellement se » mêler avec l'air qui est autour d'elle... Or, nous ne voyons pas que » le Soleil soit ainsi dissipé par la matière du ciel qui l'environne; c'est » pourquoi nous n'avons pas sujet de juger qu'il ait besoin de nourri-» ture comme la flamme; et toutefois j'espère faire voir ci-après qu'il » lui est encore semblable en cela, qu'il entre en lui sans cesse quelque » matière, et qu'il en sort d'autre.

» Pensons que la matière du ciel est liquide aussi bien que celle qui » compose le Soleil et les étoiles fixes. C'est une opinion communé-» ment reçue des astronomes... ; mais plusieurs se méprennent en ce » qu'ils imaginent le ciel comme un espace entièrement vide, lequel » non-seulement ne résiste point aux autres corps, mais aussi qui n'ait » aucune force pour les mouvoir et les emporter avec soi.... Puisque

» nous voyons que la Terre n'est point soutenue par des colonnes, mais » qu'elle est environnée de tous côtés d'un ciel très liquide, pensons qu'elle » est en repos, et qu'elle n'a point de propension au mouvement; mais ne » croyons pas aussi que cela puisse empêcher qu'elle soit emportée par » le cours du ciel, et qu'elle en suive le mouvement sans cependant se » mouvoir. De même qu'un vaisseau, qui n'est point emporté par le » vent, et qui n'est point non plus retenu par des ancres, demeure en » repos au milieu de la mer, quoique peut-être le flux et le reflux de » cette grande masse d'eau l'emporte insensiblement avec soi; et tout » ainsi que les autres planètes, ressemblent à la Terre en ce qu'elles sont » opaques et qu'elles renvoient les rayons du Soleil, nous avons sujet de » croire qu'elles lui ressemblent encore, en ce qu'elles demeurent comme » elle en repos en la partie du ciel où chacune se trouve, et que tout » le changement qu'on observe en leur situation, procède seulement de » ce qu'elles obéissent au mouvement de la matière du ciel qui les con- » tient. Nous nous souviendrons de ce qui a été dit ci-dessus, touchant la » nature du mouvement, à savoir qu'à proprement parler, il n'est que » le transport d'un corps du voisinage de ceux qui le touchent immédia- » tement, et que nous considérons comme en repos, dans le voisinage » de quelques autres; mais que, selon l'usage commun, on appelle sou- » vent du nom de mouvement, toute action qui fait qu'un corps passe » d'un lieu dans un autre, et qu'en ce sens on peut dire qu'une chose » est mue ou ne l'est pas, selon qu'on détermine son lieu diversement. » Or, on ne saurait trouver dans la Terre, ni dans les autres planètes, » aucun mouvement, dans la propre signification de ce mot, pour ce » qu'elles ne sont point transportées du voisinage des parties du ciel qui » les touchent en tant que nous considérons ces parties comme en re- » pos; car pour être ainsi transportées, il faudrait qu'elles s'éloignassent » en même tems de toutes les parties de ce ciel prises ensemble, ce qui » n'arrive point; mais la matière du ciel étant liquide, et les parties qui » la composent fort agitées, tantôt les unes de ces parties s'éloignent de » la planète qu'elles touchent, et tantôt les autres; et ce, par un mou- » vement qui leur est propre, et qu'on doit leur attribuer plutôt qu'à » la planète qu'elles quittent, de même qu'on attribue les particuliers » transports de l'air ou de l'eau, qui se font sur la superficie de la Terre, » à l'air ou à l'eau, et non pas à la Terre; et si l'on prend le mouve- » ment suivant la façon vulgaire, on peut bien dire que toutes les autres » planètes se meuvent, même le Soleil et les étoiles fixes, mais on ne

» saurait parler ainsi de la Terre que fort improprement; car le peuple » détermine le lieu des étoiles par certains endroits de la Terre qu'il » considère comme immobiles, et croit qu'elles se meuvent lorsqu'elles » s'éloignent des lieux qu'elle a ainsi déterminés, ce qui est commode » à l'usage de la vie.... Mais si un philosophe, qui fait profession de » rechercher la vérité, ayant pris garde que la Terre est un globe qui » flotte dans un ciel liquide, dont les parties sont extrêmement agitées, » et que les étoiles fixes gardent toujours entre elles une même situation, » se voulait servir de ces étoiles en les considérant comme stables, pour » déterminer le lieu de la Terre, et ensuite de cela vouloir conclure » qu'elle se meut, il se méprendrait; car si l'on prend le lieu en son » vrai sens.... il faut le déterminer par les corps qui touchent immé- » diatement celui qu'on dit être mu, et non par ceux qui sont extrême- » ment éloignés, et si on le prend selon l'usage, on n'a point de raison » pour se persuader que les étoiles soient stables plutôt que la Terre.. ; » que si, néanmoins ci-après, pour nous accommoder à l'usage, nous » semblons attribuer quelque mouvement à la Terre, il faudra penser » que c'est en parlant improprement et au même sens, que l'on peut » dire quelquefois de ceux qui dorment et sont couchés dans un vaisseau, » qu'ils passent cependant de Calais à Douvres, à cause que le vaisseau » les y porte. »

Ainsi tout se réduit à ce peu de mots : *La Terre ne se meut pas, seulement elle voyage en bateau, elle est entraînée par un tourbillon.* Nous aurions pu supprimer cette longue citation, et n'en montrer que les dernières lignes, mais nous avons voulu donner un échantillon de la manière de l'auteur, et faire connaître la définition du mouvement qu'il a donnée précédemment. C'est par ces raisonnemens que Descartes croit avoir ôté tous les scrupules qu'on peut avoir touchant le mouvement de la Terre. Il est douteux que cette explication eût satisfait les juges de Galilée. Baillet, lui-même, n'est pas la dupe de ce subterfuge; car après avoir fait l'extrait de cette doctrine, il ajoute : « Quelque changement » qué M. D. ait donné au tour de ses expressions, touchant le mouve- » ment de la Terre, il ne changea jamais de sentiment sur ce point. Mais » ayant supprimé son Traité du Monde, il en transporta cette opinion » dans le livre des Principes, qu'il fit imprimer dix ans après, animé » par l'exemple de tout ce qu'il y avait d'habiles philosophes et mathé- » maticiens catholiques, à qui le décret de l'Inquisition n'avait pas fait » autant de peur qu'à lui. »

Ce fut vers le même tems qu'il étudia la Médecine et l'Anatomie, pour retarder la vieillesse qu'il sentait approcher. Il espérait par ce moyen vivre au moins un siècle, et l'abbé Picot, un de ses amis, qui était venu travailler avec lui, renchérissant sur ses idées, n'hésitait pas à se promettre quatre ou cinq-cents ans de vie.

La crainte de vieillir n'était pas ce qui le tourmentait le plus. Il se plaint à Chanut, ambassadeur de France en Suède, « de la contradiction » qu'on apportait à ses écrits en les lisant, ou de l'indifférence qu'on » avait pour les lire. Pour combler sa mortification, ses libraires n'étaient » pas honteux d'insulter à ses chagrins, et de se plaindre qu'ils n'avaient » plus le débit de ses livres. » (Baillet.)

Chanut, pour le dédommager du petit nombre de ses lecteurs, par le mérite et la qualité de ses disciples, lui acquit la reine de Suède, à qui il fit naître l'envie de lire ses ouvrages, et de le connaître personnellement. Descartes avait eu déjà une élève très distinguée, la princesse Palatine Elisabeth de Bohême, à laquelle il avait dédié ses Principes. Il composa pour Christine, une dissertation sur l'*Amour*, pris dans le sens le plus étendu, et une autre sur *le souverain bien*. La reine lui écrivit pour le remercier, et lui fit témoigner le désir qu'il vînt à sa cour, pour lui enseigner sa Philosophie de vive voix. Notre sage eut la faiblesse de se rendre à cette invitation; mais avant de quitter la Hollande, il mit ordre à ses affaires, comme s'il eût pressenti sa fin prochaine.

Il arrive à Stockholm, au mois d'octobre 1649, et loge chez l'ambassadeur, son ami. La reine veut le fixer en Suède, en le faisant naturaliser et incorporer à la noblesse suédoise. Ce n'était nullement le projet de Descartes, qui ne comptait rester que quelques mois. Il fait des vers pour un bal que donne la reine, à l'occasion de la paix de Munster; on a même trouvé dans ses papiers, les quatre premiers actes d'une comédie en prose, espèce de pastorale allégorique, qui ne serait pas aujourd'hui d'un grand intérêt. La reine l'engage à mettre ses manuscrits en ordre. Il rédige pour elle le plan d'une académie, dans laquelle il veut qu'aucun étranger ne puisse être admis.

L'heure que la reine lui avait fixée pour entendre ses leçons était extrêmement génante pour un philosophe accoutumé à passer une partie des matinées à méditer dans son lit; il fallait que tous les jours il se rendît à cinq heures du matin dans la Bibliothèque de la reine; il avait un pont à traverser; mais quoiqu'il fît usage de la voiture de l'ambassadeur, il ne laissait pas d'en être fortement incommodé. Le 2 février il se sentit attaqué d'une inflammation de poumon et d'une fièvre continue. L'ambassadeur, qui relevait d'une maladie pareille, conseilla vainement le régime auquel il devait son rétablissement. Descartes ne voulait pas consentir qu'on le saignât. *Messieurs,* disait-il à ceux qui le pressaient, *épargnez le sang français.* La fièvre augmenta, le transport s'y joignit, et ce qui surprit tous ceux qui l'assistaient, et qui l'avaient cru uniquement occupé de Philosophie et de Mathématiques, c'est que dans son délire il ne parlait que des grandeurs de Dieu et de la misère de l'homme. La raison lui revint, il consentit à être saigné, mais il était trop tard. Il mourut le 11 février 1650, dans de grands sentimens de piété. Il fut enterré modestement. Son ami Chanut lui fit dresser un tombeau très simple, mais dont les quatre faces étaient couvertes d'une longue inscription. Dix-sept ans plus tard, ses restes furent apportés en France, et déposés dans l'église de Sainte-Geneviève. Son corps avait traversé librement toute l'Allemagne; il fut arrêté par les douaniers de Péronne, qui, pour le laisser passer, exigèrent qu'on leur ouvrît le cercueil de cuivre qui renfermait les ossemens de Descartes. Avant d'aller s'établir en Hollande, il avait pris la précaution d'aller passer l'hiver dans un village au nord de Paris, pour s'acclimater; il négligea cette attention sage pour aller s'établir en Suède, dans la saison la plus rigoureuse; il changea entièrement sa manière de vivre, et son faible tempérament ne put soutenir une épreuve si rude. Sa mère était morte de la poitrine, peu de tems après lui avoir donné la naissance. Il avait été long-tems incommodé d'une toux dont il croyait s'être débarrassé en songeant fortement à autre chose. Ce n'était pas la nécessité d'éviter la persécution, qui le força de s'expatrier. Jamais il ne fut persécuté en France; au contraire, le gouvernement lui avait offert divers avantages pour le faire revenir à Paris; on lui avait même expédié le brevet d'une pension de mille écus. L'usage était de payer le diplôme; quand il se fut acquitté de ce devoir, il n'entendit plus parler de cette pension; et il disait que jamais feuille de parchemin n'avait coûté si cher. Avant la révolution, la France lui avait élevé une statue qui décore aujourd'hui la salle des séances publiques de l'Institut. L'Académie française avait proposé son éloge pour le sujet d'un prix qui fut remporté par Thomas, et pour lequel concourut aussi Gaillard. Un décret de la Convention avait ordonné, en 1793, sur le rapport de Chénier, que son corps serait transporté au Panthéon, et que son buste y serait placé. Le 4 février suivant, l'Institut réclama l'exécution du décret de la Convention. Chénier fit un rapport sur cette pétition; Mercier, qui alors aimait Newton et qui n'aimait plus Descartes, dont cependant il avait autrefois composé l'éloge, s'opposa à l'adoption du rapport qui concluait à la translation demandée; il voulait que le décret fût annulé. Le Conseil des cinq-cents ordonna l'impression des deux discours, et la proposition demeura sans effet.

Pendant la révolution française, à la spoliation des églises, les restes de Descartes avaient été déposés au Musée des monumens français; en 1819 ils furent transportés solennellement dans l'église de Saint-Germain-des-Prés. Là, on ouvrit publiquement la caisse qui renfermait les ossemens. Sur une caisse intérieure était attachée une plaque de plomb, sur laquelle, après l'avoir nettoyée, nous pûmes lire une inscription fort simple, portant le nom de Descartes, avec les dates de sa naissance et de sa mort. Avant de descendre les ossemens dans le caveau destiné à les recevoir, on avait fait l'ouverture de la caisse intérieure, et l'on en avait tiré quelques ossemens; un seul avait une forme reconnaissable, c'était l'os de la cuisse; le reste était ou peu remarquable ou tout-à-fait réduit en poudre. J'ai dit que ces restes avaient été transportés solennellement, c'est-à-dire que cette pompe était celle d'un convoi ordinaire; la cérémonie était présidée par le maire de l'arrondissement; quelques membres de l'Institut composaient le cortége, et pour tout chant triomphal on exécuta un *libera* et le *dies iræ* (*et ab hædis me sequestra*); on demanda à Dieu de ne pas confondre Descartes avec les boucs et les réprouvés.

L'extrait que nous avons donné ci-dessus de l'un des articles les plus importans du livre des Principes, pourrait nous dispenser de tout détail ultérieur sur cet ouvrage; mais le lecteur s'attend sans doute à trouver au moins quelques mots sur les tourbillons. Parcourons rapidement le reste du livre, pour y recueillir ce qu'il peut avoir de curieux ou d'intéressant.

Descartes commence encore par le précepte du doute philosophique. Il étend ce doute à toutes les choses qui tombent sous les sens, comme à celles que nous avons imaginées; il n'en excepte pas même les démonstrations mathématiques. Mais quel que puisse être notre scepticisme, il nous est impossible de douter que nous pensons. La notion que nous avons de notre âme précède même celle que nous avons de notre corps. On pourrait se tromper en pensant qu'il existe une Terre et des corps, mais on voit évidemment la vérité de certains axiomes.

On trouve dans son âme l'idée d'un être tout parfait; il n'est pas possible que cet être nous trompe : de là naît la certitude de l'existence des corps, de l'immatérialité de l'âme, et enfin, celle de tous les principes dont l'auteur a besoin pour son système matériel.

« Le vide est impossible. Si Dieu anéantissait tout ce qu'un vase renferme de matériel, les côtés de ce vase se trouveraient si rapprochés qu'ils se toucheraient immédiatement. Le monde n'a pas de bornes; la Terre et les cieux sont faits d'une même matière. Dieu, par sa toute-puissance, a créé la matière avec le mouvement et le repos; il conserve dans l'univers autant de mouvement et de repos qu'il en a mis en le créant. De ce que Dieu est immuable, il résulte que chaque chose en particulier continue d'être en même état autant qu'il se peut; quand elle a commencé à se mouvoir il n'y a aucune raison pour que son mouvement cesse, à moins qu'elle ne soit arrêtée par un autre corps. Le mouvement naturel est nécessairement rectiligne; une pierre dans une fronde, mue circulairement, tend à s'échapper par la tangente; elle tire et fait tendre la corde pour s'éloigner de notre main. »

Ici viennent les lois du choc des corps durs, que nous omettrons, parce qu'elles sont peu justes. L'auteur avoue lui-même qu'elles peuvent paraître inexactes, parce qu'il n'y a pas de corps parfaitement durs. Au milieu de cet amas de propositions incohérentes et nullement démontrées, il déclare toujours qu'il ne veut admettre pour vrai que ce qui sera déduit avec tant d'évidence qu'il pourra se passer de démonstration mathématique.

La troisième partie traite du monde visible; on y trouve ce que nous avons rapporté sur le mouvement de la Terre.

« Le Soleil est le centre d'un tourbillon qui compose un ciel; ce grand tourbillon en contient de plus petits, qui sont ceux des diverses planètes. Celui de Jupiter entraîne ses quatre Lunes. Les centres des diverses planètes ne sont pas exactement dans un même plan; les cercles qu'elles décrivent ne sont pas parfaitement ronds, et le tems apporte quelque changement à ces courbes. Il explique comment, dans le système de Tycho, la Terre aurait plus de mouvement que dans celui de Copernic. Si la Terre est immobile au milieu d'un ciel qui tourne autour d'elle, les parties du ciel qui la traînent changent continuellement; la séparation sera réciproque, il faudra supposer à la Terre autant de force qu'à tout le ciel. Rien n'oblige à croire que le ciel soit mu plutôt que la Terre. Au contraire, nous avons bien plus de raison d'attribuer ce mouvement à la Terre, parce que la séparation se fait en toute sa superficie et non pas de même en toute la superficie du ciel, mais seulement en la partie concave qui touche la Terre, et qui est extrêmement petite en raison de la convexe. »

A l'appui de l'idée copernicienne de la grande distance des étoiles, il cite les comètes dont on ne pourrait expliquer les mouvemens si différens, si cette distance était moindre. Ces comètes ne sont pas seulement au-dessus de la Lune, mais bien au-delà de Saturne. N'ayant à combattre que les péripatéticiens, qui les plaçaient au-dessous de la Lune, les astronomes n'ont pas osé leur attribuer toute la hauteur qu'ils trouvaient par leurs calculs, de peur de rendre leur proposition moins croyable.

Tout ce qu'il vient d'exposer, il répète encore qu'il ne le donne que comme une hypothèse qui peut être fausse. Il va maintenant en expliquer une autre dont il connaît toute la fausseté. Il ne doute pas que le monde n'ait été créé tel qu'il est aujourd'hui; mais il croit avoir des principes propres à montrer comment il aurait pu être produit de quelques semences. Il se croit maître de supposer ce qu'il voudra, pourvu que les effets s'accordent avec les expériences.

« Originairement toutes les parties du monde étaient d'une grandeur égale et médiocre. Dieu a fait qu'elles ont commencé à se mouvoir d'égale force et en diverses facons, chacune à part, autour de son centre, et en même tems plusieurs ensemble autour de quelques centres disposés de la manière que le sont les étoiles fixes. Il s'est ainsi formé autant de tourbillons qu'il y a d'astres différens. Par le mouvement circulaire les parties, originairement anguleuses, se sont arrondies. Les parties ainsi détachées ont rempli les vides entre les corps ronds. Ces parties étaient extrêmement menues et d'une vitesse extrême. La *raclure* des angles se multiplia en tel point, qu'elle ne pouvait tenir entre les corps ronds, elle fut obligée de refluer vers le centre; elle y a composé des corps très subtils et très liquides, tels que le Soleil et les étoiles. Il y a trois formes dans la matière; la première est cette *raclure*, qui a dû se séparer des autres parties, quand elles se sont arrondies; la seconde est le reste de la matière dont les parties sont rondes et fort petites; la troisième se trouve dans les parties qui, à cause de leur grosseur ou de leur figure, ne peuvent être mues aussi aisément que les précédentes.

Le Soleil et les étoiles fixes ont la forme du premier de ces élémens; les cieux celle du second; la Terre, les planètes et les comètes celle du troisième. Être lumineux, être transparent, être opaque ou obscur, ce sont les trois différences principales qu'on puisse rapporter au sens de la vue, pour distinguer les trois élémens du monde visible.

» Le premier ciel est le tourbillon dont le Soleil est le centre; le second est composé de tourbillons dont les centres sont occupés par les étoiles fixes; on ne dira rien du troisième, qui ne peut être vu de nous en cette vie.

» Les parties du second élément font effort en tournant pour s'éloigner du centre, mais elles sont arrêtées par les autres parties qui sont au-dessus d'elles. Cette action de petites boules les unes sur les autres, est ce qui fait la lumière du Soleil et celle des étoiles. La lumière passe en un instant à toute sorte de distance, suivant des lignes qui viennent de tous les points de la superficie du corps lumineux. Cet effet n'aurait pas moins lieu quand le corps du Soleil ne serait qu'un espace vide. »

Interrompons cet extrait aride pour rapporter un passage curieux d'une des lettres de Descartes, qui veut prouver la transmission instantanée de la lumière. Voici son argument : S'il fallait un tems quelconque, une heure, par exemple, à la lumière pour venir du Soleil ou de la Lune jusqu'à nos yeux, jamais nous ne verrions une éclipse à l'instant où elle arrive réellement; jamais nous ne verrions le Soleil ni la Lune, ni aucun astre dans le lieu qu'il occupe, mais bien dans le lieu qu'il occupait à l'instant où s'est fait l'émission de sa lumière. Or, les éclipses s'accordent avec les annonces des astronomes; donc la lumière n'emploie aucun tems appréciable à venir du Soleil ou des planètes jusqu'à nous.

La réflexion est parfaitement juste. Descartes est le premier qui l'ait faite. Jamais nous ne voyons un astre où il est, mais où il était quand il nous a envoyé le rayon qui vient frapper notre œil. La conséquence qu'il en déduit est cependant inexacte. Les éclipses arrivent comme elles sont annoncées parce que les tables du Soleil et de la Lune sont calculées d'après les observations, et renferment nécessairement l'effet dont parle Descartes. La vitesse de la lumière a été mesurée depuis; on sait qu'elle met 8′ 13″,2 à venir du Soleil à la Terre. Le lieu du Soleil, calculé pour midi, par les tables, est le lieu que cet astre occupait à 11^{h}51′46″,8 du matin; il n'y a pas un quart de seconde d'incertitude. Le lieu de la Lune, calculé sur les tables pour midi, est celui qu'elle occupait à 11^{h}59′59″,4. Pour que l'effet devînt sensible, il faudrait qu'il éprouvât des variations considérables, qui n'auraient lieu que dans le cas où la distance de l'astre viendrait à changer d'une manière sensible. Or, tous les changemens qu'éprouve la distance du Soleil à la Terre peuvent tout au plus augmenter ou diminuer le tems de la lumière de 6 à 7'', pendant lesquelles le lieu du Soleil ne change que d'un quart de seconde. La variation est moindre encore pour la Lune; l'effet de la lenteur de la lumière à traverser l'espace est donc sensiblement constant; il est donc, pour nous et pour nos tables, comme s'il n'existait pas; il en résulte seulement, comme l'a très bien remarqué Descartes, que nous ne voyons aucun astre au lieu qu'il occupe réellement. Si le tems que la lumière emploie à venir du Soleil était d'une heure au lieu de huit minutes, l'effet serait encore à peine sensible; il ne faut que trois quarts d'heure environ à la lumière pour venir de Jupiter au Soleil; mais la Terre peut être en avant ou en arrière du Soleil de tout le rayon de l'orbite terrestre; les éclipses des satellites de Jupiter peuvent donc être avancées ou retardées pour nous de huit minutes; l'effet total est de seize minutes; c'est ce qui a donné la mesure de ce mouvement de la lumière? Descartes n'a pas approfondi son idée, il n'en a pas suivi toutes les conséquences; la seule conclusion qu'il ait tirée pouvait se réfuter aisément. Mais qui nous dira si cette phrase, à laquelle personne n'a fait attention, n'a pas conduit Roëmer à sa belle découverte, confirmée depuis par l'aberration des fixes, qui n'est qu'une suite du principe de Descartes. Personne, que je sache, n'avait encore fait cette remarque sur une ligne tracée en passant par un homme de génie, et qui, mûrement considérée, aurait pu hâter une découverte qui a long-tems manqué à la perfection de l'Astronomie.

La lettre est du 22 août 1634; elle est adressée à un anonyme qui soutenait que la lumière ne traversait pas en instant les espaces célestes. Ce correspondant proposait l'expérience suivante : Prenez un flambeau pendant la nuit, présentez-le à un miroir placé à un quart de mille, et notez l'intervalle qui s'écoulera entre l'instant où vous aurez remué le flambeau et celui où vous apercevrez la lumière réfléchie, qui aura fait en total un chemin d'un demi-mille. L'anonyme prétendait que l'intervalle serait sensible. Descartes était tout prêt d'avouer qu'il ne savait rien du tout en Philosophie (tome II, page 140, édition de 1666), si l'on y voyait la moindre différence. Il ajoutait que cette expérience était trop incertaine, et il avait raison (il était difficile de placer un miroir à une distance assez grande; un quart de mille était bien loin de suffire; l'anonyme aurait été confondu quoiqu'il eût raison); qu'il y avait une expérience, répétée nombre de fois par des milliers d'hommes très attentifs, et qui était bien plus concluante : c'était celle des éclipses. L'anonyme estimait à un battement de pouls le tems nécessaire pour une demi-lieue, *un demi-mille.* Descartes calcule qu'en supposant la vingt-quatrième partie d'un battement, il faudrait cinq mille pulsations pour la distance de la Lune. Il concluait en ces termes : Votre expérience est donc inutile, et la mienne prouve que la transmission de la lumière est instantanée. L'expérience proposée par l'anonyme avait été déjà tentée par Galilée. (*Voyez* tome IV).

Si Descartes eût vécu au tems de Roëmer, il n'eût pas manqué de dire que la découverte était dans sa lettre, comme il soutint que l'expérience de Pascal, faite sur le Puy-de-Dôme, était dans l'endroit de son livre où il avait affirmé la pesanteur de l'air. Nous avons vu dans Képler que l'air est essentiellement pesant, et que sa légèreté apparente ne peut être que relative. Descartes soutint aussi que dans une conversation avec Pascal, il lui avait expressément donné le conseil de faire l'expérience au pied et au sommet d'une haute montagne. Il réclama; Pascal ne daigna pas en faire la moindre mention. Pascal ayant fait devant lui l'expérience de Torricelli, en concluait la formation d'un vide au haut du tube; Descartes lui soutenait que le vide était impossible, et que tout s'expliquait dans ses Principes. Il n'a pas donné cette explication; il est vrai que ses Principes sont si vagues et si arbitraires, qu'on y trouve tout ce qu'on veut, et c'est ce qui explique le silence dédaigneux de Pascal. Revenons aux tourbillons.

Il croit pouvoir déterminer, en général, que chaque tourbillon a ses pôles plus éloignés des pôles d'un tourbillon voisin, que de son écliptique; il en conclut que la matière du premier élément sort sans cesse de chacun de ces tourbillons, par les endroits qui sont les plus éloignés des pôles, et qu'il en entre d'autres sans cesse par les endroits qui en sont plus voisins.

« A la force centrifuge, les parties du second élément joignent la faculté de retenir la vitesse de leur mouvement; et l'espace dans lequel elles peuvent l'étendre est limité, en quelques endroits de la circonférence qu'elles décrivent, par les tourbillons voisins.

» On peut concevoir les parties du premier élément, ainsi que de petites colonnes cannelées, à trois rayons ou canaux, et tournées comme la coquille d'un limaçon, tellement qu'elles peuvent passer en tournoyant par les petits intervalles curvilignes, entre trois boules qui s'entretouchent; celles qui viennent du pôle austral doivent être tournées en coquille, en un autre sens que celles qui viennent du pôle boréal. Cette matière cannelée lui sert à expliquer les phénomènes du magnétisme. Les parties cannelées sont fort différentes des parties les plus menues du premier élément, et entre les plus petites et les parties cannelées, il y en a de moyennes de diverses grandeurs.

» Dans le Soléil et dans les étoiles, les parties cannelées, et plusieurs autres un peu moins grosses, qui ne peuvent recevoir un mouvement aussi prompt que les plus subtiles, sont rejetées hors de l'astre et composent des taches. Les taches tournent autour du Soleil, non pas peut-être aussi vîte que lui, mais avec la matière du ciel environnant. Ces taches sont dissoutes peu à peu par la matière du Soleil, qui coule au-dessous; en sorte qu'elles deviennent transparentes vers les bords, et que la lumière qui passe au travers, y souffre des réfractions, d'où il suit que les extrémités des taches doivent paraître peintes des couleurs de l'Iris.

» De la matière de ces mêmes taches, il se forme autour du Soleil une atmosphère qui s'étend jusqu'à Mercure et peut-être plus loin. Il peut se faire qu'une tache devienne si grande, qu'elle s'étende sur toute la superficie de l'astre qui l'a produite, et qu'elle s'y arrête quelque tems avant de pouvoir être dissipée. Ces taches peuvent s'épaissir au point de nous ôter entièrement la vue de l'astre. Il peut se faire qu'une de ces grandes taches, qui avait caché long-tems tout le disque, vienne à se couvrir entièrement, et pour un tems plus ou moins long, de la matière du premier élément, qui afflue avec plus d'abondance. De là les nouvelles étoiles, qui peuvent paraître et disparaître alternativement.

» Il peut arriver qu'un tourbillon entier soit détruit par ceux qui l'environnent, et que l'étoile qui était au centre, passant en un autre tourbillon, se change en une comète ou une planète; ce qui ne peut arriver si l'astre est sans taches : s'il en est presqu'entièrement couvert, ces taches pourront s'épaissir et le tourbillon être détruit.

» La lumière qui nous vient des étoiles, traversant la surface courbe qui est la limite du tourbillon, y doit éprouver une réfraction, qui fait que nous ne la voyons pas en son vrai lieu, et peut-être voit-on une même étoile, comme si elle était en deux ou plusieurs lieux à la fois, ce qui la fera compter pour plusieurs. »

Il attribue aux comètes un genre de réfraction dont il n'a point parlé dans sa Dioptrique. Il consiste en ce que les parties du second élément qui compose le ciel, n'étant pas toutes égales, mais plus petites au-dessous de la sphère de Saturne qu'au-dessus, les rayons de lumière qui viennent des comètes vers la Terre, sont tellement transmis des plus grosses parties au plus petites, qu'outre qu'ils suivent leurs cours en ligne droite, ils s'écartent aussi quelque peu de part et d'autre par le moyen des petites, et souffrent ainsi quelque réfraction.

On voit que cette théorie toute imaginaire, suppose que les comètes sont au-dessus de l'orbe de Saturne; or, depuis qu'on observe et qu'on a su calculer la marche des comètes, jamais on n'en a vu lorsqu'elles étaient à la distance de Jupiter seulement. Il a dit plus haut que les astronomes n'avaient pas osé dire la distance qui résultait de leurs observations, de peur de décréditer leur hypothèse. La vérité est, que les astronomes n'ont révoqué en doute que la parallaxe diurne, qui était trop faible pour être sensible, quand les observations n'étaient pas sûres à quelques minutes près. Ils ont donc déclaré que leurs observations ne décélant aucune parallaxe sensible, il en résultait évidemment que la comète était fort au-dessus de la sphère de la Lune, dont la parallaxe est souvent d'un degré; mais jamais les astronomes n'ont nié que la parallaxe annuelle ne fût considérable et beaucoup plus forte que la parallaxe annuelle de Saturne, et qu'ainsi les comètes étaient nécessairement fort au-dessous de Saturne. Il n'y a eu ni réticence ni politique d'aucune espèce; les astronomes ont publié leurs observations et leurs calculs. Si Descartes eût jeté un regard sur les livres de Tycho et de Képler, il se serait convaincu que les comètes, au tems de leur apparition, sont bien moins éloignées qu'il ne suppose, et il aurait assigné une autre ligne de démarcation entre les parties grosses et petites de son premier élément. Le plus difficile eût été de prouver que les comètes, qui avaient servi à Tycho pour briser les cieux solides d'Aristote, ne pourraient pas servir également à dissiper ces tourbillons, qui ont la force d'entraîner des planètes telles que Jupiter et Saturne, et n'ont pas la force d'entraîner une comète, qui n'est peut-être qu'un peu de fumée, et qui cependant voyage sans obstacle d'un tourbillon à l'autre.

Cette réfraction extraordinaire sert à Descartes pour expliquer les diverses apparences de la queue des comètes. Il se demande pourquoi l'on ne voit aucune chevelure ni aux étoiles ni aux planètes. C'est « premièrement à cause qu'aux comètes mêmes, cette chevelure ne se voit jamais, à moins que leur diamètre apparent ne surpasse de beaucoup celui des étoiles fixes. Quant aux étoiles, comme elles ont leur lumière en elles-mêmes et ne l'empruntent pas du Soleil, s'il paraissait quelque chevelure autour d'elle il faudrait qu'elle fût également éparse de tout côté, et par conséquent aussi fort courte, ainsi qu'aux comètes qu'on nomme *roses;* mais on leur voit véritablement une telle chevelure, car leur figure n'est limitée par aucune ligne qui soit uniforme. On les voit environnées de rayons de tous les côtés, et peut-être aussi que cela est la cause qui fait que leur lumière est si étincelante et si tremblante, bien qu'on puisse encore en donner d'autres raisons. Enfin, pour Jupiter et pour Saturne, il ne doute point qu'ils ne paraissent aussi quelquefois avec une telle chevelure, aux pays où l'air est fort clair et fort pur. Aristote dit avoir vu lui-même une chevelure autour d'une des étoiles qui sont en la cuisse du Chien.

« Cela doit être arrivé par quelque réfraction extraordinaire, ou plutôt par quelque indisposition qui était en ses yeux, dit Descartes, car Aristote ajoute que cette chevelure paraissait d'autant moins qu'il la regardait plus fixement. »

Il suppose qu'une planète est moins solide, ou bien a moins de force pour continuer son mouvement en ligne droite, que les parties du second élément qui sont vers la circonférence de notre ciel, mais qu'elle en a quelque peu plus que celles qui sont plus proches du centre où est le Soleil; d'où il suit que sitôt qu'elle est emportée par le cours de ce ciel, elle doit continuellement descendre vers son centre jusqu'à ce qu'elle soit parvenue au lieu où sont celles de ses parties qui n'ont ni plus ni moins de force qu'elle à persévérer en leur mouvement; et lorsqu'elle est descendue jusque-là, elle ne doit s'approcher ni s'éloigner du Soleil, sinon en tant qu'elle est poussée quelque peu çà ou là par d'autres causes, mais seulement tourner en rond autour de lui avec ces parties du ciel qui lui sont égales en force; car si elle descendait plus bas vers le Soleil, elle s'y trouverait environnée de parties du ciel un peu plus petites, et qui par conséquent lui céderaient en force, outre qu'étant plus agitées, elles augmenteraient aussi son agitation, laquelle la ferait aussitôt remonter. Les autres causes qui peuvent détourner un peu la planète, sont d'abord que l'espace dans lequel elle tourne avec toute la matière du premier ciel, n'est pas exactement rond; car il est nécessaire qu'aux lieux où cet espace est plus ample, la matière du ciel se meuve plus lentement, et donne moyen à la planète de s'éloigner un peu plus du Soleil qu'aux lieux où il est plus étroit.

« En second lieu, la matière du premier élément coulant sans cesse de quelques tourbillons voisins vers le Soleil, et retournant de là vers quelques autres tourbillons, pousse diversement cette planète selon les divers endroits où elle se trouve; de plus, les petits passages que les parties cannelées de ce premier élément se sont faits dans cette planète, peuvent être plus disposés à recevoir celles de ces parties cannelées qui viennent de certains endroits du ciel, qu'à recevoir celles qui viennent des autres, ce qui fait que les pôles de la planète doivent se tourner vers ces endroits; puis aussi quelque mouvement peut avoir été imprimé auparavant en cette planète, lequel elle conserve encore long-tems après, nonobstant que les autres causes ici expliquées y répugnent; puis enfin, la force de continuer ainsi à se mouvoir est plus durable et plus constante dans les planètes que dans la matière du ciel qui les environne; et même elle est plus durable dans une grande planète qu'en une moins grande.

» Si l'on considère bien toutes ces choses, on en pourra, continue notre auteur, tirer les raisons de tout ce qui a pu être observé jusqu'ici touchant les planètes, et voir qu'il n'y a rien qui ne s'accorde parfaitement avec les lois de la nature ci-devant expliquées; car rien ne nous empêche de penser que ce grand espace, que nous nommons le premier ciel, a jadis été divisé en quatorze tourbillons ou davantage, et que ces tourbillons ont été tellement disposés, que les astres qu'ils avaient en leurs centres se sont peu à peu couverts de plusieurs taches, ensuite de quoi les plus petits ont été détruits par les plus grands. On peut penser que les deux tourbillons qui avaient Jupiter et Saturne en leurs centres étaient les plus grands, et qu'il y en avait quatre moindres autour de Jupiter, dont les astres sont descendus vers lui, et sont les quatre planètes que nous y voyons; qu'il y en avait aussi deux autres autour de celui de Saturne, dont les astres sont descendus vers lui de la même façon, au moins s'il est vrai que Saturne ait proche de lui deux autres moindres planètes, ainsi qu'il semble paraître; que la Lune est aussi descendue vers la Terre, lorsque le tourbillon qui la contenait a été détruit; enfin, que les six tourbillons qui avaient Mercure, Vénus, la Terre, Mars, Jupiter et Saturne, en leurs centres, étant détruits par un autre plus grand, au milieu duquel était le Soleil, tous ces astres sont descendus vers lui, et s'y sont disposés en la façon qu'ils y paraissent à présent; et s'il y avait encore quelques autres tourbillons en l'espace qui comprend maintenant le premier ciel, les astres qu'ils avaient eu en leurs centres se sont convertis en comètes.

» Ainsi, voyant que les principales planètes font leurs cours à diverses distances du Soleil, nous devons juger que cela vient de ce qu'elles ne sont pas également solides, et que ce sont celles qui le sont moins qui en approchent davantage. Ce n'est pas la seule grandeur qui fait que les corps sont solides, et Mars le peut être plus que la Terre, encore qu'il ne soit pas si grand.

» En voyant que les planètes qui sont plus proches du Soleil, se meuvent plus vite que celles qui en sont plus éloignées, nous penserons que la matière qui compose le Soleil, tournant extrêmement vite sur son essieu, augmente davantage le mouvement des parties du ciel les plus voisines, et cependant nous ne trouverons pas étrange que les taches qui paraissent à sa superficie, se meuvent plus lentement qu'aucune planète; car on peut penser que ce qui les retarde est qu'elles sont jointes à l'air qui doit être autour du Soleil, pour ce que cet air s'étend jusque vers la sphère de Mercure, ou peut-être plus loin, et que les parties dont cet air est composé, ne peuvent se mouvoir que toutes ensemble, en sorte que celles qui sont sur la superficie du Soleil, avec ses taches, ne peuvent guère faire plus de tours autour de lui que celles qui sont vers la sphère de Mercure, et par conséquent doivent aller plus lentement.

» La lune n'est pas moins solide que la Terre. Cette solidité est cause qu'elle doit prendre son cours à même distance du Soleil, et sa petitesse fait qu'elle doit s'y mouvoir plus vite. Si le même côté est toujours tourné vers la Terre, cela vient de ce que son autre côté est plus solide, et doit par conséquent décrire le plus grand cercle.

» On ne doit pas s'étonner de ce que la Lune se meut un peu plus vite et se détourne moins de sa route, en tout sens, lorsqu'elle est pleine ou nouvelle.

» On n'admirera point que les deux planètes, qu'on dit être auprès de Saturne, ne se meuvent que fort lentement, ou peut-être point du tout; et, au contraire, que les quatre de Jupiter s'y meuvent fort vite; car on peut penser que cette diversité vient de ce que Jupiter, ainsi que le Soleil, tourne sur son essieu, et que Saturne, qui est toujours la plus haute, tient toujours un même côté tourné vers le centre du tourbillon qui la contient ainsi que la Lune et les comètes.

» On n'admirera point que l'essieu sur lequel la Terre fait son tour en un jour, ne soit pas parallèle à celui de l'écliptique, sur lequel elle fait son tour en un an; car le mouvement annuel de la Terre est principalement déterminé par le cours de toute la matière céleste qui tourne autour du Soleil, comme il paraît que toutes les planètes s'accordent en cela, qu'elles tournent à peu près suivant l'écliptique. Mais ce sont les endroits du firmament d'où viennent les parties cannelées du premier élément, qui sont les plus propres à passer par les pores de la Terre, lesquelles déterminent la situation de l'essieu, sur lequel elle fait son tour chaque jour, ainsi que les parties cannelées causent aussi la direction de l'aimant.

» Nous ne pouvons supposer que les essieux des astres devenus planètes, aient été originairement tournés d'un même côté, pour ce que cela ne s'accorderait pas avec les lois de la nature; mais nous avons raison de penser que les pôles du tourbillon qui avait la Terre en son centre, regardaient presque les mêmes endroits du firmament, vis-à-vis desquels sont encore à présent les pôles de la Terre, et que ce sont les parties cannelées qui viennent de ces endroits, qui la retiennent en cette situation. Mais comme le tour de la Terre dans l'écliptique, dans une année, et celui qu'elle fait chaque jour sur son essieu, se feraient plus commodément, si les deux axes étaient parallèles, les causes qui empêchent qu'ils ne le soient, se changent par succession peu à peu, ce qui fait que l'équateur s'approche insensiblement de l'écliptique.

» Enfin, toutes les diverses erreurs des planètes, lesquelles s'écartent plus ou moins en tout sens du mouvement circulaire, auquel elles sont principalement déterminées, ne donneront aucun sujet d'admiration, si l'on considère que tous les corps qui sont au monde s'entre-touchent, sans qu'il puisse y avoir rien de vide, en sorte que les plus éloignés agissent toujours les uns contre les autres, par l'entremise de ceux qui sont entre deux, bien que leur effet soit moins grand et moins sensible à raison de ce qu'ils sont plus éloignés; et ainsi que le mouvement particulier de chaque corps peut être continuellement détourné tant soit peu, en autant de diverses façons qu'il y a d'autres divers corps qui se meuvent en l'univers.

» L'auteur n'ajoute rien de plus, parce qu'il lui semble avoir rendu raison de tout ce qui s'observe dans les cieux, et que nous pouvous voir de loin. Il tâchera d'expliquer en même façon tout ce qui paraît sur la Terre, en laquelle il y a beaucoup de choses à remarquer pour ce que nous la voyons de plus près. »

Ici se termine la troisième partie de ses Principes. C'est proprement la seule qui soit de notre sujet. Nous n'avons analysé brièvement les deux premières, que pour faire connaître les fondemens de toute la théorie de l'auteur, et sa manière de raisonner. Nous nous sommes étendus davantage sur la troisième qui concerne les astres. Descartes compose la Terre avec la même facilité et la même liberté que le ciel; il explique le flux et le reflux de la mer, par la pression que la Lune exerce sur l'atmosphère de la Terre, et sur la Terre même, dont le centre ne peut plus occuper le point central du tourbillon; il en est repoussé de manière que le centre du tourbillon se trouve toujours entre les centres de la Terre et de la Lune, mais tout près du centre de la Terre. Cette pression fait refluer l'atmosphère et l'Océan vers les parties latérales, qui sont à 90° du cercle horaire occupé par la Lune.

Nous n'en dirons pas davantage. En abrégeant, nous avons conservé les propres expressions de l'auteur, sans excepter quelques mots qui ont vieilli. Toute remarque nous a paru parfaitement inutile, les choses parlent assez d'elles-mêmes. Par respect pour la mémoire d'un homme de génie, nous aurions voulu garder le plus profond silence sur cette production, qui ne peut passer que pour le rêve d'une imagination brillante, si l'on veut, mais tout-à-fait déréglée. Bailly, plus libre dans son plan, s'est borné à une analyse rapide du système des tourbillons; il a cherché dans ce chaos s'il ne rencontrerait pas quelque idée capable à elle seule de justifier la grande réputation de Descartes.

« Ses erreurs, nous dit-il, ont cependant produit une découverte. Il faut pardonner à Descartes, il a aperçu la force centrifuge. » Loin de nous l'idée de troubler un grand homme dans la possession d'une propriété qui serait la sienne, sur-tout si elle n'était qu'un faible débris d'une grande et brillante fortune; mais notre plan est de rendre à chacun ce qui lui peut appartenir; le titre de notre ouvrage contient cette annonce. Bailly convient qu'Anaxagore composait la voûte céleste de pierres, que la rapidité du mouvement circulaire tenait éloignées du centre, et qui y tomberaient sans ce mouvement. Il aurait pu ajouter ce passage du livre II du Ciel, où Aristote cherche pourquoi la Terre est soutenue en l'air et ne tombe pas. « Les philosophes, dit-il, sont divisés; les uns, comme » Empédocle, en trouvent la cause dans le mouvement circulaire et rapide » de tout le ciel, qui contraint la Terre à rester au centre de ce mou- » vement. L'eau qui remplit un vase, y reste sans qu'il s'en répande » une seule goutte, quand on fait tourner le vase en rond et avec rapi- » dité, quoique le vase se trouve renversé dans une partie de sa révo- » lution ». Mais, sans ces deux exemples, les anciens ne connaissaient-ils pas la fronde? n'avaient-ils pas dans leurs armées des corps entiers qui n'avaient point d'autre arme? jamais fronde ne s'était-elle rompue? jamais pierre ne s'en était-elle échappée plutôt que ne le voulait celui qui s'apprêtait à la lancer? Il est probable que ceux qui se servaient de cette arme n'avaient pas fait une grande attention à la direction que prenait la pierre redevenue libre par un cas fortuit; ils n'avaient pas vu qu'elle devait suivre la tangente au cercle. Voilà donc tout au plus ce qui pourrait appartenir à Descartes. Mais Képler avait posé en principe qu'il n'y a de mouvement naturel que le mouvement rectiligne, que cependant toutes les planètes décrivent des courbes; pour les ramener sans cesse de la ligne droite à la courbe, il plaça dans le Soleil une vertu attractive. De ces deux idées réunies ne voit-on pas sortir celle de la planète qui s'échapperait par la tangente, si le Soleil cessait de l'attirer. Képler n'a pas prononcé le mot de force centrifuge; il n'a porté son attention que sur la force centripète, qui anéantit la force centrifuge. Avouons pourtant que Képler n'a pas fait expressément cette composition de mouvement, puisqu'il a été obligé d'imaginer ses pôles amis et ennemis, pour expliquer les variations de distance. Les mathématiciens n'avaient guère approfondi la composition ni la décomposition des forces dont nous trouverons un exemple remarquable dans la Dioptrique, ou plutôt dans l'Optique de Képler; mais ici que voyons-nous? une figure, qui représente un cercle avec une tangente indéfinie, coupée en divers points par trois sécantes. Du reste, aucune formule, aucun théorème, aucun raisonnement mathématique; et le simple soupçon que le mouvement sur la sécante doit s'accélérer pour que le corps, en s'écartant de la corde, se trouve toujours sur la tangente. On ne voit là rien qui ait pu être du moindre secours aux géomètres qui se sont occupés de la théorie des forces centrales. Descartes n'aurait tout au plus imaginé que le nom, si tant est qu'il ait le premier employé le mot de centrifuge, puisque l'idée est dans la voûte d'Anaxagore, et dans ces pierres que le mouvement circulaire *tient éloignées du centre*. Le mouvement circulaire écarte donc du centre; il est donc une force centrifuge. Pour trouver à Descartes des titres de gloire plus solides, examinons ses autres ouvrages.

Le discours sur la Méthode commence de la manière la plus modeste. L'auteur n'a jamais pensé qu'il eût plus de génie qu'un homme vulgaire; il a connu bien des personnes dont il aurait envié la vivacité de conception, l'imagination ou la mémoire; mais pour la raison, qui est le principal attribut de l'homme, il croit qu'elle est égale dans tous les individus. Il regarde comme un bonheur particulier, qu'il ait pu se faire, dès ses premières années, une manière de raisonner, par laquelle il ne lui a pas été difficile de parvenir à la connaissance de certaines règles ou axiomes, qui composent la méthode à l'aide de laquelle il espère faire dans la science tous les progrès que lui permettront la faiblesse de ses moyens et la brièveté de la vie. Mais comme il craint les illusions de l'amour-propre, il va déclarer quelle est la marche qu'il a suivie dans la recherche de la vérité, et faire le tableau de toute sa vie, pour que chacun ait la facilité de lui faire des observations, qu'il écoutera, caché derrière le tableau, dans l'espoir qu'il y trouvera de quoi se corriger.

« Ses maîtres lui avaient dit que l'étude des lettres conduisait à la connaissance certaine de toutes les choses utiles à la vie. Il sentit donc naître en lui un incroyable désir d'être initié à toutes ces sciences. Mais en quittant les bancs de l'école, il se trouva tourmenté par tant de doutes, qu'il s'aperçut que toutes ses études et tous ses efforts ne l'avaient conduit qu'à reconnaître de plus en plus son ignorance. Il passe en revue les différentes branches des connaissances humaines; il n'en trouve aucune qui ne laisse beaucoup à désirer. Aux philosophes, en particulier, il reproche la diversité de leurs opinions, et leur dit que quand une chose est donnée simplement comme probable, il est, par cela même, tout disposé à la regarder comme fausse. Ainsi, dès qu'il eût quitté le collége, il résolut de ne chercher d'autre science que celle qu'il pourrait trouver en lui-même, ou dans le grand livre du monde. Il voyagea; mais en considérant les mœurs des hommes, il y trouva autant de diversité que dans les opinions des philosophes. Il résolut donc de s'examiner lui-même, et de chercher ce dont il était capable. Il croit y avoir mieux réussi que si jamais il ne s'était éloigné ni de sa patrie ni des études scolastiques. Il remarque que les ouvrages auxquels plusieurs hommes ont travaillé successivement, sont moins parfaits et moins réguliers; que les villes qui n'ont point été bâties sur un seul et même plan, sont moins belles et moins commodes. Il serait peu sage cependant de détruire une ville entière pour la reconstruire avec plus de régularité; mais il est permis à un particulier peu content de sa maison, de l'abattre pour en bâtir une qui lui convienne mieux. Il ne propose donc aucun changement dans l'instruction publique; mais pour les opinions qu'il avait embrassées jusque-là, il crut n'avoir rien de mieux à faire que de les effacer toutes de son esprit, et de ne les admettre de nouveau qu'après les avoir soumises à l'examen le plus sévère. Il n'a d'autre intention que de réformer ses propres opinions. Mais comme il est assez content de son succès, il va donner un essai de sa Méthode. Il est persuadé que *rien n'est moins digne de confiance que la multitude de suffrages; car il est bien plus vraisemblable que la vérité aura été trouvée par un seul que par plusieurs.*

En exposant les quatre règles fondamentales que nous avons déjà rapportées, il ne dit bien précisément ni qu'il les ait trouvées lui-mêmes, ni qu'il les ait reçues de ses maîtres, comme le prétend son historien. Mais après les réflexions que nous avons faites à ce sujet, il serait assez inutile de discuter la question. La première règle consiste à n'admettre rien sans démonstration; il nous semble qu'elle est tout aussi ancienne que la Géométrie; que dans toutes les sciences on a toujours mis beaucoup de soin à imaginer des preuves, et que si on ne les a pas toujours trouvées, ce n'est pas du moins faute de les avoir crues nécessaires.

Pour la seconde, qui est de diviser une difficulté, pour la rendre plus facile à résoudre, on peut dire qu'elle est fort ancienne en Astronomie, et qu'elle remonte au moins à Hipparque.

La troisième a pour objet l'ordre qu'on doit suivre dans une recherche; elle paraît plus facile à imaginer qu'à pratiquer avec succès, et ce succès dépend beaucoup du génie de l'auteur.

La dernière est la nécessité de ne rien omettre dans l'énumération des choses qu'on doit examiner; celle-là appartient évidemment aux plus anciens d'entre les logiciens. Il avoue lui-même que la forme des démonstrations mathématiques l'avait conduit à croire qu'on pouvait faire quelque chose de semblable dans toute sorte de sujet; que toutes les vérités se tiennent, et qu'il ne s'agit que de reconnaître l'ordre qui les enchaîne.

« A l'aide de ce peu de préceptes et des simplifications qu'il avait imaginées dans la notation algébrique, il nous assure qu'en *deux ou trois mois* qu'il avait donnés à cette étude, il était venu à bout de questions qu'il avait jugées très difficiles, et que dans celles dont il ignorait encore la solution, il pouvait du moins déterminer les voies à suivre, et dire jusqu'à quel point elles peuvent être accessibles à l'esprit humain.

» Ce premier succès lui fit espérer que sa Méthode ne serait pas moins heureuse quand il s'appliquerait à d'autres sciences. Il commença par la morale, et se fit encore quatre préceptes généraux que nous omettons; et pour terminer avec cette science, il s'occupa du choix d'un état. Sa conclusion fut qu'il devait s'appliquer à cultiver sa raison et à rechercher la vérité.

» Il s'appliqua à la Métaphysique; il n'expose pas ses premières pensées, qui probablement seraient peu goûtées; mais pour faire connaître les principes de sa Philosophie, il se trouve comme obligé d'en dire au moins quelque chose. Les songes nous trompent, nous y voyons des choses qui n'existent pas. Qui nous répond que nous ne soyons pas de même trompés dans l'état de veille? Cette erreur invincible devrait être attribuée à Dieu, qui nécessairement a toutes les perfections. Ainsi, c'est en Dieu qu'il trouve la preuve de l'existence des corps, comme il a tiré l'existence de Dieu de la faculté qu'il sent en lui-même de penser et de vouloir. Après cette esquisse de ce qui constituait sa Métaphysique, il donne le précis de sa Physique du monde. Il parle de ses études anatomiques, et pour exemple il donne par extrait ce qu'il a écrit sur les mouvemens du cœur et des artères. Il indique à mots couverts ce qui l'a empêché de publier ce traité. Nous avons dit que c'était la condamnation de Galilée. Il se flatte que l'ouvrage dont il diffère la publication, contient quelques découvertes. Elles sont les conséquences de cinq ou six difficultés principales qu'il a surmontées; il ne craint pas de dire qu'il ne lui manque plus que deux ou trois succès pareils pour être au comble de ses vœux. Il n'est pas encore tellement avancé en âge, que, suivant le cours de la nature, il ne puisse les obtenir; mais il doit être ménager du tems qui lui reste. Il en perdrait sûrement beaucoup s'il publiait sa Physique. *Tout ce qu'il a écrit est tellement évident, que pour y donner son assentiment il suffit de le bien comprendre.* Il n'est aucun point dont il ne puisse donner la démonstration; cependant il est impossible que ses opinions s'accordent avec celles des autres. Il craindrait d'être distrait de ses travaux par les oppositions qu'elles ne manqueraient pas de rencontrer. On lui objectera sans doute que ces oppositions serviraient ou à lui faire reconnaître ses erreurs, ou à mettre la vérité dans un plus beau jour. Il répond qu'il a assez d'expérience pour savoir qu'il n'en retirerait aucun fruit. Rarement on lui a fait une objection qu'il n'eût prévue. Il savait d'ailleurs que jamais aucune vérité n'est sortie des disputes scolastiques. Quand à l'utilité que les autres pourraient retirer de ses ouvrages, elle ne pourrait être considérable, parce qu'il ne les a pas conduits au point de perfection auquel il voudrait les porter; et, sans jactance, il croit pouvoir dire que si quelqu'un peut les perfectionner, ce doit être lui-même plutôt que tout autre. Il lui est arrivé d'exposer quelques-unes de ses opinions à des hommes d'une grande sagacité, qui avaient paru les bien comprendre; cependant, quand ils avaient voulu en rendre compte, ils les avaient dénaturées au point qu'il avait peine à les reconnaître. Il prie donc la postérité de ne jamais lui attribuer rien qu'il n'ait publié lui-même. Il n'est pas étonné que tant de dogmes absurdes aient été mis sur le compte des anciens philosophes dont nous n'avons pas les écrits. Ils étaient les hommes les plus habiles de leur siècle, ils n'ont pu avoir des idées si ridicules; c'est qu'elles n'ont pas été fidèlement rapportées. Nous voyons qu'aucun chef d'école n'a été surpassé par aucun de ses sectateurs. Il croit que parmi les partisans les plus chauds d'Aristote, il n'en est aucun qui ne se crût heureux de l'égaler dans la connaissance qu'il avait de la nature.

Toutes ces considérations l'empêchent de publier le traité qu'il a terminé depuis trois ans ; il a même résolu de ne laisser publier, de son vivant, aucun traité général, qui puisse faire connaître ses principes de Physique. Mais deux autres raisons l'ont engagé à publier quelques essais détachés.

La première est que ceux qui ont su que son projet avait été de publier quelques ouvrages, pourraient lui supposer pour s'en abstenir, des raisons moins honorables qu'elles ne sont réellement; et quoiqu'il n'ait pas un amour immodéré de la gloire, et que même il puisse dire qu'il la redoute, parce qu'elle est incompatible avec le repos qu'il estime par dessus tout, cependant jamais il n'a fait le moindre effort pour cacher ses actions, comme si elles eussent été des crimes; jamais il n'a pris beaucoup de précautions pour demeurer inconnu, ce qu'il n'aurait pu faire sans nuire à la tranquillité d'âme qu'il recherchait; et puisqu'il n'a pu empêcher qu'on ne parlât de lui, il a cru devoir travailler à ce qu'on n'en pût dire que du bien.

Une autre raison qui l'a déterminé, c'est qu'il n'a pas voulu mettre la postérité dans le cas de lui reprocher d'avoir négligé l'occasion de perfectionner ses ouvrages, en se refusant à indiquer en quoi ses contemporains pourraient faciliter ses recherches. Il a cru qu'il lui serait facile de choisir quelques sujets, qui ne donneraient pas lieu à beaucoup de disputes, et qui ne le forceraient pas à découvrir un plus grand nombre qu'il ne voudrait de ses principes, et qui suffiraient pourtant pour montrer ce qu'il était en état de faire dans les sciences; il laisse aux autres à juger à quel point il aura réussi. Il lui serait fort agréable d'être examiné. Il prie tous ceux qui auront à lui faire quelques objections, de les envoyer à son libraire; il tâchera d'y répondre, et par ce moyen les lecteurs en comparant la critique et les éclaircissemens, pourront d'autant plus facilement voir de quel côté sera la vérité.

Il ne se donne pas pour le premier inventeur de toutes les choses qu'on trouvera dans son livre; il déclare simplement que, nouvelles ou non, il les adopte comme siennes. On pourrait dire que par cette phrase il répond d'avance à toutes les accusations du plagiat qu'on pourra jamais lui intenter; mais il eût été plus sûr encore et plus juste, de nommer les auteurs dont il adoptait les idées.

» Les artistes ne pourront peut-être de long-tems exécuter l'invention qui est expliquée dans sa Dioptrique; il faudrait pour cela beaucoup d'adresse et d'exercice. Il ne dira rien des progrès qu'il espère encore faire dans les sciences, si ce n'est qu'il a renoncé aux Mathématiques et à la Physique, pour se livrer à l'étude de la Médecine; quoiqu'il n'ignore pas que cette annonce ne lui conciliera pas beaucoup de considération. Aussi n'est-ce pas là ce qu'il désire, et il aurait beaucoup plus d'obligations à celui qui lui assurerait son repos, qu'à celui qui lui offrirait les plus grandes dignités. »

C'est par ces mots qu'il termine son discours sur la méthode. Cet ouvrage est écrit avec une grande sagesse et une extrême circonspection. L'auteur veut annoncer à l'univers des découvertes importantes, et si nouvelles, qu'elles étonneront et ne pourront manquer de rencontrer une vive opposition. Quoiqu'il se croie sûr de ses démonstrations, il n'ose espérer qu'elles fassent sur l'esprit des autres l'impression qu'il doit désirer. Il garde le plus profond silence sur ces découvertes, il déclare même qu'il ne les fera connaître de long-tems; et pour disposer les esprits à les mieux recevoir, il ne parle que de la méthode qui l'a conduit à tant de résultats heureux. Cette méthode est un abrégé de ce qu'il a vu de plus sage dans tout ceux qui ont écrit sur les sciences; elle est fondée sur l'évidence, sur un enchaînement de propositions liées dans la forme mathématique; tout, dans cet écrit, est calculé pour exciter la curiosité générale, et donner l'idée la plus avantageuse de l'auteur. Il a su se dégager de tous les préjugés, il a soumis toutes les idées reçues au plus rigoureux examen, il n'admet comme vrai que ce qui lui a paru démontré d'une manière invincible. Enfin, pour essai de cette méthode et en attendant le grand ouvrage, il présente au public trois traités sur des sciences physico-mathématiques ou de pure Géométrie. Jamais introduction plus sage n'a été mise en avant d'ouvrages plus différens de l'annonce.

Dioptrique.

« La vue est le plus noble de tous nos sens; les moyens qui peuvent en augmenter la portée sont extrêmement utiles; il est difficile d'imaginer rien de plus admirable que ces lunettes connues depuis peu d'années, qui ont fait découvrir dans le ciel de nouveaux astres, et sur la Terre de nouveaux corps en plus grand nombre que tous ceux que l'on connaissait. C'est une espèce de honte pour la science, qu'une invention si utile soit due au hasard. Il y a trente ans environ, un certain Jacques Métius vivait à Alcmaer; il n'avait aucune connaissance ni des lettres ni des arts, quoiqu'il eût un père et un frère professeurs de Mathématiques. Son grand plaisir était de former des verres ardens, et l'hiver il en composait avec la glace. Il avait une grande collection de verres de formes différentes. Par un hasard heureux, il en mit à la fois deux devant son œil, l'un convexe et l'autre concave; il les adapta aux extrémités d'un tube, avec tant de bonheur, qu'il en résulta le premier télescope qui servit de modèle à tous ceux qu'on a faits depuis. »

Voyez à l'article d'Adrien Métius, la manière un peu plus favorable dont il nous parle de ce frère, premier inventeur de la lunette astronomique.

« Jusqu'à présent personne que je sache, n'a démontré suffisamment quelle doit être la figure de ces verres, quoique des auteurs distingués aient depuis écrit sur l'Optique, et beaucoup ajouté à ce qui nous est resté des anciens. Mais comme les inventions difficiles ne peuvent être portées tout d'un coup au dernier degré de perfection, il reste à éclaircir des points assez obscurs, pour fournir la matière d'un nouvel écrit. Les constructions dont je vais parler dépendent de la dextérité et de l'industrie d'artistes qui, le plus souvent, ne sont nullement lettrés. Je m'efforcerai de ne rien dire qu'ils ne puissent aisément comprendre, et je ne supposerai rien qu'ils aient à chercher ailleurs. »

Il ne croit pas nécessaire de leur parler de la nature de la lumière. Il se borne à quelques comparaisons, qui aideront à concevoir et à expliquer les effets observés. C'est ainsi, dit-il, qu'en Astronomie des hypothèses incertaines et même fausses, mais conformes aux observations, ont conduit à des conclusions parfaitement exactes. Il parle du bâton qui, dans l'obscurité sert à nous faire reconnaître ce qui se trouve sur notre route, et des aveugles de naissance, qui n'ont que ce moyen pour suppléer au sens qui leur manque.

« Imaginons que la lumière n'est rien qu'un certain mouvement, une action prompte et vive qui se dirige vers notre œil, en traversant l'air ou les corps diaphanes interposés. La comparaison du bâton fera que nous cesserons de nous étonner de ce que la lumière nous arrive en un instant du Soleil, malgré sa distance; nous ne serons plus étonnés de la diversité des couleurs; nous ne supposerons pas qu'il soit nécessaire de supposer que quelque chose de matériel vienne de l'objet à notre œil, ni qu'il y ait dans les objets rien de semblable aux idées qu'ils excitent en nous. Les objets de la vision peuvent être perçus, soit par une action qui émane de l'objet pour aboutir à notre œil, soit par une facultée innée dans l'œil qui s'exerce sur les objets. L'usage nous apprend que pour voir, il suffit que l'objet soit éclairé. Il n'y a point de vide dans la nature. Tous les corps ont des pores qui doivent être remplis d'une matière subtile ou fluide, qui s'étend sans interruption des astres jusqu'à nous. C'est moins un mouvement qu'une disposition au mouvement qu'il faut concevoir dans l'objet lumineux. Les rayons lumineux ne sont que les lignes suivant lesquelles est dirigée cette action. Une infinité de rayons partant du corps lumineux, se répandent sur l'objet éclairé. Ces rayons sont des lignes parfaitement droites, toutes les fois qu'elles ne traversent qu'un corps diaphane uniforme en toutes ses parties; mais il est certains corps qui les détournent ou les affaiblissent, comme on l'observe dans le mouvement d'une balle ou d'une pierre lancée dans l'air, et qui vient à rencontrer quelque corps.

» Cette propension au mouvement, que nous appelons *lumière,* doit être sujette aux mêmes lois que le mouvement. Si le corps lancé rencontre un corps mou, le mouvement est arrêté. S'il en rencontre un dur, il y a réflexion ou réverbération. La balle lancée outre son mouvement simple et régulier, peut avoir un mouvement de rotation autour de son centre, et ces deux mouvemens peuvent être en différentes proportions. Si la surface réfléchissante est plane, tous les rayons réfléchis sont parallèles; si elle est courbe, ils convergent ou divergent.

» Il peut arriver que la balle perde une partie de son mouvement rectiligne, et conserve en entier le mouvement de rotation; et le rapport nouveau qui en résultera entre les deux mouvemens sera différent, suivant la nature de la surface que le rayon rencontrera. Une balle lancée obliquement à la surface d'un liquide qu'elle pénètre avec plus ou moins de facilité que celui d'où elle sort, change sa route, et la détourne de la ligne droite (fig. 36).

» La balle va de A en B, mais au lieu de continuer sa route vers D elle se détourne en I. CBE est supposée la surface de l'eau. Il y a des corps qui absorbent ou suffoquent les rayons lumineux qu'ils reçoivent, ce sont ceux qui sont noirs. Il y en a qui les réfléchissent régulièrement, ce sont ceux dont la surface est polie, tels que les miroirs plans ou courbes. D'autres enfin réfléchissent la lumière confusément en tous sens : les corps blancs réfléchissent les rayons sans aucun changement; d'autres y opèrent divers changement; on les appelle jaunes, rouges, bleus, etc. Il croit être en état de démontrer en quoi consiste la nature des couleurs, mais cela n'entre pas dans le plan de sa Dioptrique.

Après ces notions générales, il passe à la réfraction, et commence par expliquer la réflexion. Le rayon AB vient rencontrer la surface CBE qui s'oppose à son passage, et le force à rétrograder. Il reste à savoir en quel sens.

Le mouvement AB de la balle, ainsi que tout mouvement, peut se décomposer de diverses manières. Nous pouvons le supposer composé de deux mouvemens, l'un de A vers F, et l'autre de A vers C. Ces deux mouvemens combinés le conduisent en B; l'obstacle ne peut arrêter que l'un de ces mouvemens et nullement le second; il s'oppose au mouvement perpendiculaire AC, mais nullement au mouvement horizontal AF; la balle continuera donc de couler de B en E dans le même tems qu'elle est venue de C en B, BE = CB; menons les perpendiculaires EF, BH, AC; le corps remontera donc par EF en un point de la circonférence AFD, et nous aurons ABH = HBF. L'angle réfléchi HBF sera égal à l'angle d'incidence ABH. Cette démonstration ne laisse rien à désirer, quoiqu'on y néglige le poids de la balle, puisque ce poids est nul quand il s'agit de la lumière. »

Euclide suppose ce théorème plutôt qu'il ne le démontre dans la première proposition de sa Catoptrique. Alhazen se contente d'énoncer la proposition livre IV, proposition 6; livre V, prop. 9. Il paraît que l'égalité de ces angles était pour les anciens une vérité d'expérience. Vitellon n'ajoute rien à ce qu'avait dit Alhazen. Képler répare les omissions de Vitellon, démontre d'abord le théorème d'une manière un peu métaphysique, et pour se faire mieux entendre, il décompose le mouvement oblique perpendiculairement et parallèlement à la surface réfléchissante, et sa seconde démonstration est exactement celle que donne ici Descartes. Cette décomposition appartient donc à Képler.

« Supposons que BE ne soit pas impénétrable, mais que cette surface puisse seulement affaiblir le mouvement; elle n'affaiblira que le mouvement perpendiculaire; BE ne changera pas, ED sera diminué et deviendra EK, BD se changera en BK, et la balle se dirigera vers I. C'est à cela que se réduit le raisonnement plus vague de Descartes.

Il remarque ensuite que si la balle venait perpendiculairement de H en B, elle ne serait nullement détournée, et qu'elle irait droit vers G. C'est ce qui était connu des anciens; *voyez* l'Optique de Ptolémée.

« Plus l'obliquité augmentera, plus grande aussi sera la réfraction, qui finirait par se changer en réflexion, si l'obliquité était considérable, c'est ce qui produit le ricochet. » C'était une vérité indiquée et démontrée par l'expérience. Descartes ne l'explique que d'une manière obscure et incomplète.

« La balle lancée par une raquette éprouvant de la résistance de la part de l'eau, s'éloigne de la perpendiculaire; la direction BD se change en BI. » C'était un fait reconnu par expérience et qui s'expliquait facilement; jusque là tout le monde était d'accord; mais la lumière en pénétrant dans l'eau, s'approche de la perpendiculaire au lieu de s'en éloigner. Ici l'expérience paraissait en opposition avec la théorie; pour l'expliquer, Descartes feint qu'à son entrée dans l'eau, la lumière reçoit un second coup de raquette, en vertu duquel le mouvement perpendiculaire est augmenté. Il ne nous donne pas la raison qui fait que ce second coup de raquette est précisément en sens contraire de celui que reçoit la balle à son entrée dans l'eau. Il n'a pas la bonne foi de convenir qu'il n'en peut donner aucune explication satisfaisante; pour se tirer d'embarras, au coup de raquette il substitue une plus grande facilité à pénétrer dans l'eau; c'est vouloir nous payer avec des mots. On pouvait lui demander pourquoi cette facilité est plus grande pour la lumière que pour la balle; il avoue lui-même que la chose pourra paraître surprenante. La lumière venant de A en B ne continue point sa route de B en *a*, son mouvement horizontal B*e* n'éprouve aucune altération, mais le mouvement perpendiculaire *ea* au lieu d'éprouver une diminution, s'augmente et devient *eb*, le rayon prend la direction B*b*L. Voilà le fait que Newton a expliqué de la manière la plus heureuse, en disant que l'attraction de l'eau qui est au-dessous de CE, surpassant celle de l'air qui est au-dessus, la vitesse perpendiculaire doit être augmentée, *ea* se changer en *eb*, et le rayon s'approcher de la perpendiculaire BG. Voilà ce coup de raquette que ne pouvait deviner Descartes, quoiqu'il en sentît la nécessité; voilà ce que ne devinèrent pas davantage ceux qui écrivirent contre l'explication de Descartes, sans être en état d'y substituer rien qui fût plus clair ou plus raisonnable.

Si le rayon AB en se réfractant devient B*b*L, réciproquement L*b*B en passant de l'eau ou du verre dans l'air deviendra BA. C'est une vérité qui n'était contestée par personne.

Si Descartes n'eut pas la gloire de trouver la cause physique du phénomène, il réussit beaucoup mieux dans la recherche de la loi qui sert à le calculer. Il nous dit que la mesure de l'inclinaison se trouvera par la comparaison des droites CB et L*h*, CB = AH est évidemment le sinus de l'angle d'incidence ABX, L*h* est le sinus de GBL ou le sinus de l'angle rompu. Le rapport de ces deux sinus est constant pour un même milieu, c'est-à-dire que $\frac{\text{sin angle incidence}}{\text{sin angle rompu}} = C =$ constante. Dans sa Dioptrique il ne parle pas de sinus, mais seulement des lignes CB et *h*L, mais il parle des sinus dans une lettre à Mersenne, en le priant de lui garder le secret, parce que c'est la seule chose neuve qu'il ait mise dans la première partie de sa Dioptrique.

Ce passage prouverait que Descartes se donnait pour auteur du théorème des sinus en rapport constant; il prouverait aussi que Descartes n'avait pas mis un grand soin à s'expliquer clairement, puisque dans sa Dioptrique il n'avait fait aucune mention de sinus, et s'était exprimé comme Euclide aurait pu faire.

« Pour connaître la quantité précise de ce rapport, il faut recourir à l'expérience. Mesurez exactement la ligne CB pour une certaine incidence ABH, mesurez avec le même soin la ligne L*h* de l'angle rompu; et si vous craignez quelque erreur, faites la même chose pour quelques autres angles d'incidence, vous trouverez partout le même rapport, et il ne vous restera aucun doute. »

Il est étrange que Descartes ne nous dise ni quel est bien précisément ce rapport, ni d'après qu'elles expériences il a pu le déterminer. Voici sa règle : « *Nempe esse in refractione ut sinus anguli inclinationis unius* » *ad sinum anguli inclinationis alterius, ita sinum anguli refracti in* » *unâ inclinatione ad sinum anguli refracti in alterâ.* »

Vossius disputa cette découverte à Descartes, et prétendit que ce rapport constant avait été trouvé long-tems auparavant par Snellius, mort en 1626, plus de onze ans avant la publication de la *Dioptrique*. Huygens a écrit que Descartes *avait pu* voir en Hollande le manuscrit de Snellius; lui-même nous dit avoir vu ce manuscrit. Vossius ajoutait que le professeur Hortensius, ami de Snellius, et l'éditeur de sa Trigonométrie posthume, avait enseigné en public et en particulier, la découverte de son compatriote. Descartes habitait la Hollande depuis long-tems;

il était lié d'amitié avec le père d'Huygens, il pouvait donc avoir entendu parler de ce fameux théorème; tout cela est possible et ne manque pas de vraisemblance, mais il s'en faut que le plagiat soit prouvé. Descartes peut avoir fait la découverte de son côté et sans rien devoir à Snellius; c'est le sentiment de Leibnitz, qui ne laissait pas de pencher du côté de ceux qui estiment que Descartes avait pu profiter des lumières du savant hollandais (Baillet, 2e partie, pag. 539, *Act. Erudit.*, tome I, pag. 186 et 187); enfin, jamais Descartes ne s'est expressément déclaré l'inventeur de ce théorème (*voyez* les phrases qui terminent sa Méthode); il a pu le recevoir, l'adopter, et en chercher la démonstration qu'il a crue bonne; il ne s'est élevé aucune dispute sur le principe, mais seulement sur la démonstration qu'en a donnée Descartes. Cette dispute occupe plus de cent pages dans le troisième volume des Lettres; on n'y voit rien qui puisse servir à faire connaître le véritable inventeur. Voici ce que j'y ai vu de plus remarquable.

Dans une lettre sans date, adressée à un anonyme, tome II, page 336, de l'édition de 1666, on lit ce qui suit (fig. 37) :

« Je suis bien aise que vous veuillez vous occuper des réfractions; je ne doute pas que vous ne sachiez mieux que moi le moyen de les expérimenter... Je vous dirai ici comment je m'y voudrais comporter *si j'avais le même dessein.* Je ferais premièrement un instrument de bois, ou d'autre matière, tel que vous le voyez ici. AB est une pièce de bois avec un pied B qui peut la soutenir ferme au fond d'un vase; EF et CD sont deux autres règles, jointes à angles droits avec AB. G est une pinnule, qui doit être assez grande et avec deux petites pointes au milieu, G et H, afin que le milieu I s'en connaisse mieux. La règle EF est divisée en plusieurs parties égales ou inégales, n'importe pas; enfin KC est un niveau par le moyen duquel je voudrais dresser le vase où est posé l'instrument, de sorte que la ligne AB regardât justement le centre du monde, puis verser de l'eau dans ce vase, jusqu'à ce que la superficie de cet eau touchât justement la pinnule G; et tenant d'une main le style V sur la règle CD, et de l'autre la chandelle N, je les remuerais çà et là, jusqu'à ce que l'ombre du style V allât justement passer par le milieu de la pinnule GHI, et de là allât donner sur quelqu'une des divisions de la règle EF, par exemple sur la cinquième; puis je marquerais le lieu de la règle CD, où serait pour lors le style, par exemple au point V; cela fait, je tirerais l'instrument de l'eau, et *suivant la ratiocination que vous savez*, je marquerais les autres divisions de la ligne CD, qui doivent correspondre à toutes les divisions de EF, comme V répond à S. Enfin remettant l'instrument en l'eau comme devant, et appliquant le style à toutes les divisions de la ligne CD, je regarderais si les rayons de la chandelle tomberaient justement sur les divisions de la ligne EF. Par exemple, ayant décrit un cercle dont le centre est G (fig. 38), et tiré les lignes 4G et AG qui le coupent aux points A et C, je trouve les perpendiculaires AB et CD; puis joignant G3 qui coupe en E le même cercle, je tire la perpendiculaire EF, et ayant trouvé une ligne qui soit à EF comme AB est à CD, je l'applique dans le cercle parallèle à AB, comme est HI, et tirant la ligne GI jusques à la règle LK, j'y trouve le point 3 : il faut ainsi faire des autres... Peut-être que cet instrument vous semblera bien aussi aisé que l'instrument décrit par Vitellon. *Toutes fois je puis bien me tromper, car je ne me suis point servi ni de l'un ni de l'autre, et toute l'expérience que j'ai faite en cette matière,* c'est que je fis tailler un verre il y a environ cinq ans (en marge on a écrit à la main, en 1627), dont M. Mydorge traça lui-même le modèle; et lorsqu'il fut fait, tous les rayons du Soleil qui passaient au travers, s'assemblaient tous en un point, justement à la distance que j'avais prédite; ce qui m'assura où que l'ouvrier avait heureusement failli, ou que m'a *ratiocination* n'était pas fausse. » Ici il se déclare l'auteur de sa *ratiocination.*

Cette lettre donne lieu à plusieurs réflexions. 1°. Le plan d'expérience tracé par Descartes, suppose que l'on connaisse le théorème du rapport constant des deux sinus, et que l'on s'en serve pour diviser les deux règles, après quoi l'on observera si la lumière pénétrant dans l'eau sous un degré donné d'incidence, va tomber précisément sur la division donnée par le théorème; c'est donc un moyen de vérifier la règle, et non pas un moyen de la découvrir, quand on n'en a aucune idée.

2°. Descartes n'avait alors fait aucune expérience, si ce n'est cinq ans auparavant, avec une lentille qui rassembla tous les rayons du Soleil, *tout justement à la distance prédite.* L'expérience réussit, mais Descartes ne sait si c'est par hasard, ou parce que sa ratiocination avait été juste.

3°. Cette *ratiocination* était connue de l'anonyme, puisqu'il lui dit, *suivant la ratiocination que savez.* Il lui avait donc confié une découverte qu'il ne donnait à Mersenne que sous le sceau du secret; mais ne serait-ce pas sa démonstration qu'il donne avec cette précaution? il ne paraît pas attacher la moindre importance à ce théorème; aucun de ses adversaires ni de ses amis n'en parle, ni pour le vanter ni pour le contester à Descartes. Il paraît seulement que Fermat avait commencé par le révoquer en doute. N'en pourrait-on pas induire qu'il n'y avait aucune prétention, et que c'était une chose bien connue? Ce pouvait être une vérité trouvée par expérience, et admise sans réclamation; il ne restait plus qu'à la démontrer; chacun proposait son explication, et c'est sur ce point seulement qu'on était divisé.

Un anonyme qui a chargé de notes l'édition des lettres que je cite, et qui est de la Bibliothèque de l'Institut, conjecture que la lettre a été écrite à Golius, en 1632. Ce Golius était professeur à Leyde; il n'est pas étonnant qu'il connût le théorème de Snellius; Descartes a pu lui dire qu'il savait la manière de diviser les règles de l'instrument; ne serait-ce pas même ce Golius qui l'aurait appris à Descartes, qui en reconnaissance lui indique un moyen pour le vérifier.

Dans la lettre 73 à Mersenne, il dit: « Pour la façon de mesurer les réfractions de la lumière : *Instituo comparationem inter sinus angulorum incidentiæ et angulorum refractorum.* Mais je serais bien aise que cela ne fût point encore divulgué, parce que la première de ma Dioptrique ne contiendra autre chose que cela seul. *Non potest facile determinari qualem figuram linea visa in fundo aquæ sit habitura; neque enim certus est aliquis locus imaginis in reflexis aut refractis, quemadmodum sibi vulgo persuaserunt optici.* Cette question avait beaucoup occupé Snellius, qui voulait déterminer la nature de la ligne *réfractoire*. Il donnait ce nom à celle que paraît former une surface plane, comme celle du fond d'un bassin, vue par réfraction au travers de l'eau; Jean de Witt s'était aussi beaucoup occupé de ce problème; ainsi Snellius et Witt seraient les opticiens dont parle Descartes (Montucla, tome II, page 246). La phrase de Descartes paraît une critique dirigée contre Snellius, autre raison de soupçonner que Descartes avait lu l'écrit de Snellius, qui formait un volume entier; *Integrum volumen*, dit Huygens.

Si Descartes a véritablement trouvé ce théorème, ce qui est très possible, quoiqu'il n'en dise rien, comment ne nous a-t-il donné aucun développement d'une découverte que plusieurs auteurs avaient inutilement cherchée. Képler n'avait pu la trouver; il s'était contenté d'une approximation, qui lui parut suffisante tant que l'angle ne passait pas 30°. Il croyait que l'angle de réfraction était le tiers de l'angle d'inclinaison, ce qui n'est vrai que des sinus. Si Descartes l'a trouvé, ce n'est pas par observation, car il nous dit qu'il n'en a fait aucune, si ce n'est pour s'assurer qu'en effet la règle était juste. Comment avait-il trouvé cette règle? personne n'en sait rien. Mais Descartes avait lu le livre de Vitellon; il avait lu la table de réfraction donnée par cet auteur ; il a pu faire le calcul que j'ai fait, long-tems après, sur cette table, comme sur celle de Ptolémée ; il a pu facilement reconnaître que le rapport des sinus est constant dans le verre comme dans l'eau. Après avoir connu ce rapport, par son calcul, il a voulu voir s'il était vrai ; il l'aura trouvé tel sur un angle ou deux, il ne parle que d'un, et il n'aura pas été plus loin, et il se sera mis à philosopher sur la cause, ce qui l'intéressait bien plus que l'expérience et même que le théorème.

Malgré ces conjectures, je suis loin de contester cette découverte à Descartes ; c'est même la lui accorder que de dire qu'il y a été conduit par la table de Vitellon. C'est peut-être ainsi que Snellius y est parvenu. Il n'est mention d'aucune expérience ni de Snellius ni de Descartes. On peut encore moins contester ce théorème à Snellius, mort depuis onze ans ; on ne peut récuser le témoignage d'Huygens, qui a vu le manuscrit, ni celui d'Hortensius ami de Snellius, et dépositaire de ses manuscrits, ni même celui de Vossius, appuyé des deux autres. Quoi qu'il en soit, voici la règle telle que l'a donnée Snellius (Montucla, tome II, fig. 78) : La route CF du rayon (fig. 39) se change en CE ; prenons CD pour rayon, CF sera la sécante de FCD = ACG, ou la cosécante de FCB, CE sera la sécante de ECD ou la cosécante de l'angle rompu ECB.

CE : CF :: coséc ECB : coséc FCB,

coséc angle rompu : coséc angle d'incidence :: vitesse accélérée de la lumière : vitesse primitive,

ou *Les vitesses sont en raison directe des cosécantes des angles avec la perpendiculaire.*

Suivant Descartes, *les sinus de deux angles différens d'incidence sont entre eux comme les sinus des angles rompus correspondans,* d'où il résulte que les vitesses sont comme les sinus des angles opposés, ou qu'elles sont comme les cosécantes des angles adjacens. Les deux règles sont donc parfaitement identiques. Depuis long-tems on ne fait guère usage que des sinus, on ne parle plus de cosécantes ; la règle de Descartes a prévalu. Si les logarithmes n'avaient pas été inventés, je crois que je préférerais celle de Snellius.

Descartes convient qu'il pourra paraître surprenant que la lumière soit plus inclinée en traversant l'air qu'en traversant l'eau, et qu'elle le soit encore moins en traversant le verre ; mais il nous dit que cette surprise cessera si l'on se rappelle ce qui a été dit de la nature de la lumière, laquelle n'est que le mouvement ou l'action de la matière subtile, qui remplit les pores de tous les corps; et si l'on considère en outre que la balle perd plus de mouvement en tombant sur un corps mou que sur un corps dur, et qu'elle roule plus aisément sur une table nue que sur une table couverte d'un tapis. Par la même raison, l'action de la matière subtile est plus retardée par les parties de l'air, qui sont molles et ne résistent pas aussi fort, que par celle de l'eau. Ainsi, plus sont fermes et solides les particules d'un corps transparent, plus elles offrent de facilité à la lumière qui pénètre.

J'ignore si dans sa conscience, Descartes pouvait trouver ce raisonnement d'une évidence parfaite. Bailly nous dit que l'explication de Descartes a cela de remarquable que, si l'on y substitue à la facilité de pénétration dans un milieu plus dense, l'attraction de ce milieu, qui est en effet proportionnelle à sa densité, on trouve qu'il a très bien décrit les effets. Mais ces effets avaient été décrits et mesurés par Ptolémée et Vitellon; l'explication qu'il en donne est la seule chose qui lui appartienne bien incontestablement dans cette doctrine où tout, hormis les faits, était faux et invraisemblable. « Fermat et Hobbes s'élevèrent contre » cette facilité de transmission de la lumière dans les milieux denses. » Fermat céda enfin, mais il ne fut pas convaincu; et il faut convenir » qu'il est difficile de l'être par une explication entièrement fondée sur » un principe occulte. »

Toutes les pièces du procès sont rapportées au tome III des Lettres de Descartes, où elles occupent plus de cent pages. On voit avec peine que les adversaires de Descartes raisonnent souvent d'une manière qui n'est ni plus claire ni plus satisfaisante.

Le chapitre III est la description de l'œil; on y voit, par la comparaison de deux bâtons croisés entre les mains d'un aveugle, comment il se fait que nous voyons les objets droits, quoique leur image soit renversée au fond de l'œil; comment nous avons l'idée de deux boules différentes, quand nous tenons une boule entre deux doigts croisés; pourquoi les astres au méridien nous paraissent plus petits qu'à l'horizon, où les objets interposés, nous font estimer que la distance est plus grande.

Au chapitre VII, il arrive au moyen de perfectionner la vision. Il décrit les effets des verres convexes et concaves, enseigne la manière de décrire une ellipse ou une hyperbole, qui réunisse à son foyer tous les rayons qu'elle aura réfractés après qu'ils seront venus tomber parallèlement sur la surface extérieure du solide formé par la révolution de la courbe autour de son axe. Képler avait eu la même idée, mais il croyait le problème impossible, parce qu'il ignorait le rapport constant des sinus d'incidence et de réfraction; cependant il avait cru remarquer que ce rapport était sensiblement constant, tant que l'angle ne surpassait pas 30°, ce qui suffisait pour les lunettes, où les angles d'incidence sont beaucoup moindres.

Descartes préfère l'hyperbole à l'ellipse. Il pense qu'on ne peut imaginer aucune sorte de verre qui réunisse tous les rayons venant des divers points d'un même objet en autant d'autres points également éloignés du verre, que la figure qui est composée de deux hyperboles égales. Il remet la démonstration à une autre occasion; il suffirait d'ailleurs, pour assurer la préférence à l'hyperbole sur l'ellipse, que les verres de cette forme se polissent avec plus de facilité. Il prescrit de choisir les verres moins sujets à la réflexion. Enfin, pour expliquer cette réflexion, il nous dit que les pores de l'air et du verre ne sont ni assez égaux ni assez bien disposés, pour se correspondre exactement; la matière contenue dans quelques-uns de ces pores de l'air peut rencontrer les parties solides dû verre, au lieu de rencontrer des pores, alors il s'opérera une réflexion, puisque cette lumière ne pourra pénétrer.

La face extérieure de l'objectif doit être plane; la surface intérieure doit être hyperbolique, et le foyer doit coïncider avec celui de l'hyperbole opposée, lequel foyer est au fond de l'œil. A côté de la lunette principale, il en met une ou deux, qui sont moins parfaites, mais qui ont un champ moins borné. Ces lunettes sont aujourd'hui connues sous le nom de *chercheurs ;* elles servent à amener l'objet qu'on veut observer, au milieu du champ de la lunette principale.

Il enseigne à construire une autre lunette, propre à voir plus distinctement les objets voisins. Il la compose de deux verres hyperboliques, l'un convexe et l'autre concave.

Pour construire ses lunettes, et donner la forme convenable à ses verres, il commence par chercher, par observation, la réfraction du verre qu'il doit employer; il y emploie un prisme. Il en déduit les dimensions de son hyperbole; il la décrit par un mouvement continu ou par points. Il décrit deux machines propres à donner à ses verres la forme convenable; et quoique les lunettes propres à examiner les astres, soient communément regardées comme plus importantes que celles qu'on destine aux objets terrestres et accessibles, il croit que ces dernières peuvent devenir bien plus utiles, parce qu'il a l'espoir qu'elles pourront faire découvrir divers mélanges, et les dispositions des parties les plus menues des animaux et des plantes, et peut-être aussi de nouveaux corps qui nous environnent de toute part, ce qui serait d'un grand secours pour en mieux connaître la nature.

Malgré toutes les explications qu'il vient de donner, la plupart en faveur des artistes, il en voulut aussi former lui-même quelques-uns. Il avait eu de longues relations avec un nommé Ferrier, qu'il avait voulu attirer en Hollande; mais cet artiste était alors chargé de construire pour Morin, et par les ordres de Monsieur, frère du roi Louis XIII, un instrument auquel il travailla plus d'un an; mais il échoua complètement. Il offrit alors d'aller joindre Descartes dans sa retraite, pour s'attacher à lui; mais Descartes, occupé d'autres objets, et piqué peut-être du premier refus de Ferrier, crut pouvoir refuser à son tour. On voit dans ses Lettres qu'il revient souvent à la construction de ses verres hyperboliques, mais on ne voit pas que ses tentatives aient eu le moindre succès en Hollande non plus qu'à Paris; il dit pourtant que, d'après ses idées, on était parvenu à faire une lunette, la meilleure qu'on eût encore vue. Mais aucun astronome, au moins que nous sachions, ne l'a eue entre les mains; il est difficile d'estimer quel degré de bonté elle pouvait avoir, et l'on n'a pas su ce qu'elle était devenue. On a renoncé à tous ces essais depuis qu'il est reconnu que l'aberration de sphéricité était le moindre des obstacles qui s'opposaient au perfectionnement des lunettes.

Les Météores.

Le Traité qui suit la Dioptrique ne nous intéresse pas aussi directement; il a pour objet les météores. L'auteur y parle d'abord de la composition de l'eau, qu'il forme de particules allongées, comme de petites anguilles, les unes plus flexibles et les autres moins. Il traite des vapeurs, des exhalaisons, du sel et de la salure de la mer, qu'il dit plus grande vers l'équateur que vers les pôles. Il traite des vents, des nuages, de la neige, de la grêle et de la pluie, des tempêtes, de la foudre et des autres feux qui s'allument dans l'air, et enfin de l'arc-en-ciel. Jusqu'ici Descartes n'a fait usage dans son livre des météores que de ses principes de Physique et de sa matière subtile. En parlant de l'arc-en-ciel, il fait un usage ingénieux de sa Géométrie, et l'on peut dire qu'avant de connaître la différente réfrangibilité des rayons de la lumière, il était impossible de donner une explication plus heureuse et plus complète de ces phénomènes. De là, il passe aux couleurs des nuages, aux halos ou couronnes que l'on voit quelquefois autour des astres ou autour des chandelles, et aux parélies, par lesquels il termine son chapitre X et dernier.

Le troisième essai était sa Géométrie, le plus fort et le plus important de ses ouvrages, sans contredit. Mais comme il n'a pas le moindre rapport à l'Astronomie, nous n'aurions aucune raison d'en joindre ici l'extrait. Nous renverrons donc à ce qu'en a dit Montucla, sans cependant prendre le moindre parti dans les discussions entre les savans qui ont accusé Descartes de plagiat, et ceux qui ont écrit pour sa défense. Descartes ne cite personne. Il avertit qu'il adopte comme siennes toutes les propositions qu'il aura trouvées évidentes, ou qu'il sera parvenu à se démontrer. Pour juger les questions de cette espèce, nous n'avons donc que notre règle générale, qui est de donner à un auteur toutes les vérités qu'il a publiées le premier. Quand nous voyons un théorème ou une idée, dans un livre de Descartes, tout ce que nous pouvons en conclure, c'est qu'il l'a reconnue pour vraie, et qu'il l'a adoptée, soit qu'il l'eût trouvée dans un auteur plus ancien, soit qu'on la lui ait communiquée, soit enfin qu'il l'ait imaginée lui-même. Presque tout ce qu'on trouvait de son tems, il prétendait qu'on l'avait trouvé dans ses ouvrages, et malgré la déclaration qu'il a faite, on doit peu s'étonner qu'on lui ait adressé quelquefois un reproche qu'il n'a pas épargné aux autres. Ce qu'il y a de bien certain, c'est qu'il avait le génie des Mathématiques. Quel dommage qu'il se soit abandonné à ce goût désordonné de méditations, dans lesquelles il se laissait aller à son imagination, sans jamais chercher la moindre preuve de ce qui se présentait à son esprit! Il renonça à la Géométrie, parce qu'il n'en voyait aucune application bien utile ; quelle utilité pouvait-il trouver à des systèmes qui ne fournissaient aucune règle de calcul? Quand il aurait deviné juste en imaginant sa matière subtile et sa matière cannelée, quelle conséquence pratique en a-t-il su déduire? à quelle épreuve a-t-il soumis toutes ses conjectures? Il nous dit qu'il lui serait aisé de donner les démonstrations de tout ce qu'il a avancé; pourquoi n'en donne-t-il aucune?

Descartes était né pour les Mathématiques; il renonça de bonne heure à les cultiver, et si nous l'en croyons, elles ne l'ont occupé que deux ou trois mois. Il eut beaucoup d'imagination, mais il ne sut pas la régler. L'imagination est fort bonne dans un poëme, mais dans un ouvrage de Physique! Képler en eut beaucoup aussi, mais elle ne lui servait qu'à se créer des causes dont il s'attachait aussitôt à calculer les effets, pour les comparer aux observations. Les lois de Képler resteront, les rêves de Descartes n'ont eu qu'un tems.

En rédigeant cette notice sur Descartes, nous avons fait une attention continuelle à la règle établie par lui-même, de n'admettre comme certain que ce qui nous était clairement démontré; nous n'avons consulté que ses écrits et son historien; mais comme ses écrits n'entraient pas tous dans notre plan, nous avons, pour sa Géométrie, qui est incontestablement son plus beau titre de gloire, renvoyé à l'histoire des Mathématiques de Montucla, qui, dans l'exposé qu'il a fait des travaux de Descartes, s'est attaché principalement à en relever l'importance, et à venger l'auteur de toutes les attaques des envieux, qui avaient voulu lui contester ses plus belles découvertes. Mais si quelques géomètres étrangers ou même nationaux, se sont montrés injustes pour un homme de génie, dont le mérite et la réputation les offusquaient, d'autres écrivains n'ont-ils pas montré une injustice toute pareille, et peut-être encore plus irréfléchie, en lui attribuant ce qu'il n'a point fait, en dépouillant, pour l'enrichir, tous les grands hommes qui l'avaient précédé, et en l'associant avec trop de légèreté, aux inventions des géomètres plus modernes? Nous avons mentionné ci-dessus le concours ouvert par l'Académie française, en l'honneur de Descartes; notre but était de donner la notice exacte de tous les hommages rendus à sa mémoire. Sans doute on n'attend pas d'un orateur qui parle de ce qu'il connaît peu, devant un auditoire qui n'en est guère plus instruit, cette précision géométrique que l'on voudrait trouver dans un éloge composé par l'Académie des Sciences, ni cette impartialité qui est le devoir de l'historien; mais il est des bornes que le zèle le plus louable ne saurait passer sans nuire à la cause qu'il veut défendre. Ces bornes ont-elles été passées? nous le croyons, et pour le démontrer, il suffira de quelques citations. Commençons par la pièce couronnée.

Thomas avoue que *le tems a détruit les opinions de Descartes*. Ces opinions ont-elles jamais été réellement établies? l'auteur a-t-il fait la moindre tentative pour les démontrer? les géomètres les mieux disposés pour Descartes, en raison de leurs préventions contre Newton, n'ont-ils pas fait les efforts les plus inutiles pour réconcilier les tourbillons avec les lois de la Mécanique? comment Pascal et Gassendi ont-ils parlé du livre des Principes? L'orateur ajoute que *sa gloire subsiste*. Oui, elle subsiste, et elle durera autant que la science algébrique; elle subsistera parce qu'elle est fondée sur des découvertes impérissables, qui n'ont rien de commun avec les tourbillons, ni le reste de la Physique céleste de leur auteur. Le malheur est que ces tourbillons sont dans tous les livres, dans toutes les bouches, qu'on ne peut prononcer le nom de Descartes sans que l'idée se porte aussitôt sur cette chimère dont on a fait tant de bruit, et que les vrais services rendus à la science par Descartes, sont de nature à n'être appréciés ni connus que par les analystes.

Ce serait à Newton à louer Descartes; il nous découvrirait toutes les pensées que les pensées de Descartes lui ont fait naître, Descartes lui a frayé la route. Oui, il a frayé la route à l'auteur de l'énumération des lignes courbes. Sans l'idée heureuse de renfermer dans une équation générale les propriétés de ces lignes, jamais Newton n'en eût tenté l'énumération; jamais il n'eût donné son Traité de la quadrature des courbes. Mais l'auteur de l'Optique a-t-il à Descartes la moindre obligation? l'auteur des Principes mathématiques de la Philosophie naturelle se serait-il chargé de l'éloge du livre français des *Principes?* dans ses travaux sur le système du monde, Newton a-t-il suivi la route tracée par Descartes? La route suivie par Newton est l'application d'une analyse toute nouvelle, à l'explication de tous les phénomènes généraux et des phénomènes particuliers, que Descartes a passés sous silence, tels que la précession des équinoxes, jusqu'alors restée inexpliquable, et dont il a le premier indiqué la véritable cause. Newton, en analyse, est créateur *tout au moins* autant que Descartes, et ce qui le distingue entre tous les géomètres, c'est la sublimité, l'immensité des applications qu'il a faites de ses découvertes, au lieu que Descartes a déclaré plus d'une fois qu'il renonçait à la Géométrie, dont il n'imaginait aucune application utile. *Dans la Grèce, aussi féconde que hardie, la Philosophie avait créé tous ces sytèmes fameux, qui expliquaient l'univers.* Nous avons dit ce que valaient ces systèmes. *Dans Alexandrie, et à la cour des rois, elle avait perdu ce caractère original;* c'est-à-dire que sous les successeurs d'Alexandre, au lieu de se livrer à une imagination plus déréglée encore que hardie, on avait appliqué la Géométrie au calcul de tous les phénomènes, dont tous les discoureurs de la Grèce n'avaient donné que les explications les plus vagues. C'est donc ce changement si nécessaire qui cause les regrets de l'orateur, quand il nous dit : *Du siècle d'Aristote à celui de Descartes, j'aperçois un vide de 2000 ans.* Archimède, Apollonius, Hipparque, Ptolémée, Copernic et Képler, ne doivent compter pour rien. *Il fallait un homme qui remontât l'espèce humaine....; qui se ressaisît du don de penser;* ainsi, Bacon, Galilée, Gassendi, ne pensaient pas. Pour toute gloire, il attribue à Copernic celle *d'avoir renouvelé le système de Pythagore;* il donne à Képler le nom de *législateur des cieux*, et ne lui reconnaît pourtant d'autre mérite que d'avoir *confirmé ce qu'on avait trouvé avant lui.... Tout était disposé pour une révolution.* Ne serait-il pas juste de dire que la révolution était faite en grande partie, et qu'elle fut achevée par Newton? *La méditation faisait naître ses idées* (celles de Descartes), voyez nos extraits ci-dessus; *l'esprit géométrique venait les enchaîner.* N'est-ce pas là précisément ce qu'on reproche à Descartes d'avoir entièrement négligé dans ses *Principes. Il osa concevoir l'idée de s'élever contre les tyrans de la raison.* Et qu'avaient donc fait Képler, Galilée, Bacon et Gassendi? *Personne n'avait eu l'idée de rassembler toutes les observations faites dans tous les siècles, et d'en bâtir un système général du monde.* N'est-ce pas là véritablement le plan suivi par Képler, et n'avouera-t-on pas qu'il fut plus heureux dans l'exécution? *Galilée, le premier, avait découvert la pesanteur de l'air.* On peut dire tout au plus qu'il l'avait entrevue, Képler l'avait affirmée long-tems auparavant, et Toricelli venait d'en donner une première démonstration, rendue plus frappante par l'expérience de Pascal. Descartes a réclamé la première idée de cette fameuse expérience, quoiqu'elle paraisse difficile à concilier avec son système du plein et son horreur pour le vide. *Enfin il a créé une partie de Newton, et n'a été créé que par lui-même.* On ne pouvait couronner plus dignement tant d'assertions exagérées et sophistiques. *Ce qui caractérise le plus Descartes, dans la Physique, c'est d'avoir le premier envisagé l'univers comme une grande machine; cette idée ne peut être que celle d'un grand homme, et a donné la clef de mille autres.* Effacez le nom de Descartes, pour y substituer ceux de Képler et Newton, et cette phrase d'un déclamateur deviendra parfaitement juste.

Gaillard est moins emphatique et moins exagéré, il paraît avoir moins étudié les œuvres de Descartes. Thomas les a parcourues sans les comprendre, mais enfin il a voulu s'en faire une idée, et ses notes ne sont pas sans intérêt. Gaillard est plus vague et plus circonspect. *Il lui paraît difficile de prévoir jusqu'à quel point le tems respectera les débris du Cartésianisme déjà ébranlé par de si grands coups;* il avoue qu'*on peut avoir été plus loin que Descartes, mais dans la route qu'il a tracée;* qu'*on peut s'être élevé plus haut, mais en partant du point d'élévation où il a porté les esprits;* qu'*on peut enfin l'avoir combattu lui-même avec succès, mais en se servant des armes qu'il a fournies.* Nous avons répondu d'avance à tous ces lieux communs. Le grand argument des admirateurs aveugles de Descartes, c'est qu'il a détrôné Aristote; mais après les attaques portées aux systèmes du philosophe grec, par Copernic, Tycho, Képler, Galilée et Bacon, ces systèmes pouvaient-ils subsister? Ce qui distingue Descartes, c'est qu'il a fourni aux professeurs de Philosophie scolastique, une masse d'erreurs à substituer à celles du philosophe de Stagyre. *L'homme est de glace aux vérités, il est de feu pour les mensonges.* Aristote défendait expressément à ses sectateurs l'étude des Mathématiques; Descartes laissait de côté sa Géométrie pour composer un monde imaginaire; il renouvelait la méthode des anciens Grecs, qui dissertaient à perte de vue, sans jamais rien observer, et sans jamais rien calculer, méthode trop commode pour n'avoir pas de grands succès, au moins populaires; mais, erreur pour erreur, roman pour roman, j'aimerais encore mieux les sphères solides d'Aristote que les tourbillons de Descartes. Avec ces sphères on a du moins fait des planétaires qui représentent en gros les mouvemens célestes, on a pu trouver des règles approximatives de calcul; on n'a jamais pu tirer aucun parti des tourbillons ni pour le calcul, ni pour les machines.

Ces enthousiastes panégyriques, en exaltant outre mesure un homme de génie, qui a donné dans de grands écarts, mais qui a des droits réels à notre admiration, ont fait eux-mêmes un grand tort à la cause qu'ils ont soutenue sans la connaître; ils ont jeté une espèce de ridicule sur la nation française; ils ont renouvelé le souvenir de ces erreurs sur lesquelles nous aurions voulu jeter un voile officieux. Au lieu de comparer Descartes à Newton, ce qui était le comble de la maladresse, que ne le présentaient-ils précédé et entouré de Viète, Harriot, Wallis, Fermat et Roberval; ils auraient eu des moyens de lui donner des éloges auxquels auraient pu souscrire les savans de toutes les nations. N'osant pas le faire en tout l'égal de Newton, ils l'ont proclamé le *créateur* de l'homme étonnant qui tient le sceptre de la Physique et de l'Analyse, de celui qui, pour s'ouvrir la route où il a marché à pas de géant, a dû faire de Descartes, ce que Descartes avait fait d'Aristote, regarder comme non avenu le système qui venait de s'établir dans quelques écoles modernes, et partir de principes diamétralement opposés.

Fontenelle a su éviter ces excès dans son éloge de Newton; il a montré plus de circonspection et de justice; il laisse encore trop voir qu'il est français, mais on aperçoit à peine qu'il est *Cartésien.* Nous nous bornerons à cette réflexion sur cet éloge, qui est l'un des plus intéressans, l'un des plus justes et des plus remarquables de tous ceux qui composent une collection dont la réputation est faite depuis long-tems.

LIVRE XI.

Durret, Morin et Riccioli.

Durret.

Nouvelle théorie des planètes, conforme aux observations de Ptolémée, Copernic, Tycho, Lansberge, et autres excellens astronomes, avec les tables Richeliennes et Parisiennes, par N. Durret. Paris, 1635.

Dans son épître au cardinal de Richelieu, Durret assure, j'ignore sur quelle autorité, que Ptolémée avait envoyé dans les principaux lieux du monde, des astronomes exercés pour y observer les éclipses qu'il avait prédites, afin de déterminer les positions exactes de tous ces lieux, tant en longitude qu'en latitude. Il ajoute que, pour lui, il va faire pour Lansberge ce que Magin avait fait pour Copernic, et qu'il accommodera ses Tables au méridien de Paris. Lansberge avait suivi le système de Copernic; Durret, qui est d'un avis contraire, va conformer ses tables aux anciennes hypothèses et aux observations rassemblées par Lansberge, ce qui signifie, en d'autres termes, qu'il va réduire les tables de ce dernier au méridien de Paris, et nous dispense d'en dire davantage.

L'explication de ces tables est fort succincte, et tout ce que j'y ai remarqué, c'est que l'auteur fait le mot *parallaxe* du genre masculin; en quoi il a depuis été imité par Boileau, dans ce vers de son épître V :

> Si Saturne à nos yeux peut faire un parallaxe.

L'usage des astronomes de ce tems justifie Boileau beaucoup mieux que n'ont fait les conjectures de ses commentateurs.

Morin.

Morin, professeur de Mathématiques au collége de France, naquit le 23 février 1583, à Villefranche, en Beaujolois, et mourut à Paris, en 1656. Comme Durret, il était partisan un peu outré du système de l'immobilité de la Terre, qu'il avait défendue des attaques de Lansberge, par un écrit publié en 1631, sous ce titre : *J. B. Morini, famosi et antiqui problematis de Telluris motu et quiete hactenus optata solutio;* par sa réponse à Jacques, fils de Philippe Lansberge; par le traité *Alæ Telluris fractæ contra Gassendi tractatum de motu impresso à motore translato;* enfin, par son *Tycho-Brahæus in Philolaum.* Nous passons tous ces ouvrages polémiques sur une question aujourd'hui décidée, pour nous occuper de ses ouvrages mathématiques et astronomiques : le plus ancien est sa Trigonométrie, publiée en 1633, sous ce titre :

Trigonometriæ canonicæ libri tres quibus planorum et sphæricorum triangulorum theoria atque praxis accuratissime brevissimeque demonstratur. Adjungitur liber quartus pro calculi tabulis logarithmorum. Il se glorifie d'avoir réduit cette Trigonométrie au nombre de théorèmes strictement nécessaires à la résolution complète des triangles. On ne peut guère lui contester ce point; mais il faut avouer aussi que son ouvrage est extrêmement superficiel. Voici ce que j'y remarque.

Si les trois angles d'un triangle sont aigus, les trois côtés seront moindres chacun que de 90°, c'est ce que démontre la formule

$$\cos C'' = \frac{\cos A'' + \cos A' \cos A}{\sin A' \sin A},$$

où tout est positif, dans la supposition de trois angles aigus. Morin démontre cette proposition d'une manière synthétique nécessairement plus longue.

Connaissant les trois côtés d'un triangle, on connaît l'espèce de l'angle opposé à un côté quelconque; la formule $\cos A'' = \frac{\cos C'' - \cos C' \cos C}{\sin C \sin C'}$ servirait à démontrer d'une manière plus courte les propositions de Morin. Si C'' est obtus, et les deux autres de même espèce, A'' sera nécessairement obtus; il le sera encore si C'' était aigu, $\cos C' \cos C > \cos C''$; il sera aigu si $\cos C' \cos C < \cos C''$ et si C'' étant aigu, C' et C sont de différente espèce; ou plus généralement l'espèce de A'' dépend du signe algébrique du numérateur. Mais on n'avait jusqu'alors fait aucune attention à la règle des signes en Trigonométrie.

Morin emploie le double triangle complémentaire, et ne connaît pas le triangle polaire. Il promet fastueusement la démonstration des règles *éminentissimes* de Néper. J'ai vainement cherché ces démonstrations dans son livre, je n'ai pu y apercevoir les théorèmes nouveaux et remarquables, qu'il dit avoir ajoutés à ceux de Pitiscus et de Néper; sauf le cas des trois côtés et celui des trois angles, il résout tous ses triangles obliquangles en abaissant une perpendiculaire.

Il est également superficiel dans sa théorie des logarithmes, et ses tables logarithmiques ne sont qu'une réimpression des tables de Wingate. Passons à l'ouvrage par lequel il est principalement connu. Il a pour titre :

Astronomia jam à fundamentis integre et exacte restituta, complectens novem partes hactenus optatæ scientiæ longitudinum cœlestium nec non terrestrium, quà cujusvis astri visi et cujusvis Terræ loci in quo sit statio, longitudo et latitudo accuratissime detegi queat : cuncta que Astronomiæ vera principia pridem ignota traduntur.... Authore Joanne-Baptista Morino... Magna est veritas et prævalet. Parisiis, 1640. Les différentes parties avaient paru successivement en 1634, 36, 38, 39.

Voilà des promesses magnifiques. Boulliaud nous a fortement prévenus contre l'auteur; mais Boulliaud a pu être injuste envers un homme qui l'avait critiqué, et sans doute avec peu de modération. Si Morin n'est pas un grand astronome, on ne peut lui refuser des idées qui sont bien à lui; il mérite du moins que nous le lisions avec plus d'attention que son contemporain Durret. Dans son épître au cardinal de Richelieu, il se plaint amèrement des commissaires qui ont prononcé sur sa méthode pour les longitudes. Nous trouverons dans son livre toutes les pièces de ce procès, et c'est alors que nous pourrons le juger de nouveau.

Dans son avis au lecteur, il se glorifie de trois découvertes nouvelles concernant le globe terrestre. La première est que ce globe, de la superficie au centre, est partagé en trois régions de températures différentes; la couche supérieure est chaude en hiver, froide en été, tempérée en automne et au printems; la couche du milieu est toujours chaude, et la couche inférieure toujours froide. C'est ce qu'il dit avoir observé dans les mines de Hongrie.

Secondement, il a évidemment démontré l'immobilité de la Terre, et la question lui paraît irrévocablement décidée.

La troisième découverte est sa méthode des longitudes.

Il promet plusieurs autres ouvrages sur la sphère et les planètes, et notamment un grand traité de l'*Astrologie française,* auquel il a travaillé trente ans, et qui a paru en 1661, en un volume in-folio, à la Haye. Ses deux premières découvertes et sa profession d'astrologue, ont pu nuire un peu à la troisième découverte, qui n'était pas aussi merveilleuse qu'il tâchait de le persuader, mais qui ne méritait pas non plus tout le dédain avec lequel elle fut accueillie.

Pour entrer en matière il présente d'abord l'histoire des tentatives faites en différens tems pour la solution du problème des longitudes.

Le roi d'Espagne, Philippe III, fut le premier qui proposa un prix pour ce fameux problème; cet exemple fut imité par les états de Hollande. L'émulation fut grande parmi les savans. On imagina des machines pour mesurer le mouvement du vaisseau, et pour avoir la mesure du tems. Il fait voir l'insuffisance de tous ces moyens. En supposant que le mouvement alternatif des eaux de la mer et les courans, ne rendent pas infidèles les machines du premier genre, elles donneraient tout au plus la mesure de l'arc parcouru, sans rien apprendre de sa direction. Pour les horloges, il faudrait que leur régularité égalât celle de la grande machine fabriquée par Dieu même, c'est-à-dire le premier mobile. Il ne sait si le diable viendrait à bout d'une semblable machine; mais c'est folie aux hommes que d'y penser. Morin serait un peu moins tranchant aujourd'hui. Il était du moins fort excusable d'avoir cette opinion. Il remarque avec justesse que les changemens de température doivent faire tantôt avancer et tantôt retarder l'horloge, et nous apprend que les Hollandais, après de nombreux essais, avaient pris la résolution de n'en plus faire aucun dans ce genre.

Il ne reste donc plus d'autre ressource que l'Astronomie. Les éclipses de Lune sont des phénomènes trop rares et trop incertains pour cette recherche, et d'ailleurs comme on ne peut en mer avoir aucune observation correspondante, il faudrait des tables d'une grande exactitude. Il fallait donc trouver une méthode qui pût chaque jour être mise en usage. Tous les astronomes s'accordèrent en ce point, qu'il fallait se servir des mouvemens de la Lune. Képler et Longomontanus proposèrent de mesurer la distance de la Lune à une étoile, regardant ce moyen comme le moins imparfait qu'on pût imaginer. Ils prescrivaient de mesurer cette distance quand la Lune serait au nonagésime, c'est-à-dire quand la ligne des cornes serait verticale. Morin oppose plusieurs raisonnemens contre cette idée. La distance mesurée ne sera pas un arc de l'écliptique, surtout si les latitudes sont considérables et de dénomination contraire; les cornes de la Lune sont quelquefois peu visibles; la ligne des cornes n'est verticale que dans le cas où la Lune est dans l'écliptique.

Il aurait dû ajouter et dans les limites. Ces obstacles n'étaient rien moins qu'insurmontables, et l'on en a triomphé; on n'a pas même besoin que la Lune soit au nonagésime; ce qui répond à cette autre objection de Morin, qu'on se tromperait de la parallaxe de longitude toute entière pour peu qu'on se trompât sur l'heure où la Lune arrive au nonagésime.

Morin désirait, avec raison, une méthode plus générale, qui pût servir à toute heure et dans toutes les circonstances; il crut l'avoir trouvée, l'annonça avec emphase, et la présenta au cardinal de Richelieu, surintendant de la navigation et du commerce français, *qui était alors l'axe immobile autour duquel tournaient avec régularité les affaires de la France.* Le cardinal promit de faire examiner la découverte. Ce ne fut cependant qu'après deux ans de sollicitations qu'il en obtint un diplôme, par lequel le ministre nommait les commissaires qui devaient examiner son invention. C'était l'abbé de Chambon, Pascal, Mydorge, Boulanger et Hérigone; ces deux derniers étaient professeurs de Mathématiques (6 février 1634).

La méthode supposait de bonnes tables lunaires. Un écossais, nommé Humius, Hume peut-être, annonça qu'il savait se passer de tables, et n'employer que des machines qu'il construisait lui-même.

Le cardinal ne pouvant assister aux conférences, se fit remplacer par le commandeur Laporte, et adjoignit à la commission quelques capitaines de vaisseau, et le mathématicien Beaugrand.

La première conférence eut lieu à l'Arsenal, le 30 mars 1634, en présence d'une brillante assemblée.

Morin établit d'abord que la solution exacte et complète du problème était encore à trouver, et ses commissaires en convinrent à l'unanimité.

2°. Que la science pratique des longitudes dépendait de l'observation et du calcul par les tables; ce qui lui fut encore accordé. On tenait procès-verbal de tout ce qui était discuté et convenu.

Morin, déclarant alors qu'il n'entendait répondre ni de la bonté des tables, ni de celle des instrumens, ni de l'habileté des observateurs, mais seulement de la bonté de la méthode, on s'écria que la prétention était absurde, que supposer de bonnes tables était supposer l'impossible. Morin cita le Catalogue d'étoile de Tycho, les Tables de Tycho, Képler et Lansberge. On lui accorda que le catalogue de Tycho pouvait être d'une bonté suffisante, mais on refusa de croire à l'exactitude des tables planétaires. Morin nous dit qu'en cet instant il vit clairement que ses commissaires ne lui étaient pas favorables. Il n'avait pas tort, ni ses commissaires non plus; et si à cet instant ils eussent levé la séance et ajourné la décision au tems où Morin aurait pu présenter de bonnes tables et des instrumens convenables, on ne voit pas ce que Morin aurait pu objecter. Il convenait au moins d'attendre que le cardinal eût expliqué son intention, et à quelles conditions était attachée la récompense promise, et que Morin réclamait.

On lui objecta que l'observation ne pouvait être faite avec la précision nécessaire, ni sur terre, ni sur mer, et que les tables n'étaient pas assez exactes. Il promit de répondre à ces difficultés. Mydorge, *qui se croyait plus entendu que les autres*, lui dit alors : *et eris mihi magnus Apollo*. Mydorge avait raison, ces deux difficultés sont véritablement les seules; avec de bons instrumens et de bonnes tables, il n'y avait pas d'astronome qui ne pût donner la solution. Il était sûr que le calcul serait facile à trouver et à perfectionner.

Pour l'observation, Morin ne demandait qu'un quart de cercle pour prendre les hauteurs et les distances; il prétendait qu'elles pouvaient se mesurer à une demi-minute près, et citait en preuve la hauteur du pôle d'Uranibourg, observée par Tycho. On aurait pu prouver, par l'exemple de Tycho même, qu'à terre on ne pouvait toujours répondre de deux à trois minutes.

Il ajoutait à son quart de cercle un vernier, qui partageait trente un degrés en trente parties. Cette idée était excellente, mais elle n'était pas de Morin; ce dont on lui était redevable c'était la lunette placée sur l'alidade. Cette innovation heureuse devait faire une révolution dans l'Astronomie; mais, quoiqu'elle ne fût encore qu'ébauchée, et qu'il ne donnât point de microscope à son vernier, il eut sur ces deux points l'approbation de ses commissaires.

On objecta l'ignorance des marins. Morin répondit qu'ils étaient trop intéressés à la solution du problème pour ne pas apprendre à manier un quart de cercle et un globe, ou enfin à résoudre un triangle sphérique; ce qui était devenu si facile par l'invention des logarithmes. On convint de tout cela, mais on opposait le mouvement du vaisseau. Morin prétendit que s'il était possible d'assurer la verticalité d'un astrolabe, au moyen d'un poids de quelques onces, on viendrait à bout de fixer un quart de cercle, en y suspendant un poids suffisant. Ici les marins se montrèrent moins difficiles et plus complaisans que les autres commissaires, et puisqu'il était convenu que la chose était possible à terre, ils promirent d'en venir à bout à la mer. On lui accorda que l'observation pouvait se faire à quatre ou cinq minutes près, ce qui n'empêcherait pas de trouver la longitude.

L'observation ne peut être simple; elle se compose de plusieurs observations partielles qu'il faut réduire au même instant. Morin fit voir qu'il suffisait de noter les intervalles des observations, et de calculer les réductions par les tables et par la Trigonométrie. Il proposa un quart de cercle avec deux lunettes, au moyen duquel on prendrait presque simultanément les hauteurs de deux astres dans un même vertical, ou deux quarts de cercle pour les hauteurs, dans deux verticaux différens.

On accorda que les observations pouvaient être réduites à un instant unique.

Il restait l'erreur des tables qui devient trente fois plus forte dans la longitude. Morin promettait un moyen de corriger les tables. C'était de fonder à Paris un observatoire, où l'on mesurât assiduement les mouvemens des astres pendant une longue suite d'années. On commence en plusieurs lieux, dans aucun on ne montre la persévérance nécessaire, et de là l'incertitude des théories. Il annonce des moyens sûrs pour rendre les observations plus nombreuses et plus précises. Il était donc bien loin encore d'avoir trouvé la solution complète; mais c'étaient là des offres dignes d'être prises en considération.

On accorda que Morin pourrait donner des tables exactes si, en effet, il était possesseur d'un moyen géométrique et facile d'observer les astres à la minute, tous les jours où ils seraient visibles. Pour le Soleil, la chose pouvait avoir, en effet, quelque vraisemblance; mais pour la Lune on devrait regarder la concession comme une grande complaisance des commissaires. Ils étaient loin de ce sentiment; il est plus croyable qu'ils n'avaient pas une idée juste de la vraie difficulté.

Ces préliminaires occupent toute la première partie du livre de Morin. Dans la seconde, il va donner la solution de quelques problèmes qu'il juge nécessaires.

Il enseigne à tracer une méridienne; il fait mention des effets du changement de la déclinaison, mais sans donner aucun moyen pour les corriger.

A trouver à vue le lieu du pôle par les étoiles voisines.

A partager l'hémisphère supérieur et visible en deux moitiés, l'une orientale et l'autre occidentale.

A observer la hauteur méridienne d'un astre. Si l'on n'a pas de ligne méridienne, on suivra l'astre jusqu'à ce qu'ayant cessé de monter, il commence à descendre. Il avoue que ce moyen ne donnera pas exactement l'heure de midi; mais la hauteur méridienne sera, sans erreur sensible, la plus grande hauteur observée. Ce moyen était depuis long-tems usité à la mer.

A déterminer la hauteur du pôle par les étoiles circompolaires.

A trouver cette même hauteur par la hauteur méridienne d'un astre dont la déclinaison est connue, ou par la hauteur, la déclinaison et l'azimut.

A la trouver par la hautenr méridienne du Soleil; on connaît toujours assez bien la longitude pour ne pas se tromper de plus d'une minute dans la déclinaison du Soleil.

Par la même raison, on ne peut se tromper de plus de 2′ ½ dans l'ascension droite du Soleil; ainsi, par l'observation d'une étoile, on aura toujours l'ascension droite du milieu du ciel, et l'angle horaire à 2′ ½, qui ne feront que 10″ d'erreur sur l'heure du vaisseau. Il suppose ici des tables du Soleil sans erreurs; ajoutez 10″ pour l'erreur des tables et 4″ pour les deux erreurs du lieu de l'étoile, vous aurez 24″ d'incertitude.

Il donne, d'après les Tables Rudolphines, les parallaxes et les demi-diamètres de la Lune; il ne dit rien du Soleil.

On lui objecte l'incertitude de ces parallaxes; il répond qu'elle est légère et qu'il saura la dissiper. On lui accorda ce point ainsi que celui des réfractions, quoique moins connues alors que les parallaxes. Il pourra donc observer les hauteurs apparentes, et en déduire les hauteurs vraies (à quelques minutes près; car, avec tous les astronomes du tems, il se trompait de 2′ ½ sur la parallaxe du Soleil).

Pour trouver la distance vraie de la Lune à une étoile, il observe les deux hauteurs et la distance apparente, il en conclut l'angle au zénit ou la différence azimutale. Avec les hauteurs corrigées, et cet angle, il calcule la distance vraie. Le calcul est bon en lui-même. On lui accorda que ses parallaxes et ses expressions seront assez bonnes pour qu'il en déduise la distance vraie.

Pour réduire au même instant ces trois observations, il lui faut une horloge qui marque exactement les minutes dans les intervalles, ou un sablier qui se vide uniformément en un quart d'heure. On pèsera exactement le sable sorti pendant les divers intervalles; on pourra faire ensuite les réductions, il ajoute même qu'on pourrait les réduire en tables; mais la construction de ces tables serait longue.

Il annonce qu'avec des instrumens de médiocres dimensions, il pourra faire des observations plus précises, qu'on n'a jamais pu faire avec des instrumens d'un bien plus grand rayon.

Il donne deux moyens pour diviser un arc donné en un nombre de parties égales. Le premier de ces moyens pourrait n'être bon qu'en spéculation : nous n'en dirons rien ; le second est le vernier, dont il a déjà parlé et qui est l'un des moyens les plus puissans de l'Astronomie moderne.

Il décrit des alidades rondes de son invention, et puis une autre pinnule, dont l'ouverture est large dans la partie supérieure, puis étroite et renfermée entre deux parallèles voisines. On place l'étoile dans la partie évasée, on l'amène dans la partie étroite, dans laquelle on la fait descendre jusqu'au fond; dès qu'elle y arrive, elle devient visible dans le milieu de la lunette; ainsi, l'alidade fait l'office de chercheur, et aussi, jusqu'à un certain point, l'office du fil vertical qu'on met aujourd'hui au foyer de la lunette à deux verres convexes. On a beaucoup mieux aujourd'hui, mais en ce tems, cette idée ingénieuse n'était pas à dédaigner. Il ne doute pas qu'on ne puisse ajouter à ces inventions; il applaudira aux efforts de ceux qui parviendront à faire mieux; il se contente pour le présent d'avoir ouvert la route.

La Lune est le seul astre dont les mouvemens soient assez rapides pour donner exactement les longitudes; il suffira d'avoir des tables dont les erreurs ne passent jamais deux minutes. Celles de Tycho ont des erreurs de 8′, qui produiraient 4° sur la longitude conclue. Ce serait déjà une chose utile que de réduire les erreurs à 2°.

On lui objecte que plusieurs astronomes avaient déjà proposé la mesure des distances, et spécialement Nonius. Il répond que Képler le savait bien, et qu'il avait restreint la méthode au moment où la Lune est au nonagésime. La méthode de Képler est donc meilleure que celle de Nonius ; or, il prouvera que sa méthode est bien meilleure que celle de Képler, dont il a montré les inconvéniens; à plus forte raison sera-t-elle préférable à celle de Nonius. La conclusion n'était pas bien légitime. On est parvenu à donner à la méthode générale des distances une précision qu'on n'a pu donner à celle de Képler, dont la restriction s'est trouvée inutile et incommode; Morin pouvait réclamer la préférence sur Nonius, en ce qu'il mettait plus de soin dans le calcul des réductions.

Troisième partie. Il y continue ce qu'il a commencé dans la seconde. Il y traite des problèmes suivans :

Trouver la longitude et la latitude par l'ascension droite et la déclinaison.

La Lune et une étoile connue étant observées simultanément au méridien, trouver le lieu de la Lune.

La Lune et l'étoile étant observées dans un même vertical, trouver la longitude du lieu.

Il n'y pas d'heure ni de demi-heure où la Lune ne soit dans le vertical de quelque étoile connue; on aura donc la longitude autant de fois qu'on voudra; mais avec quelle précision?

La hauteur d'une étoile étant observée à l'instant où la Lune est au méridien, trouver la longitude du lieu. Même incertitude.

L'étoile étant au méridien et la Lune hors du méridien, les hauteurs et la distance apparente étant données, trouver la longitude. Au lieu de la distance on peut observer l'azimut.

Si l'étoile et la Lune sont hors du méridien, on aura l'angle au zénit, l'angle horaire de l'étoile, la déclinaison de la Lune, son ascension droite, sa longitude et sa latitude.

La Lune et deux étoiles connues étant observées dans un même vertical, trouver la longitude.

Si la Lune et les deux étoiles sont dans des verticaux différens, on aura les mêmes choses et la longitude sera conclue des simples hauteurs, sans la mesure d'aucune distance, ce qui n'avait encore été proposé par aucun astronome. Tout cela est géométriquement vrai, mais le calcul est long et pénible et le résultat trop incertain.

Si le Soleil ne se couche pas, c'est-à-dire si l'on est dans la zône glaciale, la Lune et le Soleil donneront la longitude, pourvu qu'on ne soit pas au pôle même où il n'y a plus de longitude.

La conclusion de cette séance fut que Morin avait démontré géométriquement la science des longitudes par des moyens nouveaux; qu'avec des tables corrigées, la méthode serait bonne sur Terre; qu'elle n'était pas impraticable à la mer. Morin dit que le mécontentement des commissaires se peignait sur leur visage; ils avaient espéré qu'au lieu de démonstration, il leur exposerait des choses absurdes dont ils pourraient se moquer : il avait trompé leur attente. Il demanda une expédition du procès-verbal; mais comme la séance avait duré plus de cinq heures, on lui demanda un jour pour la copier au net. Toute l'assemblée le félicita hautement. *Les commissaires seuls ne l'honorèrent pas d'un seul mot, et se retirèrent indignés.* Morin n'en fut pas très affecté; il était enchanté d'avoir soutenu pendant cinq heures, et avec avantage, la dispute *avec des hommes qui se croyaient supérieurs à Tycho, Képler, Longomontanus et aux astronomes de tous les âges.* On peut conjecturer que le mécontentement des commissaires provenait de la faveur accordée à Morin, par une assemblée de personnes incompétentes, qu'ils n'osaient pas contrarier en face. La conclusion générale, trop favorable à Morin, leur avait été extorquée peut-être par les acclamations des spectateurs ignorans; elle porte les caractères de la précipitation; ils n'avaient autre chose à faire, dans cette conférence, que d'entendre Morin, de faire consigner ses explications, et prendre du tems pour délibérer. Forcés d'aller plus loin, ils en conçurent un dépit que l'on peut excuser, mais qui les domina trop et les rendit injustes.

Morin n'avait annoncé qu'une méthode, ici il en démontre une seconde; elle emploie le nonagésime, et se fonde sur les problèmes suivans :

Le point orient de l'écliptique étant donné, trouver la hauteur du nonagésime.

Trouver l'instant où une étoile connue est au nonagésime. Ajoutez 90° à la longitude de l'étoile, et vous aurez le point de l'écliptique à l'horizon; connaissant la hauteur du pôle vous aurez l'ascension oblique du point orient; le point de l'équateur qui est au méridien, vous aurez la hauteur du nonagésime; cette hauteur, augmentée de la latitude boréale de l'étoile ou diminuée de la latitude australe, sera la hauteur de l'étoile; vous en conclurez son angle horaire et le moment cherché.

Si la Lune est au nonagésime, on pourra connaître la longitude du lieu, mais on n'en peut connaître le moment que par d'excellentes tables et même par une méthode indirecte; ainsi, Morin a raison de rejeter ce moyen comme peu sûr.

Mais on peut connaître l'instant ou une étoile connue sera au nonagésime. On prendra à cet instant la hauteur de la Lune et sa distance à l'étoile, on aura la différence d'azimut, la différence de longitude entre la Lune et l'étoile, on calculera l'heure et la hauteur du pôle; si l'on retrouve la latitude supposée, le calcul sera bon, on connaîtra la longitude cherchée.

En effet, soit (fig. 40) I le zénit, F l'étoile, FIG le vertical du nonagésime, H la Lune; les hauteurs et la distance apparente donneront l'angle FIH au zénit, et les distances vraies IF et IH au zénit. Soit G le pôle de l'écliptique; on aura FG et IG = FG — FI; IG, IH et....

GIH = 180° — FIH donneront IGH différence des deux longitudes, et par suite la longitude de la Lune. Soit E le pôle de l'équateur, EI sera le méridien; FE est connu par la déclinaison de l'étoile; on a déjà FG, et GE = obliquité de l'écliptique, vous aurez GFE; dans le triangle EFI vous connaissez FE, FI et l'angle EFI, vous aurez IE = 90° — haut. du pôle, et FEI = angle horaire de l'étoile, l'ascension droite du milieu du ciel, l'heure du lieu, et le problème sera résolu.

Si l'étoile n'est pas au nonagésime, soit I le zénit, G (fig. 41) le pôle de l'écliptique, CGIL le vertical du nonagésime, H la Lune, F une étoile connue, AH, BF, HF, les hauteurs et la distance corrigées, IED le méridien, E le pôle, IE est supposé connu. Dans le triangle EFG, les trois côtés donnent EFG qui, combiné avec IFE, donne IFG; dans le triangle HIF on connaît les trois côtés et l'angle HIF, on aura HFI;

$$HFI + IFG = HFG;$$

on a de plus HG et FG; on aura HGF, et la longitude de la Lune et celle du lieu.

La Lune et deux étoiles connues donneront la longitude et la latitude du lieu.

Soit A le zénit (fig. 42), BGIL l'horizon, F le pôle de l'écliptique, FAH le vertical du nonagésime, E la Lune, C et D les deux étoiles connues, CB, DI leurs hauteurs vraies, GE la hauteur vraie de la Lune. CE la distance vraie à l'une des étoiles.

Dans le triangle DFC, CF, DF et DFC donnent CD et DCF.

Dans le triangle DAC, AC, AD et CD donnent ACD.

FCA = DCA — DCF, EA, CA et CE donnent ACE; puis.........

ECF = ECA — FCA; EC, CF et ECF donnent CFE = différence de longitude entre la Lune et l'étoile.

On connaît CF, CK, FK; K est le pôle de l'équateur; on aura FCK.

ACK = FCK + FCA, on a CA et CK, on aura KA et CKA, et le problème sera résolu; on parvient donc au même but par le nonagésime et le pôle de l'écliptique, que par l'équateur et son pôle; Morin préfère avec raison la méthode de l'équateur; mais dans le vrai, tous ces problèmes ne sont que de simple curiosité. Les calculs sont aisés, mais fort longs, les données nombreuses et toutes susceptibles d'erreur; on ne peut donc compter sur le résultat.

Quatrième partie. Le lendemain Morin alla chercher son expédition qui n'était pas faite, et qu'on lui promit de nouveau. Il trouva Pascal et Beaugrand réunis; ils lui rappelèrent qu'il s'était vanté, nonobstant des erreurs de 4 à 5', dans les observations, de ne pas se tromper d'une minute sur la longitude de la Lune, ni d'un degré sur la longitude du lieu. Ils ajoutaient qu'ils ne croiraient la chose possible, qu'après l'avoir vue. Il offrit d'en soumettre la preuve aux commissaires réunis ou à l'un d'eux qui aurait toute leur confiance. Beaugrand se chargea de cet examen, parce qu'il était plus familiarisé avec les calculs trigonométriques. On convint du jour. Morin alla chez Mydorge, pour savoir quels pouvaient être ses sentimens secrets, car il désirait que ses commissaires lui conservassent au moins une apparence d'amitié. Mydorge est connu par un Traité des Sections coniques et son amitié pour Descartes. Il mourut, en 1647, dit le Dictionnaire historique « avec la réputation d'un homme » qui joignait à un esprit éclairé un cœur sensible et généreux; il dé» pensa près de cent mille écus à la fabrique des verres de lunettes et » des miroirs ardens, aux expériences de Physique et à diverses ma» tières de mécanique. » En ce cas, il aurait bien dû s'entendre avec Morin, pour répéter ses observations, et perfectionner cette idée heureuse de l'application des lunettes aux observations astronomiques.

Malgré les éloges qu'il reçut de Mydorge, Morin ne vit que trop combien peu ses commissaires lui étaient favorables.

Au retour du cardinal à Paris, Morin et l'artiste Ferrer obtinrent de lui une audience; Ferrer fut chargé de la construction d'un instrument et Morin de la réformation des tables. Morin s'excusa sur sa vue fatiguée qui ne lui permettait plus le travail des observations nocturnes; il aurait voulu proposer Gassendi, mais il était à 200 milles de Paris; il parla de Mydorge. Cet arrangement n'eut aucune suite réelle. L'instrument ne fut point construit, Mydorge n'accepta probablement pas la commission. Le cardinal fit donner à Morin une somme qu'il ne spécifie pas, mais qui prouve que son éminence n'était pas mécontente du premier rapport des commissaires. Cette récompense, nous dit Morin, excita la jalousie de ses rivaux; elle fut l'occasion des tempêtes qui commencèrent à assaillir l'inventeur.

Humius annonça, par une affiche qu'il fit placarder dans toute la ville, qu'il avait conçu le projet de nouvelles tables qui ne seraient jamais en erreur de plus d'une minute, pourvu que l'astronome fût pourvu des instrumens nécessaires. Ces tables devaient donner immédiatement les lieux vrais, sans passer par les lieux moyens, sans aucun épicyle, c'est-à-dire, ajoute Morin, par l'ellipse de Képler qui n'était pas cité; mais on ne voit pas bien comment l'ellipse aurait donné l'évection, la variation et l'équation annuelle. Humius ne voulait pour cela que des distances observées chaque jour avec un bon instrument. Morin se moque de ces prétentions, et il n'a pas tort.

Le commissaire Boulanger, professeur au Collége royal, comme Morin, dont il paraissait l'ami, fit dire au cardinal qu'il avait imaginé un secret pour les longitudes. Richelieu en donna connaissance à Morin. Boulanger disait que *jamais on ne trouverait les longitudes par le ciel, à cause de la rapidité du mouvement diurne.* Son secret était une horloge qui marquerait les heures et les minutes et dont on corrigerait les erreurs au moyen d'un cadran équinoxial. Morin fait contre cette idée des objections assez fortes, et il en aurait pu faire bien davantage. Il remarque au moins qu'après cette démarche, Boulanger aurait dû se récuser comme juge.

Renandot avait rendu compte dans sa gazette de la conférence tenue à l'Arsenal. Les commissaires, mécontens du journaliste, se plaignirent de ce que, sans faire beaucoup pour la gloire de Morin, il avait compromis la leur; ils prirent le parti de refuser leur signature à l'expédition du procès-verbal que Morin ne tenait pas encore. Il alla voir Beaugrand, dans l'espoir que *ce savant, qui était d'un caractère mélancolique, pourrait tempérer la bile de Pascal et de Mydorge.* Beaugrand consentit à voir les calculs, dans l'espoir, à ce que croit Morin, qu'il y découvrirait quelque absurdité dont il pourrait tirer avantage.

Voici en quoi consistent ces calculs. Il suppose d'abord que les Tables Rudolphines sont parfaitement exactes; il y prend la longitude et la latitude d'Aldébaran; il en conclut l'ascension droite et la déclinaison pour un jour et un moment donnés. Il prend, dans les mêmes tables, la position de l'île Bermude, et pour l'instant donné, il calcule la distance apparente de la Lune à Aldébaran, et de plus les hauteurs apparentes des deux astres.

Il prend ces résultats tirés des tables pour des observations réelles, et les emploie à chercher la long. de la ☾; il la trouve de $27^\circ\ 57'\ 56''$

Pour l'heure pareille, les éphémérides donnent... $24.52.28$

Différence.................................. $3.\ 5.28 = 11128''$

Le mouvement horaire est de $1815''$; or $\frac{11128}{1815} = 6^h\ 7'\ 52''$; c'est la différence des méridiens qui revient à 91° 58′ de l'équateur, au lieu de 92° qu'on avait supposés d'après les Tables Rudolphines.

Ainsi, en supposant les tables parfaites et les observations excellentes, on aurait la longitude exacte à 2′ de degré. Il s'agit maintenant d'évaluer les effets des erreurs que l'on peut craindre.

Il suppose 15″ d'erreur sur le tems vrai de l'observation qui suppose l'ascension droite du Soleil; il en résultera 8″ d'erreur sur le lieu de la Lune, ou 16″ sur la différence en tems. Il ne trouve même que 4″ d'erreur sur la longitude de la Lune. Beaugrand parut fâché de cette exactitude.

Il suppose ensuite 4′ d'erreur sur la hauteur observée de l'étoile. Il trouve alors 6^h 10′ 11″ pour la différence des méridiens, ou 92° 32′ 45″, c'est-à-dire 0° 32′ 45″ de trop, et 1′ 16″ d'erreur en excès sur le lieu de la Lune.

Il suppose ensuite 6′ d'erreur dans la hauteur de la Lune, et retrouve la même longitude que par le premier calcul; l'erreur de la Lune avait compensé celle de l'étoile.

Il change le signe de l'erreur pour la hauteur de la Lune, alors la longitude se trouve trop forte de 1° 6′ 45″ et celle de la Lune trop forte de 2′ 15″.

Il conclut qu'avec les moyens indiqués, un observateur ne doit pas se tromper d'un quart de minute dans les observations qu'on ferait avec un cercle de trois pieds pour la correction des tables, et qu'en multipliant les observations, on peut s'affranchir des erreurs d'une minute. Qu'en admettant quelques erreurs dans les observations, l'une souvent compensera l'autre en grande partie.

Morin ne parle ni de l'erreur de la parallaxe, ni de celle des réfractions; on peut supposer qu'elles sont comprises dans l'erreur des hauteurs. Il ne parle pas de l'erreur dans la distance; enfin il ne dit rien de l'erreur des tables, il les suppose d'avance bien rectifiées par les moyens indiqués. Ni lui ni ses commissaires ne paraissent se douter qu'avec un grand nombre d'observations exactes à la minute, on eût encore été fort embarrassé pour en tirer des tables propres à représenter en tout tems le lieu de la Lune.

Morin pense qu'on pourrait en mer se passer des distances, et se borner aux observations de hauteur, comme plus faciles; il propose les azimuts qui sont encore bien plus difficiles à observer; mais en prenant deux étoiles, dont l'une soit dans le même vertical que la Lune, il rend inutile et la distance et l'azimut observé; le problème ne suppose plus que trois hauteurs. Il est vrai que le calcul se complique, qu'il devient plus difficile pour les marins, et qu'il en résulte une complication d'erreurs dont il aurait fallu calculer les effets. Il montre ensuite comment, en empruntant des tables la latitude de la Lune qui n'est pas susceptible d'erreurs bien considérables, on pourrait simplifier l'opération. L'erreur la plus forte sur la latitude de la Lune viendrait de l'estime de la longitude; il la suppose en erreur d'une heure ou de 15°, et trouve la longitude vraie à 0° 51′ ½ près, en supposant d'ailleurs 6′ d'erreur sur la hauteur observée, comme dans l'exemple ci-dessus. Il est vrai qu'il a supposé la Lune près de sa limite, où la variation de la latitude est peu sensible.

Cinquième partie. Morin était dans la confiance que le rapport que Beaugrand ferait de ses calculs, ne pourrait que lui être favorable, et lui concilier les autres commissaires; il apprit au contraire qu'ils avaient composé un écrit qu'ils devaient mettre au jour, et dans lequel ils portaient un jugement bien différent de la conclusion arrêtée dans la conférence publique.

Une seconde séance eut lieu le 10 avril à l'Arsenal. Morin s'y trouva par hasard, et parce qu'il rencontra Pascal et Beaugrand qui s'y rendaient. La séance étant ouverte, Beaugrand demande à Morin s'il n'a rien de plus à communiquer. Sur sa réponse négative, les commissaires lui déclarent que s'il n'a rien de plus, il n'a rien inventé, et que tout ce qu'il avait dit, était connu des astronomes. Ensuite ils se retirèrent dans une pièce voisine, et après une demi-heure de conférence, ils prononcèrent leur avis dans les termes suivans, d'après la rédaction que Beaugrand avait apportée.

Articles sur lesquels M. le cardinal demande l'avis des commissaires.

1. La science des longitudes avait-elle été démontrée par quelqu'un avant la démonstration donnée par M. Morin ?

2. La démonstration de M. Morin est-elle bonne ?

3. La méthode est-elle praticable sur mer ?

4. Les Tables astronomiques peuvent-elles, par cette science, être en peu de tems rendues beaucoup plus exactes que par tous les moyens précédemment employés ?

Nous, commissaires, pensons, sur le premier article, que la science des longitudes, par les mouvemens de la Lune, a été trouvée par plusieurs astronomes, tels que Gemma Frisius, Apian, Vernier, Nonius, Métius et autres.

Quant au moyen particulier qu'emploie M. Morin, il a été indiqué par Gemma Frisius, au chap. XVII et XVIII de l'usage des globes, et cependant Gemma n'a jamais passé pour avoir résolu le problème, à cause des difficultés qui n'ont été levées, ni par Gemma, ni par Morin, ni par aucun autre.

Au second article, nous disons qu'absolument parlant, la science des longitudes n'est pas démontrée; que les triangles de M. Morin sont bien calculés, et que cependant il ne résulte rien de cette solution, quoique bonne en elle-même, parce qu'elle se fonde sur des tables et des observations qui n'ont pas l'exactitude nécessaire.

Au troisième article, nous disons que bien loin que les pratiques puissent être de la moindre utilité à la navigation, elles sont au contraire très difficiles même sur terre, à cause de la multiplicité des observations nécessaires et du défaut de précision dans les Tables de la Lune, et enfin parce que l'erreur des observations et des tables va toujours croissant dans la suite du calcul.

Au quatrième, nous disons que M. Morin commet *un cercle logique*, en voulant corriger les tables par ces moyens mêmes qui supposent de bonnes tables, et loin qu'il puisse ainsi rendre les tables plus précises, nous pensons qu'on ne peut nullement les corriger par ces moyens. Fait à l'arsenal, le 10 avril 1634. *Signés*, Pascal, Mydorge, Beaugrand, Boulenger, Hérigone, et plus bas, Talour, secrétaire du commandeur La Porte.

Cet avis des commissaires est plus que sévère, ce serait le cas de dire *summum jus, summa injuria*. Mais on pourrait dire plus; il n'est pas dans l'exacte justice, il est rédigé en termes vagues et qu'on pourrait attaquer ou défendre, selon le sens qu'on voudrait leur assigner. On ne devait pas à Morin le prix qu'il réclamait comme une chose due, si ce prix était tel que celui qui a depuis été arrêté par le parlement d'Angleterre, si l'objet et les épreuves étaient bien déterminés. Mais on devait à Morin quelques éloges et quelques encouragemens; on devait exciter son zèle, stimuler son amour-propre, lui montrer le prix ou du moins partie du prix en perspective, s'il parvenait à perfectionner quelques idées heureuses, telle que la lunette placée sur l'alidade avec des pinnules qui plaçaient l'astre au milieu du champ de la lunette. Déclarer durement que ces moyens ne contribueraient en rien à la bonté des observations ou à l'améliorations des tables, était une assertion non-seulement décourageante, mais fausse, et l'évènement l'a complètement démentie. Les commissaires n'ont pas senti le mérite de ces améliorations.

Après avoir prononcé leur sentence, dit Morin, on vit les commissaires chuchoter à l'oreille l'un de l'autre, et par leurs ricanemens, ils parurent se féliciter et insulter à l'auteur qu'ils venaient de condamner.

Les commissaires demandèrent une expédition de leur sentence. Morin demanda l'expédition qui lui avait été long-tems promise. Pascal qui présidait, et *qui entendait mieux la chicanne,* se la fit remettre, et après l'avoir lue, il prononça que loin de la délivrer, il fallait la déchirer; qu'elle n'était revêtue d'aucune signature, et n'avait aucune valeur. Morin demanda que du moins elle restât entre les mains du secrétaire Talour, ce qui lui fut accordé, et l'on se sépara. Les commissaires portèrent leur décision au cardinal avec un écrit qui contenait leurs motifs. Quelque tems après, ils publièrent l'une et l'autre.

Des personnes de marque qui avaient assisté à la conférence du 10 mars, attestèrent tout ce qui s'y était passé, et comme nous l'avons rapporté ci-dessus.

Morin fait sentir la contradiction palpable entre les deux arrêtés; nous avons déjà dit que le premier était trop précipité, trop favorable, et qu'il exprimait la pensée des juges bien moins que celle de l'auditoire. Mais le second est aussi trop dur et trop injuste.

On lui objectait que sa méthode est celle de Gemma; il répond que Gemma se servait d'un globe et d'un compas; il négligeait la parallaxe de la Lune. Voilà des différences bien importantes; il est vrai que la méthode rigoureuse de calcul substituée par Morin, n'était pas difficile à imaginer.

Il n'est pas bien exact de dire que l'erreur des observations est toujours grossie dans le résultat. Elle peut s'y grossir sans doute, mais elle peut disparaître, ainsi que Morin l'a démontré par un exemple numérique; mais on cherche à déprécier tout ce qu'il a fait pour la partie du calcul, et l'on ferme les yeux sur ce qu'il a fait pour améliorer les observations.

L'écrit adressé au cardinal était plus dur encore que la sentence même; il était injurieux à Morin qui en attribue l'âcreté principalement à Mydorge et à Beaugrand.

Les commissaires ont tort manifestement, quand ils assurent que les moyens de Morin ne peuvent donner aucun nouveau degré de précision aux tables. L'établissement d'un observatoire permanent, une suite non interrompue d'observations pendant un tems indéfini, les lunettes adaptées au cercle, le vernier substitué à la division par transversales, les efforts de Morin pour trouver le moyen de placer l'astre au milieu du champ de la lunette, voilà certes plusieurs améliorations de la plus grande importance, et qui devaient infailliblement augmenter la précision des tables. Il est vrai qu'ils étaient loin encore de suffire à la détermination des nombreuses inégalités de la Lune. Mais les commissaires étaient loin de soupçonner cette cause de difficultés, leur décision était donc téméraire, et prouvait ou de la malveillance, ou une inadvertance bien singulière.

En finissant cette partie, Morin donne un avis qui n'est pas sans utilité, et qui devait se perfectionner à la longue. Il conseille aux astronomes de convenir entre eux d'observer la Lune au méridien tous les jours, et de la comparer à une étoile connue près de l'horizon, soit à l'orient, soit à l'occident. Autant de fois ils pourront comparer deux observations de ce genre, faites sous des méridiens différens, autant ils auront de moyens pour déterminer la différence de ces méridiens.

La sixième partie parut en 1636. La dédicace au cardinal est ferme et vigoureuse. Elle contient un extrait de ce qui va suivre, et que le cardinal n'aurait pas le tems de lire. On y voit le moyen d'observer les étoiles en plein jour; c'était une conséquence assez naturelle de l'application de la lunette aux instrumens faits pour mesurer les angles, et cette nouvelle remarque aurait dû donner quelques remords à ses commissaires.

Morin avait envoyé son livre aux astronomes les plus célèbres de son tems; Galilée, Gassendi, Gautier, Valesius, Longomontanus et Hortensius qui tous, à l'exception de Galilée, dont nous trouverons plus loin l'opinion, lui avaient répondu pour le féliciter de ses méthodes qu'ils trouvaient praticables à terre, sans prétendre nier qu'on n'en pût tirer parti à la mer. Ils lui firent aussi quelques objections auxquelles il répond successivement.

A l'occasion d'une difficulté qu'on lui avait faite sur la méridienne horizontale, il décrit un appareil pour la trouver par deux hauteurs correspondantes de la même étoile; voilà encore le germe d'une des pratiques les plus exactes de l'Astronomie moderne.

Il décrit ensuite un octant de 10 pieds sur lequel on pourra transporter un angle observé avec un instrument plus petit, pour avoir avec plus de précision les minutes et les secondes de cet angle.

Il n'est pas toujours bien heureux ni bien fort dans ses réponses aux objections qu'on lui avait faites sur la difficulté d'observer à la mer. C'est là ce qui pouvait lui faire refuser, sans aucune injustice, le prix qu'il prétendait avoir gagné, mais on devait applaudir à plusieurs de ses idées, l'en récompenser, et l'inviter à leur donner la perfection dont elles étaient susceptibles. Qui sait ce qu'il aurait découvert, s'il eût employé à ces tentatives le tems perdu à écrire contre ses adversaires ou ses commissaires, c'est à peu près la même chose.

Il décrit une alidade pour observer directement le diamètre de la Lune en croissant. Ce moyen est assez simple, mais il sera toujours plus simple d'observer le bord, et de tenir compte du demi-diamètre qu'il n'était pas bien difficile de mesurer avec une précision au moins équivalente à celle de ces pinnules.

A la page 208, il conjecture que les différentes apparences de Saturne sont dues à un système de corps voisins que leur éloignement de la Terre ne permet pas de distinguer suffisamment.

A la page 210, il croit que les taches du Soleil ne sont que de la fumée.

A cette même page, il dit que Vénus, qui est quelquefois visible de jour à la vue simple, lui a fait naître l'idée qu'on pourrait de même voir les étoiles. En conséquence, il attacha une lunette *d'un demi-pied* à l'alidade d'un planisphère, et le plaçant sur une fenêtre à l'occident, pour n'être pas ébloui par les rayons directs du Soleil, quand il se lèverait, il se mit à suivre Arcturus qu'il conservait soigneusement au centre de sa lunette. Il remarqua qu'elle y était toujours visible, quoiqu'elle eût disparu à la vue simple. Au lever du Soleil quelques nuages couvrirent l'étoile qu'il lui fut impossible de retrouver ensuite. Il en fut d'abord très affligé, mais il se consola par l'idée que sans ces nuages, il eût pu la suivre beaucoup plus long-tems.

Le lendemain à la même heure, le ciel étant parfaitement serein, il visa de même à Arcturus qu'il continua de voir après le lever du Soleil, et peu s'en fallut que dans le transport de sa joie, il ne perdît encore son étoile; mais s'étant un peu calmé, il continua de l'observer pendant plus d'une demi-heure après le lever du Soleil. Alors la faiblesse de la lunette fit disparaître l'étoile.

Le jour suivant, Vénus s'étant levée avant le Soleil, il y dirigea sa lunette. Vénus était en croissant; il la vit ainsi plus d'une heure après le lever du Soleil et beaucoup plus facilement qu'Arcturus, quoiqu'elle fût invisible à l'œil nu. Il aurait pu la voir bien plus long-tems, mais il interrompit volontairement son observation.

Il essaya la même chose avec le même succès sur les autres planètes et d'autres étoiles. Il remarqua que les étoiles étaient dépouillées de leur chevelure lumineuse, et qu'Arcturus ressemblait à une étoile de quatrième grandeur. A mesure que le Soleil s'élevait, il voyait les étoiles diminuer jusqu'à n'être plus que comme la pointe d'une aiguille.

Il remarqua de plus un petit cercle sur l'objectif. Il pense que ce petit cercle est la partie la plus pure et la plus diaphane du verre, et que l'astre y paraît plus brillant. Quand ce cercle existe, il dit qu'on peut être sûr que l'étoile est au milieu de la lunette, et que la hauteur observée ne peut être alors que fort exacte. Il montrera plus loin l'importance qu'il attache à cette remarque.

Il entreprend ensuite de prouver que tous les astronomes avant lui ont ignoré la véritable méthode qui peut conduire à de bonnes tables. Ils n'avaient pas une connaissance assez exacte des parallaxes ni des réfractions, ils n'ont pu connaître la véritable grandeur de l'obliquité de l'écliptique. On a cru que la réfraction devait être toujours la même pour le même degré de hauteur; il peut y avoir des différences très sensibles. Les astronomes disputent sur la manière de calculer l'équation du tems; il a trouvé la véritable, il va tout réformer, mais il ne dit encore aucun de ses moyens. On voit en cet endroit qu'il était infatué de l'Astrologie judiciaire.

Il expose ensuite en peu de mots tout son plan, pour réformer en peu d'années les tables astronomiques et le catalogue des étoiles. Il cache son secret, parce qu'il a été jusqu'ici trop gratuitement libéral. On voit seulement qu'il y fera grand usage du moyen qu'il a imaginé, pour observer les étoiles et les planètes en présence du Soleil.

Il finit par demander aux états de Hollande le prix qu'ils avaient promis *au premier inventeur de la science des longitudes*. Or, dit-il, j'ai le premier démontré la science ; j'ai montré que mes procédés sont praticables à terre, et j'ai rendu plus que *probable* qu'ils ne seront pas impossibles à la mer, aussitôt que les tables auront été restituées; j'en ai indiqué les moyens, et ce n'est pas pour la restitution des tables qu'on a fondé le prix.

On ne voit pas que les états de Hollande aient daigné répondre à cette sommation. Ils pouvaient répondre à Morin : Nous n'avons pas parlé des moyens, nous avons promis un prix à celui qui nous donnerait les longitudes, à celui qui nous donnerait une solution complète et dont nous pourrions aussitôt faire usage. Ce n'est pas une spéculation probable qui nous convient, nous voulons une méthode pratique. Fournissez-nous les moyens de faire en mer les observations convenables, et des règles sûres et faciles pour en déduire la longitude. Vous n'avez résolu qu'une partie du problème, et la plus facile de toutes sans contredit, et dans cette partie même, vos opérations sont trop longues et trop pénibles pour le commun des navigateurs; votre quart de cercle ne pourra servir en mer, ni pour les hauteurs, ni pour les distances. Vous avez mis plus de soin que vos prédécesseurs pour dépouiller les observations des effets des réfractions et des parallaxes; c'était un problème de Géométrie assez simple dont on aurait infailliblement trouvé la solution dès qu'on aurait su faire des observations qui valussent la peine d'être calculées. Vous avez substitué la lunette à la simple alidade, votre moyen pour amener l'astre au centre de la lunette est ingénieux, mais il a besoin d'être perfectionné pour devenir vraiment utile. Dans l'état où vous le présentez, vous en présumez trop, quand vous annoncez qu'il suffira pour restituer les tables. Montrez-nous au moins le moyen d'en faire usage à la mer. Pour voir les étoiles en plein jour, vous les prenez avant le lever du Soleil, et vous les suivez jusqu'au moment où vous pourrez les comparer au Soleil, le pourrez-vous à la mer, malgré l'agitation du vaisseau qui vous fera perdre l'étoile à chaque instant? Ce n'est point un prix d'Astronomie que nous avons fondé, nous voulons des moyens infaillibles, et vous n'en annoncez que de probables. Nous y avons été pris trop souvent, de votre aveu même, pour faire attention à de simples promesses. Qu'aurait pu répondre Morin ? Qu'aurait-il pu répondre à ses commissaires, si au lieu de le traiter avec mépris et dureté, ils lui avaient dit : Vous avez du zèle et des connaissances; quelques-unes de vos idées sont neuves et très heureuses, vous méritez des encouragemens; travaillez à perfectionner ces premiers aperçus, et convenez vous-même que, pour le moment, vous portez vos prétentions trop loin.

Une récompense décernée publiquement par le ministre l'eût satisfait sans doute, il n'y avait pas de somme déterminée; il n'en fixait aucune dans sa demande. Il se fût contenté d'un peu d'argent et d'un peu d'honneur que sa vanité lui aurait encore exagéré. Il était trop avantageux, il se vantait trop; ses commissaires chagrins avaient-ils moins d'orgueil ? Leur décision n'était-elle pas assez dure? Qu'avaient-ils besoin de parler de ceux qui ne se livrent à l'étude des Mathématiques que par une vaine ambition, et non par un louable désir de connaître la vérité; qui s'arrêtent en admiration devant les premières apparences; qui se complaisent dans leur aveuglement; qui portent la présomption jusqu'à se croire assez forts pour atteindre à ce que la nature a refusé jusqu'ici aux hommes les plus savans. Etait-il nécessaire d'ajouter que ce vain désir de gloire a donné naissance à la démence et aux délires de ceux qui s'étant occupés les premiers de la quadrature du cercle, de la duplication du cube, de la trisection de l'angle et des longitudes, ont imbu les esprits faibles du venin de leurs écrits; qu'il importe de délivrer enfin le monde de ces prestiges et de ces tromperies; qu'il importe de montrer quel est le prix et le mérite de ceux qui renouvellent de pareilles propositions. Est-ce bien là le langage qui convient à des juges, à des savans, à des confrères?

Pour montrer que ce n'est pas l'amour du gain qui l'a guidé, Morin déclare qu'il renonce au prix qu'il croit cependant avoir déjà mérité, s'il ne donne pas la véritable doctrine des parallaxes des réfractions, de l'obliquité de l'écliptique, de l'équation du tems et des mouvemens de la Lune, pourvu toutefois qu'on lui assure cette récompense, en cas qu'il effectue ces promesses. On pouvait sans crainte accepter ce défi; Morin s'avance ici trop témérairement; certes il lui était impossible de donner ce qu'il promet avec tant de légèreté.

Il avait déclaré qu'il ne publierait aucune de ces prétendues découvertes si merveilleuses; cependant une septième partie, publiée en 1637, contient ses idées sur l'équation du tems; la 8ᵉ et la 9ᵉ, publiée en 1639, exposent ses méthodes pour les parallaxes et les réfractions.

Il propose d'observer la hauteur, dans les jours voisins du solstice, avec un quart de cercle de 10 pieds de rayon, et d'en marquer les différences. Le progrès de ces différences donnera la hauteur solsticiale; mais elle sera affectée de la parallaxe et de la réfraction, dont il ne parle pas; il indique d'une manière vague la possibilité de trouver la hauteur solsticiale par les différences; mais passons-lui ce point, quoiqu'il paraisse ignorer que dans les jours voisins du solstice, les changemens de hauteurs ne sont pas proportionnels au tems.

Soit H la première hauteur observée; la hauteur solsticiale $h = \text{H} + ax^2$.

Soit H′ la seconde hauteur; $h = \text{H}' + a(x - 24^h)^2 = \text{H}' + a(x - b)^2$, d'où

$$0 = (\text{H}' - \text{H}) + a[(x - b)^2 - x^2],$$

ou

$$H'-H = a(x^2 - \overline{x-b}^2) = a(x^2 - x^2 - b^2 + 2bx),$$
$$H'-H = a(2bx - b^2) = 2abx - ab^2, \quad 2abx = (H'-H) + ab^2,$$

et

$$x = \frac{H'-H+ab^2}{2ab}.$$

x ainsi connu, on aura deux équations différentes pour déterminer h, ce qui suppose encore que la réfraction et la parallaxe ne diffèrent pas sensiblement dans les deux observations.

Morin ignorait cette formule, et l'on ne voit pas bien ce qu'il met en place. Il néglige la réfraction, qui est plus grande que la parallaxe cherchée ; il ne s'en doutait pas.

La réfraction $= 58''\cot H$, et la parallaxe $8'',6 \cos H = 8'',6 \cot H \sin H$,

$$58''\cot H - 8'',6 \cot H \sin H = 58''\cot H\left(1 - \frac{8,6}{58}\sin H\right)$$
$$= 58''\cot H(1 - \operatorname{tang} 8^\circ 26' \sin H);$$

or $\frac{8'',6}{58}\sin H < 0,15$; donc

$$58''\cot H\left(1 - \frac{8'',6}{58}\sin H\right) > 58''\cot H . 0,85 > 0,85 \times 58''\cot H > 49'',3 \cot H$$
$$> \frac{49'',3 \cos H}{\sin H} > \frac{40'',7 \cos H + 8'',6 \cos H}{\sin H} > 40'',7 \cot H + \frac{\text{parallaxe de hauteur}}{\sin H};$$

ainsi l'obliquité sera trop grande de $41''\cot H$ au moins, ce qui est plus fort que $41''\cos H$, et près de cinq fois la parallaxe cherchée.

Il propose en outre d'observer le Soleil dans un vertical le plus éloigné qu'on pourra du méridien, sans tomber dans l'inconvénient des réfractions, pour avoir un moyen de plus de bien connaître l'instant du solstice.

Pour trouver ensuite la parallaxe, il lui donne une valeur hypothétique, comme de $2'$ dans le vertical éloigné; il en conclut la distance zénitale vraie : par cette distance, l'azimut et la hauteur du pôle, il calcule la déclinaison vraie ; il en conclut celle qu'il devait avoir au méridien, et la distance vraie au zénit, qu'il compare à la distance observée; il a la parallaxe au méridien, la parallaxe horizontale, la parallaxe de hauteur dans le vertical. S'il la retrouve de $2'$, telle qu'il l'a supposée, il connaît bien la parallaxe, sinon il fait une autre supposition.

Morin communiqua ce moyen à ses amis de Beaune et Roberval, qui l'approuvèrent parce qu'ils n'étaient pas à cet égard plus avancés que lui. Ils cherchèrent de leur côté la solution du problème. Voici ces deux solutions. Commençons par celle de Beaune; elle est obscure et compliquée, mais on pourrait avoir une solution très simple et très exacte, en supposant les observations parfaites; dans le fait, elles sont fort incertaines.

Observez la distance du Soleil à midi, le lendemain du solstice, en C, par exemple (fig. 43), vous connaîtrez AC, AE, EC; le Soleil sera véritablement quelque part en O, et $\delta = EO = EC - \varpi \sin AC$, ou $\varpi \sin AC = EC - \delta$; au bout de quelques heures, observez le Soleil en S, il sera quelque part en L, et $LS = \varpi \sin AS$. Or l'intervalle écoulé vous donne l'angle vrai AEL; vous avez par observation $EAL = EAS$; vous avez AE, vous aurez $EL = \delta + dD$, ou $\delta = EL - dD$; le tems, qui vous a donné AEL, vous donnera dD; vous aurez donc δ; vous pouvez aussi calculer AL et avoir $SL = AS - AL = \varpi \sin AS$, et $\varpi = \frac{AS - AL}{\sin AS}$, ou bien $\varpi \sin AC = EC - \delta = EC - EL + dD$,

$$\varpi \sin AS = SL,$$

$$\frac{\varpi \sin AC}{\varpi \sin AS} = \frac{EC + dD - EL}{SL} = \frac{\sin AC}{\sin AS}, \text{ ou } SL = \varpi \sin AS = \frac{(EC + dD - EL)\sin AS}{\sin AC},$$

et

$$\varpi = \frac{EC + dD - EL}{\sin AC}.$$

Outre l'incertitude des observations et l'effet négligé des réfractions, on peut objecter à cette méthode, que pour trouver dD il faudrait connaître la distance au solstice; puisque $\sin D = \sin \omega \sin \odot$, $dD = \frac{\sin \omega \cos \odot d\odot}{\cos D}$.

On connaît $d\odot$, $\sin \omega$, $\cos D$ avec une exactitude suffisante, mais $\cos \odot$ est fort petit, $dD = \frac{d\odot \sin \omega}{\cos D}(1 - 2\sin^2 \tfrac{1}{2} \odot)$, et l'erreur sur $\odot$, quoique petite, peut être sensible. De Beaune calcule AES, qu'il prend pour AEL.

Cette méthode ne vaut donc pas beaucoup mieux que celle de Morin.

Voici la méthode de Roberval, qui est au moins plus claire (fig. 44).

Mesurez, avec une excellente horloge, l'intervalle entre les deux observations, vous aurez l'arc BL de l'équateur. Menez LGF, G sera le lieu vrai du Soleil, vous aurez FG; ajoutez-y le mouvement en déclinaison, vous aurez FD et CD. Cette méthode ressemble fort à l'une de celles que nous avons données ci-dessus; outre les objections que nous y avons faites, on voit qu'on fait dépendre la parallaxe horizontale de la parallaxe méridienne au solstice d'été. On aurait plus de précision par notre formule $\varpi = \frac{AS - AL}{\sin AS}$, qui vaudrait mieux si l'on pouvait compter sur AS et AL (fig. 43).

Morin reproche seulement à la première l'angle apparent pris pour l'angle réel; à la seconde, l'emploi d'une horloge; mais il faudrait que cette horloge fût bien mauvaise pour ne pas donner le changement de déclinaison, qui n'est pas de 14″ en 24 heures. Au reste, il croit toutes ces méthodes exactes, à la seconde.

Morin cherche ensuite la parallaxe par le passage du Soleil par le plan de l'équateur. Il prend les hauteurs du Soleil la veille et le lendemain de l'équinoxe. On aura ainsi le mouvement en déclinaison, exact à la seconde, dit Morin, quoique chacune des observations soit susceptible d'une erreur plus forte; il suppose apparemment cette erreur constante. Il prend ensuite une troisième hauteur, le plus loin qu'il peut du méridien; il en conclut le passage par l'équateur, en calculant les parallaxes comme ci-dessus. Cette méthode lui paraît avoir de plus cet avantage, qu'elle donne des équinoxes exacts, et une durée de l'année beaucoup plus sûre. Le mouvement en déclinaison est plus sensible (et sur-tout plus régulier); la parallaxe de hauteur sera plus grande (et les réfractions aussi).

Il cherche le mouvement d'ascension droite; il observe l'astre au méridien deux jours de suite; il obtient le mouvement entre les deux passages. Si ce mouvement est fort rapide, comme celui de la Lune, il faut observer au moins trois passages. Par ces moyens, on aura l'angle horaire vrai pour un instant quelconque. Observez une hauteur et un azimut, vous en conclurez la hauteur vraie et la parallaxe.

Voilà du moins un moyen praticable, si les réfractions étaient mieux connues et si l'on avait des moyens précis pour observer les passages au méridien.

Il cherche ensuite la parallaxe d'ascension droite. Sa méthode suppose l'observation d'une étoile au méridien. On observe la distance de l'astre au méridien (il ne dit pas comment). Quand l'astre est au méridien à son tour, on cherche de combien l'étoile en est éloignée, c'est-à-dire son angle horaire; on tient compte des mouvemens d'ascension droite, s'il y en a; on a la parallaxe d'ascension droite.

Ou bien observez l'astre dans un même vertical avec une étoile connue, prenez les deux hauteurs. Vous calculerez l'azimut commun et l'angle horaire de l'étoile, la déclinaison apparente et l'angle horaire apparent de l'astre, et la différence d'ascension droite.

Quand l'astre sera parvenu au méridien, où la parallaxe horaire est nulle, prenez encore la différence d'ascension droite, c'est-à-dire l'angle horaire de l'étoile. Si cette différence est égale à la première, la parallaxe est nulle. S'il y a une différence, ce sera la parallaxe, ce qui suppose qu'on a tenu compte du mouvement.

Il ne manque à cela que de bonnes observations.

Si l'astre n'est pas visible au méridien, il a recours à la méthode indirecte. Mesurez deux jours de suite la hauteur de l'astre à l'instant où une étoile connue est au méridien; si la hauteur est la même, il n'y a point de mouvement d'ascension droite ni de déclinaison.

Supposez d'abord la parallaxe nulle, avec la hauteur et l'azimut, vous aurez l'angle horaire et la distance polaire.

Deux heures après, observez l'astre dans un autre vertical, calculez le changement de l'angle horaire; vous avez l'azimut, vous calculerez la hauteur; si vous retrouvez la hauteur observée, la parallaxe est nulle. Si vous trouvez quelque différence, supposez une parallaxe arbitraire, recommencez tout le calcul; si vous retrouvez votre hauteur observée, votre parallaxe est bonne, sinon vous recommencerez avec une autre parallaxe, jusqu'à ce que tout soit d'accord.

Il applique à la Lune tous les moyens qu'il vient d'expliquer, et termine par où il aurait dû commencer, c'est-à-dire par le moyen de trouver la parallaxe horizontale par la parallaxe de hauteur.

Il prouve que la parallaxe est plus grande pour la distance vraie que pour la distance apparente; en effet, si N est la distance zénitale apparente, $\sin p = \sin \varpi \sin N$.

Si N, conservant la même valeur, est pris pour la distance vraie,

$$\sin p' = \sin \varpi \sin N + \tfrac{1}{2} \sin^2 \varpi \sin 2N + \tfrac{1}{3} \sin^3 \varpi \sin 3N + \text{etc.}$$

Il est évident que la seconde valeur est plus forte que la première de tous les termes ajoutés au premier; mais si $N = 90°$,

$$\begin{aligned} \sin p &= \sin \varpi + \tfrac{1}{2} \sin^2 \varpi \sin 180° + \tfrac{1}{3} \sin^3 \varpi \sin 270° \\ &= \sin \varpi + 0 - \tfrac{1}{3} \sin^3 \varpi + 0 + \tfrac{1}{5} \sin^5 \varpi - \tfrac{1}{7} \sin^7 \varpi; \end{aligned}$$

alors c'est la parallaxe pour la distance apparente N, qui est plus petite que pour la même distance vraie.

Ce Traité de la parallaxe est sans doute le meilleur et le plus complet qui existât à cette époque; il n'apprend cependant rien de bien nouveau. La construction fondamentale est pénible et obscure; mais le défaut principal est que l'auteur croit trop facilement à la bonté des observations, qu'il indique vaguement sans les expliquer. N'aurait-il pas dû, par exemple, chercher à tirer partie de sa lunette, pour observer les passages au méridien avec plus d'exactitude?

La neuvième partie traite des réfractions; elle commence par des considérations générales assez saines et clairement exposées. Il répète souvent que la réfraction est variable comme l'état de l'atmosphère; mais il ne donne aucune règle pour reconnaître ou mesurer ces variations.

Ses méthodes n'ont rien de remarquable; il n'ajoute rien à ce qu'avait dit Tycho; il en dit moins que Képler.

Le chapitre VIII parle de la restitution des Tables astronomiques.

I. Choisissez un emplacement hors de l'enceinte de la ville. Par exemple, le Mont-Valérien, près de Paris, serait un lieu très convenable.

II. Formez en pierres de taille un massif de douze pieds de côté et de quatre pieds de hauteur, dont la face supérieure sera recouverte en marbre ou en cuivre.

III. Tracez-y la méridienne avec la dernière exactitude.

IV. Sur cette méridienne, comme diamètre, décrivez un cercle horizontal de cinq pieds de rayon; divisez ce cercle en demi-degrés.

V. Sur la méridienne placez un quart de cercle vertical de même rayon et divisé de même; le vernier y donnera 2''; l'alidade portera le vernier. L'axe vertical, en tournant, entraînera une autre alidade avec son vernier, qui marquera les angles azimutaux.

Remarquez la première mention du vernier placé sur l'alidade. On est étonné qu'il ne place pas de lunette sur l'alidade du cercle vertical.

Il recommande sur-tout les observations au méridien.

C'est ici que se termine sa *Science des longitudes*, ouvrage dont il pense trop de bien et dont on a dit trop de mal. On y voit trop qu'il est d'un homme peu habitué aux observations; mais les observateurs de ce tems pouvaient y puiser de bonnes idées. Il y donna une suite, sous ce titre : *Coronis astronomiœ jam à fundamentis integre et exacte restitutæ*. 1641.

Longomontanus, dans l'introduction à son Théâtre astronomique, avait témoigné faire peu de cas des moyens indiqués par Morin pour perfectionner les tables; il avait essayé de prouver qu'il n'y avait rien à changer aux méthodes reçues. Morin ne trouve en cela qu'une preuve nouvelle d'une vérité déjà reconnue, c'est qu'il est difficile à un vieillard de changer d'opinion; il entreprend de défendre ce qu'il a proposé. C'est à regret qu'il se voit forcé de prendre la plume contre un ancien ami, mais cet ami est l'agresseur, et cette dispute entre deux professeurs royaux, l'un plus qu'octogénaire et l'autre plus que sexagénaire, lui paraît mériter l'attention des savans.

Longomontanus lui reprochait son peu d'habitude aux observations astronomiques. Il répond que depuis 30 ans il a fabriqué un planisphère qui lui tient lieu de presque tous les instrumens; qu'il connaît assez tous les instrumens de Tycho pour en faire un bon usage, s'il les avait en sa possession, et qu'enfin il a le premier observé (c'est-à-dire vu) les étoiles en présence du Soleil. Mais pourquoi ne s'est-il pas adonné plus particulièrement aux observations? C'est que depuis longtems il travaille à son grand ouvrage de l'Astrologie française, et qu'il veut établir enfin cette science sur des principes incontestables. D'ailleurs, il avait 50 ans quand il commença à écrire sur la théorie. Sa santé le rendait déjà inhabile aux observations suivies, dont au reste il n'avait aucun besoin pour en discuter les vrais principes. Enfin il aurait eu besoin d'instrumens que son peu de fortune ne lui permettait pas de faire construire.

Nous ne le suivrons pas dans sa dispute sur le nombre d'instrumens et de coopérateurs qui seraient nécessaires, mais nous remarquerons qu'il n'admire rien tant, dans Képler, que ses orbites elliptiques.

A cette occasion, il rapporte une méthode que son ami de Beaune lui avait communiquée pour trouver les élémens d'une ellipse. Elle consiste à prendre trois observations dans lesquelles Mercure ait paru dans la tangente à son ellipse. Le rayon visuel tangent, prolongé jusqu'au cercle excentrique, y formera un angle droit avec la ligne menée du foyer. Il renvoie, pour la démonstration de ce théorème, à la 49ᵉ proposition du 3ᵉ livre d'Apollonius. Sans recourir à l'auteur grec, nous pouvons en donner une preuve trigonométrique qui complètera la proposition en l'étendant à chacun des foyers.

Soit (fig. 45) une ellipse AMP, QMR la tangente en un point M quelconque de l'ellipse. Des foyers T et F abaissez sur la tangente les perpendiculaires TQ et FR. Je dis que les pieds Q et R de ces perpendiculaires sont à la circonférence du cercle circonscrit, c'est-à-dire que les droites CQ et CR, menées du centre de l'ellipse à ces deux points, sont égales entre elles et au demi-grand axe CA = CP de l'ellipse.

Soit la normale MN; elle sera parallèle aux deux perpendiculaires, elle partagera en deux également l'angle FMT.

J'ai prouvé (*Astr.*, t. II, p. 172) que FMN = NMT = φ, et que $\tan\varphi = \frac{e\sin u}{1 - e\cos u}$, e étant l'excentricité CF = CT, et u l'anomalie vraie ATM.

$$\sec^2\varphi = 1 + \tan^2\varphi = 1 + \frac{e^2\sin^2 u}{1 - 2e\cos u + e^2\cos^2 u}$$

$$= \frac{1 - 2e\cos u + e^2\cos^2 u + e^2\sin^2 u}{1 - 2e\cos u + e^2\cos^2 u} = \frac{1 - 2e\cos u + e^2}{(1 - e\cos u)^2},$$

$$\cos^2\varphi = \frac{(1 - e\cos u)^2}{1 - 2e\cos u + e^2} \quad \text{et} \quad \sin^2\varphi = \frac{e^2\sin^2 u}{1 - 2e\cos u + e^2};$$

le triangle CTQ donne

$$\overline{CQ}^2 = \overline{CT}^2 + \overline{TQ}^2 - 2CT.TQ\cos CTQ$$

$$= e^2 + (TM\cos MTQ)^2 - 2e(TM\cos MTQ)\cos(CTM + MTQ)$$

$$= e^2 + (TM\cos\varphi)^2 - 2e(TM\cos\varphi) - 2eTM\cos\varphi\cos(u+\varphi)$$

$$= e^2 + \left(\frac{1-e^2}{1-e\cos u}\right)^2\frac{(1-e\cos u)^2}{1-2e\cos u+e^2} - 2e\left(\frac{1-e^2}{1-e\cos u}\right)\left(\frac{(1-e\cos u)^2}{1-2e\cos u+e^2}\right)\frac{\cos(u+\varphi)}{\cos\varphi}$$

$$= e^2 + \frac{(1-e^2)^2}{1-2e\cos u+e^2} - \frac{2e(1-e^2)(1-e\cos u)}{1-2e\cos u+e^2}(\cos u - \sin u\tan\varphi)$$

$$= e^2 + \frac{(1-e^2)^2}{1-2e\cos u+e^2} - \frac{2e(1-e^2)(1-e\cos u)}{1-2e\cos u+e^2}\left(\cos u - \frac{e\sin^2 u}{1-e\cos u}\right)$$

$$= e^2 + \frac{(1-e^2)^2}{1-2e\cos u+e^2} - \frac{2e-2e^3}{1-2e\cos u+e^2}[\cos u(1-e\cos u) - e\sin^2 u]$$

$$= e^2 + \frac{(1-e^2)^2}{1-2e\cos u+e^2} - \frac{2e-2e^3}{1-2e\cos u+e^2}(\cos u - e\cos^2 u - e\sin^2 u)$$

$$= e^2 + \frac{(1-e^2)^2}{1-2e\cos u+e^2} - \frac{2e-2e^3}{1-2e\cos u+e^2}(\cos u - e)$$

$$= \frac{e^2 - 2e^3\cos u + e^4 + 1 - 2e^2 + e^4 - 2e\cos u + 2e^3\cos u + 2e^2 - 2e^4}{1-2e\cos u+e^2}$$

$$= \frac{1-2e\cos u+e^2}{1-2e\cos u+e^2} = 1 = \overline{CA}^2 = \overline{CP}^2;$$

donc le point Q appartient au cercle excentrique ARQ et l'observateur en O ne voit et ne peut calculer que la perpendiculaire TQ et non le véritable rayon vecteur TM; il aura TQ = OT sin O.

La preuve est toute semblable pour le point R, elle est même plus courte.

$$\overline{CR}^2=\overline{FC}^2+\overline{FR}^2-2FC.FR.\cos CFR=\overline{FC}^2+\overline{FR}^2+2FC.FR\cos AFR$$
$$=\overline{FC}^2+\overline{FR}^2+2FC.FR\cos ATQ=e^2+\overline{FM}^2\cos^2\varphi+2eFM\cos\varphi\cos(u+\varphi)$$
$$=e^2+\overline{FM}^2\cos^2\varphi+2e.FM\cos^2\varphi\frac{\cos(u+\varphi)}{\cos\varphi};$$

or

$$FM=2-TM=2-\frac{1-e^2}{1-e\cos u}=\frac{2-2e\cos u-1+e^2}{1-e\cos u}=\frac{1-2e\cos u+e^2}{1-e\cos u};$$

donc

$$\overline{CR}^2=e^2+\frac{(1-2e\cos u+e^2)^2}{(1-e\cos u)^2}\cdot\frac{(1-e\cos u)^2}{(1-2e\cos u+e^2)}$$
$$+2e\left(\frac{1-2e\cos u+e^2}{1-e\cos u}\right)\left(\frac{(1-e\cos u)^2}{1-2e\cos u+e^2}\right)(\cos u-\sin u\tang\varphi)$$
$$=e^2+1-2e\cos u+e^2+2e(1-e\cos u)\left(\cos u-\frac{e\sin^2 u}{1-e\cos u}\right)$$
$$=e^2+1-2e\cos u+e^2+2e(\cos u-e\cos^2 u-e\sin^2 u)$$
$$=2e^2+1-2e\cos u+2e\cos u-2e^2=1;$$

l'observateur aura donc

$$OT\sin O=TQ=TM\cos\varphi=\left(\frac{1-e^2}{1-e\cos u}\right)\left(\frac{1-e\cos u}{(1-2e\cos u+e^2)^{\frac{1}{2}}}\right),$$
$$\overline{OT}^2\sin^2 O=\left(\frac{1-e^2}{1-e\cos u}\right)^2\left(\frac{(1-e\cos u)^2}{1-2e\cos u+e^2}\right)=\frac{(1-e^2)^2(1-e\cos u)}{1-2e\cos u+e^2}.$$

Soit

$$A=OT\sin O,$$
$$A^2(1-2e\cos u+e^2)=(1-e^2)^2(1-e\cos u),$$
$$A^2-2A^2e\cos u+A^2e^2=(1-e^2)^2-(1-e^2)^2e\cos u,$$
$$A^2+A^2e^2-(1-e^2)^2=2A^2e\cos u-(1-e^2)^2e\cos u,$$
$$\cos u=\frac{A^2+A^2e^2-(1-e^2)^2}{2A^2e-(1-e^2)^2e}$$
$$=\frac{A^2+A^2e^2-1+2e^2-e^4}{2A^2e-e+2e^3-e^5}.$$

Si l'excentricité est donnée en parties de la distance moyenne du Soleil, le grand axe sera a au lieu de 1. Divisez e par a et A^2 par a^2; avec ces nouvelles valeurs de a et de A^2, vous aurez cos u par la formule.

A = rayon vect. de la Terre sin élongation observée, est toujours connu; ainsi, quand on connaîtra e par ce qui suit, on aura toujours cos$u$, par cette formule que de Beaune n'a point donnée.

Voyons maintenant la solution de ce géomètre, en la ramenant toujours à nos méthodes trigonométriques qui ont le double avantage d'être plus claires et plus commodes pour le calcul.

Soit ELM (fig. 46) l'ellipse de Mercure, C le foyer où réside le Soleil, B le centre, P la Terre, lorsque Mercure était en L à sa plus grande digression.

Dans le triangle CPF, nous aurons $FC = CP \sin P$ et $FCP = 90° - P$.

La Terre arrivée au point Q, a vu Mercure en M; nous aurons

$$CG = CQ \sin Q \quad \text{et} \quad GCQ = 90° - Q.$$

La Terre étant en R, a vu Mercure en N; nous aurons

$$CH = CR \sin R \quad \text{et} \quad RCH = 90° - R.$$

Nous avons $FCP = 90° - P$,

$RCH = 90 - R$,

$PCR = M =$ mouvement héliocentrique de P en R;

donc $FCH = 180° + M - P - R$.

Avec cet angle et les côtés FC et CH, nous aurons les angles CHF et CFH, ainsi que la corde FH;

nous avons $FCP = 90 - P$,

$PCQ = m =$ mouvement de la Terre de P à Q;

donc $FCQ = 90 + m - P$

$GCQ = 90 - Q$

donc $FCG = m + Q - P$.

Avec FCG et les côtés FC et CG, nous aurons les angles CFG et CGF et la corde FG,

$QCH = QCR + RCH = m' + 90° - R$, m' étant le mouv. de la Terre de Q en R,

$QCG = \qquad = 90 - Q$

donc $GCH = QCH + QCG = 180 + m' - Q - R$;

avec cet angle et les deux côtés CG et CH, nous aurons les angles CHG et CGH et la corde GH;

Avec les trois cordes FG, FH, GH, nous aurons les trois angles opposés $\frac{1}{2}FG$, $\frac{1}{2}FH$, $\frac{1}{2}GH$;

le rayon du cercle $= \frac{1}{2}$ grand axe $= a = \dfrac{FG}{2\sin\frac{1}{2}FG} = \dfrac{FH}{2\sin\frac{1}{2}FH} = \dfrac{GH}{2\sin\frac{1}{2}GH}$;

abaissez la perpend. BT, $CHB = CHG + THB = CHG + 90° - \frac{1}{2}GFH$;

avec CH, BH et CHB, nous aurons les angles HCB et HBC et l'excentricité BC.

On connaît la longitude héliocentrique de R, on aura

$$\text{longitude héliocentrique de H} = \text{longitude de R} + \text{RCH},$$

$$\text{longit. hélioc. de B et de O} = \text{longit. de H} - \text{HCB}$$
$$= \text{longit. de R} + \text{RCH} - \text{HCB} = \text{longit. aphélie.}$$

Nous aurons le demi-grand axe a et l'excentricité en parties de la distance moyenne du Soleil. Par la formule précédente, nous aurons l'anomalie vraie pour chacune des trois observations, et les trois longitudes vraies; nous pourrons calculer les anomalies de l'excentrique et les anomalies moyennes; nous aurons le mouvement moyen, et nous verrons si ce mouvement s'accorde avec la troisième loi de Képler.

La solution sera complète. De Beaune ne donne que l'excentricité et le demi-grand axe; après quoi il abaisse la perpendiculaire CK. Les triangles rectangles et semblables CKV, BTV, donnent

$$\text{CK}:\text{BT}::\text{KV}:\text{TV}, \quad \text{CK}+\text{BT}:\text{BT}::\text{KV}+\text{TV}:\text{TV},$$
$$\text{CK}+\text{BT}:\text{BT}::\text{KT}:\text{TV} = \frac{\text{KT}.\text{BT}}{\text{CK}+\text{BT}};$$

on aura donc TV et la direction CV, ou ECVO du grand axe; mais TV pourra être une ligne fort courte et la direction ne sera guère sûre.

Cette solution est extrêmement curieuse; c'est grand dommage qu'elle soit peu sûre dans la pratique; il est trop difficile de déterminer avec précision l'angle et le tems de la digression. Chaque heure dont on se trompe sur le tems, altère de $2'\frac{1}{2}$ les longit. P, Q, R, et quel astronome répondra de ne pas se tromper de plusieurs heures sur les digressions. Après tout, cette méthode ne serait praticable que pour une planète inférieure.

Morin élève quelques doutes sur les étoiles de Tycho; ses objections sont raisonnables, et nous les avons faites nous-même. On pourrait douter que les moyens qu'il propose soient meilleurs.

Il critique la méthode de Regiomontanus pour les parallaxes. Nous avons discuté cette méthode, et nous avons reconnu qu'elle est très incertaine.

Il rapporte, d'après Longomontanus, un fait assez curieux. Tycho fut porté à s'occuper des réfractions, parce que les horloges du roi Frédéric II, ne s'accordaient, avec les cadrans solaires, ni le soir ni le matin. La réfraction avançant le lever et retardant le coucher, les heures sur le cadran étaient trop longues.

Il termine sa dissertation par décrire de nouvelles pinnules, propres à renfermer l'étoile entre deux lignes horizontales, qui se rapprochent à mesure qu'on élève l'alidade vers l'astre; à l'instant où l'étoile disparaît l'alidade indique la hauteur juste de l'astre. Pour observer l'azimut, on enferme l'astre entre deux lignes verticales; à l'instant où l'on cesse de voir l'astre on a l'azimut exact. Tous ces moyens sont au moins ingénieux.

Cette dissertation, loin de déplaire à Longomontanus, lui fit apparemment modifier ses idées, puisqu'il écrivait à Morin, qu'il le félicitait de ce que, *dans la tranquillité de son cabinet, il avait imaginé des choses très utiles, dont la France pouvait s'applaudir.*

Cependant cette même dissertation fut attaquée vivement par le danois Frommius, qui pourrait bien être soupçonné d'avoir été le prête-nom de Longomontanus.

Ce Frommius révoquait en doute l'utilité des étoiles visibles en plein jour. Il prétendait qu'il était impossible d'éviter des parallaxes optiques, qui produiraient des erreurs considérables. Pour remédier à cet inconvénient, Morin adapte à sa lunette, entre l'oculaire et l'œil, un tube de six doigts et demi de diamètre, finissant par une espèce d'entonnoir, où l'on plaçait l'œil. On sent combien l'invention de Morin laissait encore d'incertitude; le seul moyen était de mettre des fils en croix au foyer de la lunette, ce qui était impraticable tant que l'on conserverait l'oculaire concave, auquel on ne tenait sans doute que parce qu'il ne renverse pas les objets.

Calignon de Périns avait remarqué une légère déviation dans un fil-à-plomb de trente pieds. Morin observa lui-même ce phénomène; mais ayant substitué un fil d'argent au fil de chanvre, d'après le conseil de Mersenne, il ne remarqua plus rien de semblable. Il assure que le phénomène est dû à la torsion du fil. Il dit avoir vu par quelques barbes du fil de chanvre, que ce fil tendait à se détordre. Bouguer, par son expérience des Invalides, a donné une explication plus vraie, si toutefois le phénomène n'avait lieu que de jour et en présence du Soleil. Il assure, au reste, que cette déviation doit être insensible dans les observations astronomiques.

Appendix ad longitudinum Scientiam.

Hérigone avait indiqué un moyen pour connaître le lieu de la Lune au méridien, par une étoile qui s'y verrait en même tems, ce qui donnerait l'ascension droite; la position du nœud donnerait ensuite la déclinaison et le tout serait indépendant de la parallaxe. Morin avait objecté que cette méthode ne serait bonne que sur Terre, puisque sur mer on n'a point de méridienne. En y réfléchissant, il trouve un moyen pour employer cette méthode hors du méridien et sur mer; mais fatigué de disputes, il ne voulut pas s'en faire une nouvelle avec un de ses commissaires; c'était en 1634 : il garda le silence.

Hérigone était connu par un cours de Mathématiques, auquel il donna, en 1642, un supplément, où l'on trouve une théorie très peu remarquable des planètes, et une introduction à la Chronologie.

Van Langren, cosmographe de Philippe IV, imprima le procédé suivant, sans autre explication, en 1644 :

Soit AB l'équateur (fig. 47), AC l'écliptique, DHE l'orbite de la Lune, D le lieu du nœud, F une étoile, H la Lune, HL la latitude vraie.

Si la Lune est au méridien, elle paraîtra abaissée en I, mais si elle est vue dans le vertical KM ou NQ, le lieu apparent sera P ou Q; mais toujours le lieu vrai sera dans l'intersection du vertical et de l'orbite lunaire.

Comparant donc ce lieu de la Lune avec la calcul fait sur de bonnes tables, on aura la longitude du lieu de l'observation.

Morin ayant reçu l'ouvrage de Langren, lui envoya aussitôt les trois problèmes qu'il avait résolus dix ans auparavant, donna copie de ces mêmes problèmes au chevalier de la Scale, qui lui avait montré le livre, et se chargeait de la lettre à Langren.

On connaît AF, on aura AV et l'angle V; on connaît AD, on a donc DV; d'où DH, HV, HL et DL; c'est le premier problème de Morin, où plutôt c'est celui d'Hérigone. C'est le cas où la Lune est au méridien. Mais soit l'horizon GHK (fig. 48), CH l'écliptique, BFI l'orbite de la Lune, F le nœud, D le lieu vrai de la Lune, observé dans le vertical connu EA.

Vous connaissez l'ascension droite du milieu du ciel, vous aurez le point culminant C et l'angle C; donc CF, EF, EFC, EFB, EFD et CEF.

Vous connaissez CED, donc FED; vous avez donc les deux angles sur EF, vous aurez FD et la longitude de la Lune.

On peut varier le calcul, on pourrait calculer BCF et BED.

Ces deux problèmes ne seraient bons que sur Terre; mais en mer, il est difficile d'observer la Lune et une étoile dans un même vertical.

Soit CH l'écliptique (fig. 49), BMI l'orbite de la Lune, L l'étoile, F le pôle, V le lieu apparent de la Lune, N le lieu vrai.

Vous aurez FL, FE et EL, vous aurez l'azimut et l'angle horaire F; l'ascension droite du milieu du ciel, le point culminant C, l'angle C, CM, et l'angle M, et le reste du calcul sera comme ci-dessus.

C'est encore un problème de simple curiosité. Il suppose que la latitude n'a qu'un terme, que l'inclinaison est invariable.

Morin remarque que le problème deviendrait plus simple si le nœud se trouvait au méridien, le triangle BCM ne serait plus qu'un même point; mais c'est un hasard qui n'arrivera jamais. En général, sans parler des erreurs des observations, on voit que Morin n'épargne pas les calculs, et l'on sait qu'ils ne sont ni du goût des marins ni même des astronomes, quand ils ne sont pas indispensables.

Van Langren cria au plagiat. Et, en effet, quoiqu'il n'eût donné aucune démonstration, la seule inspection de la figure avait pu suggérer à Morin l'idée de ses trois problèmes. Au reste, il en montre lui-même l'incertitude.

Nous avons vu que Boulliaud, dans son Astronomie philolaïque, s'était exprimé, en parlant de Morin, en termes indécens, que nous n'avons pas jugé à propos de traduire. Morin, dans une feuille ajoutée à sa Science des Longitudes, lui rend une partie de ses injures. Il lui dit : On prétend que vous êtes prêtre, on ne s'en douterait pas à votre langage. Il l'accuse d'être un plagiaire; d'avoir emprunté de Képler ses hypothèses et ses tables, pour gâter les unes et les autres; ce qui n'est que trop vrai. Il attribue l'humeur de Boulliaud à la réfutation qu'il avait faite de son *Philolaus redivivus*, à l'envie de prévenir les critiques qu'il pourrait encore imprimer de son Astronomie philolaïque. Il lui reproche encore d'avoir altéré l'équation du tems, en y introduisant un terme pour l'inégalité de la révolution diurne; au reste, il soutient ici, comme partout ailleurs, l'immobilité de la Terre.

Il imprime ensuite une lettre anonyme, qu'il prétend lui avoir été adressée par un danois, en réfutation d'une nouvelle lettre de Frommius. Cette lettre a bien l'air d'être de Morin lui-même, car on y voit qu'à l'âge de 65 ans, il était encore si leste, qu'il parcourt journellement les rues de Paris d'un pas qu'un piéton a de la peine à suivre, qu'il n'a aucune infirmité; enfin, qu'il a constamment trouvé la latitude de Paris de 48° 52', ce qui est un peu trop; car Morin demeurait au faubourg saint Marcel, rue du Puits-de-Fer, près de la Doctrine chrétienne, qui n'est pas bien éloignée du parallèle de l'Observatoire. Outre la réfraction négligée, il y avait environ une minute d'erreur; total, près de deux minutes.

En 1647, Morin fit imprimer un *Abrégé de sa Science des Longitudes*, en français, en faveur *des pilotes et des capitaines de mer*, avec la censure de la *Nouvelle pratique du secret des Longitudes*, du P. Duliris, récollet.

On voit, dans l'épître dédicatoire au cardinal Mazarin, que ce ministre, pour lui assurer la récompense à laquelle il avait droit, avait consenti qu'un de ses propres bénéfices fût chargé de la pension qui lui avait été adjugée par le gouvernement. On est bien aise d'apprendre que ses efforts et ses longs travaux n'aient pas été sans récompense, mais on regrette toujours qu'on la lui ait fait attendre si long-tems.

Morin ne donne pas cette méthode abrégée des longitudes comme une chose fort exacte, mais seulement comme une chose qui peut n'être pas sans utilité, et sur-tout comme une chose bien préférable à la pratique du récollet Duliris. L'instrument que Morin recommande aux pilotes, est un quart de cercle d'un pied et demi, avec les alidades de son invention, et le vernier; il y ajoute un globe céleste d'un pied et demi ou de deux pieds, avec deux demi-cercles mobiles, l'un autour des pôles de l'équateur, l'autre autour des pôles de l'écliptique, au moyen desquels il résout les triangles sphériques.

Parmi les tables subsidiaires, on remarque celle de la parallaxe du Soleil, qu'il fait de 2′ 18″ à l'horizon, et celle de l'équation du tems composée, qui pourra servir pendant quarante ans sans erreur sensible.

Morin paraît n'avoir joui de son tems que d'une considération assez équivoque; son livre, ses inventions, tout fut bientôt oublié. On voit, par un mémoire de Fouchy, imprimé dans le volume de 1787, lu à l'Académie en 1783, qu'on était assez embarrassé pour *citer l'auteur de l'application des lunettes aux instrumens, pour fixer la date de cette invention, et déterminer le tems auquel on avait commencé, à l'aide de ces lunettes, à observer les planètes et les plus belles étoiles en plein jour.* La Hire, en 1717, n'était pas mieux informé; il s'était adressé à Picard qui, le premier, avait observé la polaire en tout tems et de jour, ainsi qu'il le rapporte dans son Voyage d'Uranibourg; Picard lui avait dit froidement qu'Auzout y avait eu beaucoup de part. Dans son Traité de la mesure de la Terre, il disait vaguement *qu'on s'était avisé depuis quelque tems de mettre aux instrumens des lunettes au lieu de pinnules.* La Hire ajoute, qu'ayant cherché dans les Transactions philosophiques, il n'y avait rien trouvé de relatif à cet objet. Nous avons vu que la première invention est incontestablement due à Morin, nous avons témoigné notre surprise de l'indifférence avec laquelle on avait reçu cette idée, et de ce que Morin lui-même n'en parle plus dans le plan d'observations qu'il trace pour l'amélioration des tables. *Il n'avait plus qu'un pas à faire,* dit Fouchy, *pour tirer tout le parti possible de son invention, en appliquant les fils en croix au foyer commun des deux verres; je ne sais par quelle fatalité les moyens les plus simples sont ordinairement les derniers à se présenter.* Nous avons dit qu'il n'y avait point de fatalité, mais bien une impossibilité résultante de la construction des lunettes d'alors; on ne peut pas même dire que Morin ait réellement observé, il a simplement vu les étoiles en plein jour; c'était beaucoup et ne suffisait pas encore. On voit dans l'Histoire de l'Académie que, le 3 mai 1669, Picard fut fort surpris de pouvoir observer la hauteur méridienne du cœur du Lion, près de treize minutes avant le coucher du Soleil. Le 13 juillet, il observa la hauteur méridienne d'Arcturus, le Soleil étant encore élevé de dix-sept degrés; il avait donc oublié, peut-être ignorait-il, que plus de trente-quatre ans auparavant, Morin avait vu Arcturus et toutes les planètes; mais il était obligé de les prendre la nuit, pour les suivre nonobstant le lever du Soleil. Il ne parle en aucun endroit de les chercher au méridien, en élevant la lunette à la hauteur convenable; ce qui prouve assez que Morin n'était pas observateur.

Fouchy est le premier qui ait cherché à réhabiliter la mémoire de Morin. *Il avait donné dans les rêveries de l'Astrologie judiciaire, ce qui a sûrement mis quelque obstacle à sa réputation; mais il s'en fallait de beaucoup que, comme astronome, il fût sans mérite.... Il possédait tout ce qui faisait alors la plus grande partie du mérite d'un astronome.... Il a le premier complété et démontré ce qui avait été dit avant lui sur la science des longitudes, et par là jeté pour ainsi dire le fondement de tout ce qui a depuis été fait sur cette matière; et* MALGRÉ LES TORTS TRÈS GRAVES QU'EURENT A SON ÉGARD PLUSIEURS DES COMMISSAIRES, *ils eurent raison de décider qu'il n'avait pas complètement résolu le problème des longitudes; ce qui n'empêche pas sa Science des longitudes d'être un très bon livre.... N'eût-il donné que cet ouvrage et les deux inventions dont nous venons de parler, il aurait toujours mérité d'être mis au nombre de ceux qui, par leurs travaux, ont contribué à l'avancement des sciences.... Il importe qu'on fasse des découvertes, et le moyen le plus sûr de les multiplier est de rendre aux auteurs pleine et entière justice. L'accueil qu'on fait à leurs ouvrages est la partie la plus flatteuse de leur récompense, et c'est manquer à ce qu'on leur doit que de les en priver.*

Riccioli.

Jean-Baptiste Riccioli naquit à Ferrare, le 17 avril 1598; il entra chez les Jésuites en 1614, et fut chargé de professer à Parme et à Boulogne, la Rhétorique, la Poétique, la Philosophie et la Théologie. Il s'appliqua spécialement à corriger la Géographie, la Chronologie et l'Astronomie. Devenu préfet des études à Parme, il s'occupa uniquement des divers ouvrages que nous allons parcourir. Il mourut en 1671. Ce n'est pas tant par ses découvertes qu'il pourra nous être utile, que par le soin qu'il a mis à rendre compte de celles des autres. Ses ouvrages sont un vaste répertoire, où, au commencement de chaque chapitre, l'on trouve une longue énumération de tous les auteurs qui ont écrit sur le sujet qu'il va traiter. Le plus ancien de ses ouvrages a pour titre :

Almagestum novum, Astronomiam veterem novamque continens, observationibus aliorum et propriis novisque theorematibus, problematibus, ac tabulis promotam. Bononiæ, 1653, 2 vol. in-folio.

De toutes les sciences, nous dit l'auteur, il n'en est aucune qui réunisse au même degré les deux qualités qui peuvent servir à les recommander : τὸ χαλεπὸν καὶ τὸ φανερὸν, *la difficulté et l'évidence.*

En preuve de la justesse et de la nécessité de la réformation grégorienne, il nous apprend que le sang de saint Janvier n'avait jamais manqué de se liquéfier le 19 septembre, nouveau style, quoique à la longue, l'équinoxe eût anticipé de dix jours. A l'appui de ce bel argument, il en rapporte un autre au moins aussi curieux. Sainte Brigitte avait planté, dans le jardin de ses religieuses, un arbrisseau en l'honneur de Marie, vierge à trois époques, *avant, pendant* et *après l'accouchement;* et elle avait obtenu, par ses prières, que tous les ans cet arbre poussât des feuilles, des fleurs et des fruits, la nuit du jour anniversaire de la naissance de J.-C. Cet arbre ne manqua jamais de donner, la nuit du 24 au 25 décembre, nouveau style, ce témoignage de la bonté du calendrier grégorien, soit avant, soit après la réforme.

L'Astronomie est née avec les astres. Dieu en inspira le goût à Adam, que les patriarches imitèrent. Abraham instruisit les Égyptiens, mais il avait reçu d'Énoch, par tradition, les connaissances qu'il leur communiqua. Ce roman n'est pas plus invraisemblable que ceux de Bailli. Riccioli, qui puise à toutes les sources, trouve dans Servius, que Prométhée, demeurant sur le Caucase, où il était tourmenté par le soin de deviner les loix du mouvement des astres, avait ainsi donné lieu à la fable du vautour qui lui ronge les entrailles. Il passe ensuite au tableau de ce qui lui paraît manquer encore à la perfection de l'Astronomie, à commencer par un bon catalogue d'étoiles, et de bonnes tables planétaires.

Les coperniciens se plaignaient que des théologiens, tout-à-fait ignorans en Mathématiques, eussent lancé des décrets, sans connaissance de cause, contre leur système. L'envie de leur répondre porta Riccioli à étudier l'Astronomie; ainsi, ce n'est pas précisément l'amour de la vérité, mais le désir de plaider la cause des théologiens, et de défendre le sens littéral de l'Écriture, qui fit de notre auteur un adversaire de Galilée. Mais à la manière dont il parle du système qu'il attaque, on croirait entendre un avocat qui, n'ayant pu refuser une cause qu'il sait mauvaise, fait tous ses efforts pour la perdre et se faire condamner.

Dans la liste alphabétique des astronomes, il croit qu'il y a eu deux Hipparque, l'un bythynien et l'autre rhodien, qui finit par s'établir à Alexandrie. Le malheur est, que les observations qui ont fait croire qu'Hipparque avait habité Alexandrie, sont de beaucoup antérieures à deux observations qu'il a faites à Rhodes, et qui sont rapportées par Ptolémée. Il prouve, par leurs observations, que ces deux Hipparque étaient contemporains; il ne lui vient pas à la pensée qu'ils pouvaient être le même. Nous avons vu que Peucer faisait d'Hipparque et d'Abrachis, deux astronomes différens (tome III, page 432). Il est sûr qu'au premier coup-d'œil l'altération du nom pouvait faire excuser la méprise.

A l'article de Mathieu Riccius, on voit que ce missionnaire, à qui les Chinois demandaient une carte géographique, pour contenter l'orgueil de ce peuple, sans blesser la vérité, avait projeté sa carte de manière que la Chine, occupant le centre, y fût peu défigurée, au lieu que les autres états qui en occupaient les bords, s'y trouvaient singulièrement resserrés. Je sais gré à Riccioli de nous avoir conservé ce trait d'esprit d'un de ses confrères.

Il nous dit positivement que le Ménélaüs qui observait à Rome, est le même que le Millæus dont nous parlent les Arabes, mais il ne dit mot de son catalogue. Voilà tout ce que j'ai trouvé digne de remarque dans cette Biographie astronomique.

On voit, page 4, que les Pères étaient divisés sur la sphéricité du ciel. Lactance la niait, ainsi que Procope de Gaza; mais elle était admise par SS. Justin, Basile, J. Chrysostôme, Ambroise, Jérôme et Augustin.

On ne voit de la voûte étoilée qu'un hémisphère diminué d'une zone dont la hauteur est égale à la parallaxe horizontale des étoiles. Si la parallaxe annuelle n'est pas d'une seconde, la parallaxe horizontale sera bien peu de chose; mais il faut se souvenir que Riccioli prétend n'être pas copernicien.

Blancanus dit que l'église de Lorette est parfaitement tournée vers les points cardinaux, et qu'il en était de même du temple de Salomon; il pouvait ajouter, et des pyramides d'Egypte.

Jean-Baptiste est né au solstice d'été et Jésus-Christ au solstice d'hiver; ce fut pour accomplir la prophétie : *Oportet illum crescere, me autem minui*. Ces traits, inutiles à l'histoire de l'Astronomie, donnent une idée du caractère et de la tournure d'esprit de l'écrivain. On prendra une meilleure idée de son bon sens, en lisant sa Dissertation sur les inconvéniens des heures italiques. Il ne fallait pas, au reste, un grand courage pour fronder ce préjugé de ses compatriotes. Nous allons retrouver le professeur de Théologie dans la question suivante :

Le vaisseau de Magellan partit le 10 août 1519, d'Hispale (Séville), et après avoir fait le tour du monde, il y revint le 7 septembre 1522. Les gens du vaisseau ne comptaient que le 6. Les navigateurs, en ce cas, sont-ils obligés à observer les jours de jeûne du lieu du départ, ou bien à se conformer aux méridiens où ils se trouvent successivement? Il ne *croit pas convenable d'examiner ce point, et son plan l'en dispense.* Pourquoi donc en parler?

Ce premier livre de principes généraux est un peu vague. Il sera obligé de reprendre tout ce qu'il vient d'exposer, s'il veut donner des règles de calcul.

Après quelques réflexions contre le système de Copernic, il fait, p. 52, cette concession remarquable : « La sacrée congrégation des cardi-
» naux, séparée du pape, ne peut faire aucune proposition de foi, quoi-

» qu'elle les définisse comme de foi, et qu'elle déclare hérétiques les » propositions contraires ; ainsi, comme il n'a encore paru aucun bref » du pape ou d'un concile, dirigé ou approuvé par lui, il n'est pas » encore de foi que le Soleil se meuve et que la Terre soit en repos, » du moins, par une conséquence de ce décret de la sacrée congré- » gation ; mais tout au plus et seulement par la force de la sainte Écri- » ture, chez ceux pour lesquels il est moralement évident que Dieu l'a » ainsi révélé. Cependant, nous tous catholiques, par prudence et par » obéissance, nous sommes obligés à tenir ce que cette congrégation » a décrété, ou tout du moins à ne rien enseigner qui soit absolument » contraire. »

Il s'ensuivrait que la congrégation aurait eu le droit tout au plus d'imposer silence à Galilée, et non pas de le forcer à une rétractation prononcée à genoux et la main sur les Écritures. Au reste, comme s'il se repentait de ce qu'il vient d'écrire, il ajoute que *cette solution n'est qu'une subtilité théologique*.

Il parle de l'erreur que l'on commettrait en nivelant, si l'on ne tenait compte de la courbure de la Terre. Il s'étonne qu'Oronce-Finée, Maginus, Clavius et Blancanus, n'aient pas fait une réflexion si facile.

Il donne ensuite sa méthode pour mesurer un degré de la Terre sphérique.

Soient (fig. 50) deux lieux visibles l'un de l'autre, et dont les zénits soient Z et B ; en Z observez une belle étoile en A, dans le vertical ZBAO, vous aurez ZA, PZ et PA, vous calculerez l'angle A.

En B observez la distance zénitale BA, vous aurez ZB = ZA — BA, avec PB, PA et l'angle A, Riccioli calcule BA qu'il retranche de ZA ; il voulait apparemment s'épargner la peine de transporter son quart de cercle de Z en B. Il ne parle pas de la réfraction de l'étoile A, qu'il dit être à 69°47′ du zénit. Cette réfraction serait de 2′35″.

Puisque de Z on voyait B, on pouvait mesurer l'azimut PZA ; au lieu de calculer A on calculerait B ; avec Z, PB et PZ, on aurait ZB ; alors la méthode ressemblerait fort à celle de Ptolémée. De toute manière, ZB sera toujours un arc d'un tiers ou d'un demi-degré au plus ; l'erreur de l'observation sera doublée ou triplée dans la valeur du degré. Ce n'était pas trop la peine de reproduire une idée si ancienne.

A la suite d'une table des inclinaisons de l'horizon, ou de l'étendue que la vue peut embrasser, suivant la hauteur de l'œil, il nous apprend que le globe va en diminuant, parce que les pluies entraînent les terres. Ainsi, nos mesures aliquotes du quart du méridien, paraîtront un jour trop grandes; mais cette diminution sera lente. De cette diminution progressive, Blancanus concluait que le monde ne durerait pas toujours. Riccioli n'admet pas cette conclusion.

Il passe à la description d'un pendule de son invention, dont il dit avoir eu l'idée avant d'avoir lu le livre de Galilée. Il cherche par expérience la durée de l'oscillation de divers pendules; il s'arrête à celui qui fait une oscillation en 59''' 36^{iv}. Il calcule la longueur du pendule qui battrait les secondes du premier mobile, il trouve 3^{p} 3^{p},27, pied antique; la boule de laiton pesait 20 $\frac{1}{2}$ onces, la chaîne de laiton, composée de 174 anneaux, pesait 3^{onces},4. Ces pendules n'étant point appliqués à une horloge, ne pouvaient lui donner le tems absolu; il s'en servait pour les différences d'ascensions droites, ou pour avoir la durée d'un phénomène; il croit ne pas se tromper de cinq secondes en une ou deux heures. Langrenus, Wendelinus et Kircher, employèrent ce même moyen. Wendelinus avait remarqué que les oscillations d'été ne sont pas égales à celles d'hiver; il n'en avait pas donné la raison, Riccioli ne peut la deviner; le nombre des vibrations était plus grand en hiver, moindre en été; il serait tenté d'attribuer cet effet au périgée et à l'apogée du Soleil. Il ne songe pas à la dilatation des métaux, qui devait faire retarder le pendule en été.

Ces expériences ne pouvaient avoir, à beaucoup près, la précision qu'on sait y mettre aujourd'hui; mais ces premiers essais sont curieux; ils n'étaient pas sans utilité pour l'Astronomie.

Il n'ose pas nier le mouvement de rotation du Soleil, mais il nie celui de la Lune. Dans son exposition des divers Systèmes du Monde, il est clair qu'il n'en trouve aucun si beau, si simple, si bien imaginé que celui de Copernic. En attendant la réfutation qu'il promet d'en faire ailleurs, voici en quels termes il exprime son admiration :

Esto plurima tum Physica tum Mathematica contra illam hactenus contorta, nondum eam labefactarint apud eos qui profondum Copernicanæ hypothesis (quod certe paucorum est) penetrarunt; quin imo in dies apud Germanos Gallosque, in primis Copernicoturientes quotcumque decretis recisa repullulat et ut Venusinæ Lyræ sono utar.

Per damna, per cœdes, ab ipso
Sumit opes animum que ferro. (pag. 102).

Il le préfère à celui de Tycho, pour la simplicité et pour l'élégance; quant à lui, il propose de faire tourner Jupiter et Saturne autour de la Terre; Mercure, Vénus et Mars autour du Soleil; et le Soleil, avec ce cortége autour de la Terre. Il considère Jupiter et Saturne, à cause de leurs satellites, comme des planètes primaires qui, par conséquent, doivent tourner autour de la Terre; Mars, Vénus et Mercure, qui n'ont point de satellites, sont les satellites du Soleil. Il n'a sans doute imaginé cette hypothèse que pour tâcher de persuader à son lecteur qu'il croit à l'immobilité de la Terre; mais, malgré tous ses efforts, on voit que sans sa robe il serait copernicien.

Il répète l'observation d'Aristarque, et trouve 31′34″ pour l'angle au Soleil; il en résulte une parallaxe de 28″; Wendelinus n'en trouvait que 14. Grimaldi étendait la méthode d'Aristarque à une phase quelconque, et il observait la Lune au nonagésime.

Mécontent de toutes les méthodes imaginées pour mesurer le diamètre du Soleil, il y emploie le tems du passage à un fil suspendu dans le plan du méridien; il en conclut les diamètres apogée et périgée, 29′ et 35′, ce qui donnerait 32′ pour la moyenne distance, avec une excentricité énorme; mais il s'arrête à 30′ 30″ et 32′ 8″, milieu, 31′49″. Différence encore beaucoup trop forte.

A l'article du mouvement diurne, il compare le mouvement d'un point de l'équateur terrestre à celui que doit faire le Soleil, en faisant, en vingt-quatre heures, le tour de son parallèle autour de la Terre. On dirait qu'il veut rendre son lecteur copernicien, en dépit de la sacrée congrégation.

Il trouve l'obliquité 23° 30′, en 1646; il discute les équinoxes et les solstices de Pline, et trouve une année de 365ʲ 5ʰ 48′ 40″, trop faible de 10″ environ.

Il suppose que c'est la remarque de Reinhold, sur la figure de l'orbite lunaire, d'après Ptolémée, qui a conduit Képler à l'idée de son ellipse. On voit qu'il n'a guère médité Képler. De tous les astronomes, Boulliaud est, à son avis, celui qui a le mieux mérité de l'hypothèse elliptique. De pareils jugemens ne font pas beaucoup d'honneur à la sagacité d'un astronome.

Aux méthodes des Grecs, des Arabes, de Copernic, pour déterminer l'apogée et l'excentricité du Soleil, il en substitue une de sa façon, qu'il dit plus commode, et qui n'est sujette qu'à des erreurs peu considérables. Ce problème est tellement simple, qu'on ne voit pas trop ce qui pourrait légitimer une méthode purement approximative. Il trouve ainsi 0,0343I ; Rheïta faisait cette excentricité 0,0365, pour qu'elle eût autant de parties qu'il y a de jours dans l'année. L'équation de Riccioli était 1° 59'.

Wendelinus avait dit que les mouvemens des apsides des planètes étaient entre eux dans la raison des racines sixièmes des excentricités.

Riccioli fait le mouvement de l'apogée du Soleil de 61″ 10‴, en supposant qu'il était 0ˢ 0° à l'instant de la création. Il n'ose assurer que l'excentricité soit variable; et en effet, il n'en avait aucune preuve bien sûre.

Il rapporte ses observations de quatre années, pour déterminer l'obliquité. La différence extrême entre ces quatre déterminations est de vingt-cinq secondes.

En discutant les observations d'Ératosthène, et se permettant des corrections un peu trop arbitraires, il entreprend de prouver que dans ces tems anciens l'obliquité était de 23° 30'; il prouve ensuite, par les observations de Pythéas, qu'elle n'était que de 23° 31'. On trouve tout, avec un peu de bonne volonté, dans ces anciennes observations. C'est un trésor bien précieux!

En conséquence, il prononce que l'obliquité est constante, et que Dieu n'a pas voulu assujétir les astronomes à recommencer sans cesse les tables de l'écliptique.

Après une exposition assez claire de tous les sentimens divers sur la précession des fixes, il s'arrête à un mouvement de 50″ par an, et il fait les points équinoxiaux immobiles.

Il rapporte avec le même soin tous les systèmes sur l'excentricité et la variation de l'obliquité, et sur l'inégalité de l'année. Il croit que l'hypothèse d'une durée constante, est celle qui s'accorde le mieux avec tous les équinoxes observés. Puisque les étoiles ont un petit mouvement diurne, le jour sidéral est un peu plus long que la révolution du ciel. L'excès est de 34ⁱᵛ 11ᵛ 40ᵛⁱ, ce qui fait un jour en 25820 ans. Il s'en tient de même à l'équation du tems, suivant les principes de Ptolémée, comme à celle qui s'accorde le mieux avec les éclipses qu'il a observées.

De la Lune. Après quelques idées un peu astrologiques, sur l'influence qu'exerce notre satellite, il hazarde son opinion sur le corps même de la Lune, qu'il croit composé d'élémens différens de ceux dont la Terre est formée; il en donne d'assez mauvaises raisons, mais à cause du voisinage, il admet qu'il peut y avoir beaucoup d'analogie entre les deux corps.

Il croit l'Écriture peu favorable à ceux qui placent des habitans dans la Lune; il se demande si Énoch, Élie, et d'autres saints personnages, n'y auraient pas été transportés, suivant l'idée de Tannurus, qu'il ne croit pas à propos de discuter.

Les Juifs réglaient leurs mois sur la Lune moyenne; quelques sectaires sur la Lune vraie, de l'instant où l'on commençait à l'apercevoir. On cite plusieurs exemples de la Lune vue le jour même de la syzygie, quelques-uns prétendaient même que l'on pouvait voir le même jour la Lune vieille et nouvelle. Albategnius n'était pas de cet avis, non plus qu'Hévélius; diverses causes peuvent faciliter l'observation, l'angle de l'écliptique avec l'horizon, la latitude de la Lune, le mouvement plus ou moins rapide, la parallaxe, et la distance à la Terre. Riccioli discute ces différentes causes, mais le problème a perdu toute espèce d'intérêt.

Il en est de même des questions qui suivent, sur les phases. Il explique deux passages où Pline n'est pas d'accord avec lui-même, parce qu'il était, nous dit-il, *librorum helluo*, un *avaleur de livres;* c'est-à-dire qu'il copiait sans critique tout ce qu'il rencontrait. Il nous donne des règles pour connaître combien d'heures la Lune doit luire pendant la nuit, et quel est l'angle au Soleil, au moment de la dichotomie; dans une éclipse annulaire, il pense qu'on peut voir la zone du globe lunaire qui est éclairée dans l'hémisphère qui est tourné vers nous; il suppose que nous voyons cet hémisphère tout entier, et je crois qu'il se trompe.

Scheiner avait dessiné la Lune dichotome; ses autres figures, copiées par Fontana, et publiées par Argolus, dans son *Pandosium sphæricum,* ne pouvaient encore passer que pour des ébauches. *Maria Schirlæus,* capucin, avait aussi donné une figure de la Lune, dans son *OEil d'Élie et d'Énoch.* Toutes ces figures le cèdent à celles de Langrenus et d'Hévélius, d'Eustache *de divinis* et du jésuite Sirsale. Langrenus, cosmographe du roi d'Espagne, tantôt à Madrid, tantôt à Bruxelles, avait observé la Lune avec un grand télescope; il en avait marqué jusqu'aux plus petites taches, sur-tout celles par lesquelles passent la limite de l'ombre, dans les dichotomies, ou qu'il avait observées dans les éclipses. Il en avait composé trente planches, gravées par lui-même; mais il n'avait encore publié que la pleine Lune. Il avait envoyé les autres à Riccioli, qui, après avoir comparé les deux ouvrages, jugea que Langrenus avait la priorité de date, mais qu'Hévélius avait été plus *heureux*, soit dans la conception, soit dans les moyens d'exécution, et enfin dans l'ouvrage dont ses dessins étaient accompagnés. Les deux auteurs diffèrent particulièrement dans la nomenclature. Langrenus y avait placé les noms célèbres dans les Mathématiques. Aux grandes régions et aux mers il avait imposé des noms, tels que *la terre de dignité, la terre de vertu, l'océan de Philippe, la mer de Copernic.* Hévélius a traité la Lune comme une autre terre; il y a transporté les noms assez peu connus aujourd'hui de notre ancienne géographie, quoiqu'il y ait bien peu de ressemblance, quant à la figure ou à la situation. Enfin Eustache n'a donné que la pleine Lune en 1649; Sirsale a donné la sienne en 1650.

Riccioli avait fait lui-même quelques dessins de la lune, et les avait fait graver en bois; mais en voyant les figures de Langrenus et celles d'Hévélius, et les idées de libration commençant à se répandre, il conçut un ardent désir de comparer ces figures entre elles et de voir à quel point elles étaient conformes à la vérité, afin de savoir quels étaient les termes et la période de cette libration apparente. Outre les lunettes de Galilée, de Fontana, de Torricelli et de Manzini, il en employa une de quinze pieds, qui lui avait été vendue par un artiste bavarois, à verres convexe et concave tellement combinés, que, quoique le champ enfermât à peine la Lune apogée, les différentes parties y étaient tellement grossies et si distinctes, qu'il a pu apercevoir des détails non encore remarqués, ou qui avaient été négligés. Grimaldi, ayant plus de loisir et de santé, avait continué ces recherches. Il les suivit pendant plusieurs années avec beaucoup de soins et d'assiduité, comparant ce qu'il voyait avec les planches de Langrenus et d'Hévélius; et quoique ces auteurs eussent fait certainement très bien, il trouva cependant beaucoup à ajouter ou à corriger dans les positions, la grandeur, la figure, la symétrie, et dans la teinte plus ou moins foncée. Il composa donc d'autres dessins qu'il perfectionna successivement, jusqu'à ce qu'il fût enfin satisfait de la ressemblance. Les remarques qu'il a faites sur la libration, composeraient à elles seules un volume. Riccioli pense qu'il est impossible d'ajouter à ce travail; mais il témoigne être peu satisfait du graveur. Les dernières épreuves sont moins dures et plus semblables à la Lune, parce que les planches se sont usées par le tirage. Riccioli n'en publie que six, dont quatre assez petites. En tête de la première, il annonce que la Lune n'est point habitée, et qu'elle n'est pas non plus le séjour des âmes. Il ne suivit pas la nomenclature d'Hévélius, à cause du peu de ressemblance de la Lune à la Terre;

il ne choisit pas comme Langrenus des noms célèbres pris au hasard, mais des noms d'astronomes ou d'auteurs qui avaient parlé d'Astronomie, et qu'il avait eu occasion de citer dans son ouvrage. Quant aux régions, aux continens, aux mers ou aux lacs, il les a dénommés d'après les effets et les influences qu'on attribue à la Lune; non qu'il veuille donner à entendre que les effets découlent particulièrement du lieu qui en porte le nom. Il a placé, dans le premier et le second octant, les physiciens astronomes; dans le troisième et le quatrième, au commencement des cinq et sixième, le reste des anciens; dans la partie inférieure et dans le reste, il a mis les astronomes modernes. Copernic et ses sectateurs sont placés dans l'Océan et dans des îles qui ont l'air de nager, et cela, parce qu'ils ont donné à la Terre un mouvement qu'il ne veut point admettre.

Le nombre des taches, chez Langrenus, n'est que de 270; il est de 550 chez Hévélius et de 600 chez Riccioli (il serait plus juste de dire Grimaldi). L'éditeur donne ensuite une idée de la libration et des principales taches. Il rapporte les opinions des philosophes. Nous citerons celle de Blancanus, qui comparait les taches ou les endroits moins lumineux, aux fenêtres d'une maison qui réfléchissent moins de lumière que le reste de la façade. Il trouve que le mont Sainte-Catherine est de neuf milles bolonais de hauteur. Il estime de 207° 3′ 48″ la partie visible du globe lunaire. Il indique les moyens qui peuvent servir à déterminer cette libration; il rapporte un certain nombre de ces observations. Il croit que les plus grandes librations peuvent avoir indifféremment lieu dans toutes les parties du zodiaque successivement; il croit que les limites et les nœuds de la libration s'écartent souvent des points assignés par Hévélius, quoique souvent ils soient exactement à ces mêmes points. Galilée avait dit que la Lune montrant toujours la même face à la Terre, la ligne qui joint les deux centres doit toujours passer par le même point de la surface lunaire; mais il est évident que le centre du disque apparent change continuellement; la Lune, au lieu de regarder la Terre, se tournerait-elle vers le centre de l'excentrique? Mais l'excentricité n'est pas assez grande pour expliquer la libration observée. On voit qu'il marche vers la véritable hypothèse sans la deviner encore parfaitement. Ses remarques au moins sont curieuses, elles ont préparé la véritable explication, dont il n'a pas tous les élémens.

Il trouve, comme Képler, l'inclinaison de 5° à 5° 18′. Il expose les différentes méthodes employées avant lui, pour déterminer la parallaxe. Il y ajoute la sienne. Il choisit l'observation méridienne de la déclinaison au jour où la Lune est sans latitude. La déclinaison devrait être celle du point de l'écliptique où se trouve alors la Lune; mais elle en différera de toute la parallaxe de hauteur. On peut encore choisir le jour où la Lune sera sans latitude et dans les points équinoxiaux; ces moyens étaient fort bons pour obtenir de premiers aperçus.

De sa Table des parallaxes, suivant tous les auteurs, nous n'extrairons que ses propres déterminations.

Parallaxes des syzygies.	Parallaxes des quadratures.
53′ 30″	51′ 32″
58.16	58.16
63.53	66.50

Quant aux diamètres, il ne les a jamais vus au-dessus de 37′ ni au-dessous de 26′ 36″.

Table des éclipses totales.			Table des éclipses annulaires.		
— 585	28	mai.			
— 310	15	août.			
+ 237	12	avril.			
484	13	janvier.	+ 334	17	juillet.
840	5	mai.	1567	9	avril.
878	29	août.	1598	25	avril.
1187	4	sept.	1601	24	décemb.
1241	6	octob.			
1415	7	juin.			
1485	16	mars.			
1560	21	avril.			
1605	12	octob.			

Par six éclipses de Lune, il trouve pour le demi-diamètre de l'ombre les quantités suivantes :

47′ 31″
38.33
38.50
39.31
46. 5
40.22

Il trouve que la partie de la Terre éclairée par la Lune est

Sans réfraction.	Avec la réfraction.
178° 41′ 3″	179° 47′ 2″
178.25.46	179.31.46

Riccioli compte quinze mouvemens différens dans la Lune; nous en compterions encore davantage, si nous comptions les termes dont se compose la formule du lieu de la Lune. Mais cette manière de décomposer le mouvement n'est pas dans la nature; c'est un effet de l'imperfection des méthodes d'approximation.

Il donne l'histoire des neuf principales périodes lunaires qui ont été successivement employées dans les divers calendriers.

Par une éclipse chaldéenne comparée à une éclipse de Gassendi, il trouve

le mois lunaire.	le mois périodique.
$29^j\ 12^h\ 44'\ 3''\ 8'''57^{iv}43^{v}12^{vi}$.	$27^j\ 13^h\ 18'\ 34''\ 25'''21^{iv}43^{v}12^{vi}$.

Par une éclipse d'Hipparque comparée à l'une de ses propres éclipses,

3.21.23.30. 32.35.

Par une éclipse babylonienne et une de Wendelinus,

3.25.51.25.18. 36.12.

Il s'arrête enfin à

$29^j\ 12^h\ 44'\ 3''\ 10'''$.

Après avoir rapporté la méthode d'Hipparque pour trouver l'excentricité par trois éclipses, et l'opinion de Tycho, que trois éclipses ne suffisent pas, il rapporte les différences trouvées par Wendelinus entre les éclipses observées par Tycho et ses propres calculs. Les voici :

$$-13'-25'+14'+20'+9'-12'-22'+15'-20'-23'-43'.$$

Il rapporte fort au long les différentes méthodes des astronomes, pour expliquer et calculer la seconde inégalité de la Lune. La seule dont nous n'ayons pas encore parlé, est celle de Wendelinus qui supposait les quatre axiomes suivans :

In cœlis par est hodiernæ crastina summæ.
Per summam atque imam ciet oscillatio Lunam.
Apsidibus ratio dat sextantaria legem.
Luna vices anni triplicabit ad apsida Solis.

C'est-à-dire que tous les jours sont égaux, ainsi l'équation du tems serait constante, et pourrait être regardée comme nulle; que les deux équations de la Lune ne sont que des oscillations, et que les épicycles se réduisent à de simples diamètres; que le mouvement des apsides est en raison des sixièmes puissances (de l'excentricité). Riccioli n'explique pas le dernier axiome, mais il nous suffit des deux premiers pour juger Wendelinus. Riccioli paraît faire un grand cas de cet astronome, qui semble avoir été d'un caractère un peu bizarre, si l'on en juge d'après les titres de deux de ses ouvrages. *Arcanorum cœlestium lampas* τετραλύχνος (à quatre mèches); *Gotifredi Wendelini luminarcani eclipses lunares.* Quoiqu'il fût alors âgé de 70 ans, on ne pouvait obtenir de lui qu'il publiât ses œuvres.

Schirlæus de Rheita avait imaginé une hypothèse fort simple; il faisait tourner la Lune dans un excentrique d'un rayon constant, mais dont le centre était mobile; l'angle au centre de l'épicycle était le mouvement moyen. L'angle extérieur au triangle était la somme des deux ou le lieu vrai. La plus grande équation était de 5° 44′ 30″, les parallaxes étaient 53′ 6″, 59′ 0″, 64′ 54″.

Riccioli donne les raisons qu'il a pour rejeter toutes ces hypothèses. Il demande à Képler pourquoi il ne fait usage que d'un seul foyer, et ne tire aucun parti de l'autre. C'est par complaisance pour l'habitude qu'on a prise, et pour *je ne sais* quelle nécessité de fonder le calcul des planètes sur une figure géométrique, qu'il va donner son hypothèse, non comme vraie, mais comme très simple. C'est une autre combinaison de cercles pour avoir une excentricité variable. Il y joint la variation de Tycho. Il n'y a donc rien de neuf, ni qui mérite de nous arrêter. Il donne à la Lune une intelligence qui la dirige.

Le livre V traite des éclipses : l'auteur y rapporte ce passage de Plutarque, dans la vie de Nicias, qui nous apprend que les Athéniens avaient exilé Protagore et emprisonné Anaxagore, pour avoir osé attribuer l'éclipse de Lune à l'ombre de la Terre, regardant comme une impiété l'idée qu'un corps céleste et divin pût être en quelque manière dans la dépendance de la Terre; aussi les philosophes n'osaient-ils s'expliquer à cet égard qu'avec une extrême circonspection. Mais, après le procès de Galilée, Riccioli devait avoir quelque honte de reprocher aux Athéniens tant d'ignorance et de superstition. Les raisonnemens qu'il fait ensuite en l'honneur de la Providence, relativement aux éclipses, quoiqu'ils supposent plus d'instruction, montrent-ils un esprit plus libre de préjugés? A cette occasion, il nous rassure contre l'effet des miracles opérés en faveur d'Achaz et de Josué; si le Soleil a rétrogradé pour l'un, et s'est arrêté pour le second, Riccioli est bien persuadé qu'il y a eu des compensations et que le Soleil a réparé le tems perdu. En rapportant ensuite les opinions des astrologues, on ne voit pas s'il ne partagerait pas un peu leurs sentimens, quoiqu'il veuille se donner l'air de ne les point admettre.

Ce qu'il y a de mieux dans ce chapitre, c'est la liste qu'il nous donne de toutes les éclipses rapportées par les auteurs. Il fait, d'après Wendelinus, cette remarque singulière, qu'une éclipse de Lune peut être totale pour un observateur et partielle pour un autre, qui est placé à l'autre extrémité de la Terre. Supposons que l'éclipse soit presque entière pour un observateur, un autre observateur pourra être placé de manière à ne pas voir la partie éclairée; au lieu de cette partie éclairée, il verra de l'autre côté du disque une autre partie qui sera dans l'ombre ; mais Wendelinus convient que cette différence des bords est insensible dans la pratique. La calotte sphérique vue du centre de la Terre, n'est jamais la calotte vue de la surface, et cette calotte est encore différente pour chaque observateur. Toutes ces calottes ont des pôles différens qui sont les centres des disques visibles. Les centres des disques visibles peuvent différer de la double parallaxe horizontale ou de $1°54'$, valeur moyenne. Mais $1°54'$ du globe lunaire ne sont guère vu de la Terre que sous un angle de $32''$. Telle est donc au plus la différence des centres apparens; la différence des bords sera beaucoup moindre, parce qu'elle sera vue très obliquement; elle ne passera guère une demi-seconde. Mais si la Lune était toute entière dans l'ombre, l'éclipse serait totale pour tous sans exception, car il n'y aurait pas un seul point du disque lunaire qui fût éclairé.

Riccioli donne ensuite différentes manières pour déterminer le rayon de l'ombre par des éclipses de six doigts. Au nombre de ces méthodes, il met une opération graphique. Recevez sur un carton la figure de la Lune éclipsée, marquez les deux pointes et un point du cercle de l'ombre; par ces trois points, faites passer une circonférence de cercle, le rayon de ce cercle sera le rayon de l'ombre. Soit r ce rayon, A l'arc de l'ombre qui va de l'une à l'autre corne, $r = \frac{\text{ligne des cornes}}{2 \sin \frac{1}{2} A}$. La difficulté serait d'avoir avec précision l'arc A de l'ombre. Si l'on suppose connu l'instant de l'observation et par conséquent la distance des centres de l'ombre et de la Lune, le rayon de l'ombre sera le côté du triangle isoscèle dont la distance des centres sera la perpendiculaire sur la base. Ces méthodes ne sont bonnes qu'en théorie. Il n'est pas si aisé de marquer un point de l'arc de l'ombre dont la limite est souvent fort irrégulière à cause des inégalités du globe lunaire.

Il réunit dans une table toutes les valeurs assignées à ce diamètre par les auteurs. Voici celles qu'il a trouvées lui-même, en négligeant la réfraction qui altère plus ou moins la ligne des cornes.

	☉ apogée.		☉ périgée.	
	☾ apog.	☾ périg.	☾ apog.	☾ périg.
Diamètre de l'ombre.	38′ 32″	49′ 2″	37′ 30″	47′ 45″

Il explique par une figure la fumée qu'on voit sur la Lune avant et après l'éclipse véritable. Cette fumée peut faire trouver l'éclipse considérablement plus grande qu'elle ne l'est en effet. Cette fumée est ce qu'en d'autres circonstances on appelle *pénombre*. Elle vient de ce que la Lune ne voit plus qu'une partie du disque solaire. Il appelle plus spécialement pénombre l'ombre vraie mêlée de quelques rayons réfractés par l'atmosphère de la Terre. Ces rayons produisent les diverses couleurs qu'on remarque sur la Lune pendant l'éclipse.

Il dit ensuite que ces rayons réfractés vont couper l'axe du cône d'ombre sous un angle égal à deux fois la réfraction du Soleil dans l'atmosphère de la Terre, plus le demi-rayon d'ombre indépendant de la réfraction. Képler a fait ces calculs, refaits depuis par Duséjour. Il explique par là comment, dans une éclipse, la Lune peut être tantôt plus et tantôt moins éclairée, et comment elle peut disparaître tout-à-fait. Mais, dans toutes ses discussions, il paraît ranger sur une même ligne les autorités et les démonstrations géométriques.

A l'article des éclipses horizontales, il dit que dans une même éclipse, un lieu de la Terre peut voir la Lune éclipsée au-dessus de son horizon, et le point opposé de la Terre la voir également au-dessus du sien, ce qui est incontestable; mais, comme il faudrait trouver deux observateurs antipodes, on ne doit pas s'attendre à rencontrer dans les auteurs beaucoup d'exemples de ces éclipses.

Il parle ensuite des *hapses appendices*, c'est-à-dire des nuages qui paraissent quelquefois suspendus à la Lune, et peuvent prolonger sensiblement la durée apparente de l'éclipse. Il donne ensuite les termes écliptiques, tels qu'ils ont été déterminés par les astronomes. Son opinion est que l'éclipse est sûre à 10°, impossible à 12° 50′. On ne peut déterminer ces termes qu'avec une connaissance parfaite de toutes les inégalités de la Lune, tant en longitude qu'en latitude et en parallaxe; mais tant de précision est inutile pour la pratique.

Dans le chapitre des éclipses annulaires, il ne dit pas un mot de l'augmentation du diamètre de la Lune, qui peut faire qu'une éclipse totale près du zénit, puisse être partielle pour l'observateur qui la voit plus près de l'horizon.

Il entre dans d'assez longs détails sur la figure de l'ombre sur la Terre, dans les éclipses de Soleil. Il ne donne pourtant rien que de vague, et le problème ne mérite guère en effet qu'on prenne la peine de le calculer. Il n'y a d'autre moyen que de chercher, pour un instant donné, tous les lieux de la Terre qui voient le contact intérieur.

On ne voit rien de nouveau dans sa longue et très longue théorie des parallaxes, non plus que dans sa théorie des éclipses de Soleil; en revanche, on y trouve une multitude de théorèmes peu utiles sur les intervalles des éclipses. Voici le dernier:

La divine Providence se montre admirable et aimable dans l'économie des éclipses.

Aimable en ce que les éclipses nous donnent l'instruction sans nous être que très peu nuisibles; admirable en ce que les éclipses de Soleil, qui par elles-mêmes pourraient avoir des suites plus fâcheuses, sont du moins plus rares et plus courtes, et qu'elles ne sont jamais universelles.

Il détermine le tems des différentes phases par le passage du Soleil ou d'une étoile par un vertical donné, et décrit longuement l'instrument dont il se sert pour ces observations; le moyen des Arabes, par la hauteur d'un astre connu, paraît préférable de tout point.

Personne n'a parlé plus longuement de l'éclipse miraculeuse de Soleil à la pleine Lune à la mort de J.-C. Il admire l'audace de Képler qui, non content de révoquer en doute cette éclipse, élève aussi quelques soupçons sur l'étoile des mages. Il rapporte dix causes qui ont pu produire cette éclipse, on peut choisir. Il est moins prolixe sur celles qui annonceront la fin du monde.

Ce chapitre est terminé par l'histoire détaillée de toutes les éclipses.

Elle commence par l'éclipse de Soleil qui eut lieu à la conception de Romulus. Elle fut calculée à la sollicitation de Varron par Lucius-

Tarruntius Firmanus. Il rapporte les sentimens divers des savans sur l'éclipse d'Hérodote.

Hipparque, dans son livre des grandeurs et des distances, parlait d'une éclipse de Soleil qui avait été totale dans l'Hellespont. C'est celle qui, suivant Cléomède, n'était à Alexandrie que de $\frac{4}{5}$ du diamètre. Il n'en rapporte pas la date.

Après cette histoire de toutes les éclipses, on trouve toutes celles que les éphémérides annonçaient depuis 1485 jusqu'à 1700.

Au livre VI des étoiles, il rapporte tous les moyens imaginés pour en mesurer les diamètres. Il avait fait construire un triangle isoscèle très aigu, dont la base soutendait un angle de 2'. Les parallèles à cette base diminuant progressivement, soutendaient des angles moindres. En présentant ce triangle à une étoile, il haussait ou baissait cet instrument jusqu'à ce que l'étoile fut entièrement cachée. La méthode de Grimaldi et de Vincent Mutus était de comparer le diamètre d'une planète à sa distance à une même étoile observée plusieurs jours de suite. On sait aujourd'hui combien tous ces moyens sont incertains. Il était impossible que le triangle isoscèle eût une parallèle assez petite pour ne faire que couvrir le diamètre réel.

Pour prouver l'immobilité relative des étoiles, il rapporte plusieurs pages de distances observées; il enseigne à les corriger des effets de la réfraction. Sa méthode est purement trigonométrique. Il prétend que malgré la diminution d'obliquité, elles peuvent conserver leurs latitudes constantes, parce qu'elles tourneraient autour de l'axe de l'écliptique, et que si les latitudes paraissent changer, c'est que les étoiles tournent autour de l'écliptique moyenne. Il parle des étoiles qui peuvent devenir polaires, de celles dont l'ascension droite est décroissante, quoique la longitude aille toujours en augmentant.

Il résout ce problème par la Trigonométrie sphérique. On en trouverait une solution plus facile par la formule de précession en ascension droite, qui était alors inconnue.

$$d\text{Æ} = p\cos\omega + p\sin\omega\sin\text{Æ}\,\text{tang}\,D = 0 \text{ donne } \cos\omega = -\sin\omega\sin\text{Æ}\,\text{tang}\,D,$$
$$\text{ou } \cot D = -\text{tang}\,\omega\sin\text{Æ};$$

ainsi la déclinaison D doit être le complément de la déclinaison du point de l'écliptique qui a même ascension droite que l'étoile, et le signe — fait voir que pour les étoiles boréales, l'ascension droite doit être entre 180 et 360°. Nous donnerons plus loin une explication plus complète.

Il traite, à cette occasion, des problèmes de l'Astronomie sphérique. Il donne une longue table des levers des plus belles étoiles, et ce livre finit par un catalogue des 70 principales.

Livre VII, des planètes. A l'article des phases, on voit une tache au milieu du disque de Vénus, et une autre à chacune des cornes. Elles ont été mieux vues par Schroëter. Il rapporte ensuite un passage de Saint-Augustin qui, d'après Varron, nous apprend que Vénus avait changé de couleur, de grandeur et de cours. Ce phénomène était arrivé du tems d'Ogygès, et ne s'est pas renouvelé. Il cite les témoignages d'Adraste de Cyzique, de Dion napolitain, mathématiciens célèbres alors, mais aujourd'hui totalement ignorés. On voit ensuite des figures assez inexactes des taches de Mars, des bandes de Jupiter et de Saturne qu'il appelle le *Gérion* céleste, à cause de ses trois corps. La dernière figure nous montre l'anneau de Saturne débordant la planète de toutes parts, d'après les observations de divers astronomes. Ces observations bien constatées, devaient conduire à la connaissance de la véritable figure de l'anneau, qui formait un corps continu soit rond, soit elliptique et creux intérieurement, puisque l'espace paraissait vide partout où il n'était pas rempli par le corps de la planète. Mais Riccioli s'obstine à n'y voir que deux satellites ou *laterones*, comme il les appelle. Il était évident que les deux ne faisaient qu'un. Il convient qu'ils étaient unis, qu'ils paraissaient se toucher ou s'entrecouper, et *formaient une espèce d'ellipse, in ellipsim quamdam conformari videantur.* Il ne restait qu'un mot à dire, il fut dit par Huygens : à quoi tiennent quelquefois les découvertes !

A l'occasion des satellites de Jupiter, il rapporte que Vincent Reineri Olivétain, disciple de Galilée, avait employé dix années à calculer des tables des satellites de Jupiter, dont il lui avait même envoyé un échantillon; qu'il se disposait à les publier sous ce titre : *De motu stellæ Jovis et quatuor comitum, ac recentioribus cœli phænomenis.* C'est du moins ce qu'il écrivait à Riccioli, le 11 septembre 1647. Il mourut peu de tems après dans un voyage entrepris pour ses affaires personnelles. Ceux qui s'emparèrent de ses dépouilles, perdirent le manuscrit, et il fut impossible de le retrouver, malgré les ordres donnés par le grand duc d'Etrurie.

On trouve ensuite quelques détails sur les observateurs qui avaient cru voir neuf et même douze satellites à Jupiter. Ce qu'il y avait de bizarre dans la prétention de Schirlæus de Rheita, c'est que, selon lui, les quatre satellites de Galilée se mouvant comme toutes les planètes d'occident en orient, les cinq autres qu'il y ajoutait allaient au contraire d'orient en occident. C'était probablement de petites étoiles que Jupiter direct laissait en arrière.

Il se propose ce problème fort inutile et fort peu sûr : *trouver par les satellites la distance de Jupiter à la Terre.* Il nous apprend que Wendelinus le premier a reconnu que la loi de Képler avait lieu entre les satellites de Jupiter, comme entre les planètes qui circulent autour du Soleil. La remarque est certainement curieuse, mais il ne fallait pas dire qu'elle exigeait autant de sagacité pour la faire, qu'à Képler pour trouver sa loi. Elle n'exigeait qu'un simple essai, une opération arithmétique qui ne demande que quelques logarithmes. C'était une curiosité assez naturelle que d'examiner s'il y avait une loi pour les satellites d'une même planète, comme il y en a une pour les planètes principales. Aujourd'hui ce ne serait qu'un corollaire mathématique. Wendelinus ignorant la démonstration qui n'a été donnée que par Newton, avait quelque mérite à imaginer cet essai qui était peut-être un peu prématuré. On ne connaissait pas encore assez bien ni le tems des révolutions, ni les distances des satellites au centre de Jupiter. Il y a peut-être un peu de hasard dans le succès. Riccioli cède trop au plaisir de vanter son ami Wendelinus et de rabaisser Képler, à qui il ne pardonne pas ses doutes sur l'éclipse miraculeuse, et qu'il traite avec une sévérité excessive au sujet de cette loi même et du mystère cosmographique. Il va jusqu'à vouloir prouver que cette loi de Képler ne fait qu'augmenter l'invraisemblance, ou, comme il dit, l'improbabilité du système de Copernic. *Hoc modo improbabilitatem systematis Copernicani auget.* Quant à Wendelinus, pour faire son calcul, il avait supposé les distances en nombres ronds de.................. 3° 5′ 8″ et 14′

Suivant Galilée, il aurait eu........ 3.5.8 et 12

Marius.................. 3.5.8 et 13

Schirlæus................ 3.4.6 et 10

Hodierna................ 3.4.7 $\frac{1}{3}$ 14 $\frac{1}{2}$;

mais le livre d'Hodierna n'avait pas encore paru, car il est de 1656.

Galilée avait eu l'idée de faire servir les éclipses des satellites au problème des longitudes. Cette nouvelle s'étant répandue en Italie, Blancanus en avait fait note en marge de sa Sphère encore manuscrite. Langrenus atteste que Galilée, en 1631, en avait fait la proposition au roi catholique et aux états de Hollande par l'entremise de Déodat de Lucques. Hérigone dit, dans le tome V de son cours de Mathématiques, que l'idée lui en était venue à lui-même deux ans auparavant. Riccioli trouve la chose toute simple, car il avait eu souvent des idées qu'il avait ensuite trouvées dans des ouvrages qui venaient à paraître. Il y a peu de savans à qui la même chose ne soit arrivée; elle arrivera presque nécessairement à tous ceux qui s'occuperont de recherches. Au reste, cette idée de faire servir aux longitudes les mouvemens des satellites dont les révolutions sont si rapides, devait se présenter naturellement à tous les astronomes; mais c'était le moyen qui était difficile à trouver, et sans les éclipses auxquelles on ne songeait pas encore, la chose était impraticable; elle l'est même encore à la mer.

Pour expliquer les mouvemens des planètes, il passe en revue toutes les hypothèses que nous avons examinées dans les ouvrages de leurs auteurs. Il les compare, il les commente, les critique, et indique vaguement la manière de les soumettre au calcul. Tous ces rêves des anciens astronomes ne peuvent désormais être qu'extrêmement fastidieux, depuis que nous avons vu dans Képler l'hypothèse véritable. Nous omettrons donc également ce qui lui paraît bon et ce qu'il rejette comme peu raisonnable. Il peut être plus curieux de voir ce qu'il dit de Képler, qu'il accole avec Boulliaud dans le même chapitre. Les perfections qu'il trouve à l'hypothèse de Képler sont une grande simplicité, l'idée de faire dépendre la seconde inégalité des mouvemens vrais du Soleil (il aurait pu dire de la Terre) et même les causes physiques qui lui paraissent très ingénieuses. Il expose comme insuffisante la méthode de Bonav. Cavalleri, qui substituait le cercle à l'ellipse, et prétendait, par quelques règles assez compliquées, arriver à l'anomalie excentrique par l'anomalie moyenne.

Quant à son propre système, il avance encore qu'il ne faut pas chercher dans une figure géométrique la cause physique de l'inégalité, mais bien plutôt dans les causes finales et dans les dessins de Dieu. Ainsi les danseurs, dans leurs mouvemens, n'ont point en vue des figures géométriques, ni des points fixes d'après lesquels ils se dirigent; ils se contentent de suivre les lois rhythmiques et harmoniques. Ainsi les *intelligences motrices des planètes* suivent une harmonie, non des oreilles, mais de l'esprit, qui leur est inspirée par la divine Providence; elles s'élèvent, s'abaissent, s'accélèrent ou se retardent, avancent et reculent de manière à produire les effets que Dieu a déterminés d'avance. Dieu a voulu de plus que les hommes pénétrassent jusqu'à un certain point dans ces mystères, et pour exercer leurs esprits, il a voulu que les mouvemens planétaires pussent se prêter à différentes hypothèses qui serviraient à former les tables nécessaires pour l'usage des éphémérides. De ces hypothèses, les unes sont vraies ou *angéliques;* elles sont formées d'un assemblage de spires, de détours et de labyrinthes presque inextricables. Les hypothèses humaines ne sont que des conceptions de notre esprit pour représenter tant bien que mal, cependant sans de trop grandes erreurs, les mouvemens célestes.

Ainsi pour qu'on ne lui reproche pas d'être oisif, il va exposer ses nouvelles hypothèses, l'une pour le système de la Terre en mouvement, et une autre pour le système plus vrai de la Terre immobile.

Ce passage est extrêmement curieux pour le ridicule, et en ce genre le malin jésuite peut se vanter de l'avoir emporté sur tous les astronomes passés et futurs. On est toujours tenté de croire qu'il était copernicien au fond de l'âme, et qu'il voulait rendre plus sensibles les absurdités du système qu'il défend par ordre de ses supérieurs. Voyons donc ce qu'il va mettre en place des vérités découvertes par Copernic et Képler. Remarquons qu'il n'y mettra nulle importance. Dans une matière dont il déclare le fond *impénétrable,* avec l'autorisation qu'il s'est donnée de représenter les phénomènes *tant bien que mal,* et sans s'*assujétir aux figures géométriques,* nous ne pouvons pas nous montrer plus exigeant que lui, et nous serions beaucoup trop bons, si nous perdions notre tems à réfuter des idées qu'il n'expose que dans la vue *de ne point paraître oisif.* Ce n'est pas avec cette légèreté que Tycho parlait de son système; il voulait que tout le monde y crût; il souffrait impatiemment les objections; Riccioli s'inquiète peu que nous adoptions le sien, parce qu'il n'y croit pas lui-même.

Prop. I. Pour rendre raison des mouvemens célestes, il faut de préférence employer des cercles.

II. Dans l'hypothèse humaine, il est mieux de supposer les mouvemens uniformes autour des centres propres.

III. Dans le système de la Terre immobile, la ligne des apsides passe par le centre de la Terre.

IV. La seconde inégalité doit dépendre du mouvement vrai du Soleil, plutôt que du moyen. Voilà pourtant un principe qu'il emprunte à Képler.

V. Il n'est pas nécessaire de couper l'excentricité en deux, il vaut mieux faire varier le rayon de l'épicycle ou l'excentricité elle-même.

VI. Dans l'hypothèse de Ptolémée, il faut faire varier le rayon de l'excentrique, si l'on veut une excentricité constante.

D'après ces principes généraux, il établit une théorie qui, de son aveu même, n'a pas l'exactitude géométrique, en ce qu'au lieu de faire mouvoir la planète dans une spirale, il la fait mouvoir dans des cercles qui augmentent progressivement; il serait bien inutile de le suivre dans les méthodes qu'il s'est faites pour déterminer l'excentricité et l'apogée dans son hypothèse.

A l'article des mouvemens de Vénus, il cite le juif Messhala qui, dans son livre des *orbes*, avait dit que toutes les planètes étaient attachées au Soleil, comme par une chaîne, avec cette seule différence que les apogées de Saturne, Jupiter et Mars sont toujours au nord de l'écliptique, et les périgées au sud, et ne passent jamais par l'écliptique; au lieu que l'apogée et le périgée de Mercure et de Vénus sont tantôt au nord, tantôt au sud et dans l'écliptique même; ce qui tient évidemment à ce que les trois orbes supérieures embrassent l'orbe de la Terre, lequel embrasse ceux des planètes inférieures.

Dans le chapitre de Mercure, il donne, d'après les commentateurs de Purbach, la figure allongée de l'excentrique et les courbes bizarres que décrivent l'apogée et le périgée.

Après avoir exposé dans un très grand détail les hypothèses des astronomes pour Mercure et Vénus, il déclare qu'il est impossible de représenter les observations des planètes, par la difficulté de reconnaître la loi qu'elles suivent dans leurs mouvemens. Dans les mêmes lieux de l'excentrique et de l'épicycle, elles se montrent de différentes manières qui ne peuvent se soumettre aux lois de la Géométrie humaine. Elles décrivent autour du Soleil des spires qu'on pourrait appeler des *labyrinthes*, et pour preuve il en donne la figure qu'avait tracée Blancanus. Il pense donc qu'il faut abandonner la recherche de la théorie *angélique*, qui ne peut être comprise que par les *intelligences motrices*, puisqu'aussi bien il est peut-être impossible de la ramener aux lois de notre Géométrie. C'est pourtant ce qu'avait exécuté Képler, dont les modernes ont conservé toute la théorie, en faisant aux constantes les corrections indiquees par des observations meilleures. Il ajoute que les observations lui manquent, quoiqu'il en eût fait 70 de Vénus et 25 de Mercure. Il se propose d'en augmenter le nombre, et en attendant, il donne ses hypothèses provisoires, qu'il serait assez inutile d'analyser. La moins mauvaise est celle dans laquelle il transporte à l'hypothèse de la Terre immobile, la théorie de Képler et celle de Boulliaud.

Riccioli se donne ensuite beaucoup de peine pour éclaircir la théorie compliquée des latitudes de Ptolémée; il est vraiment singulier qu'après la lumière portée par Képler en cette matière autrefois si obscure, on perde son tems à ressasser des doctrines dont le moindre défaut est d'être tout-à-fait surannées. On devrait du moins n'en faire l'histoire que pour mettre dans son jour l'avantage du nouveau système. Il expose, avec la même prolixité, les doctrines de Copernic et de Lansberge; il n'est guère moins long pour Képler dont il obscurcit la doctrine plus qu'il ne l'explique, et qu'il gâte ensuite pour l'accommoder au système de la Terre immobile. Cette section des latitudes est une des plus pénibles de tout l'ouvrage, par le soin fatigant que prend l'auteur d'exposer avec le même scrupule toutes les opinions et toutes les méthodes, sans avoir l'air d'en préférer aucune, et d'y trouver de différence importante.

La section des rétrogradations est en général traitée dans le même esprit. Képler avait vanté la simplicité de l'explication copernicienne, Riccioli, sans nier tout-à-fait cette simplicité, s'efforce d'en atténuer les avantages; mais il est loin de dissimuler la difficulté. Voici comme il en parle : *Nihil est quod in toto systemate planetario quinque planetis minoribus erronum nomen confirmarit et annexerit quam heteroclita, ut itam dicam, vel certe anomala in motu longitudinis, non tam varietas quam inconstantia quædam ac pene repugnantia si quidem jam directo cursu ab occasu in ortum properant... jam veluti suspenso et ancipiti gradu stant, et eidem loco tantisper hærent; donec velut mutato consilio, ac pristini in consequentia cursûs pœnitentes retrocedere proprio motu ab ortu in occasum... videntur... palinodiam seu palinchoream eligentes... quæ sane admirabilis vicissitudinum commutatio ansam præbuit Copernico vindicandi cœlestia illa lumina ab his... absurdis motibus eosque in meram visûs nostri fallaciam ex annuo Telluris motu transcribendi.* S'il eût été bien sincère dans le projet annoncé de réfuter Copernic, et de prouver l'immobilité de la Terre, il lui était d'autant plus aisé de dissimuler ces objections contre l'ancien système, que dans la vérité, ce système expliquait toutes ces apparences, et les avait réduites, quoique par des moyens moins simples que ceux de Copernic, à n'être que des illusions optiques. En effet, dans ce système, le centre de l'excentrique a toujours un mouvement direct; la planète sur son épicycle se meut toujours dans le même sens; si elle paraît rétrograder, c'est une conséquence nécessaire du mouvement circulaire. Un partisan sincère de Ptolémée pouvait donc, sans blesser la vérité, dire qu'on faisait sonner trop haut les avantages du système de Copernic, et prétendre que les apparences étaient tout aussi bien sauvées dans l'hypothèse ancienne. C'est en effet ce que dit Riccioli; il n'était donc pas besoin de tant peser sur cette inconstance hétéroclite qu'il reconnaît dans les mouvemens célestes et qui est commune aux deux systèmes; il pouvait donc se dispenser d'écrire que Copernic avait transformé toutes ces anomalies en illusions optiques, puisque la chose était faite dès long-tems; il traite d'une manière tout aussi scolastique, le sujet si peu important des apparitions et disparitions des planètes; la théorie plus futile encore des aspects, celle des conjonctions moyennes, grandes et très grandes, dont il donne des tables et dont il a exprimé les périodes en vers techniques.

Dans la section sixième, il traite des distances des planètes à la Terre; il ne nous fait encore grâce d'aucune des hypothèses imaginées depuis Ptolémée jusqu'à son tems. Il évalue les dimensions de toutes les sphères; il fait des calculs très faux sur le tems que les graves emploieraient à tomber de la Lune, d'une planète ou d'une étoile sur la Terre. Il suppose qu'à une distance quelconque, la vitesse originelle du grave sera la même que nous observons à la surface de la Terre, c'est-à-dire de 15 pieds par secondes; il calcule ensuite la vitesse de chaque planète, son diamètre et son volume.

Voici sa table des diamètres des planètes :

	☿	♀	♂	♃	♄ et ses compagn.
Plus grande distance.	4″ 40‴	16″ 45‴	5″ 3‴	19″ 9‴	23″ 0‴
Distance moyenne..	6.54	32. 6	11.0	24.53	28.30
Plus petite distance..	12.36	120. 4	46.0	34.23	36. 0

Il en déduit les cônes d'ombre que doivent projeter toutes les planètes. Il nous dit que Grimaldi a trouvé, par observation, que la ligne des anses de Saturne n'est pas parallèle à l'écliptique.

Il finit ce septième livre par une des figures les plus bizarres qu'on ait jamais données de Saturne, et par ce prétendu secret découvert par Rheita, que chacune des planètes, pendant une de ses révolutions périodiques, tourne autour d'elle-même 365 fois, nombre annuel des révolutions diurnes du Soleil autour de la Terre.

Dans un supplément qui est à la fin du volume, on trouve des préceptes pour observer la dichotomie de la Lune, et pour réduire la dichotomie apparente à la véritable.

On y trouve le catalogue des constellations chrétiennes, substituées par l'augustin Schiller aux constellations mythologiques des Grecs. En voici la liste :

Petite Ourse...............	Saint Michel-Archange.
Grande Ourse.............	La Barque de saint Pierre.
Dragon....................	Les saints Innocens.
Céphée....................	Saint Étienne.
Bouvier....................	Saint Silvestre.
Chevelure de Bérénice......	Fouet de J.-C.
Couronne boréale...........	Couronne d'Épine.
Hercule....................	Les Trois Mages.
La Lyre....................	La Crèche du Sauveur.
Le Cygne...................	La Croix de sainte Hélène.
Cassiopée..................	Sainte Marie Madeleine.
Persée.....................	Saint Paul, apôtre.
Cocher.....................	Saint Jérôme.
Ophiuchus..................	Saint Benoît dans les épines.
La Flèche..................	Les Clous et la Lance du Sauveur.
L'Aigle et Antinoüs........	Sainte Catherine, martyre.
Dauphin....................	La Cruche de la Chananéenne.
Petit Cheval...............	La Rose mystique.
Pégase.....................	Saint Gabriel-Archange.
Andromède..................	Le Sépulcre de J.-C.
Le Triangle................	La mitre de saint Pierre.
Ariès......................	Saint Pierre.
Taureau....................	Saint André.
Gémeaux....................	Saint Jacques majeur.
Cancer.....................	Saint Jean évangéliste.
Lion.......................	Saint Thomas.
La Vierge..................	Saint Jacques mineur.
Balance....................	Saint Philippe.
Scorpion...................	Saint Barthélemi.
Sagittaire.................	Saint Mathieu.
Capricorne.................	Saint Simon.

Verseau..................	Saint Thadée.
Poissons..................	Saint Mathias.
Baleine..................	Saint Joachim et sainte Anne.
Eridan..................	Passage de la Mer-Rouge.
Orion..................	Saint Joseph, mari de la Vierge.
Le Lièvre..................	Toison de Gédéon.
Colombe..................	Colombe de Noé.
Grand Chien..............	Saint David.
Petit Chien..............	Agneau pascal.
Argo..................	Arche de Noé.
Hydre..................	Jourdain.
Coupe et Corbeau..........	L'Arche d'alliance.
Centaure..............	Abraham et Isaac.
Loup..................	Jacob, patriarche.
Autel..................	Autel des parfums.
Couronne australe..........	Couronne de Salomon.
Poisson austral...........	Cruche de la veuve de Sarepta.
Grue..................	Aaron.
Indien et Paon............	Job.
Apus, Caméléon, ...	Eve.
Triangle austral...........	Signe Tau.
Poisson volant et Dorade....	Abel.
Hydre et Toucan..........	Saint Raphaël-Archange.

L'auteur nous annonce que la seconde partie de son ouvrage sera plus intéressante à tous égards que la première. Il la commence par le livre des comètes et des étoiles nouvelles. Elle ressemble à la première, en ce qu'il y rassemble tout ce qui a été écrit sur le sujet qu'il traite. On est bien aise de trouver réunies toutes les notions historiques qu'on peut désirer. Il y joint, comme dans tout le reste, tous les systèmes enfantés par ses prédécesseurs; on est fâché seulement qu'il montre si peu de critique, et qu'il expose avec le même soin et la même tranquillité les choses les plus justes et les idées les plus chimériques et les plus ridicules. Mais ce qui rend ces livres plus fatigans et plus fastidieux, c'est le style scolastique et argumentateur avec lequel il cherche à faire valoir toutes les chicanes qu'il peut imaginer. Il n'ose pas dire que les comètes et les nouvelles étoiles aient été au-dessous de la Lune, mais il soutient que rien n'est démontré; il expose avec une complaisance singulière tous les mauvais raisonnemens de Clermont contre les calculs de Tycho sur le défaut de parallaxe de l'étoile de 1572. Il traite, avec un respect très édifiant, de l'étoile des Mages. Citant à chaque pas les pères de l'Église et les moines, en leur témoignant plus de confiance de beaucoup qu'il n'en montre pour Hipparque ou Képler.

Dans le livre IX, il commente longuement le premier chapitre de la Genèse; il traite la question importante de savoir si le jour a précédé la nuit ou la nuit le jour. La question non moins curieuse, si les intelligences motrices qui conduisent les planètes ont l'intention de leur faire suivre une courbe géométrique. Il dit assez clairement qu'il regarde la Géométrie comme une invention purement humaine; il suppose que les anges impriment aux mobiles une vertu translative d'un lieu à un autre, qui fait que le corps marche quand il est séparé de l'ange. Malgré son peu de confiance en la Géométrie, il conclut que les mouvemens ne se font pas dans des cercles concentriques, mais dans des excentriques et dans des épicycles. On voit l'état qu'il fait des découvertes de Képler. On pourrait dire que ce volume est l'Astronomie monacale: voilà pourquoi il a ajourné, dans le premier, la discussion sur le système de Copernic. Il y vient dans la section III.

Il remarque comme une chose curieuse que deux opinions contraires ont régné successivement et alternativement dans les écoles, mourant et renaissant comme Castor et Pollux. D'abord Pythagore et quelques autres philosophes mirent la Terre au centre, employant des excentriques et des épicycles, et plaçant le Soleil au milieu des planètes.

Quelques Pythagoriciens, conservant les excentriques et les épicycles, mirent le Soleil au centre et la Terre au milieu des planètes. Platon vint ensuite, qui remit la Terre au centre, Vénus et Mercure au-dessus du Soleil; Eudoxe, Calippe et Aristote entreprirent d'expliquer tout par des cercles concentriques. Archimède, Hipparque, Sosigènes, Cicéron, Vitruve, Pline, Macrobe, Capella, firent revenir les excentriques et les épicycles, et laissèrent la Terre au centre. On ne sait ce qu'Aristarque et Philolaüs pensaient des excentriques et des épicycles. Ptolémée résuscita l'ancienne opinion de Pythagore. Les homocentriques furent rappelés par Alpétrage, Géber, Amicus, Delphinus, Turrianus, Fracastor, avec quelques différences; Copernic reproduisit l'idée de Philolaüs et celle d'Aristarque, et sut les parer d'argumens si vraisemblables, qu'il a conservé jusqu'aujourd'hui un grand nombre de partisans. Tycho et Longomontanus saisirent l'occasion qui se présentait si belle; ils firent tourner toutes les planètes autour du Soleil, le Soleil et la Lune autour de la Terre; Argolus ne laissa à la Terre que les trois planètes supérieures; il donna au Soleil Vénus et Mercure, et laissa la Terre au milieu. Riccioli fait tourner autour de la Terre, Saturne, Jupiter, le Soleil et la Lune; Mercure, Vénus et Mars autour du Soleil. Balianus enfin a soupçonné qu'on pouvait mettre la Lune au centre.

Nous avons rendu compte, à l'article de Galilée, de la dissertation prolixe et insignifiante de Riccioli sur le mouvement de la Terre.

Dans la section V, il traite du système harmonique du monde au total. Les cinq cents premières pages de ce volume sont l'ouvrage d'un ancien professeur de Théologie et de Philosophie scolastique, et non celui d'un astronome; c'est une des lectures les plus fatigantes dont on puisse se faire une idée.

Le livre X contient l'analyse des triangles; il est extrêmement superficiel.

La section suivante traite des problèmes du premier mobile. Il s'y vante d'avoir le premier découvert qu'il y a des étoiles dont l'ascension droite diminue, quoique la longitude augmente. Il indique la solution de 232 problèmes, où je n'ai trouvé rien à extraire non plus que dans les problèmes sur le tems. Dans les problèmes géographiques, il expose toutes les méthodes employées pour déterminer la grandeur de la Terre. Il calcule la hauteur du mont Athos par l'instant où son ombre atteint la Vache d'airain de Myrine; il détermine la hauteur du Caucase et du Casius par le tems où ils sont éclairés du Soleil avant le lever pour la plaine. Dans ce calcul, il tient compte de la réfraction.

Dans son Traité des Parallaxes, il convient qu'un astre ayant une parallaxe et qui, par son mouvement propre, décrirait un grand cercle, en sera continuellement tiré par la parallaxe. Mais il soutient que de ce qu'on voit un astre décrire un grand cercle, il ne s'ensuit pas qu'il n'ait aucune parallaxe, *parce que l'astre, par son mouvement vrai, peut ou décrire un parallèle, ou aller, par une marche tortueuse, de parallèle en parallèle, de manière que sa parallaxe de hauteur le ramène toujours au même grand cercle.* D'abord, si la chose est possible, on peut dire au moins qu'elle n'est guère vraisemblable.

Si l'astre décrit un parallèle, il faudra que le grand cercle du mouvement apparent ait son point culminant au point du ciel qui passe au méridien avec l'astre, pour que les parallaxes à l'occident soient les mêmes qu'à l'orient; le lendemain ce point culminant sera changé. Le grand cercle du deuxième jour ne serait celui ni du premier ni du troisième; l'astre ne paraîtrait donc pas décrire un cercle unique et dans un même jour, car si l'astre paraissait décrire un grand cercle pour un certain lieu de la Terre, il ne le décrirait pas pour un autre lieu très différent en longitude et en latitude. Il reste donc la supposition de la route tortueuse, qui ne pourrait non plus produire un grand cercle que pour un seul lieu. Toute cette théorie plus que bizarre, est un tissu de subtilités misérables, composé uniquement pour ne pas donner tout-à-fait le tort au jésuite Claramontius, dans sa dispute avec Tycho et Képler.

Son chapitre des réfractions commence par beaucoup de questions auxquelles il diffère de faire les réponses convenables. Il attribue la grandeur apparente du Soleil à l'horizon, non à la réfraction à l'entrée dans l'atmosphère, mais à celle qui a lieu à la sortie des rayons d'entre les vapeurs de l'atmosphère, pour traverser l'air plus pur qui est en avant de notre œil. Dans ce cas, elle devrait avoir lieu dans la lunette comme à l'œil nu; et, pour appuyer cette explication, il rapporte qu'ayant mesuré plusieurs fois, avec un sextant, le diamètre du Soleil à l'horizon, de concert avec Grimaldi, ils l'avaient trouvé de 45 à 60′. Ici j'ai bien peur que notre jésuite ait dit la chose qui n'est pas. J'ai observé bien souvent le Soleil à l'horizon, soit pour les réfractions, soit pour les azimuts, et toutes mes observations s'accordaient à quelques secondes près, ce qui n'aurait pas eu lieu avec un diamètre de 45′, car tous mes calculs supposaient le diamètre des tables. J'ai observé la pleine Lune à l'horizon, lorsqu'elle paraissait grosse comme un tonneau; et mesurée au micromètre, elle était plus petite qu'elle ne le parut à une hauteur où le diamètre était augmenté de quelques secondes, parce que la Lune s'était rapprochée de moi.

Il ajoute que la vitesse du mouvement diurne fait voir à la fois tous les points du disque en deux lieux à la fois, et que le diamètre est augmenté de la distance entre les deux lieux.

Il a trouvé la réfraction horizontale de 32′ 25″ par le Soleil, le 26 juin. Il donne des tables pour l'eau et le verre et des réfractions astronomiques différentes pour le Soleil, la Lune et les étoiles, ce qui peut tenir en partie aux erreurs de la parallaxe.

Astronomia reformata. Bononiæ, 1665.

Les prolégomènes de cet ouvrage sont un extrait de la doctrine exposée dans l'Almageste. Dans le livre du Soleil, l'auteur examine quelle précision l'on peut attendre des divers instrumens; il donne la préférence aux grands gnomons, discute une multitude d'équinoxes, et en conclut une année de $365^j\,5^h\,48'\,48''$. Il examine ensuite les observations de Pythéas, et n'en peut tirer rien de bien certain. Il croit que Ptolémée, par timidité, n'a rien changé à l'obliquité d'Ératosthène, quoique, de son tems, l'obliquité ne dût être que de $23°\,30'$. Il suppose donc qu'il n'a pu constater une erreur de $21'$. Nous aimons mieux croire que Ptolémée n'a point observé, et nous pensons qu'Hipparque n'aurait pas commis un erreur de 23 à $24'$ sur un élément si facile à déterminer à quelques minutes près. Il critique le degré d'Ératosthène; mais son calcul ne vaut guère mieux que les observations de l'astronome d'Alexandrie. Il rapporte une multitude de lieux du Soleil, tirés des observations de Tycho, du landgrave, de Waltherus et autres, et enfin de lui-même Il trouve, dans l'ellipse, une équation de $1°\,59'\,30''$, et dans le cercle une de $1°\,59'\,40''$; il fait les diamètres du Soleil $31'\,0''$, $31'\,40''$, $32'\,8''$ et la parallaxe $29''$.

Pag. 45, il appelle *parallaxe horizontale* celle qui a lieu à 90° de distance vraie au zénit, et *parallaxe la plus grande,* celle qui a lieu à 90° de distance apparente; il cherche la différence entre ces deux parallaxes. Suivant nos formules, on a

$$\sin p = \sin\varpi \sin N + \tfrac{1}{2}\sin^2\varpi \sin 2N + \tfrac{1}{3}\sin^3\varpi \sin 3N + \text{etc.},$$

et
$$\sin p' = \sin\varpi \sin N;$$

ainsi,

$$\sin p - p' = 2\sin\tfrac{1}{2}(p-p')\cos\tfrac{1}{2}(p+p') = \tfrac{1}{2}\sin^2\varpi \sin 2N + \tfrac{1}{3}\sin^3\varpi \sin 3N + \text{etc.}$$

Mais

$$N = 90°;\; 2\sin\tfrac{1}{2}(p-p')\cos\tfrac{1}{2}(p+p') = -\tfrac{1}{3}\sin^3\varpi + \tfrac{1}{5}\sin 5\varpi - \tfrac{1}{7}\sin 7\varpi.$$

La parallaxe de hauteur se trouve en faisant

$$\sin p = \sin\varpi \sin(90-h) + \tfrac{1}{2}\sin^2\varpi \sin 2(90-h) + \tfrac{1}{3}\sin^3\varpi \sin 3(90-h);$$

la parallaxe d'abaissement,

$$\sin p' = \sin\varpi \sin(90+n) - \tfrac{1}{2}\sin^2\varpi \sin 2(90+h) + \tfrac{1}{3}\sin^3\varpi \sin 3(90+h);$$

$$\begin{aligned}\sin p - \sin p' &= \tfrac{1}{2}\sin^2\varpi \sin(180-2h) + \sin(180+2h)\\ &\quad + \tfrac{1}{3}\sin\varpi \sin(270-3h) - \sin(270+3h)\\ &= \tfrac{1}{2}|\sin^2\varpi \sin(180-2h) + \sin 180 - 2h = \sin^2\varpi \sin 2h.\end{aligned}$$

Ces considérations sont assez inutiles; je n'ai jamais trouvé l'occasion de comparer ces parallaxes.

A ces recherches sans objets, il ajoute des questions oiseuses et les subtilités de l'école sur les réfractions et les parallaxes; il expose la manière dont il s'est servi conjointement avec Grimaldi, pour observer la parallaxe du Soleil, qu'ils ont trouvée de 16″. Il fait quelques réflexions sur les réfractions de Cassini, qui venaient de paraître; on y voit que pour les déterminer par le Soleil, Cassini avait supposé une parallaxe de 60″. Il compare ses tables avec les observations faites au gnomon de Bologne, et trouve des différences de +33″ à —52″.

Il fait deux objections à l'ellipse de Képler; il voudrait au foyer supérieur, un corps réel qui pût produire l'inégalité du mouvement; ensuite, il ne sait comment expliquer le mouvement diurne du Soleil autour de la Terre; car par respect pour les décisions de l'Église, il ne peut se résoudre à admettre même la rotation de la Terre : cet aveu peut passer pour une preuve nouvelle des sentimens que nous lui prêtons.

Il fait mouvoir le Soleil dans la surface d'un cône, comme Boulliaud, et se persuade que ce mouvement spiral est suffisamment indiqué dans l'Ecclésiaste. Il avoue des erreurs de 1 et 2′ dans ses Tables du Soleil; il ne croit pas qu'on puisse arriver à une précision plus grande; il engage les astronomes à ne pas se décourager: ils ont suivi ce conseil.

Dans une longue dissertation, il établit la correction à faire aux images du Soleil et de la Lune, reçus sur un carton, et qui ont passé par un trou d'un diamètre donné; il reproduit quelques-uns de ses argumens contre le mouvement de la Terre. Il donne des raisons spécieuses pour prouver que l'Écriture est véritablement contraire au système de Copernic; il pouvait être de bien bonne foi sur ce point, et son embarras devait être grand.

Le chapitre suivant traite des éclipses; on y trouve des remarques utiles sur la véritable date de quelques éclipses, et leur véritable quantité, avec le redressement de quelques auteurs qui les ont falsifiées ou par erreur ou par système.

Parmi les causes qui peuvent produire des différences entre les observateurs d'une même éclipse de Lune, il compte la parallaxe, qui fait que tous ne voient ni le même centre, ni le même bord. Une cause plus réelle qu'il indique également, est l'erreur sur le tems vrai, mal observé ou mal calculé.

Il compare toutes les éclipses précédemment rapportées avec les différentes tables.

D'après un premier passage de Censorinus, toutes les éclipses rapportées par Ptolémée, seraient arrivées un jour plutôt qu'on ne croit communément, et le 1er de thoth de l'an 1er de Nabonassar, coïnciderait avec le 25 février.

Mais d'après un autre passage du même auteur, et le lieu de l'opposition tiré des Tables, il n'y aurait pas d'erreur sur le jour, le 1er de thoth tombant au 25 février. Les jours romains commençaient à minuit. Les astronomes égyptiens faisaient commencer les mêmes jours 12 heures plus tard, c'est-à-dire au midi suivant.

Les Arabes ont établi leurs époques au midi du dernier jour de l'année précédente, comme nous établissons les nôtres pour le midi du 31 décembre.

Les lieux du Soleil donnés pour chaque éclipse par Ptolémée, diffèrent de 1° du lieu de l'opposition tiré des Tables modernes.

Si l'on ne veut pas admettre une erreur d'un degré dans les lieux du Soleil, il faudra reconnaître une erreur de 12° dans le lieu de la Lune.

Nous n'avons pas refait ces calculs faciles, sur lesquels il serait surprenant que Riccioli se fût trompé : nous pouvons regarder comme non avenues, ces anciennes observations que Ptolémée nous a transmises avec si peu de soin, et faire comme Riccioli, qui compare ensuite, avec les diverses tables, toutes les éclipses observées depuis Albategnius jusqu'en 1660. Il paraît donner la préférence aux Tables de Lansberge et à celles de Képler, puis à celles de Tycho, aux Tables atlantiques de Wendelinus, et aux philolaïques. Les Tables danoises viennent ensuite, avec les pruténiques, puis les parisiennes; les alphonsines sont les dernières de toutes. Il croit ces résultats peu sûrs, par les erreurs de l'observation et celles des différences des méridiens. La conclusion la plus certaine, c'est que, si les observations ne sont pas trop bonnes, les Tables étaient décidément mauvaises, en y comprenant même celles que Riccioli composa d'après ces mêmes éclipses; il nous dit lui-même que dans quarante-quatre de ces éclipses, l'erreur ne passe pas 12'; que dans trente-cinq elle ne va qu'à 11', et qu'en dix-neuf autres, elle ne passe pas 5'.

Après une longue discussion, il trouve le mois lunaire,

$$29^{j}\,12^{h}\,44'\,3''\,12'''\,20^{\text{iv}},$$

et pour le mouvement diurne de l'argument de latitude,

$$13^{\circ}\,13'\,45''\,39'''\,57^{\text{iv}}\,16^{\text{v}}.$$

Au chapitre XVI, il traite des éclipses observées, qui peuvent être utiles à la chronologie; il commence par celle de Thalès : il cite Eudemus au premier livre des Stromates de Clément d'Alexandrie et Hérodote; Lansberge la fixe à l'an 163 de Nabonassar, le 13 tybi, et la trouve de 12 doigts 20'. Riccioli, par les Tables de Maginus, trouve en cette même année, le 28 mai, une éclipse de 12 doigts 50'; il rapporte également les sentimens des autres astronomes : il passe en revue quarante-cinq autres éclipses.

Le livre III rapporte les observations de la Lune hors des éclipses; il y joint les calculs des divers auteurs.

Parmi les observations plus modernes, on remarque une dichotomie observée par Hodierna, qui confesse qu'il a pu s'y tromper d'une demi-heure; il revient ensuite à son mouvement spiral de la Lune, conduit par une intelligence motrice. Il montre encore quelques doutes sur l'équation que Tycho a nommée variation; il donne ensuite les erreurs de ses Tables lunaires, qui vont de — 52' à + 54' : on trouve ici sa correspondance avec Hévélius, au sujet de la libration. Cette manière n'était pas mûre; les observations n'avaient pas la précision nécessaire, et la théorie était trop imparfaite. Quoique ce livre, ainsi que plusieurs autres, supposent un travail long et estimable, on n'en peut cependant tirer rien de bien sûr ni de bien instructif.

Au livre IV des étoiles, il avoue n'avoir pû trouver avec quel instrument avaient été mesurées les déclinaisons rapportées par Ptolémée : nous n'avons pas été plus heureux. Quand on rapproche ces réticences singulières, sur les points les plus importans de l'Astronomie, des détails prolixes auxquels Ptolémée se livre dans tous ses calculs, on est toujours tenté de croire, qu'il ne lui convenait pas de s'expliquer plus clairement.

Il donne des distances polaires observées à différentes époques, depuis Eudoxe et Hipparque, jusqu'à Cassini. Dans son extrait du Catalogue de Ptolémée, la variante la plus remarquable est celle de Fomalhaut; il paraît que la leçon d'Oxford est la meilleure.

Ptolémée......	10ˢ 0° 0'	20°20' A.
Græcus Codex.	10.7.0	23. 0
Copernic......	10.7.0	23. 0
Oxford........	10.7.0	20.40

Il examine ensuite les étoiles de Tycho, il en refait le calcul pour le corriger.

Tycho n'a pas mis dans son catalogue, l'étoile de l'épaule de la petite Ourse, non qu'il ne l'eût pas observée; mais lui trouvant un mouvement rétrograde, et ne sachant pas quelle pouvait être la cause de cette singularité, il a regardé les calculs comme suspects, et il n'en a donné que la longitude et la latitude. Riccioli explique le paradoxe par une figure, mais il n'indique pas en termes précis, le symptôme de ce mouvement rétrograde, qui tient à ce que l'angle de position est obtus, et la distance au pôle de l'écliptique plus petite que l'obliquité.

La différence finie de l'équation $\tan \text{Æ} = \cos\omega \tang L - \frac{\sin\omega \tang\lambda}{\cos L}$ est

$$\frac{\sin d\text{Æ}}{\cos \text{Æ} \cos(\text{Æ}+d\text{Æ})} = \frac{\sin dL \cos\omega - 2\sin\frac{1}{2}dL \sin\omega \sin(L+\frac{1}{2}dL)\tang\lambda}{\cos L \cos(L+dL)}$$

$$= \frac{\sin dL \cos\omega - 2\sin\frac{1}{2}dL \cos\frac{1}{2}dL \,\text{séc}\,\frac{1}{2}dL \sin\omega \sin(L+\frac{1}{2}dL)\tang\lambda}{\cos L \cos(L+dL)}$$

$$= \frac{\sin dL \cos\omega - \sin dL \,\text{séc}\,\frac{1}{2}dL \sin\omega \sin(L+\frac{1}{2}dL)\tang\lambda}{\cos L \cos(L+dL)}$$

$$\sin d\text{Æ} = \frac{\sin dL \cos \text{Æ} \cos(\text{Æ}+d\text{Æ})\cos\omega}{\cos L \cos(L+dL)}\left(1 - \frac{\tang\omega \sin(L+\frac{1}{2}dL)\tang\lambda}{\cos\frac{1}{2}dL}\right);$$

$d\text{Æ}$ sera donc négatif, toutes les fois que $\frac{\tang\omega \sin(L+\frac{1}{2}dL)\tang\lambda}{\cos\frac{1}{2}dL} > 1$, ou que $\frac{\tang\omega \sin(L+\frac{1}{2}dL)}{\cos\frac{1}{2}dL} > \cot\lambda$ ou $\tang\omega \sin(L+\frac{1}{2}dL) > \cot\lambda \cos\frac{1}{2}dL$.

Soit $\Upsilon L = L$ (fig. 51), $\Upsilon l = (L+\frac{1}{2}dL)$, $EA = 90 - \lambda$; abaissez l'arc perpendiculaire Ax, $\tang Ex = \cot\lambda \cos\frac{1}{2}dL$, $\tang la = \tang\omega \sin(L+\frac{1}{2}dL)$.

Toutes les fois que $la > Ex$, le mouvement en ascension droite sera rétrograde; et sans erreur sensible, on peut dire que le mouvement est rétrograde quand EA est plus petit que LB, ou la distance de l'étoile au pôle de l'écliptique plus petite que la distance du point culminant L à l'équateur.

L'expression $\cot\lambda = \tang\omega \sin L$ est celle qui a lieu quand l'angle de position est droit, ou quand le triangle entre l'étoile et les deux pôles est rectangle, alors $d\text{Æ} = 0$; c'est à l'instant où l'angle devient droit pour devenir obtus bientôt après, que le mouvement est nul et qu'il va devenir rétrograde. Quand l'angle est droit, le mouvement en longitude est tout entier dans le cercle de déclinaison, le mouvement en ascension droite est nul.

Il parle ensuite de son instrument, composé principalement d'un niveau pour observer les déclinaisons et la latitude, qu'il trouve

à Saint-Pétronne de.......... $44^\circ 30' 20''$
à la maison de Malvasia de.... 44.30.22
aux Jésuites de.............. 44.30.10.

Au chapitre XV, il décrit les instrumens qu'il a employés à la vérification des étoiles, et nous avertit que les positions qu'il a données dans son Almageste n'étaient que provisoires, et qu'il s'y était glissé des fautes d'impression assez nombreuses ; il avait des quarts de cercle de 3 et de 4 pieds, des sextans pour les hauteurs, d'autres pour les distances, de 4, 6, 7 et jusqu'à 12 pieds de rayon; un secteur pour les étoiles qui passent près du zénit (*dextantem*); des règles parallactiques de 6 et de 8 pieds, un gnomon de 15 pieds, un quart de cercle mobile de 4 pieds en fer, et un mural de 8 pieds; il était divisé de 30 en 30', et la corde du demi-degré en 504 parties, dont chacune valait 7",2. Dans le fait, ces divisions n'étaient pas marquées, mais il découpait un papier de manière qu'il remplît exactement l'intervalle entre l'alidade et la division voisine; il portait ce papier sur une règle de laiton, divisée suivant une espèce d'échelle de dixme, ce qui eût été bien incommode pour un astronome qui eût voulu observer un grand nombre d'étoiles dans une même nuit. Il montre les inconvéniens des pinnules de Tycho; il préfère un petit trou rond, au centre duquel il place une aiguille qui coupe en deux les étoiles, comme font les fils de nos lunettes, et qu'il éclaire avec une lanterne. Il compare ses déclinaisons à celles de Tycho et trouve des différences qui vont jusqu'à 3', ce qui peut venir, en grande partie, de la réfraction mal connue, et qui devait être assez différente avec une hauteur du pôle qui différait de 15 à 16°.

Pour observer l'ascension droite d'une étoile sans l'intermédiaire d'une planète, il propose les passages au même vertical, en comptant les oscillations d'un pendule dans l'intervalle, ou bien il prend la latitude, la déclinaison de l'étoile, avec l'obliquité de l'écliptique, qui est égale à la distance des deux pôles, et il en déduit la longitude et l'ascension droite; il réserve cette méthode pour les étoiles fondamentales : pour les autres, il emploie les déclinaisons et les distances.

D'après ses observations et une multitude de comparaisons, il fait la précession de 50"40‴, d'où il conclut que la révolution des fixes est de 25,579 ans, qui valent 25,580 années tropiques. Képler ne trouvait que 25,411 et 25,412. Wendelinus, dans ses Tables atlantiques, supposait 25,519 et 25,520; il ne croit pas que le monde doive durer si long-tems, et il se demande, si après la résurrection générale, les astres continueront leurs courses, ou bien s'ils doivent s'arrêter. Il n'ose pas discuter cette question, encore moins la décider; il néglige de rapporter le passage connu, qui dit que les astres ou les vertus du ciel seront émues et sortiront de leurs places, ce qui paraîtrait annoncer une dissolution totale : il y aurait eu plus de prudence à ne pas élever ce doute. Il éprouve aussi quelque embarras à décider quel était l'état de la sphère céleste au commencement du monde; mais par un milieu entre le texte hébreu et les Septante, il conjecture que depuis la création, les étoiles ont pu avancer de 80°13′20″ jusqu'en 1660; la seconde du bouclier d'Orion et celle du pied (*Rigel*), étaient alors dans le colure des équinoxes.

Il donne les ascensions droites et les déclinaisons pour 1660 et 1700; les longitudes pour les deux mêmes époques, et les latitudes qu'il suppose constantes; il divise son catalogue en quatre classes.

Dans la première, il range les étoiles observées par lui, avec l'aide de Grimaldi; il y joint les Pléiades de Mutus et de Langrenus. La seconde contient les étoiles qu'il a tirées des Tables Rudolphines, et qu'il a corrigées d'après les étoiles de la première classe. Dans la troisième, les étoiles empruntées d'Hipparque et de Ptolémée, corrigées aussi d'après les mêmes observations. La quatrième offre les constellations nouvellement formées par les navigateurs.

Pour ces trois dernières classes, il ne donne que les longitudes et les latitudes.

Livre V, de Saturne. Il rapporte toutes les observations qu'il a pu se procurer depuis les Chaldéens jusqu'à Gassendi et Malvasia, Grimaldi et lui-même; il discute vingt manières d'observer Saturne.

La première et la meilleure à son avis, est d'estimer la différence de longitude et de latitude entre la planète et une étoile qu'on voit en même tems dans le champ de la lunette. La seconde est la même, excepté qu'on estime ces différences à la vue simple. La troisième emploie la Lune au lieu d'une étoile, mais l'embarras des parallaxes et l'éclat de la Lune, rendent cette méthode beaucoup moins sûre; il aurait pu ajouter les erreurs des tables lunaires. Dans la quatrième, la distance est mesurée avec l'astrolabe d'Hipparque; mais Waltherus a trouvé quelquefois jusqu'à 10′ d'erreur dans les observations qu'il avait faites de cette manière. La cinquième emploie des armilles zodiacales, telles que celles de Tycho; il les croit susceptibles d'erreur de 5′. Dans la sixième, on observe au méridien les différences d'ascension droite et les déclinaisons; l'observation sera plus sûre, si la différence d'ascension droite est nulle. Dans la septième, on observe les passages au triangle filaire qu'il a décrit plus haut; on compte les oscillations d'un pendule dans l'intervalle des passages, et l'on mesure les hauteurs avec un bon quart de cercle. Pour la huitième, il faut trois observateurs : l'un observe le passage au fil; un second prend la hauteur, et le troisième la hauteur d'une étoile connue qui ne soit ni trop loin ni trop près du méridien. Dans la neuvième, on mesure l'azimut au lieu de la hauteur. La dixième consiste à observer la planète et une étoile connue dans le même vertical. La onzième ne diffère de la précédente qu'en un seul point; on attend qu'une étoile connue passe au vertical où l'on a observé la planète, et l'on compte les oscillations d'un pendule dans l'intervalle. Dans la douzième, on mesure la distance zénitale de la planète, et ensuite celle d'une étoile fixe, et l'on compte les oscillations entre ces deux observations, après quoi on attend qu'une étoile connue arrive au vertical où l'on a observé la planète, et l'on observe la distance zénitale de l'étoile dans ce vertical. Dans la treizième, on attend que la planète arrive à un vertical connu, on y prend sa hauteur, on prend au même instant la hauteur d'une étoile connue, ou, s'il y a quelque intervalle, on compte les oscillations. La quatorzième exige quatre observateurs : l'un observe le passage à un azimut connu; un autre au même instant, observe la hauteur; deux autres, toujours au même instant, mesurent les distances de la planète à deux étoiles connues. Pour la quinzième, on mesure au même instant la distance à deux étoiles connues, plus orientales ou plus occidentales toutes deux que la planète. Dans la seizième, on prend une étoile plus orientale et une étoile plus occidentale. Dans la dix-septième, on mesure la hauteur méridienne et l'on examine avec quelles étoiles la planète se trouve en ligne droite. La dix-huitième emploie deux alignemens qui se croisent. La dix-neuvième ne convient qu'aux planètes qui se voient de jour; on prend leur hauteur, celle du Soleil, un azimut ou la distance des deux astres. La vingtième sert à reconnaître si la planète est directe, stationnaire, ou rétrograde, ou en opposition. Si la planète passe au méridien à minuit bien juste, elle diffère du Soleil de 180° en ascension droite; si la distance aux mêmes étoiles ne change pas pendant plusieurs jours, on en conclura que la planète est stationnaire.

Nous n'avons rapporté tant de méthodes, que pour réunir en un seul tableau, tout ce qu'on avait imaginé jusqu'alors, pour donner aux observations un peu moins d'inexactitude.

Il compare les observations de Saturne aux tables principales.

RICCIOLI.

Les erreurs de Lansberge sont	84′,82′,68′,66′, etc.
De Reinhold..............	36, 35, 34, 31, 29, 28, 27, 23, 22, 20, 18, 17, et 15.
Longomontanus...........	49, 36, 33, 32, 31, 29, 27, 20, 18, 17, et 16.
Képler....................	46, 49, 48, 47, 40, 37, 34, 33, 24, 23, 19, 18, et 17.
Boulliaud.................	50, 30, 27, 26, 21, 20, 19, 18, 17, 15.
Riccioli..................	80, 25, 19, 18, 17, 15, et 13.

Les erreurs des tables sont	au-dessous de 5′,	au-dessus de 10′.
Reinhold.............	12 fois..........	21
Lansberge............	12	25
Longomontanus.......	17	21
Képler...............	8	21
Boulliaud............	25	54
Riccioli.............	32	58

Il regarde comme un progrès important, l'idée qu'on a eue de déterminer les oppositions par les lieux vrais du Soleil, et non par les lieux moyens, comme on avait fait jusqu'à Képler. Il n'ose pas assurer que l'ellipse de Képler soit une amélioration; il est tenté d'applaudir aux efforts de Boulliaud, pour changer cette ellipse en plusieurs cercles; mais il finit par dire que le comte Pagan et Cassini ont tiré un parti avantageux de l'ellipse; or *puisque avec des cercles on parvient quelquefois à représenter les observations, c'est une preuve que nous ne connaissons pas la vraie figure des orbites*, et il en revient au mouvement spiral à la surface d'un cône. *Il convient qu'il est difficile de sauver les apparences en laissant la Terre immobile; mais l'Écriture a décidé ce point, il faut donc trouver les moyens de concilier les observations avec l'immobilité de la Terre.*

Livre VI, Jupiter. C'est la même marche, le même soin à recueillir les observations, mais il donne beaucoup moins de comparaisons avec les tables; on y voit des erreurs de 14 et 19′ pour Képler, de 24′ pour Reinhold, de 5′ pour Boulliaud, de 3 à 4′ pour Riccioli. Satisfait d'avoir montré combien ses tables l'emportent sur les autres, il n'a pas jugé à propos de multiplier ces calculs ennuyeux; mais sans cette multiplicité, comment peut-il être sûr qu'il n'a pas porté ailleurs les erreurs qu'il a fait disparaître en quelques points de l'orbite.

Livre VII, Mars. Parmi toutes les observations qu'il recueille, il en choisit dix pour les comparer à ses tables et à celles de Longomontanus. Les erreurs ne vont guère qu'à 2 minutes.

Livre VIII, Vénus. Observations des anciens, de Regiomontanus, de Waltherus, de Copernic, de Tycho, de Juste Byrge, de Mæstlinus, de Képler, de Vincent Mutus, des Jésuites, de Grimaldi, de Riccioli, et enfin de Gassendi.

Livre IX, Mercure. On n'était pas toujours sûr d'un quart de degré sur les mouvemens de Vénus; pour Mercure, les erreurs étaient bien plus considérables. La différence entre les tables de Copernic et celles d'Alphonse allait à 7°. Riccioli rassemble toutes les observations qui lui paraissent mériter quelque confiance; ici, il donne ouvertement la préférence à l'ellipse et au cône de Boulliaud : nous ne rapporterons pas ses élémens; il n'a pu satisfaire mieux que Képler à des observations plus récentes, mais ses théories sont moins saines, elles ne pouvaient que faire rétrograder la science.

Livre X, Planètes et Étoiles fixes. Il passe en revue les différentes méthodes employées à la mesure des diamètres; les distances aux étoiles voisines et les comparaisons avec le diamètre de la Lune sont trompeuses, à cause de la chevelure lumineuse qui environne les planètes. La dioptre d'Hipparque n'est pas plus sûre, soit qu'on vise à l'astre par une ouverture égale au diamètre apparent ou triple de ce diamètre, ou bien que l'on couvre ce diamètre d'une lame qui ait la même largeur. On se trompait encore quand on se servait d'un fil qu'on tenait à une distance de l'œil, qui faisait paraître le fil égal au diamètre de la planète; l'erreur en ce cas, vient des rayons infléchis ou réfléchis par le bord de la lame. De cette manière, il avait trouvé 5″ à la Lyre : Scheiner et Gassendi recevaient sur un carton, l'image transmise par une lunette. Riccioli pense que dans les passages, l'éclat du disque solaire doit diminuer le diamètre apparent de la planète obscure. On peut se fier un peu plus à l'estime faite directement dans le champ d'une lunette qui dépouille la planète de sa chevelure; il recommande de couvrir l'objectif, d'une feuille percée d'un trou grand comme un pois. Grimaldi partageait par des fils, la surface de l'objectif en 4, 6, ou 8 parties égales; les conjonctions dans lesquelles la planète est très voisine de l'étoile, lui paraissent des circonstances favorables, sur-tout si la planète est stationnaire ou très lente; il rapporte enfin l'idée d'Huygens, qui plaçait au foyer de la lunette, un anneau proportionné au diamètre qu'on voulait mesurer; on glissait ensuite une lame qui couvrait entièrement la planète; il ne croit pas encore bien fermement à la bonté de cette méthode : celle de Grimaldi nous paraît bien plus incertaine et sur-tout bien plus difficile à comprendre.

Après avoir rapporté plusieurs comparaisons du diamètre de Saturne, il finit par le faire de 36″, il en donne 72″ à l'anneau dans le périgée. Rheita donnait 3′ à Jupiter, Marius 1′ seulement; Hortensius et Gassendi trouvèrent la même chose, par les distances à une étoile de la Vierge. Grimaldi et Riccioli trouvèrent 19″9‴, pour le diamètre apogée; 24″53‴ pour la moyenne distance, et 34″23‴ pour le périgée.

Mars en opposition périgée surpasse Jupiter; il est surpassé par Vénus, qui leur parut de 64″12‴ dans la moyenne distance, de 33″½ dans l'apogée, et de 4′8″ dans le périgée, et il dit que ces déterminations ont été prises avec un rare bonheur, *rarâ felicitate*.

Pour Mercure, ils ont trouvé dans l'apogée 9″20‴, moyenne distance 13″48‴, périgée 25″12‴.

Voici maintenant, les diamètres qu'il attribue aux principales étoiles.

Sirius	18″ 0‴	Queue du Lion	12″30‴
Lyre	17.24	Procion	12.20
Arcturus	16.42	L'Aigle	11. 0
Chèvre	16. 8	Ceinture d'Orion	8.50
Aldébaran	15.24	Couronne	8.21
L'Épi	15. 5	Polaire	7.54
Régulus	14. 5	Algol	7. 3
Rigel	13.40	Propus	6.10
Fomalhaut	13.25	Luisante des Pléiades	5.16
Antarès	13.12	Queue de la gr. Ourse	4.24
Hydre	12.45		

Toutes ces mesures sont fort exagérées; il convient lui-même que Galilée ne donnait que 5″ à Sirius.

En 1655, il vit à Saturne une bande moins apparente que celle de Jupiter; il trace dix-sept figures différentes de Saturne et de son anneau qu'il n'a pas su deviner. Roberval expliquait les phases de Saturne, par des vapeurs qui s'élevaient de la zone torride. Hodierna attribuait à des taches, l'intervalle entre le corps de la planète et son anneau; il ne peut s'empêcher de donner des éloges à la théorie d'Huygens; il avoue pourtant qu'il lui reste quelques scrupules, et il pense qu'en attendant des observations plus décisives, on pourrait supposer que *Saturne est en-*

touré d'un anneau plan, elliptique, adhérent à la planète en deux lieux opposés, soit parallèle à l'équateur, soit ayant un mouvement de libration vers les pôles du monde; il juge probable que la surface de cet anneau n'est pas partout de même largeur, mais beaucoup plus étroite dans les parties les plus voisines du corps. Riccioli veut mettre du sien partout, et rarement il est heureux; il ne nous apprend rien des bandes de Jupiter ni de ses satellites; il a vu une tache noire sur Mars.

Il nous reste à parler des tables qui terminent le volume.

I. Table des douzièmes du cercle, du degré, de l'heure et du jour.
II. Parties de l'heure et du cercle en fractions décimales jusqu'au dixième ordre.
III. Conversion des heures en parties sexagésimales du jour.
IV. Conversion des parties sexagésimales du jour, en heures, minutes et secondes.
V. Jours de l'année commune et bissextile.
VI. Jours de l'année égyptienne de 365 jours.
VII. Conversion des heures du premier mobile, en parties de l'équateur.
VIII. Conversion des parties de l'équateur en tems du premier mobile.
IX. Conversion des heures astronomiques en italiques et babyloniques.
X. Valeurs des heures temporaires suivant les longueurs du jour.
XI. Des arcs semi-diurnes et semi-nocturnes, suivant la hauteur du pôle.
XII. Équation du tems suivant l'idée de Tycho.
XIII. Table composée de l'équation du tems pour l'an 1504 et 1736.
XIV. Positions géographiques des pricipaux lieux de la Terre.
XV. Table des années bissextiles avant J.-C., 1, 5, 9, 13, etc. Cassini les appelle 0, 4, 8, 12, etc., ce qui est beaucoup plus commode.
XVI. Années bissextiles du calendrier Julien.
XVII. Années bissextiles du calendrier Grégorien, avec la différence des styles.
XVIII. Des cycles solaires.
XIX. Des jours de la semaine.

XX. Des mêmes jours dans l'année vague de l'hégyre.
XXI. Mois des diverses nations.
XXII. Des époques les plus remarquables.
XXIII. Commencement des années de Nabonassar.
XXIV. Conversion des signes en degrés.
XXV. Des signes et degrés diamétralement opposés.
XXVI. Déclinaison des points de l'écliptique, obliquité 23° 30′ 20″.
XXVII. Angles de l'écliptique et du méridien.
XXVIII. Ascensions droites des points de l'écliptique.
XXIX. Des différences ascensionnelles.
XXX. Table particulière pour la latitude 44° 30′ 20″.
XXXI. Ascensions obliques pour la même latitude.
XXXII. Générale des ascensions obliques.
XXXIII. Hauteur du nonagésime.
XXXIV. Prostaphérèses des déclinaisons, ou corrections à faire aux déclinaisons de l'écliptique, pour les astres qui ont jusqu'à 9° de latitude.

On a généralement

$$\sin D = \cos\omega \sin\lambda + \sin\omega \cos\lambda \sin L = \cos\omega \sin\lambda + \sin\delta \cos\lambda,$$

et pour l'écliptique,

$$\sin\delta = \sin\omega \sin L;$$

$$\sin D - \sin\delta = \cos\omega \sin\lambda - \sin\omega \sin L(1 - \cos\lambda)$$

$$= \cos\omega \sin\lambda - \sin\delta\, 2\sin^2 \tfrac{1}{2}\lambda,$$

$$2\sin\tfrac{1}{2}(D-\delta)\cos\tfrac{1}{2}(D+\delta) = \cos\omega \sin\lambda - 2\sin\delta \sin^2\tfrac{1}{2}\lambda$$

$$= \cos\omega \sin\lambda - 2\sin\omega \sin L \sin^2\tfrac{1}{2}\lambda,$$

$$\sin\tfrac{1}{2}(D-\delta) = \frac{\tfrac{1}{2}\cos\omega\sin\lambda}{2\cos\tfrac{1}{2}(D+\delta)} - \frac{\sin\delta\sin^2\tfrac{1}{2}\lambda}{\cos\tfrac{1}{2}(D+\delta)} = \frac{\cos\omega\sin\tfrac{1}{2}\lambda\cos\tfrac{1}{2}\lambda - \sin\delta\sin^2\tfrac{1}{2}\lambda}{\cos\tfrac{1}{2}(D+\delta)},$$

$$2\sin\tfrac{1}{2}x\cos(\delta+\tfrac{1}{2}x) = 2\sin\tfrac{1}{2}x\cos\tfrac{1}{2}x\cos\delta - 2\sin^2\tfrac{1}{2}x\sin\delta$$

$$= \cos\omega\sin\lambda - 2\sin\delta\sin^2\tfrac{1}{2}\lambda,$$

$$2\sin\tfrac{1}{2}x\cos\tfrac{1}{2}x - 2\sin^2\tfrac{1}{2}x \operatorname{tang}\delta = \frac{\cos\omega\sin\lambda}{\cos\delta} - 2\operatorname{tang}\delta\sin^2\tfrac{1}{2}\lambda,$$

$$\sin x = \frac{\cos\omega\sin\lambda}{\cos\delta} - 2\operatorname{tang}\delta(\sin^2\tfrac{1}{2}\lambda - \sin^2\tfrac{1}{2}x)$$

$$= \frac{\cos\omega\sin\lambda}{\cos\delta} - 2\operatorname{tang}\delta\sin\tfrac{1}{2}(\lambda - x)\sin\tfrac{1}{2}(\lambda + x).$$

Le premier terme donnera toujours une valeur de x assez approchée, pour calculer le petit terme avec une exactitude suffisante, sur-tout quand on se bornera aux minutes.

Table XXXV. Correction des ascensions droites de l'écliptique, pour avoir les ascensions droites des étoiles, jusqu'à 9° de latitude.

La formule générale est $\tang Æ = \cos\omega \tang L - \frac{\sin\omega \tang\lambda}{\cos L}$.

Pour l'écliptique, $\tang a = \cos\omega \tang L$;

donc $\tang a - \tang Æ = \frac{\sin(a - Æ)}{\cos a \cos Æ} = \frac{\sin\omega \tang\lambda}{\cos L}$

et $\sin(a - Æ) = \frac{\sin\omega \tang\lambda \cos a \cos Æ}{\cos L} = \frac{\sin\omega \sin\lambda \cos a \cos Æ}{\cos\lambda \cos L = \cos D \cos Æ}$
$= \frac{\sin\omega \sin\lambda \cos a}{\cos D}$.

On vient de trouver D par la table précédente, le calcul de la table sera bien facile.

XXXVI. Mouvemens moyens du Soleil.
XXXVII. Parallaxes 27″ 28‴, 28″ 18‴, 29″ 8‴.
XXXVIII. Équation 1° 59′ 41″, et 1° 59′ 38″.
XXXIX. Distances, parallaxes, mouvement horaire, demi-diamètre du Soleil, de la Lune et de l'ombre.
XL. Réfraction d'été, de printems et d'hiver. Il les suppose nulles à 26° de hauteur.
XLI. Mouvemens moyens de la Lune.
XLII. Équations dans les syzygies 4° 58′ 27″.
XLIII. Équation du nœud et plus grande latitude.
XLIV. Latitude de la Lune.
XLV. Réduction à l'écliptique.
XLVI. Table pour reconnaître la possibilité des éclipses.
XLVII. Table composée de l'évection et de la variation.
XLVIII. Mouvement horaire.
XLIX. Vérification des conjonctions.
L et LI. Distances de la Lune.
LII. Diamètre de la Lune et parallaxe horizontale.
LIII. Parallaxe de hauteur.
LIV. Épactes pour les nouvelles et pleines Lunes.
LV. Termes des éclipses.
LVI. Table mécoplatique des parallaxes, c'est-à-dire de longitude et de latitude.

$\Pi = \left(\frac{\varpi \sin h}{\cos\lambda}\right) \sin(☾ - N + \Pi)$, l'auteur suppose d'abord $(☾ - N + \Pi) = 90°$, c'est-à-dire la Lune à l'horizon; alors $\Pi = \varpi \sin h \sec \lambda$

$$= \varpi \sin h (1 + \tan\lambda \tan\tfrac{1}{2}\lambda);$$
$$= \varpi \sin h (1 + \tfrac{1}{2}\tan^2\lambda).$$

Soit $\sin h' = \frac{\sin h}{\cos\lambda}$, $\sin h' \cos\lambda = \sin h$, $\sin h' - \sin h = \varpi \sin h \tan\lambda \tan\tfrac{1}{2}\lambda$;

$$2\sin\tfrac{1}{2}(h'-h)\cos\tfrac{1}{2}(h'+h) = \varpi \sin h \tan\lambda \tan\tfrac{1}{2}\lambda,$$
$$\sin\tfrac{1}{2}(h'-h) = \frac{\varpi \sin h \tan\lambda \tan\tfrac{1}{2}\lambda}{2\cos\tfrac{1}{2}(h'+h)}$$
$$\sin\tfrac{1}{2}(h'-h) = \frac{\tfrac{1}{2}\varpi \sin h \tan\lambda \tan\tfrac{1}{2}\lambda}{\cos h} = \varpi \tan h \tan^2\tfrac{1}{2}\lambda.$$

Avec ϖ parallaxe horizontale relative et la hauteur h du nonagésime, on trouve $\varpi \sin h$.

Avec ($\varpi \sin h$) en tête et $\sin(☾ - N)$ sur le côté, on trouve........ $\varpi \sin h \sin(☾ - N)$, qui est une valeur approchée de la parallaxe ϖ; ajoutez cette valeur à sin ($☾ - N$), et vous aurez ($☾ - N + \Pi$) véritable argument avec lequel vous aurez enfin $\Pi = \varpi \sin h \sin(☾ - N + \Pi)$, et vous n'aurez négligé que $\frac{1}{\cos\lambda}$ ou $\sec\lambda$; on aurait pu ajouter une petite table à deux entrées où l'on aurait pris h' dont le sinus $= \sin h \sec\lambda$, et la correction $\varpi \tan h \tan\tfrac{1}{2}\lambda$; ce n'est pas le parti qu'a pris l'auteur.

Il n'explique pas sa méthode, mais voici ce que je trouve : il réduit la hauteur du nonagésime à l'orbite de la Lune; nous avons N nonagésime, O sa hauteur, Nn la distance de la Lune au nonagésime, I le lieu du nœud, la distance du nœud au nonagésime $=$ NI $= 90° - $OI (fig. 52).

Soit ILR l'orbite de la Lune, le triangle IOR donne

$$\cos R = \cos OI \sin I \sin IOR - \cos I \cos IOR$$
$$= \sin NI \sin I \sin h + \cos I \cos h$$
$$= \sin NI \sin I \sin h + \cos h - 2\sin^2\tfrac{1}{2}I \cos h,$$
$$\cos O = \cos h,$$
$$\cos R - \cos O = \sin I \sin h \sin NI - 2\sin^2\tfrac{1}{2}I \cos h,$$
$$2\sin^2\tfrac{1}{2}(O-R)\sin\tfrac{1}{2}(O+R) = \sin I \sin h \sin NI - 2\sin^2\tfrac{1}{2}I \cos h,$$
$$2\sin\tfrac{1}{2}(O-R) = \frac{\sin I \sin h \sin NI - 2\sin^2\tfrac{1}{2}I \cos h}{\sin\tfrac{1}{2}(O+R) = \sin h}$$
$$= \sin I \sin NI - 2\sin^2\tfrac{1}{2}I \cot h,$$
$$\sin(O-R) = \sin I \sin NI.$$

Entrez donc dans la table de la latitude de la Lune avec l'argument NI $= (N - ☊)$, vous aurez l'excès de h' sur $R = h$; vous retrancherez cet excès de l'angle h si la latitude est boréale comme ici, vous aurez la hauteur R du nonagésime pour l'orbite de la Lune; si la latitude était australe, il faudrait l'ajouter, parce que R serait en R' et R' > O.

Ayant ainsi corrigé la hauteur du nonagésime, vous pourrez tirer de la table la valeur $\Pi = \varpi \sin h \sin(☾ - N + \Pi)$ sans avoir besoin de λ, car la latitude est nulle pour l'orbite de la Lune.

La méthode est adroite, mais approximative, car avec le terme négligé $2\sin^2 \frac{1}{2} I \cot h = 13' \, 15'' \cot h$, il n'est pas exact d'employer N comme le vrai nonagésime; il faudrait que le nonagésime fût déterminé par un cercle parti du pôle de l'orbite lunaire; le nonagésime changerait donc ainsi que les hauteurs. Quoi qu'il en soit, la correction de l'auteur est $\mp \sin I \sin NI$, comme nous venons de le calculer.

Soit K le point où l'orbite de la Lune coupe le cercle de latitude ZN; $\sin NK = \sin I \sin NI = \sin NOK$. Ce serait donc le grand cercle KO que l'auteur substituerait à l'écliptique NO; mais cette méthode a aussi ses inconvéniens. L'expression vraie serait $\tang NK = \tang I \sin NI$.

La même table lui donne la parallaxe de latitude, dont le terme principal est $\varpi \cos h \cos \lambda$, mais avec la hauteur corrigée, $\cos \lambda = 1$, il ne reste que $\varpi \cos h$ qu'on trouvera comme on a trouvé $\varpi \sin h$ en prenant l'argument à gauche au lieu de prendre la colonne à droite. L'auteur néglige ici le petit terme $-\sin \Pi \sin \lambda \cot(☾ - N)$, qui au reste est fort peu de chose dans les éclipses de Soleil.

LVII. Doigts écliptiques.
LVIII. Demi-durées.
LIX. Demi-durée pour les éclipses de Lune.
LX. Distances des centres des deux luminaires.
LXI. Parallaxes pour une distance donnée.

Les tables des planètes n'offrent rien de particulier ni dans leur forme, ni dans leurs usages; on y remarque seulement une table fort longue des prostaphérèses de l'orbite annuelle pour toutes les planètes. Elle a pour argument la plus grande parallaxe possible, qui varie pour chaque planète, et l'anomalie de l'orbe ou la différence de longitude entre le Soleil vrai et la planète.

Le volume est terminé par le catalogue des étoiles dont nous avons parlé ci-dessus et une liste alphabétique des noms propres des étoiles.

Geographiæ et Hydrographiæ, libri duodecim, 1661.

Nous omettrons tout ce que l'auteur dit des mesures des différens peuples, des voyages et des distances; on y trouvera des recherches et des indications qui peuvent être précieuses, mais qui ne sont nullement notre objet.

Au livre IV, il parle de la Géodésie; pour mesurer les angles entre deux objets terrestres, il propose un grand compas, fait sur le modèle des règles parallactiques de Ptolémée, avec une grande règle bien divisée, sur laquelle on transportera, avec un compas à verge, la base du triangle isoscèle formé par les deux lignes tracées sur les branches du compas. Il prend pour exemple ses mesures du degré entre Mutine, Ferrare et Ravenne. Il se contente d'observer deux angles, parmi lesquels on en trouve un de 7°57′4″ et un autre de 7°41′36″, dont les sinus sont tous les deux au dénominateur; il trouve ainsi 24911 pas romains pour une distance qui est marquée 25000 dans l'itinéraire d'Antonin. Il discute ensuite la mesure de Snellius; il lui objecte la petitesse de l'instrument avec lequel il a mesuré les angles, le peu de sûreté qu'il y a à distribuer entre les trois angles du triangle, des erreurs de 2 à 4′, que si la somme se trouve exactement de 180°, ce n'est pas encore une preuve que les trois angles sont bons, mais seulement qu'il y a eu compensation d'erreurs; la multiplicité de ses triangles pour un intervalle si médiocre; enfin, des erreurs de 10 à 20″ qu'il a pu très bien faire sur l'arc céleste. Il en conclut que la distance entre Alcmaer et Leyde pourrait bien être trop faible d'un mille italique : nous ne trouvons rien d'exagéré dans cette critique.

Il prouve la nécessité de réduire au niveau de la mer, la distance calculée entre deux objets inégalement élevés. Son calcul trigonométrique serait exact, si la réfraction terrestre n'altérait les hauteurs; cette distance réduite sera la corde d'un angle connu : il en déduit le rayon de la Terre et la valeur du degré. Connaissant le rayon de la Terre et les sinus qui sont les rayons des diverses parallèles, il est en état de calculer les arcs de ces parallèles et de les comparer aux arcs correspondans de l'équateur; il donne une petite table de la distance entre un arc de parallèle et l'arc du grand cercle terminé aux deux mêmes points.

Le livre V traite de la grandeur de la Terre. Curtius disait comme les Chaldéens d'Achille Tatius, qu'un degré est le chemin de deux jours, ou le chemin de vingt heures; il rapporte les sentimens des anciens et des modernes, desquels il résulte que la grandeur du degré était de 24 lieues françaises. Il discute et tâche de corriger le degré d'Ératosthène; il critique celui de Posidonius; il tâche de déterminer la valeur véritable par l'espace de la Terre où les gnomons sont sans ombre, et s'étonne qu'un moyen si simple ait échappé à la sagacité des anciens. Il conjecture que Posidonius ayant appris par un ouvrage d'Ératosthène, que la distance entre Alexandrie et Rhodes n'était que de 3750 stades, et non 5000, sentit la nécessité de refaire son calcul et trouva 180000 pour la circonférence, ou 500 stades pour le degré, et qu'ainsi, Posidonius est le véritable auteur du degré que Ptolémée rapporte d'après Mariu de Tyr. Mais ce degré ne peut être que très défectueux, dit Riccioli, puisque Posidonius s'était trompé considérablement sur l'arc céleste; il passe en revue rapidement le degré des arabes et celui de Fernel, auquel il n'accorde pas beaucoup de confiance. Il croit devoir ajouter un demi-mille italique au demi-degré mesuré par Snellius, et véritablement ce degré était trop court; il le fait de 80 milles italiques anciens, tels qu'ils étaient du tems de Vespasien et des premiers empereurs.

Le jésuite Brictius avait dit qu'Abbeville et Calais sont sous le même méridien à 50 et 51° de latitude, que l'intervalle était de 60 mille pas, ou de 30 lieues françaises.

Suivant la Connaissance des Tems ces positions sont :

	0° 30′ 17″0	et	50° 7′ 4″
	0.28.59,0		50.57.32
Différence...	0. 1.18		50.28.

L'erreur sur la longitude était peu importante, celle de latitude était de 9′ 32″, c'est-à-dire presque $\frac{1}{6}$ de degré. Brictius avait trouvé dans ces deux villes les hauteurs méridiennes de l'Épi 31 $\frac{1}{2}$ et 30° $\frac{1}{2}$; il avait vu l'œil de la Grue raser l'horizon à Calais et s'élever d'un degré à Calais. Riccioli observe que la réfraction devait diminuer la différence de hauteur de 8′ 30″, d'après la table de Tycho; on voit avec quel soin on opérait en 1636.

Il développe et commente la méthode de Ptolémée, pour un degré oblique au méridien; il remarque, d'après Grimaldi, qu'il faut choisir une étoile dont le parallèle ne soit pas tangent au vertical commun. Maurolycus avait proposé l'observation de l'horizon de la mer. Riccioli objecte l'inconstance des réfractions, qui peut éloigner ou rapprocher l'horizon de la mer, et rendre visibles par fois, un point qui communément serait caché par la courbure de la mer; il rapporte que Grimaldi et lui avaient observé souvent, que le matin et le soir, les tours s'élevaient au-dessus d'un petit arbre qui se trouvait dans leur direction, tandis qu'à midi, la réfraction étant insensible, ces mêmes tours paraissaient moins élevées que le petit arbre. Kircher avait fait la même remarque en 1647; de Malte, il avait vu quelquefois l'Étna, presque toujours invisible. Enfin, Charles de Ventimille, d'une montagne près de Palerme, avait aperçu une île qui ne se voyait plus quand le ciel était plus serein; il fait encore quelques reproches au calcul de Maurolycus. Il rapporte et améliore la méthode proposée par Clavius pour le même problème. L. P. Bettinus employait deux montagnes ou deux signaux d'égale hauteur, dont on mesurait trigonométriquement la distance, après quoi il trouve par les triangles semblables, le diamètre du cercle concentrique à la Terre et qui passe par les sommets des signaux, et par suite le diamètre de la Terre; il en change un peu le calcul.

Griemberger proposait de bâtir un mur le long de la mer, long de 30, 40, ou 50 milles; de tracer sur le mur une ligne horizontale au moyen d'un bon niveau triangulaire (équerre des maçons); il suppose que cette ligne sera une tangente dont l'extrémité s'écartera de la surface de la Terre, beaucoup plus que le point de départ; on aura ainsi l'excès de la tangente sur le rayon. Riccioli en louant beaucoup la méthode, n'objecte que la dépense excessive qu'exigerait une telle construction. Il préfère la méthode donnée par Képler, page 28 de son Épitome. Le P. Casati observait de même l'horizon de la mer, mais il calculait le diamètre d'une manière différente. Riccioli y fait quelques changemens, mais la méthode n'en devient pas plus sûre.

D. Cassini proposait d'observer cet horizon, de deux étages différens d'une tour élevée; il avait dans les différences des hauteurs, celle des sécantes de deux angles connus; il en concluait le rayon. Riccioli trouve cette méthode très ingénieuse.

Scipio Claramontius cherche le rayon de la mer, en observant une image réfléchie par une eau tranquille. La méthode serait géométriquement bonne, mais les mesures impossibles à faire exactement, et la moindre erreur aurait des effets énormes; aussi l'auteur s'est-il contenté de la proposer sans en faire l'expérience.

Il en vient enfin à sa propre méthode, ou plutôt à celle de Grimaldi; elle suppose les mesures géodésiques rapportées précédemment; il y emploie les diamètres du Soleil et les déclinaisons de plusieurs fixes. Pour les premières il se sert des observations faites au gnomon de Saint-Pétrone, pour les étoiles il avait un quart de cercle de huit pieds; pour les élévations et inclinaisons respectives des stations, il employait un niveau de soixante pieds, pour éviter autant que possible l'erreur d'une seconde. Par tous ces moyens, il fait des corrections considérables à la mesure qu'il avait publiée dans son Almageste.

D'après les mesures de divers navigateurs, il trouvait pour le degré de 72 à 80 milles.

Par des observations d'étoiles il trouvait,

pour le degré....... 62159 pas de Bologne, et 63486 $\frac{13}{116}$. Diff. 327 pas.

Par d'autres étoiles, 63696, diff. 537, 63696 diff. 210.

Il trouve que ces deux derniers résultats s'accordent merveilleusement *miro modo* : il s'arrête à ce dernier.

Pour l'horizon de la mer............... 64382, diff. 686

Par certaines considérations, il la réduit à 63915

Par la diff. de niveau des tours de Ferrare et des monts Pétrone... 64042

Enfin par Saint-Pétrone et la tour de Mutica............... 64363.

Et le dernier résultat lui paraît d'une évidence à laquelle on ne peut résister; il en trouve la confirmation dans l'Itinéraire d'Antonin, et dans ce que Cassini avait inscrit au gnomon de Bologne. Blancanus avait été le maître de Riccioli, qui lui reproche d'avoir négligé la courbure de la Terre dans la mesure d'une montagne. Dans le calcul de ces hauteurs, il veut tenir compte de la réfraction, mais il n'a pas d'idée de la réfraction terrestre, et il emploie la réfraction horizontale des étoiles, qui, suivant Tycho, est de 30′. Il suppose que le sommet de la montagne est élevé au-dessus de l'air réfractif. A l'entrée du rayon dans cet air, il admet une première réfraction suivie de plusieurs autres, à mesure que le rayon pénètre dans un air plus dense, en sorte que la route du rayon est une courbe dont la tangente marque la hauteur apparente de l'objet. D'après ces principes, il enseigne à calculer une hauteur qui sera moindre que la hauteur vraie; il trouve ainsi 7165 pas bolonais pour le pic de Ténériffe, et 46901 pour le Caucase, d'après un passage d'Aristote, qui a dit que cette montagne après le coucher du Soleil, reste éclairée un tiers de la nuit. Nous omettons ce qu'il dit du nivellement, des manières différentes de tracer une méridienne, de trouver la hauteur du pôle et des climats qu'il veut calculer en ayant égard à la réfraction, à la parallaxe, au demi-diamètre, à la température et au mouvement vrai du Soleil, ce qui est fort juste et fort inutile. Abraham Kandal, pilote anglais, prenait la hauteur du pôle par l'étoile polaire, quand elle était en ligne droite avec une étoile de cinquième grandeur, de la petite Ourse.

Soit $Za = PZ$ (fig. 53), $\tang \frac{1}{2} Pa = \cot H \cos P$, $\cos P = \tang \frac{1}{2} Pa \tang H$; l'angle P changera donc avec la latitude. Riccioli ne fait aucune réflexion, et ne dit pas comment se dirigeait Kandal; je conjecture qu'il attendait l'instant où les deux étoiles a et b étaient dans le cercle de 6^h, alors $Za > ZP$; mais en mer la différence est peu importante, $\sec Za = \sec PZ \sec Pa$.

Il entre dans de grands détails sur des hauteurs du pôle, observées en différens pays.

Au chapitre des longitudes; pour les éclipses de Lune il indique les précautions à prendre, et il conseille l'observation des diverses taches. Pour les éclipses de Soleil, il conseille les verres de couleurs; pour les satellites de Jupiter, il ne croit pas qu'on puisse les observer à la mer.

Pour déterminer les différences des méridiens, Langrenus voulait qu'on employât les taches de la Lune, mais il ne s'est pas suffisamment expliqué. Il promettait aussi un moyen d'observer le lieu de la Lune, nonobstant les parallaxes et les réfractions; il ajoutait qu'avant la publication du livre de Galilée, il observait les différences d'ascension droite, en comptant les vibrations d'un pendule. A ces divers moyens pour les longitudes, Riccioli oppose des objections très raisonnables, ainsi qu'à d'autres méthodes imaginées par Hévélius. H. Ruscellus avait proposé la prosneuse de deux taches de la Lune, c'est-à-dire un grand cercle mené par les deux taches et son intersection avec l'horizon. Oronce-Finée et Morin proposaient l'heure du passage de la Lune au méridien, supposant faussement qu'alors la parallaxe de longitude était nulle. Il aurait fallu se servir des ascensions droites et non des longitudes.

En mer, il conseille des ampoulettes de mercure qui donnent bien régulièrement ou 24 ou 12^h, en partant du port où l'on a pris l'heure. On fait couler le mercure, on retourne l'ampoulette aussitôt que tout le mercure a coulé, on note le nombre de fois qu'on l'a retournée; on sait donc toujours l'heure du point de départ, au moins à un instant de la journée; on suit l'heure du vaisseau, on a donc la différence des méridiens : toute la difficulté se réduit à avoir des ampoulettes qui soient invariables.

Le reste de l'ouvrage est employé à parler de la boussole, de sa déclinaison, des lieux où cette déclinaison est nulle, à discuter des longitudes et latitudes géographiques, à parler des cartes, de la navigation et de ses divers problèmes; enfin à des détails entièrement étranger à notre plan.

Maria Cunitia.

Urania propitia, sive Tabulæ astronomicæ mire faciles, vim hypothesium physicarum à Keplero proditarum complexæ; facillimò calculandi compendio, sine ullâ logarithmorum mentione phænomenis satisfacientes; quarum usum pro tempore præsente, exacto et futuro succincte præscriptum cum artis cultoribus communicat Maria Cunitia, 1650.

Après une dédicace à Ferdinand III, on trouve une collection de vers en l'honneur de la *Pallas silésienne;* un recueil d'anagrammes tirés des deux mots *Maria Cunitia*, comme *ini, mira, vacat; i, Urania, micat; a mira vi canit; Urania a miti; rami viâ canit; i vincit amara.* On trouve un double acrostiche en vers élégiaques, dont les hexamètres forment par leurs initiales le nom de *Maria,* et les pentamètres *cu, ni, t, i, a*; et enfin un distique qui donne la date de l'édition, et même un sonnet italien.

On voit que depuis la belle Hypatia, aucune femme n'avait été aussi célébrée pour la science astronomique; mais *Maria Cunitia* ne fut point déchirée et mise en lambeaux par ses envieux; son plus grand malheur fut d'être volée et dépouillée de tout par un soldat, lorsque pour éviter les troubles, elle cherchait un asile en Pologne.

Son mari, Élias de Leonibus (Loewen), dans un avis au lecteur, fait l'histoire de ces tables et de sa connaissance avec la belle Cunitia, qui dans ce tems était devenue sa femme. Il nous apprend qu'à son arrivée à Svidnitz, il avait entendu vanter la fille aînée du philosophe et médecin Henri Cunitius, pour son savoir, non seulement dans les Langues et dans l'Histoire, mais dans l'Astrologie, les prédictions physiques, et par la manière dont elle savait dresser un thème généthliaque. Il se montra d'abord incrédule, quoiqu'il sût bien que plusieurs femmes déjà s'étaient appliquées à de pareilles études. Le hasard lui fit rencontrer le père de Cunitia; il apprit que la fille aînée de ce médecin était un modèle de vertu, d'intelligence et d'application. Il conçut le désir de l'aider de ses lumières dans l'art des *Directions*, et dans celui d'interpréter les évènemens passés pour en tirer une connaissance de l'avenir.

Il vit qu'il était nécessaire de former Cunitia dans la science de la vraie *direction,* qui suppose la proportion du jour à l'année, du jour au mois, et du mois à l'année; qu'il fallait qu'elle apprît le calcul trigonométrique; il lui donna donc quelques préceptes et des exemples de calculs; elle les suivit exactement. L'évènement confirma ses prédictions; elle se sentit animée d'une nouvelle ardeur. Elle demanda des moyens pour abréger et faciliter les opérations; en quatre mois, elle fut en état de calculer les lieux des planètes, d'après les tables de Longomontanus; de résoudre tous les problèmes de l'une et de l'autre Trigonométrie; elle abrégea les tables danoises et réunit en une seule table, les deux inégalités des planètes.

Son père mourut, Loewen l'épousa et fut plus à portée de lui continuer ses leçons; il trouva par ses observations, que les tables de Longomontanus ne valaient pas celles de Képler; mais ces dernières étaient plus compliquées, et elles employaient des logarithmes. Cunitia demanda s'il n'était pas possible d'arriver au but par un chemin plus court : le mari répondit que si l'on négligeait les variations de la distance du Soleil à la Terre et les mouvemens des aphélies pendant un assez long tems, il n'en résulterait que des erreurs insensibles sur les lieux géocentriques de Saturne, de Jupiter et de Mars; que pour Vénus elles n'iraient pas à $\frac{1}{3}$ de minute, et ne seraient pas d'une minute entière pour Mercure. Elle fit donc aux tables de Képler les divers retranchemens, et l'on conçoit qu'elle put les disposer dans une forme plus commode pour les astrologues, et même pour les calculateurs d'éphémérides; mais on voit en même tems, que son livre ne doit rien fournir à l'Histoire de l'Astronomie, puisqu'elle n'a fait que défigurer les tables de Képler pour les rendre plus commodes.

Toutes les tables dépendent du retour à l'aphélie; avec les jours écoulés depuis le passage par l'apside, on trouve l'anomalie moyenne, et par celle-ci l'anomalie vraie; enfin, avec l'anomalie vraie et la distance angulaire au Soleil, une table de prostaphérèse donne la parallaxe annuelle ou l'élongation de la planète. Elle fait au calcul des latitudes géocentriques des modifications analogues. Ce qui lui appartient plus spécialement, c'est une table fort étendue, de toutes les syzygies qui peuvent être écliptiques pour tous les siècles passés et futurs, une table d'un nombre d'or astronomique, propre à faire trouver les nouvelles Lunes; des tables de parallaxes, de longitude et de latitude; une table du mouvement apparent de la Lune, pour laquelle on n'a pas besoin des parallaxes, il suffit du point orient de l'écliptique et de la distance de la Lune à ce point. Elle nous dit, que jamais astronome n'avait conçu l'idée d'une pareille table; qu'on sera même tenté de la croire impossible; mais sans nier absolument cette possibilité, on peut craindre qu'elle ne soit souvent inexacte, ce que nous ne tâcherons pas de vérifier; on ne disconviendra pas au moins, qu'elle n'ait exigé beaucoup de travail.

Lalande nous dit que Maria Cunitia savait sept langues : l'allemand, le polonais, le français, l'italien, le latin, le grec et l'hébreu. Elle cultivait les Mathématiques, la Médecine, la Poésie, la Musique et la Peinture; elle passait les nuits à travailler et dormait le jour; elle méprisait les détails du ménage. Les troubles de la guerre obligèrent son mari à se retirer en Pologne; elle y fut accueillie par une abbesse, chez laquelle elle finit son ouvrage : elle mourut à Pitschen, le 22 août 1664.

Au lieu de désigner le point de l'équateur au méridien, par les mots d'ascension droite du milieu du ciel, elle dit, le point culminant de l'équateur, ce qui est plus juste et plus intelligible, mais la dénomination reçue est fort ancienne; elle n'a pas d'inconvénient réel. L'autre expression n'est pas plus courte, ce n'est guère la peine de changer.

L'explication des tables est en latin et en allemand.

Astroscopium Wilhelmi Schickardi quondam Matheseos linguarumque orientalium professoris Tubingensis celeberrimi, *Nordlingæ*, 1655.

Les globes représentent les constellations telles qu'on les verrait d'un point situé hors de la sphère; il faut les retourner par la pensée, pour reconnaître dans le ciel les parties des diverses constellations; c'est pour remédier à cet inconvénient, que l'auteur a imaginé son astroscope. C'était d'abord un globe creux, qu'on pouvait ouvrir de trois manières; il déclare qu'il donne hautement la préférence à sa nouvelle idée, δεύτεραι φροντίδες σοφώτεραι; mais content de cet éloge, il ne donne aucune description. Ce qu'on peut conjecturer d'après deux planches gravées au commencement de sa brochure, c'est que le nouvel astroscope est une représentation des deux hémisphères, sur deux plans qui sont des cercles dont on a retranché deux secteurs d'environ 50°, en sorte qu'on peut le plier en manière d'entonnoir, dont le pôle occupe le sommet et qui a l'avantage de ne pas trop défigurer les constellations.

L'auteur passe aussitôt à des détails connus sur les catalogues d'étoiles; il rappelle que Pline porte à 1600 le nombre des étoiles, qui n'est que de 1022 dans la liste de Ptolémée; que les rabbins en comptent 12000, et les cabalistes 29000 myriades, quoique la surface entière de la sphère céleste n'en puisse recevoir que 26712 myriades, en les supposant toutes contiguës et d'un diamètre qui n'excède par un tiers de minute; ainsi, en les réduisant à une seconde, le nombre deviendrait vingt fois plus considérable. Il attribue la scintillation à l'agitation de notre atmosphère. Pline comptait 72 constellations au lieu de 48, probablement parce qu'il faisait des astérismes particuliers de quelques parties des anciennes constellations, comme de la Tête de Méduse, de l'Épi, de la Vache, des Anes, de la Chèvre et des Chevreaux, de Castor, de Pollux et des deux Poissons. Il nous apprend que les chrétiens ont remplacé Hercule par Samson et la machoire; Persée et la Gorgone, par David avec la tête de Goliath;

Esculape et le Serpent, par saint Paul les mains embarrassées par une vipère marine. Il convient pourtant qu'il faut conserver les noms des planètes donnés aux jours de la semaine, quoique ces noms soient tirés de la Mythologie. Des Gémeaux il voudrait faire Jacob et Esaü, du Bélier, il ferait celui qu'Abraham immola en place d'Isaac; de la Vierge il fait Marie; de la Crèche, celle où Jésus-Christ est né; de la Baleine, celle de Jonas; les Poissons seraient ceux dont J.-C. a nourri 5000 hommes; le Corbeau serait celui d'Élie; le Chien, celui de Tobie; la chevelure de Bérénice, celle de Samson. Il dit que la Balance fut imaginée en l'honneur de Jules-César; il a oublié les vers de Virgile; le Cygne devint le signe de la Croix.

Il donne ensuite les positions apparentes des planètes pour plusieurs années, d'après les éphémérides d'Argoli.

Mediceorum Ephemerides nunquam hactenus apud mortales editæ, cum suis introductionibus in tres partes distinctis, auctore don Jo.-Baptista Hodierna.

Second titre: *Menologiæ Jovis compendium, seu Ephemerides mediceorum, ad Ferdinandum bis magnum Hetruriæ ducem, Hodierna siculo auctore, ducis Palmæ mathematico. Panormi,* 1656. (Ménologie, traité des Lunes).

Cet ouvrage est extrêmement rare; je l'ai eu avec beaucoup d'autres à la vente de Lalande, et j'y trouve ces mots écrits de sa main: *reçu de M. Piazzi.*

Les astronomes qui s'étaient occupés des satellites avant Hodierna sont, comme il le dit lui-même dans sa préface, Simon Marius, Scheiner, Blancanus, Képler, Hérigone, Gassendi, le capucin Rheita, Fr. Fontana, Gotifredus, Zupus, et Reineri. Mais aucun d'eux ne put réussir à en donner la théorie complète: aucun d'eux n'ajouta rien d'important aux découvertes de Galilée. Nous avons rapporté à l'article Riccioli ce qui regarde Reineri, dont les tables ne purent être retrouvées malgré toutes les recherches ordonnées par le grand-duc. Les Tables de Galilée ont également disparu, quoique Borelli dise qu'il s'en est servi en 1661, pour les comparer à ses propres observations. Il y a grande apparence que ces tables ne renfermaient que les époques et les mouvemens moyens qui pouvaient servir à calculer en tout tems les configurations à peu près. Nous ignorons ce que pouvaient contenir les tables de Reineri, qui n'ont peut-être jamais existé. La matière était donc presque toute neuve. Nous allons voir ce qu'Hodierna put ajouter aux connaissances de ses prédécesseurs. Son épître dédicatoire est du 1er janvier 1656, et elle est signée: *J. B. Hodierna, siculus archipresbyter Palmæ.*

Il nous promet une théorie complète (*Theoriam absolutissimam persolvimus*). Il a traité de la partie purement théorique dans un autre ouvrage (que nous ne connaissons pas), *In libris Theoreticorum hæc expenduntur amplissime. Si quidem illic atlantem agimus, modo hic Herculem repræsentamus.* Les satellites ne peuvent être apercus à la simple vue, quoiqu'ils aient l'éclat des étoiles de sixième grandeur. Le voisinage et la lumière brillante de Jupiter les rend invisibles; et nous pouvons ajouter que sur le bruit qui s'était répandu il y a quelques années, qu'un particulier les distinguait sans se servir de lunettes, les astronomes qui avaient la meilleure vue ont fait d'inutiles efforts pour les apercevoir, quoiqu'ils en eussent les configurations sous les yeux.

Il estime les élongations des satellites en modules, c'est-à-dire en diamètres de Jupiter, en ajoutant que jamais ce diamètre ne lui a paru surpasser 45".

Voici ces distances suivant lui et ses prédécesseurs.

	Galilée.	Marius.	Schirleus.	Hodierna.	Noms.	Noms.
☾′	3° 0′	3° 0′	3° 0′	3° 30′	Alphipharus.	Principharus.
☾″	5.0	5.0	4. 0	5.30	Betipharus.	Victripharus.
☾‴	8.0	8.0	6.10	9. 0	Cappipharus.	Cosmipharus.
☾ᴵⱽ	12.0	13.0	10. 0	14.30	Deltipharus.	Ferdnipharus.

Nous y avons joint les noms par lesquels il a successivement désigné les satellites. En général il les appelle phares à cause de leur lumière; il les distinguait ensuite par les quatre premières lettres de l'alphabet grec, qui sont aussi les chiffres 1, 2, 3, 4. Il est vrai qu'il a mis le cappa au lieu du γ, suivant l'alphabet latin; il a préféré depuis les noms de Cosme, en l'honneur de Cosme Ier de Médicis; il a donné ce nom au troisième, qui est le plus brillant de tous. Le quatrième, qui enveloppe les trois autres dans son orbite, a reçu de lui le nom syncopé de Ferdinand. Le second a reçu le nom de Victoire, femme de Ferdinand. Principhare a été nommé en l'honneur de l'héritier présomptif. Par suite, il donne le nom de Florence au disque de Jupiter, et le nom de la rivière d'Arno aux bandes. Nous omettrons le chapitre des influences qui termine cette première partie.

La seconde traite des latitudes, des révolutions, des inégalités et des éclipses. Nous avons vu la dispute entre Galilée et Marius pour les latitudes. Hodierna trouve qu'ils ont tort tous les deux. Il s'éloigne de l'opinion de Galilée en soutenant que les latitudes des divers satellites sont différentes et si sensibles, que dans les conjonctions elles peuvent intercepter souvent plus que le demi-diamètre de Jupiter, et dans les digressions, lorsqu'un satellite supérieur est en conjonction avec un satellite inférieur, on ne voit entre eux aucun intervalle. Contre l'idée de Marius, il a toujours observé les satellites septentrionaux dans leurs demi-cercles supérieurs, et méridionaux dans la partie inférieure.

« On demandera peut-être comment les illustres mathématiciens et « les habiles astronomes qui ont tant travaillé sur les satellites, n'ont » pu cependant en donner jusqu'ici aucune théorie, si ce n'est peut-être » Reineri qui s'en est occupé pendant dix ans. » Est-ce parce qu'on n'a pu encore déterminer avec une exactitude suffisante les révolutions, dont la durée inconstante et inégale paraît exiger non une seule équation, mais plusieurs ?

Hodierna conçoit trois sortes d'inégalités périodiques, et non davantage.

Les satellites se meuvent dans les orbites inclinées à l'écliptique de Jupiter. Il y a deux ans que, par une suite d'observations, il a été conduit à penser que les quatre satellites se meuvent dans un même plan, incliné de 45° à l'écliptique de Jupiter (*ad semi-quadrantem*); d'après cette idée, exprimant les plus grandes latitudes en dixièmes ou doigts du disque, il a trouvé pour les quatre satellites 1° 59′, 3° 7′, 5° 6′, 8° 29′. Par des observations plus nouvelles, il a reconnu que la supposition est inexacte. Ces latitudes sont une première cause d'inégalité.

La seconde est la parallaxe annuelle, qui n'est pas toujours la même. La troisième est l'inégalité propre de Jupiter, qui est variable. Il enseigne à tenir compte de ces variations.

Révolutions périodiques des satellites.

☾′	☾″	☾‴	☾ⁱᵛ	
$1^j 18^h 28' 44''$	$3^j 13^h 18' 15''$	$7^j 4^h 1' 26''$	$16^j 18^h 14' 33''$	Hodierna.
28 35 9	17 53 7	3 59 33 8	5 17 0	Suivant nous.

4 pér. ☾′ = $7^j\ 1^h 55'$	3 pér. ☾ⁱᵛ = $50^j\ 6^h 47'$	14 pér. ☾″ = $49^j 18^h 12'$
2 ☾″ = 7 2 36	7 ☾‴ = 50 4 19	28 ☾‴ = $49^j 13^h 24$
1 ☾‴ = 7 4 1		

20 p. ☾‴ = $143^j\ 8^h 29'$	101 p. ☾‴ = $723^j 22^h 24'$	128 p. ☾″ = $454^j 22^h 25'$	119 p. ☾″ = $422^j 20^h 23$
81 ☾′ = 143 8 47	409 ☾′ = 723 21 50	257 ☾′ = 454 21 2	59 ☾′ = 422 21 25

Jusqu'ici on ne voit aucun vestige de théorie et seulement quelques remarques assez incertaines. L'auteur passe aux causes des éclipses; à chaque révolution, tous les satellites doivent s'éclipser dans leurs conjonctions supérieures, excepté le quatrième qui passe quelquefois au-dessus du cône d'ombre. La remarque était neuve alors, elle est exacte. Lorsque le quatrième recommence à s'éclipser, il n'entre que peu profondément dans le cône, et ses éclipses ont une durée plus courte, ce qui est aisé à concevoir.

Le quatrième s'éclipse trois fois en cinquante jours, le troisième sept fois, le second quatorze, et le premier vingt-huit.

Le quatrième vingt-une fois en un an, le troisième cinquante-une fois, le second cent deux fois, le premier deux cent sept fois; c'est-à-dire chacun autant de fois qu'ils parcourent de degrés en un jour solaire. Cette remarque est curieuse, et la raison n'est pas difficile à trouver.

L'axe du cône d'ombre est la prolongation du rayon vecteur de Jupiter; cet axe fait, avec le rayon visuel mené de la Terre, un angle égal à la parallaxe annuelle de Jupiter. Cet angle fait que nous sommes mieux placés pour voir l'entrée que la sortie de l'ombre, ou au contraire.

Dans les deux satellites intérieurs, on ne voit jamais que l'entrée ou la sortie. (Cette règle toujours vraie, du premier satellite, souffre des exceptions rares pour le second.) Pour les deux autres, on voit l'entrée et la sortie quand la parallaxe est la plus grande.

Il passe au calcul des éclipses. Il a déjà dit que, dans ses plus grandes latitudes, le quatrième cesse de s'éclipser. Il n'ose rien décider du troisième, mais il l'a toujours vu s'éclipser. Il indiquera les tems des conjonctions, car le changement de latitude fait que la fin et le commencement des éclipses ne reviennent pas dans des intervalles de tems bien fixes; deux commencemens ou deux fins d'éclipses consécutives, ne donneront donc pas bien exactement les révolutions : *plusieurs y ont été trompés.* Ce passage nous prouve qu'Hodierna n'est pas le premier qui ait observé des éclipses; mais, il n'a pas tout à fait raison, quand il assure que des commencemens et des fins d'éclipses ne peuvent donner les révolutions; ces phénomènes, bien observés, lui auraient donné des révolutions plus exactes, et surtout des durées moins défectueuses. (Voyez *Astron.*, tome III, pag. 488 et 89).

Le 1er septembre 1655, il observa l'immersion du premier satellite, à $14^h\,12'$ après midi.

Le 20 septembre 1655, immersion du second à $10^h\,13'$

Le 25 juillet, immersion du second à $13^h 9'$ après midi.

Le 25 juillet, immersion du troisième à $14^h 1'$; durée de l'éclipse, $2^h 20'$.

Le 22 août, immersion du quatrième à $8^h 44'$ après midi; durée de l'éclipse, $2^h 57'$.

De ces observations il déduit les époques des quatre satellites.

Il dit, page 70, que pendant cinq ans il a observé assiduement les satellites, et qu'il n'est de l'avis de Schirlæus en rien de ce qu'il a dit de la grandeur des satellites, de leur nombre, des retours des éclipses, des digressions, ni de la lumière des satellites.

La troisième partie contient les tables; la première est celle des révolutions en tems.

La seconde, les mouvemens pour les jours en degrés, minutes et secondes.

	☾′	☾″	☾‴	☾ⁱᵛ
Mouvem. diurne.	203°23′44″	101°17′21″	50°13′52″	21°28′43″.

Les mouvemens des trois premiers satisfont à 55″, au théorème de M. Laplace,

$$\Delta ☾' + 2\Delta ☾''' = 3\Delta ☾'',$$

ce qui est extrêmement remarquable.

Le 1er septembre 1655, imm. ☾′ $14^h 12'\frac{1}{2}$. Il suppose la demi-durée 55′, pour en conclure le milieu.

Le 4 octobre 1655, imm. ☾″ $15^h 13'$. Il suppose la durée $1^h 10'$.

Le 19 octobre 1655, il calcule l'immersion de ☾‴ à $14^h 20'$.

Le 24 octobre 1654, le quatrième satellite diminue de lumière, sans s'éclipser, à $10^h 13'$.

Sa manière de déterminer le tems était d'observer le passage de quelque étoile au méridien, et de faire osciller un pendule depuis ce passage jusqu'à l'instant de l'observation.

Je soupçonne que son tems n'était pas fort exact, car, ayant calculé ses observations, je n'ai pas cru devoir en faire usage pour nos tables.

Page 15, il rapporte plusieurs conjonctions non écliptiques du ☾ⁱᵛ.

Il donne ensuite les époques des quatre satellites, de 1650 à 1682.

Des tables de correction pour l'inégalité de Jupiter.

Des tables pour calculer les élongations.

Il décrit ensuite l'instrument qui sert à déterminer les élongations pour un tems donné; c'est ce qu'on a depuis appelé *jovi-labe*, en joignant un mot latin à un mot grec.

Des tables pour déterminer les instans des éclipses du premier satellite.

Il s'excuse de n'avoir pu déterminer les lois qui règlent les durées.

Mediceorum elaboratæ Ephemerides... exhibitis observationibus sub meridiano XXXVII, Palmæ siculæ (environ 37° 30′ de latitude et 45′ à l'orient de Paris, dit Lalande dans une note; 37° 37′, suivant Hodierna; et pour Uranibourg 36° 45′), *auctore D. Joan. Bapt. Hodierna, siculo Rigosano, Palmæ archipresbytero, mathem. ducis Palmæ.*

Ces éphémérides donnent de 1656 à 1676, pour le commencement de chaque mois, les longitudes en degrés de quatre satellites, puis les mouvemens pour tous les jours du mois. Pour les années 1651 et 57, on voit au bas des pages l'annonce de quelques éclipses. Il s'excuse de ne les avoir pas données toutes ou avec plus de détail. Mais le nombre de ceux qui en feront usage n'est pas considérable, les lunettes sont rares; il a donné des facilités pour achever le calcul, à ceux qui voudront se livrer à ces observations, ce qui suffira pour le présent.

Il finit par affirmer que Jupiter n'a que quatre satellites. C'est un point qui n'est plus douteux.

La dernière page offre le catalogue de ses ouvrages; nous ne citerons que ceux qui concernent l'Astronomie véritable.

Rerum cœlestium peculiares observationes.

De magnitudinibus stellarum inerrantium visis non rectè, suis quibusque ordinibus recensitis et quod neque jubarum coloribus illarum facultates respondeant.

Il cielo stellato distinto in cento mappe o tavole, dove con facilità si insegna a conoscer tutte le constellationi stellificati nel firmamento.

Nous ne connaissons aucun de ces ouvrages, nous ne savons même s'ils ont été publiés; il n'y cite pas sa théorie des satellites dont il a parlé plus haut.

Theoricæ mediceorum planetarum ex causis physicis deductæ a Jo. Alphonso Borellio, in Messanensi pridem, nunc vero in Pisanâ academiâ mathematicarum scientiarum professore. Florentiæ, 1666.

Dans son avis au lecteur, Borelli nous apprend que le grand-duc ayant reçu de Campani une excellente lunette, lui avait ordonné d'en faire l'essai sur Saturne et Jupiter, et de tirer des tables de Galilée les lieux des quatre satellites, pour les comparer à ses observations. Galilée n'avait pas eu le tems de démêler les nombreuses inégalités de ces petites planètes; ses successeurs, malgré tous leurs soins, n'avaient été guère plus heureux. Les observations étaient encore trop peu nombreuses, et Borelli ne trouve d'autre moyen que l'analogie dont on doit s'aider pour appliquer à ces nouvelles planètes, ce qu'on a observé dans les anciennes. Ainsi l'on doit croire que leurs orbites sont elliptiques, et que leurs apsides ont un mouvement progressif; que les orbites sont inclinées à l'écliptique de Jupiter, et que leurs nœuds doivent avoir un mouvement rétrograde; que les Lunes de Jupiter doivent avoir, comme la nôtre, les équations connues sous le nom d'*évection* et de *variation*, et l'inégalité de latitude; du reste, il n'indique aucun moyen, n'emploie aucune observation pour déterminer ni les apsides, ni les excentricités, ni les inclinaisons, ni la position des nœuds; tout ce qu'on voit dans son livre, c'est que les inclinaisons ne sont pas tout-à-fait les mêmes pour les quatre satellites non plus que les lieux des nœuds.

Il n'indique aucune cause physique. Son ouvrage n'est composé que d'une suite de réflexions que devrait faire, et que ferait nécessairement tout astronome qui voudrait travailler à la théorie des satellites. Quant à Borelli, il nous dit que son âge et sa mauvaise santé l'empêchent de se livrer à ces recherches; en ce cas, ce n'était pas trop la peine d'écrire ce volume où l'on n'apprend rien, et où l'on ne trouve que des avertissemens dont on n'a aucun besoin.

A la page 145, pour mesurer les distances des satellites à Jupiter, il parle de la nouvelle invention d'Huyghens, c'est-à-dire de la lame métallique qu'il plaçait au foyer de sa lunette pour mesurer les petits diamètres, et il ajoute : *Licet multo priùs id ipsum mihi D. Candidus Buonus florentinus communicaverit*. Veut-il dire que Buonus avait cette idée long-tems avant Huyghens, ou seulement qu'en ayant reçu la confidence il en avait fait part à Borelli long-tems avant qu'Huyghens eût rien imprimé? Au reste, il n'y a rien d'impossible que Buonus ait eu la même idée que Huyghens; il arrive un tems où une découverte est mûre et ne peut échapper davantage à l'attention des observateurs. Plusieurs peuvent l'entrevoir ou même s'en faire une idée complète : ils l'essaient chacun de leur côté, et elle appartient à celui qui la publie le premier.

Borelli se sert des mots *apo-jove* et *peri-jove*. Ces mots sont restés, malgré la bizarrerie de leur composition, formés d'un mot grec et d'un mot latin. Il aurait fallu dire *apodie* et *peridie*, ἄπο Διὸς, περὶ Δία. Mais le mot étant moderne, et ne se trouvant pas dans les écrits des Grecs comme apôgée et périgée, aphélie et périhélie, on s'est conformé, pour être entendu, aux connaissances plus générales.

Borelli fut l'un des premiers à soupçonner que les comètes décrivaient, autour du Soleil, des orbites elliptiques ou paraboliques. Voici ce qu'il écrivait le 4 mai 1665. *Parmi primieramente che il vero e real movimento della presente cometa, non possa essere in niun conto fatto per linea retta, ma per una curva tanto simile a una parabola, ch'è cosa da stupire; e questo non solo lo mostra il calcolo, ma ancora un' esperienza meccanica che farò veder a V. A. al mio arrivo a Firenze.* (*Angelo Fabbroni, Lettere inedite uomini illustri,* tome I, page 173).

Borelli a donné, sous le nom de *Mutoli,* un opuscule intitulé : *Del di movimento della cometa apparsa il mese di dicembre* 1664.

LIVRE XII.

Gassendi et Mouton.

PETRI *Gassendi, Opera omnia in sex tomos divisa. Lugduni,* 1658.

Gassendi, né à Champtercier, petite ville éloignée de Digne d'une lieue à l'ouest, le 22 janvier 1592, d'Antoine Gassendi et de Françoise Fabri. A l'âge de seize ans, il fut nommé professeur de rhétorique à Digne; trois ans après, professeur de philosophie à Aix. Dès qu'il fut en âge de recevoir la prêtrise, il fut nommé à un canonicat par un privilége attaché au doctorat; il eut la préférence sur plusieurs autres chanoines ses concurrens à la place de prévôt de cette église. Ce concours ne put être décidé sans procès, et ce procès fit connaître Gassendi de divers magistrats de Grenoble et de Paris. A l'âge de vingt-huit ans, il fit un voyage en Belgique avec François l'Huilier, maître-des-comptes de Paris. Il avait nié d'abord la circulation du sang, mais il avait trouvé très bon qu'on écrivît pour le réfuter; il changea de sentiment après les expériences de Pecquet.

Il était enclin à l'ironie, mais ne s'y livrait qu'avec des amis dont il était sûr. Il était modeste et désintéressé. L'évêque de Lyon, frère du cardinal Richelieu, le fit nommer à la chaire d'Astronomie du collége de France; mais l'état de professeur convenait mal à sa faible poitrine. Il fut obligé d'aller à Digne respirer l'air natal; il y resta jusqu'en 1653, qu'il revint à Paris avec Bernier. Tombé malade en 1654, il guérit à force de saignées, mais il ne put recouvrer ses forces : l'année suivante il fut encore plus dangereusement malade. On n'épargna pas des saignées qu'il jugeait excessives; il n'eut pas la force de résister à ses médecins, qui le saignèrent encore si bien, qu'il mourut le IX des calendes de novembre 1655, à soixante-trois ans et neuf mois.

Dans une discussion avec Descartes il lui disait : *Tametsi carneum me dicas non ideo facis exanimem; ut neque tametsi te mentalem geras, te id circo facis excarnem.*

Ses œuvres philosophiques comprennent la Logique et la Physique, qui ne sont pas de notre sujet, quoique dans sa Physique on trouve une exposition claire et simple du système de Ptolémée. Passant ensuite à celui de Copernic, il nous dit qu'il avait été celui des principaux Pythagoriciens, et celui de Platon dans sa vieillesse (que le Soleil était le plus noble des corps, et comme le cœur du monde et le principe qui lui donnait la chaleur; qu'il était placé au centre, c'est-à-dire, dans le lieu le plus noble, d'où il versait sa force de toute part). En parlant du système de Tycho, il le présente comme un simple renversement du système de Copernic. Il mentionne, en passant, le système de Longomontanus, qui accorde au moins à la Terre le mouvement diurne: il préférerait le système de Copernic aux deux autres, *mais il est contraire à l'Écriture;* en conséquence, et pour obéir au décret qui, *dit-on,* a décidé qu'il fallait entendre les passages de l'Écriture dans le sens littéral, il se voit contraint à donner la palme à Tycho. Dans une longue dissertation qui vient ensuite sur la figure du monde, on voit un esprit sage et circonspect, qui rapporte tout ce qu'on a dit, qui n'a point de sentiment arrêté, mais une disposition constante à disculper Epicure des divers reproches qu'on lui a faits. Dans la question sur l'âme du monde, il range parmi ceux qui lui en accordaient une, Pythagore et Platon. Tout cela n'est que de la philosophie grecque. Le monde a-t-il commencé? Question qu'il décide par la Genèse; ce qui ne l'empêche pas de discuter toutes les opinions des philosophes. Finira-t-il? Toujours même manière et même circonspection. Nous passons toute la physique générale pour arriver à la section seconde, *de rebus cœlestibus.*

A l'article de la voie lactée, il rapporte cette idée des Pythagoriciens, qui entendaient par Phaëton une comète qui ressemblait au Soleil par la couleur et le mouvement, dont l'existence était passagère, et la nature semblable à celle de la voie lactée. Il a pris cette citation dans deux commentateurs d'Aristote. Il ne croit pas que les hommes puissent être transportés impunément de la Terre à la Lune, où ils ne trouveraient point d'air respirable, où ils seraient exposés le jour à une chaleur extrême, et les nuits à un froid insupportable : ce qui n'empêche pas que la Lune ne puisse être habitée par des êtres d'une autre nature; on doit en dire autant des autres planètes. Le reste de ce second livre est un extrait de tout ce qu'on a écrit sur le ciel depuis les Grecs les plus anciens jusqu'à Képler. On n'y voit rien qui appartienne à Gassendi; le livre III a pour titre : *Des mouvemens des Astres.* On y voit la doctrine d'Eudoxe, de Calippe et d'Aristote; la théorie des homocentriques, et le nombre de sphères qu'ils supposaient à chaque planète pour sauver les apparences.

Son chapitre des excentriques est un long extrait de Ptolémée; il examine la question des sphères solides et l'hypothèse des planètes nageant librement dans l'éther. Il vient au mouvement de la Terre, et rapportant les noms de tous ceux qui ont soutenu ce mouvement, il n'en donne d'autre raison que la place la plus noble, le corps le plus noble, et ce que nous savons, d'après Aristote et Plutarque. Il remarque que Copernic, ayant embrassé cette opinion pythagoricienne, l'avait exposée avec une *adresse admirable :* preuve qu'il n'avait rien vu de semblable dans tout ce qu'il avait pu recueillir. Copernic n'a rien trouvé chez les Anciens qui ait pu lui donner l'idée du mouvement qu'il trouve à l'axe; rien pour l'inégalité de la précession ni la variation d'obliquité. Gassendi rapporte fidèlement et réfute solidement les objections qu'on a faites à ce système. Sa dissertation est longue, sage et impartiale, mais après Copernic, Képler et Galilée, elle ne nous apprend rien, sinon peut-être que Gassendi était au fond de l'âme copernicien, et que par respect pour l'Écriture sainte, il n'osait pas se l'avouer à lui-même. Sur la cause motrice, il rapporte avec soin toutes les rêveries des philosophes.

Le livre IV traite de la lumière des astres. A l'article du Soleil, on voit que quand même on supposerait que cet astre doit diminuer par l'émission continuelle de la lumière, cependant il faudrait bien des siècles pour que cette diminution pût être sensible. En effet, supposons que le diamètre du Soleil soit de 1860 et qu'il soit réduit à 1859; les cubes de ces nombres seront $\overline{1860}^3 : \overline{1859}^3$, la différence de ces deux cubes est $3a^2b + 3ab^2 + b^3 = 3a^2 + 3a + 1$, en supposant $1860 = a + 1$ et $1859 = a$, ou 10373322, le cube de $1860 = 6434856000$, la perte serait donc environ $\frac{1}{64}$; et si le Soleil est 1100000 fois gros comme la Terre, il faudrait que la perte fût d'un volume égal 17188 fois la Terre. Cet argument est d'Averroès; il est aujourd'hui bien plus fort, puisque nous faisons le Soleil beaucoup plus gros et plus éloigné. Gassendi développe longuement ces idées, il disserte aussi sur les taches du Soleil. Il rapporte ensuite toutes les opinions qui lui sont connues sur la lumière de la Lune, et dit qu'elle ne peut être un globe poli, car elle ne renverrait qu'une image et ne paraîtrait pas éclairée tout autour. En parlant des taches, il les distingue en permanentes et passagères. Celles-ci ne sont que les ombres des montagnes qui disparaissent dans la pleine Lune. *Id autem observatu pulcrum potissimum est in macula illa quæ ad partes occiduas, (videlicet respectu nostri,) repræsentat caput, faciemque cujusdam Ther-*

sitæ, deformisve homuncionis et ad diem circiter Lunæ sextam. Il parle aussi de ces petits trous en ronds (*scaphidia aut uniones*) petites barques ou perles, que nous appelons des *puits*.

Taceri autem non debet vallis insignis quæ ducitur ab orientali usque parte memorati vultus homuncionis versus memoratum primarium unionem. Gassendi et Peiresk avaient formé le projet d'une sélénographie, et ils en avaient déjà fait graver une planche; mais apprenant que Langrenus, Hévélius et quelques autres astronomes, s'occupaient d'un semblable travail, ils renoncèrent à leur projet. Sur les planètes, les étoiles, leur scintillation, il raisonne d'après les opinions des divers astronomes, et n'émet aucune idée qui lui soit propre.

Il rapporte comme une chose curieuse des observations de Vénus et de Mars, faites par lui à Aix sur la fin de 1634 et au commencement de 1635. Au mois de septembre Mars se voyait à peine dans le crépuscule, il paraissait devoir être bientôt absorbé dans les rayons du Soleil, et cependant, dans le cours des deux mois suivans, il augmenta de grandeur et de lumière, en sorte qu'il ne fut absorbé qu'en février. Vénus, en décembre et janvier, avait paru décroître rapidement, on croyait qu'on allait la perdre de vue; elle ne disparut pourtant que deux jours avant la conjonction, c'est-à-dire le 17 février, et peut-être, sans les nuages, l'aurait-on vue plus long-tems. Le 28, elle reparut beaucoup plus brillante qu'on ne s'y attendait. Ces observations sont accompagnées de distances au Soleil, aux planètes et aux étoiles; il fait quelques remarques du même genre sur Mercure. Il lui reconnaît une scintillation, et c'est la raison pour laquelle il était nommé στιλβών. Sa théorie des crépuscules est vague comme tout le reste, et n'offre pas une idée neuve.

A l'article des éclipses, il rapporte cette observation de Mæstlinus à Tubingue; le 17 juillet 1590, le Soleil se montrait à l'horizon, la Lune était élevée de près de 2° et déjà éclipsée de quelques doigts, et la Lune ne disparut que quand le Soleil fut élevé de 2°. Il rapporte une éclipse de Soleil observée par lui à Aix, le 21 mai 1621; elle commença à $7^h 5' \frac{1}{2}$ du matin et finit à $9^h 31' \frac{1}{2}$, et fut de 9° 25'; et une autre du 10 juin 1630, observée à Paris (latitude 48° 52'). Commencement, $6^h 16' \frac{1}{2}$ après midi; la fin n'arriva qu'après le coucher du Soleil; l'éclipse avait été de 11° 32', le Soleil s'était couché éclipsé de près de deux doigts. A Digne (latitude 44° 6'), 15 avril 1623, l'éclipse de Lune commença à $3^h 9'$ du matin, fut de $11^d \frac{1}{2}$ et un peu plus. A Paris, le 15 avril 1642, l'éclipse de Lune commença à $0^h 10'$, l'immersion fut totale à $1^h 11'$; l'émersion commença à $2^h 47'$ et finit à $3^h 48'$; et le 20 janvier 1628, à Aix, l'éclipse commença à $7^h 49'$, l'immersion à $8^h 48'$; l'émersion à $10^h 25'$, la fin à $11^h 24'$. A Paris, dix-neuf ans après, c'est-à-dire en 1647, il observa une éclipse pareille. Commencement $8^h 8'$, fin $10^h 16'$; l'éclipse fut à peu près de cinq doigts. Il parle d'un instrument qu'il avait imaginé pour observer les éclipses, comme les taches du Soleil. Je n'y vois pas de grandes différences avec celui de Scheiner. A Digne, le 8 avril 1633, le Soleil étant encore élevé de $8°5'$, c'est-à-dire à $5^h 45'$, il observe la fin de l'éclipse, et, d'après ses mesures, il put conclure l'éclipse de $8^d 18'$ ou $20'$, à $4^h 42'\frac{1}{2}$. Dix-neuf ans après, et toujours à Digne, il observa une autre éclipse de Soleil le 8 avril 1752. Commencement $9^h 43'$ du matin; fin $15^h 58'$; quantités $9^d 24'$.

Le 1er juin 1639, commencement de l'éclipse de Soleil à $4^h 44'$, le Soleil étant élevé de $28° 30'$ à Aix; milieu conclu, $5^h 45'$; grandeur, $8^d 10'$ ou $16'$ au plus. Le diamètre de la Lune surpassait celui du ☉ de $36''$; on vit la ligne des cornes perpendiculaire à l'horizon quand le ☉ avait $22°$ de hauteur, et parallèle à l'horizon, le Soleil étant descendu à $13° 25'$; l'éclipse n'était plus que de six doigts.

A Paris, le 21 août 1745, commencement à $10^h 4'$, ☉ élevé de $46° 0'$.

A Menil-Habertin (Haubert), château de Monmort, seize milles italiques au couchant de Paris, le 12 août 1654 matin, l'éclipse du Soleil commence à $8^h 0' 40''$, et finit à $10^h 16' 16''$; grandeur, 9^d; les diamètres du Soleil et de la Lune étaient dans le rapport de $30' 30''$: $31' 16''$; l'éclipse fut totale à Dantzick.

Pour le diamètre de la Lune, comme le télescope la fait toujours plus grande qu'elle ne paraît à l'œil, Gassendi traça vingt-trois images d'éclipses lunaire, parce que l'éclipse peut aller à vingt-trois demi-doigts; et pendant l'éclipse, il comparait à ces figures celle de la Lune vue dans sa lunette : il s'assura que ce procédé faciliterait l'estime; c'est de cette manière que le 14 mars 1634, il avait observé l'éclipse de Lune. Commencement, $7^h 41'$; fin, $11^h 1'$; milieu, $9^h 21'\frac{1}{2}$; éclipse, $11^d 0'$.

A Digne 20 février 1636, commencement, $9^h 44'\frac{1}{2}$; fin, $11^h 35'$; milieu, $10^h 40'$; quantité, trois doigts au plus; il trouva par les mêmes moyens que le rayon de l'ombre n'était pas triple de celui de la Lune, mais sensiblement moindre; en faisant diverses suppositions pour ce rapport, il construisait des figures qui donnaient plus ou moins de courbure au bord de l'ombre. Ainsi à Digne, le 21 décembre 1638, commencement, $0^h 37'$ après minuit; immersion, $1^h 18'$; émersion, $3^h 14'$; fin, $4^h 14'$;

la figure de l'ombre parut s'accorder avec une proportion double ou double et demie.

31 janvier 1645, à Paris, commencement, $4^h 15'$; immersion, $5^h 12'$.

10 février 1645, à Paris, commencement, $5^h 34'$; fin, $8^h 40'$; milieu, $7^h 7'$ soir; grandeur, $9 \frac{1}{2}$ doigts.

19 novembre 1649, à Digne, commencement, $5^h 18'$; immersion, $6^h 22'$.

17 septembre 1652, fin, $8^h 19'$ soir. Ces moyens indiquent plus de soin qu'ils n'assurent de précision.

Il tenta aussi de marquer trois points sur la limite de l'ombre; il faisait passer par ces trois points une circonférence, et la divisant en 360°, il en déduisait la distance des cornes et les distances entre les points de commencement et de fin, d'immersion et d'émersion.

A l'occasion des éclipses annulaires il assure que le diamètre du Soleil ne peut surpasser celui de la Lune que de $4 \frac{1}{2}$ minutes.

La Lune, sur le Soleil, a paru quelquefois avoir une faible lumière, qu'il suppose avoir été la lumière cendrée.

Il rapporte ces mots d'un martyrologe de Digne, qu'en l'an 1415, le vendredi 7 juin, le Soleil s'éclipsa deux heures après son lever; que cette éclipse dura une heure, et que *les étoiles se voyaient clairement;* et le 3 du mois de juin 1239, le Soleil s'obscurcit, le jour se changea en nuit vers midi, et les étoiles parurent. La mémoire de cette éclipse a été conservée par une inscription à la porte d'une chapelle à demi-ruinée, sur un rocher qui domine la Durance entre Mirabeau et Canto-Perdru.

Il croit qu'on voit le commencement trop tôt et la fin trop tard, du moins à l'œil nu; il en conclut que les observations faites avant l'invention des lunettes ne peuvent offrir aucune certitude; il dit que l'erreur peut aller à $\frac{1}{4}$ d'heure. Ebn-Jounis ne la portait qu'à $\frac{1}{8}$, et il la faisait de signe contraire : c'est que Gassendi parle de la pénombre et Ebn-Jounis de l'ombre pure; l'incertitude est d'autant plus grande, que l'ombre entre plus obliquement sur le disque de la Lune. Dans l'éclipse de Soleil de 1630 qu'il observa à Paris, quoique l'éclipse fût de $11^d \frac{1}{2}$, la lumière était celle d'un faible crépuscule, et l'on ne vit aucune étoile.

Il croit que Mercure et Vénus pourraient éclipser la Lune en partie, en quoi il se trompe. A la vérité ces planètes, vues de la Lune, paraîtraient sur le disque du Soleil; ce serait, si l'on veut, une éclipse partielle de Lune, mais aucun habitant de la Lune ne s'apercevrait de l'éclipse de Soleil.

A l'occasion des passages, il cite son observation de Mercure sur le Soleil en 1631, et ses efforts inutiles pour y apercevoir Vénus, dont le passage avait été annoncé par Képler. Il suppose que ce dernier passage a pu avoir lieu pendant la nuit; il avertit que si l'on voulait observer un passage de Mercure par les moyens qu'on emploie pour une éclipse de Soleil, ou pour les taches, Mercure échapperait à l'observation à cause de la petitesse de son diamètre.

Il rapporte une occultation de Mars par la Lune, observée par lui à Paris le 6 février 1632, $3^h 3'$, après minuit; elle finit à $3^h 33'$. Il remarqua qu'à la vue simple Mars avait disparu une demi-heure avant l'occultation véritable; ce qui nous montre le fonds que nous devons faire sur les éclipses de ce genre, observées par les Grecs ou les Arabes.

Le 19 juin 1630, à Paris, il avait vu Saturne occulté par la Lune; mais il n'avait pas de quoi faire une observation véritable. Le 19 février 1625, dans le crépuscule, il aperçut Vénus qui approchait de la corne boréale de la Lune, qu'elle ne fit que raser sans en être cachée. L'horloge de la Samaritaine marquait $5^h 40'$ environ.

Le 20 janvier 1647, à Paris, $2^h 0'$ après minuit (ou le 21 en tems civil), le bord boréal de la Lune toucha le bord de Jupiter. Gassendi n'avait pas d'abord de lunette; mais, s'en étant procuré une à $2^h 17'$, il vit Jupiter disparaître entièrement; à $3^h 0'\frac{1}{2}$, la planète commença à reparaître en partie; à l'œil nu, l'émersion ne commença qu'à $3^h 8'$. Le 12 avril suivant, le soir, la Lune étant un peu plus que dichotome, sa pointe boréale paraissait près de cacher Jupiter; à $10^h 4'$, Jupiter était à moitié caché; on vit ensuite Jupiter s'avancer comme à cheval sur la Lune : il la quitta entièrement à $10^h 9'\frac{1}{2}$.

A Digne, il vit la Lune éclipser Régulus, l'an 1627, le 10 juin, à $10^h 30'$.

Dans la même ville, le 14 février 1633, $11^h 30'$, la Lune éclipse la précédente des trois de la queue du Bélier. Le 26 août 1635, à $9^h 49'$, la Lune presque pleine, de son bord encore obscur éclipsa la précédente des deux étoiles de la queue du Capricorne.

Le 21 décembre 1638, à $4^h 37'$ après minuit, la Lune éclipsée éclipsa l'étoile qui est au bout du pied de Castor.

A Aix, le 29 mars 1637, $8^h 44'$ du soir, la Lune éclipsa l'étoile de l'angle occidental du quadrilatère des Pléiades; à $9^h 19'$, elle cacha l'étoile de l'angle boréal; à $9^h 26'$, elle cacha l'étoile de l'angle austral; à $9^h 40'$, l'étoile de l'angle austral était sortie de dessous la Lune, et elle n'était pas éloignée de 45″ du bord de la Lune.

A $9^h 45'$, elle éclipsa l'étoile de l'angle oriental, ou la luisante des Pléiades.

De ses diverses remarques, il conclut pour le diamètre de la Lune presque périgée, environ 30′; à $9^h 54'$, l'angle boréal était sorti, et à une minute environ de distance au limbe, les hauteurs de la Lune n'étaient que de 5° : les vapeurs empêchèrent de continuer les observations. Le 24 janvier 1638, la Lune couvrit de son bord obscur, l'angle austral de la Pléiade à $7^h 52'$, elle couvrit la luisante; à $8^h 21'$, l'angle austral avait reparu; à $9^h 19'$, la luisante avait reparu, éloignée du limbe d'une 24ᵉ partie du disque lunaire; à $10^h 10'$, la plus orientale des Pléiades était à une distance du limbe égale à la moitié de la mer Caspienne. Il passe sous silence plusieurs éclipses de l'Epi, des étoiles du Scorpion et du Sagittaire.

Il observe encore plusieurs appulses de planètes entre elles, mais aucune occultation réelle. Ainsi, le 14 octobre 1632, en allant de Digne à Aix, il vit à l'œil nu Vénus très près de Mars. Le 31 juillet 1632, à Paris, dans le crépuscule du matin, lorsque déjà on ne voyait plus aucune étoile à 4^h sonnées, il la vit sortir des vapeurs, et Mercure était tout près d'elle. Les deux planètes devaient être à fort peu près à même longitude; la distance des bords était d'un diamètre de Vénus à l'œil simple, et de 5 au télescope.

Il voudrait bien parler aussi des éclipses des satellites de Jupiter, mais on n'avait pas encore des lunettes suffisantes pour ces observations, non plus que pour leurs passages sur Jupiter. Il réserve à la postérité de parler des occultations des anses de Saturne. Il nous apprend cependant qu'en 1642, au commencement d'août, il vit Saturne rond; ce qui lui expliqua pourquoi il paraissait alors si petit, quoiqu'il fût acronyque; à la fin de mai 1643, au lever héliaque, Saturne avait ses anses; au coucher héliaque de mars 1644, les deux petits globes paraissaient séparés de la planète. Sur la fin de 1645 les anses atteignaient le globe, et l'on voyait l'espace obscur entre les anses et le corps de la planète. En 1646, ces espaces parurent s'oblitérer, et les pointes parurent moins distinctes. En 1647, les apparences étaient à peu près les mêmes, mais plus confuses; c'était encore la même chose à peu près au mois d'avril 1648, vers le coucher héliaque, et en mai 1650. En novembre 1651, Saturne avait la figure d'un œuf. En septembre 1652, les anses étaient encore plus resserrées : il continua les observations jusqu'en juin 1655. Il tomba malade au mois d'août, et mourut en octobre. Il avait recommandé à Poteria, son secrétaire, de le suppléer. Celui-ci eut des affaires qui l'en détournèrent long-tems; mais il vit Saturne rond au mois de février et de juin : Boulliaud l'avait vu tel dès le 16 janvier.

Le livre V traite des astres nouveaux. En commençant à parler des comètes, il cite l'opinion d'Épicure ; en toute occasion on voit sa prédilection pour ce philosophe, qui se hasardait peu à prononcer son opinion, et se rejettait sur *ce qui était possible* plus que sur ce qui était réel. Gassendi disserte en érudit sur les comètes ; il rapporte l'idée de Snellius, qui les regardait comme des fragmens détachés du Soleil. Arrivé aux effets des comètes, sur lesquels il n'a pas d'opinion bien arrêtée, il demande s'il ne serait pas possible que la Terre, si elle a une âme et le sentiment de ce qui se passe dans le ciel, fût affectée d'une certaine manière à l'apparition d'un astre nouveau ; il nous parle enfin d'une comète qu'il avait vue en 1652, et sur laquelle il n'avait pas encore eu le tems d'écrire.

Au livre VI et dernier, sur les effets des astres, après plusieurs raisonnemens vagues, il arrive à l'Astrologie. Il nous dit, d'après Empiricus, que les Chaldéens se nommaient eux-mêmes mathématiciens et astrologues; sur quoi il faut observer que, dans les premiers tems, ce mot ne signifiait que savans, et nullement géomètres. Il donne comme une chose claire que l'Astrologie judiciaire est l'ouvrage des Chaldéens. On sait que chaldéen et astrologue sont des synonymes ; que Bérose apporta cette science dans l'isle de Cos, et qu'il y ouvrit une école. Ils étudièrent le cours des astres, pour avoir une cause à donner de leur connaissance de l'avenir. Il nous apprend que Thalès avait été tourné en ridicule par sa propre servante et par ses contemporains, parce qu'il observait les astres au lieu de faire de l'astrologie. *Primum vidimus jam Chaldæos, nihil exquisitum præstitisse et neque ex ipsis, neque Ægyptiis Hipparchum atque Ptolemæum habere potuisse observationes aliquas circa veros motus sive loca vera quinque planetarum.*

Non sunt inscripti ulli signorum gradus in themate, sed signa nuda solummodo chaldaïco more distributa per domos, initio facto ab ariete ad horoscopum pertinente. Dans sa réfutation des prétentions des astrologues, après les avoir combattus par des raisonnemens, il les attaque par les faits, et donne l'extrait d'un long thême rédigé avec beaucoup de soin par Morin, et qui a été démenti en tous les points par les évènemens.

Morin avait prédit que Gassendi mourrait à la fin de juillet 1650 ou au commencement d'août. Gassendi nous assure que jamais il ne s'est mieux porté. Il cite enfin l'exemple de l'astrologue Gauric, qui n'avait pas su prévoir qu'il serait appliqué à la question par les Bentivoglio, dont il avait prédit la perte.

Gauricus à Bentivolis tortus in equuleo, id certe ex astris non viderat; quamvis excidium familiœ ominaretur plus ex conjectura rerum quam astrorum; fuit enim sycophanta egregius. (*Passage de Cardan*, pag. 751). Ce jugement confirme celui que nous avons porté de ce charlatan, quand nous ignorions cette anecdote.

Le tome II nous fournira peu de chose, il traite de la Terre et des animaux. Cette physique est principalement un commentaire sur le poëme de Lucrèce, dont on voit à chaque page de longues citations. Il s'étonne que les pluies de pierres, si fréquentes dans les auteurs anciens, soient de son tems devenues si rares; il est porté à croire que ces pierres n'étaient souvent que de forts grêlons. Cependant il décrit, pag. 96, un aérolithe tombé dans les Alpes-Maritimes, et qui fut transporté à Aix. Ce qui en restait pesait 54 livres.

Il se demande, pag. 388, pourquoi le Soleil et la Lune, à l'horizon, paraissent d'un diamètre plus grand qu'au méridien, tandis qu'il a observé que leurs ombres sont plus larges, ce qui est une preuve que les diamètres vrais doivent être plus petits. Il attribue cet effet aux vapeurs de l'horizon et à la délicatesse diverse de la pupille. Son observation peut être vraie pour la Lune; cependant la différence doit être bien légère; pour le Soleil, elle doit être tout-à-fait nulle.

Le reste du volume traite d'Histoire naturelle, de Morale. L'auteur, grand partisan d'Épicure, est obligé de le réfuter cependant, quand il a cherché à prouver que l'âme n'est point immortelle; il se croit même obligé de le combattre, lorsqu'il veut prouver que la divination n'est qu'une imposture.

Le tome III contient la Philosophie d'Épicure. A l'article de la Terre, on y voit qu'elle est au centre du monde; c'est la place à laquelle elle a été portée, comme à celle qui lui convenait, lorsque les astres et les corps plus légers se sont élevés dans les parties supérieures; il nie la possibilité des antipodes; les comètes se forment et se dissipent. Gassendi aurait pu nous faire grâce de la physique de son philosophe favori.

Exercitationes paradoxicœ adversus Aristoteleos. Cet ouvrage est le coup d'essai de l'auteur, il annonçait un esprit indépendant. En France on est assez généralement persuadé que Descartes a renversé les autels d'Aristote. Nous avons vu quelle guerre lui avaient déjà faite Képler et Galilée. Gassendi écrit en forme et tout exprès, non par occasion, contre le dieu de l'école. Remarquez cependant qu'il attaque les aristotéliciens et non Aristote. Voici la raison qu'il en donne : il ne pense pas qu'il soit vraiment l'auteur des ouvrages qui portent son nom; il était un trop grand homme pour avoir composé des choses si peu dignes de lui. Et pour appuyer cette assertion, il rappelle qu'il n'est aucun commentateur d'Aristote qui, en commençant l'explication d'un ouvrage, ne se soit demandé s'il est vraiment d'Aristote. Il ajoute que, dans le recueil de ses Œuvres prétendues, on trouve des livres dont aucun ancien n'a parlé; qu'on n'y trouve pas ceux dont ils parlent, ou qu'ils ne sont nullement conformes à ce que les anciens nous ont dit. Nous laissons cette question aux érudits. Nous passerons l'examen de la Philosophie de Robert Fludd, duquel nous avons parlé à l'article de Képler. Ses doutes sur la métaphysique de Descartes sont entièrement étrangers à notre plan, ainsi que ses remarques à Herbert sur le livre de la Vérité. Nous arrivons à un sujet astronomique : ses quatre Lettres sur la grandeur du Soleil à l'horizon et au méridien.

Il y établit d'abord que le Soleil à l'horizon projète une ombre plus grande, d'où il conclut qu'il est alors réellement plus petit; il dit en avoir fait l'expérience. Son appareil ressemble en partie à celui d'Archimède; c'est une règle longue de près de 4 toises avec deux pinnules; l'ombre de la première ne couvre pas la seconde toute entière : il en déduit l'angle du diamètre du Soleil. Quand le Soleil est peu élevé il est vu à travers une suite de vapeurs, il est moins éblouissant, la pupille est plus dilatée, le Soleil paraît plus grand; la nuit, le diamètre de la Lune lui paraît plus grand que pendant le crépuscule, et, pendant le crépuscule, plus grand que durant le jour.

Ainsi le Soleil étant élevé de 3°, l'ombre de la pinnule était de $3^p\ 3^l\ 6^{po}$
5° 3.3.0
8° 3.2.8
15°, et au méridien .... 3.2.4.

Elle a ensuite augmenté comme elle avait diminué. Voilà les faits : il en rapporte d'analogues pour la Lune ; il cherche à les expliquer dans sa seconde lettre à F. Licetus; dans une troisième, à Boulliaud; enfin, dans une quatrième, à Chapelle. Ses explications sont métaphysiques, et nous les omettrons. Il n'a pas vu que c'était un effet de réfraction qui diminuait le diamètre vertical du Soleil, et par conséquent l'espace lumineux de la pinnule inférieure.

Soit ABDC l'instrument de Gassendi (fig. 54) ; si le Soleil était un point mathématique, l'ombre de la pinnule AB couvrirait en entier la pinnule CD.

Soit CAE $= \frac{1}{2}$ diamètre $\odot$, l'ombre de A ira tomber en E, l'ombre de B ira tomber en F ; l'ombre sera donc diminuée de CE + DF = 2CE = 2. AC, tang $\frac{1}{2}\odot$. Mais la réfraction horizontale diminue sensiblement le demi-diamètre ; donc à l'horizon la partie CE ou FD sera plus petite qu'à des hauteurs de 10, 15 ou 20° ; et cette diminution doit décroître à mesure que le Soleil s'élève et devient moins elliptique.

$$d(\text{ombre}) = \frac{2.\,AC\, d\frac{1}{2}\odot}{\cos^2\frac{1}{2}\odot} = \frac{AC\, d\odot}{\cos^2\frac{1}{2}\odot} = \frac{38308.\,d\odot}{\cos^2\frac{1}{2}\odot}.$$

A 3° de hauteur $d\odot$, pour 31′ = 1860″, est de 94″,5, ou de $\frac{94,5}{18600}$,

et $\frac{38308\, d\odot}{1860 \cos^2 15'30''} =$ .... $17,5^{\text{part.}}$

Elle a été observée de $3^{\text{pouc}}\, 3^{\text{lig}}\, 6^{\text{points}} - 3^{p}\, 2^{l}\, 5^{po} = 18^{p} - 4^{l} = 14^{p}$.

A 5° la diminution du diamètre sera, par la même formule, de 9,34
Elle a été observée de.............................. 6,0
A 8° la diminution sera de.............................. 4,25
Elle a été observée de.............................. 4,00.

On voit que notre explication représente les faits, non pas très exactement, mais avec la précision qu'on peut attendre de ces mesures nécessairement grossières et incertaines. Mais il est clair que la diminution de la partie éclairée CE+FD étant plus petite à l'horizon, l'ombre EF doit être plus grande, mais elle doit augmenter à mesure que le diamètre du Soleil reprend sa véritable dimension par la diminution progressive de la différence de réfraction entre les deux bords. Il suit de cette expérience, qu'en effet le diamètre vertical est diminué par l'effet des réfractions, quoique cette expérience soit peu propre à donner la mesure précise de la diminution. C'est ce que Scheiner avait prouvé par la figure elliptique qu'il donne au Soleil près de l'horizon, et c'est un phénomène qui devient sur-tout bien sensible, quand d'une tour élevée on voit le Soleil à l'horizon de la mer, ainsi qu'il m'est arrivé plus d'une fois à Dunkerque,

Watten, Cassel et Narbonne. Le Soleil est à plus de 90° du zénit, et la diminution beaucoup plus considérable qu'à 3° de hauteur. Il est étonnant que Gassendi, non plus que Licetus, n'ait pas songé au livre de Scheiner.

Dans les épîtres *sur le Mouvement imprimé par un moteur en mouvement*, il s'agit des expériences de la pierre tombant au pied du mât malgré le mouvement du vaisseau, et autres faits du même genre. Les explications sont longues, et le sujet ne nous intéresse que par l'application qu'on en peut faire au mouvement de la Terre. Gassendi s'en occupe dans sa seconde lettre, où il expose longuement le système de Copernic. Sa conclusion est que toutes ces expériences ne font rien ni pour ni contre le mouvement de la Terre. Ce n'était pas trop la peine de faire une dissertation si longue, quand on avait les dialogues de Galilée. En avouant que la vérité de ce système n'est nullement prouvée par ces expériences, ce qui est une chose reconnue, il pouvait au moins exposer les autres raisons qu'on a pour l'admettre ; mais il a songé qu'il était prévôt de Digne; il a parlé de manière qu'on peut bien le soupçonner d'être copernicien, mais qu'il est impossible de l'en convaincre. Ce qui le retient, c'est la décision des cardinaux. Malgré sa circonspection, Morin l'attaqua pour avoir prétendu que la Terre se mouvait, et il intitula son pamphlet : *Les aîles de la Terre brisées.* Gassendi répondit avec modération, mais avec une telle prolixité, qu'il m'a été impossible de lire jusqu'à la fin sa démonstration, à laquelle on ne voit pas d'objet bien déterminé.

Dans ses Lettres sur l'accélération des Graves, il défend le théorème de Galilée contre les attaques du jésuite Cazrœus.

En voyant le soin et l'étendue avec lesquels Gassendi avait prouvé que la chute des graves ne faisait rien ni pour ni contre le mouvement de la Terre, on crut voir, et sans doute on ne se trompait guère, qu'il ne voulait que réfuter une objection qu'on faisait à Copernic, dont il était secret partisan. Gassendi proteste qu'il n'en est rien, *parce que l'Écriture l'en empêche.* Il discute avec esprit et une raillerie fine les raisons tirées de l'Écriture. Il réfute tous les argumens qu'on en tire contre Copernic; il fait voir qu'en prenant l'Écriture à la lettre, on sera obligé d'admettre des choses reconnues fausses et absurdes. Il répète cependant qu'il est chrétien, qu'il condamne tout ce que l'Église rejette; mais il assure qu'il ignorait que l'Église eût prononcé sur ce point : il ignore même si le pape a ratifié la déclaration des cardinaux, mais il le suppose; et en conséquence il rejette le système de Copernic; ce qui ne l'empêche pas de réfuter solidement toutes les objections qu'on fait à ce système et toutes les absurdités qu'on lui reproche; et pour répondre à l'argument qu'on tirait de la grosseur qu'il faudrait attribuer aux étoiles fixes, il fait le calcul suivant :

Il se demande pourquoi toutes les étoiles qui luisent à nos yeux dans une belle nuit n'ont pourtant pas toutes ensemble une lumière qui soit équivalente à celle de la Lune. Si leurs diamètres apparens avaient la grandeur qu'on leur suppose, réunis ensemble, ils formeraient un disque bien plus grand que celui du Soleil; et comme leur lumière est plus vive que celle de la Lune, ils devraient nous éclairer davantage.

Il pose d'abord que 511 étoiles peuvent être visibles au même instant, puisque toujours nous voyons la moitié du ciel. Ces étoiles formeraient un disque qui serait une fois et demie celui du Soleil. Mais en adoptant les mesures de Galilée, il trouve que ce disque serait seulement $\frac{1}{183}$ de celui du Soleil. Alors il conçoit pourquoi la voûte céleste nous éclaire si peu; cependant Galilée donnait $5''$ aux étoiles de première grandeur, et elles n'en ont pas une demie.

Nous ne suivrons pas l'auteur dans les développemens qu'il donne à ces idées, parce que le sujet n'intéresse qu'indirectement l'Astronomie; que l'extrait que nous pourrions en faire occuperait plus de place qu'il n'en mérite, au moins dans notre Ouvrage. Nous nous contenterons d'indiquer son quadruple parhélie observé à Rome, et le phénomène semblable observé plus anciennement en Angleterre, et nous passerons à des ouvrages plus véritablement astronomiques.

Institutio astronomica juxta Hypotheses tam veterum quam Copernici et Tychonis Brahei; dictata in regio Parisiensi collegio. Nous apprenons dans l'épître dédicatoire au cardinal Louis-Alphonse de Richelieu, archevêque de Lyon, grand aumônier de France, et en cette qualité supérieur du Collége royal, que Gassendi n'avait accepté la chaire d'Astronomie, qu'à condition d'interrompre ses leçons quand sa mauvaise santé l'y forcerait; et que ses maux de poitrine l'ayant forcé en effet à les suspendre assez long-tems, le cardinal avait fait pour lui ce qu'il ne voulait faire pour aucun autre, et l'avait dispensé de la résidence, et qu'il en avait profité pour aller respirer l'air natal.

Ce traité est tout dogmatique, c'est-à-dire, qu'il suppose la science toute faite, et l'on entend un professeur qui en expose les principes, et qui commence par donner toutes les définitions dont on pourra sentir le besoin par la suite, sans s'inquiéter si l'on peut les bien comprendre, ni s'il sera bien facile de les retenir. Ces définitions ou notions vagues composent le premier livre en entier.

Le livre second contient l'Astronomie planétaire, mais n'en donne que ce que l'on peut entendre sans aucun principe de Géométrie et d'Arithmétique.

Dans le troisième, il parle du système de Copernic, *uniquement parce qu'il est devenu célèbre*. Les anciens en ont eu la première idée, mais on ne voit nulle part ce qui les avait portés à l'imaginer, ni comment ils l'exposaient. Au soin que l'auteur met à montrer les avantages de ce système, on ne peut s'empêcher de le croire copernicien. Il met même trop d'importance aux stations et aux rétrogradations. Il ne met pas moins de zèle à réfuter les objections; il est plus bref sur le système de Tycho, et cela devait être; mais on voit qu'il l'affectionne beaucoup moins.

Au total, ce traité, de 65 pages, n'est guère qu'une table des matières. C'est un discours sur l'Astronomie plus qu'un traité.

Le discours d'ouverture de ce cours est d'un théologien; l'Astronomie n'y est guère nommée que parce qu'il était impossible de s'en dispenser.

De Rebus cœlestibus commentarii. Ce sont des observations de distances faites avec un rayon astronomique, des observations d'éclipses, de halos, de parhélies, d'aurores boréales; des remarques au nombre de vingt sur les taches du Soleil. Ces remarques ne nous apprennent rien aujourd'hui, mais à cette époque elles indiquent un observateur attentif et intelligent. Des observations sur la forme de la neige, sur les phases de Vénus, des configurations de satellites, des figures de Saturne assez inexactes, enfin quelques comètes. Ces observations tiennent 422 pages, et vont de 1618 à 1652; elles supposent un travail long et continu, qui malheureusement est et a toujours été assez inutile.

Une observation plus neuve et plus curieuse fait la matière de l'écrit intitulé: *Mercurius in Sole visus et Venus invisa, Parisiis, anno* 1631, *pro voto et admonitione Kepleri.* Il écrit à Schickhardt, professeur d'hébreu à Tubingue. « Le rusé Mercure voulait passer sans être aperçu, il était entré plutôt qu'on ne s'y attendait, mais il n'a pu s'échapper sans être découvert, ἑύρηκα καὶ ἑώρακα; je l'ai trouvé et je l'ai vu; ce qui n'était arrivé à personne avant moi, le 7 novembre 1631, le matin. »

Képler avait annoncé le passage de Mercure et celui de Vénus. Gassendi s'était préparé à ces observations; il avait divisé en 60 parties le diamètre d'un cercle tracé sur un papier blanc, pour recevoir l'image du Soleil. La circonférence était divisée en degrés; il avait placé dans un étage supérieur un aide avec un quart de cercle de deux pieds de rayon. Il devait lui donner un signal quand il verrait Mercure; l'aide devait suivre, avec son quart de cercle, les mouvemens du Soleil, pour avoir les hauteurs pour chacun des instans d'observation.

Le 7, le tems était extrêmement incertain; à 8^h le Soleil fut vu entre des nuages épais; vers 9^h, le Soleil fut un peu plus clair, il put en recevoir l'image sur le carton. Il crut y voir un point noir, qui avait un peu passé le vertical, et qui était à une distance du bord inférieur d'un quart du diamètre ou un peu plus. Il ne se doutait guère que ce pût être Mercure, qu'il croyait beaucoup plus gros; il pensait bien plutôt que c'était une tache qu'il avait observée les jours précédens. Il vit que le point noir avait changé de place, il crut qu'il avait pu se tromper dans sa première observation; mais il vit que la distance changeait encore; alors il crut tout de bon que c'était Mercure qu'il voyait. Il donna le signal convenu, mais l'aide n'était pas à son poste; Gassendi l'appela, et il vint avant que Mercure ne fût hors du Soleil. Le diamètre de Mercure parut de $20''$ environ, le milieu du disque était noir, les bords rougeâtres. Quand Mercure sortit, le Soleil était élevé de $21° 44'$, qu'il réduit à $21° 42'$, à cause de la réfraction: d'où il conclut la sortie à $10^h 28'$ du matin, le 7, à 32 ou 33° du vertical. Il en déduit le lieu du nœud à $7^s 14° 52'$; la durée a dû être de 5^h; la conjonction, un peu après, $7^h 58'$, en $7^s 14° 36'$, la latitude étant de $4' 30''$, $4^h 49'\frac{1}{2}$, plutôt que suivant l'annonce; l'erreur des tables en longitude était de $13'$ et en latitude de $1' 5''$; qui pourrait s'imaginer que ce Mercure, qu'on appelle ici *trismégiste*, fût d'une telle petitesse, qu'on devrait plutôt l'appeler *trisélachiste*. Gassendi avait remarqué que Jupiter n'avait pas une minute; mais ayant vu un jour Mercure se levant en même tems qu'Arcturus, il n'y avait trouvé aucune différence. Il en conclut qu'il faudra diminuer de beaucoup les diamètres des étoiles et ceux des planètes : il conjecture que celui de Vénus ne doit pas surpasser une minute. (*Mégiste*, très grand, *élachiste*, très petit.)

Il parle ensuite de l'éclipse de Lune du lundi qui a suivi le passage de Mercure.

Le passage de Vénus était indiqué pour $9^h 46'$ du soir; mais l'erreur des tables pouvait être assez forte pour que ce passage fût en partie visible.

Gassendi s'y prépara avec plus de soin encore que pour Mercure, mais il ne put rien voir.

Il parle ensuite d'une occultation de Mars par la Lune. Lorsqu'à la vue simple on ne voyait plus aucun intervalle entre les deux planètes, cet intervalle à la lunette était tel que le diamètre de la Lune à l'œil nu. Mars fut éclipsé le 6 février à $3^h\ 3'$ du matin, il reparut à $3^h\ 33'$; les instans sont ceux de l'entrée du premier bord, et de la sortie totale (1632).

Novem stellæ circa Jovem visæ, Coloniæ exeunte anno 1642, *et ineunte* 1643, *et de eisdem Gassendi judicium.* Les cinq nouveaux satellites que Rheita crut voir étaient plus éloignés de Jupiter, et leur mouvement était contraire à celui des satellites.

De observatâ geminâ in singulos dies (æstûs maris instar), perpendiculorum reciprocatione. On avait voulu expliquer le flux et le reflux de la mer par le mouvement de rotation de la Terre; Alexandre Colignon imagina que ce mouvement devait faire osciller des pendules deux fois en vingt-quatre heures. Il disposa divers fils à plomb depuis 5 jusqu'à 30 pieds de longueur, les enferma dans des tubes pour les garantir de l'action du vent. Il remarqua quel point couvrait la pointe du poids en repos; il crut voir que pendant 6^h elle déviait vers le nord, et 6^h vers le midi; le terme de l'oscillation arrivait à midi, l'autre à minuit. Gassendi n'a pas répété l'observation; il n'est pas même bien persuadé qu'elle soit exacte.

Proportio gnomonis ad solstitialem umbram observata Massiliæ anno 1636.

Les hauteurs du pôle observées avec un grand quart de cercle, étaient de....................	43°. 22′ 22 21 19

A Grenoble, avec un gnomon de 64690, l'ombre était de 25410

A Marseille.................. 89328.............. 31750,

d'où il conclut la latitude de 43° 19′ 36″. Il a reconnu que son quart de cercle n'était pas juste à 3 ou 4′ près. Nous avons vu plus haut sa manière de mesurer le diamètre du Soleil. Le rapport ci-dessus est celui de 120:42,6; Pythéas a dit 41,8; ce qui, avec la parallaxe et les réfractions de Wendelinus, donne 23° 52′ pour l'obliquité au tems de Pythéas, ou même $53\frac{1}{4}$ avec les tables de Tycho. On ignore quelle était la hauteur du gnomon de Pythéas. Il s'efforce ensuite de prouver que l'obliquité pourrait être constante, et les anciens s'y être trompés considérablement. Il discute ensuite les reproches faits à Pythéas par Strabon.

Pour ses hauteurs solstitiales, il avait tracé sa méridienne au moyen de la boussole, en supposant 5° de déclinaison; depuis il s'aperçut que cette déclinaison n'était que de 2°; le Soleil n'était donc pas au méridien quand il a mesuré ses ombres; il faut donc ajouter 1′ 2″ à la hauteur mérienne déduite de son observation.

Tome V, Vie d'Épicure par Diogène Laërce, avec beaucoup de notes.

De vitâ et moribus Epicuri. Longue apologie d'Épicure.

Vie de Peiresk. On y voit, pag. 275, que Peiresk s'attachant à observer les révolutions des satellites, avait conçu le dessein d'en faire des tables pour servir au problème des longitudes. On y voit aussi le projet d'une sélénographie, et même un commencement d'exécution, dirigée par Gassendi.

Il y est parlé d'un manuscrit de l'Astronomie de Ptolémée, sur lequel on lit: *Liber hic præcepto Maymonis regis Arabum, qui regnavit in Baldach, ab Alhazen, Filio Josephi, matre arismetici et sergio filio elbe Christiano, in anno XII et CC, sectæsarracenorum translatus est,* c'est-à-dire, l'an 744 de notre ère.

Vie de Tycho Brahé. La préface est une histoire succincte de l'Astronomie; il la croit aussi ancienne que le monde. La Lune et le Soleil n'ont pas manqué d'attirer l'attention des premiers hommes. Il cite Josephe et sa période de six cents ans, qu'il suppose la grande année qui devait ramener toutes les planètes à la même position. Abraham n'est pas resté assez long-tems en Égypte pour y instruire les prêtres, et l'on ne voit pas qu'il ait été instruit lui-même par les Chaldéens. Moïse fut instruit dans toute la science des Égyptiens, et l'Astronomie de Moïse n'est rien; celle de Job ne s'étend qu'aux noms de quelques étoiles; Isaïe dit que les prêtres de Babylone contemplaient les astres, comptaient les mois, et prédisaient l'avenir. Phaéton est un astronome qui ne put terminer une théorie du Soleil qu'il avait entreprise. Bellérophon et Dédale étaient des astronomes. Icare prit une mauvaise route; *il ne reste rien des Égyptiens, et des Chaldéens peu de chose.* Ces deux peuples étaient très superstitieux: *Ii abfuere longissime ut suspicarentur quempiam esse motum stellarum inerrantium proprium, ut ullam excentricitatem... Ex eo que effectum est ut nullas commenti hypotheses fuerint quibus regi in calculis variorum motuum instituendis possent... Longissime abfuere ut haberent fixarum loca exquisite determinata... Quare neque potuere vera planetarum loca ex comparatione ad fixas definire, neque adeo exquisite ullas observationes designare... Ut verbo dicam, quidquid notitiæ tam Ægyptii quam Chaldæi habent de sideribus, id ad astromantiam totum retulere atque id circo apud illos non tam astronomia germana quam spuria, hoc est astrologia divinatrix, viguit. Memoratus certè Berosus, paulo post Alexandri mortem in Græcian adventans nihil solidi de astronomiâ attulisse proditus est, sed invenisse divinatricem duntaxat astrologiam.* Platon dit expressément que les Grecs ont perfectionné tout ce qu'ils ont reçu des Barbares; qu'on juge par l'Astronomie de Platon quelle était celle des Barbares. En parlant de Tycho, il le loue d'avoir exécuté ce que depuis Hipparque personne n'avait même tenté, et d'avoir composé un système qui doit plaire à ceux qui rejettent celui de Ptolémée, et *n'osent pas* admettre celui de Copernic; il l'appelle l'*Hipparque* du siècle, ce qui est un peu exagéré. Pour les observations il a été beaucoup plus loin, mais il n'a rien fait qui vaille la Trigonométrie, les méthodes de calcul et le planisphère. Tycho était le prénom, celui de son père était Ottre, celui de son frère cadet Sténon, celui de sa sœur aînée Élisabeth.

C'est à Rostoch qu'il perdit le bout du nez. Son thême lui annonçait, de la part de Mars, une difformité dans le visage. Tycho prit querelle à un bal avec un danois, *Manderupius Pasbergius*, le 29 décembre 1566; ils se battirent à la nuit, sept heures du soir; ce qui le porta à quitter sa patrie paraît avoir été le préjugé de ses proches, qui ne lui pardonnaient pas de se livrer aux sciences plutôt qu'à la profession des armes; en quoi cependant il les trouve excusables.

Le landgrave lui dit avoir observé plus d'une fois que les heures marquées aux cadrans solaires était plus longues près de l'horison, comme si quelque chose retardait la marche du Soleil. Tycho avait lu quelque chose de semblable dans Waltherus, il en avait aussi remarqué quelque chose de lui-même : il s'appliqua à la recherche de la cause.

Il avait un portrait de Copernic fait comme on croit au miroir, par Copernic lui-même.

Parmi les causes de la disgrâce de Tycho, il compte la jalousie des courtisans, des auteurs et des médecins modernes, qui ne pouvaient souffrir que sa réputation fût si répandue qu'elle les éclipsait tous; les médecins étaient jaloux de ce que ses remèdes guérissaient des maladies qui avaient résisté à toute leur science. On lui reprochait de ne pas entretenir convenablement la chapelle de Roschild, dont le revenu lui avait été accordé.

Aiunt eum fuisse suapte naturâ lœtum et nonnihil loquacem ac subiracundum : adeo ut cum foret in jocos ac hilaritatem proclivis ac proinde scommata et sales in alios sæpius spargeret, ferre tamen satis patienter non posset si quando in se ab æqualibus spargerentur. Quo loco inferri etiam potest fuisse illum suarum opinionum nisi tenacem at saltem dum illas ratas haberet ita amantem, ut satis impatienter ferret sibi obstinate contradici, ut intelligi potest vel ex unis alterisve litteris. Memorant quoque extitisse erga potentiores morosum. On voit que Gassendi cherche à adoucir; mais il est évident que Tycho était au moins aussi fier de sa noblesse que de son mérite personnel, et qu'il ne devait pas être bien facile à vivre.

Tycho avait eu huit enfans; il en avait encore six quand il quitta son ile.

Recette de l'élixir de Tycho contre les épidémies (487).

Lettre de Tycho à l'empereur Rodolphe. C'est une histoire abrégée de l'Astronomie, où il ne parle guère que de Timocharis, Hipparque, Ptolémée, Albategnius et Alphonse, c'est-à-dire, des divers catalogues d'étoiles, et, enfin, de ses travaux pour perfectionner cette partie fondamentale de l'Astronomie.

Nicolai Copernici Warmiensis canonici, astronomi illustris, vita.

Né en 1472, à Thorn (ville qui appartenait alors à la Pologne), le 19 janvier, $4^h\,38'$ après midi, suivant Junctius; mais, suivant Mæstlinus, en 1473, 19 février, $4^h\,48'$ après midi; il étudia la Médecine à Cracovie, et reçut le bonnet de docteur; il s'adonna aussi à la perspective et à la peinture. Il voyagea en Italie à vingt-trois ans; il y entendit Dominique Maria, qui trouva l'obliquité de 23° 29'; les chevaliers de l'Ordre Teutonique le chicanèrent sur son canonicat, il l'emporta. Il était fort exact aux offices, il exerçait la Médecine pour les pauvres, et donnait le reste de son tems à l'étude. Mécontent des anciennes hypothèses, il rechercha avec soin tout ce qui s'était dit sur le système du monde. Mort le 24 mai 1543.

Vie de Peurbach. Ce nom est celui du lieu où il est né en 1423, le 30 mai. Il s'occupa de Gnomonique. Mort en 1461.

Régiomontan, né en Franconie, en un lieu qui s'appelle Mont-Royal, et non en Prusse. Mort en 1476, né en 1436. Rien de nouveau ni d'intéressant.

Romanum Kalendarium compendiose expositum.

Tels sont les ouvrages de Gassendi; après les avoir lus attentivement, on les trouve un peu au-dessous de la réputation que l'auteur a laissée; mais il faut songer que Gassendi était homme du monde, qu'il avait beaucoup d'esprit et de savoir; qu'il parlait et qu'il écrivait avec facilité; qu'il rendait la science aimable en ne la montrant qu'avec réserve, et en la dépouillant de tout ce qu'elle pouvait avoir de trop effrayant pour ses auditeurs. Ajoutez qu'il était de mœurs douces, vraiment philosophe, et qu'en respectant les préjugés du tems et se montrant rigide observateur de toutes les convenances, il laissait entrevoir un esprit indépendant, qui n'admettait que ce qui lui paraissait bien démontré. On conçoit fort bien qu'en sa qualité de dignitaire d'une église cathédrale il ait fait semblant de regarder comme une démonstration, à laquelle il n'y avait rien à répliquer, une décision des cardinaux *ratifiée par le pape*. On ne conçoit pas aussi facilement que Descartes, qui n'était ni prêtre ni chanoine, qui vivait dans la retraite en Hollande, ait montré si peu de caractère ou même tant de timidité, dans la question du mouvement de la Terre; et il faut avouer que, dans une position beaucoup plus difficile, Gassendi a su éviter tous les écueils d'une manière à la fois plus ingénieuse et plus loyale.

Mouton.

Gabriel Mouton, né à Lyon en 1618, fut d'abord enfant de chœur, puis vicaire de St.-Paul, prébendier de la chapelle des Trois-Maries, maître de chœur de la même église, et docteur en théologie. C'est lui qui a calculé les sinus et les tangentes logarithmiques à 10 décimales, pour toutes les secondes des quatre premiers degrés; ces logarithmes ont servi à Pézenas pour son édition des tables de Gardiner, Avignon 1770, où il les a réduits à 7 décimales. Mouton mourut le 28 septembre 1694. *Voyez* Moréri.

Il est connu principalement par l'ouvrage suivant qui commence à devenir rare.

Observationes diametrorum Solis et Lunæ apparentium. Lugduni, 1670.

L'auteur cherche d'abord la hauteur du pôle à Lyon. Il y emploie les hauteurs méridiennes du Soleil; les résultats varient de 45° 42′ 15″ à 45° 49′ 31″. Il attribue ces énormes différences aux erreurs de la parallaxe, de la réfraction, et des déclinaisons calculées d'après les tables. Douze étoiles lui donnent de 45° 43′ 14″ à 45° 48′ 23″; l'étoile polaire lui donne 45° 46′ 30″, et il croit ce dernier résultat le meilleur de tous. La Connaissance des Tems donne 45° 45′ 58″; la différence de 32″ peut venir en partie de la différence des points de la ville où les observations ont été faites. Il est à croire que Mouton, en sa qualité de maître de chœur, demeurait près de l'église des Trois-Maries. Il resterait à savoir quel est le point dont parle la Connaissance des Tems.

Pour mesurer les diamètres, il suit la méthode de Scheiner, qui est aussi celle d'Hévélius.

Un pendule simple, mis en mouvement, décrit des arcs continuellement décroissans, mais l'inégalité des tems est moindre que celle des arcs. Pour s'en assurer, Mouton choisit deux pendules presque égaux, et leur fit décrire des arcs de 30° environ; pendant que le plus long des deux faisait 400 vibrations, le plus court en achevait 406.

Le plus grand continuant à décrire des arcs de 30°, et le plus petit ne décrivant plus que des arcs de 5°, ce dernier fit 407 vibrations au lieu de 406, pendant que le plus grand en faisait 400; d'où il conclut que plus l'arc est grand, plus grand aussi est le tems d'une vibration. Les inégalités sont plus sensibles dans les pendules qui s'arrêtent plutôt, soit parce que le fil est plus gros ou moins flexible, et que la boule a moins de densité. Il faudrait pouvoir assurer la constance des arcs, ce qui se ferait en rendant au mobile les degrés de vitesse qu'il perd. Il en indique un moyen assez simple : ce moyen est devenu bien inutile par l'invention d'Huyghens. Ces expériences ont perdu une grande partie de leur intérêt, mais elles dénotent un observateur attentif et intelligent.

Pour compter les vibrations, il prononçait les nombres monosyllabiques, un, deux, trois, quatre, cinq, six, sept, huit, neuf et dix. Il comptait les dixaines par ses doigts, et à chaque centaine il jetait une pierre dans un vase.

Il passe à la détermination du nombre des vibrations en une heure.

Sur une ligne méridienne il place deux fils perpendiculaires; il en place un troisième hors du méridien, de manière que les trois distances horizontales forment un triangle. Il mesure exactement les trois côtés et il en déduit les angles ; un de ces angles est l'azimut du troisième fil : il observe le passage du Soleil par cet azimut, et par le méridien. Avec l'azimut, la hauteur de l'équateur et la distance polaire du Soleil, il cherche l'angle horaire. Il avait compté les vibrations entre les deux passages ; une règle de trois lui donne le nombre des vibrations en une heure. Cette méthode est indépendante des erreurs de la parallaxe et de celles de la réfraction, qui n'altèrent en rien l'azimut ; il ne restait que les erreurs de la déclinaison (et celle de la hauteur de l'équateur).

De cette manière, par un milieu entre sept expériences, il trouve que son pendule faisait en une heure 9549 oscillations ; il suppose en nombre rond 9550 : les plus grands écarts autour de la moyenne étaient de 11 à 12 vibrations. Cette précision lui suffisait, car les tems du passage des diamètres, par le méridien, n'étaient guère que de 390 vibrations. Il calcule que l'incertitude de 11″, en une heure, ne produira guère que $2''\frac{1}{2}$ au plus sur les diamètres.

L'auteur se demande si le nombre horaire des oscillations est le même pendant toute l'année ; il soutient l'affirmative, contre l'opinion de quelques astronomes. Il faut se souvenir que l'heure vraie conclue du calcul de l'angle horaire, n'est pas la même dans toutes les saisons. D'après cette idée, il calcule combien son pendule doit faire de vibrations, dans les différens tems de l'année. Il en donne la table pour les degrés de la longitude du Soleil de dix en dix.

Dans une seconde table, on trouve à vue le diamètre du Soleil en minutes, secondes et tierces de degré, pour un nombre quelconque de vibrations, compté pendant la durée du passage par un cercle horaire : il tient compte de la déclinaison.

Il a souvent éprouvé que le tems du passage du Soleil était toujours le même, quelle que fût la longueur de la lunette et la distance à laquelle l'image était reçue sur un carton.

Pour trouver le diamètre du Soleil, il observait les points extrêmes H et C du diamètre de l'image (fig. 55) ; quelques jours après, il observait le point B ; BH était le changement en déclinaison dans l'intervalle, ou dD ; il mesurait BH et HC ; alors

$$BH : dD :: HC : \text{diam.} \odot.$$

Ces observations sont de l'an 1659.

Onze ans auparavant, D. Vincent Mutus, à Mayorque, avait employé cette dernière méthode. Mouton assure qu'il l'a trouvée de son côté : ce qui est très possible et très problable. Il remarque qu'il faut s'assurer, avant tout, de l'immobilité de l'appareil. On n'avait encore ainsi que le diamètre apparent de la première observation. BH était plus exactement le changement apparent en déclinaison du bord supérieur. Mais le changement du diamètre était peu de chose et pouvait se calculer, celui de la réfraction moyenne pouvait aussi se calculer : il ne restait plus que la variation irrégulière de la réfraction.

Par les tems des passages, il a trouvé pour le diamètre apogée.................... 31′ 29″, 31″ et 32″; milieu, 31′ 30″67

Pour le diamètre périgée... 32.27., 30 et 32 ; milieu, 32.29,67

d'où pour le diamètre moyen...... 32. 0,17

Par les observat. directes, dans les moyennes distances, 31.50″, 53″, 54″, 56 et 61″........................ 31.54,80

différence...... 5,37

il en conclut la bissection de l'excentricité. On fait aujourd'hui diamètre apogée................................ 31.31,00

périgée............................ 32.35,58

moyen............................ 32. 3,29.

Le livre II est consacré tout entier au diamètre de la Lune. Les calculs sont un peu longs. Mouton cherche la longitude et l'ascension droite du Soleil; la longitude, la latitude, l'ascension droite et la distance polaire de la Lune et son angle horaire. Avec ces données, il calcule l'azimut et la distance zénitale. Il en déduit la distance apparente au zénit; avec cette dernière distance, l'azimut et la distance du pôle au zénit, il calcule la distance polaire apparente et l'angle horaire apparent; le tout pour deux instans à une heure solaire moyenne d'intervalle. La comparaison des deux angles horaires apparens lui donne le mouvement horaire apparent du centre de la Lune autour des pôles de l'équateur.

A cause du changement de la distance polaire en une heure de tems, le troisième côté du triangle au pôle entre les deux positions du centre de la Lune, ne se confondrait pas assez sensiblement avec un parallèle; pour le ramener au parallèle, il fait $m = \mathrm{P} \sin \Delta$; P étant l'angle au pôle et Δ la distance polaire apparente. Cet arc m, il le prend pour le diamètre apparent de la Lune. Or, il a observé sur un carton, à la manière de Scheiner et de Rheita, le tems que le diamètre apparent a employé à traverser le fil horaire. Il a déterminé précédemment le nombre N d'oscillations que fait son pendule en une heure moyenne; il a le nombre n d'oscillations comptées pendant la durée du passage; il fait diamètre apparent $= \left(\frac{n}{\mathrm{N}}\right) m$, et pour en déduire le diamètre vrai, il fait

$$\text{diam. vrai} = \left(\frac{n.m}{\mathrm{N}}\right) \frac{\text{sin dist. z. vraie}}{\text{sin dist. appar.}}.$$

Il donne quinze de ces calculs avec tous leurs détails. On a donc ainsi quinze diamètres vrais avec les anomalies moyennes de la Lune aux instans des différentes observations. Il n'en déduit pas le diamètre moyen, non plus que la loi des variations pour les divers degrés d'anomalie, et ne se fait aucune autre question. Il avertit seulement que si la Lune était observée au méridien, le calcul serait beaucoup plus court, puisque l'on pourrait se servir des angles horaires vrais de la Lune, et de ses distances vraies au pôle de l'équateur. Il ne tient compte que des parallaxes; il ne fait aucune mention des réfractions qui, faisant paraître la Lune plus haute, diminuent réellement le diamètre apparent; mais il tient compte de l'effet de la parallaxe qui, en abaissant la Lune, augmente le diamètre à cause de la divergence des verticaux. L'erreur occasionnée par les réfractions était peu de chose, car jamais il n'a observé la Lune à de fort grandes distances du méridien. Ce travail, fort considérable, est devenu aujourd'hui bien inutile, mais il atteste le zèle et le scrupule de l'observateur; il a pu donner dans le tems une idée assez approchée des diamètres de la Lune. Aujourd'hui l'on n'en pourrait plus rien tirer d'assez précis, même en recommençant les calculs du Soleil et de la Lune sur de meilleures tables. Ainsi nous nous dispenserons de l'analyser davantage.

Jusque-là Mouton n'avait employé que le pendule simple. Dès qu'il fut instruit de l'invention d'Huyghens, il se procura plusieurs de ses pendules. Il en reconnut la régularité et les préféra depuis à son pendule simple. Il rapporte ensuite les observations qu'il a faites de cette autre manière.

Le livre III contient des hauteurs méridiennes du Soleil, observées avec un quart de cercle de bois; des hauteurs de la polaire, des hauteurs prises dans une chambre obscure, à un gnomon de 9 pieds environ. De ces observations, il déduit les quantités suivantes pour l'obliquité.

Quart de cercle.	Gnomon.
23° 30′ 41″	23° 30′ 24″
29.56	30. 1
30.26	29.57
29.41	
23.30.11	23.30. 7
	23.30.11
Milieu....	23.30. 9.

Il s'arrête à 23°30′, en négligeant quelques secondes, dont il est clair qu'il ne peut répondre.

Il se sert de cette obliquité pour calculer une table des déclinaisons du Soleil, pour toutes les minutes du quart de l'écliptique. Il ne l'a calculée directement que de degré en degré, et il l'a étendue aux minutes par la méthode d'interpolation.

Il expose cette méthode dans un chapitre intitulé : *De quelques propriétés des nombres.*

En calculant des triangles par les tables logarithmiques à dix décimales, il avait remarqué que les premières différences sont fort inégales, les différences secondes beaucoup moindres, et les troisièmes moindres encore; et qu'enfin on arrivait tôt ou tard à des différences constantes. Il étendit cette remarque aux nombres, aux sinus naturels, aux tangentes et aux sécantes, aux tables de prostaphérèse ou d'équation du centre, à celles d'ascension droite, de déclinaison, et enfin aux éphémérides.

Ces recherches sont ce qu'il y a de plus remarquable, de plus neuf et de plus utile dans l'œuvre de Mouton. Il applique sa méthode d'interpolation, par les différences de plusieurs ordres, à plusieurs cas différens pour lesquels il donne sans démonstration des règles diverses; enfin dans son problème IV, il donne, également sans démonstration au moins bien méthodique, un moyen général pour interpoler un nombre quelconque de termes, entre d'autres termes connus, en nombre suffisant pour qu'on arrive enfin à des différences constantes. Il fait honneur de cette solution à un de ses amis nommé Regnaud, qui s'en était occupé à sa prière. Il nous a paru qu'en changeant l'exposition, on pouvait rendre cette théorie plus claire; en sorte que toute autre démonstration sera parfaitement inutile.

Soit z la différence constante de la série, lorsqu'elle sera complétée par l'interpolation; y, x, u, t, s, r, q, p, etc. les premiers termes des colonnes successives des différences qui précèdent z, en rétrogradant depuis les z qui sont constans, jusqu'à la colonne des nombres que l'on cherche.

Formez la colonne des z ou des différences constantes, en écrivant z autant de fois qu'il sera nécessaire. *Voyez* la table I, dernière colonne.

La colonne précédente, qui commence par y, se formera par l'addition continuelle de z. Elle sera évidemment y, $y+z$, $y+2z$, $y+3z$, $y+nz$.

La troisième colonne, qui commence par x, se formera par l'addition successive de tous les nombres de la colonne y. Elle sera x, $x+y$, $x+2y+z$, etc.

Les colonnes suivantes se formeront d'une manière analogue; on s'arrêtera, quand on aura une colonne de plus que de différences.

Si l'on a m ordres de différences, la colonne $(m+1)$ sera celle des nombres qu'on veut former; elle commencera toujours par un nombre donné.

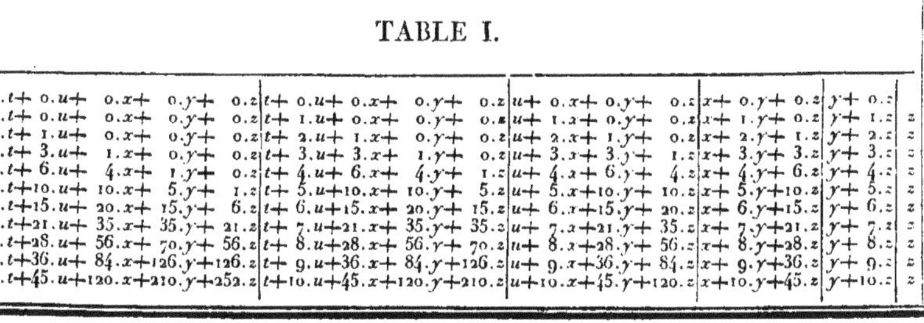

TABLE I.

0.t+ 0.u+ 0.x+ 0.y+ 0.z	t+ 0.u+ 0.x+ 0.y+ 0.z	u+ 0.x+ 0.y+ 0.z	x+ 0.y+ 0.z	y+ 0.z	
1.t+ 0.u+ 0.x+ 0.y+ 0.z	t+ 1.u+ 0.x+ 0.y+ 0.z	u+ 1.x+ 0.y+ 0.z	x+ 1.y+ 0.z	y+ 1.z	z
2.t+ 1.u+ 0.x+ 0.y+ 0.z	t+ 2.u+ 1.x+ 0.y+ 0.z	u+ 2.x+ 1.y+ 0.z	x+ 2.y+ 1.z	y+ 2.z	z
3.t+ 3.u+ 1.x+ 0.y+ 0.z	t+ 3.u+ 3.x+ 1.y+ 0.z	u+ 3.x+ 3.y+ 1.z	x+ 3.y+ 3.z	y+ 3.z	z
4.t+ 6.u+ 4.x+ 1.y+ 0.z	t+ 4.u+ 6.x+ 4.y+ 1.z	u+ 4.x+ 6.y+ 4.z	x+ 4.y+ 6.z	y+ 4.z	z
5.t+10.u+ 10.x+ 5.y+ 1.z	t+ 5.u+10.x+ 10.y+ 5.z	u+ 5.x+10.y+ 10.z	x+ 5.y+10.z	y+ 5.z	z
6.t+15.u+ 20.x+ 15.y+ 6.z	t+ 6.u+15.x+ 20.y+ 15.z	u+ 6.x+15.y+ 20.z	x+ 6.y+15.z	y+ 6.z	z
7.t+21.u+ 35.x+ 35.y+ 21.z	t+ 7.u+21.x+ 35.y+ 35.z	u+ 7.x+21.y+ 35.z	x+ 7.y+21.z	y+ 7.z	z
8.t+28.u+ 56.x+ 70.y+ 56.z	t+ 8.u+28.x+ 56.y+ 70.z	u+ 8.x+28.y+ 56.z	x+ 8.y+28.z	y+ 8.z	z
9.t+36.u+ 84.x+126.y+126.z	t+ 9.u+36.x+ 84.y+126.z	u+ 9.x+36.y+ 84.z	x+ 9.y+36.z	y+ 9.z	z
0.t+45.u+120.x+210.y+252.z	t+10.u+45.x+120.y+210.z	u+10.x+45.y+120.z	x+10.y+45.z	y+10.z	z

On peut continuer cette table à volonté; ainsi en augmentant le nombre des colonnes, mettant les lettres en tête, et supprimant les signes + pour épargner la place, nous aurons la table suivante :

TABLE II.

A	m	p	q	r	s	t	u	x	y	z
1	0									
1	1									
1	2	1								
1	3	3	1							
1	4	6	4	1						
1	5	10	10	5	1					
1	6	15	20	15	6	1				
1	7	21	35	35	21	7	1			
1	8	28	56	70	56	28	8	1		
1	9	36	84	126	126	84	36	9	1	
1	10	45	120	210	252	210	120	45	10	1
1	11	55	165	330	462	462	330	165	55	11
1	12	66	220	495	792	924	792	495	220	66
1	13	78	286	715	1287	1716	1716	1287	715	286
1	14	91	364	1001	2002	3003	3432	3003	2002	1001
1	15	105	455	1365	3003	5005	6435	6435	5005	3003
1	16	120	560	1820	4368	8008	11440	12870	11440	8008
1	17	136	680	2380	6188	12376	19448	24310	24310	19448
1	18	153	816	3060	8568	18564	31824	43758	48620	43758
1	19	171	969	3876	11628	27132	50388	75582	92378	92378
1	20	190	1140	4845	15504	38760	77520	125970	167960	184756
1	21	210	1330	5985	20349	54264	116280	203490	293930	352716
1	22	231	1540	7315	26334	74613	170544	319770	497420	646646
1	23	253	1771	8855	33649	100947	245157	490314	817190	1144066
1	24	276	2024	10626	42504	134596	346104	735471	1307500	1961256
1	25	300	2300	12650	53130	177100	480700	1081575	2042975	3268760
1	26	325	2600	14950	65780	230230	657800	1562275	3124550	5311735
1	27	351	2925	17550	80730	296010	888030	2220075	4686825	8436285
1	28	378	3276	20475	98280	376740	1184040	3108105	6906900	13123110
1	29	406	3654	23751	118755	475020	1560780	4292145	10015005	20030010
1	30	435	4060	27405	142506	593775	2035800	5852925	14307150	30045015

On peut encore continuer cette table à volonté et bien plus commodément, par cette règle générale; deux nombres voisins d'une ligne quelconque ajoutés ensemble, donnent le nombre qui doit être placé au-dessous du second, dans la ligne suivante : ainsi

300 + 2300 de la ligne 25 donnent 2600 à placer au-dessous de 2300 à la ligne 26.
2600 + 14950 de la ligne 26 donnent 17550 à placer au-dessous de 14950 à la ligne 29.

Chaque colonne commence par l'unité, mais une ligne plus bas que la colonne précédente.

Avec ces deux règles, on irait à l'infini.

Voilà donc une table dont la construction est bien simple; il ne faut pour la continuer que de la patience.

On remarque dans toutes les colonnes,

1°. Une lettre qui n'a d'autre coefficient que l'unité;

2°. Une colonne qui a pour coefficiens les nombres naturels.......... 1, 2, 3, 4, 5, 6, 7, 8, etc.
puis les nombres.................. 1, 3, 6, 10, 15, 21, 28, etc.
1, 4, 10, 20, 35, 56, etc.
1, 5, 15, 35, 70, 126, etc.
1, 6, 21, 56, 126, etc.;

c'est-à-dire les nombres figurés, dont la composition était connue des Grecs, ainsi qu'on le voit dans Nicomaque et quelques autres Grecs, cités tome II, p. 4.

Tant de régularité porte à croire qu'on pourra déterminer l'expression générale d'une ligne quelconque de la table. Prenons pour exemple la plus longue et la plus compliquée de toutes

$$1.s + 10.t + 45.u + 120.x + 210.y + 252.z;$$

comparons deux à deux les coefficiens successifs. Cette ligne a été formée par la dixième addition. Soit $n = 10$, $\frac{10}{1} = \frac{n}{1}$, le terme t aura pour coefficient $n = \frac{n}{1}$;

$$\frac{45}{10} = \frac{90}{20} = \frac{9}{2} = \frac{10-1}{2} = \frac{n-1}{2},$$

le coefficient de u sera $\frac{n}{1} \cdot \frac{n-1}{2}$;

$$\frac{120}{45} = \frac{240}{90} = \frac{8}{3} = \frac{10-2}{3} = \frac{n-2}{3},$$

le coefficient de x sera $\frac{n}{1} \cdot \frac{n-1}{2} \cdot \frac{n-2}{3}$;

$$\frac{210}{120} = \frac{7}{4} = \frac{10-3}{4} = \frac{n-3}{4},$$

le coefficient de y sera $\frac{n}{1} \cdot \frac{n-1}{2} \cdot \frac{n-2}{3} \cdot \frac{n-3}{4}$;

$$\frac{252}{210} = \frac{84}{70} = \frac{12}{10} = \frac{6}{5} = \frac{10-4}{5} = \frac{n-4}{5},$$

le coefficient de z sera $\frac{n}{1} \cdot \frac{n-1}{2} \cdot \frac{n-2}{3} \cdot \frac{n-3}{4} \cdot \frac{n-4}{5}$.

Par quelques additions de plus, on aurait ensuite

$$\frac{210}{252}=\frac{5}{6}=\frac{10-5}{6},$$

le nouveau coefficient serait $\frac{n}{1}\cdot\frac{n-1}{2}\cdot\frac{n-2}{3}\cdot\frac{n-3}{4}\cdot\frac{n-4}{5}\cdot\frac{n-5}{6}$.

Le terme suivant donnerait

$$\frac{120}{210}=\frac{4}{7} \quad \text{et} \quad \frac{n}{1}\cdot\frac{n-1}{2}\cdot\frac{n-2}{3}\cdot\frac{n-3}{4}\cdot\frac{n-4}{5}\cdot\frac{n-5}{6}\cdot\frac{n-6}{7}.$$

On aurait de plus aux termes suivans $\frac{n-7}{8}$, $\frac{n-8}{9}$, $\frac{n-9}{10}$, $\frac{n-10}{11}=0$. Là finirait la série, car tous les termes suivans auraient plusieurs fois 0 pour coefficient, d'où il résulte que l'indice de la différence constante ne peut surpasser n.

Cette expression aujourd'hui bien connue, n'a point été indiquée par Mouton, qui probablement n'en a pas aperçu la loi. Nous la trouvons par le fait; on la démontrerait facilement par la doctrine des combinaisons, mais la démonstration serait un peu moins claire, et nous est inutile.

On peut remarquer que les coefficiens vont d'abord en croissant, tant que la fraction $\frac{n-\varphi}{\varphi+1}$ surpasse l'unité. Si elle se trouve égale à l'unité, on aura deux fois de suite le coefficient qui sera un *maximum*. C'est ce qui arrivera quand $\frac{n-\varphi}{\varphi+1}=1$, ou $n-\varphi=\varphi+1$, ou $n=2\varphi+1$; ce qui ne peut avoir lieu que pour les valeurs impaires de n.

Ainsi à la troisième addition, on a 1, 3, 3, 1; à la cinquième, 1, 5, 10, 10, 5, 1; à la septième, 1, 7, 21, 35, 35, 21; il manque ici 7, 1; à la neuvième, 1, 9, 36, 84, 126, 126; il manque 84, 36, 9, 1.

Au contraire, à la ligne 8, le *maximum* 70 est unique; à la ligne 6, c'est le coefficient 20 qui est unique, et cette remarque faciliterait la formation des colonnes suivantes.

Ainsi, pour augmenter notre table I de nouvelles colonnes vers la gauche, nous avons le choix, ou de l'addition continuelle ou de la formule, qui servirait à vérifier les résultats de l'addition. *Voyez* d'ailleurs la note au bas de la table II.

Toute suite de nombres donnés, qui mène à des différences constantes, peut être considérée comme le résultat d'une suite d'additions. Le problème général de l'interpolation est d'insérer entre chacun des termes donnés un certain nombre de termes qui suivent la même loi. Supposons par exemple qu'une table d'équation du centre ayant été calculée de 10° en 10°, on veuille l'étendre à tous les degrés, ou qu'on veuille décupler une table de logarithmes, calculée seulement pour mille nombres, telle qu'était la première table de Briggs. Les nombres donnés seront, dans cette supposition, le premier, le 11ᵉ, le 21ᵉ, le 31ᵉ, etc. de la table qu'on se propose. n sera successivement 0, 10, 20, 30, etc. Nous pouvons calculer tous les coefficiens par notre formule générale ou par l'addition continuelle des différences. Bornons-nous à six différences, en sorte que la sixième soit constante, nous aurons le tableau suivant :

r	$0.s$	$0.t$	$0.u$	$0.x$	$0.y$	$0.z$	$= A$
r	$10.s$	$45.t$	$120.u$	$210.x$	$252.y$	$210\ z$	$= A'$
r	$20.s$	$190.t$	$1140.u$	$4845.x$	$15504.y$	$38760.z$	$= A''$
r	$30.s$	$435.t$	$4060.u$	$27405.x$	$142506.y$	$593775.z$	$= A'''$
r	$40.s$	$780.t$	$9880.u$	$91390.x$	$658008.y$	$3838380.z$	$= A^{\text{IV}}$
r	$50.s$	$1225.t$	$19600.u$	$230300.x$	$2118760.y$	$15890700.z$	$= A^{\text{V}}$
r	$60.s$	$1770.t$	$34220.u$	$487635.x$	$5461512.y$	$50063860.z$	$= A^{\text{VI}}$

Les A sont les nombres donnés, entre lesquels il en faut interpoler 9, en sorte que la table soit décuplée, $n = 10$. Les r, s, t, u, x, y, z sont les inconnues à déterminer par les règles de l'élimination. Prenons les différences, les r disparaîtront, et nous aurons les valeurs suivantes pour les différences premières qui seront connues, puisque $\Delta' = A' - A$, $\Delta'_{,} = A'' - A'$, etc.

$10.s$	$45.t$	$120.u$	$210.x$	$252.y$	$210.z$	$= \Delta'$
$10.s$	$145.t$	$1020.u$	$4635.x$	$15252.y$	$38550.z$	$= \Delta'_{,}$
$10.s$	$245.t$	$2920\ u$	$22560.x$	$127002.y$	$555015.z$	$= \Delta'_{,,}$
$10.s$	$345.t$	$5820\ u$	$63985.x$	$515502.y$	$3244605\ z$	$= \Delta'_{,,,}$
$10.s$	$445\ t$	$9720.u$	$138910.x$	$1460752.y$	$12052320.z$	$= \Delta'_{\text{IV}}$
$10.s$	$545.t$	$14620.u$	$257335.x$	$3342752.y$	$34173160.z$	$= \Delta'_{\text{V}}$

Par une opération semblable, nous ferons disparaître les s et les autres inconnues successivement, et nous aurons les expressions de Δ'', Δ''', Δ^{IV}, Δ^{V} et Δ^{VI}.

100.t	900.u	4425.x	15000.y	38340.z	$=\Delta''$
100.t	1900.u	17925.x	111750.y	516465.z	
100.t	2900.u	41425.x	388500.y	2689590.z	
100.t	3900.u	74925.x	945250.y	8807715.z	
100.t	4900.u	118425.x	1882000.y	22120840.z	
	1000.u	13500.x	96750.y	478125.z	$=\Delta'''$
	1000.u	23500.x	276750.y	2173125.z	
	1000.u	33500.x	556750.y	6118125.z	
	1000.u	43500.x	936750.y	13313125.z	
		10000.x	180000.y	1695000.z	$=\Delta^{\text{IV}}$
		10000.x	280000.y	3945000.z	
		10000.x	380000.y	7195000.z	
			100000.y	2250000.z	$=\Delta^{\text{V}}$
			100000.y	3250000.z	
				1000000.z	$=\Delta^{\text{VI}}$

Nous avons donc enfin $1000000z = \Delta^{\text{VI}}$, ou $z = \frac{\Delta^{\text{VI}}}{1000000} = \frac{\Delta^{\text{VI}}}{n^6}$; ainsi, en décuplant la table au moyen des sixièmes différences constantes, nous aurons la sixième différence $= \frac{\Delta^{\text{VI}}}{n^6}$.

z ainsi connu, nous aurons

$$y = \frac{\Delta^{\text{V}} - 2250000.z}{100000} = \frac{\Delta^{\text{V}}}{n^5} - 22.5z,$$

$$x = \frac{\Delta^{\text{IV}} - 180000.y - 1695000.z}{10000} = \frac{\Delta^{\text{IV}}}{n^4} - 18.y - 169.5z,$$

$$u = \frac{\Delta''' - 13500.x - 96750.y - 478125.z}{1000}$$

$$= \frac{\Delta'''}{n^3} - 13.5x - 96.75y - 478.125z,$$

$$t = \frac{\Delta'' - 900.n - 4425\ x - 15000.y - 38340.z}{100 = n^2}$$

$$= \frac{\Delta''}{n^2} - 9.u - 44.25x - 150y - 383.40z.$$

$$s = \frac{\Delta' - 45t - 120u - 210x - 252y - 26z}{10 = n} = \frac{\Delta'}{n} - 4\tfrac{1}{2}t - 12u - 25{,}2y - 21z.$$

$r = \text{A}$. r est donc connu; nous connaissons la différence constante z, nous connaissons y, x, u, t, s, r qui sont les premières de toutes nos colonnes de différences; il ne reste plus à faire que des additions.

Ces formules sont générales pour le cas où l'on veut décupler une table, en tenant compte des sixièmes différences, c'est-à-dire, toutes les fois que l'on aura $n = 10$, et que la sixième différence sera constante.

Par des procédés tout-à-fait semblables et purement numériques, nous avions établi des formules

Pour le cas de $n=10$ et des dixièmes différences constantes,
$n=9$ et des neuvièmes différences,
$n=8$ et des huitièmes différences,
$n=7$ et des septièmes différences,
$n=6$ et des sixièmes différences,
$n=5$ et des cinquièmes différences,
$n=4$ et des quatrièmes différences,
$n=3$ et des troisièmes différences,
$n=2$ et des secondes différences.

Pour plus de généralité nous avons laissé n indéterminé, et nous avons étendu nos formules jusqu'aux dixièmes différences. Dans l'impossibilité où nous sommes de rapporter ici tous ces calculs qui sont excessivement longs, nous allons en donner une idée en nous bornant aux troisièmes différences; il suffit de développer l'expression algébrique

$$\frac{n}{1}\cdot\frac{n-1}{2}\cdot\frac{n-2}{3}\cdot\frac{n-3}{4}\cdot\frac{n-4}{5}\cdot\frac{n-5}{6}\cdot\frac{n-6}{7}\cdot\frac{n-7}{8}\cdot\frac{n-8}{9}\cdot\frac{n-9}{10}.$$

Supposant donc une suite de nombres $N\,N_{,}\,N_{,,}\,N_{,,,}\cdots N_{n}$,
Nous formerons les équations suivantes:

$$\begin{aligned}
N\ &= A,\\
N_{,} &= A + na + \frac{n}{1}\cdot\frac{n-1}{2}b + \frac{n}{1}\cdot\frac{n-1}{1}\cdot\frac{n-2}{3}c + \text{etc.},\\
N_{,,} &= A + 2na + \frac{2n}{1}\cdot\frac{2n-1}{2}b + \frac{2n}{1}\cdot\frac{2n-1}{2}\cdot\frac{2n-2}{3}c + \text{etc.},\\
N_{,,,} &= A + 3na + \frac{3n}{1}\cdot\frac{3n-1}{2}b + \frac{3n}{1}\cdot\frac{3n-1}{2}\cdot\frac{3n-2}{3}c + \text{etc.}\\
N\ &= A,\\
N_{,} &= A + na + \left(\frac{n^2-n}{2}\right)b + \left(\frac{n^3-3n^2+2n}{1.2.3}\right)c + \text{etc.},\\
N_{,,} &= A + 2na + \left(\frac{4n^2-2n}{2}\right)b + \left(\frac{8n^3-12n^2+4n}{1.2.3}\right)c + \text{etc.},\\
N_{,,,} &= A + 3na + \left(\frac{9n^2-3n}{2}\right)b + \left(\frac{27n^3-27n^2-6n}{1.2.3}\right)c + \text{etc.}
\end{aligned}$$

Soient $\Delta' = N_{,} - N$, $\Delta'_{,} = N_{,,} - N'$, $\Delta'_{,,} = N_{,,,} - N''$, etc.

Nous aurons

$$\Delta' = na + \left(\frac{n^2-n}{2}\right) b + \left(\frac{n^3-3n^2+2n}{6}\right) c + \text{etc.},$$
$$\Delta'_{,} = na + \left(\frac{3n^2-n}{2}\right) b + \left(\frac{7n^3-9n^2+2n}{6}\right) c + \text{etc.},$$
$$\Delta'_{,,} = na + \left(\frac{5n^2-n}{2}\right) b + \left(\frac{19n^3-15n^2+2n}{6}\right) c + \text{etc.}$$

Prenant de nouveau les différences finies,

$$\Delta'' = \left(\frac{2n^2}{2}\right) b + \left(\frac{6n^3-6n^2}{6}\right) c + \text{etc.},$$
$$\Delta''_{,} = \left(\frac{2n^2}{2}\right) b + \left(\frac{12n^3-6n^2}{6}\right) c + \text{etc.},$$
$$\Delta''' = \left(\frac{6n^3}{6}\right) c + \text{etc.}$$

Ainsi dans le cas où les 4es différences seraient nulles, nous aurions

$$c = \frac{\Delta'''}{n^3}.$$

L'équation $\Delta'' = n^2 b - \left(n^3 - n^2\right) c$, nous donnera

$$b = \frac{\Delta''}{n^2} - \left(\frac{n^3-n^2}{n^2}\right) c = \frac{\Delta''}{n^2} - (n-1)\, c.$$

L'équation $\Delta' = na + \left(\frac{n^2-n}{2}\right) b + \left(\frac{n^3-3n^2+2n}{6}\right) c$, nous donnera de même

$$a = \frac{\Delta'}{n} - \left(\frac{n^2-n}{2n}\right) b - \left(\frac{n^3-3n^2+2n}{6n}\right) c$$
$$= \frac{\Delta'}{n} - \left(\frac{n-1}{2}\right) b - \left(\frac{n^2-3n+2}{6}\right) c.$$

Nous connaîtrons a, b, c, c'est-à-dire les premières des colonnes des différences 1res, 2es et la différence 3e constante $= c$; nous avons $A = N$, ainsi nous n'aurons plus qu'à remplir nos colonnes par des additions successives.

Telle est au fond la théorie de Mouton; il n'a point donné ces expressions algébriques dont il n'avait aucune idée, et que nous avons déduites de sa table avec tant de facilité; mais il a dû faire des raisonnemens analogues, au moins dans les cas qu'il a considérés, puisqu'il est parvenu aux mêmes quantités numériques.

On se doute bien qu'on ne peut continuer jusqu'aux dixièmes différences les calculs dont on vient de voir un échantillon, sans arriver à des nombres considérables. Tous les coefficiens des têtes de colonnes b, c, d, e, f, g, h, i, k se présentent tous sous la forme de fractions. Nous les avons réduites à leurs moindres termes, non pas absolument, mais autant que la chose a été possible, sans faire disparaître entièrement la loi qui les lie et sert à les vérifier.

Nous allons réunir ici les formules usuelles auxquelles nous sommes parvenus. Nous les ferons suivre de tables où les coefficiens seront calculés en nombres pour toutes les valeurs, depuis $n=2$ jusqu'à $n=10$.

On y trouvera la solution générale de l'interpolation pour les différences des dix premiers ordres, et pour toutes les valeurs possibles de n.

Nous ne donnerons d'abord que ce qui est indispensable pour l'usage, nous y ajouterons ensuite les vérifications qui serviront à prémunir le calculateur contre les fautes de copie ou d'impression.

Le facteur $(n-1)$ qu'on trouvera dans toutes nos formules, excepté la première, prouve que n doit être au moins $=2$. Si $n=1$, $n-1$ sera zéro; or $(n-1)$ est le nombre de termes qu'on veut intercaler, $(n-1)$ est donc au moins $=1$, d'où $n=2$ tout au moins.

Formules usuelles.

a, b, c, d, e, f, g, h, i, k sont les têtes de colonnes pour les différences des dix premiers ordres.

n est le nombre d'intervalles qu'on veut former dans l'intervalle donné.

$(n-1)$, le nombre de termes qu'on veut intercaler dans ce même intervalle.

$$(0)\ k=\frac{\Delta^{x}}{n^{10}},\qquad (1)\ i=\frac{\Delta^{ix}}{n^{9}}-\left(\tfrac{9}{2}\right)(n-1)k,$$

$$(2)\ h=\frac{\Delta^{viii}}{n^{8}}-\left(\tfrac{8}{2}\right)(n-1)i-\left(\frac{25n-29}{3}\right)(n-1)k,$$

$$(3)\ g=\frac{\Delta^{vii}}{n^{7}}-\left(\tfrac{7}{2}\right)(n-1)h-\left(\frac{77n-91}{12}\right)(n-1)i$$
$$-\left(\frac{196n^{2}-497n+315}{24}\right)(n-1)k,$$

$$(4)\ f=\frac{\Delta^{vi}}{n^{6}}-\left(\tfrac{6}{2}\right)(n-1)g-\left(\frac{19n-23}{4}\right)(n-1)h$$
$$-\left(\frac{21n^{2}-55n+36}{4}\right)(n-1)i$$
$$-\left(\frac{1087n^{3}-4583n^{2}+6437n-7013}{240}\right)(n-1)k.$$

	T. Ire. For. (1).	TABLE II. Form. (2).		TABLE III. Form. (3).			TABLE IV. Form. (4).			
n	Coef. de k.	Coeff de i.	Coeffic. de k.	Coef. de h.	Coeffic. de i.	Coeffic. de k.	Coeff. de g.	Coeffic. de h.	Coeffic. de i.	Coeffic. de k.
2	9:2	8:2	21:3	7:2	63:12	105:24	6:2	15:4	5:2	225:240
3	18:2	16:2	92:3	14:2	280:12	1 176:	12:2	68:4	60:2	8 800:
4	27:2	24:2	213:3	21:2	651:12	4 389:	18:2	159:4	228:2	56 925:
5	36:2	32:2	384:3	28:2	1176:12	10 920:	24:2	288:4	572:2	201 888:
6	45:2	48:2	605:3	35:2	1855:12	21 945:	30:2	455:4	1155:2	527 065:
7	54:2	48:2	876:3	42:2	2688:12	38 640:	36:2	660:4	2040:2	1 141 920:
8	63:2	56:2	1197:3	49:2	3675:12	62 181:	42:2	903:4	3290:2	2 182 005:
9	72:2	64:2	1568:3	56:2	4816:12	93 744:	48:2	1184:4	4968:2	3 808 960:
10	81:2	72:2	1989:3	63:2	6111:12	134 505:24	54:2	1503:4	7137:2	6 210 513:240

$$(5)\quad e = \frac{\Delta^{v}}{n^5} - \left(\tfrac{5}{2}\right)(n-1)f - \left(\frac{20n-25}{6}\right)(n-1)g$$
$$- \left(\frac{75n^2 - 205n + 140}{24}\right)(n-1)h$$
$$- \left(\frac{331n^3 - 1469n^2 + 2171n - 1069}{144}\right)(n-1)i$$
$$- \left(\frac{135n^4 - 858n^3 + 2042n^2 - 2158n + 855}{96}\right)(n-1)k.$$

TABLE V. Formule (5).					
n	Coeff. de f.	Coeffic. de g.	Coeffic. de h.	Coeffic. de i.	Coeffic. de k.
2	5:2	15:6	15:12	45:144	3:96
3	10:2	70:6	200:	2 320:	1 056:
4	15:2	165:6	780:	15 885:	13 629:
5	20:2	300:6	1 980:	57 744:	72 960:
6	25:2	475:6	4 025:	152 845:	255 255:
7	30:2	690:6	7 140:	334 080:	693 888:
8	35:2	945:6	11 550:	642 285:	1 595 601:
9	40:2	1 240:6	17 480:	1 126 240:	3 256 704:
10	45:2	1 575:6	25 155:	1 842 669:144	6 079 275:96

$$(6)\quad d = \frac{\Delta^{\text{IV}}}{n^4} - \tfrac{4}{2}(n-1)\,e - \left(\frac{13n-17}{6}\right)(n-1)\,f$$

$$- \left(\frac{10n^2-29n+21}{6}\right)(n-1)\,g$$

$$- \left(\frac{243n^3-1157n^2+1833n-967}{240}\right)(n-1)\,h$$

$$- \left(\frac{185n^3-903n^2+1471n-801}{360}\right)(n-1)\,(n-2)\,i$$

$$- \left(\frac{6821n^4-49467n^3+133931n^2-160773n+72368}{30240}\right)(n-1)\,(n-2)\,k.$$

TABLE VI. Formule (6).

n	Coeff. de e.	Coeffic. de f.	Coeffic. de g.	Coeffic. de h.	Coeffic. de i.	Coeffic. de k.
2	4:2	9:6	1:2	15:240	0	0
3	8:2	44:6	16:2	1 360:	160:60	3 040:
4	12:2	105:6	65:2	10 215:	2 475:	114 345:
5	16:2	192:6	168:2	38 592:	14 208:	1 044 792:
6	20:2	305:6	345:2	104 335:	51 590:	5 210 975:
7	24:2	444:6	616:2	231 120:	143 520:	18 448 560:
8	28:2	609:6	1 001:2	448 455:	335 265:	52 359 770:
9	32:2	800.6	1 520:2	791 680:	692 160:	127 154 720:
10	36:2	1 017:6	2 193:2	1 301 967:240	1 303 308:60	276 406 642:3780

$$(7)\quad c = \frac{\Delta'''}{n^3} - \left(\tfrac{3}{2}\right)(n-1)\,d - \left(\frac{5n-7}{4}\right)(n-1)\,c$$

$$- \left(\frac{6n^2-19n+15}{8}\right)(n-1)\,f - \left(\frac{301n^2-987n+810}{840}\right)(n-1)\,(n-2)\,g$$

$$- \left(\frac{69n^3-395n^2+747n-469}{480}\right)(n-1)\,(n-2)\,h$$

$$- \left(\frac{3025n^4-25701n^3+81193n^2-113259n+59062}{60480}\right)(n-1)\,(n-2)\,i$$

$$- \left(\frac{5598n^4-48087n^3+154152n^2-219213n+117270}{362880}\right)(n-1)\,(n-2)\,(n-3)\,k.$$

TABLE VII. Formule (7).

n	Coef. de d.	Coeff. de e.	Coeffic. de f.	Coeffic. de g.	Coeffic. de h.	Coeffic. de i.	Coeffic. de k.
2	3:2	3:4	1:8	0:15	0	0:	0
3	6:2	16:4	24:	20:	80:240	560:15120	0
4	9:2	39:4	105:	180:	1845:	51975:	6237:6048
5	12:2	72:4	280:	729:	12096:	601776:	145152:
6	15:2	115:4	585:	2045:	46970:	3357200:	1219680:
7	18:2	168:4	1056:	4635:	136080:	12692160:	6166348:
8	21:2	231:4	1729:	9135:	326655:	37598715:	22885553:
9	24:2	304:4	2640:	16310:	687680:	94183040:	68900832:
10	27:2	387:4	3825:8	27054:15	1314036:240	208705896:15120	178360056:6048

$$(8)\ b = \frac{\Delta''}{n^2}\left(\tfrac{2}{2}\right)(n-1)\,c - \left(\frac{7n-11}{12}\right)(n-1)\,d$$

$$-\left(\frac{3n-5}{12}\right)(n-1)(n-2)\,e - \left(\frac{31n^2-132n+13}{360}\right)(n-1)(n-2)\,f$$

$$-\left(\frac{3n^2-13n+14}{120}\right)(n-1)(n-2)(n-3)\,g$$

$$-\left(\frac{127n^3-1002n^2+2573n-2178}{20160}\right)(n-1)(n-2)(n-3)\,h$$

$$-\left(\frac{85n^3-674n^2+1751n-1522}{60480}\right)(n-1)(n-2)(n-3)(n-4)\,i$$

$$-\left(\frac{311n^4-6365n^3+28955n^2-57475n+42774}{1814400}\right)(n-1)(n-2)(n-3)(n-4)\,k.$$

TABLE VIII. Formule (8).

n	Coef. de c.	Coeffic. de d.	Coeffic. de e.	Coeffic. de f.	Coeffic. de g.	Coeffic. de h.	Coeffic. de i.	Coefficien[t] de k.
2	2:2	3:12	0:	0	0	0	0	
3	4:2	20:	4:6	20:180	0	0	0	
4	6:2	81:	21:	315:	5:10	315:5040	0	
5	8:2	96:	60:	1 512:	48:	9 072	3 024:7560	50[…]
6	10:2	155:	130:	4 610:	220:	69 300	46 200:	23 10[…]
7	12:2	228:	240:	10 980:	700:	308 880	308 880:	257 40[…]
8	14:2	315:	399:	22 365:	1 785:	1 013 355:	1 351 350:	1 576 57[…]
9	16:2	416:	616:	40 880:	3 920:	2 721 600:	4 537 480:	6 806 80[…]
10	18:2	531:	900:	69 012:	7 728:	6 344 352:	12 696 264:	23 279 00[…]
11	20:2	660:	1 260:	99 620:	14 040:	13 305 600:	31 071 600:	67 334 40[…]
12	22:2	803:	1 705:	145 935:	25 903:	25 706 835:	68 620 860:	171 598 35[…]
13	24:2	960:12	2 244:6	211 560:180	38 720:10	46 514 160:5040	139 708 800:7560	395 980 20[…]

$$(9)\quad a=\frac{\Delta'}{n}-\left(\frac{n-1}{2}\right)b-\left(\frac{n-1}{2}\cdot\frac{n-2}{3}\right)c-\left(\frac{n-1}{2}\cdot\frac{n-2}{3}\cdot\frac{n-3}{4}\right)d$$
$$-\left(\frac{n-1}{2}\cdot\frac{n-2}{3}\cdot\frac{n-3}{4}\cdot\frac{n-4}{5}\right)e$$
$$-\left(\frac{n-1}{2}\cdot\frac{n-2}{3}\cdot\frac{n-3}{4}\cdot\frac{n-4}{5}\cdot\frac{n-5}{6}\right)f$$
$$-\left(\frac{n-1}{2}\cdot\frac{n-2}{3}\cdot\frac{n-3}{4}\cdot\frac{n-4}{5}\cdot\frac{n-5}{6}\cdot\frac{n-6}{7}\right)g$$
$$-\left(\frac{n-1}{2}\cdot\frac{n-2}{3}\cdot\frac{n-3}{4}\cdot\frac{n-4}{5}\cdot\frac{n-5}{6}\cdot\frac{n-6}{7}\cdot\frac{n-7}{8}\right)h$$
$$-\left(\frac{n-1}{2}\cdot\frac{n-2}{3}\cdot\frac{n-3}{4}\cdot\frac{n-4}{5}\cdot\frac{n-5}{6}\cdot\frac{n-6}{7}\cdot\frac{n-7}{8}\cdot\frac{n-8}{9}\right)i$$
$$-\left(\frac{n-1}{2}\cdot\frac{n-2}{3}\cdot\frac{n-3}{4}\cdot\frac{n-4}{5}\cdot\frac{n-5}{6}\cdot\frac{n-6}{7}\cdot\frac{n-7}{8}\cdot\frac{n-8}{9}\cdot\frac{n-9}{10}\right)k.$$

TABLE IX. Formule (9).

n	Coeff. de b.	Coeff. de c.	Coeffic. de d.	Coeffic. de e.	Coeffic. de f.	Coeffic. de g.	Coeffic. de h.	Coeffic. de i.	Coeffic. de k.
2	1:2	0	0	0	0	0			
3	2:2	1:	0	0	0	0			
4	3:2	3:3	1:4	0	0	0			
5	4:2	6:	4:	1:5	0	0	0		
6	5:2	10:	10:	5	1:6	0	0		
7	6:2	15:	20:	15	6:	1:7	0		
8	7:2	21:	35:	35	21:	7:	1:8		
9	8:2	28:	56:	70	56:	28:	8:	1:9	
10	9:2	36:	84:	126	126:	84:	36:	9:	1:10
11	10:2	45:	120:	210	252:	210:	120:	45:	10:
12	11:2	55:	165:	330	462:	462:	330:	165:	55:
13	12:2	66:3	220:4	495:5	792:6	924:7	792:8	495:9	220:10

On a continué ces deux dernières tables jusqu'à $n=13$, pour arriver aux différences constantes qui permettent de continuer les Tables indéfiniment pour toute valeur de n.

Ces formules et ces tables sont le résultat d'un assez long travail, dont on n'a conservé que la partie strictement nécessaire pour la pratique.

L'inconvénient est qu'on se trouve exposé aux fautes de copie ou d'impression.

Le termes principaux $\frac{\Delta^{\text{x}}}{n^{10}}\cdot\frac{\Delta^{\text{ix}}}{n^9}\cdot\frac{\Delta^{\text{viii}}}{n^8}$ etc., sont tellement simples et d'une telle régularité, que les erreurs y sont impossibles.

Soit x le degré de l'équation ou l'exposant de n dans le terme principal, le premie terme de correction aura pour coefficient $\left(\frac{x}{2}\right)(n-1)$, les différences premières du numérateur seront constantes et $=x$.

Les coefficiens des termes suivans ayant été réduits à leurs moindres termes, il devient impossible d'en reconnaître la loi; mais on peut les vérifier par les différences.

Ainsi, table II, le coeffient de h, offre les différences suivantes:

71	
	50
121	
	50
171	
	50
221	
	50
271	
	50
321	
	50
371	
	50
421	

La différence seconde est constamment $50 = 2 . 25 =$ différence constante des carrés multipliée par 25, premier coefficient de l'expression $\left(\frac{25n-29}{3}\right)(n-1)\,k$.

On voit en effet, qu'en exécutant la multiplication, n serait un carré.

Le dénominateur est 3 comme dans $\left(\frac{25n-29}{3}\right)$.

Dans la table III, le second terme, qui est i, offre les différences ci-dessous:

217		
	154	$= 2.77 =$ diff. const. des carrés par le coefficient 77 du coefficient de i.
371		
	154	
525		
	154	
679		
	154	
833		
	154	
987		
	154	
1141		
	154	
1295		

L'équation est encore du 2e degré.

Le dénominateur de la table est 12, comme celui de la formule.

Dans la table IV, le 2e terme, est h, les différences

53	
	38 = 2.19 = diff. const. des carrés par 19 de l'expression algébrique.
91	
	38
129	
	38
167	
	38
205	
	38
243	
	38
281	
	38
319	

Le dénominateur de la table est 4, comme celui de la formule.

Dans la table V, le second terme, qui est g, offre les différences

55	
	40 = 2.20 = diff. const. des carrés par 20 coeff. de n dans la formule.
95	
	40
135	
	40
175	
	40
215	
	40
255	
	40
295	
	40
335	

Le dénominateur est 6 dans la table, comme dans la formule.

Dans la table VI, le deuxième terme qui est f, offre les différences

35	
	26 = 2.13 = diff. const. des carrés par 13 fact. de n, et le nominateur est 6 comme dans la formule.
61	
	26
87	
	26
113	
	26
139	
	26
165	
	26
191	
	26
217	

Dans la Table VII, le deuxième terme, qui est e, offre les différences

13	
	10 = 2.5 = diff. const. des carrés par 5, coeffic. de n, et le dénominateur est 4 comme dans la table.
23	
	10
33	
	10
43	
	10
53	
	10
63	
	10
73	
	10
83	

Dans la Table VIII, le deuxième terme, qui est d, offre les différences

17		
	14 = 2.7 =	diff. const. des carrés par 7, coeffic. de n. Le dénominateur est 12 comme dans la formule.
31		
	14	
45		
	14	
59		
	14	
73		
	14	
87		
	14	
101		
	14	
115		
	14	
129		
	14	
143		
	14	
157		

La table IX offre, dans toutes ses parties, une vérification facile et qui lui est particulière.

Deux numérateurs quelconques, voisins sur la même ligne, donnent, pour leur somme, le numérateur qu'il faut placer au-dessous du second; ainsi, sur la ligne $n=9$, prise au hasard, les numérateurs 70 et 56 donnent $70+56=126$ qui est au-dessous de 56.

Passons au troisième terme.

Dans la table III, le troisième terme est k; il offre les différences suivantes :

1.071			
	2.142		
3.213		1.176	= 6 × 196 = diff. const. des cubes, par 196, coeffic. de n^2 ou plutôt de n^3, en exécutant la multiplication.
	3.318		
6.531		1.176	
	4.494		
11.025		1.176	
	5.670		
16.695		1.176	
	6.846		
23 541		1.176	
	8.022		
31.563		1.176	
	9.198		
40.761			

Dans la table IV, le troisième terme est i; il offre les différences

55			
	113		
168		63	le double $126=6\times 21=$ diff. const. des cubes par 21, coefficient de n^2 ou plutôt de n^3.
	176		
344		63	Le dénominateur est 2 dans la table, il est 4 dans la formule; on a donc simplifié les fractions en les divisant haut et bas par 2; voilà pourquoi nous trouvons la différence 63, au lieu de 126.
	239		
583		63	
	302		
885		63	
	365		
1250		63	
	428		
1678		63	
	491		
2169			

Dans la table V, le troisième terme est h, les différences sont

185	395	225
580	620	225
1200	845	225
2045	1070	225
3115	1295	225
4410	1520	225
5930	1745	
7675		

$225 = 3.75 = \frac{1}{2}$ diff. const. des cubes, par 75 coeffic. de n^3, parce qu'en divisant tout par 2, nous avons changé le dénominateur 24 de la formule en 12 que présente la table.

Dans la table VI, le troisième terme est g; les différences

15	34	20
49	54	20
103	74	20
177	94	20
271	114	20
385	134	20
519	154	
673		

$20 = 2.10 = \frac{1}{3}.6.10 = \frac{1}{3}$ diff. des cubes par 10 coeffic. de n^3, parce qu'on a divisé toutes les fractions haut et bas par 3.

Dans la table VII, le troisième terme est f; les différences

23	58	36
81	94	36
175	130	36
305	166	36
471	202	36
673	238	36
911	274	
1185		

$36 = 6 \times 6 =$ diff. const. des cubes, par 6, coeffic. de n^3

Dans la table VIII, le troisième terme est e; les différences

4	13	9
17	22	9
39	31	9
70	40	9
110	49	9
159	58	9
217	67	9
284	76	9
360	85	9
445	94	
539		

$9 = 3.3 = \frac{1}{2}.6.3 = \frac{1}{2}$ diff. des cubes, par 3, coeffic. de n^3. On a tout divisé par 2 et le dénominateur 12 est devenu 6.

Passons aux quatrièmes termes.

Dans la table IV, le 4ᵉ terme est k; les différences

8.575	39.550	57.288	26.088
48.125	96.838	83.376	26.088
144.963	180.214	109.464	26.088
325.177	289.678	135.552	26.088
614.855	425.230	161.640	26.088
1040.085	586.870	187.728	
1626.955	774.598		
2401.553			

26.088 $= 24 \times 1087 =$ diff. const. des 4ᵉˢ puissanc., par 1087 coefficient de n^4. Les fractions n'ont point été réduites.

Dans la table V, le 4ᵉ terme est i; les différences

2.275	11.290	17.004	7.944
13.565	28.294	24.948	7.944
41.859	53.242	32.892	7.944
95.101	86.134	40.836	7.944
181.235	126.970	48.780	7.944
308.205	175.750	56.724	
483.955	232.474		
716.429			

7.944 $= 24 \times 331 =$ diff. des 4ᵉˢ puissances, par 331, coeffic. de n^4.

Dans la table VI, le 4ᵉ terme est h; les différences

1.345	7.510	12.012	5.832
8.855	19.522	17.844	5.832
28.377	37.366	23.676	5.832
65.743	61.042	29.508	5.832
126.785	90.550	35.340	5.832
217.335	125.890	41.172	
343.225	167.062		
510.287			

5.832 $= 24 \times 243 =$ diff. des 4ᵉ puissances, par 243, coeffic. de n^4.

Dans la table VII, le 4ᵉ terme est g; les différences

20	140	249	129
160	389	378	129
549	767	507	129
1316	1274	636	129
2590	1910	765	129
4500	2675	894	
7175	3569		
10744			

la diff. des 4ᵉˢ puiss. 24 par 301, coeffic. de n^4, donnerait

7224:840
3612:420
1806:210
903:105
301: 35
43: 5
129: 15

ainsi, en réduisant les fractions au dénominateur 15, nous avons la différence 129 au lieu de 7224.

Dans la table VIII, le 4e terme est f; les différences

20	275	627	372
295	902	999	372
1197	1901	1371	372
3098	3272	1743	372
6370	5015	2115	372
11385	7130	2487	372
18515	9617	2859	372
28132	12476	3231	372
30608	15707	3603	
46315	19310		
65625			

$372 = \frac{1}{2} \cdot 744 = \frac{1}{2} \cdot 24 \cdot 31 = \frac{1}{2}$ diff. des 4es puiss., par 31, coefficient de n^4. Les fractions ont été divisées haut et bas par 2.

Passons aux 5es termes.

Dans la table V, le 5e terme est k; les différences

1.053	11.520	35.238	40.968	16.200
12.573	46.758	76.206	57.168	16.200
59.331	122.964	133.374	73.368	16.200
182.295	256.338	206.742	89.568	16.200
438.633	463.080	296.310	105.768	
901.713	759.390	402.078		
1661.103	1161.468			
2822.571				

$16.200 = 120 \cdot 135 =$ diff. des 5es puiss. par 135, coefficient de n^5.

Dans la table VI, le 5e terme est i; les différences

160	2.155	7.263	8.968	3.700
2.315	9.418	16.231	12.668	3.700
11.733	25.649	28.899	16.368	3.700
37.382	54.548	45.267	20.068	3.700
91.930	99.815	65.335	23.768	
191.745	165.150	89.103		
356.895	254.253			
611.148				

$3.700 = \frac{1}{6} \cdot 22200 = \frac{1}{6}\, 120 \times 185 = \frac{1}{6}$ diff. des 5es puissances par 185 coeffic. de n^5.

Dans la table VII, le 5e terme est h; les différences

80	1.685	6.801	9.336	4.140
1.765	8.486	16.137	13.476	4.140
10.251	24.623	29.613	17.616	4.140
34.874	54.236	47.229	21.756	4.140
89.110	101.465	68.985	25.896	
190.575	170.450	94.881		
361.025	265.331			
626.356				

$4.140 = \frac{1}{2}(8280) = \frac{1}{2}\, 120 \cdot 69 = \frac{1}{2}$ diff. des 5e puiss. par 69 coeffic. de n^5; ce qui indique que les fractions ont été divisées par 2.

Dans la table VIII, le 5e terme est g; les différences

0	5	33	58	30	$= \frac{1}{12} . 120$ 3 $= \frac{1}{2}$ diff. des 5es puiss. par 3 coeffic. de n^5. Les fractions ont été divisées par 2.
5	38	91	88	30	
43	129	179	118	30	
172	308	297	148	30	
480	605	445	178	30	
1.085	1.050	623	208	30	
2.135	1.673	831	238	30	
3.808	2.504	1.069	268		
6.312	3.573	1.337			
9.885	4.910				
14.795					

Passons aux 6es termes.

Dans la table VI, le 6e terme est k; les différences

0	3.080	105.105	605.892	1.099.665	613.890	$= \frac{6821 \times \text{[illegible]}}{8}$
3.080	108.185	710.997	1.705.557	1.713.555	613.890	$= 6821.90$
111.265	819.182	2.416.554	3.419.112	2.327.445	613.890	$= 68210.9$
930.447	3.235.736	5.835.666	5.746.557	2.941.335	613.890	$= 613890$
4.166.183	9.071.402	11.582.223	8.687.892	3.555.225		
13.237.585	20.653.625	20.270.115	12.243.117			
33.891.210	40.923.740	32.513.232				
74.814.950	73.436.972					
148.251.922						

Dans la table VII, le 6e terme est i; les différences

560	50.855	447.531	1.259.706	1.406.970	544.500	$= 720 \times \frac{3025}{4}$
51.415	498.386	1.707.237	2.666.676	1.951.470	544.500	
549.801	2.205.623	4.373.913	4.618.146	2.495.970	544.500	
2.755.424	6.579.536	8.992.059	7.114.116	3.040.470		
9.334.960	15.571.595	16.106.175	10.154.586			
24.906.555	31.677.770	26.260.761				
56.584.325	57.938.531					
114.522.856						

Dans la table VIII, le 6e terme est h; les différences

315	8.442	43.029	84.852	72.810	22.860	$= \frac{720.127}{4}$
8.757	51.471	127.881	157.662	95.670	22.860	
60.228	179.352	285.543	253.332	118.530	22.860	
239.580	464.895	538.875	371.862	141.390	22.860	
704.475	1.003.770	910.737	513.252	164.250	22.860	
1.708.245	1.914.507	1.423.989	677.502	187.110		
3.622.752	3.338.496	2.101.491	864.612			
6.961.248	5.439.987	2.966.103				
12.401.235	8.406.090					
20.807.325						

Passons aux septièmes termes.

Dans la table VII, le 7e terme est k; les différences

6.237	132.678	802.935	2.133.612	2.828.178	1.841.292	470.232 =
138.915	935.613	2.936.547	4.961.790	4.669.470	2.311.524	
1.074.528	3.872.160	7.898.337	9.631.260	6.980.994		
4.946.688	11.770.497	17.529.597	16.612.254			
16.717.185	29.300.094	34.141.851				
46.017.279	63.441.945					
109.459.224						

$\frac{5098.5040}{6} =$ ½ (différence des 7e puissances, par 5098, coefficient de n^7).

Dans la table VIII, le 7e terme est i; les différences

0	3.024	37.128	142.224	238.710	184.140	53.550
3.024	40.152	179.352	380.934	422.850	237.690	53.550
43.176	219.504	560.286	803.784	660.540	291.240	53.550
262.680	779.790	1.364.070	1.464.324	951.780	344.790	53.550 = ⅛ 5040.85
1.042.470	2.143.860	2.828.394	2.416.104	1.296.570	398.340	
3.186.330	4.972.254	5.244.498	3.712.674	1.694.910		
8.158.584	10.216.752	8.957.172	5.407.584			
18.375.336	19.173.924	14.364.756				
37.549.260	33.538.680					
71.087.940						

Dans la table VIII, le 8e terme est k; les différences

							8e diff.
0	504	21.588	168.024	515.535	753.910	528.395	143.080
504	22.092	189.612	683.559	1.269.445	1.282.305	671.475	143.080
22.596	211.704	873.171	1.953.004	2.551.750	1.953.780	814.555	143.080
234.300	1.084.875	2.826.175	4.504.754	4.505.530	2.768.335	957.635	
1.319.175	3.911.050	7.330.929	9.010.284	7.273.865	3.725.970		
5.230.225	11.241.979	16.341.213	16.284.149	10.999.835			
16.472.204	27.583.192	32.625.362	27.283.984				
44.055.396	60.208.554	59.909.346					
104.263.950	120.117.900						
224.381.850							

Cette 8e différence $= \frac{511.40320}{144} = \frac{\text{fact. de } n^8 \text{ diff. des 8}^{e} \text{ puissances}}{144}$;

Ainsi, partout nous arrivons à des différences constantes, dont la valeur est connue d'avance, et qui prouvent ainsi, qu'il n'y a point d'erreur dans les calculs; ces mêmes différences serviraient à étendre ces tables à de plus fortes valeurs de n, si jamais on le trouvait nécessaire.

Non content de ces vérifications, j'ai comparé les termes d'un même numéro dans le sens horizontal, comme je viens de les comparer dans le sens de la colonne verticale; pour cela, il a fallu préalablement les réduire tous au même dénominateur; par ce moyen, ils m'ont donné de même les différences constantes que je savais devoir trouver, car dans ces tables, les différences constantes se rencontrent partout.

Après avoir ainsi posé d'une manière générale et plus que suffisante les fondemens de toute interpolation, retournons à Mouton qui nous en a fourni la première idée, et appliquons nos formules aux exemples qu'il calcule.

Le premier qu'il se propose a pour objet le Soleil ; il en a calculé les lieux de cinq en cinq jours : il s'agit d'étendre ces calculs aux jours intermédiaires.

Jours.	Lieux calculés.	Δ′	Δ″
0	7°45′37″		
		4°55′58″	
5	12.41.35		54″
		4.56.52	
10	17.38.27		54
		4.57.46	
15	22.36.13		54
		4.58.40	
20	27.34.53		

Ici l'intervalle est $5=n$, les différences constantes sont les secondes; nous ferons c, d, e, f, g, h, i, $k=0$; b ne commencera à paraître que dans notre huitième formule et notre neuvième table qui nous donneront

$$b=\frac{\Delta''}{5^2}=\frac{54''}{25}=\frac{216''}{100}=2'',16;$$

$$a=\frac{\Delta'}{5}-2b=\frac{4^\circ 55'58''}{5}-4'',32=59'11'',6-4'',32=59'7'',28.$$

Comme la différence est petite, on pourra la placer en tête de la colonne, pour l'ajouter successivement aux différences premières dont la première est a, autant de fois qu'il sera nécessaire, pour avoir toutes les différences premières qui donneront les lieux demandés depuis 0, jusqu'à 20.

Interpolation.

	$d''=+2''16$
0 jour $A=$......	7°45′37″ 0
$a=$......	59. 7,28
1er jour.........	8.44.44,28
	59. 9,44
2e..............	9.43.53,72
	59.11,60
3e..............	10.43. 5,32
	59.13,76
4e..............	11.42.19,08
	59.15,92
5e jour ✱	12.41.35,00
	59.18,08
6e..............	13.40.53,08
	59.20,24
7^e^..............	14.40.13,32
	59.22,40
8^e^..............	15.39.35,72
	59.24,56
9^e^..............	16.39. 0,28
	59.26,72
10^e^ jour ✱	17.38.27,00
	59.28,88
11^e^..............	18.37.55,88
	59.31,04
12^e^..............	19.37.26,92
	59.33,20
13^e^..............	20.37. 0,12
	59.35,36
14^e^..............	21.36.35,48
	59.37,52
15^e^ jour ✱	22.36.13,00
	59.39,68
16^e^..............	23.35.52,68
	59.41,84
17^e^..............	24.35.34,52
	59.44,00
18e..............	25.35.18,52
	59.46,16
19e..............	26.35. 4,68
	59.48,32
20e jour ✱	27.34.53,00

Mouton cherche comme nous $4=\frac{\Delta''}{5}$, et il remarque que le quotient $\frac{\Delta'}{5}$ doit se trouver entre le 2e et le 3e jour, c'est-à-dire au milieu de l'intervalle de cinq jours, et en effet 59′ 11″,6 est la 3e de nos différences premières. De cette différence moyenne il retranche deux fois la différence seconde 2″,16 pour avoir les deux différences précédentes, il l'ajoute deux fois pour avoir les deux suivantes.

Ce procédé exige un petit raisonnement dont on est dispensé dans notre méthode, qui établit directement la 1re des différences premières, de laquelle on conclut toutes les autres par l'addition de la constante.

Pour second exemple, Mouton choisit les ascensions droites des points de l'écliptique qu'il avait calculées de degré en degré, et qu'il se propose d'étendre à toutes les dixaines de minutes, ce qui suppose $n=6$; c'est un cas fort fréquent en Astronomie. Voici les données de l'auteur :

Degrés.	Æ	Δ′	Δ″	Δ‴	Moyenne.
0	0° 0′ 0″ 0‴00	55′ 1″ 28‴ 13			
1	0.55. 1.28,13	55.1.47,38	0″ 19‴ 25		
2	1.50. 3.15,51	55.2.25,73	0.38,35	19‴ 10	
3	2.45. 5.41,24	55.3.23,22	0.57,49	19,14	19‴ 105
4	3.40. 9. 4,46	55.4.39,85	1.16,63	19,14	
5	4.35.13.44,31	55.6.15,52	1,35,67	19,04	
6	5.30.19.59,83				

La différence troisième n'est pas bien parfaitement constante; ce qui tient, sans aucun doute, à l'inexactitude des six ascensions calculées, mais comme la différence quatrième ne serait pas de 0‴,1 et qu'elle serait fort irrégulière, on peut s'en tenir à la moyenne; l'erreur ne sera pas considérable dans l'interpolation qui, dans ce cas, ne peut être qu'approximative.

On pourrait rendre les Δ‴ exactement constans et de 19‴,105; on prendrait pour lors le Δ″ moyen 57‴,49, et par conséquent les Δ′$\begin{pmatrix}55.2.25.73\\55.2.23.22\end{pmatrix}$ et par suite, les trois Æ du milieu; tout le changement porterait sur les deux premières et les deux dernières Æ; on aurait ainsi :

Degrés.	Æ	Δ′	Δ″	Δ‴
0	0° 0′ 0″ 0‴000	55′ 1″ 28‴ 065		
1	0.55. 1.28,165	55.1.47,345	19‴ 280	
2	1.50. 3.15,510	55.2.25,730	38,385	19‴ 105
3	2.45. 5.41,240	55.3.23,220	57,490	19,105
4	3.40. 9. 4,460	55.4 39,815	76,595	19,105
5	4.35.43.44,275	55.6.15,515	95,700	19,105
6	5.30.19.59,790			

La plus forte correction n'irait pas à 0‴,07, quantité dont il est impossible de répondre dans le calcul des Æ. L'interpolation satisferait rigoureusement à tous les nombres ainsi modifiés; mais pour voir l'inexactitude qui résultera de l'inexactitude des Δ‴, nous emploierons le Δ‴ moyen sans nous permettre aucun changement aux données.

$n=6$ et Δ''' est constant, nous ne conserverons que a, b, c, le reste sera $=0$.

Nous aurons formule (7),

$$c=\frac{\Delta'''}{n^3}=\frac{19''',105}{216}=\frac{3''',1841666}{36}=\frac{0''',5306949}{6}=0''',08845 \text{ à peu près.}$$

Table et formule (8),

$$b=\frac{\Delta''}{6^2}-5.c=\frac{19''',25}{36}-5.c=\frac{3''',20833}{6}-0''',44225$$
$$=\begin{matrix}0,534721\\-0,44225\end{matrix}=0''',09247.$$

Table et formule (9),

$$a=\frac{\Delta'}{6}-\left(\frac{5}{2}\right)b-\left(\frac{10}{3}\right)c\ \frac{\Delta'}{6}=9'\,10''\,14''',688333$$
$$-\left(\frac{5}{2}\right)b=\left(\frac{10}{4}\right)b=\qquad -0,231175$$
$$-\left(\frac{10}{3}\right)c=\qquad -0,308233$$
$$a=\ 9.10.14,148925.$$

Nous n'avons pas besoin de tant de décimales, mais nous avons voulu bien éprouver la méthode.

Il ne reste qu'à placer c, b et a, et remplir les colonnes comme on le voit dans le tableau suivant.

c	b	a			Erreur.
		9°10′14″ 162 311	0° 0′ 0″ 0‴000 000	0° 0′	
0.088 449	0.092 477	9.10.14.254 788	0. 9.10.14.162 311	0.10	
	0.180 926	9.10.14.435 714	0.18.20.28.417 099	0.20	
	0.269 375	9.10.14.705 089	0.27.30.42.852 813	0.30	
	0.357 814	9.10.15.062 913	0.36.40.57.557 902	0.40	
	0.446 273	9.10.15.509 186	0.45.51.12.620 815	0.50	
	0.534 722	9.10.16.043 908	0.55. 1.28.130 001	1. 0	+0‴,000 001
	0.623 171	9.10.16.667 079	1. 4.11.44.173 909	1.10	
	0.711 620	9.10.17.378 699	1.13.22. 0.840 988	1.20	
	0.800 069	9.10.18.178 768	1.22.32.18.219 687	1.30	
	0.888 518	9.10.19.067 286	1.31.42.36.398 455	1.40	
	0.976 967	9.10.20.034 253	1.40.52.55.465 741	1.50	
	1.065 416	9.10.21.099 669	1.50. 3.15.499 994	2. 0	−0‴,01
	1.153 865	9.10.22.253 539	1.59.13.36.599 663	2.10	
	1.242 314	9.10.23.495 848	2. 8.23.58.853 202	2.20	
	1.330 763	9.10.24.826 611	2.17.34.22.349 050	2.30	
	1.419 212	9.10.26.245 823	2.26.44.47.175 661	2.40	
	1.507 661	9.10.27.753 454	2.35.55.13.421 484	2.50	
	1.596 110	9.10.29.349 594	2.45. 5.41.174 938	3. 0	−0‴,065
	1.684 559	9.10.31.034 153	2.54.16.10.524 532	3.10	
	1.773 008	9.10.32.807 161	3. 9.26.41.558 685	3.20	
	1.861 457	9.10.34.668 618	3.12.37.14.365 846	3.30	
	1.949 906	9.10.36.618 524	3.21.47.49.034 464	3.40	
	2.038 355	9.10.38.656 879	3.30.58.25.652 988	3.50	
	2.126 804	9.10.40.783 683	3.40. 9. 4.309 867	4. 0	−0‴,15
	2.215 353	9.10.42.999 036	3.49.19.45.093 550	4.10	
	2.303 702	9.10.45.302 738	3.58.30.28.092 586	4.20	
	2.392 151	9.10.47.694 889	4. 7.41.13.395 324	4.30	
	2.480 600	9.10.50.175 489	4.16.52. 1.090 213	4.40	
	2.569 049	9.10.52.744 538	4.26. 2.51.265 702	4.50	
	2.657 498	9.10.55.402 036	4.35.13.44.010 240	5. 0	−0‴,21
	2.745 947	9.10.58.147 983	4.44.24.39.412 276	5.10	
	2.834 396	9.11. 0.982 379	4.53.35.37.560 259	5.20	
	2.922 845	9.11. 3.905 224	5. 2.46.38.542 638	5.30	
	3.011 294	9.11. 6.916 518	5.11.57.42.447 862	5.40	
0.088 449	3.099 743	9.11.10.016 261	5.21. 8.49.364 380	5.50	
			5.30.19.59.380 641	6. 0	−0‴,45

Ces erreurs peuvent se négliger sans aucun scrupule, puisque aucune ne va à 0‴,5, quantité dont le calcul direct ne peut aucunement répondre.

Pour troisième exemple, Mouton prend dans la table de Briggs, les sinus logarithmiques de plusieurs arcs, pour les interpoler en faisant $n=5$, afin d'avoir les sinus pour les centièmes de degrés. Voici les données.

Arcs.	Log sinus.	$\Delta' +$	$\Delta'' -$	$\Delta''' +$	$\Delta^{\text{iv}} -$
45°00	9.84948 50021 6800	37 86628 8972			
45.05	9.84986 36650 5772	37 80025 7351	6603 1621		
45.10	9.85024 16676 3123	37 73434 0579	6591 6772	11 4849	403
45.15	9.85061 90110 3702	37 66853 8253	6580 2326	11 4446	401
45.20	9.85099 56764 1955	37 60284 9972	6568 8281	11 4045	389
45.25	9.85137 17249 1927	37 53727 5347	6557 4625	11 3556	399
45.30	9.85174 70976 7274	37 47181 3979	6548 1368	11 3257	392
45.35	9.85212 18158 1253	37 40646 5476	6534 8503	11 2865	
45.40	9.85249 58804 6729				

L'irrégularité des quatrièmes différences nous prouve ce que nous savons d'ailleurs, que la dernière décimale de Briggs n'est pas sûre à une unité près; d'ailleurs, elle ne peut jamais l'être à 0,5 près, et cela suffirait pour expliquer les anomalies que nous y trouvons.

Nous n'avons que quatre ordres de différences, il nous suffira de a, b, c et d;

Nous aurons

$$\left.\begin{aligned} d = \frac{\Delta^{\text{iv}}}{5^4} &= \frac{403}{625} = 0,6448 \\ = \frac{\Delta^{\text{iv}}}{5^4} &= \frac{401}{625} = 0,6416 \\ &= \frac{389}{625} = 0,6225 \\ &= \frac{399}{625} = 0,6384 \\ &= \frac{392}{625} = 0,6272 \end{aligned}\right\} \begin{array}{l} \text{milieu,} \\ 0,631488. \end{array}$$

On atténuerait les erreurs en ne prenant à la fois que les cinq premières lignes, en employant la première valeur de d, et en remplissant ainsi le premier intervalle.

On ferait une opération toute semblable pour le second intervalle avec la deuxième valeur de d et en déterminant de nouveau a, b et c, on irait ensuite d'intervalle en intervalle, changeant à chaque fois les quatre têtes des colonnes a, b, c, d.

Pour mettre tout au pis, j'ai pris la première valeur de d, quoique visiblement trop forte, et j'ai retrouvé tous les logarithmes de Briggs, à une unité et demie près sur la 14e décimale; on ne peut dire décidément de quel côté est l'erreur, car les méthodes d'interpolation de Briggs ne sont pas aussi exactes que les nôtres, et il s'y permet des corrections dont il ne donne pas les motifs.

Déterminons nos têtes de colonnes a, b, c et d. Nous avons déjà $d=\frac{\Delta^{IV}}{5^4}=\frac{\Delta^{IV}}{625}$. La formule (7) nous donne $c=\frac{\Delta'''}{5^3}=\frac{\Delta'''}{125}$, et la table VII complète l'expression qui sera $c=\frac{\Delta'''}{125}-6d=\frac{114849}{125}+3{,}8688$ en ayant égard au signe de d qui est —.

$$c=\frac{918792}{1000}+3{,}8688=922{,}6608\,;$$

par la formule et la table VIII,

$$b=\frac{\Delta''}{5^2}-4c-8d=-\frac{66031621}{25}-3090{,}6432+5{,}1884$$
$$=-2644950{,}3244;$$

par la formule et la table IX,

$$a=\frac{\Delta'}{5}-2b-2c-d=\frac{37866288972}{5}+5289900{,}1448-1845{,}3216+0{,}6448$$
$$=387854548{,}9{,}3720.$$

Ces valeurs m'ont donné tous les logarithmes de Briggs pour les centièmes de degré à une partie ou $\frac{3}{2}$ près sur la 14e décimale.

Mouton, comme nous l'avons remarqué, ne détermine pas directement les têtes de colonnes a, b, c, d, c'est-à-dire les premières différences de chacun de ces quatre ordres; il détermine des différences moyennes, qu'il corrige par des pratiques du genre de celles que nous avons indiquées dans le premier exemple, mais plus compliquées et dont notre méthode nous dispense.

Dans son dernier exemple où il suppose $n=10$, et les cinquièmes différences constantes, il emploie une table qu'il attribue à son ami Regnaud, et qui est précisément la table Ire dont nous avons exposé ci-dessus la construction, et tiré toute la doctrine de l'interpolation. Il n'y a nulle doute que la table de Regnaud a été comme la nôtre, formée par des additions successives.

Mouton choisit les logarithmes de Briggs pour les nombres 100, 101, 102, 103, 104, 105 et 106, en les réduisant à 11 décimales, dont la dernière n'est pas même d'une grande exactitude, ainsi que je l'ai vu par l'ouvrage original; je les mets ici tels que Briggs les a donnés pour éprouver plus sûrement la méthode.

N.	Logarithmes.	$\Delta' +$	$\Delta'' -$	$\Delta''' +$	$\Delta^{\text{IV}} -$	$\Delta^{\text{V}} +$	$\Delta^{\text{VI}} -$
100	2.00000 00000 0000	432 13737 8264	4 25758 0336				
101	2.00432 13737 8264	427 87979 7928	4 17450 3603	8307 6733	240 8094		
102	2.00860 01717 6192	423 70529 4325	4 09383 4964	8066 8639	231 5920	9 2174	05371
103	2.01283 72247 0517	419 61145 9361	4 01548 2245	7835 2719	222 8317	8 6803	
104	2.01703 33392 9878	415 59597 7116	3 93935 7633	7612 4602			
105	2.02118 92990 6994	411 65661 9483					
106	2.02530 58652 6477						

Les Δ^{V} ne sont pas constans comme le suppose Mouton en réduisant à 11 décimales; nos formules nous permettraient de tenir compte des Δ^{VI}; nous les négligerons comme Mouton, et comme notre intention n'est que de remplir le premier intervalle en y intercalant 9 logarithmes nouveaux, nous ferons $\Delta^{\text{V}}=92174$ en négligeant tout-à-fait le logarithme de 106 et les différences qu'il fournit.

Dans nos formules nous nous bornerons aux lettres a, b, c, d, e;

et d'abord $e=\frac{\Delta^{\text{V}}}{10^5}=+\frac{92174}{100000}=0,92174$. Mouton fait $e=1$.

Formule et table VI, $d=\frac{\Delta^{\text{IV}}}{10000}-18e$.

Formule et table VII, $c=\frac{\Delta'''}{1000}-13,5d-96,75e$.

Form. et table VIII, $b=\frac{\Delta''}{100}-9c-44,25d-150e$.

Formule et table IX, $a=\frac{\Delta'}{10}-45b-12c-21d-25,2e$;

nous aurons donc

$d=-240,8094-16,59132=-257,40072$. Mouton le fait 258.

$c=+83076,733+3474,9097-89,1783=+86462,4644$;

Mouton le fait 86472.

$b=-42575803,36-778162,1796+11389,9819-138,261$
$=43342713,8187$. Mouton le fait 43342760.

$a=+4321373782,4+195042212,1841-1037549,5728$
$+5405,4151-23,2278$
$=4340774787,1986$. Mouton le fait 4340774795;

dans la table de Briggs on trouve 4340774793[2].

Mouton calcule avec moins de décimales, il force toutes les différences; il a voulu probablement se rapprocher de Briggs qui a trouvé son a par la comparaison des logarithmes de 1000 et 1001 calculés directement. L'erreur que nous trouvons sur a, vient en totalité des sixièmes différences, mal à propos négligées; on en verra plus loin la preuve. Ces valeurs de nos quatre inconnues ne nous promettent pas l'inexactitude que nous aurions eu en employant les sixièmes différences; mais j'ai voulu connaître les erreurs de la méthode, quand on néglige des quantités qui ne sont pas insensibles. Je supprime le calcul qui est fort long, je rapporterai seulement les erreurs de mon calcul et celles du calcul de Mouton.

N	Formules.	Mouton.
1000	+ 0	0
1001	61	− 23
1002	94	− 27
1003	87	− 15
1004	106	− 10
1005	95	+ 45
1006	77	+ 85
1007	58	+ 124
1008	36	+ 162
1009	16	+ 189
1010	0	+ 264

Les erreurs de Mouton, d'abord négatives et plus faibles, sont ensuite positives et beaucoup plus fortes; elles passent $\frac{1}{4}$ à la 11e décimale; mais il n'en voulait que dix et il les a obtenues; j'en ai toujours onze et quelquefois douze; j'en aurais eu treize en ne négligeant rien. Pour la 14e il n'y faut pas compter, car elle n'est pas même dans les données. On sait que toute interpolation a ses erreurs inévitables quand les données ne sont pas de la dernière exactitude et que les différences négligées ne sont pas exactement nulles.

Nos formules sont beaucoup plus commodes et plus sûres que les pratiques de Mouton; c'est ce qui nous dispense d'exposer ici celles qu'il indique pour ce cas, le plus compliqué de ceux qu'il a résolus; il termine son chapitre par ces mots :

« Cette méthode est très belle et porte avec elle sa démonstration, » mais il ne faut pas l'employer quand on a cinq ordres de différences » ou plus encore, car alors elle est pénible et elle exige une table que le

» calculateur ne trouve pas toujours sous sa main dans l'occasion. Pour » les autres cas, on pourra se servir des méthodes abrégées qui précédent » et qui sont plus faciles sans être moins exactes. »

Nos formules sont plus directes, plus courtes et plus commodes; Mouton ne nous dit pas ce qu'il faut substituer à sa table, *quand on a cinq ordres de différences ou plus encore*. On est bien forcé de recourir aux formules ou aux tables; les nôtres ont toute la généralité possible, avec toute la simplicité que comporte le problème.

Nos remarques n'empêchent pas que Mouton n'ait grande raison de se féliciter d'avoir le premier enseigné cette méthode; elle n'est pas assez connue. Nous l'avons développée et généralisée, mais ce que nous y avons ajouté y était implicitement compris; avec un peu plus d'attention, l'auteur l'eût trouvé sans doute.

Rarement les astronomes ont occasion d'employer un si grand nombre de différences; jamais encore on n'a été jusqu'aux neuvièmes différences, et nous avons été jusqu'à dix; ainsi nos formules seront plus que suffisantes pour la pratique.

Mouton avait indiqué ces méthodes aux astronomes; on ignore si d'autres que lui-même ont su en profiter : nous verrons plus loin que Roemer et Horrebow ont traité le problème de l'interpolation d'une manière bien moins complète, puisqu'ils se sont bornés au cas des différences secondes. On ne cite plus aujourd'hui que la formule de Taylor, qui est au fond la même, mais le but des deux auteurs était tout différent; Mouton ne songeait qu'à faciliter la construction des tables, et il se pourrait que pour cet objet particulier, sa méthode fût préférable; c'est ce que nous allons examiner.

La formule de Taylor est

$$n\,\Delta' + \left(\frac{n}{1}\right)\left(\frac{n-1}{2}\right)\Delta'' + \left(\frac{1}{n}\cdot\frac{n-1}{2}\cdot\frac{n-2}{3}\right)\Delta''' + \text{etc.},$$

c'est-à-dire celle que nous avons trouvée ci-dessus.

Supposons $n=0.1$ au lieu que ci-dessus nous avons supposé $n=10$; nous aurons

$$0.1\Delta' + \left(\frac{0.1}{1}\,\frac{0.1-1}{2}\right)\Delta'' + \left(\frac{0.1}{1}\cdot\frac{0.1-1}{2}\cdot\frac{0.1-2}{3}\right)\Delta''' + \text{etc.};$$

$$0.1\Delta' - 0.045\Delta'' + 0.0285\Delta''' - 0.0206625\Delta^{\text{IV}} + 0.0161675\Delta^{\text{V}} - 0.0131620125\Delta^{\text{VI}}.$$

Dans l'exemple ci-dessus, nous aurions

$0.1\ \Delta'$	$= +$	43213737826,4
$-\ 0.045\ \Delta''$	$= +$	191591115,120
$+\ 0.0285\ \Delta'''$	$= +$	2367686,8905
$-\ 0.0206625\ \Delta^{\text{iv}}$	$= +$	49757,2423
$+\ 0.01611675\ \Delta^{\text{v}}$	$= +$	1485,5453
$-\ 0.0131620125\ \Delta^{\text{vi}}$	$= +$	70,6932
a	$=$	43407747941,8913
Ci-dessus, en négligeant Δ^{vi}, nous avions		43407747871,1986
Différence		70,6927

On voit que la différence est précisément le terme que nous avions négligé.

Le calcul de cette formule est long et penible; il faut évaluer les coefficiens des différences de tous les ordres; il faut les multiplier chacun par le terme auquel il appartient : ils ont tous un grand nombre de décimales.

Notre formule

$$a = \frac{\Delta'}{10} - 4,5b - 12c - 21d - 25,2e$$

offre des coefficiens plus maniables, et une plus grande uniformité de signes.

La formule de Taylor ne donne directement que a; ce ne serait que par des voies détournées et longues qu'on se procurerait b, c, et d.

L'avantage pour la construction d'une table reste donc décidément à la méthode de Mouton, telle que nous la présentons.

Pour calculer un terme isolé, la méthode de Taylor parait aller au but plus directement.

Nous conclurons donc que, pour interpoler une table par de simples additions, la formule originale de Mouton, qui donne à n des valeurs en nombres entiers, est bien préférable à celle de Taylor, qui fait que les n sont des fractions.

L'extrême généralité de la formule de Taylor, bien précieuse en elle-même, a donc trop fait négliger l'idée originale de Mouton.

On se garderait bien aujourd'hui de commencer l'interpolation d'une table de logarithmes à ceux des nombres 100, 101, 102, etc., comme a fait Mouton. Commencez à 10000, il suffira des troisièmes différences et des formules suivantes pour décupler la table.

$$c = \frac{\Delta'''}{1000},\ b = \frac{\Delta''}{100} - 9b,\ \text{et}\ a = \frac{\Delta'}{10} - 4,5b - 12c.$$

Nous avons dit ailleurs que les tables de Briggs donnent à 14 décimales tous les sinus de 9 en 9′ sexagésimales, qui font 10 minutes centésimales; au moyen des formules précédentes, on en conclurait facilement les sinus pour toutes les minutes centésimales du quart de cercle; ensuite, par une opération toute pareille et plus facile, on en conclurait les sinus de 10 en 10″ centésimales, et, de ces derniers, les sinus pour toutes les secondes centésimales du quart de cercle; l'opération serait longue, mais d'une grande uniformité.

On trouverait dans nos formules de grandes facilités pour interpoler les lieux de la Lune, que les éphémérides donnent les unes de 12 en 12^h, et les autres de 24 en 24^h seulement; d'une ou d'autre manière, on n'aura jamais de différences qui passent le 4e ordre. Ainsi, pour interpoler de 3 en 3^h les distances de la Lune, qu'on donne dans les éphémérides nautiques; pour interpoler les ascensions droites et les déclinaisons, on pourra toujours s'en tenir aux quatrièmes différences, en prenant un milieu entre celles que fournit l'éphéméride. Quelque soin que l'on mette à calculer les longitudes et les latitudes de la Lune, aucun de ces lieux ne peut être sûr à la seconde, sans parler même des erreurs des tables. L'interpolation aura toujours un degré de bonté égal à celui du calcul direct. Pour exemple de ces applications, je choisis celui que Lambert a calculé dans les Éphémérides de Berlin, année 1776, p. 98.

☾	Δ'	ou Δ'	Δ''	Δ'''	Δ^{iv}
$4^s\ 4°57'32''$ 4.16.47.47 4.28.35.31 5.10.23.26 5.22.13.43	11°50′15″ 11.47.44 11.47.55 11.50.23	710′250 707,733 707,917 710,383	− 2′517 + 0,184 + 2,466	+ 2′701 + 2,282	− 0′419

On voit que les Δ^{iv} sont peu de chose, et qu'il faut suivre la règle algébrique des signes.

L'intervalle est de 24^h, et nous voulons avoir le lieu de la Lune de 3 en 3^h.

$\frac{24}{3} = 8 = n$, les Δ^{iv} sont constans; nous ne prendrons dans nos formules que les différences a, b, c, d, le reste est censé nul.

$$d=\frac{\Delta^{\text{iv}}}{8^4}=-\frac{0',419}{4096}=-0',00010\ 22949\ 21875=0'',00613\ 76953\ 125;$$

$$c=\frac{\Delta'''}{8^3}-10,5d=\frac{+2',701}{512}-10,5d=+\ 0.00527\ 53906\ 25$$
$$+\ 0.00107\ 40966\ 796875$$
$$c=0.00634\ 94873\ 046875$$
$$=0'',38096\ 92382\ 8125;$$

$$b=\frac{\Delta''}{8^2}-7c-\left(\frac{105}{4}\right)d=\frac{\Delta''}{64}-7c-26,25d=\frac{-5',17}{64}-7c-26,25d$$
$$-\frac{5.17}{64}=-\ 0.03932\ 8125$$
$$-\ 7c=-\ 0.04444\ 64111$$
$$-\ 0.08377\ 45361$$
$$-\ 26,25d\ +\ 0.00268\ 52417$$
$$b=0.08108.92944$$
$$=4'',86535\ 7664;$$

$$a=\frac{\Delta'}{8}-3,5b-7c-8,75d$$
$$\frac{\Delta'}{8}=\frac{710,25}{8}=+\ 88',78125$$
$$-\ 3,5b\quad +\ \ 28381\ 25304$$
$$+\ 89,06506\ 25304$$
$$-\ 7c\quad -\ 0.04444\ 64111$$
$$+\ 89.02061\ 61193$$
$$-\ 8,75d\quad +\ 0.00089.50816$$
$$a=+\ 89.02151\ 12009=1^\circ\ 29'\ 1'',29069\ 2054.$$

Nous négligerons quelques décimales ; nous en pourrions négliger davantage en nous bornant à 7 décimales.

Nous avons toutes les têtes de colonne et les différences constantes que nous ferons 0.00010 23.

$d-$	$c+$	$b-$	$a+$	☾	
			1°29′02151 12	4ˢ 4°57′ 53333 33	0ʰ
		0,08108 93	1.28,94042 19	4. 6.26,55484 45	3
	0,00634 95	0,07473 98	1.28,86568 21	4. 7.55,49526 64	6
0,00010 23	624 72	0,06849 26	1.28,79718 95	4. 9.24,36094 85	9
10 23	614 49	0,06234 77	1.28,73483 18	4.10.53,15813 80	12
10 23	604 26	0,05630 51	1.28,67852 67	4.12.21,89296 98	15
etc.	594 03	0,05036 48	1.28,62816 19	4.13.50,57149 65	18
	583 80	0,04452 68	1.28,58363 51	4.15.19,19965 84	21
	573 57	0,03879 11	1.28,54484 40	4.16.47,78329 35	0
	563 34	0,03315 77	1.28,51168 63	4.18.16,32813 75	3
	553 11	0,02762 66	1.28,48405 97	4.19.44,83982 38	6
	542 88	0,02219 78	1.28,46186 19	4.21.13,32388 35	9
	532 65	0,01687 13	1.28,44499 06	4.22.41,78574 54	12
	522 42	0,01164 71	1.28,43334 35	4.24.10,23073 60	15
	512 13	0,00652 52	1.28,42681 83	4.25.38,66407 95	18
	501 96	0,00150 56	1.28,42531 27	4.27. 7,09089 78	21
	491 73	+ 341 17	1.28,42872 44	4.28.35,51621 05	0
	481 50	0,00822 67	1.28,43695 11	5. 0. 3,94493 49	3
	471 27	0,01293 94	1.28,44989 05	5. 1.32,38188 60	6
	461 04	0,01754 98	1.28,46744 03	5. 3. 0,83177 65	9
	450 81	0,02205 79	1.28,48949 82	5. 4.29,29921 68	12
	440 58	0,02646 37	1.28,51596 19	5. 5.57,78871 50	15
	430 35	0,03076 72	1.28,54672 91	5. 7.26,30467 69	18
	420 12	0,03496 84	1.28,58169 75	5. 8.54,85140 60	21
	409 89	0,03906 73	1.28,62076 48	5.10.23,43310 35	0
	399 66	0,04306 39	1.28,66382 27	5.11.52,05386 83	3
	389 43	0,04695 82	1.28,71078 69	5,13.20,71769 70	6
	379 20	0,05075 02	1.28,76153 71	5.14.49,42848 39	9
	368 97	0,05443 99	1.28,81597 70	5.16.18,19002 10	12
	358 74	0,05802 73	1.28,87400 43	5.17.47,00599 80	15
	348 51	0,06151 24	1.28,93551 67	5.19.15,88000 23	18
	0,00338 28	0,06489 52	1.29,00041 19	5.20.44,81551 90	21
				5.22.13,81593 09	0

Quand les décimales de minutes seront converties en secondes, on retrouvera les cinq longitudes données à moins d'un dixième de seconde près. Rien n'oblige d'ailleurs à convertir les secondes en décimales de minutes, comme nous avons fait à l'exemple de Lambert.	4ˢ 4°57′ 32″0 4.16.47.46,9976 4.28.35.30,97263 5.10.23.25,98621 5.23.13.48,95585

Si l'on se contentait des lieux de la Lune de 6 en 6 heures, comme on fait pour les ascensions droites et les déclinaisons, on aurait $\frac{24}{6} = 4 = n$, et par les lignes 4 de nos tables

$$d=\frac{\Delta^{\text{iv}}}{4^4}=-\frac{0.419}{256}=-0.00163\ 67187\ 5,$$

$$c=\frac{\Delta'''}{4^3}\quad -4{,}25d=+0.04956\ 83593\ 75,$$

$$b=\frac{\Delta''}{4^2}\quad -3c-4d=-0.29906\ 15234\ 375,$$

$$a=\frac{\Delta'}{4}\quad -\left(\frac{3}{2}\right)b-c-\tfrac{1}{4}d=177{,}96193\ 31054\ 6875;$$

et comme nous aurons moins d'additions à faire, nous pourrons négliger quelques décimales de plus.

d	*c*	*b*	*a*	☾	H
—	+	—			
				4ˢ 4°57′5333	0
	0″049568	0″299062	2°57′9619	4. 7.55,4952	6
0″001637	0,047931	0,249494	2.57,6629	4.10.53,1581	12
0,001637	0,046294	0,201563	2.57,4134	4.13.50,5715	18
0,001637	0,044657	0,155269	2.57,2118	4.16.47,7833	0
etc.	0,043020	0,110612	2.57,0566	4.19.44,8399	6
	0,041383	0,067592	2.56,9459	4.22.41,7858	12
	0,039746	—0,026209	2.56,8784	4.25.38,6642	18
	0,038109	+0,013537	2.56,8521	4.28.35,5163	0
	0,036472	0,051646	2.56,8657	5. 1.32,3820	6
	0,034835	0,088118	2.56,9173	5. 4.29,2993	12
	0,033198	0,122953	2.57,0055	5. 7.26,3048	18
	0,031561	0,156151	2.57,1284	5.10.23,4332	0
	0,029924	0,187712	2.57,2846	5.13.20,7178	6
	0,028287	0,217636	2.57,4723	5.16.18,1901	12
		0,245923	2.57,6899	5.19.15,8800	18
			2.57,9358	5.22.13,8158	0

Tous les lieux calculés par cette nouvelle interpolation, trouvent leur vérification dans l'interpolation précédente dont l'étendue était double. On verra qu'ils s'accordent tous ou que la différence n'est pas d'un dix-millième de seconde; on peut donc être assuré de l'exactitude du procédé.

Enfin, on peut demander les lieux de la Lune de 12 en 12ʰ seulement; alors $\frac{24}{12}=2=n$, Δ^{iv} sera toujours constant. Nous aurons pour ce cas, suivant nos tables,

$$d=\frac{\Delta^{\text{iv}}}{2^4}=-\frac{0.419}{4.4}=-\frac{0.10475}{4}=-0.0261875=d,$$

$$c = \frac{\Delta'''}{2^3} = + \frac{2.705}{8} - \tfrac{3}{8}d = + 0.337625 \qquad = + 0.37690625$$

$$- \tfrac{3}{4}d = + 0.03928125$$

$$b = \frac{\Delta''}{2^2} - c - \tfrac{1}{4}d = - \frac{2.517}{4} = - 0.62925 \qquad a = \frac{\Delta'}{2} = 555'.125$$

$$- c = - \underline{0.37690625} \qquad - \tfrac{1}{2}b = + \underline{4998}$$

$$- 1.00615625 \qquad a = 555.6248$$

$$- \tfrac{1}{4}d = + \underline{0.00654688}$$

$$b = - 0.99960937.$$

L'opération étant plus courte encore, on peut supprimer plus de décimales.

d	c	b	$a +$	☾	II
			5.55.62480	4. 4.57.53333	0
		— 0.99961	5.54.62519	4.10.53.15813	12
— 0.02618	+ 0.37691	— 0.62270	5.54.00249	4.16.47.78332	0
— 0.02618	0.35073	— 0.27197	5.53.73053	4.22.41.78581	12
0.06218	0.32455	+ 0.05258	5.53.78311	4.28.35.51634	0
0.02618	0.29857	+ 0.35095	5.54.13406	5. 4.29 29945	12
0.02618	0.27219	+ 0.62414	5.54.75820	5.10.23.43351	0
	0.24601	+ 0.87015	5.55.62835	5.16.18.19171	12
				5.22.13.82006	0

Cette nouvelle interpolation s'accorde également bien avec les deux précédentes.

Nous avons parcouru tous les cas d'interpolation qui peuvent se rencontrer dans la composition des éphémérides et dans la construction des tables astronomiques. Jusqu'ici nous avons considéré n comme un nombre entier; mais dans l'usage journalier d'une éphéméride imprimée, où l'on ne demande qu'un terme isolé, n est le plus souvent une fraction de l'intervalle entier que l'on prend pour unité. Mais comme l'évaluation des coefficiens $\left(\frac{n}{1} \cdot \frac{n-1}{2} \cdot \frac{n-2}{3} \cdot \frac{n-3}{4}\right)$, n est assez pénible, on en a fait des tables.

On trouve une de ces tables dans le Recueil de Véga, tom. II, pag. 172 et 173; on y donne à n toutes les valeurs depuis 0,01, 0,02 jusqu'à 1. Elle est calculée à 7 décimales, et conduite jusqu'aux Δ^{v}. Il est clair que cette table n'est qu'approximative.

En prenant pour unité l'espace de 24 heures, Lambert, dans les Éphémérides de Berlin, pour 1776, pag. 125, a donné une table de 10 en 10', c'est-à-dire, pour tous les 144es de l'unité. La formule pour ce cas est

$$\frac{\left(\frac{1}{n}\right)}{1}\frac{\left(\frac{1}{n}-1\right)}{2}\frac{\left(\frac{1}{n}-2\right)}{3}\frac{\left(\frac{1}{n}-3\right)}{4}\frac{\left(\frac{1}{n}-4\right)}{5};$$

car Lambert s'est arrêté aux Δ^{v}, et il n'a calculé que 5 décimales. La formule peut s'écrire

$$\left(\frac{1}{n}\right)\left(\frac{1-n}{2n}\right)\left(\frac{1-2n}{3n}\right)\left(\frac{1-3n}{4n}\right)\left(\frac{1-4n}{5n}\right) \quad \text{ou} \quad \left(\frac{1}{144}\right)\left(\frac{-143}{288}\right)\left(\frac{-287}{432}\right)\left(\frac{-431}{576}\right)\left(\frac{-575}{720}\right),$$

pour la première ligne de la table; alors le calcul par logarithmes sera facile et donnera

	+0.00694.45	−0.00344.81	+0.00229.07	−0.00171.41	+0.00136.89
Lambert	0.00694.	−0.00345.	+0.00230.	−0.00172.	+0.00138.

Pour la ligne suivante on aurait

$$\left(\frac{1}{72}\right)\left(\frac{-71}{144}\right)\left(\frac{-143}{216}\right)\left(\frac{-215}{288}\right)\left(\frac{-287}{360}\right),$$

ce qui fournit

	+0.01388.90	−0.00684.80	+0.00453.36	−0.00338.45	+0.00269.82
Lambert	+0.01389.	−0.00685.	+0.00453.	−0.00339.	+0.00270.

On voit qu'il ne faut pas compter sur la cinquième décimale de Lambert, mais cette précision est plus que suffisante. Le plus grand inconvénient est que les coefficiens ne sont donnés que de 10 en 10', et que le plus souvent on a des minutes et des secondes. Ainsi dans l'exemple qu'il calcule, Lambert cherche le lieu de la Lune pour $19^h 50'$ de tems vrai (car les éphémérides étant calculées pour le tems vrai, c'est le même qu'il faut employer pour évaluer l'intervalle n). Or, $\frac{19^h 50'}{24^h} = n = \frac{1190'}{1440}$

$$\begin{aligned} n &= 0.82638888: \\ n-1 &= -0.17361111: \\ n-2 &= -1.17361111: \\ n-3 &= -2.17361111: \end{aligned}$$

	$\log n$....	9.9171845
$\Delta' =$	11° 50′ 15″	4.6295625
première différ. =	9.46.56.56	4.5467470
A =	4. 4.57.32	
ℂ′ =	4.14.44.28.56	

	$\log n$....	9.9171845
	$(n-1)$....	− 9.2395772
	C.log 2....	9.6989700
	$\left(\frac{n.n-1}{1.2}\right)$....	− 8.8557317
$\Delta'' =$	− 2.31	− 2.1789770
deuxième différ.......	+ 10.83	+ 1.0347087
ℂ″ =	4.14.44.39.39	

	$\left(\frac{n.n-1}{1.2}\right)$....	− 8.8557317
	$n-2$....	− 0.0695242
	C.3....	9.5228788
	$\left(\frac{n.n-1.n-2}{1.2.3}\right)$....	+ 8.4481347
$\Delta''' =$	+ 2.44	2.2148438
troisième différ. =	+ 4.60	0.6629785
ℂ‴ =	4.14.44.43.99	

	$\frac{n.n-1.n-2}{1.2.3}$....	+ 8.4481347
	$n-3$....	− 0.3371818
	C.4....	9.3979400
$\Delta^{\text{iv}} =$	− 27	− 1.4313638
quatrième différ. =	+ 0.41	+ 9.6146203
ℂ =	4.14.44.44.40	

Lambert, par une faute d'addition, ne trouve que 38″; au bas de la page 98 lisez

correction = 587′ 21 =	9° 47′ 12″6
A =	4. 4.57.32.0
et ℂ =	4.14.44.44.6
ci-dessus	44.40
différence =	0.20.

On voit que le calcul est bien simple, et la table n'est peut-être pas d'une grande utilité.

Ainsi, sans rien supposer que le principe et les opérations fondamentales de Mouton, nous avons résolu tous les cas du problème de l'interpolation; la table nous a donné, par le fait, la formule générale. Il est vrai qu'elle supposait n un nombre entier, mais d'ailleurs un nombre quelconque; la généralité des formules algébriques nous a permis de le supposer fractionnaire ou fraction : il n'en fallait pas davantage pour arriver à la formule connue.

Nous avons promis ci-dessus, page 84, de revenir sur la méthode d'interpolation indiquée sommairement par Briggs, et dont on a regretté qu'il n'eût pas donné la démonstration.

En développant les idées de Mouton, nous avons trouvé dans les formules auxquelles elles nous ont conduit un trait marqué de ressemblance avec les pratiques de Briggs, avec des différences assez marquées pour prouver que les principes de Briggs ne sont pas ceux de Mouton.

Les termes $\frac{\Delta^{x}}{n^{10}}$, $\frac{\Delta^{ix}}{n^{9}}$, $\frac{\Delta^{viii}}{n^{8}}$ etc., qui commencent toutes nos formules, commencent pareillement toutes les règles de Briggs, et c'est ce qu'il appelle différences moyennes.

Il les corrige ensuite au moyen des différences suivantes prises alternativement, c'est-à-dire, qu'il n'emploie que des différences paires à la correction des différences paires, et qu'on ne trouve que des différences impaires dans sa correction des différences impaires, au lieu que nous employons concurremment les unes et les autres.

Montrons d'abord l'exactitude de nos méthodes pour tous les cas donnés pour exemples par Briggs dans la construction de ses tables. Nous commencerons par celui de son Arithmétique logarithmique (*Disc. prélim.*, pag. 28 et suivantes).

Nombres.	Logarithmes.	$\Delta'+$	$\Delta''-$	$\Delta'''+$	$\Delta^{iv}-$	$\Delta^{v}+$
2100	32221 92947 3392	103 28054 3777	24503 1177			
2105	32325 21001 7169	103 03551 2600	24387 1263	115 9914		
2110	32428 24552 9769	102 79164 1337	24271 9568	115 1695	8219	
2115	32531 03717 1106	102 54892 1769	24157 6011	114 3557	8138	81
2120	32633 58609 2875	102 30734 5758	24044 0517	113 5494	8063	75
2125	32735 89343 8633	102 06690 5241	23931 3011	112 7506	7988	75
2130	32837 96034 3874	101 82759 2230				
2135	32939 78793 6104					

Il s'agit de remplir les lacunes, en insérant quatre logarithmes entre chacune des lignes de ce tableau, $n=5$; Briggs ne passe jamais ce nombre.

Les Δ^{v} ne sont pas exactement constans, ni même bien sûrs, car la quatorzième décimale est souvent en erreur de plusieurs unités.

Il nous suffira de a, b, c, d et e; f, g, h, i et k seront o.

$$e=\frac{\Delta^{v}}{5^5}=\frac{81}{5^5}=\frac{16.2}{5^4}=\frac{3.24}{5^3}=\frac{0,648}{5^2}=\frac{0,1296}{5}=+0,02592\,;$$

$$\begin{array}{rl}
d=\dfrac{\Delta^{iv}}{5^4}-8e=\dfrac{-8219}{5^4}=\dfrac{-1643.8}{5^3}=-\dfrac{328.76}{5^2}=-\dfrac{65.752}{5}= & -13.1504 \\
-8e=- & \underline{20736} \\
d= & -13.35776;
\end{array}$$

$$\begin{array}{rl}
c=\dfrac{\Delta'''}{5^3}-6d-18e=\dfrac{1159914}{5^3}=\dfrac{231982.8}{5^2}=\dfrac{46396.56}{5}= & +9279.312 \\
-6d=+ & \underline{80.14656} \\
 & +9359.45856 \\
-18e \quad - & \underline{0.46656} \\
c= & +9358.99200\,;
\end{array}$$

$$\begin{array}{rl}
b=\dfrac{\Delta''}{5^2}-4c-8d-10e=\dfrac{-24503.1177}{5^2}=-\dfrac{49006235.4}{5}= & -9801247.08 \\
-4c=- & \underline{37435.968} \\
 & -9838683.04800 \\
-8d \quad + & \underline{106.86208} \\
 & -9838576.18592 \\
-10e & \underline{-0.2592} \\
b= & -9838576.44512
\end{array}$$

$$\begin{array}{rl}
a=\dfrac{\Delta'}{5}-2b-2c-d-\tfrac{1}{5}e=\dfrac{103.28054.3777}{5}= & 20.65610.8755.4 \\
-2b=+ & \underline{1967.7152.89024} \\
 & +20.67578.5908.29024 \\
-2c=- & \underline{1.8717.98400} \\
 & +20.67576.7190.30624 \\
-d=+ & \underline{13.35776} \\
 & +20.67576.7203.66400 \\
-0,2e= & \underline{-\quad 005184} \\
a= & 20.67576.7203.658816.
\end{array}$$

Après ces préparatifs, qui ne sont ni bien longs ni sur-tout bien difficiles, il ne reste plus que des additions à faire. L'opération ci-jointe nous donne les dix logarithmes de 2100 à 2110, tels qu'on les trouve dans la Table de Briggs, avec des différences que nous avons notées en marge, et dont la plus forte est 0,63310, sur les 15, 16, 17, 18 et 19e décimales que Briggs ne donne pas. Notre opération est plus régulière et certainement plus claire, que celle qu'il donne à la page 30 du Discours préliminaire de ses tables.

Compl. de e 99.97408 d —	c +	b —	a +	Logarithmes.	Décimales ajoutées	Briggs.
				32221 92947 3392		00000
			20 67576 7203.65882	32242 60524 0595	65882	+34118
		983 8576.44512	20 66592 8627.21370	32263 27116 9222	87252	+12748
	9358.99200	982 9217.45312	20 65609 9409.76058	32283 92726 8632	63310	—63310
13.35776	9345.63424	981 9871.81888	20 64627 9537.94170	32304 57354 8170	57480	—57480
13.33184	9332.30240	981 0539.51648	20 63646 8998.42522	32325 21001 7169	00002	—00002
13.30592	9318.99648	980 1220.52000	20 62666 7777.90522	32345 83668 4946	90524	—09476
13.28000	9305.71648	979 1914.80352	20 61687 5863.10170	32366 45356 0810	00694	—00694
13.25408	9292.46240	978 2622.34112	20 60709 3240.76058	32387 06065 4050	76752	+23248
13.22816	9279.23424	977 3343.10688	20 59731 9897.65370	32407 65797 3948	42122	+57878
13.20224	9266.03200	976 4077.07488	20 58755 5820.57882	32428 24552 9769	00004	—00004

Après avoir ainsi rempli les deux premiers intervalles avec une précision si satisfaisante, nous abandonnerions les logarithmes de 2100 et 2105; les six logarithmes suivans nous donneraient $\Delta^{v} = 75$ au lieu de 81; nous déterminerions de nouveau a, b, c, d et e; nous remplirions avec le même succès les deux intervalles suivans, et nous pourrions aller ainsi jusqu'au bout de la table.

Nos formules sont vérifiées suffisamment pour les cinquièmes différences et $n = 5$, appliquons-les à un exemple où ce sont les septièmes différences qui sont à peu près constantes.

A la page 43 de la Trigonométrie britannique, on trouve les sinus naturels à 19 décimales pour les $\frac{1}{144}$ du quart de cercle, c'est-à-dire, pour tous les arcs de 37′30″.

Arcs.	Sinus naturels.	$\Delta' +$	$\Delta'' -$
40' 625	65110 54499 11949 0931	824 03651 88119 7711	
41,250	65934 58151 00068 8642	816 19096 29778 5155	7 84555 58341 2556
41,875	66750 77247 29847 3797	808 24828 85812 8584	7 94267 43965 6571
42,500	67559 02076 15660 2381	800 20944 07211 0386	8 03884 78601 8198
43,125	68359 23020 22871 2767	792 07537 59398 1011	8 13406 47812 9375
43,750	69151 30557 82269 3778	783 84706 21097 7018	8 22831 38300 3993
44,375	69935 15264 03367 0796	775 52547 83180 4475	8 32158 37917 2543
45,000	70710 67811 86547 5271		

Il faut se souvenir que ces sinus sont des fractions du rayon, pris pour unité, et sous-entendre partout o, suivi d'un point avant les 19 figures significatives. Nous les considérerons comme des entiers, et les figures que nous ajouterons après la 19e, comme des décimales.

$\Delta''' -$	9711 85624 4015
	9617 34636 1627
	9521 69211 1177
	9424 90487 4618
	9326 99616 8550
$\Delta^{IV} +$	94 50988 2388
	95 65425 0450
	96 78723 6559
	97 90870 6068
$\Delta^{V} +$	1 14436 8062
	1 13298 6109
	1 12146 9509
$\Delta^{VI} -$	1138 1955
	1151 6600
$\Delta^{VII} -$	13 4647

De ces données, en supposant par approximation la septième différence constante, à l'exemple de Briggs, nous allons déduire les valeurs de a, b, c, d, e, f, et g ; h, i et k seront censés nuls, quoique d'après la marche des différences, il soit évident que Δ^{VIII} doive passer 1500 parties.

$n=5$, et nos formules seront

$$g=-\frac{13.4647}{5^7}=-\frac{26929.4}{5^6}=-\frac{5385.88}{5^5}=-\frac{1077.176}{5^4}=-\frac{215.4352}{5^3}$$
$$=-\frac{43.08704}{5^2}=-\frac{8.617408}{5}=-1.7234816;$$

$$f=\frac{\Delta^{VI}}{5^6}-12g=-\frac{11.381955}{5^6}=-728.444992$$
$$-12g=+\ \ 20.6817792$$
$$f=-707.7632128.$$

$$e = \frac{\Delta^{v}}{5^5} - 10f - 50g = + \frac{1\ 14456\ 8062}{5^5} = +\ 366197.77984$$

$$\begin{array}{rl}
-\ 10f = + & 7077.63213 \\ \hline
+ & 373275.41197 \\
-\ 50g = + & 86.17408 \\ \hline
e = + & 373361.58605\,;
\end{array}$$

$$d = \frac{\Delta^{iv}}{5^4} - 8e - 32f - 84g = + \frac{94\ 50988\ 2388}{5^4} = +\ 15121\ 5811.8208$$

$$\begin{array}{rl}
-\ 8e = - & 298\ 6892.6884 \\ \hline
+ & 14822\ 8919.1324 \\
-\ 32f = + & 2\ 2648.4228 \\ \hline
+ & 14825\ 1567.5552 \\
-\ 84g = + & 144.7725 \\ \hline
d = + & 14825\ 1712.3277\,;
\end{array}$$

$$c = \frac{\Delta'''}{5^3} - 6d - 18e - 35f - \left(\frac{1458}{30}\right) g \text{ ou } - 48{,}6g$$

$$= \frac{9711\ 85624\ 4015}{5^3} = -\ 77\ 6948\ 49952.120$$

$$\begin{array}{rl}
-\ 6d = - & 8895\ 10273.9662 \\ \hline
- & 78\ 5843\ 60226.0862 \\
-\ 18e = - & 67\ 20508.5489 \\ \hline
- & 78\ 5910\ 80734.6351 \\
-\ 35f = + & 24771.7125 \\ \hline
- & 78\ 5910\ 55962.9226 \\
-\ 48{,}6g\ \ + & 83.7612 \\ \hline
c = - & 78\ 5910\ 55879.1614\,;
\end{array}$$

$$b = \frac{\Delta''}{5^2} - 4c - 8d - 10e - \frac{756}{90} f - 4{,}8g \text{ ou } - 8{,}4f \text{ et } - 4{,}8g$$

$$= \frac{7\ 84555\ 58341\ 2556}{25} = -\ 31382\ 22333\ 6502.24$$

$$\begin{array}{rl}
-\ 4c = + & 314\ 36422\ 3516.6456 \\ \hline
- & 31067\ 85911\ 2985.5944 \\
-\ 8d = - & 1\ 18601\ 3698.6216 \\ \hline
- & 31069\ 04512\ 6684.2160 \\
-\ 10c = - & 373\ 3615.8605 \\ \hline
- & 31069\ 04886\ 0300.0765 \\
-\ 8{,}4f = + & 5945.2110 \\ \hline
- & 31069\ 04885\ 4354.8655 \\
4{,}8g = + & 8.2727 \\ \hline
b = - & 31069\ 04885\ 4346.5928\,;
\end{array}$$

$$
\begin{array}{rl}
a=\frac{\Delta'}{5}-2b-2c-d-0{,}2e=+ & 164\ 80730\ 37623\ 9542.2 \\
-\ 2b=+ & 62138\ 09770\ 8693.1856 \\ \hline
+ & 165\ 42868\ 47394\ 8235.3856 \\
-\ 2c=+ & 157\ 18211\ 1758.3228 \\ \hline
+ & 165\ 43025\ 65605\ 9993.7084 \\
-\ d=- & 14825\ 1712.3277 \\ \hline
+ & 165\ 43025\ 50780\ 8281.3807 \\
-\ 0{,}2e\ \ - & 7\ 4672.3172 \\ \hline
a=+ & 165\ 43025\ 50773\ 3609.0635.
\end{array}
$$

Ces valeurs satisfont aux données, elles nous font retrouver exactement les sinus de 40.625 à 43.750 : l'erreur ne va jamais à $\frac{1}{5}$ sur la 19e décimale. Il est prouvé que notre interpolation est plus exacte ou du moins plus scrupuleusement calculée que celle de Briggs, qui se permet à chaque addition des corrections arbitraires de une ou plusieurs parties, pour retrouver à chaque cinquième addition le sinus donné. J'ai désiré voir si ces additions donnaient au moins aux sinus de Briggs une marche régulière; tout va passablement jusqu'aux Δ^{v}; mais voici les Δ^{vi} qui résultent de l'interpolation corrigée de Briggs.

690	703
730	752
689	696
730	759
704	704
724	757
717	691
724	783
723	725
	755

L'irrégularité est palpable, elle prouve qu'on ne peut compter sur les décimales 18 et 19e de Briggs; il n'en voulait pas tant, et nous ne lui faisons aucun reproche de s'être ainsi mis à son aise; il en résulte seulement que nous avons mis plus de scrupule dans notre opération, et que les résultats en méritent beaucoup plus de confiance.

Voici le calcul entier :

Arcs.	Sinus naturels.	Δ′	Δ″
40.625	65110 54499 11949 0931.0000		
40.750	65275 97524 62722 4540.0635	165 43025 50773 3609.0635	31069 04885 4346.5928
40.875	65441 09481 08610 3802.5345	165 11956 45887 9262.4707	31147 63991 0225.7542
41.000	65605 90289 90507 2839.2507	164 80808 81896 9036.7165	31226 08271 4392.5879
41.125	65770 39872 64132 7483.3793	164 49582 73625 4644.1286	31304 37689 3485.5079
41.250	65934 58161 00068 8642.0000	164 18278 35936 1158.6207	31382 52207 4850.6914
41.375	66098 45046 83797 4949.9293	163 86895 83728 6307.9293	31460 51788 6543.8023
41.500	66262 00482 15737 4714.0563	163 55435 31939 9964.1270	31538 36395 7331.7146
41.625	66425 24379 11281 7146.4687	163 23896 95544 2432.4124	31616 05991 6594.2360
41.750	66588 16660 00834 2884.6451	162 92280 89552 5738.1764	31693 60539 4825.8313
41.875	66750 77247 29847 3796.9902	162 60587 29013 0912.3451	31771 00002 2637.3459
42.000	66913 06063 58858 2071.9894	162 28816 29010 8274.9992	31848 24343 1757.7293
42.125	67075 03031 63525 8584.2593	161 96968 04667 6517.2699	31925 33525 4535.7586
42.250	67236 68074 34668 0570.7705	161 65042 71142 1981.5113	32002 27512 4041.7619
42.375	67398 01114 78297 8510.5200	161 33040 43629 7939.7494	32079 06267 4069.3419
42.500	67559 02076 15660 2380.9273	161 00961 37362 3870.4073	32155 69753 9137.0993
42.625	67719 70881 83268 7114.2353	160 68805 67608 4733.3080	32232 17935 4490.3567
42.750	67880 07455 32941 7357.1866	160 36573 49673 0242.9513	32308 50775 6102.8808
42.875	68040 11720 31839 1497.2571	160 04264 98897 4140.0705	32384 68238 0678.6082
43.000	68199 83600 62498 4958.7194	159 71880 30659 3461.4623	32460 70286 5653.3654
43.125	68359 23020 22871 2766.8163	159 39419 60372 7808.0969	32536 56884 9196.5953
43.250	68518 29903 26359 1378.3179	159 06883 03487 8611.5016	32612 27097 0213.0797
43.375	68677 04174 01849 9776.7398	158 74270 75490 8398.4219	32687 83586 8344.6628
43.500	68835 45756 93753 9830.4085	158 41582 91904 0053.7591	32763 23618 3971.9746
43.625	68993 54576 62039 5912.2830	158 08819 68285 6081.7845	32838 48055 8216.1544
43.750	69151 30557 82269 3777.9131	157 75981 20229 7865.6301	

Δ^{VII}	Δ^{VI}	Δ^{V}	Δ^{IV}	Δ'''
Constant.		373361.58605	14825 1712.3277	78 59105 5879.1614
1.7348	707.76321	372653.82284	14862 5073.9137	78 44280 4166.8337
	709.48669	371944.33615	14899 7227.7365	78 29417 9052.9200
	711.21017	371233.12598	14936 9672.0726	78 14518 1365.1835
	712.93365	370520.19223	14974 0905.1986	77 99581 1693.1109
	716.65713	369805.53520	15011 1425.3909	77 84607 0787.9123
	716.38062	369089.15459	15048 1230.9261	77 69595 9362.5214
	718.10409	368371.05050	15085 0320.0807	77 54547 8131.5953
	719.82757	367651.22293	15121 8691.1312	77 39462 7811.5146
	721.55105	366929.67188	15158 6342.3541	77 24340 9120.3834
	723.27453	366206.39735	15195 3272.0260	77 09182 2778.0293
	724.99801	365481.39934	15231 9478.4233	76 93986 9506.0033
	726.72149	364754.67785	15268 4959.8226	76 78755 0027.5800
	728.44497	364026.23888	15304 9714.5004	76 63486 5067.7574
	730.16845	363296.06443	15341 3740.7333	76 48181 5353.2574
	731.89193	362354.17230	15377 7036.7977	76 32840 1612.5241
	733.61541	361830.55709	15413 9600.9702	76 17462 4575.7274
	735.33889	361095.21820	15450 1431.5273	76 02048 4974.7572
	737.06237	360358.15583	15486 2526.7455	75 86598 3543.2299
	738.78585	359619.36998	15522 2884.9013	75 71112 1016.4844
	740.50933	358878.86065	15558 2504.2713	75 55589 8131.5831
			15594 1383.1320	75 40031 5627.3118
				75 24437 4244.1798

Nous avons pareillement calculé les exemples que Briggs donne pag. 46, pour les différences du sixième ordre, et pag. 47 et 48, pour celles du cinquième. Partout il a pris les mêmes libertés que nous nous sommes bien gardé d'imiter; partout nous avons également réussi.

La méthode de Briggs n'est pas la nôtre; la manière dont il corrige ce qu'il appelle différence moyenne, prouve qu'il s'est fondé sur d'autres principes. Il n'a pas indiqué ces principes, mais on peut les conjecturer avec une vraisemblance équivalente à la certitude, d'après les notions disséminées dans ses deux ouvrages.

C'est une chose connue, même des anciens géomètres grecs, que les carrés de la suite des nombres naturels ont 2 pour différence constante; que celle des cubes est $2.3=6$; que celle des quatrièmes puissances est $2.3.4=24$; celle des cinquièmes puissances $2.3.4.5=120$, et ainsi de suite, la loi est évidente. Prenons pour exemple les cinquièmes puissances, à l'imitation de Briggs.

x	x^5	d'	d''	d'''	d^{IV}	d^{V}	Δ'	Δ''	Δ'''	Δ^{IV}	Δ^{V}
0	0										
1	1	1	30	150							
2	32	31	180	390	240	120	3125				
3	243	211	570	750	360	120					
4	1024	781	1320	1230	480	120					
5	3125	2101	2550	1830	600	120		93750			
6	7776	4651	4380	2550	720	120					
7	16807	9031	6990	3390	840	120	96875		468750		375000
8	32768	15961	10320	4350	960	120					
9	559049	26281	14670	5430	1080	120					
10	100000	40951	20100	6630	1200	120		562500		750000	
11	161051	61051	26730	7950	1320	120					
12	248832	87781	34680	9390	1440	120	659375		1218750		375000
13	371293	122461	44070	10950	1560	120					
14	537824	166531	55020	12630	1680	120					
15	759375	221551	67650	14430	1800	120		1781250		1125000	
16	1048576	289201	82080	16350	1920	120					
17	1419857	371281	98430	18390	2040	120	2440625		234370		375000
18	1889568	469711	116820	20550	2160	120					
19	2476099	585531	137370	22830	2280	120					
20	3220000	723901	160200	25230	2400	120		4125000		1500000	
21	4084101	884101	185430	27750	2540	120					
22	5153632	1069531	213180	30390	2640	120	6565625				
23	6436343	1282711	243570	33150	2760						
24	7962624	1526281	276720								
25	9765625	1803001									

Supprimons quatre termes sur cinq dans cette série; les différences entre les termes restans deviendront plus considérables, et telles qu'on les voit sous les titres Δ.

Comparons ces nouvelles différences aux différences primitives correspondantes.

Nous aurons

$$\frac{d^{\text{v}}}{\Delta^{\text{v}}}=\frac{120}{375000}=\frac{12}{37500}=\frac{4}{12500}=\frac{1}{3125}=\frac{1}{5^5}.$$

supposons que le problème soit de retrouver en entier la table des cinquièmes puissances, d'après la table reduite au cinquième; nous aurons $d^{\text{v}}=\frac{\Delta^{\text{v}}}{5^5}$. Cette différence sera constante.

Pour d^{iv}, vis-à-vis $\Delta^{\text{iv}}=750000$, nous trouvons $d^{\text{iv}}=1200$; donc

$$\frac{d^{\text{iv}}}{\Delta^{\text{iv}}}=\frac{1200}{750000}=\frac{12}{7500}=\frac{4}{2500}=\frac{1}{625}=\frac{1}{5^4}\quad\text{et}\quad d^{\text{iv}}=\frac{\Delta^{\text{iv}}}{5^4}.$$

Vis-à-vis $\Delta^{\text{iv}}=1125000$, nous trouvons $d^{\text{iv}}=1400$; donc

$$\frac{d^{\text{iv}}}{\Delta^{\text{iv}}}=\frac{1800}{1125000}=\frac{18}{11250}=\frac{6}{3750}=\frac{1}{625}=\frac{1}{5^4}\quad\text{et}\quad d^{\text{iv}}=\frac{\Delta^{\text{iv}}}{5^4},$$

comme par la première comparaison.

Avec ces deux d^{iv} et les d^{v} constans, nous aurons toute la colonne des d^{iv}.

Pour d''', nous serions tentés d'en conclure par analogie

$$d'''=\frac{\Delta'''}{5^3}=\frac{468750}{5^3}=\frac{93750}{5^2}=\frac{18750}{5}=3750;$$

mais vis-à-vis ce Δ''', nous trouvons

$$d'''=3390=3750-360=3750-3.120=\frac{\Delta'''}{5^3}-3.d^{\text{v}},$$

Plus bas nous aurions

$$\frac{\Delta'''}{5^3}=\frac{1218750}{5^3}=\frac{243750}{5^2}=\frac{48750}{5}=9750;$$

mais, sur cette ligne, nous trouvons

$$d'''=9390=9750-360=\frac{\Delta'''}{5^3}-3d^{\text{v}}.$$

Plus bas

$$\frac{\Delta'''}{5^3}=\frac{2343750}{5^3}=\frac{468750}{5^2}=\frac{93750}{5}=18750;$$

mais nous trouvons

$$d'''=18390=18750-360=\frac{\Delta'''}{5^3}-3d^{\text{v}}.$$

Nous pouvons conclure de ces trois évaluations que la règle est générale, et il est aisé de s'en assurer, en continuant la table des x^5. Au moyen de ces trois ou de l'un quelconque des d''' avec la colonne des d^{iv}, on remplira la colonne des d'''

$$\frac{\Delta''}{5^2} = \frac{93750}{5^2} = \frac{18750}{5} = 3750;$$

mais nous trouvons

$$d'' = 2550 = 3750 - 1200 = \frac{\Delta''}{5^2} - 2d^{\text{iv}}$$

de la même ligne;

$$\frac{\Delta''}{5^2} = \frac{562500}{5^2} = \frac{112500}{5} = 22500;$$

mais

$$d'' = 20100 = 22500 - 2400 = \frac{\Delta''}{5^2} - 2d^{\text{iv}}$$

de la même ligne;

$$\frac{\Delta''}{5^2} = \frac{1781250}{5^2} = \frac{356250}{5} = 71250;$$

mais

$$d'' = 67650 = 71250 - 3600 = \frac{\Delta''}{5^2} - 2d^{\text{iv}}$$

toujours sur la même ligne, enfin

$$\frac{\Delta''}{5^2} = \frac{4125000}{5^2} = \frac{825000}{5} = 165000;$$

mais

$$d'' = 160200 = 165000 - 4800 = \frac{\Delta''}{5^2} - 2d^{\text{iv}};$$

on peut donc être assuré que toujours $d'' = \frac{\Delta''}{5^2} - 2d^{\text{iv}}$; toutes ces quantités étant toujours prises sur la même ligne. Nous aurons donc la colonne entière des d''.

$\frac{\Delta'}{5} = \frac{3125}{5} = 625$; mais la table donne $d' = 211 = 625 - 414$, 414 ne se trouve pas dans la table; mais vis-à-vis d' et Δ', nous trouvons $d''' = 390$; ainsi

$$d' = \frac{\Delta'}{5} - d''' - 24 = \frac{\Delta'}{5} d''' - \tfrac{1}{5}d^{\text{v}}.$$

De même

$$\frac{\Delta'}{5} = \frac{96875}{5} = 19375;$$

or, sur la même ligne, on trouve

$$\left.\begin{array}{rl} d' = & 15961 \\ d''' = & 3390 \\ \frac{1}{5}d^{v} = & 24 \end{array}\right\} = 19375,$$

$$\frac{\Delta'}{5} = \frac{659375}{5} = 131875; \quad \text{or} \quad \left.\begin{array}{rl} d' = & 122461 \\ d''' = & 9390 \\ \frac{1}{5}d^{v} = & 24 \end{array}\right\} = 131875,$$

et ainsi des autres.

Ainsi $d' = \frac{\Delta'}{5} - d''' - \frac{1}{5}d^{v}$; en nous résumant

$$d^{v} = \frac{\Delta^{v}}{5^5}, \quad d^{iv} = \frac{\Delta^{iv}}{5^4}, \quad d''' = \frac{\Delta'''}{5^3} - 3d^{v}, \quad d'' = \frac{\Delta''}{5^2} - 2d^{iv},$$

$$d' = \frac{\Delta'}{5} - d''' - \frac{1}{5}d^{v}.$$

Voilà les règles de Briggs, trouvées par un moyen bien simple, qu'il aurait dû nous indiquer plus expressément. A la page 41 de sa Trigonométrie britannique, il donne pour exemple de sa méthode la formation de la table des sixièmes puissances de tous les nombres, depuis 50 jusqu'à 70, d'après celles des nombres 50, 55, 60, 65 et 70. Mais ces données sont réellement insuffisantes, puisqu'elles ne fournissent qu'une quatrième différence, qu'elles laissent ignorer les cinquièmes, et la sixième qui, seule, est constante. Il donne cependant ces dernières différences sans nous apprendre comment on peut se les procurer; il y a toute apparence qu'il n'a voulu que montrer l'exactitude de ses règles, sans nous mettre sur la voie qui l'avait conduit à sa découverte. L'idée nous est venue, comme à lui, de comparer une table entière à une table tronquée à dessein, pour chercher les rapports qui nous mettraient en état de remplir les lacunes; nous avons choisi les cinquièmes puissances, parce que Briggs suppose ordinairement les cinquièmes différences constantes, et qu'il cherche à quintupler ses tables. Nous avons retrouvé ses règles, et il n'y a aucun doute que ce soit de cette manière qu'il y soit arrivé.

Voici le raisonnement que nous avons fait; calculez les puissances de la suite naturelle des nombres, par exemple les cinquièmes puissances des nombres x en progression arithmétique, vous aurez la différence cinquième 120 constamment; multipliez la table entière par un nombre quelconque p, vous aurez la suite des nombres px^5, les différences se trouveront multipliées par p aussi bien que les x^5, la différence constante sera $120\,p$; soit par exemple $p = 3$, au lieu de la table ci-dessus, vous aurez la suivante où tout sera triplé, les différences cinquièmes seront $360 = 3 . 120$.

Donc toute suite de nombres qui offre des différences cinquièmes constantes peut être considérée comme formant partie de la suite des nombres px^5, la différence constante sera $p . 120 = d^{v}$, d'où $p = \frac{d^{v}}{120}$.

$3x^5$	d'	d''	d'''	d^{iv}	d^{v}
0	3	90	450	720	360
3	93	540	1170	1080	360
96	633	1710	2250	1440	360
729	2343	3960	3690	1800	360
3072	6303	7650	5490	2160	360
9375	13953	13140	7650	2520	360
23328	27093	20790	10170	2880	
50421	47883	30960	13050		
98304	78843	44010			
177147	122853				
300000	etc.				
etc.					

p étant connu, on aurait $px^5 = \text{A}$ et $x^5 = \frac{\text{A}}{p}$, $x^5 = \frac{\text{A}}{p}$, on connaîtrait x, dont les valeurs doivent croître en progression arithmétique; mais les valeurs, presque infailliblement irrationnelles ne seraient d'aucune utilité pour l'interpolation.

Les rapports que nous avons remarqués ci-dessus entre les différences de la Table entière et celle de la Table tronquée, subsisteront donc toujours, puisque ces différences sont toutes multipliées par la constante p, aussi bien que les nombres principaux; ainsi toute interpolation entre des nombres donnés qui offrent des différences de l'ordre y, peut être ramenée aux mêmes principes et aux mêmes règles que celle des nombres x^y. Tel est donc le fondement de la méthode de Briggs; quoiqu'il n'ait pas dit son secret, la chose est évidente. C'est ainsi qu'il a ci-devant réduit en espèces de formules les règles qu'il s'est faites, pour abréger l'extraction des racines dans la recherche des logarithmes. (*Voyez* notre tom. IV, pag. 541).

Il remarque que les différences moyennes paires se corrigent par les différences paires des ordres suivans, et les différences impaires par les impaires des ordres plus élevés. Et en effet, sur les lignes de d', on ne trouve aucun d d'un ordre pair; sur la ligne de d'', on ne trouve que des intervalles et aucun d impair. C'est encore un fait qu'il a remarqué constamment sans en chercher la raison; comme dans l'interpolation des sinus il avait remarqué que, sur une même ligne, toutes les différences impaires forment une progression géométrique, et que toutes les différences impaires forment une autre progression géométrique dont la raison est la même, et dont il n'a pas vu l'expression bien simple. (*Voyez* ci-dessus pag. 81).

Faisons pour les x^3 ce que nous avons fait pour les x^5.

x	x^3	d'	d''	d'''	Δ'	Δ''	Δ'''
0	0						
1	1	1	6	6			
2	8	7	12	6			
3	27	19	18	6	125		750
4	64	37	24	6			
5	125	61	30	6			
6	216	91	36	6		750	
7	343	127	42	6			
8	512	169	48	6	875		750
9	729	217	54	6			
10	1000	271	60	6			
11	1331	331	66	6		1500	
12	1728	397	72	6			
13	2197	469	78	6	2375		750
14	2744	547	84	6			
15	3375	631	90	6			
16	4096	721	96	6		2250	
17	4913	817	102	6			
18	5832	919	108	6	4625		750
19	6859	1027	114	6			
20	8000	1141	120			3000	

Supprimons quatre termes pour ne conserver que les cinquièmes, nous aurons les Δ', Δ'' et Δ''' du tableau ci-joint. La comparaison avec les d donnera

$$\frac{d'''}{\Delta'''} = \frac{6}{750} = \frac{6}{5.150} = \frac{6}{5^2.30} = \frac{6}{5^3.6} = \frac{1}{5^3} \quad \text{et} \quad d''' = \frac{\Delta'''}{5^3},$$

$$\frac{d''}{\Delta''} = \frac{30}{750} = \frac{30}{5.150} = \frac{30}{5^2.30} = \frac{1}{5^2} \quad \text{et} \quad d'' = \frac{\Delta''}{5^2},$$

$$\frac{d''}{\Delta''} = \frac{60}{1500} = \frac{30}{750} = \frac{1}{5^2} \quad \text{et} \quad d'' = \frac{\Delta''}{5^2},$$

$$\frac{d''}{\Delta''} = \frac{90}{2250} = \frac{30}{750} = \frac{1}{5^2} \quad \text{et} \quad d'' = \frac{\Delta''}{5^2},$$

$$\frac{d''}{\Delta''} = \frac{120}{3000} = \frac{30}{750} = \frac{1}{5^2} \quad \text{et} \quad d'' = \frac{\Delta''}{5^2},$$

règles semblables à celles que nous avons trouvées ci-dessus pour d^{v} et d^{iv}, quand les Δ^{v} étaient constans.

$\frac{\Delta'}{5} = \frac{125}{5} = 25$; mais au lieu de 25, je trouve sur la même ligne

$$19 = 25 - 6 = \frac{\Delta'}{5} - d''',$$

$\frac{\Delta'}{5} = \frac{875}{5} = 175$; mais je trouve $169 = 175 - 6 = \frac{\Delta'}{5} - d'''$,

$\frac{\Delta'}{5} = \frac{2375}{5} = 475$, et je trouve $469 = 475 - 6 = \frac{\Delta'}{5} - d'''$,

$\frac{\Delta'}{5} = \frac{4625}{5} = 925$, et je trouve $919 = 925 - 6 = \frac{\Delta'}{5} - d'''$;

ainsi supposant entièrement vide les colonnes x^3, d', d'' et d''' de la table précédente, j'y place 19, 169, 469 et 919, en regard de 125, 875, 2375 et 4625, dans la colonne des Δ'.

Je place 30, 60, 90 et 120, en regard de 750, 1500, 2250 et 3000;
Avec $d=0$ je remplis la colonne des d''', et je complète celle des d'';
Avec les d'' je complète la colonne des d', et avec celle-ci celle des x^3.

Dans l'exemple précédent, supposez $\Delta^{\text{iv}}=0$ et $\Delta^{\text{v}}=0$, vous retrouverez les formules de Δ^{iv} constantes.

Briggs n'a pas donné cet exemple; il réduit les x^3 au tiers en supprimant deux cubes sur trois; et voici le cadre qu'il s'agit de remplir.

x	x^3	d'	d''	d'''	Δ'	Δ''	Δ'''
0	0						
1				6			
2		7		6	27		
3	27		18	6		162	
4				6			
5		61		6	189		162
6	216		36	6		324	
7				6			
8		169		6	513		162
9	719		54	6		486	
10				6			
11		331		6	999		162
12	1728		72	6		648	
13				6			
14		547		6	1647		162
15	3375		90	6		810	
16				6			
17		817		6	2457		
18	5832						

$$d''' = \frac{\Delta'''}{3^3} = \frac{162}{3.3.3} = \frac{54}{3.3} = \frac{18}{3} = 6;$$

je place 6 dans tous les intervalles à la colonne d'''.

$$d'' = \frac{\Delta''}{3.3} = \frac{162}{3.3} = \frac{54}{2} = 18,$$

$$d'' = \frac{324}{3.3} = \frac{108}{3} = 36,$$

$$d'' = \frac{486}{3.3} = \frac{162}{3} = 54,$$

$$d'' = \frac{648}{3.3} = \frac{216}{3} = 72,$$

$$d'' = \frac{810}{3.3} = \frac{270}{3} = 90;$$

je place tous ces d'' sur la ligne du nombre qui les a fournis

$$\frac{\Delta'}{3} = \frac{27}{3} = 9, \quad \frac{\Delta'}{3} - \tfrac{1}{3}d''' = 9 - 2 = 7,$$

$$\frac{\Delta'}{3} = \frac{189}{3} = 63, \quad \frac{\Delta'}{3} - \tfrac{1}{3}d''' = 63 - 2 = 61,$$

$$\frac{\Delta'}{3} = \frac{513}{3} = 171, \quad \frac{\Delta'}{3} - \tfrac{1}{3}d''' = 171 - 2 = 169,$$

$$\frac{\Delta'}{3} = \frac{999}{3} = 333, \quad \frac{\Delta'}{3} - \tfrac{1}{3}d''' = 333 - 2 = 331,$$

$$\frac{\Delta'}{3} = \frac{1647}{3} = 549, \quad \frac{\Delta'}{3} - \tfrac{1}{3}d''' = 549 - 2 = 547,$$

$$\frac{\Delta'}{3} = \frac{2457}{3} = 819, \quad \frac{\Delta'}{3} - \tfrac{1}{3}d''' = 819 - 2 = 817;$$

je place de même tous les d' sur la ligne horizontale du nombre qui les a fournis. Pour remplir les colonnes, il ne reste plus à faire que des additions ou des soustractions; rigoureusement il ne faudrait qu'un d'' pour avoir tous les autres, puis un d' pour avoir tout le reste. Le procédé est parfaitement exact quand les différences dernières sont rigoureusement constantes. Ce qui n'est pas tout-à-fait le cas des interpolations ordinaires, chacune des données a son inexactitude, les différences qu'on en déduit sont encore moins sûres, aucun ordre de différences n'est absolument constant; on ne peut donc alors avoir que des approximations, et plus on avance, plus les erreurs grossissent en s'accumulant; mais on peut les reconnaître assez bien par le plus ou moins de précision avec laquelle on retrouve les quantités fondamentales; alors on recommence à calculer les différences moyennes et leurs corrections, soit dans la méthode de Briggs, soit dans celle que nous avons établie d'après l'idée de Mouton; et l'on n'a plus d'erreurs que dans les décimales que l'on veut bien négliger. On a vu par notre interpolation des sinus à 19 décimales, et la septième différence constante, qu'en opérant avec soin on a les 19es décimales avec assez de précision, et bien sûrement les 18es.

Telles sont donc les règles et la manière d'interpoler de Briggs, exposées avec plus de clarté et plus de détails qu'il n'a pu ou voulu nous en donner. Ses corrections des différences moyennes paraissent plus simples que les nôtres, qui nous font trouver le premier d de chaque ordre, ou la tête de chaque colonne. Mais il lui reste à placer convenablement les d corrigés à sa manière, pour en déduire tous les autres soit par addition, soit par soustraction; c'est, si l'on veut, un inconvénient assez léger, mais il nécessite une petite attention dont on est dispensé dans notre méthode, dont la marche est plus uniforme.

Briggs appelle bissection, trisection, quadrisection, etc., les cas où $n = 2, 3, 4$, etc.; il donne hautement la préférence à la quinquésection, soit pour la commodité, soit pour la facilité. Les sections paires comme la bissection, la quadrisection, etc., *sont plus difficiles.* Il ne donne de règles que pour la quinquésection et la trisection. Dans les premières il enseigne à tenir compte des vingtièmes différences; dans les secondes, il se borne aux douzièmes; nous avons cru devoir nous borner aux dixièmes, dont nous ne croyons pas qu'on ait jamais fait usage. M. de Prony, dans la construction de ses grandes tables, a rarement employé les huitièmes, et jamais les neuvièmes.

L'Arithmétique de Briggs est un ouvrage extrêmement rare. L'exemplaire que nous possédons, et qui a été à Lalande, ne contient que la table logarithmique, et un extrait en anglais de l'introduction latine. C'est aux chapit. XII et XIII de cette introduction, que l'auteur avait exposé ses méthodes d'interpolation. A la page 37 de sa Trigonométrie, il se plaint de son éditeur Vlacq qui a supprimé ces chapitres sans le consulter; en conséquence, il en donne un extrait pour expliquer la manière dont il a calculé sa grande table de sinus et de tangentes; mais pour ne rien perdre des renseignemens qu'il avait bien voulu donner, je me suis adressé à M. de Prony, dont l'exemplaire était plus complet que le mien. Le chapitre XII est consacré tout entier à corriger de l'effet des secondes différences, un logarithme calculé par de simples parties proportionnelles; ses préceptes sont ceux qu'on déduirait de la formule générale $\left(\frac{n}{1}\right)\left(\frac{n-1}{2}\right)\Delta''$.

Dans le chapitre XIII, il enseigne à quintupler une table donnée; pour exemple, il calcul celui que nous avons refait ci-dessus avec plus de soin par nos formules. Il y donne ses préceptes pour la trisection et la quinquésection, avec deux tables où toutes ses règles sont réunies.

Voici ces tables suivant notre notation.

Table de trisection pour n = 3.

$$\frac{\Delta'}{3} - \tfrac{1}{3}d''',$$

$$\frac{\Delta''}{3^2} - \tfrac{2}{3}d^{\text{iv}} - \tfrac{1}{9}d^{\text{vi}},$$

$$\frac{\Delta'''}{3^3} - \tfrac{3}{3}d^{\text{v}} - \tfrac{3}{9}d^{\text{vii}} - \tfrac{1}{27}d^{\text{ix}},$$

$$\frac{\Delta^{\text{iv}}}{3^4} - \tfrac{4}{3}d^{\text{vi}} - \tfrac{6}{9}d^{\text{viii}} - \tfrac{4}{27}d^{\text{x}} - \tfrac{1}{81}d^{\text{xii}},$$

$$\frac{\Delta^{v}}{3^5} - \tfrac{5}{3}d^{vii} - \tfrac{10}{9}d^{ix} - \tfrac{10}{27}d^{xi},$$

$$\frac{\Delta^{vi}}{3^6} - \tfrac{6}{3}d^{viii} - \tfrac{15}{9}d^{x} - \tfrac{20}{27}d^{xii},$$

$$\frac{\Delta^{vii}}{3^7} - \tfrac{7}{3}d^{ix} - \tfrac{25}{9}d^{xi},$$

$$\frac{\Delta^{viii}}{3^8} - \tfrac{8}{3}d^{x} - \tfrac{28}{9}d^{xii},$$

$$\frac{\Delta^{ix}}{3^9} - \tfrac{9}{3}d^{xi},$$

$$\frac{\Delta^{x}}{3^{10}} - \tfrac{10}{3}d^{xii}.$$

Les coefficiens de la première correction vont tous en augmentant de $\frac{1}{3}$.

Ceux de la seconde de $\frac{1}{9}$, $\frac{2}{9}$, $\frac{3}{9}$, $\frac{4}{9}$, $\frac{5}{9}$, $\frac{6}{9}$ et $\frac{7}{9}$ successivement.

Ceux de la troisième, de $\frac{1}{27}$, $\frac{3}{27}$, $\frac{6}{27}$, $\frac{10}{27}$.

Les dénominateurs sont successivement 3, 9, 27, 81 ou $3, 3^2, 3^3, 3^4$.

On a vu des progressions pareilles ci-dessus dans nos tables de corrections.

Les d sont les d déjà corrigés et non pas les d moyens.

Table de quinquesection, ou pour $n = 5$.

$$\frac{\Delta'}{5} - d''' - \tfrac{1}{5}d^{v},$$

$$\frac{\Delta''}{5^2} - 2d^{iv} - 1{,}4d^{vi} - 0{,}4d^{viii} - 0{,}04d^{x},$$

$$\frac{\Delta'''}{5^3} - 3d^{v} - 3{,}6d^{vii} - 2{,}2d^{ix} - 0{,}72d^{xi} - 0{,}12d^{xiii} - 0{,}008d^{xv},$$

$$\frac{\Delta^{iv}}{5^4} - 4d^{vi} - 6{,}8d^{viii} - 6{,}4d^{x} - 3{,}64d^{xii} - 1{,}28d^{xiv} - 0{,}272d^{xvi}$$
$$- 0{,}032d^{xviii} - 0{,}0016d^{xx},$$

$$\frac{\Delta^{v}}{5^5} - 5d^{vii} - 11{,}0d^{ix} - 14{,}0d^{xi} - 11{,}40d^{xiii} - 6{,}20d^{xv} - 2{,}280d^{xvii}$$
$$- 0{,}560d^{xix},$$

$$\frac{\Delta^{vi}}{5^6} - 6d^{viii} - 16{,}2d^{x} - 26{,}0d^{xii} - 27{,}60d^{xiv} - 20{,}40d^{xvi} - 10{,}760d^{xviii}$$
$$- 4{,}080d^{xx},$$

$$\frac{\Delta^{vii}}{5^7} - 7d^{ix} - 22{,}4d^{xi} - 43{,}4d^{xiii} - 56{,}84d^{xv} - 53{,}20d^{xvii} - 36{,}680d^{xix},$$

$$\frac{\Delta^{\text{VIII}}}{5^8} - 8d^{\text{X}} - 29{,}6d^{\text{XII}} - 67{,}2d^{\text{XIV}} - 104{,}72d^{\text{XVI}} - 118{,}72d^{\text{XVIII}} - 101{,}248d^{\text{XX}},$$

$$\frac{\Delta^{\text{IX}}}{5^9} - 9d^{\text{XI}} - 37{,}8d^{\text{XIII}} - 98{,}4d^{\text{XV}} - 177{,}84d^{\text{XVII}} - 236{,}88d^{\text{XIX}},$$

$$\frac{\Delta^{\text{X}}}{5^{10}} - 10d^{\text{XII}} - 47{,}0d^{\text{XIV}} - 138{,}0d^{\text{XVI}} - 283{,}80d^{\text{XVIII}} - 434{,}40d^{\text{XX}},$$

$$\frac{\Delta^{\text{XI}}}{5^{11}} - 11d^{\text{XIII}} - 57{.}2d^{\text{XV}} - 187{,}0d^{\text{XVII}} - 431{,}20d^{\text{XIX}},$$

$$\frac{\Delta^{\text{XII}}}{5^{12}} - 12d^{\text{XIV}} - 68{,}4d^{\text{XVI}} - 246{,}4d^{\text{XVIII}} - 629{,}64d^{\text{XX}},$$

$$\frac{\Delta^{\text{XIII}}}{5^{13}} - 13d^{\text{XV}} - 80{,}6d^{\text{XVII}} - 317{,}2d^{\text{XIX}},$$

$$\frac{\Delta^{\text{XIV}}}{5^{14}} - 14d^{\text{XVI}} - 93{,}8d^{\text{XVIII}} - 400{,}4d^{\text{XX}},$$

$$\frac{\Delta^{\text{XV}}}{5^{15}} - 15d^{\text{XVII}} - 108{,}0d^{\text{XIX}},$$

$$\frac{\Delta^{\text{XVI}}}{5^{16}} - 16d^{\text{XVIII}} - 123{,}2d^{\text{XX}};$$

$$\frac{\Delta^{\text{XVII}}}{5^{17}} - 17d^{\text{XIX}},$$

$$\frac{\Delta^{\text{XVIII}}}{5^{18}} - 18d^{\text{XX}},$$

$$\frac{\Delta^{\text{XIX}}}{5^{19}} - 0,$$

$$\frac{\Delta^{\text{XX}}}{5^{20}} - 0.$$

Nous avons montré comment on pourrait trouver toutes ces corrections; il suffirait de faire, pour les puissances x^{12} et x^{20}, ce que nous avons fait ci-dessus pour x^3 et x^5. Mais nous pouvons trouver d'une manière plus courte une espèce de vérification que nous avons aussi trouvée pour nos tables. La première correction a pour coefficiens les nombres 1, 2, 3, 4..... etc., c'est-à-dire l'exposant de la puissance ou du degré de l'équation. Les coefficiens de la deuxième correction offrent les différences très régulières que voici et qui permettraient de prolonger la table.

0.2	1.2	1.0
1.4	2.2	1.0
3.6	3.2	1.0
6.8	4.2	1.0
11.0	5.2	1.0
16.2	6.2	1.0
22.4	7.2	1.0
29.6	8.2	1.0
37.8	9.2	1.0
47.0	10.2	1.0
57.2	11.2	1.0
68.4	12.2	1.0
80.6	13.2	1.0
93.8	14.2	1.0
108.0	15.2	
123.2		

0.4	1.8	2.4	1.0
2.2	4.2	3.4	1.0
6.4	7.6	4.4	1.0
14.0	12.0	5.4	1.0
26.0	17.4	6.4	1.0
43.4	23.8	7.4	1.0
67.2	31.2	8.4	1.0
98.4	39.6	9.4	1.0
138.0	49.0	10.4	1.0
187.0	59.4	11.4	1.0
246.4	70.8	12.4	
317.2	83.2		
400.4			

Pour ceux de la troisième correction, c'est la troisième différence qui est constante, ce qui nous sert à corriger une faute d'impression, page 38 de la Trigonométrie; cette faute n'est pas dans l'Arithmétique.

Pour la quatrième correction, ce sont les quatrièmes différences qui sont constantes.

0.04	0.68	2.24	2.60	1.0
0.72	2.92	4.84	3.60	1.0
3.64	7.76	8.44	4.60	1.0
11.40	16.20	13.04	5.60	1.0
27.60	29.24	18.64	6.60	1.0
56.84	47.88	25.24	7.60	1.0
104.72	73.12	32.84	8.60	1.0
177.84	105.96	41.44	9.60	
283.80	147.40	51.04		
431.20	198.44			
629.64				

Pour la cinquième correction, ce sont les cinquièmes différences qui sont constantes; il est à remarquer que toutes les différences constantes sont l'unité.

0.12	1.16	3.76	5.52	3.80	1.0
1.28	4.92	9.28	9.32	4.80	1.0
6.20	14.20	18.60	14.12	5.80	1.0
20.40	32.80	32.72	19.92	6.80	
53.20	65.52	52.64	26.72		
118.72	118.16	79.36			
236.88	197.52				
434.40					

Ici nous n'avons plus assez de termes, pour arriver aux différences constantes; mais il importe assez peu de vérifier des quantités qui n'ont jamais servi et ne serviront jamais.

0.008	0.264	1.744	4.728	6 240	3.000
0.272	2.008	6.472	10.968	9.240	
2.280	8.480	17.440	20.208		
10.760	25.920	38.648			
36.680	64.568				
101.248					

Quand on a ainsi corrigé les différences moyennes, il faut, nous dit Briggs, les placer exactement sur leur ligne; et *pour éviter toute confusion* dans une opération si compliquée, il prescrit de diviser le papier en plusieurs aires, et d'écrire les différences impaires d'une encre de couleur différente; et il nous dit qu'en faisant les additions on *pourra disposer arbitrairement d'une unité suivant l'exigence des cas*. Il ne s'est pas borné à cette licence, qui jamais ne nous a paru bien nécessaire.

Un autre embarras, c'est que les corrections qui sont toutes soustractives pour les tangentes, les sécantes, les logarithmes et les puissances, sont les unes positives et les autres négatives pour les sinus. Nos corrections sont plus uniformes, ou du moins on n'a à suivre que la règle algébrique des signes; en sorte que jamais il n'y a la moindre incertitude.

Tels sont en substance les deux chapitres omis par Vlacq. Nous terminerons ici ce que nous avions à dire de l'interpolation; mais avant de retourner à Mouton, qui nous a fourni l'occasion de ces recherches, il est juste de donner une idée des travaux importans de Vlacq, mathématicien des Pays-Bas, et continuateur zélé de Briggs.

Vlacq.

L'Arithmétique logarithmique de Briggs avait paru à Londres en 1624; mais elle était absolument inconnue en Hollande, lorsqu'un exemplaire tomba par hasard entre les mains d'Adrien Vlacq, qui sentit aussitôt le désir de remplir la lacune laissée par Briggs, entre 20000 et 90000. Mais persuadé que 14 décimales étaient souvent plus incommodes que véritablement utiles, pour abréger l'ouvrage de l'interpolation et ne pas trop grossir le volume, il se résolut à retrancher les quatre derniers chiffres. Il ne dit pas quelle méthode il a suivi dans ce travail; mais on conçoit qu'avec les moyens d'interpolation donnés par Briggs, la besogne ne devait pas être bien difficile. Il la termina en moins de deux ans; il y ajouta les logarithmes des sinus, tangentes et sécantes, de tous les degrés et minutes du quart de cercle également à 10 décimales. Il prit les sinus naturels dans le Trésor mathématique de Rhéticus, publié par Pitiscus. Pour en trouver les logarithmes, il employa les moyens et les Tables de Briggs, que nous avons rapportés tome IV, pag. 542 et 543. L'exemple détaillé par Vlacq est précisément celui que nous avons calculé à l'endroit cité. Il eut le courage de déterminer ainsi les logarithmes de tous les sinus de minute en minute, depuis 45° jusqu'à 90° : il en conclut ceux des 45 premiers degrés par la formule $\sin A = \frac{\frac{1}{2}\sin 2A}{\cos A} = \frac{\sin 30^\circ \sin 2A}{\cos A}$; ayant ainsi les logarithmes des sinus, il en déduisit sans peine ceux des tangentes et ceux des sécantes; la Table de Briggs qui servait à ces calculs n'avait que 11 décimales; et comme l'on employait le plus souvent huit de ces logarithmes pour trouver celui d'un sinus, on ne s'étonnera pas que la dixième décimale de ce sinus ne soit pas toujours parfaitement exacte. Nous reviendrons tout à l'heure sur cette dixième décimale.

Ces Tables trigonométriques et les cent mille logarithmes parurent en 1628, à Goude, chez Rammasein; et cinq ans après Vlacq publia, chez le même libraire, sa grande Table trigonométrique étendue aux dixièmes de seconde, pour tout le quart de cercle, et suivie des 20,000 premiers logarithmes de Briggs, le tout réduit à 10 décimales. L'introduction est tirée presque en entier du second livre de la Trigonométrie britannique de Gellibrand. Enfin, mon exemplaire renferme encore les sinus, tangentes, sécantes, tant naturelles que logarithmiques de Briggs, publiés la même année par le même libraire. Du reste, Vlacq ne dit pas un seul mot de la manière dont il a obtenu ses logarithmes des sinus et des tangentes, pour toutes les dixaines de seconde. Si la Table de Briggs eût paru un peu plutôt, Vlacq y eût trouvé de grands secours, soit pour sa première édition pour toutes les minutes, car ces minutes se trouvent de 3 en 3 dans celle de Briggs, soit aussi pour sa table de 10 en 10″, qui s'y trouve aussi de 3′ en 3′; car 3′ = 180″, il y eût suffi dans le premier cas d'interpoler en faisant $n = 3$, et dans le second $n = 18$. Cette Table va du moins nous servir à vérifier celles de Vlacq, et nous montrer quelle en est réellement l'exactitude.

Commençons comme Vlacq à 45°. Voici ce que nous trouvons dans la Trigonométrie britannique:

Arcs.	log sinus de Briggs.	Δ′ +	Δ″ —	Δ‴ +	Δ^iv —	Δ^v
45° 0′	9.84948.50021.6800	37.86628.8972				
3	9.84986.36650.5772	37.80025.7351	6603.1621			
6	9.85024.16076.3123	37.73434.0579	6591.6772	11.4849		
9	9.85061.90110.3702	37.66853.8253	6580.2326	11.4446	403	
12	9.85099.56964.1955	37.60284.9972	6568.8281	11.4045	401	+ 2
15	9.85137.17249.1927	37.53727.5347	6557.4625	11.3656	389	+ 12
18	9.85174.70976.7274	37.47181.3979	6546.1368	11.3257	399	— 10
21	9.85212.18158.1253	37.40646.5476	6534.8503	11.2865	392	+ 7
24	9.85249.58804.6729	37.34122.9448	6523.6028	11.2475	390	+ 2
27	9.85286.92927.6177	37.27610.5506	6512.3942	11.2086	389	+ 1
30	9.85324.20538.1683	37.21109.3262	6501.2244	11.1698	388	+ 1
33	9.85361.41647.4945	37.14619.2328	6490.0934	11.1310	388	0
36	9.85398.56266.7273	37.08140.2322	6479.0006	11.0928	382	+ 6
39	9.85435.64406.9595	37.01672.2863	6467.9459	11.0547	381	+ 1
42	9.85472.66079.2458	36.95215.3566	6456.9297	11.0162	385	— 4
45	9.85509.61294.6024	36.88769.4056	6445.9510	10.9787	375	+ 10
48	9.85546.50064.0080	36.82334.3951	6435.0105	10.9405	382	— 7
51	9.85583.32398.4031	36.75910.2879	6424.1072	10.9033	372	+ 10
54	9.85620.08308.6910	36.69497.0462	6413.2417	10.8655	368	+ 4
57	9.85656.77805.7372	36.63094.6329	6402.4133	10.8284	371	— 3
46. 0	9.85693.40900.3701					

Les différences cinquièmes sont assez irrégulières et suffiraient pour nous prouver, ce que nous savons d'ailleurs, que les 14es décimales de Briggs ne sont pas rigoureusement exactes, ce qui réellement est impossible; mais elles pourraient l'être à une demi-unité près. On voit qu'en général les Δ^v devraient diminuer de 2 parties, et sûrement de plus qu'une seule partie; on y voit des sauts irréguliers qui vont jusqu'à 14, 17 et 22 parties. Mais ils ne commencent qu'à la 18e minute, et n'affecteront pas l'interpolation de 45°0′ à 45°15′. Pour insérer deux termes entre chacune de ces premières lignes, nous aurons $n = 3$.

$\Delta^{v} = +2$. Nos formules pour ce cas, en y faisant $f, h, i, k = 0$, seront

$$e = \frac{\Delta^{v}}{3^{5}} = \frac{2}{3^{5}} = 0.008230456,$$

$$d = \frac{\Delta^{iv}}{3^{4}} - 4e = -\frac{403}{3^{4}} - 4e = -5.00823,$$

$$c = \frac{\Delta'''}{3^{3}} - 3d - 4e = +\frac{11\ 4849}{3^{3}} - 3d - 4e = +4268{,}65844,$$

$$b = \frac{\Delta''}{3^{2}} - 2c - \tfrac{10}{6}d - \tfrac{4}{6}e = -\frac{6603\ 1521}{3^{2}} - 2c - \tfrac{10}{6}d - \tfrac{4}{6}e$$
$$= -734\ 5375{,}75310,$$

$$a = \frac{\Delta'}{3} - b - \tfrac{1}{3}c = \frac{37\ 86628\ 8972}{3} - b - \tfrac{1}{3}c = +12\ 62944\ 0276{,}86695.$$

Avec ces têtes de colonnes, nous aurons les sinus des quinze premières minutes qu'offre le tableau suivant :

Arcs.	log sin interpolés.	Erreurs de l'interpolat.	Dernières de Vlacq.	Erreurs de Vlacq.
45° 0′	9.84948.50021.6800,00000	00000	50021	0.68
1	9.84961.12965.7076,86695		12966	
2	9.84973.75175.1977,98080	—	75175	
3	9.84986.36650.5771,99999	00001	36650	0.58
4	9.84998.97392.2722,57473		97392	
5	9.85011.57400.7088,35523	—	57400	0.71
6	9.85024.16676.3122,99993	00007	16676	
7	9.85036.75219.5075,18373		75219	0.51
8	9.85049.33030.7188,60622	—	33031	
9	9.85061.90110.3701,99991	00009	90110	
10	9.85074.46458.8849,13846		46458	0.88
11	9.85087.02076.6858,84491	—	02077	
12	9.85099.56964.1954,99991	00009	56964	
13	9.85112.11121.8356,54995		11122	
14	9.85124.64550.0277,51559	—	64550	
15	9.85137.17249.1926,99969	00031	17249	

On voit que l'interpolation nous fait retrouver les sinus donnés avec une exactitude remarquable ; ainsi les sinus interpolés ne sont guère moins sûrs que les sinus primitifs.

En renouvelant ainsi nos têtes de colonne de 15 en 15′, nous pourrions aller de même jusqu'à 90°, et sans les irrégularités des Δ^{v}, nous ne serions pas obligés si souvent à ce renouvellement.

On voit qu'en général la dixième décimale de Vlacq est assez bonne; à 10′, elle paraît trop faible de 0,88, c'est-à-dire, presque d'une unité; à 7′, elle est trop faible de près de 0,51, ce qui se conçoit très bien; à 5′, elle est trop faible de 0,71, ce qui est moins excusable; à 3′, elle est trop faible de 0,58; mais ce qui est beaucoup plus étonnant, c'est qu'à 45° la dixième décimale soit trop faible de 0,68; or, log sin 45° $= \log \sqrt{\frac{1}{2}} = \frac{1}{2} \log 0{,}5$, et Vlacq pouvait prendre ce logarithme à la première page de la Table de Briggs, et même en se bornant à sa propre Table il aurait eu pour dernières figures 21,5, dont il pouvait faire 22 tout aussi bien que 21.

Voulons-nous maintenant soumettre à la même épreuve sa Table pour les dixièmes de secondes, l'interpolation précédente nous donnera

$$\Delta' = +12.62944.0276{,}86695,\quad \Delta'' = -734\ 5375{,}75310,$$
$$\Delta''' = +4268{,}65844,\quad \Delta^{\text{iv}} = -5{,}00823,\quad \Delta^{\text{v}} = +0.00823;$$

ce sont les valeurs trouvées ci-dessus pour a, b, c, d et e; et comme nous prenons pour données les sinus de minutes en minutes, pour aller aux dixaines de secondes, nous aurons $n = 6$.

$$e = \frac{\Delta^{\text{v}}}{6^5} = + \frac{0.00823}{6^5} = +0.00000106,$$

quantité que nous négligerons, puisque nous nous bornons à cinq décimales, par-delà les 14 de Briggs. En conséquence de $e = 0$, nous aurons

$$d = \frac{\Delta^{\text{iv}}}{6^4} = -\frac{734\ 5375{,}75310}{6^4} = -0.00385\ 4375,$$

$$c = \frac{\Delta'''}{6^3} - \frac{15}{2} d = +19{,}79129,$$

$$b = \frac{\Delta''}{6^2} - \frac{10}{2} c - \frac{155}{12} d = -20.4137{,}121901,$$

$$a = \frac{\Delta'}{6} - \frac{10}{4} b - \frac{10}{3} c - \frac{10}{4} d = +2.10541.6989{,}64494;$$

avec ces nouvelles têtes de colonnes, nous trouverons les log sin de 10 en 10″, tels qu'on les voit dans le tableau suivant:

Arcs.	log sin interpolés.	Erreurs de l'interpolation.	14 décimales corrigées.	Cinq dernières de Vlacq.	Erreurs de Vlacq.
45° 0′ 0″	9.84948.50021.6800,00000	0.00	6800	50021	— 0.68
10	9.84950.60563.3789,64494		3790	60563	0
20	9.84952.71084.6642,16797		6642	71084	— 0.66
30	9.84954.81585.5377,36039		5377	81585	— 0.54
40	9.84956.92066.0015,00963		0015	92066	0
50	9.84959.02526.0574,89925		0575	02526	0
1. 0	9.84961.12965.7076,80895	+ 0.14	7077	12966	0
10	9.84963.23384.9540,51456		9541	23386	+ 1. 0
20	9.84965.33783.7985,78795		7986	33785	+ 1. 1
30	9.84967.44162.2432,39732		2432	44163	+ 0.76
40	9.84969.54520.2900,10691		2900	54521	+ 0.71
50	9.84971.64857.9408,67710		9409	64859	+ 1. 1
2. 0	9.84973.75175.1977,86440	— 0.12	1978	75175	0
10	9.84975.85472.0627,42146		0628	85473	+ 1
20	9.84977.95748.5377,09706		5377	95749	0
30	9.84980.06004.6246,63612		6247	06005	0
40	9.84982.16240.3255,77969		3256	16240	0
50	9.84984.26455.6424,26496		6424	26455	— 0.64
3. 0	9.84986.36650.5771,82525	— 0.17	5772	36650	— 0.58
10	9.84988.46825.1318,19002		1318	46825	0
20	9.84990.56979.3083,08387		3083	56979	0
30	9.84992.67113.1086,22853		1086	67113	0
40	9.84994.77226.5347,34187		5348	77226	— 0.53
50	9.84996.87319.5886,13789		5886	87319	— 0.58
4. 0	9.84998.97392.2722,32673	— 0.24	2723	97392	0
10	9.85001.07444.5875,61466		5876	07444	— 0.58
20	9.85003.17476.5365,70409		5366	17476	— 0.53
30	9.85005.27488.1212,29356		1212	27487	— 1. 1
40	9.85007.37479.3435,07775		3435	37478	— 1. 3
50	9.85009.47450.2053,74747		2054	47449	— 1. 2
5. 0	9.85011.57400.7087,98967	— 0.36	7088	57400	— 0.71
10	9.85013.67330.8557,48743		8558	67330	— 0.86
20	9.85015.77240.6481,91997		6482	77240	— 0.65
30	9.85017.87130.0880,96265		0881	87129	— 1. 1
40	9.85019.96999.1774,28696		1775	96998	— 1. 2
50	9.85022.06847.9181,56053		9182	06847	— 0. 9
6. 0	9.85024.16676.3122,44713	— 0.55	3123	16676	0
10	9.85026.26484.3616,60666		3617	26485	+ 0.65
20	9.85028.36272.0683,69516		0684	36273	+ 1. 9
30	9.85030.46039.4343,36480		4344	46041	+ 1. 6
40	9.85032.55786.4615,36389		4616	55788	+ 1. 5
50	9.85034.65513.1519,23687		1520	65514	+ 0.85
7. 0	9.85036.75219.5074,62432	— 0.56	5075	75219	— 0.51
10	9.85038.84905.5301,16295		5302	84904	— 1. 5
20	9.85040.94571.2218,48561		2219	94569	— 2. 2
30	9.85043.04216.5846,22189		5847	04214	— 2. 6
40	9.85045.13841.6203,99511		6204	13839	— 2. 6
50	9.85047.23446.3311,42833		3312	23446	— 0
8. 0	9.85049.33030.7188,13834	— 0.47	7189	33031	0
10	9.85051.42594.7853,73867		7854	42595	0
20	9.85053.52138.5327,83898		5328	52139	0
30	9.85055.61661.9630,04507		9631	61662	0
40	9.85057.71165.0779,95887		0780	71165	0
50	9.85059.80647.8797,17845		8798	80648	0
9. 0	9.85061.90110.3701,29802	— 0.70	3702	90110	0

Nous ne pouvions attendre la même exactitude que dans l'interpolation précédente à cause des Δ^{v} négligés; au reste, en réduisant à 14 décimales presque toutes les erreurs disparaissent; et comme elles suivent une marche assez régulière, il est facile de les corriger avec une extrême probabilité, mais sauf dans les deux dernières minutes : on pourrait tout aussi bien négliger ces corrections qui changent l'erreur, et une erreur de signe contraire, qui est seulement un peu moindre.

Nous avons donc toujours au moins 13 décimales qui sont sûres, et nous pouvons nous servir de nos sinus pour apprécier ceux de Vlacq. On voit que les erreurs passent quelquefois deux parties sans arriver à trois sur la dixième décimale.

Quand notre logarithme réduit à 10 décimales, s'accorde avec celui de Vlacq, nous disons que l'erreur est nulle.

Nos erreurs, continuellement croissantes, nous avertissent de changer nos têtes de colonne, et, pour ce changement, nous pourrions remonter à la sixième minute.

On voit comme on aurait pu avoir les sinus des dixaines de secondes à 13 ou 14 décimales, pour tout le quart de cercle.

Il n'était pas nécessaire de passer par l'interpolation en minutes pour arriver aux secondes; d'abord on pourrait prendre, comme nous avons fait, les sinus de Briggs de 3 en 3′, ou de 180″ en 180″, on aurait eu $n=18$; on évaluerait nos formules algébriques dans cette supposition, ou bien on déterminerait, comme nous avons fait, a, b, c, d et e, comme si l'on voulait interpoler de minute en minute; après quoi l'on déterminerait, comme ci-dessus, les secondes valeurs de a, b, c, d et e, à l'aide de nos secondes formules.

$0°54' = 3240'' = 10000''$ de la nouvelle division du cercle. Les sinus de Briggs nous donneraient les sinus centésimaux de 1000 en 1000″, en supposant $n=10$, ou de 100 en 100″, en supposant $n=100$.

$0°27' = 1620'' = 5000''$; ainsi, en faisant $n=10$, nous aurions les sinus de 500 en 500″; puis de 50″ en 50″, et en faisant $n=5$, tous les sinus de 10 en 10″ décimales. C'est tout ce que l'on peut désirer, et le volume serait déjà d'une grosseur assez incommode.

Il paraîtrait que Vlacq n'a tiré aucun parti des sinus de Briggs, qu'il a fait sa première transformation au moyen de l'ouvrage de Rhéticus, et l'on retrouve dans ses sinus, pour les dixaines de seconde, les mêmes fautes que dans les sinus des minutes, lorsqu'il lui eût été si facile d'en faire disparaître au moins une partie, en prenant les quantités véritables dans la grande Table de Briggs. J'avais annoncé que l'on ne pouvait compter qu'à deux ou trois parties près sur la dernière décimale de Vlacq (il en est de même de la quatorzième de Briggs) : on a paru douter de l'assertion. Je viens de nouveau d'examiner la chose, il en est résulté le tableau suivant, où l'on trouvera les deux dernières décimales de Vlacq, à la suite de celles qui résulteraient de la Table de Briggs, si on la réduisait au même nombre de décimales. On y trouvera, en effet, des erreurs de deux ou trois parties, et un plus grand nombre qui ne sont que d'une. On pourrait soupçonner que dans les dernières l'erreur n'est que d'une fraction; il peut en effet, y en avoir quelques-unes qui soient dans ce cas, mais dans le plus grand nombre l'erreur est réellement de l'unité plus une fraction. Les erreurs de deux et trois ont été corrigées par Véga, dans l'édition qu'il a donnée des Tables de Vlacq en 1794; c'est ce que j'ai vérifié sur un tiers environ. Il est probable qu'elles ont toutes disparu, et je n'ai pas cru devoir pousser jusqu'au bout cette recherche peu amusante.

On songera que dans cette revue nous n'avons pu comprendre qu'un dix-huitième de la Table de Vlacq, parce que les deux tables ne se rencontrent que de 3 en 3', ou de 180" en 180"; nous n'avons donc pu comparer réellement que 1800 sinus. Dans ce nombre, un seul s'est trouvé trop faible de quatre parties, c'est celui de 5°27'; trois sont trop faibles de trois parties, ce sont ceux de 1°48', 4°42' et 10°54'; trente-six se sont trouvés en erreur de deux parties toujours en moins; quand l'erreur n'est que d'une partie plus ou moins une fraction, elle est quelquefois en plus, mais le plus souvent en moins. Ces erreurs d'une seule unité sont au nombre de 700, total 740 erreurs, sur 1800 comparaisons. C'est dans les 45 premiers degrés que les erreurs sont le plus fortes et le plus nombreuses, puisqu'elles sont au nombre 486 dans les 45 premiers, et au nombre 254 seulement dans les 45 derniers; ce qui vient sans doute de ce que les premiers sont déduits chacun de deux des derniers, sans compter que le sinus de 30, qui entre aussi dans ce calcul, est trop faible de 0,36 parties.

En dernier résultat, quoique les Tables de Vlacq, et même celles de Briggs, soient un peu moins précises que l'on ne le suppose communément, il est très satisfaisant de voir que nous possédons deux grandes Tables trigonométriques tirées de sources et de principes différens, dont les unes sont toujours exactes à 9 décimales et souvent à 10, et les autres à près de 14 et très certainement mieux qu'à 13 décimales. C'est plus qu'il n'en faut pour les besoins les plus extraordinaires de l'Astronomie. Et les Tables de Briggs étendues aux millièmes de degré par nos formules d'interpolation, ne laisseraient absolument rien à désirer, tant que subsistera la division du quart de cercle en 90°.

TABLES des 9ᵉ et 10ᵉ décimales de Vlacq, comparées à la Table de Briggs

Sinus.	B.	V.	Sinus.	B.	V.	Sinus.	B.	V.	Sinus.	B.	V.
0° 3′	68	66	3° 33′	33	31	7° 24′	51	50	10° 36′	09	08
6	71	69	36	64	62	27	84	83	39	25	24
12	13	11	39	52	51	33	60	59	45	42	40
15	82	81	45	78	77	36	51	52	48	14	15
24	11	09	51	74	75	39	58	59	51	92	91
27	64	62	54	84	83	42	29	30	54	29	26
30	97	96	4. 0	85	84	45	68	69	11. 0	50	48
33	73	72	3	27	28	54	12	11	12	93	94
42	36	35	6	83	81	57	25	24	15	56	55
48	32	31	12	49	48	8. 0	40	39	18	20	21
54	72	70	24	26	25	3	99	98	21	43	42
57	35	36	30	84	83	9	13	12	27	47	46
1. 3	74	72	39	25	24	12	54	53	30	93	92
6	32	31	42	51	48	15	14	12	45	29	28
12	27	26	45	39	38	18	43	42	48	76	75
15	86	85	51	60	59	21	58	56	51	34	35
21	11	12	54	33	32	24	40	39	54	61	60
36	35	34	57	78	77	27	38	37	12. 0	03	02
39	19	20	5. 3	68	67	30	68	67	3	91	90
45	93	92	6	91	90	33	13	12	9	23	22
48	18	15	9	59	58	39	27	26	12	93	94
51	09	08	15	68	67	45	40	39	15	04	03
54	89	90	18	56	55	48	49	48	24	82	83
57	46	45	24	97	98	57	85	85	30	06	05
2. 0	39	38	27	35	31	9. 0	14	13	45	58	57
3	40	38	36	94	95	3	90	89	57	59	60
6	21	20	45	42	41	18	54	53	13. 9	48	49
9	15	14	48	12	11	21	07	06	15	40	39
12	63	62	54	40	39	24	55	54	21	95	94
15	72	71	57	48	47	27	17	16	24	40	39
21	77	75	6. 3	56	55	33	48	47	27	03	02
27	51	50	9	67	66	39	32	31	30	34	35
33	53	52	12	46	47	42	11	10	33	76	75
39	18	17	15	62	61	45	86	87	39	41	40
42	30	31	30	64	63	48	38	37	42	28	29
45	35	34	45	2	3	51	30	28	48	34	33
48	14	15	51	41	42	54	05	04	14. 0	68	67
57	57	56	54	02	01	10. 3	25	24	3	75	74
3. 0	37	36	7. 0	13	12	6	42	41	12	44	43
15	16	15	6	96	94	9	15	14	18	73	72
18	79	80	12	45	43	15	95	94	24	53	51
27	74	73	15	74	75	18	48	47	27	95	94
30	88	87	18	30	29	30	34	33	33	91	90

SUITE DES TABLES.

Sinus.	B.	V.	Sinus.	B.	V.	Sinus.	B.	V.	Sinus.	B.	V.
14°36′	57	56	17°39′	63	62	21° 3′	78	79	25° 9′	97	95
39	71	70	51	86	85	6	02	01	27	07	06
45	25	24	54	85	84	9	05	04	30	02	02
48	50	49	57	74	73	21	06	05	33	54	55
51	88	87	18. 0	41	40	27	88	86	39	81	80
54	75	74	3	73	72	30	23	25	51	39	38
57	38	39	9	71	70	39	41	40	54	78	79
15. 0	06	05	27	81	82	42	39	38	26. 15	42	41
6	42	41	36	22	21	45	45	44	18	24	25
12	30	31	39	57	56	48	65	64	21	61	60
15	02	01	42	51	50	51	03	02	30	74	73
18	69	70	45	70	69	57	53	52	33	10	09
14	05	06	48	79	78	22. 0	71	70	39	77	76
27	75	74	51	42	41	6	03	02	42	23	22
30	40	41	54	22	21	12	69	70	48	26	25
33	95	94	19. 0	77	76	15	53	52	54	52	51
36	29	28	6	18	16	21	15	13	57	51	50
45	64	63	9	76	77	24	89	90	27. 18	60	59
48	60	59	15	45	44	30	06	05	21	71	70
51	44	43	18	62	61	33	41	40	24	12	13
54	90	89	21	03	02	42	86	85	33	47	45
57	69	68	24	18	17	45	27	26	51	71	72
16. 0	51	50	27	56	55	58	52	51	54	73	72
3	01	00	30	65	66	54	20	19	28. 0	10	09
6	83	82	36	85	84	23. 0	17	16	3	45	44
9	58	57	39	85	84	18	09	08	6	23	22
18	22	21	42	38	37	30	20	19	9	93	94
24	13	12	45	85	81	33	86	85	12	05	04
27	02	01	48	68	67	36	34	33	24	19	18
30	46	45	51	26	27	39	47	46	27	54	55
33	90	88	54	01	00	42	07	08	36	06	05
39	06	05	20. 3	91	90	45	97	96	42	64	63
48	30	29	6	98	97	57	59	57	45	57	55
51	41	40	9	500	499	24. 6	84	83	48	55	53
54	89	48	12	32	30	9	83	82	51	02	02
57	01	00	15	24	22	12	23	22	54	44	43
17. 3	08	06	18	08	07	18	33	32	29. 3	85	84
9	28	26	21	15	13	27	07	05	9	36	35
12	75	74	27	10	11	30	87	86	12	80	79
15	98	97	30	54	53	33	35	33	18	24	23
18	11	10	36	67	66	54	86	85	21	10	09
21	25	24	51	53	52	57	83	84	27	24	23
30	41	40	57	06	05	25. 0	94	93	30	37	35
36	30	29	21. 0	18	17	3	87	86	33	10	09

SUITE DES TABLES.

Sinus.	B.	V.	Sinus.	B.	V.	Sinus.	B.	V.	Sinus.	B.	V.
29° 36′	86	85	34° 30′	69	68	40° 0′	68	67	44° 48′	43	44
39	06	05	38	63	62	6	16	15	51	01	00
42	11	10	39	61	60	15	93	92	45. 0	22	21
45	44	43	35. 0	14	13	18	86	85	3	51	50
48	45	44	9	49	47	24	70	69	15	49	50
30. 3	94	93	12	04	03	27	94	93	24	05	04
12	68	67	15	06	05	33	85	84	33	47	46
30	46	45	36	66	65	36	85	84	36	67	66
36	81	82	39	14	13	39	73	74	45	95	94
48	88	89	42	26	25	42	72	70	54	09	08
31. 3	42	41	45	25	24	45	91	90	57	06	05
12	40	39	57	66	65	54	38	39	46. 0	00	01
15	09	08	36. 3	67	68	57	03	02	9	78	77
18	89	88	6	32	31	41. 3	50	49	18	19	18
21	14	13	18	47	46	12	42	41	27	12	11
30	18	17	45	96	95	15	40	39	47. 15	10	09
33	77	78	57	67	66	33	95	94	33	38	37
45	54	53	37. 12	70	69	39	12	10	51	73	74
48	53	52	21	11	10	42	80	79	54	47	46
51	41	40	24	25	24	45	74	75	48. 3	61	60
54	53	52	39	25	24	51	01	00	12	61	60
57	21	20	42	52	51	54	62	61	15	79	78
32. 0	18	79	48	95	94	57	07	08	21	98	99
3	57	56	38. 3	22	21	42. 6	94	95	42	55	54
6	92	91	12	68	67	9	21	19	54	25	24
12	57	56	15	95	94	15	56	55	49. 6	07	06
15	52	51	21	79	78	18	93	92	30	54	53
18	32	31	27	800	799	27	47	48	45	81	80
27	01	00	30	71	70	36	61	60	51	69	68
30	40	41	33	07	06	39	77	76	57	14	13
36	80	79	48	22	21	45	06	07	50. 0	66	65
39	43	42	51	41	40	48	48	47	15	49	48
42	43	42	57	81	80	43. 0	04	03	18	08	07
57	79	76	39. 12	39	38	9	86	85	27	95	96
33. 6	61	59	15	20	21	15	31	30	33	60	59
24	87	85	18	40	39	21	96	95	39	37	36
42	86	85	24	65	64	45	40	39	45	90	89
45	86	85	30	53	52	54	24	23	54	26	25
48	70	69	33	27	26	44. 0	32	31	51. 0	45	44
34. 3	38	37	39	20	19	15	75	74	3	36	37
6	13	12	42	73	74	30	03	02	21	18	17
12	24	23	45	21	22	33	04	03	36	11	10
18	61	59	51	68	67	36	85	84	52. 3	01	00
21	94	93	57	95	94	42	34	32			

SUITE DES TABLES.

Sinus.	B.	V.
52° 9′	70	69
24	90	89
27	99	98
33	39	38
45	03	02
48	27	28
53.36	07	06
57	70	69
54. 9	81	80
27	02	01
33	72	71
36	28	27
42	13	12
48	36	37
51	65	66
55. 6	26	25
30	51	52
42	55	56
56. 6	05	04
21	63	62
24	74	73
42	19	18
51	03	02
54	87	88
57	59	58
57.12	11	10
30	18	17
36	35	34
51	77	76
58.27	16	15
33	67	66
39	40	41
57	78	79
59. 0	52	51
6	400	399
9	84	83
12	80	79
15	94	93
24	86	85
33	01	00
39	85	84
60. 9	52	51
36	16	15

Sinus.	B.	V.
61° 9′	35	34
12	23	24
15	04	05
21	63	62
36	24	25
39	98	97
45	38	37
48	13	12
51	29	28
54	91	92
62. 6	77	76
27	22	23
30	40	59
45	49	48
54	68	67
63. 0	41	40
3	26	27
33	62	61
42	03	02
54	28	27
64. 6	35	34
12	52	51
21	83	84
24	50	49
30	86	85
39	50	49
54	07	06
65. 3	78	77
9	37	36
15	29	28
18	08	07
36	47	46
39	44	43
45	87	86
66. 6	79	78
21	20	21
45	18	17
67. 3	08	07
36	98	97
45	94	93
68. 6	80	79
36	73	72
42	64	63

Sinus.	B.	V.
68°45′	93	92
57	60	59
69. 9	71	70
18	81	80
33	72	71
70.15	12	11
18	71	70
30	17	16
36	48	47
57	25	24
71. 3	84	83
24	92	91
33	94	93
36	75	74
39	82	81
57	03	02
72.12	23	22
15	14	13
27	36	35
36	70	69
54	23	22
73. 9	89	88
21	57	56
39	52	51
74.21	03	02
30	64	63
42	56	55
48	66	65
54	70	69
57	99	98
75. 3	19	18
12	80	79
15	55	54
24	67	66
33	93	92
39	73	72
45	58	57
51	60	59
54	84	83
57	92	91
76. 3	66	65
6	35	34
15	89	88

Sinus.	B.	V.
76°30′	58	57
39	72	71
51	20	19
54	09	08
77.33	05	04
36	10	09
78.21	50	49
27	74	73
36	22	21
57	60	59
79. 0	65	64
27	94	93
33	40	39
54	33	32
57	17	16
80. 0	90	89
15	23	22
21	74	73
27	13	12
36	67	66
39	88	87
48	72	71
54	56	55
57	09	08
81. 0	71	70
6	25	24
12	25	24
24	93	92
54	27	26
82. 3	09	08
9	03	02
12	44	43
15	16	15
24	23	22
30	62	61
45	91	90
83. 6	76	75
18	67	66
24	92	91
42	49	48
45	88	87
48	80	79
57	80	79

FIN DES TABLES.

Sinus.	B.	V.	Sinus.	B.	V.	Sinus.	B.	V.	Sinus.	B.	V.
84° 0′	90	89	86° 3′	55	54	87° 30′	11	10	89. 9	72	71
9	60	59	9	99	98	33	26	25	12	47	46
15	95	94	18	98	97	39	17	16	18	72	73
18	51	50	30	69	68	45	56	55	21	24	23
36	61	60	42	24	23	88. 6	62	61	24	67	66
45	10	09	45	91	90	12	90	89	27	03	02
85. 21	73	72	51	72	71	21	04	03	36	64	65
27	35	34	57	83	82	30	26	25	39	70	69
39	23	22	87. 3	27	26	33	14	15	42	68	07
51	87	86	21	82	81	57	90	91	Sinus.	B.	V.
57	19	18	24	39	38	89. 0	98	97			
86. 0	99	98	27	82	81	6	89	88			

Brevis dissertatio de dierum naturalium inæqualitate et de temporis æquatione.

Mouton explique fort nettement, dans son premier chapitre, les deux causes qui produisent la différence entre le tems vrai et le tems moyen.

Dans le chapitre second il définit l'équation du tems, la différence entre un intervalle de tems vrai et l'intervalle de tems vrai écoulé entre les deux mêmes instans. Les astronomes n'ont point adopté cette définition, qui complique inutilement la question. L'équation du tems est tout simplement la différence entre l'heure vraie et l'heure moyenne, pour un instant quelconque. Si l'on veut convertir un intervalle de tems vrai en un intervalle de tems moyen, ce qui est assez inutile, on calcule l'équation pour les deux instans vrais, on les convertit en tems moyen, et on compare les deux instans corrigés : la différence est l'intervalle de tems moyen. Nous omettrons les objections vraies ou fausses qu'il fait d'après son idée, aux auteurs qui ont eu des systèmes plus ou moins inexacts sur l'équation du tems.

Dans son chapitre IV, il nous apprend qu'il a fait des observations suivies pour reconnaître si le mouvement diurne ou la rotation de la Terre est sujette à quelque inégalité : il n'a jamais rien vu qui ne dût plutôt être attribué à l'erreur des observations. C'est tout ce que nous dirons de cet opuscule, que nous aurions pu passer sous silence : le suivant est meilleur et plus original.

Nova mensurarum Geometricarum idea.

Il est reconnu qu'aucune mesure n'est inaltérable; la diversité des mesures en usage dans différens lieux est une chose extrêmement incommode. Il serait donc avantageux que tous les peuples convinssent d'une mesure universelle, et qu'on pût et conserver et retrouver en tout tems si elle venait à se perdre. Il suppose un degré bien mesuré. et il donne la préférence à celui de Riccioli; Picard n'avait pas encore fait sa mesure du degré d'Amiens. Ce choix n'était pas heureux, mais il ne s'agit que de l'idée : il prend pour unité la minute.

Il suppose donc le degré de 321815 pieds bolonais, ou de 64363 pas de cinq pieds.

La minute sera..	5363^{pi}7^{po}00	Mille.......	6436300
Mille...........	536.4 ,30	Centaine....	643630
Corde..........	53.7 ,63	Dixaine.....	64363
Verge..........	5.4 ,363	Verge	6436,3
Petite verge.....	0.6 ,4363	Petite verge..	643,63
Doigt..........	0.0 ,64363	Décime	64,363
Grain..........	0.0 ,064363	Centime.....	6,4363
Point..........	0.0 ,0064363	Millime.	0,64363.

On voit que sa division est décimale.

Au lieu de prendre pour unité la minute, nous avons pris le quart du méridien, et toutes nos divisions sont décimales. C'est au fond la même idée, et la nôtre est encore plus uniforme. Il donne la figure de sa petite verge qui vaut à peu près 0^m,21 ; pour la retrouver en tout tems, il assure que le pendule qui a cette longueur fait 1252 vibrations en une demi-heure, ou 2504 en une heure.

En conséquence, il donne les moyens de trouver par le nombre des oscillations, en un tems donné, la longueur de sa petite verge et de ses aliquotes; il dit qu'un observateur attentif peut estimer assez juste les quarts, et même les cinquièmes de vibrations.

On voit que Mouton était un observateur soigneux, un bon esprit, et que sans être un astronome de profession, il travailla à se rendre utile; son idée, d'une mesure universelle, a été réalisée de nos jours avec plusieurs améliorations, et sa méthode d'interpolation peut encore être fort utile à ceux qui calculent des tables.

A peu près dans le même tems, Picard proposait le pendule qui bat les secondes comme mesure fondamentale; et, peu de tems après, Cassini proposait le diamètre de la Terre : ce qui était moins heureux; mais on n'avait alors aucune idée de l'aplatissement de la Terre.

Aucun de ces auteurs ne développe son idée. Ils se contentent de dire que le nouveau pied, ou la verge ou la virgule, étant déterminé, on en déduira les mesures de capacité et celles des solides; aucun ne parle du poids.

LIVRE XIII.

Hévélius et Horrockes.

Hévélius.

JEAN HÉVÉLIUS, en allemand Hevel, d'autres disent Hevelkė, naquit à Dantzick le 28 janvier 1611, et mourut le 28 janvier 1687, âgé par conséquent de soixante-seize ans accomplis. Il apprit les mathématiques sous P. Cruger, qui l'engagea à se livrer tout entier à l'Astronomie; il fut d'abord échevin de sa ville, puis consul, d'autres disent sénateur. Il étudia particulièrement le dessin, s'exerça dans plusieurs arts mécaniques, il construisait lui-même ses instrumens et ses lunettes, il eut même une imprimerie, en sorte qu'une partie de ses ouvrages a pu paraître sans qu'il empruntât un secours étranger. Ce fut en l'an 1641 qu'il éleva un observatoire au-dessus de sa maison, et qu'il y plaça d'abord un sextant et un quart de cercle de trois à quatre pieds, et diverses lunettes. Colbert le mit sur la liste des savans étrangers, à qui Louis XIV fit des pensions. Sa femme observait avec lui, et il l'a représentée dans une des planches de sa *Machine céleste*, page 57. En 1679 un affreux incendie consuma, en son absence, sa maison, ses livres, ses instrumens et l'édition presque entière du second volume de sa *Machine céleste;* ce qui a fait que les exemplaires en sont très rares, et qu'il n'est guère resté que ceux qui avaient été envoyés en présent aux savans, amis de l'auteur. On en trouve le compte dans un des volumes du Journal de Gotha.

Le recueil manuscrit de ses observations et de sa correspondance, formant 17 vol. in-fol., fut acheté par Delille, lorsqu'il passait à Dantzick pour aller en Russie. Il est à l'Observatoire royal à Paris.

Son ouvrage le plus ancien a pour titre : *J. Hevelii, Selenographia, sive Lunæ descriptio, atque accurata tam macularum ejus, quam motuum diversorum, aliarumque omnium vicissitudinum, phasiumque telescopii ope deprehensarum delineatio. Gedani,* 1647, in-fol. de près de 600 pages tout compris. L'ouvrage est précédé du portrait de l'auteur, et commence par des prolégomènes dans lesquels il décrit une machine pour tourner les verres des lunettes; il expose les moyens de vérifier la bonté d'un objectif. On y voit que le pied de Dantzick est au pied de roi de Paris, comme 914 à 1055, et comme 914 à 1000 pour le pied du Rhin. Il traite des lunettes à deux et trois lentilles, dont deux au moins sont doublement convexes, et l'oculaire ou concave ou convexe. Pour observer le Soleil directement et sans danger pour la vue, il assemble deux vastes plans colorés, entre lesquels il interpose un papier percé d'un petit trou, et les applique à l'oculaire de sa lunette. Il parle ensuite de polémoscope qu'il a inventé, pour voir sans être vu. C'est un tube coudé à angle droit. Dans cet angle est un miroir, qui fait un angle de 45° avec l'une et l'autre partie du tube. Montucla en parle dans ses Récréations mathématiques. On l'adapte maintenant aux quarts de cercles, pour observer plus commodément près du zénit. Il indique de quelle utilité peuvent être les lunettes pour placer sur les cartes ou sur les globes, les étoiles qu'on ne peut apercevoir à la vue simple : il assure qu'il peut toujours dépouiller les étoiles de leur rayon, et leur voir un petit disque bien terminé; son moyen est de diminuer l'ouverture par des cercles de carton; il ajoute que, de cette manière, on reconnaîtra qu'Arcturus est plus grand qu'Aldébaran, et celui-ci un peu plus grand que le cœur du Lion. Il s'en faut de beaucoup que Sirius soit trois fois plus grand qu'Aldébaran, comme on le croirait à la vue simple. Vénus, dépouillée de sa couronne lumineuse, a cessé de lui paraître plus grande que Jupiter. Il donne la figure du support qu'il avait imaginé pour donner à sa lunette la stabilité nécessaire pour les observations délicates. Il rapporte qu'au mois de septembre et d'octobre 1642, Satune lui parut parfaitement rond, et il pense qu'il doit se voir ainsi toutes les fois que les deux *globules* qui l'accompagnent sont l'un sur le disque et l'autre derrière. De trois figures qu'il a faites de Saturne, deux sont très inexactes; la troisième est possible, on y voit distinctement les anses qui permettent d'apercevoir l'azur du ciel dans l'intervalle qui les sépare du corps de la planète.

L'observation des *bras* de Saturne exige des lunettes de onze à douze pieds, parfaitement travaillées. Il n'a aucune idée arrêtée sur la nature du corps qui tient à Saturne; comme la révolution de la planète est fort lente, il faudra bien des années pour arriver à l'explication entière des phénomènes.

Il a vu des nuages ou des taches sur Jupiter, mais il n'a pas distingué les bandes. Cette planète lui a paru *assez ronde*, il attend de meilleures lunettes pour mieux juger des apparences. La figure qu'il a faite ne ressemble que fort peu à ce qu'on voit aujourd'hui dans de faibles lunettes. Il a suivi long-tems les satellites et remarqué leurs conjonctions, leurs configurations, et même *leurs éclipses* et leurs latitudes. Il donne à ces quatre satellites les noms de Saturne, de Jupiter, de Vénus et de Mercure.

Selon lui, la révolution

du quatrième est de.....	16ʲ 18ʰ 9', son élongation de	13 à 14'
du troisième............	7. 3.57.................	8
du second.............	3.13.18.................	5
du premier............	1.18.28.................	3.

Il prouve, contre l'opinion de Rheita, que ces satellites sont au nombre de quatre et pas davantage : il n'a pu découvrir aucun satellite ni à Saturne ni à Mars. Pour ceux de Jupiter, il en estimait les distances en diamètres de Jupiter, en comparant à vue ces distances au champ de la lunette.

Il croit avoir vu Mars dichotome, ce qui est impossible. Les phases de Vénus se voient plus facilement la nuit que le jour. Mercure est plus difficile, il l'a vu clairement dichotome ; son diamètre est plus petit que celui de Mars, et ne va pas à une demi-minute : on voit combien cette estime est peu sûre.

Dans son article sur les taches du Soleil, on voit que celle de juillet 1640 a reparu après la demi-révolution ; les taches ne se montrent que dans une zone de 60° de largeur : ce qu'il attribue à la rotation du Soleil.

Pour observer les taches, il fait passer une lunette par l'axe d'une boule de bois, qu'il insère dans une ouverture circulaire pratiquée dans le volet de la chambre. Cette monture peut servir également pour les éclipses. Dans l'un et l'autre cas, l'image du Soleil est reçue sur un carton bleu, qui se lève ou se baisse par le moyen des vis qui le supportent. Pour le tems des observations, il emploie un cadran solaire horizontal dont les heures sont divisées de trois en trois minutes au moins.

Pour les observations, il avait calculé une table des angles de l'écliptique avec le vertical pour tous les degrés de la longitude du Soleil, et de demi-heure en demi-heure. On voit qu'il suit les traces de Scheiner, dont il perfectionne les procédés. Il donne ensuite l'observation de l'éclipse de Soleil du 21 août 1645 ; on y voit les doigts écliptiques marqués jusqu'à $7\frac{3}{4}$, qui était la plus grande quantité de l'éclipse ; les tems sont marqués en quarts de minute.

La Sélénographie proprement dite commence au chapitre VI, pag. 109. Il prouve d'abord, contre l'opinion de quelques anciens, que la Lune ne peut être un miroir qui nous réfléchisse les objets terrestres. Bérose avait pensé que la Lune pouvait être une sphère moitié obscure et moitié lumineuse, dont nous verrions successivement toutes les parties; c'est une idée qui n'aurait pu lui venir s'il avait possédé une lunette. La Lune disparaît quelquefois totalement dans les éclipses : il en donne pour exemple celle des $\frac{15}{25}$ avril 1642. Les taches de la Lune sont des vallées entourées de hautes montagnes; sa surface est pleine d'aspérités; on y suit des yeux la marche ou le progrès des ombres, selon que le Soleil éclaire plus ou moins directement l'hémisphère visible. La limite de la lumière et de l'ombre n'y est point uniforme et bien tranchée; au contraire, elle est très tortueuse; les sommets des montagnes paraissent éclairés avant que l'ombre arrive au pic, de même, au tems de la pleine Lune, on voit des inégalités aux bords du disque.

Dans un chapitre sur le Monde, sa nature et ses mouvemens, il place le Soleil au centre, et fait tourner autour de lui la Terre et les autres planètes. Il nie les sphères solides; il admet les ellipses de Képler, quoiqu'il explique les mouvemens de la Lune, comme Tycho; pour plus de brièveté, il impose des noms à toutes les phases de la Lune : *interlunium*, *Luna prima*, *Luna corniculata*, *L. falcata*, *L. cornigera*, *L. curvata*, *L. lunata*, *L. plusquam lunata*, *L. adolescens*, *L. dimidiata*, *L. a quadraturâ recens*, *L. gibba*, *L. in orbem insinuata*, *L. incurvata*, *L. gibbosa*, *L. gibberosa*, *L. adulta*, *L. ad oppositionem vergens*, *Plenilunium* puis les mêmes dénominations reviennent dans un ordre rétrograde, *mutatis mutandis*, comme *ab oppositione recens*. *L. decrescens*... *Luna senex*, un peu avant la conjonction. Cette longue nomenclature n'a pas fait fortune. De simples chiffres seraient plus clairs. Il donne des notions générales sur les parallaxes et les réfractions. Le rayon s'infléchit et sa route est une courbe en raison des densités toujours croissantes des couches atmosphériques : il suit en cela l'idée d'Albert Linemann et J. Graves. A la page 198, il rapporte l'observation suivante faite par Eichstadt : le 15 avril 1642, au lever du Soleil, la pleine Lune était élevée au-dessus de l'horizon, et ne se coucha que 2′ plus tard. Hévélius dit avoir fait la même observation le même jour à Dantzick; il suppose, comme Tycho, que la réfraction cesse vers 45°.

Le chapitre VIII traite des taches de la Lune, de leurs noms et du mouvement libratoire de la Lune. Galilée avait commencé ces recherches, mais ou il ne les suivit pas assez constamment, ou sa lunette n'était pas suffisante, et il ignorait l'art du dessin, sans lequel il est impossible de bien tracer l'image de la Lune.

Gassendi et Peiresc avaient eu l'idée de dessiner les phases principales de la Lune; ils n'eurent pas le loisir de réaliser ce projet, dont Gassendi parle dans la vie de Peiresc. Hévélius l'entreprit avec ardeur; il ne faut pas s'imaginer qu'on puisse dessiner les taches de la Lune comme celles du Soleil, dans une chambre obscure; la lumière de la Lune n'est pas assez vive et la limite de la lumière serait tout à fait imperceptible. Il faut donc regarder directement dans la lunette; l'embarras est qu'on n'a aucun moyen exact de mesurer la grandeur des taches, ni leurs distances respectives; et, de plus, que si la lunette grossit beaucoup, la Lune ne s'y voit pas tout entière à la fois, parce que le champ est trop resserré. Parmi les difficultés de l'entreprise, il compte le papier qui se retirait en se séchant plus dans le sens de la largeur que dans celui de la longueur. L'auteur, qui croyait pouvoir finir en trois ou quatre mois, y a passé de trois à quatre ans. Il a pris la peine de graver lui-même ses planches au burin et non à l'eau-forte. Sa première idée avait été de donner aux diverses taches des noms d'astronomes; mais dans la crainte que ceux à qui il dédierait les taches moins apparentes ne crussent avoir à se plaindre du peu de cas qu'il aurait fait d'eux, il préféra sa nomenclature géographique. En effet, en considérant un globe terrestre, il crut apercevoir une analogie singulière entre l'hémisphère visible de la Lune et une partie de l'Europe, de l'Asie et de l'Afrique, où se trouvent la mer Méditerranée, le Pont-Euxin, et la mer Caspienne; l'Italie, la Grèce, la Natolie, la Palestine, la Perse, une partie de la Carinthie, de la Tartarie, et enfin l'Égypte et la Mauritanie. Il donne ensuite la liste alphabétique de ces noms.

Il va maintenant parler des mouvemens de libration, que les anciens ont totalement ignorés, et qu'aucun moderne n'avait encore exactement décrits. Il dit que ce mouvement a ses pôles particuliers; ces pôles sont marqués sur ses cartes par l'intersection de deux angles, qui représentent les cercles de plus grande et de moindre libration, c'est-à-dire, l'horizon mobile de la partie visible.

Suivant ses idées, le mouvement est produit par le mouvement en longitude et par le mouvement en latitude; il en résulte que le centre se déplace, et, pour mesurer ce déplacement, il a imaginé un réticule rhomboïde, dont un des côtés représente la longitude et l'autre la latitude. Il nous dit que ce mouvement peut aller à 1′ 45″, en supposant le diamètre de la Lune de 30′. Mais ce mouvement est beaucoup plus grand, parce que les bords d'une sphère, vue comme un disque, sont vus très obliquement; celui du centre est double. Après une explication verbeuse et insignifiante de ces phénomènes, dont il ne connaissait ni la cause ni la valeur, il expose un moyen pour bien placer les taches sur la figure sélénographique. Ce moyen est celui des alignemens, auquel il ajoute la vérification suivante. Le champ de sa lunette ne pouvait enfermer le disque de la Lune tout entier, le diamètre du champ était donc une simple corde de disque. D'après cette remarque, il détermina les taches qui étaient entre elles éloignées d'un de ces diamètres : il connut ainsi plusieurs taches dont les distances étaient égales entre elles. Il multiplia les mesures en faisant varier l'ouverture de la lunette : il donne la liste des taches qui se trouvent en ligne droite.

Il trouve dans la Lune des montagnes, des vallées, des lieux marécageux et des mers. Quant aux trous ronds et profonds qu'on aperçoit dans la Lune il les croit des vallées, qui ne paraissent si parfaitement rondes que par le grand éloignement qui nous empêche d'en voir les irrégularités : il a décrit ces ronds avec soin, mais il n'a marqué que les principales montagnes. Pour estimer la hauteur des montagnes, il observait la distance des sommets à la limite de l'ombre; soit A cette distance, la hauteur de la montagne sera $r\,(\text{séc}\,A - 1) = r\,\text{tang}\,A\,\text{tang}\,\frac{1}{2}A$. Il ne connaissait pas cette dernière formule. Il trouve que les montagnes de la Lune vont jusqu'à trois milles germaniques de hauteur : ce qui est six fois la hauteur des montagnes connues d'Hévélius.

Trois causes peuvent retarder ou avancer la première apparition de la nouvelle Lune; l'obliquité de la sphère, qui fait que le tems du lever et du coucher est plus long; la latitude de la Lune, et la rapidité plus ou moins grande de son mouvement; la durée plus ou moins longue des crépuscules. Il ne croit pas qu'on puisse jamais voir dans un même jour la Lune vieille et nouvelle. Il cite pourtant François Patricius qui, dans son Pancosme, dit que Vespuce l'a vue, mais dans la zone torride. Ordinairement on ne voit la Lune qu'au troisième jour après la conjonction. La première phase la représente $2^j\,16^h$ après la conjonction; une fois seulement il a pu voir la Lune un jour après la conjonction : il pense qu'on la voit plus facilement de jour que de nuit.

La seconde phase, $5^j\,9^h$ après la conjonction, on commence à distinguer quelques taches; les ombres des montagnes sont fort longues. Vers la corne australe, on aperçoit trois points brillans qui doivent être des sommets de montagnes; les cornes paraissent plus vives et plus aiguës dans les lunettes, elles sont plus obtuses à la vue simple.

Troisième phase. $3^j\ 20^h$ après la conjonction, on voit quatre points brillans.

Quatrième phase. Il explique la lumière cendrée, comme on le fait encore, et comme on avait fait avant lui. Mais il dit que la Lune n'a pas de *mouvement propre autour de son axe*, et que les vicissitudes de jour et de nuit sont produites par son mouvement synodique : ce qui fait qu'elle présente toujours la même face à la Terre.

Cinquième phase. Rien de bien remarquable. Sixième, septième, huitième, neuvième de même. Dixième, onzième et douzième, représentent la quadrature; elles diffèrent à raison de la libration, car elles sont de différens mois.

Treizième. Lune plus que dichotome. On y voit un de ces points ronds qui paraît, en effet, composé de plusieurs montagnes, dont les irrégularités disparaissent dans la figure suivante. Hévélius la donne pour une des plus curieuses à observer.

Quatorzième. Le mont Etna est noir.

Quinzième. Il croit que les mers de la Lune sont parsemées d'îles et de rochers.

Seize, dix-sept, dix-huit, dix-neuf, la vingtième est la pleine Lune. L'auteur y parle des diverses inclinaisons du disque lunaire et de la situation des taches par rapport au vertical, selon que la Lune est plus près ou plus loin du nonagésime.

Vingt-unième. Figure tournante autour d'un centre avec un fil qui sert de rayon mobile, pour représenter les inclinaisons; la Lune n'est jamais éclairée moins que dans les pleines lunes; c'est-à-dire, que la partie éclairée est moindre.

Vingt-deuxième. La Lune commence à décroître, la pleine Lune peut à peine durer deux heures : rarement la Lune est parfaitement ronde.

Vingt-troisième, vingt-quatrième, vingt-cinquième, vingt-sixième, vingt-septième, vingt-huitième, vingt-neuvième, trentième, trente-unième, trente-deuxième, trente-troisième, trente-quatrième, trente-cinquième. On y voit que la lumière de la Lune, dans le décours déclin, est plus faible de beaucoup que quand la phase est croissante; c'est le contraire pour la lumière cendrée.

Trente-septième, trente-huitième, trente-neuvième, quarantième. Si la Lune n'est jamais parfaitement pleine, elle n'est jamais complètemen obscure; car le Soleil étant beaucoup plus gros, il éclaire plus qu'un hémisphère. Ainsi, dans la conjonction, la phase doit être annulaire; si la conjonction n'est pas centrale, l'anneau dégénère en croissant.

Pour compléter sa description, il réunit dans les planches T et T*t* toutes les parties visibles de la Lune dans les différens états de la libration, et l'on voit vers le milieu le réticule rhomboïde sur lequel il faut chercher la place du centre. Il donne ensuite dix autres figures de la Lune sur lesquelles sont tracés différens méridiens, et qui amènent des réflexions sur la libration, qu'il explique toujours par le mouvement de la Lune sur son orbite inclinée. Réciproquement il croit que la libration observée peut donner au moins approximativement la longitude et la latitude, et l'âge de la lune. Il pense encore que les taches, plus ou moins grandes de la Lune, peuvent nous donner une idée assez exacte des diamètres, des planètes et des étoiles. Il suffit pour cela d'estimer assez juste le rapport du diamètre de la tache à celui de la Lune. Il trouve ainsi pour Jupiter 1′ 2″, et pour Vénus périgée 1′ 22″.

Il passe ensuite aux éclipses de Lune; il trouve qu'à l'œil nu les éclipses paraissent commencer plutôt et finir plus tard que dans les lunettes; la différence peut être d'un demi-doigt et même d'un doigt. L'ombre paraît d'abord n'être qu'une fumée qui s'épaissit par degré. La quantité de l'éclipse paraît toujours moindre à l'œil nu, et la partie lumineuse plus grande qu'elle n'est réellement. D'autres causes peuvent encore contribuer à la manière différente dont les observateurs estiment la partie éclipsée. Les taches peuvent être en tout cela d'un grand secours, pourvu qu'avant l'éclipse on examine attentivement la figure de la Lune, et les taches que la libration a fait paraître ou disparaître. On étudiera l'ombre et la pénombre, on marquera les instans où elles arrivent aux différentes taches; on portera sur une figure de la Lune la courbe limite de l'ombre; on marquera exactement les instans à une horloge, qu'on vérifiera par des hauteurs d'étoiles. Pour trouver les inclinaisons du disque, observez à chaque instant les taches qui se trouvent dans un même vertical : amenez ces taches sous le fil de la pleine Lune tournante qu'il a donnée plus haut. La courbe de la plus grande éclipse vous donnera aussi le demi-diamètre de l'ombre que les anciens ont mal connu; elle vous donnera son rapport avec le demi-diamètre de la Lune. Il en donne un exemple où il a trouvé les demi-diamètres 46′ 30″ et 34′ 0″; et puis un autre où nombre de phases sont désignées par autant de courbes; il a marqué d'ailleurs le point supérieur qui se trouvait alors sous le fil vertical. Avec ces attentions, les détails de l'éclipse seront mieux connus, et elle pourra servir utilement à déterminer les différences de méridiens; il faut en outre que la lunette ne grossisse ni trop ni trop peu : ainsi on prendra une lunette de cinq ou six pieds.

Dans les occultations d'étoiles, on remarquera dans le voisinage de quelle tache l'étoile se trouve à l'instant où elle va disparaître, et vers quelle tache alors voisine du centre son mouvement se dirige; cette ligne, prolongée jusqu'au bord opposé, vous indiquera le point où doit se faire l'émersion. On peut aussi tracer la ligne de l'écliptique et le parallèle de la Lune, qui feront le même office.

Il explique plusieurs moyens de trouver la différence des méridiens par la position du disque lunaire ou des taches et par l'inclinaison de la ligne des cornes; mais aucun de ces moyens n'a été adopté, parce qu'ils sont trop incertains. La Sélénographie est terminée par une description d'un globe lunaire.

Dans un appendice il donne des observations de taches du Soleil, et par une tache qui était revenue une fois, il conclut une révolution de vingt-sept jours. Il représente ses observations par autant de planches : il promet plus de détails à ceux qui en seraient curieux. Mais il n'y a pas grand'chose à en déduire. On trouve ensuite des configurations de satellites de Jupiter; un appulse de Jupiter à la Lune; une conjonction de Jupiter déterminée par son passage par le prolongement de la ligne des cornes.

J. Hevelii, Cometographia, totam naturam Cometarum, ut pote sedem, parallaxes, distantias ortum et interitum, capitum, caudarumque diversas facies, affectionesque, nec non motum eorum summe admirandum, beneficio unius ejusque fixæ et convenientis hypotheseos exhibens; in quâ insuper phænomena, quæstionesque de Cometis omnes, rationibus evidentibus deducuntur, demonstrantur, ac iconibus æri incisis plurimis illustrantur; accessit omnium Cometarum à mundo condito... Historia. Gedani, 1668. In-fol. de 900 pages. En tête on voit Hévélius assis à une table, sur laquelle est une figure de l'orbite de la Comète qui paraît une section conique, au foyer de laquelle serait le Soleil; mais, vers l'extrémité, l'une des branches se recourbe en spirale. A ses côtés, on voit debout Aristote tenant à la main une figure représentant plusieurs comètes sublunaires, qui se dirigent dans tous les sens; de l'autre côté, un autre savant lui présente la figure d'une orbite légèrement convexe du côté du Soleil. Le fond représente la maison d'Hévélius et la terrasse qui lui servait souvent d'observatoire.

La dédicace est adressée à Louis XIV, que la vignette représente sur son trône; Hévélius à genoux présente humblement son livre; il a pu voir plus tard par la première édition du Dictionnaire, que l'Académie française, admise aux pieds du trône, restait debout, ainsi que le président qui présente l'ouvrage. L'épître est pleine de la reconnaissance de l'auteur pour les bienfaits de Louis XIV. Plus loin, dans un médaillon, on voit au-dessous d'une renommée la couronne de France qui laisse tomber des pièces de monnaie sur un globe. La vignette de la préface représente le Ciel, et les anges exécutant un concert en l'honneur du Très-Haut. Tous les ouvrages de l'auteur sont pleins des expressions de ses sentimens religieux, partout il est verbeux et diffus.

Le livre premier contient la description de la comète de 1652, qu'Hévélius aperçut le 20 décembre, N. S., non loin de *Rigel*, et tout près d'une étoile de cinquième grandeur de l'Eridan. La tête était ronde, et le *diamètre un peu moindre que celui de la pleine Lune;* la queue ou la barbe, était de 6 à 7 degrés, et atteignait presque l'étoile de la poignée de l'épée. La lumière de la tête était pâle, et ressemblait à la Lune vue à travers un nuage. Hévélius voulait s'occuper uniquement de la comète, ses assistans l'engagèrent à continuer les observations ordinaires, parce qu'ils ne croyaient voir qu'un météore. Hévélius se laissa ébranler; à tout hasard cependant il en mesura quelques distances à diverses étoiles d'Orion. Les jours suivans le ciel fut couvert, mais, le 23, la comète reparut, et il en fit un cours régulier d'observations. La comète diminuait sensiblement, et le 10 janvier il l'entrevit pour la dernière fois. Le 23, quoique déjà diminuée, elle était encore de 25 ou 26'; le 26, elle était encore de 24'. Il passe aux observations et aux calculs, où il suppose la hauteur du pôle 54°21'52"; il réduit à 23°30' 14" l'obliquité, qu'il trouve moindre que celle de Tycho.

Il commence par chercher le tems vrai par les hauteurs des étoiles; après quoi, avec le tems vrai, la hauteur et l'azimut de la comète, il en détermine l'ascension droite et la déclinaison; par les distances à deux étoiles, il calcule les longitudes et les latitudes, il en conclut les élongations de la comète.

Il détermine les intersections de l'orbite avec l'écliptique et l'équateur. Comme la comète ne suivait pas un grand cercle, ces angles et ces intersections ne sont pas toujours les mêmes. C'est ce qui résulte des observations d'Hévélius, et ce qu'il prouve par des observations de Tycho, qui pourtant avait cru l'angle et le nœud constans. Il prouve par neuf comètes différentes cette assertion, qui n'a plus besoin de preuve. Tout le reste de ce premier livre, qui est de 130 pages, contient des calculs de toute espèce sur le mouvement apparent de la comète. Le second est destiné à prouver que l'inclinaison est réellement constante, et que ses variations ne sont qu'apparentes, comme celles des planètes.

Pour prouver que la comète n'avait pas de parallaxe sensible, il commence par calculer une table des parallaxes de hauteur, pour différentes distances à la Terre exprimée en demi-diamètre de la Terre même; il fait voir qu'aucune de ces parallaxes ne peut s'appliquer aux observations, et qu'ainsi la comète est à une distance bien au-dessus de la lune. Il fait voir par le calcul de la parallaxe, pour la distance de 20 milles germaniques à la Terre, qu'une comète qu'on supposerait ainsi au-dessus de notre atmosphère, ne pourrait pas être visible plus de deux heures de suite, outre qu'elle aurait pendant ces deux heures une marche extrêmement irrégulière. En effet, à une heure du méridien, la comète C avait une parallaxe énorme qui la portait en O; peu d'instans auparavant elle était en C', et la parallaxe plus considérable la portait en O' à l'horizon.

$$\cos(N+p) = 90° = \cos P \cos D \cos H + \sin H \sin D = 0,$$

$$\cos P = -\frac{\sin H \sin D}{\cos H \cos D} = -\operatorname{tang} D \operatorname{tang} H;$$

on a donc

$$\cos N \cos p - \sin N \sin p = 0, \quad \cos N - \sin N \operatorname{tang} p = 0,$$

$$\cot N = \operatorname{tang} p = \frac{\sin \varpi \sin N}{1 + \cos \varpi \cos N}.$$

La comète avait été long-tems vue sur la même ligne que deux petites étoiles ab formant avec elle un petit triangle; une parallaxe un peu considérable l'aurait amenée en b fort au-dessous des étoiles. C'est ce que l'auteur démontre un peu longuement, mais d'une façon très claire.

Après avoir prouvé qu'une grande parallaxe est inadmissible, il va dans le livre V chercher quelle a pu être la vraie parallaxe. Il trouve, comme nous, que la méthode donnée par Régiomontan est fort incertaine dans la pratique. Il conseille de prendre la distance de la comète à une étoile qui se trouve à peu près dans le même vertical; cette distance sera diminuée de la parallaxe; quelques heures après, prenez de nouveau cette distance quand l'étoile et la comète seront à peu près dans le même almicantarat, où la parallaxe ne produira plus d'effet sensible sur la distance; la différence des deux distances observées sera la parallaxe de hauteur, d'où vous conclurez la parallaxe horizontale.

Si la comète a un mouvement sensible, observez-la deux jours de suite, quand sa distance à l'étoile sera parallèle à l'horizon, vous aurez le mouvement de distance, et la distance pour un moment intermédiaire; entre ces deux observations, observez la comète près du vertical de l'étoile, vous aurez la distance apparente et les parallaxes.

Dans tous ses calculs de parallaxes, l'auteur suppose que l'on connaît l'orbite apparente de la comète; or, cette orbite n'est pas un grand cercle, ainsi on ne peut compter jusqu'à un certain point sur ses calculs multipliés, dans une méthode qu'on se garderait bien de suivre aujourd'hui. Il cherche la parallaxe pour une certaine hauteur; il en conclut la parallaxe sur l'orbite, et ne fait jusqu'ici aucune mention de la parallaxe horizontale; mais on voit à la page 257 qu'il la suppose de 31′ à l'horizon.

La comète n'aurait donc été qu'à une distance environ double de celle de la Lune, et jamais nous n'avons vu de comète à une si petite distance de la Terre. Il paraît donc que sa méthode n'est pas d'une grande sûreté; et l'on voit, en effet, page 287, des différences assez considérables dans les parallaxes horizontales, et ces différences ne suivent aucun ordre, en sorte que la comète se serait éloignée et rapprochée de la Terre plusieurs fois; ce qui est à présent reconnu impossible.

Par la méthode de Régiomontan, il ne trouve que 55″ de parallaxe horizontale, quand par ses méthodes il l'a trouve de 12′ environ. Il en conclut que la méthode de Régiomontan ne vaut pas la sienne. Nous pourrions avec beaucoup plus de vraisemblance tirer une conclusion toute contraire. Il est vrai que par cette même méthode il trouve ensuite près de 24′.

Enfin, par un milieu entre ses observations, il donne à la comète des parallaxes toujours décroissantes, depuis le premier jour jusqu'au dernier, et qui diminue progressivement de 31′ 15″ à 0′ 9″.

Dans le livre V, il va parler de la distance de la comète à la Terre, ce qui est du tems perdu; mais il sera curieux de transcrire ici sa table des parallaxes apogées et périgées. On voit, par cet échantillon, qu'Hévélius bon observateur et bon calculateur, n'était pas grand théoricien.

	Parallaxe apogée.	Parallaxe périgée.
☉	0′ 39″ 17‴	0′ 40″ 44‴
☾	58.22. 0	63.41. 0
♄	0. 3.30	0. 5. 0
♃	0. 6.12	0.10.11
♂	0.14.55	1.50.54
♀	0.23. 0	2.31.10
☿	0.26.53	1.26.16

Le livre VI traite de la grandeur apparente et vraie de la tête et de la queue ; il répète que la comète égalait au moins la Lune; que toute la tête était d'une lumière égale, aussi intense au bord que vers le centre, où seulement on remarquait quelques taches ou noyaux plus brillans qui n'étaient visibles que dans les lunettes; la couleur était sombre et triste; il est donc fort probable que c'était en effet la nébulosité qu'il prenait pour le noyau. C'est ce qui paraît encore mieux par les témoignages de quelques astronomes de divers pays, qu'il rapporte pour confirmer sa propre description. A la page 329, on voit ce que Boulliaud pensait des livres d'Aristote sur le ciel (*si tamen opus illud ineptum ac insulsum ab eo editum est*), s'il est vrai qu'il soit l'auteur d'un ouvrage aussi misérable et si peu digne de lui.

Hévélius avoue pourtant que la rondeur n'était pas parfaite; mais une chose extrêmement singulière, c'est qu'à mesure que le diamètre apparent diminuait, il ait pu se persuader que le diamètre réel et vrai augmentait de manière à devenir enfin presque aussi grand que celui du Soleil, ce qui est une preuve que les parallaxes et les diamètres ont été fort mal observés. Il pense que les comètes ne sont pas des sphères, mais des espèces de disques, ou des assemblages de petits noyaux rangés l'un à côté de l'autre dans un plan. Il attribue l'augmentation du diamètre, à la raréfaction de ces noyaux; mais il est singulier que cette dilatation ait lieu précisément quand la comète s'éloigne du Soleil et devrait bien plutôt se condenser par le froid. Il rapporte des observations de Cysatus, qui après avoir vu à la comète de 1618 un noyau, dont le diamètre était les deux tiers de celui de Jupiter, avait observé que ce noyau s'était divisé en une multitude de petites étoiles.

Le livre VII parle de la naissance, de la matière, de la forme, des propriétés et de la destruction des comètes. Toutes les planètes et le Soleil lui-même, ont leur atmosphère comme la Terre; toutes produisent des exhalaisons. On a vu le Soleil n'avoir qu'une lumière semblable à celle de la Lune; il était si peu brillant, qu'on a pu voir des étoiles en plein jour. La Lune a aussi son atmosphère et ses exhalaisons, comme il est prouvé par quelques éclipses totales de Soleil, où cette atmosphère éclairée par le Soleil, a empêché de distinguer les étoiles, comme il arrive le plus souvent. En 1553, la Lune voisine de la conjonction a été vue auprès du Soleil à midi même; au contraire, dans l'éclipse de Lune de 1642, Hévélius perdit entièrement la Lune de vue, et n'en pût voir de tems à autres que quelques points, qu'il désigne sous le nom de *lucules, petites lumières*. Dans certaines éclipses de Soleil, Hévélius dit avoir vu des ondulations dans le bord de la Lune, quoiqu'il n'en remarquât aucune dans le bord du Soleil, ce qu'il attribue à la réfraction de l'atmosphère de la Lune. Il compare ces ondulations aux flots de la mer; il parle des taches et des bandes de Jupiter. Au tems d'Ogygès, Vénus changea de grandeur, de lumière et de longitude; on n'a pu voir rien de pareil aux taches du Soleil, ni dans Vénus, ni dans Mercure, ni dans Mars; mais l'analogie doit nous servir de règle pour juger qu'elles n'en sont pas plus exemptes que les autres planètes. Il leur suppose un mouvement de rotation, mais il croit que ce mouvement diminue de rapidité dans les planètes les plus éloignées; nous savons aujourd'hui que rien n'est moins exact; plus la matière d'un astre est dense, plus ses exhalaisons sont grossières, et c'est ce qui constitue la scintillation des étoiles.

Les comètes sont formées des exhalaisons des plamètes, mais il ne faut pas en conclure que toutes les planètes concourent à la formation de chaque comète. Il y a de fausses comètes qui prennent naissance dans l'atmosphère particulière d'une planète, mais elles n'en peuvent pas sortir; telles sont les taches du Soleil, qui ne s'en écartent jamais. Il ne croit pas que l'atmosphère de Saturne et de Jupiter puisse s'étendre au-delà de 2 ou 3 minutes. Comme les comètes sont le plus souvent pâles ou livides, il croit que le plus grand nombre est produit par Jupiter et Saturne.

Il donne des figures des taches du Soleil et de plusieurs comètes; on en voit une qui après n'avoir eu aucun noyau apparent, en avait acquis plusieurs et paraissait s'être dissoute; les comètes prennent quelquefois des accroissemens très grands et très rapides. La même chose arrive aux taches du Soleil; il en cite un exemple : une tache qu'il observa en 1644, les accroissemens sont plus rapides que les diminutions; les comètes naissent le plus souvent dans la Voie lactée, d'émanations de la multitude innombrable des étoiles qui s'y trouvent; il appelle comètes secondaires, celles qui se dissipent avant d'avoir pris la croissance ordinaire.

Si les planètes n'avaient pas un mouvement de rotation, elles seraient bien vite dissipées par l'effet de la chaleur du Soleil auquel elles tourneraient toujours la même face. Si les comètes avaient un pareil mouvement, il faudrait que leur queue participât à ce mouvement. Les noyaux croissent et décroissent, et ne sont pas toujours au centre du disque; ces noyaux ont des mouvemens irréguliers : nous omettons beaucoup d'autres rêveries qui n'ont pas toujours l'avantage d'être neuves.

Le livre VIII traite des queues des comètes; après un long commentaire sur les divisions que Pline a faites des comètes, il entre dans quelques détails historiques. Il parle de la comète de 1550, qui, au rapport de Phranza, éclipsa la Lune. Il dessine d'imagination des comètes observées, ou qu'on pourra observer, puis celle de 1577 d'après Tycho et Gemma; celles de 1590, 1607, 1618, 1647, 1652, 1661. Il calcule la direction de la queue de celle de 1647; il n'y trouve que 16 minutes de déviation du grand cercle, mené du Soleil à la comète; mais celle de 1652 en a décliné de 4, 5, 10, et jusqu'à 12°. Cysatus est le premier qui ait observé une comète avec une lunette. Il a cru que la queue était formée par les rayons du Soleil, tant réfractés que réfléchis; il croyait la tête composée de plusieurs noyaux qui réfléchissent et réfractent les rayons de diverses manières. Hévélius admet cette multiplicité de noyaux, qui croissent et décroissent avec le tems, se réunissent ou se séparent et prennent des positions très différentes; mais ils sont dans un plan, ou du moins leurs surfaces supérieures présentent l'apparence d'un disque, du moins quand il est vu du Soleil. Nous ne le suivrons pas dans les raisonnemens qu'il fonde sur cette supposition, pour expliquer la formation de la queue; on peut le consulter à la page 477. Nous dirons seulement qu'ayant formé ses comètes des exhalaisons des planètes, comme on les forme aujourd'hui avec la matière des nébuleuses, il est naturel d'en conclure que les noyaux qui ne sont que des exhalaisons condensées, soient entourés d'exhalaisons moins concentrées qui forment la queue, et cette queue nous renvoie les rayons solaires rompus ou réfléchis entre les noyaux; c'est aussi par des exhalaisons de ce genre, sorties du corps du Soleil, qu'il explique les taches et les facules qu'il fait tourner à peu de distance du Soleil, et non pas à la surface même. La comète dans son cours, qui est très rapide, entraîne après elle les exhalaisons de même nature qu'elle trouve sur son passage; il est un peu embarrassé pour prouver que cette traînée de vapeurs doit toujours être sur le prolongement de la ligne des centres du Soleil et de la comète, mais il en donne des raisons qu'il trouve probables; il prend des exemples dans les taches du Soleil dont il dit que la nébulosité est toujours dans le prolongement de la ligne menée du centre du Soleil au centre de la tache. Il pense enfin que les rayons solaires ont la force nécessaire pour pousser devant eux des exhalaisons d'une excessive ténuité. Quant à la longueur prodigieuse de la queue, il l'explique par des taches qu'il a observées dans le Soleil en 1643, lesquelles n'avaient pas 20″ de diamètre et dont la nébulosité allait à 13′. Si les rayons réfractés du Soleil ne se rencontrent qu'à une distance prodigieuse, la queue aura la forme d'une épée; si les rayons convergent sensiblement et se réunissent à peu de distance de la comète, la queue sera plus étroite vers les points où se font les intersections, et ensuite elle ira toujours en s'élargissant; l'axe de la queue peut dévier du grand cercle qui passe par le Soleil. Hévélius a ci-dessus trouvé des déviations de 12°; la comète de Tycho déviait de 38°. Hévélius croit que la déviation la plus commune, va de 12 à 15°. La déviation est-elle toujours dans le même sens? Il se plaint de n'avoir pas assez d'observations pour répondre à cette question. Par huit comètes, il a calculé que la déviation d'une même comète peut être successivement au sud et au nord, mais qu'elle ne suit aucune loi. Il attribue ces différences aux différentes positions des noyaux; il se demande ensuite, d'où vient la courbure de la queue. Galilée, Guiduccio, Cysatus et Gassendi, disent que cette courbure n'est qu'apparente et vient de la réfraction; il prouve aisément que la réfraction dans notre atmosphère, ne pouvait produire une courbure si considérable; il en trouve la raison dans ses divers noyaux, et dans les densités différentes des atmosphères des mêmes noyaux.

D'après cette théorie, il décrit la formation des queues qui n'ont qu'une simple courbure, d'autres qui ont des sinuosités en forme de flammes, des queues paraboliques ou hyperboliques; enfin des queues lenticulaires, et il en donne les dessins. Il parle de la scintillation des queues, de leurs fluctuations et des variations continuelles dans la longueur; les queues diffèrent en couleur; les unes sont transparentes et laissent voir les étoiles; d'autres les dérobent à notre vue; on voit quelquefois dans l'axe de la queue une traînée brillante qui ressemble à la moelle d'un arbre; quelquefois cette moelle au lieu d'être plus blanche, est au contraire plus noire;

toutes ces apparences s'expliquent dans son système de plusieurs noyaux et de plusieurs atmosphères d'une densité inégale; il resterait à démontrer ces suppositions. Il fait ensuite le calcul de la longueur de la queue. On connaît tout dans le triangle STC; dans le triangle CTQ, on connaît CTQ, TCQ, donc CQT (fig. 56);

$$CQ = \text{longueur de la queue} = \frac{TC \sin CTQ}{\sin Q} = \frac{ST \sin TSC}{\sin TCS} \cdot \frac{\sin CTQ}{\sin Q}$$
$$= \frac{ST . \sin TSC . \sin CTQ}{\sin TCS \sin (CST + CTS + CTQ)};$$

il trouve ainsi des queues longues de 5502 milles et d'autres qui vont jusqu'à 165000 milles d'Allemagne. Il prend la peine de démontrer que la même queue peut paraître plus ou moins grande, selon sa distance à la Terre.

Il explique par des raisonnemens et diverses figures, comment la tête de la comète peut paraître au milieu de la queue, quand ce milieu est plus large que la tête, et que la queue est très oblique au rayon visuel; mais il m'a paru que les figures ne cadraient pas bien avec la démonstration: la largeur de la queue a été quelquefois observée de 2 à 3 degrés.

La queue d'une comète pourrait envelopper la Terre, sans que nous en pussions rien apercevoir; cela ne pourrait arriver qu'à la conjonction; si c'était la nuit, nous pourrions voir une lueur dans l'air; si c'était le jour, le soleil pourrait être éclipsé ou du moins dépouillé de ses rayons; mais le phénomène durerait peu de tems. Mais si la comète était fort dense et son mouvement peu différent de celui du Soleil, il en pourrait résulter une éclipse épouvantable et par l'obscurité et par la durée, mais il faudrait que la comète fût dans le plan de l'écliptique et très voisine de la Terre, en sorte que le mouvement hélio-centrique fût très lent; quoi qu'il en dise, il serait bien difficile que la durée fût de plusieurs jours. Il soupçonne que l'éclipse surnaturelle de la Passion a pu arriver de cette manière. Il convient que de pareils phénomènes doivent être extrêmement rares, parce qu'ils dépendent d'une multitude de circonstances qui se réunissent difficilement.

Il cite page 541, plusieurs comètes vues de jour; il met fin à cette dissertation *prolixe* par des recherches sur la solidité ou le volume d'une queue conique. Il calcule ensuite la longueur des cônes d'ombre de toutes les planètes; puis il disserte sur les éclipses que peuvent produire ou éprouver les comètes; il parle enfin des queues qui ont paru sans noyaux.

Le livre IX traite du mouvement des comètes; Hévélius pose pour principe, que tout corps doit se mouvoir; le mouvement de la comète se fait à fort peu près dans le plan d'un grand cercle, mais dans ce plan il peut être rectiligne, circulaire, elliptique et même parabolique ou hyperbolique. Il rejète le mouvement circulaire, parce qu'on n'a jamais vu revenir de comète; ensuite, parce que le mouvement presque rectiligne satisfait mieux aux observations. Il pense que les comètes ne sont pas éternelles. Les comètes pâlissent en s'éloignant; il en conclut qu'elles se dissipent. A la fin de leur apparition on leur a vu courber leur mouvement; il en donne une raison singulière : les comètes se dissipent, mais d'une manière inégale, d'un côté plus que de l'autre; le centre de figure change et le mouvement quoique toujours direct, peut paraître rétrograde; mais il dit ensuite que le mouvement rétrograde est produit par la combinaison des mouvemens de la Terre et de la comète.

Les comètes sont des corps imparfaits formés d'exhalaisons, ainsi le mouvement droit est celui qui leur convient mieux; le mouvement circulaire convient aux corps sphériques, mais les comètes sont disciformes; ainsi, quand on leur imprimerait dans l'origine un mouvement circulaire, le mouvement forcé ne pourrait subsister, il dégénèrerait bientôt en mouvement rectiligne.

Les comètes présentent toujours à peu près la même face à la Terre, sauf une petite libration dont il parlera plus loin. Tout corps doit se mouvoir sur le sens de la plus petite dimension, qui fait que la résistance devient moindre. Il reconnaît dans les comètes une certaine affinité avec le Soleil, quoiqu'il n'en voie pas bien la cause; il met donc le Soleil au centre de l'univers, donne à la Terre le mouvement annuel, et fait décrire à la comète une ligne droite; il déclare qu'ayant essayé le mouvement circulaire sur dix comètes, il n'a jamais pu réussir.

Il commence par la comète de 1652, celle de Régiomontan en 1472, celle d'Apian de 1531, celle de Tycho en 1577, celles de 1585, 1590, 1603, et 1618; il les fait mouvoir dans des lignes droites, inclinées au plan de l'écliptique; il se permet de leur donner des mouvemens continuellement croissans ou décroissans, quoiqu'il paraisse de l'essence d'une ligne droite que le mouvement soit uniforme, et avec toutes ces licences il ne peut représenter les observations à $\frac{1}{4}$, $\frac{1}{3}$, $\frac{1}{2}$, $\frac{3}{4}$ de degré. Les erreurs de latitude vont jusqu'à 2 ou 3 minutes; il appelle cela représenter décemment et convenablement le mouvement de la comète, et pour prouver que son hypothèse rectiligne peut sauver les apparences les plus extraordinaires, il crée deux comètes, il leur donne leurs trajectoires et en conclut leurs lieux apparens tels qu'on les observerait de la Terre. Il en fait mouvoir une troisième suivant l'axe de l'écliptique ou suivant une parallèle quelconque; elle paraîtrait décrire l'écliptique entière en un an et ses latitudes augmenteraient continuellement, mais à une certaine distance du plan elle pourrait devenir stationnaire.

Il cherche ensuite les raisons physiques des mouvemens de la comète; les exhalaisons qui l'ont formée ont, comme tous les corps, un penchant à se réunir, après quoi elles peuvent se séparer, ce qui opérera la destruction de la comète; il compare les comètes à la pierre qui après avoir été mue en rond dans une fronde, s'échappe par la tangente avec une vitesse proportionnée à la longueur du rayon du cercle qui lui a imprimé le mouvement. La fronde, c'est l'atmosphère de la planète qui a fourni les exhalaisons; ces exhalaisons montant continuellement vers le haut de l'atmosphère, entraînent avec elles d'autres exhalaisons; le tout se condense et acquiert une vitesse de plus en plus grande; à la fin elle s'échappe de l'atmosphère comme la pierre de la fronde, et c'est alors que commence le mouvement rectiligne; en quittant l'atmosphère d'une planète elle peut entrer dans celle d'une autre et prendre de nouveaux accroissemens par les exhalaisons qu'elle rencontrera sur son passage; les exhalaisons de diverses planètes donnent naissance à cette multiplicité de noyaux dont il a parlé ci-dessus; enfin, quand la comète a atteint le maximum de densité, par la loi commune à toute chose périssable, elle se raréfie et se dissipe.

Il disserte ensuite sur le choc des comètes qui viendraient à se rencontrer; il explique par là des observations où l'on a cru voir des comètes se réunir et n'en former plus qu'une seule; naturellement le mouvement serait uniforme, mais il peut être ralenti par des obstacles ou accéléré par des attractions. Les comètes sont des disques, elles peuvent être lancées suivant des lignes perpendiculaires à leur surface; peu à peu le disque s'inclinera à cet axe et bientôt la comète ne présentera plus que le tranchant à l'obstacle; elle le divisera plus facilement et le mouvement deviendra plus rapide. Par les inclinaisons diverses la ligne droite pourra se changer en une ligne légèrement courbée; la concavité de cette ligne regardera toujours le Soleil. Tout projectile décrit une parabole, c'est la gravité qui l'empêche de décrire une ligne droite; tout corps qui paraît tomber perpendiculairement décrit en effet une parabole; le mouvement des comètes est donc réellement parabolique, parce qu'elles tendent toutes vers le Soleil. C'est au sommet de la parabole que le mouvement est plus rapide, il diminue à mesure que l'angle de la courbe avec le rayon solaire est ou plus aigu ou plus obtus.

Pour développer ses idées, il représente dans une figure des routes paraboliques et hyperboliques dont le Soleil paraît occuper le foyer, quoique la chose ne soit pas dite expressément; on y voit le disque de la comète toujours perpendiculaire au rayon solaire, ainsi le mouvement doit s'accélérer en approchant du sommet et se retarder après le périhélie. Il cherche à montrer comment la courbe peut se changer en une spirale; dans cette longue théorie, on voit une idée heureuse appuyée de beaucoup de raisons ou fausses ou futiles; les fibres magnétiques de Képler ne valent pas mieux, mais Képler a trouvé les lois du mouvement dans l'ellipse; il ne s'est pas contenté d'entasser vaguement des possibilités ou ce qui lui paraissait tel; Hévélius n'a pas rendu un pareil service à la science : on ne voit pas que son mouvement parabolique ait attiré l'attention des astronomes, et ce n'est pas ce qu'il a dit qui a conduit Newton et Halley à calculer des orbites paraboliques; il faut cependant lui savoir quelque gré d'avoir le premier émis cette idée. Il ne parle qu'en passant du mouvement hyperbolique qui lui paraît également possible, puisque l'hyperbole est aussi une section conique; il croit inutile de s'y arrêter, tant qu'on n'aura pas observé de comète en qui ce mouvement se sera manifesté. Il ne dit rien de l'ellipse ni du cercle qui sont pourtant aussi des sections coniques. Une comète pourrait se diriger vers le Soleil et tomber sur lui, à moins qu'elle ne se dissipât avant que d'y arriver. Il réunit en une seule figure les trajectoires rectilignes des comètes qu'il a calculées ci-dessus; il examine ensuite cette question : toutes les comètes ont-elles la même vitesse dans leurs paraboles? il croit que non; il pense que les comètes formées par les exhalaisons solaires doivent aller plus vite; il appelle les comètes de fausses planètes, *pseudo planetas;* ainsi elles peuvent avoir de la ressemblance avec les planètes véritables, mais cette ressemblance ne saurait être parfaite. Le disque de la comète est perpendiculaire au rayon solaire; il doit donc être ordinairement oblique au rayon de l'observateur placé sur la Terre. De cette obliquité variable il résulte une libration dans le disque. Il s'en sert pour expliquer les apparitions soudaines de quelques comètes; pour les apercevoir il faut en voir la face éclairée; le lendemain du jour où la Terre a passé par le plan du disque, nous pouvons voir le disque éclairé tout entier; d'ailleurs elles peuvent se former en peu de tems; elles peuvent être très considérables dès le jour de leur formation. Il ne croit pas qu'aucune comète ait fait un chemin qui égale le diamètre de l'orbite terreste, il assure plus positivement qu'aucune n'a atteint la sphère de Saturne.

Dans le livre X il fait l'histoire de la comète de 1661 ; il en rapporte les observations et les distances qu'il corrige des effets de la réfraction. Les erreurs de son hypothèse sont ici moindres et ne passent pas 12 minutes; il avait dit plus haut qu'aucune comète n'était plus lente que Saturne, ni plus rapide que Mercure; il met ici une restriction à cette règle, à moins toutefois que la comète ne soit plus voisine du Soleil que Mercure; il n'a pas ajouté ou plus loin que Saturne, peut-être parce qu'aucune comète n'est visible à cette distance; au reste, comme ses idées sur les orbites des comètes sont très inexactes, il est inutile de discuter ses assertions.

Le livre XI traite des comètes de 1664 et 1665; il leur applique la théorie des trajectoires rectilignes; il trouve cependant que les observations seront un peu mieux représentées, si l'on donne une légère courbure à la seconde orbite. Cette théorie des trajectoires rectilignes pourrait être simplifiée par la considération des tangentes, mais ce serait aux dépens de l'exactitude, car la méthode des tangentes suppose que la comète a toujours décrit un grand cercle, ce qui est contraire aux observations, puisque ce grand cercle ne coupe pas toujours l'écliptique au même point et sous le même angle; en supposant la Terre immobile, comme fait le P. Pardies, il serait impossible d'expliquer les stations et les rétrogradations.

Le livre XII est l'histoire des comète connues; il parle d'auteurs qui ont fait de semblables histoires; il cite Myzald, Lavather, Rockenbach et Eckstorm; mais ces auteurs se sont principalement attachés aux effets qu'ils attribuaient à ces apparitions; ils avaient totalement négligé les observations et les calculs. La comète de 1472 est la première qui ait été réellement observée, quoique d'une manière encore imparfaite, ce qui ne l'empêche pas de rappeler en peu de mots toutes celles dont il a été fait mention par les historiens. Cette nomenclature, qui commence à la mort de Mathusalem, va jusqu'en 1665; elle ne renferme aucune observation véritable; l'auteur résume toute cette histoire en un tableau où il réunit ce que chacune de ces comètes a offert de plus remarquable.

Machina cœlestis, 1673.

Machinæ cœlestis, pars prior, organographiam, sive instrumentorum omnium quibus auctor hactenus sidera rimatus ac dimensus est, accuratam delineationem et descriptionem, plurimis iconibus, æri incisis, illustratam et exornatam exhibens; item de maximorum tuborum constructione et commodissimâ directione, etc.

L'ouvrage est encore dédié à Louis XIV; on y trouve une histoire de l'Astronomie très abrégée, mais où l'auteur a inséré sur l'Astronomie chinoise, des notions qui s'accordent bien avec ce que nous avons extrait des grandes Annales de la Chine. L'estampe qui est en avant du titre, représente un monument assez bizarre, qu'il a imaginé en l'honneur de l'Astronomie; il en donne l'explication : on y voit sur le devant, les portraits tracés d'imagination, d'Hipparque et de Ptolémée, et les portraits véritables de Copernic et de Tycho; ce dernier présente une preuve de la vérité de l'anecdote du duel nocturne, où le nez de Tycho avait été abattu. Hévélius donne à Copernic le nom de grand, et à Tycho le nom d'incomparable. Sous les pieds d'Hipparque on lit *Multa quidem detecta;* sous ceux de Copernic et de Tycho, *Sed quam plurima posteris relicta.* En continuant l'Histoire abrégée de l'Astronomie, il parle d'Hipparque, *Nicenus vel Rhodius*, et ne dit rien de son séjour à Alexandrie; il ajoute que Ménélaüs à Rome *s'est occupé des étoiles fixes*. Il loue Ptolémée sans restriction, mais sans beaucoup de détails. En parlant de Tycho, il nous dit que depuis Hipparque, personne n'avait osé entreprendre le travail d'un catalogue nouveau; il ne compte donc pour rien celui de Ptolémée; il nous apprend qu'il a entre les mains tous les manuscrits de Képler et sa correspondance inédite. Il cite particulièrement le traité intitulé Hipparque, dont il dit que Képler faisait le plus grand cas.

Malgré les soins et la sagacité de Képler, les tables Rudolphines n'ont pas été trouvées aussi exactes qu'on l'aurait espéré, d'où résulte la nécessité de faire de nouvelles observations; c'est ce qui fit naître chez Hévélius le désir de se livrer à ce genre de travail. Son professeur Kruger, lui conseilla d'étudier le Dessin et la Mécanique, qui devaient lui être fort utiles pour l'exécution de son projet. Se sentant près de sa fin, Kruger lui recommanda les observations en général, et en particulier l'éclipse de Soleil de juin 1539 qu'il n'avait pas l'espoir d'observer lui-même. Hévélius fit donc provision d'instrumens et de lunettes, construisit un observatoire au haut de sa maison ; c'est alors qu'il entreprit sa Sélénographie qu'il continua d'après les exhortations de Gassendi qui avait renoncé au projet d'achever celle qu'il avait commencée.

Kruger avait fait commencer un quart de cercle azimutal de cuivre dont le sénat de Dantzick avait fait les frais ; il n'avait pu être achevé et il était dans l'arsenal. Hévélius obtint qu'il lui fût remis ; il le fit achever, y ajouta des pinnules qui manquaient encore ; il y ajouta divers instrumens à l'imitation de Tycho, il employa beaucoup de tems à fabriquer des verres de lunettes de forme hyperbolique. A toutes ces causes de retard, se joignit une maladie grave, en sorte qu'il ne put commencer les observations de son catalogue qu'en 1652. Alors la comète vint encore le distraire assez long-tems, comme il se voit à la prodigieuse quantité de calculs et de réflexions que lui a occasionnées sa Cométographie.

L'Almageste de Riccioli lui donna occasion d'observer de nouveau la libration. Ses nouvelles recherches sont exposées dans la lettre qu'il a adressée à Riccioli.

Il avait pris pour adjoint un jeune homme nommé Kretzmer, qui avait un goût singulier pour l'Astronomie, et qu'une mort prématurée lui enleva au bout de trois ans. Il se fit aider par l'artiste qui l'avait aidé à construire ses nouveaux instrumens ; mais il mourut au bout d'un an ; le successeur qu'il lui donna mourut encore au bout de quelques jours. Il se fit aider par quelques domestiques, et enfin par sa femme, dont il eut beaucoup à se louer ; il se servit aussi de son imprimeur, et il se promit de ne pas chercher d'autres adjoints, tant qu'il pourrait les conserver.

Pour vérifier les distances qu'il observait, il les comparait à celles que Tycho avait mesurées, se persuadant qu'il était impossible de faire mieux. Il remarqua qu'il s'était trompé ; il trouva constamment des différences qui allaient jusqu'à 2'. Puis s'étant assuré que la somme de ces distances réduites à l'écliptique, formait, à quelques secondes près, un cercle entier, il reprit courage. Or Tycho, avec d'autres distances, avait obtenu une précision égale. L'objection était embarrassante ; il ne sait comment y répondre, mais il assure le fait. Mais, si une distance est trop grande, il se peut que la voisine soit trop petite, parce que la réfraction qu'il connaissait mal, pouvait agir différemment ; et dans le fait, je me suis assuré qu'il y avait des compensations nécessaires. Ce ne fut qu'en 1657, tous ses préparatifs et ses vérifications étant terminées, qu'il entreprit véritablement son catalogue. Casimir, roi de Pologne, lui permit d'avoir une imprimerie à lui ; les bienfaits de Louis XIV animèrent encore son zèle, qui reçut de nouveaux encouragemens de la Société royale de Londres.

Avant d'imprimer ses observations, il croit nécessaire de donner la description de ses instrumens. Pour en accélérer l'édition, il fit venir de Hollande un graveur qui le dispensa de faire lui-même ses planches. Il annonce que l'impression de la seconde partie est commencée depuis deux ans; qu'il espère bientôt publier son Prodrome astronomique, son catalogue entier et de nouveaux globes célestes. Le livre II de sa Machine céleste comprendra les observations diverses, telles que les éclipses de tout genre. Le troisième contiendra les solstices, les équinoxes et les hauteurs méridiennes. Le quatrième offrira toutes les distances qu'il a mesurées, et qu'il comparera à celles de Tycho, du Landgrave, de Gassendi et de Riccioli. Cette préface curieuse a 78 pages.

Il commence son premier livre par la description des instrumens des anciens; il pense comme nous et pour les mêmes raisons, que les instrumens d'Hipparque et de Ptolémée ne donnaient au plus que les sixièmes de degré. Il donne la raison par laquelle Tycho n'a pas fait ses sextans tout de cuivre, mais seulement en bois, sauf le limbe qui était de cuivre. C'est qu'il craignait que leur poids ne les rendît trop incommodes. Pour juger les instrumens de Lansberge, il nous renvoie aux observations de cet astronome. Il y a toute apparence que les instrumens de Riccioli étaient aussi en bois, à l'exception de deux qui étaient de fer. Rien de tout cela ne valait les instrumens de Tycho; et encore de vingt instrumens qu'il a décrits, à peine peut-on en compter six qui eussent toute sa confiance.

Le quart de cercle qu'il décrit dans son chapitre II était de cuivre, du rayon de trois pieds; le pied était en bois et porté sur quatre vis, d'une forme assez semblable aux pieds de fer qu'on faisait il y a cent ans. Hévélius l'avait divisé lui-même ainsi que tous ses autres instrumens; chaque degré était d'abord divisé de 20 en 20′, ensuite en 10′. Des transversales donnaient les minutes, on pouvait même estimer les fractions. Les pinnules étaient semblables à celles de Tycho : elles étaient percées d'un trou rond pour les observations du Soleil.

Dans le chapitre III il décrit un sextant de cuivre, le rayon est de trois pieds; le pied est en bois, et composé de trois parties seulement. Il se félicite d'avoir beaucoup diminué le rayon du globe qui était au centre de gravité de l'instrument, pour le rendre mobile en tous sens avec facilité. Ce premier sextant exigeait deux observateurs; il suffisait d'un seul pour le sextant de cuivre du chapitre IV. Le lieu de l'œil était au centre, le rayon de quatre pieds; l'alidade mobile était conduite par une vis qui peut se détacher quand on veut que l'alidade fasse en peu de tems beaucoup de chemin. Chaque règle a son cylindre; le cylindre commun, qui est au centre, a deux ailes mobiles; entre ces ailes et le cylindre, était une fente étroite par laquelle on observait l'étoile. Le degré était divisé d'abord en trois et chaque tiers en quatre, et, au moyen des transversales, on avait la demi-minute, et même le quart. Malgré toutes ces attentions, ce sextant est toujours moins sûr que celui qui demande deux observateurs. Le chapitre V décrit un quart de cercle de bois porté par un axe vertical, et auquel l'observateur donne le mouvement en tirant un fil qui passe sur une poulie suspendue à un levier. Un contre-poids fait l'équilibre si exactement, que la moindre force suffit pour mouvoir le quart de cercle; cet instrument, d'abord assez bon, est devenu moins sûr au bout de quelques années.

Chapitre VI, grand sextant de bois de six pieds de rayon et un peu plus, semblable à celui de Tycho. Pour en rendre l'usage moins difficile, il avait imaginé des soutiens pour les deux bras de l'observateur.

Quoique l'arc ne fût que de 60 degrés, en changeant la position de la pinnule on pouvait mesurer, sans trop d'incommodité, des angles de 150°, et des distances de quelques minutes seulement; ce qui s'obtenait au moyen d'un autre cylindre placé au milieu de l'un des rayons. Lacaille a depuis imité ce procédé en mettant à son sextant une seconde lunette, dont l'axe optique faisait, avec celle de la lunette ordinaire, un angle qu'on pouvait déterminer. Cette idée était de Longomontanus, pag. 105; elle avait été plus étendue par l'auteur de Micromégas; mais il faut user sobrement de ce moyen. Hévélius a fini par abandonner tous ses instrumens de bois, et les a faits tous en métal.

Chapitre VII, grand octant de bois. Cet instrument a deux centres, c'est-à-dire deux cylindres différens; deux arcs distincts, en sorte que réellement ce sont deux instrumens d'un même rayon (huit pieds), et dans le même plan; il n'a pas d'alidade, mais simplement deux pinnules mobiles.

Chapitre VIII, petits quarts de cercle de cuivre. Ces instrumens avaient des rayons de 1, 1 $\frac{1}{2}$, 2 pieds. L'arc était un peu plus grand que de 90°:

ils étaient garnis de leurs verniers; il fait le plus grand éloge de cette invention, dont il ne connaît pas l'auteur, qu'il croit être Nonius. Ce vernier était de $\frac{31}{30}$, pour les limbes divisés en demi-degrés, en sorte que le vernier était rétrograde; il y avait joint des vis de rappel, pour plus de douceur et de régularité dans les mouvemens, et pour que l'on pût observer avec des gants, sans jamais toucher l'instrument avec les doigts nus.

Chapitre IX, grand quart de cercle azimutal et vertical. Le vertical avait cinq pieds de rayon, l'azimutal en avait quatre. Il était si bien construit, si facile à mouvoir, qu'après un usage de trente ans, Hévélius n'y aperçut aucun changement. Il explique fort au long en quoi cet instrument diffère de celui de Tycho, auquel on lui trouverait, au premier coup-d'œil, une grande ressemblance, excepté dans les moyens qui servaient à le mouvoir, lesquels consistent en poids et contre-poids, fils et vis de rappel et manivelles. Les pinnules étaient percées de quatre fentes, deux horizontales pour les hauteurs, deux verticales pour les azimuts. Cet instrument était placé dans une tour octogone bien orientée, les fenêtres fermaient si exactement, qu'on pouvait faire de l'intérieur une chambre obscure, et y observer les éclipses et les taches du soleil.

Chapitre X, grand quart de cercle de cuivre mobile. Le rayon était de $6\frac{1}{2}$ pieds; le poids total était d'environ 800 livres : cependant on pouvait le mouvoir du bout du doigt, le plus petit vent le faisait tourner. On pouvait ramener ce quart de cercle dans le méridien; quand il y arrive, on en est averti par le bruit qu'un corps fait en tombant. La division donnait 5″ au moyen du vernier de $\frac{61}{60}$: on pouvait même estimer 2 ou 3″. Au rayon horizontal, est attaché un niveau de mercure à deux coudes, comme on en voit dans les niveaux d'eau.

Les mouvemens étaient si bien combinés que l'instrument était un espèce d'héliostat; on pouvait conserver un certain tems le Soleil et les étoiles au milieu, bien entre les pinnules.

Chapitre XI, du grand sextant de laiton d'un peu plus de six pieds de rayon. L'auteur se félicite particulièrement de tout ce qu'il avait imaginé pour en faciliter l'usage, et pour le placer de manière à pouvoir observer à couvert dans toutes les parties du ciel. La planche représente d'un côté Hévélius à la règle mobile du sextant, et de l'autre madame Hévélius, qui est à la règle fixe qu'elle amène sur l'astre au moyen d'une vis de rappel. Il lui rend cette justice, qu'il n'a pas eu un assistant qui sût observer avec plus de prestesse et d'exactitude; cet instrument se mouvait avec une extrême facilité malgré son poids, au moyens d'anneaux, de poulies, de cordes et de contre-poids, ce qui se comprend assez; et il ajoute qu'amené à la position convenable, il y demeurait comme s'il eût été fixé par les clous les plus forts. *Clavis trabalibus.*

Il nous apprend page 230 que Képler et Gassendi, pour éprouver leurs instrumens, se servaient de distances observées autrefois par Tycho, et jugeaient de la bonté de leur sextant d'après le plus ou moins de conformité avec la distance donnée par Tycho. Hévélius dit qu'il ne faut s'en fier à personne, qu'il faut avoir observé soi-même les distances des principales étoiles, s'être bien assuré que, réduites à l'équateur, elles font une somme de 360°. Alors, en prenant avec un assistant une de ces distances, l'observateur principal peut s'assurer de l'exactitude avec laquelle il observe. Il explique ensuite les moyens qu'il a imaginés pour que la lumière de la Lune ne nuisît en aucun cas à la bonté des observations; mais ce qui lui paraît le plus difficile, c'est de mesurer une distance du Soleil à Vénus.

Il rapporte la distance d'$\alpha\Upsilon$ à Aldébaran que Tycho a faite	35° 32′ 0″	et qu'il a trouvée lui 35°32′45″,
	32.10	tandis que par les latitudes de
	32.20	Tycho et la différence des lon-
	32.15	gitudes, on trouve 35°31′40″.
	33. 0	
Entre Aldébaran et Pollux,		mais Hévélius trouve 45.3.45
il a trouvé.................	45° 5′ 0″	les longitudes et les
	7.20	latitudes de Tycho
	7. 0	donneraient....... 45.5.30.
	4.15	
	3.40	

En preuve de la bonté de ses distances qui font le tour du ciel, il répète qu'elles donnent 360° à quelques secondes près, et il convient encore que Tycho avait trouvé la même exactitude avec des distances différentes; il promet de plus grands détails dans son Prodrome.

Chapitre XII, du grand octant de cuivre. Le rayon était de neuf pieds, l'arc de 45°, ou même de 46°; mais le rayon principal et véritable excède de beaucoup le plan de l'instrument, qui ressemble à un quart de cercle. Il était, comme le grand sectant, muni de traverses en fer, pour empêcher la flexion. On y pouvait mesurer des distances de peu de minutes, et il prit de cette manière les distances des Pléiades. Cet octant aurait fait la charge de deux hommes, et cependant il était encore plus facile à mouvoir que le sextant; le même pied servait pour les deux instrumens selon la grandeur de l'arc à mesurer. On observait à couvert, assis ou debout. L'instrument avait deux centres, et l'arc se mesurait en deux parties dont on prenait la somme. Cet octant était orné des images de l'*incomparable Hipparque*, du *célèbre Ptolémée* (*laudatissimus*), du *très ingénieux Copernic* et du *très noble Tycho*. La division donnait 5 et même 2″.

Chapitre XIII, sextant portatif. Les instrumens décrits précédemment étaient dans des observatoires disposés tout exprès pour les recevoir; ce dernier sextant pouvait se placer à l'air. La division ne donnait que 10″.

Chapitre XIV, des pinnules. Les premières pinnules étaient percées de trous ronds, et celui de l'oculaire était très petit. On substitua des pinnules fendues longitudinalement. Tycho plaçait au centre un cylindre, et sa pinnule avait deux fentes parallèles et éloignées d'un diamètre du cylindre. Riccioli plaçait au centre une aiguille si fine, qu'elle ne cachait que les étoiles de quatrième ou cinquième grandeur, et coupait les autres en deux. La pinnule oculaire était percée d'un trou rond très petit, l'œil se plaçait à un doigt ou deux de ce trou, afin de voir le trou rond coupé exactement en deux par l'aiguille, comme par un diamètre; la nuit, il fallait éclairer cette aiguille. Hévélius objecte que l'aiguille peut se fausser, et qu'il est difficile de l'éclairer convenablement pour les deux observateurs. Avec ses pinnules, semblables à celles de Tycho, il lui est arrivé de prendre en neuf heures jusqu'à 70 distances; ce qui fait presque 8 par heure, et $7\frac{1}{3}$ environ pour chaque distance. Une vis lui servait à élargir ou rétrécir la fissure; les deux côtés de chaque pinnule étaient garnis de leurs verniers, en sorte qu'on pouvait lire quatre à cinq fois l'observation et s'assurer de l'exactitude des divisions. Des vis de pression et de rappel assuraient la fixité et le mouvement doux de la règle. Toutes ces inventions appartiennent à l'auteur, qui jamais n'avait vu aucun instrument astronomique. Il décrit enfin une espèce de micromètre extérieur qui est composé de roues et de pignons, qui font mouvoir les aiguilles d'un cadran. Il parle ensuite de l'application des lunettes aux instrumens, de fils de soie au foyer, et enfin de la manière de les éclairer par un trou ménagé au côté du tube; mais sans nier les avantages que ces nouvelles inventions peuvent avoir en certaines circonstances, surtout pour la mesure des angles de quelques minutes, il croit qu'il serait imprudent de les substituer dès à présent, dans tous les cas, aux pinnules tychoniciennes, qu'il se flatte d'avoir beaucoup améliorées. Les quarts de cercle sont les instrumens auxquels il serait plus facile d'adapter les lunettes; mais il ne croit pas la chose aussi aisée pour les sextans, et surtout les octans, qui n'ont aucune alidade. Il craint que les lunettes ne puissent pas être maintenues dans une position assez invariable; il croit que ces fils, si minces, peuvent se casser où se déranger : alors quelles peines n'auraient-on pas à les réparer! Il craint que les verres ne se cassent, surtout par les grands froids, quand l'haleine de l'observateur vient leur ôter leur transparence, et qu'il faut les déplacer pour les essuyer. L'observateur pourra ne pas réussir autant qu'il s'en flattera, à viser par les centres des lentilles, il en résulterait des parallaxes sensibles; les fils croisés cacheront les petites étoiles, qu'on voit au contraire avec facilité et plus de sûreté, de part et d'autre du cylindre. Enfin, s'il en faut croire l'expérience, il ne voit pas qu'avec les lunettes on ait mieux observé les équinoxes, les solstices, les hauteurs méridiennes; il ne peut accorder qu'elles donnent une précision quarante fois plus grande que les pinnules, il se flatte de pouvoir prendre un angle à 5″ près; les lunettes, à ce compte, donneraient les tiers; la dernière comète lui fait croire que les lunettes ne sont pas préférables aux pinnules. On sait, en effet, que les comètes ne sont pas ce qui s'observe le plus exactement dans les fortes lunettes. Il souhaiterait qu'on lui communiquât des distances prises avec des lunettes, il les comparerait à celles qu'il a observées lui-même, et l'on verrait quelle méthode mérite la préférence; en attendant, il demande la permission de s'en tenir à ses pinnules qu'il a long-tems éprouvées, et qui lui donnent toujours les mêmes distances. Ces raisonnemens sont en partie assez spécieux; on lui demanderait aujourd'hui comment, malgré les effets variables de la réfraction, de l'aberration et de la nutation, il pouvait obtenir si constamment les mêmes distances? A la vérité, dans des distances médiocres, les aberrations et les nutations relatives ne devaient pas être excessives, et s'il observait toujours les deux mêmes étoiles dans la même position à peu près, les effets de la réfraction ne devaient pas être bien différens. Au reste, comme il le dit lui-même, c'est à l'épreuve que l'on peut juger les méthodes. Enfin, il est loin de rejeter absolument les lunettes; il soupçonne que l'on pourrait les adapter à ses pinnules et réunir les avantages des deux inventions. Il expose la construction des boîtes, au moyen desquelles il écartait les rayons directs de la Lune des yeux de l'observateur qui visait à l'étoile.

La vis de rappel qu'il a imaginée pour ses pinnules lui semble pouvoir être adaptée, avec avantage, au microscope, qui jusqu'alors était resté étranger à l'Astronomie. Cette prédiction, c'est ainsi qu'il l'appelle, était plus vraie qu'il ne pensait; le microscope, mu par sa vis de rappel, ajoute à la précision et à la sûreté des verniers.

Chapitre XV. Division des instrumens. Il pense qu'un astronome ne doit s'en reposer sur personne du soin de la division, mais il faut que l'astronome ait étudié les arts mécaniques. Il nous donne la figure d'un limbe divisé en tiers de degré, et subdivisé en minutes par des transversales. Ces transversales étaient tracées au moyen de cercles équidistans : ce qui n'est pas rigoureusement exact; mais quand on ne veut que 5', il n'y a aucun inconvénient. Un vernier qui embrassait $5^\circ = 300'$, et qui était de $\frac{61}{12}$ parties, donnait 50''; car le vernier de $\frac{61}{60}$, aurait donné la seconde.

Pour aller jusqu'aux secondes et au-delà, il représente planch. T, p. 308, une vis qui porte une roue de champ qui engrène dans un pignon, lequel fait tourner une roue et un autre pignon qui engrène dans une autre roue. Ce n'est pas notre micromètre extérieur, mais ce peut en être la première idée; on y voit deux aiguilles qui tournent sur un cadran portant différentes divisions. Ce cadran porte deux cercles divisés en cent et une parties; une des aiguilles fait cent tours tandis que l'autre n'en fait qu'un. On cherche combien de ces parties répondent à un degré de la division, et l'on peut faire une table des valeurs des parties du cadran : cette table peut être gravée sur l'instrument même; tout cela est expliqué par beaucoup de figures, et surtout par beaucoup de paroles. Il semble que la description aurait pu être trois fois plus claire et dix fois plus courte. Le même micromètre pouvait s'adapter à des instrumens différens, il n'y aurait eu à changer que les tables de réduction : Hévélius en donne plusieurs.

Chapitre XVI. Instrumens pour tracer la méridienne et la déclinaison de l'aiguille aimantée. Pour la méridienne, il décrit trois instrumens de son invention; il recommande fortement les observations de l'aiguille. Il les a continuées pendant trente ans; en 1645, il trouva la déclinaison de 3° 5', nord-ouest; en 1670, elle était 7° 20'. Variation pour vingt-huit ans, 4° 15'; en 1635, elle n'était que de 2°; en 1628, de 1° seulement, si sa mémoire ne le trompe. Vers 1600, Krugerus avait trouvé 8° 30′, à l'est.

Près de Londres, en 1580, Barrusius avait trouvé........................ 11° 16′ 00″ 10′ 37″ mouv. ann.

en 1622, Gunts...	5.56.30	9.25
en 1634, Gellibrand	4. 3.30	
par ses propres observations, Hévélius ne trouve que		9. 6.

Il paraît qu'il y a erreur dans la première observation.

Chapitre XVII. Des horloges. D'après les idées de Galilée, il songea à faire régler la marche de l'horloge par un pendule qui battait les secondes; mais, comme il était ennuyeux de les compter, il chercha dès 1650 un moyen de faire que l'horloge comptât elle-même les minutes. Au lieu de poids ou de lentille, il avait suspendu une machine qui, à chaque oscillation, faisait un mouvement qui indiquait la seconde. Au fil, il substitua une verge d'acier peu épaisse; comme il s'occupait de ces améliorations, son mécanicien vint à mourir. Il réussit à faire mouvoir le pendule de lui-même; enfin, il reçut le livre d'Huyghens, il suivit la construction de l'auteur sans arriver encore à la précision qu'il désirait : il employa beaucoup de tems et sans beaucoup de succès à améliorer ses petites horloges. On avait espéré que les horloges à pendules pourraient conduire à la solution du problème des longitudes. Hévélius ne partage pas cette illusion, il pense seulement qu'on pourra perfectionner les pendules, et s'en servir utilement pour diviser en parties égales sinon tout le jour, au moins quelques heures de suite.

Chapitre XVIII. Il décrit de nouveau son télescope, dont il a déjà parlé dans sa Sélénographie et dans la planche W il mesure la partie éclipsée du Soleil, son assistant conduit la machine de manière que l'image du Soleil ne sorte jamais du cercle qui doit la contenir.

Chapitre XIX. De quelques lunettes et de leurs mouvemens. En parlant de l'invention des lunettes, il nous apprend que même depuis qu'elles se sont multipliées et perfectionnées, il se trouve pourtant encore des incrédules persuadés qu'on a tort de se fier à ce qu'elles nous font voir, et que l'Astronomie inventée, avancée et cultivée sans le secours de ces instrumens peut encore s'en passer, d'autant plus qu'elles ne peuvent donner ni les longitudes, ni les latitudes, ni les diamètres, et que leur nature est de faire illusion, d'en imposer aux yeux, en sorte que l'on n'en peut attendre autre chose, sinon d'être trompé par elles. Tel était le sentiment d'Elias de Léonibus, mari de Maria Cunitia. Levera niait la possibilité des passages de Mercure et de Vénus sur le Soleil, malgré les observations qui en avaient été faites. Il n'était pas difficile de répondre à de pareils objections, et Hévélius le fait avec avantage. Il a fait plus, il a construit pour son usage des lunettes de toutes les dimensions, depuis six et douze pieds jusqu'à cent-quarante. Il nous décrit d'abord ses premiers essais, qui n'offrent que des choses qui se trouvent aujourd'hui partout, sur la manière de construire et de faire mouvoir ces grandes lunettes. Dans le chapitre XX, il décrit spécialement celles de trente, quarante, cinquante, soixante, soixante-dix et cent-quarante pieds. Ce que j'y vois de particulier, c'est l'espèce de banc à coulisses et à manivelles qui porte un châssis perpendiculaire, pour soutenir et diriger la partie de l'oculaire; le long du tube, sont quatre morceaux de fer qui débordent horizontalement le tube. Si la lunette n'a contracté aucune flexion, ces pointes se verront en ligne droite, et se cacheront l'une l'autre. Si vous voyez l'une plus haut ou plus bas que la droite dans laquelle elles doivent être, vous connaîtrez qu'il y aura flexion, et vous pourrez y remédier. Borda a depuis eu une idée semblable pour aligner les règles qui ont servi à la mesure des bases dans l'opération de la méridienne. Ces barres servent de plus à diriger la lunette sur l'objet qu'on veut observer.

Il consacre le chapitre XXI et plusieurs planches à la description de la plus grande lunette; un mât de quatre-vingt-dix pieds garni de moufles et de broches servant d'échelles, soutient la lunette.

Le chapitre XXII décrit un observatoire propre à recevoir ces grandes lunettes; au lieu du mât, il a imaginé un tour à plusieurs étages.

Chapitre XXIII. Manières de polir les lentilles coniques.

Chapitre XXIV est la description du Stellæburgum. L'auteur avait d'abord fait construire une tour au haut de sa maison, et puis une grande terrasse qui s'étendait sur trois maisons contiguës qui lui appartenaient, et qui se trouvèrent heureusement de même hauteur; cette terrasse avait cinquante pieds de long sur vingt-cinq de large : les faces regardaient les quatre points cardinaux. Il y avait de petits observatoires particuliers pour les principaux instrumens. Un de ces petits observatoires était sur roulettes, et se transportait où l'on avait besoin : les petits observatoires avaient leurs toits tournans. Sous la terrasse était l'imprimerie et l'imprimerie en taille-douce. La vue de la terrasse s'étendait sur l'embouchure de la Vistule, sur la mer, sur des prairies, des forêts et divers édifices, et sur la ville et ses faubourgs.

Machina cœlestis pars posterior, rerum Uranicarum observationes, tam eclipsium luminarium quam occultationum planetarum et fixarum, nec non altitudinum meridianarum Solarium, solstitiorum et æquinoctiorum; unà cum reliquorum planetarum fixarumque omnium adhuc cognitarum..... Æque ac plurimarum hucusque ignoratarum observatis. Pariter quoad distantias, altitudines meridianas et declinationes. Gedani, 1679; volume de près de 1500 pages, et 42 planches.

L'incendie du 26 septembre 1679, brûla l'édition presque entière de ce volume; heureusement l'auteur en avait envoyé 90 exemplaires en présent. Il n'en avait gardé qu'un; on en sauva cinq de l'incendie.

Bernoulli estime qu'il en reste une cinquantaine d'exemplaires. Suivant une note écrite par Lalande, sur l'un de ses exemplaires, il y en a 8 à Paris;

a 8 à Paris;	à la Bibliothèque du Roi............	1
	à celle de Sainte-Geneviève..........	1
	à l'Observatoire.....................	1
	au dépôt de la Marine...............	1
	M. Patu de Mello.....................	1
	M. Labbey..........................	1
	Lalande............................	2

Lalande en a légué un à l'Académie des Sciences; il est à la Bibliothèque de l'Institut.

M. Labbey a acheté 300 fr. la collection complète des Œuvres d'Hévélius.

En Angleterre, au Musée britannique.............	1
A Helmstadt, M. Beygress.......................	1
A Gottingue, Bibliothèque de l'Université..........	1
A Gotha, M. Zach................................	1
A Leipsick......................................	3
A Veymar..	2
A Oldenbourg....................................	1
A Amsterdam, M. Van Swinden.....................	1
A Riga..	2
A Breslaw.......................................	2
A Dantzick, exemplaire enluminé par Hévélius.......	1
En Suisse, lord Egremont........................	1
En Souabe, Ulm..................................	1
	26

D'autre part	26
A Jéna, M. Battner	1
A Nuremberg	1
A Vienne	1
A Brême, baron d'Elking	1
A Berlin, Observatoire	1
Bibliothèque du roi	1
M. Bode	1
M. Schwerin	1
Total	34

L'exemplaire de l'Institut avait été envoyé par l'auteur à M. Gallois.

Præclarissimo atque doctissimo viro domino Gallois, donno mittit autor, J. Hev.

Sur mon exemplaire de la Sélénographie, j'ai de la même écriture deux lignes pareilles, la signature est de même en abrégé.

Lalande avait attaché à son exemplaire une gravure du monument à la gloire d'Hévélius. Autour du médaillon, on lit :

Nat. anno 1611,
Denat. anno 1687.

Et au-dessous

Johanni Hevelio eâ quæ tanto debetur viro pietate,
Daniel Gottlob Davisson. 1780.

C'est une pyramide tronquée de 4 pieds de haut sans la base, surmontée d'une urne et accompagnée de deux autres sur la base.

La préface rappelle les travaux précédens de l'auteur, la nécessité des observations pour améliorer les tables et les théories qui sont encore loin d'être exactes. Elle annonce environ 20000 distances de tout genre, plus de 2000 observations de la Lune; Tycho n'avait pu observer une révolution entière de Saturne, Hévélius l'a complétée, et il en avait fait une seconde en grande partie. Il a observé Jupiter environ 2500 fois, Mars dans 11 révolutions, Vénus environ 2000 fois, Mercure environ 1100 fois. A côté de ses propres distances, Hévélius a placé celles qui ont été observées par les autres astronomes. Les distances des étoiles seules vont à plus de 7000.

La première observation que fit Hévélius fut celle d'une éclipse de Soleil du 10 juin 1630. Il était dans la mer baltique et sans instrumens.

Neuf jours après, il vit, à la hauteur de Hueen, une occultation de Saturne par la Lune dichotome. L'immersion eut lieu vers 11^h du soir. Les nuages empêchèrent de voir la sortie. Le 10 novembre 1630, à Leyde, il observa à la vue simple une éclipse de Lune. Elle fut presque totale, les tables la faisaient plus petite.

Mais ce fut en 1639, qu'il fit ses premières observations réelles. Il débuta par une éclipse de Soleil. Il en observa 60 phases. Elle était de 10 doigts 48 minutes. Les tems étaient pris à une horloge réglée sur un bon cadran solaire. Vers le milieu, les cornes éclairées étaient fort obtuses.

Il nous dit page 20 que 2595 oscillations de son pendule valaient une heure et $43\frac{1}{4}$ une minute, comme il l'avait encore trouvé deux ans auparavant.

Aux pages 24 et 25, on voit des hauteurs de Procyon avec les azimuts, pour les réfractions.

Le 19 août 1654, il trouva le diamètre ☉ de 31′32″40‴; deux jours après, il ne trouva que 31′ 26″ $1'''\frac{2}{3}$; le 26, 31′ 44″. Il donne, page 35, une description de l'éclipse totale du Soleil. Page 42, dans une éclipse de Lune, il vit, dans la lunette, que la pénombre s'étendait à 20′, et qu'à la vue simple, on aurait dit que l'éclipse durait encore. Il ne dit pas bien clairement si ces 20′ sont de tems.

Le 23 septembre, jour de l'équinoxe, il trouva le demi-diamètre ☉ de 16′ 4″,5 et de 16′ 7″,5, et par le tems du passage 16′ 7″,5. Page 47, il cite comme une rareté que pendant la durée de l'éclipse, son horloge portative avait marché avec une telle exactitude que l'erreur n'avait pas été de 25″.

Le 31 janvier, il observa le diamètre ☉ de 32′ 26″, et page 48, on voit, dans un résumé, que le diamètre varie de 32′ 36″ à 31′ 12″.

Diamètre de Saturne à la distance moyenne 39″ 56‴.

Observation de la dichotomie sûre à 1′ ou $1'\frac{1}{2}$ près. Il n'en tire aucune conséquence.

Page 170, aurore boréale peu remarquable.

Page 225, commencement du crépuscule, abaissement du Soleil 17°.

Page 302, éclipse de ☉ observée de concert avec Boulliaud.

Page 312, passage de Mercure; les Tables Rudolphines étaient en erreur de.................................. $11^h\,20'$

celles de Boulliaud... 3.31

Page 353, occultation de Saturne. Ceux qui l'observaient sans lunette, ne revirent Saturne qu'à l'instant où il était éloigné du bord de 1 ou 2'.

Page 419, occultation de trois petites étoiles de la tête du Taureau.

Page 423, occultation d'une étoile pendant une éclipse de Lune.

Page 434, éclipse de Soleil de $4\frac{1}{2}$ doigts qui n'était annoncée dans aucune éphéméride.

Page 507, éclipse horizontale de Lune.

3ʰ 57′ 55″	lever du bord lumineux ☾.
4. 1.41	couchcr bord inférieur ☉. bord supérieur ☾ élevé de 30.
4. 4. 0	coucher bord Soleil. bord supérieur ☾, hauteur de 56′.

Le bord inférieur du Soleil étant à l'horizon, le bord supérieur de la Lune était élevé de 30′; le bord supérieur du Soleil étant à l'horizon, le bord supérieur de la Lune était élevé de 56′. En sorte que pendant 6′ de tems, on vit très clairement les deux luminaires sur l'horizon. La Lune à son lever était à moitié éclipsée. L'éclipse était déjà décroissante. La couleur de la Lune était triste et obscure. On ne pouvait distinguer aucune tache dans l'ombre. Cette observation fut faite sur la tour de Sainte-Catherine, parce que les montagnes à l'ouest s'élèvent de 1° au-dessus de l'horizon d'Hévélius.

Page 541, appulse de Vénus en plein jour. Les tables annonçaient une occultation qui n'eut pas lieu. La Lune était en croissant étroit et Vénus presque ronde. Peu de momens après, on vit trois parhélies.

Page 564, occultation de Saturne.

Page 571, éclipse de ☾ de 1671 qui devait être observée par Picard à Uranibourg, et par Cassini à Paris. Hévélius ne put voir la Lune que peu de momens.

Page 572, éclipse d'un satellite de Jupiter. Picard et Cassini ont dû l'observer.

Page 574, appulse de ♃, les éphémérides annonçaient une occultation visible en Amérique.

Page 576, éclipse du premier satellite. Beaucoup d'autres que les nuages ont fait manquer.

Page 684, éclipse totale de Lune avec demeure dans l'ombre.

Page 715, éclipse de Soleil. Autre page 738.

Page 774, occultation de Mars.

Page 799, occultation de Saturne et de ses satellites. Le tems le fit manquer.

Page 801, passage de Mercure. Tems couvert, et quand le Soleil se montra, on ne vit rien.

Page 805, appulse de Saturne.

Au livre III, commence une nouvelle pagination; ce livre est dédié au roi de Pologne J. Sobieski. La vignette représente Louis XIV sur son trône et Hévélius à genoux qui dépose son livre sur les marches. Voyez la *Cométographie*. Ce livre contient les observations du Soleil, les solstices et les équinoxes; enfin les observations des planètes.

Page 231, on voit que Mercure, quoique très visible à l'œil nu, ne pouvait se voir à travers les pinnules, parce qu'il est très petit.

Le livre IV, distance des étoiles comparées aux distances de Tycho et autres. Il est suivi d'une table des matières pour trouver plus aisément les observations dont on aurait besoin.

On y trouve la liste des ouvrages d'Hévélius.

Sélénographie.

Lettre à Eichstadt sur une éclipse de ☾	1647
à Gassendi et Boulliaud sur une éclipse de ☉	1649
à Riccioli sur la libration	1652
au P. Nucerius sur les éclipses	1654
De nativâ Saturni facie	1656
Mercurius in Sole visus	1662
Venus in Sole visa	
Historiola miræ stellæ in collo Ceti	
Prodromus cometicus	1665
Descript. cometæ	1666
Mantissa prodromi cometici	
Cometographia	1668
Machina cœlestis, pars prior	1673
Epistola de cometa 1672	1672
de cometa 1677	1677
Mach. cœlestis, pars posterior	1679

Edenda.

Prodromus astronomiæ, imprimé en 1690.

Litteræ celebr. viror. ad Hevelium.

Opuscula quædam astronomica.
Uranographia, (à Paris en 1690.)
Annus observ. quinquagesimus.
Novi Globi cœlestes reformati.
Astronomia cum novis planetarum omnium tabulis.
Litteræ illustr. et doctiss. virorum, 12 vol. de lettres autographes.

Les quarante-deux planches représentent les phases des éclipses observées par Hévélius.

Éclipse horizontale de la ☾, 18 novembre 1668.			
Horolog. ambulatorium.	Sciatericum.	Altitudo ☉	Tempus correctum.
3° 16′ 26″	3° 16′ 30″	5° 16′	3° 16′ 12″
3. 18. 50	3. 19. 0	5. 0	3. 18. 48
3. 40. 32	3. 40. 30		
3. 57. 55		Altitudo ☾	Luna exorta est
4. 0. 0			
4. 1. 0		0. 30	☉ horiz. attigit.
4. 4. 0		0. 56	☉ plane occidit.
4. 16. 15			Sex dist. infer.

Dans la note qui précède, Hévélius dit que c'est à $4^h\,1'\,41''$ que le bord du Soleil a touché l'horizon; ici il dit $4^h\,1'\,0''$. Il est singulier que le Soleil n'ait mis que 3′ à se coucher de tout son diamètre. Le 18 novembre, il a employé 2′ 18″ à traverser le méridien.

J. Hevelii prodromus astronomiæ exhibens fundamenta quæ tam ad novum plane et correctiorem stellarum fixarum catalogum construendum, quam ad omnium planetarum tabulas corrigendas omnimode spectant; nec non novas et correctiores tabulas solares aliasque plurimas ad astronomiam pertinentes, ut pote refractionum solarium, parallaxium declinationum, angulorum eclipticæ at meridiani, ascensionum rectarum et obliquarum, horizonti Gedanensi inservientium et quibus additus est uterque catalogus stellarum fixarum tam major ad annum 1660, *quam minor ad annum completum* 1700. *Accessit corollarii loco tabula motus Lunæ libratorii ad bina sæcula proxime ventura prolongata brevi cum descriptione ejusque usu... Gedani*, 1690. En face du frontispice est un beau portrait de l'auteur. Le frontispice du catalogue porte la date de 1687.

Cet ouvrage ne parut qu'après la mort d'Hévélius; sa veuve Elisabeth le dédia à Jean III, roi de Pologne (Sobieski, dont il avait placé l'écu au nombre de ses constellations), leur bienfaiteur. Dans une inscription composée par J. Ernest Schmieden, et adressée par lui à Boulliaud, qu'il avait vu chez Hévélius, et à qui il reproche doucement de n'avoir encore rien publié à la gloire de son ami et de son hôte, nous lisons que notre auteur était né de parens honnêtes et riches; qu'il était d'une forte complexion; qu'il avait une vue perçante; qu'il avait observé pendant plus de 50 ans; qu'il avait reçu des encouragemens de Louis XIV, des rois d'Angleterre et de Pologne; que son nom avait quelque ressemblance avec celui du Soleil, Ηέλιος; qu'il vécut 76 ans et quatre heures; qu'il avait été dix fois consul et orateur applaudi; six fois préteur, sans qu'aucun de ses jugemens eût été cassé; qu'il avait reçu la visite de plusieurs rois ou princes, celle de savans distingués, tels que Boulliaud et Halley. Un incendie fatal avait dévoré en peu d'heures sa maison, ses instrumens, une partie de ses manuscrits; il avait supporté ce malheur avec courage : l'inscription finit par ces mots adressés à la veuve :

Tu Elisa, vidua, sexus tui, formæque, diù decus.....
Cætera te mersi soletur gloria solis,
Cœlestique juvet te caluisse toro.

La planche première représente la terrasse et les principaux instrumens d'Hévélius; dessous et autour d'une table, on voit la déesse Uranie, Ptolémée, Ulug-Beig, Tycho, le landgrave de Hesse, Riccioli et Hevélius, c'est-à-dire tous les auteurs dont nous possédons les catalogues d'étoiles.

Dans le chap. I, il traite de la hauteur du pôle. Il y parle de l'horrible incendie qui, « avec tant de choses rares et précieuses qu'aucun or » ne saurait racheter, avait dévoré toutes les notes qu'il espérait con- » server jusqu'après la publication entière de son catalogue, en sorte » qu'il n'en put sauver une page, rien de ce qu'il avait écrit sur les » époques du Soleil et des planètes, leurs excentricités, leurs prosta- » phérèses. » *Quas crede, præ omnibus fere aliis mihi multo charissimis ac omni auro carioribus rebus igne ereptis, maxime deploro, et quarum nec dum absque lacrimis meminisse datur;* son prodrome ne peut donc être aussi complet qu'il aurait voulu. Mais il n'a pas perdu courage, et dans sa vieillesse, il a tout recommencé malgré tant de chagrins, de soins, d'occupations et d'embarras que *les méchans lui ont causés, à malis hominibus mihi objectas.*

La hauteur du pôle est-elle sujette à quelques changemens? Copernic à Frauenberg, trouvait 54° 19′ 30″; Elias Olaus, envoyé par Tycho, la trouva de 54° 22′ 15″; Régiomontan, Walther et Werner à Nuremberg, trouvaient 49° 24′, 26 ou 27″, elle a été trouvé depuis de 49° 30′ par Wurzelbaur et Christ-Eimmart. A Paris, on avait trouvé 47°; mais on ne dit pas l'auteur de cette mauvaise détermination. Ptolémée donne 48° 30′, Fernel 38′; Oronce-Finée 40′; Viète suppose 49′; Pagan, Morin et Duret 48° 50′; Boulliaud 51′; Mydorge et Gassendi 52′; Roberval et Henrion 54′ et 55′; P. Petit 53′ 10″ et 52′ 57″ ou 41″ et enfin 46″. Malgré ces variations, Hévélius croit fermement que la hauteur du pôle est invariable. Il est vrai qu'il croit la même chose de l'obliquité de l'écliptique; mais il faut avouer qu'il était excusable.

Pour son observatoire, il trouva

par la polaire supérieure..........	56° 55′ 20″	— 37″9
inférieure..........	51.50.24	— 45,8
d'où il conclut la hauteur cherchée	54.22.52	— 41,9.

Toutes les observations sont des mois de novembre, décembre, janvier et février; on peut supposer que le thermomètre était au-dessous de 8°, et qu'ainsi la réfraction surpassait 42″; il ne resterait donc que 54° 22′ 10″. On ne trouve dans la Connaissance des Tems que 54° 20′ 48″; mais les tables de Mendoza donnent 54° 22′ 0″; dans nos tables solaires, j'ai mis 54° 21′,5; il y avait donc, suivant toute apparence, une minute d'erreur sur la hauteur d'Hévélius.

25 ans après, les déclinaisons ayant changé de 7′ environ, il trouva

passage supérieur................	56° 48′ 20″
inférieur................	51.57.25
	8.45.45
	54.22.52,5.

Comme il observait le passage supérieur quelques mois avant l'inférieur, il fut d'abord effrayé de voir une différence de 7′ dans les hauteurs; mais en y réfléchissant, il trouva l'explication de ce changement de hauteur; et s'il eût attendu, il aurait vu que les hauteurs inférieures avaient augmenté, et que le milieu était le même.

Non content de cette confirmation, Hévélius en chercha d'autres dans 20 étoiles circompolaires.

Il trouva ainsi par Alamac............	54° 22′ 57″5
Par le pouce droit d'Andromède.........	57,5
le dernier anneau de la chaîne.......	60,0
le genou droit.....................	42,5
la Chèvre.......................	30,0
l'épaule droite du Cocher............	52,5
le cœur de Charles................	50
le front de Chara.................	55
la queue du Cygne.................	41
le pied austral du Cygne............	57
la Lyre..........................	52,5
le côté de Persée..................	53
la griffe de la grande Ourse.........	52,5
la suivante.......................	54
le genou.........................	37,5
Pollux...........................	47
le col du Lion....................	45
la queue du Lion..................	52
α Baleine.........................	53.

Il montre ensuite toutes les raisons qu'on avait alors de se défier des hauteurs du pôle déterminées par les hauteurs méridiennes du Soleil.

Chap. II. Vérification des instrumens. A l'exemple de Tycho, il mesure les distances de huit étoiles principales qui font le tour du ciel, et dont les différences d'ascensions droites doivent former 360°. Il rapporte les jours où il a observé les déclinaisons et les distances; il cite d'ailleurs les endroits de la Machine céleste, tome II, où se trouvent les observations.

La première est la luisante du Bélier; il en rapporte neuf hauteurs méridiennes. L'écart le plus considérable entre la plus grande et la plus petite, est de 2′5″; mais il faut les réduire à la même époque; alors la plus grande différence est de 10″. C'est à peu près la même chose pour les autres. Il fait la même chose pour les distances.

Il cherche ensuite les différences d'ascension droite, la somme en est 359°59′56″, trop faible de 4″. Il réunit dans un même tableau les huit distances observées par Tycho, par Flamsteed et par lui-même. Pour vérifier à la fois toutes ces distances, j'ai cherché trigonométriquement celles qui résultent du catalogue de Piazzi, dernière édition.

Parmi celles d'Hévélius, il y en a plusieurs qui ont été observées en présence de Halley, qui était venu tout exprès de Londres, pour juger par lui-même quelle pouvait être la précision de ces observations, à l'occasion de la discussion qui s'était élevée pour savoir si les pinnules pouvaient soutenir la comparaison avec les lunettes. J'ai lu quelque part que le sentiment de Halley, après cette visite, est que l'erreur d'Hévélius ne devait guère surpasser une minute. Les observations pouvaient en effet être un peu meilleures que ne disait Halley; il aurait fallu les corriger de la réfraction qui devait presque toujours les faire paraître trop petites. Voici le tableau de comparaison :

Étoiles.	DISTANCES.				EXCÈS.		
	Hévélius.	Tycho.	Flamsteed.	Piazzi.	Hévélius.	Tycho.	Flamsteed
α ♈ α ♉......	35°32′ 15″	35°32′ 10″	35°32′ 5″	35°32′ 2″	+ 0′ 13″	+ 0′ 8″	+ 0′ 3″
α ♈ β ♊......	45. 3.40	45. 5. 5	45. 3.35	45. 2.48	+ 0.52	+ 2.17	+ 0.47
β ♊ α ♌......	37. 0. 0	36.59.30	37. 0.55	37. 1.34	— 1.34	— 2. 4	— 0.39
α ♌ α ♍......	54. 1.55	54. 2. 0	54. 2.10	54. 3.59	— 1. 4	— 0.59	— 0.49
α ♍ δ Oph....	42.33. 0	42.33.20	42.32.50	42.32.58	+ 0. 2	+ 0.22	— 0. 8
δ Oph. α Aquil.	55.19. 0	55.17.20	55.19. 0	50.20.43	— 1.43	— 3.23	— 1.43
α Aquil. α Pég.	47.48.10	47.49.40	47.48. 0	47.47.10	+ 1. 0	+ 2.30	+ 0.50
α Pégase α ♈...	43.37.25	43.37.15	43.37.30	43.37.40	— 0.15	— 0.25	— 0.10
Sommes........	360.55.25	360.56.25	360.56. 5	360.57.54			

On voit par les sommes que les distances observées sont en général trop petites; et comme les distances tirées du catalogue de Piazzi ne peuvent avoir que des erreurs d'un petit nombre de secondes, j'appelle excès d'Hévélius, de Tycho, de Flamsteed, ce dont leurs distances surpassent celles que j'ai déduites des ascensions droites et des déclinaisons de Piazzi. Il faut remarquer en outre que les trois anciens observateurs ignoraient l'aberration et la nutation dont Piazzi a tenu compte. Cette raison, en disculpant les trois premiers observateurs, n'en prouve pas moins qu'il ne faut compter à une minute près sur aucune de leurs observations. Il paraît au reste que les instrumens et les observations d'Hévélius ont un peu plus de précision que celles de Tycho, et celles de Flamsteed un peu plus que celles d'Hévélius. Ainsi Hévélius est incontestablement un des grands observateurs qui aient existé; mais ses moyens, tout ingénieux qu'ils étaient, ne peuvent entrer en comparaison avec les moyens de l'Astronomie moderne.

Il compare ensuite les différences de déclinaisons avec les distances observées presque dans un vertical; mais comme il arrive très rarement que les distances soient réellement prises dans un vertical, il y a toujours quelques réductions à faire, et c'est alors sur-tout que la réfraction aura un effet plus direct; ainsi ces nouvelles comparaisons ne valent pas les précédentes.

Il nous reste à parler de la vérification qu'il tire de la petite différence de 4″ qu'il a trouvée entre 360° et la somme des distances réduites à l'équateur. Hévélius a donné dans tout le détail possible tous ses calculs; mais il se contentait de log à 5 décimales; j'ai tout recommencé avec sept, et j'ai trouvé 36″ au lieu de 4″. Mais il y a une autre raison de cette exactitude qui surprend d'abord. La somme des distances surpasse 360° de près d'un degré; les réductions apportées aux distances opèrent nécessairement des réductions proportionnelles sur les erreurs. Les erreurs pouvaient se monter à 8 ou 9′, mais quelques-unes ont dû faire des compensations. 361° environ doivent se réduire à 360 $\frac{9'}{360} = \frac{9''}{6} = 1'',5$, ce qui n'est pas sensible. Mais supposons qu'on se fût trompé des déclinaisons tout entières, en supposant toutes les étoiles dans l'équateur, on aurait commis une erreur de 56′ au total, c'est-à-dire un peu moins que de 1°. Les erreurs commises ne sont certainement pas un soixantième de la somme des déclinaisons; si elles étaient un soixantième, l'erreur aurait été de 56″, elle est véritablement de 36″; en supposant que la somme des erreurs fût un cent vingtième, l'erreur aurait dû être de 28″, c'est à peu près ce qu'elle a été. D'ailleurs entre Tycho et Hévélius, il y a, sur chaque distance, des différences qui passent plusieurs fois une minute, et cependant Tycho n'a trouvé, comme Hévélius que 4″ d'erreur. Tycho fait valoir cette preuve en faveur de ses observations; Hévélius ne sait comment répondre à son argument; mais il est évident que la preuve ne signifie rien; et il est démontré *à priori* que les observations de Tycho et d'Hévélius ne sont jamais sûres à la minute. Celles de Flamsteed auront de moins les erreurs de la réfraction; il leur restera encore celles de l'aberration et de la nutation relatives des étoiles comparées.

Chap. III. Obliquité de l'écliptique. Si l'on s'en rapportait aux observations des anciens, l'obliquité aurait sensiblement diminué; puisque Aristarque la suppose de 24°, Ptolémée de 23° 51′ et Albategnius de 23° 35′. Mais Hévélius n'a aucune confiance aux instrumens des anciens, et nous croyons avoir abondamment prouvé qu'il a raison.

On ne peut bien déterminer l'obliquité qu'avec de bonnes réfractions. Les anciens les ignoraient. Hévélius pense que celles de Tycho sont trop fortes, et il peut avoir raison. Mais, sans rapporter ses calculs, examinons ses tables de réfractions, car il en donne une pour le Soleil et une autre pour les étoiles. Ajoutons-y sa table des parallaxes du ☉, et la table moderne de ces parallaxes.

Hauteurs.	Réfr. étoiles.	Réfr. ⊙.	Parall. ⊙.	Parall. modernes.
0	26′ 0″	30′ 0″	40″0	8″6
1	17. 0	23. 0	40,0	8.6
2	11.20	18. 0	40,0	8.6
3	8.45	15. 0	39,9	8.6
4	7 10	13. 0	39,9	8.6
5	6. 0	12. 0	39,9	8.6
6	5. 0	11. 0	39,8	8.6
7	4. 5	10.15	39,7	8.6
8	3.20	9.30	39,6	8.5
9	2.35	8.45	39,5	8.5
10	2. 5	8. 0	39,4	8.5
11	1.40	7.30	39,3	8.5
12	1.20	6.45	39,1	8.5
13	1. 0	6.15	39,0	8.4
14	0.45	5.45	38,8	8.4
15	0.35	5.15	38,6	8.3
16	0.25	4.50	38,4	8.3
17	0.20	4.30	38,2	8.3
18	0.15	4.15	38,0	8.2
19	0.10	4. 0	37,8	8.2
20	0. 5	3.45	37,6	8.1
21	0. 0	3.30	37,4	8.1
22		3.15	37,1	8.0
23		3 0	36,8	8.0
24		2.45	36,5	7.9
25		2.30	36,2	7.9
26		2.15	35,9	7.8
27		2. 0	35,6	7.7
28		1.50	35,3	7.6
29		1.40	35,0	7.6
30		1.30	34,6	7.5
31		1.20	34,3	7.4
32		1.10	33,9	7.3
33		1. 0	33,5	7.2
34		0.50	33,2	7.2
35		0.40	32,8	7.1
36		0.30	32,4	7.0
37		0.25	31,9	6.9
38		0.20	31,5	6.8
39		0.15	31,1	6.7
40		0.10	30,6	6.6
41		0. 5	30,2	6.5
42		0. 4	29,7	6.4
43		0. 3	29,2	6 3
44		0. 2	28,8	6.2
45		0. 1	28,3	6.1

Il est évident qu'avec ces suppositions, on ne pouvait avoir ni de bonnes déclinaisons, ni une bonne obliquité, ni aucune distance parfaitement exacte. Quant à la parallaxe, Riccioli l'avait déjà réduite à 28″ et Horoccius à 15″. Il n'ose pas la faire aussi petite, pour ne pas donner trop de force aux argumens qu'on faisait encore contre le système de Copernic. Cette raison n'est pas déjà bien bonne. Il ajoute que par ses observations, il avait trouvé 40″, mais avec de pareilles réfractions, comment déterminerait-on la parallaxe?

Pour l'obliquité, le moyen qui lui semble le plus sûr est celui des solstices d'été, et il a raison. Il y ajoute subsidiairement la comparaison des solstices d'hiver et d'été, en tenant compte des réfractions et des parallaxes;

en été il trouve........... { 23° 30′ 17″
23.30.22

par l'été et l'hiver.......... 23.30.17,5.

Par les observations de Tycho corrigées d'après ses tables,

il trouve en été........... { 23.30.26
23.30.15.

Par une observation de Wendélinus, en été............. 23.30.14.

Il en conclut que l'obliquité n'est pas au-dessous de

23.30.20

et plus probablement....... 23.30.18.

Purbach, Régiomontan, Nonius, Apian, Oronce-Finée, ne la font pas plus grande que

23.30.30.

Il en conclut qu'elle n'éprouve aucune diminution, et en nombre rond, il suppose

23.30.20.

Flamsteed peu d'années après la réduisit à

23.29. 0.

Chap. IV, mouvemens et tables du Soleil. Avant de faire un catalogue, il faut s'assurer des mouvemens du Soleil; aujourd'hui on ferait marcher de front cette double recherche. Les tables du Soleil avaient péri dans l'incendie. Il va faire tout son possible pour réparer en partie cette perte. Il va déterminer l'année tropique par plusieurs équinoxes, car une seule comparaison ne suffirait pas. Les équinoxes des anciens sont peu sûrs. On ne peut deviner quel peut être le meilleur; il choisit celui qu'Hipparque observa l'an 21 de la troisième période calippique à midi. La raison de ce choix, c'est qu'il est plus indépendant des réfractions; il le compare à celui qu'il avait observé lui-même en 1655. Il en conclut une année de 360^{j} 5^{h} 48′ 49″ 47‴ 23^{iv}, autant dire 48′ 50″. Nous n'avons guère mieux aujourd'hui même, quoiqu'il ait négligé diverses considérations qu'on ferait entrer aujourd'hui dans ce calcul. Par un autre équinoxe d'Hipparque, il trouve une année plus forte de 7″ 58‴ 53^{iv}. Il avait fait un pareil travail sur les équinoxes d'Hipparque, de Ptolémée, d'Albategnius, de Walther et de Tycho et autres; mais n'ayant plus ces calculs, il s'en tient au premier résultat ci-dessus.

En conséquence, il suppose le mouvement moyen de 0^{s} 0° 45′ 52″ en 36525 jours.

Et pour les époques de 1700

☉.	Apogée.
9^{s} 21° 39′ 53″	3^{s} 8° 50′ 34″

méridien de Dantzick.

Il fait la plus grande équation 2° 2′ 8″, sans nous en donner les fondemens. Sa table est calculée pour toutes les dixaines de minutes de l'argument; il donne les tables des déclinaisons, des angles de l'écliptique avec le cercle de déclinaison, des ascensions droites et obliques, des différences ascensionnelles. Il suppose la précession annuelle 50″ 52‴.

Il se rappelle que par ses tables brûlées, il avait calculé le temps de la création du monde en l'an 3963 avant J.-C. Le 24 octobre 6^{h} du soir, au méridien du jardin d'Eden, le Soleil était en 6^{s} 0° 0′ 0″, et son apogée en 0^{s} 0° 0′; ce qu'il dit être d'une conformité admirable avec les traditions reçues. Pour recommencer ce calcul, il faudrait se souvenir de la longitude qu'il avait donnée du paradis terrestre. Les auteurs sont assez peu d'accord sur ce point; ils diffèrent entre des quantités qui vont à 40′ de tems. A cela près, il recommence le calcul du ☉ et de l'apogée pour le moment indiqué ci-dessus; il trouve 6^{s} 0° 0′ 0″ et pour l'apogée 0^{s} 0° 0′ 7″. On peut se contenter de cet accord.

Chapitre VI. Les distances des étoiles au Soleil, se déterminent au moyen de Vénus; mais il faut corriger les distances de la réfraction, parce que Vénus est toujours près de l'horizon. Il donne des exemples détaillés du calcul. Il nous apprend qu'il revoyait exactement tous les calculs de ses aides, avant de placer aucune étoile dans son catalogue. Les calculs des longitudes, des latitudes, des Æ, des déclinaisons, est la matière du chap. VII.

Chap. VIII. Nombre des constellations, des étoiles, et remarques diverses.

Ptolémée comptait 48 constellat. et 1026 étoiles.
Ulugh-Beig...... 48............ 1017.
Tycho........... 45............ 775 Képler les porta à 1163.
Le landgrave.................... 386.
Riccioli........................ 1468.
Bayer........... 72............ 1725,
on ne sait sur quel fondement.

Hévélius n'a mis dans son catalogue que les étoiles qu'il avait observées lui-même. Il y en a 950 qui étaient connues des anciens. Il en a déterminé 603 qui n'avaient pas encore été observées; en y ajoutant les étoiles de Halley, il a composé au total un catalogue de 1888 étoiles. Il avait trouvé convenable de donner à chaque constellation son symbole, et il les rassemble tous dans une table.

Les constellations nouvelles qu'il a formées, sont les Chiens de chasse, qu'il a nommés *Astérion* et *Chara;* le Lézard, l'espace entre Andromède et le Cygne n'admettait pas un animal plus grand; le petit Lion entre le Lion et l'Ourse. Le Lynx, parce qu'il faut de bons yeux pour l'observer. Le sextant d'Uranie. C'est celui dont il se servait, et qui fut détruit dans le cruel incendie. L'écu de Sobieski, le petit Triangle, le Renard et l'Oie, Cerbère, le mont Ménale sous les pieds du Bouvier.

En parlant des grandeurs des étoiles, il nous apprend que la nouvelle étoile du Cygne lui avait paru de troisième grandeur, depuis 1638 jusqu'à 1658 et 59. Alors elle commença à décroître; en 1660, 31 octobre, elle ne paraissait plus que de cinquième grandeur; elle n'était plus que de sixième, quand il rédigea son catalogue. Elle avait même totalement disparu. Il la revit le 24 sept. 1656 de sixième ou septième grandeur.

L'étoile dans l'eau du Verseau que Tycho faisait de quatrième grandeur était telle en effet, en 1661; en 1676, le 5 octobre, elle ne parut que de sixième.

La variante de la Baleine qui change tous les ans sa grandeur, a été cachée pendant près de 4 ans.

L'étoile sous la tête du Cygne, ou plutôt à l'oreille gauche du Renard, était de troisième grandeur en 1670 au mois de juillet; le 23 août 1671, elle était presque éteinte. Elle reparut très faible le 8 mars 1672; elle devint bientôt de troisième grandeur, et disparut de nouveau six mois après.

Mais ce qu'il trouve encore plus étonnant, ce sont cinq étoiles, de sixième, cinquième et quatrième grandeur, qui ont totalement disparu, sans qu'il ait pu les revoir, malgré les soins qu'il s'est donnés pour les retrouver. La première était, suivant Tycho, en $11^s 0° 31' 0''$, latitude $5° 40' 0''$ A; la seconde en $10^s 21° 7' 0''$ et $0° 10' 0''$ A; la troisième en $0^s 15° 55' 30''$ et $21° 55'$ A; la quatrième en $7^s 23° 2' 0''$ et $0° 2' 30''$.

Pour qu'on puisse reconnaître les étoiles qui viendraient à changer de grandeur, il avait fait diverses comparaisons d'étoiles; mais ses notes ont été brûlées. Il n'en a retrouvé qu'un petit nombre qu'il rapporte pag. 124. Il y nomme Algol, sans remarquer qu'elle soit variable.

Le chapitre IX offre quelques remarques sur l'ordre et la composition de son catalogue et les comparaisons qu'il en a faites avec les catalogues existans.

Le grand catalogue a pour époque l'an 1660 qui tient à peu près le milieu entre les époques de ses observations. On y trouve les longitudes et les latitudes suivant Hévélius, Tycho, le landgrave, Ulugh-Beig et Ptolémée; enfin les ascensions droites et les déclinaisons d'Hévélius. Les divers catalogues sont ramenés à la même époque, afin d'en rendre la comparaison plus facile. Les différences sont si grandes, que l'auteur est obligé de rappeler les soins qu'il s'est donnés, la multitude de ses observations et de ses vérifications, enfin les manières différentes dont il a fait et refait tous les calculs. Il y parle de son âge de 76 ans, ainsi ce chapitre a été écrit peu de mois avant sa mort.

On trouve dans la première colonne les noms des étoiles.

On trouve dans la deuxième, leurs numéros suivant Tycho.

On trouve dans la troisième et la quatrième, la grandeur suivant Tycho et Hévélius.

On trouve dans la cinquième, longitude et latitude d'Hévélius.

On trouve dans la sixième, longitude et latitude de Tycho.

On trouve dans la septième, longitude et latitude du landgrave.

On trouve dans la huitième, longitude et latitude de Riccioli.

On trouve dans la neuvième, longitude et latitude d'Ulugh-Beig.

On trouve dans la dixième, longitude et latitude de Ptolémée.

On trouve dans la onzième, longit., latit. et déclinaison d'Hévélius.

Les constellations sont placées suivant l'ordre alphabétique, c'est le seul arrangement commode et qui n'ait rien d'arbitraire.

Les étoiles de chaque constellation sont par ordre de grandeur, ce qui n'est pas sans quelques inconvéniens. Il marque des lettres J. H. les étoiles qu'il a observées le premier.

Les différences avec Tycho sont non-seulement de plusieurs minutes, elles vont quelquefois à un degré; il y en à une de 20°. Le dernier anneau de la chaîne d'Andromède diffère de — 8° 20′ en longitude et de + 13° 33′ en latitude, et ce n'est pas une faute d'impression. La position d'Hévélius est confirmée par les autres catalogues. Riccioli seul a copié Tycho. La table de ces erreurs, page 131, montre une chose fâcheuse, c'est que le catalogue de Tycho ne mérite plus aujourd'hui aucune confiance. Les erreurs d'Ulugh-Beig et de Ptolémée sont encore plus considérables; le catalogue du landgrave paraît meilleur même que celui de Tycho. Il est moins nombreux, le prince n'y a mis que les étoiles observées par lui-même ou ses mathématiciens. On n'y voit aucune erreur qui aille à 1°. Quatre étoiles seulement paraissaient d'abord absolument défectueuses, mais par des fautes d'impression. Ces quatre erreurs de 1° sont attribuées à l'éditeur Albertus Curtius. Riccioli et Grimaldi n'ont observé eux-mêmes que 101 étoiles; Riccioli a pris les autres dans Tycho, Képler, etc.; il y a inséré des étoiles qui ne se voyaient plus de son tems.

Les ascensions droites et les déclinaisons pour 1660 sont tirées des longitudes et des latitudes, à la réserve des declinaisons qu'il avait directement observées vers cette époque, et qu'il a pu réduire.

Il a calculé ces ascensions droites et ces déclinaisons des 526 plus belles étoiles pour 1660 et 1760, afin qu'on eût le mouvement en 100 ans, d'où l'on peut conclure le mouvement pour un nombre moindre d'années quelconque; ce qui n'est pas, à la vérité, d'une grande precision. On voit qu'on n'avait alors aucune formule de précession; on le voit aux raisonnemens vagues de l'auteur, sur les irrégularités qu'offrent ces mouvemens. Il paraît avoir ajouté 21° 35′ aux longitudes de Ptolémée.

J. Hevelii Firmamentum Sobescianum, sive Uranographia. Gedani, 1690. La planche qui précède le titre porte la date de 1687. On y voit

Uranie tenant d'une main le Soleil, et de l'autre la Lune, la tête surmontée d'une belle étoile, et entourée de cinq petits enfans qui portent sur leur tête les symboles des planètes. A sa droite sont debout Hipparque, Timocharis, Ulugh-Beig, Tycho et Walther; à la gauche, Ptolémée, Albategnius, le Landgrave, Régiomontan et Copernic; sur les bords ont voit les constellations du zodiaque. Hévélius se présente avec son écu de Sobieski, son sextant, et son globe céleste, son catalogue d'étoiles et cette légende : *Quæcunque divina concessit benignitas, hæc submisse sisto, atque offero, vestroque sublimi committo judicio.* Hévélius est suivi de ses nouvelles constellations. Le Lézard, le Renard et l'Oie, le petit Lion, les Chiens de chasse, le Lynx et Cerbère. Au haut, des anges portent des banderolles sur lesquelles on lit divers passages de l'Ecriture et des Pseaumes. Au bas est une vue de Dantzick.

L'introduction commence par un remerciement à Dieu de ce que son catalogue d'étoiles, qui lui avait coûté tant de tems, de travaux et de frais, avait échappé à l'affreux incendie du mois de septembre 1679, qui avait détruit tant d'édifices, de choses précieuses, presque tous ses biens, ses instrumens, son imprimerie, et tant de manuscrits. Il se félicite de ce que Dieu a permis que sa vie se prolongeât assez pour terminer ses cartes célestes, dessinées de sa propre main, et gravées par un habile artiste. Il se flatte qu'il pourra les publier lui-même, avec son catalogue. Il n'eut pas cette satisfaction, puisqu'il mourut le 28 janvier 1587, à l'époque où sa première gravure venait d'être achevée.

Ces cartes représentent sur un plan une sphère de trois à quatre pieds de rayon. Chaque planche représente une constellation principale autour de laquelle il a placé au simple trait les constellations voisines. On y voit les projections des arcs de l'écliptique et de ses parallèles, de l'équateur, des cercles des tropiques divisés en degrés autant qu'il a été possible. Chaque planche contient environ 60° de longitude et 40 de latitude, et un peu plus à mesure que les astérismes approchent des pôles. Il ne dit pas expressément qu'il ait suivi les règles de la projection stéréographique.

Il nous dit que les anciens ont représenté les constellations telles qu'on les voit du dehors, et non telles qu'on les verrait du centre de la sphère. Hipparque avait expressément donné le précepte contraire. Il reproche à Bayer d'avoir tout renversé; il lui reproche l'usage des lettres, qui ont depuis été adoptées par tous les astronomes; il ne voit pas que c'est le moyen unique d'éviter la confusion et de bannir les termes de droite et de gauche, qui sont la source de continuelles erreurs.

Il commence par le pôle en descendant vers l'équateur. Il s'excuse d'avoir retenu les noms anciens, et de n'avoir pas imité Schiller, qui avait partout substitué des dénominations tirées de l'Ancien et du Nouveau Testament. Il en donne de fort bonnes raisons, qu'il est inutile de rapporter, mais nous citerons les vers de Schiller, sur les planètes :

Est Saturnus Adam primus pater atque colonus;
Jupiter est Moses legum dator ille Jehovæ;
Belliger Israel populi dux Josua Mavors;
Est Sol justitiæ Christus mediator Jesus,
Præcursor Christi Joannes Lucifer almus;
Mercurius dubius cœlo venturus Elias;
Luna dei genetrix et Virgo beata Maria.

Suivant Schiller, Ariès est saint Pierre; le Taureau, saint André; les Gémeaux, saint Jacques le majeur; le Cancer, saint Jean; le Lion, saint Thomas; la Vierge, saint Jacques le mineur; la Baleine, saint Philippe; le Scorpion, saint Barthélemy; le Sagittaire, saint Mathieu; le Capricorne, saint Siméon; le Verseau, saint Judas Thadée; les Poissons, saint Mathias.

Outre les cinquante-quatre planches destinées aux constellations, on trouve le ciel entier partagé en deux hémisphères.

L'auteur s'attend à être critiqué par ceux qui pensent qu'on peut marquer les positions des étoiles avec une précision soixante fois plus grande. On voit qu'il désigne les partisans des lunettes appliquées à la mesure des angles; il les invite à faire mieux s'ils peuvent, à prouver leurs idées par des faits et non par des paroles. C'est ce qu'a fait Flamsteed, mais non pas avec soixante fois plus de précision, à beaucoup près. C'est ce dont on ne répoudrait pas même aujourd'hui; il n'est pas sûr que les secondes d'erreur dans le catalogue de Piazzi ne surpassent le nombre des minutes des erreurs d'Hévélius; mais il n'en demeure pas moins certain que les modernes ont des avantages immenses sur Hévélius pour la commodité, la précision et le nombre des étoiles qu'ils peuvent observer dans le même tems. Il eût été bien impossible à Hévélius de faire jamais le catalogue de Piazzi, ni celui des étoiles australes de Lacaille, ni les observations de Lefrançais-Lalande. Mais si Hévélius laisse entrevoir un peu d'humeur, il est au moins bien excusable; car il pouvait être de bonne foi, et sentir quelque chagrin en pensant que tant de dépenses, de travaux, de calculs, pouvaient être bientôt regardés comme non-avenus. Son catalogue a paru en 1690. La première édition de celui de Flamsteed est de 1712; ainsi il n'a pas joui plus de 22 ans de l'avantage qu'il avait sur tout ce qui avait précédé.

A la fin de cette introduction, on retrouve la vignette qu'il avait gravée pour Louis XIV, seulement la couronne n'est plus celle de France, il n'en part pas non plus des pièces d'argent, mais des rayons qui tombent sur un globe.

Au bord de l'hémisphère boréal on voit deux génies qui observent au sextant d'Hévélius; un troisième apporte une lunette, mais le premier répond : *præstat nudo oculo; il vaut mieux observer à l'œil nu.* De l'autre côté est un génie qui observe au quart de cercle, et un autre qui écrit l'observation. Le haut offre la dédicace à Sobiesky, la date de 1686, et les caractères des étoiles des six grandeurs. Les étoiles de première grandeur ont huit pointes; celles de deuxième six. Ces deux ordres offrent de plus une petite étoile au centre. Celles de troisième, six pointes et un point au centre; celles de quatrième, six pointes aussi, mais ce sont les extrémités de trois diamètres qui se coupent au centre. Celles de cinquième et sixième sont plus petites, et de formes plus aisées à reconnaître qu'à décrire.

Ces mêmes ornemens sont répétés au haut de l'hémisphère austral; mais au bas on voit un génie occupé à décrire l'écu de Sobieski, et deux génies qui consultent un globe céleste.

L'inconvénient des figures, vues du dehors de la sphère, est plus sensible sur les figures d'hommes; il est presque nul pour les animaux, comme les Ourses, le Dragon. Céphée se montre par le dos, mais Cassiopée, qui est assise, montre sa poitrine. La Couronne et la Chevelure sont de même sur nos cartes. Bootès tourne le dos, et Arcturus est sur le derrière de la robe. Hercule montre le dos, et le Cancer est moins mesquin que dans nos cartes. Le Vautour, qui porte la Lyre, montre le ventre, et tient la Lyre dans ses serres. Le Serpentaire tourne le dos; Antinoüs se montre de face, et tient un arc et la flèche prête à partir. Andromède tourne le dos, ainsi que Persée et le Cocher, Orion, les Gémeaux, la Vierge, le Sagittaire, le Verseau et le Centaure. Auprès d'Argo on voit le chêne de Charles, aux pieds du Centaure la Croix est séparée, l'Indien se présente de face.

Après avoir analysé les grands ouvrages d'Hévélius, il nous reste à parler de ses opuscules.

Le premier est une lettre qu'il adresse à Laurent Eichstadt, en lui envoyant son observation de l'éclipse du Soleil du 4 novembre 1649.

Le second est une lettre à Gassendi et Boulliaud, à l'occasion de l'éclipse de 1652. Ces observations font partie du second volume de sa Machine céleste.

Le troisième est plus important : c'est une lettre à Riccioli, sur le mouvement libratoire de la Lune. Elle est datée de 1654.

Il n'avait, dans sa Sélénographie, attribué la libration qu'au mouvement en longitude et au mouvement en latitude. Ce dernier dépend du lieu des nœuds et des limites. Il n'avait alors que les observations de deux ans; en 1641, il avait observé que la plus grande libration arrivait dans le Cancer, et la plus petite dans le Capricorne, et que la révolution était d'un mois.

C'est ce qui fut confirmé par les observations subséquentes, à la réserve qu'à la longue les deux termes étaient sortis du Cancer et du Capricorne. En 1646, on en trouvait deux exemples dans le Cancer; il résolut donc d'examiner attentivement cette marche suivant l'ordre des signes. En 1648, il crut enfin avoir trouvé la période du mouvement, c'est-à-dire en combien de tems ses termes reviendraient au point d'où ils étaient partis. D'après son hypothèse, il construisit une table pour le siècle courant, pour qu'elle pût être comparée, soit à ses observations, soit à celles des autres astronomes. Il vit que sa table était très exacte. Il l'aurait aussitôt publiée, mais la Cométographie l'occupait, et il avait formé le projet de différer cette publication. Quand il lut le nouvel Almageste de Riccioli, il reprit donc la plume pour montrer ce qu'il avait déjà fait, et ce qu'il pouvait encore laisser à désirer depuis l'impression de la Sélénographie. Il avait reconnu que les termes de la libration avaient un mouvement en longitude dont la période était de neuf ans, comme celle du mouvement de l'apogée; en sorte que le mouvement diurne était de 6′41″. La libration en latitude fait assez exactement le progrès des latitudes; mais la libration en longitude ne se règle pas seulement sur le mouvement de longitude, mais en partie sur celui de l'apogée lunaire, en sorte que le terme de la plus grande libration n'est ni vers l'apogée, ni vers le périgée, mais dans le point qui tient le milieu.

Telle est la principale source de cette libration si compliquée, qui m'a si long-tems fatigué et tourmenté; s'il y a quelque chose à ajouter, nous le laissons à nos successeurs.

C'est sur ce fondement qu'il a construit sa table pour le siècle courant, c'est-à-dire pour tous les mois de toutes les années, depuis 1600 jusqu'à 1700. Avec cette table, il donne un réticule pour trouver la position du centre apparent de la lune. Ce réticule diffère de l'ancien; mais il est inutile de nous étendre sur ce point, on voit qu'Hévélius ne fait entrer dans le calcul de la libration, que l'équation du centre et l'évection; qu'il ne tient aucun compte de la variation ni des autres inégalités plus petites, et qu'il n'a qu'une idée fort incomplète de la cause et de ses effets.

Le mouvement de libration ne s'accomplit donc pas autour d'un seul axe aboutissant aux deux pôles de latitude; il y a de plus un second axe et deux autres pôles, placés vers la ligne des limites, et que nous appellerons pôles de longitude, qui, comme ceux de latitude, auront un mouvement alternatif. Ainsi, notre libration composée des mouvemens de longitude et de latitude, ne peut s'expliquer sans ces deux axes. On ne peut disconvenir qu'Hévélius n'ait fait quelques pas qui l'ont rapproché du but, mais il est clair qu'il n'a point atteint ce but.

Après avoir montré l'usage de sa table, il va montrer qu'elle s'accorde avec les observations; il commence par les siennes, qui sont les plus nombreuses, et s'étendent de l'an 1643 à 1654. Il rapporte ensuite celle de Gassendi, de 1636 à 1642, celles de Boulliaud, de 1643 à 1648; celles de Grimaldi, de 1649 à 1651.

Il explique ensuite, par une figure, la libration en latitude. Pour expliquer la libration en longitude, il donne à la Lune une orbite aplatie à peu près comme Ptolémée; il nous dit que dès l'an 1648, il lui était venu en idée que *ce n'était pas vers la terre que la Lune tournait toujours le même hémisphère, mais vers le point d'excentricité.* Il ajoute que cette hypothèse ne peut subsister, puisque l'excentricité de la Lune n'est pas assez forte pour expliquer la libration observée. Cependant, comme je n'ai rien de mieux pour le présent, il faut nous en contenter, jusqu'à ce qu'on produise une explication plus vraie. En-attendant, pour approcher davantage des observations, il suppose dans sa figure l'excentricité telle qu'il la faudrait pour la libration observée. Dans le fait, il suppose donc que la Lune tourne toujours le même hémisphère dans la direction de son lieu moyen. C'est encore un pas. Mais l'idée n'est pas suffisamment nette; il passe à cette supposition, qu'il ne croit pas exacte. Ainsi la découverte n'était pas faite, elle n'était qu'ébauchée.

En effet, il ne dit pas un seul mot de l'équateur lunaire, non plus que de son inclinaison, ni par conséquent de ses nœuds, qui coïncident toujours avec ceux de l'orbite; mais on peut dire qu'il supposait tacitement que l'axe qui règle la libration en latitude a une direction constante vers la limite moyenne, comme l'autre axe vers le centre des mouvemens moyens.

Lettre à Pierre Nucerius, sur l'éclipse de Soleil et de Lune de 1654. Il y décrit d'abord l'instrument qu'il avait imaginé pour mesurer le diamètre du Soleil. C'était une poutre de vingt pieds, portant un tube de même longueur, aux deux bouts duquel étaient deux lames; l'une percée d'un trou rond de $4\frac{1}{2}$ des parties, dont la distance des lames était 19995. Cet instrument étant placé dans une chambre obscure, on recevait l'image du Soleil sur la seconde lame. Avec cet appareil, il marqua exactement trois points sur le bord du Soleil, fit passer une circonférence par ces trois points. Par trente expériences répétées en une heure, il trouva le rayon du cercle de $93\frac{1}{2}$; il en retrancha la moitié du diamètre du trou, ou $2\frac{1}{4}$; il eut donc 9425 pour le demi-diamètre vrai, ou $15'41''\frac{1}{3}$, et pour le diamètre $31'22''\frac{2}{3}$. L'observation est du 11 août.

Pour compter le tems, on voit qu'il avait des cadrans horizontaux qui donnaient les minutes de temps; il les plaçait sur une méridienne bien déterminée, et pour diviser les minutes, il se servait d'un pendule. Il vérifiait ensuite le tems par des hauteurs du Soleil.

Pour le demi-diamètre de la Lune, pendant l'éclipse, il trouva $15'15''$.

Il avait encore un autre moyen pour la Lune, c'est-à-dire un compas à trois pointes; il en posait une à l'extrémité de chaque corne, et une autre sur un point de la circonférence. Malgré des nuages fort épais, on put estimer assez juste la plus grande éclipse à $10^h40'$. L'obscurité était telle, qu'on ne pouvait ni lire, ni voir les minutes au cadran de la pendule, ni même le fil-à-plomb du quart de cercle, on aurait cru être à neuf heures du soir, on ne se reconnaissait plus à la figure; enfin, on ne pouvait rien faire sans chandelle; les poules se retirèrent comme si la nuit était venue. Cette obscurité ne dura que peu de tems, mais le Soleil ne reparut pas. Voyez pour le reste la Machine céleste.

De nativâ Saturni facie, Ejusque phasibus certâ periodo redeuntibus, 1656.

L'auteur se demande si Saturne est simplement rond, s'il est elliptique, ou un simple corps, ou s'il en a trois; s'il a deux lunules sphériques ou hyperboliques, si les corps qu'on voit à ses côtés sont des satellites, ou *si le tout est un seul corps qui en tournant nous présente diverses figures?*

Il croit trois corps à Saturne; que celui du milieu, ou le principal, est elliptique et non sphérique, que les deux autres corps sont des espèces de bras de figure hyperbolique. La diversité de ses phases vient de la manière plus directe ou plus oblique dont il se présente. La révolutions des phases est de quinze ans, c'est-à-dire une demi-révolution de Saturne.

Il rapporte en une table toutes les observations qu'il a pu recueillir de 1612 à 1656.

Il a bien compris l'effet des différentes manières dont nous voyons Saturne, il a vu que les stations et les rétrogradations pouvaient contribuer à multiplier les apparitions et les disparitions des anses, mais il n'a pas eu l'idée de l'anneau. Nous omettrons ses raisonnemens et ses conjectures peu heureuses. Il paraît qu'il ne s'est servi que de lunettes de quinze pieds, qui ne suffisaient pas pour se faire une idée juste des phénomènes.

Mercurius in Sole visus 1681. *Historiola miræ stellæ in collo Ceti.*

Ce traité commence par quelques éclipses. On y voit que, le 30 mars 1661, l'éclipse de Soleil calculée sur les tables Rudolphines était marquée 30′ 20″ trop tôt; on y montre des erreurs de demi-degré dans les tables des planètes de divers auteurs. La chose est moins étonnante pour Mercure, qu'on voit si rarement, et dont les observations sont difficiles. Cependant Hévélius en a fait un assez grand nombre, qu'on trouvera dans la Machine céleste. Il s'en faut de beaucoup que les étoiles soient aussi bien connues qu'on serait porté à le croire. Pour exemple, il cite la claire de Persée et l'épaule du Cocher, sur lesquelles le catalogue de Tycho est en erreur de 13′ et 29′ pour les longitudes, et de 7′ et 3′ sur les latitudes.

Les tables différaient de plusieurs jours sur l'époque du passage. Hévélius s'y prit plusieurs jours d'avance pour ne pas manquer l'observation.

Enfin, le 3 mai, le Soleil étant sorti des nuages, Hévélius aperçut Mercure, déjà entré sur le disque du Soleil; il était d'une petitesse incroyable. Bientôt les nuages couvrirent de nouveau le Soleil. Il se montra ensuite à divers intervalles. Hévélius en put marquer sept lieux différens, mais il ne put voir la sortie. Le Soleil était couché quand elle dut arriver. Hévélius trouva le diamètre 11″48‴ = 11″,8 ce qui fait 6″,3 pour le demi-diamètre à la moyenne distance. Dans une digression, il avait reçu ce diamètre sur un carton, où il occupait 56 parties; Sirius, observé immédiatement après, en occupait 60. Rigel, α d'Orion, la Chèvre parurent de 56; Régulus de 48.

Quelques jours après, Mercure s'éloignant de la Terre, ne parut plus que de 50, et toujours un peu plus grand que Régulus. Il observa Mars de la même manière, et à divers jours; il trouva 9″18‴, 10″10‴, 10″48‴, et enfin 11″14‴ le jour de l'opposition. De ces mesures et de beaucoup d'autres il a conclu les demi-diamètres suivans :

	Périgée.	Moyenn. dist.	Apogée.
♄	19″40‴	16″ 2‴	14″10‴
♃	24 22	18. 2	14.36
♂	20.50	5. 2	2.46
♀	65.58	16.46	9.34
☿	11.48	6.03	4. 4

On n'a jamais observé Mercure apogée sur le Soleil. Hévélius en conclut que le Soleil est le centre des mouvemens de Mercure et de toutes les planètes. Pour déterminer la parallaxe de Mercure, il remarque que dans la dernière des sept observations qu'il en a faites, Mercure ne se trouvait pas exactement dans la même ligne droite qu'il avait suivie auparant, mais un peu plus bas. Il attribue cet effet à la parallaxe devenue plus forte; et comme il donnait 40″ de parallaxe horizontale au Soleil, il en donnait 67″ à Mercure. Son calcul de la réfraction est encore plus mauvais, il donne 20′ de réfraction au Soleil, il n'en donne que 15′30″ à Mercure, qu'il traite comme une étoile; mais comme l'observation n'a rien donné de semblable, il en conclut que la réfraction a du être la même pour les deux astres.

A la suite de sa dissertation, il publia celle d'Horrox sur le passage de Vénus, qu'il avait observé en 1639, et qui n'était pas encore imprimée. Il y ajouta quelques notes. Il paraît persuadé que l'on ne peut avoir deux passages de Vénus en huit ans; il ne parle que de celui de 1761, et nie celui de 1631.

		Dist. des centres.
le 24 novemb. 1639 V. S...	$3^h 15'$..........	14′ 24″
diamètr. ♀ < 1′ 20″......	3.35...........	13.30
environ...... 1.12.......	3.45...........	13. 0
	3.50 coucher apparent du ☉	

	Dist.	
lieu de l'observation, latit. 53° 20′....	15′ 36″	suivant Hévélius
longitude des Iles fortunés.. 22.30....	14.37	qui fait
	14. 5	☉ = 32′ 30″.

Il reproche à Horrox de n'avoir pas négligé pour cette observation ces *autres occupations plus sérieuses*, qui l'ont empêché d'observer l'entrée de Vénus. Pour lui, il aurait tout sacrifié pour une observation si rare, et il y aurait mis plus d'importance encore qu'à celle de Mercure.

Crabtree, averti par son ami, s'était préparé à l'observation; les nuages l'empêchèrent. Ils s'ouvrirent un instant, Crabtree vit Vénus; dans le premier accès de la joie, il fut incapable de prendre aucune mesure, et presque aussitôt le ciel se couvrit de nouveau.

Horrox trouve l'erreur des tables Rudolphines pour le nœud 8′ 28″ seulement; toutes les autres tables étaient bien plus défectueuses.

Historiola miræ stellæ in collo Ceti. Anno 1660.

Jean Phocylide Holwardes, en 1638, remarqua le premier cette étoile, à l'occasion d'une éclipse de lune. Elle était alors de troisième grandeur. Quelques mois après elle avait disparu. A la fin de 1639, elle reparut; en 1644 elle était invisible; elle fut revue le 18 février 1647 v. s. En juillet suivant, elle avait de nouveau disparu. Hévélius en réunit toutes les observations, depuis 1638 jusqu'en 1662. Il donne ensuite les distances qu'il a prises entre cette étoile changeante et les étoiles Aldébaran, l'épaule gauche d'Orion, l'aile de Pégase, α de la Baleine, Rigel et Algol. Cet adjectif *mira* est devenu le nom propre de l'étoile.

De rarissimis quibusdam paraselenis ac parheliis Gedani observatis ab autore.

Dans plusieurs de ces observations, on a vu jusqu'à sept Soleils pendant $1^h 20'$. La dernière de ces observations est une antélie (anthélie).

Descriptio Cometæ anni 1665. *Addita est Mantissa Prodromi cometici.*

Une comète venait à peine de disparaître lorsqu'on apprit à Hévélius qu'il en paraissait une nouvelle, ce qui lui causa le plus grand étonnement; il ne croyait pas possible que deux comètes pussent être produites en si peu de tems. La couleur de celle-ci ressemblait à celle de Jupiter; vue dans la lunette elle n'avait qu'un seul noyau. Ce noyau lui parut un jour jeter une ombre sensible sur la queue, dans la partie opposée au Soleil (p. 6); elle y produisait une espèce de fissure. Cette comète était assez basse pour qu'on fût obligé d'avoir égard à la réfraction pour corriger les distances. Il en déduit les ascensions droites, les déclinaisons, les longitudes et les latitudes; l'orbite apparente et une éphéméride.

Il passe de la comète à la nébuleuse de la ceinture d'Adromède; il soupçonne qu'elle est variable comme l'étoile de la Baleine. Revenant à la comète, il ne lui trouve guère qu'une parallaxe d'une minute, et fait quelques calculs sur la queue.

La *Mantisse*, ou supplément, traite de la comète de 1664. Il y répond à quelques attaques ou remarques critiques d'Auzout.

Il s'efforce de prouver que les sextans et les autres instrumens ont un grand avantage sur les lunettes, et il a raison si les lunettes n'ont pas de fils à leurs foyers.

Il donne ensuite toutes ses observations de la comète; il en déduit les longitudes et les latitudes, il en déduit les élémens, c'est-à-dire le lieu du nœud et l'inclinaison du grand cercle qu'elle a paru parcourir à peu près, et l'éphéméride des comètes de 1664 et 1665.

Dans sa discussion avec Auzout, on ne peut s'empêcher de croire qu'il a parfaitement raison. Auzout avoue que faute d'instrumens, il a été obligé de recourir aux alignemens aux bâtons; c'est à ce propos qu'il dit au roi, dans son épître dédicatoire, qu'il ne connaît en France, ni même à Paris, aucun instrument auquel il pût se fier pour déterminer la hauteur du pôle. Hévélius, au contraire, a pris une multitude de distances avec son sextant; ces distances paraissent sûres à une minute près; il les a corrigées de la réfraction; il en a déduit les longitudes, les ascensions droites, les latitudes et les déclinaisons et les mouvemens des quatre espèces. Ces mouvemens suivent une marche très régulière, et le tout paraît sûr autant qu'il peut l'être, avec des observations où l'on ne peut jamais répondre d'une minute, quoique l'erreur soit souvent beaucoup moindre.

Remarquons qu'Auzout nomme M. *Hével* et non point M. Hévelké.

Auzout pour attaquer les observations de M. *Hével*, s'appuyait sur celles de trois autres observateurs. Hével prouve que ces observations ne s'accordent ni entre elles, ni avec celles d'Auzout.

J. Hevelii de Cometâ anni 1672, mense martio et aprili Gedani observato ad Henricum Oldenburgium.

C'est toujours la même marche, des observations et des calculs tout semblables, la même théorie de trajectoire presque rectiligne ou parabolique. Cette comète était fort basse, les distances étaient altérées par la réfraction, il a fallu les en débarrasser.

Dans ses lettres manuscrites, dont le recueil est à l'Observatoire de Paris, Hévélius signe tantôt *Johannes Hoffèlius, Johannis Hoffèlii, Johanni Hoffèlio, Johannem Hoffelium,* suivant les cas : on lui écrit *Johan Höwelken, Höwelcken, Hövelcken, Howelcke, Hoeuoelque,* enfin *Hevelché.* Partout il imprime Joh. Hevelius; les auteurs allemands le nomment simplement Hével. Généralement nous donnons aux auteurs le nom sous lequel ils sont plus connus, et quand ils ne le sont guère, le nom qu'ils ont pris dans leurs ouvrages imprimés.

Horrockes.

Jérémie Horrockes mourut de mort subite à 23 ans tout au plus, le 3 janvier 1641; le 19 décembre précédent il écrivait à son ami Crabtree qu'il se disposait à lui faire une visite, et qu'il arriverait le 4 janvier, à moins d'obstacle ou d'évènement extraordinaire. *Nisi quid præter solitum impediat.* Son ami Crabtree ne lui survécut que peu de jours.

Ses œuvres ont été publiées par Wallis, sous ce titre:

Jeremiæ Horrocci, Liverpoliensis angli, ex Palatinatu Lancastriæ, opera posthuma; viz Astronomia Keplerina, defensa et promota, excerpta ex epistolis ad Crabtræum suum. Observationum cœlestium catalogus, Lunæ theoria nova; accedunt Guilielmi Crabtræi, Mancestriensis observationes cœlestes. In calce adjiciuntur Joh. Flamstedii Derbiensis, de temporis æquatione diatriba. Numeri ad Lunæ theoriam Horrocianam. Londini 1673.

L'ouvrage est dédié à Brouncker, président de la Société royale. Dans la dédicace, Wallis rend compte de l'état où il a trouvé les papiers d'Horrockes, et de l'ordre suivant lequel il a cru devoir les ranger dans son édition. Les lettres des deux amis étaient en anglais, Wallis les a traduites en latin. En tête de la collection il a placé des prolégomènes, qui n'en sont pas la partie la moins curieuse; Horrockes y donne l'histoire de ses travaux et de ses pensées, et cette histoire fait regretter vivement que l'auteur ait été sitôt enlevé à l'Astronomie. Il s'excuse d'abord de ce qu'il se trouve obligé d'écrire contre l'astronome Lansberge, qu'il avait d'abord admiré parce qu'il s'était laissé séduire par cet auteur dont les ouvrages lui étaient tombés entre les mains avant qu'il eût songé à se procurer ceux de Képler. Par sa jactance, par la préférence que Lansberge se donnait sans façon à lui-même sur Tycho, sur Képler et tous les autres astronomes; par la confiance avec laquelle il avait annoncé ses *Tables perpétuelles* comme les seules propres à représenter les observations passées, présentes et futures, Lansberge avait fasciné les yeux de quelques-uns de ses contemporains. Horrockes avait partagé cette illusion; ses premières observations, par un hasard malheureux, s'étaient trouvées d'accord avec ses tables : quand il vit cet accord cesser, il s'en prit long-tems à sa maladresse et à la médiocrité de ses instrumens. Il ne pouvait se persuader que Lansberge pût avoir tort, il croyait que ce prétendu grand homme avait perfectionné l'Astronomie au point de ne rien laisser à faire à ses successeurs. Ne croyant plus à la possibilité de se faire un nom par des découvertes, il se résignait à n'être que l'humble disciple de cet imposteur, et ne voyait d'autre moyen de se rendre utile que de calculer des éphémérides sur les *Tables perpétuelles*. Il y perdit un tems précieux; mais ses observations qu'il continuait toujours lui ouvrirent enfin les yeux sur les erreurs continuelles de ces tables : son ami Crabtree avait déjà fait des remarques semblables, et en les lui communiquant il l'avait entièrement désabusé. Il se mit donc à examiner plus scrupuleusement ces tables; en les comparant aux observations recueillies par Lansberge même, il ne les trouva pas mieux représentées. Il en discuta les hypothèses et trouva qu'elles n'avaient aucun fondement. Il se procura les ouvrages de Képler, les lut avec avidité, conçut pour l'auteur l'admiration la plus grande et la plus juste; il s'assura par ses observations et ses calculs que les Tables Rudolphines reposaient sur une théorie exacte, et que quelques nombres seulement avaient besoin d'être un peu corrigés.

Il examine alors les objections que Lansberge avait faites aux tables de Képler. Ce grand homme avait avoué lui-même qu'elles ne s'accordaient pas assez bien avec quelques éclipses qu'il avait observées, et qu'elles différaient d'un degré et quelques minutes des lieux observés par Ptolémée. Képler avait montré de l'incertitude sur la véritable équation du tems, enfin il n'avait aucun parti bien arrêté sur le changement de l'obliquité de l'écliptique. Ces tables, d'ailleurs, étaient fondées sur les observations de Tycho, et Hortensius, dans sa préface du Traité du mouvement de la Terre, s'était efforcé de prouver que les observations étaient inexactes, et que Tycho avait perdu son tems et toutes ses dépenses.

Horrockes répond qu'il ne faut pas s'étonner si les tables de Lansberge et de Longomontanus sont si défectueuses. Les fondemens en sont faux, les hypothèses fausses, les nombres faux, tout y est faux. Képler seul a imaginé des hypothèses vraies, il n'y a que ses nombres qui soient à corriger.

Si Képler a confessé lui-même l'erreur de ses Tables, dans quelques éclipses, c'est une preuve de sa candeur. Si l'on trouve des différences de 1°3′ entre les calculs et les lieux des planètes indiquées par Ptolémée, c'est que Ptolémée s'est trompé de 1° sur le lieu de l'équinoxe.

Quant à l'équation du tems, malgré ses incertitudes, Képler n'emploie que celle de Tycho comme la plus conforme aux éclipses. Ici Horrockes promet de démontrer l'équation légitime.

Képler paraît avoir tort quand il nie la diminution de l'obliquité; mais les observations manquent ou du moins ne sont pas assez sûres : c'est un procès que la postérité jugera, et la question n'intéresse que médiocrement l'âge présent. Il se croit donc en droit de dire que Képler lui paraît plus qu'un homme. *Licet mihi illum supra mortales admirari; licet egregium, divinissimum, aut si quid majus, appellare; libet denique supra totam philosophantium scholam vel unicum Keplerum æstimare. Hunc solum canite poetæ; in ipsius laudes veritatem nunquam æquaturi. Hunc solum terite philosophi; de illo certi, habere istum omnia qui habet Keplerum.* On voit qu'Horrockes était jeune et enthousiaste; mais cette jeunesse et cet enthousiasme annonçaient un homme vraiment distingué.

Une chose l'embarrasse pourtant. Képler admettait des dérangemens casuels et extraordinaires. Il est certain que les mouvemens ont des causes physiques, ils se ralentissent, ils s'accélèrent, mais avec régularité. Les marées sont régulières, on peut prédire les flux et les reflux, mais il y a des accidens irréguliers qui peuvent les modifier sans les détruire; ne peut-on pas soupçonner avec raison quelque chose de semblable dans les planètes et dans la Lune? Les comètes, les taches du Soleil, n'en sont-elles pas autant de preuves? ajoutez cette substance lumineuse qui entoure le Soleil et la Lune et en augmente irrégulièrement l'apparence.

Képler soupçonne encore que les divers aspects des planètes peuvent apporter quelques modifications à leurs mouvemens. Ne voit-on pas qu'une corde pincée fait vibrer celles qui sont consonantes, et laisse en repos celles qui sont dissonnantes? N'y a-t-il rien de semblable dans le monde, à ce grand instrument dont le musicien est Dieu? Le mouvement harmonique d'une planète ne peut-il aider au mouvement d'une autre planète?

On peut demander si la force des vents et celle des marées ne peut apporter quelques variations dans le mouvement annuel ou diurne de la Terre. On peut soupçonner la même chose dans les autres planètes.

Mais pourquoi les raisons harmoniques de Képler ne donnent-elles pas les valeurs précises des excentricités? L'accord a pu être parfait à l'origine, il a pu s'altérer par la suite des tems, et par des causes physiques. Pour ne rien dire du changement de l'excentricité solaire, ni du mouvement inégal des équinoxes, que soutiennent encore quelques astronomes et dont on ne pourra jamais donner la théorie.

Mais admettre des causes irrégulières, c'est reconnaître l'impossibilité d'avoir jamais une Astronomie parfaite.

A ces difficultés, notre jeune astronome avoue qu'il ne connaît encore aucune réponse bien péremptoire; il n'ose se promettre qu'il puisse résoudre ces problèmes. Mais ce n'est pas le désir qui lui manque, et pour le présent, voici quelle est son opinion :

Il est certain que les mouvemens sont inégaux, et ne sauraient être aussi invariables que si les sphères étaient solides et qu'elles engrenassent les unes dans les autres. Mais il est persuadé cependant que ces mouvemens sont trop bien établis pour être sujets à aucune fluctuation. Les marées sont modifiées par les vents et la forme différente des rivages; il n'y a rien de semblable dans le ciel, il n'y a ni vents ni obstacles; les planètes sont des corps solides et toujours semblables; si les artilleurs peuvent atteindre le but avec leurs boulets et leurs bombes, malgré les agitations de l'air, ne doit-on pas accorder plus de sûreté encore à ces corps soumis à des lois éternelles et dont les mouvemens s'exécutent dans un éther pur et tranquille!

Le concours des planètes ne change rien au mouvement. Ce qu'on observe dans les cordes vibrantes a lieu pareillement dans le ciel. Le Soleil est comme le doigt qui frappe et met la Terre en mouvement; il lui transmet la force nécessaire pour mouvoir la Lune, qui seule est tendue d'une manière consonante. Ainsi, les diverses situations de la Lune peuvent influer sur ces inégalités; il en est de même des quatre Lunes de Jupiter, et des deux de Saturne, et de celle des autres planètes, si par hasard elles en ont quelqu'une. Mais les planètes primaires sont tendues d'une manière dissonnante; le Soleil les met toutes en mouvement, elles n'ont de rapport qu'avec le Soleil; leurs mouvemens ou leurs configurations harmoniques ne peuvent rien sur le Soleil, elles ne peuvent augmenter les forces avec lesquelles il les met en mouvement les unes et les autres. Le musicien n'est point empêché dans son art, il en jouit, et plus il y fait d'attention mieux, il observe les lois de la musique. Les vents et les marées n'agissent qu'à la surface de la Terre, et n'en peuvent troubler le mouvement pas plus que le navigateur ne peut arrêter ni accélérer le mouvement du vaisseau, quelle que soit la direction suivant laquelle il s'y promène.

Au lieu de nier les harmonies de Képler, ne vaudrait-il pas mieux travailler à les perfectionner? ce serait le meilleur moyen de réfuter ces irrégularités prétendues; quant au changement d'excentricité et à l'inégalité des équinoxes, opinions surannées que Lansberge veut ressusciter, Horrockes promet de faire en sorte que l'astronome n'en soit plus jamais embarrasé. On voit qu'Horrockes était un génie de la même trempe que Képler, il paraît avoir la même imagination, et nous verrons qu'il y joignait la même constance dans les calculs; quand à ceux qui objectent l'autorité de l'Écriture, il leur répond par un passage d'un pseaume, que *Dieu a établi les cieux pour l'éternité, et leur a donné des lois immuables.*

Des ignorans ont prétendu que les éclipses, devenues plus fréquentes en notre siècle, prouvent la vieillesse et la longueur du monde. Les éclipses suivent des lois qui ont toujours été les mêmes, elles ont toujours été aussi fréquentes qu'aujourd'hui. La Terre n'est pas devenue moins fertile, les hommes ne sont pas moins sains et moins vigoureux, leur vie n'est pas moins longue.

Non-seulement il a découvert la cause des imperfections des Tables Rudolphines, mais il croit l'avoir en partie corrigée. Les mouvemens et les époques n'y sont pas de la précision nécessaire. Képler a rejeté les erreurs sur les causes accidentelles. Pour la Lune, les erreurs sont de 10 à 12′, en plus ou en moins alternativement; elles changent et se rétablissent en peu de jours; des causes accidentelles ne pourraient suivre une marche si régulière et si rapide. Peut-on concevoir que le hazard aille avec cette mesure! La période des erreurs est plus longue dans les autres planètes, parce que leur mouvement est beaucoup plus lent. Ainsi, pour Saturne, une erreur de 6′ durera des années entières : c'est à peu près la même chose pour Jupiter; la marche est plus rapide pour Mars et pour Vénus; pour Mercure il a peu de chose à dire, les observations sont trop rares. Pourquoi des accidens physiques auraient-ils plus d'effet sur les planètes dont le mouvement est plus rapide? pourquoi ces effets seraient-ils en proportion du mouvement? Saturne accomplit plus lentement ses équations, les erreurs sont plus de tems à se manifester; la Lune accomplit les siennes en peu de jours, il lui faut peu de jours pour manifester des erreurs égales ou plus fortes. N'est-ce pas une preuve que les fautes tiennent au calcul? Les mêmes erreurs reviennent dans les mêmes positions. A l'équinoxe du printems, les Tables Rudolphines donnent les longitudes du Soleil trop avancées de 5′; c'est le contraire à l'équinoxe d'automne; au printems, Vénus est trop avancée de 10′ dans sa digression du soir; c'est le contraire précisément en automne dans la digression du matin. Il en est de même des autres planètes, les erreurs du calcul peuvent se prédire et se corriger. On ne voit en cela rien de casuel.

Képler a trouvé ses Tables en erreur dans quelques éclipses, c'est qu'il n'avait pas des mouvemens assez exacts, qu'il n'avait pas la vraie équation du tems, ni le véritable diamètre de l'ombre. En corrigeant les tables d'après les observations, Horrockes nous dit qu'il a su tout accorder avec une précision merveilleuse.

Képler a trouvé des erreurs semblables quand il a comparé ses tables aux observations de Waltherus et de Regiomontanus. Il est vrai qu'il y a de ces observations qu'aucun art, aucune intelligence humaine ne peut concilier; c'est que ces observations ne sont pas exactes et ne s'accordent pas entre elles. Ces astronomes estimables ont eu trop de confiance en eux-mêmes, ils ne rapportent leurs observations que d'une manière extrêmement concise, ils suppriment trop de détails. C'est le reproche qu'on peut faire à Ptolémée, Copernic, Tycho, Lansberge et presque tous : ils vous donnent l'instant du milieu de l'éclipse et le nombre des doigts éclipsés, le lieu observé d'une planète, sans dire un seul mot des moyens qu'ils ont employés. Ils ont cru qu'il leur était impossible de se tromper dans leurs calculs; mais les erreurs dans lesquelles on tombe chaque jour, par trop de confiance ou de légèreté, l'incertitude des observations mêmes, qu'ils reprochent aux anciens, auraient dû les avertir qu'il fallait être plus soigneux, plus sincères, moins prévenus en leur faveur, et surtout aimer la vérité. Képler a montré beaucoup plus de bonne foi : en donnant ses observations il en rapporte toutes les circonstances; c'est pourquoi Horrockes préférait les observations de Képler à celles de tous les astronomes.

Il y a d'autres difficultés contre lesquelles on n'a pas pris assez de précautions. L'inconstance de la réfraction, la dilatation incertaine et presque incroyable des rayons des astres, les ténèbres de la nuit, et beaucoup d'autres choses encore. Pendant la nuit, il est bien difficile de mesurer soit les distances, soit les hauteurs; c'est pourquoi on observe autant qu'on peut dans le crépuscule; l'éclat de la Lune rend ses distances aux étoiles assez douteuses; ce qu'il regarde comme le plus sûr c'est le contact d'une étoile fixe au bord, surtout obscur, de la Lune. Ce sont là les observations qu'il regarde comme fondamentales; c'est dommage qu'elles soient si rares. Les appulses ou les contacts des planètes aux fixes, ne sont pas à beaucoup près aussi certains; on peut croire nulle la distance au bord, quand elle est encore considérable. Ces observations ne peuvent réussir qu'avec une lunette. Toute distance estimée à la simple vue sera jugée moindre qu'elle n'est réellement; c'est ce qu'on remarque continuellement dans les observations de Régiomontanus. On ne peut à l'œil juger du commencement, ni de la fin, ni de la quantité d'une éclipse. Telles sont les causes qui se sont opposées aux progrès de l'Astronomie. Il est donc démontré qu'il est possible de la perfectionner.

Pour atteindre ce but, la première chose est de détruire les opinions fausses, et ensuite d'établir les véritables; et comme personne jamais n'a mieux travaillé que Lansberge à corrompre l'Astronomie, il se propose de montrer que Lansberge n'a fait que gâter ce qu'avait fait Képler, il se flatte de le prouver d'une manière qui ne laissera lieu à aucun doute.

C'est un soin qui serait aujourd'hui bien superflu; mais cette préface nous a paru intéressante à tous égards, même lorsque l'auteur se livre à des conjectures que le tems n'a pas vérifiées, ou qui ne sont pas assez conformes à la saine Physique.

Dans sa première dissertation, il traite du mouvement annuel et diurne de la Terre. Tout est dit sur le système de Ptolémée; celui d'Aristarque ou des Pythagoriciens porte avec plus de justesse le nom de Copernic. Chez les anciens ce n'était qu'une conjecture philosophique, et il est à remarquer qu'aucun ancien, pas même Ptolémée qui le combat, n'a dit une seule des raisons qui pouvaient appuyer ce qui chez eux n'était qu'une hypothèse. Ce système prenait de jour en jour de nouvelles forces, et Horroccius ne doute pas qu'avant peu il ne soit généralement admis. Pour le système de Tycho, ce n'est qu'un renversement peu heureux de celui de Copernic, et il est contraire à la saine Physique; au contraire, tout est en faveur de Copernic, et c'est dans son système que le monde peut s'appeler du nom de κόσμος que lui ont donné les Grecs. Ce mot signifie *ordre, beauté, parure.*

Si le monde est une sphère solide, comment imaginer la force qui pourrait lui imprimer un mouvement si prodigieux? comment cette sphère enchâsse-t-elle tant d'étoiles si éloignées les unes des autres? comment peut-elle communiquer le mouvement diurne aux planètes dans la région desquelles cette solidité ne peut s'étendre? Pourquoi imprimerait-elle aux planètes inférieures un mouvement annuel plus rapide qu'aux supérieures? comment la Terre échappe-t-elle à cette force qui domine tout le reste? Nous abrégerons ce chapitre, qui renferme peu de neuf et ne montre que la reconnaissance de l'auteur pour Képler qui l'avait éclairé, son mépris ou sa colère pour ceux qui combattent encore le mouvement de la Terre.

Platon a dit que la Géométrie et l'Arithmétique sont les ailes de l'Astronomie; outre les ailes, les oiseaux ont une queue qui leur sert de gouvernail; il en faut un de même à l'Astronomie : il est, suivant Horrox, dans les causes physiques. On a objecté que si la Terre tournait sur elle-même, un projectile lancé verticalement ne retomberait pas au point du départ. On avait répondu dès long-tems à cette objection. Horrox apporte une raison qu'il croit victorieuse. Le projectile est entraîné par cette même force qui fait que la Lune circule autour de la Terre, la Terre et les planètes autour du Soleil. Le projectile plus voisin, suit plus exactement le mouvement de la Terre; la Lune, plus éloignée de beaucoup, échappe en partie à l'action de la Terre dont elle fuit le mouvement avec plus de lenteur. L'auteur s'abuse ici lorsqu'il croit établir une nouvelle vérité à l'appui du système qu'il a entrepris de défendre.

Copernic n'a pas mis le centre du monde dans le Soleil même; c'est une tache effacée par Képler. Nous avons fait nous-même dans nos extraits précédens, cette réflexion qui échappe à tant de personnes, qui ne voient pas combien de choses laissait encore à désirer l'hypothèse de Copernic; le véritable système ne date en effet que de la découverte des lois de Képler.

Horrox fait ensuite valoir et développe l'argument tiré des latitudes

des planètes. Nous avons suffisamment développé cet avantage de Képler sur tous les astronomes. Ce qu'en dit Horrox est embarrassé des idées de Lansberge, et de la peine fort inutile qu'il se donne pour les réfuter. Il faut avouer aussi qu'en ce point la Physique de Képler et d'Horrox n'est pas ausssi bonne que le fond du système, qui consiste à faire passer par le Soleil la ligne des nœuds de toutes les planètes, ce qui est la base du véritable calcul des latitudes.

De bonnes tables seraient le chef-d'œuvre de l'Astronomie. En peu de pages elles donneraient l'histoire des astres dans les tems passés, présens et futurs. On n'aura probablement jamais de tables parfaites; mais il en est, et c'est le plus grand nombre, qui pèchent par les fondemens et ne pourront jamais être améliorées; d'autres qui n'exigent que quelques corrections, qu'on peut espérer et qui se perfectionneront à mesure qu'on aura un plus grand nombre de bonnes observations. On sait, dès long-tems, ce qu'on doit penser des tables de Ptolémée, des Alphonsines, et même des pruténiques; celles de Longomontanus, de Képler et de Lansberge, étaient alors les seules qui eussent des partisans. Mais les meilleures sont les Rudolphines, les plus mauvaises sont celles de Lansberge. Lansberge a suivi la forme alphonsine. Nous avons déjà remarqué que cette forme, en diminuant le volume des tables, en rend l'usage moins sûr et beaucoup plus incommode. Képler et Logomontanus ont donc eu raison de s'en tenir à la forme ordinaire.

Horrox regrette ici que les astronomes n'aient pas divisé le cercle en 100 ou 1000 parties au lieu de 360°. Il montre les inconvéniens de la division sexagésimale, à laquelle il préfère, avec beaucoup de raison, la division purement décimale. Il se propose de publier des éphémérides dans cette forme pour en faire sentir les avantages aux astronomes.

Les différences des méridiens des tables Rudolphines sont plus exactes que celles de Lansberge, qui paraît avoir donné pour ces différences les quantités qui diminueraient les erreurs de ses tables, quand on les comparerait aux observations déjà faites en ces lieux divers. Horrox croit que la Géographie est à refaire ou plutôt à faire en entier. Il parle d'une table de quelques positions géographiques qu'il avait déterminées ou recueillies, mais cette table ne s'est pas trouvée.

Dissertation deuxième. Des étoiles fixes. Au-delà de la sphère des fixes on ne connaît rien, à moins qu'on n'y place l'empyrée dont quelques auteurs ont fait la demeure des bienheureux. Horrox aimerait mieux le sentiment de ceux qui les plaçait dans le Soleil; d'autres y supposaient l'Enfer, ce qui lui paraît *indigne* (*indignum!*); d'autres le mettent dans la Lune; mais il aime mieux le reléguer tout-à-fait hors du monde. Quoi qu'il en soit, la sphère des fixes est immobile; la surface extérieure est la limite du monde : la vertu motrice du Soleil ne s'étend pas jusque-là; tout au plus donnerait-il aux étoiles un mouvement de révolution autour de leur axe. Nous omettons toute la dispute avec Lansberge sur les étoiles, leurs diamètres, leur parallaxe. Horrox lui prouve l'incohérence de ses calculs. Cet examen n'a plus aucun intérêt.

Dissertation troisième. Obliquité de l'écliptique. Il n'est nullement embarrassé des mauvais calculs de Lansberge, il l'est beaucoup plus de l'obliquité des Grecs; il ne conçoit pas qu'ils aient pu la trouver si grande. Il soupçonnerait presque qu'elle leur serait venue des Chaldéens. Lansberge avait dit d'une manière assez obscure, que pour avoir la latitude des fixes, il fallait se servir de la latitude et de la longitude qu'elles avaient en l'an I; en sorte qu'une étoile qui eût été dans l'écliptique à cette époque, n'aurait jamais eu de latitude, malgré le changement d'obliquité, et la rétrogradation des points équinoxiaux.

Dissertation quatrième. Du diamètre du Soleil. Lansberge le fait de 35′58″ dans le périgée. Horrox ne l'a jamais pu trouver que de 31′ 30″. Il l'a mesuré en recevant l'image sur un carton, puis avec un rayon astronomique de 11 pieds; enfin, au moyen de deux fils perpendiculaires desquels il s'éloignait jusqu'à ce que les deux bords fussent exactement tangens aux fils. Il nie la diminution de l'excentricité solaire, comme Képler, et il avait raison, tant que la diminution n'était fondée que sur le calcul des équinoxes et des solstices d'Hipparque reproduit par Ptolémée. *Valeant igitur, et in æternum valeant inutiles istæ Ptolemæi observationes, quæ tenebras offundunt Astronomiæ, erroribus præbent facem, veritatem nihil juvant, sed impediunt potius; nemo jacturam earum fleat, præstat subsidio isto privari, quam ab eo seduci.*

Dissertation cinquième. Diagramme d'Hipparque. C'est la figure du cône des éclipses. Il trouve cette invention d'Hipparque très ingénieuse; il a envie d'en faire honneur à Aristarque, dont il ne connaît pas le livre des Grandeurs et des Distances. Mais il soutient que cette figure ne peut fournir les moyens de connaître la distance du Soleil. Il oublie qu'Hipparque avait dit précisément la même chose, et qu'on pouvait faire la parallaxe solaire aussi petite qu'on voudrait, et même la négliger entièrement. Il néglige beaucoup de chose dans cette explication, quoiqu'il établisse treize théorèmes différens, qui sont tous contenus et rendus plus exacts dans mon Astronomie. Il convient, en finissant, qu'il a négligé plusieurs choses pour la facilité des démonstrations. Lansberge s'était vanté qu'aucun astronome avant lui n'avait entendu cette doctrine. Horrox montre qu'il a pris à Képler ce qu'il en dit, et de plus, que ses calculs ne sont pas en accord avec cette théorie. Horrox prétend que la lumière du Soleil se dilate, d'une façon fort irrégulière, quelquefois le diamètre en est augmenté de 45″, quelquefois l'augmentation est insensible.

En 1637, à Manchester, le 19 mars, $8^h 1' \frac{1}{2}$, le bord obscur de la Lune touchait l'occidentale des Pléiades; l'étoile était de 3′ plus australe que le centre de la Lune; à $9^h 2'$ la Lune était de même par rapport à la luisante des Pléiades. Le mouvement apparent avait donc été de 34′ ½ égal à la distance des deux étoiles, le mouvement vrai 35′ 45″, car la parallaxe n'avait pas changé considérablement. Képler dit 36′ presque, Lansberge 37′.

Il reproche à Lansberge de rectifier les étoiles par le mouvement de la Lune, de supposer un mouvement, d'y ajuster les étoiles de manière à s'accorder avec son calcul, pour prouver ensuite, par cet accord, la bonté de ses tables. Képler réduisait à 1′ la parallaxe du Soleil; Horrox croit qu'il faut la diminuer encore, et qu'elle n'est guère que de 15″. Si elle était de 2′ 13″, comme le veut Lansberge, la Terre serait la plus grosse de toutes les planètes, ce qui n'est nullement probable. Le demi-diamètre de Saturne ne lui a jamais paru passer 15″; celui de Jupiter en est le double; celui de Mars n'est jamais beaucoup plus grand que celui de Jupiter; Vénus n'est guère que de 2′. Gassendus a trouvé 20″ pour Mercure sur le Soleil.

Horrockes fait l'excentricité du Soleil, 1735; l'équation 1° 59′ 18″.

Dissertation sixième. Du mouvement des astres en général. Rien de remarquable.

La septième dissertation est un long plaidoyer pour Tycho contre Hortensius, admirateur de Lansberge. C'est un procès jugé.

Lettres à Crabtree. On y voit qu'en 1636 il n'avait encore qu'un rayon astronomique long de trois pieds; la traverse était d'un pied et divisée en tangentes.

Il remarque que près de l'horizon le diamètre vertical du Soleil lui a paru de 2′ plus court que le diamètre horizontal. La différence augmentait à mesure que le Soleil baissait. Il se rappelle que Képler en avait donné la raison. Il observait des distances et des alignemens.

En 1637, il annonce un rayon de 11 pieds. Il remarque que les pinnules intérieures accourcissent les distances, et que les pinnules extérieures les augmentent. Pour Jupiter et Vénus, au lieu de pinnules, il employait des fils de fer à angles droits; il les dirigeait au centre; pour corriger les pinnules l'une par l'autre, il observait une étoile à la pinnule intérieure et l'autre à l'extérieure. Il donne quelques-unes de ses idées sur la théorie de Jupiter : c'est une ébauche; il n'avait pas encore les Tables Rudolphines; il croyait alors les réfractions insensibles à 29 ou 30° de hauteur.

Il croit que dans les mouvemens de la Lune il y a une inégalité qui compensera la partie de l'équation du tems qui dépend de l'anomalie. Ses idées ne sont pas encore bien nettes, et son explication physique est tirée des raisonnemens de Képler.

Il projette des éphémérides où il ne donnera que les moyens mouvemens de la Lune desquels on pourra conclure la prostaphérèse. Il imagine une forme de tables qu'il juge plus commode que celle de Képler. Il est sans cesse occupé à comparer les distances des planètes à celles que donnent ces tables.

Il a acheté une lunette $2^{s}\ 6^{h}$; il remarque que si l'on fait un choix entre les équinoxes d'Hipparque, on pourra trouver l'excentricité telle qu'elle est en 1638.

Si l'on tient en main un fil-à-plomb et qu'on le fasse osciller, son mouvement libratoire ressemblera à celui des planètes en hauteur, *in altum*. Si la main qui porte le fil se meut sur la circonférence du cercle, le fil décrira une ellipse dont les apsides auront un mouvement lent. La nature est toujours la même. Ne serait-ce pas là la cause du mouvement elliptique? Page 213, il a restitué les mouvemens du Soleil, de Vénus et de Jupiter; il n'a pas encore réussi pour Mars ni pour Saturne; il dispose un instrument pour observer la conjonction de ☿ avec le ☉.

Il donne deux exemples d'un lieu de la Lune calculé dans son hypothèse.

Il croit que les comètes sont mues par le Soleil, et tournent autour de lui.

Il recommande à son ami de se rendre attentif au passage de Vénus, et d'être à sa lunette toute la journée.

Il voudrait une bonne carte des taches de la Lune; il compte s'en occuper. Il travaille à son livre sur le passage de Vénus. Il se propose de faire des observations sur les marées. Il dit ensuite les avoir suivies pendant trois mois, et qu'il espère découvrir beaucoup de choses s'il peut les continuer pendant un an.

Dans ses observations, on trouve, au 21 octobre 1638, qu'il n'a point aperçu Mercure sur le Soleil; que cependant la conjonction doit avoir eu lieu, *car le vent a été violent pendant toute la nuit.* Au 22 mai 1639, éclipse de Soleil très détaillée.

Nov. 24. *Observavi per telescopium conjonctionem Solis et Veneris nobilissimam in obscurâ camerâ. Diameter Veneris fuit* 1′ 10″, *qualium Sol habet* 30′, *certe non major.*

Venus intravit discum Solis ad sinistram (lege dextram) gr. 62° 30′ (*certe intra* 60 *et* 65) *à vertice. Fuit que eadem inclinatio constans usque ad occasum Solis. Hoc intus in radio; contrarium in cœlo apparuit. Fuit que Venus inferior centro Solis ad sinistram. Hoolæ in loco qui distat milliaribus* 16 *ad boream fere à Liverpoliâ latitudo ab æquatore* 53° 35′, *longitudo ab Uraniburgo* 14° 15′, *ad occasum.*

Horolog.		Distantia centrorum.
3° 15′ p.	scrupula	14′ 25″
3.35...	qualium	13.30
3.45...	Sol. 30.	13. 0
3.50...	occasus Solis apparens.	

La dernière observation est du 15 octobre 1640.

On voit ensuite les observations de Crabtree, dont il n'y a rien à tirer aujourd'hui, non plus que de celles d'Horrox, à l'excption du passage de Vénus que j'ai calculé autrefois pour Lalande qui me l'avait demandé.

A la suite du volume on trouve la dissertation de Flamsteed sur l'équation du tems. Il y ramène aux vrais principes, d'abord en supposant que la Terre décrit un cercle, puis en supposant une ellipse. A cela près, c'est la doctrine de Ptolémée exposée d'une manière assez obscure. Il met en regard la table de Tycho, celle de Street et la sienne. Il y joint par occasion ses tables du ☉; il y fait le mouvement d'anomalie en cent ans 11ˢ 29° 21′ 50″; le mouvement de l'aphélie ou des fixes 1° 23′ 20″; l'équation 1° 59′ 0″. Il donne ensuite son équation du tems, composée pour l'an 1692.

En 1701, anomalie 6ˢ 13° 18′ 28″; aphélie 9ˢ 7° 24′ 10″.

Les différences des tables comparées aux observations de Tycho, vont à + 1′ 51″ et — 1′ 35″.

Enfin, on trouve la théorie lunaire d'Horroccius, tirée d'une de ses lettres à Crabtree, et d'une lettre de Crabtree à Gascoigne. Il faisait l'excentricité variable :

La plus grande de...	0,06686	
La moyenne de.....	0,05524	La variation 36′ 27″.
La moindre de.....	0,04362	

L'apogée moyen coïncidait avec le vrai dans les syzygies et les quadratures; il s'en écartait progressivement jusqu'à 11° 47′ 22″.

C'est sur ce fragment que Flamsteed a construit ses tables lunaires. On y voit d'abord une équation *empirique* du tems qui n'est autre chose que la réduction à l'écliptique, et une partie physique de 13′ 24″, qui ressemblerait davantage à l'équation annuelle, puisqu'elle dépend de l'anomalie moyenne.

Les mouvemens en 100 ans, 10^s 7° 48′ 51″, 5^s 19° 4′ 16″ et 4^s 14° 11′ 7″.

L'équation de moindre excentricité 4° 59′ 59″; de plus grande, 7° 39′ 49″; latitude, 5° 0′, avec une colonne d'augmentation, est de l'inclinaison 5° 18′.

Flamsteed, peu satisfait des raisons képlériennes du mouvement oscillatoire de l'apogée, cherche à démontrer cette inégalité d'une manière plus concluante. Toutes ces théories étant incertaines et surannées, nous n'en dirons pas davantage. Mais nous devons nous arrêter un instant sur la manière dont Horrox change le tems vrai en tems moyen. D'abord il est assez singulier qu'il donne le nom d'empirique à la partie de l'équation qui dépend de la réduction à l'écliptique. Cette partie est géométriquement démontrée, c'est la seule sur laquelle tous les astronomes fussent d'accord. Nous avons déjà dit (tome IV, page 161), qu'en rejetant la partie qui dépend de l'anomalie moyenne du Soleil, Tycho faisait le tems moyen trop fort de 8′ 13″ sin anom. moy., que pendant ces 8′ 13″, le mouvement de la Lune était de 4′ 30″,6 sin anomalie moyenne, et que c'était donner à la longitude de la Lune une équation de....... 4′ 30″,6 sin anomalie ☉. Cette équation dans les tables modernes est de + 11′ 9″ sin anom. ☉, à fort peu près.

Képler était d'avis de rétablir la partie supprimée par Tycho, parce qu'elle lui paraissait clairement démontrée; cependant, par d'autres raisons, il était tenté de croire qu'au lieu de la rétablir il fallait une équation +3° 21′, ou 0^h 13′ 24″ sin anom. ☉, pendant lesquelles le mouvement de la Lune est de 7′ 21″. Ainsi Képler donnait réellement à la Lune

une équation de $+(4' 31'' + 7' 21'')$ sin anom. ⊙ $= 11' 51''$ sin anom., ce qui approchait fort de la vérité. Il avouait que si quelques observations paraissaient exiger cette équation, d'autres l'engageaient à la rejeter, de sorte qu'il se trouvait fort embarrassé, et que, dans son incertitude, il finissait par s'en tenir à la méthode géométriquement démontrée. Horrox néglige, comme Tycho, la deuxième partie de l'équation du tems, il y substitue l'équation du signe contraire de Képler, à laquelle il ne fait aucun changement, sinon de l'exprimer en tems au lieu de la donner en degrés, comme Képler. Ainsi Horrox donnait réellement à la Lune une équation de $11' 51''$ sin anom. moy. Il nous promet de revenir sur ce point, d'exposer les fondemens de sa détermination. A l'en croire, il serait sûr de son fait. Peut-être a-t-il trouvé dans les observations plus modernes, cet accord que Képler regrettait de ne pas trouver dans celles qu'il avait pu se procurer; mais en supposant le fait, il n'aurait rien ajouté à l'idée de Képler, et l'équation resterait toujours empirique, comme étaient l'évection et la variation qui étaient visiblement exigées par les observations, et qui, comme l'équation annuelle, n'ont été réellement démontrées que par Newton. Quoi qu'il en soit, on sera toujours obligé de convenir que la première découverte est due à Tycho, qui seulement faisait l'équation beaucoup trop faible; qu'elle a été perfectionnée par Képler, qui la faisait un peu trop forte, et la part d'Horrox sera d'avoir constaté par de nouvelles recherches la nécessité de l'équation de Képler. Flamsteed, en adoptant les idées d'Horrox et l'équation de Képler, était bien tenté de la donner en minutes et secondes de degré, comme on le fait aujourd'hui, mais il craignit qu'on ne l'accusât d'augmenter sans nécessité le nombre des inégalités de la Lune; par respect pour Horrox, il en fit la seconde partie de l'équation du tems, comme avait aussi fait Képler par respect pour Tycho. Képler donnait cependant cette équation en degrés pour qu'on pût l'ajouter directement à l'ascension droite du milieu du ciel, dont il faisait grand usage dans ses calculs d'éclipses.

Venus in Sole visa, seu Tractatus astronomicus de nobilissimâ Solis et Veneris conjunctione, nov. die 24, styl. Jul. 1629. Autore Jeremia Horroxio. Nous avons déjà rapporté les principales circonstances de cette observation célèbre, d'après une lettre de l'auteur à son ami Crabtree. Wallis, dans la préface des œuvres posthumes d'Horrox, se plaint amèrement de ce que cette production était restée vingt-deux ans dans l'oubli; un exemplaire manuscrit avait été apporté dans une séance de la Société royale de Londres; Huyghens, qui était présent, en fit passer une copie à Hévélius qui l'imprima à la suite de son *Mercure vu sur le Soleil.* On est fort surpris de ne pas le trouver dans le recueil publié par Wallis. L'opuscule d'Hévélius est fort rare, en l'analysant j'avais négligé la dissertation de Vénus que je croyais posséder dans les œuvres de son auteur. Les éphémérides qu'il avait calculées sur les tables de Lansberge lui annonçaient ce passage; il était de même assuré par un calcul fait sur les Tables Rudolphines qui, selon lui, s'élèvent au-dessus de toutes les autres. *Quantum lenta solent inter viburna Cupressi.* Mais il craignait les *nuages qui étaient en conjonction avec le Soleil en même tems que Vénus, Jupiter et Mercure;* il craignait sur-tout Mercure, qui jamais ne *se rencontre avec le Soleil sans exciter des tempêtes.* Cette observation si rare lui paraissait propre à corriger le moyen mouvement de Vénus; une erreur d'une minute, dans le lieu géocentrique observé, ne ferait qu'un tiers de minute sur la longitude héliocentrique; aucune observation ne peut donner aussi bien le lieu du nœud, et même l'inclinaison qui résultera du mouvement observé de latitude apparente; enfin l'observation donnera le diamètre de Vénus. Il ne dit rien de la parallaxe.

Quoique le diamètre de Vénus soit beaucoup plus grand que celui de Mercure, qui par sa petitesse avait échappé à Schickard, dans le passage que Gassendi avait heureusement observé, Horrox pensa qu'il était plus sûr de beaucoup de se servir de la lunette astronomique, en l'honneur de laquelle il avait composé une quarantaine d'hexamètres assez médiocres, qu'il rapporte dans son second chapitre. A défaut du micromètre, qui n'était pas encore inventé, il prépara, pour recevoir l'image du Soleil dans la chambre obscure, au moyen de sa lunette, un carton sur lequel il traça une circonférence de cercle qu'il divisa en 360°. Il divisa le diamètre en trente parties, dont chacune valait une minute environ, et qu'il subdivisa encore en quatre parties de 15″ chacune. Il crut que pour les simples secondes il pourrait s'en rapporter à l'estime. Le diamètre de son cercle était presque d'un demi-pied. Comme les tables d'alors n'étaient pas bien d'accord sur l'instant, ni même sur le jour de la conjonction, il commença dès le 23 à observer le Soleil pour voir s'il n'y découvrirait rien d'extraordinaire. Le 24, il suivit le Soleil depuis son lever jusqu'à 9 heures; à $3^h \frac{1}{4}$ après midi les nuages s'étant dissipés, il aperçut avec une satisfaction bien vive, *une tache nouvelle, d'une grandeur extraordinaire et parfaitement circulaire, entrée toute entière sur la partie gauche du Soleil, en sorte que les bords du Soleil et de la tache coïncidaient exac-*

tement et formaient l'angle de contact. Il ne doute pas que ce ne fût Vénus qui était depuis si long-tems *l'objet de tant de vœux.* L'entrée s'était faite à 62° ½ du vertical, à droite en apparence et réellement à gauche.

Il observe les distances au centre, que voici, avec les réductions qu'il y a depuis apportées :

A 3^h 15′ ... 14′ 24″ ... 15′ 17″.
3.35.... 13.30.... 14.10.
3.45.... 13. 0.... 13.39.

A 3^h 50′ coucher apparent du Soleil, par l'effet de la réfraction, le coucher véritable avait eu lieu 5′ plutôt. Il répéta plusieurs fois la mesure du diamètre de Vénus qu'il trouve un peu *plus grand que la trentième partie du diamètre solaire,* mais de peu de chose. Le rapport des deux diamètres lui parut celui de 30° : 1′ 12″. Vénus était certainement moindre que de 1′ 30″, et tout au plus de 1′ 20″, et cela tant vers le bord que plus près du centre.

Le lieu de l'observation est un village peu connu, à 15 milles au nord de Liverpool; latitude, 52° 30′, quoique les cartes le placent à 54° 12′; pour la longitude il la croit de 53° 35′, c'est-à-dire à 22° 30′ des îles Fortunées, et 14° 15′ à l'occident d'Uraniburg.

D'après ces renseignemens, Hévélius ajoute au texte une figure de ce passage, sur une échelle un peu plus grande que celle d'Horrox, mais divisée de la même manière, avec le vertical du Soleil et l'écliptique.

Crabtree fut beaucoup plus contrarié par les nuages, mais ils s'entrouvrirent entre 3^h 30′ et 3^h 40′, et il eut le plaisir de voir Vénus, mais il n'en pu faire aucune observation, si ce n'est celle du diamètre qu'il trouve de $\frac{7}{200}$ du diamètre ☉, c'est-à-dire de 1′ 3″.

Horrox observa qu'en une demi-heure la distance au centre avait diminué de 1′ 24″; il en conclut qu'en 26′ elle s'avançait *vers le centre* de tout son diamètre ou de 72″, et que le contact extérieur avait dû arriver à 2^h 49′.

Dans le chapitre IV, il s'attache à prouver que c'est bien Vénus qu'il a vue, et que son diamètre ne doit pas être plus grand que celui qu'il a observé. Jamais tache n'a paru si ronde sur-tout près du bord du Soleil. Il croit les planètes des corps opaques qui n'ont de lumière que celle qu'ils reçoivent du Soleil.

Dans le calcul de son observation, il suppose le demi-diamètre du

Soleil 31′ 30″ quoiqu'il ne l'ait divisé qu'en 30 parties sur son carton. Une règle de trois suffisait pour convertir les distances mesurés en minutes et secondes. Il supposa l'inclinaison 62° 30′, constamment pour en conclure les différences de longitude et de latitude. Il ne donne pas cette inclinaison 62° 30′ comme bien sûre, mais il prouve qu'une erreur de 5° sur cet angle ne produirait que 55″ sur la longitude et 56″ sur la latitude. Ces positions sont affectées de la parallaxe. Il donne 52″ de parallaxe à Vénus, 14″ au Soleil; la différence ou la parallaxe relative serait donc de 38″.

Hévélius trouve des erreurs dans ce calcul, et reproche à l'auteur de n'avoir pas égard à la réfraction. Il avoue cependant que l'effet en était peu sensible.

Horrox en déduit encore la conjonction à 5ʰ 55′. Les observations présentaient des discordances de 7′.

La latitude 8′ 31″A, et le lieu du nœud 2ˢ 13° 22′ 45″; Képler le mettait en 11° 31′ 13″, Longomontanus en 14° 32′ et Lansberge en 11° 56′.

Hévélius gâte encore tous ces calculs en employant des parallaxes à peu près doubles.

Horrox compare son observation aux tables de Copernic, de Reinhold, de Lansberge, de Longomontanus, et venant à Képler: *Pergo igitur ad Astronomiæ principem J. Keplerum; cujus unius viri inventis, non est harum artium peritus qui neget, plus debere Astronomiam quam cœteris in universum.... nec quisquam, me vivo, Kepleri cineres impune lacesserit : cujus mortem nunquam non prœmaturam, miser excepit Astronomiæ status, sub nugantibus quibusdam ingeniis quæ noctuarum more nisi post occasum Solis volant.*

Les tables de Képler étaient en effet celles qui différaient le moins de l'observation; elles avançaient cependant de 9ʰ 46′. Horrockes trouve qu'il faut corriger cette erreur, *mais en conservant la forme des tables*, en laissant à la Terre *le mouvement annuel et diurne;* le Soleil doit rester au foyer commun de toutes les ellipses, et les lignes des nœuds doivent se couper toutes à ce foyer; il admet même la dernière partie de l'équation du tems de Képler. Il croit qu'elle est exigée par la correction des mouvemens de la Lune et celle qu'il fait subir à l'excentricité du Soleil. Ainsi il a delié le nœud qui avait tant tourmenté Képler (Tab. R., p. 34). Il promet, avec l'aide de Dieu, de revenir un jour sur ce point. Képler supposait l'inclinaison de 3° 22′; il trouve 3° 24′, et certainement moins que 3° 30′.

Le diamètre de Vénus, dans ce passage, eût été, selon Tycho,

de	12′ 18″
Lansberge....	11.21
Képler.......	6.51
Il n'était que de 1′ 7″, ou	1.12.

Schickhard pensait que ces diamètres étaient diminués quand ils étaient vus obscurs sur le Soleil. Parmi les raisons qu'il en apportait, Horrox n'en trouve qu'une seule qui soit spécieuse. Le Soleil vu de Vénus devait avoir 43′ 3″; le Soleil voyait Vénus sous un angle de 28″; l'angle du cône d'ombre de Vénus était donc de 42′ 35″, dont le supplément 179° 17′ 35″ mesure l'arc obscur de Vénus; la moitié est 89° 38′ 24″,5, dont le sinus est 0,99980820; ainsi la partie éclairée de l'hémisphère tournée vers nous n'était que de 5‴.

A ce calcul mathématique, Horrox ajoute une conjecture qui n'est pas aussi certaine; il pense que les inégalités de la surface font que le Soleil n'éclaire jamais en entier l'hémisphère d'une planète.

Il ne doute pas que les planètes ne soient entourées d'une atmosphère diaphane qui peut bien augmenter quelquefois leur diamètre lumineux; ainsi le disque apparent de la Lune peut s'étendre jusqu'à une étoile avant l'instant du contact des deux bords, mais dès que l'étoile touche le bord véritable elle *disparaît en un clin-d'œil*, ainsi que Crabtree et lui l'ont remarqué dans les occultations des Pléiades.

Il s'étonne qu'aucun astronome n'ait encore fait une remarque, pourtant bien facile. Souvent Horrox a vu Vénus et Jupiter lorsque le Soleil était de quelques degrés au-dessus de l'horizon; mais les disques de ces planètes étaient singulièrement diminués, et en les comparant par la pensée au disque du Soleil, on n'y trouvait aucun rapport appréciable, en sorte que leur diamètre ne paraissait pas $\frac{1}{100}$ de celui du Soleil. Ces diamètres paraissent encore considérablement diminués si on les regarde la nuit à travers une carte percée d'un trou d'aiguille; alors on ne les distingue plus des étoiles fixes.

Puisqu'il existe entre les révolutions et les moyennes distances une proportion admirable, découverte par Képler, il pense qu'il en doit exister une entre ces distances et les diamètres des globes.

Il pense donc que chacune des planètes est éloignée de 15000 de ses propres diamètres, en sorte que le Soleil la voit sous un angle de 28″.

En conséquence, il donne 14″ de parallaxe au Soleil; il trouve que sa règle s'accorde assez bien au diamètre de Vénus; dans ses moyennes distances, il trouve que l'observation donne 34″ pour mesure, au lieu de 28; 30″ pour Saturne, 37″ pour Jupiter, enfin pour Mars un peu moins que 28. On objectera que c'est là une simple conjecture; il la donne au moins comme extrêmement probable.

Hévélius n'est pas de cet avis. Il a grande raison; mais c'est un peu par hasard. Il s'en faut de beaucoup que le diamètre héliocentrique de toutes les planètes soit de 28″; celui de la Terre n'est guère que de 17″; celui de Jupiter est beaucoup plus grand, ceux des autres planètes généralement plus petits. Les voici tels qu'ils résultent des diamètres à la distance moyenne de la Terre au Soleil. (*Astron.* t. II, p. 620).

☿	17″0	♂	5″8
♀	22.8	♃	35.9
		♄	18.0
♁	17.2	♅	3.9

Horrox n'avait pas de données suffisantes pour éprouver sa conjecture.

Argoli.

Andreæ Argoli, Pandosium sphæricum. Patavii, 1644.

L'auteur nous dit, p. 6, que Timocharis découvrit le premier le mouvement des fixes en longitude, et qu'Hipparque confirma cette découverte; il ajoute que Ménélaüs, à Rome, et Ptolémée, à Alexandrie, continuèrent d'observer ce mouvement progressif, et en donnèrent la mesure plus exacte; il est fâcheux qu'Argolus ne cite pas ses garans. Il est à croire que son imagination le guide autant que sa mémoire. Aux trois systèmes connus il en ajoute un nouveau. Il place la Terre au centre; la Lune et le Soleil, ainsi que les trois planètes supérieures, tournent autour de la Terre; mais le Soleil a pour satellites les deux planètes inférieures, Mercure et Vénus. Il ne fallait pas des méditations bien profondes pour conduire à ce système. Il avoue que Vitruve et Martianus Capella ont eu avant lui la même idée, mais sans la développer, sans indiquer les excentriques ou les épicycles nécessaires pour calculer les mouvemens apparens. Ce nouveau système ne s'accorde pas avec celui de Tycho, sur-tout pour la Lune. Argolus, dans ses Ephémérides, a calculé les lieux de la Lune dans son hypothèse et dans celle de Tycho, afin que les observateurs soient à portée de juger à laquelle des deux on doit la préférence. *Pourvu qu'on sauve les apparences; peu importe qu'on multiplie les cercles, les centres, et les mouvemens.*

La première des tables qu'on rencontre est celle des déclinaisons pour toutes les minutes de la longitude et pour toutes les latitudes, depuis —9° jusqu'à +9°.

La seconde est celle des ascensions droites de tous les points de l'écliptique, et pour tous les astres, jusqu'à 9° de latitude. Le tout pour une obliquité de 23°31′32″.

Table des ascensions obliques par la latitude 41°50′, qui est celle de Rome.

Table des positions pour la latitude de 45°, dont il n'explique ni la construction ni les usages.

Table des différences ascensionnelles pour diverses hauteurs du pôle.

Table des parallèles en milles pour toutes les latitudes, de degré en degré.

Table des arcs semi-diurnes pour divers climats.

Tout cela entremêlé de notions astronomiques qu'on trouve partout, et de notions astrologiques qu'on est fâché de rencontrer dans tous les écrits de ce temps.

Andreæ Argoli, secundorum mobilium Tabulæ. 1634.

Ces tables sont précédées de vers grecs, hébreux, latins, en l'honneur de l'Astronomie. La mode est passée de tous ces hommages poétiques, ou du moins elle a changé d'objet.

Argolus, qui avait sans doute compilé ces tables pour le calcul de ses Ephémérides, montre que l'usage de ces almanachs est fort ancien; il rappelle ce passage de Pline, d'où il résulterait qu'Hipparque en avait composé pour six cents ans. Pour montrer le grand usage qu'on faisait de ces annonces, il rapporte ces vers de Juvénal :

Quarum manibus ceu succina tritas
Cernis ephemeridas.

Argolus en avait composé de 1620 à 1640, de 1640 à 1680, et même jusqu'à 1700.

Dans sa préface, il nous dit que Timocharis avait trouvé

l'Epi de la Vierge en..................................	$5^s 22° 20'$
que l'an 99 de notre ère, Ménélaüs l'avait trouvé en......	5.26.15
et Ptolémée en l'an 140 en..............................	5.26.40

Le mouvement pour quarante-un an serait donc de $25' = 1500''$, ce qui ferait, par an, 38″ et 36″ environ. Serait-ce d'après les observations de Ménélaüs, comparées à celles d'Hipparque, que Ptolémée aurait tiré sa mauvaise précession de 36″. Remarquons encore que d'après Hipparque, Timocharis aurait trouvé $5^s 22°$ et non $5^s 22° 20'$.

Nous nous bornons à ces notions historiques, et nous omettrons de parler de ses tables, quoiqu'il prétende qu'elles sont partout exactes à la minute; il n'en donne aucune preuve, et laisse les comparaisons à faire à son lecteur. Pour la Lune, il paraît se borner à représenter les éclipses, car il n'emploie que les équations de Ptolémée, qu'il a seulement diminuées de 4 à 5′. Il ne fait aucune mention de la variation, mais il a égard à l'équation de la latitude et à la correction du nœud donnée par Tycho. C'est la vieille Astronomie avec ses excentriques, et le mot d'ellipse n'est pas même prononcé dans tout le livre.

Son catalogue d'étoiles est celui de Tycho, réduit à 1620.

En tête de ses *Ephémérides*, on trouve une longue dissertation sur ce mot et ses acceptions, mais rien pour l'Astronomie que nous n'ayons vu dans Géminus. Il reproduit ensuite ce qu'on a vu dans son *Pandosium;* il y ajoute des tables très étendues des maisons pour toutes les latitudes de 37 à 55°; de longues tables des mouvemens horaires du Soleil, de la Lune et des planètes; enfin, une table sexagésimale, en sorte que tout ce premier volume est consacré aux explications et aux tables subsidiaires.

Je possède trois exemplaires de ces Ephémérides, l'un va de 1641 à 1700 inclusivement, Lyon, 1667; le second va de 1630 à 1680, Padoue, 1631 et 1638, et porte le privilége de Louis XIII; le troisième va comme le premier, de 1641 à 1700, Padoue, 1648.

Argolus était un de ces hommes laborieux qui composaient de longs ouvrages pour l'usage des astronomes, et sur-tout des astrologues.

On a cité de lui, comme une chose très remarquable, qu'il avait réduit toutes les opérations trigonométriques à la simple multiplication, et cela en 1604, dix ans avant la découverte des logarithmes; il n'aurait fait en cela qu'adopter les méthodes données par Viète en 1679 (*voyez* toutes ces formules ci-dessus, tome III, page 462). C'est une chose peut-être plus remarquable ou plus singulière, que, dans son *Pandosium sphæricum,* imprimé en 1644, trente ans après le livre de Néper, il ne fasse encore aucun usage des logarithmes, ni même des formules de Viète. Parmi plusieurs exemples qu'on pourrait produire, nous nous contenterons de celui-ci. *Pand. sph.*, pag. 63.

Sicut 94466, *ad* 17365, *ita* 99766 *ad* 18339.

Sicut sinus complementi declinationis loci ad sinum complementi distantiæ à solstitio ita sinus complementi latitudinis ad sinum arcus æquinoxialis, etc., pag. 62 et 63; *voyez* aussi pag. 250, 348, 349, et sa Trigonométrie; mais pag. 352, il substitue quelques sécantes à des cosinus; il dit expressément, pag. 57, qu'il n'a point abandonné l'usage des tables en nombre naturels, il en donne pour raison que les logarithmes facilitent les opérations aisées, et compliquent les opérations difficiles. Il aurait dû nous dire quelles sont ces opérations si difficiles que l'usage des logarithmes rend plus difficiles encore.

Roberval.

Aristarchi Samii, de Mundi systemate, partibus et motibus ejusdem, liber singularis. Adjectæ sunt Æ. P. de Roberval, notæ in eundem libellum.

Ce livre, imprimé pour la première fois en 1644, a paru depuis avec des corrections, en 1647, dans le troisième volume des Observations physico-mathématiques de Mersenne. L'épître dédicatoire est de 1643.

Il est évident que ce livre n'est point d'Aristarque; Roberval ne se donne pas beaucoup de peine pour en établir l'authenticité. Il ne dit pas même qu'il ait vu l'original grec. Lalande, dans sa Bibliographie, parle d'une traduction arabe, qui aurait servi à la version latine. Roberval ne parle que d'un manuscrit d'un style barbare et presque inintelligible; et si l'on compare cet opuscule au livre des *grandeurs et des distances*, qui est vraiment d'Aristarque, on ne reconnaîtra la même manière pas plus que les mêmes opinions. On ne trouve, dans l'écrit pseudonyme, aucun des passages cités par Archimède dans son Arénaire; pas la moindre réfutation *des idées des astrologues*, pas la moindre mention du rayon du cercle décrit par la Terre autour du Soleil, ni du *rapport qui existe entre la Terre et la sphère des fixes*, rapport que, selon Archimède, Aristarque aurait supposé le même qui existe entre le centre et la circonférence.

Il est donc visible que Roberval n'a pas voulu réellement nous induire en erreur, que son intention a été uniquement d'exposer, sous le nom d'un ancien, pour ne pas se compromettre, ses idées, ou plutôt ses rêveries sur le système du monde. On voit qu'il a fait son livre avec ceux de Copernic, de Képler et de Descartes. Il a pris à Képler l'idée de la pesanteur universelle, qui fait que tous les astres sont de forme sphérique et s'attirent mutuellement. Il a pris à Descartes l'idée de son fluide d'inégale densité qui remplit tout l'espace, et dans lequel tous les corps se placent dans la couche dont la densité est égale à leur densité propre. Il a pris à Képler l'idée de faire dépendre tous les mouvemens des planètes en longitude du mouvement de rotation du Soleil. Enfin, il a pris à Copernic son explication des saisons et du mouvement de précession.

Dans la préface il nous dit, je ne sais d'après quelle autorité, que Cléanthe avait cité Aristarque devant l'aréopage, comme coupable de sacrilége, pour avoir imaginé de faire tourner la Terre. Jusqu'ici il ne fait guère que corriger, comme nous avons fait nous-même, un passage du traité de Plutarque, sur la figure de la Lune, tom. IV, p. 608, mais il ajoute qu'Aristarque avait été absous et comblé d'éloges, et que l'accusateur n'avait recueilli que le mépris et les risées du public.

Ce qui paraît lui appartenir, c'est l'idée qui fait du Soleil un corps spongieux propre à attirer, recevoir, absorber pour la rendre et la *vomir* ensuite toute la chaleur disséminée dans l'espace. Cette émanation venant à frapper la Terre, dont la surface est inégale et raboteuse, y produit un mouvement de rotation qui, dans l'origine, a dû être très lent, et qui, par la succession des tems, est devenu très rapide. Par un effet de réaction, le Soleil recevrait lui-même ce mouvement de rotation qu'il donne à la Terre; effet que, dans une note, Roberval veut rendre sensible par l'exemple de ces fusées qu'on appelle des *soleils*.

Cet échantillon nous doit suffire, et l'on nous dispensera d'exposer comment il en déduit les mouvemens des planètes et des comètes, ainsi que le flux et le reflux de la mer. Ce système, un peu moins extravagant que celui des tourbillons, a fait moins de bruit, peut-être pour cette raison même, ou peut-être encore parce qu'il venait trop tard. Descartes régnait alors dans les écoles et dans quelques académies, et Roberval n'était pas un antagoniste assez redoutable pour le géomètre qu'on a si long-tems opposé à Newton.

Roberval, né en 1602, mourut en 1675. Il succéda à Morin dans la chaire de Mathématiques du Collége royal. Il fut un des premiers membres de l'Académie des Sciences.

Wing.

Harmonicon cœleste, or the celestial Harmony of the visible world containing an absolute and entire piece of Astronomie, by Vincent Wing, Philomathemat. 1651.

Cet ouvrage est la première esquisse de l'Astronomie britannique, que l'auteur publia dix-huit ans plus tard. On y retrouve les mêmes idées, les mêmes problèmes, et en général la même disposition. Cependant, l'Harmonicon contient des choses qui ne sont point dans l'édition latine, et réciproquement. L'auteur se déclare copernicien, il réfute les orbes solides, parce que les comètes les traversent librement, et il insiste sur-tout sur les réfractions que ces orbes ne manqueraient pas de produire dans les rayons lumineux qui nous viennent des étoiles. Je ne crois pas ce second argument plus neuf que le premier; je le cite à tout hasard. Si le système de Philolaüs et de Pythagore fut si long-tems négligé par les Grecs, il en accuse Aristote, et l'empire qu'il prit dans les écoles.

Les tables sont à peu près celles de l'Astronomie britannique. L'auteur nous avertit qu'elles ne peuvent différer beaucoup des tables de Képler, vu le peu de tems qui s'est écoulé depuis la publication des Tables Rudolphines. Celles de l'Harmonicon céleste sont un peu moins étendues que celles de l'Astronomie britannique, mais en revanche, on y voit des tables de logarithmes des 10000 premiers nombres, et pour les sinus et les tangentes de minutes en minutes, et à six décimales.

Astronomia britannica in quâ per novam concinnioremque methodum quinque traduntur. 1°. Logistica astronomica; 2°. Trigonometria; 3°. Doctrina sphærica; 4°. Theoria planetarum; 5°. Tabulæ astronomicæ congruentes cum observationibus accuratissimis nobilis Tychonis-Brahæi. Cui accessit observationum astronomicarum synopsis compendiaria... Authore Vincentio Wing. Londini, 1669.

L'auteur, dans sa préface, commence par ce mot d'Hermès trismégiste qui définissait Dieu *une sphère intellectuelle dont le centre est partout et la circonférence nulle part.* Après un tableau rapide des progrès de l'Astronomie, il donne hautement la préférence aux tables de Képler sur celles de Longomontanus, dans lesquelles il a trouvé des erreurs de 7 à 8° sur les lieux de Mercure; il accuse Lansberge d'avoir donné plus d'une entorse aux observations pour les faire cadrer avec ses tables.

Il donne de grands éloges à Boulliaud, tout en avouant que ses tables sont encore loin d'avoir la précision nécessaire.

Dans sa Logistique astronomique, après les règles vulgaires, il expose les usages de la table des logarithmes logistiques, qu'il donne avec six décimales, pour 1°12′ de seconde en seconde.

Dans sa Trigonométrie, il donne, d'après Anderson, la démonstration synthétique de ce théorème, aujourd'hui bien connu des astronomes :

$$\tang\tfrac{1}{2}(A-A')=\left(\frac{C-C'}{C+C'}\right)\tang\tfrac{1}{2}(A+A')=\left(\frac{1-\frac{C'}{C}}{1+\frac{C'}{C}}\right)\tang\tfrac{1}{2}(A+A')$$

$$=\left(\frac{1-\tang\varphi}{1+\tang\varphi}\right)\tang\tfrac{1}{2}(A+A')=\tang(45^\circ-\varphi)\tang\tfrac{1}{2}(A+A'),$$

qu'il écrit

$$\tang\tfrac{1}{2}(A-A')=\left(\frac{\frac{C}{C'}-1}{\frac{C}{C'}+1}\right)\tang\tfrac{1}{2}(A+A')=\left(\frac{\tang\varphi-1}{\tang\varphi+1}\right)\tang\tfrac{1}{2}(A+A')$$

$$=\tang(\varphi-45^\circ)\cot\tfrac{1}{2}(A+A').$$

Sa démonstration est assez longue et bien peu naturelle, la figure est très compliquée; on peut en trouver une démonstration plus simple :

Soit (fig. 57)

$$AB=C \quad \text{et} \quad BC=C'=BD, \quad CDB=45^\circ,$$

$$\tang A=\tang\varphi=\frac{C'}{C}, \quad ACD=45^\circ-\varphi,$$

$$\tang(45^\circ-\varphi)=\frac{AD\sin\varphi}{AC-AD\cos\varphi}=\frac{(C-C')\sin\varphi}{\frac{C}{\cos\varphi}-(C-C')\cos\varphi}=\frac{(C-C')\tang\varphi}{\frac{C}{\cos^2\varphi}-(C-C')}$$

$$=\frac{(C-C')\frac{C'}{C}}{C(1+\tang^2\varphi)-(C-C')}=\frac{(C-C')\frac{C'}{C}}{C\left(1+\frac{C'^2}{C^2}\right)-(C-C')}$$

$$=\frac{(C-C')\frac{C'}{C}}{C+\frac{C'^2}{C}-C+C'}=\frac{(C-C')C'}{C'^2+C'C}=\left(\frac{C-C'}{C+C'}\right);$$

donc

$$\tang\tfrac{1}{2}(A-A')=\left(\frac{C-C'}{C+C'}\right)\tang\tfrac{1}{2}(A+A')=\tang(45^\circ-\varphi)\tang\tfrac{1}{2}(A+A');$$

mais le calcul algébrique est bien plus court que tout cela.

Rien de nouveau dans sa Trigonométrie sphérique, sinon quelques règles qu'il donne sur la manière d'abaisser la perpendiculaire qui divisera le triangle obliquangle en deux rectangles.

Les figures sont en général fort compliquées. Sa doctrine sphérique n'est pas plus neuve.

Ses tables de l'écliptique supposent l'obliquité 23°31′30″.

Il donne des tables pour faciliter le calcul des déclinaisons et des ascensions droites des astres qui ont jusqu'à 9° de latitude. Elles ne sont qu'en minutes.

Des tables des différences ascensionnelles et des ascensions obliques, des points de l'écliptique pour différentes latitudes, et particulièrement pour Londres.

Des tables de la hauteur du nonagésime pour tous les degrés de latitude. L'argument est le point orient de l'écliptique de 3 en 3°, ou de 4 en 4°.

Des tables d'équation du tems en deux parties séparées ou réunies, quoiqu'il rejette, comme Tycho, celle qui dépend de l'excentricité.

Des tables des intervalles entre les époques les plus célèbres, des conversions des années et mois en soixantaines et soixantièmes de jour.

Des tables pour convertir les dates des divers calendriers Julien, égyptiens, persans, turcs et arabes. Sa méthode, pour ce problème, est de tout réduire en jours.

Tables pour les problèmes du comput ecclésiastique.

Sa théorie des planètes est fondée sur le système de Copernic; il place le Soleil au foyer commun de toutes les ellipses, comme Képler; il place au foyer supérieur le centre des mouvemens moyens, comme Boulliaud, dont il emprunte aussi la manière de résoudre l'ellipse en plusieurs cercles. Il emprunte à Copernic, à Longomontanus, et rien jusqu'ici ne lui appartient, pas même ses erreurs; car il se trompe sur l'équation du tems avec Tycho et Boulliaud. Il détermine par le nonagésime, comme Képler, quelques points principaux des courbes des phases dans l'éclipse de Soleil. Nous ne le suivrons pas dans ses explications qui ne nous apprendraient rien, ni dans ses théories, qui ne sont que des pas rétrogrades; ses réfractions sont celles de Tycho.

Dans ses tables, on voit qu'en 36525ʲ, le

mouv. moy. ☉ est........................	0ˢ 0°44′ 53″
mouv. de l'apside........................	1.42.43
précession annuelle 50″,47, en cent ans.......	1.24. 7

Il croit que Képler a trop réduit la parallaxe du Soleil, quoique dans la réalité, en la supposant de 1', il l'ait fait sept fois trop forte.

Mouvem. de la ☾ en 36525........	$10^s\ 7°48'37''$
Apogée........................	3.19.17.46
☋.............................	4.14.11. 7
Équation elliptique................	4.57.14
Variation........................	40.30
Évection........................	2.37
Inclinaison......................	5. 0.

Il donne une table composée qui réunit l'évection et la variation.

Saturne en 36525^j, ♄ $4^s 23° 29' 42''$, Aph. $2° 13' 50''$, ☊ $1° 0' 15''$, équat. 6.35.19, inclin. 2.30.30.

Table composée de la parallaxe annuelle dépendant du logarithme du rapport des distances et de la commutation.

Table de la plus grande latitude de Saturne, dépendant de ce même rapport et de l'anomalie de Saturne.

♃.............	$5^s\ 6°17'47''$	Aph.	$2°14'\ 6''$	☊	$0^s 0° 21' 40''$
Équation.........	5.29. 3	inclinaison....			1.21.56
♂.............	2. 1.59.32		2. 1.26		1.12.41
Parallaxe de l'orbe	10.37.30	plus gr. latitude			1.51. 4
♀.............	6.19.12.24		2.27. 6		1. 1.28
Parallaxe de l'orbe	0.50.30	plus gr. latitude			3.22.50
☿.............	2.14.25. 5		2.50.26		2.40. 6
Parallaxe de l'orbe	24. 7.22	plus gr. latitude			6.54. 0.

Catalogue d'étoiles de Tycho, avec des notes de Képler.

Constellations australes, la Grue, le Phénix, l'Indien, le Paon, *Apus*, oiseau indien; l'Abeille ou la Mouche, le Chamæléon, le Triangle, la Dorade, le Toucan, l'Hydre; tirées du catalogue de Bartschius.

Tableau abrégé des principales observations. Wing les réunit pour servir de preuve à la bonté de ses tables.

Equinoxes d'Hipparque, d'Albategnius, de Cusa, de Prophatius, de Tycho; longitudes ☉ observées à Londres par Wright. Les erreurs des tables de Wing vont à 2'48''.

En parlant des étoiles, il dit que les anciens ne les ont souvent déterminées qu'à 1° près.

Les erreurs des tables de la Lune vont à 10′ dans les observations de Tycho.

Les erreurs pour Saturne vont à 3′ ½, celles de Jupiter à 5′, celles de Mars à 4′, celles de Vénus à 15′ en longitude et 10 en latitude.

Le passage de Vénus, observé par Horroccius, commence à faire croire que la parallaxe du Soleil est fort petite et peut-être de 15″ au plus. Wing en doute, il objecte que Vénus était fort basse, et que la réfraction pouvait l'élever plus que la parallaxe ne l'abaissait. Comme si la réfraction changeait quelque chose à l'entrée ou à la sortie. Tout au plus la réfraction relative pourrait changer la distance au bord, quand cette distance n'est pas nulle. Il parle, pag. 306, d'une réfraction de 3°, observée par des hollandais, par 52° de latitude boréale, et 305° de longitude.

Pour Mercure, les erreurs vont à 15′ en longitude et 7′ en latitude.

Il rapporte trois passages de Mercure sur le Soleil.

Le premier est de Gassendi, qui a conclu la conjonction à 7^h 58′ du matin, le 28 octobre 1631, vieux style.

Le 21 juillet 1632, 3^h 18′ du matin, Gassendi observa Vénus et Mercure en conjonction; Mercure paraissait plus boréal que Vénus de 3′ 30″.

Wing suppose 8′ pour la différence des méridiens de Paris et Londres.

Deuxième passage le 24 octobre 1651. Jérémie Shakerley observa à Surate Mercure sur le Soleil à 6^h40′, à 10′ du centre. Conjonction à 1^h18′8″ matin, à Londres.

Le troisième fut observé à Londres par Huyghens, Mercator, Street, et autres; un peu avant 1^h Mercure entra sur le Soleil; un peu avant 2^h Huyghens trouva la distance du centre de Mercure au vertical du Soleil de 4′40″ et à 3′24″ du bord supérieur. Les nuages couvrirent ensuite le Soleil.

Eclipses de Lune. Outre les éclipses des Babyloniens, des Grecs et des Arabes, il rapporte plusieurs pages d'éclipses modernes, observées en Angleterre.

En 1628, 10 janvier soir, émersion à 10^h, Régulus élevé de 32°20′
fin, 10^h57′ Régulus élevé de 40.16.

En 1631, au collége de Gresham, Gellibrand observe la fin d'une éclipse à 13^h7′28″.

En 1638, 11 décembre, éclipse totale observée par Twisden, Toster et Palmer. Il continue son catalogue jusqu'à l'an 1669.

Eclipse de ☉. Il commence par l'éclipse d'Hérodote, qu'il rapporte à l'an 163 de Nabonassar, 13 tybi, $2^h 49' 44''$ tems moy. du méridien de Londres; l'éclipse fut totale avec demeure dans l'ombre.

Parmi ces éclipses indiquées souvent d'une manière trop vague, on remarquera celle du 29 mars 1652, observée par Jean Wyberdus. Elle devait être totale, et cependant on vit la Lune embrassée d'une couronne lumineuse; et ce qu'il y a de plus singulier, la lune parut tourner autour de son centre comme une meule. Le récit de cette éclipse tient plus de trois pages, et n'en est pas plus clair, ce qui tient autant au style de l'observateur qu'aux choses étranges qu'il raconte. Il nous suffira d'indiquer ces objets à la curiosité du lecteur qui en voudrait une connaissance entière, et nous bornerons cet extrait d'un ouvrage qui a pu être utile dans son tems, mais qui n'a rien qui puisse nous intéresser aujourd'hui.

Streete.

Astronomia Carolina, a new Theorie of the celestial motions, composed according to the best observations and most rational grounds of art, yet farre more easie, expeditive and perspicuous than any before extant, with exact and most easie tables thereunto and precepts for calculations of eclipses, by Thomas Streete student in Astronomy and Mathematicks. London 1661.

Voilà un titre assez pompeux pour un ouvrage dont l'auteur ne prend que la qualité de *student*, étudiant, ou tout au plus amateur. Ces tables ont eu plusieurs éditions, et Whiston les cite comme les meilleures qu'il connaisse.

Le soufre, le sel et le mercure sont les trois élémens principaux dont le monde est composé. Le soufre ou l'âme du monde donne naissance à la chaleur et à la lumière; il réside dans le Soleil et les étoiles. D'après Horrox, il supposera la parallaxe du ☉ de 15″, et d'après plusieurs auteurs, il fera l'obliquité de 23°30′. Il est copernicien; il admet l'ellipse, mais il met le centre des moyens mouvemens au foyer supérieur. Il détermine l'excentricité et l'aphélie comme Mercator.

Il fait la précession de 48″. Il admet, comme une chose incontestable, la troisième loi de Képler qui exprime le rapport des révolutions aux distances. Il donne pour chaque planète la manière dont il en a déterminé les élémens; on ne voit aucune méthode qui soit à lui. Si ces élémens sont les meilleurs qu'on eût encore, ce que nous n'avons pas examiné, il en résultera que ses tables ont été utiles, mais elles sont calculées dans un système qui n'est qu'approximatif, elles ne peuvent donc nous intéresser en aucune façon, aujourd'hui qu'elles ont perdu l'avantage de la précision.

Ses tables de logarithmes sont pour toutes les minutes. Sa table des logarithmes logistiques a été copiée partout. A la suite de mon exemplaire se trouve un appendix où il annonce, sans le donner, un moyen pour trouver la longitude. Il donne les longitudes de vingt-deux étoiles d'après Alsuphius, pour l'an 936 complet (Azophi).

Un avis à Wing, dans lequel il démontre que jamais la réfraction ne peut produire aucune éclipse; il lui fait aussi quelques autres reproches avec beaucoup de vivacité et peut être trop peu de ménagement, mais il paraît que Wing l'avait attaqué le premier.

Un autre écrit a pour titre : *Examen examinatum* ou *Wing's examination of astronomia Carolina examined, containing an explication of some of the fondamental grounds of the said Astronomy, with a castigation of the envy and ignorance of Vincent Wing, by Thomas Streete. Humanum est errare, perseverare diabolicum.* 1667.

Tous les points débattus entre les deux antagonistes ont perdu toute espèce d'intérêt. Peu nous importe qu'il se trouve ou non quelques erreurs dans leurs écrits, nous leur en passerions davantage encore si l'on y voyait quelque découverte ou quelque remarque importante.

Levera.

Francisci Leveræ romani prodromus universæ Astronomiæ restitutæ. Romæ, 1663. Cet ouvrage est dédié à Christine.

L'auteur, dans sa préface, s'applique à la recherche des causes qui font que les tables présentent si peu d'accord, et que les Ephémérides construites sur ces diverses tables font tant d'annonces démenties par les observations. La première de ces causes, à son avis, est l'ignorance des mouvemens du Soleil; on avait mal déterminé la longueur de l'année, il en est résulté que ni Longomontanus ni Képler n'ont pu faire de bonnes tables pour les planètes. Ainsi, pour réformer entièrement l'Astronomie, il va commencer par le Soleil; il va nous offrir les fruits de quarante ans de recherches. Il est bien persuadé que l'Astronomie avait été cultivée avec beaucoup de succès par les Chaldéens et par les Egyptiens, avant que la mer eût envahi une grande partie du territoire de l'Egypte. On pense, au contraire, que les alluvions du Nil ont étendu ce terrain, et que le Delta est un don de ce fleuve. Au reste, peu nous importe, et ce n'est pas un territoire plus ou moins étendu qui donne la mesure des connaissances astronomiques. Les Grecs, à son avis, n'ont jamais égalé les Egyptiens, qui faisaient mystère de leurs découvertes astronomiques. Il avoue cependant qu'Hipparque, le premier, a reconnu le mouvement de précession; et qu'avait donc de si profond la science des Egyptiens, s'ils n'avaient pas reconnu un mouvement qui est d'un degré en soixante-douze ans? Les Romains se sont peu occupés d'Astronomie; ils citent cependant Jules César pour la réformation Julienne, et Auguste pour avoir placé sur une médaille le signe du Capricorne, sous lequel il était né; Titus et Adrien, qui connaissaient bien les mouvemens célestes. Mais on sent que des astronomes de cet ordre ne reculent pas beaucoup les limites de la science. En faisant l'énumération des avantages que procure l'Astronomie, et tous les encouragemens qu'elle a reçus des puissances, il avoue que les Pères ne l'ont pas traitée si favorablement. Saint Ambroise pensait, comme saint Augustin, que les sciences ne sont bonnes à rien pour le salut; elles mènent à l'erreur, et ceux qui s'en occupent négligent le soin de leur âme. A cette opinion nous pouvons opposer celle de Fontenelle, qui disait de l'Astronomie et de l'Anatomie, que ces deux sciences conduisent presque infailliblement à la dévotion. Avouons pourtant encore que saint Jérôme disait, au contraire, que l'Astronomie était une espèce d'idolâtrie (*idolatriæ genus quoddam*). Levera se déclare pour l'opinion que Fontenelle a depuis émise. Non-seulement l'Astronomie n'est pas un obstacle au salut, mais elle est le *fondement de la Médecine*, de la Météorologie, de l'Art nautique, de la Cosmographie et de la Chronologie; elle n'est pas inutile à l'Agriculture, ni *même à la Poésie*. Quant à l'Astrologie, elle peut tromper dans des cas particuliers; en général, elle est conjecturale et imparfaite. Saint Thomas lui était assez favorable, Sixte-Quint la condamnait. Pour conclusion, il proclame l'Astronomie la reine des sciences. Il en excepte pourtant la Métaphysique, et les autres sciences qui ne sont pas naturelles; il entend sans doute la Théologie principalement.

Après une dissertation fort longue et fort subtile sur l'équation du tems, il conclut, avec Longomontanus et Vendelinus, que l'inégalité des jours est une chimère. Ses raisonnemens sont à peu près de même force quand il prétend établir que tous les mouvemens sont circulaires et parfaitement uniformes, que l'année solaire est invariablement de la même longueur, et que l'apogée est immobile; il prétend, pag. 161, qu'il est impossible de déterminer si les observations d'Hipparque nous ont été transmises en tems astronomique ou en tems civil. L'erreur d'un jour sur l'équinoxe produit une erreur d'un degré environ sur le lieu du Soleil, celle d'une année n'en fait pas une de 15 minutes. Ainsi, quand on a la longueur de l'année, et qu'on partira d'une observation certaine d'équinoxe, on sera en état de corriger l'erreur d'un jour ou d'un an sur les équinoxes anciens. Mais alors, à quoi seront bonnes ces anciennes observations? Il prétend que le premier équinoxe d'Hipparque est celui de l'an 161 bissextile, et non pas 162, qui était le troisième après la bissextile, ni l'an 164 d'Hérodote, comme le prétendent quelques auteurs.

De même la seconde observation est de l'an 158, troisième après la bissextile, et non 159, comme le veut Riccioli.

La troisième observation d'Hipparque est de l'an 157 bissextile. On voit qu'il compte comme les chronologistes.

La quatrième observation est de l'an 147, seconde après la bissextile.

La cinquième est de l'an 146 avant J.-C., et cette année suivait la bissextile.

Enfin, la sixième est de l'an 145, qui était bissextile.

D'après toutes ces corrections, que nous n'entreprendrons pas de discuter, il pense que la durée de l'année est de $365^j 5^h 48' 12''$, et cela par les observations d'Hipparque. Par celles de Ptolémée, il ne trouve que $47' 57'' 21'''$, et par un milieu en nombre rond $48' 0''$. Remarquez encore que pour l'une de ces dernières observations, il a supposé que Ptolémée l'avait donnée en tems astronomique, encore est-il obligé d'avouer que dans une observation de solstice il s'est trompé d'un jour.

Dans toutes ses comparaisons il est parti des équinoxes de Tycho, il refait les calculs avec les équinoxes de Boulliaud, de Riccioli. Il reproche à Képler et Cassini d'avoir diminué la parallaxe du Soleil. Il ne paraît pas bien persuadé de la sûreté des grands gnomons; il pense, avec Riccioli, qu'un bon quart de cercle est bien préférable. Aujourd'hui, nous ne croyons pas qu'il y ait le moindre doute, mais, même au tems de Cassini, l'opinion de Levera pouvait encore se soutenir. Après d'autres calculs, qui lui donnent $47' 58''$, ou $47' 57''$, il finit par s'en tenir à $5^h 48'$. On voit par ce résultat ce que valent ces recherches si systématiques et si prolixes.

Ce qu'il a trouvé par les observations, il prétend le confirmer par ses idées d'harmonie. Sa longueur de l'année lui fournit une période de cent vingt ans, qui ramène le Soleil non pas seulement au même lieu du ciel, par rapport au zodiaque, mais aussi par rapport à un horizon donné, et elle accorde les révolutions annuelles et les révolutions diurnes de la Terre ou plutôt du ciel étoilé; car on voit en plus d'un lieu qu'il est grand partisan de l'immobilité de la Terre. Sa période ramène également les conjonctions des planètes. A l'appui de son idée, il fait une longue énumération des propriétés du nombre 120, qu'il appelle la *grande année;* il la corrobore enfin de considérations astrologiques. Il fait un usage analogue de ses harmonies pour régler le mouvement de l'apogée, qu'il avait ci-dessus l'air de croire nul, et qu'il fait ici d'une minute juste en un an, pour régler l'entrée du Soleil dans les douze signes du zodiaque.

Dans le chapitre suivant, il veut établir l'invariabilité de l'équation du centre ou de l'excentricité du Soleil, ce qui est fort excusable; on peut même lui passer d'avoir cru l'obliquité de l'écliptique la même dans tous les tems, et d'en avoir conclu que les latitudes des étoiles n'éprouvent ni augmentation ni diminution. On lui passera plus difficilement la prolixité et l'ennui de ses explications. Des quatre cent dix-huit pages in-folio qui composent son livre, le résultat le plus clair est qu'il faut partir des équinoxes des longitudes et des latitudes des étoiles de Tycho, que l'année est de $365^j 5^h 48' 0''$, et la plus grande équation du centre de $2° 3' 15''$. Ces conclusions peuvent faire juger du mérite de l'ouvrage. Cassini et Riccioli s'étaient élevés contre ces prétentions, si mal appuyées. Levera reproduit leurs lettres pour les réfuter l'un par l'autre, et mettre dans tout son jour l'excellence de sa doctrine.

Levera s'était servi de quelques phrases de Riccioli contre les gnomons qu'il pouvait connaître, pour révoquer en doute la bonté des observations que Cassini avait pu faire au gnomon de Saint-Pétrone, qu'il n'avait pas refait encore. Riccioli proteste contre cette application, et récuse le jugement d'un homme *qui ne possédait aucun instrument,* et qui *jamais ne s'était exercé aux observations.* Quant à lui, il avoue que ses instrumens, même les plus grands, et qu'il croit supérieurs à ceux de Tycho, pour les observations du Soleil, ne peuvent entrer en parallèle avec le gnomon de Cassini, sur lequel un degré occupe un espace de six pieds. Cassini paie cette politesse de Riccioli par de grands complimens sur ses connaissances et ses ouvrages.

Levera, dans sa réponse, nous apprend qu'il n'avait pas voulu perdre son tems ni sa peine à faire de nouvelles observations, puisqu'on a d'une part celles de Tycho, et de l'autre des observations qui ont deux mille ans de date. Nous employerions notre tems bien plus mal encore, si nous discutions les reproches qu'il fait à ses deux antagonistes. Nous ne tairons pourtant pas qu'il reproche à Cassini, page 25, le mystère qu'il fait de ses tables du Soleil, et de n'avoir pas publié les observations sur lesquelles il s'était appuyé. Il montre des différences de 1′ de tems entre les équinoxes observés par Cassini et les tems de ces équinoxes donnés par les Ephémérides de Malvasia; mais 1′ de tems ne fait pas 2″,5 dans la longitude du Soleil, et Cassini n'avait certes pas la prétention que ses tables eussent une exactitude de 3″. Levera soutient qu'un gnomon, quel qu'il soit, ne vaut rien pour les recherches délicates, telles que l'obliquité de l'écliptique, la hauteur des pôles, et les réfractions. Nous professerons la même doctrine à l'article de Cassini, et nous ne la croyons pas en ce moment plus mauvaise en la trouvant dans le livre de Levera. Il reproche en outre aux gnomons d'être exposés à toutes les injures du tems, aux tremblemens de terre, aux tassemens et aux inconvéniens qui naissent de ce que journellement ils sont foulés aux pieds, et il s'appuie des exemples d'Hipparque, de Ptolémée, d'Albategnius, Copernic et Tycho, qui jamais ne s'étaient servis de cet instrument. Nous omettons les discussions sur la Chronologie et sur les corrections qu'il a faites aux équinoxes anciens.

On trouve ensuite des Ephémérides calculées, de 1664 à 1670, sur les Tables de Levera. Ces Ephémérides ne sont pas dans la forme ordinaire; on y trouve les levers des étoiles, leur passage au méridien et par les parallèles que décrit successivement le Soleil.

Ces Ephémérides sont suivies d'un Traité des *forces et de l'excellence des fixes*, duquel on nous dispensera de faire ici l'extrait.

De Billy.

Opus astronomicum in quo siderum omnium hypotheses, eorum motus tum medii tum veri, tabularum condendarum ratio, eclipseon putandarum methodus, observationum praxes, cæterorum que omnium quæ ab Astronomis pertractantur, scientificus calculus, brevi ac facili viâ EXPONUNT. *Autore P. Jacobo de Billy, societatis Jesu Compendiensi.* 1661.

Un autre de Billy a donné la description du cours de la comète de 1577.

Jacques avait publié en 1656 ses *Tabulæ Lodoicææ, seu universa doctrina eclipsium, tabulis, præceptis ac demonstrationibus explicata.* Il publia en 1665, un discours sur la comète de cette année. Il le fit réimprimer à Dijon, en 1666. Il y réfutait la trajectoire rectiligne, et donnait ses idées sur l'orbite véritable.

Dechalles et quelques autres contemporains louent de Billy, pour la clarté et l'ordre qui règnent dans ses ouvrages, où d'ailleurs il est difficile de découvrir quelque chose qui soit à lui.

Dans l'introduction de son *Opus astronomicum,* on trouve une table des années et des jours d'une période callipique tout entière. Les années 1, 4, 7, 9, 12, 15, 18, 20, 23, 25, 29, 31, 34, 37, 39, 42, 45, 48, 50, 53, 56, 58, 64, 67, 69, 72, 75 étaient embolismiques, c'est-à-dire composées de 13 mois ou de 384 jours.

Il fait l'obliquité de 3° 32′, sans dire d'après qui; il croit encore à la trépidation comme Copernic; il ne donne qu'une partie de l'équation du tems, celle qui dépend de la réduction à l'équateur; il fait la parallaxe du ☉ de 2′ 40″; il suppose les réfractions nulles au-dessus de 45°; il reproche à Hipparque de n'avoir pas tenu compte de la parallaxe du Soleil dans ses observations d'équinoxes, mais il valait bien mieux la négliger que de la supposer de 1′ 23″, comme fait de Billy pour corriger Hipparque.

Il fait le mouvement du Soleil en 36525 jours $0^s\ 0°\ 45'\ 48''$; le mouvement d'anomalie $11^s\ 29°\ 2'\ 49''$.

L'équation du centre 2° 2′ 48″; le mois périodique de la Lune...... $27^j\ 7^h 43'\ 4''\ 52'''\ 29^{iv}$; le mouvement annuel de l'apogée $1^s 10°\ 39'\ 55''\ 17'''\ 2^{iv}$; le mouvement diurne de l'argument de latitude $13°\ 13'\ 45''\ 39'''\ 54^{iv}$, d'après Tycho, dont il adopte la théorie lunaire; il donne une liste de toutes les éclipses mentionnées dans les auteurs; il fait la précession de 49″ 36‴ par an; il donne cinq pages de distances des étoiles.

Il n'adopte pas les ellipses de Képler; il est donc assez inutile de parler de sa théorie des planètes, qu'il a puisée dans de mauvaises sources. Il finit par un tableau de toutes les observations rapportées par Ptolémée.

Ce qui nous confirme dans l'idée qu'il n'est pas l'auteur de l'écrit sur les comètes, c'est qu'il ne dit pas un mot sur leurs mouvemens dans un Traité d'Astronomie qu'il anonce comme complet.

Cet ouvrage est clair parce qu'il en a banni toute règle de calcul. Ce n'est pas là un mérite bien remarquable. Je viens de parcourir de nouveau ses tables lodoïciennes, et je ne vois rien à ajouter, sinon qu'elles sont suivies d'une liste des éclipses les plus remarquables depuis Romulus jusqu'à l'an 1600.

André Tacquet.

R. P. Andreæ Tacquet, Antverpiensis è societate Jesu, Opera mathematica. Lovanii, 1668. Et d'abord,

Astronomia methodo scientificâ, octo libris, à fundamentis explicata ac demonstrata.

L'auteur, dans sa préface, se plaint de ce qu'il n'existe pas un seul livre où l'on puisse véritablement apprendre l'Astronomie. Les ouvrages les plus estimés ne sont composés que pour les savans. Il se propose un plan plus clair et plus méthodique.

On lit à la page 10 qu'on peut excuser le pape Zacharie qui, sur les instances de saint Boniface, évêque de Mayence, avait suspendu Virgile de ses fonctions, non parce qu'il affirmait les antipodes, mais parce qu'il croyait à la pluralité des mondes, comme on le voit même par la lettre du pape Zacharie.

Page 37, il nie la diminution de l'obliquité de l'écliptique, et il adopte l'explication que Riccioli a donnée de l'observation d'Ératosthène, pour prouver que l'obliquité était dès-lors ce qu'elle est au tems où il écrit.

Pour déterminer le mouvement de l'apogée, il rapporte que Képler, Longomontan et Riccioli, ont eu une idée un peu indienne, c'est de supposer que l'apogée était en 0♈ à l'instant de la création. Il suffisait alors de bien déterminer le lieu actuel, et de connaître l'époque de la création, et ce qu'il y a de plus singulier, c'est qu'ils sont ainsi arrivés à peu près au mouvement véritable.

Albategni avait trouvé	59″ 4‴
Longomontan.......	61.50.14^{iv}
Képler.............	62. 0. 0
Riccioli............	61.10. 0.

Il en conclut que l'équation du centre n'est jamais la même deux années de suite au moment de l'équinoxe; ainsi la durée de l'année doit varier sans cesse. Il a raison. Mais d'une année à l'autre la différence est petite. On en tient compte quand on compare deux équinoxes éloignés. Il trouve l'année moyenne $365^j 5^h 48' 41'' 15''' 20^{iv}$ (un peu courte), et l'année vraie........................ $45''$ 0 0.

Il donne le vrai précepte pour l'équation du tems (asc. dr. vr.—longitude moy.); mais Ptolémée avait fait l'équivalent.

Pour la Lune, après avoir exposé les hypothèses de Riccioli et de Magini, il dit, page 78, que les cercles sont préférables à l'ellipse, que le calcul en est plus *exact* et plus facile; qu'au reste, Képler a mieux disposé son hypothèse elliptique que Boulliaud. L'hypothèse de Magini lui paraît la meilleure et la plus simple. Riccioli en convient, la seule objection qu'il fasse, c'est que le mouvement se fait autour d'un point imaginaire; mais ce n'est pas là une objection à faire à une *hypothèse* qu'on ne donne que comme un moyen de calcul. Combien d'autres choses dans le système du monde, dont on ne peut assigner d'autre raison que la volonté du Créateur!

Le livre III commence par un extrait de ce que Riccioli a dit de l'usage du pendule en Astronomie.

Au livre IV, il croit que dans les éclipses de Lune l'atmosphère de la Terre rend le rayon de l'ombre un peu plus grand, mais que la différence est insensible. A la page 151 il calcule l'effet de la réfraction; il trouve qu'elle diminue le cône d'ombre, et en conclut que ce n'est pas l'ombre de la Terre qui produit l'éclipse, c'est-à-dire l'ombre pure, mais l'ombre de l'atmosphère.

Tacquet prouve que la parallaxe infléchissant les rayons qui traversent l'atmosphère, les rayons infléchis se réunissent à une distance moindre que celle de la Lune; mais ces rayons se croiserout et s'éloigneront en divergeant; ils peuvent rencontrer la Lune et lui donner une partie de la lumière qui lui reste dans les éclipses. Duséjour a fait le calcul que Tacquet se contente d'indiquer. Il conclut que c'est l'atmosphère qui cause l'éclipse, ce qui doit s'entendre de la Terre augmentée de son atmosphère.

Mayer a proposé une augmentation de $\frac{1}{60}$ dans le rayon, ou de faire $\frac{61}{60}(\varpi + \pi - \delta)$, ce qui donnerait à l'atmosphère une hauteur prodigieuse.

Il calcule approximativement les dimensions de l'ombre de la Lune sur la Terre, autour du point qui voit le Soleil au zénit. Chose à refaire si elle était bien utile.

Il cherche l'ascension droite et la déclinaison d'un lieu dont on connaît la longitude et la latitude relativement à l'écliptique ; c'est-à-dire qu'il cherche la position géographique du lieu par la situation instantanée, par rapport à l'écliptique. Ce problème inusité est susceptible de bien des solutions. Celle de l'auteur revient à ce qui suit et qui est fort connu quoique l'on en fasse peu d'usage (fig. 58).

L'heure étant donnée, on connaît ZPS angle horaire du Soleil, $\Upsilon S = \odot$, $\Upsilon A = \text{Æ}.\odot$, $\Upsilon M = (\text{Æ}.\odot - P)$; ΥC longitude du point culminant, $C =$ angle de l'écliptique avec le méridien, $\Upsilon N = \Upsilon C + CN =$ nonagés., $ZN =$ dist. Z nonagés. $=$ hauteur du pôle E sur l'horizon $=$ latitude de l'observateur sur l'écliptique ; $NS = \odot -$ nonagésime.

$$CZN = \text{azimut du nonagésime} = 180^\circ - PZN.$$

Soit un lieu quelconque L ; si l'on en connaît la position géographique, on aura

$$PL = 90^\circ - BL = 90^\circ - \text{latitude de ce lieu},$$
$$LPS = ZPL - ZPS = \text{différence des méridiens} - P;$$

avec PS, PL et LPS, on aura SL, PSL ; on connaît $PSO = \Upsilon SA$; on aura

$$LSO = LSD = PSO - PSL;$$

on aura donc

$$\sin LD = \sin SL \sin LSD, \quad \tan SD = \tan SL \cos LSD,$$

on aura

$$\Upsilon D = \Upsilon S + SD;$$

c'est-à-dire la longitude et la latitude de ce lieu sur l'écliptique, et

$$LE = \text{distance au pôle de l'écliptique};$$

réciproquement, si l'on connaît LD et SD, on aura SL et SLD ; en outre, si l'on connaît l'heure, on aura PSO, donc PSL ; on aura PS, donc LP et $LB = 90^\circ - LP$, et $SPL = MPB =$ différence des méridiens ; ce lieu sera donc connu.

L est le zénit du lieu, LD sera la hauteur du pôle de l'écliptique sur l'horizon de ce lieu, comme ZN pour le lieu de l'observateur, D sera le nonagésime pour ce lieu, comme N pour le lieu Z, DN la différence de longitude des deux lieux.

Après ce problème, il cherche quel est le lieu qui a la Lune au zénit, à l'instant de la conjonction vraie; on connaît la longitude de ce lieu qui est celle du Soleil à la conjonction, on a sa latitude, qui est celle de la Lune; on aura, par ce qui précède, sa position géographique; la conjonction vraie est la même que l'apparente, l'éclipse est centrale, et la distance au nonagésime est nulle.

Pour le commencement, le milieu et la fin de l'éclipse générale, il cherche la latitude et la longitude de la Lune, et la position du lieu qui a la Lune à son zénit.

Il fait la même chose pour le commencement et la fin de la centralité.

Page 203, il cherche en quel tems une étoile sera stationnaire en ascension droite.

On sait qu'elle est stationnaire quand son angle de position est droit, car alors le mouvement de longitude se porte tout en déclinaison.

Soit E l'angle à l'étoile, on a généralement

$$\cot E = \frac{\cot \omega \sin \delta - \cos \delta \sin L}{\cos L},$$

expression qui devient zéro si l'angle E devient droit, ce qui donne

$$\cot \omega \tang \delta = \sin L = \sin(180° - L).$$

Si vous supposez ω et δ constans, cette équation bien simple vous donnera la longitude de l'étoile au tems de la station, et par suite le tems de cette station. Dans tous les cas, vous aurez une première approximation suffisante pour trouver les valeurs exactes de ω et de δ, avec lesquelles vous recommencerez le calcul. Ainsi, pour β de la petite Ourse,

$\cot\omega \tang\delta = \cot 23° 28' \tang 17° 2' = \sin$	44° 53′ 15″ et sin	135° 6′ 45″
la longitude de l'étoile en 1800 était	130.26.30	130.26.30
dist. aux points de station en 1800	85.33.15	4.40.15;

ainsi, depuis la station, l'étoile a avancé en longitude de 85° 33′ 15″, et à la sation prochaine il faut qu'elle ait avancé de 4° 0′ 15″, c'est-à-dire qu'elle est rétrograde depuis l'an 4360 environ, et que vers l'an 2136 elle sera de nouveau stationnaire, après quoi le mouvement en ascension droite sera de nouveau direct, comme celui de la plupart des étoiles.

Il dit, d'après Riccioli, que Tycho et ses calculateurs n'ont pas conçu cette rétrogradation, et qu'en conséquence, ils n'ont pas porté l'étoile, dans le catalogue, par ascension droite.

Les étoiles sont à leur plus grande proximité du pôle quand elles ont 3^s de longitude, car alors leur latitude est $(\omega + \lambda)$,

$$\cos\Delta = \cos\omega\cos\delta + \sin\omega\sin\delta\sin L = \cos\omega\cos\delta + \sin\omega\sin\delta = \cos(\omega - \delta)$$

est *maximum*, $\omega - \delta$ ou $(\delta - \omega)$ est un *minimum*.

Page 238, il répète qu'il n'aime ni l'ellipse, ni la bissection de l'excentricité, ni le mouvement de la Terre.

Il donne, page 243, d'après Hérigone, une solution du problème qui cherche l'excentricité et l'apogée, par trois oppositions. Il suppose que l'on connaisse à peu près le lieu de l'apogée, et assez pour savoir entre lesquelles des trois oppositions il se rencontre.

La solution d'Hérigone est au fond la même que celle d'Hipparque, seulement un peu abrégée par l'usage de quelques règles de Trigonométrie moderne, telles que

$$\tang \tfrac{1}{2}(A' - A) = \frac{C' - C}{C' + C} \tang \tfrac{1}{2}(A' + A).$$

Cette solution n'est bonne que pour l'excentrique, et je l'ai rendue plus courte encore et plus générale. (*Voyez* tome II, pages 150 et suivantes).

Dans tout le cours de son ouvrage, Tacquet a supposé la Terre immobile, et comme jésuite il ne pouvait pas suivre un autre système; mais dans son huitième livre il aborde enfin la question. Il passe en revue quelques objections de Riccioli contre le mouvement de la Terre, il fait voir qu'elles ne sont que des paralogismes, et sa conclusion est cependant qu'il faut rejeter ce mouvement quoique rien n'en prouve l'impossibilité.

Tametsi nullum argumentum, sive Astronomicum, sive Physicum hactenus allatum sciam, quo Terræ quies et Solis motus demonstratur; cogit tamen utrumque asserere divinorum voluminum autoritas. Et il cite les passages les plus positifs. Il eût sans doute été fort embarrassé s'il eût connu l'aberration et la diminution du pendule à l'équateur, ou plutôt il eût donné à tous ses confrères l'exemple de reconnaître ouvertement ce qu'ils ne pouvaient s'empêcher de croire intérieurement.

Les planètes renvoient la lumière du Soleil en tous sens, parce qu'elles n'ont pas le poli spéculaire, et qu'on peut les concevoir comme composées à leur surface d'une multitude de petits miroirs plans différemment inclinés.

Michel Horonce Langrenus, cosmographe du roi catholique, a fait graver une figure de la Lune où il avait placé 270 taches observées par lui. Il promettait un ouvrage entier et trente autres planches.

A la page 23 de sa Géométrie pratique, il attribua à Guido Ubaldus (Problèmes astronomiques) l'idée du vernier, c'est-à-dire celle de prendre un arc égal à $(n+1)$ parties du limbe et de le diviser en n parties.

Guido Ubaldus des marquis du Mont, est auteur de plusieurs ouvrages sur les planisphères, et les problèmes astronomiques cités par Tacquet, ont paru en 1608 ou 1609. Si la citation est fidèle il faudrait dire un *guido* et non un *vernier*. Nous n'avons pas le livre d'Ubaldus; mais Pizénas qui a mûrement examiné la question, l'a décidée en faveur de Vernier.

Page 24, il parle de l'échelle de dixme.

Il entre dans de grands détails sur la manière de mesurer les hauteurs et les distances. Pour mesurer la grandeur de la Terre, il propose, d'après Maurolycus, de monter sur l'Etna, pour y observer l'horizon de la mer, soit directement, soit par le lever d'une étoile ou du Soleil.

Ce Langrenus est apparemment le même que van Langren, aussi cosmographe du roi catholique, qui eut une discussion avec Morin, pour une solution du problème des longitudes. (*Voyez* Morin, page 270.)

Vigenère.

Traité des comètes ou estoiles chevelues, apparaissantes extraordinairement au ciel, avec leurs causes et leurs effets, par Bl. de Vige[re] *(Blaise Vigenère). Paris,* 1578.

« Entre tous les signes qui se manifestent au ciel, en horreur et espouvantement des humains, entre tous les prodiges dont Dieu visiblement nous menace, les éclypses et les comètes sont les plus fréquentes et les plus communes.... Il est plus facile de dire des comètes, ce n'est pas ceci ni cela que d'affermer résolument ce que c'est; néantmoins la plus solide et reçue opinion tient que ce sont estoiles attachées à la huitième sphère, et leur queue, chevelue ou barbe, une excroissance de lumière qui, à certaines révolutions de tems, s'espanouit de leurs globes. » Beaucoup d'érudition, nulle critique, beaucoup de crédulité et rien de mathématique, c'est ce qu'on trouvera dans cette dissertation, dont la partie purement historique ne se lit pas sans quelque plaisir.

Petit Traité de la nature, causes, formes et effets des comètes, par

P. S. T. A. F. Paris, 1577. Plus court et moins curieux que le précédent.

Brief discours sur la signification véridique du comète apparu... le 10e *novembre* 1577. Fatras ridicule.

Description de l'étrange et prodigieuse comète apparue le 11e *jour de novembre, à six heures du soir, par très docte et excellent astrologue, M. Fr. Liberati, de Rome. Paris,* 1577.

Discours sur ce que menace devoir advenir la comète apparue à Lyon, le 12 *novembre* 1577, *par M. Franc. Functini, grand astrologue et mathématicien.*

Duhamel.

Joannis Bapt. Duhamel, Astronomia physica, seu de luce, naturâ et motibus corporum cœlestium, libri duo. Paris, 1660.

Cet ouvrage est en dialogues; les interlocuteurs sont Menander, Théophile et Simplicius. Le traité est tout en discussions oiseuses sur la nature de la lumière et le système du monde. On y apprendrait à douter de tout, à regarder tous les sytèmes comme également incertains; on n'y trouve sur l'Astronomie positive et pratique, que les choses les plus superficielles; il a pu plaire dans son tems aux professeurs de Philosophie, aux disputes desquels il fournit une ample matière. Il n'y a pas une ligne dont un astronome puisse profiter.

Il est suivi d'une dissertation de Pierre Petit, sur la hauteur du pôle à Paris. L'auteur pense que la latitude de Paris était de 48° 52′ à 54′; qu'elle n'était que de 30′ au tems de Ptolémée : de sorte qu'elle aurait augmenté de 24′ environ; qu'il en est de même de la latitude de Rome, ce qu'il attribue à un mouvement de l'axe de la Terre.

Après cette dissertation, on trouve une réfutation d'un nouveau système proposé par un anonyme, qui prétend que la distance du Soleil est de 27 demi-diamètres de la Terre, que celle de la Lune est de 13, et que les planètes sont toutes au-dessous du Soleil et au-dessus de la Lune; enfin, que toutes les étoiles sont au-dessous du Soleil. Ce système, qui a paru sous le titre de *Abrégé de l'Astronomie inférieure,* Paris, 1644, est d'un homme qui n'a aucune idée ni de Géométrie ni d'Astronomie; celui de Duhamel est d'un savant qui aime à disserter et n'a pas d'autre but.

Dans le premier écrit de Petit, on trouve quelques observations d'éclipses où les détails astronomiques sont noyés dans un flux de paroles inutiles. Duhamel était prêtre de l'Oratoire, né en 1622 il mourut en 1706, âgé de 82 ans; il avait la réputation de bien écrire en latin, ce qui le fit choisir pour être le secrétaire de l'Académie des Sciences, en 1666. Fontenelle lui succéda en 1697, et a fait son éloge. Duhamel y est peint comme un savant universel et fort estimable, ce que nous aimons à croire et ne nous fait pourtant rien changer au jugement que nous avons porté de son Astronomie. Il nous dit que Duhamel s'est peint lui-même sous le nom de Simplicius; il lui fera un léger reproche de ce qu'il expose continuellement le pour et le contre sans presque jamais rien conclure, et un reproche plus grave d'avoir manqué de respect à Descartes : ce qui nous apprend ce que Fontenelle aurait pensé de notre article sur ce grand géomètre, qui trop souvent nous a paru oublier que c'était à la Géométrie qu'il était redevable de la partie la plus solide de sa gloire.

Lubinietski.

Stanislas de Lubinietski equitis Poloni, Theatrum cometicum.... opus mathematicum, physicum, historicum, politicum, theologicum, ethicum, œconomicum, chronologicum. Lugduni Bat., 1682.

Cet ouvrage énorme est au total composé de trois parties, formant plus de 1450 pages in-folio. Dans la première, qui est de 970 pages, l'auteur a réuni toute sa correspondance avec divers astronomes ou amateurs, relativement à la comète de 1664 et 1665.

Dans la seconde, il donne l'histoire de toutes les comètes depuis le déluge; elle n'a que 464 pages.

Enfin, dans la troisième, il a rassemblé les jugemens qu'il a pu recueillir sur les effets des comètes. L'objet presque unique de l'auteur est de prouver que les comètes annoncent toujours de grands évènemens, heureux pour les bons et malheureux pour les méchans; *bona bonis, mala malis.* Ces mots, gravés au frontispice et répétés très souvent dans le texte, contiennent toute la doctrine de l'auteur. Il l'appuie de tous les exemples qu'il a pu recueillir. On trouvera dans ce livre, un grand nombre de dates et de citations, et bien peu de chose qui puisse intéresser un astronome; mais ce peu de chose se trouve avec plus de détails dans les écrits d'astronomes connus auxquels il renvoie.

Nous ignorons pourquoi le titre général porte la date de 1681; tous les titres particuliers et toutes les dédicaces portent de 1666 à 1668. Il est peu probable que ce fatras indigeste ait été réimprimé après un intervalle de 14 ans; il est plus croyable que le libraire aura réimprimé le titre général pour faire croire à une seconde édition. Voilà pourquoi, malgré la date du frontispice, nous avons placé cet article avant celui de Mercator, plus important, mais qui est de 1676. Au reste, le livre est bien imprimé, les cartes célestes y sont nombreuses, assez soignées; mais un peu confuses et médiocrement utiles.

La seule chose que j'en crois devoir extraire est le passage suivant :

« En l'an 1456, on vit paraître deux comètes, ainsi que le rapportent » les Annales turques et autres; la seconde se montra au mois de juillet, » avec une longue queue. Le pape Calixte en fut si effrayé que, pour » détourner la colère céleste, il ordonna quelques jours de prières pu- » bliques, et il établit que dans les villes, à midi, on sonnerait les clo- » ches, afin que tous fussent avertis des prières à faire contre la tyrannie » des Turcs. » *Ut omnes de precibus contra Turcarum tyrannidem fundendis admonerentur. Calvisius ex Platinâ.* Ces derniers mots contiennent-ils une disposition perpétuelle ou seulement transitoire? Est-ce depuis ce tems que la cloche de toute église sonne à midi? Cette disposition doit elle s'entendre des jours de prières publiques ordonnées contre les Turcs?

Pingré ne fait aucune mention de cette anecdote, et s'attache à prouver que la comète de 1456 est la même que nous avons revue en 1759, après quatre révolutions entières de $75^{ans},75$ par un milieu.

Mercator.

Nicolai Mercatoris è societate regiâ institutionum Astronomicarum libri duo, de motu astrorum communi et proprio secundum hypotheses veterum et recentiorum præcipuas, de que hypotheseon ex observatis constructione...., quibus accedit appendix de iis quæ novissimis temporibus innotuerunt. Londini, 1676.

Nous ne dirons rien du premier livre où il n'y a rien que de très superficiel sur l'Astronomie sphérique; dans le second, il nous dit que pour le Soleil et la Lune, il s'en est tenu aux théories de Tycho, mais que pour les planètes, il a préféré les tables Rudolphines. Il donne des éloges à Boulliaud, dont les méthodes sont directes pour calculer l'anomalie vraie par l'anomalie moyenne. Il nous expose ensuite son système particulier, qui jouit du même avantage. Il met au foyer supérieur le centre des mouvemens moyens, celui des mouvemens vrais au foyer inférieur, et celui des distances constantes en un point M, un peu au-dessus du centre de l'ellipse. Il trouve ce point en divisant en moyenne et extrême raison la distance des deux foyers. De ce point M, comme centre (fig. 59), et d'un rayon $MD = CA = 1 = \frac{1}{2}$ grand axe, il décrit le cercle DEG; AFD est l'anomalie moyenne $= z$, $ASD = u$ est l'anomalie vraie, mais la planète est en a sur l'ellipse, et son rayon vecteur est Sa qu'il calcule comme dans l'ellipse, par la formule $V = \frac{1-e^2}{1-e\cos u}$.

$FDS = FDM + MDS = D + D'$ est l'équation du centre.

Le triangle DFM donne

$$MD : MF :: \sin F : \sin D = \left(\frac{MF}{MD}\right) \sin F = \left(\frac{MF}{MD}\right) \sin z.$$

Le triangle DMS nous servirait à calculer $\frac{1}{2}(u - D')$ à l'ordinaire, mais j'aimerais mieux faire

$$\text{tang}\, MDS = \text{tang}\, D' = \frac{MS \sin M}{MD + MS \cos M} = \frac{\left(\frac{MS}{MD}\right) \sin (z - D)}{1 + \left(\frac{MS}{MD}\right) \cos (z - D)},$$

d'où l'on tire

$$D' = \left(\frac{MS}{MD}\right) \frac{\sin (z - D)}{\sin 1''} - \left(\frac{MS}{MD}\right)^2 \frac{\sin 2\,(z - D)}{\sin 2''} + \left(\frac{MS}{MD}\right)^3 \frac{\sin 3\,(z - D)}{\sin 3''} - \text{etc.};$$

On voit que la solution est directe, si l'on connaît l'anomalie moyenne z.

Si l'on connaît l'anomalie vraie u on fera

$$\sin D' = \sin MDS = \left(\frac{MS}{MD}\right) \sin u;$$

puis

$$\text{tang}\, MDF = \text{tang}\, D = \frac{\left(\frac{MF}{MD}\right) \sin (u + D')}{1 - \left(\frac{MF}{MD}\right) \cos (u + D')},$$

formules qui ne sont pas moins directes.

Soit

$$FS = 2e,\ MS = x,\ 2e : x :: x : 2e - x,\ x^2 = 4e^2 - 2ex,$$
$$x^2 + 2ex = 4e^2,\ x^2 + 2ex + e^2 = 5e^2,$$

et

$$x = -e \pm \sqrt{5e^2} = -e \pm e\sqrt{5},\ MF = (2e - x),\ \text{et}\ CM = (x - e).$$

Il prend pour exemple la théoriè de Mars, et suppose

$$MD = 1{,}52369, \quad e = 0{,}141790.$$

$$\begin{array}{lrl}
e\sqrt{5} = & 0{,}3170521 & \frac{MS}{MD} = 0{,}115025 \quad \log 9{,}0607914 \\
e = & 0{,}1417900 & \\
MF = x \quad = & 0{,}1752621 & \frac{MF}{MD} = 0{,}071091 \quad \log 8{,}8518037 \\
2e = & 0{,}2835800 & \\
MF = 2e - x = & 0{,}1083179 & \frac{e}{MD} = 0{,}093057 \quad \log 8{,}9687490 \\
x - e = & 0{,}0334721 & \frac{e}{MD \sin 1''} = 5^\circ 21' 23'' \quad \log 4{,}2831741.
\end{array}$$

Pour essayer ces formules, supposons $z = AFD = 60°$.

$$\begin{array}{ll}
(MF:MD) \ldots\ldots\ldots & 8{,}8518037 \\
\sin 60^\circ \ldots\ldots\ldots\ldots & 9{,}9375306 \\
 & 8{,}7893343 \\
\sin D = & 3^\circ 31' 47'' \\
z = & 60.\ 0.\ 0 \\
z - D = & 56.28.13
\end{array}$$

$$\begin{array}{llll}
(MS:MD) \ldots\ldots\ldots & 9{,}0607914 \ldots\ldots\ldots\ldots & & 9{,}0607914 \\
\cos(z-D) \ldots\ldots & 9{,}7422297 & \sin(z-D) & 9{,}9209574 \\
0{,}063536 \ldots\ldots\ldots & 8{,}8030211 & & \\
1{,}063536 & & & 9{,}9732578 \\
 & \text{tang } D' = & 5^\circ\ 9'\ 6'' & 8{,}9550066 \\
 & D = & 3.31.47 & \\
D + D' = \text{équat. du centre} = & & 8.40.53 & \\
 & z = & 60 & \\
 & u = & 51.19.\ 7 & \\
 & \tfrac{1}{2}u = & 25.39.33.5. &
\end{array}$$

La solution n'est ni longue ni difficile; avec cet u cherchons l'anomalie moyenne z, par les formules connues

	1,093057	0,0386430
	C. 0,906430	0,0424200
		0,0810630
		0,0405315
$\tang \frac{1}{2} u$	....	9,6815958
$\tang \frac{1}{2} x =$	$27^\circ 48' 23''$	9,7221273
$\sin x =$	55.36.46	9,9165799
$e : \sin 1''$	....	4,2831741
$e \sin x =$	4.24. 0	4,1997540.

$$x + e \sin x = 60.\ 0.46 = z.$$

Par la série nous aurions

$$
\begin{aligned}
D' = & \ 6^\circ 35' 25''6 \ \sin (Z - D) \\
& -22.44.5 \ \sin 2(Z - D) \\
& + 1.44.6 \ \sin 3(Z - D) \\
& - \quad 9.03 \ \sin 4(Z - D) \\
& + \quad 0.81 \ \sin 5(Z - D)
\end{aligned}
$$

$$
\begin{aligned}
D &= 3.31.47 \\
D' &= 5.29.37 \quad - 20' 56''6 \\
& \quad + 19.2 \quad - \quad 0.8 \\
& \quad + \ 6.5 \\
& + 9.\ 1.49.7 \quad - 20.57.4 \\
& - \quad 20.57.3 \\
& + 8.40.52.4 \\
& - 8.40.52.4 = \text{équat. du centre.}
\end{aligned}
$$

On voit que l'anomalie vraie, trouvée par la *section divine* de Mercator, nous donne une anomalie moyenne trop forte de 46″; ainsi la méthode, comme on devait bien le supposer, n'est qu'une approximation.

Pour savoir ce qu'elle peut valoir, nous aurons, en général, dans le triangle SFa,

$$\overline{Sa}^2 = \overline{Fa}^2 + \overline{FS}^2 - 2FS.Fa.\cos SFa,$$

$$(1 + e\cos x)^2 = (1 - e\cos x)^2 + 4e^2 - 4e(1 - e\cos x)\cos SFa,$$

$$1 + 2e\cos x + e^2\cos^2 x = 1 - 2e\cos x + e^2 + 4e^2 + 4e(1 - e\cos x)\cos AFa,$$

$$4e\cos x - 4e^2 = 4e(1 - e\cos x)\cos AFa,$$

$$\cos AFa = \frac{4e\cos x - 4e^2}{4e(1 - e\cos x)} = \frac{\cos x - e}{1 - e\cos x}.$$

Supposons à x différentes valeurs, par cette formule et la formule fondamentale de Képler, $z = x + e\sin x$, nous formerons le tableau suivant, qui nous montre que l'erreur de l'hypothèse va jusqu'à $+8'$, dont l'angle au foyer supérieur est plus fort que l'anomalie de 40 à 50°, et jusqu'à $-6'55''$, dont il est plus faible à 140°.

x	z	F—z
0°	0° 0′ 0″	0′ 0″
10	10.55.33	+ 2.49
20	21.49.25	+ 5.26
30	32.39.57	+ 7. 3
40	43.25.38	+ 8. 0
50	54. 5. 4	+ 8. 0
60	64.37. 3	+ 7. 4
70	75. 0.37	+ 5.20
80	85.15. 3	+ 3. 2
90	95.19.54	+ 0.28
100	105.15. 3	— 2. 4
110	115. 0.37	— 4.16
120	124.37. 3	— 5.52
130	134. 5. 4	— 6.43
140	143.25.38	— 6.55
150	152.39.57	— 5.57
160	161.49.25	— 4.10
170	170.55.33	— 2.16
180	180. 0. 0	— 0. 0

Du reste, la méthode n'aurait guère d'autre avantage que d'être directe dans tous les cas ; ce n'est après tout qu'un avantage assez médiocre, si ce n'est pour la construction d'une table de l'équation du centre pour l'anomalie moyenne.

Les formules que fournit la section divine sont les mêmes à peu près que celles de l'équant, toute la différence vient de ce que la distance des deux foyers est coupée inégalement.

Cette hypothèse ne devait donc pas trouver beaucoup de faveur, et l'on ne voit pas en effet qu'elle ait été adoptée par aucun astronome.

Pour trouver l'aphélie et l'excentricité dans l'hypothèse elliptique simple, Mercator nous donne ensuite une méthode indiquée d'abord par Hérigone, appliquée ensuite par Street à l'hypothèse de Seth-Ward, et à laquelle Mercator fait lui-même quelque changement, au moins dans la construction. Nous aurons occasion de la discuter à l'article Cassini, qui l'a donnée d'une manière beaucoup moins satisfaisante; Grégory l'a reproduite en 1702 et Greenwood en 1689, d'après Street.

Les découvertes dont il est question dans l'Appendice, sont les étoiles nouvelles, les nébuleuses, les phases de Mercure et de Vénus, l'anneau de Saturne, les taches du Soleil, les satellites de Jupiter et la libration de la Lune, dont il rapporte l'explication qui lui a été donnée par Newton. Nous allons traduire ce passage en entier.

« Isaac Newton nous a donné une explication très élégante de toutes ces librations si compliquées. Je vais exposer, comme je pourrai, cette hypothèse, car les figures sur un plan seraient insuffisantes pour en donner une idée bien nette.

» Prenez un globe et imaginez qu'il représente la sphère dans laquelle se meut la Lune, et dont la Terre occupe le centre; représentez-vous le globe de la Lune avec ses pôles et son axe, autour duquel elle tourne d'un mouvement uniforme en un mois sidéral; en sorte qu'au bout de ce terme le même point de la Lune soit revenu vis-à-vis la même étoile; imaginez que l'horizon de bois du globe est l'équateur de la Lune prolongé jusqu'au firmament; et que le pôle de l'équateur lunaire coïncide avec le zénit de cet horizon; concevez l'orbite de la Lune, moitié élevée et moitié abaissée par rapport à l'horizon, comme on voit dans cette position du globe, l'écliptique inclinée à l'équateur, avec cette différence que l'angle de l'équateur lunaire avec l'orbite est beaucoup moindre.

» Imaginez ensuite deux globules égaux, sur lesquels soient marqués les pôles, l'équateur et un premier méridien, et que tous deux soient suspendus à un fil par leur pôle; l'un de ces globes sera une lune fictive, qui sera emportée d'un mouvement uniforme autour de l'horizon de bois, et dans le même tems elle fera autour de son axe une révolution par rapport au firmament, en sorte que le plan du premier méridien lunaire passera toujours par le centre de la Terre; l'autre globe représentera la Lune vraie, il sera porté dans son orbite d'un mouvement inégal, tantôt au-dessus et tantôt au-dessous de l'horizon, en sorte que le plan de l'équateur de cette lune vraie demeurera toujours parallèle à l'horizon de bois, et le plan du premier méridien de la Lune toujours parallèle au plan du premier méridien de la Lune fictive. Il arrivera ainsi que la lune fictive nous montrant toujours la même face, ne sera sujette à aucune libration; mais la lune vraie, en allant du périgée à l'apogée, précédera la Lune fictive, et montrera son premier méridien dans la moitié gauche de son disque, éloigné du milieu d'autant de degrés qu'il y en a dans la différence entre les longitudes de la Lune vraie et de la Lune fictive.

» De l'apogée au périgée la Lune vraie suivra la Lune fictive, le premier méridien de la Lune vraie s'éloignera du milieu à droite, et toutes les taches iront s'approchant de l'occident; et comme la différence entre les longitudes moyennes et vraie est plus grande dans les quadratures, à cause de l'évection, il en résultera que dans les quadratures la libration en longitude sera plus forte.

» On comprendra de même la cause des librations en latitude, quand la Lune ayant passé son nœud ascendant, ou la section de l'horizon de bois et de son orbite, tend vers la limite boréale, alors pour nous, qui sommes au centre de la sphère, le pôle boréal de la Lune et les taches qui sont autour de ce pôle, sont cachées, et le pôle austral devient visible ainsi que ses taches, ce qui fait que toutes les taches paraissent monter vers le pôle boréal; le contraire arrive quand la Lune tend vers la limite australe. Les mêmes causes produisent les passages des taches de la partie éclairée à la partie obscure, et réciproquement; car dans la limite australe le pôle boréal de la Lune est éclairé par le Soleil, ainsi que toute la zone glaciale enfermée dans le cercle arctique de la Lune, tandis que la zone glaciale australe est dans les ténèbres.

» Si vous concevez le Soleil dans la même partie que la limite australe et que la Lune, après la conjonction, aille vers le nœud ascendant; alors les taches supérieures qui sont vers le pôle boréal passent peu à peu avec leur pôle, de la lumière aux ténèbres, tandis que les taches inférieures, avec le pôle austral, passent des ténèbres à la lumière; le contraire arrive au semestre suivant, quand le Soleil s'est rapproché de la limite boréale. »

Voilà une explication plus complète que celles de Képler et de Galilée, il n'y manque guère que la quantité de l'inclinaison de l'équateur à l'orbite lunaire. Rappellons-nous que le livre de Mercator a paru en 1676, et qu'ainsi l'explication de Newton est de cette date au moins, si elle n'est encore plus ancienne. M. le comte de Cassini dans ses Mémoires pour servir à l'Histoire de l'Observatoire, cite, à la date de 1675, un Traité de son aïeul, intitulé *Hypotheses circa motus librationis Lunæ;* mais ce livre, que nous n'avons pas vu, paraît avoir été peu répandu en France et il a été presque certainement inconnu à Newton. L'explication de Cassini a paru en 1693, dans son *Histoire de l'origine et du progrès de l'Astronomie,* en tête du Recueil des Voyages. Dès 1687 il avait lu cette histoire à l'Académie. L'explication qu'il donne, semblable pour le fond à celle de Newton, est rédigée d'une manière toute différente et peut-être moins claire. Il a depuis observé et donné l'inclinaison de l'équateur lunaire. Il est possible, probable si l'on veut, qu'il a trouvé de son côté son explication, et nous ne voulons élever à cet égard aucun doute, mais il n'est pas démontré qu'il ait eu cette idée le premier, et nous pensons qu'elle est également venue à Newton presque dans le même tems, c'est-à-dire vers 1675.

Au fond, tout cela était dans Képler; il nous dit, dans son songe, que l'*orbite de la Lune est très peu inclinée à son équateur*, d'où il résulte que *les jours y sont toujours égaux aux nuits ou très peu s'en faut*, et que *leur zone torride et leur zone glaciale sont moins larges de beaucoup que les nôtres;* que le *mouvement des points équinoxiaux y est bien plus rapide, puisqu'il fait le tour du ciel en dix-huit ans;* que le *mouvement des points équinoxiaux est égal au mouvement des nœuds;* enfin, que leur équateur coupe leur écliptique et le *medivolve* ou *le méridien qui passe par la Terre.* Voilà presque en entier l'hypothèse de Newton et celle de Cassini. Les phénomènes de libration, dont Képler ne dit rien, et qui sont soigneusement détaillés par Newton, sont des conséquences mathématiques et évidentes des suppositions de Képler. Il ne manque ici que la différence entre la longitude moyenne et la longitude vraie de la Terre, vue de la Lune, qui produit la nutation en longitude. Cette addition est d'Hévélius.

Mercator est célèbre par sa belle série logarithmique............ $x - \frac{x^2}{2} + \frac{x^3}{3} - \frac{x^4}{4} +$ etc.; son véritable nom allemand était Kauffmann (marchand); il s'établit en Angleterre vers 1660, et fut l'un des premiers membres de la Société royale. Outre sa Logarithmotechnie, dont nous avons déjà parlé, et ses Institutions astronomiques, dont nous venons de rendre compte, il composa une Cosmographie et une Astronomie sphérique, où, dit Montucla, la Trigonométrie et la Gnomonique sont traitées avec une concision singulière.

Greenwood.

Greenwood Astronomia anglicana, containing an absolute and entire piece of Astronomy, etc., by Nicholas Greenwood. φιλομαθητικος and Professor of physick. London, 1689, in-folio.

Nous ne connaissons de l'auteur que cet ouvrage, et les qualités qu'il annonce dans son titre. Weidler n'en fait aucune mention. Son nom est omis dans les dictionnaires historiques. Voyons s'il a mérité l'espèce d'oubli dans lequel il paraît tombé.

Il nous apprend d'abord que c'est pour son plaisir et par récréation qu'il a employé nombre d'années à l'étude des Mathématiques et de l'Astronomie, et qu'il a composé ses tables; que les trouvant d'un usage facile et bien d'accord avec les meilleures observations, il avait cru qu'il serait utile de les publier, se flattant qu'il *n'en serait pas de son livre comme de ces lampes sépulcrales, qui ne donnent plus aucune lumière quand on les tire du tombeau qui les renfermait.* Il rend justice aux travaux heureux de Wing, Shakerley, Newton et Street, mais il n'ont pas donné aux calculs usuels toute la facilité qu'on est en droit d'exiger. Nous allons voir s'il a mieux réussi; il se vante d'avoir heureusement écarté bien des difficultés et de fausses suppositions, qui ternissaient l'éclat de la *fabrique du monde visible.*

Son premier livre est intitulé : ΔΟΚΤΡΙΝΑ ΣΦΑΙΡΙΚΑ. On ne voit pas ce qui a pu l'autoriser à gréciser ainsi le mot *doctrina*, rien ne l'empêchait de mettre ΔΙΔΑΚΗ; on est encore étonné de trouver à la page suivante ΣΦΑΙΡΑ ΜΑΤΗΡΙΑΛΙΣ.

A ces deux bizarreries près, ce livre n'offre rien de remarquable. Le second est intitulé : ΔΟΚΤΡΙΝΑ ΘΗΟΡΙΚΑ. Ici l'auteur nous prouve que de la langue grecque il ne connaît que l'alphabet; un astronome est certainement excusable de ne pas savoir cette langue, mais à quoi bon se donner un air scientifique pour montrer qu'on l'ignore totalement?

Il remarque comme une chose très curieuse que Wing a découvert le premier que la digression de la Terre, vue de Mars, est la même que celle de Vénus, vue de la Terre, ce qui n'est ni si exact ni si intéressant qu'il le croit :

$$\text{sin élongat. de la Terre, vue de Mars} = \frac{1}{1.52} < \frac{2}{3};$$

$$\text{sin élongat. de Vénus, vue de la Terre} = 0{,}7233 > \frac{2}{3}.$$

Sa méthode pour les aphélies est celle de Streete; elle suppose l'hypothèse elliptique simple. On voit cependant, par le problème suivant, qu'il ne regarde cette hypothèse que comme approximative. Voici comme il la corrige. Soit l'ellipse APn, (fig. 60) l'excentrique AQR, m le centre, S et V les deux foyers, AVP l'anomalie moyenne; menez l'ordonnée OPQ, tirez STQ, T sera le lieu de la Terre; menez TY parallèle à PV, YTS sera l'équation du centre; YTV = PVQ la correction de l'équation du centre VTS. AVT l'anomalie corrigée; tang OVP $= \frac{PO}{VO}$;

$$\text{tang}\,OVQ : \text{tang}\,OVP :: OQ : OP : mR : mn :: 1 : b :: 1 : \cos\varepsilon,$$
$$\text{tang}\,OVP = \cos\varepsilon\,\text{tang}\,OVQ,$$
$$(OVQ - OVP) = PVQ = \text{tang}^2\tfrac{1}{2}\varepsilon \sin 2\,OVQ + \tfrac{1}{2}\text{tang}^4\tfrac{1}{2}\varepsilon \sin 4\,OVQ + \text{etc.},$$
$$Z' = Z + \text{tang}^2\tfrac{1}{2}\varepsilon \sin 2Z + \tfrac{1}{2}\text{tang}^4\tfrac{1}{2}\varepsilon \sin 4Z + \text{etc.}$$

On peut comparer cette correction à celle de Bouillaud, ci-dessus, page 154, 169 et 170.

Il porte cette théorie dans sa table de la Lune, à laquelle il ne donne d'autre équation que l'évection et la variation, sans parler de l'équation annuelle. Ses calculs sont compliqués, et ils n'ont pas même l'exactitude des tables de Newton; ainsi, dans tout ce qui précède, Greenwood n'a fait que des pas rétrogrades; ce n'est guère la peine d'expliquer les épicycles dont il surcharge son système lunaire. Il étend le même système aux ellipses de toutes les planètes. Ses tables n'offrent rien de plus remarquable; en finissant, il les compare à un certain nombre d'observations.

Pour les équinoxes d'Hipparque, les erreurs vont de 2 à 33′, elles vont à 3 ou 4′ pour ceux d'Albategni, de Cusa, de Prophatius et de Walther; de 0 à 3′ pour ceux de Tycho, et à 3′ pour ceux de Wright.

Ses tables de la Lune, comparées aux observations d'Hipparque et de Ptolémée, ont des erreurs qui vont jusqu'à 26′, mais l'erreur moyenne est de 8 à 10′, avec celles de Tycho de 1′ à 10′.

Les erreurs des tables de Saturne, vers 1600, vont de 2 à 4′.

Celles des tables de Jupiter, jusqu'à 9′ en longitude et 16′ en latitude.

Celles de Mars passent 5′ dans les observations de Tycho.

Celles de Vénus à 38′ en longitude et 12′ en latitude.

Celles de Mercure à 10′36″ et 7′.

Ces tables ne sont donc ni meilleures, ni beaucoup plus mauvaises que d'autres; elles ne se recommandent guère d'ailleurs par ce que la théorie peut avoir de particulier. L'œuvre de Greenwood, comme tant d'autres, est donc encore une de celles dont l'Astronomie n'a tiré aucun avantage, et qu'on peut aujourd'hui, sans le moindre scrupule, oublier entièrement.

LIVRE XIV.

Huygens.

Le recueil de ses œuvres, imprimé en 1728, à Amsterdam, en 4 vol. in-4°, commence par la vie de l'auteur. On y voit qu'il était né à La Haye, le 14 avril 1629, de Constantin Huygens, conseiller des princes d'Orange. Dès l'âge de neuf ans, il reçut de son père les premières leçons de Musique, d'Arithmétique et de Géographie; à treize ans, il s'appliqua à l'étude des Machines.

En 1645, il étudia la Géométrie sous Schooten, le commentateur de la Géométrie de Descartes.

En 1649, il suivit le comte de Nassau en Danemarck. Il désirait profiter de l'occasion pour voir Descartes à Stockholm, mais le comte étant revenu plutôt qu'on n'avait cru, Huygens fut obligé de le suivre.

En 1651, il publia son Traité de la quadrature de l'hyperbole, de l'ellipse et du cercle.

En 1655, il alla en France, et s'y fit recevoir docteur en droit à l'université protestante d'Angers. Il s'occupa, avec son frère Constantin, à tailler et polir des verres; il fit une lunette de dix pieds, avec laquelle il découvrit un des satellites de Saturne. Il annonça cette découverte par cette espèce d'énigme, à la manière de Galilée.

Admovere oculis distantia sidera nostris. VVVVVVV. CCC. RR. HMBQX,

dont il donna depuis la traduction suivante :

Saturno Luna sua circumducitur diebus sexdecim, horis quatuor.

En 1656, il avait composé son Traité *de ratiociniis in ludo aleæ*, que Schooten joignit à un ouvrage qu'il avait composé lui-même sous ce titre : *Exercitationes mathematicæ.* Cet opuscule d'Huygens est le premier traité régulier sur les *probabilités;* Pascal et Fermat en avaient fait la matière de quelques mémoires.

En 1657, il appliqua le pendule aux horloges, et par cette invention précieuse, il commença la grande révolution qui fut complétée quelques années après par l'application des lunettes aux instrumens astronomiques. Il fit des tentatives pour rendre son invention utile au problème des longitudes; s'il n'y réussit pas entièrement on peut dire que, sans une autre invention qui est aussi de lui, jamais on n'aurait pu arriver au succès qu'on a obtenu cent ans plus tard.

En 1659, il publia son *Système de Saturne*, et il eut la satisfaction de voir son hypothèse adoptée par tous les astronomes, malgré les oppositions très peu fondées du seul *Eustache de Divinis*.

En 1660, il fit en France un nouveau voyage, et un an après il visita l'Angleterre; il y démontra sa manière de tailler les verres. Ses lunettes n'avaient encore que ving-quatre pieds de foyer, mais elles étaient les meilleures que l'on connût.

Il découvrit, la même année, les lois du choc des corps élastiques. En 1663 il revint à Paris, passa à Londres, où il fut reçu de la société royale. Il n'y resta que quelques mois, et revint à Paris. En 1665 Colbert l'y rappela, et, pour l'y fixer, il lui fit donner une pension et un logement à la bibliothèque du Roi. Il y inventa un niveau dont la vérification est plus facile et plus sûre; il décrivit le ressort spiral qui assure aux montres de poche une régularité qu'on n'aurait osé espérer. Sa santé, affaiblie par le travail, le força deux fois d'aller en son pays natal pour la rétablir.

Il ne quitta la France qu'en 1681, à l'époque de la révocation de l'édit de Nantes. Il renonça à sa pension et à son logement. En 1682 il publia son Planétaire, dans la construction duquel il fit un usage curieux des fractions continues. En 1689 il fit, en Angleterre, un troisième voyage. L'année suivante il publia ses Traités sur la lumière et la pesanteur. Son *Cosmotheoros* et sa Dioptrique ne parurent qu'après sa mort, arrivée le 8 juin 1695. Il n'avait que 66 ans.

On a dit que sa santé était la seule cause qui l'avait porté à renoncer à tous les avantages qui l'avaient fixé en France. L'historien de sa vie garde à cet égard le plus profond silence. Mais sa santé ne l'aurait pas empêché de correspondre avec ses confrères de Paris; il aurait pu donner à l'Académie des sciences une des deux grandes lunettes dont il fit présent à la Société royale de Londres; il aurait pu lui envoyer une partie des treize mémoires qui ont paru dans les Transactions philosophiques. Nous ne voyons que cette révocation qui puisse expliquer la cessation totale de sa correspondance avec ses anciens confrères. Au reste, peu importe; les Académies forment une confédération pacifique, qui ne se ressent que très peu des troubles qui agitent le monde politique, et ce qui enrichit l'une tourne aussitôt au profit de toutes.

Description de l'horloge à pendule.

Cet opuscule est dédié aux états de Hollande. On y voit que la nouvelle invention avait été critiquée par les uns et réclamée par d'autres, qui n'avaient pas rougi de se l'attribuer. Des plagiaires avaient tenté de même de ravir à la Hollande la gloire de deux belles inventions, la lunette d'approche et l'*imprimerie*. C'est pour assurer ses droits à celle du pendule, qu'il s'est déterminé à publier cette description. Il eut les premières idées en 1656. La date du privilége qu'il obtint des états est du 16 juin 1657. On sait que le célèbre Galilée avait songé le premier à tirer parti des oscillations du pendule pour diviser le tems en parties égales. Il n'avait guère été plus loin. Les astronomes qui voulurent employer ce moyen nouveau se servirent d'un pendule simple, qu'ils mettaient en mouvement au commencement d'un phénomène, d'une éclipse, par exemple; ils étaient obligés de compter péniblement les oscillations jusqu'à la fin du phénomène. Si la durée était trop longue, les oscillations pouvaient s'arrêter; il fallait, de temps à autre, imprimer un mouvement au pendule, au risque de quelques irrégularités. L'application du pendule à une horloge à roues et à poids remédiait de la manière la plus simple et la plus heureuse à ce double inconvénient. Si jamais on peut espérer l'entière solution du problème des longitudes, dit Huygens, ce sera par le moyen de la nouvelle invention. En attendant, il donne la description de la machine; il explique comment un second poids empêche que le mouvement soit interrompu pendant le temps qu'on met à remonter le poids principal. Il répond à quelques objections. La première était l'inégale durée des oscillations selon la grandeur des arcs décrits; Huygens dit qu'elle doit être insensible, ce qui est vrai, sur-tout aujourd'hui, que le pendule ne décrit plus que de très petits arcs, c'est à dire de $1°\frac{1}{2}$ au plus, de part et d'autre de la verticale. La seconde était l'irrégularité provenant du choc de la palette; il prétend qu'elle est sensiblement nulle, vu le poids considérable de la lentille, et une longue expérience doit nous rassurer encore à cet égard. Vendelinus avait remarqué que les oscillations du même pendule étaient plus rapides en hiver qu'en été.

Huygens prétend n'avoir jamais aperçu rien de semblable, et il peut avoir raison; on ne nous dit pas sur quelles preuves Vendelinus appuyait son objection; mais il n'avait pas tort; la dilatation des métaux produit cette inégalité, à laquelle on a su remédier.

Ce traité est simplement de Mécanique, le suivant est de Mécanique rationnelle, et il est l'un des plus beaux titres d'Huygens comme géomètre.

Horologium oscillatorium, sive de motu pendulorum ad horologia adaptato. Il est dédié à Louis XIV, qui avait dans ses appartemens plusieurs pendules de ce genre. La dédicace est du 25 mars 1673.

On avait avancé que Galilée et son fils avaient appliqué le pendule aux horloges. Huygens demande comment une invention de cette importance avait pu rester ignorée pendant huit années entières? Si l'on prétend qu'on en a fait mystère tout exprès, on sent que cette raison pourrait être alléguée par le premier qui voudrait se donner la gloire de cette découverte. Il ne suffirait pas de prouver qu'elle était faite et ignorée, il faudrait montrer encore qu'elle n'avait été communiquée qu'à lui. Telles sont les réflexions qu'Huygens a cru nécessaires pour appuyer ses droits. Il passe à la description de son horloge; il ne peut dire ce que doit peser le corps qui entretient le mouvement; moins il sera considérable et plus l'on pourra se flatter que l'exécution est parfaite.

Les longueurs des pendules sont entre elles comme les carrés des tems des oscillations; il suppose un pendule de trois pieds, et il enseigne à décrire la cycloïde qui assurera l'égalité des vibrations; car il fait osciller son pendule entre deux arcs égaux de cycloïde, qui ont pour sommet commun le point de suspension. Il donne le théorème alors nouveau qui nous apprend que la cycloïde a pour développée une cycloïde qui lui est parfaitement égale. La construction était ingénieuse, mais incommode; heureusement elle n'était nullement nécessaire. Elle est abandonnée.

Pour régler la marche de sa pendule, il place contre un mur une pinnule percée, à travers laquelle on puisse observer l'instant où une étoile disparaît en passant par le plan du mur. L'horloge sera reglée sur le tems moyen, si elle marque $23^h 56' 4''$, entre deux disparition consécutives de la même étoile. Ce moyen a été perfectionné en substituant une lunette à la simple pinnule, et sur-tout en faisant tourner les lunettes invariablement dans le plan du méridien. Pour faciliter encore ce moyen, il donne l'équation du tems pour tous les jours de l'année, ce qui n'est pas d'une exactitude suffisante, sans même parler des perturbations planétaires, dont on n'avait encore aucun soupçon. Il est évident qu'on n'osait pas encore viser à la précision d'une seconde.

Pour régler plus facilement son horloge, il avait adapté à la verge de suspension un petit poids mobile qui n'était guère qu'un cinquantième du poids de la lentille. La verge était divisée en minutes et secondes, pour qu'on pût voir tout d'un coup de combien il fallait remonter ou descendre le poids mobile, afin de corriger le retard ou l'avance diurnes de la pendule.

Il avait fait quelques tentatives pour rendre ces horloges utiles à la navigation. Un écossais de ses amis en avait embarqué deux en 1664; au lieu de poids elles avaient un ressort spiral. La suspension était une boule d'acier enfermée dans un cylindre de cuivre. Le pendule était d'un demi-pied. La *clavule* qui restitue le mouvement avait la forme d'une F renversée, pour empêcher le mouvement circulaire qui aurait fini par arrêter la machine. Après une longue navigation, ces pendules avaient servi à rectifier des erreurs assez graves et assez différentes dans l'*estime* de divers bâtimens. Plusieurs autres expériences, tentées par des hollandais et des français, avaient eu des succès différens; mais il attribue les erreurs au peu de soin des personnes à qui les horloges avaient été confiées. L'expérience la plus concluante avait été celle du duc de Beaufort, dans son expédition de Candie. Ce général avait avec lui un astronome, qui déterminait chaque jour les longitudes des lieux où il avait abordé, ou qu'il avait simplement aperçus. Ainsi, de Toulon à Candie, tant en allant qu'en revenant, la différence des méridiens fut de $1^h 22'$, ou de $20° 30'$. Huygens nous dit que ce résultat est d'accord avec les meilleurs ouvrages de Géographie; cependant, on ne trouve aujourd'hui que $19° 22' 34''$, ou $1^h 17' 30'' 16'''$. On trouvait l'heure du vaisseau par le Soleil levant ou couchant, ce qui, dit Huygens, *est la méthode la meilleure, puisqu'elle n'exige aucun instrument.* On penserait différemment aujourd'hui, mais ces détails sont historiques, et nous n'avons pas dû les omettre.

Le pendule était de neuf pouces, l'horloge était à poids; elle était enfermée dans une boîte de quatre pieds de long, au bas de laquelle était un poids de plus de cent livres, pour la maintenir dans une position perpendiculaire.

Il avait de plus imaginé de faire tourner la roue *en scie*, qui est la plus voisine du pendule, par un petit poids qui pendait à une chaîne. Le reste de la machine ne faisait rien que de remonter ce petit poids toutes les demi-minutes; par ce moyen, le mouvement de l'horloge devenait plus régulier.

Deux pendules de ce genre étaient suspendus à une traverse posée sur deux supports. Il remarqua, avec surprise, que les oscillations coïncidaient parfaitement l'une à droite, et l'autre à gauche, et que si l'on troublait cet accord, il se rétablissait en peu de tems. En examinant ce phénomène avec attention, il se convainquit qu'il était dû à un mouvement presque insensible dans la traverse, et ce mouvement ne cessait que si les deux coups étaient simultanés et en sens contraire; car toute pendule communique un petit mouvement à son support, et deux mouvemens contraires réduisent le support à l'immobilité.

L'expérience avait prouvé que, dans les tempêtes, il fallait veiller assiduement à ce que le mouvement fût conservé sans aucune interruption, ce qui lui fit imaginer une autre espèce de suspension. Le pendule avait la forme d'un triangle; au sommet inférieur était une lentille de plomb, les deux autres sommets étaient suspendus à des fils qui oscillaient entre deux lames cycloïdales. Le milieu de la base entrait dans une fourche de laquelle elle recevait le mouvement. La fourche recevait le sien d'une roue *en scie* parallèle à l'horizon. Il se promet un bon succès de cette invention, qui n'avait pas encore été mise à l'épreuve en mer. Je n'en retrouve aucune autre mention, il est à croire qu'on y reconnut plus d'un inconvénient.

Il suppose que, sans la gravité et sans obstacle extérieur, un corps mis en mouvement décrirait une ligne droite d'un mouvement uniforme.

Mais la gravité, de quelque cause qu'elle provienne, fait que le corps se meut d'un mouvement qui se compose d'un mouvement uniforme dans une direction donnée, et du mouvement en ligne perpendiculaire produit par la gravité.

Ces deux mouvemens peuvent être considérés indépendamment l'un de l'autre, et ils ne se troublent nullement.

Ce qu'il dit ensuite des lois du mouvement, de la cycloïde et des développées, des pendules simples et composés, et des centres d'oscillation nous écarterait trop de notre objet principal. Plus loin, il propose le pendule qui bat les secondes pour mesure universelle. Mouton avait, de son côté, une idée à peu près pareille, puisqu'il employait les oscillations d'un pendule pour conserver le type de la mesure universelle qu'il faisait dériver d'un degré du méridien. Huygens appelle *pied horaire* le tiers de son pendule. A la fin de son traité il a placé treize théorèmes sur les *forces centrifuges;* on en trouvera la démonstration dans ses œuvres posthumes. Il a l'air de croire que personne encore n'avait employé ce terme. Nous avons vu que Bailly attribue à Descartes la première idée de ce principe, qui est de toute antiquité.

Le traité suivant a pour titre : *Brevis institutio de usu horologiorum ad inveniendas longitudines.* Les préceptes n'ont rien de remarquable, et nous avons déjà parlé des épreuves qu'on avait faites de sa méthode.

Machinæ quædâm et varia circa mechanicam.

On y voit, 1°. la description du ressort spiral; 2°. celle d'un niveau qui peut se vérifier et se rectifier dans une seule station; il est à lunette, et il est suspendu à un crochet, et maintenu par un poids dans une situation verticale; 3°. l'auteur expose ses moyens pour se passer de tube dans les grandes lunettes. Il plante un mât perpendiculaire; le sien avait cinquante pieds de hauteur, pour une lunette de soixante-dix pieds et plus. Il y avait pratiqué une coulisse dans laquelle il faisait glisser le support destiné à soutenir l'objectif. Au moyen d'une poulie et d'un contrepoids, le support montait et s'arrêtait à la hauteur convenable. On n'avait conservé du tube que les deux extrémités; un fil les joignait; l'observateur tendait ce fil, en tenant en main l'autre bout du tube, qui renfermait l'oculaire. Il avait les coudes appuyés sur un support à peu près semblable au dos d'une chaise d'église. Il imagina depuis un support variable pour l'oculaire, afin d'avoir la facilité de montrer à un autre observateur ce qu'il venait d'observer lui-même. Pour mieux voir, il rétrécissait sa pupille en regardant à travers une lame percée d'un petit trou rond. 4°. Il décrit un nouveau baromètre. Le reste de l'opuscule est entièrement étranger à l'Astronomie.

Dans son Traité de la Lumière, il réfute l'assertion de Descartes, qui trouvait dans les éclipses des preuves de l'instantanéité de la transmission de la lumière. Il se trompe lui-même, quand il assure que *le Soleil est toujours vu dans le lieu où il est.* Mais, quoiqu'il ne se fasse aucune idée de l'aberration de la lumière, ni de ce qui peut la causer, il est conduit à supposer une vitesse prodigieuse à la lumière. Voilà donc deux grands géomètres, Descartes et Huygens, conduits à disserter sur ce sujet, sans qu'aucun des deux ait le plus léger soupçon de la composition des mouvemens de la lumière avec ceux de la Terre.

Huygens ne doute pas que la lumière n'emploie un tems quelconque à venir de la Lune et du Soleil à la Terre. Il rapporte la découverte de Roëmer, qu'il qualifie de très ingénieuse. Roëmer avait cru que la lumière employait 11′ à venir du Soleil à la Terre; en 11′ le mouvement angulaire de la Terre est de 27″,1; il aurait pu en conclure que le Soleil se voyait sur un rayon qui faisait un angle de 27″,1 avec le rayon sur lequel il eût été vu sans le mouvement de la Terre ou du Soleil; il aurait pu en conclure que le Soleil se voyait où il n'était plus et où il était 11′ plutôt. Il aurait pu comparer ces mouvemens et en former un mouvement composé, comme il a fait ci-dessus pour la chute des corps; il n'en eut pas l'idée, parce qu'il ne voyait aucun phénomène qui le forcât à cette recherche. L'idée de Roëmer expliquait une inégalité remarquée dans les éclipses des satellites; il n'en tire pas d'autre conséquence. Les hommes les plus remplis de sagacité ne se mettent guère en frais, quand ils n'en sentent pas la nécessité; cependant Picard avait déjà remarqué dans l'étoile polaire des mouvemens singuliers et *annuels* qui tenaient par conséquent à la même cause, c'est à dire au mouvement de la Terre. Ni lui, ni les autres savans n'avaient pu trouver la raison de ces inégalités, il a fallu qu'elles attirassent, pendant des années entières, l'attention d'un astronome, que Bradley en eût bien constaté la réalité et la loi, pour qu'il en recherchât la cause. Il la découvrit, et pour cette fois encore l'Astronomie n'eut pas besoin du secours des géomètres. Mais disons que depuis, d'Alembert montra que les phénomènes observés par Bradley étaient une suite nécessaire et toute simple du mouvement mesuré par Roëmer, et que quelques années avant, Clairaut adoptant d'ailleurs toutes les idées de Bradley, et venant à chercher la loi de l'aberration des planètes, n'en avait trouvé d'autre que le principe méconnu de Descartes, que les planètes ne se voient jamais dans le lieu où elles sont, mais dans celui où elles auraient été vues à l'instant de l'émission du rayon lumineux qui nous les fait apercevoir, et que, par conséquent, l'aberration d'une planète est son mouvement géocentrique pendant le tems employé par la lumière à venir de la planète à l'œil de l'observateur.

Huygens s'efforce de prouver que la lumière se propage par des ondes. Cette opinion a depuis été celle d'Euler et de quelques autres physiciens; mais, en général, les géomètres étaient du sentiment de Newton, et pour l'émission en ligne droite, qui paraît se prêter avec plus de facilité à l'explication générale des phénomènes. Aujourd'hui les sentimens commencent à se partager de nouveau, mais avant de prendre parti sur une question très complexe, nous attendrons quelques développemens qui nous semblent manquer au système des ondes. Huygens explique dans ce système comment une tour est quelquefois visible et quelquefois invisible, quoique l'observateur soit toujours au même point. C'est ce que l'on a souvent remarqué dans les opérations géodésiques, et ce qui s'explique tout naturellement dans le système contraire.

Le chapitre V est consacré tout entier à la réfraction du cristal d'Islande. Huygens explique la réfraction ordinaire par des ondes sphériques, et la réfraction extraordinaire par des ondes sphéroïdiques. Dans celles-ci le rapport des sinus n'est pas constant, il varie comme l'inclinaison du rayon incident. Cette théorie est devenue célèbre par les recherches de Malus, et par celles de plusieurs géomètres modernes.

Le discours sur la cause de la gravité, sans offrir une doctrine assez exacte, nous intéressera du moins par les recherches sur la figure de la Terre. Richer, à Cayenne, avait été obligé de raccourcir son pendule de $\frac{5}{4}$ de ligne; il en conclut que vers l'équateur la pesanteur est moindre, ce qui ne peut s'attribuer à l'air qui est moins dense, et doit par conséquent s'y opposer moins à l'effet de la gravité. Il croit que cette diminution doit s'attribuer au mouvement diurne, qui fait que la force centrifuge y est plus forte qu'à des latitudes plus hautes, d'abord parce que les parallèles sont plus grands, et que la verticale y fait un angle moindre avec le parallèle. Il calcule que si le mouvement diurne était dix-sept fois plus rapide, la force centrifuge serait égale à la pesanteur. Le mouvement doit ôter à la gravité une partie qui soit à la gravité entière comme 1 est à $(17)^2 = 289$; car les forces avec lesquelles les corps s'éloignent du centre autour duquel ils tournent, sont comme les carrés des vitesses. Le pendule à l'équateur doit donc être plus court de $\frac{1}{289}$ qu'il ne serait dans l'hypothèse de la terre immobile. A Paris, la diminution sera $\left(\frac{\cos^2 H}{289}\right) = \frac{\cos^2 48°51'}{289} = 0.001498 = \frac{3}{667,44}$; Huygens dit $\frac{1}{668}$. Le pendule à Paris est $3^{pi} 0^{po} 8^{li},5 = 440^{li},5$.

$\frac{440,5}{667,44} = 0^{li},66 =$ diminution à Paris; le pendule au pôle sera donc de $441^{li},16 = 3^{po} 09^{li},16$; mais Huygens ajoute qu'on ne peut compter sur la précision de ce résultat. On n'avait pas encore les détails de l'observation. On doit compter beaucoup moins encore sur celle qu'on dit avoir été faite à la Guadeloupe, où la diminution du pendule de Paris a été trouvée de 2''. « Espérons qu'avec le temps nous connaîtrons mieux » ces longueurs, tant à l'équateur que sur les différens parallèles; car » la chose est digne d'être examinée avec la plus grande attention, » quand nous n'en retirerions d'autre fruit que de pouvoir corriger les » mouvemens des horloges, et en tirer une solution plus exacte du » problème des longitudes en mer; car une horloge réglée à Paris » retarderait à l'équateur de 5'' par jour, et ainsi à proportion pour » d'autres latitudes. »

Par l'effet du mouvement de rotation, le pendule en repos devrait s'écarter de la perpendiculaire, et faire avec la verticale un angle qu'il trouve de 5'44'' pour Paris. Il n'en donne pas le calcul; mais la diminution du pendule $=0'',66=$ FD (fig. 61)..... 9,82001

tang latitude $=$ tang $48°51'$	0,05854
FH.............	9,87855
C. KH $=440'',5$.....	7,35497
sin FKH $=5'54''$	7,23352.

KH est le pendule écarté de la perpendiculaire KDC; prenez KF$=$KH, KFH$=90°-\frac{1}{2}$FKH$=90°-2'57''=89°57'3''$. Ainsi l'on peut, sans erreur sensible, supposer droit l'angle HFD, FH$=$FD tang D, et

$$\sin FKH=\frac{FH}{KH}=\frac{FD\tang D}{440'',5}=\sin 5'54''.$$

Cette déviation est à peu près $\frac{1}{10}$ de degré; on aurait dû la reconnaître par observation; au contraire, on a toujours observé que la direction des graves est perpendiculaire à la surface. Je vais, dit Huygens, en donner une raison qui paraîtra paradoxale. *La Terre n'est pas sphérique, ses méridiens ont la figure d'une ellipse aplatie au pôle. La surface des eaux doit être perpendiculaire à la direction des graves, pour que les eaux soient stables et ne cherchent pas à descendre. La surface des mers forme donc une figure sphéroïdique. Il est à croire qu'elle a pris cette figure lorsque ses parties ont été réunies par la force de la gravité; car elle avait dès-lors son mouvement circulaire en vingt-quatre heures.*

Voici ce que Huygens écrivait en 1669; il dit lui-même qu'il avait lu ce mémoire à l'Académie, et qu'il devait se retrouver dans ses registres. Mairan, dans les Mémoires de 1742, pag. 87 et 88, en donne un extrait conforme à ce que nous venons de tirer de ce discours sur la cause de la gravité; il y affirme positivement l'aplatissement de la Terre. En le publiant long-tems après, Huygens y ajouta la note suivante : « Après avoir écrit ce qu'on vient de lire, j'ai examiné le » journal d'un voyage au cap de Bonne-Espérance, et ayant lu » le savant ouvrage des *Principes de la Philosophie naturelle de* » *Newton*, j'ai trouvé dans ces deux livres de quoi étendre ce traité. » Newton parle aussi des longueurs de pendule qui changent selon le » climat. Je crois avoir trouvé dans la marche de mes horloges, non- » seulement la confirmation évidente de cet effet du mouvement de la » Terre, mais aussi celle de la mesure de ces longueurs des pendules, » qui s'accorde avec le calcul que j'ai proposé peu de tems après » (*quem mox proposui*); car ayant corrigé les longitudes des lieux qu'ils » avaient corrigées d'après la marche des pendules, en revenant du Cap » au Texell, j'ai trouvé la route du vaisseau beaucoup mieux décrite » qu'elle ne le paraissait avant cette correction. En effet, au moment » de l'arrivée, l'erreur de la longitude ainsi corrigée était à peine de » cinq ou six lieues. D'après les expériences et le mémoire que j'avais » écrit à ce sujet, les directeurs de la Compagnie des Indes, qui avaient » ordonné le premier voyage, en ordonnèrent un second, pour con- » stater d'autant mieux la bonté de l'invention. Nous connaîtrons bientôt » le résultat de ce second voyage, en ce qui concerne la variation du » pendule. Il est certain que l'accélération ou le retard des horloges » en différens climats est un moyen moins sujet à erreur que la me- » sure directe du pendule qui bat les secondes en différentes régions.

» Il serait difficile de déterminer la courbe du méridien par la pro- » priété de la perpendiculaire; on en trouve un moyen plus aisé dans » l'équilibre de certains canaux, dont Newton, le premier, a donné l'idée. » Ce canal est représenté par ECP, qui fait un angle droit au centre » de la Terre (fig. 61). On doit supposer ce canal creux et rempli d'eau; » les deux branches EC et CP doivent être en équilibre; si nous sup- » posons que la Terre ait la figure dont les diamètres sont EA et PQ, » il est facile de trouver la raison de CA à CP. Soit $EC = a$ et $CP = b$, » p la gravité absolue, n la force centrifuge en E. Le poids du canal » PC sera pb; celui du canal EC, qui devrait être pa, sera diminué » de la force centrifuge de ce canal, qui est $\frac{1}{2}na$; le poids de ce ca- » nal se réduit à $(pa - \frac{1}{2}na) = a(p - \frac{1}{2}n) = pb$, d'où

» $a : b :: p : p - \frac{1}{2}n :: 289 : 288,5 :: 578 : 577$; car $p : n :: 289 : 1$. »

Il cherche la courbe qui résulte de ces suppositions; il trouve que l'équation est du quatrième degré, et qu'ainsi elle ne peut être une section conique que dans le cas où $p=n$; car alors elle se réduit à $yy - aa = ax$, ce qui indique une parabole dont le sommet est en P, et l'arc PC $= \frac{1}{2}$CE.

Il suppose que la gravité, dans l'intérieur de la Terre, est la même qu'à la surface, ce qui lui paraît le plus vraisemblable, quoiqu'on ait quelque raison d'en douter. Mais si l'excès est petit comme $\frac{1}{178}$, qu'on a trouvé ci-dessus, l'hyperbole qu'il a substituée à la parabole différera très peu de l'ellipse et même du cercle. Newton, ajoute-t-il, a trouvé cet excès presque double, c'est-à-dire $\frac{1}{231}$, ce qu'il appuie sur *un calcul dont le principe paraît inadmissible, qui est que toutes les particules des corps s'attirent mutuellement; ce principe ne peut s'expliquer ni par les lois de la Mécanique, ni par celles du mouvement.* Il n'est nullement persuadé de l'attraction des corps entiers; mais il ne fait aucune objection contre la force centripète, qui pousse les planètes vers le Soleil. Il l'admet d'autant plus volontiers, que cette *attraction* ou *impulsion* est prouvée par l'expérience, et qu'il peut l'expliquer par les lois du mouvement qu'il a précédemment établies. Il n'avait pas encore étendu la force de la gravité à des distances telles que celles des planètes au Soleil et de la Terre à la Lune, *parce que les tourbillons de Descartes, qu'il avait trouvés très vraisemblables et dont l'idée était encore gravée dans son esprit, l'en avaient empêché.* Ce n'est donc pas sans motif que nous avons dit que les chimères de Descartes avaient été véritablement nuisibles aux progrès des Mathématiques appliquées, et qu'on n'en aurait fait aucun si l'on n'eût commencé par détrôner Descartes, comme Descartes avait détrôné Aristote.

Il n'avait fait non plus aucune attention à cette loi de la diminution de la pesanteur, qui est en raison réciproque des carrés des distances, *nouvelle et insigne propriété de la gravité,* dont il n'est pas inutile de chercher la raison; et quand il voit que cette loi explique celles de Képler, il ne peut presque douter que ces hypothèses ne soient vraies, ainsi que le système de Newton, en tant qu'il s'appuie sur ces hypothèses. Ce système est d'autant plus probable, qu'il résout plusieurs difficultés qui lui avaient paru fort embarrassantes dans celui de Descartes. Il conçoit à présent comment les excentricités des planètes peuvent être toujours les mêmes. (On n'avait point encore calculé les perturbations qui les font varier.) Il conçoit comment les inclinaisons des orbites sont constantes (même remarque), et pourquoi toutes les intersections des orbites passent nécessairement par le Soleil. (C'est encore là une idée due à Képler, et dont personne ne songe à lui faire honneur.) Il conçoit comment il se fait que les planètes se meuvent tantôt plus vite et tantôt plus lentement, ce qui était difficile à comprendre dans l'hypothèse des tourbillons; enfin comment les comètes peuvent traverser notre système et se mouvoir dans un sens contraire à celui des tourbillons.

Ce qui l'embarrasse, c'est que Newton, en rejetant les tourbillons, veut que les espaces célestes soient absolument vides ou ne renferment qu'une matière assez rare pour ne ralentir en rien le mouvement des planètes. Si cela est, ajoute-t-il aussitôt, *mon explication de la lumière et de la gravité est entièrement renversée.* Pour écarter cette conclusion fâcheuse, il pense que la matière éthérée peut être rare de deux manières. La première serait que les particules peuvent être séparées par des interstices vides; la seconde, que ces particules pourraient être fort ténues. Il admet facilement le vide, sans lequel les petits corps ne pourraient se mouvoir, en quoi il s'écarte de l'idée de Descartes, qui fait consister l'essence du corps dans la seule étendue; il croit qu'il y faut ajouter une dureté parfaite qui le rend impénétrable; dans la première hypothèse, il ne peut expliquer la vitesse extrême de la lumière; ainsi la seconde hypothèse lui paraît la plus vraisemblable. Il continue ainsi d'opposer à Newton des subtilités qui n'ont pas fait fortune, mais qu'il débite de bonne foi; il cherche à se faire illusion à lui-même, mais il ne persuadera personne. L'importance des concessions qu'il fait à Newton prouve que son âme était au-dessus des petitesses de la jalousie; et au total, cette espèce de commentaire, sur une philosophie alors si nouvelle, est un des hommages les plus glorieux qu'ait reçu le géomètre anglais.

Le reste de la Dissertation a pour objet la courbe *logarithmique* ou *logistique*, qui n'avait pas encore reçu de nom, quoique plusieurs géomètres se fussent occupés déjà de cette courbe. Sur ce *Traité de la lumière et de la cause de la gravité,* voyez l'article Huygens de la *Biographie universelle.* Passons aux œuvres astronomiques d'Huygens, dont les écrits géométriques ne nous offriraient plus rien qui puisse nous concerner.

De Saturni Lunâ, observatio nova.

Le 25 mars 1654, en regardant Saturne; il aperçut dans la ligne des anses une petite étoile éloignée d'environ 3 minutes. De l'autre côté de la planète il voyait une autre étoile, mais hors de la ligne des anses. Il soupçonna que la première pouvait être un satellite; il la suivit pendant trois mois, toutes les fois que le ciel le lui permit; il vit l'étoile tantôt en avant et tantôt en arrière de Saturne, et il reconnut que la période était de 16 jours à peu près, et que la plus grande élongation était d'environ 3'. Quand cette Lune approche de Saturne, elle devient invisible et disparaît ainsi pendant deux jours. Rheita crut avoir trouvé six satellites à Saturne; il en avait trouvé neuf à Jupiter; il se trompait également dans ces deux assertions. Hévélius, avec une meilleure lunette, avoue qu'il n'a pu découvrir à Saturne aucun satellite. On n'avait encore aucune idée bien nette sur l'anneau. Saturne paraissait rond depuis trois mois. Huygens avertit qu'il attendra deux autres mois pour vérifier une hypothèse qu'il a formée; il croit que les anses reparaîtront à la fin d'avril, et qu'on pourra les voir comme une ligne très mince, si l'on a une bonne lunette. Celle dont il se servait grossissait 50 fois, et elle avait 12 pieds de longueur; il en construisit une qui grossissait environ 100 fois et qui était d'une longueur presque double. D'autres avaient annoncé des lunettes de 30 et de 40 pieds, et puisqu'elles n'ont pu faire voir le satellite, il soupçonne quelque défaut dans les verres. Il promet plus de détails quand il aura complété son système saturnien, et pour prendre date, il donne le logogriphe suivant :

aaaaaaa, ccccc, d, eeeee, g, h, iiiiiii, llll, mm, nnnnnnnnn, oooo, pp, q, rr, s, ttttt, uuuuu.

Systema Saturnium.

Dans son épître dédicatoire, l'auteur annonce enfin l'anneau de Saturne; mais une conjecture beaucoup moins heureuse lui fait dire en même tems que le système planétaire est maintenant complet, qu'il ne reste plus rien à découvrir, puisque le satellite de Saturne vient de porter à douze le nombre total des planètes. Cassini, peu de tems après, découvrit quatre autres satellites; le nombre était de 16, carré de 4 et quatrième puissance de 2. Mais on se serait encore trompé, si l'on eût annoncé le système solaire comme complet. Uranus et ses deux satellites, les deux satellites intérieurs de Saturne, avec les quatre petites planètes, ont porté le nombre total à 25, qui est encore un nombre carré. Herschel a soupçonné quelques satellites de plus à sa planète, et l'on n'aperçoit aucune loi, même empirique, entre les diamètres, les densités, les masses, les distances ou le nombre des planètes. Il est à croire qu'il y en a plusieurs autres qui sont encore et seront peut-être toujours cachées à nos yeux. Pour en revenir à Saturne, Huygens lui trouve une grande ressemblance avec la Terre, parce qu'il n'a qu'une Lune; cette ressemblance n'était pas dès-lors très bien prouvée, et elle était déjà bien altérée par l'anneau qu'Huygens nous annonce par cet écrit même. Cette épître est du 5 juillet 1659.

Il décrit sa lunette de 23 pieds; l'objetif avait quatre pouces de diamètre, qui se réduisaient à $2\frac{1}{3}$ de pouce; l'oculaire était composé de deux verres convexes d'un pouce et demi de diamètre, lesquels joints ensemble produisaient l'effet d'un verre convexe qui réunirait les rayons parallèles à la distance de trois pouces. Avec cette lunette, il nous dit que plus d'une fois il a vu les bandes de Jupiter *plus brillantes* que le reste du disque, ce qui lui a été contesté dans le tems et qui n'a depuis été répété par personne. La distance entre ces deux bandes n'est pas toujours la même; il croit que ces bandes sont des nuages.

En 1656, il avait observé une bande qui couvrait les deux tiers du disque de Mars.

Dans cette lunette, les étoiles ne paraissaient que des points lumineux, toutes les fois qu'il avait pris le soin d'enfumer légèrement l'oculaire pour diminuer la lumière. Avec les diaphragmes d'Hévélius, les étoiles paraissent avoir un petit disque; quelle que soit la petitesse du trou du diaphragme, on ne dépouille pas entièrement l'étoile de ses rayons, et on lui donne cette forme ronde que l'on prend pour un disque.

Il donne ensuite le dessin de la nébuleuse d'Orion, qui n'avait pas encore été mentionnée. Toutes les nébulosités connues jusqu'alors n'étaient que des amas d'étoiles; celle-ci offre une matière vraiment nébuleuse. Il n'a encore vu aucune variation dans ses apparences; elle en aurait cependant d'assez sensibles, si l'on s'en rapporte aux dessins plus modernes de Le Gentil et de Messier. Huygens ne parle pas de ce qu'il voit dans la Lune, ce serait un travail immense; il revient à Saturne.

Les bras avaient reparu, comme il l'avait prédit; les extrémités paraissent plus larges que les parties voisines du disque.

Le 16 janvier 1656, Saturne, sorti des rayons du Soleil, parut tout rond; il l'était de même en novembre, avant la conjonction; mais quand on ne voyait plus les bras, on voyait sur le disque une bande obscure. Le 13 octobre 1656, les anses avaient reparu; le 17 décembre, il s'aperçut qu'elles étaient fendues et ouvertes, ce qu'il n'avait pas encore remarqué. En 1658, au mois de novembre, elles étaient encore plus ouvertes; mais la planète était très basse et l'on voyait mal. En février 1659, il voyait beaucoup mieux.

Il entremêle, selon l'ordre des tems, les observations du satellite avec celles de l'anneau. Il avait reconnu que la période était au plus de 16 jours et non plus de 16ʲ 4ʰ. Il fit un cercle qu'il divisa en 16 parties égales; chacune de ces parties était le mouvement du satellite en un jour. Il compare ce cercle avec ses observations, en prenant pour point de départ celui où le satellite avait paru en digression; il vit que tout était bien représenté. Pour avoir plus exactement le mouvement du satellite, il tient compte du mouvement de la Terre et de celui de Saturne. Il construit la table des mouvemens moyens de cette Lune; il lui soupçonne une inclinaison et même une ellipticité dans l'orbite.

Pour exposer ensuite ses idées, il rassemble toutes les observations faites depuis 40 ans, par Galilée, Scheiner, Riccioli, Hévélius, Eustache de Divinis et Fontana. Il les explique toutes d'une manière fort satisfaisante, excepté celle de Fontana; mais ce dernier observateur était connu pour avoir publié de monstrueuses figures de Mars. Il reste encore deux figures dont il ne peut rien faire; ce sont celles de Blancanus et de Gassendi.

Roberval avait imaginé que Saturne était rond comme les autres planètes, mais que de son équateur il s'échappait des vapeurs qui demeuraient suspendues à certaine distance et formaient autour de la planète un cercle qui, vu par nous obliquement, devait se montrer comme une ellipse. Lorsque ces vapeurs sont moins nombreuses et moins denses, on peut voir un espace vide entre elles et la planète; c'est ce qui produisait les anses. Roberval avait fait la moitié du chemin; mais observant peu, il ne put compléter son explication. Il lui restait à dire que l'éruption des vapeurs avait cessé, que l'intervalle entre les vapeurs et la planète restait toujours le même, et que la vapeur s'étant condensée, formait autour de Saturne un anneau constant, vu comme une ellipse de plus en plus étroite, jusqu'à se réduire à une droite; après quoi, par les mouvemens combinés de Saturne et de la Terre, l'ellipse reparaissait renversée et reproduisait tous les phénomènes en ordre inverse. On peut dire que plusieurs des figures données par les astronomes, et même celle de Divinis, montraient évidemment un anneau; mais la manière dont ce dernier avait ombré son dessin portait à croire que l'anneau tout entier était derrière Saturne, au lieu que dans la réalité, une partie est en avant et se confond avec le disque de la planète.

D'après toutes ces données et par une longue suite d'observations, on conçoit facilement qu'un homme doué d'une grande sagacité a dû parvenir assez facilement à cette explication si curieuse, mais si simple; et dans le fait, toutes les découvertes que nous admirons le plus justement ont toujours été plus ou moins préparées par des recherches et des observations précédentes.

En réfléchissant que notre Terre tourne sur elle-même en 24 heures, et que la Lune ne tourne autour de la Terre qu'en 27 jours, et de ce que le satellite de Saturne fait sa révolution en 16 jours, il conclut, par analogie, que la rotation de Saturne doit être plus rapide que celle de la Terre, et la conjecture s'est vérifiée; il en fait une loi générale pour toutes les planètes qui ont des satellites; il en conclut même que l'anneau de Saturne doit aussi tourner. C'est par des raisonnemens de ce genre, que Képler avait annoncé la rotation du Soleil.

Pendant qu'il faisait ces réflexions, Saturne se montra comme en 1655; ses bras formaient une ligne droite qui traversait la planète, comme un axe; les extrémités de cette ligne étaient plus larges. Il commença à soupçonner que Saturne devait être entouré d'un anneau qui nous présenterait toujours la même figure (au moins pendant quelques jours) quelle que fût la durée de sa rotation. Il examina si cette supposition expliquait toutes les observations; il en fut bientôt certain. Les anses lui prouvaient que cet anneau était à une certaine distance de Saturne. Il remarqua l'obliquité de l'anneau, qui n'est pas parallèle à l'écliptique. L'angle lui parut de plus de 20°; il pensa que cette inclinaison devait être constante, comme celle de notre équateur; il trouva que ces suppositions expliquaient tout; alors il remit à leurs places les lettres de son logogriphe, et l'on put lire ces mots:

annulo cingitur, tenui, plano, nusquam cohærente, ad eclipticam inclinato.

On peut vérifier l'exactitude de cette traduction, en comptant le nombre d'*a*, de *c* et des autres lettres qui composent les deux phrases.

L'espace entre la planète et l'anneau est à peu près égal à la largeur de l'anneau, ou même un peu plus grand. Le grand diamètre de l'anneau est au diamètre de Saturne à peu près comme 9 est à 4.

On avait toujours regardé comme une espèce d'axiome cette proposition, que la forme sphérique était la seule qui convînt aux planètes. On sera peut-être étonné qu'il entoure Saturne d'un anneau, qui partout en est à égale distance, qui est entraîné avec lui autour du Soleil, et qu'il suppose solide et permanent. Il répond qu'il n'en est pas de cette supposition comme de celle de ces épicycles, que personne n'avait jamais vus. Ici il a vu; il expose un fait bien constaté par tous les phénomènes. Si cette forme paraît étrange, elle est encore la moins étrange que l'on puisse imaginer. L'anneau forme une voûte continue, qui se soutient par cela même qu'elle est partout à égale distance; aucune de ses parties ne pourrait tomber sur la planète, à moins que l'anneau ne se rompît. On a ajouté depuis, que la rotation contribuait à la permanence. M. Laplace a calculé cette rotation. Herschel, dans le même tems, la déterminait par des observations qui s'accordaient avec le calcul de M. Laplace. Cette simultanéité est un fait remarquable qui ajoute à la probabilité du résultat. M. Harding l'a nié cependant. M. Harding est un astronome familiarisé avec l'usage des grands télescopes; il prétend même que pour vérifier son assertion, il suffit d'une lunette telle qu'en possèdent les astronomes, pour la plupart. Il en appelle à leur témoignage. Il peut paraître étonnant qu'aucun de nos jeunes astronomes, de ceux qui ont les meilleurs yeux et les meilleures lunettes, n'ait répondu à M. Harding, soit pour le combattre, soit pour appuyer son idée; mais il faut considérer que les circonstances ne sont pas toujours favorables, que souvent Saturne est trop bas, et que l'observation exigerait qu'on y consacrât plusieurs nuits tout entières; qu'il faut reconnaître un point distinct sur l'anneau, et s'assurer que ce point conserve pendant une longue nuit la même position invariablement. Nous reviendrons ailleurs sur cette difficulté de laquelle on a donné une explication qui est au moins ingénieuse, et qui concilierait et la rotation observée par Herschel et la permanence du point observé par Harding.

D'après l'examen de ses observations, Huygens persiste à croire que l'inclinaison est de 21° environ, et le lieu du nœud vers 153°. Il donnera par la suite ces deux quantités avec plus d'exactitude.

Le 13 octobre le mouvement diurne se faisait selon la ligne des anses, Saturne traversait centralement le champ de la lunette, et la ligne des anses était confondue avec le diamètre décrit par le centre de Saturne; c'est ce qu'Huygens assure avoir constamment observé. En ce cas, l'anneau serait parallèle à notre équateur, l'angle d'inclinaison serait de 23° 28 ou 29'. Mais cette observation est difficile à bien faire. Par d'autres on a trouvé depuis, de 27 à 31°. Huygens n'assure pas en effet que le parallélisme soit parfait, et lui-même il a trouvé depuis un angle de 31°.

La révolution de Saturne est de 30 ans; dans cet intervalle toutes les phases de l'anneau se montreront successivement, et elles reviendront dans le même ordre à chaque révolution; l'anneau se sera montré sous toutes les obliquités possibles, depuis la plus grande jusqu'à la plus petite; l'anneau aura paru dans sa plus grande largeur et réduit à une simple ligne.

Ayant cherché par la Trigonométrie sphérique la plus grande inclinaison, il l'a trouvée de 4° 8′, en 2ˢ 25° 15′, et dans le lieu opposé diamétralement.

L'anneau doit disparaître, par deux raisons, quand son plan passe par notre œil, alors nous n'en voyons que l'épaisseur; et quand ce plan passe par le Soleil, car alors il n'est éclairé que selon son épaisseur.

Cette épaisseur est-elle insensible? Il ne le croit pas; mais elle peut être moins propre à réfléchir la lumière, que le corps de Saturne sur lequel elle se projette en partie; la ligne des nœuds est en 5ˢ 20° et 11ˢ 20°.

Pour que l'annean disparaisse, il n'est pas absolument nécessaire que son plan passe par notre œil ou par le Soleil, ou que la Terre et le Soleil voient les faces opposées de l'anneau, il suffit que l'élévation du Soleil ou de la Terre sur le plan soit petite.

Dans l'intention de faciliter la prédiction des disparitions et des réapparitions, il cherche si elles n'arrivent pas dans des endroits fixes du zodiaque. Il trouve que tous les 14 ou 15 ans Saturne doit paraître rond, mais il ne donne rien que de vague, et il invite les astronomes à se rendre attentifs à ces phénomènes. Il ne se flatte pas d'avoir donné les élémens bien exacts de cette théorie, dont il n'a posé que les fondemens. Ses calculs sont pénibles; pour les rendre clairs il ne suffisait pas de la Trignométrie de son tems. Aujourd'hui tout est mis en formules, et il n'existe plus le moindre embarras. (*Voyez* Astronomie, tome III, pages 89 et suivantes). Nous avons même répondu à une question d'Huygens en fixant à 5ˢ 20° 55′ et 11ˢ 20° 55′ les points du zodiaque où la disparition a lieu, parce que le plan de l'anneau passe par le Soleil; ces points ne changent guère que par la précession des équinoxes. Il suffira d'ajouter à ces nombres 50″,i, i étant le nombre d'années écoulées depuis 1789. Mais les observations sont si peu précises, que jamais peut-être les élémens, c'est-à-dire l'inclinaison et les nœuds, ne seront connus qu'assez imparfaitement. On les a d'une manière à peu près suffisante.

Il aurait pu se transporter en imagination dans le globe de Saturne, et calculer tous les phénomènes de l'anneau et de l'équateur; il croit pouvoir s'en dispenser, d'autant plus que cette recherche paraîtrait sans doute bien oiseuse à ceux qui ne peuvent se résoudre à croire les planètes habitées. Il reviendra sur cette question dans un autre ouvrage.

L'anneau de Saturne, à la moyenne distance de la Terre au Soleil, serait vu sous un angle de 9′4″. Le diamètre du Soleil est de 30′30″; le rapport est à peu près celui de 11 à 37. Le diamètre de Saturne est à celui de l'anneau comme 4 est à 9, à peu près, ou comme 5 à 11; le diamètre de Saturne est donc à celui du Soleil comme 5 à 37. Il n'ose pas donner les rapports de Saturne à la Terre, parce que la parallaxe du Soleil n'est pas suffisamment connue.

Par des calculs semblables il a trouvé pour les autres planètes les résultats suivans :

Jupiter. Diamètre observé, le plus grand, 64″; à la distance moyenne du Soleil il serait de 5′35″. Le rapport surpasse celui de 2 à 11.

Vénus. Le plus grand diamètre observé 85″, serait de 21″46‴ à la moyenne distance. Rapport, 1:84.

Mars. Le plus grand diamètre observé 30″; le rapport 1:166.

Il ne donne pas lui-même ces déterminations comme bien certaines.

Pour mesurer ces petits diamètres, voici la méthode qu'il avait imaginée.

Au foyer de la lunette placez un diaphragme plus étroit que l'objectif; déterminez le diamètre de la partie vide par le tems qu'un astre emploie à le traverser; percez le tube de manière à faire passer au foyer et par le centre du diaphragme, de petites lames de différentes largeurs; parmi ces lames choisissez celle qui couvrira le plus exactement le disque de la planète; le rapport de cette lame au diamètre du diaphragme, vous donnera le diamètre cherché. C'est la première idée du micromètre. Nous verrons ce que Picard et Auzout y ont ajouté, et ce qui avait été fait plus anciennement, mais non publié, en Angleterre.

Huygens ne nous dit rien de Mercure; il avertit seulement que pour cette planète, comme pour Vénus, il faut légèrement enfumer l'oculaire.

Eustache de Divinis écrivit pour réfuter le système saturnien. Huygens répliqua, et ses réponses sont péremptoires. Son critique ne parvint à prouver qu'une seule chose, c'est que ses lunettes ne valaient pas celles d'Huygens, quoiqu'il les crût meilleures.

Le 17 août 1678, Huygens et Picard, avec des lunettes de 21 pieds, trouvèrent l'inclinaison de l'anneau 31°.

En 1672, il mit dans le journal des Savans, l'observation de la phase ronde de Saturne, et il réduisit la révolution du satellite à 15^j 23^h 13$'$.

Cosmotheoros, sive de Terris cœlestibus, earumque ornatu conjecturæ. Le mot *cosmotheoros* signifie *contemplateur de l'univers*.

Il est extrêmement vraisemblable que toutes les planètes sont habitées. Il y a nombre d'étoiles que nous ne voyons pas ou que nous n'aurions jamais vues sans le secours des lunettes. Il est évident qu'elles n'ont pas été créées pour nous; il n'est pas ridicule d'imaginer des êtres placés de manière à les voir.

La Terre est une planète comme les autres. Toutes les planètes empruntent leur lumière du Soleil. La Terre a une Lune; Jupiter en a quatre, Saturne cinq. (Cassini en avait découvert quatre). Il est à croire que toutes ces Terres produisent des plantes et nourrissent des animaux. Ces plantes et ces animaux ne sont peut-être pas les mêmes que ceux que l'on voit sur la Terre; mais il est probable qu'ils sont nourris et croissent au moyen d'un élément humide. Les bandes de Jupiter ressemblent à des nuages. Jupiter peut avoir ses pluies et ses neiges. Nos eaux transportées dans Jupiter et dans Saturne, y seraient bientôt gelées; il est à croire que les eaux de ces planètes sont faites pour une température moins élevée, en raison de la plus grande distance au Soleil.

Il en sera de même des animaux. Ils seront créés tels qu'ils doivent être pour vivre à la température qui leur est accordée. Ils se nourriront, croîtront et se reproduiront d'une manière analogue à la nôtre. On trouverait entre eux les mêmes variétés que sur la Terre. Leurs moyens de mouvement seront les mêmes; leurs eaux seront plus ou moins denses ainsi que leur air. Il n'y aura pas d'hommes si l'on veut, mais des êtres raisonnables, capables d'étudier, de contempler et d'admirer la nature; ils auront des sens tels que les nôtres; ils auront des yeux, et probablement ils en auront deux, afin de pouvoir juger des distances. Il n'est pas bien nécessaire que leurs sens excèdent le nombre de cinq; outre qu'on n'a aucune idée d'un sixième sens, on pourrait le juger superflu.

Toute cette énumération consiste à transporter aux autres planètes tout ce que nous connaissons de la Terre, et dans l'aveu qu'il serait difficile d'imaginer autre chose; mais, continue Huygens, si quelque génie pouvait nous transporter dans ces mondes (et nous y acclimater), nous y verrions, sans doute, bien des choses dignes de notre admiration. Ainsi finit le premier livre.

Dans le second, l'auteur examine le voyage *extatique* de Kircher. Cet auteur suppose qu'un génie le promène dans tout l'univers. Il raconte, comme l'ayant vu lui-même, tout ce qu'il a puisé dans les ouvrages d'Astronomie, ou ce qu'il a pu imaginer. Il pose d'abord que la Terre est immobile, et qu'il n'y a dans les planètes ni animaux ni plantes. Il admet le système de Tycho; il ne pouvait guère faire autrement, il était jésuite; mais en faisant des étoiles autant de soleils autour desquels tournent des planètes, il crée, peut-être sans en avoir l'idée, autant de systèmes de Copernic qu'il y a d'étoiles. Tout ce qu'il dit des planètes est conforme aux idées des astrologues et à la nature des influences qu'elles exercent sur la Terre. Laissant ces rêveries, Huygens passe à l'astronomie des différentes planètes.

Les habitans de Mercure voyant le Soleil beaucoup plus grand, ils doivent éprouver une chaleur beaucoup plus considérable que la notre; ils doivent s'imaginer que nous éprouvons un froid insupportable, ainsi que nous l'imaginons des habitans de Saturne. Ont-ils plus d'esprit? On en peut douter, quand on songe que les peuples d'Afrique et du Brésil sont à cet égard inférieurs aux habitans des zones tempérées, qui paraissent plus propres aux arts et aux sciences.

Il ne peut rien dire de la durée de leurs jours, mais on sait aujourd'hui qu'ils ne surpassent les nôtres que de quelques minutes. Leur année n'est pas de trois de nos mois. Pour eux toutes les planètes sont supérieures et par conséquent plus visibles. Huygens ne fait pas cette remarque.

Les habitans de Vénus voient au Soleil un disque à peu près double de celui que nous lui voyons, leur chaleur doit être à peu près double; leur année est de sept et demi de nos mois (leurs jours plus courts que les nôtres de quelques minutes, mais les différences entre les saisons, les nuits d'hiver et d'été y sont beaucoup plus considérables que sur la Terre, à cause de la grande obliquité de leur écliptique sur leur équateur. Ces particularités étaient encore inconnues au tems d'Huygens). Avec des lunettes de quarante-cinq à soixante pieds il n'avait pu remarquer dans Vénus aucune tache, aucun nuage, ce qu'il attribuait d'abord au grand éclat de Vénus; mais, après avoir enfumé son objectif, il ne vit rien de plus. La faute en était sans doute au climat, car Cassini, qui, en Italie, avait déterminé la rotation par une tache de Vénus, ne put jamais revoir cette tache en France. Huygens se demande si Vénus n'a aucune mer, ou si ses mers auraient à un même degré que les parties solides, la faculté de réfléchir les rayons solaires? La lumière que nous voyons à Vénus serait-elle celle d'une atmosphère beaucoup plus dense que la nôtre?

On voit des taches à Mars, ses jours sont à peu près comme les nôtres. La différence des saisons doit y être peu considérable, vu la petitesse de l'inclinaison de son équateur. La Terre est pour ses habitans à peu près ce que Vénus est pour nous; ses digressions ne passent pas 48°, elle peut passer sur le Soleil, ainsi que Vénus et Mercure. Ces planètes doivent être difficiles à voir hors les tems de ces passages. La matière du globe de Mars doit être plus noire que celle de Jupiter et de la Lune, ce qui fait que Mars nous paraît rouge et moins lumineux que ne le comporte sa distance. Mars est plus petit que Vénus, quoique plus éloigné du Soleil. Il n'a point de Lune; Mars, Mercure et Vénus paraissent en cela d'une condition inférieure à celle de la Terre, ce qu'Huygens ne regarde pas comme un inconvénient bien fâcheux.

Jupiter et Saturne sont des planètes plus importantes que la Terre, soit que l'on considère leur volume ou le nombre de leurs satellites; il le prouve par une figure où les systèmes de ces trois planètes sont tracés sur une même échelle; il s'en rapporte aux observations de Cassini, car il n'ose assurer qu'il ait pu voir bien certainement les quatre autres satellites; *on pourrait croire qu'il en reste encore un ou deux à découvrir.* Cette conjecture a l'air d'une prophétie, car Herschel a découvert ces deux satellites, mais ils sont intérieurs, au lieu qu'Huygens les aurait placés entre le quatrième et le cinquième de ceux que l'on connaissait alors. Il pense qu'ils peuvent être toujours invisibles, comme le cinquième est invisible dans la partie occidentale de son orbite. Il invite son frère, qui a des lunettes de cent soixante-dix à deux cent dix pieds, à chercher ces satellites, quand Saturne boréal sera plus élevé, car alors il était austral.

Pour les habitans de Jupiter, le Soleil leur paraît cinq fois plus petit que nous ne le voyons; la chaleur est vingt-cinq fois moins grande. Il ne faut pourtant pas croire que la lumière y soit si faible; nous en pouvons juger par l'éclat dont brillent Jupiter et ses satellites. D'ailleurs, dans nos éclipses de Soleil, quand la partie du disque qui reste visible est réduite à $\frac{1}{25}$, on ne voit pas que la lumière soit de beaucoup diminuée. Placez au bout d'un tube un diaphragme dont le trou rond soit à la longueur du tube comme 1 à 570 = coséc 6′, et recevez l'image du Soleil sur un carton, dans une chambre obscure, vous aurez le disque du Soleil tel qu'il paraît aux habitans de Jupiter. Mettez l'œil à la place du carton, vous verrez le Soleil tel qu'il est vu de Jupiter. Diminuez le trou de moitié, vous verrez le Soleil comme si vous étiez sur Saturne. La lumière sera réduite à $\frac{1}{100}$, ce qui n'empêche pas que, durant la nuit, Saturne ne nous paraisse encore assez brillant.

Dans Jupiter, les jours sont de cinq de nos heures, et les nuits de même; ainsi la durée des rotations ne suit pas la loi des distances qu'on observe dans les révolutions. Cette loi, découverte par Képler, s'est vérifiée dans les Lunes de Jupiter et dans celles de Saturne. Jupiter ne voit guère d'autres planètes que Saturne; il jouit d'un printems perpétuel; ses quatre Lunes sont pour lui d'un avantage qui surpasse de beaucoup celui d'un satellite unique; il n'a guère de nuit qui ne soit éclairée par une ou plusieurs de ses Lunes. Les navigateurs ont bien plus de moyens pour le problème des longitudes. C'est, à coup sûr, un avantage pour les usages ordinaires; mais est-il bien sûr que les tables de ces quatre Lunes puissent être portées au degré de précision auquel sont arrivées les tables de notre Lune unique. Que d'équations insensibles pour nous à la distance où nous voyons ces satellites, peuvent devenir très fortes pour un habitant de Jupiter.

Saturne est, à cet égard, encore mieux partagé; pour lui comme pour toutes les autres planètes, les constellations sont les mêmes que pour nous. La différence des distances est insensible. Saturne ne voit que Jupiter, dont les digressions ne sont que de 37°. On ignore la durée de ses jours (Herschel la fait d'environ $10^h \frac{1}{4}$); d'après la période des satellites intérieurs, il estime qu'il ne sont guère plus long que ceux de Jupiter. Si l'équateur est incliné de 31°, la différence des saisons sera plus forte que sur la terre. Ses Lunes s'éloigneront plus de son écliptique, il ne les verra tout-à-fait pleines qu'aux tems des équinoxes.

Il trace la figure de Saturne, il y place son équateur, ses tropiques, ses cercles polaires et son anneau. Les régions glaciales ne voient jamais l'anneau (en effet le bord de l'anneau ne peut être vu à l'horizon que pour la latitude dont la sécante est $\frac{9}{4}$, ou le cosinus $\frac{4}{9} = 0,444444$, c'est-à-dire pour une latitude de 63°37'. L'anneau sera invisible de 63° $\frac{1}{2}$ jusqu'au pôle (sauf la réfraction); le reste de la surface voit l'anneau tant que le Soleil en éclaire la face tournée vers l'observateur, c'est-à-dire pendant quatorze ans neuf mois environ; mais il ne voit qu'une portion de l'anneau, celle qui est sur l'horizon, et même le milieu est dans l'ombre de la planète. (Cette ombre n'est jamais vue de la Terre, elle nous est cachée par le corps de la planète.) Après le milieu de la nuit, l'ombre change de place et disparait au lever du Soleil (car elle est toujours dans le cercle horaire du Soleil). Pendant le jour, on peut encore voir l'arc qui est au-dessus de l'horizon, comme nous voyons la lune en présence du Soleil. Ce spectacle de l'anneau est d'autant plus curieux, qu'on peut en observer la rotation au moyen des taches que la proximité permet sans doute d'y distinguer. Il suffirait d'ailleurs de quelque inégalité dans la lumière. Or, la lumière n'est pas partout parfaitement égale. De la Terre, par exemple, nous voyons que le limbe extérieur est d'une lumière plus faible que l'intérieur. (Cette faiblesse de la lumière du limbe de l'anneau ne ferait pas apercevoir la rotation, puisqu'elle est circulaire, mais on peut croire que la surface de l'anneau, semblable en cela à celle de notre Lune, doit présenter des parties plus brillantes et des parties plus ternes d'autant plus aisées à distinguer, qu'elles sont vues de plus près.)

L'anneau doit répandre son ombre sur une partie du globe, qui, sans cela, recevrait la lumière du Soleil, en sorte qu'il y a toujours une zone plus ou moins large qui ne voit ni l'anneau ni le Soleil. Cette espèce d'éclipse est d'autant plus remarquable, qu'on ne verrait pas ce qui la cause. (Nous ne voyons pas mieux la Lune dans les éclipses de Soleil, et c'est ce qui a fait qu'on a long-temps ignoré la cause de ces éclipses. Mais un astronome saturnien reconnaîtrait cet effet de l'anneau bien plus aisément qu'on ne s'est aperçu chez les Grecs de la cause qui éclipse le Soleil. Cet anneau, qui cache le Soleil et une partie du ciel pendant le jour, cachera pareillement une partie du ciel et des étoiles pendant la nuit. On verra donc, dans une même nuit, nombre d'immersions et d'émersions d'étoiles, qui seront couvertes et ensuite abandonnées par l'anneau. Ainsi l'on voit qu'avec leurs sept Lunes et leur anneau, leurs astronomes auront ample matière de recherches et de calculs journaliers dont nous sommes dispensés.)

A côté de sa figure de Saturne, l'auteur a placé les globes de la

Terre et de la Lune, suivant la même échelle, pour rendre plus sensible la petitesse de l'une et de l'autre.

Il passe à l'Astronomie des satellites. Il lui paraît indubitable que les Lunes de Saturne et de Jupiter sont de la même nature que notre Lune. Dans celle-ci, nous voyons des montagnes qui projettent des ombres; on y voit des vallées et des monticules que Képler prenait pour des habitations construites par des hommes. Huygens n'est pas de cet avis. Leur masse est trop considérable pour leur supposer cette origine. Il ne voit aucune apparence de mer, mais de vastes régions moins lumineuses que la partie des montagnes. Dans ces prétendues mers, on voit des cavités rondes, la surface ne paraît pas de niveau; rien de tout cela ne convient à des mers véritables. Il paraît qu'il n'y a non plus aucun fleuve; on n'y aperçoit aucun nuage; il ne peut donc y avoir de pluie. La Lune n'aurait donc ni eau ni atmosphère; car le disque apparent ne serait pas terminé d'une manière aussi tranchée ni aussi lumineuse. On ne peut donc placer ni plantes ni animaux dans la Lune ni dans les satellites.

Faut-il donc croire qu'un globe aussi considérable que la Lune n'ait été créé que pour éclairer nos nuits et produire les marées? N'aurait-il aucun observateur qui pût jouir du spectacle curieux de notre terre, qui lui montrerait successivement l'Europe, l'Afrique, l'Asie et l'Amérique? Les Lunes de Jupiter et de Saturne sont-elles également dépourvues d'habitans?

Comme la Lune nous montre toujours la même face, il conjecture qu'il en peut être de même de toutes les Lunes, et c'est ainsi qu'il explique la disparition de l'un des satellites de Saturne dans une partie de son orbite, pendant laquelle il tourne toujours vers nous une partie moins apte à réfléchir la lumière. Il n'en peut imaginer d'autre cause, sinon que l'hémisphère tourné vers la planète primaire doit être plus pesant que l'hémisphère opposé.

La planète principale doit donc être invisible pour un hémisphère de chaque satellite. Les Géoscopes de la Lune (ceux qui voient notre Terre) voient la Terre suspendue dans l'éther, et plus grande que nous ne voyons la Lune; elle leur paraît immobile au même point du ciel, pour les uns au zénit, et pour les autres à diverses distances; enfin, pour les autres, à l'horizon, et tournant sur son axe (voilà pourquoi Képler lui donne le nom de *Volva, quæ volvitur*), et présentant toutes les phases analogues à celles de notre Lune. Ils voient nos régions polaires, qui nous sont inconnues à nous-mêmes. (Imaginons un observateur au centre de la Terre, et un autre au centre de la Lune; ils verront l'un la Lune et l'autre la Terre en deux points diamétralement opposés du ciel. Que l'observateur du centre de la Lune vienne du centre à la surface, en suivant la ligne des centres, il verra la Terre à son zénit; elle y paraîtra constamment, en supposant toutefois que la Lune tourne toujours la même face au centre de la Terre, ce qui n'est pas parfaitement exact; mais Huygens néglige ici la libration.) Les nuits des géoscopes sont bien plus éclairées que les nôtres, mais cette plus grande lumière ne produit aucune chaleur, quoi qu'en dise Képler. Les pôles des fixes ne sont pas ceux de notre écliptique, mais ceux de l'orbite lunaire; ces pôles font leur révolution en dix-huit ans autour des pôles de l'écliptique. (Leur précession doit être énorme et leur astronomie bien plus difficile.)

Leurs mois sont d'un mois synodique lunaire. Leur année la même que la nôtre. Comme ils n'ont ni atmosphère ni vapeurs, ils voient les étoiles de jour; ils n'ont aucun nuage, ils ont beaucoup plus de facilité pour les observations, mais beaucoup moins pour la théorie; ils doivent se croire au centre du monde. On en peut dire autant de tous les satellites.

(Huygens ne dit rien de l'équateur lunaire, ni de la coïncidence constante de ses nœuds avec les nœuds de l'orbite, ni de la petitesse de l'angle d'inclinaison; ces trois points sont énoncés expressément par Képler.)

Dans un cercle de quatre pouces de diamètre, qui représente le Soleil, il trace, suivant leurs proportions, les globes de toutes les planètes; imaginez un cercle concentrique de trois cent soixante pieds de rayon, ce sera l'orbe de Saturne. Il faut placer sur la circonférence le globe de Saturne avec son anneau. Le grand orbe de la Terre, ou sa roue annuelle, aura *trente-six pieds*, la Terre y sera comme un grain de millet. La Lune sera un point à peine sensible dans un cercle de deux pouces, qui sera son orbite.

Un boulet de canon lancé de la Terre au Soleil, conservant toujours la même vitesse, emploierait vingt-cinq ans pour y arriver; il en mettrait cent ving-cinq pour arriver à Jupiter, et deux cent cinquante pour atteindre Saturne.

Quelques personnes ont cru qu'il n'était pas impossible que des animaux vécussent dans le Soleil; mais, dit Huygens, on ignore quelle est la matière dont ce vaste globe est formé; il penche à le croire liquide. Les ondulations qu'on aperçoit quelquefois aux bords de son disque, et que certains auteurs ont pris pour des éruptions de volcans, ne viennent que de l'agitation des vapeurs qui nagent dans notre atmosphère. Il n'a jamais pu voir ces *facules*, dont on parle aussi souvent que des taches, qui sont quelquefois seules, et quelquefois qui accompagnent les taches. Dans ce cas, ne serait-ce pas le voisinage des taches qui les ferait paraître plus brillantes que le reste du Soleil? (Messier a dit, long-tems après, qu'une facule est la première apparence que présente une tache qui va se montrer. Qu'elle soit ou non plus brillante que le reste du Soleil, c'est une question de mots; elles sont d'une autre teinte, puisqu'elles s'en distinguent, et comme on les voit avant de voir les taches, ce n'est point au voisinage de la tache qu'une facule doit son éclat plus vif. Huygens les appelle des nuages rougeâtres, *nubeculas subfuscas*. Qu'en sait-il, puisqu'il n'en a jamais vu? *Facule* est plus courte et plus commode, ce diminutif n'emporte pas l'idée d'une plus grande lumière; rien n'empêche donc de conserver cette dénomination, qui n'a d'ailleurs aucune importance.) Il croit la chaleur trop grande dans le Soleil pour qu'aucun animal puisse y vivre un seul moment (ce qui n'est pas plus prouvé que tout le reste, on a même dit qu'il pouvait faire un froid excessif à la surface du Soleil, quoique ses rayons y soient bien plus condensées qu'aux foyers de nos vers ardens); certes un corps si considérable a été destiné à quelque usage bien important, mais sa destination n'est-elle pas suffisamment remplie par cette lumière et cette chaleur qu'il répand sur tout ce qui l'entoure, et qui est la source de la vie et du plaisir? Il croit donc inutile d'ajouter avec Képler, qu'il est la source de tout mouvement par sa rotation; il pouvait dire au moins, avec Newton, que si le Soleil n'est pas la cause unique du mouvement, il en est le régulateur, puisque, sans lui, le mouvement serait rectiligne, et que son action produit le mouvement elliptique.

Il croit que le Soleil est une étoile fixe, rien n'empêche même que toute étoile fixe ne soit un Soleil; il ne les croit pas toutes dans une même surface sphérique; il les croit disséminées dans l'espace, à des distances différentes du Soleil, qui est lui-même une de ces étoiles. Képler disait qu'autour du Soleil était un assez grand espace presque vide, et que plus haut les étoiles formaient un ciel dont les parties sont plus serrées. Il les croyait plus serrées parce qu'il comparait leurs grosseurs apparentes avec leurs distances réciproques. Il ne prenait pas garde, dit Huygens, que les feux et les flammes se voient de très loin et sous des angles plus grands que ne comportent leurs diamètres réels, ce qu'il prouve par l'exemple des lanternes qui éclairent les villes. Quoique éloignées d'une centaine de pieds, elles paraissent former une suite continue de points brillans; de sorte que la vingtième soutend à peine un angle de 6″. C'est ce qui doit arriver aux étoiles. Il n'est donc pas étonnant qu'on en compte 1000 ou 2000 à l'œil nu. Avec les lunettes, Huygens dit en avoir vu vingt fois autant. Mais Képler avait une autre raison pour distinguer le Soleil des étoiles et lui donner à lui seul un cortége de planètes, dont il voulait que les distances satisfissent à son idée aux cinq corps réguliers inscriptibles aux orbites. (Il nous semble que rien n'empêchait Képler de former autour de chaque étoile des systèmes de planètes tous semblables et tous assujétis à la même loi. Mais il ne bornait pas le rôle du Soleil à répandre la lumière et la chaleur, il le plaçait au foyer commun de toutes les ellipses, d'où son action toute puissante modifiait tous les mouvemens. Képler était en cela bien plus près de la vérité que Huygens qui pourtant avait lu Newton quand il écrivit son *Voyage*). Il admit pourtant que chaque étoile pouvait être le centre d'un système de planètes que leur prodigieux éloignement nous empêche d'apercevoir. Nous ne voyons que les Soleils, et nous ne les voyons pas tous. Nous voyons beaucoup mieux celui auquel nous appartenons, et comme il est probable qu'ils sont tous de même nature, nous pouvons appliquer aux autres tout ce que nous savons du nôtre.

A côté de l'étoile du milieu de la queue de la grande Ourse, on voit une petite étoile dont la distance à l'étoile principale est la même dans toutes les saisons. Cette distance varierait par la différence de parallaxe, si nous supposons, ce qui est assez naturel, que la plus brillante est aussi la moins éloignée. On pourrait lui répondre que si la parallaxe de la plus grande est insensible, la différence des deux parallaxes sera bien plus insensible encore. Si les étoiles sont des Soleils, on peut croire qu'il y en a quelqu'une dont le diamètre sera égal à celui du Soleil. En ce cas, la différence des diamètres apparens ferait juger de la différence des distances : mais les diamètres des étoiles sont si petits qu'ils échappent à toutes nos mesures. Huygens tenta donc une autre voie. Il chercha les moyens de diminuer la lumière du Soleil, de manière à la rendre égale à celle de Sirius. Il plaça sur l'oculaire de sa lunette une lame très mince percée d'un trou dont le diamètre était $\frac{1}{12}$ de ligne. En dirigeant cette lunette au Soleil, il ne voyait que la 182e partie du disque; mais l'éclat de cette partie surpassait encore celui de Syrius dans une belle nuit. Dans cette lame il plaça un globule de verre dont il s'était servi dans des expériences microscopiques, et se couvrant la tête, pour ne recevoir d'ailleurs aucune autre lumière, le diamètre du Soleil devenait $\frac{1}{152}$ de ce qu'il lui paraissait auparavant : $\frac{1}{152} \times \frac{1}{182} = \frac{1}{27664}$. Il avait encore un éclat pour le moins égal à celui de Sirius. Il en conclut que Sirius est 27664 fois autant éloigné de nous que le Soleil. Il faudrait 25 ans à un boulet pour arriver de la Terre au Soleil, il en faudrait 25 × 27664 ou 691600 pour qu'il arrivât à Sirius qui est probablement la moins éloignée de toutes les étoiles. A quelle distance seraient donc les étoiles télescopiques? Qui oserait dire que le nombre des étoiles n'est pas aussi grand que celui des grains de sable qui composeraient un globe aussi gros que la Terre? On a été plus loin. Jordanus Brunus a dit que le nombre en est infini. On n'en sait rien, on ne peut rien prouver; mais sans se perdre dans l'infini, il pense que chacun de ces Soleils est entouré d'une matière douée d'un mouvement rapide. Ces tourbillons diffèrent cependant beaucoup de ceux de Descartes, tant par leur grandeur que par la nature du mouvement. Ceux de Descartes se touchent entre eux; ils tournent tous dans le même sens; les frottemens devraient diminuer le mouvement; ce mouvement se fait autour de l'axe. Malgré tous ses efforts, Descartes n'en peut déduire la forme sphérique du Soleil; ses suppositions n'expliquent rien. Plutarque nous dit que, de son tems, c'était une opinion déjà fort ancienne que la Lune était retenue dans son orbite parce que la force centrifuge était contrebalancée par la pesanteur qui tend à la faire tomber sur la Terre. Alphonse Borelli a dit, des planètes, que leur gravité les porte vers le Soleil, comme elle porte les satellites vers leur planète principale. Newton a traité ce sujet avec plus de soin; de son idée il a déduit les ellipses de Képler, dont le Soleil occupe le foyer commun. Suivant l'opinion d'Huygens, sur la cause de la gravité, les planètes gravitent vers le Soleil; les tourbillons de la matière céleste doivent tourner autour du Soleil, non tous dans le même sens, mais par des mouvemens variés en tous sens et très rapidement, de manière à être retenus par l'éther environnant, dont le mouvement n'est pas le même et ne se fait pas dans le même sens. Voilà ce qui produit la forme sphérique du Soleil et de toutes les planètes. On est fâché de trouver de pareils raisonnemens dans un ouvrage d'Huygens. Quand on admet la gravitation des planètes vers le Soleil, où est la difficulté d'ajouter que toutes les parties de la matière gravitent réciproquement les unes sur les autres? A quoi servent ces tourbillons qu'il fait tourner en tous sens? Quelle est la cause de ces mouvemens infiniment variés? N'est-ce pas augmenter la difficulté en la reculant? Ce n'était donc pas la peine de refaire ce que *Newton avait fait avec soin.* Quand ils sortent de leurs théorèmes ou de leur analyse, les plus grands géomètres s'exposent à ne pas raisonner mieux que le commun des hommes.

Les tourbillons d'Huygens sont donc moins étendus; il les suppose dispersés dans la vaste étendue du ciel, comme les petits tourbillons qu'on peut former avec un bâton dans l'étendue d'un étang spacieux. (Huygens oublie de nous dire où est le bâton qui les a formés.) Ces tourbillons étant séparés, ne peuvent s'entrenuire en aucune manière. Il en est de même des tourbillons célestes; ils ne peuvent donc s'absorber les uns les autres, comme Descartes l'a dit des siens. (Après avoir ainsi extravagué à la manière de Descartes, Huygens va retrouver son bon sens pour juger l'auteur qu'il a tenté de corriger.) « Au reste, tout ce système de » Descartes sur les comètes, les planètes et l'origine du monde, porte sur » des fondemens si légers, que j'admire comment il a pu prendre tant » de peine pour rédiger tant de rêveries. Nous aurions fait un grand » pas, si nous pouvions nous former une idée nette de ce qui existe » réellement dans la nature. Mais nous sommes encore bien éloignés de » ce terme. Comment tout a-t-il été produit, et comment a-t-il com- » mencé? c'est ce que l'esprit humain ne peut imaginer, ni même con- » jecturer. » A cela nous répondrons :

Cette question est sans doute importante, et la solution en serait infiniment curieuse; mais cette solution n'est nullement indispensable pour la pratique; il nous suffirait d'avoir pu ramener tous les phénomènes à une même loi qui servît à les calculer tous, de manière à représenter toutes les observations avec la précision des observations mêmes, ou à fort peu près. On a rejeté les excentriques des anciens, non par la raison qu'ils n'étaient pas réels, car jamais on n'avait affirmé cette réalité. On les a remplacés par des ellipses qui donnent avec plus de précision les variations des mouvemens et des distances. Ces ellipses se déduisent du principe de la pesanteur, en raison inverse du carré des distances. De cette loi et de son universalité, il résulte des perturbations. Les ellipses sont mobiles et variables, et à chaque instant les planètes en sont encore retirées par des perturbations périodiques. Au moyen de cette loi et de ses conséquences nécessaires, on est arrivé au but ou du moins on en approche tous les jours davantage. A la vérité, l'incertitude de quelques masses et plus encore l'imperfection des méthodes fait qu'on n'est parfaitement sûr du coefficient d'aucune équation, et que dans les termes négligés on est par fois embarrassé pour savoir l'argument qu'on doit préférer pour l'amélioration des Tables. Les erreurs des observations se combinent d'une infinité de manières avec celles des calculs; il est impossible de savoir au juste quelle est la précision des Tables, plus impossible encore de bien déterminer les coefficiens moindres que les erreurs possibles des observations. Mais l'exactitude à laquelle on est parvenu est généralement suffisante; sans peut-être devenir plus grande, elle deviendra plus certaine. Dans quelques siècles, les erreurs se seront montrées dans presque toutes leurs combinaisons possibles. Si elles ne passent jamais 10″, on pourra se flatter qu'elles ne sortiront jamais de ces limites. Il n'est ici question que des erreurs des équations; celles des moyens mouvemens, croissant indéfiniment comme le tems, ne sont pas aussi dangereuses; on les corrige à mesure qu'elles se font sentir. Le premier pas à faire serait de rendre les observations plus sûres et plus précises, ce qui paraît désormais assez difficile. Il ne reste qu'à les multiplier. On réduira les erreurs à des quantités qu'il sera permis de négliger. La pesanteur de Newton aura rendu ce service. Disputez tant que vous voudrez sur la cause ou sur l'existence de cette loi, elle n'en sera pas moins une hypothèse utile qu'il faut admettre en attendant qu'on nous en donne une autre qui, jouissant de tous ces mêmes avantages, aura de plus celui d'être clairement et directement démontrée. Huygens rejette l'attraction réciproque comme une qualité occulte; la matière subtile qui lui sert à expliquer la lumière, les réfractions et la gravité, est-elle moins occulte? la voit-on se manifester plus clairement que l'attraction? a-t-elle rendu aux sciences les mêmes services? Huygens nous fait sa confession : il était prévenu en faveur des tourbillons de Descartes, il avait seulement travaillé à les corriger; il avait 57 ans quand le livre de Newton parut; il y voyait le renversement absolu de son système et de ses explications. Il se rendit un peu difficile sur le principe duquel partait Newton; il ne trouvait pas ce principe assez bien établi, du moins *à priori;* il répugnait à l'admettre; les grands avantages n'en étaient pas encore constatés comme ils le sont aujourd'hui. Qui oserait répondre qu'à la place d'Huygens il n'aurait fait de même? Huygens est immortel par ses idées sur les forces centrales, par son pendule et son ressort spiral qui ont rendu les observations plus faciles et plus sûres, et sans lesquels on connaîtrait moins les longitudes des astres et les longitudes géographiques des lieux et des vaisseaux. Ces découvertes l'ont placé parmi les astronomes et les géomètres du premier rang. C'est par ce qu'il a trouvé et non par ce qui a pu échapper à son génie et à sa sagacité qu'il convient de le juger.

L'ouvrage que nous venons de parcourir ne parut qu'après sa mort; il en avait fortement recommandé la publication à son frère, qui mourut lui-même avant que l'impression en fût achevée. On conçoit difficilement l'importance qu'Huygens attachait à la publication de simples conjectures sur les habitans des planètes ou sur les phénomèmes qui pourraient s'observer dans la Lune et dans les autres satellites. Il ne traite même ce dernier objet que très superficiellement. Il n'y a pas de calculateur qui, à l'aide de la Trigonométrie sphérique, ne pût faire, sur ces divers objets, des traités bien plus sûrs et bien plus complets s'il avait du tems à perdre. Il y a grande apparence que ce qui l'intéressait surtout était la partie la moins sûre et la plus conjecturale, ce qu'il y dit de ses tourbillons, comparés à ceux de Descartes, et ces attaques insignifiantes contre le système de Newton.

Dans son *Novus cyclus harmonicus* il propose une manière nouvelle pour calculer le *tempérament*. Il divise l'octave en 31 parties, en insérant 30 moyennes proportionnelles entre la longueur d'une corde et sa moitié. Pour cet effet, il divise par 31 le logarithme de 2, qui est 0,30102999566 7, le quotient est 0,00971,06450; il ajoute ce quotient au logarithme de 50000, qui est 4,69897,00043, par 31 additions successives; il arrive à 4,99999,99993, ou 5,00000,00000, logarithme de 100000. Ces logarithmes sont ceux des longueurs qui donneront tous les tons intermédiaires entre une note quelconque et son octave. Cette règle diffère peu du tempérament admis. Cette idée n'était pas neuve. Salinas et Mersenne avaient écrit pour en démontrer la fausseté. Huygens dit qu'on s'y était mal pris pour exécuter cette division, qui n'est possible qu'au moyen des logarithmes que Salinas ne connaissait pas.

Il donne une table des longueurs calculées par ce moyen, il les compare à celles que l'on obtient par le tempérament admis. Les erreurs les plus fortes sont de $\frac{1}{37}$ et de $\frac{1}{28}$ du comma, qui est $\frac{1}{81}$ de ton. Ces erreurs seront insensibles puisque dans l'usage ordinaire on souffre celles de $\frac{1}{4}$ de comma. En conséquence, il propose un clavier camposé, au moyen duquel on pourra transposer également dans tous les tons, et conclut que pour la division des instrumens de musique, rien n'est préférable à l'usage des logarithmes.

Parmi ses œuvres mêlées on trouve une lettre où il fait ressortir tous les avantages du télescope de Newton, dont il s'est même un peu exagéré le mérite et l'utilité.

Sa Dioptrique est la plus importante de ses œuvres posthumes. Il n'y avait pas mis la dernière main. Il la commence par l'histoire des réfractions. Alhazen et Vitellon les avaient mesurées dans le verre et dans l'eau. Il ignorait que Ptolémée eût fait ce travail avant eux; mais si ces auteurs avaient passablement observé ils ignoraient complètement la loi qui résultait de leurs observations. Képler ayant repris cette recherche ne trouva guère mieux; il n'arriva qu'à une approximation qu'il avouait lui-même ne plus rien valoir dès que l'angle d'incidence était de 30°. *Snellius, par un long travail et beaucoup d'expériences, était parvenu à trouver les vraies mesures des réfractions, mais il n'avait pas encore des idées assez nettes de ce qu'il avait trouvé* (nec tamen quod invenerat satis intelligeret); *car soit* AB (*fig.* 62) *la surface de l'eau,* D *un objet au fond du vase,* F *l'œil qui voit cet objet dans la ligne* FCG, G *le lieu apparent, le rapport de* CD *à* CG *est constant; ainsi, dans le verre, il est* $\frac{3}{4}$. *Ce rapport est exact et s'accorde avec la règle des sinus, car*............
CD : CG :: sin DGC : sin CDG :: sin AGC : sin ADC :: sin GCE : sin DCE. *Snellius ne fait aucune attention à ce rapport des sinus, mais seulement à ce raccourcissement du rayon* CD *réduit à* CG.... *trompé parce que le fond du vase plein d'eau paraît être élevé dans toutes ses parties.* Il semble qu'Huygens fait ici une mauvaise chicane à Snellius. L'objet visible est D, il paraît en G; CD et CG sont les sécantes des inclinaisons sur le rayon horizontal CA, ou les cosécantes des inclinaisons sur le rayon vertical CH; le rapport des cosécantes est constant, il est ici $\frac{3}{4}$; il semble qu'il ne manque rien ni à la découverte, ni au théorème.

Snellius avait composé, sur ce sujet, un volume tout entier, qui était resté inédit; j'ai vu cet ouvrage et l'on m'a dit qu'il avait été pareillement vu de Descartes, qui peut être y a pris sa règle des sinus. Nous avons commenté ce passage à l'article Descartes (tome V, page 223). Huygens propose une autre manière de constater la vérité du théorème. Il suppose un cylindre de verre mince rempli d'eau, ou d'une autre liqueur quelconque; faites que les rayons du Soleil tombent perpendiculairement à l'axe, sur l'une des faces du cylindre; ils se réuniront de l'autre côté du vase, en une ligne parallèle à l'axe; faites que cette ligne ait le moins de largeur possible, prenez-en la distance à la surface voisine du cylindre; marquez cette distance d sur un papier avec un compas, ajoutez-y le rayon r du cylindre, coupez ce rayon en deux; $d+r : d+\frac{1}{2}r :: 1+\frac{r}{d} : 1+\frac{\frac{1}{2}r}{d}$, sera la raison des deux sinus, quelle que soit la liqueur; plus le vase aura de capacité et moins forte sera l'épaisseur, plus l'expérience aura d'exactitude. Huygens démontre ces propositions dans la suite de son Traité. nous ignorons si l'expérience qu'il propose a jamais été tentée; elle paraît moins directe et moins claire que celle de Ptolémée.

Voulez-vous trouver la réfraction du verre ou du cristal, prenez une lentille plano-convexe, les rayons parallèles tombant sur la face plane, iront se réunir en un point E; mesurez la distance d de ce point à la surface convexe, alors $d+r : d$ sera le rapport des sinus pour le cristal; r est le rayon de la surface convexe; il conviendra de couvrir les bords de la lentille pour que l'image soit plus nette et la réunion plus parfaite. Il ajoute que, d'après ses expériences sur l'eau de pluie, le rapport est celui de 250:187 ou 1000:748.

A l'article des lunettes, page 124, il assure qu'il mettrait sans balancer au-dessus de tous les mortels celui qui par ses seules réflexions serait arrivé de lui-même à cette invention; mais elle est due au hasard. Les uns l'attribuent à Jacques Métius d'Alcmaer; « mais je me suis assuré qu'avant » Métius, un artiste de Middelbourg, en Zélande, avait fabriqué des » lunettes; il se nommait Lipperseim suivant Sirturus, ou Zacharie suivant Borelli. Ces lunettes n'avaient qu'un pied et demi. J. B. Porta en » avait donné la première idée dans sa Magie naturelle, plus de 15 ans » avant la première invention des lunettes. Mais Porta ne tira aucune » conséquence utile de cette idée. Il n'est pas étonnant que le hasard ait » conduit à la découverte, car depuis plus de 300 ans on fabriquait des » lentilles convexes et concaves; il faut plutôt s'étonner que la première » lunette ait été trouvée si tard... Ce qui restait à trouver c'était la mesure de l'amplification, d'après la forme et la position des lentilles, ce » qui n'a encore été fait par personne. Képler n'en dit rien, Descartes » n'y a pas réussi, et, s'il faut dire ce que j'en pense, il s'est égaré de » la véritable route, dans ce qu'il a écrit de la raison et de l'effet de la » lunette : ce qui est à peine croyable d'un si grand homme; c'est ce qu'il » faut dire pourtant, afin qu'on ne perde ni son tems ni sa peine à expliquer ce qui n'a aucun sens. »

Alors il démontre que dans une lunette formée d'une lentille bi-convexe et bi-concave, les objets seront droits, et que l'amplification est selon la raison de la distance focale de la lentille convexe, à la distance du point de dispersion de la lentille concave. Il donne ensuite les moyens pour déterminer le champ de cette lunette.

Si les deux lentilles sont bi-convexes, les objets seront renversés, l'amplification sera dans la raison des deux distances focales, et le champ se trouvera par le rapport de l'ouverture de l'oculaire à la distance focale de l'objectif. Cette lunette est bien préférable à la précédente : on n'en fait plus guère d'autre. La première idée est due à Képler, et la première lunette de cette espèce fut exécutée par le capucin Schyrlæus de Rheita.

Il explique ensuite la manière d'observer les éclipses de Soleil en recevant sur un carton l'image transmise par une lunette. Il montre comment avec un double oculaire convexe on augmente le champ de la lunette, on diminue l'aberration et l'on redresse les objets; mais il vaut mieux encore employer quatre lentilles au lieu de trois. Avec un miroir incliné de 45°, on redressera les images de la lunette à deux lentilles convexes.

Il établit que les angles au-dessous de 30° peuvent être censés proportionnels à leurs sinus. C'est l'approximation de Képler. Il donne des règles pour déterminer l'ouverture la plus convenable à donner aux lunettes; il en a même calculé la table, que l'invention des lunettes achromatiques a rendu presque inutile. Il cherche, par le calcul, l'angle d'aberration et de dissipation, afin qu'on puisse savoir ceux qu'il sera permis de négliger. Cette dernière partie regarde principalement les microscopes.

Le traité suivant est l'art de tailler et de polir les verres. Dans un autre il expose sa théorie des couronnes et des parhélies; dans un troisième, celle du choc des corps et celle de la force centrifuge; enfin il décrit son planétaire.

Ces sortes de machines ne sont que des objets de curiosité pour les amateurs, ils sont absolument inutiles à l'Astronomie; celle d'Huygens était destinée à montrer les mouvemens elliptiques des planètes, suivant les idées de Képler. Le problème à résoudre était celui-ci : Étant donné deux grands nombres, trouver deux autres nombres plus petits et plus commodes, qui soient à peu près dans la même raison. Il y emploie les fractions continues, et sans donner la théorie analytique de ces fractions, il les applique à des exemples. Il trouve ainsi le nombre des dents qu'il convient de donner aux roues. Cette propriété des fractions continues, paraît, à Lagrange, une des principales découvertes d'Huygens. Cet éloge un peu exagéré fut sans doute dicté à Lagrange par l'usage qu'il a su faire de ces fractions dans l'Analyse. Quelques géomètres ont paru douter des avantages de ces fractions et de l'utilité qu'elles peuvent avoir dans les recherches analytiques. Quant au problème des rouages, il nous semble qu'on peut le résoudre d'une manière plus simple et plus commode par l'Arithmétique ordinaire. Nous avons déjà appliqué notre méthode aux intercalations du calendrier. Nous allons l'appliquer aux deux exemples choisis par Huygens.

On n'a recours aux fractions continues que pour éviter les nombres trop considérables. On est donc renfermé dans des bornes assez étroites, dont on ne veut pas sortir. Ainsi, dans le problème d'Huygens, il serait difficile de donner plus de 1000 dents à une roue; mais notre solution n'est pas même enfermée dans ces limites. Elle se réduit d'abord à ramener la fraction donnée au numérateur 1, ou à exprimer ce rapport par une fraction décimale; on combine ensuite les multiples de cette fraction de manière à donner le degré de précision auquel on se borne.

Exemple.

La fraction d'Huygens est $\frac{2640858}{77708431} = \frac{1}{29.4254} = 1:29.4254$. Je vois tout aussitôt qu'en multipliant par 5 je vais faire évanouir la décimale 0,4: j'aurai donc 5:147.127 ou 5:147 si je veux bien négliger $0.127 = \frac{1}{8}$ à peu près; si je prends 7 pour multiplicateur, j'aurai $7:205.9778 = 7:206 - 0.0222$. Ce rapport 5:137 était trop grand, le rapport 7:206 sera trop petit, mais plus exact. C'est à ce rapport que s'arrête Huygens, on voit donc que les fractions continues étaient inutiles.

Pour second exemple, il prend le rapport du diamètre à la circonférence 1:3.1415926; pour faire évanouir 0.14 je vois que le facteur 7 est le plus convenable.

J'ai donc aussitôt 7:21.9911482 ou 7:22, dont l'erreur est 0.0011482 seulement; si je consens à avoir des dixaines au premier terme, je puis

écrire en décuplant...........	10:31.415926	
ajoutez plusieurs fois le rapport primitif.....................	1: 3.1415626	
vous aurez..................	11:34.5575186	ou 11:35 ou 22:69
	12:37.6991112	12:38
	13:40.8407038	13:41
	14:43.9822964	14:44:7:22

Mais au lieu du rapport 11:34.5575186, écrivons en décuplant tout,

	110:345.575186
	1: 3.1415926
nous aurons successivement	111:348.7167786
et........................	112:351.8583712
	113:354.9999638 ou 113:355,

c'est-à-dire le rapport de Métius. On ne pourrait aller plus loin sans retomber dans des quantités incommodes par le nombre des figures; en effet, ajoutons cinq zéros.

11300000:35499996.38
1: 3.1416

11300001:35499999.5216
11300002:35500002.6632
11300003:35500005.8046
11300004:35500008.9464
11300005:35500012.0880,

Tout cela nous écarte de la valeur véritable.

Les fractions continues ne m'ont jamais paru qu'une chose curieuse qui, au reste, ne servait qu'à obscurcir et compliquer, et je n'en ai jamais fait d'usage que pour m'en démontrer l'inutilité.

Hieronymus Sirturus.

Huygens, en parlant des lunettes, vient de citer le témoignage de Sirturus.

Voici le passage de cet auteur, fidèlement traduit, quoique un peu abrégé (pages 23 et suivantes).

En l'an 1609, un génie ou un homme inconnu, qui avait l'air d'un hollandais, vint à Middelbourg, en Zélande, visitér Jean Lippersein, le seul lunetier qui fût dans cette ville; il lui commanda plusieurs lentilles concaves et convexes, et vint les chercher au jour convenu. Dès qu'il les eut entre les mains, il en choisit deux, l'une concave et l'autre convexe, et les approchant de son œil et les écartant peu à peu, soit pour trouver le point de concours, soit tout simplement pour examiner le travail de l'artiste, puis il le paya et disparut. L'artiste, qui ne manquait ni d'esprit ni de curiosité, se mit à imiter ce qu'il avait vu faire, il eut l'idée de placer ses deux lentilles dans un tube, et dès qu'il eut construit sa lunette, il se hâta d'en faire hommage au prince Maurice. Que le prince eût ou non la connaissance de la lunette, on peut soupçonner que voyant que cette invention pouvait être utile à la guerre, il pensa qu'il était bon de la tenir cachée; et quand il sut que le hasard l'avait divulguée, on peut croire qu'il dissimula et qu'il récompensa le travail et la politesse de l'artiste. Cette découverte importante se répandit aussitôt dans tout l'univers; on construisit beaucoup de lunettes, mais aucune ne surpassa la première (je l'ai vue et je l'ai eue entre les mains). La nouvelle ainsi répandue, tous ceux qui avaient quelque génie, cherchèrent à construire la lunette sans en avoir le modèle. Belges, Français, Italiens, tous se donnaient pour le premier inventeur. Au mois de mai, un français vint à Milan, et offrit une lunette de ce genre au comte de Fuentès, en se disant l'associé de l'inventeur hollandais. Le comte remit la lunette à un orfèvre pour qu'il y fît un tube d'argent. L'orfévre me la montra, je l'examinai et j'en construisis de semblables; mais voyant que leur bonté dépendait des qualités du verre, je fis le voyage de Venise pour y acheter des lentilles, car j'ignorais l'art de les tailler. Je remis ma lunette à un artiste, à qui j'en demandai une pareille. Je dépensai beaucoup d'argent et je perdis ma lunette sans avoir rien appris de nouveau, sinon que le succès dépendait du hasard et du choix des verres. Étant parvenu à en faire une nouvelle, je montai sur la tour de Saint-Marc pour l'essayer; des curieux m'aperçurent, m'entourèrent, demandèrent à voir ma lunette, et me fatiguèrent de leurs importunités pendant deux heures. Le bruit circulait qu'en Belgique et en Espagne on avait de ces lunettes avec lesquelles on reconnaissait un homme à trois milles de distance. Je partis pour l'Espagne et j'y fis la connaissance d'un vieux lunetier, frère d'un Rouget, Bourguignon, établi à Barcelone, où il avait apporté l'art inconnu de tailler les verres. Ce frère me montra ses instrumens, et je crus avoir appris son art. Mais les essais que je fis de mes connaissances ne m'ayant pas réussi, j'allai à Rome où j'eus le bonheur de rencontrer Galilée. J'assistai aux expériences et aux démonstrations que Galilée y fit de sa lunette, j'en touchai et considérai les lentilles pour en reconnaître les dimensions; il me manquait pourtant encore le rapport exact des deux courbures. Mais en ayant dessiné différentes, je trouvai à Inspruck, chez l'archiduc Maximilien, les vraies dimensions de la lunette de Galilée, qui les avait envoyées à l'électeur de Cologne. Les ayant considérées attentivement, je dis à l'archiduc que je possédais des figures semblables, et tirant de mon porte-feuille celles qui me parurent les plus ressemblantes, je montrai, pour la lentille convexe, celle que les frères Rouget nomment *di vista commun,* ou n° 1, et en la superposant on reconnut l'identité, alors je montrai la lentille concave n° 7 des Rouget, et elle s'accorda pareillement. Avec ces renseignemens précieux je partis pour Vienne, où je fis tailler des verres, et m'exerçai moi-même dans cet art.

Le reste du livre indique les moyens de tailler et de polir les lentilles.

Cet ouvrage a été mis à la suite de la Dioptrique de Képler, dans le premier volume de ses œuvres mathématiques. En voici le titre :

Hieronymi Sirturi mediolanensis telescopium; sive Ars perficiendi novum illud Galilæi visorium instrumentum ad sidera. Francofurti, 1618.

De cet ouvrage il paraît résulter qu'après le hasard, premier père de l'invention, Galilée est, de tous ses contemporains, celui auquel nous avons les plus grandes obligations; il fit la meilleure lunette, et la rendit célèbre par d'importantes découvertes.

LIVRE XV.

Gascoyne, Crabtree, Hook, Buot, Auzout, Picard, Roemer et la Hire.

Il nous reste quelques observations de Gascoyne; elles ont été publiées en 1725, dans l'Histoire céleste de Flamsteed, tome I, page 1. Ces observations sont beaucoup plus anciennes, car elles commencent en 1638 et finissent en 1643. L'auteur fut tué le 2 juillet 1644, à la bataille de Marston-Moor. Il avait commencé à construire un sextant de fer de cinq pieds à peu près de rayon, pour observer des distances; mais il le laissa imparfait, et rien n'autorise à soupçonner que son projet fût d'y mettre des lunettes. Il demeurait à Middleton; latitude 53°41′. Ce qu'il y a de plus remarquable dans ses observations, c'est qu'il y employait une lunette de quatre pieds, garnie d'un micromètre de son invention. Nous n'avons aucune description bien détaillée de cet instrument. Il est à remarquer que Smith n'en a fait aucune mention dans son Optique, et qu'il commence sa Notice des divers micromètres, par celui d'Huygens, employé pour la première fois, en 1658, pour mesurer le diamètre de Vénus.

Le micromètre de Gascoyne était composé de deux fils qu'on écartait l'un de l'autre à volonté, au moyen de deux vis latérales; un index marquait l'intervalle des fils; on divisait cet intervalle par la longueur focale de l'objectif, et l'on avait la tangente de l'angle sous-tendu par le diamètre qu'on avait ainsi mesuré. Flamsteed ajoute que Townley, quelques années après, avait imaginé de remplacer les deux vis latérales par une vis unique, qui produisait le même effet. On trouve dans l'Histoire céleste, une longue suite de diamètres de la Lune, ainsi mesurés par Gascoyne, pendant les années 1641 et 1642; ainsi que les distances réciproques de sept étoiles des Pléiades *a*, *b*, *c*, *d*, *e*, *f* et *h*. Ces distances sont ordinairement données en parties centésimales d'une échelle, et ensuite converties en minutes et secondes; ainsi l'on y voit que 2610 de ces parties valent 15′40″=940″. On trouve exprimée de même la ligne des cornes dans plusieurs éclipses.

Gascoyne trouva de cette manière les quantités suivantes, pour les demi-diamètres du Soleil :

25 octobre v. s...	16′ 11″ ou 10″.	16′ 10″. Connaissance des Tems.
31 octobre......	16.11	16.11″,4
2 décembre....	16.24	16.16″,8

La plus grande variation lui parut d'environ 35″, elle n'est que de 32″,3.

Pour le *maximum* il trouvait 16′ 25″ ou 30″.

Pour le *minimum*.......... 15.50 ou 55.

Crabtree, ami de Gascoyne et d Horrockes (*voyez* ci-dessus, page 505), mesurait les diamètres au moyen de deux aiguilles plantées perpendiculairement sur une règle qu'il présentait au Soleil, quand il le voyait couvert de légers nuages, qui permettaient de le regarder directement; alors il reculait jusqu'à ce que le diamètre lui parût exactement renfermé entre les deux aiguilles, il mesurait la distance de ces aiguilles, et celle de la règle à son œil. Ainsi, le 6 avril 1641, il trouva que le rapport de ces distances était de $\frac{19.75}{2021}$, d'où il conclut 32′ 3″ pour le diamètre du Soleil. Suivant la Connaissance des Tems, il serait de 31′ 54″,4. On voit que ces méthodes n'avaient pas encore la précision désirable, mais elles étaient bien supérieures à celles d'Archimède, d'Hipparque, de Tycho et de Képler; celle de Crabtree n'était au fond que le bâton de Jacob, ou le rayon astronomique.

Il faut remarquer que les observations des deux amis n'ont été publiées que 80 ans après leur date réelle. Ainsi, en accordant à Gascoyne la première idée et même la première exécution du micromètre, il est juste de réserver leurs droits aux astronomes qui, sans avoir aucune connaissance des observations anglaises, ont été conduits par leurs propres réflexions à la même découverte; on peut même penser que la publication du livre d'Auzout hâta de plusieurs années la connaisance que les savans d'Angleterre consentirent enfin à donner d'une découverte, connue alors de très peu de personnes dans la Société royale même, et généralement négligée par ceux qui en avait eu quelque idée.

Voici ce qu'on trouve à ce sujet dans l'Histoire de la Société royale de Londres, par son secrétaire Thomas Birch, tome II, page 139. « On lit un extrait d'une lettre de M. Auzout, datée de Paris, le 28 décembre 1666 de N. S., faisant mention d'une méthode, qu'il jugea très supérieure à tout ce qu'on avait imaginé jusqu'alors pour mesurer les diamètres des planètes, à la précision des secondes, et pour connaître la parallaxe de la Lune au moyen de son diamètre. Le docteur Wren et M. Hooke, ayant exposé à la Société différentes manières connues depuis long-tems pour mesurer les diamètres, avec la précision des secondes, ils sont invités à donner *une courte description de ces méthodes*, afin qu'on puisse répondre aux savans français que c'était une chose qui n'était pas neuve en Angleterre. » Elle y était au moins bien peu connue, puisque la Société royale en demande une courte description, 9 janvier 1667.

Le 25 juillet suivant (page 138), M. Hooke présente l'instrument de M. Townley, pour mesurer les diamètres en parties très petites; il ajoute que M. Croune a reçu de M. Townley lui-même, une description de son instrument; il est invité à déposer cette description pour qu'elle soit consignée dans le registre, et à demander que l'auteur veuille bien faire exécuter une machine semblable pour les cabinets de la société. (Une note, au bas de la page, nous avertit que cette description ne se trouve pas; il y avait plus de six mois qu'elle était demandée, et il ne fallait pas tout ce tems, à beaucoup près, pour imaginer un micromètre, surtout quand on avait sous les yeux la lettre d'Auzout). « M. Hoocke produit de même un instrument de son invention, pour le même objet, et qui est d'un usage plus facile et plus simple, puisqu'il ne consiste que dans deux fils et une règle, au moyen de laquelle un pouce est divisé diagonalement en 5000 parties, et pourrait, avec la même facilité, être divisé en 40000 et davantage, à volonté; à cet instrument est adaptée une partie de tube dont le cercle est divisé en 360°; un fil, qui passe par un diamètre, servirait à trouver la véritable position d'un astre quelconque. On ordonna à M. Hooke d'apporter une note écrite sur son instrument, avec une figure, pour être insérée au registre, et de faire exécuter un instrument semblable pour les cabinets. »

Il est évident que l'instrument de Hooke n'existe que dans son imagination, puisqu'il n'en montre pas même le dessin.

M. Hooke dit encore qu'il a une autre invention pour mesurer les diamètres avec une grande précision, et dont il promet de donner *une idée* à la séance prochaine; et le 3 octobre de la même année (huit mois après la lettre d'Auzout), le docteur Croune demande que l'instrument de Gascoyne, envoyé par M. Townley, présenté précédemment à la Société, *pour diviser un pouce en plusieurs milliers de parties*, soit pris en considération. En conséquence, on ordonne que l'instrument soit de nouveau exposé à la séance suivante. M. Hooke, à cette occasion, promet d'apporter aussi l'instrument dont il a parlé. En effet, le 10 octobre (page 198), M. Croune produisit le micromètre de Gascoyne, que l'on trouva très ingénieux; on résolut d'en demander un semblable à M. Townley; M. Hooke produisit de même le sien, *qui était beaucoup plus commode;* on lui en demanda la description, *et on le pria d'en faire exécuter un pour la Société.*

Le 4 novembre (page 210) M. Hooke lit la description de l'instrument de M. Townley, pour diviser le pouce en un très grand nombre de parties, et mesurer fort exactement les diamètres. (*Voyez* les Transact. phil., vol. II, n° 29, page 541, nov. 1667.) On arrêta que l'instrument de M. Hooke serait exécuté pour M. Hévélius à qui la Société en ferait présent.

Ces renseignemens suffisent à ceux qui voudront juger par eux-mêmes les prétentions de ceux qui peuvent être regardés comme les inventeurs du micromètre. Toutes ces présentations, après des intervalles de sept à huit mois, ces procès-verbaux si tardifs, ne prouvent qu'une chose, c'est qu'à l'occasion de la lettre d'Auzout, la Société royale s'est occupée de cet objet. Il n'y avait qu'une preuve à donner, c'était de produire, dès le mois de janvier, les instrumens divers et les observations faites en 1666 avec les instrumens ci-dessus mentionnés, en montrant la relation des parties des différentes échelles avec les minutes et les secondes; de faire alors ce que Flamsteed ou ses héritiers firent 59 ans plus tard. Nous croyons fermement à la réalité des observations de Gascoyne, quoiqu'on se soit donné plus de tems qu'il n'était nécessaire pour les supposer; mais nous ne croyons ni aux observations de Townley, qui ne parle que d'une échelle de parties égales; ni aux observations de Hooke qui ne fit construire son instrument que plusieurs mois après la discussion occasionnée par la lettre d'Auzout. Quant à Hooke, il était né en 1635, et mourut en 1703; il était professeur de Géométrie à Londres. A une grande variété de connaissances, il joignait une activité prodigieuse. L'histoire de la Société royale le montre à chaque page, intervenant dans toutes les discussions, proposant des idées, des expériences, et souvent aussi des objections aux théories des autres savans, ou réclamant des inventions qu'il avait conçues et non encore exécutées. Ainsi, on le voit combattre les idées de Newton sur la lumière, et prétendre que, dès 1660 il avait eu la première idée du ressort spiral. Il accusa même le secrétaire

Oldenburg, d'avoir divulgué sa découverte. On aurait pu lui demander pourquoi il n'avait pas fait exécuter son ressort pour le présenter à la Société. Oldenburg, en divulgant sa découverte, lui en aurait assuré la propriété. Ce fut en grande partie d'après les plans de Hooke que la ville de Londres fut rebâtie après le grand incendie. Il s'occupa beaucoup d'Optique et d'Horlogerie; il annonça des montres qui pourraient marcher quatorze mois, et d'autres qui pourraient avoir la même régularité que les pendules. Il fit quelques observations astronomiques, et promit plus d'une fois de mesurer un degré du méridien, d'après des observations qui seraient faites *dans le parc Saint-James*. On lui rappela souvent cette promesse qui demeura sans effet. Voici la dernière mention que j'en trouve dans l'Histoire de Birch, tome II, page 197 : « M. Hooke » was likewise ordered to endeavour to make the experiment for mea» suring the compass of the earth, moved so long ago, and pressed so » often, to be performed in Saint-James park. » *Voyez* aussi, pages 180 et 172, où il est dit que son appareil devait être une lunette de douze à quinze pieds, et quelques pieux ou quelques signaux, *some stakes*.

A la page 158, on le voit présenter à la Société royale, un instrument universel pour décrire toutes sortes de cadrans. Ce moyen est si compliqué, si peu praticable, que nous croyons devoir ici renvoyer à l'histoire de Birch.

Nous retrouverons Hooke à l'article Newton, et nous y verrons ses idées sur la loi de la pesanteur universelle. Nous allons voir ses idées sur les lunettes, à l'article d'Auzout.

Buot.

Nous savons peu de chose de Buot. Il était, ainsi que Picard, Auzout et Roberval, un des membres de l'Académie des Sciences, à sa formation, en 1666. Deux ans après, il observa des hauteurs méridiennes de la Polaire, à la Bibliothèque du Roi, avec un sextant de six pieds. Il trouva 51°22′ et 46°24′; le milieu 48°53′ était la hauteur apparente du pôle; il en conclut 48°50′51″ pour l'observatoire projeté; ôtez 50″ pour la réfraction, vous aurez 48°52′8″ pour la Bibliothèque du Roi. Les Capucins de la rue Saint-Honoré (où fut depuis l'observatoire de Lemonnier) étaient un peu au sud de la Bibliothèque, et leur clocher avait 48°52′2″ de latitude; ce qui s'accorde passablement.

Buot mourut en 1695.

Auzout.

Adrien Auzout, né à Rouen, mourut en 1691. Il avait écrit sur la comète de 1664 et 1665. Nous parlerons de cet ouvrage à l'article de Cassini, livre XVI. Auzout est connu principalement par ses lettres sur les grandes lunettes, et surtout par l'invention du micromètre, et l'application des lunettes aux instrumens pour mesurer les angles. Picard l'aida beaucoup dans ces deux découvertes, et même il en fit les premières applications aux moins connues. Le tome VI des Mémoires de l'Académie nous a conservé la lettre d'Auzout sur le recueil (*ragguaglio*) de Campani, 1665. Auzout avait trouvé, dès 1663, le moyen de supprimer le tuyau des longues lunettes. Il parla d'en faire de 90 et de 150 pieds; il ne désespérait pas même d'en faire de 300 pieds; il assure qu'il a le premier remarqué l'ombre de l'anneau sur le corps de Saturne. Il ne se montre pas très content des essais qu'il avait faits au moyen de son micromètre, pour déterminer de combien la largeur de l'anneau surpasse le diamètre de Saturne. « Pour ce qui est de la proportion de la longueur » à la largeur, je l'ai toujours estimée de deux fois et demie ou fort ap» prochant, et j'ai trouvé dans mes observations, qu'au mois de janvier » passé, une fois la longueur de Saturne tenait 12 lignes, et sa largeur

» ... . $\frac{12}{5}$ = 2,4,
» quelquefois j'ai estimé le rapport de 7 à 3, ou................ 2,333,
» d'autres fois de 13 à 5, ou.............................. 2,6.
Il a dit ci-dessus.. 2,5;
milieu.. 2,456;
Huygens trouvait $\frac{9}{4}$.................................. 2,25,
ou $\frac{11}{5}$... 2,222.

» Il faut que ces variations viennent de la constitution de l'aïr ou de la » lunette, ou de la difficulté qu'il y a d'*estimer* juste des raisons si appro» chantes. »

Il a vu une ombre sur Jupiter; il a eu l'idée d'en observer la rotation. Il travaillait à une Dioptrique, qu'il se proposait d'achever, si la santé lui revenait. Hooke parlait de faire des lunettes de 10,000 pieds avec lesquelles on verrait des animaux dans la Lune. Auzout doute un peu de ces promesses trop magnifiques, et se permet quelques objections.

Il croit les étoiles beaucoup plus petites que l'on ne dit. Sirius ne doit pas avoir 2″. Les étoiles de sixième grandeur n'ont pas 20‴. Toutes les étoiles du ciel ensemble n'éclairent pas la Terre autant que le ferait un corps de 20″ de diamètre. Il croit la comète, qui paraissait alors, plus éloignée de nous que Saturne. On ignore s'il en avait d'autre preuve que l'assertion très gratuite de Descartes. Il se plaint fort de sa santé, qui depuis trois ans est en si mauvais état qu'il ne peut faire l'essai de ses lunettes.

Il souhaite que l'on retire le décret du Saint-Office, qui voudrait nous faire croire que le mouvement de la Terre est une fausseté et une absurdité en Philosophie. Il croit que l'on peut assurer, sans témérité, que tous les astronomes se déclareront à l'avenir pour une opinion qui est la plus naturelle et la plus simple qu'on puisse imaginer.

Hooke répondit aux objections d'Auzout. Il ne croyait pas qu'il fût absolument nécessaire que la plus grande épaisseur d'un objectif coïncidât précisément avec le centre de figure. Il avait une bonne lunette de 36 pieds qui, pour la Lune et Saturne, pouvait porter un oculaire de 3 $\frac{1}{2}$ pouces, dans le crépuscule; cependant la plus grande épaisseur était beaucoup éloignée du milieu du verre.

Auzout convient que ce défaut ne rend pas un objectif absolument mauvais, mais seulement moins bon; il aurait pu ajouter et bien moins sûr dans l'application des lunettes à la mesure des angles, mais ou il n'y songeait nullement, où il ne jugeait pas à propos d'en parler. Hooke soutenait encore qu'il n'était pas impossible de voir des animaux dans la Lune : Auzout répond qu'il suffirait de voir des édifices ou des flottes, on en conclurait l'existence des habitans. Nous avons des fleuves assez grands pour être aperçus de la Lune; si la Lune en avait de semblables nous les verrions. Herschel a cru apercevoir un grand mur de construction récente, et comparable à la grande muraille de la Chine; la question serait décidée, mais personne n'a vu ce mur et Herschel lui-même n'en a plus parlé.

Auzout annonce un moyen de déterminer la distance de la Lune à la Terre, par deux observations faites l'une au méridien, et l'autre tout près de l'horizon; on y est parvenu par la détermination exacte de la parallaxe. Ce problème est résolu aujourd'hui, autant qu'il le peut être; mais le moyen d'Auzout était très différent; il ne l'explique pas : il paraît seulement qu'il voulait y employer de très grandes lunettes. Peut-être il n'a pas assez réfléchi à ce que les variations des grandes réfractions pourraient jeter d'incertitude dans sa parallaxe.

Hévélius, dans l'éclipse de Soleil de 1666, avait remarqué que le diamètre de la Lune était plus grand de 8 à 9″ vers la fin qu'au commencement. Il n'en pouvait trouver la raison. Képler avait observé cette augmentation, et il en parle dans son Astronomie optique, page 360, mais il n'en fait plus aucune mention dans ses autres ouvrages. Il en avait assigné la véritable cause, *ob visûs majorem propinquitatem... si cœli medio apparuisset.* Auzout, sans faire mention de Képler, en donne la même raison; il s'étonne qu'aucun astronome, ni ancien ni moderne, n'ait parlé de cette augmentation. Nous en avons nous-même exprimé notre surprise, et nous avons cru devoir attribuer cette inadvertance ou cette omission, à la grossièreté des anciens instrumens.

Auzout se donne pour l'inventeur du fil curseur du micromètre, qui ne consistait auparavant qu'en un réseau de fils qui, se coupant à angles droits, partageaient le champ de la lunette en petits espaces carrés. Nous avons dit comment Gascoyne l'avait précédé dans cette découverte, à laquelle lui-même, dans un autre écrit, paraît associer Picard. Le nombre des fils fixes était considérable, on en connaissait les distances, et le mouvement à donner au curseur pour mesurer un diamètre, ne passait jamais une ou deux lignes. M. Picard s'est avisé le premier de mesurer la distance des cheveux par le microscope. On peut ainsi diviser un pied en 24 ou 30,000 parties; Hooke parle de 5,000 ou même de 40,000; mais, d'après ses expressions, on peut croire qu'il s'était arrêté à 5,000. Picard aurait donc été plus loin que Hooke, Townley et Gascoyne. Il n'était pas le premier, mais il devait se croire l'inventeur. Auzout décrit le moyen de Picard : il est ingénieux, mais peu commode. Il faut connaître la longueur focale de la lunette; il faut qu'elle soit ferme et parfaitement arrêtée. Il faut, pour avoir l'image plus distincte, donner le moins d'ouverture qu'il se peut à la lunette; il faut tâcher d'observer les objets le plus qu'il se pourra vers le milieu du châssis, particulièrement les petits objets, qui ne sont ni si distincts ni si petits vers les bords. Il faut éviter la parallaxe des fils, et que le trou de l'oculaire soit petit. Il faut que la lunette soit toujours tirée de même longueur; il est presque toujours nécessaire de se servir d'un verre coloré pour le Soleil, et quelquefois pour Vénus et Mercure; enfin, il faut avoir égard aux réfractions qui déforment les diamètres.

Cette longue énumération ne prouve que le scrupule de l'observateur; car toutes ces conditions, à l'exception de la première peut-être, sont communes à tous les micromètres.

Pour le Soleil et la Lune il est plus commode de se servir de lunettes médiocres, comme de 6 à 12 pieds. Après diverses épreuves, les cheveux ont été trouvés préférables à tous les filets de métal, de soie, de fil et de boyaux, pourvu que l'objet soit assez éclairé et assez distinct : ce qui n'est pas toujours aisé. (Aujourd'hui on n'emploie plus que les fils d'argent, les fils de soie de cocon ou les fils d'araignée.) Pour remédier à la difficulté de l'éclairage, on a ajouté de petites lames, qui se mettent par-dessus les cheveux, et qui se distinguent presque toujours. S'il arrive qu'on ne les distingue pas assez, il y a deux manières de les éclairer : l'une en faisant un petit trou à l'entrée du tuyau, où est le châssis, par lequel on envoie la lumière d'une chandelle, sans qu'elle donne dans les yeux; et l'autre en tenant un flambeau un peu loin de la lunette, car la lumière se réfléchissant contre les parois du tuyau, éclaire assez les *lamines* et même les filets. Pour les *lamines,* on peut les faire aussi larges qu'on veut, puisque c'est par leur bord qu'on mesure. Nous avons vu que ces lamines sont le micromètre d'Huygens. On voit là les premiers essais des méthodes qui sont maintenant en usage.

L'ouvrage finit par la description du micromètre, accompagnée de figures qui en font voir toutes les parties. Ce micromètre a été bien perfectionné depuis, mais toutes les idées s'y trouvent, et l'on peut dire que l'invention était dès-lors achevée. La plus grande difficulté qui restait à vaincre, étoit d'avoir une vis dont les pas fussent si parfaitement égaux, qu'on pût se contenter de lire sur le cadran la quantité dont le fil avait avancé, ou même que ce cadran marquât exactement les minutes et les secondes de l'intervalle des fils, afin d'éviter l'embarras d'une table subsidiaire.

On voit qu'Auzout était un savant estimable, un bon opticien plutôt qu'un véritable astronome; que sa mauvaise santé l'a forcé de se borner presque uniquement à la construction de quelques grandes lunettes; qu'il a peu écrit, mais on lui est redevable d'une invention qui fera vivre son nom.

Picard.

Jean Picard, prêtre et prieur de Rillé, en Anjou, né à la Flèche le 21 juillet 1620. Tout ce qu'on sait de ses premières années, c'est qu'en 1645 il observait avec Gassendi l'éclipse de Soleil du 25 août. Il remplaça Gassendi dans la chaire d'Astronomie du Collége de France. Il mourut à Paris le 12 octobre 1682, d'autres disent au commencement de 1683. Condorcet, dans l'éloge qu'il a fait de lui en 1773, a dit qu'il ne mourut qu'en 1684, mais que dès 1680, il n'était plus en état d'exécuter par lui-même les grands projets qu'il avait fait agréer à Colbert. Il ajoute que nous ne connaissons de son caractère qu'un seul trait. Il connut Roëmer, dont il devina le génie; il l'amena en France, moins sensible à l'intérêt de sa réputation qu'au plaisir de donner à sa patrie un homme qui lui serait utile. Il ne fut point frappé de la crainte d'y avoir un rival occupé du même objet, et qui pouvait être dangereux pour sa gloire. La réflexion est juste, mais Condorcet pouvait en donner une preuve bien plus frappante. Picard ne considérait probablement Roëmer que comme un jeune homme de beaucoup d'espérance, qu'il devait être flatté de produire comme son élève. Il a pu s'adjoindre un collaborateur utile, le recommander à Colbert, le faire entrer à l'Académie, attirer sur lui les bienfaits de Louis XIV : Picard faisait en cela ce qu'ont fait nombre de savans; il fit bien plus; quand il avait tant de raisons de se regarder comme le premier astronome de France; quand il était le plus employé, le plus en crédit, il usa de ce crédit auprès de Colbert pour attirer en France Cassini, qui avait une réputation déjà faite, et qui, suivant toute apparence, devait se trouver l'objet de toutes les préférences, qui en France sont toujours assurées aux étrangers. Voilà ce dont il faut louer Picard et peut-être le plaindre : voilà ce qu'il a fait, et de pareils exemples sont rares, au point qu'il est douteux qu'il en existe un second.

Mesure de la Terre.

Le premier titre de Picard à l'estime et à la reconnaissance des astronomes, est l'application qu'il fit des lunettes à la mesure des angles, et le plan qu'il forma en conséquence d'un nouveau système d'observations, pour déterminer les lieux apparens de tous les astres par leurs passages au méridien, à l'aide du pendule nouvellement inventé par Huygens; ce plan, que l'on suit encore ajourd'hui, assure à ses deux auteurs, Huygens et Picard, une supériorité incontestable sur tous les astronomes de cette époque, sans aucune exception. Ce mérite, et celui d'une vie tout entière employée à des travaux utiles, ne peut être senti et justement apprécié que par les astronomes; mais l'ouvrage pour lequel il est cité le plus souvent, celui qui parut le plus neuf et le plus brillant, a été sa Mesure de la Terre, exécutée avec les instrumens dont il était l'inventeur, et qui, sans parler même des lunettes substituées aux simples pinnules, avaient, sur tous ceux dont on s'était servi pour de semblables opérations, les avantages d'un plus grand rayon, d'une construction plus soignée et d'une division plus parfaite.

L'auteur rend compte, d'après Albuféda, de la mesure des Arabes. Ptolémée avait trouvé pour le degré 66 $\frac{2}{3}$ milles; les Arabes trouvèrent 56 et 56 $\frac{2}{3}$; ils s'arrêtèrent à ce dernier nombre. Les stades de Ptolémée sont de 500 au degré, et 500 stades valent 66 $\frac{2}{3}$ milles. Il reste à savoir de quel stade Ptolémée s'est servi, et nous avons dit ailleurs ce qu'on doit penser de ces prétendues mesures. Le degré de Fernel, de 68096 pas géométriques, se réduit, selon Picard, à 56746 toises, et l'on a vu encore ce que nous pensons de ce degré. La méthode de Snellius paraît préférable, et cependant il n'a trouvé que 55021 toises; le degré de Riccioli est de 62900. Picard en conclut avec grande raison la nécessité d'une mesure nouvelle. Snellius se plaignait justement des erreurs de ses pinnules. (Les lunettes ont corrigé ce défaut, mais il n'était pas le seul. Toutes les mesures précédentes avaient été faites avec des moyens insuffisans; elles sont exprimées en mesures dont la valeur n'est pas bien parfaitement connue : tout était donc à recommencer).

Picard remarque comme une chose singulière, que le degré ait été toujours en diminuant depuis Aristote jusqu'à Ptolémée; mais si Snellius le faisait beaucoup trop petit, Riccioli venait de le faire beaucoup trop grand.

Picard prit pour termes Sourdon, près d'Amiens, et Malvoisine au sud de Paris; ses triangles furent assis sur la base de Villejuive à Juvisy, sur un chemin pavé en droite ligne et sans inégalités considérables. Il mesura cette base avec quatre bois de pique, joints deux à deux par des vis, et qui formaient des doubles toises (c'est trop peu de deux perches, il en fallait au moins trois, afin qu'il y en eût toujours deux à terre, pour éviter ou faire connaître les déplacemens, s'il en arrivait quelques-uns dans le cours des opérations; au reste, ces déplacemens ne sauraient être fort considérables; il est difficile qu'ils produisent quelques pieds, peut-être quelques pouces sur la longueur totale de la base); ces doubles toises étaient posées le long d'un grand cordeau. Pour ne pas se tromper sur le nombre des mesures on avait donné dix fiches à celui des deux mesureurs qui s'était rencontré la première fois à la tête des deux mesures; il devait déposer une fiche à chaque fois qu'il poserait sa mesure; chaque fiche valait 8 toises et dix en valaient 80. La base fut trouvée de 5662 toises 5 pieds en allant, de 5663 toises 1 pied en revenant; la différence était de 2 pieds; on prit le milieu : la base de vérification, à l'autre extrémité de la chaîne des triangles, était de 3902 toises.

La toise était celle du Châtelet, suivant l'original nouvellement rétabli. Nous verrons plus loin, par l'usage continuel que l'on faisait de cet étalon, qu'il devait grandir progressivement, et nous verrons de combien la toise de Cassini et La Caille, en 1739, surpassait la toise de Picard; *et de peur qu'il n'arrive à cette toise, ce qui est arrivé à toutes les anciennes mesures dont il ne reste plus que le nom, nous l'attacherons à un original, lequel étant tiré de la nature même, doit être invariable et universel.* Pour cet effet, on a déterminé, avec deux horloges à pendules, la longueur du pendule simple, dont chaque vibration était d'une seconde de tems solaire moyen. Cette longueur fut trouvée de $36^{po}\,8^{li},5 = 440^{li},5$. La toise de Picard était plus courte d'un millième environ que celle de La Caille. Ce nombre, fraction de toise, doit être trop grand d'un millième. Le pendule de Picard ne serait donc que de $440^{li},056$.

Borda, par des expériences plus nombreuses, faites avec des précautions inconnues au siècle de Picard, a trouvé $440^{li},5593$, ce qui diffère de $+0^{li},0593$ du pendule de Picard non corrigé, et de $+0^{li},5033$ du pendule réduit à la toise de l'Académie. Nous négligeons encore la différence de température. Il y a donc quelque apparence que le pendule de Picard était trop court d'une demi-ligne; mais si l'on rejette les diverses corrections, comme incertaines, puisque nous n'avons ni les observations ni les diverses températures auxquelles elles ont été faites, nous dirons que le pendule de Picard, comme son degré, avait toute la précision qu'on pouvait attendre, et probablement celle dont on se contentait alors.

La boule du pendule était de cuivre et d'un pouce de diamètre, c'est-à-dire d'un 36e environ de la longueur du fil qui la soutenait, *sans quoi il eût fallu tenir compte d'une partie proportionelle qu'on a négligée;* on eut soin que les vibrations fussent petites pour qu'elles fussent d'égale durée. On avait commencé par se servir d'un fil de soie plate, mais on remarqua que la moindre humidité de l'air le faisait allonger, et l'on y substitua un fil de pite, sorte de filasse qui vient d'Amérique; le haut de ce fil était passé dans une pince carrée qui le tenait serré et le terminait exactement. Par ce moyen, le mouvement du pendule était plus libre, et la longueur plus facilement mesurée avec une verge de fer exactement comprise entre la pince et la boule.

Les deux pendules d'épreuve étaient si parfaitement réglées, qu'en plusieurs jours on n'y trouvait pas une seconde de différence; on faisait osciller le pendule simple dans le même sens que celui des horloges, et l'on revenait voir de tems en tems ce qui se passait; *car pour peu que le pendule simple fût plus long ou plus court que* 440^li,5, *on s'apercevrait, en moins d'une heure, de la différence.* Cette longueur ne s'est pas toujours trouvée si précise, il a semblé qu'elle devait être réglément un peu accourcie en hiver et allongée en été, mais seulement de la dixième partie d'une ligne, en sorte qu'*en ayant égard en quelque façon à cette variation, on a mieux aimé tenir le milieu et prendre pour mesure certaine la longueur de* 440^li,5. (Borda l'a trouvée de 440^li,5593, Base du Système métrique, tome III, page 401, mais pour la température de la glace fondante et dans le vide.)

Il paraît par ce passage, qu'après avoir trouvé cette longueur de 440^li,5, par les premières observations, on s'est attaché plutôt à la vérifier qu'à la déterminer directement par les expériences suivantes, ou qu'ayant essayé des longueurs peu différentes de ce pendule, on les avait comparées à l'horloge, et qu'on a pris pour la vraie longueur celle qui faisait durer plus long-tems la coïncidence d'oscillations entre le pendule simple et l'horloge.

On ne nous dit pas de quel métal était la verge qui soutenait la lentille de l'horloge, et celle avec laquelle on mesurait la distance entre la pince et la boule. Nous ignorons quelle pouvait être la dilatation du fil de pite, nous ignorons quelle était la température au tems des expériences; il paraît qu'elles ont été faites en hiver, en été et au printems ou en automne. On ne peut donc établir aucun calcul; il faut prendre le résultat tel qu'il nous est donné, sauf à lui accorder le degré de confiance qu'on trouvera le plus convenable.

« La longueur d'un pendule à secondes de tems moyen pourrait être appellé *rayon astronomique*, dont le tiers serait le pied universel; le double de ce rayon serait la toise universelle, qui serait à celle de Paris comme 881 à 864. » Notre double mètre est encore plus grand, puisque le mètre est 443^li,295936.

Picard suppose que le pendule est le même par toute la terre. On avait fait à Londres, Lyon et Bologne, quelques expériences, desquelles il paraissait résulter que les pendules devaient être plus courts à mesure qu'on avançait vers l'équateur; mais à Londres et à La Haye la longueur avait été trouvée la même qu'à Paris. On avait proposé dans les assemblées de l'Académie, la conjecture que, supposé le mouvement de la Terre, les poids devaient descendre avec moins de force à l'équateur qu'aux pôles, et s'il se trouvait, par expérience, que les pendules fussent de différentes longueur en différens lieux, la mesure universelle ne pourrait subsister; mais cela n'empêcherait pas que dans chaque lieu il n'y eût une mesure perpétuelle et invariable. Il aurait pu ajouter qu'il restait la ressource de prendre pour rayon astronomique le pendule de l'équateur ou celui du parallèle de 45°, qui n'aurait ensuite exigé qu'une réduction facile pour le retrouver par des expériences faites à d'autres latitudes. Il ajoutait :

« La longueur de la toise de Paris et celle du pendule à secondes, » telle que nous l'avons établie, seront soigneusement conservées dans » le magnifique observatoire que S. M. fait bâtir pour l'avancement de « l'Astronomie. »

Cet observatoire fut achevé quelques années plus tard; Cassini, qui en fut nommé directeur, vint s'y établir en 1671. Picard, qui aurait eu quelques droits à la préférence, ne vint y habiter qu'en 1673; il y demeura jusqu'à sa mort; il y porta sans doute sa toise et la longueur de son pendule. Comment ces deux étalons, dont il sentait le prix, se sont-ils égarés? Cassini oublia-t-il de les réclamer? C'est ce qu'on ignore. Lalande racontait, et nous verrons plus loin qu'on avait retrouvé à l'Observatoire une règle qui portait le nom de Picard, et qui était tout entière divisée en pieds, pouces et lignes, mais cette règle n'avait que quatre pieds; ce ne pouvait donc être ni l'un ni l'autre des étalons que Picard avait annoncé le projet de déposer à l'Observatoire. Cette règle n'était regardée que comme une simple barre de fer, et comme telle, avait été long-tems employée à des usages qui n'avaient pas dû en assurer la bonne conservation. Quand La Caille eut trouvé, en 1739, que la toise dont il se servait était plus longue d'un millième, qu'il était obligé d'en chercher la preuve dans une multitude de combinaisons, de rapprochemens et de calculs, il n'est pas douteux qu'il n'ait fait alors toutes les recherches possibles à l'Observatoire, où il demeurait à cette époque, pour retrouver quelques monumens de la première mesure de la Terre. Il n'en existait donc plus aucun, puisqu'il n'en a point retrouvé. Il n'a pu donner la démonstration matérielle de la différence de sa toise à celle de Picard. Les quatre règles de 15 pieds chacune, dont J. Cassini et La Caille s'étaient servis pour la base de Juvisy, ont également disparu. Il en est de même des règles de fer auxquelles on comparait les règles de bois à Dunkerque, Villersbretonneux, Bourges et Rodez. Il ne reste donc aucun vestige des anciennes mesures, si ce n'est qu'on peut dire que toutes les règles étaient étalonnées sur la toise du Pérou ou de l'Académie. Il reste pourtant à savoir bien précisément avec quel soin et quel succès elles avaient été primitivement étalonnées, et les altérations qu'elles ont pu subir dans les voyages. Nous avons pris des mesures plus certaines dans la méridienne de Dunkerque et de Barcelonne. Les règles vérifiées à l'instant du départ l'ont été de même au retour, et se sont trouvées exactement les mêmes. Elles sont déposées à l'Observatoire, dont la règle n° 1 n'est jamais sortie depuis et ne sortira jamais. Pour la base d'Ensisheim ou pour les autres bases qu'on pourrait mesurer pour la nouvelle carte de France, on n'a prêté et l'on ne prêtera que les règles n° 2, 3 et 4. Il n'y a que la règle qui a servi aux expériences du pendule qui a été coupée pour le voyage de Formentera; mais on en connaissait exactement le rapport avec le n° 1, avec la toise de l'Académie et avec le mètre.

Le quart de cercle de Picard avait 38 pouces de rayon; le corps était de fer, le limbe de cuivre était divisé en minutes par des transversales. Un fil d'argent plus mince qu'un cheveu servait de ligne de foi à l'alidade; on le plaçait sans incertitude de plus d'un *quart de minute,* quand on le regardait à la loupe. Ceci nous prouve la bonne foi de l'observateur, et montre le degré de précision que l'on croyait alors possible, et qu'on s'efforçait d'atteindre.

Des tours d'horizon observés avec ce quart de cercle en cinq ou six angles, n'ont jamais différé de 360° que d'*une minute plus ou moins,* quelquefois même l'erreur n'était que de quelques secondes. On n'a pas conservé ces observations, nous ignorons en quel sens était cette différence d'une minute environ; nous ignorons si l'arc de 90° était trop grand ou trop petit d'un quart de minute. On croyait impossible de répondre de quantités si légères, on les regardait comme nulles.

La distance de Malvoisine à Sourdon, s'est trouvée comme partagée en trois lignes; de Malvoisine à Mareuil, de Mareuil à Clermont et de Clermont à Sourdon.

Les triangles sont au nombre de treize. Onze suffisaient, les deux derniers sont de vérification.

A moulin de Villejuive, milieu. (Mais ce milieu se déplace, quand le vent change.)

B le plus proche coin du pavillon de Juvisy. (Ce pavillon ne subsiste plus.)

C la pointe du clocher de Brie-Comte-Robert. (Ce clocher n'existe plus, mais le nouveau est à la même place.)

D le milieu de la tour de Montlhéry. (*Voyez* Base du Système métrique, tome I, p. 127.)

E le haut du pavillon de Malvoisine. (Ce pavillon n'existe plus. *Voyez* le même ouvrage, p. 135.)

F une pièce de bois dressée au haut des ruines de la tour de Montjay et grossie de paille. (*Ibid.* p. 25.)

G milieu du tertre de Mareuil; on y a allumé un feu. (Point impossible à retrouver exactement.)

H le milieu du gros pavillon oval du château de Dammartin. (Il n'existe plus.)

I le clocher de St.-Samson de Clermont. (La flèche a été incendiée; il ne restait en 1792 que la tour carrée sur laquelle on a depuis construit une nouvelle flèche.)

K le moulin de Jonquières. (Il a été brûlé depuis notre mesure.)

L clocher de Coyvrel. (Brûlé et rebâti à six toises de là, entre 1740 et 1790.)

M un petit arbre sur la montagne de Boulogne, près de Montdidier.

N clocher de Sourdon. (Subsistait encore en 1793.)

O arbre sur la butte du Griffon, près de Villeneuve-Saint-Georges.

P clocher de Montmartre. (Il ne subsiste plus.)

Q clocher de Saint-Christophe, près de Senlis. (*Voyez* Base du Syst. métr., tom. I, p. 92.)

AB est la première base, XY la seconde.

Il ne reste en tout que trois clochers qui soient reconnaissables, encore ont-ils été rebâtis tous les trois avec de nouvelles dimensions. Ainsi, aucun des angles de Picard ne pourrait aujourd'hui se vérifier.

Pour les réductions au centre, on observait combien le signal soutendait de minutes et de secondes, quand il était vu des stations voisines, ce qui a donné la faculté de se placer où l'on voulait dans la tour ou le clocher, au cas que le milieu fût inaccessible. (Cette manière expéditive fait qu'on ne peut compter à quelques secondes près sur les réductions. On ne doit pas être surpris de trouver quelques secondes d'erreur sur la somme des trois angles. On remarquera les corrections principales qu'on s'est permises.

On n'a rapporté que les angles réellement observés et réduits, on a omis les angles qu'on a conclus.

Stations.	Angles.	Côtés opp.
CAB........	54° 4′35″	8954′ 0p
ABC (1).....	95. 6.55	11012.5
ACB........	30.48.30	5663.0
DAC........	77.25.50	13121.3
ADC (2)....	55. 0.10	
ACD........	47.34. 0	9922.2
DEC........	74. 9.30	
DCE (3).....	40.34. 0	8870.3
CDE........	65.16.30	12389.3
DCF........	113.47.40	21658.0
DFC (4) [a]..	33.40. 0	
FDC........	32.32.20	
DFG........	92. 5.20	25643.0
DGF (5)....	57.34. 0	
GDF........	30.20.40	12963.3
GDE........	128. 9.30	31897.0
DGE (6) } [b]	12.38. 0	
DEG }	39.12.30	
AOB........	62.22. 0	5663.0
ABO (7).....	75. 8.20	6178.2
BAO........	42.29.40	
AOD........	75.50. 0	9922.2
ADO (8)....	37.19.20	
DAO........	65.50.40	9298.0
DOE........	47. 0. 0	8870.5
DEO (9).....	50. 2.50	
EDO........	82.57.10	
ACE........	88. 8. 0	
AEC (10)....	42.27.30	
EAC........	49.24.30	12388.2
BCE.......	57.19.30	
BEC (11)....	44.55.45	
EBC [c]......	77.44.45	12390.0
PDC } (12)..	65.31. 0	15064.3
PCD }	62. 2.40	14621.3
PCE........	102.36.40	
PEC (13)....	43. 9.30	15064.3
EPC........	....	12389.0
ACF........	66.13.40	13051.0
AFC (14)....	50.33.20	11012.5
FAC........	63.13. 0	
FAD........	140°38′50″	21657′ 3p
ADF (15)....	....	13051.0
AFD........	....	9922.2
GAF........	52. 8.50	12963.0
GFA (16)....	75.12.10	
FGA [d].....	52.39. 0	13051.0
GDC........	62.53. 0	22859.3
DCG (17). ..	....	25643.0
DGC........	....	13121.3
GCE........	126.58.25	31893.3
GEC (18)....	....	22859.3
CGE........	....	12389.3
Ci-dessus GE (6), milieu à peu près.		31897.0 31895
FGH........	39.51. 0	
FHG (19). ..	91.46.30	12963.3
HFG [e]......	48.22.30	9695.0
GHI........	55.58. 0	17557.0
GIH (20)....	27.14. 0	9695.0
IGH........	96.48. 0	21037.0
QFG........	36.50. 0	12523.0
QGF (21)....	104.48.30	
GQF........	....	12963.3
QGI........	31.50.30	9570.0
QIG (22)....	43.39.30	12523.0
IGQ........	....	17562.0
HIK........	65.46. 0	
HKI (23)....	80.59.40	21043.0
KHI........	33.14.20	11678.0
QIK........	49.20.30	
QKI (24)....	53. 6.40	9570
IQK........	....	11683.0
LIK,...	58.31.50	11188.2
IKL (25)....	58.31. 0	11186.4
ILK........	....	11683.0
LKM } (26)...	28.52.30	6036.2
KML }	63.31. 0	11188.2
LMN } (27)...	60.38. 0	10691.0
MNL }	29.28.20	6036.2

[a] Augmenté de 10″.
[b] Ces deux derniers angles ont été trouvés les mêmes par le calcul et par l'observation.
[c] EBC a été diminué de 10″.
[d] On a fait AFC + GFA = CFD + DFG + 10″. On a négligé cette différence pour ne pas s'exposer une seconde fois au danger de monter sur la tour de Montjay à demi-ruinée. La Caille y a remonté en 1739. (*Voyez* Base du Système métr., tome I, p. 25.)
[e] Diminué de 10″.

Stations.	Angles.	Côtés opp.	Stations.	Angles.	Côtés opp.
ILN.........	119°32′40″	18905^t 0^p	NRL........	115° 1′30″	
LIN (28)....	....	10691.0	RNL (33)...	27.50.30	5510^t 3^p
INL.........	....	11186.4	NLR........	....	7122.3
XYL........	50.37.40		NTR........	72.25.40	7122.2
YXL (29)...	54.10.45	3273.2	TNR (34)...	67.21.40	
XLY........	....	3902.0	NRT........	....	4822.4
XYM.......	56.46.15		NTV........	83.58.40	11161.4
YXM (30)...	65.20.45	4187.0	TNV (35)....	70.34.30	
MYX.......	....	3902.0	NVT........	....	4822.4
MYL........	107.23.55	6037.0	DOS........	88.16.40	12795.0
YML (31)...	....	3272.3	DSO (36)....	46.35. 0	9298.0
YLM........	....	4187.0	SDO........	45. 8.20	9073.0
LMR (32)...	58.21.50	5510.3	DOZ........	82. 5.10	11757.0
MRL	68.52.30	6037.0	DZO (37)...	51.34. 0	9298.0
			ZDO........	46.20.50	8588.3

Le triangle 20 donnait IG = 17557.0

Le triangle 22 donne IG = 17562.

On s'en est tenu à cette dernière valeur, et l'on a fait IK = 21043 au lieu de 21037 que donnait le 20ᵉ triangle.

Dans le triangle 23 on a diminué HKI de 20″, parce que le pavillon H de Dammartin était difficile à observer.

Dans le triangle 24 on a adopté la valeur de IK de préférence à celle du triangle 23, plus petite de 5 toises, parce que le quart de cercle n'avait pu entrer ni dans le clocher de Coyvrel ni dans celui de Saint-Christophe.

Le triangle 27 donnait ML = 6036.2; on aurait donc à proportion IN = 18907 dans le triangle 28, et GI = 17564 dans le triangle 22. Les différences sont de deux toises. EG doit rester 31897 (triangle 6), parce qu'il a été éprouvé de bien des manières. Dans le triangle 6 on avait deux côtés et l'angle compris; le calcul a donné ces deux côtés tels qu'ils avaient été observés. Ce côté EG est presque dans le méridien. Un feu large de trois pieds, fait à Mareuil et vu de Malvoisine, paraissait à la vue simple comme une étoile de troisième grandeur. A la distance de 31897 toises, il devait soutendre un angle de $3''14'''$; il n'était pourtant qu'à moitié caché par le fil de la lunette, qui était de soie : ce fil, vu au microscope, était de $\frac{1}{3300}$ de pouce; ainsi, dans la lunette de 36 pouces, il occupait un espace de 4″ environ. Le feu qu'il cachait à moitié était donc de 8″, quoiqu'il ne dût être que de 3″14‴. « Ainsi, dit Picard, même dans les lunettes, les objets lumineux paraissent plus grands qu'ils ne devraient. Il serait bon d'en faire l'expérience avec de grandes lunettes, ce qu'on a réservé à une autre fois. » Il ne nous dit pas si le feu vu à côté du fil, à quelque distance, paraissait en effet double du fil.

Le triangle 7 a été observé pour déterminer l'arbre O du Griffon. AO doit être bien connu. AD et DO presque aussi bien par le triangle 8. DE qu'on en déduit de 8870ᵗ 5ᵖⁱ par le triangle 9, surpasse de 2ᵖⁱ le DE du triangle 3.

CE par le triangle 10, est de 12388ᵗ 2ᵖⁱ, de 7ᵖⁱ plus petit que par le triangle 3; par le triangle 15, il est de 12390ᵗ. La première de ces valeurs, qui tient à fort peu près le milieu entre les deux autres, paraît toujours la plus sûre. Les triangles 12 et 13, moins directs, donnent 12389.0. Le milieu, entre les quatre valeurs, serait 12389ᵗ 1ᵖⁱ 3ᵖᵒ.

Les triangles 14 et 15 donnent DF = 21657ᵗ 3ᵖⁱ, au lieu de 21658ᵗ.

Le triangle 16 donne FG = 12963.0, au lieu de 12963ᵗ 3ᵖⁱ du triangle 5.

Les triangles 17 et 18 donnent GE = 31893.3 d'une manière qui paraît moins sûre que la précédente du triangle 6, qui donnait 31897. Picard prend 31895 un peu plus près de la seconde valeur. Il y aurait donc une incertitude de 2ᵗ sur environ 32000, ce qui ne ferait pas 4ᵗ sur le degré, si le reste de l'arc eût été mesuré avec le même soin et le même scrupule.

Les triangles 19 et 20 servent à déterminer Dammartin et Clermont. GI qu'on en conclut de 17557 est presque dans le méridien. Mais par Saint-Christophe (21 et 22), on trouve 17562 avec un excès de 5ᵗ. Picard s'en tient à cette dernière valeur, par une raison qu'il dira plus loin, et cependant son quart de cercle n'avait pu entrer dans le clocher de Saint-Christophe, mais Dammartin lui paraissait plus incertain.

Le triangle 23 détermine Jonquières, et KI = 11678.

Le triangle 24, par Saint-Christophe, donne 11683.

Le triangle 25 donne Coyvrel, encore un angle conclu; mais le quart de cercle donnait si juste le tour de l'horizon, que Picard n'a aucune inquiétude.

Le triangle 26 donne l'arbre M; l'angle conclu approche si fort de 90°, que le danger n'est pas grand, si les autres sont passablement observés.

Le triangle 27 donne LN. Dans le triangle 28, on est fâché de ne trouver qu'un angle de 119° 32′ 40″, conclu de trois angles à Coyvrel, qui n'ont pu être observés. Picard prévit l'objection, il mesura une nouvelle base XY de 3902'; mais il ne la lie pas à ses triangles précédens, et nous ne pourrons juger de l'accord que par les côtés qu'il en déduira et que nous connaissons déjà par la première base. Aux triangles 29 et 30 il conclut le 3ᵉ angle. Au 31ᵉ il n'a qu'un angle avec les deux côtés. Il arrive à une valeur de ML = 6037; ci-dessus il n'avait que 6036' 2ᵖⁱ; il augmente IN et GI dans la même proportion, mais il ne touche pas à GE, et il a bien raison. Il a donc une ligne en trois parties, qui va de Malvoisine à Sourdon, presque en ligne droite et presque dans le méridien. Il est dommage seulement qu'il se soit un peu négligé sur les angles. Il a fait une augmentation de 4ᵖⁱ sur 6037'; c'est environ 1' sur 9000. Il peut en résulter une erreur de 6 à 7' sur cette partie de l'arc terrestre; ajoutez 4 que nous avions, nous aurons environ dix toises d'incertitude sur l'arc terrestre.

Aux triangles 32, 33, 34 et 35, il conclut le 3ᵉ angle et arrive à Amiens sans autre vérification; mais Amiens, dans son plan, n'était qu'un objet secondaire. Il devenait principal dans l'opération que Lemonnier a faite depuis; et de là peut-être une partie de l'erreur commise par Lemonnier.

Par les triangles 36 et 37 il lie Paris à l'extrémité sud de son arc, et ici du moins tous les angles sont observés.

Il restait à orienter ses triangles. Il plaça son quart de cercle dans une position verticale; il observa la digression de la polaire et remarqua le point de l'horizon auquel l'étoile répondait dans cette position. Il prit l'angle à Mareuil, entre ce point et le clocher de Clermont; il calcula l'azimut de la polaire et en déduisit ceux de Clermont et de Malvoisine. Il nous dit que l'on *savait par expérience que quand le quart de cercle était dressé à-plomb, les deux lunettes demeuraient toujours pointées dans le même vertical.* Il n'en rapporte pas la preuve, mais elle est peu importante. Une erreur de quelques minutes dans la direction de la méridienne serait absolument insensible dans la réduction de sa ligne EN au méridien. La digression de la polaire s'observait dans le crépuscule. On n'avait à craindre aucun mouvement de plan; on pouvait voir au même instant l'étoile en digression et le point correspondant. La méthode, malgré ses imperfections, était suffisante dans la circonstance; il serait donc bien inutile de discuter la valeur de cet azimut, quand même nous en aurions les élémens. Nous ne pourrions le comparer à aucun de ceux que nous avons observés 122 ans après, car tous les points des stations sont réellement différens, quoiqu'ils portent les mêmes noms. J'en excepterais

Brie, Saint-Christophe, Sourdon et Amiens. Mais aucun de ces points n'a été vu de Mareuil, et les réductions seraient trop incertaines.

Avec des inclinaisons si faibles sur la méridienne, les différences des parallèles ont la même certitude que les côtés obliques (fig. 63).

Il trouve....... $N\gamma = 18893^{t}\ 3^{pi}$
$\gamma\delta = I\theta = 17560.3$
$G\varepsilon = \delta\alpha = 31894.0$

De Sourdon à Malvoisine.......... 68348.0; il dit $68347^{t}\ 3^{pi}$.
De Sourdon à Amiens............ 10559.3

D'Amiens à Malvoisine............ 78907.3; il dit 78907.
$G\varepsilon = 31894.0$
$G\kappa = 12518.$

De N. D. de Paris à Malvoisine... = 19376.
Entre N. D. et l'Observatoire il trouve 955.3
Par ma Table des clochers de Paris 955.3,6.

Il nous apprend que vers la fin de l'été 1670 la déclinaison de l'aiguille aimantée était à Sourdon de 1°30′ du nord vers l'ouest, comme on l'avait trouvée à Paris peu de jours auparavant; tandis qu'en 1666 la déclinaison était insensible; et en 1664 de 0°40′ vers l'est; ce qui donne un mouvement de $22'\frac{1}{2}$ ou 20′, ou enfin 21′40″.

Avant de passer à l'amplitude de l'arc, il expose la méthode pour déterminer l'erreur de la collimation d'un quart de cercle par le renversement. Il applique, avec les modifications convenables, la même vérification au sextant et à un secteur quelconque. Cette méthode était neuve alors; Picard a dû la trouver pour appliquer ses lunettes à ces divers instrumens. Aujourd'hui, elle se trouve dans tous les traités d'Astronomie (*voyez* notre Astron., tom. I, p. 120 et suiv.) Pour corriger l'erreur de collimation, il prescrit de tourner l'objectif sur son centre jusqu'à ce qu'elle soit détruite, ce qui suppose que l'objectif n'est pas centré. Il donne ensuite les moyens de le centrer; et d'ailleurs il est d'avis de laisser subsister l'erreur et d'en tenir compte dans les observations, ce qui est toujours le plus sûr.

Si, en expliquant toutes ces vérifications, il ne dit rien de celle qui sert à rendre l'axe optique de la lunette parallèle au plan de l'instrument, c'est que la construction de ses lunettes, telle qu'il l'a exposée précédemment, assure ce parallélisme. (*Voyez* la Mesure de la Terre, de

Picard, article V, pl. 1, pag. 22 de l'édit. donnée par Lemonnier, 1740.) On y lit d'abord que ses deux lunettes sont semblables, et qu'il suffit d'en décrire une. Les deux extrémités du tube sont attachées à demeure au plan de l'instrument; la partie moyenne peut s'ôter quand on le veut et se séparer des deux extrémités. Ces extrémités sont enchâssées dans des équerres carrées dont une branche pose sur le plan de l'instrument; l'autre lui est perpendiculaire. Ces plaques carrées sont percées d'un trou rond égal à la coupe intérieure du tube. Par le centre de ce trou passent, du côté de l'oculaire, deux fils à angles droits, l'un parallèle au plan, l'autre qui lui est vertical. La croisée de ces fils est l'un des points de l'axe optique; l'autre est au centre de l'objectif. Cet objectif est enchâssé de même dans la plaque carrée percée d'un trou rond, destinée à le recevoir. Le centre de l'objectif est ainsi autant élevé au-dessus du plan, que le point d'intersection des fils. L'axe est donc parallèle au plan (pl. I, fig. 3). Une partie du tube vient s'attacher à la première, soit pour recouvrir et protéger les fils, soit pour enchâsser plus solidement l'objectif. Ce que nous avons dit de la lunette fixe du quart de cercle s'applique pareillement à la lunette mobile, ainsi que le dit Picard.

Pour le secteur, vous le voyez planche III. La lunette y est enchâssée, comme nos lunettes d'épreuve actuelles, dans des plaques carrées attachées l'une auprès du centre et l'autre au limbe. Ces deux plaques sont égales, semblablement placées, par rapport au plan; l'axe optique est donc parallèle. Cette même construction est employée par Picard pour tous ses instrumens; il la décrit et la représente de nouveau par des figures sur une plus grande échelle, planche IV, à l'occasion de son niveau; en sorte qu'il ne peut rester le moindre doute. Ce qui n'a pas empêché que Bouguer qui n'avait lu que légèrement le livre de Picard, et qui probablement n'avait lu que ce qui concerne le secteur, sans faire attention à ce qui était dit précédemment à l'article du quart de cercle, et plus loin dans la description du niveau, en vint à s'imaginer que Picard avait totalement négligé le parallélisme, et à y supposer très gratuitement une erreur de 8'. Mais Picard avait pris à deux reprises toutes les précautions nécessaires pour prévenir l'inculpation qui retombe sur le critique qui l'a lu avec trop peu d'attention, et qui n'a indiqué que des moyens très imparfaits pour établir ce parallélisme qui était certainement plus exact dans le secteur de Picard que dans celui de Bouguer. Molineux, qui a écrit sur ces vérifications, 20 ans après Picard, et qui traite en particulier de ce parallélisme, est si loin de l'accuser de négligence, qu'il renvoie au livre de la Mesure de la Terre celui qui voudra se faire une idée exacte de toute cette théorie. Ajoutons enfin que Bouguer ayant calculé l'erreur qui devait résulter des 8′ d'inclinaison qu'il prêtait au secteur de Picard, a trouvé que cette erreur n'était que d'une fraction de seconde, et qu'elle n'aurait pas eu d'influence bien fâcheuse sur l'amplitude.

Le secteur était de fer et de cuivre; on visait à la plus grande solidité, et l'on s'inquiétait peu d'une petite différence de dilatation entre le fer et le cuivre, comme aujourd'hui l'on s'inquiète fort peu de la différente dilatation d'un instrument de cuivre et d'un limbe d'argent.

L'arc était de 18° environ, le rayon de 10 pieds. Les transversales donnaient les tiers de minute très distinctement; on estimait les secondes. La lunette était de 10 pieds. On éclairait les fils comme il a été dit ci-dessus à l'article du micromètre. Le fil-à-plomb était renfermé dans un tube de fer-blanc; d'ailleurs on observait dans un lieu clos, dont le toit était percé.

On choisit l'étoile du genou de Cassiopée, qui passait à 9° ou 10° du zénit, et $0^h 24'$ après l'étoile polaire. On avait pris cette étoile de préférence, parce qu'elle ne passait pas entre les deux zénits, et que l'amplitude devait être la différence des deux distances zénitales. On était donc indépendant de l'erreur de collimation, pourvu qu'elle n'eût pas varié dans l'intervalle. La déclinaison de l'étoile augmente de 20″ par an. On aurait mieux aimé une étoile dont la variation annuelle eût été moins forte, comme la Lyre, mais on craignait qu'elle ne se perdît dans les rayons du Soleil avant la fin des observations. On déterminait l'heure du passage au méridien par des hauteurs absolues. La pendule était réglée sur les fixes. De cette manière, en deux ou trois jours on parvenait à mettre le secteur dans le plan du méridien, et on l'y arrêtait.

A Malvoisine, 18ᵗ au sud du pavillon, septembre 1670...	9° 59′ 5″
A Sourdon, 65ᵗ au nord du clocher, septembre et octobre	8.47. 8
A Amiens, 75ᵗ au sud, octobre........................	8.36.10.

Chacun de ces résultats est un milieu entre un grand nombre d'observations, dont l'entière variation n'était pas de 5″. Picard estime que l'erreur de chaque observation isolée ne peut être que de 2 ou 3″ au plus.

De Malvoisine à Sourdon......	1° 21′ 54″
à Amiens......	1.22.55.

Le tems écoulé demanderait qu'on ôtât une seconde à la première de ces amplitudes, et 1″,5 à la seconde. On a négligé cette correction pour éviter une précision trop affectée.

En sorte que 1° 11′ 57″ répondent	à 68430ᵗ 3ᵖⁱ...	degré	57064ᵗ 3ᵖⁱ
1.22.55	à 78850	....	57057
	on a supposé	....	57060.

Les deux résultats eussent été moins différens, si l'on eût fait les deux corrections ci-dessus mentionnées.

Le pendule est à la toise comme 881 : 864.

Le pied de Paris..............	1440
—— du Rhin ou de Leyde...	1390
—— de Londres...........	1350
—— de Bologne...........	1686
Brasse de Florence............	2580.

La réduction au niveau de la mer ne diminuerait pas le degré de 8ᵖⁱ.

On a estimé la différence du niveau d'après la pente des rivières, déduite de celle de la Seine.

Les latitudes des sommets des triangles supposent 48° 50′ 10″ pour l'Observatoire.

Picard donne ensuite la correction du niveau d'après les dimensions du globe, qu'il vient de déterminer. Il décrit son niveau à lunette; il parle des réfractions terrestres, et pour les mieux connaître, il propose les distances au zénit réciproques et simultanées; il parle du changement subit qui s'opère dans les réfractions, au lever et au coucher du Soleil. Cette irrégularité s'observe quelquefois même à midi; et il en cite un exemple où elle était de 2′. Il fait quelques réflexions sur le degré de Fernel, et parce que l'on compte 28 lieues de Paris à Amiens, et que Fernel ne parle que de 25, il suppose que Fernel s'est arrêté trois lieues avant Amiens, ce qui n'est rien moins que sûr. Aujourd'hui on compte 30 lieues de Paris à Amiens, on en comptait 28 du tems de Picard, et peut-être 25 du tems de Fernel.

Je ne vois rien à objecter à ce qu'il dit des degrés de Snellius et de Riccioli, et rien à ajouter à ce que nous venons d'extraire du degré de Picard, sinon qu'il est le premier sur lequel on puisse compter pour avoir une idée assez approchée de la grandeur de la Terre, et qu'il a servi aux calculs de Newton pour évaluer la force qui retient la Lune dans son orbite. Avec une toise plus courte que la nôtre, Picard devait trouver un degré plus grand que nous ne le trouvons aujourd'hui avec une toise plus longue; d'un autre côté, Picard ne pouvait avoir aucune idée de l'aberration et de la nutation qui n'ont été découvertes que 60 ans plus tard; la réfraction était mal connue à cette époque, il l'a négligée; ces trois causes ont dû produire autant d'erreurs qu'il n'était pas en lui d'éviter. Par un bonheur qu'il méritait, ces causes inconnues contre-balancèrent la différence qui venait de sa toise. Lemonnier conservant la partie géodésique et voulant tenir compte de l'aberration et de la nutation, et mesurant de nouveau l'arc céleste, porta ce degré à la grandeur exagérée de 57183ᵗ. La Caille, au contraire, en recommençant avec plus de soin l'arc terrestre, en adoptant l'arc céleste de Lemonnier et le calculant avec plus d'intelligence, réduisit ce degré à 57074ᵗ, ce qui ne surpasse celui de Picard que de 14ᵗ. Enfin, nous avons nous-même refait toute la partie géodésique, qui a pleinement confirmé le travail et les conclusions de La Caille; en sorte que ce degré qui avait été déterminé il y a 150 ans avec tant de soins et de bonheur, était dès-lors très bien connu, et il est l'un des plus sûrs qui existent jusqu'à ce moment.

Voyage d'Uranibourg.

On y lit qu'après Babylone, Alexandrie a été comme le siége de l'Astronomie; qu'*Hipparque* et Ptolémée y ont fait leurs observations. Picard adopte de confiance des notions répandues qu'il n'avait aucun intérêt de discuter. Il pense qu'il eût été intéressant d'aller en Égypte vérifier la position de l'observatoire de Ptolémée. Tycho avait eu la même idée, mais il ne voulut pas perdre son tems à ce voyage. Les difficultés qu'on y prévoyait firent juger qu'il serait à propos de commencer par Uranibourg, ce qui, dans le fait, n'a guère été plus utile; mais on pouvait alors penser tout autrement. Picard partit en juillet 1671, avec Étienne Villiard, qu'il avait formé aux observations astronomiques. En passant par la Hollande, il vit Blaeu qui avait aussi mesuré un arc du méridien. (Lalande a remarqué le premier qu'il n'avait pu voir Blaeu, élève de Tycho, auteur de cette mesure, et qui était mort à cette époque. On croit donc qu'il ne put voir que le fils de ce Blaeu; la méprise a pu arriver tout naturellement entre un français qui ne savait pas un mot de hollandais, et un hollandais qui ne savait peut-être qu'assez imparfaitement le français. Quoi qu'il en soit, ce Blaeu lui montra le manuscrit de cette mesure restée toujours inédite.) La différence entre ce degré et celui de Picard n'était pas de 60 pieds du Rhin. Picard jugea ce travail bien supérieur à celui de Snellius. Il profita de l'occasion pour vérifier le pied de Leyde qu'il trouva de 696:720 du pied de Paris et non 695 comme il avait dit dans sa mesure de la Terre.

Étant en mer, il aperçut une tache qui avait la figure d'un Scorpion. Il y avait dix ans qu'il n'avait pu en apercevoir aucune sur le Soleil.

Il arriva à Copenhague, le 24 août. Il y vit la tour bâtie à la sollicitation de Longomontanus, et dont nous trouverons la description dans les Œuvres d'Horrebow. Il y vit le fameux globe de Tycho. Il eut des conférences avec Bartholin qui avait fait mettre au net les observations de Tycho, dont les originaux lui avaient été remis. Cette copie lui parut d'autant plus précieuse, que l'impression faite en Allemagne, sur des copies mal collationnées, est pleine de fautes essentielles, et qu'il y manque des cahiers entiers. Picard se félicite d'avoir pu obtenir ces originaux qu'on ne songeait plus à faire imprimer. On en a publié quelques fragmens dans nos Mémoires; le manuscrit entier est à l'Observatoire de Paris. Il s'occupa d'abord à vérifier ses instrumens qui étaient ceux dont il s'était servi pour la mesure de son degré. Il revit, le 3 septembre, la tache à la figure du Scorpion. Le 6, il partit pour l'île d'Hueen, accompagné de Bartholin et d'Olaüs Roëmer.

Dans cette île, on ne voyait plus que l'église, quelques habitations de paysans et une ferme. L'observatoire achevé en 1580, n'avait subsisté que 20 ans. Tycho se vit forcé de le quitter en 1597; et bientôt après *ceux à qui la jouissance du domaine d'Hueen fut donnée, prirent comme à tâche de détruire Uranibourg. Une partie des démolitions fut emportée en divers lieux, l'autre servit à bâtir dans l'ancienne ferme ou ménagerie de Tycho un assez beau corps de logis, qui porte aujourd'hui le nom d'Uranibourg, et qui fut notre demeure,* dit Picard.

A 320 pas au nord de la ferme, il reconnut la place de Stellebourg. Un rempart de terre, à 120 pas de Stellebourg, vers le nord-nord-ouest, fit reconnaître l'ancienne clôture d'Uranibourg. Quelques restes de fondations indiquèrent la place de l'observatoire. A la partie occidentale, et tout joignant les fondemens, il fit construire en planches un observatoire où il plaça ses instrumens. De la porte, on voyait Copenhague, Malmoë, Lund, Landscrone, Helsembourg, Helseneur et le château de Cronebourg. L'horizon est un peu borné entre Landscrone et Helsembourg, par des montagnes dont la hauteur est de 11′. Dans tout le reste, on voit les étoiles jusqu'à l'horizon. Le terrain n'est élevé que de 27 toises au-dessus de la mer. L'Observatoire de Paris, qui est élevé de 48 toises, ne jouit pas de cet avantage, les vapeurs y empêchent d'y voir les étoiles jusqu'à l'horizon.

D'après un manuscrit communiqué par Bartholin, on sut que Tycho avait mesuré les angles suivans, en pointant aux principales tours des églises. Celle de l'église de Copenhague était alors la plus considérable. Celle de l'observatoire n'existait pas.

Picard s'attacha d'abord à bien déterminer l'azimut de Copenhague; il en compara la tour à tous les points de l'horizon observés par Tycho. Entre ses observations et celle de l'astronome danois, il trouva des différences qui allaient jusqu'à 25′40″. Mais *il faut considérer que les observations de Tycho se trouvent avec d'autres, qu'il avait faites simplement pour la carte de son île; qu'on n'y trouve pas son exactitude ordinaire, ou qu'il n'avait pas encore les instrumens propres à ce travail.*

Nous avons discuté ces observations dans la Connaissance des Tems de 1816; nous avons indiqué ce qu'on sait de la cause des différences, et prouvé qu'elles ne sont d'aucune importance pour l'Astronomie.

Objets.	Tycho.	Picard.	Différences.
Copenhague..........	17° 18′ ½ S.-O.	17° 4′ 30″ S.-O.	— 14′ 0″
Malmoé............	29.45 S.-E.	29.58.30 S.-E.	+ 13.30
Lund...............	53.50 S.-E.	54. 8.50 S.-E.	+ 18.50
Landscrone...........	64.42 S.-E.	64.59.50 S.-E.	+ 17.50
Helsembourg.........	0.17½ N.-E.	0. 8.10 S.-O.	+ 25.40
Cronebourg..........	17.19 N.-O.	....	....
Helseneur............	19.37 N.-O.	19.58.50 N.-O.	+ 21.50

Picard mesura une base de 1063 toises qui lui servit à calculer les distances de Landscrone, d'Helsembourg et d'Helseneur au milieu de l'île.

Tour de Landscrone.............. 4760
Helsembourg.................... 7888
Helseneur...................... 7752;

il mesura le pendule, et trouva comme à Paris 440‴,5, malgré la différence de plus de 7° en latitude.

La déclinaison de l'aiguille aimantée était de 2° 30′ N.-O.
A Copenhague peu de tems après......... 3.30

Alors une langueur, qui tenait un peu du scorbut, le força de revenir à Copenhague. Il connaissait la différence des parallèles entre Paris et Uranibourg. Pour la longitude, il n'avait qu'une immersion du premier satellite dans le crépuscule, mais il pouvait achever à Copenhague. Roëmer et Villiard retournèrent à Uranibourg et en rapportèrent des observations plus concluantes.

Dans l'Observatoire de la tour, il détermina l'azimut d'un signal planté à Uranibourg, et trouva 16° 39′ 45″, 40, 50 } 16° 39′ 45″,

d'où il conclut, par un triangle sphérique, l'azimut de Copenhague sur l'horizon d'Uranibourg................ 16° 45′ 45″

Par l'observation directe, il avait trouvé 16.46. 5.

Pour la différence des méridiens, il trouva l'angle au pôle 0° 7′ 15″; mais ne s'y fiant qu'à 30″ près, il chercha cet angle par des signaux de feu, et il trouva de même 0° 7′ 15″.

Tycho avait trouvé pour la hauteur du pôle 55° 54′ 30″, 40, 45.

On ne doit pas s'en étonner, puisqu'il n'avait point de lunettes. « Outre » cela, dit Picard, il y a un obstacle de la part de l'étoile polaire, » laquelle d'une saison à l'autre, souffre certaines variations que Tycho » n'avait pas remarquées, et que j'observe depuis environ dix ans. C'est » à savoir, que bien que l'étoile polaire s'approche continuellement du » pôle d'environ 20″, il arrive néanmoins que vers le mois d'avril, la » hauteur méridienne inférieure de cette étoile devient moindre de » quelques secondes qu'elle n'avait paru au solstice d'hiver précédent, » au lieu qu'elle devrait être plus grande de 5″, et qu'ensuite au mois » d'août et septembre, sa hauteur méridienne supérieure se trouvera » à peu près telle qu'elle avait été observée en hiver, et même quel- » quefois plus grande, quoiqu'elle dût être diminuée de 10 à 15″; » mais qu'*enfin vers la fin de l'année tout se trouve compensé*, en sorte » que la polaire paraît plus proche du pôle d'environ 20″ qu'elle ne l'était » auparavant. »

» Ce qui s'observe ordinairement en avril, s'accorderait assez bien » avec ce qui devrait arriver, tant de la part de la réfraction, qui à » l'égard de l'étoile polaire, pourrait bien être moindre au printems

» qu'en hiver, que supposé le mouvement annuel de la Terre, laquelle » serait alors en ♎, et par conséquent dans son plus grand éloignement » de l'étoile polaire qui est en ♈, la plus grande hauteur de l'étoile » polaire parut moindre que l'hiver précédent, *ce qui est entièrement » opposé aux observations,* et pour dire la vérité, je n'ai encore rien » pu imaginer qui me satisfît là dessus, d'autant plus qu'*il y a eu des » années où ces inégalités étaient moins sensibles qu'en d'autres.* Il est » bon cependant d'avertir que hors le tems où l'on peut prendre les » deux hauteurs méridiennes de la polaire, il n'y a pas grande sûreté » à observer la hauteur du pôle, principalement vers la fin de l'été. »

Nous avons copié ce passage en entier, sans y changer un seul mot, parce qu'il a conduit à la découverte de l'aberration. On y voit, dans la hauteur de la polaire, des variations sensibles, dont la période est annuelle, et qui ne s'accordent ni avec la parallaxe, ni avec les changemens de réfraction. Voilà bien l'aberration de la déclinaison. On remarque pourtant que les variations n'ont pas toujours paru égales, et en effet, en dix ans, les variations de la nutation ont dû être fort sensibles. Elles auraient suffi pour empêcher de reconnaître la loi qui est complexe et dépend de deux inégalités de périodes différentes. On y voit enfin une variation qui approche beaucoup de 18 à 19″, ce qui ressemble prodigieusement à l'aberration en déclinaison pour la polaire.

Quand Roëmer, amené en France par Picard, mesura le premier la vitesse de la lumière, il ne pouvait guère s'imaginer, malgré l'identité de la période annuelle, que sa découverte eût rien de commun avec ces variations qui avaient si long-temps inquiété Picard, lequel sans doute l'en avait entretenu souvent.

D'après ses observations d'étoiles, tant au nord qu'au midi, il trouve

entre les parallèles de Paris et d'Uranibourg	7° 4′ 5″
il supposait pour Paris....................	48.50.10
donc pour Uranibourg....................	55.54.15
	13.30
et pour Copenhague....................	55.40.45.

A son retour de Copenhague, Picard eut occasion de passer par Loudun, dont la latitude lui était suspecte. Il la trouva de 47°0′55″. Boulliaud s'y était trompé de 1°. Passant de là à Brive, il y observa la parallaxe de Mars, sur laquelle il se trouva d'accord avec Richer. A la Flèche, il observa la hauteur du pôle 47°41′45″. A Montpellier, il se prépara vainement à un passage de Mercure qui n'eut lieu que la nuit. Il trouva à Cette la hauteur du pôle 43°23′40″ le 27 mai, il observa le Soleil levant à l'horizon astronomique. La durée fut de 3′21″. Une minute plus tard, le diamètre vertical n'était que de 25′25″. Il observa des réfractions, et supposant 21°24′40″ de déclinaison à midi avec une variation de 10′ en 24^h, il détermina les réfractions dont nous allons donner la table, après que nous aurons rapporté les distances zénitales de l'horizon de la mer à Montpellier, latitude 43°36′50″.

Hauteur de l'œil.	Dist. zénitales.
24 pieds.	90°5′30″
16	4.15
8	3. 0
4	2. 0.

Dans tous ces lieux, il mesura le pendule, et n'y trouva aucune différence.

Réfractions observées.

Distance zénitale.		Réfraction.	Différences.
le 27	90°10′	34′ 0″	
	90. 0	37. 5	
	90. 0	36.50	
le 28	90. 0	33. 2	
	90. 0	32.37	
	88	17.42	
	87	12.56	4′46″
	86	10.40	2.16
	85	9. 0	1.40
	84	7.25	1.35
	83	5.50	1.35
	82	5.36	0.14
	81	4.56	0.40
	80	4.38	0.18
	79	4.10	0.28
	78	3.40	0.30
	77	3.20	0.20
	76	3.10	0.10
	75	2.50	0.20
	74	2.30	20
	73	2.28	02
	72	2. 0	28
	69	1.43	6
	68	1.39	4

Les variations de la réfraction horizontale n'ont ici rien de bien extraordinaire. J'en ai vu d'aussi fortes à Bourges, en été.

Les différences entre les réfractions des degrés consécutifs, depuis 88° jusqu'à 68°, ne sont pas bien régulières. Picard les donne comme il les a trouvées par ses observations. Il faut y faire la part de l'instrument, celle de l'horloge et enfin celle de l'observateur. J'ai fait un pareil travail à Bourges, de 90$\frac{1}{3}$ à 75°, et j'y ai trouvé des inégalités aussi fortes, mais à différens jours. Pour avoir quelque chose de moins incertain, il faudrait observer un grand nombre de fois la réfraction à la même hauteur, et ce qu'il y aurait de plus commode, ce seraient les passages inférieurs des étoiles circompolaires dont on aurait déterminé la distance au pôle par les passages supérieurs.

Nous passons sous silence quelques opérations géographiques en divers points de la France, parmi lesquelles on trouve quelques observations de réfractions terrestres. De ce travail il résulta une nouvelle carte de la France, sur laquelle on marqua d'un côté les nouvelles déterminations en longitude et en latitude, et de l'autre celles qui étaient assignées aux mêmes lieux par la carte de Sanson qu'on avait prise pour objet de comparaison, comme la moins défectueuse que l'on eût à cette époque.

En divers endroits des Mémoires de l'Académie, on voit que Picard eut une grande part à l'invention du micromètre qui porte le nom d'Auzout. En 1675, il fit la première observation d'un baromètre lumineux. A l'occasion du passage de Mercure, il donna sa méthode pour déterminer l'inclinaison par l'entrée et la sortie.

Picard était un observateur actif autant qu'adroit et intelligent. Ses observations journalières ont été recueillies par Lemonnier, dans un ouvrage publié en 1741, sous le titre suivant.

Histoire céleste, ou Recueil d'observations astronomiques faites par l'ordre du Roi, avec un Discours préliminaire où l'on compare les plus récentes observations à celles qui ont été faites immédiatement après la fondation de l'Observatoire royal.

Cette histoire devait comprendre toutes les observations faites en France, depuis 1666. L'éditeur y recommande les éclipses d'étoiles aux navigateurs. Le conseil était facile à donner, mais il paraît que l'observation présente des difficultés presque insurmontables. Pour les étoiles de première et deuxième grandeur, il prescrit de les observer avec des lunettes de 20 ou 30 pouces. Pour celle de première, il ajoute que leur immersion a été déterminée plusieurs fois à la vue simple, *presque* au même instant qu'avec les plus longues lunettes. Il ne dit rien des émersions.

Le mouvement observé dans l'étoile polaire, par Picard, peut causer des *erreurs* de $\frac{2}{3}$ de minute dans la hauteur du pôle. Il faut sans doute entendre des *différences*. On trouve dans les registres de Picard une longue suite de diamètres observés avec un très grand soin; les diamètres de la Lune à diverses hauteurs, et plusieurs fois dans l'année, il vérifiait la direction de la méridienne.

Les observations de Auzout et de Roëmer, faites à Paris du tems de Picard, ont été perdues. Toutes les recherches qu'on a pu faire pour les retrouver ont été vaines. Lemonnier paraît se plaindre de n'avoir pu obtenir la communication de celles de Cassini. La Hire a laissé près de 40 années d'observations. Les ascensions droites étaient observées au grand quart de cercle mural. Cet instrument *proposé tant de fois par Picard et Roëmer et autant de fois abandonné à cause des difficultés de l'exécution,* fut enfin arrêté dans le plan du méridien par La Hire, en 1683, peu de tems après la mort de Picard. L'arc mural de Flamsteed est de 1689. Il est à regretter que le recueil de La Hire, très précieux pour le tems, n'ait pu être publié à une époque où il eût pu être bien utile et unique. Quant à ces difficultés d'exécution dont parle l'historien, on ne voit pas en quoi elles pouvaient consister, si ce n'est le défaut d'argent. Puisque Picard insistait si souvent sur la demande, il n'était donc pas persuadé qu'il y eût des difficultés réelles. Après la construction du secteur de 10 pieds dont il se servit en 1670, on ne voit pas pourquoi il a fallu 13 ans pour obtenir un mural de cinq à six pieds. Mais on achevait alors la construction de l'Observatoire pour lequel on avait fait des dépenses immenses et la plupart inutiles. Cassini en fut déclaré directeur, et vint l'habiter en 1671; le logement de Picard ne fut achevé qu'en 1673. On voit que les préférences n'étaient plus pour Picard, il avait cessé d'être l'astronome en crédit. Le public voyait les murs de l'Observatoire, il s'informait peu si cet établissement somptueux était fourni des instrumens les plus nécessaires. On a vu depuis, Catherine II faire exécuter à Londres, à grands frais, les plus beaux instrumens astronomiques; ils furent envoyés à Pétersbourg, les gazettes en répandirent la nouvelle par toute l'Europe, c'était tout ce qu'on voulait; les instrumens restèrent 15 ou 20 ans dans leurs caisses, sans qu'on songeât à en tirer le moindre parti, sans même au moins les suspendre pour les offrir aux regards des amateurs.

Les observations de Lonville, qui le premier appliqua le micromètre au quart de cercle, étaient entre les mains d'un de ses élèves, qui était disposé à les communiquer, si l'Académie avait pu les faire imprimer. Mais l'Académie n'avait aucun fond assigné pour ces impressions.

Le premier volume de l'Histoire céleste, le seul qui ait paru, comprend les observations de Picard de 1666 à 1682, et celles de La Hire de 1678 à 1686.

Dès que Picard eut appliqué les lunettes au quart de cercle, il trouva 48°53′ pour la hauteur apparente du pôle à la Bibliothèque du Roi en 1667. Il est vrai que dans le récit du voyage qu'il fit en Danemarck, en 1672, il dit que depuis dix ans il observe des variations de 40″ environ dans les hauteurs de la polaire. Mais il faut songer que ce voyage ne fut imprimé qu'en 1680, treize ans après la première application des lunettes. Il en résulte que la rédaction définitive du voyage est de 1677 ou 1678; ainsi il n'y a nulle contradiction réelle.

Avec un quart de cercle tout de fer, de 9 pieds 7 pouces de rayon, il trouva la même hauteur que par l'autre instrument qui n'avait guère que trois pieds de rayon; il trouva encore la même chose avec un sextant à limbe de cuivre et de 6 pieds de rayon, ainsi qu'avec un petit quart de cercle de 28 pouces, le même que Richer porta depuis à Cayenne. Il confirma toutes ces déterminations en 1669, avec un quart de cercle de 3 pieds qu'il employa l'année suivante à la mesure de son degré. On voit qu'alors on ne trouvait aucune difficulté à multiplier les instrumens de divers rayons et que le crédit de Picard était dans toute sa force.

En supposant une minute de réfraction, la hauteur véritable était de 48°52′. Il en retranche 1′50″ pour la différence des parallèles, et il en conclut 48°50′10″ pour la hauteur du pôle à l'Observatoire, on trouve aujourd'hui 3″ de plus.

A l'occasion de quelques hauteurs méridiennes de Sirius, observées par Halley et La Hire, et que Halley ne jugeait certaines qu'à 7 ou 8″ près, à cause des variations de réfraction qu'il estimait d'un 15″, Lemonnier nous apprend en passant qu'au cercle polaire, le thermomètre étant à 0, les réfractions lui avaient paru plus petites qu'à Paris, et que dans les plus grands froids, elles surpassaient d'une minute celles de la Connaissance des Tems.

Lemonnier crut s'apercevoir en 1738 que le quart de cercle de Picard, que l'on croyait très exact, faisait les hauteurs de la Chèvre trop grandes de $1'\frac{1}{2}$. Il soupçonna que l'arc de 90° n'était pas tout-à-fait le quart d'une circonférence, et que les erreurs pouvaient être proportionnelles aux arcs; il paraît que cette erreur proportionnelle ne l'a pas empêché de donner assez exactement la hauteur du pôle. Lemonnier soupçonne que la même erreur existe dans deux autres quarts de cercle, désignés par les lettres C et D. Enfin il croit la hauteur du pôle de 48° 50′ 15″. Il oublie de nous dire de quelles réfractions il s'est servi dans le calcul de ses observations.

Le reste du Discours préliminaire est un exposé assez obscur de ce que Lemonnier a fait pour les réfractions et pour les positions des étoiles, en comparant ses observations à celles de Picard et La Hire.

Picard s'était long-tems servi de pinnules comme tous les autres astronomes. Il en avait dès 1652, mais il a rejeté lui-même ces premières observations. Celles qu'il fit avec des lunettes, suivant Lemonnier, commencent au 28 novembre 1668; ce qui s'accorde fort bien avec ce que nous avons dit ci-dessus. Le fait est pourtant qu'à la page 11, dans les mois d'octobre, de novembre et de décembre 1667, se trouvent les observations faites au quart de cercle de 9 pieds 7 pouces et au sextant de 6 pieds, et elles sont suivies de cette note. « M. Picard a remarqué » qu'au lieu de pinnules, il y avait aux instrumens dont on s'était » servi, des verres de lunettes d'approche qui donnent un grand avan- » tage pour pointer plus justement qu'on n'avait encore jamais fait; » mais aussi qui peuvent être sujets à certaines réfractions qu'il faut » bien connaître, et qu'il s'est trouvé, par une rencontre assez extraor- » dinaire, que ces deux instrumens, quoique d'ailleurs assez d'accord, » donnaient les hauteurs plus petites qu'il ne faut d'une minute et un » tiers; mais que sans rien changer aux instrumens, il s'est contenté » de connaître ce défaut, auquel il a toujours eu égard en écrivant les » observations. »

Il est évident qu'il s'agit ici de l'erreur de collimation si bien définie et si bien expliquée dans le livre de la mesure de la Terre.

L'application des lunettes était donc faite le 2 octobre 1667, date de la première observation qui nous a été conservée. Déjà deux instrumens au moins étaient garnis de lunettes. Une nouveauté si importante avait sans doute exigé plus d'un essai. Ainsi la date peut en être reportée ou en l'an 1666, ou tout au plus tard au commencement de 1667. On peut donc supposer qu'en 1668, il a pu commencer à remarquer les variations de la Polaire, puisqu'il employa fréquemment cette étoile à la détermination de la hauteur du pôle; ainsi en rédigeant en 1678, son voyage qui n'a été publié qu'en 1680, il a pu dire que depuis dix ans il observait ces variations dont il ne put imaginer une explication satisfaisante, impossible alors, puisqu'il aurait fallu des instrumens parfaitement exacts et d'excellentes tables de réfraction. Picard n'eut pas l'idée d'employer son secteur de 10 pieds, parce qu'il ne pouvait y voir la polaire, c'est-à-dire la seule étoile qu'il eût suivie assez assiduement pour y remarquer ces irrégularités. Nous verrons dans la suite de cette histoire comment les inquiétudes de Picard se communiquèrent à plusieurs astronomes; comment Molyneux conçut l'idée d'observations suivies régulièrement pendant des années entières; comment enfin la persévérance et le génie de Bradley parvinrent à constater les faits, et à en donner la mesure et l'explication.

« Dans une des premières assemblées de l'Académie en octobre 1669, on avait parlé des choses auxquelles il était à propos de travailler pour l'avancement de l'Astronomie. Picard ayant été prié de dire son avis à ce sujet; voici l'extrait du Mémoire qu'il lut dans les assemblées suivantes :

» 1°. L'éclipse de Soleil du mois d'avril 1670 devait être totale en Irlande et en Écosse; il propose de se ménager des correspondances dans ces deux pays.

» 2°. D'autant qu'il paraît, par le journal des observations qu'il a faites jusqu'ici, que toutes les tables du Soleil sont défectueuses, il est à propos de continuer avec un soin particulier de prendre des hauteurs méridiennes du Soleil, et pour cet effet, *de mettre le grand quart de cercle en état d'y servir.*

» 3°. Il serait encore nécessaire de commencer actuellement à faire, autant qu'il sera possible, une table de réfractions exprès pour Paris, suivant les différentes saisons, et même suivant les différens changemens de tems, marquant à chaque fois les vents et la constitution du thermomètre, pour voir si les changemens qui arriveront aux réfractions, ne seront point accompagnés de quelques marques certaines.

» 4°. Comme il a découvert l'été dernier (en 1668) qu'on pouvait voir les étoiles fixes en plein Soleil, il serait d'avis de suivre journellement celles qui seront propres à cela, tant *pour trouver leurs ascensions droites immédiatement*, ce qui n'avait point été fait, que *pour déterminer les solstices aussi facilement qu'on peut avoir les équinoxes*, et en même tems trouver journellement l'équation du tems.

» Enfin il serait utile de faire une attention particulière aux diamètres du Soleil, lequel au Solstice lui avait paru de 4 à 5″ plus petit qu'il n'était un an auparavant, et pour lier l'Observatoire que l'on construisait alors à celui de Tycho, il propose le voyage d'Uranibourg.

Par les hauteurs méridiennes, on trouva que le calcul s'accordait parfaitement avec l'observation les 24, 27 et 29 octobre; le 1er nov., le calcul présente une erreur de 30″; le 5 novembre, elle est —40″; le 12, —60″; le 12 décembre, elle monte à —5′20″; après le solstice, on vit l'erreur diminuer progressivement jusqu'au 11 février, où elle se trouva nulle, ainsi que le 15 et le 20; le 12 et le 20 mars au contraire, l'erreur était +70″ (*Hist. célest.*, p. 19).

Picard en conclut que les réfractions changent selon qu'il fait plus ou moins froid; qu'elles sont plus grandes l'hiver que l'été, la nuit que le jour; que les observations s'accordent moins bien, quand les instrumens sont exposés au vent; que les dernières hauteurs ont été prises avec un quart de cercle de 28 pouces de rayon seulement; toutefois la justesse des pinnules (lunettes) est si grande, qu'en les pointant, on ne peut pas se tromper de plus que la grosseur d'un simple filet de ver-à-soie, c'est-à-dire de 5 à 6″; qu'à l'égard de la division du limbe, les minutes par transversales y sont très distinctes, et le plomb y étant suspendu avec un cheveu, on discerne facilement avec une loupe jusqu'à un quart de minute. Il soupçonne qu'une partie des erreurs pourraient venir de la parallaxe du Soleil, pour laquelle il faut une longue suite d'observations faites avec de grands instrumens et en un lieu propre. »

Voilà d'excellentes vues, un bon plan d'observations; en effet, de bonnes tables du Soleil, un bon catalogue d'étoiles et une bonne table de réfractions, voilà les fondemens véritables de toute astronomie; tant que les étoiles avaient été impossibles à voir de jour, on n'avait pu les comparer directement au Soleil; on ne pouvait avoir ni les positions des étoiles, ni celles du Soleil; par les différences des passages au méridien, on pourra les connaître les unes par les autres; *ce qui n'avait point encore été fait*, nous dit Picard; il n'explique pas encore comment il voulait s'y prendre; mais on ne peut guère douter qu'il n'eût trouvé les moyens qui se présentaient assez naturellement, et qui d'ailleurs paraissaient indiqués par ces mots : *trouver les solstices aussi facilement qu'on peut avoir les équinoxes;* on voit que dès-lors il s'était occupé de la construction de son mural; *il désire qu'on le mette en état;* c'est en 1669 qu'il exprime ce vœu, qui ne fut réalisé que 14 ans plus tard en France, et 20 ans plus tard en Angleterre. Ce plan si raisonnable, ou ne fut pas assez justement apprécié, ou fut suivi trop négligemment. Picard ne cessa de le recommander, et nous appellerons école de Picard les astronomes qui suivirent ses idées, soit en France, soit en tout autre pays. On peut soupçonner qu'une des raisons qui fit qu'on eut si peu d'égards à ces instances, c'est qu'un étranger célèbre apporta d'autres idées, un plan beaucoup moins sûr et moins bien raisonné; que pressé de se distinguer, il se tourna vers les découvertes nouvelles qui peuvent se faire en peu d'heures ou peu de jours, et négligea des recherches longues et pénibles qui exigent des années entières d'observations suivies et de calculs pénibles.

Les lunettes avaient remplacé les pinnules, c'était un grand pas; on pouvait, à l'aide des pendules, avoir chaque jour la différence d'ascension droite entre une belle étoile qui passait peu de tems avant le Soleil, et celle qui le suivait d'assez près; on pouvait se précautionner même contre les écarts de la pendule, dont la marche pouvait n'être pas tout-à-fait la même pendant la nuit que pendant le jour. Il n'est pas encore question de micromètres ni de vernier. Morin cependant en avait parlé; il avait vu les étoiles dans le crépuscule, et il était parvenu à les suivre même en présence du Soleil; mais il ne savait pas les trouver en plein jour; il ignorait la propriété du foyer; il n'avait point de fil qui lui donnât un point fixe auquel on pût tout rapporter. Lui-même ne considéra sa remarque que comme une chose curieuse qui lui avait causé une joie inexprimable, et dont il serait possible un jour de tirer parti. Ce jour n'était pas venu, il avait lui-même abandonné son idée, quand il avait tracé le plan de son Observatoire, et cherché le moyen de perfectionner les tables de la Lune. Il paraît que le livre de Morin était tombé dans un oubli total, et que les folies de l'astrologue avaient entièrement décrédité l'astronome et les idées raisonnables que contenait son ouvrage des longitudes.

Dès l'an 1670, on avait construit un quart de cercle et un sextant de 5 pieds, et un second quart de cercle de 32 pouces que Picard avait toujours préféré à tous les autres. Celui qui avait servi à sa mesure de la Terre, était revenu altéré du voyage de Danemarck, et on le divisa de nouveau.

A la page 23, on trouve une tache du Soleil observée au méridien, comme on le fait aujourd'hui, et comparée au bord oriental et au bord austral. A la page 23, 13 avril 1673, Picard commence à s'apercevoir que le disque de Jupiter était un peu ovale, et que le plus grand diamètre est toujours suivant les bandes. Le 9 juin, à l'émersion du second satellite, il voit le premier sur le disque et dans la bande boréale; le 11 mai, il avait vu le troisième sortir de derrière le disque de Jupiter, et peu de minutes après, entrer dans l'ombre. A la page 26, il marque la disparition et la réapparition de l'anneau, et sur la même planche, on voit Vénus et Mercure en croissant. A la page 29 des observations pour la parallaxe de Mars, il compare une de ses observations à une de Richer, à Cayenne. A la vérité, l'observation ne pouvait donner que la moitié de la parallaxe horizontale. D'ailleurs Richer et lui n'avaient pas observé le même bord; les réductions dépendaient donc du diamètre de Mars et de la différence d'ascension droite de la planète à l'étoile qu'il trouve de $0^h 0' 7''$; d'où il conclut que la parallaxe du Soleil doit être fort petite; mais on voit en même tems que ces observations ne peuvent la donner avec certitude.

En décembre 1768, il observe la digression de Vénus par la hauteur méridienne de Vénus, et les différences d'ascension droite entre cette planète et le Soleil. De ces deux observations, il conclut l'arc de distance. Il ne dit pas comment il achève le calcul trigonométrique de la longitude et de la latitude; mais à la perfection des instrumens près, voilà la méthode que nous suivons encore dans nos observations. Après l'observation du 23 juillet 1669, Picard fait cette remarque, pag. 40.

« Cette observation est remarquable, étant inoui qu'on eût jamais pris la hauteur méridienne des étoiles fixes, non-seulement en plein Soleil, mais pas même encore dans la force du crépuscule. De sorte qu'il est maintenant facile de trouver immédiatement les ascensions droites des étoiles fixes, non-seulement par les horloges à pendules, mais aussi par l'observation du vertical du Soleil, au même tems qu'on observera la hauteur méridienne d'une étoile fixe. » Quelques lignes plus haut, il nous apprend qu'il avait calculé une table de l'équation du tems, à laquelle il comparait les observations du Soleil et des étoiles faites avec les deux horloges à pendules; or, on trouva, le 21 juillet, l'équation trop forte de 2''; car, par les étoiles fixes, il paraissait que les étoiles allaient exactement selon le moyen mouvement du Soleil, et cependant par les deux observations du Soleil, selon la différence des deux équations, elles tardaient de 2''. Cette différence du 17 au 21, en quatre jours, ne peut tenir aux petites équations planétaires alors inconnues, mais qui ne peuvent varier que d'un très petit nombre de secondes. Elle tient plus probablement au mouvement irrégulier de la pendule qui n'était pas tout-à-fait le même entre deux retours du Soleil au méridien et les deux retours de l'étoile. La Caille a observé deux fois des irrégularités semblables avec une pendule qui, comme celles de Picard, manquait de compensateur.

Picard ajoute que depuis quinze jours, ses deux horloges étaient d'accord sur la même seconde; s'il avait observé cet accord d'heure en heure pendant toute une révolution, il faudrait que les deux pendules eussent éprouvé les mêmes variations, ce qui serait peu problable; mais il n'a probablement regardé ses deux pendules qu'aux passages du Soleil et à ceux de l'étoile. Nous ne rapportons ces remarques que dans la vue de prouver le scrupule qu'il mettait dans ses diverses observations. Il termine sa note en disant que cet accord entre les pendules n'est pas rare, quand la température reste la même; *mais elles varient diversement, quand il y a changement de tems.*

Dans la même page, il avertit des variations singulières de l'étoile du col de la Baleine, qui est quelquefois si petite qu'on ne peut la voir sans lunette, et qui devient ensuite de seconde grandeur. Hévélius lui donne l'épithète de *mira,* qui lui est restée comme nom propre.

En 1672, on voit que l'obliquité de l'écliptique parut surpasser 23° 29'. Otez 75″ pour 148 ans environ, il restera 23° 27′ 45″ pour 1820; c'est ce qu'on vient de trouver au solstice d'été.

En 1673, Picard vient enfin demeurer à l'Observatoire, et le 9 juillet, on voit les premières observations de hauteurs correspondantes; mais, pour avoir le midi vrai, il prit le soir des hauteurs plus petites de 1′ 50″ à 55″. Le 21 juillet, avec beaucoup d'observations pour les réfractions, on voit encore des hauteurs, et celles du soir sont plus faibles de 2′ 25″, 2′ 35″, 2′ 40″ et 2′ 50″. Le 23, les différences de hauteur sont 2′ 45″ et 2′ 55″. Le 26, elles sont 2′ 55″, 3′ 0″, 2′ 55″, 2′ 55″, 4′ 20″ et 4′ 30″. Pour ces deux dernières, l'intervalle de tems était beaucoup plus considérable. Les midis conclus s'accordaient fort bien.

Le 3 août 0′ 45″, 2′ 5″, 2′ 35″, 2′ 35″, 2′ 55″.
Le 6 2′ 40″, 2′ 45″, 2′ 50″.
Le 19 de 4′ 30″ à 4′ 50″.
Le 22 de 4′ 4[illegible] 5′ 35″.
Le 29 de 3′ 20″ et 3′ 40″.

Remarquez que Lemonnier transcrit ces hauteurs sans avertir des différences. En général les midis conclus s'accordent à 0″,5 ou 0″,25 et quelquefois parfaitement.

Le 30 au soir, il mesure des azimuts pour placer à Montmartre un pilier dans la direction de la méridienne. Ce pilier a depuis été remplacé par une pyramide qu'on y voit encore. La méridienne passe par le centre du trou de la voûte. Il continue ces observations les jours suivans.

Le 1er août, il observe le passage de Vénus à une lunette murale,
le 2, il répète l'observation. haut.... 58° 55′ ::
le 3............................ 58.57.50
le Soleil à la même lunette......... 58.49
le 4 Vénus....................... 59. 0.25
le Soleil......................... 58.32.45.

Le 25 septembre, les différences de hauteurs sont 5′35″, 5′40″, 5′50″, 5′45″; le 30, de 4′30″ à 5′0″.

Le 12 octobre, de 4′30″ à 5′30″. Le 3 décembre, de 1′30″ à 1′55″, toujours en moins.

Le 16 janvier, les différences sont de +2′15″ à 2′35″; le 17, de 2′30″ à 2′50″. (Voyage en Languedoc.)

Le 25 juillet, le Soleil est observé au deuxième fil de la lunette murale, hauteur 61° 3′.

Le 26 aux trois fils, hauteur 60° 50′; le 28, à 60° 22′; le 29, à 60° 8′.

Le 7 août, les différences de hauteur pour le midi +20″+10″+25″; le 12, de 4′15″ à 4′25″.

Le 22, de 4′30″ à 4′10″. (Voyage pour des nivellemens.)

Enfin le 19 septembre 1674, on voit de véritables hauteurs correspondantes; les hauteurs croissent de 30′, de 20′ et de 10′, et décroissent le soir. Le 25, les hauteurs vont de 10 en 10′.

En janvier 1675, éclipse totale de Lune. Observation très détaillée.

Le 20, on voit des hauteurs du matin correspondantes à celles du soir précédent. On donne le midi corrigé, sans dire quelle a été la correction, ni comment elle a été calculée. J'en ai vérifié une qui s'est trouvée exacte à 0″,4, mais Picard ne donne pas de fraction. Depuis ce moment il a toujours employé cette méthode dont il paraît qu'il est l'inventeur. Sa formule de correction que nous ne connaissons pas, n'était ni la formule différentielle donnée par Euler, ni celle qu'a donnée La Caille. Nous verrons ailleurs que Picard l'avait réduite à une opération graphique et à une échelle sur laquelle il prenait la correction avec un compas. Elle devait dépendre du mouvement en déclinaison et de l'angle parallactique.

En différens endroits du volume, on trouve les azimuts de plusieurs lieux circonvoisins qui se voient de l'Observatoire. On y voit des distances de Mercure au Soleil avec les hauteurs simultanées des deux astres. C'est un reste de l'Astronomie de Tycho, perfectionnée par l'usage des lunettes; c'était aussi, à peu près dans le même tems, la méthode de Flamsteed. Si les hauteurs n'étaient pas simultanées, Picard donne le petit nombre de secondes dont les tems différaient.

Le 4 mai, on voit β du Lion à la lunette murale. La hauteur devait être 56° environ. Plus loin des observations à un quart de cercle immobile dans le plan du méridien.

Le 14 août 1675, on avait planté un gros pilier de bois à Montmartre dans la méridienne de l'Observatoire; les jours suivans, Picard le compare au Soleil levant et couchant. Il estime que le pilier dévie de 5″ du nord à l'est.

A la page 206, on trouve les figures successives d'une même tache du Soleil pendant huit jours. Ces variations suffiraient pour prouver que la tache était bien peu propre à donner les élémens de la rotation. La tache a reparu. (Pag. 219), on voit un second retour, p. 228.

En tête du second livre, p. 233, on lit cet avertissement.

« Les observations de M. Picard ont été continuées à l'Observatoire jusqu'au 11 septembre 1682; celles de M. La Hire commencent à l'année 1678, et la plupart ont été faites à la porte de Montmartre jusqu'en 1681. M. Picard ayant fait construire un grand quart de cercle mural de cinq pieds de rayon, pour observer les ascensions droites des astres, M. La Hire vérifia plusieurs fois la situation de cet instrument, qui était attaché au mur de la tour orientale de l'Observatoire, et l'arrêta enfin, à quelques secondes près, dans le plan du méridien, le 25 avril 1683, c'est pourquoi les observations sur les ascensions droites des astres, ont été faites presque sans interruption, depuis 1683 jusqu'en 1686. Nous donnerons dans le second volume la suite des observations faites avec le même instrument, pendant plus de 30 années. »

On voit donc que Picard ne put placer lui-même, dans le méridien, le quart de cercle qu'il demandait en 1669, qu'on *mît en état* de servir à ces observations. Il y suppléa comme il put, soit en plaçant une lunette fixe dans le plan du méridien, soit en y arrêtant un quart de cercle mobile d'un moindre rayon.

Au 4 septembre 1677, on lit que Picard avait formé le projet de vérifier l'amplitude de son degré, et que Roëmer et lui devaient faire les observations simultanées aux deux extrémités de l'arc. Cependant Picard ayant été fort occupé aux nivellemens et ensuite étant tombé malade d'une chute, on ne trouve dans ses registres aucune observation avant le mois de juin 1679. Il avait alors 59 ans.

En 1681, on voit que Roëmer observa le solstice à la méridienne de l'Observatoire, au moyen d'un verre de 34 pieds de foyer.

Au même tems, on voit que Picard avait observé les hauteurs méridiennes de la Lyre, dans les deux solstices, sans y trouver de différence sensible; ce qui était contraire aux observations de Hooke, qui croyait y voir une variation de 20″, qu'il attribuait à la parallaxe annuelle.

En 1681, les observations sont interrompues par le voyage de Picard et La Hire aux côtes septentrionales de la France.

Le 26 août 1682, Picard observait encore la comète qui paraissait alors. Le 22 et le 29, il en prenait les distances à plusieurs étoiles; ce sont les dernières observations qu'il ait faites. Il mourut le 12 octobre 1682, à l'âge de 62 ans.

La belle comète de 1680, dont on voit la figure, p. 243, fut observée du 22 déc. 1680 au 25 janvier 1681, probablement par Picard et La Hire, peut-être aussi Roëmer. Lemonnier ne nomme personne.

Le 1er mai 1682, Louis XIV visita l'Observatoire, et se fit expliquer l'usage des instrumens. Il se fit rendre compte de l'utilité des nouvelles observations que l'on devait entreprendre. Il en parut entièrement satisfait, et, *depuis ce tems-là, il n'a cessé d'accorder à son Académie la protection et les secours nécessaires aux progrès d'une science si utile à la Géographie et à la Navigation.* Dès le commencement de l'année suivante, il envoya des ordres pour la continuation de la méridienne de l'Observatoire.

Le reste du volume ne contient que les observations de La Hire, jusqu'au 31 décembre 1685.

Il paraît que Roëmer quitta la France peu de tems après la mort de Picard; en effet, trois mois après, c'est-à-dire le 27 janvier 1683, il observait à Copenhague.

Le 18 juillet, Cassini et La Hire trouvèrent que la méridienne de l'Observatoire devait passer *deux pieds* au couchant du pieu que Picard y avait fait planter en 1675.

Voilà toutes les notes historiques que j'ai pu recueillir dans ce volume. On n'y voit que des observations courantes, telles qu'on en rencontre dans tous les recueils, et sur-tout un grand nombre de diamètres et beaucoup de hauteurs pour les réfractions.

Il nous reste à parler de quelques opuscules de Picard qui ont été recueillis dans le tome VI des Mémoires de l'Académie. Le premier est intitulé :

Pratique des grands Cadrans.

Picard établit d'abord que le calcul est préférable à toutes les constructions graphiques. Il prend pour hauteur du style le cosinus de la hauteur du pôle sur le plan, afin que le rayon diviseur de l'équinoxiale soit l'unité ou le rayon des tables. Il demande que la plaque percée qui doit laisser passer les rayons solaires, soit parallèle au plan du cadran; c'est un précepte qu'on ne suit guère et qui n'est pas bien important. Tous les problèmes que se propose Picard se trouvent résolus par quelqu'une de nos formules générales, parmi lesquelles on choisira celle qui exprime la relation de l'inconnue aux données qu'on aura pu se procurer (*voy.* tom. III, p. 546 et suiv.).

Picard connaissait le théorème de la ligne droite qui traverse d'une manière symétrique sept lignes horaires consécutives. Il n'en donne pas la démonstration, il est probable que c'était dès-lors une chose bien connue; nous en ignorons le premier auteur (*voy.* tom. III, p. 633). Sa méthode pour l'arc des signes est la seconde de Munster. Il ne donne aucune formule, et renvoie partout aux analogies de la Trigonométrie sphérique. Son traité commence par la méthode que nous avons donnée, tom. III, p. 628, pour remplacer toutes les constructions de La Hire. Il paraît qu'ayant eu occasion de tracer quelques cadrans, il avait cherché, suivant les circonstances, les méthodes les plus sûres et les plus géométriques, qu'il a rassemblées dans un Mémoire, sans avoir jamais eu l'idée de donner un ouvrage complet sur cette matière. Il ne l'a pas même terminé, il n'a été publié qu'après sa mort, avec quelques notes de La Hire, lesquelles n'empêchent pas qu'il n'y reste une sorte d'obscurité.

Dans un opuscule latin *de mensuris*, il prend pour type le pied de Paris qu'il divise en 720 parties. Dans sa mesure de la Terre, il l'avait divisé en 1440.

Un autre écrit de Picard nous prouve qu'il avait fait quelques expériences sur l'écoulement des eaux. Il avait ébauché un Traité de Dioptrique. L'application qu'il fit des lunettes à divers instrumens pour la mesure des angles, avait dû naturellement diriger ses réflexions sur les propriétés des lentilles, de leurs foyers et des axes optiques.

Dans son Traité de Nivellement, il appelle *point de niveau* ceux qui sont également éloignés du centre de la Terre. On n'avait encore aucun soupçon de l'aplatissement de la Terre, quoiqu'il eût été indiqué, mais sans aucun développement, dans un Mémoire d'Huygens, lu à l'Académie en 1669. Il donne une théorie tout élémentaire de son instrument qui est a lunette.

Immédiatement après cette description, on trouve celles des niveaux de Huygens, de Roëmer et de La Hire.

Lalande nous dit que les observations de Picard, mises au net en trois volumes in-folio, étaient à la bibliothèque de l'Académie.

Roëmer.

Olaüs Roëmer, conseiller d'Etat, premier consul de Copenhague, professeur royal des hautes mathématiques, n'est pour nous que l'élève et l'ami de Picard; il a le premier mesuré la vitesse de la lumière. Le premier il a fait construire une lunette méridienne. Nous avons vu que Picard, en attendant son quart de cercle mural, avait fixé dans le méridien une lunette murale à laquelle il observa des astres qui avaient de 56 à 61° de hauteur méridienne. Il n'est pas vraisemblable que cette lunette eût un champ aussi vaste, d'autant plus que Picard savait très bien que pour être bien sûres, les observations doivent se faire le plus près qu'on peut du centre de la lunette. On pourrait donc soupçonner que sa lunette murale n'était pas tout-à-fait immobile. Mais ne voyant aucune sûreté à lui donner de plus grands mouvemens, on voit qu'après en avoir essayé quelque tems, il en était revenu à fixer de son mieux un quart de cercle mobile dans le plan du méridien. Roëmer qui avait été témoin de ces essais de Picard, et qui avait vu combien de tems s'était fait attendre le quart de cercle mural de Paris, put être conduit assez naturellement à faire tourner sa lunette dans le plan du méridien, et dans cette vue, il y joignit un axe. Ces conjectures nous paraissent probables, mais en général nous nous défions toujours de ce qui n'est que conjecture. Roëmer, pendant son séjour à Paris, était membre de l'Académie des Sciences; il demeurait à l'Observatoire, et il est nommé plus d'une fois dans l'Histoire céleste de Lemonnier; il était né le 25 septembre 1644. Picard, en

1671, le trouva chez Erasme Bartholin, étudiant les Mathématiques, l'Algèbre et l'Astronomie. Il le prit pour aide dans les observations qu'il se proposait de faire à Uranibourg; il l'amena en France, où il resta jusqu'en 1681, qu'il fut rappelé à Copenhague pour y recevoir le titre de professeur royal. La dernière observation qu'il ait faite à Paris, paraît être celle du solstice d'été du 21 juin 1681 que nous avons mentionnée ci-dessus, et après laquelle on voit que La Hire le remplace pour observer avec Picard. On peut en induire que La Hire vint occuper le logement demeuré vacant par la retraite de Roëmer.

Roëmer mourut, le 19 septembre 1710, après avoir cruellement souffert de la pierre, au moins par intervalles, pendant les trois dernières années de sa vie. A son tour il eut un élève dans l'astronome Horrebow, qui paraît lui avoir voué une espèce de culte, et qui fut l'éditeur du seul ouvrage qui nous reste de tous ceux que Roëmer avait composés. Il a pour titre :

Basis Astronomiæ, sive Triduum et observatoria Beati Roemeri, sive Astronomiæ pars Mecanica, in quâ describuntur observatoria, atque instrumenta Roemeriana Danica; simulque eorum usus, sive methodi observandi Roemerianæ, in usum publicum et præsertim in gratiam una prodeuntis valde insignis atque usus amplissimi, nunquam non posteris memorandi Tridui *observationum Tusculanarum Roemeri ex fundamentis exponuntur à Petro Horrebowio*. . .*Hafniæ*, 1735.

A la tête de l'ouvrage, on trouve un *Programme* ou *Discours préliminaire* sur la mort de Roëmer.

Chap. I, de la tour astronomique et des vieux instrumens danois.

Tycho *ayant quitté l'île d'Hueen*, Christian IV fit construire à Copenhague *la tour ronde astronomique qui pouvait passer pour la huitième merveille du monde;* située en face du Collége royal, elle avait de hauteur 115 pieds 3 pouces danois ou du Rhin, dont 111 en mur solide, la balustrade faisant le reste. Le diamètre était de 48 pieds 4 pouces. Dans l'axe de la tour, était un cylindre de 12 pieds 6 pouces de diamètre extérieur. Le diamètre intérieur était de 4 pieds 1 pouce. Entre ce cylindre et le mur, régnait une rampe voûtée dont l'épaisseur était de 2 pieds 2 pouces $\frac{1}{2}$, dans le milieu où elle était la moindre. Dans la partie supérieure, les astronomes étaient logés ainsi que les instrumens. Après sept révolutions et demie, on arrivait à un escalier qui conduisait aux chambres et à l'Observatoire. Chaque révolution était de 122 pieds et la hauteur 12 pieds $3\frac{1}{2}$ pouces. La pente était de 5° 47'. En 1716, le czar Pierre y monta plusieurs fois à cheval, et l'impératrice Catherine dans une voiture à quatre roues, traînée par six chevaux.

Au haut était une tour ronde, bâtie par Roëmer. Le mur avait 8 pieds de haut et 21 ½ de circonférence. Avant l'incendie, on y voyait les deux instrumens de Roëmer, représentés par les planches I et II de l'ouvrage. Le premier était un équatorial et l'autre un cercle vertical et azimutal avec deux lunettes parallèles. Après l'incendie Horrebow les remplaça par des instrumens semblables et par deux lunettes, l'une méridienne et l'autre placée dans le premier vertical. La seconde est placée au milieu de l'axe de rotation, ce qui n'a pas lieu dans la première, sans qu'on nous en dise la raison.

La première pierre avait été posée le 6 juillet 1637. L'image de la tour qui forme le frontispice du volume, porte la date de 1642. Une autre inscription, celle de 1656.

Dans la tour on trouvait le globe de Tycho, repris en Allemagne en 1632. Ce globe a péri dans l'affreux incendie du 20 octobre 1728, en sorte qu'il n'en reste que le méridien, l'axe de fer et quelques fragmens de lames de cuivre. On y voyait encore le sextant de 6 pieds de Longomontanus. Cet instrument était *de bois* avec un limbe de cuivre, divisé en minutes par des transversales. Un quart de cercle avec un azimut de 18 pouces de rayon, divisé de la même manière en minutes. Le cercle azimutal avait 18 pouces de diamètre, et il n'était divisé que de 6 en 6'; il avait été construit sous la direction de J. Steenwinkel, architecte de Tycho, et probablement par les mêmes ouvriers que les instrumens d'Uranibourg. Horrebow l'avait changé en un quart de cercle moderne, garni de lunettes. On n'en put retrouver le moindre vestige. Longomontanus y avait encore placé un octant de 4 pieds de rayon, également divisé en minutes. On n'a retrouvé qu'une partie du limbe de cuivre. Parmi plusieurs instrumens, vénérables par leur antiquité, était un globe céleste de 2 pieds, construit en 1584. Tels étaient les instrumens qui appartenaient à l'Observatoire, lorsqu'il fut confié aux soins de Roëmer.

Chap. II. Méthode de Roëmer dans les observations. A l'exemple de Picard, il avait renoncé aux distances, aux azimuts et aux hauteurs hors du méridien. Il déterminait tout par des différences d'ascension droite et de déclinaison entre les astres et le Soleil. Ce chapitre n'offre rien de neuf.

Dans le chap. III, on recommande à l'observateur d'avoir toujours deux pendules en mouvement et une troisième pour servir de compteur quand on observe. Si une pendule va trop vite ou trop lentement, il faut descendre ou remonter la lentille. Changer les poids serait un moyen moins sûr et qui pourrait produire un effet contraire à celui qu'on désire. Là dessus, il renvoie à un Mémoire de Saurin, Académie de Paris, 1720.

En 1716, le czar Pierre avait observé des passages d'étoiles au méridien. La comparaison *des trois fils* montrait que ses observations s'accordaient à la demi-seconde.

Il croit utile d'avoir un observateur qui compte les secondes. (Il serait beaucoup mieux qu'il pût entendre l'échappement, et c'est pour cela probablement qu'il voulait une troisième pendule.)

Chap. IV. Des lunettes et des pinnules. Il fait le procès à Hévélius qui ne voulut jamais appliquer les lunettes à ses instrumens. Il répond à quelques-uns de ses raisonnemens, et c'est ce que nous avons fait nous-même ci-dessus à l'article d'Hévélius.

A l'article micromètre, il nous donne cette invention de Roëmer.

« Il roulait un fil de laiton autour d'un fil de fer un peu plus gros, » en portant la plus grande attention pour empêcher que, dans cette » opération, les fils ne se tournassent et ne se courbassent en aucun » sens, afin que partout ils fussent bien parallèles entre eux. Il avait » ainsi préparé plusieurs hélices, composées de fils plus ou moins gros » ou minces, afin qu'on pût choisir. Il soudait ces hélices à un cercle » de laiton, sur lequel les fils conservaient leur parallélisme. Ensuite » quand il voulait placer les fils sur un micromètre, il retranchait 1, 2, » 3 fils, selon les intervalles qu'il voulait donner à ce micromètre, et » il plaçait dans ses lunettes les réticules ainsi préparés. Ainsi, dans le » méridien, il avait dix fils parallèles qui servaient à confirmer le pas- » sage observé au fil méridien. Communément on se contente de trois » fils qui laissent à peine l'incertitude d'une demi-seconde. Des fils de » cette espèce servent à déterminer, à quelques secondes près, les col- » limations, à mesurer exactement les diamètres des planètes, les phases » des éclipses, à observer les taches du Soleil, et surtout à subdiviser » les divisions des instrumens. »

On obtient aujourd'hui une précision plus grande par des moyens plus simples. Mais, dans ces tentatives, on reconnaît l'élève de Picard, qui s'applique de tout son pouvoir à perfectionner les idées et les pratiques de son maître. Horrebow pense qu'on peut laisser à l'artiste la construction totale de l'instrument, mais que l'astronome doit se réserver le travail de la division, pour être plus certain du scrupule avec lequel elle aura été exécutée; en supposant à l'astronome une main également exercée, il pourrait avoir raison.

En promenant l'alidade, Roëmer marquait sur le limbe quelques cercles parallèles si légèrement, que l'on pût les effacer sans la moindre peine. Sur ces cercles, il marquait des points ronds et si petits, qu'un cheveu pût les couvrir. Il plaçait ces points à des intervalles égaux, comme d'un dixième ou d'un douzième de pouces pour les minutes. De cette manière, il pouvait avoir jusqu'à cinquante ordres de divisions sur un limbe d'un pouce de largeur. Ces divisions, toutes indépendantes les unes des autres, se servaient mutuellement de confirmation. Il suffisait pour cela de deux pointes d'acier placées exactement à l'ouverture requise. On pouvait ensuite se borner à une division unique, lorsqu'elle avait parfaitement réussi, ou qu'elle avait été suffisamment vérifiée. « Le plus important n'est pas d'avoir des degrés bien justes, mais des intervalles parfaitement égaux. (Horrebow a grande raison, mais encore faut-il savoir ce que valent précisément ces intervalles égaux.) Il est plus facile de placer des points à égales distances sur une ligne indéterminée, que de diviser une ligne donnée en un certain nombre de parties. Ainsi, sur un limbe d'un rayon de trois pieds, tracez légèrement un arc de cercle, marquez légèrement sur cet arc des points très petits à des distances égales, et continuez ainsi jusqu'à ce que vous ayez divisé la moitié du méridien qui est au-dessus de l'horizon et même un peu au-delà, si vous le croyez utile. Vous aurez exactement divisé l'instrument principal de votre Observatoire. Vous n'aurez pas de vrais degrés, mais des degrés fictifs et bien égaux. Comparez la partie divisée de votre instrument avec l'horizon, pour choisir convenablement le point que vous voulez donner à l'équateur, et que vous marquerez o; prenez de part et d'autre six parties pour chaque degré de déclinaison, jusqu'à l'horizon sud et un peu au-delà; faites la même chose du côté du nord. Observez ensuite les déclinaisons de quelques étoiles à des hauteurs différentes, tandis qu'un compagnon les observe avec un quart de cercle, et vous déduirez de ces observations comparées la valeur de vos divisions, que vous pourrez connaître également par les différences de déclinaison des catalogues; observez des différences d'ascension droite et des déclinaisons en grand nombre, des déclinaisons solstitiales, des étoiles au-dessus et au-dessous du pôle; vous finirez par tout connaître, même les réfractions, si vous supposez une valeur à la parallaxe du Soleil. »

Pour ne pas charger inutilement le limbe d'une multitude de sous-divisions, vous les placerez sur l'alidade. Roëmer n'approuvait pas les transversales, encore moins les vis appliquées à l'alidade, qui lui semblaient difficiles à faire, et surtout à conserver bien exactes. Il préférait un microscope, au foyer duquel il plaçait autant de fils de soie parallèles, qu'il voulait de sous-divisions.

L'équatorial de Roëmer, sans parler de l'axe ni du cercle équatorial, qui sont de l'essence de cet instrument, était composé de deux lunettes à angles droits, tournant dans le plan d'un cercle horaire, autour d'un axe creux et conique qui leur est commun. Avec l'une de ces lunettes, on regardait l'astre, avec l'autre, on regardait un cercle de déclinaison au centre et dans le plan duquel elle tournait, et qui était placé au haut de l'axe polaire. Il désigne cette seconde lunette sous le nom de microscope. La lunette avait à son foyer trois fils horaires et trois fils parallèles à l'équateur; chacun de ces fils était même triple, c'est-à-dire un composé de trois fils parallèles à égales distances les uns des autres. Au foyer du microscope, il avait mis onze fils parallèles et très voisins, qui servaient à estimer les déclinaisons à cinq secondes près, sur l'arc de déclinaison qui était divisé de 10 en 10′; ces onze fils comprenaient donc un espace de 10′, et formaient un vernier de $\frac{10}{11}$.

Le cercle équatorial avait 3 pieds 10 pouces de diamètre. Le limbe était divisé en 24^h, et l'alidade donnait les minutes. La lunette avait 3 pieds de longueur.

La machine azimutale était composée de deux cercles entiers. Le vertical avait 3 pieds 5 pouces de diamètre; il était de cuivre doublé de fer, et divisé de 10 en 10′ par des points ronds. Il tournait autour d'un axe de fer; il était garni de deux lunettes excentriques qui servaient à se vérifier mutuellement. Pour vérifier l'axe optique, l'instrument ayant sa face tournée à l'est, on observait deux objets aux points opposés de l'horizon. Alors on tournait l'instrument à l'ouest, et si le fil couvrait exactement les deux mêmes objets, l'axe optique était bien et décrivait un grand cercle; sinon l'on changeait un peu la position du réticule. L'axe de l'autre lunette pouvait se vérifier de la même manière, ou sans retourner l'instrument, en observant les deux mêmes objets que par la lunette déjà vérifiée.

On lisait l'observation au moyen d'un microscope à onze fils parallèles, faisant fonction de vernier.

Le cercle azimutal était de même de cuivre doublé de fer, il avait 3 pieds 8 pouces de diamètre; il était divisé comme le cercle vertical.

La tour de Copenhague par sa hauteur, était un Observatoire fort incommode, où l'observateur et ses instrumens avaient trop à souffrir des vents impétueux. L'incendie prouva depuis un inconvénient du genre le plus fâcheux. Il fut impossible de déménager quand le feu y prit, et tous les manuscrits y périrent avec tous les instrumens. Quant aux instrumens, la perte pouvait se réparer; pour les manuscrits il n'y avait aucun moyen de les remplacer. Roëmer songea donc à se faire un Observatoire particulier. Il y consacra un coin de sa maison; la chambre où il l'établit n'était que de 13 pieds au-dessus du sol. Il y plaça une lunette méridienne, dont l'axe était élevé de 5 pieds au-dessus du plancher. Nous avons vu que Picard avait placé à l'Observatoire de Paris une lunette à peu près fixe dans le plan du méridien. L'usage en était trop borné, on eût trop risqué à l'étendre; Picard la remplaça par un quart de cercle dont il fixa de son mieux le plan dans le méridien. Soixante ans après, on vit Halley abandonner la lunette qu'on lui avait faite sur le modèle de celle de Roëmer, pour se borner au cercle mural construit par Graham ou Sisson. Il est possible et même très probable que Roëmer ne fit qu'imiter et perfectionner une idée de Picard, et l'instrument qu'il fit construire a reçu depuis les améliorations les plus importantes. S'il n'observait que par une fenêtre, Roëmer ne voyait guère que le tiers du méridien; il ne pouvait tourner sa lunette, ni au point nord de l'horizon, ni au pôle, ni même au zénit. Il ne pouvait donc se procurer aucune des vérifications fondamentales qu'on obtient si facilement aujourd'hui, et qui font toute la sûreté de cet instrument. La lunette conique était attachée vers l'une des extrémités de l'axe de fer cylindrique, de 5 pieds de longueur et de 6 pouces d'épaisseur autour duquel elle tournait. On ne voit pas bien la raison pour laquelle il n'a pas mis sa lunette au milieu de l'axe de rotation; il voulait peut-être obvier à la flexion. Au reste, si par sa position, le retournement lui était interdit, comme il paraîtrait par la planche III qui représente l'Observatoire et la lunette, cette construction aujourd'hui inadmissible, et qui n'a été imitée qu'une fois, avait des inconvéniens moins fâcheux. Cet axe portait une alidade qui suivait les mouvemens de la lunette, et marquait sur un arc de cercle, les hauteurs ou les déclinaisons. Vers le milieu de l'axe, était un manche de fer, au moyen duquel l'observateur pouvait faire tourner l'instrument, sans toucher à la lunette, et sans discontinuer d'y avoir l'œil. Un contre-poids soutenait le milieu de l'axe, pour l'empêcher de fléchir; car Roëmer avait observé dans les passages au méridien des irrégularités dont il fut quelque tems à trouver la cause, et qu'il attribue à cette flexion. Un carré de carton noirci était appliqué autour de l'oculaire pour abriter les yeux de l'observateur.

On voit que la lunette méridienne de cette première construction avait, pour les passages au méridien, les mêmes inconvéniens à peu près que le mural, et qu'elle donnait beaucoup moins bien les hauteurs méridiennes. Ce sont peut-être les raisons qui ont empêché les astronomes de Paris d'en continuer l'usage, et peut-être Roëmer n'a-t-il été induit à la faire construire que par la raison unique que le mur de sa chambre était oblique au méridien, qu'il ne pouvait y placer un quart de cercle et pas même la lunette murale de Picard. Avant de mettre en place sa lunette, il avait eu soin d'en vérifier au moins la perpendicularité de l'axe optique en plein champ. On ne nous dit pas encore ce qu'il avait pu faire pour assurer l'horizontalité de l'axe de rotation.

Sur le milieu de la longueur de la lunette, était une lanterne dont la lumière passant par une ouverture pratiquée par-delà l'objectif, était réfléchie de manière à éclairer l'intérieur du tube. Le réflecteur était au-delà de l'objectif, dans le prolongement du tube, qu'on allongeait encore d'un tube de carton, pour observer Mercure ou les astres dont la lumière était faible.

Le réticule était composé de onze fils parallèles. On n'employait communément que le 2e, le 4e, le 6e et le 8e. L'intervalle entre chacun de ces fils, était de 34″ de tems sur l'équateur.

Horrebow avait transporté cette lunette à la tour, en 1715, et s'en était servi pour plusieurs milliers d'observations, contenues dans quatorze volumes qui ont péri dans l'incendie de 1728, avec tous les registres de Roëmer.

Pour placer sa lunette dans le méridien, Roëmer n'avait d'autre moyen que celui des hauteurs correspondantes, qu'il observait au moyen d'un cercle azimutal, ou avec un quart de cercle. Mais pour celui qui n'aurait pas le moyen de se procurer ces instrumens coûteux, il propose le moyen suivant :

Soit (fig. 64) une potence de fer IFE, fixée solidement dans un mur; une lame de fer recourbée en I, et portant à l'autre bout un poids P qui la maintienne verticale. Vers le milieu de la longueur, on fixe le cercle ABCD, garni d'une ou plusieurs lunettes. Le bord du cercle est creusé comme la gorge d'une poulie dans laquelle entre la corde MLK, avec des crochets, pour y suspendre un poids K qui puisse écarter la machine de la position verticale.

La lunette AC servira pour Sirius par exemple, la lunette BD pour la Lyre; ce sont les deux étoiles dont se servait Roëmer, pour voir si sa lunette était bien dans le méridien.

Le poids K écartant la machine de sa position verticale, observez les passages de l'étoile aux huit fils horizontaux de la lunette.

Otez le poids K, la lame IP redeviendra verticale; observez de nouveau les huit passages de l'astre.

Accruchez le poids K au crochet M, la barre IP prendra une position inclinée dans l'autre sens, et vous aurez encore huit passages, ce qui fera vingt-quatre en tout.

Refaites les mêmes opérations en ordre inverse, après le passage au méridien, vous aurez 48 hauteurs qui deux à deux vous donneront vingt-quatre fois le passage au méridien.

Deux exemples d'observations ainsi faites le 3 et le 4 mars 1692, paraîtraient prouver qu'on peut avoir ainsi le passage à 0",25 près; j'ignore si l'on aurait toujours la même précision. Ces observations comparées aux passages observées à la lunette, donnent la déviation 2",125 et 1",875; il suppose 2".

On détermine ainsi la déviation à deux ou trois hauteurs différentes. On en conclut la déviation pour tous les points intermédiaires, ce qui est plus facile que de corriger la déviation; car on ne pourrait guère corriger une erreur que pour tomber dans une autre. Tel est le moyen dont Roëmer se servait dans son Observatoire de campagne. Il parait qu'Horrebow l'aidait dans ces observations.

Chapitre X, de la parallaxe annuelle. Ce chapitre est tiré en partie d'un manuscrit de Roëmer qui avait pour titre : *Terra mota, seu parallaxis orbis annui, ex observationibus Sirii et Lyræ Havniæ,* 1692. et 1693. Les phrases de Roëmer sont en italiques, nous les indiquerons par des guillemets.

« Les phénomènes s'expliquent également dans les systèmes de Co-
» pernic et de Tycho; cependant les astronomes sont les seuls juges
» compétens de la question du mouvement de la Terre. On a depuis
» long-tems estimé à leur juste valeur les argumens qu'on a pu tirer
» d'ailleurs pour la résoudre. On convient unanimement que la parallaxe
» seule pourrait fournir une preuve réelle. » (c'est-à-dire qu'une paral-

laxe bien constatée démontrera le mouvement de la Terre ; la parallaxe reconnue insensible, ne prouvera que l'énorme distance des étoiles, si l'on admet le mouvement de la Terre. Roëmer ne se doutait pas que son importante découverte de la vitesse de la lumière, donnerait 36 ans après une preuve bien plus sensible et bien plus concluante que celle qui se déduirait d'une parallaxe qui ne serait que de peu de secondes). « On sait combien cette recherche est difficile. La comparaison de mes » observations à celles d'Hévélius, m'a fait croire quelquefois à une pa- » rallaxe d'une minute ou deux ; mais, en examinant plus attentivement » les circonstances des observations, j'ai vu qu'il était toujours possible » de leur attribuer les différences observées. En 1692 et 1693, ayant » établi dans ma maison un nouvel instrument, j'ai repris ce travail, » et je me flatte que c'est avec plus de succès. Il m'a paru que la pa- » rallaxe des étoiles de première grandeur n'atteignait pas une minute. » Je n'ai point publié ces observations que je n'ai pas jugées encore assez » précises. Je puis dire en deux mots que la somme des parallaxes de » Sirius et de la Lyre passe une minute, sans aller à une minute et » demie..... Je suppose ces deux étoiles à la même distance du Soleil, » ce qui n'est pas invraisemblable, quoique cela soit bien loin d'être » sûr. Le petit nombre des étoiles de première grandeur, comparé au » nombre bien plus grand des étoiles plus petites, est une preuve assez » sensible d'une moindre distance. Il résulterait au moins de ces re- » cherches une parallaxe certaine. Tout ce qu'il y aurait de douteux, » serait la proportion suivant laquelle il faudrait partager cette parallaxe » entre les deux étoiles. Si jamais, par quelque autre méthode, comme » je l'espère pour la Lyre, je puis jeter quelque jour sur cette ques- » tion, nous saurons à quoi nous en tenir. A cette occasion, il faut » expliquer pourquoi je ne parle que des ascensions droites, sans rien » dire des déclinaisons, dont l'observation est bien plus facile. En effet, » il est bien plus aisé de répondre de 5″ dans les hauteurs méridiennes, » que d'une demi-seconde de tems dans les passages, et la demi-seconde » fait 7″,5 dans les ascensions droites. » (On pouvait lui répondre que les parallaxes sont bien plus grandes en ascension droite qu'en décli- naison, ainsi que l'avantage des déclinaisons est au moins douteux.) Sa réponse est « qu'il n'est pas aussi sûr des déclinaisons, à cause de l'in- » constance des réfractions, et que d'ailleurs il se trouve dans les dé- » clinaisons des variations qui ne dépendent ni des réfractions ni des » parallaxes ; mais qu'il faut attribuer sans doute à quelque vacillation

» du globe terrestre, dont j'espère que je pourrai donner une théorie » appuyée d'observations. » Il est bien plus à croire que ces variations étaient dues aux effets réunis de l'aberration et de la nutation, et qu'elles étaient de même nature que celles qui avaient été remarquées par Picard, qui avait dit qu'à quelques petites anomalies près, elles étaient annuelles. « Mais cette vacillation du pôle ne doit avoir que des effets insensibles » sur les ascensions droites, et d'ailleurs, jusqu'à ce moment, je n'ai » pu conduire mes recherches au point de perfection que j'aurais désiré. » (Ici Roëmer ne devinait pas encore très juste; il y a bien des étoiles dont la nutation en ascension droite serait plus forte qu'en déclinaison. Que sera-ce si l'on y joint l'aberration. Son erreur très excusable prouve qu'il n'avait pas de formules assez commodes et assez sûres pour calculer ces effets compliqués.)

« En 1691, mon instrument était dans le méridien, sans déviation » sensible. Au commencement de 1692, j'ignorais encore la quantité » précise de ces déviations. Depuis ce tems, sa position n'a éprouvé » aucune variation absolument. » (On croit cette phrase de 1702.)

Il résulte de ce paragraphe que ses moyens étaient encore bien éloignés de la précision actuelle, car il n'existe aucune lunette méridienne à laquelle on voulût se fier deux jours de suite, sans la vérifier au moyen d'une mire. Ici l'on trouve étonnant qu'il ne se soit pas avisé d'un moyen si simple, dont Picard lui avait donné un exemple dans le poteau planté à Montmartre, et qui lui était bien plus nécessaire qu'à nous qui jouissons des 180 étoiles visibles du méridien, dans lesquels nous trouvons tant d'autres ressources. Ces doutes seront levés par la suite.

« Il suffit que l'axe dont les extrémités sont enfoncées dans deux » murs solides, puisse tourner invariablement dans un vertical peu dif- » férent du méridien, et repasser par les mêmes points à chaque ré- » volution; que la marche de la pendule soit régulière en 24 heures; » que les passages des étoiles puissent être déterminés à une demi- » seconde près. Si je puis répéter mes observations de la Lyre, je » pourrai dire ce qu'aura produit un intervalle de huit ans. Il n'y a qu'un » scrupule qui m'arrête. La révolution diurne de l'étoile de 24 heures » juste entre deux passages, n'éprouverait-elle pas quelques vicissitudes? » la marche, pendant le jour, est-elle la même exactement que pendant » la nuit? Mais je puis encore assurer que je me suis aussi délivré de » ce doute, et jamais je n'ai trouvé plus d'une seconde de différence. » (Il n'avait pour cela que les différences d'ascensions droites entre les étoiles qu'il pouvait observer dans une même nuit; mais cette seconde qu'il pouvait attribuer aux observations, pouvait également provenir des effets de l'aberration dont il n'avait aucune idée, et de ceux de la nutation dont il n'avait qu'une idée vague, et ces deux effets pouvaient encore se combiner de différentes manières avec les erreurs de l'observation et avec les mouvemens de sa lunette.) « J'ennuierais le lecteur, » si je rapportais en détail les raisons de mon opinion. Je n'obtiendrais » aucune confiance, en les supprimant tout-à-fait. Je tâcherai de prendre » un terme moyen. Supposons une parallaxe; les distances de Sirius à » la Lyre doivent être plus petites la nuit que le jour; en mars et en » avril, la distance nocturne se compte de Sirius à la Lyre, et la di- » stance diurne se compte de la Lyre à Sirius. C'est le contraire en » septembre et octobre. Ces différences sont le double de la parallaxe » en ascension droite. » Il prouve ensuite que l'incertitude sur la valeur exacte de la précession, n'est ici d'aucune importance.

On voit la peine qu'il avait à constater une variation qui lui paraît d'une minute environ. Aujourd'hui des astronomes habiles disputent sur des parallaxes de 3 ou 4″ au plus, et les dernières recherches de M. Pond semblent démontrer que l'effet de ces parallaxes réunies est à peine de 0″,25, si tant est encore qu'il soit réel. La conclusion la plus claire est que cette recherche n'était pas mûre, et qu'on était encore dépourvû des moyens qui auraient pu en assurer le succès; mais ce travail nous prouve au moins un observateur habile et scrupuleux. Il se préparait à faire, au mois de septembre et d'octobre 1710, quelques observations nouvelles de ses deux étoiles, pour achever sa dissertation et la publier; il en fut empêché par sa mort, arrivée deux jours avant l'équinoxe de septembre.

Horrebow en était à cette page de son récit, quand le bruit des tambours et des cloches vint l'avertir de l'incendie de l'Observatoire. Il demeurait loin de l'édifice qui brûlait; il pouvait se croire en sûreté, mais l'incendie fait des progrès effrayans; des maisons plus éloignées que la sienne sont déjà en feu. Des matières enflammées tombent sur son toit et lui brûlent ses habits. Sa femme venait d'accoucher, il fait sortir ses huit enfans, nus pour la plupart; la nourrice qui portait le nouveau-né s'égare dans les rues, et n'est retrouvée qu'au bout de trois semaines. Il reste avec sa femme et son aîné, âgé de 16 ans; il fait transporter dans la salle de l'Académie et dans la tour ses livres, ses meubles et sur-tout ses observations astronomiques On avait détaché la charpente qui couvrait l'Observatoire supérieur. Cette précaution n'empêche pas le feu de gagner. Horrebow veut sauver ses livres et les manuscrits de l'Académie; il jette par les fenêtres des matelas pour les recevoir, des voleurs les emportent. Il voyait sa maison brûler. Sa femme, malgré sa faiblesse était allée à la recherche de ses enfans. Il emporte un grand porte-feuille qui contenait quelques-uns de ses manuscrits et huit planches de cuivre destinées à cet ouvrage même. Voilà tout ce qu'il lui fut donné de sauver, et il n'entre dans ces détails que pour se disculper d'avoir laissé brûler les manuscrits de Roëmer, et certes personne ne sera assez injuste pour lui en adresser le reproche. Environ 70 ans après, nous avons vu à Paris M. Bugge, astronome royal de Danemarck, qui de même avait perdu ses livres, ses manuscrits et toutes ses observations par le feu, dans le bombardement de la ville par les Anglais. Dans son malheur, Horrebow se félicite d'avoir sauvé la dissertation commencée par Roëmer. Il se flatte qu'elle peut décider la question du mouvement de la Terre. Voici quelques-unes des observations sur lesquelles il se fonde. *d*Æ est la différence d'ascension droite entre Sirius et la Lyre.

	1701. *d*Æ		1702. *d*Æ		1703. *d*Æ		1704. *d*Æ		Résultats.
	Printems.	Automne.	Printems.	Automne.	Printems.	Automne.	Printems.	Automne.	
	59″ 0‴		59″ 15‴	55″ 0‴	58″ 23‴				3″ 32‴
	58.15	55″ 30‴	58.45	55.30	57.45				3.24
	58.15	56. 0	58.13	55.15	58.45		56″ 23‴	52″ 0‴	2.56
	60. 0	54.53	58. 7	55.38	59. 0	53″ 30‴	57. 8	52. 0	3.30
	61.15		58.15	54.45	58. 0	52.22	57.15	52.15	5. 6
Mill.	59.21	55.28	58.31	55.14	58.23	52.56	57.35	52. 5	5. 0
Préc.	0. 0	21	42	1. 3	1. 24	1.45	2. 6	2.27	5. 9
	59.21	55.49	59.13	56.17	59.47	54.41	59.41	54.32	4. 5
	55.49	59.13	56.17	59.47	54.41	59.41	54.32		
	3.52	3.24	2.56	3.30	5. 6	5. 0	5. 9		

Le résultat définitif 4″5‴, est le double effet de la parallaxe. Il ne s'agit pas ici de savoir de combien est précisément la parallaxe, mais de savoir si elle est sensible, et si les observations peuvent la faire apercevoir.

Par Sirius et la tête du Dragon, Horrebow dit avoir trouvé 7″,35‴; au contraire, par la Lyre et la Chèvre, il ne trouve que 1″50‴: le milieu entre ces deux résultats est 4″42‴,5.

Ces différences peuvent être l'effet des mouvemens irréguliers de l'instrument. Nos lunettes méridiennes actuelles sont plus grandes, mieux construites et bien mieux vérifiées que celle de Roëmer; et qui de nous voudrait, pour une recherche si délicate, s'en rapporter au meilleur de tous les instrumens plus modernes?

Flamsteed avait cru trouver, dans ses observations de l'étoile polaire, des indices de parallaxe. On sait aujourd'hui qu'il s'était trompé dans son calcul. Roëmer, auquel il avait envoyé sa dissertation, lui indique avec ménagement que les effets de la parallaxe seraient tout autres. La date de cette lettre doit être de 1701 au plus tard.

A ces fragmens des écrits de Roëmer, Horrebow ajoute cequi suit:

Chap. XI, *de tubo cancellato Roemeri*, de la lunette grillée de Roëmer.

Cette note est autographe, elle est d'une écriture mieux rangée, d'une main plus sûre et plus ferme qu'il ne l'avait dans ses dernières années, en sorte qu'Horrebow est persuadé qu'elle a été écrite à Paris, vers l'an 1676.

« Pour les observations d'éclipses et pour celles des taches de la Lune et du Soleil, à cause de la variation des diamètres, il faudrait plusieurs réticules pour la même lunette, ou plusieurs lunettes pour le même réticule, puisque l'on veut que le diamètre soit exactement contenu dans la circonférence du réticule. Celui qu'on va décrire pourra servir pour des diamètres, depuis 29 jusqu'à 34'; ce sont les diamètres extrêmes de la Lune. Ce réticule est un anneau de cuivre de la grandeur de la figure (6 lignes de diamètre intérieur), traversé de treize fils verticaux et autant de fils horizontaux, sans compter deux diamètres inclinés de 45°. Ces fils sont de soie, et collés avec de la cire. Le grand carré est divisé en 144 petits carrés égaux. »

Horrebow nous atteste que ce réticule construit par Roëmer, en 1676, était resté dans le meilleur état, jusqu'au moment où l'Observatoire particulier de Roëmer avait été détruit, en 1712, et même jusqu'au grand incendie où il avait péri; ainsi l'on doit se rassurer sur les inconvéniens reprochés aux fils de soie fixés avec de la cire. Cela peut être vrai en Danemarck, où ce réticule n'était pas exposé souvent à de grands degrés de chaleur; mais je puis attester que dans la mesure de la méridienne, nos fils de soie se sont quelquefois relâchés par l'effet du Soleil qui dardait toute la journée sur les instrumens; mais cet effet a été et devait être excessivement rare; nous ne l'avons éprouvé que dans les parties méridionales de la France, dans les opérations terrestres, et dans les stations où nous n'avions aucun abri. Nous nous y rendions attentifs pour le corriger, aussitôt qu'il avait lieu. Horrebow a observé lui-même un effet semblable dans un microscope de sa composition, par un tems très humide, lorsque le microscope avait été long-tems exposé à l'air.

« Nous avons choisi la division duodénaire qui, suivant l'usage, nous partageait le diamètre en 12 doigts. Un observateur exercé peut estimer les douzièmes de doigts, sans se tromper d'un seul. La lunette était composée de quatre tubes de fer qui entrent les uns dans les autres, en sorte qu'on peut allonger ou accourcir l'instrument à volonté. Le plus long tube était de 5 pieds et un peu plus. Il portait à son extrémité un objectif de 6 pieds. Le second tube, à peu près de même longueur, portait à son extrémité la plus voisine de l'œil, un objectif de 5 pieds. Le troisième tube n'avait guère qu'un demi-pied de long; on y insérait le quatrième qui renfermait l'oculaire et le réticule. Sur les surfaces des deux longs tubes, étaient tracées diverses circonférences avec des chiffres qui indiquaient les longueurs qu'il convenait de donner à la lunette, suivant le diamètre qu'on avait à observer. On allongeait la lunette pour les petits diamètres, on l'accourcissait pour les diamètres plus grands. On pourrait déterminer mécaniquement et par observation ces différentes longueurs, et il ne faudra pas un long usage pour que l'observateur juge au premier coup-d'œil de combien il doit allonger ou accourcir la lunette, pour que le diamètre soit exactement contenu dans le micromètre.

» On trouvera la démonstration dans la Dioptrique de Picard, de laquelle, avec la permission de l'auteur, nous avons extrait les deux propositions suivantes :

» La somme des deux foyers, moins la distance des lentilles, est au foyer de la lentille extérieure moins la même distance, comme le foyer de la seconde lentille est au foyer commun, compté de la lentille intérieure.

» Le foyer de la lentille antérieure, moins la distance, est à la distance du foyer commun déjà trouvé, comme le foyer antérieur est au foyer du verre équivalent.

» De ces deux règles, nous avons tiré la construction suivante. Soient les foyers 6 et 5. Préparez un réticule qui, avec le seul verre antérieur, enferme une distance de 25′; la question est de trouver la situation des verres pour que le même réticule enferme les diamètres jusqu'à 35′.

» Soit une ligne indéfinie (fig. 65) AB. Prenez $AC = 6^{pi}$, $CB = 5^{pi}$; au point B élevez la perpendiculaire $BD = BC$; en C élevez une perpendiculaire indéfinie CF; divisez CF en autant de parties que le réticule contient de minutes, quand il est appliqué à l'objectif antérieur, c'est-à-dire 25. Continuez ces divisions de C en H, en sorte que BH=35, ou CH=10, qui répondront à 10'. Du point D, menez les lignes D 25, D 28, D 31, D 35, vous aurez AH, A 31, A 28, A 25, qui seront les distances pour 35, 31, 28 et 25; les distances C 28, C 31, C 35, seront les distances du réticule à l'objectif le plus voisin. Ces dernières distances serviront à placer les circonférences et les nombres sur les tubes premier et deuxième.

» Cette construction se déduit immédiatement des deux règles de Picard. En effet

$$AC+CB-AH=HB:AC-AH=CH::CB=BD:CE,$$
$$AC-AH=CH:CE::AC=DG:GK;$$

» mais à cause de l'incertitude des réfractions des verres que suppose cette théorie, il vaut mieux chercher les longueurs par expérience, au moyen des diamètres actuels du Soleil et de la Lune en différens tems, ou bien au moyen d'un objet de dimensions données, à des distances propres à produire les angles dont on aura besoin. »

L'auteur explique ensuite les usages de sa machine, pour déterminer la position des taches et la ligne des cornes dans les éclipses. Cette lunette se place sur un pied parallactique qui facilite les mesures.

La Hire a donné la description d'un pareil instrument dans les Mémoires de l'Académie pour 1701. La Hire, entré à l'Académie, en 1678, observait les éclipses conjointement avec Cassini et Roëmer qui, depuis son invention, se servait toujours de cette lunette. La Hire l'avait donc vue, il n'y a aucun moyen d'en douter. Roëmer avait lu un Mémoire où il expliquait les usages et la construction de sa machine. *Voyez* l'Histoire latine de l'Académie, p. 148 et 149; il paraît donc qu'Horrebow est bien fondé dans sa réclamation. Il est assez étonnant que La Hire se soit permis un plagiat si facile à prouver. On comprendrait qu'il en eût parlé dans la préface de ses Tables du Soleil, où il n'était pas obligé de se borner à ses propres inventions. Ce qui est plus difficile à comprendre, c'est qu'il ait osé lire à ce sujet un Mémoire à l'Académie (1701, p. 117). Il espérait apparemment que l'Académie avait oublié l'invention de Roëmer, absent depuis 20 ans. Horrebow paraît aussi reprocher à La Hire quelques autres plagiats de même genre, ce qui pourrait accréditer l'imputation de Lefèvre (*voyez* l'article suivant), qui reprochait à La Hire de s'être approprié la théorie lunaire d'un autre astronome, et Lalande nous dit que cet astronome était Roëmer. Tout ce qu'on pourrait objecter, c'est que Roëmer qui a vécu assez pour voir les Mémoires de 1701, n'aurait pas manqué de se plaindre de cette infidélité, du moins dans ses conversations avec Horrebow, qui probablement n'aurait pas manqué de nous en faire confidence, et cependant Horrebow n'articule rien de semblable. Au reste les faits parlent, et il faudrait savoir en quelle année ont paru les Mémoires de 1701, et en quelle année ils ont pu arriver à Copenhague.

Chap. XII. *Amphioptre* ou *lunette réciproque*. C'est encore un manuscrit de Roëmer.

« M. Picard, à qui l'application des lunettes aux instrumens est due pour la plus grande partie (*maximâ ex parte debetur*), ne trouvait, à cette nouvelle espèce de pinnule, qu'un seul inconvénient, du moins pour ses niveaux; c'est qu'on n'y peut regarder que par un seul bout, sans parler de plusieurs vérifications astronomiques qui deviendraient plus faciles, si les lunettes pouvaient, comme les simples pinnules, servir à deux fins. »

» Cette lunette a deux objectifs d'un foyer à peu près égal; au foyer de chacune est un réticule; les deux réticules sont entre les deux objectifs, l'oculaire est dans un petit tube qui peut s'adapter, suivant les cas, à l'un ou l'autre bout de la lunette. Le tube est un prisme à base carrée; après avoir décrit la manière de composer le tube de l'oculaire, Roëmer ajoute :

« C'est ce que j'ai observé, il y a trois ans, au grand quart de cercle de l'Observatoire de Paris, où les boîtes qui contiennent les fils sont restées jusqu'ici dans le même état, quoique au lieu des deux ressorts qui les pressent contre les côtés du grand tube, il n'y eût qu'un seul ressort qui était dans la partie inférieure, avec deux vis dans la partie opposée. Dans la nouvelle construction, le second ressort presse contre l'une des faces latérales, et à la face opposée se trouvent aussi deux vis. Par ces moyens l'oculaire adhérait fortement contre le tube, et le réticule ne pouvait se déranger. »

La Hire, dans l'épître dédicatoire de ses tables, écrit que dès l'an 1682, il avait, conjointement avec Picard, placé un grand cercle mural dans le plan du méridien. Roëmer, en lisant ce passage, avait écrit en marge : *J'avais placé ce quart de cercle trois ans avant que la Hire entrât à l'Académie, j'en atteste M. Cassini qui vit encore.* On pourrait induire de ce passage que La Hire s'attribuait sans beaucoup de scrupule les travaux des autres. Ici cependant l'Histoire céleste de Lemonnier paraîtrait déposer contre Roëmer, car, jusqu'à son départ pour Copenhague, et même jusqu'à la mort de Picard, on voit les hauteurs méridiennes, observées aux quarts de cercle P et D qui appartenaient à Picard, l'un de 32 pouces et l'autre de 3 pieds, sans aucune mention du nouveau mural, qui ne paraît qu'à l'époque indiquée par La Hire.

La double lunette de Roëmer pouvait servir de lunette d'épreuve pour vérifier la perpendicularité de l'axe optique sur l'axe de rotation dans l'instrument des passages. Elle servait à Roëmer, pour observer l'équinoxe, et il en avait fait l'essai à Paris, en 1678. Horrebow voulant expliquer cette méthode, s'y trouve assez embarrassé. Le manuscrit de Roëmer était en mauvais état. Il imagine une première construction, sans pouvoir assurer qu'elle soit celle de l'auteur, et puis il trouve une construction plus simple; voyons d'abord ce que donne la Trigonométrie. Voici premièrement l'énoncé du problème.

On a observé le bord du Soleil à l'horizon oriental et occidental; on a mesuré l'intervalle de tems et la différence azimutale des deux points de l'horizon. On suppose ces observations du jour de l'équinoxe à peu près connu.

A l'orient le triangle ZPS donne

$$\text{tang}\, D = \text{tang}\, H \cos P + \text{séc}\, H \sin P \cot Z.$$

L'observation à l'occident donne de même

$$\text{tang}\, D' = \text{tang}\, H \cos P' + \text{séc}\, H \sin P' \cos Z';$$

$$\text{tang}D + \text{tang}D' = \text{tang}H(\cos P + \cos P') + \text{séc}H(\sin P \cot Z + \sin P' \cot Z');$$

$$\frac{\sin(D+D')}{\cos D \cos D'} = 2\text{tang}H \cos\tfrac{1}{2}(P'+P)\cos\tfrac{1}{2}(P'-P)$$

$$+\text{séc}H[\sin(p-x)\cot(Z+y)+\sin(p+x)\cot(Z-y)].$$

Je fais

$$P = p - x,\ P' = p + x,\ \tfrac{1}{2}(P' + P) = p,\ Z = (z + y),$$

et

$$Z' = (z - y),\ \tfrac{1}{2}(P' - P) = x;$$

car si la déclinaison est boréale croissante $P' > P$ et $Z' < Z$, les termes qui sont multipliés par séc H, deviennent par le développement

$$\frac{\sin(p+x)(1+\tan z\tan y)}{\tan z-\tan y}=\frac{\sin(p-x)-\sin(p-x)\tan z\tan y}{\tan z+\tan y}$$
$$+\frac{\sin(p+x)+\sin(p+x)\tan z\tan y}{\tan z-\tan y}=\frac{\sin(p-x)\cot z-\sin(p-x)\tan y}{1+\tan y\cot z}$$
$$+\frac{\sin(p+x)\cot z+\sin(p+x)\tan y}{1-\tan y\cot z};$$

développez $\sin(p-x)$ et $\sin(p+x)$, et vous arriverez, toute réduction faite, à l'expression

$$\frac{\sin(D+D')}{\cos D\cos D'}=2\tan H\cos p\cos x+2\,\mathrm{s\acute{e}c}\,H\left(\frac{\sin p\cos x\cot z\,\mathrm{s\acute{e}c}^2 y+\cos p\sin x\tan y\,\mathrm{cos\acute{e}c}^2 z}{1-\tan^2 y\cot^2 z}\right)$$

ou

$$\begin{aligned}\frac{\sin(D'+D)}{\cos D\cos D'}=&\,2\tan H\cos\tfrac{1}{2}(P'+P)\cos\tfrac{1}{2}(P'-P)\\&+2\,\mathrm{s\acute{e}c}\,H[\sin\tfrac{1}{2}(P'+P)\cos\tfrac{1}{2}(P'-P)\cot\tfrac{1}{2}(z+z')\,\mathrm{s\acute{e}c}^2\tfrac{1}{2}(z-z')]\\&+\cos\tfrac{1}{2}(P'+P)\sin\tfrac{1}{2}(P'-P)\tan\tfrac{1}{2}(z-z')\cot^2\tfrac{1}{2}(z+z')\end{aligned}$$
$$+2\,\mathrm{s\acute{e}c}\,H\frac{[\sin\frac{1}{2}(P'+P)\cos\frac{1}{2}(P'-P)\cot\frac{1}{2}(z+z')\,\mathrm{s\acute{e}c}^2\frac{1}{2}(z-z')+\cos\frac{1}{2}(P'+P)\sin\frac{1}{2}(P'-P)\tan\frac{1}{2}(z-z)\cot^2\frac{1}{2}(z+z')]}{1-\tan^2\frac{1}{2}(z-z')\cot^2\frac{1}{2}(z+z')},$$

expression exacte, mais très incommode; Roëmer nous dit de négliger les cosinus qui diffèrent peu du rayon et par conséquent les termes du second ordre; alors nous aurons

$$\begin{aligned}\sin(D'+D)=&\,2\tan H\cos\tfrac{1}{2}(P'+P)+2\,\mathrm{s\acute{e}c}\,H[\sin\tfrac{1}{2}(P'+P)\cot\tfrac{1}{2}(z+z')\\&+\cos\tfrac{1}{2}(P'+P)\sin\tfrac{1}{2}(P'-P)\tan\tfrac{1}{2}(z-z')\cot^2\tfrac{1}{2}(z+z')]\\=&\,2\tan H\cos\tfrac{1}{2}(P'+P)+2\,\mathrm{s\acute{e}c}\,H[\sin\tfrac{1}{2}(P'+P)\cot\tfrac{1}{2}(z+z')];\end{aligned}$$

car $\sin\frac{1}{2}(P'-P)\tan\frac{1}{2}(z-z')\cot^2\frac{1}{2}(z+z')$ est un terme du quatrième ordre, ou bien $\frac{1}{2}\sin(D'+D)$, ou

$$\sin\tfrac{1}{2}(D'+D)=\tan H\cos\tfrac{1}{2}(P'+P)+\mathrm{s\acute{e}c}\,H\sin\tfrac{1}{2}(P'+P)\cot\tfrac{1}{2}(z+z').$$

L'intervalle entre les deux observations donne $\frac{1}{2}(P'+P)$, l'arc azimutal observé donne $\frac{1}{2}(z+z')$; on aura donc la déclinaison qui avait lieu, au milieu de l'intervalle et par cette déclinaison, la distance à l'équinoxe et le moment de cet équinoxe. Remarquez qu'on ne fait aucun usage de la distance au zénit, mais des angles vrais et de la différence azimutale qui ne sont en rien altérés par les réfractions, et c'est en cela que consiste le mérite de la méthode.

Au lieu de $\sin\frac{1}{2}(D'+D)$, mettez D''; au lieu de $\cos\frac{1}{2}(P'+P)$, mettez $90°-\frac{1}{2}(P'+P)$, et vous aurez

$$D''=90°-\tfrac{1}{2}(P'+P)\,\text{tang}\,H+\frac{\sin\frac{1}{2}(P'+P)\cot\frac{1}{2}(z+z')}{\cos H.\sin 1''}.$$

Voici maintenant l'exemple donné par Roëmer :

Sept. le 24 au soir..	5ʰ 56′ 30″	tang H...........	0.05829		
au lever suivant....	18. 2.22	45′ 33″ 75..	3.43676		
	12. 5.52	+ 52. 6.4...	3.49505		
corr. de la pend...	+ 12.5				
	12. 6. 4.5	C.sin 1″........	5.31443	séc H....	0.18161
ou.............	181.31. 7.5	C.cos H.......	0.18161	90-½(z+z)-	3.58517
P′+P.........=	178.28.52.5	sin ½(P′+P).....	9.99996—	97.25,0	3.76678
½(P′+P).......=	89.14.27.25	cot ½(z+z′)..—	8.27080	52. 6.4	
complément....=	45.33.75	97.25.2	3.76680—	45.18.6	
diff. obs. ½(z′+z)=	91. 4. 7.5	D″=— 45.18.8			

la déclinaison était donc de 45′ 18″,8 australe, l'équinoxe avait eu lieu deux jours auparavant.

Telle est réellement la règle donnée par Roëmer; on voit ce que nous négligeons, au lieu que chacune des deux constructions d'Horrebow est sujette à plus d'une difficulté. Quand on aura ainsi une valeur approximative de la déclinaison moyenne D'', on aura les valeurs approchées de D et de D'; on aura donc P' et P, $(P'-P)$, z et z' avec $(z-z')$, on pourra calculer la formule exacte.

Mais, si l'une des deux observations précédait l'équinoxe, et que l'autre la suivît, $\cos D$ et $\cos D'$, $\cos\frac{1}{2}(P'-P)$ pourraient être remplacés par l'unité, et les termes du second ordre pourraient être négligés.

Dans la réalité, je ne crois pas qu'on puisse attendre beaucoup de précision de cette méthode.

Nous éludons à la vérité l'effet des réfractions, mais nous supposons au moins qu'elles sont égales à l'orient et à l'occident, et rien n'est moins sûr. Si elles sont plus grandes d'un côté, elles changeront inégalement les angles azimutaux; elles feront un effet analogue sur les deux angles horaires, nous ne pourrons plus compter sur aucun des deux termes de notre formule; l'erreur azimutale sera la plus sensible parce qu'elle sera multipliée par la sécante de la hauteur du pôle, au lieu que l'autre terme n'a pour facteur que la tangente. Roëmer nous dit qu'on remarquera les deux points où le Soleil aura disparu et reparu, pour en mesurer la différence azimutale; mais aura-t-on bien sûrement deux points remarquables qu'il soit possible de reconnaître assez bien pour en prendre l'angle? On se garderait bien de proposer aujourd'hui une solution pareille, et il paraît que dans ce tems même on n'y a pas fait grande attention.

Roëmer avait eu l'idée de perfectionner le micromètre d'Auzout et de Picard. « J'avais, nous dit-il, construit cette machine en 1672, à mon arrivée en France; j'ignorais que d'autres astronomes s'en fussent occupés, et j'espérais que cette invention faciliterait mon entrée à l'Académie, et serait approuvée de M. Picard, auteur d'une méthode très exacte, mais très pénible. Je me cachai donc de lui, pour ne lui rien proposer dont je ne me fusse auparavant bien assuré. Je craignais surtout de me donner l'air de chercher à m'attribuer les inventions des autres. Je fus pleinement rassuré par le succès, et par l'avantage que je lui trouvai sur une invention à peu près de même genre, à laquelle cependant l'auteur lui-même avouait qu'il manquait encore quelque chose du côté de l'exactitude et de la facilité pour la mesure des diamètres. Il y a quatre ans déjà que ce micromètre sert à l'Observatoire, et M. Picard et moi nous en éprouvons tous les jours les avantages. »

Ici Horrebow observe que l'intimité était si grande entre Picard et Roëmer, que jamais il n'a pu s'élever entre eux aucune dispute sur cette découverte. « Mais La Hire, qui ne laissait échapper aucune occasion de » nuire à la gloire de Roëmer, et qui avait trop connu Picard et Roëmer » pour ignorer quel était le véritable auteur de l'invention; La Hire a dit, » dans les Mémoires de 1719, que le meilleur des micromètres est celui » que Picard avait fait faire avec un très grand soin, et qui a son châssis » mobile soutenu sur un ressort très fort qui le repousse toujours contre » la pointe de la vis, qui sert à faire avancer ou reculer ce châssis, et en » même temps le filet qu'il porte. »

Roëmer parle de ce micromètre dans la description de sa lunette à gril, qu'il avait lue à l'Académie (*voyez* l'Histoire de Du Hamel, pages 148 et 149), et sans doute en présence de son bienfaiteur Picard (*Evergetâ Picardo*). Roëmer se serait bien gardé de s'attribuer une machine que Picard eût inventée. Picard et Cassini présens, n'eussent pas manqué de réclamer; au reste, l'assertion de La Hire n'est peut-être qu'une inadvertance.

Ce qu'on vient de lire suffira pour concevoir la construction de son micromètre, auquel Horrebow consacre sa planche VI tout entière.

Le chapitre XIV traite du jovilabe et de la vitesse de sa lumière. Le jovilabe et le saturnilabe sont mentionnés dans les Mémoires de 1678, page 176. Ces machines sont à rouages. Roëmer avait eu l'intention d'en publier une description complète. On n'a pas retrouvé le manuscrit; la machine a péri dans l'incendie.

Pour la vitesse de la lumière, voici ce qu'on lit dans l'Histoire de l'Académie, page 148 : « Le 22 novembre 1675, M. Roëmer lut une dissertation sur la propagation de la lumière. Il prouva, par les immersions et les émersions, que cette propagation n'est pas instantanée; ce qui occasionna de longues recherches, dont nous rendrons compte plus loin. Cassini et Roëmer étaient d'avis différens, non sur le phénomène, mais sur la cause à laquelle il fallait le rapporter. L'un et l'autre s'appuyaient sur des raisons et des conjectures différentes. Il était convenu que la somme des émersions donnait un tems plus long que celle des immersions ». Cassini nous dit lui-même que Roëmer expliqua très ingénieusement certaines inégalités du premier satellite, par le mouvement successif de la lumière. (*Hypothèses des Satellites*).

Huygens, en parlant de cette découverte de Roëmer, dit que la lumière emploie 22′ à parcourir le diamètre de l'orbite terrestre. Du Hamel dit *presque une* demi-heure; Horrebow suppose 28′ 20″, dont la moitié, 14′ 10″, est ce que Cassini suppose dans ses tables, page 475. Ces deux évaluations sont beaucoup trop fortes. Par les éclipses du premier satellite, je n'ai trouvé que 8′ 13″,2. Il est assez singulier que Roëmer ait donné si peu de suite à cette recherche, qu'il n'ait pas cherché à mieux déterminer l'équation de la lumière du premier satellite, et à montrer que cette équation était la même à très peu près pour les quatre, ce qui lui était contesté, et qui formait la seule objection raisonnable qui lui eût été opposée. Outre son utilité réelle pour les tables des satellites, la question en elle-même était assez curieuse pour qu'il s'attachât à mieux constater la propagation sucessive, et le tems qu'elle exigeait. Il semble que Roemer aimait à changer d'objet, et que ce n'était pas le plus d'importance qui le déterminait. Ainsi,

Chapitre XV, nous voyons qu'il avait fait plusieurs planétaires, les premiers suivant le système de Copernic, et le dernier suivant celui de Tycho. Ce dernier se voit encore au Musée de Copenhague, et Horrebow en donne tous les détails.

Chapitre XVI. Observatoire de campagne (*Tusculanum*). La pièce principale était un carré dont le côté avait 17 pieds; à l'intérieur, la hauteur des murs était de 6 ½ pieds. On y voit deux portes, quatre fenêtres, un lit, une cheminée, quatre horloges et deux lunettes, l'une méridienne, l'autre plus petite, qui tournait dans le premier vertical. Mais ce qu'il y a de singulier, c'est que des quatre fenêtres, deux sont dans la direction de l'axe de rotation, et qu'une seule tout au plus paraît être dans la direction de la lunette principale (planche VIII), et que la planche III, destinée principalement à faire connaître l'instrument, et qui nous montre Roëmer occupé à observer, paraît prouver l'impossibilité absolue de diriger la lunette au nord; et quand tout serait ouvert, et la lunette tournée au nord, on ne concevrait pas mieux comment l'observateur pourrait passer du côté de l'oculaire.

Cet observatoire était 1' de tems à l'est de la tour de Copenhague. Hauteur du pôle, 55°40'59". Il fut bâti en 1704. Ainsi, les observations de parallaxes n'y ont point été faites, et nous ne savons pas quel instrument Roëmer y a employé. Les observations de Roëmer et de Horrebow emplissaient trois volumes in-folio. *Postea desolatum est observatorium.* On ne nous dit pas par quel accident. Les instrumens très endommagés furent portés à la tour, avec les registres d'observations; à l'exception du *triduum*, qui était dans le local de l'Académie, presque tout le reste a péri dans l'incendie.

Les colonnes qui portaient la lunette méridienne et celle du premier vertical, étaient en bois; les supports, proprement dits, étaient en fer; le limbe du demi-cercle était en cuivre; la lunette avait cinq pieds; les trois fils horaires étaient triples ainsi que les trois fils horizontaux; l'instrument se vérifiait sur une marque méridienne, c'était une croix tracée sur un pieu, planté à l'extrémité du champ; on n'en donne pas la distance. La division du cercle de déclinaison était tracée dans la concavité, et l'observation se lisait à deux microscopes éloignés de 10°. Horrebow regrette *qu'on n'eût pas la faculté d'observer les étoiles circompolaires;* ses planches paraissent démontrer cette impossibilité, et cependant la polaire; la tête du Dragon, la Lyre, la tête et la queue du Cygne, deux étoiles de la queue de la grande Ourse, ont été observées au-dessous comme au-dessus du pôle.

Roëmer a montré une grande prédilection pour ce *triduum.* Il en fit tirer plusieurs copies qu'il distribua à ses amis; il en déposa une à la Bibliothèque de l'Académie, et c'est à ses soins particuliers que nous en devons la conservation; l'original même était en la possession d'Horrebow; et pour l'impression, il a été collationné avec plusieurs copies; les passages sont observés en tiers ou en quarts de seconde à trois fils, qui s'accordent entre eux dans ces mêmes limites. Ainsi, nous pouvons assurer que ces observations sont d'une exactitude qui surpasse tout ce qui se faisait alors, du moins pour les différences d'ascension droite entre des étoiles, dont les déclinaisons sont très différentes; les déclinaisons sont données de deux manières, qui diffèrent souvent d'une minute et plus, sans qu'on nous en donne la raison. La déviation de l'instrument a toujours été entre 0 et 4 ou 5″ à gauche du méridien; en plusieurs endroits on lit qu'elle était 0″ ou 2″; ailleurs elle paraît de 3″; par les hauteurs correspondantes, on a trouvé une fois 1″ 25‴, et une autrefois 1″ 49‴. La déviation horizontale doit donc être de 2 à 3″. Les variations qu'on y a remarquées sont attribuées, par Horrebow, aux supports de bois. Si l'on en juge par quelques étoiles observées tant au-dessus qu'au-dessous du pôle, la déviation sera peut-être un peu moindre; mais si elle était réellement variable, les réductions seront plus incertaines.

L'horizontalité de l'axe de rotation se vérifiait par des fils-à-plomb qu'on ne décrit pas; on en répond à 5″ de degrés, ou $\frac{1}{3}$ de seconde en tems.

Au moyen de l'*amphioptre*, on avait déterminé deux points opposés du méridien ou d'un vertical qui en différait très peu. Cette lunette à deux objectifs, avait servi à vérifier la perpendicularité de l'axe optique; enfin on peut dire de ce *triduum*, et de toutes ces vérifications, que c'est un ouvrage digne de servir de modèle, et bien propre à démontrer les grands avantages de l'instrument de Roëmer. Pour que le lecteur puisse s'en convaincre par lui-même, nous allons réunir ici tous les passages d'une même étoile, observée dans cet espace de trois jours. Nous avons partout pris le milieu entre les trois fils.

Passages observés par Roëmer, les 20, 21, 22 et 23 octobre 1706.

	Queue de la Baleine.
20	$0^h\ 4'\ 45''5$
21	0. 4.51
22	0. 4.56,3
	Cassiop., épaule.
20	0.24.25,7
21	0.24.31
22	0.24.36,3
brillante.	Queue de la Baleine.
	0.28. 7,3
	0.29.13,1
	0.29.17,5
	Polaire.
20	0.37. 8
21	0.37.14
22	0.37.17
sous le	0.36.17
pôle.	0.36.22
	Baleine.
20	1.30.44
21	1.30.49,5
22	1.30.54,3
	Baleine, ventre.
20	1.37.17,1
	1re de ♈.
21	1.37.44
	2e de ♈.
22	1 38.59,7
	Andromède, pied.
21	1.46.43
23	1.46.34
	α ♈.
21	1.51. 2,1
22	1.51. 7,4
23	1.51.12,6
	Baleine.
21	2.24.46,8
22	2.24.52
23	2.24.57,2

	Baleine.
22	$2^h\ 28'\ 31''5$
23	2.28.37
	α Baleine.
23	2.47.28
	Algol.
22	2.49.38
	Persée, côté.
22	3. 4. 0
23	3. 4. 6
	Eridan.
21	3. 6.46,4
22	3. 6.52
	Persée.
21	3.22.33
22	3.22.38
23	3.22.43,8
	Pléiade brillante.
21	3.30.26,2
22	3.30.31
23	3.30.37.3
	Eridan.
21	3.44.39,4
22	3.44.45,0
	Hyade basse.
21	4. 3.27,2
	Taureau, œil boréal.
21	4.11.51
22	4.11.56
23	4.12. 2,1
	Aldébaran.
21	4.19.26
22	4.19.32
23	4.19.37,6
	Chèvre.
21	4.55.25
S. P.	4.55.27
22	4.55.31
S. P.	4.55.32
23	4.55.37

	Rigel.
21	$5^h\ 0'\ 45''$
22	5. 0.51
23	5. 0.57
	Taur. corne B.
22	5. 8.12
23	5. 8.17
	Orion épaule.
21	5. 9.43,2
22	5. 9.48,5
23	5. 9.55
	Lièvre cuisse.
21	5.15.58,8
22	5.16. 5
23	5.16.10
	Baudrier 1.
22	5.17.25,8
23	5.17.31
	Lièvre, flanc.
21	5.20. 6
22	5.20.12
23	5.20.16,7
	Baudrier 2.
23	5.21.50
	Baudrier 3.
21	5.26.16
22	5.26.22
23	5.26.27
	Orion, pied droit.
21	5.34. 8,5
22	5.34.15
23	5.34.20
	Orion, épaule dr.
21	5.39.36
22	5.39.42
23	5.39.47
	Castor, talon.
23	6. 5.43

Suite des Passages observés par Roëmer.

	Grand Chien, pied.
21	$6^h 10' 5''$
22	6.10.10,7
23	6.10.16
	Castor, pied.
21	6.21. 4
22	6.21. 9,8
23	6.21.15
	Sirius.
21	6.32.31
22	6.32.36,7
23	6.32.42,0
	Gr. Chien, cuisse.
21	6.47.23
22	6.47.29
23	6.47.34
	Gr. Chien, côté.
21	6.51. 4,2
22	6.51.10,0
	Gr. Chien, oreille.
23	6.51.58
	Gr. Chien, dos.
21	6.56.45,5
22	6.56.51,2
23	6.56.56,3
	β Petit Chien.
21	7.11.32
22	7.11.37,7
23	7.11.43
	Castor.
21	7.16. 8
22	7.16.14
23	7.16.19
	Procyon.
21	7.24.14
22	7.24.19
23	7.24.24,3
	Pollux.
21	7.27.38
22	7.27.43,3
23	7.27.49

	Vaisseau, proue.
22	$7^h 36' 17''$
	Vaisseau, proue 1.
21	7.37.14,6
23	7.37.26,0
	Vaisseau, proue.
21	7.55.20,7
22	7.55.26,0
23	7.55.31,7
	♋.
21	8. 0.53,3
22	8. c.58,5
23	8. 1. 4,0
	Cygne, queue.
21	8.31.45 S.P.
22	8.31.51,3
	Gr. Ourse, pied.
21	8.39.14,8
22	8.39.20,7
23	8.39.26,3
	Hydre, cœur.
21	9.13.27,3
22	9.13.33,0
23	9.13.39
	Régulus.
21	9.53. 0,5
22	9.53. 6,3
23	9.53.11,0
	Crinière ♌.
21	10. 4. 2,7
22	10. 4. 8,3
	Gr. Ourse, queue.
S. P.	12.41.20
S. P.	12.41.25
23	12.41.30,7
	Queue 2.
21	13.12.22 S.P.
22	13.12.27 S.P.
23	13.12.36 S.P.

	Queue 3.
22	$13^h 36' 21'' 7$
23	13.36.26,7
	Arcturus.
21	14. 2.36,8
22	14. 2.42,3
23	14. 2.47,5
	Hercule, épaule.
23	16.18. 6,5
	Dragon, tête.
20	17.50. 4,4
21	17.50. 9,7
S. P.	17.50.11
22	17.50.15,3
S. P.	17.50.16
23	17.50.21
	Lyre.
20	18.27.16,4
S. P.	18.27.18
21	18.27.21,5
S. P.	18.27.24
22	18.27.26,3
S. P.	18.27.30
23	18.27.32,2
	♐, tête.
20	18.52.32
21	18.52.37
22	18.52.42,3
23	18.52.47,7
	Cygne, bec.
21	19.18.15
22	19 19.20
23	19.19.25,7
	Aigle, dos.
20	19.32.34,3
21	19.32.39
22	19.32. 4,4
	Aigle.
20	19.36.43,3
21	19.36.48,2
22	19.36.54,2
23	19.36 59,2

Suite des Passages observés par Roëmer.

	♑, corne 1.		♑, queue 1.		Pégase, Scheat
21	20h 1′ 41″3	21	21h 24′ 8″2	20	22h 49′ 54″
22	20. 1.46,7	22	21.24.12,6	22	22.50. 4,3
	♑, corne 2.		Pégase, bouche.		Pégase, Markab.
21	20. 4.50,3	21	21.30. 8,1	21	22.50.33,1
22	20. 4.55,2	22	21.30.13,3	22	22.50.38,2
	Cygne, poitrine.		♑, queue.		♓ austral.
S. P.	20.12. 1	22	21.31.14	21	23. 3.20,1
21	20.12. 5,1		♒, épaule droite.		Andromède, tête.
S. P.	20.12. 7	21	21.51. 3,8	21	23.53 42
22	20.12. 9,5	22	21.51. 9	22	23.53.46,4
	Dauphin, queue.		Pégase, œil 2.		Cassiop., chaise.
21	20.19. 3,3	21	22.27.13,0	20	23.54. 5
	♒, main gauche.	22	22.27.17		Pégase, alg.
20	20.32. 1,1		♒, genou droit.	20	23.58.28
22	20.32.11,7	20	22.39 18,3	21	23.58.33,7
	Cygne, aile inf.	21	22.39.23,8	22	23.58.38,4
22	20 34.48	22	22.39.29,0		
	♒, épaule gauche.		Fomalhaut.		
21	21.16.26,8	20	22.41.36,7		
22	21.16.51,4	21	22.41.42		
		22	22.41.48		

En prenant le milieu entre les trois jours d'observation, on aura le passage moyen pour l'instant qui tient le milieu entre les observations.

Il paraît que la pendule avançait de 5″,5 environ par jour.

Quelque merveilleux que soit pour le tems l'accord de ces observations, il serait difficile de répondre de 0″,5 de tems sur la différence de passage entre deux étoiles, c'est-à-dire de 7″,5 ou 0″,075, sur le mouvement propre qu'on en voudrait déduire en 100 ans, ou de 0″,15 pour 50 ans.

Mayer en 1756, Maskelyne vers 1770, enfin Piazzi en 1800, ont ainsi déterminé les mouvemens propres de quelques-unes des étoiles de Roëmer; encore faudrait-il avoir l'ascension droite absolue de l'une de ces étoiles, en 1706, pour faire cet usage de ces observations.

On se souvient de la dispute entre Descartes et Fermat, sur la réfraction du rayon lumineux qui passe de l'air dans l'eau, ou dans le verre. Roëmer n'était nullement satisfait de la supposition de Descartes, qui prétendait que la lumière pénétrait plus facilement les milieux des denses; et en lui accordant que le rapport constant des sinus, qui sert à calculer les réfractions, est d'un grand usage, et qu'il est parfaitement exact, il avance que Descartes n'a pu le trouver par le raisonnement, mais bien plutôt par l'expérience. Nous serions en cela de l'avis de Roëmer, car il est constant que la démonstration de Descartes n'expliquait rien; mais d'un autre côté Descartes nous dit positivement qu'il n'a jamais fait qu'une seule expérience, dont le but était de voir si elle s'accorderait avec le principe. Cette expérience unique supposait le principe connu d'avance. Descartes ne l'a donc trouvé ni par son raisonnement ni par son expérience; s'il l'a trouvé, c'est par les expériences des autres, et ce doit être par la table de Vitellon, de laquelle ce principe se pouvait aisément conclure, ainsi que nous l'avons dit ailleurs. Roëmer essaya donc de démontrer synthétiquement ce principe, et sa démonstration est dans les Mémoires de 1677, page 165.

En 1695, Roëmer, selon l'usage établi, présentait au roi Christian V, l'almanach de l'année. Il eut avec ce prince un long entretien sur la nature et la constitution des calendriers Julien et Grégorien; et quand Roëmer, en 1696, vint de nouveau présenter l'Annuaire, le roi le chargea de faire en son propre nom, mais comme avec l'agrément tacite du gouvernement danois, des propositions à la cour de Suède. On sait qu'en général les Protestans étaient mécontens de la réformation, et que la différence des deux styles était une source d'embarras toujours renaissans. Roëmer remit donc une note à l'envoyé Luxdorph, pour lui exposer que le Danemarck était disposé à recevoir le calendrier Grégorien, et pour l'engager à sonder les dispositions du gouvernement suédois. L'envoyé répondit qu'il avait déjà fait des efforts inutiles, et que, pour avoir plus de succès, Roëmer ferait bien de s'adresser au professeur de Mathématiques d'Upsal, André Spole. Roëmer fut autorisé à entrer en négociation, pour ce sujet, avec les professeurs de Mathématiques des pays qui avaient conservé le calendrier Julien. Weigelius, professeur à Jéna, vint tout exprès en Danemarck pour conférer avec Roëmer, dont le projet était une acceptation pure et entière; ce qui ne réussit pas auprès des Suédois. Roëmer fut chargé de rédiger un mémoire, et il y prouvait que la réformation était devenue nécessaire, que ce qu'il y avait de plus important était de bien s'entendre et de n'avoir tous qu'un même calendrier, d'où résultait la nécessité d'adopter le calendrier romain, déjà reçu par une grande partie de l'Europe. Spole proposait un troisième calendrier : Roëmer lui répond que l'embarras vient de ce qu'on en a deux. Les évangélistes voulaient que l'on supprimât l'un et l'autre calendrier, pour se conformer en tout aux mouvemens célestes vrais. Roëmer objecte qu'avec les mouvemens vrais, suivant les tables qu'on voudra employer, Pâques sera célébré à un mois de distance dans la même année, par deux peuples voisins. Le roi de Danemarck ordonna en conséquence, qu'en 1710 le mois de février n'aurait plus que dix-huit jours, après lesquels on passerait au premier mars, et que Pâques serait le 11 avril. Rien n'était statué sur la manière dont Pâques serait déterminé à l'avenir, et en 1723 la dispute se renouvela. Roëmer était mort, et nous pouvons ne pas nous occuper de ce qui suivit; mais dans les pièces qu'Horrebow imprima, nous trouvons ces deux vers techniques :

Pasca bis undenam martis non prævenit unquam,
Vicenam et quintam post nec aprilis abit.

Ceux qui voudraient plus de détail sur le calcul Pascal, et qui seront curieux de lire tout ce qui reste d'anciens monumens à ce sujet, pourront consulter le tome II des œuvres d'Horrebow, qui en a rempli cinq cents pages.

Dans une lettre à Leibnitz, Roëmer témoigne le désir que les éphémérides cessent de donner les longitudes des planètes, pour y substituer les ascensions droites; pour le Soleil, il préférerait les longitudes moyennes aux lieux vrais, à cause de l'équation du tems; pour Vénus, il préférerait les longitudes héliocentriques aux géocentriques; pour Jupiter, il voudrait les longitudes excentriques, à cause des satellites; il supprimerait l'annonce de toutes les choses qu'on voit d'un coup-d'œil en regardant le calendrier; il ne conserverait que les conjonctions de la Lune avec les planètes. Il est certain que les ascensions droites et les déclinaisons des planètes seraient plus utiles que les longitudes et les latitudes, dont on peut au reste les déduire sans aucune peine, avec une précision suffisante; le passage au méridien, le lever et le coucher, sont ce qu'il y a de plus utile à l'observateur; les longitudes héliocentriques sont données dans le Nautical Almanac, et ne servent guère que pour les planètes qui ont des satellites dont on ne donne pas les configurations, c'est-à-dire pour Saturne et pour Uranus. On a supprimé beaucoup d'annonces inutiles; on fait aujourd'hui beaucoup moins d'usage des passages des planètes par les parallèles des étoiles, parce qu'avec plus de confiance aux hauteurs absolues, on n'a plus besoin de se borner aux différences de déclinaisons. On n'annonce plus que les conjonctions de la Lune, qui n'étant point écliptiques pour Paris, peuvent l'être pour d'autres parallèles. Les éphémérides sont aujourd'hui beaucoup plus étendues, plus soignées, quoique bien plus difficiles à calculer que du tems de Roëmer; on y met tout ce qui peut intéresser les observateurs, et beaucoup de choses qu'on n'y met pas ne donneraient aucune peine au calculateur, l'embarras serait seulement de les placer commodément sans augmenter la grosseur et le prix du volume.

On voit dans cette lettre que Roëmer croit connaître, à 2″ près, l'année sidérale; Mayer, cinquante ans après, croyait la connaître parfaitement, il ne doutait que de la quantité précise de la précession; mais Mayer se trompait et sur l'une et sur l'autre; au reste, c'est l'année tropique qu'il nous importe surtout de connaître, puisqu'elle est liée intimement avec le mouvement du Soleil en longitude.

Si les observations de Roëmer avaient toutes la même précision que celles du *triduum,* leur perte a été une calamité pour l'Astronomie; mais si elles avaient dû rester manuscrites, on en eût tiré peu d'avantage; il en serait de ces observations comme de celles de La Hire, qu'on ne peut consulter, et qu'on ne pourrait calculer sans un travail fort long et fort incertain. Roëmer s'est immortalisé par sa découverte du mouvement de la lumière; et par sa lunette méridienne. Ces deux inventions ont été singulièrement perfectionnées, mais c'est beaucoup que de les avoir fait connaître le premier.

La Hire.

Nous avons vu que par les soins ou de Roëmer ou de La Hire, et sous la direction de Picard, un quart de cercle de cinq pieds avait été enfin placé dans le plan du méridien; que Picard en avait eu la première idée et expliqué les usages dès l'an 1669, et qu'il n'avait cessé d'en solliciter l'exécution. Il n'eut pas la satisfaction de s'en servir lui-même. La Hire travailla à plusieurs reprises pour le mettre plus exactement dans le méridien, et il ne l'employa pour la première fois que le 30 janvier 1683. Et l'on voit dans l'Histoire céleste, page 273, que le 3 février suivant, La Hire régla sa pendule par des hauteurs d'étoiles, et que le même jour il observa au mural le Soleil et Sirius. Cette pendule suivait à fort peu près le mouvement moyen du Soleil. Le 1er avril on voit les deux bords du Soleil, la Lune, Saturne et Régulus, observés au mural. Depuis le 6 jusqu'au 25, il a touché plusieurs fois au mural pour en diminuer la déviation, ou pour le rendre plus exactement vertical; le 19 on voit les passages du Soleil, de Jupiter, de Saturne et de sept étoiles du Lion; et depuis ce moment, et en se conformant aux idées de Picard, il n'a cessé d'observer de cette manière le Soleil, ses taches, les planètes et les étoiles. On voit que ce mural avait encore une déviation dont on ne dit pas la quantité, mais on trouve plusieurs calculs qui la supposent connue. A la page 364, on trouve quelques observations de la Lune pour la libration (décembre 1685). Nous verrons que 60 ans après, Mayer s'occupant à déterminer les élémens de la rotation, l'inclinaison et les nœuds de l'équateur lunaire, dit que sa théorie se trouve d'accord avec des observations faites du tems de Cassini, et qui prouvent la coïncidence constante des nœuds de l'équateur avec les nœuds de l'orbite. Nous ne connaissons d'observations de ce genre que celles de La Hire; elles ne suffiraient pas pour trouver les élémens; mais la position observée des taches, comparée aux calculs faits sur les élémens, peut expliquer l'assertion de Mayer. La Hire observait d'ailleurs les éclipses de tout genre, et celles des satellites.

Les observations imprimées vont jusqu'au 31 décembre 1685, mais nous avons dit ci-dessus que La Hire les continua ainsi jusqu'à sa mort, et tous ses registres sont à l'Observatoire royal. En 1760, La Caille, qui venait d'entreprendre un grand travail sur la Lune, dont probablement il voulait vérifier les tables, y employa des observations de La Hire, et voici ce qu'il en dit dans la préface de ses Éphémérides pour 1765, page 50 :

« Dans la table ci-jointe on trouvera quarante-deux lieux de la Lune calculés sur les observations de La Hire, faites avec un quart de cercle mural, solidement établi dans le plan du méridien. Ses observations sont les plus anciennes qui aient été faites avec la précision la plus approchante de celles qu'on emploie à présent. Pour y faire les réductions nécessaires, il a fallu commencer par un grand travail préliminaire; il a fallu calculer toutes les observations faites depuis le mois de juin 1683 (les observations qu'il imprime ne vont qu'à la fin de 1685, comme l'histoire de Le Monnier), en y employant les aberrations, perturbations et nutations, qui sont maintenant bien connues, tant pour s'assurer de l'état des instrumens, que pour en déduire une théorie du Soleil, telle qu'elle était alors, et pour avoir, avec la plus grande précision possible, les ascensions droites et les déclinaisons des étoiles principales, et surtout celles qui ont été comparées à la Lune. »

De ce travail il était résulté une table des déviations du mural, à diverses hauteurs. Avec tous ces renseignemens, Bailly, élève et ami de La Caille, en déduisit les latitudes et les longitudes de la Lune, avec le tems vrai du passage au méridien. A ces longitudes et latitudes, La Caille ajouta cent quatre lieux de la Lune observés et calculés par lui-même, en quinze mois environ.

Il y a 35 ans environ, j'eus occasion de comparer les observations de La Hire aux tables de Mayer, pour en déduire la correction du mouvement séculaire, et je pus m'assurer que ces observations, les plus anciennes que l'on connaisse, valent toutes celles que l'on a faites postérieurement, jusque vers l'an 1745 ou 1750.

Outre sa Gnomonique, dont nous avons rendu compte (tome III, page 627), La Hire a fait paraître plusieurs ouvrages; le plus important pour nous est celui qu'il nomma *Tables de Louis-le-Grand*, dont la première édition est de 1702. On est d'abord étonné de trouver dans l'épître dédicatoire, que s'il reste quelques erreurs dans les Tables Rudolphines, on ne doit les attribuer qu'à *l'hypothèse que Képler avait prise pour fondement*, c'est-à-dire à l'ellipticité des orbites. Ramus avait proposé à Tycho de faire des tables indépendamment de toute hypothèse, et uniquement d'après toutes les observations. Tycho avait répondu que la chose était impossible. La Hire en jugea tout autrement; il pensa qu'avec des observations plus précises, telles qu'il les faisait avec la lunette et le pendule, il pouvait rejeter tout autre secours.

Il expose les moyens qu'il avait pour amener son quart de cercle dans le plan du méridien, ou du moins fort près de ce plan; il parle des erreurs de ce plan, qu'il avait déterminées pour diverses hauteurs, et qui n'allaient jamais qu'à quelques secondes. Il nous dit qu'il avait réussi à observer Vénus à un degré d'élongation, même vers la conjonction supérieure, car pour la conjonction inférieure rien de plus facile en tout tems.

Avec une suite d'observations pareilles, continuées pendant vingt ans, il avait un assez grand nombre de points de chaque orbite pour déterminer directement l'équation du centre, *ce qu'aucune théorie ne pourrait donner aussi bien*; il avoue cependant que l'*ellipse de Képler ne s'éloigne guère de la figure véritable.* Il avait tenté d'employer des cercles d'un ordre supérieur, et dont l'équation serait plus élevée de quelques degrés;

mais comme il n'avait aucune démonstration du degré de cette équation, et que le calcul était beaucoup plus long, il renonça à cette idée pour suivre une route plus naturelle qu'il n'indique pas.

Picard avait fait beaucoup de recherches sur les réfractions; en y joignant ses propres observations, La Hire se persuada, contre l'opinion de Picard, que les réfractions étaient les mêmes en tout tems; et il en construisit une nouvelle table; il réduit la réfraction horizontale à 32′, et porte à 5′ 41″ la réfraction à 10° de hauteur.

Dans l'hypothèse de Simpson, et suivant nos formules,

$$\frac{r}{R} = \frac{5' 41''}{32{,}0} = \text{tang}\, 10° 4' 15'' = \text{tang}\, \tfrac{1}{2} x, \quad x = 20° 8' 50''.$$

$$\begin{array}{rl}
\text{tang}\, x \ldots & 9{,}5643972 \\
\cot N = 80° \ldots & 9{,}2463128 \\
\hline
\sin nR = 3° 42' 29'' \ldots\ldots & 8{,}8107100 \\
\text{tang}\, 45 \ldots\ldots\ldots & 0 \\
\hline
\text{tang}\, x' = 3° 42' 1'' \ldots\ldots & 8{,}8107100 \\
\text{tang}\, \tfrac{1}{2} x' = 1.51.0{,}5 \ldots\ldots & 8{,}5092327 \\
R \ldots & 3{,}2833012 \\
\hline
\text{La réfraction à } 45°\text{, serait} \ldots\ \ 62'',02 \ldots & 1{,}7925339 \\
\text{La Hire la fait de} \ldots\ldots\ \ 71'',00. &
\end{array}$$

Ayant ainsi augmenté la réfraction, il doit trouver la hauteur du pôle moindre de beaucoup que Picard; il la réduit en effet à 48° 50′ 0″ au lieu de 10″ que trouvait Picard, et de 13″ qu'on trouve maintenant avec nos réfractions modernes. De cette manière il devrait avoir les réfractions suivantes :

Dist. zénit.	90°	80°	70°	60°	50°	45°	40°	30°	20°	10°	0
Formule...	32′ 0″	5′ 41″	2′ 49″	1′ 47″	1′ 14″	1′ 2″	52″	36″	23″	11″	0
La Hire...	32.0	5 41	2.51	1.55	1.22	1.11	62	42	26	12	0
Excès.....	0.0	0.0	+ 2	+ 8	+ 8	+ 9	+10	+6	+3	+1	0

La table avait donc toute l'exactitude qu'il pouvait se promettre, quand il ne s'assujétissait à aucune théorie; les erreurs sont nulles aux deux extrémités, elles vont croissant jusqu'à 10″ vers le milieu de la table, et les 10″ sont ce qu'il retranchait de la hauteur du pôle. Il n'avait pas remarqué que le problème qu'il se proposait est indéterminé. Il pouvait à 45° supposer ce qu'il voulait dans certaines limites; il a supposé 12″ de plus que nous ne trouvons aujourd'hui, et il a été forcé de diminuer d'autant la hauteur du pôle. De tous les auteurs, il est celui qui a fait la réfraction plus grande à 45°; il la fait de 71″. La Caille, qui n'a de même suivi aucune théorie, depuis 45° jusqu'à l'horizon, a trouvé 66″ par ses observations qui renfermaient l'erreur de son instrument. Bernouilli, par sa théorie, trouvait 63″; Cassini, par ses observations et sa théorie, 59″; Bradley ne trouvait que 57″, et Newton 54″; La Hire supposait une parallaxe trop faible, et le Soleil devait lui donner une réfraction un peu trop forte. Il ne faut s'en rapporter ni aux observations toutes seules, ni à la théorie toute seule, car elle a ses incertitudes aussi bien que les observations. Il faut prendre pour base une théorie, la plus vraisemblable qu'on puisse imaginer, sauf à la modifier ensuite de manière à représenter les observations le mieux qu'il sera possible; c'est le parti qu'ont suivi les modernes, et les erreurs sont aujourd'hui resserrées dans des limites plus étroites. Nous craignons bien qu'il ne soit impossible d'avoir jamais rien de mieux que nos dernières tables, ou, si l'on veut, que celles de Bessel, Carlini ou Groombridge. Mais quoi qu'on fasse, ces tables renfermeront toujours les erreurs de l'instrument et celles de l'observateur.

Fontenelle, en parlant du parti pris par La Hire de n'avoir égard qu'aux observations, et de dédaigner toute hypothèse, en fait, comme on pouvait s'y attendre, un sujet d'éloge. « Ainsi, nous dit-il, on ne peut » avoir en Astronomie rien de plus pur et de plus exempt de tout » mélange d'imagination humaine. » Ces traits ingénieux, mais irréfléchis, font le charme de ces éloges et en ont assuré le succès auprès des littérateurs qui croient lire un savant universel, et qui de plus le regardent comme un des leurs. Mais les lunettes, les quarts de cercle, les micromètres ne sont-ils pas comme les théories des inventions humaines! Tous les instrumens n'ont-ils pas leurs erreurs inévitables, et, ce qu'il y a de pis, ces erreurs ne sont-elles pas irrégulières et plus nuisibles par conséquent que celles des théories, qui du moins sont assujéties à une loi, d'après laquelle on peut reconnaître, jusqu'à un certain point, ces erreurs, et faire que la théorie représente à très peu près la totalité des observations, aux erreurs près, dont ces observations ne sont jamais exemptes.

La Hire réduisait à 6″ la parallaxe du Soleil; il nous dit qu'elle est à peine sensible, d'où il suit qu'il n'en répondait nullement. Cassini et Picard la faisaient de 10″ $\frac{1}{2}$ environ, le milieu 8″ $\frac{1}{4}$ différait très peu de la valeur véritable.

Avec cette parallaxe et ses réfractions, La Hire trouvait une obliquité de $23°29'3'',5$; mais comme il sentait le peu de fonds qu'il pouvait faire sur ce petit nombre de secondes, il suppose $23°29'$ dans ses Tables de déclinaisons, des ascensions droites et des angles, pour tous les degrés de l'écliptique.

Il fait le mouvement du Soleil en 365 jours de $11^s 29° 45' 40''$. Mes dernières tables donnent $0'',4$ de plus. Je crois le mouvement de La Hire trop faible, le mien pourrait être un peu trop fort, mais plus approché de beaucoup. Le mouvement qu'il donne à l'apogée est de $62''$, je le fais de $61'',9$, mais sa précession de $51''$ est certainement trop forte. Son apogée de 20 à $30'$ plus avancé en longitude que celui des autres astronomes, ce qui doit tenir au système qu'il s'était fait de s'en rapporter uniquement aux observations pour l'équation du centre.

Si l'équation du centre est régulière dans ses tables, elle doit être de la forme

$$\text{équat.} = a \sin z + b \sin 2z + c \sin 3z + \text{etc.}$$

Dans toutes les hypothèses ces trois termes doivent suffire pour le Soleil. Or, suivant les formules que j'ai données (*Astronomie*, tome II, page 167) pour décomposer une table,

$$a = \frac{E' + E'' + 2E}{5} + \frac{E''' + E^{\text{IV}}}{2 \tan 60°}, \quad b = \frac{(E' - E'') + (E''' - E^{\text{IV}})}{2 \tan 60°},$$
$$c = \tfrac{1}{3}(E' + E'' - E).$$

Les nombres E, E', E'', E''', E^{IV},
sont les équations de la table pour 90°, 30°, 150°, 60°, 120°.

Je trouve ainsi, que l'équation de La Hire doit être

$$-6940'',8 \sin z + 91'',8 \sin 2z - 0'',67 \sin 3z.$$

Nous faisons aujourd'hui

$$-6926'',0 \sin z + 72'',7 \sin 2z - 1'',07 \sin 3z.$$

Le premier terme nous prouve que La Hire fait l'excentricité trop forte; mais le premier terme supposé, le second ne devrait pas surpasser $73''$ ou $72'',96$, comme on le trouve par la table générale que j'ai donnée (tome II, page 58 de mon *Astronomie*); aussi Lambert qui, dans les Tables de Berlin, tome I, page 7, a décomposé la table de La Hire, donne-t-il

$$-6941 \sin z + 73 \sin 2z - 1 \sin 3z;$$

ce qui prouve que Lambert n'a pris garde qu'aux termes $\sin z$ et $-\sin z$, qui composent à eux deux l'équation de 90°, et qu'il n'a pas cherché le coefficient de $\sin 2z$. C'est cependant ce terme qui fait l'irrégularité de La Hire, qui le fait 19″ trop fort. Si La Hire déduisait la longitude du Soleil de son ascension droite, il ne pouvait répondre de $19'' \sin 2z$, puisque l'aberration produisait en différentes parties de l'année des différences plus considérables sur l'ascension droite de l'étoile, et par conséquent sur l'ascension droite et la longitude du Soleil. S'il déterminait la longitude par la déclinaison observée, l'erreur pourrait être au moins aussi forte. Ainsi les observations de La Hire, quelques bonnes qu'on les suppose pour le tems, avaient des erreurs plus grandes que la différence la plus grande entre toutes les hypotèses; entre l'ellipse de Képler ou l'excentrique d'Hipparque. Ainsi La Hire aurait mieux fait de s'en tenir à l'ellipse de Képler, d'autant plus qu'il remarque lui-même que cette ellipse différait très peu de la figure véritable; mais dans ce tems où les découvertes de Képler n'avaient pas encore obtenu la confiance des astronomes, nous les voyons tous chercher à se distinguer par des systèmes différens. C'est ainsi que Boulliaud met au foyer supérieur le centre des mouvemens moyens, que Cassini imagine sa courbe bien plus défectueuse encore, et qu'après ces deux exemples La Hire veut tout ramener aux seules observations, dont il s'exagérait l'exactitude, et qu'il veut représenter empiriquement par des suppositions incomplètes.

Pour la Lune, par les formules ci-dessus, en y ajoutant le $d \sin 4z$, et faisant

$$d = \frac{(E' - E'') - (E''' - E^{\text{IV}})}{4 \tang 60^\circ}$$

je trouve

$$-17807'',8 \sin z + 154'',5 \sin 2z - 97'',3 \sin 3z - 25,99 \sin 4z;$$

équation tout-à-fait empirique, dont le second terme est beaucoup trop petit relativement au premier, le troisième beaucoup trop fort, et le quatrième, qui devrait être $+1''$, se trouve par conséquent en erreur de 27″.

Outre l'équation du centre, il donne à la Lune une équation qui dépend des argumens (☾—apogée ☉) et (☾—☉), et dont le *maximum* est de 13′ seulement; et une autre équation qui dépend de l'anomalie vraie de la Lune, et de la distance (☾—☉), dont le *maximum* est de 2° 59′. Dans ces deux équations on aperçoit un équivalent, à peu près de l'évection 2° 40′, et de la variation 36′, dont la somme serait 3° 16′, au lieu que les deux équations de La Hire ne font que 3° 12′ seulement, ce qui peut faire soupçonner que La Hire ne dédaignait pas les théories autant qu'il voudrait le faire croire, mais qu'aux théories connues, et qui du moins sont géométriques, il se permet d'ajouter quelques termes empiriques, qui peuvent diminuer l'erreur des tables en quelques circonstances, mais qui n'offrent aucune garantie pour la suite, de manière que ces termes ajoutés pouvaient en d'autres cas se trouver aussi nuisibles qu'ils avaient pu d'abord paraître avantageux.

Pour Saturne je trouve, d'après sa table,

$$-2380'',4 \sin z + 836'' \sin 2z - 39'',3 \sin 3z + 2'',04 \sin 4z.$$

Lambert donne

$$-2350'',5 \sin z + 873'' \sin 2z - 42'',0 \sin 3z + 3'',00 \sin 4z.$$

Je soupçonne une faute d'impression, et qu'au lieu de 873 il faut lire 837″, et même qu'au premier terme il faudrait 23395; car sa formule s'accorde beaucoup moins que la mienne avec la table de La Hire.

Pour Jupiter, je trouve

$$-20103'' \sin z + 616'',9 \sin 2z + 33'',34 \sin 3z + 4'',9 \sin 4z,$$

équation qui n'est nullement elliptique. Lambert donne

$$-20338'' \sin z + 609'' \sin 2z - 25'' \sin 3z + 1 \sin 4z;$$

équation que je ne conçois pas mieux, et qui ne s'accorde qu'à 5′ près avec la table de La Hire.

Pour Mars, en introduisant $e \sin 5z$, je trouve à peu près comme Lambert

$$-3864'',4 \sin z + 2216'',4 \sin 2z - 178'',33 \sin 3z + 15'' \sin 4z - 3'',6 \sin 5z,$$
$$-3860'',0 \sin z + 2227'',0 \sin 2z - 179'',0 \sin 3z + 17'' \sin 4z - 2'',6 \sin 5z;$$

cette équation diffère assez peu de l'ellipse de Képler.

Pour Mercure, il convient d'employer tous les termes de la formule. Ajoutant donc les termes dépendans de E^{I}, E^{II}, E^{VII} et E^{VIII}, c'est-à-dire des équations de 45° et de 135°, de 15 et de 165°, nous ferons

$a = \frac{1}{6}(2E + E' + E'') + \frac{1}{2}(E''' + E^{\text{IV}}) \tang 30°$;

$b = \frac{(E' - E'') + (E''' - E^{\text{IV}})}{2 \tang 60°}$, $f = b - \frac{1}{2}(E^{\text{V}} - E^{\text{VI}})$,

$\frac{1}{2}(c + i) = \frac{1}{2}(E^{\text{V}} + E^{\text{VI}}) \sin 45° \tang 30 + \frac{1}{4}(E^{\text{VII}} + E^{\text{VIII}}) \frac{\tang 30°}{\sin 75°}$,

$\frac{1}{2}(c - i) = \frac{1}{6}(E' + E'' + E''') = \frac{1}{2}c$, si l'on néglige i;

$\frac{1}{2}(d + h) = \frac{(E^{\text{V}} - E^{\text{VI}}) + (E^{\text{VII}} - E^{\text{VIII}})}{2 \tang 60°}$,

$\frac{1}{2}(d - h) = \frac{(E' - E'') - (E''' - E^{\text{IV}})}{2 \tang 60°} = \frac{1}{2}d$, si l'on néglige h;

$\frac{1}{2}(e + g) = \frac{1}{2}a + \frac{1}{2}(c + i) - \frac{1}{2}(E^{\text{V}} + E^{\text{VI}}) \sin 45° = \frac{1}{2}e$, si l'on néglige g;

$\frac{1}{2}(e - g) = \frac{1}{12}(2E + E' + E'') - \frac{1}{4}(E''' + E^{\text{IV}}) \tang 30°$;

Équat. $= a \sin z + b \sin 2z + c \sin 3z + d \sin 4z + e \sin 5z + f \sin 6z + g \sin 7z + h \sin 8z + i \sin 9z$.

Voici le type du calcul.

90°	E =	23° 26′ 29″
30	E′ =	9.39.10
150	E″ =	15.15.49
60	E‴ =	17.58.42
120	E^{IV} =	23.13.10
45	E^{V} =	14. 1.29
135	E^{VI} =	20.17. 3
15	E^{VII} =	4.56.43
165	E^{VIII} =	8.14.45
	E^{VII} + E^{VIII} =	13.11.28
	$\frac{1}{2}$(E^{VII} + E^{VIII}) =	6.35.44
	2E =	46.52.58
	E′ + E″ =	24.54.59
	2E + E′ + E″ =	71.47.57
	$\frac{1}{6}$ =	11.57.59.5
	$\frac{1}{12}$ =	5.58.59.75

$$E''' + E^{\text{IV}} = 41^\circ\, 11'\, 52''$$
$$\tfrac{1}{2}(E''' + E^{\text{IV}}) = 20.35.56$$

$$E' - E'' = -\ 5.36.39$$
$$E''' - E^{\text{IV}} = -\ 5.14.28$$

$$(E' - E'') + (E''' - E^{\text{IV}}) = -\ 10.51.\ 7$$
$$\tfrac{1}{2} = -\ 5.25.33,5$$
$$\tfrac{1}{4} = -\ 2.42.46,75$$

$$(E' - E'') - (E''' - E^{\text{IV}}) = -\ 0.22.11$$
$$\text{Moitié} = -\ 0.11.\ 5,5$$
$$\tfrac{1}{4} = -\ 0.\ 5.32,75$$

$$E' + E'' = 24.54.59$$
$$E = 23.26.29$$

$$E' + E'' - E = 1.28.30$$
$$\tfrac{1}{3} = 0.29.30$$
$$\tfrac{1}{6} = \tfrac{1}{2}(c - i) = 0.14.45$$

$$E^{\text{V}} + E^{\text{VI}} = 34.18.32$$
$$\tfrac{1}{2} = 17.\ 9.16$$

$$E^{\text{V}} - E^{\text{VI}} = -\ 6.15.34$$
$$E^{\text{VII}} - E^{\text{VIII}} = -\ 3.18.\ 2$$

$$\text{Somme} = -\ 9.33.36$$
$$\tfrac{1}{2}\text{somme} = -\ 4.46.48.$$

On remarquera que les E de tous les ordres sont donnés en secondes, sans fraction, ce qui doit rendre les derniers termes un peu incertains.

Après ces préparations, commençons par le calcul de a.

$$\tfrac{1}{2}(E''' + E^{\text{IV}}) = 20^\circ\, 35'\, 36'' \ldots\ldots\ 4,8701463$$
$$\text{log tang } 30^\circ \text{ log constant} \ldots\ldots\ 9,7614394$$

$$+\ 10.53.34,0 \ldots\ 4,6315857$$
$$\tfrac{1}{6}(2E + E' + E'') = 11.57.59,5$$

$$\log a = 23.51.33,5 \ldots\ 4,9339604$$

$(E' - E'') + (E''' - E^{iv}) = -$	5°25′33″5	$-$ 4,2907802
tang......	30............	9,7614394
$\log b = -$	3. 7.57,7	$-$ 4,0522196
$\frac{1}{2}(E^{v} - E^{vi}) =$	3. 7.47,0	
$f = -$	10,7	

$\frac{1}{2}(E^{v} + E^{vi}) =$	17. 9.16...	$+$ 4,7906792
log (tang 30° sin 45°) log const......................		9,6109244
premier terme =	7. 0.11,8....	4,4016036
$\frac{1}{2}(E^{vii} + E^{viii}) =$	6.35.44......	4,3755539
$\frac{1}{2}$(tang 30° coséc 75°) log const.....................		9,4754656
deuxième terme =	1.58.16,1....	3,8510195
les deux termes =	8.58.27,9	

— a —.....................		4,9339604
$\frac{1}{2}$(sin 45° coséc 75°) constant.....................		9,5635112
troisième terme $-$	8.43.59,2....	4,4974716
$\frac{1}{2}(c + i) = +$	14.28,7	
$\frac{1}{2}(c - i) = +$	14.45,0	
$c = +$	29.13,7	
$i = -$	16,3	

$\frac{1}{2}(E^{v} - E^{vi}) + (E^{vii} - E^{viii}) = -$	4.46.48...	$-$ 4,2357304
tang......	30 constant....	9,7614394
$-$	2.45.35,4	$-$ 3,9971698
$-\frac{1}{4}(E' - E'' + E''' - E^{iv})$ $+$	2.41.46,75	
$\frac{1}{2}(d + h) = -$	2.48,65	
$\frac{1}{4}[(E' - E'') - (E''' - E^{iv})] = -$	5.32,75	$-$ 2,5221181
tang......	30............	9,7614394
$\frac{1}{2}(d - h) = -$	5.12,11	$-$ 2,2835575
$d = -$	6. 0,76	
$h = +$	23,46	

$\frac{1}{2}a =$	$+$	11° 55′ 46″75	
$\frac{1}{2}(c+i) =$	$+$	14.28,7	
$\frac{1}{2}a+\frac{1}{2}(c+i) =$	$+$	12.10.15,45	
$\frac{1}{2}(E^{v}+E^{vi}) =$	$-$	17. 9.16,0	— 4,7906792
sin		45..........	9,8494850
	$-$	12. 7.48,1	— 4,6401642
$\frac{1}{2}(e+g) =$	$+$	2.27,35	
$\frac{1}{12}(2E+E'+E'') =$		5.58.59,75	
$-\frac{1}{4}(E'''+E^{iv}) =$	$-$	5.56.47,00	ci-dessus, calc. de *a*.
$\frac{1}{2}(e-g) =$	$+$	2.12,75	
$e =$	$+$	4.40,10	
$g =$	$+$	14,60	

en rassemblant tous ces termes, en changeant les signes, nous aurons pour l'équation de la table décomposée

$$-85893'',5\sin z+11277'',77\sin 2z-1753'',7\sin 3z+360'',76\sin 4z$$
$$-280'',1\sin 5z+10'',7\sin 6z-14'',60\sin 7z-23'',45\sin 8z+16'',3\sin 9z;$$

Lambert donne

$$-86464''\sin z+11200''\sin 2z-2033''\sin 3z+421''\sin 4z-93''\sin 5z$$
$$+26''\sin 6z-5''\sin 7z;$$

les signes alternant comme ils doivent jusqu'à sin 7z, les deux termes suivans devraient avoir un signe contraire; j'ai calculé cette équation par ma table générale (*Astronomie*, tom. II, p. 65), et j'ai trouvé

$$-84336'',75\sin z+10722'',32\sin 2z-1889'',39\sin 3z+380'',44\sin 4z$$
$$-82'',38\sin 5z+18'',66\sin 6z-4''38\sin 7z+1'',04\sin 8z-0'',25\sin 9z;$$

mais, en décomposant la table de Lalande (édition de 1792) qui n'est donnée qu'en secondes, quoique, en la calculant, j'eusse tenu compte des centièmes, je trouve

$$-84337'',3\sin z+10722'',6\sin 2z-1890'',7\sin 3z+380'',25\sin 4z$$
$$-84'',2\sin 5z+18'',6\sin 6z-6'',2\sin 7z+0'',35\sin 8z-1'',3\sin 9z;$$

on voit que notre formule de décomposition donne tout ce qu'on peut attendre de tables en secondes sans fraction. On voit de plus que Lambert a employé une formule insuffisante; enfin que la table de La Hire est tout-à-fait irrégulière.

Il est donc démontré que toutes les tables d'équations de La Hire sont empiriques. Il n'a pas jugé à propos de nous donner le moindre éclaircissement sur ce point. On ne peut donc rien tirer de tables qui n'ont jamais pu servir qu'à calculer des éphémérides, et dont il est impossible de rien déduire qui serve à reconnaître l'orbite véritable. Ce pas rétrograde serait tout-à-fait inexcusable, si l'auteur n'avait eu soin de nous avertir du parti qu'il avait pris de nous donner des tables qu'il serait à jamais impossible de corriger, puisque rien n'indique de quelle manière il les a construites.

Son discours préliminaire ne contient rien de neuf jusqu'à la page 53, où il est question des éclipses de Soleil. Là il nous avertit qu'il négligera la réfraction *qui accélère le contact de commencement, et retarde le contact de la fin.* Il ajoute que l'effet est insensible, dès que le Soleil est élevé de 5° au-dessus de l'horizon.

La réfraction peut bien altérer un peu la distance apparente de deux astres également visibles, comme seraient la Lune et une planète ou une étoile, de même qu'elle diminue les diamètres, mais cet accroissement est proportionnel à la distance, il s'anéantit avec elle. Le point de contact appartient aux deux planètes, c'est un point unique, il peut paraître un peu plus haut qu'il n'est réellement, et voilà tout; l'instant du contact ne sera donc ni avancé ni retardé. D'ailleurs, dans une éclipse de Soleil, la Lune est invisible, elle ne nous envoie aucun rayon qui puisse être réfracté; la réfraction ne peut donc rien faire pour la durée d'une éclipse de Soleil. Dans les éclipses de Lune, le cercle de l'ombre est invisible, la réfraction du rayon lunaire qui se fait dans l'atmosphère de la Terre, ne peut faire entrer la Lune dans le cône d'ombre, ni l'en faire sortir, nous ne verrons que la partie lumineuse, ou si nous voyons la partie éclipsée, c'est qu'il lui restera un peu de lumière qui subira les loix communes de la réfraction; il nous est donc impossible de rien comprendre à cette inadvertance de La Hire; il a très bien fait de négliger la réfraction, son tort a été de s'en excuser.

Il annonce qu'il calculera l'éclipse selon les règles de l'analemme, et que par conséquent il négligera la parallaxe du Soleil; mais, comme il ne la croyait que de 6″ au plus, et qu'il ne calcule qu'en minutes, il est inutile de le chicanner sur ce point. Cette nécessité de négliger la parallaxe solaire, est un des défauts de cette projection, qui n'a été imaginée par Képler que pour des annonces d'éphémérides. Cette parallaxe, aussi bien que le mouvement en déclinaison que l'on néglige aussi dans cette méthode, empêche que le Soleil ne décrive un parallèle, par son mouvement diurne; par suite, elle fait que la projection du parallèle que décrit réellement la Terre, ne peut pas être une ellipse véritable, ou du moins que la distance apparente du lieu de Paris, par exemple, au centre de la projection qui est le Soleil, n'est pas la véritable distance du Soleil au zénit; car la parallaxe est nulle pour le lieu de la Terre qui voit le Soleil au zénit, n'est pas nulle pour Paris, qui voit le Soleil éloigné du zénit; la différence peut être de 8″,6 pour la parallaxe, elle est beaucoup plus forte pour le mouvement en déclinaison qui peut être de 1′ par heure; la méthode a donc des vices radicaux qui l'empêchent d'être exacte. Pour y remédier, il faudrait changer à chaque instant les élémens du calcul, et la méthode, au lieu d'être plus courte que le calcul rigoureux, serait beaucoup plus difficile et plus fastidieuse.

Par une opération trigonométrique assez longue et passablement obscure, il calcule l'orbite apparente de la Lune pour en conclure à l'ordinaire, l'entrée, la sortie, la conjonction apparente, et la quantité de l'éclipse. Mais pour tout cela il était assez inutile de recourir à l'Analemme qui n'abrège en rien le calcul, et ne sert qu'à le rendre moins intelligible.

Soit AB (fig. 66) l'écliptique, SO la latitude en conjonction, LOE l'orbite relative, SM la plus courte distance, OSE l'angle de position; MSE = MSO + OSE = inclinaison de l'orbite relative ± angle de position = inclinaison de l'orbite avec le parallèle du Soleil = I.

Vous aurez ME = SM tang I, SE = SM séc I = différence de déclinaison entre la Lune et le Soleil à l'instant de la conjonction. Nous supposons, comme La Hire, la déclinaison du Soleil invariable, et la parallaxe solaire nulle.

$$PE = PS - SE = 90^\circ - \text{déclin.} \odot - \text{diff. de déclin.} = (90^\circ - D - dD).$$

PZ le méridien des tables, SPZ l'angle horaire du Soleil, à l'instant de la conjonction en asc. droite. Dans le triangle sphérique ZPE, calculez par les formules connues, la distance ZE et l'angle E; pour cette distance ZE calculez la parallaxe lunaire EF (ou si vous voulez la parallaxe relative de la Lune).

Dans le triangle rectiligne SEF vous aurez SE, EF et SEF; calculez

SF et ESF, concluez-en MSF = MSE + ESF, vous aurez le lieu apparent de la Lune F sur votre figure.

Une heure avant la conjonction la Lune sera en L sur son orbite relative; vous aurez

$$\text{tang}\,MSL = \frac{ML}{SM} \text{ et } SL = SM \,\text{séc}\, MSL, \quad ESL = MSL + MSE.$$

Dans le triangle sphérique PSL, avec les deux côtés et l'angle compris PSL calculez la distance PL, les angles SPL et SLP; retranchez SPL de ZPS ou de l'angle horaire de la conjonction, vous aurez LPZ.

Mais une heure avant la conjontion, le zénit était en Z', à 15° de PZ, LPZ' = LPZ + 15°; avec PL et PZ' calculez la distance Z'L, l'angle Z'LP et la parallaxe LV.

$$Z'LP + PLS + SLV = 180°, \quad SLV = 180° - Z'LP - PLS.$$

Ainsi, dans le triangle SLV vous aurez LS, LV, et l'angle compris; vous aurez LSV et SV,

$$LSV + LSE = VSE, \quad VSE + ESF = VSF.$$

Par les points V et F tracez l'orbite apparente IVFN.

Dans le triangle VSF vous aurez cet angle et les côtés VS et SF, qui le comprennent, vous en conclurez les angles V et F, et le côté VF mouvement horaire sur l'orbite apparente; abaissez la perpendiculaire Sm, ce sera la plus courte distance.

$$Sm = SF \sin F = SV \sin V, \quad Fm = SF \cos F, \quad Vm = SV \cos V;$$

vous aurez le tems de m.

Soit SI = $\frac{1}{2}$ somme des diamètres au commencement de l'éclipse, SN la somme pour la fin; vous aurez

$$\sin mIS = \cos mSI = \frac{Sm}{SI}, \quad mI = Sm \,\text{tang}\, mSI,$$

$$\sin mNS = \cos mSN = \frac{Sm}{SN}, \quad mN = Sm \,\text{tang}\, mSN;$$

vous aurez le tems de mN et de mI; car $mV : mI$ :: tems de mV : tems de mI, ou VF : 1^h ou 3600″ :: mI : tems de mI,
:: mN : tems de mN,
:: mV : tems de mV,
:: mF : tems de mF.

Vous aurez donc les tems du commencement, du milieu de la fin, et la quantité de la plus grande éclipse.

La Hire fait par sa méthode ou tous ces calculs ou les équivalens, et pour déterminer l'orbite apparente, il est obligé de mener des parallèles, de former un quadrilatère, ce qui ne fait qu'allonger et obscurcir.

L'idée de la projection pouvait avoir quelques avantages, comme Képler l'a conçue, quand on se bornait à une opération graphique; mais quand on veut y appliquer le calcul trigonométrique, et surtout si l'on cherche quelque exactitude, tous les avantages disparaissent.

Dans l'une et l'autre méthode nous connaissons ZF et ZV, nous connaissons l'augmentation du demi-diamètre de la Lune en V et en F, nous pouvons la conclure pour les points I et N sans grande difficulté; au pis aller il ne serait pas bien long de calculer la distance zénitale de la Lune pour le commencement et la fin, déterminés approximativement.

Il paraît qu'en ces tems, les astronomes, au moins pour la plupart, redoutaient les calculs; il n'est donc pas étonnant que Flamsteed et Cassini aient cherché à développer l'idée de projection imaginée par Képler, pour la composition de ses Éphémérides. La Hire a voulu y appliquer le calcul, pour obtenir un peu plus de précision en atténuant quelques défauts; mais il n'a pas corrigé le plus important, l'invariabilité de la déclinaison.

Il nous avertit que dans les éclipses de Soleil, le diamètre de la Lune paraît de 30″ plus petit que quand il est lumineux, ce qu'il attribue au grand éclat du Soleil qui empiète sur le disque obscur; mais il nous dit que cet effet est en partie compensé en ce que le diamètre du Soleil, vu de la Lune, est plus grand que vu de la Terre. Tout cela est plus qu'incertain, et Le Monnier ayant fait un voyage en Écosse, pour observer une éclipse annulaire, et mesurer le diamètre de la Lune sur le Soleil, n'y a trouvé aucune différence, soit qu'il fût obscur, soit qu'il fût éclairé.

La Hire va maintenant déterminer l'éclipse centrale et tous les pays qui la verront; car pour le contact à l'horizon, il croit fort inutile de l'annoncer, d'autant que les vapeurs ou les ondulations rendraient l'observation incertaine. Mais il n'est pas ici question d'observation; en calculant les courbes de contact on n'a d'autre but que de tracer sur le globe les limites au-delà desquelles il n'y a point d'éclipse.

Au reste, sa méthode de centralité est curieuse, il la fonde sur une remarque qui est le fondement le plus naturel de tous les calculs trigonométriques de cette méthode. Personne, que je sache, n'y a fait attention, jusqu'au moment où j'en ai montré les avantages dans la troisième édition de l'Astronomie de Lalande.

Am (fig. 67) est le cercle de projection, AB l'écliptique, ab l'orbite relative, CG la latitude en conjonction, G$C\pi$ l'angle de position, CP l'axe de la Terre ou le méridien universel, P le pôle.

Supposons la Lune au point I de son orbite; on demande le lieu qui verra l'éclipse centrale.

Dans le triangle obliquangle CGI on connaît CG, GI est connu par la distance à la conjonction, il calcule CI qu'il réduit en arc de grand cercle; du pôle P il mène l'arc du grand cercle PI; dans le triangle CPI, il connaît CP, CI et l'angle compris PCI; il calcule $\mathrm{PI} = 90° -$ latitude du lieu, et l'angle CPI, différence des méridiens entre le lieu I et le lieu C qui a le Soleil au zénit. Il a donc la longitude, et le problème est résolu.

Mais supposons que PI soit donné, et qu'on demande le lieu de ce parallèle qui verra l'éclipse centrale. C'est ici que commence la méthode particulière de La Hire.

Prolongez en m la plus courte distance Cd, vous aurez

$$\pi\mathrm{C}m = \mathrm{PC}m = \pi m, \quad \mathrm{CP} = 90° - \mathrm{D} \quad \text{et} \quad \mathrm{P}\pi = 90° - \mathrm{CP} = \mathrm{D}.$$

Il résout le triangle quadrantal CPm. J'aime mieux résoudre le triangle rectangle Pπm, qui donnera les mêmes choses; nous aurons l'arc πm, l'angle $\pi\mathrm{P}m = 180° - \mathrm{CP}m = 180° -$ différence de longitude entre C et le point m.

Dans le triangle mPI nous aurons Pm, PI par l'hypothèse, et

$$m\mathrm{I} = ma = mb = a\mathrm{C}d = bcd;$$

nous aurons mPI différence de longitude entre m et I.

Mais $\pi\mathrm{PI} = m\mathrm{PI} + \pi\mathrm{P}m$; nous aurons IPC angle horaire du lieu; nous pourrons calculer CI et par conséquent avoir le tems de I, qui fait connaître le reste.

La Hire n'en dit pas davantage, mais il est visible que dans la projection orthographique, ab représente un petit cercle dont le pôle est m; d'où les arcs mb, mI, mPh, md, ma sont égaux. $\mathrm{P}h = mh - \mathrm{P}m$ est l'arc perpendiculaire abaissé du pôle de l'équateur sur le petit cercle dont m est le pôle; le point h sera le point de centralité le plus voisin du pôle P; l'angle $\mathrm{CP}h = \pi\mathrm{P}m$ est connu, on aura facilement Ch et le point h de l'orbite.

Rien de plus facile que le calcul des points de centralité b, h, G, d et a.

Ce moyen si simple me paraît préférable à tout ce que Flamsteed et Cassini ont écrit sur ce sujet. J'ai donné à cette remarque heureuse et facile, tous les développemens dont elle est susceptible, dans l'Astronomie de Lalande, et surtout dans la mienne, tome II, pages 136 et suivantes.

Pour déterminer la différence de longitude entre deux lieux où l'on a observé la même éclipse, il suppose que l'on connaisse au moins la hauteur du pôle dans le lieu dont on veut déterminer la longitude, et de plus, qu'on ait calculé la figure de l'orbite relative.

Sur cette figure il place le lieu connu O, en calculant pour ce lieu la distance du Soleil au zénit, et son angle parallactique; il fait ensuite (fig. 68) CO = parallaxe ☾ sin distance du ☉ au zénit $= \pi$ sin N et PCO = angle parallactique du Soleil. On connaît donc PCO et PCG angle de position; on aura GCO; dans le triangle rectiligne GCO on a deux côtés et l'angle compris; on aura GO et l'angle CGO et

$$\text{OGL} = \text{OGC} - \text{CGL}.$$

Du centre O avec la distance OL $= \frac{1}{2}$ somme des diamètres, il marque le point L sur l'orbite lunaire; il connaît OG, OL et l'angle opposé OGL; il calcule OLG, d'où il conclut LOG; il calcule LG distance à la conjonction en longitude; il ajoute le tems LG à l'heure de l'observation du commencement de l'éclipse; il a le tems de la conjonction vraie; et le comparant au tems calculé de cette conjonction, il a la correction des tables en longitudes.

Il fait les mêmes opérations pour le lieu inconnu, dont il connaît seulement la hauteur du pôle et l'angle horaire; il place de même ce lieu sur la projection, il en conclut de même la conjonction en tems du méridien inconnu. La différence des tems pour les deux lieux est la différence de longitude.

Ce qu'il fait par la conjonction en longitude en G, il pourrait le faire par la conjonction en ascension droite en E; il calculerait de même les triangles OCE, OEL, la figure serait même un peu plus simple.

Nous pouvons faire l'équivalent sans la projection. Calculez ZC et C dans le triangle sphérique (fig. 69), C étant le centre du Soleil; prenez CO $= \pi$ sin ZC $= \pi$ sin N; menez OE, OL comme ci-dessus, LE étant l'orbite relative. Les triangles ECO, OEL des deux figures sont identiques, LE sera dans toutes deux la distance à la conjonction en ascension droite. Soit LV = CO, et supposons ces deux lignes parallèles; menons VC, nous aurons VC = LO à peu près; supposons ces lignes parallèles, et le contact aura lieu en V lorsque la Lune sera véritablement en L.

C'est supposer la parallaxe de la Lune telle qu'elle serait si la Lune était à la place du Soleil, c'est supposer l'arc du vertical LV parallèle à l'arc CO de ZC; la différence entre LO et VC est l'augmentation des deux demi-diamètres par l'effet de la parallaxe, mais il n'y a que le demi-diamètre de la Lune qui soit ainsi augmenté. On voit que tout cela n'est pas d'une grande rigueur.

La méthode de La Hire revient à élever le Soleil dans son vertical autant que la Lune est abaissée dans le sien. Cette traduction de son procédé, en simplifiant l'intelligence de sa méthode, en fait sentir l'inexactitude.

La Hire décrit ensuite son quart de cercle mural et son quart de cercle mobile; il en explique les vérifications par les méthodes de Picard. Il enseigne une troisième méthode qui consiste à mesurer la distance zénitale d'un objet éloigné, voisin de l'horizon, directement d'abord, ensuite au moyen d'un horizon artificiel, qui donnera réellement un abaissement au-dessous de l'horizon égal à l'élévation vraie de l'objet, la demi-somme des deux distances doit être de $180°$, si l'instrument n'a pas d'erreur, puisqu'on aura observé successivement $(90° - h)$ et $(90° + h)$; mais s'il y a une erreur, on aura observé $(90° + e - h)$ et $(90° + e + h)$, dont la somme sera $(180° + 2e)$, et la demi-somme $(90° + e)$.

Il recommande de placer l'horizon artificiel le plus près qu'on pourra de l'objectif, afin que la ligne horizontale, qui passe par le centre du quart de cercle, et celle de l'horizon artificiel, se confondent, et que la différence de hauteur de ces deux lignes puisse être négligée.

Si l'on ne peut satisfaire à cette condition, soit R la distance de l'objet terrestre au centre de l'objectif, r la distance de l'objectif au point de l'horizon artificiel où se fait la réflexion; il calcule le petit angle du triangle formé par les deux lignes brisées au point de réflexion, et cet angle il le retranche de $180° + 2e$. Il serait plus court de faire $\frac{r \sin h}{R \sin 1''}$, et ce serait la correction à faire à la somme des distances zénitales observées.

Cette méthode, moins commode que celle de Picard, a de plus un inconvénient dont l'autre est exempte. Près du zénit les réfractions sont presque nulles, et leurs variations insensibles; près de l'horizon les réfractions sont très fortes et très inconstantes.

Il donne ensuite la description du micromètre, où je ne remarque rien de neuf, sinon la méthode qu'il donne pour trouver les différences d'ascension droite et de déclinaison par les passages à des fils parallèles, mais obliques au mouvement de l'astre, et à un troisième fil perpendiculaire aux deux premiers. Soit (fig. 70) un astre observé A, à la croisée du premier fil *ab* et du fil perpendiculaire AS; observez le même astre à l'oblique DB.

Observez un second astre en D au fil oblique DB, puis en S au fil perpendiculaire.

$$AB:DS::AC:CS, \text{ ou tems de } AB:\text{tems de } DS::AC:CS.$$

Vous aurez CS puisque les trois premiers termes sont connus. Imaginez le cercle horaire PCR, qui sera perpendiculaire aux parallèles AB, DS.

$$\frac{AC}{AB}=\sin B=\cos CAB, \quad AP=AC\cos CAB=\frac{AC.AC}{AB},$$

vous aurez AP et la passage en P;

$$SR=CS\cos S=CS\cos CAB=\frac{AC.CS}{AB},$$

vous aurez le passage du second astre en R.

La différence de déclinaison

$$PR=PC+CR=AC\sin CAB+CS\sin CAB=(AC+CS)\sin CAB$$
$$=AS\sin CAB.$$

L'avantage est qu'on est dispensé de placer le réticule dans la direction du mouvement, et qu'on peut mesurer des différences de déclinaison qui surpassent AC, distance des parallèles. Il suffit de placer le réticule de manière que chacun des deux astres puisse être observé aux deux fils, qui sont perpendiculaires l'un à l'autre, et que PR soit plus grand que AC, si l'on veut jouir du second de ces avantages, lequel est celui que La Hire regarde comme le principal.

Il a imaginé un autre micromètre, qui n'est qu'un double compas, dont les deux longues branches BD et BE (fig. 71) sont décuples des petites branches AB et BC. On prend avec les branches AB et BC l'intervalle entre les deux fils d'un micromètre; l'intervalle AC se trouvera décuplé sur DE, on portera DE sur une échelle, et l'on connaîtra AB beaucoup mieux que si on le portait sur la même échelle. Cette invention, utile peut-être dans les premiers tems, serait aujourd'hui bien superflue.

Pour régler une pendule il propose les occultations d'une étoile derrière un mur, observées à une lunette fixe (*voyez* ci-dessus Huygens, page 532); il propose encore les retours d'une étoile à une même hauteur.

Pour le calcul de la correction du midi des hauteurs correspondantes, il emploie l'angle au Soleil, qu'il trouve en faisant

$$\cos \text{angle} = \left(\frac{dP}{dh}\right) \cos D = \left(\frac{15t}{dh}\right) \cos D;$$

il observe le tems que le Soleil a employé pour s'élever de 30′, t est ce tems, dh=30′, D la déclinaison; alors la correction du midi $= d$D cot angle. La Caille, en voyage, a plusieurs fois employé cette méthode qui lui a paru suffisamment exacte.

Pour observer les éclipses il propose un réticule *de son invention*, et qui n'est que celui que nous avons vu réclamé par Roëmer (ci-dessus, page 652); il le donne comme l'une des inventions les plus utiles qu'on ait jamais faites. Elle est entièrement tombée dans l'oubli, malgré le nom de Roëmer et les éloges que lui donne La Hire.

Il passe à la description d'un instrument qu'il a inventé pour trouver les éclipses du Soleil et de la Lune, les mois et les années lunaires, et les épactes.

Il prévient les observateurs que l'humidité qui s'attache à l'objectif, diminue l'éclat des satellites de Jupiter, et peut nuire à l'observation de leurs éclipses. Il est peu d'observateurs qui n'en ait fait l'expérience. Pour remédier à cet inconvénient, il allonge le tube de sa lunette d'un tube formé de quelques feuilles de papier brouillard (*charta bibula*).

Pour les réfractions, il propose d'observer au méridien, au nord et au sud, deux étoiles qui aient à très peu près la même hauteur; de l'une de ces hauteurs il déduit la hauteur du pôle, et de l'autre celle de l'équateur; de la somme de ces hauteurs il retranche 90°, le reste est la somme des deux réfractions. Cela revient à la méthode de Tycho. Il suppose les déclinaisons connues d'ailleurs. Il propose encore la méthode des angles horaires d'une étoile qui passe près du zénit.

Pour trouver à un gnomon le centre du Soleil, il prescrit de marquer les deux extrémités du grand axe, d'en retrancher à chaque extrémité le demi-diamètre du trou rond, et de diviser le reste en raison de la différence de longueur des deux rayons extrêmes. Le précepte n'était pas entièrement nouveau.

Il recommande de tenir la plaque toujours couverte, et de ne la découvrir que pour l'observation, de peur qu'en s'échauffant elle ne cause dans l'air environnant des modifications qui rendraient l'observation d'autant plus incertaine que le gnomon serait plus élevé.

A l'article de la longueur du pendule simple, il nous assure qu'on se trompe grossièrement si l'on s'imagine qu'on pourra déterminer cette longueur par les mouvemens d'une même horloge transportée d'un pays dans un autre; sa raison est qu'il a souvent éprouvé que les vibrations du pendule de l'horloge deviennent ou plus lentes ou plus rapides pour peu que l'inclinaison de l'horloge vienne à changer. Il croyait donc bien difficile de lui assurer toujours la même inclinaison.

A la suite des Tables, dans l'édition de 1727, on trouve une table de Godin pour l'équation du midi, avec la méthode qu'il a suivi pour la calculer; avec l'angle horaire P et la co-déclinaison du matin, il cherche la distance zénitale du matin; avec cette distance et la co-déclinaison du soir, il cherche l'angle horaire P'; alors $\frac{2}{60}$ (P' — P) est l'équation cherchée. Il trouve son angle par la tangente de la moitié. C'est la formule la plus longue à calculer; elle est quelquefois la plus précise, mais cette moitié n'est jamais assez forte pour que son sinus ne donne pas une précision à peu près égale. Nous avons aujourd'hui des moyens de calculs plus sûrs et plus expéditifs. La table de Godin est calculée en secondes et en tierces; La Caille nous avertit de ne pas compter sur l'exactitude qu'elle paraît promettre.

Nous voyons, par les Mémoires de l'Académie, que La Hire s'était joint à Picard en 1678, pour travailler à la carte de France; qu'en 1681 il avait observé Sirius et la Lyre, dans les saisons opposées, pour s'assurer que les réfractions sont les mêmes la nuit et le jour, et que c'est par ces deux étoiles qu'il a établi sa théorie du Soleil. Il ne parle pas de la parallaxe de 1' ou 1' $\frac{1}{2}$ que Roëmer crut remarquer pour ces deux étoiles réunies.

En 1689, La Hire observa qu'une toise s'allonge de $\frac{1}{1300}$ du froid à la chaleur.

En 1690, il avait traduit et revu en entier le livre des Pneumatiques de Héron; il y avait ajouté un grand nombre de remarques; son manuscrit était dès-lors en état d'être imprimé. Il avait traduit le Traité des carrés magiques de Moschopule.

En 1692, il donna un mémoire sur les Tables Rudolphines de Vénus et de Jupiter.

En 1696, il trouve que pour 37 ½ toises ou 225^{pi} la hauteur du baromètre varie de 2^{li} $\frac{1}{6}$; il en déduit 21203^{t} ¼ pour la hauteur de l'atmosphère. Il trouve la même chose par une observation qu'il avait faite à Toulouse. Varignon proposa quelques objections raisonnables contre ces calculs d'ailleurs fort incertains.

Dans le tome IX, on trouve ses Traités des Épicycloïdes, des mémoires sur les effets de la glace ou du froid, sur les différences des sons de la corde et de la trompette marine, sur les différens accidens de la vue, et sur la pratique de la Peinture; il est auteur de plusieurs ouvrages de Géométrie, dont les principaux sont: un grand Traité des sections coniques, in-folio, et *Veterum Mathematicorum, opera grecè et latinè*, 1693, in-folio, de l'Imprimerie royale.

Nous omettons nombre de mémoires, d'observations, de notes et d'expériences qu'il a consignés dans les Mémoires de l'Académie, sur toute sorte de sujets, car il était astronome, géomètre, physicien, naturaliste et peintre; il est auteur d'une carte de la Lune. C'est de lui que Fontenelle a dit qu'à lui seul il formait une académie tout entière. Il était né le 18 mars 1640, il mourut le 21 avril 1718.

Son fils, Philippe de La Hire, fut comme lui, membre de l'Académie, composa quelques volumes d'éphémérides, et mourut en 1719, âgé de 42 ans.

Nous ne pouvons nous dispenser de rapporter ici, d'après la Biographie de Lalande, page 341, une anecdote qui concerne les deux La Hire et Lefevre autre membre de l'Académie.

Philippe, dans la préface de l'une de ses éphémérides, avait reproché à Lefevre, auteur de la Connaissance des Tems, sans le nommer pourtant, de s'être trompé d'une demi-heure sur l'éclipse du 15 mars 1699.

Lefevre, dans la Connaissance des Tems de 1701, traita Philippe, sans le nommer, de *jeune novice*, de *mensonger* et de *menteur qui impose le faux*. A cette occasion, il accusa La Hire le père de s'être trompé de 7′ sur l'éclipse de 1695, et d'avoir *falsifié l'observation qu'il en avait faite pour l'accommoder à son calcul*.

La Hire fils eut le premier tort; confrère de Lefevre, à l'Académie, il aurait dû l'avertir charitablement et en particulier de son erreur, ou du moins se taire. Lefevre eut un tort plus grand en se servant de termes peu convenables.

Le président annonça à l'Académie que le ministre Pontchartrain avait trouvé la conduite de Lefevre contraire au règlement, et avait *voulu d'abord que Lefevre fût exclu de l'Académie*, mais qu'à la prière du président, il s'était relâché à *permettre* qu'il continuât de prendre séance à l'Académie, à condition qu'il retirerait aussitôt tous les exemplaires de son livre qui étaient chez l'imprimeur, pour en changer la préface et en faire une autre où il se rétracterait de tout ce qu'il avait dit de MM. La Hire, et que de plus, *il leur en demanderait pardon en pleine assemblée.* Le président ajouta que le chancelier retirait le privilége accordé à Lefevre pour la Connaissance des Tems, parce qu'il en avait abusé. L'heure de la séparation ayant sonné, Lefevre ne répondit rien, et l'on se sépara. La préface fut changée, et la nouvelle contient l'éloge des La Hire et celui des tables du père.

Lefevre écrivit quelques jours après qu'*il se soumettait à tout plutôt que de renoncer à l'Académie. Le président se laissa fléchir* (c'était donc lui qui exigeait la réparation publique, il ne parle plus du ministre). Lalande ajoute : « Cette complaisance ne fut qu'apparente, puisqu'on voit dans les registres que Lefevre s'étant absenté de l'Académie, en fut rayé sous prétexte du règlement qui exige l'assiduité. Ce fut une perte pour l'Astronomie. Il calculait mieux les éclipses que La Hire, parce qu'il employait la période de dix-neuf ans, qu'il tenait peut-être de Roëmer. Cela donna de l'humeur à La Hire qui causa des désagrémens à Lefebre. Celui-ci s'en vengea maladroitement, et il fut victime du crédit de La Hire. Ce fut Lieutaud qui fit la Connaissance des Tems jusqu'à 1729 inclusivement. »

Les deux parties eurent des torts comme dans toutes les querelles ; mais il paraît que les premiers et les derniers furent aux La Hire, et toujours on est tenté de se ranger du parti de l'opprimé, lors même qu'il n'est pas tout-à-fait sans reproche. Lefevre était un tisserand de Lisieux, qui, dans ses loisirs, avait lu quelques livres d'Astronomie, et qui s'était appliqué avec succès au calcul des éclipses. Picard le fit venir pour l'aider dans le travail de la Connaissance des Tems. En 1682, il suivit La Hire dans le voyage de Provence. En 1683, il l'aida dans le travail de la Méridienne. Il disait hautement que *La Hire lui avait volé ses tables* Il dit dans ses papiers, qu'un astronome lui avait confié une table d'équation de la Lune, et lui avait appris qu'il fallait augmenter d'une demi-minute le mouvement séculaire des Tables Rudolphines. On ne voit pas que les réclamations de Lefevre fussent très bien fondées, si ces tables ne lui appartenaient pas, et s'il les avait reçues d'un autre astronome. Si les tables de La Hire sont celles de Lefevre, elles n'en sont pas moins empiriques, et ces tables ne valent guère ni le bruit qu'elles ont fait, ni le scandale qu'elles ont causé.

Nous venons de voir la véritable Astronomie établie en France par Picard, transplantée en Danemarck par son élève Roëmer qui, par sa lunette méridienne, ajoute une nouvelle précision aux ascensions droites. La Hire suit pendant 36 ou 37 ans le plan tracé par Picard. Nous allons voir une autre école s'établir à l'Observatoire de Paris. Elle s'y occupera de recherches moins utiles, mais plus brillantes; elle sera plus protégée, et sans le vouloir sans doute, elle fera quelque tort à l'Astronomie véritable.

LIVRE XVI.

Jean-Dominique Cassini.

CET astronome célèbre était né le 8 juin 1625, à Perinaldo (*Podium Reinaldi*, et en français, Pec-Regnauld). Après avoir étudié pendant deux ans à Vallebone, il entra au Collége des Jésuites à Gènes, sous le P. Casselli. Il y montra d'abord des dispositions pour la Poésie latine, et ensuite pour la Théologie. Il y avait au Collége des Jésuites une leçon extraordinaire de Mathématiques. L'évidence que Cassini trouva dans les principes de cette science, la lui fit préférer à toute autre, il y donnait tout le tems qu'il pouvait dérober à la Théologie. L'abbé Doria l'ayant conduit à son abbaye de San-Fructuoso, il y étudia les élémens d'Euclide, les Tables médicées de Reineri, les Tables Alphonsines et les Tables Rudolphines. Par complaisance pour le théatin d'Adiesse et pour sa sœur Angela Gabriella, religieuse au couvent des Cordelières, il se chargea de composer en vers italiens une tragédie de Saint.-Alexis, que les religieuses représentèrent avec succès, et qui leur valut quelques réprimandes de leur directeur, ce qui ne les empêcha pas de demander une autre tragédie de Sainte.-Catherine, que Cassini n'eut ni le tems ni l'envie de leur composer.

M. Lercaro, depuis doge de Gènes, celui qui, dans la suite, se vit obligé de venir à Versailles faire des excuses à Louis XIV, l'ayant mené dans une de ses terres en Lombardie, un ecclésiastique corse lui prêta quelques livres d'Astrologie judiciaire dont il fit des extraits que, *par scrupule*, il consigna depuis entre les mains du somasque Spinosa. Ayant fait l'expérience d'une méthode astrologique *qui était très fautive*, et qui cependant avait parfaitement réussi, il *soupçonna* que le hazard seul avait pu justifier la prédiction. Il lut attentivement le livre que Pic la Mirandole avait écrit contre les astrologues; il vit qu'il n'y avait rien de solide dans leurs règles, et qu'*il n'y avait que l'Astronomie qui méritât de l'attention*. Une dispute s'était élevée entre le P. Noceto et l'astrologue Odérigo, et les deux adversaires avaient écrit des satyres l'un contre l'autre. Riccioli et Grimaldi, à qui Noceto avait envoyé sa pièce de vers, le blamèrent, en lui disant, comme Képler, qu'on peut tolérer qu'une folle enfant nourrisse une mère sage, et que *si le public était persuadé de la vanité de l'Astrologie, les livres d'Astronomie n'auraient plus de débit*. (On pourrait soupçonner qu'un motif pareil a pu porter Tycho à faire, dans toutes les occasions, l'apologie de cette science prétendue, sans jamais hazarder lui-même une seule prédiction. Mais puisque, après son duel nocturne, il crut remarquer que la position de Mars, à l'instant de sa naissance *lui présageait une difformité dans le visage*, il y a quelque apparence qu'il était un véritable adepte, et un *amateur* de la science professée par Régiomontan.)

Le sénateur Bagliani lui montra un sextant que Tycho-Brahé avait fait construire pour Magini et que Magini avait vendu tout aussitôt après l'avoir reçu (ce qui nous prouve que ce professeur ne voulait pas perdre, à des observations qui ne lui auraient rien rapporté, le tems qu'il employait à composer des livres dont le produit était plus certain).

Sur l'invitation du marquis Malvasia, il se rendit à Bologne. Ce sénateur faisait alors construire un observatoire qu'il voulait garnir de divers instrumens et d'une collection nombreuse de livres d'Astronomie. Il faisait de plus imprimer tous les ans un journal astrologique. Cassini lui représenta qu'il serait plus utile et plus honorable de faire imprimer des éphemerides astronomiques. Malvasia ne se rendit pas d'abord, il venait d'avoir un succès très marqué, en prédisant une tempête horrible, qui en effet eut lieu conformément à la prédiction. Mais, en recommençant le calcul, Cassini lui montra une faute sans laquelle il n'eût pas fait sa prophétie. De ce moment, Malvasia prit le parti de calculer des éphémérides d'un autre genre.

Cassini, arrivé à Bologne en 1644, y trouva les chaires de Mathématiques remplies par Ricci, auteur d'un *Directorium uranometricum*, accompagné de tables, et par Ovidio Montalbani, qui donnait tous les ans un état du ciel. Le P. Mengoli et le comte Mansini avaient aussi publié des observations astronomiques; Riccioli, Grimaldi et Bettini étaient au collége des jésuites.

A la mort de Cavalleri, en 1650, Cassini fut nommé à la chaire d'Astronomie. Il commença dès-lors à se livrer aux observations pour la correction des tables.

En 1652, une comète parut; n'ayant à sa disposition qu'un mauvais instrument que Malvasia venait de faire construire, Cassini se contenta de marquer les configurations de la comète avec les étoiles voisines, pour en déduire, comme il pourrait, les longitudes et les latitudes. On fit venir de Modène des imprimeurs qui mettaient sous presse l'Histoire de la comète, à mesure que Cassini la composait. (Cette comète est la vingt-neuvième de mon catalogue; la distance périhélie, suivant Halley, est 0,8475, et l'inclinaison 79° 28′). Cassini ne lui trouvant aucune parallaxe, se crut autorisé à conclure qu'elle était au-dessus de Saturne. (La théorie des comètes était trop peu avancée et les observations trop grossières pour légitimer une pareille conclusion, à laquelle il n'a pu être conduit que par le système de Descartes, dont il était grand admirateur; mais elle n'allait pas aussi bien avec les idées communes, qui étaient que les comètes se formaient des exhalaisons de la Terre et des astres. On n'avait jamais dit que les exhalaisons de la Terre s'étendissent à de telles distances.) Il supposait que tous les astres avaient chacun leur atmosphère qui s'étendait fort loin, et se mêlaient avec les autres atmosphères. Mais, depuis la publication de son ouvrage, *ayant eu le loisir de comparer ensemble les observations diverses de cette comète, dont le mouvement avait été singulièrement inégal, il reconnut qu'il pouvait le réduire à l'égalité sur une ligne circulaire fort excentrique à la Terre; et ayant vu, dans les dernières observations, cette comète passer par le zénit, il estima fort raisonnable l'hypothèse d'Apollonius Myndien, qui supposait les comètes des astres perpétuels, dont le mouvement est si excentrique à la Terre, qu'elles ne sont visibles que vers leur périgée.* (Nous avons vu que Tycho supposait les orbites circulaires, ainsi que Mæstlin, mais il les rapprochait bien plus de la Terre.)

Ignace Dante avait tracé une ligne méridienne dans l'église de St.-Pétrone; les rayons du Soleil à midi allaient rencontrer des colonnes, de sorte qu'on avait été forcé de donner à cette méridienne une déclinaison de plus de 9° (ce qui, au reste, était assez indifférent pour l'objet que se proposait Dante, et qui était de reconnaître, par l'image du Soleil, les jours équinoxiaux ou solsticiaux, et par ce moyen, de régler la célébration de la Pâque. Il était assez égal de marquer l'image 30 ou 40′ avant ou après midi, au sommet réel de l'hyperbole ou à quelque distance de ce sommet; car près de midi, la route de l'ombre est presque rectiligne en toute saison. On n'avait pas aussi exactement la distance zénitale aux jours des équinoxes et des solstices; mais on avait les jours des solstices, et surtout ceux des équinoxes, on n'en voulait pas davantage.)

Cassini, par beaucoup de recherches, s'assura qu'il pouvait faire passer une véritable méridienne entre les bases de ces colonnes. Il choisit un point dont la hauteur, au-dessus du pavé de l'église, était de 1000 pouces de Paris; c'était un tiers de plus que n'avait le gnomon de Dante. On doutait de la réussite de ce projet. Cassini eut beaucoup de peine à le faire agréer au sénateur qui présidait l'administration de Saint-Pétrone. Il invita tous les professeurs à toutes ses opérations. Les jésuites Riccioli et Grimaldi y assistèrent et en rendirent compte au sénat. A ce nouveau gnomon, Cassini détermina l'obliquité de l'écliptique 23° 29′ (ce qui se conçoit), la réfraction horizontale de 32 à 33′ (ce qui est plus difficile à comprendre), et la parallaxe du Soleil presque insensible. En effet, par des observations d'un genre tout différent (et beaucoup plus sûr) il prouva depuis, que cette parallaxe n'était guère que de 10″. Il ajoute même qu'*il détermina la partie de la circonférence de la Terre que la longueur de sa nouvelle méridienne occupait dans le ciel, détermination qui fut depuis confirmée par la mesure du degré de Picard.* Il se servit aussi de sa méridienne pour démontrer la bissection de l'excentricité (déjà démontrée par Képler), et parvint à convertir sur ce point Riccioli, qui en parle dans son Astronomie réformée. A cette occasion, *Riccioli lui proposa de coopérer avec lui à ce grand ouvrage,* mais il s'en excusa, *ne se croyant pas autant de facilité que lui pour écrire.* (Il y a beaucoup d'apparence que sa véritable raison était une répugnance fort naturelle à travailler en second sous la direction du jésuite.)

Il nivela avec soin sa méridienne, pour se prémunir contre les tassemens; et cependant, étant revenu en Italie en 1695, il vit qu'en 40 ans le sol avait baissé aux environs des piliers, ce qu'il attribue *à la pression continuelle de ces piliers vers le centre de la Terre.* Il avait remarqué qu'*une barre de fer rougie était sensiblement plus longue que quand elle était refroidie.* Il en concluait que *les pendules attachés à une barre de fer devaient avoir quelques inégalités de vibration, causées par la variation des saisons et des climats.* (La remarque était certainement très juste et très importante; mais à l'époque où Cassini l'écrivait, il est douteux qu'elle fût bien neuve, et il va beaucoup trop loin quand il attribue uniquement à cette cause ce que Richer avait observé près de l'équateur.)

Il fit hommage à la reine Christine, de sa méridienne, dessinée sur une grande feuille de satin. La reine accueillit avec distinction cette dédicace, qui fut l'occasion de longs entretiens que le savant eut avec la princesse.

Quand il eut terminé les ouvrages entrepris à l'occasion de sa méridienne, il fut député, avec le marquis de Tanara, auprès du pape Alexandre VII, pour régler quelques différends sur les cours du Reno et du Pô. Il saisit cette occasion pour faire rendre à Riccioli un manuscrit qu'il avait composé sur l'*immaculée conception*, dont il voulait qu'on fît une fête, comme on l'a décidé depuis, malgré d'assez fortes réclamations. L'inquisiteur n'avait voulu ni donner la permission d'imprimer, ni rendre le manuscrit. Le pape le fit rendre, mais il ne voulut pas décider la question, pour ne pas déplaire aux dominiquains, qui étaient d'un avis diamétralement opposé à celui des jésuites. (D'après cette anecdote, on pourrait expliquer pourquoi Riccioli affectait avec tant de soin, en apparence, mais en effet avec si peu d'adresse, de se montrer anti-copernicien. Il se vengeait ainsi des inquisiteurs, dont il se moquait, en feignant de prendre leur parti.)

Pendant le séjour qu'il fit à Rome, Cassini présenta au pape un *Système du mouvement spiral des planètes, dans l'hypothèse de la Terre stable.* Cet ouvrage se conserve dans la bibliothèque Chigi. Le grand duc de Toscane en eut aussi un exemplaire. (Ces spirales ou ces épicycloïdes se trouvent aujourd'hui dans plusieurs ouvrages, et notamment dans l'Atlas céleste de Doppel-Mayer. Le premier auteur de ces figures est Képler, qui en tirait un argument assez fort contre le système de Ptolémée. Cassini était trop bon catholique romain pour en faire un pareil usage.)

Pendant un de ses séjours à Ferrare, il expliqua au marquis Bentivoglio la méthode qu'il *avait imaginée* pour représenter sur une carte géographique la diversité des phases d'une éclipse de Soleil. L'inquisiteur de Modène, alarmé de cette *nouveauté*, ne voulut point en permettre l'impression. (Ce n'était encore qu'une idée de Képler, qui en faisait un usage continuel pour ses éphémérides. *Voyez* aussi ses remarques sur la lettre du jésuite Terrentius.) (*Pro locis terrarum singulis servient schemata mihi usitata, jucundissimo exercitio manuario, per regulam et circulum, si cui et lubido et otium, ad inquirendum compendiose, quicumque locus terrarum, quocumque momento durationis omnimodæ, an et quot digitis et in quâ solis altitudine, seu quâ diei horâ,*

Solem visurus sit deficientem, et id crescente defectu an decrescente.) Ce passage prouve que Képler avait complètement résolu le problème, par une opération graphique *très amusante*, qui n'exigeait qu'une règle et qu'un compas. Pour les fondemens de sa méthode et l'idée de la projection, voyez son *Epitome*, page 876, où il trace sur sa figure l'orbite de la Lune, avec les lignes parallèles des doigts éclipsés, de 0 jusqu'à 12 au sud, et jusqu'à 7 doigts au nord. Avec ces préceptes, ces exemples et tous ces renseignemens, l'invention n'a pas dû coûter beaucoup. Il est vrai que Képler, dans ses Ephémérides, ne donne pas de cartes; il se contente d'indiquer les lieux par leurs noms, par leurs longitudes et leurs latitudes (Ephém. de 1617, p. 41). Voyez cependant, p. 44, une de ces cartes, tracée sur le cercle de projection. A l'année 1618, après avoir indiqué quelques points principaux, il nous dit : *Datis igitur extremis et medio tractus reliquus umbræ lunaris per superficiem globi terrestris facile potest concipi.* En l'an 1619, remarquez cette phrase : *Neque te moveat quod ex quinque locis designatis, primus secundo orientalior, quintus quarto occidentalior, quod que poli altitudines ordine suo non succedant, nam hæc omnia potest volutio diurna Telluris.* Képler avait traité, dans son *Hipparque*, des divers cas du problème général de la route de l'ombre. Il en donne quelques extraits dans l'Ephéméride de 1627; et dans tous les volumes suivans, jusqu'à 1636, il les applique et les développe. Nous ne sommes pas entré dans ces détails à l'article Képler, en lui faisant honneur de cette méthode. Nous ne songions pas alors que cette découverte était réclamée par quatre hommes aussi recommandables que Cassini, Flamsteed, Wren et Halley. Peut-être l'ont-ils trouvée d'eux-mêmes. Comment croire cependant que ces astronomes n'eussent jamais lu Képler?

En 1668, Cassini fit quelques essais à la tour Asinelli de Bologne, pour la mesure de la Terre.

A Rome, en 1664, il avait observé la comète, en présence de Christine. Cette princesse voyant que la comète allait rapidement vers le nord-ouest, imaginait qu'elle allait en peu de tems faire le tour du ciel. Cassini lui répondit que, suivant *ses hypothèses*, ce mouvement si prompt devait se ralentir et devenir rétrograde. (La même conséquence se déduisait des hypothèses de Tycho, Mæstlin, et surtout de celles de Képler.) L'ouvrage où Cassini expose ses idées sur cette comète fut dédié à Christine.

Avec une lunette de Campani, il observait les ombres des satellites sur le disque, et le mouvement d'une tache, de laquelle il conclut une rotation de $9^h 56'$.

Louis XIV le mit au nombre des membres de son Académie des Sciences, et peu de tems après on imprima dans le Journal des Savans sa Théorie de la libration, qui est une de ses idées les plus heureuses, supposé pourtant qu'elle lui appartienne, ce qui sera discuté par la suite. Dans le même tems il envoyait à l'Académie des Sciences ses Tables et ses Ephémérides des satellites. Le pape consentit à ce qu'il se rendit en France, sur l'invitation qui lui en fut faite de la part de Louis XIV. Il lui conserva les appointemens de ses places, pour le tems de son absence, qui ne devait durer que quelques années. On lui garda même sa chaire d'Astronomie; mais il y renonça de lui-même, dès qu'il se fut décidé à demeurer en France. La place d'intendant des eaux et des fortifications fut supprimée en 1677, par Innocent XI. Colbert lui envoya 1000 écus pour son voyage, avec l'assurance d'une pension de 9000 livres. Il quitta Bologne le 25 février 1669. Il fut parfaitement accueilli par la famille royale et par Colbert. Il fit quelques objections au plan qu'on avait arrêté pour l'Observatoire royal; mais tout son crédit ne put l'emporter sur celui de l'architecte. Il aurait voulu une grande salle, dans laquelle on aurait marqué sur le sol le mouvement journalier du Soleil, ce qui aurait fait un cadran vaste et fort exact, où l'on aurait pu observer les variations produites par les réfractions, aux différentes heures du jour. On disposa la grande salle pour recevoir une méridienne, qui pourtant ne fut tracée qu'en 1729, et qui depuis a été fort négligée, parce que l'on avait mieux. Les dalles ne furent posées qu'en 1730. On proposa d'élever sur la plate-forme un bâtiment carré, pour jouir du ciel tout entier, et suivre un astre dans tout son arc diurne; c'était au moins une vue fort utile, mais ce projet n'a été réalisé que plus de 100 ans après, par M. le comte Cassini.

La tour orientale fut laissée entièrement découverte; on y pratiqua, dans la façade, une longue fente destinée à recevoir à diverses hauteurs, des objectifs avec l'un desquels Cassini découvrit un nouveau satellite à Saturne. Au-dessus de la tour occidentale, il voulait ménager un hémisphère creux, suivant l'idée de Bérose. Au-dehors et vis-à-vis la façade méridionale, on planta des mâts pour le service des longues lunettes. On y transporta même une tour de bois faite à Marly, pour l'élévation des eaux, et qui servit à élever des objectifs à des hauteurs qui surpassent celle de l'Observatoire.

Ici finissent les anecdotes de la vie de Cassini, écrites par lui-même, et que nous avons seulement abrégées, en conservant ses expressions autant qu'il nous a été possible. On y voit ses vues, ses idées, son plan d'Astronomie. En le félicitant de ses découvertes et en admirant son zèle, nous ne pouvons nous empêcher de regretter que ses succès, même la grande réputation qu'il avait apportée en France, et qu'il y augmenta encore par de nouvelles découvertes, aient fait si long-tems négliger les idées si différentes de Picard, et qu'au lieu du plan si bien conçu qui était indiqué et qui régit en tous lieux les observatoires, on ait donné la préférence à des recherches intéressantes sans doute, mais qui ne sont pourtant que d'une utilité secondaire, et qui devenaient même plus pénibles et plus incertaines en France qu'en Italie; d'où l'on pourrait être tenté de conclure qu'en appelant Cassini en France on nuisit tout-à-la-fois à l'Astronomie et à Cassini lui-même. En Italie, avec les lunettes de Campani, il avait observé la rotation de Jupiter et celle de Vénus. En France, avec des lunettes plus fortes, commandées à ce même Campani, par Louis XIV, jamais il ne put revoir la tache de Vénus, ni vérifier sa révolution. En France, il découvrit quatre satellites à Saturne; en Italie, peut-être il aurait vu les deux satellites intérieurs découverts depuis par Herschel.

Ce que nous allons ajouter est tiré de diverses notes écrites de la même main, et publiées par M. le comte de Cassini, dans ses *Mémoires pour servir à l'Histoire des Sciences*. Paris, 1810.

En commençant ses recherches sur les satellites, il en avait déterminé les nœuds, les inclinaisons et les mouvemens, par la comparaison qu'il fit de ses propres observations avec celles de Galilée. Il finit par supposer les nœuds fixes en $10^s\ 13^\circ$; il faisait les inclinaisons de 3° moins quelques minutes. Dans les Ephémérides qu'il avait publiées en 1668, il n'avait employé que ses observations et quelques autres qui étaient d'Hodierna. Ces Ephémérides furent communiquées aux astronomes de Paris, qui les comparèrent à leurs observations, et l'on commença à faire servir ces éclipses à la détermination des longitudes. Picard, Huygens et Cassini furent les premiers qui s'appliquèrent à ce genre d'observations; car jusqu'alors on était peu d'accord sur ce qu'il convenait d'observer de préférence. Long-tems on s'était borné aux configurations; l'entrée du satellite sur le disque de Jupiter, et la sortie même, ne peuvent s'observer avec une précision aussi grande que le commencement ou la fin d'une éclipse. L'entrée du premier bord sur le disque est moins incertaine que celle du second bord; l'ombre du satellite se voit mieux au milieu du disque que vers les bords. Cassini, auteur de ces remarques, avait aperçu ces ombres vers 1664; il s'en servait pour déterminer les rayons vecteurs ou les distances des satellites à leur planète principale, quoique ces rayons, ainsi projetés, dussent être considérablement diminués et d'autant plus difficiles à déterminer. Ce sont des essais qui n'ont été répétés par personne.

La tache qui lui fit trouver la rotation de Jupiter, est adhérente à une bande obscure, dans la partie méridionale du disque. Le capucin Rheita s'était imaginé que le tems de la rotation était proportionnel à celui de la révolution, et qu'ainsi Jupiter devait tourner sur son axe en 12 jours. Huygens, considérant que la révolution du satellite Saturne n'était que de 16 jours, tandis que celle de notre Lune est de 27 $\frac{1}{3}$, en avait conclu pour Saturne une rotation bien plus rapide que celle de la Terre, et il avait mieux conjecturé; Képler avait déjà fait un pareil raisonnement sur Jupiter et son premier satellite.

Rheita avait inventé un *binocle* dont il se servait pour observer les astres; Cassini avait imaginé de lier ensemble deux grandes lunettes, qui grossissaient fort les objets; mais il en trouva l'usage incommode.

Au moyen d'une grande tache qu'il aperçut sur le disque de Mars, Cassini trouva que la rotation de cette planète était de $24^h\ 40'$. A Rome, quelques observateurs la trouvaient de moitié plus courte, parce qu'ils supposaient deux retours où Cassini n'en voyait qu'un seul.

Les phases de Vénus sont un obstacle à ce qu'on tire le même parti de ses taches; cependant il parvint à en distinguer une qui lui donna une rotation peu différente de celle de Mars.

Les taches du Soleil lui firent trouver une rotation (apparente) d'environ 27 jours, et une inclinaison de $7°\ \frac{1}{2}$. Ces observations furent envoyées au Roi et à Colbert qui, voulant voir par lui-même, sentit la nécessité de faire préparer le logement que Cassini devait occuper à l'Observatoire, et le chargea de commander à Campani plusieurs objectifs pour le compte du Roi. Quelque tems après, Campani envoya un objectif de 34 pieds, qui lui fut payé mille écus. La lunette dont Cassini se servait auparavant n'avait que 17 pieds.

Il croit le Soleil composé d'un noyau solide et opaque, recouvert d'un océan lumineux, dont les mouvemens laissent apercevoir par fois les sommets de quelques rochers. Il croit aussi à la possibilité des volcans dans le Soleil. Il a évidemment reconnu l'identité de quelques taches revenues au même point du Soleil après un certain tems. Nous n'avons pu trouver ces observations.

Il vint habiter l'Observatoire le 14 septembre 1671. On conserve quelques registres où il a consigné les observations qu'il y fit pendant les premières années.

Huygens ne donnait d'abord que 23° ½ d'inclinaison à l'anneau, c'était trop peu; Cassini en trouva 34, ce qui était trop. Il découvrit un nouveau satellite, qui était invisible dans certaine position, ce qu'il attribue à des taches que le satellite ne tourne qu'alors vers la Terre, parce que, semblable à notre Lune, il montre toujours la même face à sa planète principale. La période de ce satellite lui parut de 79^j 19^h. A cette découverte il joignit en différens tems celles de trois autres satellites.

Il imagina un instrument pour mesurer la vitesse de l'eau à diverses profondeurs. Cette vitesse lui parut la plus grande à la profondeur moyenne; il lui sembla qu'elle allait en diminuant soit vers le fond, soit vers la surface.

Il est encore auteur d'une machine pour comparer les résistances de l'eau et de l'air, d'un planisphère céleste, d'une balance arithmétique, de l'instrument qu'on a depuis nommé *jovilabe*, pour prédire les configurations des satellites; enfin d'une machine parallactique.

Ici finissent les notes publiées en 1810 par M. le comte de Cassini.

Dom. Cassini avait promis une théorie de la comète de 1652, mais elle n'a point paru. Nous n'avons que l'essai qu'il avait publié en 1655. Nous en donnerons l'extrait.

Ce fut en 1669 qu'il publia sa (prétendue) solution du problème de Képler. Sa description du gnomon de Bologne est de 1656. Son *Astronomia nuova* est de 1657. En 1659 il présenta au pape un planisphère, sous ce titre : *Systema revolutionum superiorum planetarum circa Terram, ab anno* 1659 *ad sequentes, per tricenos dies*. Nous en avons parlé ci-dessus.

Varie figure intagliate in rame, che rappresentano la prospettiva de' pianeti, con le proporzioni de' loro distanze al Sole ed a la Terra, periodiche revolutioni, direzzioni e retrogradazioni. (*Voyez* les Mémoires de l'Académie, pour 1709.)

En 1661, il publia sa méthode graphique pour les éclipses du Soleil. Nous n'avons pu nous procurer cet opuscule.

En 1662, *Novissimæ motuum Solis ephemerides ex recentioribus tabulis clarissimi viri Joh. D. Cassini, à Marchione Malvasia supputatæ, cum epistolis autoris ad Cassinum ejusdemque responsis*.

En 1663, *Joh. Do. Cassini, Epistola de observationibus in D. Petronii templo habitis.* Nous aurions bien désiré voir cet écrit, ainsi que le suivant.

En 1664, *Osservazioni dell' eclisse solare fatta in Ferrara l'anno* 1664, *con una figura intagliata in rame che rappresenta un nuovo metodo di trovar l'apparenze varie che fa nel medesimo tempo in tutta la Terra.*

En 1665, *Astronomicæ epistolæ duæ. — Due lettere astronomiche al signor abate Falconieri, sopra il confronto di alcune osservazioni nè due mesi seguenti :*

Lettere astronomiche sopra le varietà delle macchie osservate in Giove e loro diurne revoluzioni.

Tabulæ quotidianæ revolutionis macularum Jovis nuperrime adinventæ à Joh. D. Cassini.

Theoria motus cometæ anni 1664 *et* 1665, *pars prima.*

Disceptatio apologetica de umbris medicæorum in Jove; con altre opere.

De Solis hypothesibus et de refractionibus siderum ad dubia ad modum R. P. J. B. Riccioli, epistola ad D. Montanari.

Joh. D. Cassini, opera astronomica.

En 1667, il aperçoit une nouvelle étoile dans l'Éridan.

Estratto di una lettera al signor Petit, intorno al moto di Venere.

Nuntii siderei interpres et de planetarum facie, maculis et revolutione.

Dissertationes apologeticæ de duplici gnomone in divi Petronii templo.

Ébauche de premières tables des satellites de Jupiter.

Ephemerides Bononiensus, medicæorum siderum ex hypothesibus et tabulis Joh. D. Cassini.

Spina celeste, meteora osservata in Bologna, da Joh. D. Cassini.

Apparizioni celesti dell' anno 1668 *osservata in Bologna.*

Disceptatio apologetica de maculis Jovis et Martis, annis 1666 *et* 1667, *et de conversione Veneris circa axem.*

Novità osservata nelle stelle fisse, 1668.

Osservazioni fatte in Roma della stella rinascente nel collo della Balena, li 14 *Gennaro, per aviso ricevuto dal signor Cassini.*

Osservazioni dell' eclisse solare fatta in Bologna, li 24 *november* 1668.

Observations de la comète de 1668.

Astronomia geometrica ; lettere al Gassendo.

Geodesia nova. (Voyez la Géographie réformée de Riccioli.)

Astronomia optica. (Lettere al Malvasia ed al Montanari.)

Planetographia. — Almagestum novum.

Ces cinq derniers ouvrages n'ont point été publiés.

Tous ces ouvrages avaient été composés en Italie; la plupart sont des feuilles fugitives qui paraissent n'avoir pas pénétré en France. Nous trouverons les autres productions de Cassini réunies ou au moins mentionnées dans les Mémoires de l'Académie, ou imprimées à part.

Cassini partit de Bologne, le 25 février 1669; il était à Paris le 4 avril, et le 6 il fut présenté au Roi. Passons à l'analyse de ses principaux écrits.

Joh. D. Cassinus, Genuensis in Bononiensi archigymnasio publicus Astronomiæ professor, de cometâ anni 1652 *et* 53. *Mutinæ.*

Aux premiers jours de son apparition la comète surpassait en éclat les étoiles de première grandeur, elle diminua bientôt de manière à ne pouvoir être que difficilement distinguée des étoiles de second ordre. D'abord sa lumière était vive, la chevelure se distinguait à peine et se dirigeait vers le nord, elle disparut bientôt, alors la comète ressemblait à une étoile. Elle fut aperçue pour la première fois par l'évêque Buoncompagni. On ne songeait point encore à chercher les comètes, on attendait qu'elles eussent été remarquées soit à cause de leur queue, soit à cause de leur éclat extraordinaire. Le 19 du mois de décembre, la longitude était de $2^s\,7^\circ$, et la latitude de 37° australe; le diamètre apparent était égal au demi-diamètre de la Lune; le noyau était d'une lumière blanchâtre et entouré d'une nébulosité.

Cassini place la Terre au centre du monde; il croit la Lune entourée d'une atmosphère, et sa raison est *que les étoiles qui sont dans son voisinage se trouvent amplifiées et éprouvent une réfraction. C'est aussi ce qui arrive aux satellites de Jupiter.* On croit aujourd'hui et on observe tout le contraire. Par analogie, il suppose de même une atmosphère à la comète, et ici du moins les apparences sont en sa faveur. La queue n'était, selon lui, qu'un amas de vapeurs et d'exhalaisons. Mais pourquoi ces vapeurs ne se voient-elles que dans la partie opposée au Soleil? C'est, nous dit-il, que le Soleil dissipe toutes celles qui sont de son côté, et qu'il n'en peut faire autant de celles qui sont derrière la comète. Il ne doute pas que la Terre vue de loin, ne présente des phénomènes pareils. Il aurait dû nous expliquer pourquoi nous ne voyons jamais de queue à Vénus ni à Mars. *La comète n'est pas un astre véritable, elle est nouvellement formée;* l'atmosphère qui l'entoure contient encore des parties plus pesantes, qui finiront par se rapprocher du centre. Il adopte les idées de Descartes sur les différentes densités des couches du tourbillon, et sur leurs vitesses différentes, qui font que la comète se meut dans la partie avec laquelle elle a plus de ressemblance. Il rapporte que le 20 décembre, à 2 heures du matin, on avait vu s'allumer, dans la comète, un feu très brillant, qui s'étendit jusqu'au pied gauche d'Orion et s'éteignit aussitôt. Il croit cette comète formée des exhalaisons de la Terre et des autres planètes, et qu'elle est principalement de la nature de la Lune. D'abord on n'observa que des configurations, ensuite on forma un octant, espèce de compas de bois de dix pieds de rayon, représenté sur une planche qui termine l'ouvrage. Cet octant n'avait point de limbe ni de division. On mesurait l'écartement des deux branches avec une règle divisée en 100000 parties.

La comète se mouvait à fort peu près dans un grand cercle, médiocrement excentrique à la Terre, et qui passe entre ceux de Vénus et de Mars acronyque.

Ce premier ouvrage ne se recommande encore ni par les observations, ni par les idées, qui ne sont qu'un mélange des rêveries d'Aristote et de Descartes.

Lettres à Falconieri, *voyez* ci-dessus le titre en entier.

L'auteur se félicite de ce que l'éphéméride qu'il avait donnée de la comète, s'était accordée pour le tems de la station, avec les observations d'Auzout. En supposant une légère courbure à l'orbite, elle deviendra cylindrique, ou plutôt la comète décrira une petite portion de spire, peu différente d'un arc elliptique, ou si l'on veut une portion de cercle incliné à l'écliptique; mais il lui paraît impossible d'en conclure le tems de la révolution. Il paraît mécontent de quelques critiques, qui n'ayant pu d'abord concevoir qu'il eût pu ramener à des règles certaines le mouvement des comètes, avaient fini par dire que rien n'était plus facile. Ces critiques apparemment n'avaient pas lu Képler, et l'on serait tenté de croire que Cassini ne l'avait pas lu davantage. Ce qui paraît encore plus étrange de beaucoup, c'est la manière dont Fontenelle parle de ces deux comètes, en 1712, long-tems après la publication des ouvrages de Newton et de Halley. Sur la première, il dit avec assurance que Cassini *fit toutes les recherches que l'art pouvait désirer, et toutes les déterminations qu'il pouvait fournir.* Nous venons précisément de remarquer tout le contraire. Nous pourrions dire à peu près comme Fraucaleu :

> ......L'éloge a ses licences; mais
> Celle-ci passe un peu les bornes que j'y mets.

A propos de la comète de 1664, il nous dit que *Cassini se fia tellement à son système des comètes, qu'après les deux premières observations, il traça hardiment à la reine, sur le globe céleste, la route que celle-là devait tenir.* La merveille n'était pas grande. D'après les idées reçues, la comète décrivait un arc de grand cercle; il ne s'agissait donc que de prolonger sur le globe l'arc qui joignait les lieux des deux premières observations. Ce système n'était pas celui de Cassini, c'était celui de Tycho, de Képler et de tous ses successeurs, celui d'Hévélius et de tous les astronomes du tems. *Après une quatrième observation, il assura qu'elle n'était pas encore dans sa plus grande proximité à la Terre.... qu'elle y arriverait le* 29. C'était se hasarder un peu; mais il ne pouvait pas se tromper de beaucoup, et il n'avait pas à craindre que Christine s'aperçût de l'erreur; et *quoiqu'alors elle surpassât la Lune en vitesse et semblât devoir faire le tour du ciel en peu de tems, il avança qu'elle s'arrêterait dans Ariès, dont elle n'était guère éloignée que de deux signes, et qu'après qu'elle y aurait été stationnaire, le mouvement y deviendrait rétrograde.... Ces prédictions trouvèrent quantité d'incrédules, qui soutinrent que la comète échapperait à l'astronome et l'espérèrent jusqu'au bout. Quand ils virent qu'elle lui avait été parfaitement soumise, ils firent comme elle un mouvement en arrière, et dirent qu'il n'y avait rien de si facile que ce qu'avait fait M. Cassini.*

La tournure est ingénieuse et piquante; elle dut réussir alors, et aujourd'hui même elle aurait sans doute encore des approbateurs; mais il est plus que douteux qu'un secrétaire perpétuel osât la risquer. Ces prédictions n'avaient rien que de très simple, si Cassini avait une première approximation de l'orbite, soit par la méthode de Tycho ou de Mæstlin, soit par celle de Képler, avec laquelle celle de Cassini a les ressemblances les plus marquées. Cassini pouvait les hasarder sans craindre de se tromper trop évidemment; et si les critiques changèrent de langage, il est possible que dans l'intervalle on leur eût appris, ou que d'eux-mêmes ils eussent lu dans Képler, qu'en effet rien n'était plus facile.

Cassini convient que la trajectoire rectiligne ne peut être regardée que comme *une approximation commode et qui n'est pas à mépriser, puisqu'elle suffit pour prédire la marche de la comète pendant un certain tems.* C'est tout ce qu'on avait prétendu jusqu'alors, et Fontenelle aurait pu féliciter Cassini d'avoir imaginé cette approximation, s'il en eût véritablement été l'inventeur; mais Képler en avait donné toutes les règles, appuyées d'exemples calculés, et l'on avait en outre les orbites circulaires de Tycho.

Auzout et Cassini s'étaient rencontrés dans l'idée assez étrange de mettre le centre des mouvemens de la comète dans Sirius ou l'étoile brillante du grand Chien.

A l'occasion de cette comète, Cassini décrit la nébuleuse d'Andromède, observée déjà par Simon Marius, et dans laquelle les lunettes ne font voir aucune étoile distincte, mais seulement des rayons blanchâtres. Il s'étonne que Marius n'ait pas remarqué combien était inexacte, dans les globes de Tycho et dans les cartes de Bayer, la position des trois étoiles de la ceinture, β, μ, ν, que Bayer met presque en ligne droite. Quant à la nébuleuse, Cassini croit qu'elle doit être une *comète fixe* ou une *véritable nébuleuse* ne renfermant aucune étoile, et il ajoute en passant, que la nébuleuse de l'épée d'Orion, découverte par Huygens, lui paraît avoir éprouvé des changemens assez sensibles, soit dans la position, dans l'éclat; soit enfin *nell' aggiunta della quarta stella alle tre contigue*, par une quatrième étoile qui était venu se joindre aux trois étoiles contiguës qu'on avait d'abord observées.

Theoriæ motûs cometæ anni 1664, *pars prima, ea præferens quæ ex primis observationibus ad futurorum motuum prænotionem deduci potuere, cum novâ investigationis methodo, tum in eodem, tum in comete novissimo anni* 1665, *ad praxim revocata, auctore Jo.-Do. Cassino. Romæ*, 1665. Ce Traité est dédié à Christine.

« Les étoiles nouvelles et les comètes sont destinées à ranimer chez les hommes le goût des recherches astronomiques; ainsi l'étoile de 1572 occasionna les travaux de Tycho et nous a valu un grand astronome. (*Si non aliud, magnum certe astronomum prænuntiasse ac progenuisse.*) »

Par les observations des 18 et 19 décembre, il vit que la marche de la comète était une ligne droite menée des dernières étoiles de la Vierge aux premières étoiles du Corbeau. Il supposa qu'*à l'exemple des comètes précédemment observées, elle décrirait à très peu près un arc de grand cercle, il ne craignit pas de continuer cet arc sur le globe de Lucius, de le faire passer par l'Hydre, entre la Coupe et le Triangle, par le mât du Vaisseau, le ventre du Chien, la face du Lièvre, la tête ou le cou de la Baleine, les pieds de devant du Bélier et jusqu'à la queue du Poisson boréal. Ce cercle coupait le zodiaque aux derniers degrés d'Ariès et de la Baleine, sous un angle d'environ* 50°; *il coupait l'équateur vers* 44° *d'ascension droite et sous un angle de* 30° *environ... J'annonçai que tel devait être le cours de la comète, et qu'il faudrait examiner s'il ne s'en écarterait pas quelquefois, soit par le mouvement diurne de la sphère, soit par son mouvement propre.* (Le mouvement diurne n'aurait pu l'en écarter qu'en vertu de la parallaxe, et le mouvement de 2° par jour n'indiquait pas une assez grande proximité pour que la parallaxe pût être bien sensible; le mouvement propre devait l'en écarter infailliblement, car les comètes observées jusqu'alors n'avaient jamais suivi bien exactement un même grand cercle. Cassini suivait donc en tout les idées reçues généralement et qu'on pourrait dire vulgaires, si le nombre des astronomes n'était pas si borné; ses critiques n'étaient guère astronomes, et le secrétaire de l'Académie pas davantage; mais si l'on pouvait lui passer de n'avoir lu ni Tycho, ni Képler; il serait plus difficile de l'excuser d'avoir lu avec si peu d'attention l'opuscule de Cassini, qui, écrivant pour des astronomes, et non pas seulement pour Christine, leur parle avec plus de franchise et moins de jactance.)

Comme il croyait, avec Descartes, que les comètes étaient au-dessus de Saturne, il n'avait à redouter aucune parallaxe, au moins diurne; cependant, d'après la longueur de la queue, il soupçonnait que la nouvelle comète pourrait être moins éloignée de la Terre que celle de 1652. S'apercevant le 22 que le mouvement diurne de la comète allait croissant par degré, et que le diamètre apparent augmentait en même tems, il en conclut que la comète approchait de la Terre, ce qui était une conclusion toute naturelle. Il ajoutait que l'apparition serait plus longue que celle de 1652. Il convient lui-même (page 6) que les premières observations n'avaient pu lui donner avec précision le mouvement moyen. Mais dès le 23 il prit plus de confiance et il annonça que le 29 la comète serait périgée, après quoi le mouvement diminuerait. On le pressait de donner une éphéméride; il eut la prudence d'attendre encore, pour faire accorder sa théorie avec un plus grand nombre d'observations. Ainsi, dans la réalité, il s'en fallait de beaucoup que l'astronome fût aussi charlatan qu'on serait tenté de le croire, d'après le récit de Fontenelle. Cependant il consentit à se désister de sa première idée, qui était d'attendre la fin de l'apparition. Il donna donc une première théorie, qu'il se réservait de corriger par la suite, si elle n'est pas de la dernière perfection. *Il sera facilement excusé par ceux qui ne sont pas assez fous pour exiger davantage d'un premier essai.* Il ajoute que depuis 2000 ans on observe Mercure, et que cependant les tables de divers astronomes offrent des différences considérables; on n'exigera donc pas la précision des minutes, on se contentera d'un accord *tel quel* avec les observations, et l'on pourra concevoir l'espérance de ramener les mouvemens des comètes à des lois certaines. A cela nous n'avons rien à objecter; mais ce n'est pas de ce ton qu'il parlait à Christine, et sans doute aussi dans ses sociétés. Il affectait de laisser croire qu'il avait des méthodes au moyen desquelles il faisait avec facilité ce qui avait été impossible à tous les astronomes, dont, au fait, il suivait exactement les traces. Passons donc à sa théorie.

Observations. décembre.	Invervall.	Longit.	Différ.	Latitude A.	
$18^j\ 16^h 44'$	$2^j\ 22^h 48'$	$6^s\ 1° 44'$	$6° 43'$	$26° 54' = AD$	$CF + AD = 61° 12'$ (fig. 72)
21.15.32	1. 0.13	5.25. 1	3.23	$31.56 = BE$	$CF - AD = 7.24$
22.15.45		5.21.38		$34.18 = CF$	$1^j\ 22^h 48' = 4248'$
					$1.\ 0.13 = 1453$
Total...	3.23. 1	CA =	10. 6		
					$3.23.\ 1 = 5701$

A, B, C marquent sur l'écliptique les trois longitudes de la comète, dont le mouvement géocentrique est rétrograde. Les trois latitudes australes sont croissantes. N est le nœud, I l'inclinaison du grand cercle, dans lequel (à peu près) paraît se mouvoir la comète.

Cassini résout le triangle PFD au pôle de l'écliptique, pour avoir l'angle D et le côté FD. Ensuite avec D et AD il calcule AN et DN et l'angle I. Il me paraît plus facile et plus exact de faire

$$\text{tang}\left(NA + \tfrac{1}{2} CA\right) = \frac{\text{tang}\,\frac{1}{2} CA \sin(CF + AD)}{\sin(CF - AD)} \quad \text{et} \quad \text{tang}\, I = \frac{\text{tang}\, AD}{\sin NA} = \frac{\text{tang}\, CF}{\sin NC},$$

ce qui me donne aussitôt NA, NB, NC. Voici le calcul :

C. sin (CF—AD) = 7° 24'...	0,89010	C. sin NA...	0,33868
sin (CF+AD) = 61.12...	9,94266	tang AD...	9,70529
tang ½ CA = 5. 3...	8,94630	tang I = 49° 12' 7"...	0,06397
tang (NA + ½ CA) = 31. 1...	9,77906	sin NB...	9,73239
NC = 36. 4		tang BE = 32. 2.2....	9,79636
NA = 25.58		BE observé	31.56
AB = 6.43		excès....	+ 6' 2".
NB = 32.41.			

Cassini trouve I = 49° 12', en négligeant les secondes. La latitude BE, qui n'est point entrée dans notre calcul, ne s'accorde qu'à 6' 2" avec le BE qui aurait eu lieu si la courbe FED eût été un grand cercle; ainsi l'on voit dès le premier pas, que l'hypothèse du grand cercle est fausse, ou que les observations ne sont exactes qu'à quelques minutes près. Il n'y a de doute sur l'une ni sur l'autre de ces objections; elles sont également vraies.

Nous aurons

$$\frac{\tang NA}{\cos I} = \tang ND = 36°42'\ 3'',$$
Cassini trouve 36.42. $\quad DE = 7°46'42''$
$$\frac{\tang NB}{\cos I} = \tang NE = 44.28.45 \qquad FE = 3.13.35$$
$$\frac{\tang NC}{\cos I} = \tang NF = 48.\ 6.20.$$

Cassini s'en tient à la latitude observée BE, et réforme en conséquence la seconde longitude, en faisant

$\sin NE = \frac{\sin BE}{\sin I} = \sin 44°\, 19'\, 17''$, et il néglige les $17''$;
ND = ... 36.42. 3
il a donc DE = 7.37.14, au lieu de $7°46'42''$;
DF = 11.24.17
FE = 3.47. 3, au lieu de 3.37.35.

Ainsi il a augmenté FE de 9.28, et diminué d'autant DE.

Nous nous en tiendrons aux longitudes, pour voir la différence qui résultera de ces suppositions diverses et inexactes.

Il suppose en outre que la route est rectiligne et le mouvement uniforme. Ce sont exactement les suppositions vulgaires, et au lieu de dire selon *mon hypothèse*, il devrait dire suivant Képler. Il est vrai qu'il fait le calcul qui suit d'une manière un peu différente. Nous allons nous-même le faire d'une troisième manière.

Soit (fig. 73) DEF le grand cercle décrit par la comète, K le centre de ce cercle.

Nous aurons DKE $= a =$ $7°46'42''$
EKF $= b =$ 3.27.35
DKF $= a+b =$ 11.24.17.

Quoique la comète se meuve dans le plan d'un cercle, sa route était supposée rectiligne. Soit DL cette route et KL perpendiculaire sur DL; KL sera la plus courte distance, et comme elle est inconnue, soit

KL = 1. Nous aurons

$$LS = \text{tang}\,LKS = \text{tang}\,y,$$
$$LG = \text{tang}\,LKG = \text{tang}\,(y+b),$$
$$LD = \text{tang}\,LKD = \text{tang}\,(y+b+a),$$
$$GS = \text{tang}\,(y+b) - \text{tang}\,y = \frac{\sin b}{\cos y \cos(y+b)},$$
$$GD = \text{tang}(y+a+b) - \text{tang}(y+b) = \frac{\sin a}{\cos(y+a+b)\cos(y+b)};$$

mais les mouvemens sont proportionnels aux tems,

$$4238 : 1453 :: m : n :: \text{GD et GS} :: \frac{\sin a}{\cos(y+a+b)\cos(y+b)} : \frac{\sin b}{\cos y \cos(y+b)},$$
$$\frac{n}{m} = \left(\frac{\sin b}{\sin a}\right)\left(\frac{\cos(y+a+b)}{\cos y}\right),$$
$$\frac{n}{m} \cdot \frac{\sin a}{\sin b} = \frac{\cos y \cos(a+b) - \sin y \sin(a+b)}{\cos y} = \cot(a+b) - \sin(a+b)\,\text{tang}\,y;$$
$$\text{tang}\,y = \cot(a+b) - \left(\frac{n}{m}\right)\cdot\left(\frac{\sin a}{\sin b}\right)\frac{1}{\sin(a+b)} = \cot(a+b) - \cot\psi$$
$$= \frac{\sin(\psi - a - b)}{\sin(a+b)\sin\psi}.$$

$-n =$	-1453	$-3{,}16227$	$y =$	$51°28'28'' =$ LKS
C. $m =$	4248.......	6,37182	$b =$	3.37.35 = SKG
	$-n : m$.....	$-9{,}53409$	$y+b =$	55. 6. 3 = LKG
$\sin a =$	$7°46'42''$..	9,13143	$a =$	7.46.42 = GKD
C. $\sin b =$	3.37.35...	1,19894	$y+a+b =$	62.52.45 = LKD
C. $\sin(a+b) =$	11.24.17...	0,70391		27. 7.15 = KDL
	$-3{,}7014$......	0,56837		
$\cot(a+b)$	4,9574			
$\text{tang}\,y =$	1,2560			

		Log.	Nombres.	
KS =	séc y............	0,20561....	1,6055	
KG =	séc $(y+b)$.......	0,24250....	1,7478	
KD =	séc $(y+a+b)$...	0,34116....	2,1936	
	cos $(y+a+b)$...	9,65884....	0,45587	
LS =	tang y..........	0,09899....	1,2560	
LG =	tang $(y+b)$.....	0,15640....	1,4335	0,1775 = SG
LD =	tang $(y+a+b)$..	0,29057....	1,95621	0,5227 = GD
				0,7002 = SD

Chemin d'un jour.

$$\left.\begin{array}{l}\left(\frac{1440}{1453}\right)\ SG = 0{,}17591\\ \left(\frac{1440}{4248}\right)\ GD = 0{,}17719\\ \left(\frac{1440}{5701}\right)\ SD = 0{,}17686\end{array}\right\}\ \overset{\text{milieu.}}{0{,}17675.}$$

$$\begin{array}{rl}\frac{SL}{0{,}17675} = 7^j{,}0734 = & 7^j\ 1^h\,45'.42''\\ \text{tems de S} = & 22.15.45.\ 0\\ \hline \text{tems du périgée} = & 29.17.30.42.\end{array}$$

Passage au périgée, conforme à la prédiction de Cassini.

$$\begin{array}{rl}\text{Longitude du point A} = & 6^s\ 1°44'\\ \text{arc NA} = & 25.58\\ \hline \text{Longitude du nœud N} = & 6.27.42\\ \text{ND} = & 1.\ 6.42.\ 5''\\ \hline \text{Longitude du point D} = & 5.20.59.57\\ \text{LKD} = & 2.\ 2.52.45\\ \hline \text{Périgée sur l'orbite} = & 3.18.\ 7.12\\ \text{nœud} = & 6.27.42\\ \hline \text{Distance périgée au nœud} = & 3.\ 9.54.48.\end{array}$$

Cos I tang $3^s\ 9°\ 34'\ 48'' =$ tang $3^s\ 14°\ 29'\ 10'' =$ dist. du périg. au nœud sur l'écliptique. 6.27.42

longit. périgée sur l'éclipt. = 3.13.12.50.

Voilà donc l'orbite calculée en entier par les deux longitudes et les deux latitudes extrêmes, et par les deux intervalles entre les trois observations. Il n'en coûtait guère alors pour calculer l'orbite d'une comète; on ne s'embarrassait guère si la seconde longitude et la seconde latitude s'accordaient avec cette orbite. On voit, de plus, que les distances restent tout-à-fait indéterminées.

En adoptant les corrections arbitraires de Cassini, c'est-à-dire en faisant $a = 7°\,37'$, $b = 3°\,47'$, $a + b = 11°\,24'$,

je trouve $y=55° 58' 30''$ $y+b=59° 45' 30''$ $y+a+b=67° 22' 30''$
au lieu de $y=51.28.28$ $y+b=55. 6. 3$ $y+a+b=62.52.45$
différences $=$ 4.30. 2........ 4.39.27........... 4.29.45;

mouvement diurne, 0,23193; Cassini trouve 0,2324.

Passage au périgée....	29^j 1^h $1'$ $29''$
au lieu de....	29.17.30.42
différence....	16.29.12.

Périgée sur l'écliptique....	3^s $7°$ $20'$ $50''$
au lieu de....	3.13.12.50
différence....	5.52. 0.

Ces différences, quoiqu'assez fortes, ne sont pas d'une grande importance, vu l'incertitude des observations et la fausseté de l'hypothèse.

Cassini n'emploie aucune des formules ci-dessus, qui étaient peu connues de son tems, où l'on ne mettait rien en équation. Sur le rayon KE il abaisse les perpendiculaires ST et DH.

Les triangles semblables lui donnent

$$GD : GS :: DH : ST = \left(\frac{GS}{GD}\right) DH = \left(\frac{1453}{4248}\right) \sin DE = \left(\frac{1453}{4248}\right) \sin 7° 37',$$

$$KS = \frac{ST}{\sin SKG} = \left(\frac{1453}{4248}\right) \frac{\sin DE}{\sin EF};$$

alors, dans le triangle DKS il a le côté $KD = 1$, le côté KS et l'angle compris $DKS = DF = DE + EF$; il fait

$$\frac{KS}{KD} = \text{tang } 34° 29' 30''$$

il retranche cet angle de......... 45

il appelle le reste nombre mystique $=$ 10.30.30.

$$\text{Tang } 10° 30' 30'' \cot \tfrac{1}{2} DKS = \text{tang } 10.30.30 \text{ tang } 84° 18' = \text{tang } \tfrac{1}{2} d$$

$$\tfrac{1}{2} d = 61.42.54''$$

$$KDS = 22.35.\ 6$$

$$DKL = 67.24.34.$$

Cassini emploie ici la formule qui nous sert aujourd'hui à calculer l'élongation d'une planète. Nous avons dit, tom. III, p. 458, que cette formule utile et élégante paraît appartenir à Viète : Cassini cite son prédécesseur Cavalleri; ce qui nous a donné le désir de voir la Trigonométrie de cet auteur. Elle a pour titre :

Trigonometria plana et sphærica, linearis et logarithmica. Auctore Francisco Bonaventura Cavallerio, mediolanensi, ordinis jesuatarum S. Hieronymi, 1643.

C'est un traité sommaire et superficiel; jolie édition. L'auteur ne cite personne. A l'exemple de Képler, il appelle meso-logarithme, le logarithme de la tangente, et donne le nom de tomo-logarihme au logarithme de sécante; il n'emploie ni le mot cosinus ni ceux de cotangente et de cosécante.

Cassini, dans son hypothèse, laisse la distance absolument indéterminée; Képler, du moins, posait deux limites entre lesquelles se trouvaient renfermées toutes les valeurs qu'il était possible de donner à cette distance. En prenant quatre observations au lieu de trois, la distance n'était plus arbitraire. Képler avait égard au mouvement de la Terre; Cassini suppose la Terre immobile, et se met à son aise de toute manière. La méthode de Képler était plus complète, et par là plus longue à calculer; celle de Cassini ne manque pas d'adresse. Ses deux perpendiculaires DK et ST le conduisent facilement à son angle KDL, qui est le complément de notre angle $(y+a+b)$; la plus courte distance KL, que nous avons prise pour unité, est pour lui le sinus de KDL ou le cosinus de LKD $= (y+a+b)$.

		différences.
Il fait DKL.	$67° 24' 54''$	$4° 52' 9''$
nous avons $(y+a+b)$	$62.52.45$	
en adoptant ses correct. arbitraires... $y+a+b$...	$67.22.30$	$2.24.$

Pour vérifier ses élémens, il conserve la première et la troisième observation, il y ajoute celle du 26 décembre. Les élémens nouveaux qui en résultent ne diffèrent des premiers que de quelques minutes. Il termine cette comparaison en demandant *qui jamais avait calculé les lieux d'une comète par une méthode directe?* Celle qu'il emploie dépend d'une construction extrêmement simple, mais on vient de voir que cette construction même était inutile, puisque les formules de la Trigonométrie rectiligne nous donnent immédiatement l'angle qu'il trouve par un calcul un peu plus long et qui emploie les mêmes quantités que nos formules. Il ne dit pas que sa méthode suppose tacitement que la parallaxe est nulle, ce dont il ne peut s'assurer, et ce qui serait si facile par la méthode de Képler; il ne dit pas que sa méthode suppose l'immobilité de la Terre, au lieu que Mestlinus et Képler tenaient compte de son mouvement. Il n'a donc changé que le calcul trigonométrique; c'est là tout ce qui lui appartient dans sa méthode. Ce léger avantage pouvait s'obtenir de plusieurs manières, et ne suffit pas pour constituer une méthode nouvelle, puisqu'il laisse subsister les vices des suppositions anciennes auxquels il en ajoute de nouveaux.

Il enseigne ensuite à trouver ces élémens d'une manière purement graphique. Marquez sur un globe les deux lieux extrêmes de la comète; élevez ou abaissez le pôle du globe jusqu'à ce que ces deux lieux se trouvent ensemble à l'horizon, alors l'horizon sera le grand cercle décrit par la comète; vous en aurez les nœuds et l'inclinaison; puis dans le triangle DKS vous aurez l'angle DKS = DFC, arc de l'horizon, compris entre les deux lieux de la comète. Vous aurez de même DKG. Menez DGS de manière que DG : GS :: 4248 : 1453, ce qui exige un tâtonnement qui sera facile avec un compas de proportion, vous aurez KG, KS et KL. Il donne même un moyen pour éviter le tâtonnement; mais le calcul est bien préférable. Il examine si le mouvement observé de la comète pourrait s'expliquer par le seul mouvement de la Terre : il demeure bientôt convaincu que le mouvement annuel de la Terre ne suffit pas; la comète a donc un mouvement propre. Enfin il parle de son hypothèse qui ferait circuler la comète autour de Sirius, pour lui donner une ressemblance avec les planètes qui circulent autour du Soleil, ou aux satellites qui tournent autour d'une planète. On pourrait lui demander pourquoi il ne la fait pas circuler autour du Soleil, la ressemblance serait encore plus parfaite; mais la comète périgée était en conjonction avec Sirius, d'où il résulterait que l'élongation comptée de Sirius ne pourrait jamais être de 90°; et que vers la digression, la comète serait stationnaire, ce qui ne pourrait se déterminer qu'avec le temps. Il ne dit pas à quelle distance il met Sirius, ni en quel rapport seraient à l'instant du périgée les distances de la comète à Sirius et à la Terre. Dans ce système, on conçoit que le mouvement sur un cercle aussi énorme pourrait être sensiblement rectiligne pendant quelques semaines.

Il donne au périgée de la trajectoire rectiligne un mouvement d'environ 6' par jour. Il est clair que ce mouvement est imaginé pour déguiser un peu le vice de la supposition fondamentale : c'était donner à la trajectoire elle-même, un mouvement dont il lui aurait été difficile d'assigner la cause.

Quarante-cinq jours après le passage au périgée, la comète ressemblait à la nébuleuse d'Andromède ; alors, suivant sa table, (p. 46), la distance de la comète à la Terre était 10,57 fois la distance périgée. Au bout de 80 jours elle eût été 18,75 fois cette distance.

A peine avait-il terminé sa théorie de la comète de 1664, qu'il en parut une seconde. Il donne comme une remarque jusqu'alors sans exception, que les mouvemens de toutes les comètes ont été directs, lorsqu'on les a rapportés à leur centre. L'éphéméride calculée dans l'hypothèse rectiligne, satisfait aux observations à un demi-degré près. Notez que la comète de 1664 était rétrograde, vue du Soleil ; mais vue de Sirius, elle devenait directe.

Louis XIV lui avait envoyé l'éphéméride calculée par Auzont, qui n'avait rien publié sur la théorie. Cassini tira de l'éphéméride les élémens qui avaient dû servir à la calculer, ce qui au reste était bien facile, en considérant les calculs comme des observations. Mais cette particularité prouve que Cassini n'était pas le seul astronome qui sût composer une éphéméride d'après les observations, dans des hypothèses devenues vulgaires depuis un siècle, et que, cependant, on offrait à l'admiration comme des découvertes récentes.

Le volume est terminé par l'éphéméride de Cassini, et la carte du mouvement de la comète.

Tabulæ quotidianæ revolutionis macularum Jovis nuperrimè adinventæ..... 1665.

Ces tables supposent la rotation 9 h. 56′, et le disque de Jupiter partagé en 12 doigts.

Les taches sont de deux espèces. Les unes sont adhérentes au disque ; les autres sont les ombres des satellites. Celles-ci se distinguent des autres en ce que leurs positions s'accordent avec les mouvemens des satellites Les tables de Marins et d'Hodierna étaient devenues très défectueuses (elles n'avaient jamais dû être beaucoup plus justes).

Dès l'an 1664, avec un objectif de Campani de 50 palmes de foyer, outre les ombres du second et du troisième satellite, il avait aperçu une autre tache, dont il avait négligé de marquer la position, parce qu'il ignorait ce que pouvait être cette tache. Quelques jours après, il aperçut deux ou trois taches mobiles, et qui avaient peu de consistance. Leur mouvement était dans le même sens que celui des taches; il les prit pour des nuages et des accidens météorologiques. Il en vit naître au milieu du disque; il vit aussi des facules qui ressemblaient à des satellites en conjonction inférieure : on pourrait dire encore que ces facules étaient des volcans.

Il nous raconte, que le 26 juillet 1664, les tables annonçaient une éclipse de Lune qui n'eut point lieu. On n'aperçut qu'une diminution de lumière produite par la pénombre.

On voit avec étonnement qu'il ait eu à réfuter des critiques qui prétendaient que les satellites ne pouvaient s'éclipser.

Parmi les taches variables, il en vit une qui revenait toujours avec la même figure, et qui rasait la partie septentrionale de la plus australe des trois bandes. Elle était moins noire et plus grande qu'aucune autre. Sa route n'était pas non plus tout-à-fait la même; elle paraissait plus large au milieu du disque que lorsqu'elle était près de l'un des bords, et ressemblait en cela aux taches du Soleil. Il imagina de diviser cette route en quatre parties, pour examiner en quel tems chacune de ces parties serait parcourue; mais l'observation de l'entrée et de la sortie était trop difficile; il se borna donc à mesurer les tems des deux parties du milieu. Il en conclut assez vite que la rotation était de dix heures environ. Il ne pouvait suivre la tache que trois heures, ou cinq tout au plus. Jamais il ne put trouver l'occasion d'observer son retour à une même position au bout de dix heures; mais seulement après deux, trois, ou cinq révolutions entières. Il s'assura donc que la tache était adhérente au disque, et qu'au bout de cinq heures les bandes avaient des apparences très diverses. *La rotation du Soleil, qui est de vingt-huit jours environ, donne à Mercure une révolution de quatre-vingt huit jours; par analogie, il sera probable que la révolution du premier satellite, qui est de quarante-deux heures, sera produite par une rotation qui soit en proportion plus petite qu'un tiers, d'autant plus que Jupiter doit avoir moins de force sur son premier satellite que le Soleil sur Mercure.* Képler, par des raisons semblables, avait assuré que Jupiter devait tourner en beaucoup moins que 24 heures, tom. IV, pag. 473. Cassini se borne, pour le présent, à conclure que la rotation de Jupiter n'est pas de quatorze heures; il croit l'équateur parallèle aux bandes.

Cette lettre est du 12 juin 1665. Dans la suivante, pour déterminer plus exactement le tems de la rotation, il s'attache à observer le retour de la tache au milieu du disque; c'est ainsi que, par la comparaison de retours plus éloignés, il a trouvé la période de $9^h\ 56'$; en sorte qu'au bout de $12^j\ 4^h$ la tache revient exactement à la même position. La période de 149 jours ramène la tache à la même heure comme à la même position. La parallaxe annuelle, qui ne va pas à 12°, n'altère pas sensiblement ces retours, parce qu'un arc de 12° sur un disque aussi petit est à peu près insensible (d'ailleurs, d'un retour au retour suivant, on n'aurait jamais que le changement de la parallaxe en 10^h à peu près.)

Pendant 149 de nos jours, Jupiter voit le Soleil revenir 360 fois au méridien. L'année de Jupiter contient 10464 jours de Jupiter. Pendant un de ces jours, un habitant de Jupiter voit passer au méridien 360° 2′ 4″ de l'équateur.

Lettere astronomiche al sig. ab. Falconieri sopra l'ombre de pianetini di Giove, 22 *juillet* 1665.

L'ombre des satellites, qui l'année précédente passait par la bande, plus obscure que le disque, passait alors sur une partie plus claire, et n'était plus aussi aisée à apercevoir.

Il a remarqué dans les révolutions des satellites *certaines périodes qui ramènent les inégalités*. Quoiqu'il ne connaisse pas encore parfaitement ces inégalités, il est en état cependant de prédire assez bien le passage des ombres. (Ces inégalités n'étant que d'un petit nombre de minutes, ne devaient pas affecter bien sensiblement la marche des ombres vue de la Terre.) Ces ombres prouvent que le troisième satellite est le plus gros de tous. Pour observer les ombres des autres, il faut des objectifs d'un plus long foyer. L'ordre des grandeurs est ☾‴, ☾″, ☾′, ☾ᴵⱽ.

Les satellites ne s'éclipsent jamais que quand ils sont directs, et jamais quand ils sont rétrogrades. Ils sont rétrogrades, ainsi que leurs ombres, quand ils passent sur Jupiter.

Quand l'ombre du troisième était au milieu du disque, le satellite était encore éloigné du bord d'un quart de diamètre; en sorte que la distance du satellite à son ombre était de $\frac{3}{4}$ du diamètre. (Ne faudrait-il pas lire du demi-diamètre?) La vitesse de l'ombre était sensiblement égale à celle du satellite le 6 juillet 1665; mais le 16, la distance était de $\frac{2}{3}$.

L'ombre précède la planète avant l'opposition de Jupiter; après l'opposition, la planète précède son ombre. Le même satellite est d'autant plus éloigné de son ombre que Jupiter est plus loin de son opposition. Cette distance est proportionnelle au sinus de la parallaxe.

Quand la latitude de Jupiter est fort petite, il peut arriver que l'ombre soit en partie couverte par le satellite, et se voie en croissant. Ce phénomène ne serait peut-être pas impossible à observer pour le troisième satellite.

Autre propriété merveilleuse. Les tems sur la face de Jupiter, les distances et les tems périodiques, sont comme les puissances 1, 2 et 3; les arcs sont connus. La merveille ne serait-elle pas tout entière dans la loi de Képler?

Cette lettre finit par une petite éphéméride des jours les plus propres à les observer, en septembre 1665.

Dissertationes astronomicæ apologeticæ.

Haud equidem latratus omnes morari oportet eum qui viæ velit insistere veritatis.

C'est ce qu'on lit au commencement de l'avant-propos. On voit des taches différentes dans les deux hémisphères opposés de Mars. Celles de la première face ne laissent entre elles qu'un intervalle plus petit que la plus petite de ces taches. Les premières sont à peu près rondes; les secondes à peu près semi-circulaires. La révolution de Mars autour de son axe a paru de 24^h 40$'$. Cassini s'est assuré que dans cet intervalle il n'y a eu qu'une seule révolution. D'autres observateurs avaient cru voir ou supposé qu'il y en avait eu deux.

Le reste de l'ouvrage est peu susceptible d'extrait; les objections auxquelles il répond ne méritent guère que nous prenions la peine de les rapporter.

Ephemerides medicæorum ad annum 1668. Ce sont des configurations, des conjonctions, des éclipses, des passages et des digressions. Des bandes de Jupiter il n'y en a que deux qui le ceignent en entier. La plus boréale est aussi la plus large; l'autre est plus étroite. Voilà pourquoi ces deux dernières se voient en tout tems. Les deux autres, qui sont plus éloignées du centre sont interrompues; elles sont tantôt dans l'hémisphère visible, et tantôt dans l'hémisphère invisible. On peut en observer les levers et les couchers. Les périodes de restitutions sont les mêmes que celles de la rotation. Ces bandes éprouvent des variations. Le jésuite Eschinard était tenté de les croire des vallées, qu'on aperçoit sous différens points de vue; en sorte que leurs variations seraient purement optiques. Cassini les croit réelles.

Il a fait ses calculs d'immersions et d'émersions pour les lunettes de Campani de 24 palmes romaines, ou de 18 pieds de Paris environ.

Observations de la comète qui a paru au mois de décembre 1680.

Ce petit traité commence par les observations présentées au Roi le

28 décembre. Cassini trouva que la situation de la tête était à peu près la même que celle de la comète de 1577, et il en tira cette conclusion, qu'elle pourrait bien suivre la même route. Les jours précédens, il n'avait pu voir que la queue. Il avait des indices qui lui faisaient juger que cette comète, après avoir parcouru un grand cercle, pourrait reparaître de nouveau après un grand nombre d'années.

Si la comète de 1577 a dû retourner, *c'est à cette fois qu'on peut douter si ce n'est pas la même.* La conjecture n'était pas heureuse. La comète présente était directe, l'autre était rétrograde; les lieux des périhélies différaient de plus de 4^s; les lieux des nœuds de plus de 3^s; les inclinaisons de 13 à 14°. La distance périhélie de la nouvelle comète était 30 fois moindre que celle de la comète de 1577. Les indices dont parle Cassini n'étaient donc rien moins que sûrs.

Cette comète suivait une route qu'il a nommée zodiaque des comètes. Au reste, il ne donne ces idées que pour ce qu'elles peuvent être, pour de simples conjectures que l'évènement aurait pu démentir, et qui n'ont pas été trop malheureuses. Halley était alors à Paris, et fut présent à quelques observations de Cassini. Voici les deux vers qui donnent la position du zodiaque prétendu des comètes. L'auteur s'y est donné des licences assez étranges.

Antinous, Pēgăsusque, Andrŏmēda, Taurus, Orion,
Prŏcyŏn, atque Hydrus, Centaurus, Scorpius, Arcus.

Il avoue que quelques comètes se sont écartées de cette route; il croit cependant que ce zodiaque n'est pas sans utilité, *comme il paraît par la prédiction heureuse qu'il a pu faire du chemin de la comète d'après la première observation, ce qui lui aurait été impossible sans ce zodiaque.* En comparant la marche de la comète avec l'éphéméride que Tycho avait calculée pour 1577, il y trouve des différences qui ne passent guère celles que l'on observe dans les planètes qui, après un certain nombre d'années, reviennent aux mêmes endroits du ciel.

En supposant que la comète tourne comme la Lune autour de la Terre, il y applique la loi de Képler, et trouve qu'elle pourrait avoir une distance telle, qu'elle ne ferait qu'une révolution tandis que la Lune en ferait 512, sans toucher l'orbite d'aucune planète.

De ce qu'elle ne montrait aucune phase à 22° $\frac{1}{2}$ d'élongation du Soleil, il conclut qu'elle pourrait être au-dessus du soleil, à moins qu'elle ne brillât de sa propre lumière.

Pour déterminer sa distance à la Terre, il se propose d'employer principalement la parallaxe d'ascension droite. Pour l'observer, il met au foyer de la lunette deux fils qui se coupent à angles droits, l'un parallèle à l'équateur, et l'autre se cônfondant avec le cercle horaire. Picard avait eu la même idée pour ses secteurs et pour son mural; mais dans ces instrumens, le fil parallèle à l'équateur est aussi parallèle à l'horizon; au méridien, la parallaxe d'ascension droite est nulle, et la parallaxe de hauteur porte en entier sur la déclinaison. Pour jouir de tout l'effet de la parallaxe, il fallait observer loin du méridien et près de l'horizon, il fallait ou les armilles de Tycho, ou l'équatorial dont on trouve la première mention dans Géminus, et la première description dans Ptolémée. La lunette de Cassini était sur *une machine qui tourne sur un cylindre parallèle à l'axe du monde, semblable à celle que Scheiner appelle héliotropique.* Cette machine est représentée dans mon exemplaire par une figure qui n'est point indiquée dans le texte, et paraîtrait tirée d'un autre ouvrage. Une autre figure est le réticule carré qu'il mettait au foyer de la lunette. On en voit la copie (fig. 74); elle consiste en un simple carré. De l'angle *b* part une demi-diagonale *ba*. L'étoile inférieure paraît suivre l'un des côtés du carré; les passages aux deux côtés opposés donneront les différences d'ascension droite. Le tems employé par l'autre étoile à traverser l'angle *abd* aurait pu donner la différence de déclinaison; mais Cassini n'en dit rien, parce que cette différence fait peu de chose à la parallaxe d'ascension droite qu'il avait principalement en vue. On peut dire, cependant, que cette figure paraît renfermer la première idée du réticule de 45°; mais elle peut s'y trouver sans que l'auteur en ait eu l'intention. Nous trouverons plus loin ce réticule de 45° employé à l'Observatoire par les astronomes de l'école de Cassini.

Les mouvemens horaires et diurnes de la comète, observés à la machine et à diverses heures de la nuit, ne donnèrent aucun indice de parallaxe, quoique Cassini se fût attaché à la faire ressortir, pour la bien distinguer de l'inégalité propre de la comète. C'est une méthode dont nous n'avons encore trouvé aucun vestige. On avait bien cherché les circonstances où la parallaxe aurait pu tirer la comète d'un alignement précédemment observé, on n'avait point encore recherché celle où elle la tirerait d'un cercle horaire; l'observation eût été trop incertaine sans le pendule d'Huygens. Cassini donne à sa machine le nom de *parallatique*. Lalande a imprimé que par ce mot il avait voulu indiquer la propriété de suivre *le parallèle*. Cassini disait à Paris *parallatique*, comme il aurait dit à

Bologne *parallattica* ou parallactique, machine destinée à observer la parallaxe.

Les astronomes de son école, dans les Mémoires de l'Académie, disent parallactique, parce qu'ils sont plus familiarisés avec la prononciation française.

Pour la parallaxe horaire, Cassini donne les trois analogies suivantes :

$$\text{rayon} : \cos H :: \text{parall. horiz.} : \text{plus grande parallaxe} = \varpi \cos H,$$

$$\cos D : \text{rayon} :: \varpi \cos H : \text{plus grande parallaxe horaire} = \frac{\varpi \cos H}{\cos D},$$

$$\text{rayon} : \sin \text{angle hor. P} :: \frac{\varpi \cos H}{\cos D} : \text{parall. hor.} = \Pi = \left(\frac{\varpi \cos H}{\cos D}\right) \sin P.$$

J'ai montré que $\Pi = \left(\frac{\sin \varpi \cos H}{\cos D}\right)\frac{\sin P}{\sin 1''} + \left(\frac{\sin \varpi \cos H}{\cos D}\right)^2 \frac{\sin 2P}{\sin 2''} + \text{etc.}$

Cassini néglige les ordres supérieurs, à commencer du second, ou bien il emploie les angles horaires apparens, ce qu'il ne dit pourtant pas

Il fait une table de ces parallaxes pour tous les degrés de P, en supposant $\left(\frac{\sin \varpi \cos H}{\cos D}\right) = 1000$. Il calcule ensuite l'accélération de 4 en 4 de tems; il trouve tout au plus 2″, qu'on aurait pu attribuer à la parallaxe, et il en conclut que la comète était au moins à 1597 demi-diamètres de la Terre. On n'avait encore rien imaginé de si simple, de si complet et de si concluant pour la parallaxe des comètes, à laquelle tant d'astronomes avaient travaillé. Ce moyen de déterminer la parallaxe, pour peu qu'elle fût sensible, complétait en quelque sorte le système de Cassini, qui laissait les distances indéterminées. Malheureusement, le système reposait sur des suppositions tout-à-fait vicieuses.

» Selon Cassini, dit Pingré dans sa Cométographie, tom. II, pag. 27, » la comète qu'il avait observée depuis le solstice d'hiver jusqu'à l'équinoxe du printems, était essentiellement différente de celle qui avait » été vue en novembre et dès les premiers jours de décembre. C'est » cependant la même comète, vue en novembre avant son passage au » périhélie, revue et observée ensuite durant les trois mois qui ont suivi » ce passage, c'est, dis-je, cette même comète qui a conduit Newton à la » découverte du vrai système de la nature et du mouvement des comètes. »

Pingré se croit obligé de disculper Cassini; Fontenelle le loue à outrance. *Cassini ne l'ayant observé qu'une fois, prédit au roi, en présence de toute sa cour, qu'elle suivrait la même route qu'une autre comète observée par Tycho en 1577. C'était une espèce de destinée pour lui que de faire ces sortes de prédictions à des têtes couronnées.* La prédiction faite à Christine était une chose très simple, et qui dut paraître merveilleuse à Christine, qui ne pouvait savoir quel en était le fondement. La prédiction faite à Louis XIV était une grande imprudence, si Cassini n'avait réellement qu'une seule observation. *Ce qui le rendait si hardi sur une observation unique, c'est qu'il avait remarqué que la plupart des comètes avaient dans le ciel un chemin particulier qu'il appelait, par cette raison, le zodiaque des comètes; et comme celle de 1680 se trouvait dans ce zodiaque, ainsi que celle de 1577, il crut qu'elle le suivrait, et elle le suivit.* D'abord ce zodiaque était chimérique; Cassini n'en donne pas la largeur; on en donne une de 16° environ au zodiaque des anciennes planètes; les découvertes récentes ont forcé de doubler ou de tripler cette largeur. Si vous voulez qu'il serve à toutes les comètes, il faudra lui donner 180° de part et d'autre. Le ciel tout entier sera le zodiaque des comètes. La règle de Cassini, par cela même qu'elle se prête à tout, n'explique rien. La comète pouvait être rétrograde ou directe, c'est ce qu'on ne peut apprendre d'une observation unique. La comète de 1680, au lieu de suivre le même chemin que celle de 1577, en pouvait prendre un qui fût plus ou moins oblique ou directement opposé; que serait devenue la prédiction? Il y eut plus de bonheur que de sagesse dans cette annonce téméraire. Il ne convenait pas à un homme tel que Cassini de jouer le rôle d'un charlatan. Ce rôle ne convenait pas plus à Fontenelle; tous deux eurent un plein succès; mais l'exemple serait dangereux à suivre. On sait bien qu'un éloge académique n'est pas toujours une histoire bien impartiale; cette histoire ne doit pas être trop sévère, mais jamais elle ne devrait offrir une fausseté bien avérée.

Cassini n'a pas même l'air de soupçonner que le Soleil puisse être le centre des mouvemens des comètes; il les fait tourner autour d'un centre imaginaire, autour d'un étoile, et le plus souvent autour de la Terre. C'est d'après leur passage au périgée qu'il juge de leur orbite et de leurs mouvemens. Il croit à la possibilité de leurs retours; il ajoute qu'elles peuvent revenir plusieurs fois sans être aperçues, ce qui est très possible, mais il n'en connaît pas la véritable raison; il va chercher ses preuves dans l'orbite de Mercure, dans l'étoile changeante de la Baleine, et enfin dans son troisième satellite de Saturne. Il trouve une théorie qui représente, non-seulement les observations de 1680, mais celles de 1577, *par un mouvement qui l'a ramenée après un grand nombre de révolutions, aux lieux où nous l'avons trouvée cette année et aux mêmes jours.* Mais nous avons vu comment il établit ses théories, et les licences qu'il se permet. Ici il suppose que le mouvement se fait dans la circonférence d'un grand cercle, excentrique à la Terre, dans une sphère qui renferme l'orbe de la Lune, de sorte que l'endroit où se trouve son apogée, est éloigné de la Terre 21 fois plus que l'endroit opposé où se trouve le périgée. Le mouvement uniforme est de 24′ 5″ 14‴ par jour, depuis le périgée, qui en 1577 était en 8^s 14°; le nœud boréal étant en 8^s 21°. L'inclinaison, qui était de 29° $\frac{1}{4}$ en 1577, n'était plus que de 28° $\frac{1}{3}$ en 1680. Le mouvement du périgée 6″ 30‴ par jour; celui du nœud de 25‴ et rétrograde; tout cela sans avoir besoin ni du mouvement de la Terre, ni de celui du Soleil.

Le mouvement de la comète est d'une uniformité singulière, ce qui peut faire juger, nous dit Cassini, *que ce mouvement ne dépend point du même principe que celui des planètes, et qu'il appartient à un autre ordre de choses encore plus réglé que celui dont nous avons connaissance.* Cette conclusion ne nous paraîtra guère heureuse, surtout si nous la comparons à la conclusion diamétralement opposée que Newton tirait de l'apparition de la même comète.

L'ouvrage est terminé par une grande figure qui représente l'orbite imaginée par Cassini, et par la description succincte d'un planisphère qui n'a rien de particulier.

Nous avons, sans nous astreindre à l'ordre des dates, rapporté de suite tout ce que Cassini a tenté pour la théorie des comètes. De tous ces travaux, il ne reste aujourd'hui que sa machine parallactique, son micromètre carré, bien perfectionné depuis et cependant peu employé; enfin sa formule pour les parallaxes d'ascension droite, qui n'était au reste qu'une modification de la parallaxe de longitude. Les Grecs, qui observaient directement la longitude et la latitude, ont dû chercher des règles pour les corriger de la parallaxe. Les modernes en revenant au système plus ancien des passages au méridien, qui avait acquis entre leurs mains une si merveilleuse exactitude, ne pouvaient manquer de sentir bientôt la nécessité de ces autres parallaxes dont on ne voit aucune mention chez les Grecs. Les idées de Cassini n'avaient rien de bien neuf, elles étaient des applications très utiles d'idées trop négligées. Son réticule carré est emprunté du réticule à compartimens d'Auzout et de Picard. L'idée de la diagonale est simple, utile, ingénieuse, mais elle est indiquée d'une manière qui laisse bien des doutes. Après tout, de ces tentatives en général si malheureuses, il résulte cependant qu'un homme supérieur ne peut s'occuper long-temps d'un même objet sans laisser des traces de son passage, et sans trouver des choses dont on pourra faire un meilleur usage. Passons à des travaux qui lui ont mérité une gloire plus solide, et par lesquels il nous dit avoir sensiblement amélioré la théorie du Soleil et des réfractions.

La meridiana del Tempio di San Petronio, tirata e preparata per le osservazioni astronomiche, l'anno 1655, *rivista e restaurata l'anno* 1695.

Au commencement du livre on voit gravées les deux faces d'une médaille de $0^m,07$. D'un côté est la figure de Cassini, âgé alors de 70 ans, et de l'autre l'église de St.-Pétrone, et sa méridienne avec cette inscription : *Facta copia cœli. Bonon. MDCVC.* La dédicace signée de Domenico Guglielmini, nous apprend qu'à son départ pour Rome, Cassini l'avait chargé de suivre l'impression de cet ouvrage qu'il avait composé pendant son séjour à Bologne.

Il y avait 40 ans que cette méridienne avait été consacrée aux observations astronomiques. On était sur la fin du premier siècle qui avait suivi la réformation grégorienne. Déjà l'anticipation des équinoxes était sensible, parce qu'aucune bissextile n'avait encore été omise. L'équinoxe de 1696 devait arriver le 19 mars vers 3 heures après midi. Sept années communes devaient suivre, et le 21 mars 1703 l'équinoxe devait arriver cinq heures seulement avant midi.

Tout cela ressemble beaucoup à des prétextes, mais on nous dit que l'occasion parut favorable pour examiner l'état présent de la méridienne. La raison véritable était sans doute la présence de Cassini. Il devait être curieux de voir et de vérifier cette méridienne qui avait commencé sa réputation. On prétexta des doutes sur l'invariabilité des méridiens ; on rappela les mouvemens des armilles d'Alexandrie, ceux de l'obélisque du champ de Mars, qui dans l'espace de 30 ans, était devenu fort inexact. Louis XIV avait envoyé des astronomes dans toutes les parties du monde pour déterminer les différences des méridiens par une méthode certaine et long-tems désirée. On veut parler des éclipses de satellites. On ne peut nier que ce moyen ne soit commode et très usuel. Mais Képler avait fortement recommandé les éclipes de Soleil et d'étoiles, et depuis l'application des pendules et de la lunette aux observations astronomiques, ce moyen était devenu bien préférable à celui des satellites, qui exigent aussi de bonnes pendules et des lunettes encore plus incommodes. L'auteur fait valoir les longitudes défectueuses des géographies de tous les tems, depuis Ptolémée, comme si les incertitudes ne tenaient pas au défaut absolu de moyens précis chez les anciens. Il oublie la seule raison un peu valable qu'on pût objecter à la méthode de Képler, la rareté de ces phénomènes. Il insinue que la véritable méridienne pouvait avoir sa variation comme la méridienne magnétique, quoique moins sensible certainement. Il cite les 18′ d'erreur trouvées par Picard dans la méridienne de Tycho, quoiqu'il ne soit nullement prouvé que cette erreur fût dans sa méridienne et non pas seulement dans quelques azimuts peu importans et trop négligemment observés. Les pyramides d'Egypte au contraire avaient paru bien orientées, mais on ne les avait vérifiées que par la boussole, et la base en était ensevelie dans les sables. Il restait donc à examiner une méridienne qu'on savait avoir été tracée avec soin. Mais quoi qu'on dise, cette méridienne était bien courte pour décider la question; et celle de l'observatoire de Paris, la pyramide que Picard avait placée à Montmartre, à 2927 toises de distance, était bien moins incertaine; mais elle était alors trop nouvelle. Elle a été vérifiée par nous 120 ans après, et trouvée invariable. La même chose est prouvée par les mires des lunettes méridiennes de tous les observatoires modernes, elle pourra l'être mieux encore par les azimuts de Montlhéry et de Brie ou de Torfou observés du Panthéon, si on vient à les observer de nouveau dans cinquante ans. La question paraît donc décidée, ainsi que celle des hauteurs du pôle. On trouve que dans un intervalle de quarante ans la méridienne de Bologne n'avait eu aucun mouvement. Les observations de Picard et celles de Lacaille à 64 ans de distance comparées aux nôtres n'en ont pas montré davantage dans un espace de 120 ans.

Lorsqu'on agitait à Rome la question du calendrier et de l'équinoxe, Egnazio Dante avait tracé dans l'église de St.-Pétrone une méridienne dont on voyait encore une partie en 1695. Il l'avait destinée à l'observation des solstices et des équinoxes; il y avait observé le solstice d'hiver de 1575, qui arriva du 11 au 12 décembre. La lame percée, qui donnait passage aux rayons du Soleil, était placée obliquement à une fenêtre dans la muraille méridionale, au-dessus de la porte. Il en fallut mesurer la hauteur au-dessus du pavé, en trouver le pied qui n'était pas marqué, y conduire la ligne qui ne commençait qu'au solstice d'été, la niveler dans toute son étendue, et la diviser en parties de la hauteur du gnomon; trouver enfin la déclinaison de cette ligne, qui était de 8 à 9° du nord à l'est; calculer l'angle horaire variable qui répond à cet azimut en différentes saisons. Divers astronomes et amateurs s'étaient occupés de ces vérifications, mais jamais on n'avait pu s'accorder sur ce que la hauteur avait de plus que 65 pieds. Quelques personnes étaient persuadées que dans l'origine la ligne était exactement dans le méridien. Cette opinion ne put se soutenir:

En 1653 Cassini travaillait à l'examen de cette ligne. Il avait trouvé la hauteur de 63^{pi} 4^{po},3; une sixième voûte ajoutée au midi de l'église ne permettait plus le passage au rayon solaire, il s'agissait de transporter la méridienne dans un autre lieu. Cassini proposa le projet d'une méridienne où l'on pourrait toute l'année prendre la hauteur du Soleil, et faire une *multitude* d'autres observations.

Riccioli pensait que l'obliquité de la direction et l'épaisseur des piliers avaient forcé Dante à faire dévier sa ligne. Cassini s'attacha à observer l'instant où le Soleil était dans le plan de la façade, il en détermina l'azimut et celui de la ligne des colonnes, laquelle est presque perpendiculaire à la façade. Il fit dresser un plan exact de l'église, et partageant en deux parties égales l'intervalle des colonnes, et de ce milieu tirant une droite qui touchait les bases, il mesura l'angle qu'elle formait avec la ligne des colonnes; il le trouva un peu moindre que la déclinaison de l'église, et il s'assura que sans changer son ouverture Dante aurait pu tirer une méridienne exacte. Il ne voulut point placer son ouverture sur la muraille nouvelle, qui pourrait être sujette à quelque variation. Il choisit donc une voûte ancienne qui lui donnait six ou sept pieds de plus de hauteur; il prit la quatrième voûte qui laissait à la méridienne une longueur suffisante dans une partie de l'église peu occupée, ce qui était un assez grand avantage. Il rédigea son projet en conséquence, et le fit présenter au sénat par le marquis Malvasia. On perça la voûte. On y introduisit une pierre dans laquelle on avait ménagé une ouverture qui devait se remplir d'une lame métallique. Le diamètre de l'ouverture était un millième de la hauteur, et ce millième se trouva juste d'un pouce de pied de Paris. A l'extérieur l'ouverture était plus grande à cause des changemens de déclinaison du Soleil. La lame fut posée horizontalement, afin que la lumière du Soleil formât sur le pavé un cercle égal qui augmenterait de son demi-diamètre l'image du Soleil. Par le centre on fit passer un fil de métal tendu par un poids considérable que l'on fit descendre dans une fossette pratiquée dans le pavé. Deux fils en croix, tangens au fil perpendiculaire indiquèrent le pied du gnomon. On traça sur le bord de la fossette la direction de ces deux fils, enfin on remplit la fossette d'un marbre poli et bien horizontal, où l'on marqua le pied de la perpendiculaire. De ce point on éleva une chaîne qui ne pouvait s'alonger, et on l'attacha au centre de la plaque pour en mesurer exactement la hauteur qui fut trouvée de 71^{pi} 5^{po} de Bologne. Cette longueur fut divisée en 1000 parties (dont chacune valait $0^{po},857$, ou 1 pouce de notre pied-de-roi), la méridienne se terminait à une distance du mur qui suffisait pour observer commodément ; au solstice d'été, on pouvait observer la marche du Soleil avant et après midi, autant de tems qu'on pouvait le désirer. Aux environs du solstice de 1655 on observa la marche du Soleil sur le pavé bien nivelé. Les professeurs de Mathématiques et de Philosophie et d'autres curieux furent invités ; de ce nombre étaient Riccioli et Grimaldi.

Au jour du solstice on traça la courbe du bord supérieur et celle du bord inférieur, et avec un grand compas à verge, et du pied de la perpendiculaire, on traça plusieurs cercles qui coupèrent les deux courbes en différens points. Le milieu de la courbe comprise dans l'arc de cercle était le point du midi. On le détermina par chacun des arcs de cercle de différens rayons qu'on avait exprès tracés. Ce point du midi et le pied de la perpendiculaire donnaient la direction de la méridienne. Cette méridienne fut comparée à celle de Riccioli et Grimaldi. Un signal donnait le passage du Soleil. On ne trouva aucune différence sensible. La méridienne fut tracée sur des dalles de marbre, et on la divisa en tangentes. La méridienne en fer est encastrée entre les dalles de marbre. On y grava le lieu de l'image du Soleil en 1655. On fit la même chose au solstice d'hiver suivant. On marqua le lieu du Soleil pour différentes déclinaisons, mais sur des pierres détachées afin qu'on pût les avancer ou les reculer, pour les ajuster à l'hypothèse de réfraction et de parallaxe qu'on jugerait à propos d'adopter. On marqua de plus les secondes et les tierces de l'arc du méridien terrestre. La ligne entière était environ la six-cent-millième partie de la circonférence, ce qu'on écrivit à l'encre, sans le sculpter encore, pour le rectifier s'il était nécessaire. L'arc n'était que de $2'' \, 10''' = 130'''$ (pour un degré de 57000^t la seconde est de $15^t,8333$; la tierce $0^t,26385$. Supposons que le degré ne fût connu qu'à 570^t près ou 0,01, on se serait trompé de $1''',3$ environ). Au solstice d'été la minute de ce gnomon est de 4^{li} du pied de Paris ; en hiver elle est de $2^{po} \, 1^{li}$, on pourrait donc obtenir les secondes. Ce qui diminue la précision c'est le tremblement de l'image et le peu de netteté des bords, quand l'air n'est pas très pur.

Une minute d'angle horaire est d'un sixième de pouce en été, d'un tiers aux équinoxes, et presque de $\frac{3}{4}$ en hiver. Les hauteurs égales avant et après midi n'ont jamais différé de $\frac{1}{10}$ de pouce ; ainsi le milieu doit donner la méridienne à une minute de degré.

Cette méridienne vérifiée en 1695 par des hauteurs correspondantes prises et corrigées avec soin, s'accorda parfaitement avec le midi de l'horloge (c'est-à-dire à 1″ près. *Voyez* ci-après).

Dans le jardin de Malvasia, Cassini fit une autre méridienne, pour observer l'étoile polaire, et trouva la hauteur du pôle un peu plus grande que Riccioli et Grimaldi. Ces pères recommencèrent et se trouvèrent d'accord à la seconde. Avec cette hauteur du pôle et les hauteurs méridiennes du Soleil, il avait les déclinaisons, la longitude du Soleil pour chaque observation, et l'inégalité du Soleil. Il observait les variations de diamètre, il en conclut la bisection de l'excentricité proposée et démontrée avec tant de soin par Képler, et sur ce point il convertit Riccioli.

Après l'observation de l'équinoxe de 1656, il ébaucha des tables du Soleil. Dans l'observation de la hauteur du pôle, *il avait négligé les réfractions*, il voulut les déterminer par le Soleil, mais il fallait connaître la parallaxe. Il la croyait insensible et commença par la négliger. Il trouva que la réfraction surpassait encore 1′ à 45°. Képler ne la faisait que de 49″ et supposait 1′ de parallaxe horizontale. Cassini se servit de cette parallaxe pour calculer une table de réfractions, mais elle variait de l'hiver à l'été.

Par diverses combinaisons il diminua la hauteur du pôle et l'obliquité, il tâcha de tout faire accorder, et donna des tables du Soleil qui servirent à Malvasia, Montanari, Grassini et Mezzavacca, pour leurs éphémérides depuis 1661. Les éphémérides du premier ont paru sous ce titre :

Novissimæ motuum Solis ephemerides ex recentioribus tabulis Cl. viri J. D. Cassini à Cornelio Malvasia supputatæ, cum epistolis ad eumdem Cassinum ejusdemque responsis.

Dans la préface, on voit que Cassini ne se contentait pas, comme ont fait Ptolémée et tant d'autres, de trois ou quatre observations pour construire ses tables, mais qu'il les prenait au nombre de vingt, trente et plus encore, *s'il pouvait se les procurer;* les corrigeant les unes par les autres, et s'en servant *directement* pour établir ses hypothèses (on peut être étonné qu'en un an il n'ait pu se procurer que vingt ou peut-être trente observations du Soleil à son gnomon); qu'il n'a pas encore mis la dernière main à son travail sur les planètes; mais qu'il a bien voulu communiquer ses tables du Soleil; que ses observations du solstice d'hiver lui avaient prouvé la nécessité de tenir compte de la réfraction. Pour en trouver la théorie, il commença par l'étudier dans le verre, dans l'eau et les autres liqueurs; *et voyant que le rapport et la loi étaient toujours les mêmes dans tous les corps diaphanes, et que la quantité seule change,* il en conclut que la même loi avait lieu dans l'air. Ayant donc déterminé la réfraction pour quelques hauteurs, il en *déduisit le rapport constant* qui lui servit à calculer sa table pour toutes les hauteurs.

Après avoir formé sa table, indépendamment des parallaxes, il apprit à les distinguer des réfractions, de manière à satisfaire à toutes les observations; il trouva aussi que l'*obliquité décroissait,* il en conclut *une libration de l'écliptique,* dont la période n'était pas longue, mais que le manque d'observation l'empêchait de déterminer; en attendant il supposait 6″ *de diminution annuelle.* (C'est beaucoup trop sans doute : on sait aujourd'hui que cette diminution n'est que 0″,48 ou 0″,5 tout au plus. L'effet de la nutation ne peut faire varier l'obliquité apparente que de 3″,12 au plus dans une année; au total d'une année à l'autre on n'aurait au plus que 3″,6; ajoutez si vous voulez les latitudes du Soleil, vous n'aurez jamais que 4″, et la moitié du tems la diminution se changerait en augmentation. On peut donc regarder cette diminution annuelle de 6″ comme due presqu'entièrement aux erreurs d'observation. Mais il était assez remarquable que ses observations fussent assez précises et assez cohérentes pour le faire tomber dans une erreur si légère.)

Malvasia fait ensuite l'énumération de tous les reproches qu'il se croit en droit de diriger contre les tables de Lansberge; il promet 15 années d'éphémérides lorsque Cassini aura terminé ses recherches; et pour comparer les tables actuelles aux mouvemens célestes, il fit construire un observatoire dans un lieu élevé près des murs de Modène.

Ces éphémérides sont dans la forme ordinaire, et au-dessous des aspects on y trouve l'annonce des conjonctions des planètes avec les étoiles les plus remarquables; on y trouve aussi beaucoup de figures célestes ou thèmes pour l'entrée du Soleil dans les quatre signes principaux, et pour les jours d'éclipses, ce qui prouverait que Malvasia n'était pas encore bien revenu de sa prévention en faveur de l'Astrologie.

Dans une lettre, qui est à la suite de ses éphémérides, Cassini nous apprend que *dans l'observation très difficile des dichotomies il n'avait trouvé aucun indice de parallaxe solaire;* ce qui signifie probablement qu'il avait trouvé l'angle au Soleil si petit et la distance à la Terre si grande et si peu certaine en même tems, qu'il en résultait une parallaxe si petite, qu'on pouvait la négliger sans inconvénient. Il nous dit encore que ses nouvelles recherches l'ont ramené au mouvement moyen et à l'apogée solaire, tels qu'ils ont été déterminés par Képler; il a éprouvé la même chose pour les planètes, et il a senti combien il était difficile d'ajouter à la précision des Tables Rudolphines; il donne à Képler le titre de *incomparabilis industriæ et solertiæ astronomus.*

En supposant les réfractions du Soleil les mêmes pour toute l'année, et telles qu'il les a données pour l'été, la parallaxe du Soleil sera *nulle ou tout au plus de* 15″; en supposant perpétuelles les réfractions des équinoxes, la parallaxe sera de 30″; en supposant les réfractions d'hiver, la parallaxe sera d'une minute; telle qu'elle sera aussi en faisant varier les réfractions suivant les trois tables: avec une parallaxe intermédiaire on pourra aussi former des tables intermédiaires de réfractions, qui satisferont également aux observations, pourvu qu'on emploie les mêmes réfractions pour corriger la hauteur du pôle. Au reste, la parallaxe de Képler, qui est de 59″36‴, comparée à l'excentricité qu'il vient de trouver, lui donne *une symétrie fort élégante entre les orbes;* car il en résulte 3460 diamètres de la Terre pour la moyenne distance du Soleil, dont la fraction 0,017 vaut 58,822 pour l'excentricité du Soleil, ce qui est précisément la distance moyenne de la Terre à la Lune. Ainsi le centre de la route annuelle du Soleil est un point de la circonférence de l'orbe lunaire, et ce point est celui qu'occupe la Lune quand elle est à l'apogée du Soleil, c'est-à-dire au 7e degré du Cancer. D'où il suit que la plus grande équation *simple* du Soleil, la parallaxe horizontale de la Lune, qui est le demi-diamètre de la Terre, vu de la Lune, et le demi-diamètre de l'orbite lunaire, vu du Soleil, sont également exprimés par le nombre 58′26″20‴. Cassini développe encore avec plus de détails ces conséquences, qui sont un peu dans le goût du Mystère cosmographique de Képler, et malgré le doute que nous avons énoncé ci-dessus, il nous est clairement démontré qu'il avait bien lu et bien médité Képler, auquel il a fait plus d'un emprunt.

Les fractions de Cassini sont à			
45°	0′ 59″	1′ 6″	1′ 13″
90	32.20	32.40	33. 0

On s'est depuis arrêté à ses réfractions d'été, les autres sont beaucoup trop fortes.

Il prouve par onze exemples, tirés des astronomes les plus célèbres, que les réfractions sont partout les mêmes, et qu'elles sont nécessaires pour accorder la hauteur du pôle, tirée des observations solstitiales, d'une part, et de l'autre, des étoiles circompolaires.

Il conclut de ses observations, qu'un rayon quelconque tombant obliquement sur la surface extérieure de l'atmosphère, est accourci de

0,0002841, et que la hauteur de l'atmosphère est de 0,0006095 du rayon terrestre pris pour unité; c'est-à-dire apparemment que le sinus de l'angle est diminué de 0,0002841, ou qu'il faut multiplier le sinus de l'angle d'incidence par la constante 0,9997159, c'est-à-dire ajouter au log. sin. de l'angle le log. constant 9,9998666. En effet, ayant calculé la table d'été, j'ai retrouvé les quantités ci-jointes, qui prouvent que la formule est exacte, au moins jusqu'à 74°. Cassini ne donne pas d'autre explication. Nous trouverons sa théorie dans les Élémens publiés par son fils en 1740, et nous l'avons mise en formules (*Astronomie*, t. I, p. 297); mais nous n'avons pu deviner comment il a trouvé les deux réfractions fondamentales. Il a l'air de les prendre dans la Connaissance des Tems, pour donner un exemple de calcul.

Distance zénit.	Formule.	Cassini.
10°	0′ 10″	0′ 10″
20	0.21	0 21
30	0.34	0.34
40	0.49	0.50
50	1.10	1.10
60	1.42	1.42
70	2.41	2.39
72	3. 0	3. 0
73	3.11	3.11
74	3.24	3.24
75	3.38	3.36
76	3.55	3.54
77	4.14	4.12
78	4.35	4.32
79	5. 0	4.58
80	5.33	5.28

Malvasia donne ensuite ses observations des planètes, et les compare aux tables de Lansberge. Il y trouve des erreurs de 12′, qui n'ont rien de bien extraordinaire. Il prenait le plus souvent des distances à différentes étoiles; mais Saturne paraissant dans le champ de la lunette avec une petite étoile, il profita de la circonstance pour l'observer au micromètre, qu'il décrit de la manière suivante, et qui ressemble au micromètre d'Auzout.

Nous avons composé une claie (ou réticule) de fils d'argent très fins, qui se coupaient à angles droits, et partageaient le champ de la lunette en douze parties égales; lorsque ce réticule était placé au foyer, on le tournait de manière que le chemin de la planète fût parallèle à l'un des fils. Pour connaître les intervalles des fils on observait le tems qu'une étoile sans déclinaison employait à les traverser. Cet intervalle fut trouvé de 0°3′26″15‴, et fut encore sous-divisé en plusieurs parties par des fils plus fins, en sorte qu'on pouvait toujours estimer assez juste la distance de deux objets vus ensemble dans la lunette.

L'horloge qui servait à ces observations était réglée par les vibrations d'un pendule, *suivant la manière inventée à Florence, il y avait alors quelques années* (en 1662), le cadran était composé de trois cercles, le plus grand avait une aiguille qui faisait un tour en six minutes de tems, l'autre marquait les douze heures et leurs quarts, le troisième montrait l'heure divisée en minutes.

Par la combinaison de ces divers mouvemens, on pouvait avoir la seconde et même estimer la demi-seconde, qui répond à une vibration du pendule; la lentille avait une vis qui servait à la hausser ou la baisser de manière que l'horloge fît exactement sa révolution de vingt-quatre heures entre deux passages consécutifs du Soleil au méridien.

Malvasia ne parle pas d'Huygens, qui avait, en 1657, présenté sa première pendule aux États de Hollande, et qui, en 1659, avait donné son premier micromètre. (*Voyez* Bailly, tome II, pages 256 et 366.)

Revenons au gnomon de Saint-Pétrone. Cassini nous dit que Richer fut envoyé à Cayenne pour y observer un grand nombre de hauteurs du Soleil; quand ces hauteurs furent corrigées de la réfraction, elles s'accordèrent avec les éphémérides de Malvasia, calculées sur les tables de Cassini. (Nous verrons plus loin quelque chose de plus précis.)

En 1669, la hauteur du gnomon, mesurée par Mengoli et Minari, fut trouvée plus petite de 0,00045; en 1689, Guglielmini remonta la plaque à sa première hauteur; en 1695, Cassini et Guglielmini la trouvèrent de nouveau abaissée de quelques parties; la méridienne elle-même n'était plus exactement de niveau dans toute sa longueur; la perpendiculaire déclinait de trente parties vers l'occident, ce qui indiquait un mouvement dans la voûte. (Il aurait été mieux sans doute d'attacher la plaque à un mur bien épais et bien solide.)

La méridienne avait conservé sa direction, et jamais on n'avait trouvé plus d'une seconde de différence entre le midi observé et celui des hauteurs correspondantes. (Voilà la première fois qu'il est question de hauteurs correspondantes pour la vérification de cette méridienne; il y avait plus de vingt ans que Picard avait introduit cette méthode vraiment fondamentale.)

On fit à la méridienne les réparations nécessaires, et l'on ouvrit au nord une fenêtre pour observer la polaire.

L'ouvrage de Cassini finit par une table des distances zénitales qui correspondent à la longueur de la partie de la méridienne où tombe l'image du Soleil. Les Arabes avaient de ces tables imitées depuis par Purbach. L'ouvrage est accompagné de cinq grandes planches.

Cette méridienne s'étant successivement dégradée, Zanotti et Matteucci furent chargés de la rétablir, et publièrent les résultats de leur travail sous ce titre :

La Meridiana del tempio di San-Petronio rinovata l'anno 1776 *da Zanotti.*

On conserva précieusement la direction de la ligne et la hauteur du gnomon. Cassini s'était réservé la faculté de déplacer le commencement des signes pour les assujétir à l'obliquité de l'écliptique, quand elle serait mieux connue. (Ces corrections seraient sans cesse à recommencer, le plus simple était de se borner aux parties millésimales de la méridienne, qui, de leur nature, sont invariables.) Manfredi, par une longue suite d'observations faites au même gnomon, crut y trouver un mouvement oscillatoire.

Cassini avait inscrit sur sa méridienne, qu'elle était exactement la six-cent-millième partie de la circonférence de la Terre; il s'était réservé de modifier cette assertion quand on aurait obtenu de nouvelles lumières. Dans une lettre envoyée à Bologne en 1670, il annonce que depuis son arrivée en France, *il a fait reprendre et recommencer avec de plus grands instrumens la mesure de la Terre;* qu'on est parvenu à mesurer un arc de soixante milles bolonais, d'où l'on déduit un degré de cinquante-quatre milles et soixante pas. Il proposait une nouvelle inscription, pour dire que la méridienne, depuis le pied de la perpendiculaire jusqu'au centre de l'image du Soleil au solstice d'hiver, était juste la six-cent-millième partie. On ne fit aucun usage de la nouvelle inscription; Cassini lui même, vingt-cinq ans après, ne parut pas s'en souvenir. On soupçonne qu'il doutait déjà de la sphéricité de la Terre.

(Il est sans doute un peu étrange qu'il s'attribue la mesure de Picard qui, à l'entendre, aurait travaillé sous sa direction et d'après ses idées. Tâchons de ne voir ici qu'un mouvement très irréfléchi de vanité.)

Dans le nouvel examen on trouva que le pied de la perpendiculaire déviait vers l'orient de $\frac{10}{100000}$, et de douze parties semblables vers le septentrion. On en rejeta la faute sur une barre de fer qui s'était infléchie. Il paraît aussi, par les expériences faites en divers tems, que la lame percée est sujette à un abaissement progressif. (D'où il résulte que les gnomons ont souvent besoin d'être réparés, et qu'il est plus sûr et moins dispendieux de faire construire de bons instrumens plus faciles à vérifier.) La chaîne qui avait servi originairement à fixer la hauteur du gnomon et les parties de la méridienne, ne s'accordait plus ni avec cette hauteur, ni avec les différentes parties de la méridienne, sur laquelle on l'étendait; on crut qu'elle devait s'alonger par son propre poids, quand elle était suspendue. Pour s'en assurer, on la coucha horizontalement, en la tirant avec une force équivalente à celle de son poids, et l'on observa un alongement, mais moitié moindre qu'il ne fallait pour accorder les diverses observations.

Après avoir restauré la méridienne, Zanotti voulut s'en servir pour déterminer la hauteur du pôle et la longueur de l'année. Les différens résultats pour la hauteur du pôle vont de 44° 29′ 58″ à 40″. Suivant les réfractions de Cassini, la polaire donne 39″, comme les solstices. Par celles de Bradley, l'étoile donne 4″ de plus que les solstices. Par celles de La Caille, 18″ de moins; par celles de La Hire, 22″ de moins; et par celles de Newton, 12″ de plus.

Par les solstices observés au gnomon, l'année est de 365ʲ 5ʰ 48′ 48″ 29‴, ou 49″ 32‴, ou 48″ 49‴; milieu, 48″ 47‴; par les équinoxes, 45″ 46‴, 41″ 24‴, 63″ 4‴; milieu, 48′ 50″ 5‴.

Zanotti croit les solstices plus sûrs. Pour hasarder quelques réflexions sur ces calculs, il faudrait les recommencer.

L'ouvrage finit par le récit d'un tremblement de terre, qui a exigé de nouvelles vérifications; le centre de la plaque était alors descendu de $\frac{12}{100000}$, ou $0^{po},12 = 1^{li},44$.

Pour conclusion dernière, admirons ou plutôt félicitons Cassini d'avoir su tirer un parti aussi avantageux de son gnomon, qui l'a conduit à de meilleures tables du Soleil et à une théorie nouvelle et plus exacte des réfractions; mais il faudra bien se garder dorénavant de recourir à de pareils moyens. Nous verrons plus loin quelle était l'exactitude de ces tables du Soleil. Ce qu'elles avaient de nouveau se bornait à une petite diminution faite à l'équation du centre de Képler, et peut-être à la correction de l'époque des longitudes moyennes. Quant à sa table des réfractions, elle est tout ce qu'elle pouvait être, un beau travail, fruit de beaucoup de tâtonnemens, comme sont toutes les tables astronomiques, mais dont il nous est impossible de juger en connaissance de cause, puisqu'on nous a laissé ignorer quels en sont les fondemens et comment on a pu se les procurer. On ne peut juger ces tables que par leur accord, soit avec les observations, soit avec les tables plus modernes, et cette comparaison nous conduit à un résultat très honorable pour leur auteur.

Découverte de deux nouvelles planètes autour de Saturne. Paris, 1673.

La planche qui suit la dédicace représente Saturne et son anneau accompagné de trois satellites. Celui du milieu, découvert par Huygens en 1655; le satellite intérieur fut découvert en 1672 par Cassini, qui découvrit de même le satellite extérieur par les observations de 1671, 72 et 73. Ce dernier était donc celui qu'il avait aperçu d'abord, mais comme le mouvement est fort lent et que les circonstances étaient peu favorables, il ne put s'assurer de long-tems si c'était une planète ou un satellite. En cherchant à continuer ces observations, il aperçut le satellite intérieur, dont la période était beaucoup plus courte. Il ne demeura donc pas longtemps dans le doute. La période lui parut de $4^j\ 13^h$, celle du satellite extérieur entre 80 et 96 jours. Par occasion il donne les spirales de Saturne, Jupiter et Mars de 1659 à 1678. Képler lui en avait donné l'exemple : il y trouvait un motif de préférence pour le système de Copernic amélioré par lui-même, dans lequel le Soleil occupe le foyer commun de ces orbites sur lesquelles les mouvemens toujours directs suivent des lois certaines. On ignore quelle était l'idée de Cassini. Tant qu'il fut professeur à Bologne, il lui était sans doute interdit de dire un mot en faveur de Copernic. Fixé en France, il aurait pu s'expliquer plus librement; il n'a usé de cette faculté qu'avec beaucoup de discrétion. Rien ne nous fait connaître quelle était réellement son opinion. A en juger par ses écrits sur les comètes, on serait tenté de croire qu'il était pour Ptolémée.

Il rapporte ensuite les observations de quelques taches du Soleil par Roëmer et par lui-même. Il en conclut une révolution apparente de $27^j\ 10^h\frac{1}{2}$ et une rotation de $25^j\ 12^h$. *Quoiqu'elle éprouve divers retardemens apparens en divers tems de l'année*, suivant l'inégalité du mouvement annuel. Il indique vaguement une inclinaison de 7° vers le commencement des Poissons. Il nous renvoie à la théorie qu'il a imaginée en 1671. La méthode a cela de particulier, qu'elle sauve les embarras causés par le mouvement annuel; et pour cet effet on réduit les observations à ce qui aurait dû paraître, si durant tout le tems qu'une tache met à passer d'un bord à l'autre du Soleil, l'œil et le Soleil étaient demeurés immobiles à une distance immense l'un de l'autre et dans la même ligne d'opposition où ils étaient lorsque la tache a paru dans le milieu de son cours visible. Il fera voir à la première occasion combien cette théorie est simple. Sur l'exposé nous serions tenté de la croire plus embarrassante à cause de ces réductions dont la méthode véritable sait se passer, et moins exacte en ce qu'elle paraît fondée sur la projection orthographique. La manière de Cassini était d'annoncer long-tems d'avance ses découvertes en les vantant beaucoup, sans donner au lecteur le moyen de les apprécier. Nous trouverons celle de la rotation du Soleil dans les élémens de Jacques Cassini en 1740.

De l'origine et du progrès de l'Astronomie, et de son usage dans la Géographie et la Navigation, par M. Cassini, 1693.

« On ne peut pas douter que l'Astronomie n'ait été inventée dès le commencement du monde. » L'auteur a grande raison s'il veut dire qu'on n'a pu vivre un seul jour sans remarquer le mouvement du Soleil de l'orient à l'occident; qu'on n'a pas été long-tems à remarquer les phases de la Lune et la durée approximative du mois lunaire; qu'il n'a pas fallu attendre un grand nombre de révolutions solaires pour reconnaître la marche des saisons ; mais il a fallu plus de tems pour avoir une première évaluation de la longueur de l'année; car il est douteux que dès les premiers tems de la création on ait songé à mesurer les ombres d'un gnomon, et à supputer les nombres de jours qui ramènent les ombres les plus courtes et les ombres les plus longues.

En preuve de son assertion, Cassini fait valoir l'exactitude avec laquelle Moyse rapporte le nombre d'années qu'a vécu chaque patriarche. Mais Moyse ne dit nulle part qu'aucun d'eux ait jamais su son âge, ni l'âge auquel son père était mort; et si l'on suppose que Moyse a été inspiré dans le récit qu'il nous a tracé d'évènemens dès-lors si anciens, dont il n'existait probablement aucun monument authentique, ni même aucun souvenir un peu certain, l'exactitude de Moyse ne prouvera rien pour l'assertion de Cassini. Nous avons dit ailleurs ce que nous pensons de la période de 600 ans qu'il attribue à ces anciens patriarches. (Tome I, p. 2.)

En parlant des périodes d'Hipparque il fait cette remarque, que parmi les éclipses qui nous ont été conservées, *il ne s'en trouve pas deux qui soient éloignées entre elles de l'espace d'une de ces longues périodes.* Mais nous avons montré comment ces périodes se déterminent par les mouvemens relatifs tels qu'on les connaît, et que leur exactitude dépend essentiellement de l'exactitude des mouvemens supposés, et quelquefois aussi de hasards plus ou moins heureux, qui compensent en partie les erreurs.

Il regarde comme constant que *peu de tems après le déluge les Chaldéens observaient le ciel avec beaucoup de soin;* oui, des levers et des couchers, les phases de la Lune, et les éclipses de Lune qu'ils inscrivaient sur autant de briques, voilà tout ce qui paraît avéré, car pour les éclipses de Soleil, s'ils les ont observées, ce qui est assez probable, elle ne nous ont pas été transmises, pas même mentionnées; enfin on nous dit qu'au moyen d'une clepsydre ils ont partagé l'équateur en douze parties de 30° chacune; voilà le point où ils se sont arrêtés.

Il rapporte d'après Philon que Tharé, père d'Abraham, était fort appliqué à l'Astronomie, et qu'il porta cette science en Egypte. Philon n'a pas dit ce qui constituait cette Astronomie.

Il nous apprend que l'obélisque élevé par Auguste dans le champ de Mars, *est renversé depuis long-tems, qu'il est couché dans les terres où il traverse les caves des maisons bâties sur ses ruines.* (On eût mieux fait de le laisser en Egypte.)

Nous nous attachons moins au fond de l'ouvrage qu'aux anecdotes qu'il peut nous offrir, car c'est moins une histoire raisonnée qu'un éloge de l'Astronomie. L'auteur s'attache principalement à faire valoir les services rendus par l'Académie des Sciences. Pour flatter Louis XIV, il cite *le grand nombre d'excellens verres qu'elle a envoyés de tous côtés*, en sorte que *la plupart des observateurs, même dans les pays les plus éloignés, se servent des verres qu'ils ont eus de l'Académie.* Il ajoute que *l'Académie se sert commodément de verres de 200 et de 300 pieds, par le moyen d'une tour haute de 120 pieds que l'on a fait élever pour cet usage sur la terrasse de l'Observatoire. Ce qui achève de perfectionner cette manière de se servir des grands verres, c'est que l'on a inventé pour poser le verre une machine composée des cercles de la sphère et d'une horloge qui fait mouvoir le verre de même que se meut l'astre qu'on observe, en sorte que le verre demeure toujours exposé à l'astre.* Il est à croire que l'auteur parle ici des projets qu'il avait formés, plutôt que de ce qui s'était réellement exécuté.

Il a existé à l'Observatoire une espèce d'équatorial, mu par un mouvement d'horlogerie, et dont j'ai vu quelques débris, mais il n'a pu jamais servir qu'à porter une lunette assez courte. On ne connaît même que peu ou point d'observations faites avec cet instrument.

Il rappelle l'hypothèse par laquelle il avait déterminé la hauteur de l'air qui cause les réfractions des astres et la loi qui lui a servi à les calculer pour toutes les hauteurs (à l'aide du rapport constant trouvé pour l'eau et le verre par Snellius et peut-être aussi par Descartes, et qu'il a dit ci-dessus avoir trouvé lui-même sans nous en fournir aucune preuve, et sans mentionner ceux qui en avaient parlé avant lui). Les observations qu'il avait faites pour constater la bisection de l'excentricité (déjà démontrée par Képler, et qui est de toute nécessité dans l'éllipse). Cette bisection le force à diminuer l'excentricité d'un dix-huitième. (Képler fait l'excentricité 0,0180, Cassini la fait de 0,0269. La différence est 0,0 ou $=\frac{1}{16,36}$, et en effet, de Képler à Cassini, en 60 ou 70 ans, l'équation du centre avait dû diminuer de 10 à 12″. Ce n'est donc pas la bisection qui force à diminuer l'excentricité. Venant après Képler, et faisant de nouvelles observations plus précises que celles de Tycho, Cassini a dû trouver une excentricité moindre.) Il parle le *premier* de l'augmentation du diamètre de la Lune à divers degrés de hauteurs. (Oui le premier après Képler, Auzout et Hévélius.)

On trouve, continue Cassini, que *le diamètre de la Lune diminue depuis les conjonctions jusqu'aux quadratures quand elle est périgée, mais qu'il ne paraît pas diminuer quand elle est apogée ; ce qui s'explique par un certain équilibre que la Lune doit garder avec la Terre dans sa révolution annuelle.* (Quand la Lune est périgée à la conjonction, elle est à peu près à la distance moyenne vers la quadrature suivante; quand au contraire elle est apogée à la conjonction, elle est encore dans ses moyennes distances vers la quadrature suivante; il est tout simple qu'elle paraisse diminuer dans le premier cas; il est encore plus certain qu'elle ne doit pas paraître diminuer dans le second, puisque, toutes choses égales d'ailleurs, elle devrait avoir augmenté. Il n'est pas besoin de recourir à ce *certain équilibre*, qu'il n'explique pas, puisque ces apparences sont une suite nécessaire du mouvement elliptique. *On* s'est servi de la variation apparente du mouvement diurne vers l'occident pour déterminer sa distance à la Terre. (Il parle ici de sa méthode pour trouver la parallaxe horizontale par la parallaxe d'ascension droite. La pratique était neuve en effet, c'est un service réel qu'il a rendu, quoique ce moyen n'ait jamais bien déterminé aucune parallaxe par la raison qu'il dépend du tems, et qu'il exigerait des observations parfaites; mais l'auteur peut se féliciter de cette idée). *On* a trouvé que le demi-diamètre de la Lune est à sa parallaxe comme 15 : 56. (On ne trouve guères aujourd'hui que 15 : 55; mais c'était encore une bonne observation.) *On* a imaginé d'observer l'immersion et l'émersion des diverses taches de la Lune, pour éviter l'incertitude que cause la pénombre dans l'observation du commencement et de la fin. (Puisque dans cette histoire *on* signifie partout Cassini, nous remarquerons qu'il a tort de s'attribuer une pratique qui depuis long-tems était générale en Europe, dont Hévélius avait donné l'exemple dès 1647 dans sa *Sélénographie*, p. 405, et qu'à la page 468 il recommande comme éminemment utile pour les longitudes géographiques).

Voici comme il s'explique sur la libration de la Lune :

« *Comme les Coperniciens attribuent* deux mouvemens à la Terre, l'un annuel et l'autre journalier, de même *on* a considéré dans la Lune deux mouvemens différens. Par l'un de ces mouvemens, dont la révolution s'achève en 27 $\frac{1}{3}$ jours, la Lune *paraît* tourner d'orient en occident sur un axe parallèle à celui de son orbite. L'autre mouvement se fait réellement d'occident en orient sur un axe dont les pôles sont éloignés de ceux de l'orbite de la Lune, transportée dans son globe, de 7° $\frac{1}{2}$ et des pôles de l'écliptique de 2° $\frac{1}{2}$, et il a pour colure ou premier méridien le cercle de la plus grande latitude, transporté aussi dans son globe. (Voilà donc les nœuds de l'équateur lunaire qui coïncident avec ceux de l'orbite, remarque que l'on crut neuve quoiqu'elle ait été consignée dans le songe de Képler, qui avait dit que *l'orbite de la Lune est très peu inclinée à son équateur* (tome V, p. 605) : que *le mouvement des points équinoxiaux est égal au mouvement des nœuds*; que *la Lune a un équateur qui coupe son écliptique et le premier méridien tourné vers la Terre en des points opposés*. A ces notions Cassini ajoute que l'angle de l'orbite avec l'équateur est de 2° $\frac{1}{2}$; Képler avait dit seulement qu'il était très petit.) De la complication de ces mouvemens contraires, dont l'un n'est qu'apparent et l'autre réel, l'un inégal et l'autre égal, résulte la *libration* de la Lune. Car si le premier mouvement, qui se communique également à toutes les parties de la Lune, n'était mêlé d'aucun autre, le globe de la Lune nous paraîtrait tourner d'orient en occident autour d'un axe parallèle à celui de son orbite, avec les inégalités qui viennent du mouvement de la Lune par le zodiaque. Mais comme le mouvement inégal est mêlé à l'autre mouvement égal des taches qui se fait en sens contraire, la Lune paraît avoir deux mouvemens différens, et c'est dans la différence de ces deux mouvemens que consiste cette apparence de libration. » (Képler ne parle aucunement de libration, il n'a pour objet que d'expliquer les phénomènes qu'on observerait si l'on pouvait se transporter dans la Lune. Hévélius, sans parler de l'équateur lunaire, expliquait la libration par le mouvement uniforme de la Lune autour de son axe, et par les inégalités de la révolution qu'elle accomplit autour de la Terre en tournant toujours la même face non à la Terre, centre des mouvemens vrais, mais au centre de son excentrique, ou plutôt au centre de ses mouvemens moyens. En rendant à Képler et à Hévélius ce qu'ils ont droit de réclamer, il restera à Cassini le mérite d'avoir réuni ces idées éparses pour nous donner une explication complète de la libration; il lui restera le mérite d'avoir mesuré l'angle de l'équateur, et le tort de n'avoir donné nulle part les observations qui lui ont servi à déterminer cet angle, et qui lui ont prouvé la coïncidence des nœuds de l'équateur avec ceux de l'orbite. L'explication de Cassini aurait pu être exposée d'une manière plus lumineuse. Elle est détaillée en deux pages et demie dans les élémens de J. Cassini, sans y devenir plus claire. Nous préférons de beaucoup l'exposition que Newton avait communiquée à Mercator, et que celui-ci a publiée dans son *Astronomie*, qui a paru en 1676. Voyez ci-dessus, page 544.

La Lune tourne d'un mouvement égal d'occident en orient autour de l'axe de son équateur, en $27^{j}\frac{1}{3}$. Cet axe fait un angle de $2°\frac{1}{2}$ avec celui de l'écliptique, et de $7°\frac{1}{2}$ avec celui de l'orbite lunaire. Ces trois axes sont dans un même grand cercle, qui est celui des plus grandes latitudes. Les nœuds de l'équateur lunaire coïncident avec ceux de l'orbite; le nœud ascendant de l'orbite est le nœud descendant de l'équateur. Le mouvement d'occident en orient, dans la partie supérieure, paraît se faire en sens contraire dans la partie inférieure, la seule que nous voyons. Par ce mouvement de rotation, la Lune tournerait toujours la même face à la Terre, si le mouvement autour de la Terre était uniforme, comme l'est le mouvement de rotation; mais le mouvement de révolution est tantôt plus lent et tantôt plus rapide, la tache qui paraissait au centre nous paraît alternativement en arrière et en avant du centre apparent qui est mobile. Telle est la cause qui produit la libration. Il était inutile de parler de deux mouvemens contraires; ils sont les mêmes, comme les mouvemens de Vénus et de Mercure ressemblent à ceux de la Terre. Mercure et Vénus paraissent tourner en sens contraire dans leurs passages sur le Soleil. Il en est de même des taches que nous voyons sur la Lune. Celles que nous ne voyons pas, et qui sont dans l'hémisphère supérieur, tournent d'occident en orient comme toutes les planètes.

Voyez une explication plus détaillée dans notre *Astron.*, tom. III, p. 63, et à cette occasion, nous réformerons une erreur qui s'est glissée, p. 62 (dans l'article 69, fig. 19), lisez : Soit ♈♎ (fig. 75) l'équateur de la Terre, ♈♋♎ l'écliptique, ☊ le nœud ascendant de l'orbite lunaire,

☊L☋ l'orbite lunaire inclinée de 5°9′ à l'écliptique, ☊Q☋V sera l'équateur lunaire dont l'inclinaison a été trouvée de 1° 43′ environ, *en sorte que cet équateur passe entre l'écliptique et notre équateur, qu'il est incliné de 6° 52′ au-dessous de l'orbite lunaire.* Les nœuds de l'équateur lunaire rétrogradent avec ceux de l'orbite, et la coïncidence est constante.

L'erreur était d'avoir fait passer l'équateur entre l'écliptique et l'orbite, au lieu qu'il passe entre l'écliptique et notre équateur.

Cassini indique vaguement sa méthode générale pour déterminer les élémens des planètes par un nombre quelconque d'observations; cette méthode n'est applicable qu'à l'ellipse de Boulliaud ou aux excentriques. Il cite son idée de la courbe qu'il a voulu substituer à l'ellipse de Képler, voyez l'analyse que nous en avons donnée (*Astr.*, tom. II, p. 174). Cette courbe n'a été adoptée par aucun astronome; on ne conçoit guère par quel motif l'auteur a imaginé de la proposer, si ce n'est l'envie de tout changer, et le désir de faire quelque chose de neuf; et l'on conçoit encore moins que cent ans après, dans les accessoires de la statue érigée à D. Cassini, et maintenant déposée à l'Observatoire, on ait mis en évidence, et comme un titre de gloire, une idée si malheureuse, à laquelle on aurait pu substituer, soit la figure de l'équateur lunaire ou la méthode graphique des éclipses, quoique ces deux inventions lui soient disputées, soit le gnomon de Bologne qui est bien certainement son ouvrage, soit enfin ses découvertes télescopiques des satellites de Saturne, ou Jupiter et Vénus tournant sur leurs axes.

Il dit ensuite quelques mots sur les éclipses des satellites, et sur leurs passages sur le disque de Jupiter; il ajoute qu'*on s'est servi de ces deux sortes d'éclipses pour la correction des tables.* Il a pu s'en servir comme il le dit, s'il a pu déterminer, comme il l'assure, à une minute près, l'instant où l'ombre arrive au milieu du disque; mais ces observations sont trop difficiles; elles exigent de trop fortes lunettes; aucun astronome n'en a publié, au lieu qu'on en trouve des éclipses par milliers.

« Les observations que l'Académie a faites des satellites de Jupiter ont donné occasion d'examiner un des problèmes les plus beaux de la Physique, qui est de savoir si le mouvement de la lumière est successif, ou s'il se fait dans un instant. On a comparé le tems de deux émersions prochaines du premier satellite dans une des quadratures de Jupiter, avec le tems de deux immersions prochaines du même satellite dans la quadrature opposée, et bien que la lumière du satellite dans la première quadrature fasse moins de chemin pour venir à la Terre dont Jupiter s'approche qu'à la seconde quadrature quand Jupiter s'éloigne de la Terre, et que cette différence monte à 60,000 lieues tout au moins dans un tems plus que dans l'autre, néanmoins, *on n'a point trouvé de différence sensible entre ces deux espaces de tems, ce qui a donné lieu de croire que les observations que l'on peut faire sur la surface de la Terre, ou même tout l'espace compris jusqu'à la Lune, ne suffisent pas pour déterminer rien de certain sur ce problème, et que par conséquent les méthodes que Galilée a proposées pour cet effet dans ses mécaniques, sont inutiles.* Ce n'est pas que l'*Académie* ne se soit aperçue, dans la suite de ces observations, que le tems d'un nombre considérable d'immersions d'un même satellite est sensiblement plus court que celui d'un nombre pareil d'émersions, ce qui se peut expliquer par l'hypothèse du mouvement successif de la lumière; mais *cela ne lui a pas paru suffisant pour convaincre que le mouvement est en effet successif, parce que l'on n'est pas certain* que cette inégalité de tems ne soit pas *produite, ou par l'excentricité, ou par quelque autre cause jusqu'ici inconnue, dont on pourra s'éclaircir avec le tems.* »

Ce passage est curieux en ce qu'il nous prouve que Cassini avait eu l'idée d'examiner si le mouvement de la lumière ne produisait pas quelque effet sensible sur les immersions et les émersions des satellites de Jupiter. Le moyen qu'il avait imaginé pour reconnaître si cet effet est sensible est simple, ingénieux, mais insuffisant, par la vitesse presque incroyable de la lumière. La Terre en quadrature en T (fig. 76), voit un satellite en a, au bord de l'ombre, on note la disparition. Deux jours après, la Terre étant en t, plus près du satellite, le voit entrer de nouveau dans l'ombre, et doit l'y voir entrer plutôt, si la lumière emploie un tems à parcourir la distance tT. Pour doubler l'effet, on attend l'autre quadrature; on observe de nouveau le satellite au bord de l'ombre en a', la Terre étant en Θ. Deux jours après, la Terre étant en θ, plus loin du satellite, on note l'instant de l'observation. L'intervalle a dû être alongé de $Tt + \Theta\theta = 2\,\Theta\theta$ $= 2$ corde $1°45' = 4 \sin 52'30''$, qui en tems de la lumière ne valent que $30''$. Ainsi, l'un des intervalles était diminué de $15''$, et l'autre augmenté de $15''$, ce dont il était impossible de répondre dans chacune des quatre observations prises séparément. On conçoit donc que Cassini n'ait trouvé aucune différence, et si en effet il a eu l'idée que nous lui prêtons, il a pu y renoncer, parce qu'il n'a pas su en tirer parti. Il ajoute que l'*Académie* (c'est-à-dire Roëmer, car tout à l'heure en parlant de lui-même il disait *on*), l'Académie s'est aperçue dans la suite que le tems d'un nombre considérable d'immersions comme T, t', t'', etc., est plus court qu'un nombre pareil d'émersions Θ, θ, θ', θ'', etc. ; de A en B on pouvait avoir 16′ d'accélération, de B en A 16′ de retard, la différence était de 32′, et alors la chose était démontrée. Mais Cassini rejette cette explication comme incertaine, quoique possible; ainsi il a eu l'idée d'examiner; il a pris un moyen qui s'est trouvé insuffisant; on a étendu son idée; on a rendu l'expérience vraiment démonstrative; mais il l'écarte sous des prétextes assez frivoles; il aime mieux recourir à une inégalité dont la cause lui est inconnue, que d'admettre une explication qui est au moins très plausible, et méritait d'être mûrement examinée. Il a donc manqué une découverte brillante et du plus grand intérêt, ce qui ne le dispose pas à l'accueillir quand elle est faite par un autre. Nous verrons cette prévention de Cassini se perpétuer dans son école; nous verrons Maraldi écrire en forme contre la découverte de Roëmer, et qui plus est, le secrétaire de l'Académie, Fontenelle, féliciter Maraldi d'avoir si bien réfuté une erreur séduisante qui allait prévaloir.

Cassini était admirateur de Descartes. Or, Descartes avait décidé que la transmission de la lumière était instantanée. Cassini aura cherché moins à examiner la question, qu'à se démontrer l'idée de Descartes; il a cru trouver ce qu'il désirait, il a mis fin à cette recherche.

Cette manière de s'exprimer toujours en termes généraux, *on, l'Académie,* aurait pu laisser quelques doutes, si elle eût été moins uniformément répétée. Pourquoi ne pas dire clairement *j'ai observé, j'ai trouvé.* Roëmer en suivant mon idée a trouvé tout le contraire. Ce qui est clair, c'est qu'il rejette le mouvement de la lumière, comme impossible à prouver, parce que la distance même de la Lune n'offrirait rien de sensible; mais il pouvait prendre la distance de la Terre au Soleil, et en quadrupler l'effet. La chose était faite; il se bouche les yeux pour ne point voir; il rejette à plus forte raison les moyens imaginés par Galilée et déjà rejetés par Descartes, à qui il emprunte l'idée de la distance de la Lune, idée qu'il amène sans nous en donner aucune raison. Sa conduite, en cette rencontre, nous montre bien que dans les recherches physiques, il faut porter un esprit dégagé de tout préjugé et de toute prévention systématique.

Dans le reste du Traité, il parle de la mesure de la Terre, et de l'usage des éclipses de satellites pour le problème des longitudes.

A l'occasion d'un voyage en diverses parties de la France, entrepris en septembre 1672, il nous parle de la parallaxe de Mars, qu'il observait en route, tandis que Roëmer l'observait à Paris, Picard en Anjou, et Richer à Cayenne. Mars dut couvrir une des étoiles ♆ du Verseau. Les nuages empêchèrent cette observation rare et curieuse. Les observations présentèrent des discordances telles qu'on n'en put rien conclure de certain. La quantité cherchée ne passait guère la limite des erreurs possibles, puisque c'est par les tems des passages qu'on détermine la parallaxe. Il aurait fallu observer à 0'',1 de tems près, et à cette époque rarement tenait-on compte des demies.

Il trouve la réfraction terrestre $\frac{1}{9}$ ou $\frac{1}{10}$ de la hauteur observée. Aujourd'hui on l'estime en fraction de l'arc intercepté à la surface de la Terre. Il trouve que le baromètre descend d'une ligne pour 65 $\frac{1}{2}$ pieds de différence dans la hauteur de la station.

Avant de passer au traité suivant, il convient d'analyser le voyage de Richer à Cayenne, à 5° environ de latitude boréale. Les objets principaux de ce voyage étaient :

L'obliquité de l'écliptique, l'observation des équinoxes, celles des parallaxes du Soleil, de Vénus et de Mars, la parallaxe de la Lune et ses mouvemens, la durée des crépuscules, les réfractions, la hauteur du baromètre, la longueur du pendule, enfin les marées.

Richer partit au commencement de 1671. Il n'arriva à Cayenne que le 22 avril 1672. Il y resta jusqu'à la fin de mai 1673. En route, il aperçut une comète, qu'il vit jusqu'au 30 de ce mois.

Ses instrumens étaient un octant de 6 pieds de rayon, et un quart de cercle de 2 $\frac{1}{2}$ pieds. L'un et l'autre instrumens étaient de fer battu. Le limbe en cuivre, divisé en minutes par le moyen des transversales, en sorte que sur l'octant on pouvait estimer jusqu'à 8 ou 10''. Il avait deux horloges, l'une battant les secondes et l'autre les demies.

Il détermina l'erreur de collimation de 10'' additives, et pour la connaître, il avait tourné l'instrument à l'est et à l'ouest suivant les préceptes de Picard.

Son journal extrêmement sec ne renferme que ses diverses observations. Nous rapporterons textuellement celle du pendule.

« L'une des plus considérables observations que j'aie faites est celle de la longueur du pendule à secondes de tems, laquelle s'est trouvée plus courte à Cayenne qu'à Paris; car la même mesure qui avait été marquée en ce lieu-là sur une verge de fer, suivant la longueur qui s'est trouvée nécessaire pour faire un pendule à secondes de tems, ayant été apportée en France, et comparée à celle de Paris, la différence a été trouvée d'une ligne et un quart, dont celle de Cayenne est moindre que celle de Paris, laquelle est de $5^{pi}\ 8^{l}\ \frac{3}{5}$. Cette observation a été faite pendant dix mois entiers, où il ne s'est pas passé de semaine qu'elle n'ait été faite plusieurs fois avec beaucoup de soin. Les vibrations du pendule simple dont on se servait étaient fort petites et duraient fort sensibles jusqu'à 52′ de tems, et ont été comparées à celles d'une horloge très excellente, dont les vibrations marquaient les secondes de tems. »

La marée est de 6 pieds dans les syzygies et d'un demi-pied de plus aux équinoxes.

La boussole déclinait de 11° du nord à l'est; l'inclinaison qu'il avait observée de 75° à Paris n'était que de 50° à Cayenne, toujours vers le nord; la hauteur du pôle était 4° 56′.

Le baromètre n'a jamais surpassé $27^{po}\ 1^{li}$, de 25 à 30 pieds au-dessus de la mer.

Le crépuscule suffisant pour lire ne durait guère que 45′.

On voit que le voyage avait été entrepris pour vérifier les points fondamentaux de l'Astronomie, suivant les vues exposées quatre ans auparavant par Picard, qui avait fourni tous les moyens d'exécution en appliquant les lunettes aux secteurs et aux quarts de cercle. On y compara le pendule avec celui que Picard avait déterminé pour Paris. Ce voyage avait été demandé par l'Académie. On n'y vit que le triomphe de Cassini. On l'avait fait venir en France comme un homme dont on n'aurait pu se passer; on lui donna la direction de l'Observatoire de préférence à tous les astronomes français; on ne vit plus que lui, comme on ne voit que le général d'une armée victorieuse, parce qu'on suppose que le général a dirigé tous les mouvemens. Ici le général était bien évidemment Picard, mais Picard avait cessé d'être l'objet de l'attention publique; Cassini se donnait lui-même comme le directeur général, comme l'âme de toute l'Astronomie française. (*Voyez* sa lettre à Bologne, sur la mesure de la Terre, ci dessus, page 727)

« On en rapporta, dit Fontenelle, tout ce que Cassini n'avait établi que par le raisonnement et par théorie, plusieurs années auparavant, sur la parallaxe du Soleil et les *réfractions*. Un astronome si subtil est presque un devin; on dirait qu'il prétend à la gloire d'un astrologue. »

Ici Fontenelle paraît oublier cette méridienne de Bologne *qui était un grand secours que les astronomes n'avaient pas et qu'il s'était donné lui-même.* » On sait aujourd'hui ce que pouvait valoir ce secours, auquel tous les astronomes ont, avec tant de raison, préféré le secours bien plus certain, bien plus commode, et surtout bien plus général, que leur avait procuré Picard, et dont il avait lui-même fait les premiers essais.

Quelque tems après le retour de Richer, Cassini publia l'ouvrage suivant :

Les élémens de l'Astronomie vérifiés par M. Cassini, par le rapport de ses tables aux observations de M. Richer faites en l'île de Cayenne.

« Pour avoir la preuve de la justesse du Soleil, il était à souhaiter qu'on eût des observations faites au zénit, où il est convenu qu'il n'existe plus de réfractions. C'était aussi le seul moyen de connaître sûrement l'obliquité de l'écliptique.

Les distances solstitiales furent $-\ 18^\circ 32' 20'' = H - \omega$

$$\begin{aligned} +\ 28.24.44 &= H+\omega \\ \hline 46.57.\ 4 &= 2\omega \\ 23.28.32 &= \omega \\ 9.52.24 &= 2H \\ 4.56.12 &= H. \end{aligned}$$

Dans l'hypothèse de Tycho, la distance des tropiques serait plus forte de $8' 17''$.

Suivant les Éphémérides de Malvasia, elle était trop forte *seulement* de $11''$.

En tenant compte de la réfraction et de la parallaxe, Cassini trouve l'obliquité $23^\circ 28' 55'',5$.

Pour corriger l'obliquité apparente, il faut y ajouter demi-somme des réfractions — demi-somme des parallaxes. Cette correction, suivant Cassini, est de 22,5, la demi-somme de ses réfractions serait $25'',5$; il restera donc $3''$ pour la demi-somme des parallaxes; il suppose donc la parallaxe à peu près nulle. Or, nous avons vu qu'il ne savait encore si la parallaxe était de $60''$ ou $15''$ seulement. Si les Éphémérides de Malvasia s'accordent à $11''$ près avec ces observations, ne serait-ce pas par la compensation de trois erreurs ?

Pour corriger H il faut y ajouter la demi-différence des réfractions $5'',5$ et l'on aura $4^\circ 56' 17'',5$ comme Cassini, qui fait la différence des parallaxes nulle.

Cette obliquité, comparée à celle de 1800, que nous avons trouvée $23^\circ 27' 56'',6$, au plus, donnerait pour diminution en 128 ans $58''$, ou $0'',453$ par an. Cassini ne parle plus de sa diminution de $6''$ par an.

La longitude de l'île de Cayenne par l'éclipse de Lune était $3^h\,28'\,28''$

Par la conjonction inférieure du premier satellite à Cayenne et calculée pour Paris.................................. 3.26.33

Par le mouvement du Soleil en déclinaison.............. 3.42

On la fait aujourd'hui de.............................. 3.38.20.

Les observations en différens tems de l'année s'accordent généralement avec les tables du Soleil; *rarement la différence est d'une minute*. Cette différence et 11″ d'erreur sur l'obliquité ne prouvent pas encore des tables bien parfaites. Nous avons dit en quoi elles pouvaient différer de celles de Képler.

Les diamètres du Soleil ont été mesurés soit au micromètre, soit par la durée des passages.

Il ne parle pas de sa table des réfractions. Les observations du Soleil à des hauteurs aussi grandes ne pouvaient fournir aucune vérification.

Par une multitude de comparaisons, il fait de 25″,5 la parallaxe de Mars; d'où il conclut 9″,5 pour celle du Soleil. On n'a pas eu mieux jusqu'au passage de Vénus; mais quand on considère le peu d'accord des observations, on est forcé d'avouer qu'il y a un peu de bonheur dans ce résultat, comme dans tant d'autres, et il ne prouve que l'avantage qu'on trouve à multiplier les observations pour en prendre la moyenne.

Les astronomes Varin, Deshaies et Glos, avaient été envoyés en Afrique et en Amérique. Cassini avait rédigé l'instruction qui leur avait été remise. On leur recommandait de régler, avant de partir, leurs pendules sur celles de l'Observatoire, de marquer la situation du petit poids qui règle la vitesse des oscillations. Il paraît par la vignette, que le petit poids était au-dessus du centre de la lentille, au cinquième environ de la longueur de la verge. Pendant le voyage les pendules devaient être réglées par les hauteurs correspondantes. Pour connaître la marche d'un pendule on peut observer les passages d'une même étoile à une lunette fixe. Cette méthode n'était pas nouvelle, et elle est si simple qu'elle a dû être imaginée par plus d'un astronome.

Le pendule simple avait été trouvé de $36^{po}\,8^{li},5$, à Paris, à La Haie, à Copenhague et à Londres; il était plus court à Cayenne; *on* doutait si ce n'était pas une erreur de l'observation; *on* engageait les voyageurs à l'observer avec soin.

Enfin, pour les longitudes, *on* leur recommande les éclipses du premier satellite, les passages sur le disque, et les conjonctions de deux satellites.

A Gorée, latitude 14° 39′ 51″, le pendule fut trouvé 36po 6li,5555; c'était moins qu'à Cayenne où Richer trouvait 7li,25.

On voit que ces observations du pendule, à commencer par celles de Picard, n'avaient pas encore la précision qu'on peut exiger aujourd'hui.

A la page 48, on lit que les hypothèses des Coperniciens et des Tychoniciens, qui sont équivalentes, sont les seules reçues des astronomes modernes.

Découverte de la lumière céleste qui paraît dans le zodiaque, par M. Cassini.

Nous avons vu que cette lumière avait été déjà remarquée par Képler. Cassini l'observa avec plus de soin, et en parla comme d'une découverte toute nouvelle. Il commença à l'apercevoir le 18 mars 1683; elle était large de 8 à 9°; elle s'étendait obliquement, à peu près selon la direction du zodiaque; elle rasait les étoiles de la tête d'Ariès, s'étendait sur les Pléiades, et allait finir en pointe à la tête du Taureau. Il la considère d'abord comme la chevelure du Soleil, puis il ajoute qu'elle est dans le plan de l'équateur solaire. Cette dernière idée est à peu près tout ce qu'il peut réclamer comme sa propriété, sauf aussi les observations.

Cassini avait déjà vu cette lumière en Italie, en 1668. Chardin la vit la même année à Hispahan. Les Perses la nommaient *niazach* (petite lame).

Pour expliquer la formation de cette espèce d'atmosphère, il attribue au Soleil la force nécessaire pour jeter au loin des corps à diverses distances, où ils peuvent s'arrêter et varier un peu comme font les planètes.

Ces observations furent continuées à Genève par Fatio Duillier, qui depuis s'est rendu si misérablement célèbre par la promesse de resusciter publiquement un mort. Il en donnait une explication différente; il supposait dans l'éther des particules capables de détourner et de réfléchir la lumière; il dispose ces particules autour du Soleil, dans un zodiaque large et solide, compris entre deux faces courbes et ondoyantes, afin qu'elles puissent comprendre dans un moindre espace les orbites des planètes. On peut voir plus de détails, si l'on en est curieux, à la page 28 du Traité de Cassini. (Recueil intitulé *Voyages de MM. de l'Académie.*)

Dans la persuasion où il est qu'il est le premier astronome qui ait vu la lumière zodiacale, il cherche à prouver qu'elle n'a pas toujours été visible.

Il remarque à cette occasion que la première étoile du Bélier est double ainsi que la tête de Castor.

Il soupçonne pourtant que Descartes a vu cette lumière ou qu'il en avait entendu parler: et en effet, dans notre extrait de Descartes, nous avons fait remarquer une description qui offre bien des traits de ressemblance avec celle de Cassini. Il en conclut qu'elle n'est pas toujours visible. Il ne dit rien de Képler.

Le 28 août 1686, en regardant Vénus à la lunette de trente-quatre pieds, il vit, à trois cinquièmes de son diamètre, vers l'orient, une lumière informe qui semblait imiter la phase de Vénus; le diamètre de ce phénomène était à peu près égal à la quatrième partie du diamètre de Vénus. Il avait déjà vu quelque chose de semblable le 25 janvier 1672, et il avait soupçonné que ce pouvait être un satellite de Vénus. Mais quelque peine qu'il se soit donnée depuis pour le revoir, jamais il n'a pu y réussir. C'était une illusion optique, qui s'est reproduite non-seulement pour Vénus, mais pour les autres planètes et pour plusieurs étoiles. Nous aurons plus d'une occasion de parler du prétendu satellite de Vénus.

Il compare la lumière zodiacale à la voie lactée, avec cette différence que celle-ci « paraît composée d'une multitude innombrable de petites » *planètes*, dont l'amas confus peut former l'apparence de la lumière que » nous voyons étendue selon la longueur du zodiaque... où nous voyons » que cette lumière fait son mouvement annuel, diversifié de beaucoup » d'irrégularités, comme celui de Vénus et Mercure..... Ainsi, toutes » les hypothèses qui ont été inventées pour expliquer les mouvemens » apparens de ces deux planètes.... pourraient servir à expliquer les » mouvemens des petites *planètes* capables de former l'apparence de » cette lumière, et les irrégularités que l'on y trouve d'un jour à l'autre » et quelquefois dans la même heure. » On pense aujourd'hui plus simplement que cette lumière est l'atmosphère du Soleil, et quant à ces inégalités, elles peuvent venir des variations de notre atmosphère, et du faible éclat de la lumière zodiacale. Si cette explication, que nous ne garantissons pas, est un peu vague, si elle laisse à désirer, elle est au moins plus naturelle.

Quelquefois il a vu pétiller comme de petites étincelles, mais il a douté si cette apparence n'était pas causée par la forte application de l'œil. Il a comparé la lumière zodiacale aux nébuleuses d'Andromède et d'Orion. Dans ces deux nébuleuses il a vu des étoiles qu'on n'aperçoit pas avec des lunettes communes, et il ajoute : « Nous ne savons pas si » l'on ne pourrait pas avoir des lunettes assez grandes pour que toute » la nébulosité pût se résoudre en de plus petites étoiles, comme il » arrive à celles du Cancer et du Sagittaire. »

Règles de l'Astronomie indienne pour calculer les mouvemens du Soleil et de la Lune, expliquées et examinées par M. Cassini.

« Cette méthode est extraordinaire....; on y trouve cachées, sous » certains nombres, diverses périodes d'années solaires, de mois lu- » naires, et d'autres révolutions.... ; diverses espèces d'époques; et ce ne » sont pas toujours des nombres simples, mais des fractions, dont le » numérateur est quelquefois dans un article et le dénominateur dans un » autre, comme si l'on avait eu un dessein formé de cacher la nature et » l'usage de ces nombres. ».

Il est tout au moins aussi probable que la forme de ces tables a été imaginée en vue de rendre les calculs plus faciles pour des peuples chez lesquels il se trouvait peu de personnes en état d'entendre les théories.

Par des rapprochemens ingénieux, il parvient à s'assurer que l'époque est le 31 mars 638, qui était un samedi. Cette époque n'est éloignée que de 5 ans et 278 jours de l'époque persane d'Jesdegerde. Il lui semble que ces règles ont été inventées par les Indiens, ou que peut-être elles sont tirées de l'Astronomie chinoise.

Ce serait un travail bien aride et désormais bien inutile que de suivre Cassini dans tous ses calculs; mais nous citerons celles d'entre ses remarques qui peuvent avoir conservé quelque espèce d'intérêt. Nous avons suffisamment fait connaître ces tables dans l'Astronomie des Indiens.

Il trouve que l'année solaire est de $365^j 5^h 55' 13'' 46''' 5^{iv}$. Cette année, cachée dans des hypothèses tacites, s'accorde à $2''$ près avec l'année tropique d'Hipparque et de Ptolémée; et à $13''$ près avec celle de Rabbi-Adda, auteur du troisième siècle. *Si l'on pouvait vérifier que ces années eussent été déterminées sur les observations du Soleil, indépendamment de l'Astronomie occidentale, cet accord de divers astronomes de diverses nations si éloignées les unes des autres, servirait pour prouver que l'année tropique a été autrefois de cette grandeur.... Mais il y a apparence que cette grandeur de l'année n'a été déterminée que par les observations des éclipses et des autres lunaisons, et par l'hypothèse que 19 années solaires sont égales à 235 mois lunaires....; laquelle hypothèse approche si fort de la vérité, qu'il était difficile d'en observer la différence que dans la suite des siècles, ce qui empêche Hipparque et Ptolémée de s'en éloigner dans la détermination de la grandeur de l'année solaire.*

Nous avons les calculs des observations assez incertaines qui ont conduit Hipparque à cette année beaucoup trop longue. Cette année ne se trouve chez les Siamois qu'au septième siècle tout au plutôt, car l'époque des tables, surtout dans le système indien, est toujours fort antérieure à l'année où les tables ont été construites. Nous n'avons aucune lumière sur la méthode suivie par les Siamois, plus de 800 ans après Hipparque. On ne voit pas le besoin de supposer qu'Hipparque n'avait osé s'écarter d'une détermination plus ancienne : rien ne prouve cette ancienneté, et Cassini lui-même doute qu'il soit possible de montrer que cette année soit le résultat d'observations directes.

Les Siamois, dans leurs dates, se servent d'une époque qui a suivi l'année de Jésus-Christ de 544 années. N'avous-nous pas des auteurs qui datent de la création du monde?

Après un long examen des diverses périodes luni-solaires, il finit par proposer celle de 143472 mois lunaires et de 4236813 jours naturels; ce qui suppose le mois lunaire de $29^{j}\,12^{h}\,44'\,3''\,5'''\,28^{iv}\,48^{v}\,20^{vi}$, et 11600 années Juliennes, à très peu près.

Les Hypothèses et les Tables des satellites de Jupiter, réformées sur de nouvelles observations, par M. Cassini.

Voici encore un des titres les plus solides de la gloire de Cassini. Les premières tables qu'il avait composées en Italie, ou plutôt les calculs des éclipses faits sur ces tables, avaient décidé Picard à recommander fortement l'auteur à Colbert, qui proposa à Louis XIV de l'attirer en France pour perfectionner la Géographie.

« Les expériences nous ont fait connaître qu'il faut préférer, à toutes les autres phases, les éclipses que ces satellites souffrent en passant par l'ombre de Jupiter. On en peut observer l'entrée et la sortie, et quelquefois l'une et l'autre, sans que deux observateurs soient en différence entre eux d'un quart de minute de tems, et que les éclipses du premier satellite se peuvent déterminer encore avec une plus grande précision; qu'après ces éclipses on peut se servir des conjonctions apparentes avec Jupiter, et entre eux-mêmes quand ils se rencontrent en venant des parties opposées; et que les observations des ombres qu'ils jettent sur le disque de Jupiter, que nous avons découvert être souvent très sensibles, sont utiles à ce dessein, comme le sont aussi les taches permanentes qui paraissent souvent sur la face de Jupiter, et qui font autour de lui la révolution la plus prompte que nous ayons jusqu'ici découverte dans le ciel, quoique l'instant du passage de ces taches par le milieu de Jupiter ne se puisse pas déterminer avec la même subtilité que l'instant des éclipses de ces satellites. »

De ces divers moyens il n'est resté que les éclipses, et même il s'en faut de beaucoup que les observateurs soient toujours d'accord entre eux à un quart de minute, même pour le premier satellite.

Pour trouver le lieu des nœuds, il n'y a d'autre moyen que de chercher les éclipses les plus longues, à moins qu'il n'y ait dans les mouvemens, des inégalités qui puissent empêcher que les éclipses centrales ne soient toujours les plus longues. (Les inégalités ne changeant pas sensiblement pendant la durée de l'éclipse, ne peuvent guères influer que sur les momens de l'entrée et de la sortie, qui seront également avancés ou retardés; il n'y a que les inégalités du rayon vecteur qui puissent faire que le satellite traverse le cône d'ombre suivant une section plus ou moins rapprochée de Jupiter, et par conséquent plus grande ou plus petite, mais de bien peu de chose. Ainsi le moyen serait à peu près sûr si l'on n'était exposé à se tromper sur la durée véritable.)

Mais jamais on ne voit les deux phases d'une éclipse du premier satellite, et rarement voit-on celles du second, et même dans ces cas assez rares, on ne peut guère compter sur l'une de ces phases, qui s'observe trop près du disque de Jupiter. On est donc obligé d'avoir recours à l'observation des conjonctions apparentes dans la partie inférieure. Nous pouvons observer la durée du passage sur le disque, qui n'est que peu différent du passage dans l'ombre. (Ce moyen est abandonné, le calcul en fournit de bien préférables.)

Les bandes offrent un moyen de juger la distance au nœud ; dans les limites, la marche du satellite est parallèle aux bandes; dans le nœud, l'inclinaison est la plus forte.

(Ce moyen est au moins aussi incertain; il est trop difficile de juger de ce parallélisme; il n'est pas absolument démontré que ces bandes soient parfaitement parallèles entre elles et à l'équateur. Il est également difficile de bien mesurer l'inclinaison pour trouver le moment où elle est réellement la plus grande.)

Il a toujours trouvé les nœuds à deux ou trois degrés du milieu du Verseau et du Lion.

Les astronomes qui ont voulu observer les latitudes des satellites, n'ont pas toujours fait la distinction entre les latitudes, vues de la Terre, et celles qu'on verrait du centre du Soleil ou du centre de Jupiter.

Il entre dans de longs détails pour expliquer la théorie de ces latitudes, et démontrer les erreurs des astronomes qui s'en étaient occupés. (Les équations de condition qu'on établit en différenciant les formules du mouvement des satellites, nous donnent les moyens de corriger les erreurs des suppositions qu'on a faites pour la position des nœuds, les inclinaisons et la durée.)

Les éclipses les plus longues donnent donc les nœuds, les plus courtes donnent les limites, car on a la longitude jovicentrique du Soleil au tems de la conjonction. (Cette détermination des nœuds ne peut être d'une grande précision; mais cette précision n'est pas indispensable, on fait seulement le mieux qu'on peut.)

La comparaison des durées dans les nœuds et dans les limites donne le rapport des cordes, et ce rapport donne l'inclinaison. (Cette inclinaison ne saurait être non plus déterminée bien rigoureusement.)

Les mouvemens se déterminent ou par les conjonctions écliptiques ou par les passages sur le disque. Les conjonctions se réglant sur les mouvemens vrais de Jupiter et de ses satellites, il faudrait donc connaître les inégalités. (On connaît maintenant celles de Jupiter, alors on ne connaissait que l'équation du centre de cette planète; les inégalités des satellites sont connues maintenant à fort peu près; cette recherche n'offre plus de difficulté, et l'on n'y emploierait aucun des moyens indiqués par Cassini; il nous parle aussi de l'équation du tems. J'ai enfin obtenu que presque tous les astronomes donnassent leurs observations en tems moyen.)

Dans la construction de ses premières tables il trouva le mouvement du quatrième satellite le plus égal de tous. (C'est cependant celui de tous dont l'excentricité est la plus forte.) Il trouva le premier presqu'aussi uniforme. (Il est vrai qu'il m'a été impossible d'y trouver la moindre équation du centre; mais il a une inégalité de trois minutes de tems qui est assez bien déterminée depuis long-tems; pour les deux autres, il employa des équations empiriques; c'est toujours par là qu'il faut commencer; quand elles sont bien constatées il faut bien qu'elles aient une cause, et les géomètres la trouveront dans leur analyse.) M. Roëmer expliqua ingénieusement une des inégalités qu'il avait observées pendant plusieurs années, dans le premier ; il n'examina pas si cette hypothèse s'accordait avec les trois autres. (Il est vrai que j'ai cru avoir lieu de m'étonner de l'indifférence avec laquelle Roëmer avait négligé sa belle découverte depuis son départ de France ; c'est peut-être par la persuasion où il était qu'il l'avait mise hors de doute. Cela posé, il fallait l'appliquer aux trois autres, en refaire les tables, dans cette supposition, et déterminer ensuite les inégalités propres de ces trois autres ; moi-même, dans mes longues recherches sur les satellites, je n'ai pas imaginé de chercher par leurs éclipses, si l'équation de la lumière avait également lieu pour eux, je l'ai supposé comme une chose démontrée, d'une part, au moyen des éclipses du premier, et de l'autre, par les phénomènes de l'aberration, et l'accord des tables avec les observations a prouvé la justesse et la nécessité de la supposition.)

Cassini reconnaît ici franchement le droit de Roëmer à la découverte, mais la découverte ne lui paraît pas encore constatée.

Il fait l'inclinaison 2° 55′. Je l'ai trouvée plus forte et différente pour chacun des quatre satellites ; mais l'approximation de Cassini peut passer pour exacte et heureuse.

Les tables sont données d'abord dans la forme ordinaire, des époques, des mouvemens moyens en degrés, et des équations. Voici ses époques qu'il a mises dans l'explication qui suit les tables.

	1690 B. 1er janvier.	1700 C. m. 31 décembre.	Mouvement pour 100 B.	Mouvement annuel.
☾′	1ˢ 12° 4′ 0″	2ˢ 11° 29′ 40″	7ˢ 22° 55′ 0″	3ˢ 23° 27′ 25″
☾″	2. 4.25. 0	2.12.14.10	3.19.11.40	9.11.44.54
☾‴	5.23.30. 0	5.14.47.40	1.11.35.20	0. 5.50.12
☾ᴵⱽ	1.13. 7. 0	7.17.22.40	6.24.50. 0	10.13.27.20

☾′	1ˢ 12° 4′ 0″	2ˢ 11° 29′ 40″	7ˢ 22° 55′ 0″	5ˢ 23° 27′ 25″
2☾‴	11.17. 0. 0	10.29.35.20	2.23.13.20	0.11.40.24
	0.29. 4. 0	1.11. 5. 0	10.16. 8.20	4. 5. 7.49
3☾″	6.13.15. 0	7. 6.42.30	10.27.34.20	8. 5.14.42
	5.14.11. 0	5.15.37.30	11.26. 0	6.53
Différ. à 6ˢ....	15.49. 0	14.22.30		

Suivant les théorèmes de M. Laplace, la combinaison des trois époques devrait donner 6ˢ 0° 0′ 0″, celle des trois mouvemens devrait donner

$0^s 0^\circ 0' 0''$. On voit que les différences vont à 7 et $11^\circ \frac{1}{2}$ environ, celles des époques vont de $14 \frac{1}{3}$ à $15^\circ,8$.

D'après Wargentin et les Tables de Berlin,

	1600.	1700.	100 B.	Mouvement annuel.
☾′	$1^s\ 2^\circ 56' 38''$	$2^s\ 4^\circ 59' 14''$	$7^s 25^\circ 31' 56''$	$3^s 23^\circ 28' 59''$
☾″	1.27.21. 8	2. 9.10. 0	7.23.11.21	9.11.47.17
☾‴	5. 9.18.53	5.11. 0.43	1.22. 9.54	0. 5.56.32
☾ᴵⱽ	1.13.16. 6	7.16.32.59	6.24.51. 6	10.13.27.21

☾′	$1^s\ 2^\circ 56' 38''$	$2^s\ 4^\circ 59' 14''$	$7^s 25^\circ 31' 56''$	$3^s 23^\circ 28' 59''$
2☾‴	10.18.37.46	10.22.18.26	3.14.19.48	0.11.53. 4
	11.21.34.24	0.27.17.40	11. 9.51.44	4. 5.22. 3
3☾″	5.22. 3.24	6.27.30. 0	11. 9.34. 3	4. 5.21.51
	6. 0.29. 0	6. 0.12.20	17.41	0.12

Dans les deux éditions que nous avons données de nos Tables, nous avons trouvé chaque fois les deux théorèmes satisfaits, à quelques secondes près, et nous les y avons rigoureusement assujéties. On voit, qu'à cet égard, Wargentin, qui ignorait les théorèmes aussi bien que Cassini, en avait approché bien plus près.

La longitude moyenne pour un instant quelconque, se trouve donc par les calculs ordinaires. Pour trouver la longitude vraie, il faut connaître le lieu vrai du Soleil, la longitude héliocentrique vraie de Jupiter, alors vous formerez l'argument ($\odot$ — ♃ héliocentrique) qui vous donnera une équation toujours soustractive qui, quoique calculée pour le premier satellite, sert également pour les trois autres. Le signe constant de l'équation indique une constante ajoutée; la constante est un degré, l'équation est

$$
\begin{aligned}
1^\circ + 1^\circ \sin(\odot - \text{♃} - 270^\circ) &= 1^\circ + 1^\circ \sin(180^\circ + \text{♁} - \text{♃} - 270^\circ) \\
&= 1^\circ + 1^\circ \sin(\text{♁} - \text{♃} - 90^\circ) = 1^\circ - 1^\circ \sin[90^\circ - (\text{♁} - \text{♃})] \\
&= 1^\circ - 1^\circ \cos(\text{♁} - \text{♃}) = 1^\circ [1 - \cos(\text{♁} - \text{♃})] \\
&= 1^\circ 2 \sin^2 \tfrac{1}{2} (\text{♁} - \text{♃}) = 2^\circ \sin^2 \tfrac{1}{2} (\text{commutation}) \\
&= 1^\circ \text{sin verse commutation.}
\end{aligned}
$$

Cette équation nulle au point B, sera au *maximum* quand la Terre sera au point A; ce qui ressemble prodigieusement à l'équation de la lumière, qui croît de la conjonction à l'opposition, et décroît de l'opposition à la conjonction; mais l'équation de la lumière doit être la même pour les quatre satellites. Nous verrons plus loin que Cassini en fait bien plutôt une équation propre à Jupiter, et dont l'effet, comme celui de l'équation du centre, serait d'accélérer ou de retarder la conjonction.

Pour la latitude il retranche le nœud du satellite du lieu géocentrique de Jupiter, ou, si l'on veut, du lieu jovicentrique de la Terre, il a la distance au nœud; alors avec cette distance et l'inclinaison réciproque des deux orbites, il cherche la latitude de la Terre sur l'orbite de Jupiter. Puis avec l'inclinaison 2° 55′ et la distance du satellite à son nœud, il cherche la latitude du satellite. La différence de ces deux latitudes, si elles sont de même dénomination, ou leur somme, si elles sont de dénomination contraire, lui donne la latitude relative de la Terre et du satellite.

La forme de ses tables elliptiques est celle que nous avons encore. Il donne les époques des conjonctions en 1600 et 1700 avec deux nombres qui servent d'argumens aux équations. Le premier nombre est l'anomalie moyenne de Jupiter, le cercle étant divisé en 2448 parties. Ce nombre sert à trouver l'équation du centre de Jupiter en tems du premier satellite. Cette division du cercle a été changée en 1740; mais c'est une chose tout-à-fait indifférente. Le second nombre, argument de la deuxième équation, doit être (♃ — ♁), et ce nombre suppose le cercle divisé en 225,4. On sent que cet argument ne peut être donné qu'en mouvemens moyens. Il faudra donc le corriger de l'équation de Jupiter. La correction se prend avec le premier argument dans la même table que l'équation du centre.

Le nombre 2448 et le nombre de révolutions du premier satellite est une révolution anomalistique de Jupiter. Le nombre 225,4, celui des révolutions en une année synodique de Jupiter de 13 mois à peu près, ou 399 jours.

La seconde équation 2° sin² ½ (♃ — ♁) réduite en tems du premier satellite deviendra 14′ 9″ 12‴; Cassini met 14′ 10″ pour le second, elle serait 28′ 24″ 37‴, pour le troisième 57′ 14″ 19‴, enfin pour le quatrième 2° 30′ 31″.

En convertissant en tems de chaque satellite l'équation 1° cos (♃—♁), comme il a fait pour l'équation du centre, il a fait comme si cette équation était une inégalité qui comme l'équation du centre retarderait ou accélérerait la conjonction, et s'il croyait cette équation également nécessaire pour les quatre satellites, on voit qu'il n'a pu adopter l'idée du mouvement successif de la lumière. Le hasard faisait que son équation 7′ 5″ cos (♃—♄) ne différait pas beaucoup de l'équation 8′ 13″ qui est la valeur moyenne de l'équation de la lumière; il devait donc trouver que le mouvement de la lumière s'accommodait aux tables du premier satellite. Mais pour le second, son équation empirique 14′ 12″ était beaucoup plus forte que l'équation de la lumière. C'était encore bien pis pour les deux autres satellites. Mais il était bien moins sûr de la théorie des trois satellites supérieurs, il n'en donne pas encore les tables écliptiques, il enseigne seulement à trouver le moment des conjonctions par ses tables en degrés, et quand ce moment est trouvé, il ne reste plus qu'à chercher la demi-durée pour avoir l'immersion ou l'émersion.

Dans ses hypothèses la durée ne dépend que de la distance du satellite au nœud ou de la distance de Jupiter à ce même nœud. Mais entre le nœud et l'aphélie de Jupiter, la différence est une constante. Il suffira donc d'appliquer cette constante à son nombre premier pour en faire l'argument des demi-durées, ou, ce qui est plus court, de donner pour argument à sa table des demi-durées l'anomalie moyenne de Jupiter. Et en effet, dans sa table nous voyons les demi-durées les plus longues et les plus courtes revenir plusieurs fois à des distances de 612 environ, et les mêmes durées revenir quand l'anomalie est augmentée de 1224, moitié de l'argument I. Sa table ne commence pas par la plus courte durée, et ne finit pas à la plus longue.

Avec l'angle à Jupiter entre le satellite et la Terre, et les deux distances de Jupiter au satellite et à la Terre, il calcule l'élongation du satellite à Jupiter. Le rayon vecteur du satellite est constant, il n'en est pas de même de la distance de la Terre à Jupiter; mais comme il donne cette élongation en parties du diamètre apparent de Jupiter, il a pu supposer partout la distance moyenne, car si elle est plus petite l'élongation sera plus grande, et le diamètre apparent de Jupiter croîtra dans la même proportion. Si l'élongation ne surpasse pas un demi-diamètre, le satellite sera derrière Jupiter. J'ai donné des formules plus exactes pour ce problème qui sert à trouver les cas où l'on peut observer le commencement et la fin d'une même éclipse.

Quand on a calculé la latitude du satellite, suivant les règles données ci-dessus, on peut la prendre pour l'argument de la demi-durée du passage sur le disque et il en donne des tables à la fin de l'ouvrage.

Ainsi, pour le 1er satellite, la demi-durée sur le disque varie

de...	1^h 11′ 58″	à 1^h 8′ 59″	} pour 2° 55′	
pour le 2e, de......	1.31.31	à 1.20.29		
le 3e..........	1.54.11	à 1.17.47		
le 4e..........	2.31.52	à 0. 0. 0	pour 2.16 de latitude.	
Pour les éclipses, les demi-durées du 1er varient de.........	1. 7.15	à 1. 3.38		
2e..................	1.29. 5	à 1.18.52		
3e..................	1.47.19	à 1. 6. 7		
4e..................	2.22.56	à 0. 0. 0.		
Suivant mes tables, le 1er...	1. 7.36	à 1. 3. 3		
2e....	1.25.13	à 1. 8. 0		
3e....	1.46.50	à 0.29.55		
4e....	2.22.25	à 0.		

Mais à ces durées s'appliquent diverses corrections qui, pour le second satellite, vont à 1′ 36″, pour les autres elles sont moindres. Au tems de l'immersion dans l'ombre, ajoutez la demi-révolution, et vous aurez *autant qu'il en est besoin* le tems de l'entrée de l'ombre sur le disque.

Pour l'entrée et la sortie du satellite devant Jupiter, il faut employer le lieu géocentrique de Jupiter, et l'élongation du satellite. Mais, dit-il en finissant, *les conjonctions des satellites avec Jupiter ne peuvent ni se calculer, ni s'observer avec la même exactitude que leurs éclipses*, et c'est ce qu'ont pensé tous les atronomes jusqu'aujourd'hui.

Il ne fait aucune différence entre la conjonction et le milieu de l'éclipse.

Ce travail bien examiné ne paraîtra qu'une ébauche un peu grossière, c'était un premier pas qu'il fallait faire pour être en état d'annoncer à quelques minutes près les momens des éclipses, et que les astronomes et les voyageurs pussent se préparer à l'observation.

Pour démontrer aux lecteurs à quelle précision il était parvenu, Cassini calcule quatre observations du premier satellite ; la première est une immersion observée par Picard, le 22 oct. 1668, à 10^h 41′ 35″
son calcul lui donne 10.41.55
la 2e est une immersion observée à Paris le 21 décemb. 1684, à 16.11. 0
calcul...... 16.11.58
la 3e est une immersion observée à Paris le 29 septemb. 1692, à 13.24. 0
calcul...... 13.24.53
la 4e est une émersion observée à Paris le 24 janvier 1693, à 10.40.28
calcul...... 10.40.19.

Il ajoute que l'erreur ne passe jamais une minute, quoique les équations aient des valeurs très différentes, ce qui prouve la bonté de ses équations. Or, sans parler de son équation empirique qui remplace imparfaitement l'équation de la lumière, nous savons que le premier satellite a une inégalité propre de 3' et quelques secondes. Ses tables ne doivent donc représenter les observations qu'à trois, quatre ou cinq minutes peut-être. Mais le plus souvent l'erreur pouvait être d'une minute environ et telle qu'il l'avoue. Cette précision était suffisante pour la Géographie.

C'était donc un travail important et qui méritait l'estime des astronomes. Cassini le premier avait fixé les incertitudes, en prouvant que les éclipses étaient, de tous les phénomènes que présentent les satellites, le plus facile à observer, et par conséquent le plus utile. Il sut donner à ses tables la forme la plus commode. C'est lui qui imagina la forme actuelle qu'on donne à la table des époques pour toutes les planètes, et qui imagina cette année o qui sert à prolonger le calendrier Julien indéfiniment jusqu'à la création du monde et au-delà. Il détermina passablement les mouvemens moyens, ce qui n'exigeait à la vérité que des observations sur lesquelles on pût compter, et qui fussent séparées par un intervalle de temps assez considérable. Il détermina fort bien aussi les durées. Il ne vit aucune des inégalités propres aux satellites, si ce n'est cette équation 1° sin v. commut., qui ne serait elle-même qu'une inégalité de Jupiter, puisqu'il la fait commune aux quatre satellites et la convertit en tems en raison inverse de leurs moyens mouvemens. On ne doit pas être étonné qu'il n'ait pu démêler une équation de 3' dans le premier satellite; il est plus singulier qu'il n'ait pas eu quelque soupçon de l'équation de 15' du second. Quant à celles du troisième, elles devaient lui échapper; mais il est étonnant qu'il n'ait point aperçu l'équation du centre du quatrième qui est presque d'une heure, laquelle pouvait parfois anéantir ou doubler son équation empirique; mais il est juste de songer à l'incertitude et à la rareté des observations du quatrième satellite. Il est à remarquer que son équation empirique de 1° réduite en tems se trouve presque égale à l'équation de la lumière du premier satellite, et que réduite en tems du quatrième elle différait peu de l'équation du centre de ce dernier satellite. Il a pu arriver que son équation empirique s'accordât plus d'une fois avec l'équation véritable du premier et du quatrième satellite; il l'aura étendue aux deux autres, et ces hasards malheureux ont dû l'empêcher d'apercevoir la théorie véritable. Les astronomes de son tems furent émerveillés des succès qu'il obtint, et qui le plus souvent n'étaient dus qu'à d'heureuses compensations. Ses tables du premier satellite étaient réellement utiles, elles réussirent beaucoup, et rien n'était plus juste.

Ce qui nous reste à extraire a paru successivement dans les Mémoires de l'Académie. Ainsi dans le tome X on voit qu'en 1665 il aperçut dans Jupiter une tache qui cessa de paraître l'année suivante. On n'en a point vu ni auparavant, ni depuis, qui ait duré si long-tems, et qui soit si souvent revenue, car elle a paru plusieurs fois jusqu'au mois de janvier 1691 qu'on la voyait encore. Toutes les fois qu'elle est revenue elle a toujours eu la même figure et la même situation. Cassini trouva que sa période était de 9^h 55′ à 56′. Les dernières observations lui firent connaître que la période est plus courte quand Jupiter est périhélie que quand il est à une distance plus grande. Ce fait n'est pas suffisamment constaté, les révolutions des planètes autour de leurs axes sont trop difficiles à observer pour qu'on puisse répondre de quantités si petites. L'uniformité du mouvement de rotation de la Terre nous porte à croire par analogie qu'il en est de même de toutes les planètes. Il est vrai qu'on trouve des différences considérables dans la rotation du Soleil déterminée par différentes taches; mais on peut répondre que les observations de ces taches sont aussi bien incertaines et qu'elles offrent bien d'autres raisons de douter, qu'on n'a pas pour les autres planètes. D'autres taches qui de tems à autre ont paru sur Jupiter étaient si confuses et de si peu de durée qu'il était difficile d'en trouver les périodes. Les figures qu'il nous montre de Jupiter offrent jusqu'à 10 bandes. On y voit deux taches variables de grandeur dont la révolution a paru de 9^h 51′. Les extrémités des bandes paraissent en avoir une de 9^h 55′ 40″; il imagina que ces bandes pourraient être des canaux parallèles dans lesquels coule une matière fluide. Il a vu une grande tache se partager en trois autres dont les révolutions ont paru de 9^h 51′ comme celle de la tache entière. D'autres taches plus voisines du centre ont des révolutions de 9^h 50′, et vont plus vite que celles qui passent plus loin. Il pense que les mêmes phénomènes doivent se reproduire toutes les fois que Jupiter revient en conjonction périhélie, ce qui arrive tous les 83 ans, et a dû revenir en 1774. Je n'ai aucun souvenir qu'on les ait observés. Tous ces détails prouvent que les taches ne sont pas tout-à-fait immobiles, elles peuvent changer de place comme de figure. Mais si ces apparences sont difficiles à bien observer, les résultats qu'on en pourrait déduire ont bien peu d'importance. Il est très curieux qu'on ait pu se convaincre que le Soleil, la Lune, Vénus, Mercure, Mars, Jupiter et Saturne tournent autour d'un axe plus ou moins incliné. Herschel et Schroëter ont ajouté en ce genre aux découvertes de Cassini; il ne resterait plus que les cinq planètes aperçues depuis 40 ans; mais leurs disques sont si petits, que jamais leurs rotations ne seront observées; il est naturel de les supposer. Au reste, que nous importe?

Longitude et latitude de Marseille. « Hipparque, à l'imitation de Pythéas, détermina le parallèle de Byzance par l'ombre d'un gnomon; il se trouva *heureusement* que la proportion de l'ombre au gnomon était la même à Byzance qu'à Marseille. »

Il est impossible qu'Hipparque ait fait une aussi mauvaise observation; il est à croire que de sa vie il n'a été ni dans l'une ni dans l'autre de ces deux villes. Il y a grande apparence que l'observation à Byzance n'a été faite par personne. Il est avéré que la latitude de Byzance est plus faible que celle de Marseille de 2° et quelques minutes. Hipparque, d'après la persuasion générale des géographes de son tems et sans en répondre, a supposé les deux villes sous le même parallèle; il a appliqué au climat de Byzance l'observation faite à Marseille, il en a conclu *que l'ombre du gnomon devait être la* même dans la même saison. Le gnomon étant de 120 parties, l'ombre de Byzance ne pouvait être que de 36,463 parties et non de 41,7. Hipparque ne pouvait commettre une pareille erreur.

Cassini trouva à Marseille la hauteur du pôle 43° 17′ 33″ par le passage supérieur de la polaire. On trouve aujourd'hui 43° 17′ 49″. La différence de 16″ peut très bien venir de l'aberration et de la nutation alors totalement inconnues.

Il en conclut la distance solstitiale du Soleil de......	19° 48′ 13″
Le rapport $41\frac{7}{12}$ lui donne......................	19° 6′ 46″
La différence est de...........................	41′ 27″.

Il en infère que Pythéas faisait l'obliquité de 24°. Mais en supposant l'obliquité 23° 29′, il aurait eu pour la distance solstitiale 43° 17′ 13″; il suppose avec Ptolémée 43° 6′. La différence est encore de 11′; il ne sait s'il faut l'attribuer à l'erreur de Pythéas ou à un changement réel dans la hauteur du pôle. Il est plus court et plus naturel de supposer que Pythéas et Ptolémée se sont trompés; et Cassini se trompe lui-même en faisant l'obliquité de 23° 29′, qui est beaucoup trop petite pour le tems de Pythéas. Il détermine ensuite par les satellites la différence des méridiens qu'il trouve de 12′ et qu'on trouve aujourd'hui de 12′ 8″.

A la page 75 du même volume, on trouve une conjonction d'une étoile avec un satellite de Saturne dans la nuit du 19 au 20 juin 1672 : « quoiqu'il fût près de minuit, on voyait encore la clarté du crépuscule qui s'avançait du nord-est vers le nord, et à minuit elle s'étendait de part et d'autre du méridien, dans un espace de 48°; au milieu de cet espace, la partie la plus claire du crépuscule s'élevait de 7°, et la moins claire presque jusqu'à 12°; toute la partie septentrionale du ciel était plus claire que la partie méridionale; ainsi l'on peut dire que ce jour-là, qui était très proche du solstice, il n'y eut point de nuit, le crépuscule du soir ayant duré jusqu'à celui du matin. » Il prit plaisir à considérer la jonction des deux crépuscules, se souvenant de ce que dit Strabon, qu'Hipparque avait écrit que dans la Gaule celtique, au tems d'été, on voit durant toute la nuit la lumière du Soleil aller de l'occident à l'orient. Probablement Hipparque avait puisé cette notion dans les écrits de Pythéas.

A minuit et 57 minutes, le quatrième satellite et l'étoile fixe étaient si bien joints ensemble, qu'ils ne faisaient qu'une seule étoile, qui paraissait pointue du côté du midi, parce que le centre du satellite était un peu plus méridional que celui de l'étoile fixe. Il ne donne pas la position de l'étoile; la lunette avait 34 pieds.

Le 21 mars 1692, après le coucher du Soleil, il aperçut à l'occident une lumière élevée perpendiculairement sur l'horizon en fer de lance; sa hauteur était de 14 degrés, sa largeur de 8 degrés. Cette lumière paraissait venir directement du Soleil dont elle suivait le mouvement.

En l'an 1677, pendant une éclipse de Lune, il observa deux rayons qui formaient une apparence de croix, dont les bras étaient parallèles à l'horizon; la traverse était perpendiculaire aux deux bras.

Passage de Mars par la nébuleuse du Cancer. Ce qu'il y a de plus curieux dans cette note, c'est une carte de La Hire, qui représente cette nébuleuse; on y distingue 42 étoiles.

Avis aux astronomes sur l'éclipse de Lune du 28 juillet 1692, qui dut être horizontale dans une partie de l'Europe.

La carte de la Lune, que Cassini ajoute à son Mémoire, ressemble beaucoup à celle de La Hire, qu'on a vue long-tems dans la Connaissance des Tems.

Occultation de Vénus observée en plein jour le 19 mai 1692.

Les nuages ne permirent pas d'observer l'éclipse horizontale annoncée ci-dessus. A cette occasion Cassini donne la note suivante :

Prenez une figure de la Lune, où les taches soient représentées, et marquez sur cette figure les traces de l'ombre observée sur le bord des taches en divers lieux. Il est aisé de voir combien les traces observées en différens lieux sont différentes les unes des autres. Cette distance fera connaître le tems auquel le bord de l'ombre est arrivé à d'autres taches un peu auparavant ou un peu après; et l'on peu déterminer ce tems presque aussi exactement que si l'on avait observé l'immersion de ces taches.

La conjonction de Vénus fut observée le 2 septembre 1692, 14 heures 13 minutes plus tard qu'elle n'était annoncée d'après les Tables Rudolphines, et 36 heures 33 minutes plus tard que par les Éphémérides d'Argolus.

La largeur du croissant ne devait être que de 0″,67, le demi-diamètre étant de 30″, comme par l'observation; ce croissant fut trouvé de 2 secondes. Cassini explique cette différence par la largeur de la prunelle, qui fait que les rayons d'un même point s'étendent sur un espace assez large, qui augmente l'impression également en chaque partie; la seconde cause, selon lui, est que la sensation se fait en une partie considérable de l'organe.

Apparence de trois Soleils vus en même jour sur l'horizon. Cette observation curieuse lui paraît pouvoir servir à expliquer l'observation des Hollandais, qui virent le Soleil sur l'horizon de la Nouvelle-Zemble, 14 jours plutôt qu'il ne devait paraître. Il croit ce parhélie formé par réflexion.

A l'occasion de l'éclipse de Lune observée à Marseille, Cassini compare le tems qu'a durée l'immersion des différentes taches dans l'ombre, pour en déduire celles qui sont plus près du centre de l'ombre; il s'en sert pour marquer l'écliptique, qui est la route de ce centre, sur le disque lunaire.

A la page 360, il revient encore aux changemens observés dans les latitudes terrestres.

Il rappelle la prétendue observation de Byzance qui, dans le fait, n'est qu'une conséquence mathématique tirée par Hipparque, d'une supposition généralement admise, dont il nous avertit plus d'une fois de nous défier, et à laquelle il paraît lui-même ajouter peu de foi. Cassini n'ose encore décider si l'axe de la Terre est sujet à quelques variations, ou s'il faut les attribuer au cours du Soleil. Il convient pourtant que ces variations apparentes pourraient venir des erreurs des anciennes observations. Il pouvait en dire autant des observations plus modernes qu'il rapporte ensuite; quant à celles de Picard, il n'y remarque que les différences dont il a été question dans le voyage d'Uranibourg, et que Picard bornait à 40″.

D'après les remarques de Picard, il s'attacha lui-même à suivre les hauteurs de la polaire.

Par cette étoile, en 1672, il trouva la hauteur apparente du pôle de.................................... 48° 52′ 32″5

C'est la plus grande qu'il ait trouvée en 21 ans. En 1684, il ne trouvait plus que.................................... 48.51.25

En 1688, il trouvait.................................... 48.51.30

En 1691, elle fut la plus petite qu'il eût jamais vue; elle n'était que de.................................... 48.51. 0

Il trouvait donc en comparant les extrêmes, une différence de.................................... 1′ 32″5

que ne peuvent expliquer les effets combinés de l'aberration, de la nutation, ni même des réfractions. Il restera toujours au moins une demi-minute qu'il faudra rejeter sur les instrumens. Il en attribue la plus grande partie aux vapeurs de Paris. Il ne trouve pas d'aussi grandes variations par les étoiles observées au sud. C'est que ces étoiles ont des déclinaisons moins considérables. Ainsi, α du Bélier n'a pas 8 secondes d'aberration en déclinaison, α de la Baleine n'en a pas 7, les Pléiades à peine 5, les Hyades un peu moins de 4, α d'Orion de 5 à 6, au lieu que l'aberration de la Polaire va jusqu'à 19″,8, dont le double approche beaucoup de 40 secondes.

« Comme il y a de tems en tems une variation sensible dans la direction de l'aimant, il peut aussi se faire qu'il arrive quelque changement dans la direction du fil perpendiculaire des instrumens, et que ce changement soit plus sensible en certains lieux de la Terre qu'en d'autres. »

Picard n'avait pu trouver aucune explication qui le satisfît, Cassini n'ose répondre de celle qu'il vient de hasarder. Il rejette aussi les variations de l'axe de la Terre. Il ajoute : « Il est néanmoins probable que de tems en tems il arrive effectivement quelque petite variation dans la hauteur du pôle; mais elle se rétablit dans la suite, et elle n'excède pas 2 minutes. »

Picard ne trouvait que 40 secondes, il trouvait que la période était annuelle, à quelques irrégularités dont il ne voyait pas la période, et qui venaient probablement de la nutation, qui a dû changer considérablement en dix ans, mais d'une manière lente; quant à Cassini, ce qui lui fait porter à 2 minutes la variation extrême qu'il n'avait trouvée que de 92″,5, c'est que Ptolémée, dans son Astronomie, ne donne que 30° 58′ à la hauteur du pôle à Alexandrie, et que dans sa Géographie, il la porte à 31 degrés. Mais il est possible que le port d'Alexandrie fût de 2 minutes où à peu près, plus boréal que l'Observatoire, et il aura donné le nombre rond 31 degrés pour les navigateurs. Cassini ne savait pas que l'erreur de la latitude, même à cet observatoire, approchait beaucoup d'un quart de degré ou du demi-diamètre du Soleil. Erreur inexplicable, si Hipparque eût jamais observé à Alexandrie, et qui prouverait seule que Ptolémée n'était pas observateur; pour Cassini, ce Mémoire pourrait prouver qu'il était observateur moins scrupuleux ou moins adroit que Picard, au moins au quart de cercle, et qu'il se livrait un peu plus à son imagination; il avait cru voir que la hauteur du pôle diminuait à mesure que le Soleil approchait des équinoxes et des solstices. Mais dans la suite il a trouvé que ce changement n'était pas assez régulier.

« Une semblable variation a paru dans les observations solstitiales, mais elle ne va tout au plus qu'à 36 secondes. » De ces 36 secondes il y en a 18 ou 19 qui pourraient venir de la nutation. Enfin, pour dernière conclusion, il ne croit pas qu'on puisse répondre d'une demi-minute sur aucune latitude.

Il rapporte plus loin une observation curieuse d'un parasélène dont la distance à la Lune était de 23° 40′, ce qui s'accorde fort bien avec la table de Mariotte.

A la page 488, on trouve une exposition abrégée, et sans aucune démonstration, de la méthode par laquelle Cassini déterminait l'apogée et l'excentricité des planètes. Nous avons déjà dit que cette méthode ne peut s'appliquer qu'à l'hypothèse elliptique simple; et la manière dont elle est présentée dans les Mémoires ne paraît annoncer qu'une méthode graphique, qui n'aurait d'autre avantage que d'admettre un nombre indéfini d'observations entre lesquelles elles permettrait de prendre, sans beaucoup de peine, un milieu qui ne serait jamais d'une grande exactitude, surtout si la planète avait une excentricité considérable. La démonstration rapportée par J. Cassini dans ses Élémens, quoique assez longue, n'entre pas dans tous les développemens nécessaires; elle ne prouve en aucune façon le point fondamental, et l'exemple numérique qu'il y joint n'aplanit réellement aucune des difficultés. Nous étions donc résolus de passer légèrement sur une solution qui n'a jamais été d'aucune utilité; mais la réputation de l'auteur, l'importance qu'il paraît attacher lui-même à cette pratique, la manière dont elle a été vantée, nous imposent la nécessité de l'étudier plus attentivement pour la faire mieux comprendre s'il nous est possible.

Voici comment Fontenelle en parle dans l'éloge de Cassini.

« Ce fut cette heureuse et sage hardiesse, qui lui fit entreprendre la résolution d'un problème fondamental pour toute l'Astronomie, déjà tenté sans succès par les plus habiles mathématiciens, et même jugé impossible par le fameux Képler, et par Boulliaud, grand astronome français. »

Fontenelle confond ici deux choses très distinctes. Le problème vraiment fondamental que Képler jugeait impossible est réellement de toute impossibilité, par la raison précisément qu'en a donnée Képler; J. Cassini lui-même a reconnu cette impossibilité, puisqu'il donne ailleurs des règles et des tables pour en faciliter la solution approximative. Dans le problème que Cassini veut résoudre, il part d'une supposition inexacte, rejetée par Képler comme trop défectueuse, mais admise un peu légèrement par Seth-Ward et Boulliaud, dans un tems où l'on n'avait aucune idée bien nette de l'erreur que l'on commettait, ni de la précision à laquelle on pouvait aspirer, et qu'on exige aujourd'hui de nous. Cette supposition vicieuse est celle qui place au foyer supérieur de l'ellipse le centre des mouvemens moyens, idée qui rappelle celle des équans de l'ancienne Astronomie. Fontenelle n'a donc lui-même aucune notion précise de ce qu'il loue avec tant d'exagération, surtout dans ce qui suit :

« Cassini en vint à bout et suprit beaucoup le monde savant. Son problème commençait à lui ouvrir une route à une Astronomie nouvelle et plus exacte. »

Ne pourrait-on pas dire avec plus de justesse que c'était faire un pas rétrograde, reculer devant une difficulté facile à éluder, et s'écarter à plaisir de la véritable route tracée par Képler? Ne serait-on pas tenté de voir une espèce de charlatanisme dans l'emphase avec laquelle cette méthode est annoncée, dans l'idée incomplète que l'on en donne en différens tems, dans la manière peu naturelle dont elle est définitivement expliquée, trente ans après la mort de l'auteur, et quand on n'a plus aucun espoir de la voir adoptée? Nous allons tâcher de soulever les voiles dont on a toujours affecté de la couvrir; on pourra si l'on veut comparer ce que nous en dirons à ce qu'on lit dans les Élémens d'Astronomie imprimés au Louvre, en 1740, pages 172 et 178.

Apogée et excentricité des planètes.

Du point L (fig. 77), centre de la Terre et foyer de l'ellipse que paraît décrire le Soleil, et d'un rayon arbitraire, que nous prendrons pour unité, traçons le cercle CBAD, qui représentera l'écliptique céleste.

Dans une première observation, supposons que le Soleil ait été vu dans la direction LC et répondant au point C de la voûte céleste; LC n'est pas le rayon vecteur du Soleil; cet astre était sur le rayon LC en un point inconnu. Il faut entendre la même chose des directions LB et LA selon lesquelles on aura vu le Soleil dans les deux autres observations.

Soient donc B et A deux autres positions du Soleil dans l'écliptique céleste.

Les angles CLB, BLA seront les mouvemens angulaires observés. Nous ne parlerons que de trois observations, car la méthode, quoi qu'on en dise, n'en admet que trois; il est vrai qu'on peut les multiplier; mais à mesure qu'on introduira une observation nouvelle, il en faudra supprimer une ancienne, et recommencer presque en entier tout le calcul pour chacune des combinaisons ternaires que l'on voudra former. Si l'on se contentait de l'opération graphique, la figure déjà très compliquée pour trois observations, le serait bien autrement pour 4, 5, 6, etc., et ne tarderait pas à devenir inintelligible; ainsi il faudrait une nouvelle figure, comme un nouveau calcul, pour chacune des combinaisons.

1re observ. en C, ☉ = $4^s\ 5°\ 7'\ 36''$
2e en B...... 7.21. 0.56 — $3^s\ 15°\ 35'\ 20''$ = CB = CLB = V,
3e en A..... 10.19.29.50 — 2.28.28.54 = BA = BLA = V'.

Ainsi, du 28 juillet 1717 au 20 novembre V = $105°\ 53'\ 20''$
Du 20 novembre au 8 février 1718 V' = 88.28.54

$$V + V' = V'' = 194.22.14$$
$$ADC = HDG = \tfrac{1}{2}V'' = \tfrac{1}{2}(V + V') = 97.11.\ 7$$
$$\pm 90° \mp \tfrac{1}{2}V'' = 7.11.\ 7.$$

Les mouvemens moyens correspondans aux deux intervalles sont, suivant Cassini (en y mettant d'avance les lettres des arcs qui les représentent sur la figure),

DF = M =	106° 26′ 29″		
DE = M′ =	85.46.18		
M + M′ =	192.12.47		
½(M+M′) =	96. 6.23,5	¼(M+M′) = 48° 3′ 11″75	
V =	105.53.20		
M =	106.26.29		
M + V =	212.19.49		
½(M+V) =	106. 9.54,5	Supplément	73° 50′ 5″,5.
V′ =	88.28.54	½V′ =	44° 14′ 27″
M′ =	85.46.18	½M′ =	42.53. 9
V′+M′ =	174.15.12	½(M+V) =	106. 9.54,5
½(V′+M′) =	87. 7.36	½(M′+V′) =	87. 7.36
		½(M″ + V″) =	193.17.30,5
		Supplément =	166.42.29,5.

Voilà les données du problème; jusqu'ici rien que de très clair, mais rien de nouveau. C'est la marche d'Hipparque, dans un problème analogue, qu'il a résolu adroitement et rigoureusement. Le problème d'Hipparque, banni de l'Astronomie par la substitution de l'ellipse à l'excentrique, est devenu un problème curieux de Géodésie. Jusqu'aujourd'hui le problème de Cassini n'a pu trouver une application, et n'en trouvera probablement aucune.

Du point B de la seconde observation menez le diamètre BLD passant par le centre L, foyer de l'ellipse solaire; du point D prenez l'arc DF = M, et de l'autre côté DE = M′.

On ne voit pas d'abord la raison de cette construction, et l'auteur n'en laisse entrevoir aucune; on aperçoit simplement l'intention d'opposer, dans la figure, les arcs de mouvemens moyens aux angles de mouvemens vrais, de les lier ensemble, et les mettre en rapport.

Au mouvement vrai CLB = CB on substitue l'angle BDC = ½ V.
Au mouvement vrai BLA = BA on substitue l'angle BDA = ½ V′.
On a donc l'angle ADC = HDC = ½ (V + V′).
On prend DF = M auquel on substitue DBF = DBG = ½ M.
On prend DE = M′ auquel on substitue DBE = DBH = ½ M′.

On fait aller le Soleil moyen de F en D et en E, d'un mouvement rétrograde. Dans la réalité, les points F, D, E sont encore moins les lieux du Soleil moyen que C, B, A ne sont les lieux vrais. Dans l'hypothèse elliptique simple, le lieu vrai et le lieu moyen sont au même point de l'ellipse, les longitudes vraies diffèrent des moyennes, parce qu'elles sont vues de deux points différens, qui sont les deux foyers.

Il est évident qu'on nous donne ici une construction géométrique d'une règle à laquelle on est parvenu par des considérations dont on nous a fait mystère. La méthode que nous examinons est adroite, si l'on veut, mais absolument inutile, puisque l'idée fondamentale est fausse, il eût mieux valu la donner pour ce qu'elle était réellement.

Quoi qu'il en soit, nous avons sur l'écliptique les six points D, C, F, B, A, E, donnés les uns par les observations et les autres par des calculs encore plus certains.

Menons les droites indéfinies BFG et DCGK, qui se couperont au point G; enfin, joignons par la droite GH les deux intersections G et H.

Cette construction nous donnera le quadrilatère BGDH, dont nous connaîtrons les quatre angles et même la diagonale BD, qui est le diamètre du cercle; ainsi $BD = 2BL = 2$.

$$\begin{aligned}
&\text{L'angle supérieur } GDH = \tfrac{1}{2}CB + \tfrac{1}{2}BA = \tfrac{1}{2}(V + V') = && 97^\circ\ 11'\ 7''\\
&\text{L'angle inférieur } GBH = \tfrac{1}{2}FD + \tfrac{1}{2}DE = \tfrac{1}{2}(M + M') = && 96.\ 6.23,5\\
&\text{L'angle } BGD = 180^\circ - GBD - GDB = 180^\circ - \tfrac{1}{2}FD - \tfrac{1}{2}BC &&\\
&\qquad = 180^\circ - \tfrac{1}{2}(V + M) = && 73.50.\ 5,5\\
&\text{Donc } BGK = 180^\circ - BGD = \tfrac{1}{2}(V + M). &&\\
&\text{L'angle } BHD = 180^\circ - DBH - BDH = 180^\circ - \tfrac{1}{2}DE - \tfrac{1}{2}DA &&\\
&\qquad = 180^\circ - \tfrac{1}{2}(V' + M') = && 92.52.24\\
&\text{Donc } DHE = \tfrac{1}{2}(V' + M'). \qquad \text{Somme} = && 360.\ 0.\ 0
\end{aligned}$$

Les V et les M disparaissent de la somme.

$$\begin{aligned}
&\text{Dans le triangle } BDH\text{, nous aurons} \quad BHD = && 92^\circ 52' 24''\\
&BDH = BDA = \tfrac{1}{2}BA = \tfrac{1}{2}V' = && 44.14.27\\
&DBH = DBE = \tfrac{1}{2}DE = \tfrac{1}{2}M' = && 42.53.\ 9\\
& && 180.\ 0.\ 0.
\end{aligned}$$

Alors

$$\sin BHD : \sin BDH :: BD : BH :: 2 : BH = \frac{BD \sin BDH}{\sin BHD} = \frac{2 \sin \frac{1}{2} V'}{\sin \frac{1}{2}(V' + M')}.$$

$$\begin{aligned}
&\text{Dans le triangle } BGD\text{, nous aurons} \quad BGD = && 73^\circ 50'\ 5''5\\
&BEG = \tfrac{1}{2}BDC = \tfrac{1}{2}BC = \tfrac{1}{2}V = && 52.56.40,0\\
&EBG = DBF = \tfrac{1}{2}DF = \tfrac{1}{2}M = && 53.13.14,5\\
& && 180.\ 0.\ 0,0.
\end{aligned}$$

Avec BG, BH et l'angle GBH, nous aurons

$$\begin{aligned}\text{tang}\,\tfrac{1}{2}(BHG - BGH) &= \left(\frac{BG - BH}{BG + BH}\right)\text{tang}(90° - \tfrac{1}{2}GBH)\\ &= \left(\frac{BG - BH}{BG + BH}\right)\text{tang}[90° - \tfrac{1}{4}(M + M')]\\ &= \left(\frac{BG - BH}{BG + BH}\right)\text{tang}\,41°\,56'\,48'',25\,;\end{aligned}$$

nous pourrons calculer

$$GH = \frac{GB \sin GBH}{\sin BHG} = \frac{BG \sin \frac{1}{2}(M' + M)}{\sin BHG} = \frac{BH \sin \frac{1}{2}(M + M')}{\sin BGH};$$

nous pourrions de même calculer le triangle GDH, dans lequel

$$\begin{aligned}GDH &= \tfrac{1}{2}(V + V') = 97°\,11'\,7'',\\ DGH &= BGD - BGH,\\ DHG &= BGD - BHG.\end{aligned}$$

Mais l'auteur ne fait aucun usage de ce triangle, ni même de la diagonale GH; seulement sur GH il abaisse la perpendiculaire BI.

Or $$BI = BH \sin BHG = BG \sin BGH;$$

et il nous dit que le pied I de cette perpendiculaire sera le centre de l'ellipse du Soleil. L est l'un des foyers de cette ellipse, LI sera donc l'excentricité, LI sera une partie du grand axe.

Dans ces suppositions, il reste à déterminer l'excentricité IL et l'angle BLI, que faisait, avec le grand axe LIM, le rayon vecteur LB de la seconde observation.

Or, nous avons BHG = BHI par les calculs précédens;

$$IBH = 90° - BHI.$$

Nous avons

$$LBH = DBH = \tfrac{1}{2}M', \quad IBL = IBH - LBH = 90° - BHI - \tfrac{1}{2}M'.$$

$$\begin{aligned}\text{tang}\,\tfrac{1}{2}(ILB - BIL) &= \left(\frac{BI - BL}{BI + BL}\right)\text{tang}(90° - \tfrac{1}{2}IBL)\\ &= \left(\frac{BI - 1}{BI + 1}\right)\text{tang}(90° - \tfrac{1}{2}IBL)\end{aligned}$$

$$\text{longitude } M = \text{apogée} = \text{longitude } B - BLI,$$

et $$e = IL = \frac{BI \sin IBL}{\sin BLI} = \frac{BL \sin IBL}{\sin BIL}.$$

Ce calcul est simple et clair; mais tout repose sur le centre I, déterminé par la perpendiculaire BI.

Si la réticence de Cassini n'a eu pour objet que d'étonner le monde savant, comme dit Fontenelle, il n'a pas atteint le but; car l'étonnement n'a pas été aussi universel que Fontenelle a voulu nous le faire croire. Voici ce qu'on lit dans l'Histoire de la Société royale, par Birch, tome II, page 417.

« M. Oldenbourg lit une note concernant la méthode *prétendue nouvelle*, géométrique et directe de Cassini, pour trouver les apogées et les excentricités. Il demande une enquête à ce sujet. Sur quoi Mercator ayant examiné la chose en particulier, lut un mémoire dans lequel il montrait que cette méthode était *fondée* sur ce que le docteur Seth-Ward, maintenant évêque de Salisbury, avait démontré dans son Astronomie géométrique publiée en 1656. On trouva que l'ouvrage cité était la démonstration de l'invention que *s'attribuait Cassini* dans le Journal des Savans, du 2 septembre 1669, et il fut jugé convenable que cette vérité fût exposée dans les Transactions philosophiques, avec cette autre assertion de Mercator, que le fondement avait été donné long-tems auparavant par Hérigone, dans sa Théorie des planètes, sans omettre que Seth-Ward avait été conduit à cette solution du problème, à l'occasion du livre de Boulliaud, qui avait lui-même reconnu qu'il manquait dans son Astronomie. » Pour être juste, il faut convenir que Mercator va trop loin. Seth-Ward a bien fourni le principe sur lequel reposent les différentes solutions qu'on peut donner de ce problème; il ne s'ensuit nullement que Cassini ne soit pas l'auteur de l'application. Il n'est point de problème dont la solution ne s'appuie sur quelque principe déjà connu; on ne pourrait donc jamais se dire l'auteur d'une solution. Celle de Cassini est, si l'on veut, un corollaire du principe de Seth-Ward, mais un corollaire très éloigné, que nous n'avons pas aperçu dans l'analyse de l'ouvrage. Quant à la solution d'Hérigone, voyez l'article Tacquet, tom. II, p. 535. Nous croyons donc qu'il faut laisser la solution à Cassini. Tout ce qu'on peut lui reprocher, c'est de l'avoir présentée d'une manière énigmatique. Pour suppléer à la démonstration que Cassini n'a point donnée, nous allons supposer, d'après Grégory, une construction toute différente, plus simple, plus claire et plus intelligible, et parfaitement démontrée (Astr. de Grégory, p. 225).

Soit ACDPB (fig. 78) l'ellipse de la planète; S et F les deux foyers; B, C, D les trois lieux observés. Par ces trois points il mène les trois droites SBR = SCZ = SDY = AP = grand axe = 2; et du foyer S comme centre, avec le rayon SR, il décrit le cercle RZYG; il mène les cordes RZ, ZY et RY; les trois co-rayons vecteurs FB, FC, FD; les droites FR, FZ et FY; il prolonge ZF en G, et tire les cordes RG, YG.

$RSZ = BSC = V$, $ZSY = CSD = V'$, $RSY = BSD = V''$ sont les mouvemens vrais observés.

BFC, CFD, BFD sont les mouvemens moyens calculés et uniformes autour de F.

$$SB + BF = AP = 2 = SR = SB + BR;$$

donc

$$BF = BR;\ \text{donc}\ BFR = BRF = \tfrac{1}{2}FBS = \tfrac{1}{2}(AFB - ASB);$$

$$SC + CF = AP = 2 = SZ = SC + CZ;$$

donc

$$CF = CZ;\ \text{donc}\ CFZ = CZF = \tfrac{1}{2}FCS = \tfrac{1}{2}(AFC - ASC);$$

$$SD + DF = AP = 2 = SY = SD + DY;$$

donc

$$DF = DY;\ \text{donc}\ DFY = DYF = \tfrac{1}{2}FDS = \tfrac{1}{2}(AFD - ASD).$$

On a donc

$$\begin{aligned} RFZ &= BFC - BFR - CFZ = M - \tfrac{1}{2}(AFB - ASB) - \tfrac{1}{2}(AFC - ASC) \\ &= M - \tfrac{1}{2}AFB + \tfrac{1}{2}ASB - \tfrac{1}{2}AFC + \tfrac{1}{2}ASC \\ &= M - \tfrac{1}{2}(AFB + AFC) + \tfrac{1}{2}(ASC + ASB) \\ &= M - \tfrac{1}{2}M + \tfrac{1}{2}V = \tfrac{1}{2}(M + V) = \text{angle BGK de Cassini}, \end{aligned}$$

et cette propriété est générale pour deux points quelconques B et C de l'ellipse, car nous aurons de même

$$\begin{aligned} ZFY &= CFD + CFZ - DFY = M' + \tfrac{1}{2}(AFC - ASC) - \tfrac{1}{2}(AFD - ASD) \\ &= M' + \tfrac{1}{2}AFC - \tfrac{1}{2}ASC - \tfrac{1}{2}AFD + \tfrac{1}{2}ASD \\ &= M' - \tfrac{1}{2}(AFD - AFC) + \tfrac{1}{2}(ASD - ASC) \\ &= M' - \tfrac{1}{2}M' + \tfrac{1}{2}V' = \tfrac{1}{2}(M' + V') = \text{angle DHE de Cassini}, \\ RFY &= RFZ + ZFY = \tfrac{1}{2}(M + V) + \tfrac{1}{2}(M' + V') = \tfrac{1}{2}(M + M') + \tfrac{1}{2}(V + V') \\ &= \tfrac{1}{2}M'' + \tfrac{1}{2}V'' = \tfrac{1}{2}(M'' + V''). \end{aligned}$$

Nous avons étendu et mis sous une forme plus rigoureuse la démonstration de Grégory, qui n'est qu'une application du principe de Seth-Ward.

Dans le triangle YFG nous avons

$$\begin{aligned} YFG &= 180° - YFZ = 180° - \tfrac{1}{2}(M' + V'), \\ FGY &= \tfrac{1}{2}ZY = \tfrac{1}{2}ZSY = \tfrac{1}{2}V', \\ FYG &= 180° - YFG - FGY = 180° - 180° + \tfrac{1}{2}(M' + V') \\ &\quad - \tfrac{1}{2}V' = \tfrac{1}{2}M' + \tfrac{1}{2}V' - \tfrac{1}{2}V' = \tfrac{1}{2}M'. \end{aligned}$$

Grégory calcule ce triangle en prenant YF pour unité.

$$\sin FGY : YF :: \sin FYG : FG = \frac{YF \sin FYG}{\sin FGY} = \frac{\sin \frac{1}{2} M'}{\sin \frac{1}{2} V'}$$
$$:: \sin YFG : YG = \frac{YF \sin YFG}{\sin FGY} = \frac{\sin \frac{1}{2}(M'+V')}{\sin V'}.$$

Dans le triangle RFG,

$$RFG = 180° - RFZ = 180° - \tfrac{1}{2}(M+V),$$
$$RGF = \tfrac{1}{2} ZR = \tfrac{1}{2} ZRS = \tfrac{1}{2} V,$$
$$GRF = 180° - 180° + \tfrac{1}{2}(M+V) - \tfrac{1}{2} V = \tfrac{1}{2} M,$$
$$\sin FRG : FG :: \sin FGR : FR = \frac{FG \cdot \sin FGR}{\sin FRG} = \frac{\sin \frac{1}{2} M'}{\sin \frac{1}{2} V'} \cdot \frac{\sin \frac{1}{2} V}{\sin \frac{1}{2} M}$$
$$= \frac{\sin \frac{1}{2} M'}{\sin \frac{1}{2} M} \cdot \frac{\sin \frac{1}{2} V}{\sin \frac{1}{2} V'}$$
$$:: \sin RFG : RG = \frac{FG \cdot \sin RFG}{\sin FRG} = \frac{\sin \frac{1}{2} M'}{\sin \frac{1}{2} V'} \cdot \frac{\sin \frac{1}{2}(M+V)}{\sin \frac{1}{2} M}$$
$$= \frac{\sin \frac{1}{2} M'}{\sin \frac{1}{2} M} \cdot \frac{\sin \frac{1}{2}(M+V)}{\sin \frac{1}{2} V'}.$$

Le triangle YFR donne ensuite

$$\tang \tfrac{1}{2}(FRY - FYR) = \left(\frac{YF - FR}{YF + FR}\right) \tang \left(90° - \frac{FRY + FYR}{2}\right),$$
$$\sin FRY : YF :: \sin YFR : YR = \frac{\sin YFR}{\sin FRY}.$$

Le triangle isoscèle YSR donne

$$SRY = SYR = 90° - \tfrac{1}{2} YSR = 90° - \tfrac{1}{2} V'' \quad \text{et} \quad YS = \frac{\frac{1}{2} YR}{\sin \frac{1}{2} V''},$$
$$SYF = SYR - FYR.$$

Enfin le triangle FSY donne

$$\tang \tfrac{1}{2}(YFS - YSF) = \left(\frac{YS - YF}{YS + YF}\right) \tang (90° - \tfrac{1}{2} SYF),$$
$$\sin FSY : YF :: \sin SYF : FS = \frac{\sin SYF}{\sin FSY}, \text{ et } \frac{FS}{YF} = \frac{2e}{\text{axe}} = \frac{e}{\frac{1}{2}\text{axe}} = e.$$

Longitude aphélie A = longitude D — YSF.

La démonstration est un peu longue, mais lumineuse: la construction est plus naturelle que celle de Cassini. Les deux solutions sont certainement curieuses; c'est dommage que l'hypothèse soit fausse.

Il est possible de simplifier cette dernière solution, et de la réduire en formules générales, qui dispensent de toute figure. Il suffit, en effet, de regarder celle qu'a donnée Grégory, pour reconnaître que ce problème est celui d'Hipparque. Ce sont trois lignes connues RZ, ZY, RY, qui ont été vues du point S sous certains angles, et d'un autre point F sous d'autres angles. Il s'agit de déterminer la position du point F, la distance et la direction de la ligne SF. Nous pouvons appliquer à ce problème les formules que nous avons données pour celui d'Hipparque.

Dans le quadrilatère FRZY, nous connaissons les deux côtés ZR et ZY, et la diagonale YR,

$$\text{RYZ} = \tfrac{1}{2}\,\text{ZR} = \tfrac{1}{2}\text{V},\quad \text{ZRY} = \tfrac{1}{2}\,\text{ZY} = \tfrac{1}{2}\text{V}',$$
$$\text{YZR} = 180^\circ - \tfrac{1}{2}\text{V} - \tfrac{1}{2}\text{V}' = 180^\circ - \tfrac{1}{2}\text{V}'',\quad \text{YFR} = \tfrac{1}{2}(\text{M}'' + \text{V}'');$$

ayant ainsi les deux angles opposés, nous aurons la somme de deux angles latéraux, en faisant

$$\begin{aligned}\text{FRZ}+\text{FYZ} &= 360^\circ - \text{RZY} - \text{YFR} = 360^\circ - 180^\circ + \tfrac{1}{2}\text{V}'' - \tfrac{1}{2}\text{M}'' - \tfrac{1}{2}\text{V}''\\ &= 180^\circ - \tfrac{1}{2}\text{M}'',\end{aligned}$$
$$\tfrac{1}{2}(\text{FRZ}+\text{FYZ}) = 90^\circ - \tfrac{1}{4}\text{M}'' = \text{A}.$$

Il s'agit de trouver la différence de ces deux angles.

$$\begin{array}{rrrr} \text{ZR}: & \sin\text{ZFR} :: & \text{ZF} : & \sin\text{ZRF} \\ \sin\text{ZFY}: & \text{ZY} & :: \sin\text{ZYF}: & \text{ZF} \\ \hline \end{array}$$
$$\text{ZR}\sin\text{ZFY} : \text{ZY}\sin\text{ZFR} :: \sin\tfrac{1}{2}\text{ZYF} : \sin\text{ZRF},$$
$$\begin{aligned}\text{ZR}\sin\text{ZFY}+\text{ZY}\sin\text{ZFR} &: \text{ZR}\sin\text{ZFY}-\text{ZY}\sin\text{ZFR}\\ &:: \sin\text{ZYF}+\sin\text{ZRF} : \sin\text{ZYF}-\sin\text{ZRF}\\ &:: \text{tang}\tfrac{1}{2}(\text{ZYF}+\text{ZRF}) : \text{tang}\tfrac{1}{2}(\text{ZYF}-\text{ZRF}),\end{aligned}$$
$$\begin{aligned}\text{tang}\tfrac{1}{2}(\text{ZYF}-\text{ZRF}) &= \text{tang}\tfrac{1}{2}(\text{ZYF}+\text{ZRF})\left(\frac{\text{ZR}\sin\text{ZFY}-\text{ZY}\sin\text{ZFR}}{\text{ZR}\sin\text{ZFY}+\text{ZY}\sin\text{ZFR}}\right)\\ &= \text{tang A}\left(\frac{1-\frac{\text{ZY}}{\text{ZR}}\frac{\sin\text{ZFR}}{\sin\text{ZFY}}}{1+\frac{\text{ZY}}{\text{ZR}}\cdot\frac{\sin\text{ZFR}}{\sin\text{ZFY}}}\right) = \text{tang A}\left(\frac{1-\text{tang B}}{1+\text{tang B}}\right)\\ &= \text{tang A}\cot(\text{B}+45^\circ) = \cot\tfrac{1}{4}\text{M}''\cot(\text{B}+45^\circ).\end{aligned}$$

On commencera donc par faire

$$\text{tang B} = \frac{\text{ZY}}{\text{ZR}}\cdot\frac{\sin\text{ZFR}}{\sin\text{ZFY}} = \frac{4\sin\frac{1}{2}\text{V}'}{4\sin\frac{1}{2}\text{V}}\cdot\frac{\sin\frac{1}{2}(\text{M}+\text{V})}{\sin\frac{1}{2}(\text{M}'+\text{V}')} = \frac{\sin\frac{1}{2}\text{V}'}{\sin\frac{1}{2}\text{V}}\cdot\frac{\sin\frac{1}{2}(\text{M}+\text{V})}{\sin\frac{1}{2}(\text{M}'+\text{V}')},$$

et par ces deux formules on aura les angles ZYF et ZRF; on aura FZY et FZR; on calculera les côtés FY, FZ et FR; on a ZFY et ZYS $= 90^\circ - \frac{1}{2}\text{V}'$; on aura

$SYF = ZYF - ZYS$; $\tan \frac{1}{2}(YFS - YSF) = \left(\frac{SY - YF}{SY + YF}\right) \tan(90^\circ - \frac{1}{2} SYF)$;
on aura $YSF = YS\theta$, ou la distance angulaire de l'apogée à la troisième observation; enfin

$$2e = SF = \frac{FY \cdot \sin SYF}{\sin YSF} = \frac{SY \sin SYF}{\sin YFS} = \frac{2 \sin SYF}{\sin YFS}, \quad \text{et} \quad e = \frac{\sin SYF}{\sin YFS},$$

et nous aurons l'avantage de n'être point obligé, comme Grégory, à prendre une unité étrangère comme YF; tout sera calculé en parties du demi-axe.

Voilà donc déjà trois solutions du problème. Pour les comparer, appliquons-les à l'exemple calculé par J. Cassini dans ses Elémens, en 1740; après quoi nous en donnerons nous même une quatrième qui nous paraît encore préférable.

Solution de Cassini.

2...	0,3010300 (1)	GBH =	96° 6′ 23″5
sin ½ V = 52° 56′ 40″..	9,9020310 (2)	somme =	83.53.36,5
C. sin ½ (M+V) = 73.50. 5 ..	0,0175192 (3)	½ somme =	41.56.48,25
BG = 1,661805...	0,2205802 (4)		
2...	0,3010300....		
sin ½ V′ = 44° 14′ 27″..	9,8436537 (5)		
C. sin ½ (M′+V′) = 87. 7.36...	0,0005463 (6)		
BH = 1,397108...	0,1452300 (7)	BHG =	46° 23′ 37″
BG = 1,661805		HBI =	43.36.23 = 90°—BHG
BG+BH = 3,058913...	9,5149329 (8)	HBD =	42.53. 9 = ½ M′
BG—BH = 0,264697...	9,4227490 (9)	LBI =	0.43.14
tang 41° 56′ 48″25...	9,9536655 (10)	somme =	179.16.46
tang 4.26.48,81...	8,8908474 (11)	demie =	89.38.23.
BHG = 46.23.37,06			
BGH = 37.29.59,45.			
BG...	0,2205802....	C. sin BIL...	0,1357351 (18)
sin BGH...	9,7844459 (12)	sin LBI...	8,0995334 (19)
BI = 1,011640...	0,0050251 (13)	e = 0,0171897...	8,2352685 (20)
BL = 1			
BI + BL = 2,011640...	9,6964498 (14)		
BI — BL = 0,011640...	0,0659530 (15)		
tang 89° 38′ 23″..	2,2014794 (16)		
tang 42.37.13...	9,9638822 (17)		
BLI = 132.15.36...	BLI = 4ˢ 12° 15′ 36″		
BIL = 47. 1.10...	B = ⊙″ = 7. 31. 0.56		
	apogée = 3. 8.45.20.		

Il suffit donc de 20 logarithmes réellement différens. Quoique un peu singulière, la construction est certainement ingénieuse. Mais pourquoi ne pas la démontrer, et pourquoi la donner pour une solution du problème de Képler? Il fallait surtout se garder de dire qu'*elle ouvrait la route à une Astronomie nouvelle et plus exacte.*

Passons à la seconde solution.

Solution de Grégory.

C. sin $\frac{1}{2}$V′ =	44° 14′ 27″..	0,1563463	(1)
sin $\frac{1}{2}$M′ =	42.53. 9...	9,8328534	(2)
FG =	0,975438...	9,9891997	(3)
C. sin $\frac{1}{2}$M =	53° 13′ 14″5..	0,0963966	(4)
sin $\frac{1}{2}$V =	52.56.40...	9,9020310	(5)
FR =	0,971913...	9,9896273	(6)
YF =	1		
YF + FR =	1,971913...	9,7051122	(7)
YF — FR =	0,028087...	8,4485054	(8)
tang	6° 38′ 45″25.	9,0663854	(9)
tang	0. 5.42,3..	7,2200030	(10)
FRY =	6.44.27,55		
FYR =	6.33. 2,9		

$\frac{1}{2}$(M + V) =	106° 9′ 64″5
$\frac{1}{2}$(M′+V′) =	87. 7.36
	193.17.30,5
YFR =	166.42.29,5
somme =	13.17.30,5
moitié =	6.38.45,25
FYR =	6.33. 3
SYR =	7.11. 7
FYS =	0.38. 4
somme =	179.21.56
moitié =	89.40.58

	C. sin FRY...	0,9304024	(11)
	sin YFR...	9,3615589	(12)
	YR = ...	0,2919613....	
	$\frac{1}{2}$...	9,6989700	(13)
	C. sin $\frac{1}{2}$V″...	0,0034240	(14)
YS =	0,989087...	9,9943553	(15)
YF =	1		
somme =	1,987087...	9,7017832	(16)
différence =	0,012913...	8,1110272	(17)
tang	89° 40′ 58″..	2,2567546	(18)
tang	49.34. 9,5..	0,0695650	(19)
YSF =	139.15. 7,5 =	4ˢ 19° 15′ 7″5	
YFS =	40. 6.48,5	10.19.29.50... ☉″	
	apogée......	3. 8.44.57,7	
	Cassini......	3. 8.45.20	
	différence......	22,5	

	C. sin YSF...	0,1852550 (20)
	sin SYF...	8,0442621 (21)
	C. YS...	0,0056447....
e = 0,0171859...		8,2351718
0,0171897...		Cassini.
0,0000038...		différence.

Avec des angles de 28′4″ et de 89°40′58″, on ne peut être étonné de ces légères différences, qui tiennent aux logarithmes. La méthode de Grégory emploie deux logarithmes de plus, ce qui tient à l'unité factice qu'il est obligé d'employer.

Il est à remarquer que la figure de Cassini était faite pour le cas qu'il voulait calculer. Celle de Grégory, au contraire, est faite pour un cas différent. Il en résulte qu'il faut renverser le triangle YFR, en sorte que YR passe entre les deux foyers; de plus, l'angle YSF est additif à la troisième longitude pour donner l'apogée. On en est averti par l'angle YFR qui surpassait 180°, et dont nous avons pris le supplément.

Passons à notre solution, qui n'exige point de figures, ce qui est un grand avantage.

Nouvelle solution.

$\sin\frac{1}{2}V' =$ 44° 14′ 27″ .. 9,8436537 (1)
C. $\sin\frac{1}{2}V =$ 52.56.40... 0,0979690 (2)
C. $\sin\frac{1}{2}(M'+V') =$ 87. 7.36... 0,0005463 (3)
$\sin\frac{1}{2}(M+V) =$ 106. 9.54,5. 9,9824808 (4)
tang B = 40. 3.15,5. 9,9246498 (5)
45
cot (B + 45°)... 85. 3.15,5. 8,9371851 (6)
$90° - \frac{1}{4}M'' =$ 41.56.48,25 9,9536255 (7)
4 26.48,94 8,8908106 (8)
ZYF = 46.23.37,19
ZRF = 37.29.57,31

ZYF = 46° 23′ 37″
ZFY = 87. 7.36
FZY = 45.28.47
180. 0. 0

ZYF = 46° 23′ 37″
ZYS = 45.45.33 = $90° - \frac{1}{2}V'$
SYF = 0.38. 4
moitié = 0.19. 2
$90° - \frac{1}{2}$SYF = 89.40.58

4... 0,6020600 (9)
$\sin\frac{1}{2}V'$... 9,8436537....
ZY = ... 0,4457137....
sin FZY... 9,8604163 (10)
C. sin ZFY... 0,0005463 (11)
FY = 0,0261710... 0,3066763 (12)
SY = 2
somme = 4,0261710... 9,3951077 (13)
différence = 0,0261710... 8,4178203 (14)
tang 89° 40′ 58″... 2,2567546 (15)
tang 49.34.30.... 0,0696826 (16)
YSF = 139.15.28 = 4ˢ 19° 15′ 28
10.19.29.50 = ☉″
apogée.... 3. 8.45.18
Cassini.... 3. 8.45.20
Grégory.... 3. 8.44.57,5.

C. sin YFS... 0,1909508 (17)
sin SYF... 8,0442621 (18)
$e =$ 0,0171879... 8,2352229 (19)
0,0171897 Cassini.
0,0171859 Grégory.

La nouvelle méthode n'emploie donc qu'un logarithme de moins que celle de Cassini ; mais elle est plus commode pour les différens cas qui peuvent se rencontrer. Les formules sont disposées pour le cas le plus naturel, où l'apogée se trouve entre les deux premières observations. Ici l'apogée précède les trois longitudes.

Les deux dernières solutions sont complètement démontrées, et leur accord avec la première peut suppléer à la démonstration supprimée par Cassini.

Mais, sans nous servir de la perpendiculaire, nous allons tirer de la figure même tracée par Cassini, une solution qui ne laissera rien à désirer, et nous permettra de supprimer la moitié des lignes et des arcs employés par Cassini. Pour cela, considérons le problème en lui-même, et indépendamment des constructions précédentes (fig. 79).

Du point L on a observé le Soleil dans les directions LC, LB, LA. On connaît les angles $CLB=V$ et $BLA=V'$, autour du foyer L, où l'observateur se croit immobile.

On demande la position de l'axe et l'excentricité.

D'un rayon arbitraire $LB=LC=LA=r$, et qu'il convient de prendre pour unité, décrivons le cercle CBA ; joignons BC et BA, CA nous est presque inutile. Nous aurons

$$BC=2BL\sin\tfrac{1}{2}CLB=2r\sin\tfrac{1}{2}V=2\sin\tfrac{1}{2}V\,;\quad BA=2r\sin\tfrac{1}{2}V',$$

et

$$CA=2r\sin\tfrac{1}{2}(V+V'),$$

$$CBA=90^\circ-\tfrac{1}{2}BLC+90^\circ-\tfrac{1}{2}BLA=180^\circ-\tfrac{1}{2}V-\tfrac{1}{2}V'=180^\circ-\tfrac{1}{2}(V+V')\,;$$

l'angle BCA sera $\frac{1}{2}BA=\frac{1}{2}BLA=\frac{1}{2}V'$, l'angle $BAC=\frac{1}{2}BLC=\frac{1}{2}V$.

Nous aurons donc les trois angles et les trois côtés du triangle CBA. Il ne nous restera qu'à chercher les angles CIB et BIA, pour être en état de déterminer LI de grandeur et de position.

Du point C abaissons en idée sur l'axe inconnu LI la perpendiculaire $Cx=\sin MC=\sin MLC=\sin u=\sin$ anomalie vraie ;

$$\text{tang}\,MIC=\frac{Cx}{Ix}=\frac{Lx-LI}{Cx}=\frac{\sin u}{\cos u-e}=\frac{\text{tang}\,u}{1-e\,\text{séc}\,u}=\frac{\text{tang}\,u}{1-e-e\,\text{tang}\,u\,\text{tang}\,\tfrac{1}{2}u}$$

$$=\frac{\left(\dfrac{2\,\text{tang}\,\tfrac{1}{2}u}{1-\text{tang}^2\tfrac{1}{2}u}\right)}{(1-e)-\dfrac{2e\,\text{tang}\,\tfrac{1}{2}u}{1-\text{tang}^2\tfrac{1}{2}u}.\text{tang}\,\tfrac{1}{2}u}=\frac{2\,\text{tang}\,\tfrac{1}{2}u}{(1-e)(1-\text{tang}^2\tfrac{1}{2}u)-2e\,\text{tang}^2\tfrac{1}{2}u}$$

$$=\frac{2\,\text{tang}\,\frac{1}{2}u}{1-e-\text{tang}^2\frac{1}{2}u+e\,\text{tang}\,\frac{1}{2}u-2e\,\text{tang}^2\frac{1}{2}u}=\frac{2\,\text{tang}\,\frac{1}{2}u}{(1-e)-\text{tang}^2\frac{1}{2}u-e\,\text{tang}^2\frac{1}{2}u}$$

$$=\frac{2\,\text{tang}\,\frac{1}{2}u}{(1-e)-(1+e)\text{tang}^2\frac{1}{2}u};$$

mais l'hypothèse elliptique, en appelant z l'anom. moy., nous donne, par le théorème de Seth-Ward, $\text{tang}\,\frac{1}{2}z=\left(\frac{1+e}{1-e}\right)\text{tang}\,\frac{1}{2}u$; nous aurons donc

$$\text{tang}\,\tfrac{1}{2}(z+u)=\frac{\text{tang}\,\frac{1}{2}z+\text{tang}\,\frac{1}{2}u}{1-\text{tang}\,\frac{1}{2}z\,\text{tang}\,\frac{1}{2}u}=\frac{\left(\frac{1+e}{1-e}\right)\text{tang}\,\frac{1}{2}u+\text{tang}\,\frac{1}{2}u}{1-\left(\frac{1+e}{1-e}\right)\text{tang}^2\frac{1}{2}u}$$

$$=\frac{(1+e)\,\text{tang}\,\frac{1}{2}u+(1-e)\text{tang}\,\frac{1}{2}u}{(1-e)-(1+e)\text{tang}^2\frac{1}{2}u}=\frac{2\,\text{tang}\,\frac{1}{2}u}{(1-e)-(1+e)\,\text{tang}\,\frac{1}{2}u}$$

$$=\text{tang}\,\text{MIC};$$

donc, $\text{MIC}=\frac{1}{2}(z+u)$. Le théorème est général, quelle
On aura de même $\text{MIB}=\frac{1}{2}(z'+u')$ que soit la valeur de l'arc M;
donc, $\text{CIB}=\text{MIB}-\text{MIC}=\frac{1}{2}(z'-z)+\frac{1}{2}(u'-u)=\frac{1}{2}\text{M}+\frac{1}{2}\text{V}=\frac{1}{2}(\text{M}+\text{V})$;
de même $\text{BIA}=\frac{1}{2}(\text{M}'+\text{V}')$,

propriété remarquable, et la même au fond que nous avons exposée synthétiquement d'après Grégory. Nous avons les angles, autour du point I, qui s'appuient sur BC et BA; nous pourrons déterminer la position de l'axe LM et l'excentricité LI par nos formules générales pour le problème d'Hipparque.

Nous aurons

$$\begin{array}{l}\sin\text{BIA} : \text{BA} :: \sin\text{BAI} : \text{BI}\\ \text{BC} : \sin\text{CIB} :: \text{BI} : \sin\text{BCI}\\ \hline \text{BC}\sin\text{BIA} : \sin\text{CIB} :: \sin\text{BAI} : \sin\text{BCI}.\end{array}$$

$$\text{BC}\sin\text{BIA}+\text{BA}\sin\text{CIB} : \text{BC}\sin\text{BIA}-\text{BA}\sin\text{CIB} :: \sin\text{BAI}+\sin\text{BCI} : \sin\text{BAI}-\sin\text{BCI}.$$

$$1+\frac{\text{BA}\sin\text{CIB}}{\text{BC}\sin\text{BIA}} : 1-\frac{\text{BA}\sin\text{CIB}}{\text{BC}\sin\text{BIA}} :: \text{tang}\,\tfrac{1}{2}(\text{BAI}+\text{BCI}) : \text{tang}\,\tfrac{1}{2}(\text{BAI}-\text{BCI}),$$

$$\text{tang}\,\tfrac{1}{2}(\text{BAI}-\text{BCI})=\text{tang}\,\tfrac{1}{2}(\text{BAI}+\text{BCI})\left(\frac{1-\frac{\text{BA}\sin\text{CIB}}{\text{BC}\sin\text{BIA}}}{1+\frac{\text{BA}\sin\text{CIB}}{\text{BC}\sin\text{BIA}}}\right)$$

$$=\text{tang}\,\tfrac{1}{2}(\text{BAI}+\text{BCI})\left(\frac{1-\text{tang}\,\varphi}{1-\text{tang}\,\varphi}\right),$$

$BAI+BCI=360°-CBA-CIA.$

$\frac{1}{2}(BAI+BCI)=180°-\frac{1}{2}CBA-\frac{1}{2}CIA=180°-90°+\frac{1}{4}(V+V')-\frac{1}{4}(M+V)$
$-\frac{1}{4}(M'+V')$
$=90°+\frac{1}{4}V+\frac{1}{4}V'-\frac{1}{4}M-\frac{1}{4}V-\frac{1}{4}M-\frac{1}{4}V'=90°-\frac{1}{4}(M+M');$

ainsi, $\text{tang}\,\frac{1}{2}(BAI-BCI)=\cot(45°+\varphi)\,\text{tang}\left(90°-\frac{M+M'}{4}\right).$

Nous aurons ainsi BAI et BCI; nous pourrons calculer IB, IC et IA; IB nous suffira. Connaissant BCI et $BIC=\frac{1}{2}(M+V)$, nous aurons

$$CBI=180°-BCI-BIC=180°-BCI-\frac{1}{2}(M+V),$$

et

$$\sin CIB : BC :: \sin BCI : IB=\frac{BC\sin BCI}{\sin CIB}=\frac{2r\sin\frac{1}{2}V\sin BCI}{\sin\frac{1}{2}(M+V)};$$

alors, dans le triangle IBL,

$$\text{tang}\,\frac{1}{2}(BLI-BIL)=2\,\text{tang}\,\frac{1}{2}(BLI+BIL)\left(\frac{BI-BL}{BI+BL}\right)$$
$$=\left(\frac{\frac{2r\sin\frac{1}{2}V\sin BCI}{\sin\frac{1}{2}(M+V)}-r}{\frac{2r\sin\frac{1}{2}V\sin BC}{\sin\frac{1}{2}(M+V)}+r}\right)\text{tang}\,(90°-\tfrac{1}{2}IBL);$$

on voit que l'on peut supposer $r=1$.

$$IBL=CBL-CBI=90°-\tfrac{1}{2}V-CBI,$$
$$\text{tang}\,\tfrac{1}{2}(BLI-BIL)=\left(\frac{BI-r}{BI+r}\right)\text{tang}\,(90°-\tfrac{1}{2}IBL)$$
$$=\left(\frac{BI-r}{BI+r}\right)\text{tang}\,(90°-90°+\tfrac{1}{2}V+CBI)$$
$$=\left(\frac{BI-1}{BI+1}\right)\text{tang}\,(\tfrac{1}{2}V+CBI).$$

Nous aurons donc BLI et BIL.

$$\text{Longit. apogée } M=\text{longit.}B-BLI=\odot'',$$
$$\sin BIL : BL :: \sin IBL : LI=e=\frac{\sin IBL}{\sin BIL},$$

et le problème sera résolu.

Nous chercherons d'abord

$$\text{tang}\,\varphi=\frac{BA\sin CIB}{BC\sin BIA}=\frac{2r\sin\frac{1}{2}V'\sin\frac{1}{2}(M+V)}{2r\sin\frac{1}{2}V\sin\frac{1}{2}(M'+V')}=\frac{\sin\frac{1}{2}V'\sin\frac{1}{2}(M+V)}{\sin\frac{1}{2}V\sin\frac{1}{2}(M'+V')}.$$

Cette formule est indépendante de r.

Appliquons cette méthode à l'exemple calculé par Cassini.

$\sin \frac{1}{2} V'$.....	9,8436537	(1)
$C. \sin \frac{1}{2} V$.....	0,0979690	(2)
$\sin \frac{1}{2}(M+V)$.....	9,9824808	(3)
$C. \sin \frac{1}{2}(M'+V')$.....	0,0005463	(4)
$\tang \varphi =$ 40° 5′ 15″5.....	9,9246498	(5)
45		
cot 85. 5.15,5.....	8,9371851	(6)
$\tang\left(90° - \frac{M+M'}{4}\right) =$ 41.56.42,25....	9,9536255	(7)
tang 4.26.48,94....	8,8908106	(8)
BAI = 46.23.37,19		
BCI = 37.29.59,31		
CIB = 106. 9.54,5		
somme = 143.59.53,8		
CBI = 36.20. 6,2		
$90° - \frac{1}{2} V =$ 37. 3.20		
0.43.13,8		
somme = 179.16.46,2		
moitié = 89.38.23,1.		

Cette opération pour trouver BAI et BCI, est la même absolument que celle qui nous a donné ZYF et ZRF, dans la solution de Grégory calculée par nos formules.

$\sin \frac{1}{2} V$.....	9,9020310....	
$C. \sin \frac{1}{2}(M+V)$.....	0,0175192....	
sin BCI.....	9,7844452	(9)
	9,7039954	
2.....	0,3010300	(10)
IB = 1,01164.....	0,0050254	(11)
BL = 1		
Compl. (IB + BL) = 2,01164.....	9,6964498	(12)
(IB − BL) = 0,01164.....	8,0659530	(13)
tang 89° 58′ 23,1.....	2,2015129	(14)
tang 42.37.20,9.....	9,9639157	(15)
BLI = 132.15.44,0		
LIB = 47. 1. 2,25		

BLI = $4^s\,12^\circ\,15'\,44''$
⊙″ seconde observation en B = 7.21. 0.56

apogée M = 3. 8.45.12
ci-dessus... 3. 8.45.20

C. sin LIB..... 0,1357505 (16)
sin LBI..... 8,0994999 (17)

e = 0,017189...... 8,2352504
0,0171797..... ci-dessus.

Suivant Cassini, LBF = $\frac{1}{2}$ M = 106° 26′ 29″
DC = 180° — BC = 180° — V = 74. 6.40

donc FC = 32.19.49
$\frac{1}{2}$ FC = CBF = 16. 9.54,5
ci-dessus CBI = 35.20. 6,2

donc IBF = IBG = 52.30. 0,7
mais ci-dessus BGI = 37.27.59,45

donc somme = 90. 0. 0,15
donc BIG = 89.59.59,85.

Cassini détermine le point I par la propriété qu'il a d'être celui où les angles sont moyens arithmétiques entre les mouvemens vrais et les mouvemens moyens. Il a omis la démonstration de ce point fondamental; nous en avons donné une qui est aussi simple que rigoureuse; il ne doit donc rester aucun doute sur la légitimité de la solution, mais il faut avouer que ce n'est la faute du père ni celle du fils, et nous conviendrons qu'avant d'avoir trouvé la démonstration, nous doutions un peu que le principe fût parfaitement exact. Mais cette démonstration même ne nous met pas encore sur la voie qui a dû conduire l'auteur à la construction qu'il n'a pas suffisamment motivée. Essayons de l'éclaircir.

Les données de l'observation sont les angles CLB et BLA, mouvemens vrais; celles du calcul sont les mouvemens moyens correspondans, c'est-à-dire les arcs DC et DA.

Nous avons démontré que les angles au centre de l'ellipse doivent être $\frac{1}{2}$(M+V) et $\frac{1}{2}$(M′+V′), quand on rapporte le lieu du Soleil à l'écliptique céleste dont la Terre occupe le centre. Il s'agit donc de trouver ce centre où les angles seront des moyennes arithmétiques entre les mouvemens vrais et les mouvemens moyens.

Nous avons vu par quelle construction facile il a formé le quadrilatère dont les angles opposés sont $\frac{1}{2}(V+V')$ et $\frac{1}{2}(M+M')$; les deux autres angles seront $180°-\frac{1}{2}(M+V)$ et $180°-\frac{1}{2}(M'+V')$; les deux angles extérieurs seront $KGB=\frac{1}{2}(M+V)$ et $BKA=\frac{1}{2}(M'+V')$, c'est-à-dire les deux angles au centre de l'ellipse. Il faut donc trouver le point I tel que BIA=BHA et CIB=KBG (fig. 78).

Sur le diamètre BH, l'un des côtés du quadrilatère, décrivez un cercle; il passera par les points B, A, H; et de l'autre côté de BH, par tous les points d'où la corde BA paraîtra sous un angle égal à BHA, et le côté BH sous un angle de 90°; donc quel que soit le point I, l'angle BIH sera de 90°. Abaissez sur GH la perpendiculaire BI; le pied I de cette perpendiculaire satisfera aux deux conditions. Vous aurez donc en I sur GH un point qui peut être le centre cherché.

Vous avez d'ailleurs BCD=90°=BCG; un cercle décrit sur le diamètre BG, autre côté du quadrilatère, passera par les points B, C, G; il passera de l'un et de l'autre côté de BG sur tous les points qui seraient les sommets d'angles égaux à KGB=180°—CGB; car les angles en I et en G seront appuyés sur la même corde BC, et seront supplément l'un de l'autre. Un de ces points, I, sera sur GH, et l'angle BIG sera droit, puisqu'il s'appuiera sur le diamètre BG. Ce point I sera donc le pied de la perpendiculaire BI; ce point I sera donc le même que nous avons déterminé ci-dessus; car du point B on ne peut mener qu'une perpendiculaire sur la diagonale GH; ce point nous donnera d'un côté BIA=BHA, et de l'autre BIC=BGK. BIA sera $\frac{1}{2}(M'+V')$, $BIC=\frac{1}{2}(M+V)$; les deux angles autour de I seront donc les angles au centre de l'ellipse, I sera ce centre; il sera le point d'intersection des deux cercles décrits sur les côtés BH et BG du quadrilatère.

Cette considération suffirait pour déterminer le point I; mais il se déterminera plus facilement encore par une simple perpendiculaire abaissée dessus la diagonale GH. Cette construction est adroite et ingénieuse, elle était tout-à-fait neuve; on n'en trouve aucune trace dans Seth-Ward qui n'a fourni que le principe fondamental; elle était moins encore dans Hérigone, qui ne résout le problème que dans l'excentrique. Ainsi, quoi qu'en dise Mercator, la solution appartient à D. Cassini. D. Cassini suppose la propriété qu'a le centre de l'ellipse d'être le sommet de tous les angles $\frac{1}{2}(M+V)$, propriété peu connue qu'il eût fallu démontrer; il fallait au moins renvoyer pour ce point à Seth-Ward. Jacques Cassini suppose la même propriété, sans en donner aucune preuve, et sans même l'énoncer formellement; en sorte que dans la suite il se trouve obligé de démontrer longuement et péniblement que les points qu'il substitue aux points C, B, A de l'écliptique se trouvent tous sur le périmètre d'une même ellipse. De là toutes les obscurités de la méthode et la complication de la figure. Avec les deux foyers et le grand axe, il ne manque rien pour décrire l'ellipse et trouver les points réellement occupés par le Soleil au tems des trois observations. Mais considérée comme solution graphique, la méthode de Cassini l'emporte en facilité sur toutes les autres. Comme méthode de calcul, elle tient assez exactement le milieu entre celle de Grégory et la nôtre.

J. Cassini nous dit, à la page 173 de ses Élémens, qu'il va donner une méthode inventée par son père, pour déterminer le lieu de l'apogée et l'excentricité, dans l'*hypothèse elliptique simple*. Si Dominique se fût expliqué avec la même clarté, il n'aurait pas induit Fontenelle dans une erreur aussi singulière.

A la page 182, il avoue que l'ellipse de Képler représente plus parfaitement les observations; il confesse que la méthode de son père ne convient qu'aux planètes peu excentriques. Il l'emploie comme une approximation qu'il enseigne à corriger ensuite; mais sa méthode de correction est pénible; nous avons beaucoup mieux. (*Voyez* Astronom., tome II, pages 160 et suivantes.)

L'examen de cette méthode nous a conduit plus loin que nous n'aurions voulu. La faute en est à Cassini et à Fontenelle, qui nous a dit que cette méthode avait étonné le monde savant. Aujourd'hui l'hypothèse elliptique simple est tout-à-fait abandonnée; le problème est devenu tout-à-fait inutile.

Deux fois Cassini a voulu innover dans le problème de Képler. La première, par le problème que nous venons de discuter et de résoudre. Cette première tentative est tombée dans l'oubli. Il a voulu, depuis, changer entièrement la courbe, et cet autre essai fut bien plus malheureux encore. Il a beaucoup mieux réussi pour la libration de la Lune; on pouvait de même lui contester la propriété de cette découverte. Il a peu parlé de son explication de la libration; il paraît y avoir lui-même attaché peu d'importance, aussi presque personne n'y a pris garde. Fontenelle n'en fait pas la moindre mention dans son éloge; mais il le dédommage sur d'autres points avec plus de profusion que de justesse. Bailly ne pouvait, dans son Histoire, passer sous silence une remarque de cette importance; mais en admettant qu'elle soit due à

Cassini, l'historien de l'Astronomie ne va-t-il pas trop loin, quand il dit que Cassini *fit comme Képler, qui devina la rotation du Soleil, il devina celle de la Lune. Son génie lui montra que puisque la Lune nous offre toujours le même hémisphère, il faut qu'elle tourne sur son axe et dans un tems égal à celui de sa révolution autour de la Terre.*

Cette rotation de la Lune sur son axe est dans Aristote, et dans son commentateur Simplicius. Il est vrai que Simplicius la nie. Il enchâsse la Lune dans une sphère solide qui lui donne le mouvement, et dont nous voyons la concavité. La Lune ainsi emboîtée ne peut tourner d'elle-même; mais la sphère la fait tourner autour de la Terre, de manière à nous montrer toujours la même face. *Voyez* tom. I, p. 307. Jusqu'ici Cassini n'aurait rien deviné, rien imaginé de nouveau. Hévélius a dit expressément que la Lune tourne toujours la même face, non vers la Terre, mais vers le centre de ses mouvemens moyens. C'était un pas de plus; c'était approcher de la vérité et en saisir le point le plus important; mais il n'eut aucune idée de l'équateur lunaire, ni par conséquent de son inclinaison, ni de ses nœuds, car il confond cet équateur avec l'orbite. Mais Képler avait dit que cet équateur est très peu incliné à l'orbite, que ses nœuds coïncident avec ceux de l'orbite, et font en 18 ans le tour du ciel. Cassini nous dit que l'équateur est incliné à l'orbite, de 2° $\frac{1}{2}$, que ses nœuds coïncident avec ceux de l'orbite. Ce qu'on voit ici de nouveau, c'est l'angle de 2° $\frac{1}{2}$ qui remplace le petit angle de Képler. Hévélius donne à la rotation de la Lune la même période que celle de sa révolution périodique moyenne. De ces idées réunies, Cassini déduit une explication complète de la libration, expliquée imparfaitement par Hévélius, et à laquelle Képler ne songeait en aucune façon, en écrivant son songe ou son Astronomie des habitans de la Lune. Mais Cassini, en nous parlant de l'inclinaison de 2° $\frac{1}{2}$ et de la coïncidence des nœuds, ne nous dit point qu'il l'ait observée à différens intervalles. On ne connaît, à vrai dire, aucune de ses observations de libration. On serait tenté de croire qu'il l'a devinée, comme dit Bailly. Il aurait donc un peu trop négligé sa plus importante découverte. Nous n'avons pu trouver les observations de Cassini dans les volumes qui sont restés à l'Observatoire, et qui ne vont que de 1671 à 1683.

En relisant l'article Cassini, dans l'Histoire de Bailly, nous avons été bien surpris d'y retrouver une méprise qui était moins inexcusable dans Fontenelle. Il nous dit expressément que : *Cassini résolut le problème où avait échoué Képler. Ce problème, résolu dans le cercle par Hipparque, était infiniment plus difficile dans l'ellipse de Képler,* et cela est très vrai; mais il ne fallait pas dire que Képler avait *échoué.* Ce n'est pas échouer que de démontrer l'impossibilité d'un problème; c'est, au contraire, un succès très important, que de renfermer ce problème dans trois formules extrêmement simples, qui rendent très facile, dans un sens, la solution directe, qui est de toute impossibilité dans le sens contraire; c'est ce qu'a fait Képler. Cassini n'a pas même tenté ce que Képler avait déclaré impossible. *Cassini supposait que le mouvement inégal autour du foyer où était le Soleil, était égal autour de l'autre.* En écrivant cette phrase, Bailly aurait dû voir que c'était dénaturer le problème pour en faciliter la solution. C'était rejeter la loi des aires et la remplacer par un équant; c'était faire disparaître cette *hétérogénéité* de l'arc et du sinus, que Képler signalait comme la véritable difficulté du problème. Bailly indique formellement la différence entre les suppositions de Képler et celles de Cassini. *Il n'y a,* dit-il lui-même, à la fin du même paragraphe, tome II, page 315, *d'égalité réelle que dans la proportionnalité des tems avec les aires décrites autour du foyer, découverte par Képler. C'est la loi du ciel, nulle hypothèse ne peut être vraie, si elle n'est établie sur cette loi, ou si elle ne la confirme.* Bailly est donc peu d'accord avec lui-même; il accuse ici de fausseté cette solution, pour laquelle, quelques lignes plus haut, il mettait Cassini au-dessus de Képler. Nous aurions bien d'autres remarques à faire sur l'article entier qui concerne Cassini; nous nous en abstenons pour ne pas nous exposer à passer pour les détracteurs de l'astronome distingué qu'on aurait pu louer d'une manière plus juste et plus solide. Continuons nos extraits des Mémoires de Cassini.

A la page 499, à l'occasion de l'étoile découverte auprès du Cygne par le chartreux Anthelme, on rappelle que Cassini a trouvé dans Cassiopée une étoile de quatrième grandeur et deux de cinquième, à un endroit où il est sûr qu'elles ne se voyaient pas auparavant, puisque plusieurs astronomes ayant exactement compté jusqu'aux plus petites étoiles de cette constellation, aucun n'a parlé de ces trois étoiles. Il en découvrit encore deux autres, l'une de quatrième et l'autre de cinquième grandeur vers le commencement de l'Eridan, où l'on est assuré qu'elles n'étaient pas sur la fin de 1664, parce que la comète de cette année ayant passé par cet endroit du ciel, il avait été scrupuleusement observé par plusieurs personnes, qui aperçurent beaucoup d'autres petites étoiles et ne remarquèrent point ces deux là. Il en aperçut aussi vers le pôle arctique quatre de cinquième ou sixième grandeur que les astronomes n'auraient pas manqué de remarquer si elles y avaient paru plutôt.

Une observation d'ascension droite et de déclinaison aurait mieux valu que toutes ces remarques. En revanche il cite plusieurs étoiles qui ne se voient plus quoiqu'elles se trouvent dans divers catalogues. Il attribue ces apparitions et ces disparitions à des changemens périodiques de grandeur, dont il cite des exemples connus.

Le premier mars 1672, il vit dans la même nuit deux apparitions d'une tache de Jupiter après un intervalle de $9^h\ 56'$. J'ai vu ces observations, qui ne sont que des configurations dessinées à vue.

On trouve ensuite des remarques sur la comète de 1672, et même quelques observations, qui ne sont guère que des alignemens.

A la page 573 il donne aux astronomes plusieurs avis très utiles sur les apparences que présenteront en 1676 et 1677 les satellites de Jupiter. Il prévoit qu'à la fin de mars les latitudes seront nulles relativement à Jupiter, et que les satellites paraîtront en ligne droite dans toutes leurs configurations; que cette ligne droite sera inclinée à l'écliptique contre l'hypothèse[1] de Galilée; que cette disposition en ligne droite ne durera que peu de jours et non plusieurs mois comme le prétendait Galilée; que l'été prochain la situation des cercles des satellites sera renversée. Les nœuds sont vers $4^s\ 13°$ et $10^s\ 13°$. Il les croit fixes et l'inclinaison constante; il annonce que le quatrième satellite sera trois ou quatre ans sans s'éclipser. Galilée croyait au contraire qu'il s'éclipserait comme les trois autres à toutes ses conjonctions supérieures. « Ces anciennes hypothèses étaient donc bien éloignées de pouvoir servir à trouver les longitudes comme leurs auteurs se proposaient, puisqu'il leur était impossible, non-seulement de marquer les éclipses pour quelques années, à quelques heures près, même de donner à connaître et distinguer en ce tems-ci un satellite de l'autre. Galilée ni les autres astronomes ne séparaient pas du mouvement propre des satellites les apparences qui leur arrivent par celui de Jupiter autour du Soleil. » Il était impossible en effet qu'avec des configurations observées dans de petites lunettes on se fît des tables exactes de mouvemens si compliqués. Cassini avait pour lui une plus longue suite d'observations, et des lunettes qui lui permettaient de voir plus exactement ces éclipses. Cette théorie devait donc recevoir de lui des améliorations considérables, et elle en reçut. Mais il rend compte de ses remarques d'une manière si vague et si superficielle, qu'elles devaient être aux autres d'une utilité assez médiocre, et laissaient tout à faire à celui qui voudrait se livrer aux mêmes recherches. Ces remarques sont plus anciennes que l'édition des Tables dont nous avons rendu compte ci-dessus. Nous n'ajouterons rien de plus, mais nous répéterons que Cassini avait ouvert la route véritable.

Dans l'article suivant, on voit que Roëmer s'était *avisé* de trouver dans les éclipses du premier satellite, un moyen de démontrer que *pour une distance d'environ 3000 lieues, la lumière n'a pas besoin d'une seconde de tems, que ce qui n'était pas sensible en deux révolutions devenait considérable à l'égard de plusieurs prises ensemble, et que par exemple 40 révolutions observées d'un côté étaient sensiblement plus courtes que 40 observées de l'autre, et ce à raison de 22' pour le diamètre de l'orbite terrestre.*

Ce passage assure à Roëmer l'honneur d'une découverte importante, obtenue par une longue série d'observations, faites d'après un plan bien conçu et avec une constance qui en rendait le succès infaillible.

Cassini avait prévu le retour d'une grande tache, et à cette occasion il rappelle les apparences diverses que produisent les mouvemens des taches, par la révolution du Soleil autour de son axe, par le mouvement de cet axe autour de l'axe de l'écliptique *qui résulte du mouvement annuel du Soleil que les Coperniciens donnent à la Terre, et enfin par la variation de l'angle que fait l'écliptique avec le méridien.* Ces idées étaient saines, mais bien vagues.

Un article qui annonce de nouvelles observations touchant le globe et l'anneau de Saturne nous rappelle un imprimé qui parut en 1673 sous ce titre : *Découverte de deux planètes nouvelles autour de Saturne.* Cet opuscule de 20 pages est dédié au Roi. « Quelle envie ne porterait pas à V. M. » le grand Alexandre, qui, deux fois versa des larmes, l'une quand il vit » ses conquêtes bornées par l'Ocean, et l'autre quand il apprit d'un philo» sophe qu'il y avait une infinité de mondes dont il n'avait pas encore » conquis un seul. L'antiquité n'avait connu que sept planètes, ce siècle » en avait découvert cinq autres, et voici qu'il en paraît encore deux nou» velles, pour remplir le nombre de XIV, qui a maintenant l'honneur » d'être uni au nom auguste de Louis.... quelle que soit la nature de ces » mondes, le droit de découverte en donne déjà deux à V. M., dont les » conquêtes, ne pouvant être renfermées dans les limites de la Terre, » s'étendent déjà jusqu'aux plus sublimes régions des cieux. »

La vanité du savant flattait ainsi la vanité du monarque qui l'avait attiré d'Italie pour lui confier la principale direction de son observatoire. Quand Cassini eut ajouté deux autres satellites aux deux dont il est ici question, on frappa une médaille avec cette inscription : *satellites Saturni primum cogniti*. On n'en avait point frappé quand Picard, ayant appliqué les lunettes aux secteurs et aux quarts de cercle, s'en était servi pour mesurer la Terre. Picard, plus fait pour être à la tête d'un observatoire, était moins bon courtisan.

Quelques planches représentent les mouvemens observés ; on y voit de simples configurations et aucun renseignement précis, qui puisse servir de base au calcul. On y a joint les épicycloïdes des trois planètes supérieures pour les années de 1659 à 1688, sans aucune explication et comme simple objet de curiosité ; enfin, quelques observations de taches, la plupart dans le voisinage de l'horizon, par Roëmer, d'autres par Picard et Roëmer de huit à onze heures ½ du matin. Quelques mots sur la manière dont Cassini réduit ces observations. Par ce moyen la théorie devient très simple, *ainsi qu'il le fera voir lui-même à la première occasion.* Il semble que l'occasion était toute venue, et quatorze pages de papier blanc, laissées à la fin de l'opuscule, dans un bel exemplaire que je possède relié en maroquin et doré sur tranche, auraient suffi de reste pour l'exposition de cette méthode.

Dans une nouvelle théorie de la Lune, il fait un grand usage des diamètres pour déterminer les distances. Il emploie les *trois* inégalités expliquées par les autres astronomes, *mais d'une manière différente, qui fait le même effet à quelques minutes près*, mais un effet très différent dans la variation des distances, afin de représenter les diamètres apparens, ce que ne font pas les autres hypothèses. Cette théorie fait mouvoir la Lune sur une courbe très compliquée, entre deux ovales : elle n'est expliquée que par une figure qui ne semble promettre qu'une opération graphique à laquelle il serait trop long d'appliquer le calcul ; et comme elle n'est fondée sur aucun principe réel, et qu'elle n'est appuyée sur aucune observation précise, nous n'en dirons pas davantage.

Dans les réflexions sur un passage de Mercure observé par Gallet, il trouve que la ligne des nœuds de Mercure passe par le centre du Soleil, et que leur mouvement est tantôt direct et tantôt rétrograde ; et que si le mouvement est supposé uniforme, la ligne des nœuds ne passe pas par le Soleil, mais qu'elle en est éloignée vers la limite septentrionale environ de la deux-centième partie du demi-diamètre de l'orbe de Mercure. Il est permis de soupçonner quelque erreur dans les observations ou dans les calculs qui l'ont conduit à cette conclusion.

Nous avons parlé tome IV de l'intercalation proposée par Cassini ; nous ne dirons rien d'une méthode pour régler toujours d'une même façon les épactes qu'il conviendrait bien plutôt de bannir entièrement du calendrier ecclésiastique, comme de fait elles sont bannies du calendrier civil.

A la page 615, pour observer une éclipse de Lune on compta les secondes de tems entre le passage des taches et des termes de l'ombre par un fil perpendiculaire à l'équinoxial, et *par deux autres inclinés de 45°, l'un du côté d'occident, l'autre du côté d'orient.* Voilà la première mention formelle du réticule de 45°. Nous avions déjà vu dans une note de Cassini le réticule carré dont les côtés étaient des fils horaires; on n'y voyait encore qu'une moitié de diagonale dont le texte ne faisait aucune mention. Le réticule carré n'était qu'une imitation du réticule à plusieurs carrés d'Auzout et de Picard; ici les observateurs sont Cassini et Sédilleau; La Hire et Pothenot observaient dans un autre appartement, ils ne font aucune mention du réticule. Nous avons vu dans les fragmens de Roëmer le réticule à compartimens, et augmenté de deux fils à 45°. L'apparence est que ce réticule est dû à Cassini. Nous tâcherons d'en trouver quelque preuve plus sûre.

On trouve, page 678, une autre mention du même réticule dans une observation de Cassini.

Nouvelle découverte de deux satellites intérieurs de Saturne. « Les Coperniciens ne connaissaient avant ce siècle dans toute la nature qu'un seul satellite, à présent ils en connaissent un de la Terre, quatre de Jupiter et cinq de Saturne qui feront dans *leur système* autant de Lunes, distinguées en autant de classes qu'il y a de planches auxquelles elles appartiennent. » On voit toujours le dévot italien qui n'ose se déclarer copernicien et qui revient sans cesse au système de Ptolémée.

Le premier satellite ne s'éloigne jamais de son anneau que des deux tiers de la longueur de l'anneau, que l'on prend ici pour mesure des distances des satellites. Il fait sa révolution en $1^j\ 21^h\ 19'$; il est difficile de le distinguer quand il est fort près de l'anneau.

Le second satellite ne s'éloigne jamais que des trois quarts de la longueur de l'anneau. Sa révolution est de $2^j\ 17^h\ 43'$. Les plus grandes digressions ou les distances au centre de Saturne sont entre elles comme 22 à 17. L'auteur y reconnaît la loi de Képler, ainsi que dans les digressions des deux autres qu'il avait précédemment découverts. Vendelinus avait déjà fait la même remarque sur ceux de Jupiter, Képler lui-même en avait ébauché le calcul. « Il n'y a rien qui fasse mieux connaître l'harmonie admirable des systèmes particuliers dans le grand système du monde. » A cette réflexion pleine de justesse, il n'a pas osé ajouter que cette harmonie est une présomption bien forte en faveur de Copernic.

Ces satellites furent découverts au mois de mars 1684 avec des objectifs de 100 et de 136 pieds, et ensuite avec deux autres de 90 et de 70 pieds que Campani avait travaillés. Ainsi en donnant la première part de la découverte à l'astronome, il est juste d'y associer l'artiste qui avait travaillé les verres, [illegible] qui les avait fait travailler.

Cassini vit depuis tous ces satellites à la lunette de 34 pieds, avec des verres de Borelli, de 40 et 70 pieds, enfin avec des verres de Hartsoëker, de 80, 155 et 250 pieds.

« Nous avons placé ces grands verres tantôt sur l'Observatoire, tantôt » sur un grand mât, tantôt sur la tour de bois venue de Marly; enfin, » nous en avons mis dans un tuyau monté sur un support en forme » d'échelle à trois faces, ce qui a eu le succès que nous en avions » espéré. »

Ces découvertes étaient à la portée de tous, et il n'est pas étonnant que la renommée de Cassini soit devenue si populaire et qu'elle ait éclipsé celle des astronomes passés et présens.

Il fait ensuite le rapprochement des périodes des satellites de Jupiter et de Saturne.

	Jupiter.	Saturne.
☾′	$1^j\,18^h\,29'$	$1^j\,21^h\,19'$
☾″	3.13.49	2.17.43
☾‴	7. 4. 0	4.12.27
☾^{IV}	16.18. 5	15.23.15
☾^{V}	....	79.21. 0

« Galilée avait donné aux satellites de Jupiter le nom de *Sidera medicœa;* ceux de Saturne, plus élevés encore et plus difficiles à découvrir, » ne sont pas indignes de porter le nom de Louis-le-Grand, puisqu'ils » ont été découverts sous le règne glorieux de S. M., par les secours » extraordinaires que sa magnificence fournit aux astronomes de son » Observatoire. Nous pouvons donc les appeler *sidera Lodoïcea,* sans » crainte que la postérité nous reproche l'erreur où sont tombés quel- » ques astronomes sur de pareilles choses sous le règne précédent, » ni que le tems puisse détruire les monumens illustres de la gloire du » Roi, qui seront plus durables encore que les marbres et le bronze que » l'on élève aujourd'hui avec tant d'éclat et de justice à l'immortalité de son

» nom. » Il est vrai que les monumens de cette espèce sont impérissables ; mais les inscriptions qu'on y attache sont sujettes à s'effacer.

Plus loin, page 728, il cherche à déterminer le tems de la révolution du Soleil autour de son axe, d'une manière un peu plus précise que Galilée, qui la faisait d'un mois lunaire. (S'il eût ajouté *périodique* l'erreur n'eût pas été grande.) Scheiner la trouvait de 27 à 28 jours. Cassini avait déjà trouvé 27 jours et quelques heures, tantôt un peu plus et tantôt un peu moins. On ne voit pas qu'il eût même l'idée que l'on pût déterminer directement la rotation vraie ; il ne parle que de la révolution qui ramène la tache au centre apparent du Soleil, révolution qui a bien d'autres inégalités que la révolution propre. Il est porté à croire qu'il y a dans le Soleil des lieux plus propres que les autres à la formation des taches. Il cherche, sans nous donner sa méthode, à déterminer les longitudes et les latitudes *héliographiques* de ces taches.

Du 14 mars 1684 au 29 avril 1686 il compte 715 jours ou vingt-six révolutions de 27 $\frac{1}{2}$ jours.

Par 54 révolutions, il trouve $27^j\,12^h40'$; il croit qu'on peut supposer $27^j\,12^h20'$.

Il a trouvé dans les ouvrages de Scheiner et d'Hévélius de quoi établir six grands intervalles qui donnent la même chose à 4 ou 5 minutes près ; le plus grand de ces intervalles est de 836 révolutions. Soit $27+x$ la révolution,

$$836 \text{ révolutions} = 836.27 + 836x = 22572 + 836x.$$

Soit $x=\frac{1}{4}, =\frac{1}{2}, =\frac{3}{4}, =\frac{4}{4}$, nous aurons successivement 22572^j+209^j, $+418^j+627^j+836^j$, et toujours un nombre entier. Il aurait dû nous dire le nombre de jours de ses intervalles ; jamais il ne dit tout ce qu'il faudrait ; toujours il s'exprime de manière qu'il est impossible de recommencer son calcul. Cette méthode était fort bonne pour déterminer le mois lunaire, qu'on a de bonne heure connu à quelques secondes près ; mais pour une révolution dont l'incertitude est de plusieurs heures, un intervalle un peu long peut toujours se partager avec une égale probabilité en n, $(n+1)$, $(n+2)$ de révolutions ; et l'on est maître de dire ce qu'on veut. Lalande, en suivant cet exemple dans ses Mémoires sur les taches du Soleil, a fait des calculs dont on peut tirer la révolution pour laquelle on se sent quelque prédilection.

Dans un mémoire sur le calendrier Grégorien, il ne tarit pas sur les éloges que mérite « une composition qui, par sa justesse, donne de

» l'admiration à ceux qui ne manquent pas de lumière pour en voir les » beautés, et augmente la vénération et le respect dus à ces grands » hommes qui l'ont réglée par des périodes d'une si grande perfection. » Ce qui ne l'a pas empêché, dans un autre mémoire, d'en trouver les épactes incommodes (il aurait pu dire encore et fort inexactes); il proposait alors une nouvelle période qui se serait appelée de *Louis-le-Grand*.

Ce qui précède est copié des anciens mémoires, dont les derniers volumes ne sont guère formés que des extraits du Journal des Savans. Dans le volume de 1699, qui est le premier d'une nouvelle série, on trouve un mémoire de Cassini sur les dernières comètes ; il ne renferme que des idées vagues qui ne pouvaient avoir beaucoup de prix douze ans après la publication du livre des Principes, où Newton avait démontré que les comètes se meuvent dans des sections coniques, dont le Soleil occupe un des foyers; qu'elles décrivent des aires proportionnelles aux tems; que les orbes diffèrent peu d'orbites paraboliques; et où il enseignait à déterminer cette orbite approximative par trois, quatre ou cinq observations selon le plus ou moins d'uniformité du mouvement. Nous ne dirons donc que peu de chose sur ce mémoire, où l'auteur cependant s'occupe du retour des comètes et des moyens d'en reconnaître l'identité. Apollonius Myndien avait conçu, dit Fontenelle, la noble idée que les comètes sont des astres réguliers, et il avait osé prédire qu'un jour on découvrirait les règles de leurs mouvemens. *Peut-être cette pensée toute magnifique qu'elle est, n'est pas vraie; cependant M. Cassini y trouve jusqu'à présent beaucoup de vraisemblance, et il en apporte tant de preuves, qu'il semble devoir être l'astronome prédit par Apollonius.* L'homme prédit par Apollonius était vivant, il avait publié la véritable théorie, et douze ans après, ni Cassini, ni Fontenelle, n'avait lu son ouvrage, sans quoi l'un eût sans doute supprimé son mémoire, et l'autre n'en eût pas fait des éloges si ridicules.

Il y eut le 23 septembre 1699, une éclipse considérable de Soleil. « On verra dans l'écrit de M. Cassini jusqu'où peut aller en cette matière l'industrie humaine. » Il y considérait la route de l'ombre sur la Terre, il avait marqué sur une carte (qu'on ne donne pas) la ligne de centralité, il y avait déterminé la vitesse de cette ombre sur la Terre, et les effets de l'augmentation du diamètre de la Lune, dans une éclipse où les deux diamètres étaient sensiblement égaux à l'horizon. Toutes les idées du mémoire étaient justes, mais peu développées; l'auteur nous dit ce qu'il a fait et rien des moyens qu'il avait employés. Képler avait enseigné le premier les moyens trigonométriques pour trouver les lignes des phases ; pour ses annonces, dans ses Éphémérides, il se servait d'une opération graphique qui n'exigeait que la règle et le compas, et cette opération avait pour base la projection dont se sert aussi Cassini; il avait expliqué l'augmentation du diamètre à mesure que la Lune approche du zénit. On ne peut juger les méthodes de Cassini, on ne sait si elles lui sont propres ou s'il n'avait fait que de développer les idées de Képler. En général, Cassini est singulièrement avare de ses connaissances. Il garde le secret, est-ce pour avoir moins de rivaux, serait-ce pour n'avoir pas de juge et se faire valoir lui-même?

Cassini continuait à profiter des avantages que lui procuraient ses grandes lunettes, et l'habileté qu'il avait à s'en servir; il remarqua des variations singulières dans la largeur des bandes de Jupiter, et ces variations étaient plus considérables que si l'Océan inondait toute la Terre ferme (dit à cette occasion Fontenelle) et laissait à sa place de nouveaux continens. Il faut que la Terre, en comparaison de Jupiter, soit bien tranquille et bien exempte de révolutions physiques. »

Méthode pour les éclipses du Soleil.

Nous arrivons à une idée vraiment ingénieuse et qui a long-tems joui d'un succès général, à laquelle on a depuis appliquée le calcul, mais que son auteur bornait à une opération graphique; on voit partout qu'il préférait la règle et le compas aux tables logarithmiques.

L'idée n'était pas neuve, elle était due à Képler, comme tant d'autres. On peut voir ce que nous en avons dit, à l'article de Képler, tome IV, pages 592 et 600.

Cassini donna quelques développemens aux idées de Képler. Voici ce qu'en dit Lalande, au livre X de son Astronomie, 1808. « D. Cassini » s'était occupé, à ce qu'il paraît, de cette matière, même avant d'avoir » quitté l'Italie. Weidler cite à ce sujet un ouvrage de Cassini, *Nova* » *Eclipsium methodus, Bononiæ Italiæ*, 1663, *in*-4°. J'aurais été fort curieux » de voir un ouvrage aussi ancien de Cassini; mais je l'ai cherché inu- » tilement, et je suis persuadé qu'il n'a jamais été imprimé. Zanotti m'a » dit qu'étant jeune, il reçut de Manfredi des manuscrits que Cassini » avait autrefois prêtés à ce dernier, où était expliquée la méthode de » calculer *graphiquement* les éclipses. Ces manuscrits étaient écrits en

» français; ce qui prouve qu'il les avait composés en France; il n'y fait » mention d'aucun ouvrage précédemment publié, et Manfredi n'en avait » pu indiquer aucun à Zanotti, lorsqu'il lui prêta ses papiers. On ne voit » rien de Cassini jusqu'à l'an 1700, qu'il fit part de sa méthode à l'Aca- » démie; elle se trouve fort au long à la tête des Tables de Cassini le » fils, publiées en 1740. Flamsteed donna une dissertation à la suite du » Cours de Mathématiques de Jonas Moore. Cette pièce a pour titre » *the Doctrine of the sphere grounded on the motion of the Earth.* Il dit » dans la préface, que Wren est le premier qui ait connu, vers 1660, » la manière de trouver les phases d'une éclipse sans calculer les paral- » laxes. Il ajoute que Halley, avant son départ pour Sainte-Hélène en » 1666, lui parla de la construction des éclipses, mais en lui cachant » la méthode à laquelle Flamsteed n'avait pas alors beaucoup de con- » fiance. » (*Voyez* ci-après l'article de Flamsteed.)

Ainsi la méthode n'était pas publique. Halley n'en dit rien lui-même dans le discours préliminaire de ses tables. Cassini n'en pouvait avoir vu la première annonce que dans les ouvrages de Képler; toutes les conséquences qu'il en a su tirer, et qui n'étaient ni dans les tables Rudolphines, ni dans les Ephémérides de 1618 à 1636, ni dans l'*Epitome*, lui appartiendront incontestablement. Écoutons maintenant Fontenelle :

« M. C. a trouvé dans les éclipses de Soleil assez de réalité pour les » faire servir aux mêmes usages que celles de la Lune. » (Képler avait fait la même chose et beaucoup mieux, par une méthode à laquelle tous les astronomes sont enfin revenus depuis qu'ils n'ont plus horreur des calculs.)

Alors il explique brièvement la méthode de Cassini, et il termine par ces mots : « C'est un avantage de pouvoir mettre à profit, pour les lon- » gitudes, les éclipses solaires, qui y avaient été jusqu'à présent inu- » tiles. » (Ce n'était pas la faute de Képler, qui avait résolu le pro- blème d'une manière bien plus exacte et bien plus rigoureuse.)

Voilà tout ce que contient l'Histoire de l'Académie. Le mémoire ne se trouve pas dans le volume. Cassini voulait, comme Halley, cacher sa méthode, il faut donc recourir aux tables de J. Cassini, qui n'ont paru que 59 ans après l'écrit de Flamsteed.

Après les calculs préliminaires communs à toutes les méthodes, il décrit un cercle d'un pied de diamètre. *Ce cercle représente la projection de la Terre dans l'orbe de la Lune, formée par les rayons qui vont du centre du Soleil à la circonférence de la Terre.* (Si les rayons partent du centre du Soleil ils arriveront à la circonférence d'un petit cercle de la Terre; si les rayons partent des bords du disque, ils arriveront à un autre petit cercle; aucune de ces deux circonférences ne sera celle de la Terre. Képler, page 874, fait partir les rayons des bords du disque; ils vont raser le globe de la Lune en conjonction, et déterminent sur un plan qui passe par le centre de la Terre, un cercle qu'il appelle *disque de la Terre*. Il le suppose vu d'un point de la Lune nouvelle. L'idée de Képler est plus juste et plus complète. On voit déjà que la méthode de Cassini ne peut être qu'approximative.

« Le demi-diamètre AC de cette projection est égal à la parallaxe ho-» rizontale de la Lune moins celle du Soleil. » C'est aussi le précepte de Képler (fig. 80).

« Le demi-diamètre AB est celui de l'équateur. Du centre C on ti-» rera au diamètre AB une perpendiculaire RCY, qui représentera » un méridien, et l'on prendra sur la circonférence du cercle ARBY » un arc égal à l'angle que l'écliptique fait avec le méridien, qu'il » faut porter de R vers A ou vers B, selon qu'il est vers l'orient ou » l'occident; par le point ainsi déterminé, tirez un diamètre εCλ qui » représentera le diamètre de l'écliptique, et du centre C tirez à εC » la perpendiculaire SCV, qui représentera une partie du cercle de » latitude. Portez sur ce diamètre de C vers S, comme en T, si la » latitude est septentrionale, et de C vers *r*, si elle est méridionale, » les minutes de la latitude (Il ne parle pas des secondes). Le point T » représentera le centre de la Lune au tems de la conjonction véri-» table en longitude. On marquera à ce point l'heure et la *minute* » de la conjonction calculée. On fera ensuite l'angle C*r*θ égal à l'in-» clinaison apparente de l'orbite de la Lune avec le cercle de latitude. » La ligne θT*n* représentera une partie de l'orbite de la Lune. De l'un » et l'autre côté du point T, on portera sur cette ligne le mouvement » horaire, et l'on divisera en minutes de tems la ligne θT*n*, prolon-» gée de part et d'autre autant qu'on le jugera nécessaire. »

Toute cette construction est celle de Képler, page 876. Képler ne considère encore que l'éclipse générale; mais pour déterminer ensuite les lieux qui verront l'éclipse d'un certain nombre de doigts, il trace 19 parallèles qui serviront à trouver les lieux qui verront l'éclipse d'un nombre donné de doigts, à un instant quelconque, par les moyens qu'il avait créés.

Cassini passe à l'éclipse pour un lieu particulier. Pour en décrire le parallèle, « prenez de côté et d'autre du point R, sur la circonférence » ARBY les arcs RD, RE, complémens de la hauteur du pôle; pre- » nez de part et d'autre des points D et E les arcs DF = DI = EH = EG » = déclinaison du Soleil; tirez HI, FG, qui couperont le cercle de » déclinaison en K et L (KL sera le petit axe de l'ellipse). Par le milieu M, » menez la perpendiculaire NO = DE, qui sera le grand axe. » Il décrit cette ellipse par les moyens connus; il la divise en heures, en mettant XII au point K, parce que la déclinaison est australe; QKr est l'arc diurne du parallèle. Cette construction est un corollaire mathématique des principes de Képler, qui ne la donne pas, mais elle devait servir de fondement à sa méthode graphique, dont il parle en plusieurs endroits, et qui devait être démontrée dans son *Hipparque*. Mais comme on ne sait ce qu'est devenu cet Hipparque, dont Delisle dit avoir rapporté le manuscrit à Paris, avec tous les papiers d'Hévélius, Cassini pourrait s'attribuer avec quelque apparence l'idée de cette ellipse, qui se trouve pourtant dans les anciennes Gnomoniques; mais c'en était au moins une application nouvelle, supposé pourtant qu'il n'eût pas connaissance de l'écrit de Flamsteed, qui peut encore avec plus d'apparence en réclamer l'honneur.

« Prenez avec un compas la somme des demi-diamètres du Soleil et » de la Lune, et cherchez les points des mêmes heures et minutes sur » l'orbite de la Lune et sur l'ellipse, qui seront éloignés de la somme » de ces demi-diamètres; vous aurez ainsi les points de commence- » mens et de fin, pour le lieu particulier dont l'ellipse représente le » parallèle. Cherchez sur l'orbite et sur l'ellipse les deux points des » mêmes heures qui sont les plus proches l'une de l'autre, ils mar- » queront l'heure du milieu. Du point de l'orbite qui marque l'heure » du milieu, décrivez un cercle qui ait pour rayon le demi-diamètre » de la Lune, et du point correspondant de l'ellipse, un autre cercle » qui ait pour rayon le demi-diamètre du Soleil. La partie commune » à ces deux cercles sera la figure de la plus grande éclipse. Menez un » diamètre du Soleil par le centre de la Lune; divisez ce diamètre en » 12 parties égales. La partie du diamètre comprise entre les deux cir- » conférences sera la quantité de l'éclipse. »

Voilà qui est simple et clair, voilà ce qui devait se présenter à l'esprit de l'astronome qui voulait développer les idées de Képler. On ne parle pas encore de l'augmentation du diamètre de la Lune; il en sera question sommairement un peu plus loin.

Cette méthode a été long-tems employée par les calculateurs d'éphémérides. Tout l'embarras est dans la description de l'ellipse. La Caille a depuis imaginé de faire servir une même ellipse à tous les parallèles de la Terre, en changeant les dimensions de la partie rectiligne de la projection.

Pour déterminer la différence des méridiens entre le lieu dont on a déjà le parallèle, et un autre lieu où l'on aura observé la même éclipse, on tracera de même le parallèle de ce lieu, ce qui suppose que l'on en connaisse au moins approximativement la latitude. On mettra de même XII au sommet du petit axe; on divisera l'ellipse du second lieu en heures, qui seront des heures du premier lieu. On trouvera le commencement et la fin pour le second lieu, mais en heures du premier. On comparera ces heures à celles du commencement et de la fin observées réellement; on aura donc deux fois la différence des méridiens. Le moyen est ingénieux et simple.

Si l'on n'a dans l'un des deux lieux que l'instant où l'éclipse aura été d'un certain nombre de doigts, on retranchera de la somme des demi-diamètres la quantité des doigts éclipsés, le reste sera la distance apparente des centres. Avec une ouverture de compas égale à cette distance, et en posant une pointe de compas sur l'heure de l'observation, de l'autre on coupera l'orbite de la Lune. La différence des heures marquées par les deux pointes de compas sera la différence des méridiens.

Tout ceci suppose l'exactitude des tables. Si elles sont en erreur, l'éclipse observée dans le premier lieu n'aura pas été conforme au calcul. L'auteur enseigne à la corriger. Sa méthode, assez compliquée, ne serait pas assez exacte aujourd'hui, que l'erreur des tables n'est que d'un petit nombre de secondes, qui seront toujours insensibles sur la figure.

La méthode, nous le répétons, est ingénieuse et simple, mais elle n'est bonne que pour des annonces. Pour déterminer sur la Terre les lieux qui verront les diverses phases d'une éclipse, on tire de part et d'autre de l'orbite des parallèles à cette orbite, et qui en soient éloignées de la demi-somme des diamètres. Tous les lieux qui verront le Soleil éclipsé seront compris dans la partie de la projection qui est renfermée entre les parallèles.

Au moyen d'autres parallèles, espacées de doigt en doigt, on aura les zones où les éclipses de ces doigts pourront s'observer. L'orbite elle-même servira pour l'éclipse centrale.

Toute cette partie appartient à Képler.

Cassini détermine graphiquement l'arc semi-diurne, la différence des méridiens et la latitude du lieu qui verra l'éclipse centrale au lever ou au coucher du Soleil, le lieu qui verra l'éclipse centrale au méridien, et autant de points que l'on voudra de la ligne de centralité.

Ensuite il cherche les lieux qui verront de simples contacts ou une éclipse d'une quantité donnée. Képler nous assure qu'il fait tout cela par son opération graphique. La solution est générale et n'était pas nouvelle.

Il applique ensuite la même méthode aux étoiles; il aurait pu l'étendre aux planètes.

Enfin il enseigne à trouver, par la Trigonométrie, les lieux qui verront l'éclipse au lever et au coucher; c'est à cela qu'il borne les calculs. Il entre dans quelques détails omis par Flamsteed; La Hire avait perfectionné considérablement cette méthode trigonométrique.

La méthode de Képler était incomplète à quelques égards, au moins dans ses écrits imprimés. Il y a toute apparence que les méthodes de Wren et Halley étaient, comme celle de Cassini, identiques à très peu près avec celle de Képler, mais rien n'avait été publié par ces trois auteurs. Flamsteed a imprimé le premier; ainsi après Képler il est l'auteur dont les droits sont le mieux assurés.

Prolongement de la méridienne de Paris.

L'Académie continua l'ouvrage en 1683. Cassini alla du côté du midi et La Hire du côté du septentrion. L'entreprise fut interrompue par la guerre et reprise en 1700. A mesure que Cassini s'éloignait de Paris, il observait des éclipses de satellites pour s'assurer, par la comparaison de ces éclipses avec celles qui s'observaient à Paris, de la différence des méridiens. Il trouva toujours dans ses comparaisons une conformité telle, que Fontenelle en tire cette conclusion : que la méthode des triangles est aussi exacte que celle des satellites, (laquelle est) *la plus exacte de toutes les méthodes astronomiques pour la différence des méridiens.* On sait aujourd'hui que la méthode des triangles est beaucoup plus précise; Cassini est de cet avis pour les petites distances; nous en dirions autant des distances plus grandes si la Terre était sphérique.

Le degré pris de l'Observatoire vers le septentrion donna 57055 toises. (Picard le faisait de 5' plus forte, Lacaille l'avait encore augmenté de

14', et nous avons trouvé en 1800 que Lacaille avait raison.) Le degré vers le midi 57126 $\frac{1}{2}$. La minute de l'Observatoire au septentrion est de 951' 5^p $\frac{1}{2}$, c'est la distance de l'Observatoire] à Saint-Severin. (Dans une table des clochers de Paris, calculée sur les observations de Lacaille, je n'ai donné que 905' 6^p à la distance de Saint-Severin à la face méridionale de l'Observatoire; pour avoir la minute entière, il faudrait passer le Petit-Pont, et arriver presque au coin de la rue Neuve-Notre-Dame.) *L'augmentation d'un degré à l'autre est de* $\frac{1}{800}$ (ou de 71'). « Nous avons été surpris de voir que cette augmentation de $\frac{1}{800}$ d'un degré à l'autre, à cette » distance du pôle s'accorde avec l'augmentation des degrés de la véritable » distance de la Lune à son apogée aux mêmes distances entre 40 et 48° » du pôle d'un côté, et de l'apogée de la Lune de l'autre. Car en cet endroit les degrés de la vraie distance de la Lune à l'apogée augmentent » aussi de la 800e partie. Ainsi les lignes perpendiculaires qui nous déterminent les degrés mesurés dans le ciel, seraient analogues aux lignes des » moyennes longitudes de la Lune, et les arcs de la circonférence de la » Terre entre ces perpendiculaires seraient de la même grandeur que les » arcs de la même circonférence compris entre les lignes correspondantes à celles du moyen mouvement de la Lune... Ce serait un fait à » vérifier par des dimensions d'une plus grande étendue. » Si nous entendons bien cette phrase passablement entortillée, sa théorie donnait à la Lune une ellipse allongée et toute semblable à l'ellipse qu'il trouvait pour le méridien; les deux faits sont également chimériques, l'ellipse de la Lune est aplatie, l'ellipse du méridien est certainement aplatie quoique d'une quantité moindre. Cette idée systématique, plus d'une fois reproduite par son auteur, a peut-être influé plus qu'on ne croit sur cette figure allongée qu'on donnait au sphéroïde terrestre, et dont on se persuada si long-tems qu'on trouvait partout des preuves.

Le volume finit par un mémoire rempli d'une grande érudition, où Cassini indique un défaut du calendrier grégorien, et un moyen pour corriger ce défaut. Comme nous pensons que la correction à faire à ce calendrier serait de le supprimer pour s'en tenir au calendrier civil, nous renverrons à ce mémoire ceux qui continuent de prendre quelqu'intérêt à ce que la Pâque soit célébrée un jour plutôt qu'un autre.

Nous nous contenterons d'indiquer qu'à l'occasion d'une poutre enflammée vue à Rome, ou on la prit pour la queue d'une comète, Cassini donne une suite nouvelle et de nouveaux développemens à ses idées sur les comètes et leur retour.

En 1703, dans une éclipse de Lune, D. et J. Cassini trouvent par les observations de plusieurs phases, qu'il fallait ajouter 3 ou 4' à l'instant auquel ils avaient cru voir commencer l'éclipse. La conséquence la plus sûre, c'est qu'il y a de fortes incertitudes dans toutes ces observations.

Dans un mémoire sur les équinoxes, il parle comme si les observations d'Hipparque eussent été faites à Alexandrie, ce qui est au moins fort douteux, mais fort indifférent, puisque Rhodes et Alexandrie diffèrent très peu en longitude. Par des observations faites à 1848 ans d'intervalle, il trouve l'année de $365^j\ 5^h\ 49'\ 5''$ ou $12''$, selon la manière dont il fait le calcul.

Dans un mémoire sur le calendrier, il donne des renseignemens tirés de la bibliothèque du Vatican. Il en résulterait quelques objections contre le parti qu'on a pris en réformant le calendrier. Mais ce calendrier, reposant sur des fondemens tout-à-fait arbitraires, il est aisé, mais inutile, de le censurer; il est admis, voilà la seule chose importante; il faut le garder tel qu'il est ou y renoncer tout à fait en changeant de système.

Le volume de 1705 nous offre un mémoire sur les satellites de Saturne.

Cassini avait fait espérer que les satellites de Saturne pourraient avoir la même utilité pour la Géographie que ceux de Jupiter: mais il ne l'avait dit qu'en passant et sans insister. Fontenelle est plus hardi. « Quand Jupiter ne sera pas sur l'horizon pendant la nuit Saturne y pourra être, et ses satellites supérieurs tiendront lieu de ceux de Jupiter ». On y rencontre deux difficultés auxquelles Fontenelle ne pense pas. Les satellites de Saturne sont beaucoup plus difficiles à voir; ils exigent des lunettes telles qu'on n'en voit guère que dans les observatoires royaux. Les satellites ne s'éclipsent qu'assez près du corps de la planète, surtout quand la parallaxe annuelle est petite; on ne voit ces éclipses que par un effet de cette parallaxe; on verrait donc mal les éclipses des satellites de Saturne, quand il n'y aurait que cette raison; l'anneau, qui agrandit le diamètre, est encore un obstacle, si bien que depuis la découverte de ces satellites il n'est pas mention d'une seule éclipse qu'on ait même soupçonnée. Ces éclipses d'ailleurs seraient plus rares de beaucoup; on ne fait guères usage que du premier satellite de Jupiter; le cinquième de Saturne a une révolution de 80 jours, cinq fois aussi longue que celle du dernier satellite de Jupiter, qui ne peut servir aux longitudes; à l'occasion de ces mêmes satellites, Fontenelle fait une réflexion plus fine et qui mérite d'être rapportée.

« Il faut remarquer que le fait sur lequel Képler s'est fondé aurait été encore plus certain si les distances de toutes les planètes au Soleil avaient été connues par observation et immédiatement ainsi que leurs révolutions. Il n'y a que Mercure et Vénus dont on voie en même tems les distances au Soleil et les révolutions autour de ce centre commun. Pour les autres planètes on ne voit point leurs distances au soleil, on les conclut seulement avec beaucoup de peine de leur seconde inégalité. Mais en fait d'Astronomie, il vaut toujours mieux voir que de calculer. Heureusement on vint à connaître les satellites de Jupiter; on eut par observation et leurs distances et leurs révolutions, et la règle de Képler fut confirmée par cet exemple. Elle l'a été depuis par celui des satellites de Saturne.... Voilà donc la règle vérifiée immédiatement par Mercure et Vénus, par les quatre satellites de Jupiter et par les cinq de Saturne, et l'on ne peut plus se défier du calcul ni des principes par lesquels on l'a appliquée aux quatre planètes qui restent, c'est-à-dire à la Terre, à Mars, à Jupiter et Saturne, et c'est là un des fruits de la découverte des satellites. »

Il y a bien des choses spécieuses et quelque vérité dans cette remarque, mais d'abord l'auteur a tort d'y comprendre la Terre, dont la distance est l'unité qu'on prend pour échelle commune de tout le système. Aujourd'hui nous mettrions Uranus à la place de la Terre, et nous dirions que la règle de Képler, établie sur les planètes que l'on connaissait alors, s'est trouvée également vraie pour cinq autres planètes dont on ne soupçonnait pas même l'existence, Uranus, Cérès, Pallas, Junon et Vesta; qu'elle s'est vérifiée sur neuf satellites; mais on pourrait dire encore qu'il n'est pas bien vrai que l'on soit plus sûr des distances qu'on observe que de celles qu'on tire du calcul, et le fait est qu'on n'a employé que le moins qu'on a pu les distances observées. On n'emploie que celle du satellite extérieur, dont la distance est moins incertaine. On mesure les autres comme on peut et seulement pour voir si elles s'accordent avec la loi de Képler. On demeure convaincu qu'elles s'y accordent autant que peut le permettre et le démontrer ce genre d'observation, puis on abandonne les distances observées plus petites, pour les conclure plus exactement par le calcul. A dire vrai, on observe bien les digressions de Mercure et de Vénus, mais on ne mesure pas leurs rayons vecteurs, on les conclut du calcul, on les conclut de l'élongation; on conclut ceux de Mars et des planètes supérieures de la parallaxe annuelle, c'est-à-dire des digressions de la Terre vue de ces planètes. Ainsi, en dernière analyse, cette première remarque de Fontenelle est plus spécieuse que rigoureusement vraie. En Astronomie, comme partout ailleurs, il vaut mieux voir que de conclure par le raisonnement ou le calcul, mais il faut bien voir;

car si la mesure est incertaine et que le calcul soit d'une précision considérablement plus grande ; alors il vaut mieux bien calculer que de mal voir. « Ce qui confirme la règle de Képler, confirme aussi le mouvement que Copernic attribue à la terre. Si son système n'est pas vrai, le seul qui soit à prendre est celui de Tycho ; or, selon Tycho, le Soleil, aussi bien que la Lune, tourne autour de la Terre, la Lune en un mois, le Soleil en 12 ; les racines cubique de 1 et de 12 sont 1 et 5 un peu plus ; donc les distances de la Lune et du Soleil à la Terre seraient dans cette proportion. Or, il est certain que les distances sont dans une proportion considérablement plus grande ; donc, où la règle de Képler est fausse, ou le système de Tycho-Brahé l'est. Il paraît impossible que la règle de Képler soit fausse, prouvée comme elle l'est par l'exemple de toutes celles d'entre les planètes qui, incontestablement tournent autour d'un centre commun ; donc c'est le système de Tycho qui n'est pas vrai. Et, en effet, en remettant la Terre à la place qu'elle tient dans celui de Copernic, on voit que tout rentre dans l'ordre, et s'accommode à la loi de Képler. »

Képler avait déjà fait le même raisonnement, mais il est bien fortifié chez Fontenelle par la découverte récente des cinq satellites de Saturne ; il est bien plus fort encore aujourd'hui par la découverte inattendue de cinq planètes principales qui étaient inconnues à Képler.

A l'occasion du cinquième satellite de Saturne et de sa disparition régulière dans une partie de son orbite, que Cassini explique par la conjecture que ce satellite tourne toujours une même face vers sa planète principale, Fontenelle développe d'une manière très claire et très simple l'explication de Cassini, et il termine sa réflexion par cette autre conjecture, qui n'est pas encore bien constatée, mais qui paraît extrêmement plausible. « Peut-être se trouvera-t-il à la fin que c'est une propriété des planètes *subalternes* d'avoir des mouvemens sur leur axe à peu près égaux en durée à leurs révolutions autour de leur planète *principale*. Enfin, plus on observe, plus on découvre de rapports qui seront autant de vérités ou autant de degrés pour arriver à des vérités plus importantes. »

Ici Fontenelle est au niveau de tout ce qu'on sait encore sur ce point difficile à décider ; ses réflexions sont d'un esprit sage et d'une sagacité remarquable.

J. Cassini venait d'appliquer la méthode de Dominique aux éclipses d'étoiles, ce qui n'exigeait que des modifications faciles. A ce propos, Fontenelle nous dit qu'on sera surpris qu'une méthode qui paraît délicate et assez compliquée, qui demande la figure d'une *projection difficile à décrire*, donne les différences des méridiens *presque aussi bien que les éclipses des satellites de Jupiter,* qui sont beaucoup plus simples. Cela pouvait être surprenant quand on comparait l'opération graphique d'une occultation d'étoile à l'observation d'une éclipse du satellite faite en deux lieux différens; mais par la méthode de Képler l'éclipse d'étoile a l'avantage le plus marqué sur celle du premier satellite; aussi la méthode de Cassini est-elle entièrement abandonnée et celle de Képler universellement suivie, et même la plus sûre que l'on connaisse pour avoir la différence des méridiens.

Dans les remarques sur les observations du P. Laval à Marseille, on voit quelque mention du mirage et de la variation apparente de l'horizon de la mer; Cassini annonce que, d'après une correction de —4′ à l'époque, et en ôtant 1′ en 25 révolutions, on est parvenu à n'avoir pour le premier satellite que des erreurs de 1′, ce qui prouve que les tables dont nous avons ci-dessus rendu compte pouvaient avoir des erreurs de 4 à 5′. On est moins content des trois autres, *on n'a pu leur appliquer avec succès l'équation de la lumière.*

En 1706 il parut une comète; Cassini en portait sur un globe les positions observées; il détermina ainsi l'arc de grand cercle qu'elle parut décrire. Nous avons montré ci-dessus que ce petit problème se résout au moyen de quatre logarithmes, avec bien plus de précision que par le globe.

Il explique par la lumière zodiacale une couronne vue autour de la Lune, dans une éclipse totale de Soleil.

Les tables de Képler indiquaient un passage de Mercure sur le Soleil, le 5 mai 1707, à $5^h \frac{1}{4}$ du matin; celles de Halley pour le 5 à 8^h du soir; Cassini, Maraldi et quelques autres astronomes, observèrent le Soleil le 5 et le 6 sans rien apercevoir.

Le P. Laval, en observant la distance zénitale de la mer à l'observatoire de Marseille, dont la hauteur est de 144 pieds ou 24 toises, avait trouvé des différences considérables. Cassini remarque à cette occasion, qu'il avait observé la mer Méditerranée d'une hauteur dix fois plus grande, et l'avait toujours trouvée de 42′ sans aucune variation sensible; il en conclut que plus les hauteurs sont grandes, et moins on remarque de variations.

Il fait quelques recherches sur la théorie de Mercure. Voici les résultats de ses calculs.

Mouv. diurne 4° 5′ 32″ 35‴ 37ⁱᵛ à 7 ou 8ⁱᵛ près, comme Boulliaud.
Nœud en 1694 7ˢ 14. 42. 10. Mouvement annuel 1′ 26″ Képler 1′ 25″.
Inclinaison 6. 40. C'est 14′ de moins que Képler, dont le nombre était déjà trop faible.

Comète de 1707. C'est toujours la même méthode, et l'historien de l'Académie montre toujours le même attachement pour les tourbillons. Le cours de la comète était presque perpendiculaire à l'écliptique, ce qui favoriserait le système de Villemot (et celui de Descartes) qui place les comètes au-dessus de Saturne, dans une région où il n'y a plus de mouvement commun et réglé, tel que celui qui emporte les planètes, mais seulement ces courans irréguliers dont les directions peuvent être en tout sens.

Si l'on eût suivi les préceptes de Newton, on aurait vu que jamais comète n'avait été vue à la distance de Jupiter, encore moins à celle de Saturne, et que, s'il existe des fluides qui emportent toutes les planètes, ils devraient aussi entraîner les comètes ; ainsi ces comètes, qui, au jugement de Tycho, ont détruit sans retour les cieux solides d'Aristote, ne sont pas moins contraires aux fluides de Descartes.

Le P. Laval avait fait une longue suite d'observations de l'horizon de la mer : le moindre abaissement avait été de 11′ 46″, et le plus grand de 14′ 30″, la différence est de 2′ 41″; on en conclurait tout simplement que la réfraction qui élève toujours l'horizon de la mer, peut varier de 2′ $\frac{3}{4}$, que l'abaissement est plus grand réellement qu'il ne paraît; et qu'il doit surpasser 12′, mais par un nivellement fait par le P. Laval, l'observatoire est de 144ᵖⁱ ou de 24ᵗ; Cassini en conclut un abaissement réel de 13′ 14″. Il en résulterait que la réfraction tantôt éleverait, et tantôt abaisserait l'horizon, ce qui n'est pas impossible, mais doit être assez rare.

Soit A l'abaissement, R le rayon de la Terre; on aurait

$$\text{tang}\,\tfrac{1}{2}A = \left(\frac{12}{R}\right)^{\frac{1}{2}} = \text{tang}\,6'\,35'', \text{ et } A = 13'\,10''.$$

Il reste à savoir si l'élévation de l'Observatoire est réellement de 12ᵗ; Cassini répète que dans les moindres hauteurs on trouve l'abaissement plus variable.

Méchain à Montjouy a trouvé que l'abaissement variait de 23′ 59″ à 25′ 37″, la différence n'est que de 1′ 38″. Il a observé la mer 1° 13′ au-dessous de l'horizon de Estella, mais il ne l'a observée qu'une seule fois.

Dans une dissertation sur les passages de Mercure, il avance, contre l'opinion commune, que les Egyptiens plaçaient Mercure au-dessous du Soleil et de Vénus, comme a fait Ptolémée. Il fait honneur à Cicéron et Martianus Capella du système que l'on nomme égyptien ; il aurait pu ajouter Vitruve. Il tâche d'améliorer les élémens de cette planète; il trouve la chose difficile, surtout pour les moyens mouvemens, faute d'observations anciennes; il diminue encore l'inclinaison qui était déjà trop faible dans les tables de Képler.

Dans le volume de 1708, il fait de nouvelles réflexions sur la comète de 1707; il commence à croire qu'elles ne sont pas des amas de vapeurs qui ne subsistent qu'un tems assez borné. Il croit qu'on peut leur assigner des mouvemens réguliers, enfin qu'elles sont des planètes d'une espèce particulière. Mais il se borne à des conjectures qui ne sont pas en général fort heureuses; on n'y voit pas la moindre mention du véritable système.

Il reproduit dans le vol. de 1709 ces épicycloïdes imitées de Képler. A propos de ce Mémoire, Fontenelle, dans son Histoire, explique d'une manière assez neuve, la cause de ces mouvemens singuliers.

Supposez immobile une planète supérieure, et donnez à la Terre le mouvement relatif; quand le Soleil sera entre la Terre et la planète, celle-ci paraîtra directe; quand la Terre sera entre le Soleil et la planète, celle-ci paraîtra rétrograde. Le mouvement apparent ira sans cesse en diminuant jusqu'à passer par o avant de changer de direction. Pour une planète inférieure, c'est la Terre qu'il faut supposer immobile.

Fontenelle ne fait que traduire en langage ordinaire, ce qui résulte du mouvement de l'angle de commutation de Copernic, dont il ose adopter le système.

En 1711, Cassini devient totalement aveugle, comme autrefois Galilée et comme Messier cent ans plus tard. Si l'on avait besoin d'en chercher la cause, on pourrait la trouver dans l'usage continuel que tous trois, et surtout Cassini, avait fait des lunettes, et les efforts que tous trois ont faits toute leur vie pour apercevoir des choses presque imperceptibles.

Cassini mourut le 14 septembre 1712, âgé de quatre-vingt-sept ans et trois mois, laissant une quantité de manuscrits et de traités astronomiques, des tables du Soleil, de la Lune et sans doute aussi de toutes les planètes, et une grande période lunisolaire et pascale divisée en deux livres.

« Il est, dit M. le comte de Cassini, peu de parties de l'Astronomie qu'il n'ait ou ébauchée, ou étendue, ou enrichie de quelque découverte,

C'est à lui que l'on doit les théories et la première détermination exacte des réfractions et des parallaxes, la théorie et les premières tables du soleil et du mouvement des satellites de Jupiter et de Saturne; il a eu la plus grande part à la détermination des longitudes terrestres, rendue d'un usage presque journalier et universel par ses éphémérides des satellites. La méthode de déterminer les mêmes longitudes par les éclipses de Soleil est *due à lui seul;* il a découvert quatre satellites de Saturne, la duplication de son anneau, la lumière zodiacale, les taches sur le disque des planètes et leurs rotations, dont il a déterminé les tems.

On lui est encore redevable de la solution des plus importans problèmes de l'Astronomie, des méthodes et des explications les plus ingénieuses; enfin l'on peut dire que la perfection de l'Astronomie et des nouveaux instrumens depuis cent ans, n'a changé que peu de chose à plusieurs des déterminations fixées par J. D. Cassini. »

Si nous rapportons ce jugement d'un auteur en qui un peu de partialité serait fort excusable, ce n'est ni pour l'adopter en entier, ni pour le combattre, mais uniquement pour qu'on puisse l'opposer au jugement un peu moins favorable qu'un examen attentif des faits nous a forcé à émettre dans notre analyse des écrits de J. D. Cassini.

Nous reconnaissons avec plaisir que pour les parallaxes des planètes, aucun astronome n'avait encore mis en usage aucun moyen duquel on pût se promettre autant d'exactitude. Cassini a plus que personne approché de la vérité pour la parallaxe du Soleil, mais on a vu que nous soupçonnions qu'il pourrait y avoir un peu de hasard dans ce succès remarquable. Pour les réfractions, nous avouons encore qu'il est le premier qui en ait donné une théorie et des tables assez exactes; mais en suivant dans son travail précisément la même marche que Képler, il avait sur ce grand astronome l'avantage que lui donnait le théorème de Snellius ou de Descartes, théorème dont il s'attribue à lui-même l'invention, sans nous donner les observations par lesquelles il y était parvenu. Un autre avantage était peut-être d'avoir pour base deux observations plus précises que celles de Tycho, et dont nous avons à regretter qu'il ait supprimé tous les détails. On pourrait ajouter qu'il était lui-même si peu sûr de ses réfractions, qu'il en a donné trois tables différentes, dont la première seule est admissible. Les deux autres en général donnent des réfractions beaucoup trop fortes. Malgré ces doutes, nous convenons que celle de ces tables qui a été conservée, doit lui faire beaucoup d'honneur, et qu'elle est un des fruits les plus heureux de ses recherches. Il nous dit lui-même que pour ses tables du Soleil, il n'a eu qu'à diminuer un peu l'équation du centre de Képler; et, en effet, l'excentricité avait dû diminuer. Ses tables du premier satellite ont fait une grande sensation; elles ont fait désirer à Picard que l'auteur fût attiré en France. Ces tables étaient cependant très imparfaites; leur accord passager ne put se soutenir, puisque, quelques années après, il ôta 4′ des époques et une minute en 25 révolutions ou 8′ en cent ans pour n'avoir plus que des erreurs d'une minute. Il eut le malheur de méconnaître et de combattre l'équation de la lumière, qu'il remplaça dans ses tables du premier satellite par une équation empirique à peu près équivalente; mais cette équation, qu'il faisait de 1° pour chacun des satellites, était par conséquent de $0^h\ 7'\ 10''$ pour le premier satellite; et comme elle dépendait de la distance de Jupiter à la Terre, elle pouvait faire illusion et rendre l'équation de la lumière presque inutile; mais elle était beaucoup trop forte pour les 2e et 3e, et l'on ne voit pas comment il aurait pu représenter passablement les éclipses de ces deux satellites; pour le quatrième, l'équation empirique était de 55 à 56′ de tems; c'est à peu près la quantité de l'équation du centre du quatrième, mais la période était trop différente; il en est résulté que jamais D. Cassini n'a osé donner les tables écliptiques de ces satellites, et qu'on n'en a jamais connu les erreurs. Au reste, le défaut de toutes ces tables n'a pas empêché qu'elles ne fussent très utiles à la Géographie; elles étaient assez bonnes pour indiquer les immersions et les émersions du satellite, à quelques minutes près; l'observateur en était quitte pour se préparer un peu plutôt à l'observation, et tout ce qu'il risquait était un peu plus d'attente et de fatigue; car on n'aurait osé comparer une observation au calcul fait sur les tables, on exigeait absolument une observation correspondante.

Quant à sa méthode des éclipses de Soleil, on a vu qu'elle n'était pas *due à lui seul*, qu'elle a fait négliger long-tems la véritable méthode indiquée par Képler, et que tous les éloges qu'on en a pu faire ont été que ce moyen valait presque les *éclipses du premier satellite.*

Pour les comètes, ses orbites rectilignes et curvilignes sont celles de Tycho, de Mæstlinus et de Képler, et ses idées théoriques n'ont été rien moins qu'heureuses; toujours il est resté en arrière d'Hévélius et n'a jamais eu l'air de se douter que Newton eût écrit sur le même sujet. Pour ses autres méthodes, il en a toujours fait mystère; depuis qu'on en a pu obtenir quelque idée vague, on n'y a guère vu que des opérations graphiques dont on ne peut espérer la moindre précision. Sa prétendue solution du problème de Képler est bien moins claire et surtout bien moins démontrée que celle de Grégory, et nous avouerons qu'avant de nous l'être prouvée directement, comme nous avons fait ci-dessus, nous doutions qu'elle fût bien exacte, même dans l'hypothèse qu'il a suivie. Sa méthode pour les taches du Soleil est embarrassée et peu exacte. Nous ignorons comment il calculait la rotation de la lune; nous n'avons aucune de ses observations, et nous sommes obligés de l'en croire sur parole quand il nous parle de l'inclinaison de $2^{\circ}\frac{1}{2}$ de l'équateur lunaire et de la coïncidence de ses nœuds avec ceux de l'orbite. L'explication qu'il a long-tems annoncée sans jamais la donner bien détaillée, ne vaut pas celle de Newton, publiée long-tems auparavant par Mercator, et tous les points importans de cette théorie se trouvaient dans les écrits de Képler et d'Hévélius; son Gnomon nous paraît un pas rétrograde, et quoiqu'il ait été beaucoup célébré, nous avons peine à nous persuader qu'il en ait pu tirer un parti aussi avantageux qu'il le prétend et qu'on l'a cru sur parole.

Ce qui appartient incontestablement à D. Cassini, ce sont ses découvertes sur la rotation de Vénus, de Mars, de Jupiter et les quatre satellites de Saturne; voilà des choses réellement curieuses, mais elles tiennent principalement à de bonnes lunettes, à de bons yeux, à beaucoup de zèle et de patience, et à un grand désir de renommée.

Mais pourquoi, dira-t-on, Cassini a-t-il joui d'une réputation si universelle? Pourquoi a-t-il été loué à lui seul plus que tous les astronomes ensemble, au moins pendant leur vie? C'est d'abord qu'il y avait en lui beaucoup à louer, qu'il était laborieux, qu'il tenait sans cesse l'attention du public éveillée, qu'il n'employait le plus souvent que des moyens extraordinaires, tels que son gnomon et ses longues lunettes, et qu'appelé en France comme un homme dont il était difficile de se passer, on s'accoutuma de bonne heure à le croire supérieur à ceux qui avaient desiré se l'adjoindre. Il était une conquête dont on louait beaucoup le monarque, tous les éloges qu'on lui adressait étaient des louanges indirectes pour le roi. Il faisait hommage à Louis XIV de toutes ses découvertes; il était l'astronome le plus favorisé de la cour, il n'en fallait pas tant pour lui assurer une réputation plus populaire que celle d'aucun autre savant. Tout le monde comprenait sans aucune explication les découvertes de Cassini : Jupiter tourne sur son axe en $9^h\,56'$, Vénus en $23^h\,20'$, Mars en $24^h\,40'$, Saturne a quatre lunes qu'aucun jusqu'alors n'avait pu apercevoir; une médaille avait été frappée pour constater cette dernière découverte. Au fond, toutes ces nouveautés n'étaient que des phénomènes absolument isolés; ce sont des choses infiniment curieuses, que tous les astronomes sont très aises de savoir, mais dont ils se passeraient sans qu'il en résultât rien qui nuisît le moins du monde aux progrès de la véritable Astronomie. Honneur à Cassini qui nous a fait connaître quelques-uns de ces phénomènes, et à Herschell et Schroëter qui les ont confirmés et qui en ont augmenté le nombre. Notre intention n'est nullement de ravaler Cassini; tout ce qu'il a fait, sans être dépourvu d'utilité, a surtout beaucoup d'éclat; il est bon que chacun serve la science selon ses goûts et ses moyens. Nous ne voulons que rétablir l'équilibre et remettre en lumière ceux qu'il a éclipsés, sans doute, sans y prétendre; si nous nous pensions autorisé à faire quelques reproches, ce ne serait pas à D. Cassini, mais à ses contemporains que nous les adresserions, et pour témoigner notre impartialité nous finirons par le témoignage que lui rend Lalande (Ast., tom. I, p. 172). « Cassini fut un de ces hommes rares qui semblent formés par la nature pour donner aux sciences une nouvelle face : l'Astronomie accrue et perfectionnée dans toutes ses parties par les découvertes de Cassini, éprouva entre ses mains une des plus étonnantes révolutions. Ce grand homme fit la principale gloire du règne de Louis XIV dans cette partie, et *le nom de Cassini est presque synonyme en* FRANCE *avec celui de créateur de l'Astronomie.* »

Cette dernière assertion est un fait certain, mais cette opinion accréditée *en France* nous a paru tellement exagérée, que nous avons cru de notre devoir de faire quelques objections. La révolution en Astronomie a été faite par Copernic, par les lois de Képler, qui, d'ailleurs, a créé toutes les méthodes de calcul; par le pendule d'Huygens, par les micromètres d'Auzout et de Picard, par les secteurs et le mural de ce dernier, par sa méthode des hauteurs correspondantes, par la lunette méridienne de Roëmer, et Cassini nous paraît entièrement étranger à ces importantes innovations. Il a pris une autre route, il a brillé seul dans cette partie dont il a fait son domaine particulier; il a consacré une longue vie à des observations pénibles qui ont fini par le priver de la vue. Ne lui refusons pas des éloges qu'il a si bien mérités, mais réservons dans notre estime une place pour des travaux et des découvertes moins brillantes peut-être, mais d'une utilité plus grande et plus durable, et qui prouvent au moins autant de sagacité.

FIN DU TOME II ET DE L'ASTRONOMIE MODERNE.

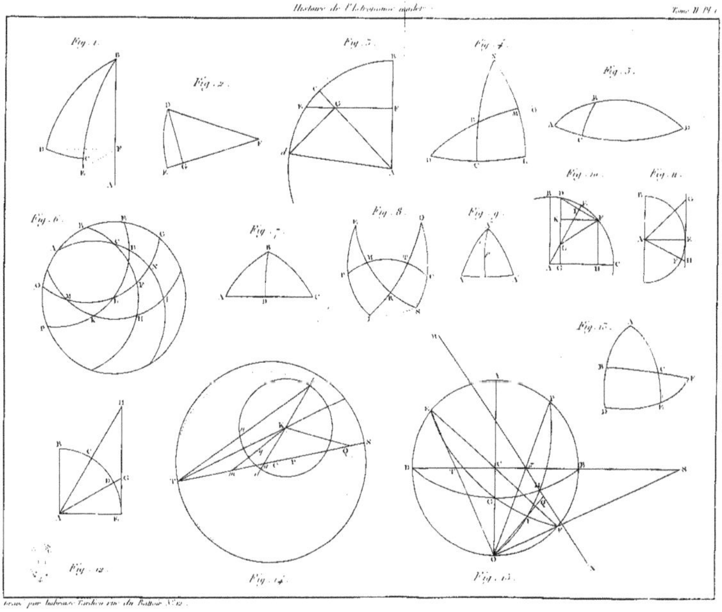
Fig. 1.
Fig. 2.
Fig. 3.
Fig. 4.
Fig. 5.
Fig. 6.
Fig. 7.
Fig. 8.
Fig. 9.
Fig. 10.
Fig. 11.
Fig. 13.
Fig. 12.
Fig. 14.
Fig. 15.

Gravé par Ambroise Tardieu rue du Battoir N°12.

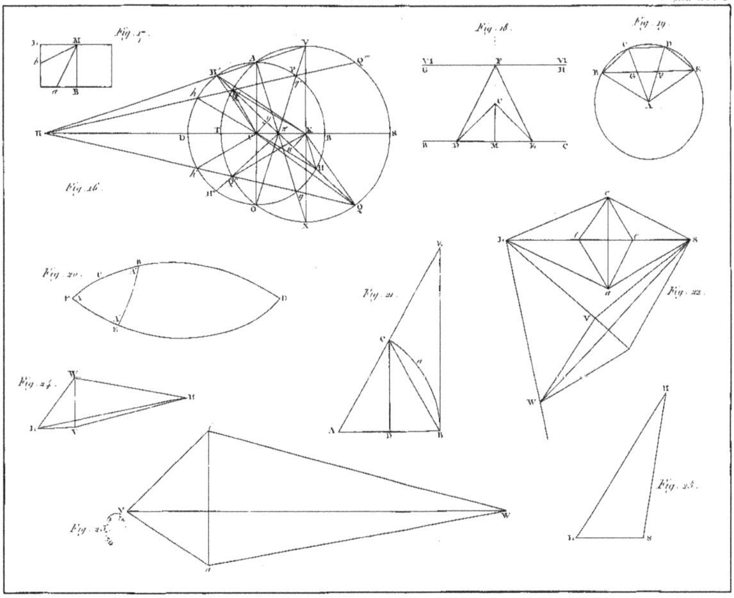

Fig. 17.

Fig. 16.

Fig. 18.

Fig. 19.

Fig. 20.

Fig. 21.

Fig. 22.

Fig. 24.

Fig. 23.

Fig. 25.

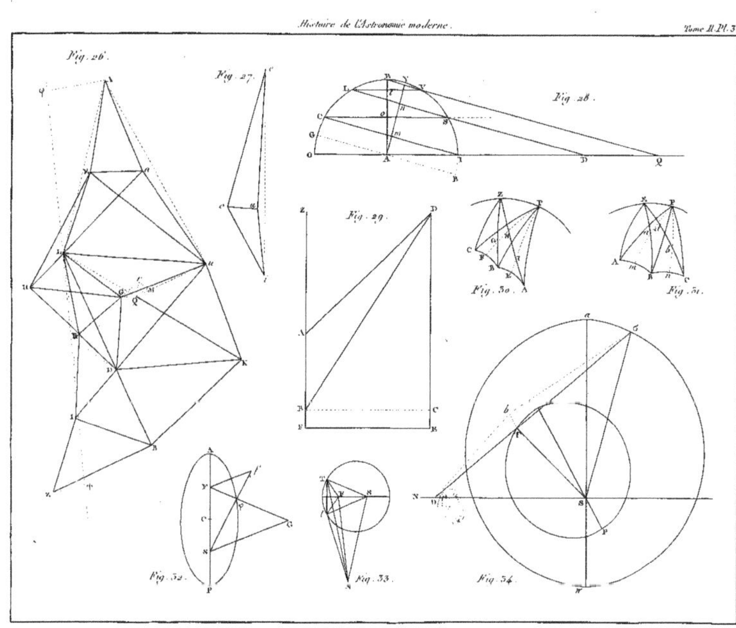
Fig. 26.
Fig. 27.
Fig. 28.
Fig. 29.
Fig. 30.
Fig. 31.
Fig. 32.
Fig. 33.
Fig. 34.

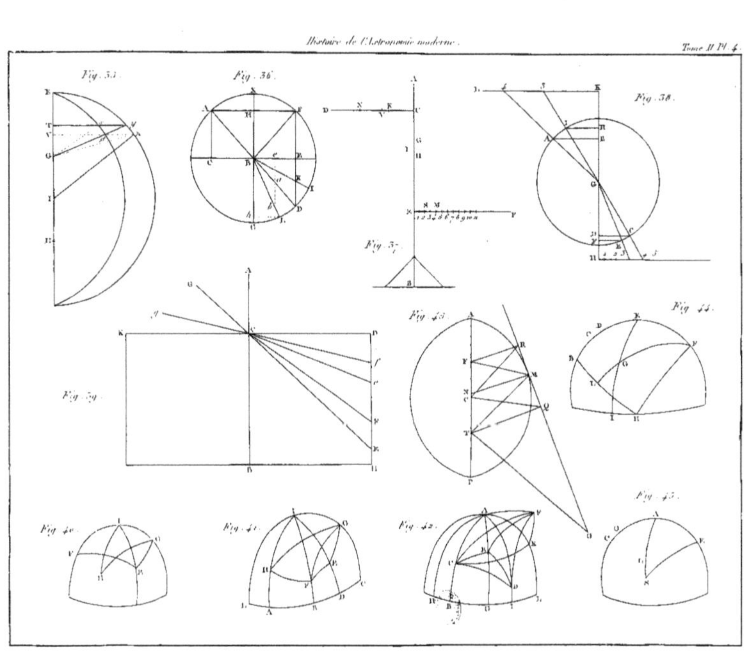
Fig. 35.
Fig. 36.
Fig. 37.
Fig. 38.
Fig. 39.
Fig. 40.
Fig. 41.
Fig. 42.
Fig. 43.
Fig. 44.
Fig. 45.

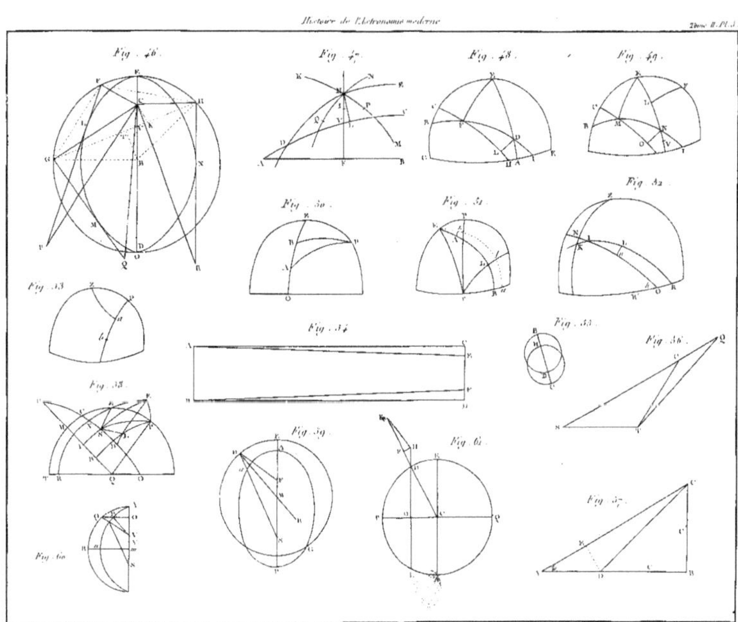
Fig. 46.
Fig. 47.
Fig. 48.
Fig. 49.
Fig. 50.
Fig. 51.
Fig. 52.
Fig. 53.
Fig. 54.
Fig. 55.
Fig. 56.
Fig. 57.
Fig. 58.
Fig. 59.
Fig. 60.
Fig. 61.

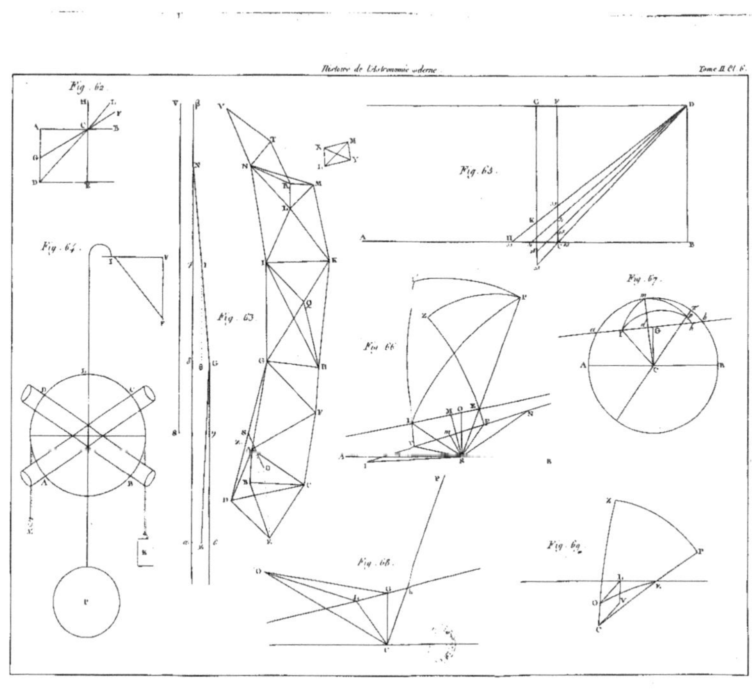
Fig. 62.
Fig. 64.
Fig. 63.
Fig. 65.
Fig. 66.
Fig. 67.
Fig. 68.
Fig. 69.

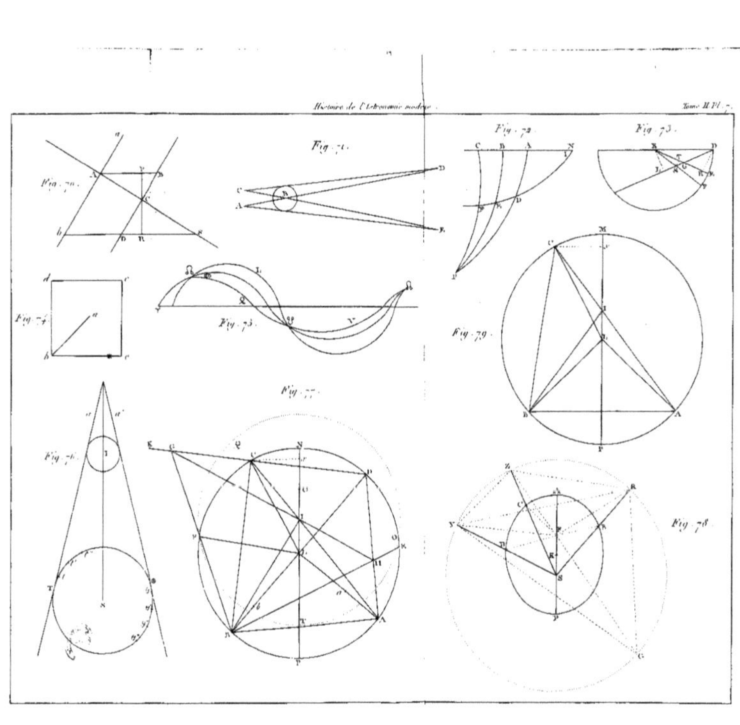
Fig. 70.
Fig. 71.
Fig. 72.
Fig. 73.
Fig. 74.
Fig. 75.
Fig. 76.
Fig. 77.
Fig. 78.
Fig. 79.

Haec Rota Recipitis tam dat picta Calendas.

Fig. 0
Tome I. Page 29.

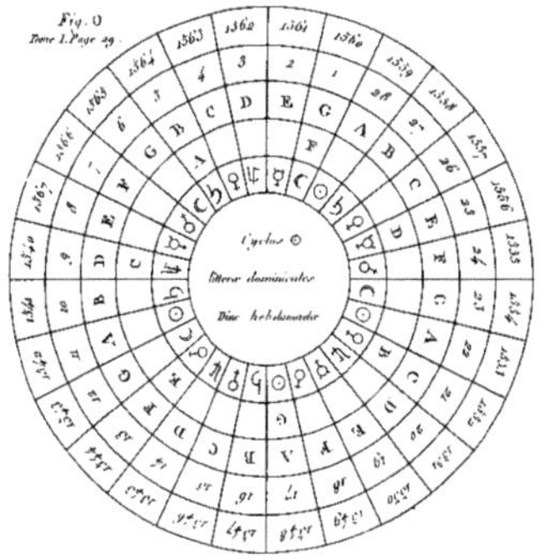

Cyclus ☉
Litterae dominicales
Dies hebdomadae

Fig. 80.

Fig. 94.
Tome I Page 23.

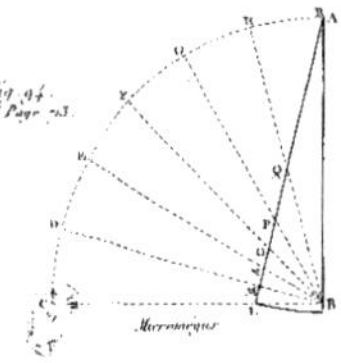

Micromètre

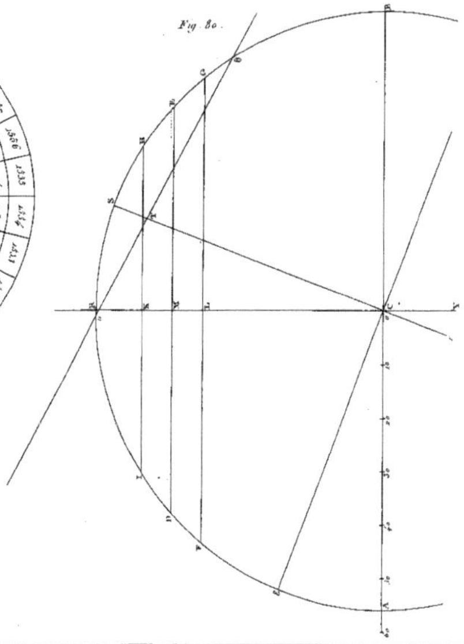

www.ingramcontent.com/pod-product-compliance
Ingram Content Group UK Ltd.
Pitfield, Milton Keynes, MK11 3LW, UK
UKHW021128260726
13994UKWH00001B/42

9 782329 470054